国防电子信息技术丛书　　　　　智能感知前沿技术系列

雷达系统分析与设计
（MATLAB 版）（第三版）

Radar Systems Analysis and Design Using MATLAB
Third Edition

［美］　Bassem R. Mahafza　　著

周万幸　胡明春　吴鸣亚　孙　俊　等译

电子工业出版社

Publishing House of Electronics Industry

北京·BEIJING

内 容 简 介

本书作者为著名雷达技术专家。全书讨论了雷达基本概念和技术原理，具体描述了雷达横截面、极化、匹配滤波器和雷达模糊函数及雷达波传播的最新进展，并给出了 PRN 码、多径和折射、高距离分辨率、杂波和 MTI 处理的有关内容。新版增加了更多的习题，包含丰富的 MATLAB 程序代码，可用于雷达系统的分析和设计，具有很高的实际应用价值。无论是雷达系统入门者、研究生还是工程技术人员，都能从中获益。

本书适合从事雷达系统设计及相关专业的工程技术人员阅读参考，也适合高等学校电子工程系雷达专业及相关专业的本科生和研究生阅读。

Radar Systems Analysis and Design Using MATLAB, Third Edition, Bassem R. Mahafza
978-1-4398-8495-9
Copyright©2013 by Taylor & Francis Group, LLC
Authorized translation from the English language edition published by CRC Press, part of Taylor & Francis Group LLC, All rights reserved. 本书英文版由 Taylor & Francis Group 出版集团旗下的 CRC 出版社出版，并经其授权翻译出版，版权所有，侵权必究。
Publishing House of Electronics Industry is authorized to publish and distribute exclusively the Chinese (Simplified Characters) language edition. This edition is authorized for sale throughout Mainland of China. No part of the publication may be reproduced or distributed by any means, or stored in a database or retrieval system, without the prior written permission of the publisher.
本书中文简体版专有出版权由 Taylor & Francis Group, LLC 授予电子工业出版社，并限在中国大陆出版发行。专有出版权受法律保护。
Copies of this book sold without a Taylor & Francis sticker on the cover are unauthorized and illegal.
本书封面贴有 Taylor & Francis 公司防伪标签，无标签者不得销售。

版权贸易合同登记号　图字：01-2014-5485

图书在版编目（CIP）数据

雷达系统分析与设计：MATLAB 版：第 3 版／（美）马哈夫扎（Mahafza, B. R.）著；周万幸等译.
北京：电子工业出版社，2016.10
（国防电子信息技术丛书）
书名原文：Radar Systems Analysis and Design Using MATLAB, Third Edition
ISBN 978-7-121-26001-8

Ⅰ.①雷… Ⅱ.①马… ②周… Ⅲ.①Matlab 软件—应用—雷达—系统分析—高等学校—教材 Ⅳ.①TN95-39
中国版本图书馆 CIP 数据核字（2015）第 094371 号

策划编辑：马　岚
责任编辑：冯小贝
印　　刷：三河市良远印务有限公司
装　　订：三河市良远印务有限公司
出版发行：电子工业出版社
　　　　　北京市海淀区万寿路 173 信箱　邮编　100036
开　　本：787×1092　1/16　印张：40　字数：1030 千字
版　　次：2008 年 10 月第 1 版（原著第 2 版）
　　　　　2016 年 10 月第 2 版（原著第 3 版）
印　　次：2024 年 1 月第 7 次印刷
定　　价：159.00 元

凡所购买电子工业出版社图书有缺损问题，请向购买书店调换。若书店售缺，请与本社发行部联系，联系及邮购电话：(010) 88254888，88258888。
质量投诉请发邮件至 zlts@phei.com.cn，盗版侵权举报请发邮件至 dbqq@phei.com.cn。
本书咨询联系方式：classic-series-info@phei.com.cn。

《雷达系统分析与设计（MATLAB 版）（第三版）》编委会

周万幸　胡明春　吴鸣亚　孙　俊

翻译委员会

主　　任　周万幸
副 主 任　吴鸣亚　王建明
委　　员　吴道庆　周志鹏　李　明　邢文革　夏贤江　范义晨　吴　逸
　　　　　贾中璐　尹德成　李大圣　陈勇华　邓大松　蔡晓睿　韩长喜
　　　　　林　晶　汤晓英　倪迎红　向　群　冯晓磊

校对委员会

主　　任　胡明春
副 主 任　金　林　孙　俊
委　　员　邵春生　谢勇光　倪国新　杨剑飞　彭　为　袁　刚　史国庆
　　　　　李　晖　傅有光　王秀春　陈　玲　伍光新　方能航　张　蕾
　　　　　沙　舟　张春雁　肖文书

CETC 中国电子科技集团公司第十四研究所

 **中国电子科技集团公司智能感知技术重点实验室**

  智能感知技术重点实验室是由中国电子科技集团公司于 2014 年 10 月批复设立的首批集团重点实验室之一，被列为中国电科集团示范实验室建设行列。

  作为国内预警探测领域首个系统级创新研究型实验室，智能感知技术重点实验室的主要任务是面向未来复杂作战环境下武器装备发展信息化、体系化的新需求，建设一流研发平台，吸引国内外优势学术资源，从事智能感知体系、先进探测系统和基础技术研究，牵引专业技术发展，促进探测技术多学科融合，引领国家探测领域技术发展方向，提升国家探测领域自主创新能力，是技术创新体系重构的重要组成部分。

  智能感知技术重点实验室始终坚持人才是科技创新的第一资源。目前，实验室已形成一支初具规模、结构合理、素质优良的人才队伍。其中，具有研究员与高级工程师职称的人员占比达 70%以上，具有硕博学位的人员占比达 85%以上。

  "惟创新者进，惟创新者强，惟创新者胜"。 智能感知技术重点实验室将瞄准国际前沿，面向国家重大需求，努力整合联合内外部优势力量，布局具有战略性、前瞻性、基础性科技创新资源，努力将实验室打造成聚集国内外一流人才的科技创新高地。

译者序

《雷达系统分析与设计（MATLAB 版）（第三版）》从系统分析与设计角度，对雷达信号处理领域的基础知识、前沿技术进行了全面、系统、深入的理论介绍与数学分析，并配备 MATLAB 辅助学习软件程序代码，已成为同类教材或专著的标杆。

自第一版（2000 年）、第二版（2005 年）出版至今已 11 年，雷达信号处理领域涌现出众多的新理论、新技术。本书在前两版的内容脉络基础上，深入探讨了目标检测、目标跟踪、STAP 处理、SAR 信号处理等相关领域的最新进展，对相关领域的研究人员具有非常高的指导价值。

本书分为五个部分，共 18 章。第一部分为"雷达原理"，简要介绍雷达基础概念。第二部分为"雷达信号与信号处理"，关注雷达波形、雷达信号处理。第三部分为"雷达系统的特殊考虑"，阐述雷达波传播理论、雷达杂波及脉冲多普勒技术。第四部分为"雷达检测"，介绍单脉冲检测、目标起伏检测模型等。第五部分为"关于雷达的一些特殊主题"，重点阐述雷达 RCS、相控阵天线、自适应信号处理、目标跟踪、SAR 信号处理等。

本书由中国电子科技集团公司智能感知技术重点实验室组织翻译，周万幸、胡明春、吴鸣亚、王建明、孙俊、陈玲、邓大松、蔡晓睿、韩长喜、倪迎红等参与了翻译，并得到了中国电子科技集团公司第十四研究所各部门领导及专家的大量支持和帮助，在此一并感谢。由于水平和经验有限，翻译错误与不妥之处在所难免，敬请读者批评指正，以便今后进一步完善，不胜感激！

中国电子科技集团公司智能感知技术重点实验室主任

2016 年 7 月

前 言[①]

2000 年，*Radar Systems Analysis and Design Using MATLAB* 一书的第一版出版了。这本书是我根据雷达系统分析和设计研究生课程的多年教学经验撰写的，内容涵盖了雷达信号处理中一些先进的论题。出书的主要目的是向学生们呈现一本适于阅读的综合性教材，为他们提供 MATLAB 相关软件的亲身体验。这本书迅速成为了畅销书，促使了 2005 年本书第二版的诞生。再版的新书在保持了原版的基本脉络的基础上，对内容进行了更新、拓展及重新组织，包含了本领域的最新进展，在行文顺序上也更加合乎逻辑。文字部分增加了新的论题，并对大量的 MATLAB 代码进行了更新和改进，体现了 MATLAB 最新版本的先进性。

Radar Systems Analysis and Design Using MATLAB 第一版的问世填补了市面上关于综合性、自成体系的雷达系统分析与设计教材的空缺。它是辅助 MATLAB 软件学习的首选书籍，从书本的字里行间中给出了理论上和数学上的讨论。该书很快成为了此类专著的标准，后续出版的此类主题的图书大多参照了本书。但是，又没有哪一本书能够像本书的作者那样，做出如此清晰和明了的阐述。特别是本书所提供的完整而全面的 MATLAB 代码，使所有使用此书的人都可以不受任何限制就信手拈来。读者不仅可以再现本书中的任何一个图表，而且还可以输入自己的参数改变代码，生成特定的图表和输出，以满足自身独特的学术需要。

除了从事大学的 MATLAB 授课之外，我还参加了众多工业课程的教学活动，举办过许多场雷达系统的专题讨论会。根据这些教学经验，我明显地感到，大家对于一本针对雷达系统设计和分析的方方面面的综合性教材或参考书的长期渴求。事实上，许多大学教授也已经将这本书列为了雷达系统课程的主要教材。因此，我编写此书的第三版的愿望就变为了现实，并将更多的内容汇集在这本书中。

在我看来，出版此书的第三版有如下原因：（1）更加贴近如今相关领域的发展，内容反映了当前完美的技术成就；（2）在新版中增加了作者从使用本书进行教学的老师及从事工程实践的工程师处获取的很多反馈信息；（3）介绍了若干其他专著较少涉及的新的论题；（4）在每一章的结尾新增了一些问题供读者解答；（5）对文字进行了重新组织，更加方便不同层次的读者使用（本书可作为三级研究生课程或者是本科高年级课程加两级研究生课程的教材）；（6）充分利用了最新的 MATLAB 版本所提供的新特点。

本书提供的 MATLAB 程序只是作为独立的学术工具设计的而没有其他用途。这里代码的

[①] 本书中文翻译版的一些字体、正斜体、图示、符号保留了英文原版的写作风格，特此说明。

编写方式是为了帮助读者更好地理解相关的理论。这些程序不是为任何类型的开环或闭环仿真研发的。本书中的 MATLAB 程序可通过 CRC 出版社的网站下载，登录 www.crcpress.com 搜索关键字"Mahafza"以定位本书的网页。

读者仍然可以像前两个版本一样，对第三版中出现的所有方程和公式，很方便地按照本书提供的步骤进行数学推导。因此，无论是相关的大学入门级教程还是高级教程，本书适合各个层次的读者阅读。第三版还综合了最新的雷达系统设计和分析问题。读者可以从中学到雷达设计、分析及信号处理的必备知识，可谓拥有一本书，胜过手头几本书。此外，新版本还包含了大量的图表和插图，所提供的 MATLAB 代码将帮助读者对不同的雷达参数之间做出的折中进行评定。

本书共有 18 章，分为五个部分，分别是：第一部分，雷达原理；第二部分，雷达信号与信号处理；第三部分，雷达系统的特殊考虑；第四部分，雷达检测；第五部分，关于雷达的一些特殊主题。其中，第一部分由第 1 章和第 2 章组成。第 1 章"定义和术语"，给出了基本的雷达定义及本书通篇将会用到的大多数术语名称。第 2 章"基本脉冲和连续波（CW）雷达操作"，推导了脉冲雷达和连续波雷达的雷达方程，并对其他相关内容（如雷达损耗和噪声等）进行了详细的讨论。书中的雷达方程及双基地雷达方程均是在考虑电子对抗措施（ECM）存在的情况下进行推导的。

本书的第二部分包括第 3 章~第 7 章。本部分主要关注雷达信号（或波形）及雷达信号处理。其中，第 3 章"线性系统与复信号表示法"，包括对信号理论的各个要素的顶层讨论，这些理论是与雷达设计和雷达信号处理密切相关的。读者需要掌握足够的有关信号和系统及傅里叶变换和其相关特性的背景知识。在有关雷达应用的上下文中对低通和带通信号进行了讨论。还分析了连续系统和离散系统，并给出了采样定理。

第 4 章"匹配滤波器雷达接收机"，围绕匹配滤波器，介绍了它的特性，导出了匹配滤波器输出的一个普遍公式，适用于任意波形。第 5 章"模糊函数——模拟波形"和第 6 章"模糊函数——离散编码波形"，从模糊函数的角度对匹配滤波器的输出进行了分析，包括单一的未调制波、线性调频（LFM）脉冲、未调制脉冲串、LFM 脉冲串、步进频波形及非线性调频波形。第 6 章重点关注了离散的编码波形，分析了未调制脉冲串编码及二进制码、多相位码和频码。第 7 章"脉冲压缩"，具体讲述了使用脉冲压缩进行雷达信号处理的细节问题，给出了相关处理机和展宽处理机，并分析了使用步进频的高距离分辨率处理。

本书的第三部分共由 3 章组成。第 8 章"雷达波的传播"，将前面章节中所讲述的自由空间分析延伸到了包含大气效应在内的雷达性能，非常细致地讨论了折射、衍射、大气衰减、表面反射及多路径效应等论题。第 9 章的主题是雷达杂波，在这一章定义了区域性杂波和空间域杂波，重新推导了反映杂波存在的雷达方程，指出在此情形下，雷达的信干比要比信噪比显得更为关键。此外，还给出了杂波 RCS 的数学推导步骤及杂波后向散射系数的统计模型。第 10 章"动目标显示（MTI）和脉冲多普勒雷达"，讨论了如何使用延迟线对消器来缓解雷达信号处理机内杂波的影响。在有关盲速、解决距离和多普勒模糊的内容中分析了脉冲重复频率的参差。在本章的最后，简要分析了脉冲多普勒雷达。

本书的第四部分讨论并分析了雷达检测。要求学习这一部分的读者掌握较强的有关随机变量和随机过程的背景知识。因此，第 11 章"随机变量和随机过程"在对该主题进行回顾后，行文中仅仅突出了一些主要问题。建议读者在阅读时把本章作为对随机变量和随机过程的一个顶层快速回顾资料。教师则可把本章作为学生的指定阅读材料。第 12 章"单脉冲检测"，描述了对已知和未知的信号参数的单脉冲检测。第 13 章"波动目标检测"，将第 12 章中的分析延伸到包含目标起伏的检测上来，讨论了 Swerling 目标模型。平方律检波器一节还对相干积累和非相干积累进行了详细的讨论。此外，本章还给出 CFAR 的概述，讨论了检测的累积概率及 MN 检测。

本书的第五部分讲述了雷达系统的一些专业论题。在第 14 章"雷达截面积（RCS）"中，讨论了 RCS 与方向角、频率和极化的依赖关系，提出了一个目标散射矩阵，给出了许多简单目标的 RCS 公式。此外，还讨论了复杂目标的 RCS，介绍了推算 RCS 的若干方法。在第 15 章"相控阵天线"的开头给出了阵列的一般公式，讨论了线性阵列及包括矩形、圆形、带有圆形边界的矩形和同心圆阵列等几种情形在内的平面阵列的构型，分析了使用和没有有限位数两种情况下的波束控制，同时还给出了扫描损耗，并针对作者自己提出的多输入多输出雷达系统的概念进行了讨论和分析。在第 16 章"自适应信号处理"中，探讨了传统波束形成及自适应波束形成背后的概念，分析了采用最小均方算法的自适应信号处理，给出了自适应线性阵列和最小均方算法中的复杂加权计算。在本章的最后，对空时自适应处理进行了讨论。

在第 17 章"目标跟踪"中讨论了目标跟踪雷达系统。本章的第一部分讲述了单目标跟踪，详细讨论了顺序波束定向、圆锥扫描、单脉冲及距离跟踪。第二部分介绍了多目标跟踪技术，详细讲述了 $\alpha\beta$、$\alpha\beta\gamma$ 等固定增益滤波器，引入了卡尔曼滤波器的概念；深入分析了卡尔曼滤波器的特殊情形，开发了基于 MATLAB 的卡尔曼滤波器仿真程序。第 18 章"战术合成孔径雷达（TSAR）"是本书的最后一章，本章的论题包括：SAR 信号处理、SAR 设计上的几点考虑及 SAR 雷达方程，并讨论了按照顺序模式进行工作的阵列。

必须再次强调，虽然本书的部分内容可以用做雷达系统的高级教程，但是撰写本书的初衷主要还是提供一本研究生水平的教材。根据作者自身的教学经验，选用本书作为教材使用时可以进行如下划分：

1. 选择一：第 1 章～第 4 章（忽略一些难点部分）可以作为雷达系统的高级教程；第 5 章～第 10 章加上前面章节中跨过的一些难点部分可作为研究生初级阶段的教程；第 11 章～第 18 章可作为研究生中级阶段的高级教程。
2. 选择二：第 1 章～第 4 章可作为研究生阶段的入门级教程；第 5 章～第 10 章可作为研究生阶段的进阶教程；第 11 章～第 18 章可作为研究生阶段的精通级教程。

Bassem R. Mahafza
Huntsville, Alabama
United States of America

目 录

第一部分 雷达原理

第1章 定义和术语 ... 2
  1.1 雷达系统的分类和波段 ... 2
  1.2 脉冲和连续波（CW）雷达 ... 6
  1.3 距离 ... 7
  1.4 距离分辨率 ... 9
  1.5 多普勒频率 ... 11
  1.6 相干性 ... 17
  1.7 分贝的算法 ... 18
  习题 ... 19
  附录1-A 第1章 MATLAB程序清单 ... 20

第2章 基本脉冲和连续波（CW）雷达操作 ... 22
  2.1 雷达距离方程 ... 22
  2.2 低PRF雷达方程 ... 26
  2.3 高PRF雷达方程 ... 28
  2.4 监视雷达方程 ... 30
  2.5 带干扰的雷达方程 ... 34
  　2.5.1 自屏蔽干扰器（SSJ） ... 35
  　2.5.2 烧穿距离 ... 38
  　2.5.3 远距离干扰器（SOJ） ... 40
  2.6 距离缩减因子 ... 42
  2.7 双基地雷达方程 ... 42
  2.8 雷达损耗 ... 44
  　2.8.1 发射和接收损耗 ... 44
  　2.8.2 天线方向图损耗和扫描损耗 ... 44
  　2.8.3 大气损耗 ... 45
  　2.8.4 折叠损耗 ... 45
  　2.8.5 处理损耗 ... 46

2.9 噪声系数·····48
　2.10 连续波雷达·····51
　　　2.10.1 连续波雷达方程·····52
　　　2.10.2 频率调制·····53
　　　2.10.3 线性调频（LFM）连续波雷达·····57
　　　2.10.4 多频连续波雷达·····59
　2.11 MATLAB 函数 "*range_calc.m*"·····60
　习题·····61
　附录 2-A　第 2 章 MATLAB 程序清单·····65

第二部分　雷达信号与信号处理

第 3 章　线性系统与复信号表示法·····78
　3.1 信号分类·····78
　3.2 傅里叶变换·····79
　3.3 系统分类·····79
　　　3.3.1 线性与非线性系统·····80
　　　3.3.2 时不变与时变系统·····80
　　　3.3.3 稳定与非稳定系统·····80
　　　3.3.4 因果与非因果系统·····81
　3.4 用傅里叶级数的信号表示法·····81
　3.5 卷积与相关积分·····83
　　　3.5.1 能量与功率谱密度·····84
　3.6 带通信号·····87
　　　3.6.1 解析信号（前置包络）·····87
　　　3.6.2 带通信号的前置包络与复包络·····88
　3.7 一些常规雷达信号的频谱·····90
　　　3.7.1 连续波信号·····90
　　　3.7.2 有限持续时间脉冲信号·····91
　　　3.7.3 周期脉冲信号·····92
　　　3.7.4 有限持续时间脉冲串信号·····93
　　　3.7.5 线性调频（LFM）信号·····94
　3.8 信号带宽与持续时间·····98
　　　3.8.1 有效带宽与持续时间计算·····99
　3.9 离散时间系统与信号·····102
　　　3.9.1 采样定理·····102
　　　3.9.2 Z 变换·····105
　　　3.9.3 离散傅里叶变换·····106
　　　3.9.4 离散功率谱·····106

3.9.5　加窗技术 ··· 108
　　　3.9.6　抽取与插值 ··· 111
　习题 ··· 112
　附录 3-A　第 3 章 MATLAB 程序清单 ·· 114
　附录 3-B　傅里叶变换对 ··· 118
　附录 3-C　Z 变换对 ··· 119

第 4 章　匹配滤波器雷达接收机 ·· 120

　4.1　匹配滤波器信噪比 ··· 120
　　　4.1.1　白噪声情况 ··· 122
　　　4.1.2　副本 ··· 123
　4.2　匹配滤波器输出通式 ·· 124
　　　4.2.1　静止目标情况 ·· 124
　　　4.2.2　运动目标情况 ·· 125
　4.3　波形分辨率和模糊 ··· 127
　　　4.3.1　距离分辨率 ··· 127
　　　4.3.2　多普勒分辨率 ·· 129
　　　4.3.3　复合距离与多普勒分辨率 ·· 130
　4.4　距离与多普勒不定 ··· 131
　　　4.4.1　距离不定 ··· 131
　　　4.4.2　多普勒不定 ··· 133
　　　4.4.3　距离-多普勒耦合 ··· 134
　　　4.4.4　LFM 信号的距离-多普勒耦合 ·· 137
　4.5　目标参数估计 ··· 138
　　　4.5.1　何为估计函数 ·· 138
　　　4.5.2　幅度估计 ··· 139
　　　4.5.3　相位估计 ··· 139
　习题 ··· 140

第 5 章　模糊函数——模拟波形 ·· 142

　5.1　引言 ·· 142
　5.2　模糊函数的例子 ·· 143
　　　5.2.1　单个脉冲模糊函数 ·· 143
　　　5.2.2　LFM 模糊函数 ·· 145
　　　5.2.3　相干脉冲串模糊函数 ·· 149
　　　5.2.4　LFM 脉冲串的模糊函数 ··· 152
　5.3　步进频率波形 ··· 155
　5.4　非线性调频 ··· 157
　　　5.4.1　静态相位的概念 ··· 157

5.4.2　频率调制波形的频谱赋形 161
　5.5　模糊图等值线 162
　5.6　LFM 信号的距离-多普勒耦合的解释 163
　习题 164
　附录 5-A　第 5 章 MATLAB 程序清单 165

第 6 章　模糊函数——离散编码波形 171
　6.1　离散编码信号表示 171
　6.2　脉冲串编码 172
　6.3　相位编码 176
　　6.3.1　二进制相位编码 176
　　6.3.2　多相编码 189
　6.4　频率编码 191
　　6.4.1　Costas 码 191
　6.5　离散编码的模糊图 193
　习题 194
　附录 6-A　第 6 章 MATLAB 程序清单 194

第 7 章　脉冲压缩 199
　7.1　时间-带宽积 199
　7.2　脉冲压缩的雷达方程 200
　7.3　脉冲压缩的基本原理 200
　7.4　相关处理器 202
　7.5　扩展处理器 207
　　7.5.1　LFM 脉冲信号 208
　　7.5.2　步进频率波形 213
　　7.5.3　目标速度的影响 219
　习题 220
　附录 7-A　第 7 章 MATLAB 程序清单 221

第三部分　雷达系统的特殊考虑

第 8 章　雷达波的传播 228
　8.1　地球对雷达方程的影响 228
　8.2　地球大气层 228
　8.3　大气模型 230
　　8.3.1　对流层中的折射率 230
　　8.3.2　电离层中的折射率 232
　　8.3.3　计算折射率的数学模型 233

          8.3.4 分层大气折射模型 ·· 234
    8.4 三分之四地球模型 ·· 238
          8.4.1 目标高度方程 ·· 238
    8.5 地面反射 ·· 239
          8.5.1 平滑表面反射系数 ·· 239
          8.5.2 发散 ·· 243
          8.5.3 粗糙表面反射 ·· 244
          8.5.4 总反射系数 ·· 245
    8.6 方向图传播因子 ·· 246
          8.6.1 平坦地表 ·· 248
          8.6.2 球形地球 ·· 249
    8.7 衍射 ·· 253
    8.8 大气衰减 ·· 256
          8.8.1 大气吸收 ·· 257
          8.8.2 大气衰减图 ·· 259
    8.9 降水导致的衰减 ·· 262
    习题 ··· 264
    附录 8-A 第 8 章 MATLAB 程序清单 ··· 265

第 9 章 雷达杂波 ··· 280

    9.1 杂波的定义 ·· 280
    9.2 表面杂波 ·· 280
          9.2.1 区域杂波的雷达方程——机载雷达 ·· 282
    9.3 体杂波 ·· 283
          9.3.1 体杂波的雷达方程 ·· 285
    9.4 表面杂波 RCS ·· 286
          9.4.1 单脉冲低 PRF 情况 ··· 286
          9.4.2 高 PRF 的情况 ··· 291
    9.5 杂波元素 ·· 293
    9.6 杂波后向散射系数统计模型 ·· 294
          9.6.1 表面杂波的情况 ·· 294
          9.6.2 体杂波情况 ·· 296
    习题 ··· 297
    附录 9-A 第 9 章 MATLAB 程序清单 ··· 297

第 10 章 动目标显示（MTI）和脉冲多普勒雷达 ·· 302

    10.1 杂波功率谱密度 ·· 302
    10.2 动目标显示（MTI）的概念 ·· 302
            10.2.1 单延迟线对消器ㆍㆍㆍ 304

15

		10.2.2 双延迟线对消器	305
		10.2.3 带有反馈回路（递归滤波器）的延迟线	307
	10.3	PRF 参差	308
	10.4	MTI 改善因子	311
		10.4.1 2 脉冲 MTI 形式	312
		10.4.2 通用形式	313
	10.5	杂波下的可见度（SCV）	314
	10.6	有最佳权重的延迟线对消器	314
	10.7	脉冲多普勒雷达	316
		10.7.1 脉冲多普勒雷达信号处理	319
		10.7.2 解距离模糊	320
		10.7.3 解多普勒模糊包络	322
	10.8	相位噪声	325
	习题		329
	附录 10-A 第 10 章 MATLAB 程序清单		331

第四部分 雷达检测

第 11 章	随机变量和随机过程		337
	11.1	随机变量	337
	11.2	多元高斯随机向量	339
		11.2.1 复数多元高斯随机向量	342
	11.3	瑞利随机变量	342
	11.4	卡方随机变量	343
		11.4.1 自由度为 N 的中心卡方随机变量	343
		11.4.2 自由度为 N 的非中心卡方随机变量	344
	11.5	随机过程	345
	11.6	高斯随机过程	346
		11.6.1 低通高斯随机变量	346
		11.6.2 带通高斯随机过程	347
		11.6.3 带通高斯过程的包络	348
	习题		349

第 12 章	单脉冲检测		351
	12.1	参数已知的单脉冲	351
	12.2	幅度已知、相位未知的单脉冲	354
		12.2.1 虚警概率	357
		12.2.2 检测概率	358
	习题		360
	附录 12-A 第 12 章 MATLAB 程序清单		361

第 13 章 波动目标检测···364
 13.1 引言···364
 13.2 脉冲积累···364
  13.2.1 相干积累···365
  13.2.2 非相干积累···366
  13.2.3 改善因子和积累损耗···366
 13.3 目标起伏：目标 χ^2 族···367
 13.4 平方律检波器的虚警概率公式···368
  13.4.1 平方律检测···371
 13.5 探测概率的计算···372
  13.5.1 Swerling 0（Swerling V）目标的探测···372
  13.5.2 Swerling I 目标的探测···374
  13.5.3 Swerling II 目标的探测···375
  13.5.4 Swerling III 目标的探测···376
  13.5.5 Swerling IV 目标的探测···378
 13.6 起伏损耗的计算···380
 13.7 累积探测概率···381
 13.8 恒虚警率（CFAR）···383
  13.8.1 单元-平均 CFAR（单个脉冲）···384
  13.8.2 采用非相干积累的单元-平均 CFAR···385
 13.9 MN 检测···386
 13.10 雷达方程回顾···387
 习题···388
 附录 13-A 不完全伽马函数···390
 附录 13-B 第 13 章 MATLAB 程序清单···392

第五部分　关于雷达的一些特殊主题

第 14 章 雷达截面积（RCS）···407
 14.1 RCS 定义···407
 14.2 RCS 和姿态角及频率的依赖关系···408
 14.3 RCS 与极化的依赖关系···411
  14.3.1 归一化电场···411
  14.3.2 极化···411
  14.3.3 目标散射矩阵···413
 14.4 简单物体的 RCS···415
  14.4.1 球···415
  14.4.2 椭球···417
  14.4.3 圆形平板···419

	14.4.4 截锥体（平截体）	420
	14.4.5 圆柱体	423
	14.4.6 矩形平板	425
	14.4.7 三角形平板	428
14.5	复杂目标的 RCS	429
14.6	RCS 预测方法	430
	14.6.1 计算电磁学	431
	14.6.2 有限微分时间域方法	431
	14.6.3 有限元方法	433
	14.6.4 积分方程	434
	14.6.5 几何光学	435
	14.6.6 物理光学	435
	14.6.7 边缘衍射	437
14.7	多次反射	437
习题		438
附录 14-A 第 14 章 MATLAB 程序清单		439

第 15 章 相控阵天线 ······ 456

15.1	方向性、功率增益和有效孔径	456
15.2	近场和远场	457
15.3	通用阵列	458
15.4	线性阵列天线	460
	15.4.1 阵列锥削	463
	15.4.2 通过 DFT 进行方向图计算	465
15.5	平面阵列	470
	15.5.1 矩形网格阵列	471
	15.5.2 圆形网格阵列	472
	15.5.3 同轴网格圆形阵列	478
	15.5.4 带圆形边界的矩形网格阵列	479
	15.5.5 六边形网格阵列	479
15.6	阵列天线扫描损失	490
15.7	多输入多输出（MIMO）——线性阵列	492
习题		495
附录 15-A 第 15 章 MATLAB 程序清单		496

第 16 章 自适应信号处理 ······ 509

16.1	非自适应波束形成	509
16.2	使用最小均方的自适应信号处理	512
16.3	LMS 自适应阵列处理	515

16.4 副瓣对消器（SLC） 522
16.5 空时自适应处理（STAP） 523
　　16.5.1 空时处理 523
　　16.5.2 空时自适应处理 526
习题 529
附录 16-A 第 16 章 MATLAB 程序清单 529

第 17 章 目标跟踪 537

17.1 角度跟踪 537
　　17.1.1 时序波瓣法 537
　　17.1.2 圆锥扫描 538
17.2 幅度比较单脉冲 541
17.3 相位比较单脉冲 546
17.4 距离跟踪 548
17.5 边搜索边跟踪（TWS） 549
17.6 LTI 系统的状态变量表示法 550
17.7 感兴趣的 LTI 系统 553
17.8 固定增益跟踪滤波器 554
　　17.8.1 $\alpha\beta$ 滤波器 556
　　17.8.2 $\alpha\beta\gamma$ 滤波器 559
17.9 卡尔曼滤波器 567
　　17.9.1 Singer $\alpha\beta\gamma$-卡尔曼滤波器 568
　　17.9.2 卡尔曼滤波器和 $\alpha\beta\gamma$ 滤波器的关系 570
17.10 MATLAB 卡尔曼滤波仿真 573
习题 579
附录 17-A 第 17 章 MATLAB 程序清单 581

第 18 章 战术合成孔径雷达（TSAR） 588

18.1 引言 588
　　18.1.1 侧视 SAR 的几何关系 588
18.2 SAR 设计上的考虑 590
18.3 SAR 雷达方程 594
18.4 SAR 信号处理 595
18.5 侧视 SAR 多普勒处理 595
18.6 利用多普勒处理进行 SAR 成像 598
18.7 距离移动 599
18.8 三维 SAR 成像技术 599
　　18.8.1 背景 600
　　18.8.2 DFTSQM 操作与信号处理 600

  18.8.3 DFTSQM SAR 图像的几何关系 603
  18.8.4 斜距方程 604
  18.8.5 信号合成 606
  18.8.6 电子处理 607
  18.8.7 方程（18.71）的推导 608
  18.8.8 第 k 个距离单元的非零泰勒级数系数 610
习题 611
附录 18-A 第 18 章 MATLAB 程序清单 612

参考文献 614

第一部分 雷达原理

第1章 定义和术语
  雷达系统的分类和波段
  脉冲和连续波（CW）雷达
  距离
  距离分辨率
  多普勒频率
  相干性
  分贝的算法
  习题
  附录 1-A　第1章 MATLAB 程序清单

第2章 基本脉冲和连续波（CW）雷达操作
  雷达距离方程
  低 PRF 雷达方程
  高 PRF 雷达方程
  监视雷达方程
  带干扰的雷达方程
  距离缩减因子
  双基地雷达方程
  雷达损耗
  噪声系数
  连续波雷达
  MATLAB 函数 "*range_calc.m*"
  习题
  附录 2-A　第2章 MATLAB 程序清单

第1章 定义和术语

本章介绍了一些基本的雷达定义并建立了本书使用的大多数术语。雷达（Radar）这个词是无线电探测和定位（Radio Detection and Ranging）几个英文单词的缩写。通常，雷达系统使用调制的波形和定向天线向空间中的特定空域发射电磁波以搜索目标。搜索空域内的物体（目标）把入射能量的一部分（雷达返回或回波）向雷达方向反射。然后，雷达接收机处理这些回波，从中提取距离、速度、角度位置和其他目标识别特征等目标信息。

1.1 雷达系统的分类和波段

雷达可以分为陆基、机载、星载或舰载雷达系统，也可以按照雷达的具体特征分成多种类别，例如根据使用的频带、天线类型和使用的波形等来分类。使用连续波、调制或其他方式的雷达系统，被分类为连续波（CW）雷达。另外，使用时间有限脉冲波形的雷达系统被分类为脉冲雷达。其他雷达系统的分类方法主要是与特定雷达的任务和/或功能有关，这包括气象、截获和搜索、跟踪、边搜索边跟踪、火控、预警、超视距、地形跟随和地形回避雷达等。相控阵雷达使用相控阵天线，通常称为多功能（多模式）雷达。相控阵是由两个或更多个基本辐射单元组成的天线。阵列天线合成机械转动的或电子转动的窄定向波束，通过控制馈给阵列各单元电流的相位可以实现电扫描，因此取名相控阵。

历史上，雷达最初作为军用工具进行研发。由于这个主要原因，在第二次世界大战期间及之后，大多数常用雷达系统分类使用了起初由军队使用的字母或频带名称。这种字母或频带名称也已经作为 IEEE（电气和电子工程师协会）标准。近年来，NATO（北大西洋公约组织）已经采用了一种新的频带名称，其字母更简单。图 1.1 给出了与这些双字母或频带雷达分类有关的频谱，而表 1.1 用一种结构化的格式给出了同样的信息。

图 1.1 雷达系统频带或字母分类

表 1.1　雷达系统频段或字母分类

字 母 名 称	频　率（GHz）	新频带名称（GHz）
HF	0.003～0.03	A
VHF	0.03～0.3	A < 0.25；B > 0.25
UHF	0.3～1.0	B < 0.5；C > 0.5
L 波段	1.0～2.0	D
S 波段	2.0～4.0	E < 3.0；F > 3.0
C 波段	4.0～8.0	G < 6.0；H > 6.0
X 波段	8.0～12.5	I < 10.0；J > 10.0
Ku 波段	12.5～18.0	J
K 波段	18.0～26.5	J < 20.0；K > 20.0
Ka 波段	26.5～40.0	K
MMW	通常大于 34.0	L < 60.0；M > 60.0

高频（HF）和甚高频（VHF）雷达（A 和 B 频带）：在第二次世界大战期间，这些 300 MHz 以下的雷达频带代表了雷达技术的前沿。然而，在现代雷达时期，这些频带用于预警雷达。这些雷达利用来自电离层的电磁波反射来探测地平面以下的目标，因此它们被称为超视距雷达（OTHR）。超视距雷达的例子包括图 1.2 中所示的美国海军的可再定位超视距雷达（ROTHR），以及图 1.3 中所示的俄罗斯的"啄木鸟"（Woodpecker）雷达。通过使用这些低 HF 和 VHF 频带，可以使用高功率发射机。在这些频率上，电磁波的大气衰减很小，并且可以使用高功率发射机来克服。由于较低频率需要极大物理尺寸的天线，所以雷达角测量精度在这些频带上受限，从而限制了雷达的角精度和角分辨率。其他通信和广播服务通常使用这些频带。因此军用雷达系统可用的带宽很有限，并在世界范围内高度竞争。低频率系统可用于树叶穿透（FoPen）应用及地面穿透（GPen）应用。

图 1.2　美国海军使用的可再定位超视距雷达。图片通过因特网获得
（http://www.fas.org/nuke/guide/usa/airdef/an-tps-71.htm）

图 1.3　俄罗斯的"啄木鸟"OTHR 雷达。图片通过因特网获得
(http://passingstrangeness.wordpress.com/2010/04/23/the-russian-woodpecker/)

超高频（UHF）雷达（C 波段）：UHF 频带用于超长距离的预警雷达（EWR）。例子包括工作在 245 MHz 的弹道导弹预警系统（BMEWS）搜索和跟踪单脉冲雷达（见图 1.4），周长和截获雷达（PAR）（这是一种超长距离多功能相控阵雷达），以及预警 PAVE PAWS 多功能 UHF 相控阵雷达。这个频段也用于长距离上的卫星和弹道导弹的跟踪与搜索。近年来，超宽带（UWB）雷达应用使用 A 到 C 频带的所有频率。UWB 雷达可用于 GPen 应用，也可用于穿墙应用。

图 1.4　英国菲林戴尔 BMEWS。图片通过因特网获得
(http://en.wikipedia.org/wiki/File:Radar_RAF_Fylingdales.jpg)

L 波段雷达（D 波段）：L 波段雷达主要是用于最远可达 250 海里（约 500 千米）的远距离军事和空中交通管制中搜索应用的陆基和舰载系统。由于地球曲率，所以探测低高度目标的最大可达距离受限，这些目标可能很快消失在地平面下。空中交通管制（ATM）远

距离监视雷达如航线监视雷达（ARSR）等工作在这个频段。这些雷达系统相对较大，需要很大的空间。历史上，因为"L"表示大天线或远距离雷达，所以采用了 L 波段这个名称。

S 波段雷达（E 和 F 波段）：大多数陆基和舰载中距离雷达工作在 S 波段。例如，用于空中交通管制的机场监视雷达（ASR），舰载美国海军宙斯盾（见图 1.5）多功能相控阵雷达，以及图 1.6 中所示的机载报警与控制系统（AWACS）都是 S 波段雷达。这个波段中的大气衰减比 D 波段高，同时它们更易受天气条件的影响。与较低频率的雷达相比，为达到最大探测距离，这个频段中的雷达通常需要相当高的发射功率。虽然对天气相当敏感，但美国国家气象服务下一代多普勒气象雷达（NEXRAD）仍然使用一部 S 波段雷达，这是因为它可以穿过大暴雨进行探测。在一些民用机场使用的特殊机场监视雷达（ASR）也处于这个波段，它们可以探测到最远 60 海里处的飞机。因为"S"表示较小的天线或较近距离雷达，所以采用了 S 波段这个名称（与 L 波段相反）。

图 1.5　美国海军宙斯盾。图片通过因特网获得
（http://mostlymissiledefense.com/2012/08/03/ballistic-missile-defense-the-aegis-spy-1-radar-august-3-2012/）

图 1.6　美国空军 AWACS。图片通过因特网获得
（http://www.globalsecurity.org/military/systems/aircraft/e-3-pics.htm）

C 波段雷达（G 波段）：许多机动军事战场监视、导弹控制及地面监视雷达系统工作在这个波段。大多数气象雷达系统也是 C 波段雷达。中程搜索和火控军用雷达与精密测量雷达均是 C 波段系统。在这个频段中，天线尺寸允许获得很好的角精度和分辨率。工作在这个波段的系统性能受恶劣天气的影响很严重，为了对抗这个影响，系统常采用圆极化天线馈源。

X 和 Ku 波段雷达（I 和 J 波段）：在 X 波段频率范围内（8～12 GHz），波长和天线尺寸的关系要比较低频率波段中好得多。要求好的目标探测能力，同时不能容忍更高频段的大气衰减的雷达系统通常是 X 波段。对于如机载雷达等军事应用来说，X 和 Ku 波段是相对常用的雷达频段，这是因为小天线尺寸提供了很好的性能。因为天线尺寸合适，所以导弹制导系统使用 Ku 波段（I 和 J 波段），这里的天线重量是个限制条件。对于军事电子情报和民用地理地图，在合成孔径雷达（SAR）中使用的星载或机载成像雷达通常使用这些频段。最后，这些频段也在海事民事和军用导航雷达中广泛使用。

K 和 Ka 波段雷达（J 和 K 波段）：这些高频波段受天气和大气衰减的影响严重。因此使用这些频段的雷达限于近程应用，例如警察交通雷达、近程地形回避及地形跟随雷达。另外，可达到的角精度和距离分辨率比其他波段都高。在 ATM 应用中，这些雷达通常称为地面活动监视雷达（SMR）或机场地面探测设备（ASDE）雷达。

毫米波（MMW）雷达（V 和 W 波段）：工作在这个频段的雷达也受高大气衰减的严重影响。雷达应用限制在最多数十米的极近程。在 W 波段中，最大衰减出现在大约 75 GHz 和大约 96 GHz 处。实践中这两个频率主要应用于汽车工业中，它们使用很小的雷达（约 75～76 GHz）作为停车助手、盲点及刹车辅助。某些工作在 96 GHz 到 98 GHz 的雷达系统用于实验室实验或原型系统。

1.2 脉冲和连续波（CW）雷达

当把波形类型用做雷达系统的分类特征时，这里有两种雷达：脉冲和连续波（CW）雷达系统。连续波雷达是那些连续发射电磁能量的雷达，它们使用分置的发射和接收天线。无调制连续波雷达能精确测量目标径向速度（多普勒频移）和角位置。连续波波形可看成是 $\cos 2\pi f_0 t$ 形式的纯正弦波。来自静止目标和杂波的雷达回波频谱将集中在 f_0 周围。一个移动目标回波的中心频率将移动 f_d，也即多普勒频率。因此通过测量频率差，CW 雷达可以非常精确地提取目标径向速度。由于连续波发射的连续性，因此如果不对雷达工作和波形进行一些修正，就不可能进行距离测量。简单来说，不使用某些形式的调制就不能提取目标距离信息。CW 雷达的主要用途是目标速度搜索和跟踪，以及导弹制导工作。

脉冲雷达使用一个脉冲波形串（一般带有调制）。在这种类型中，可以根据脉冲重复频率（PRF）将雷达系统分类为低重频、中重频和高重频雷达。低重频雷达主要用于对目标速度（多普勒频移）不感兴趣时的测距。高重频雷达主要用于测量目标速度。通过利用不同的调制方案，连续波及脉冲雷达既可以测量目标速度也可以测量径向速度。连续波和脉冲雷达系统的设计、工作和分析等内容可在后续章节中找到。

1.3 距离

图1.7给出了简化的脉冲雷达框图。时间控制方框产生整个系统所需的同步定时信号。调制器/发射机方框产生调制信号并将其送到天线。双工器控制发射模式和接收模式之间的天线转接。双工器可使一副天线同时用于发射和接收。在发射过程中,双工器把雷达的电磁能量引向天线;而在接收期间,则把接收到的雷达回波引向接收机。接收机把雷达返回信号进行放大,随即准备进行信号处理。信号处理器方框进行目标信息的提取。目标距离 R 可以通过测量时间延迟 Δt 来计算,Δt 是脉冲在雷达与目标之间往返所花费的时间。由于电磁波以光速 $c = 3 \times 10^8$ m/s 传播,所以

$$R = \frac{c\Delta t}{2} \qquad (1.1)$$

式中,R 的单位是 m(米),Δt 的单位是 s(秒)。因子 1/2 用于考虑往返的时间延迟。

通常,脉冲雷达发射和接收一串脉冲,如图 1.8 所示。脉冲之间的周期(IPP)为 T,脉冲宽度为 τ。IPP 通常被标为脉冲重复间隔(PRI)。PRI 的倒数就是 PRF,PRF 用 f_r 表示:

$$f_r = \frac{1}{\text{PRI}} = \frac{1}{T} \qquad (1.2)$$

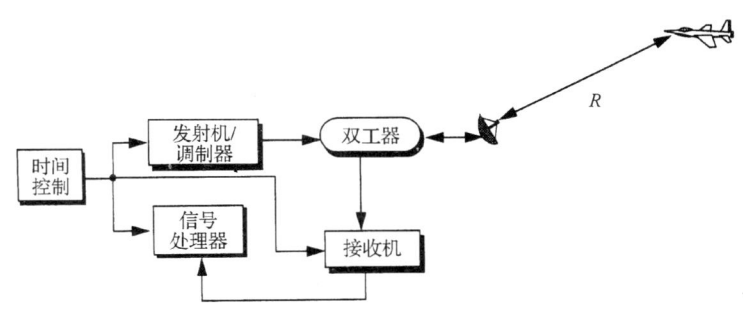

图 1.7 简化的脉冲雷达框图

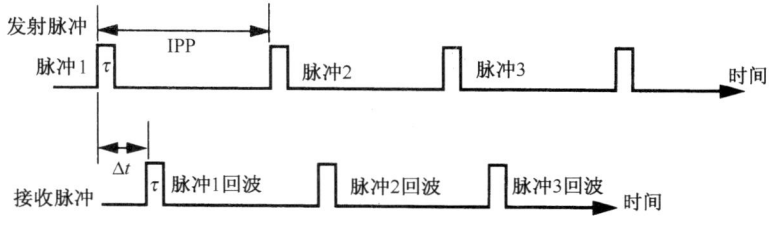

图 1.8 发射脉冲串和接收脉冲串

在每次 PRI 期间,雷达仅发射能量 τ 秒,在余下的 PRI 中等待目标回波。雷达发射占空因子 d_t 的定义是比值 $d_t = \tau/T$。雷达平均发射功率是

$$P_{av} = P_t \times d_t \qquad (1.3)$$

式中，P_t 表示雷达峰值发射功率。脉冲能量

$$E_p = P_t \tau = P_{av} T = P_{av}/f_r \tag{1.4}$$

与往返时间延迟 T 对应的距离称为雷达的非模糊距离 R_u。考虑图 1.9 中所示的情况。回波 1 表示由脉冲 1 从距离雷达 $R_1 = c\Delta t/2$ 的目标产生的雷达回波。回波 2 可以解释为由脉冲 2 从相同目标产生的回波，或者也可能是由脉冲 1 在距离目标为 R_2 的更远距离产生的回波。在这种情况下，

$$R_2 = \frac{c\Delta t}{2} \quad \text{或} \quad R_2 = \frac{c(T+\Delta t)}{2} \tag{1.5}$$

显然，回波 2 带有距离模糊。因此，雷达一旦发射了脉冲就必须等待足够长的时间，以便能在下一次脉冲发射前接收到最远距离目标的回波。由此，最大非模糊距离必须对应于 PRI 的一半：

$$R_u = c\frac{T}{2} = \frac{c}{2f_r} \tag{1.6}$$

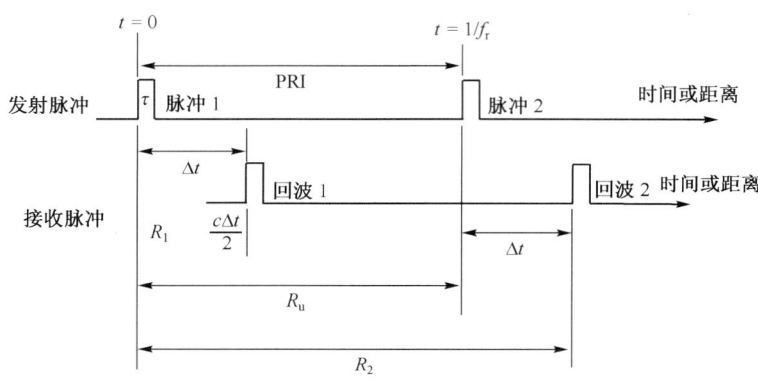

图 1.9　图示距离模糊

例：某机载脉冲雷达的峰值功率 $P_t = 10\,\text{kW}$，使用两种 PRF，$f_{r1} = 10\,\text{kHz}$，$f_{r2} = 30\,\text{kHz}$。如果平均发射功率 P_{av} 为常数并等于 1500 W，每种 PRF 的脉冲宽度是多少？计算每种情况下的脉冲能量。

解：由于 P_{av} 是常数，所有两种 PRF 具有相同的占空因子。更确切地说，

$$d_t = \frac{1500}{10 \times 10^3} = 0.15$$

脉冲重复间隔是

$$T_1 = \frac{1}{10 \times 10^3} = 0.1\,\text{ms}$$

$$T_2 = \frac{1}{30 \times 10^3} = 0.0333\,\text{ms}$$

由此

$$\tau_1 = 0.15 \times T_1 = 15\,\muس$$

$$\tau_2 = 0.15 \times T_2 = 5\,\mu س$$

$$E_{p1} = P_t \tau_1 = 10 \times 10^3 \times 15 \times 10^{-6} = 0.15\,J$$

$$E_{p2} = P_2 \tau_2 = 10 \times 10^3 \times 5 \times 10^{-6} = 0.05\,J$$

MATLAB 函数 "pulse_train.m"

MATLAB 函数 "pulse_train.m" 计算占空因子、平均发射功率、脉冲能量和脉冲重复频率。语法如下：

[dt, pav, ep, prf, ru] = pulse_train(tau, pri, p_peak)

其中：

符 号	说 明	单 位	状 态
tau	脉冲宽度	s	输入
pri	PRI	s	输入
p_peak	峰值功率	W	输入
dt	占空因子	无	输出
pav	平均发射功率	W	输出
ep	脉冲能量	J	输出
prf	PRF	Hz	输出
ru	非模糊距离	km	输出

1.4 距离分辨率

距离分辨率（用 ΔR 表示）是雷达的一种量度，用于描述雷达分别探测出相邻目标的能力。雷达系统通常设计成在最小距离 R_{min} 和最大距离 R_{max} 之间工作。R_{min} 和 R_{max} 之间的距离分为 M 个距离仓（门），每个宽度为 ΔR，

$$M = \frac{R_{max} - R_{min}}{\Delta R} \tag{1.7}$$

间隔至少为 ΔR 的目标可以在距离上完全分辨出来，如图1.10所示。在相同距离门之内的目标可以使用信号处理技术分辨出横向距离（方位角）。

考虑位于 R_1 和 R_2 的两个目标，分别对应的时间延迟为 t_1 和 t_2。距离差 ΔR 为

$$\Delta R = R_2 - R_1 = c\frac{(t_2 - t_1)}{2} = c\frac{\delta t}{2} \tag{1.8}$$

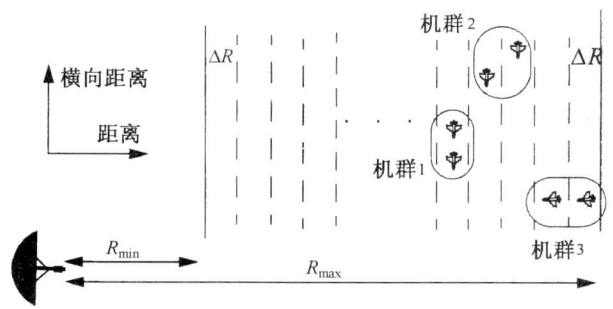

图 1.10 在距离和横向距离上分辨目标

现在,试回答下列问题:当在距离上(不同距离门)可完全分辨位于 R_1 的目标 1 和位于 R_2 的目标 2 时,最小的 $\delta\tau$ 是多少?也就是说,最小的 ΔR 是多大?

首先,假设两个目标分离 $c\tau/4$,τ 是脉冲宽度。在这种情况下,当脉冲后沿撞上目标 2 时,脉冲前沿已反向行走了 $c\tau$,返回的脉冲将包括两个目标的回波(即未分辨的回波),如图 1.11(a)所示。然而,如果两个目标的间距至少为 $c\tau/2$,那么当脉冲后沿撞上第一个目标时,这个脉冲的前沿才开始从第二个目标返回,于是如图 1.11(b)所示,将产生两个分开的返回脉冲。因此,ΔR 必须大于或等于 $c\tau/2$。由于雷达带宽 B 等于 $1/\tau$,则

$$\Delta R = \frac{c\tau}{2} = \frac{c}{2B} \qquad (1.9)$$

通常情况下,为了提高雷达性能,雷达用户和设计者都在搜寻把 ΔR 做到最小的方法。按照方程(1.9)的提示,如果要获得良好的距离分辨率则必须减小脉冲宽度。但是,这样会降低平均发射功率,增加工作带宽。使用脉冲压缩技术可以在保持足够的平均发射功率的同时获得良好的距离分辨率。

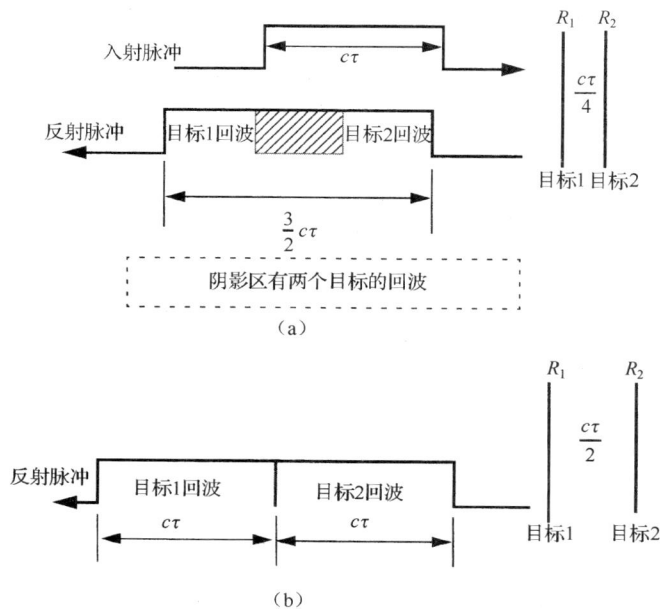

图 1.11 (a)两个未分辨目标;(b)两个已分辨目标

例：非模糊距离为 100 km 的雷达系统，带宽为 0.5 MHz。计算需要的 PRF、PRI、ΔR 和 τ。

解：

$$\text{PRF} = \frac{c}{2R_u} = \frac{3 \times 10^8}{2 \times 10^5} = 1500 \text{ Hz}$$

$$\text{PRI} = \frac{1}{\text{PRF}} = \frac{1}{1500} = 0.6667 \text{ ms}$$

使用函数"*range_resolution*"，得

$$\Delta R = \frac{c}{2B} = \frac{3 \times 10^8}{2 \times 0.5 \times 10^6} = 300 \text{ m}$$

$$\tau = \frac{2\Delta R}{c} = \frac{2 \times 300}{3 \times 10^8} = 2 \text{ }\mu s$$

MATLAB 函数"range_resolution.m"

MATLAB 函数"*range_resolution.m*"计算距离分辨率。语法如下：

[delta_R] = range_resolution(var, indicator)

其中：

符　号	说　明	单　位	状　态
var, indicator	带宽，"hz"	Hz, 无	输入
var, indicator	脉冲宽度，"s"	s, 无	输入
delta_R	距离分辨率	m	输出

1.5 多普勒频率

雷达使用多普勒频率来提取目标径向速度（距离率），以及分辨杂波、静止物体和运动物体等目标。多普勒现象描述入射波形由于目标相对辐射源的运动而产生的中心频率移动。这个频移取决于目标运动的方向，可以是正的也可以是负的。照射到目标上的波形具有间隔为波长 λ 的等相位波前。靠近的目标会导致反射的等相位波前相互靠近（较短波长）。反之，一个离开或后退目标（离开雷达运动）将导致反射的等相位波前扩展（较长波长），如图 1.12 所示。

如图1.13所示，宽度为 τ（单位为 s）的脉冲入射到以速度 v 向雷达运动的目标上。定义 d 为在间隔 Δt 内目标移向脉冲内的距离：

$$d = v\Delta t \qquad (1.10)$$

式中，Δt 等于脉冲前沿碰到目标与后沿碰到目标之间的时间间隔。由于脉冲以光速运动，后沿已经移动的距离是 $c\tau - d$，那么

$$c\tau = c\Delta t + v\Delta t \tag{1.11}$$

$$c\tau' = c\Delta t - v\Delta t \tag{1.12}$$

用方程（1.12）除以方程（1.11）得

$$\frac{c\tau'}{c\tau} = \frac{c\Delta t - v\Delta t}{c\Delta t + v\Delta t} \tag{1.13}$$

消去方程（1.13）两边的 c 和 Δt 后，得出反射和入射脉冲宽度之间的关系式为

$$\tau' = \frac{c-v}{c+v}\tau \tag{1.14}$$

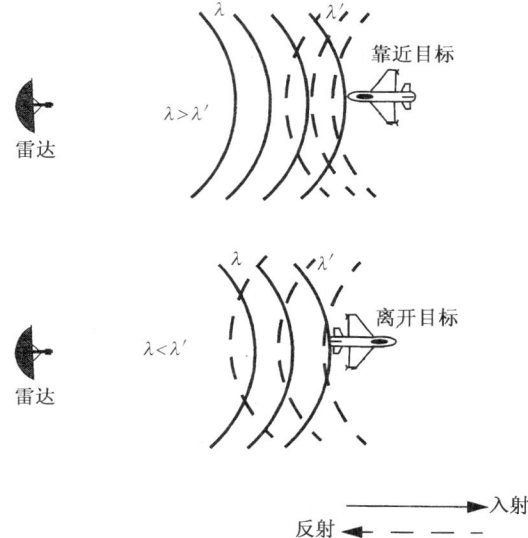

图 1.12　目标运动对反射的等相位波形的影响

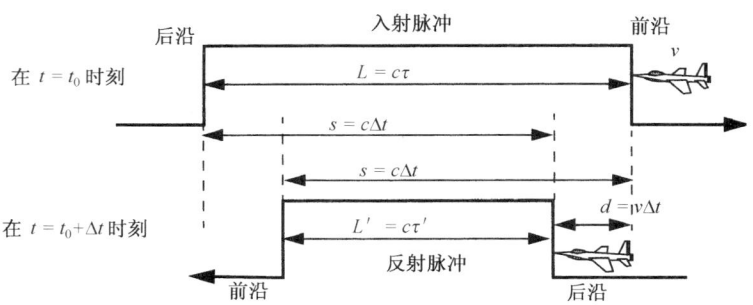

图 1.13　目标速度对单个脉冲的影响

实际上，因子 $(c-v)/(c+v)$ 通常称为时间扩张因子。注意，如果 $v = 0$，那么 $\tau' = \tau$。以同样的方式可以计算远离目标的 τ'。在这种情况下，

$$\tau' = \frac{v+c}{c-v}\tau \tag{1.15}$$

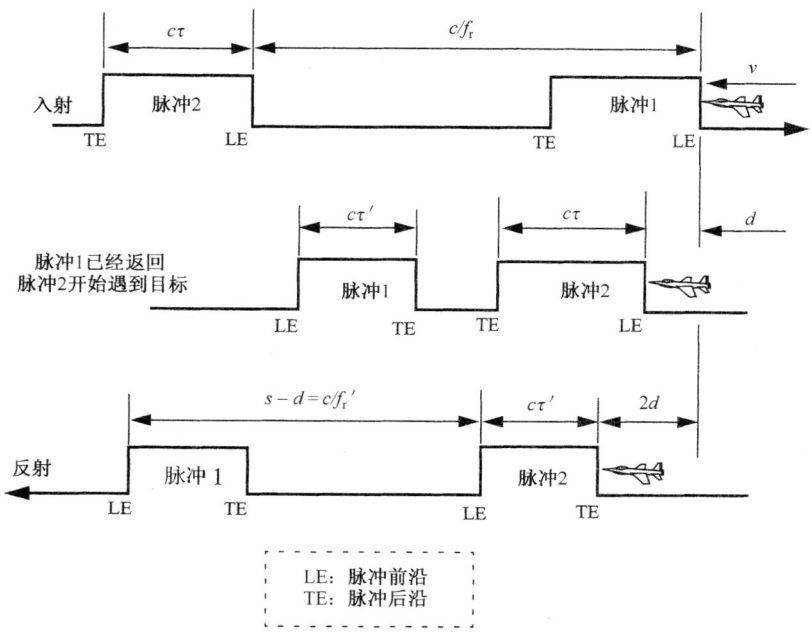

图 1.14 目标运动对雷达脉冲的影响

为推导多普勒频率的表达式,考虑图 1.14。脉冲 2 的前沿要花 Δt 秒行走距离 $(c/f_r) - d$ 来与目标相遇。在相同的时间间隔期内,脉冲 1 的前沿行走了相同的距离 $c\Delta t$。更精确地说,

$$d = v\Delta t \tag{1.16}$$

$$\frac{c}{f_r} - d = c\Delta t \tag{1.17}$$

解 Δt 得

$$\Delta t = \frac{c/f_r}{c+v} \tag{1.18}$$

$$d = \frac{cv/f_r}{c+v} \tag{1.19}$$

现在反射脉冲间隔为 $s-d$,新的 PRF 是 f_r',这里

$$s - d = \frac{c}{f_r'} = c\Delta t - \frac{cv/f_r}{c+v} \tag{1.20}$$

由此,新 PRF 与原 PRF 之间的关系是

$$f_r' = \frac{c+v}{c-v} f_r \tag{1.21}$$

然而,由于循环的数量不变,反射信号的频率以相同的因子而上升。用 f_0' 表示新频率,则

$$f_0' = \frac{c+v}{c-v} f_0 \tag{1.22}$$

式中，f_0是入射信号的载波频率。多普勒频率f_d定义为$f_0' - f_0$的差。更精确地说，

$$f_d = f_0' - f_0 = \frac{c+v}{c-v} f_0 - f_0 = \frac{2v}{c-v} f_0 \tag{1.23}$$

但由于$v \ll c$且$c = \lambda f_0$，则

$$f_d \approx \frac{2v}{c} f_0 = \frac{2v}{\lambda} \tag{1.24}$$

方程（1.24）表明，多普勒频移与目标速度成正比，因此可以从距离变化率中提取f_d，反之亦然。

方程（1.24）的结果也可以使用下列方法导出：图1.15给出了一个以速度v接近的目标。令R_0表示时间t_0（参考时间）时的距离，那么任意时刻t时到目标的距离是

$$R(t) = R_0 - v(t - t_0) \tag{1.25}$$

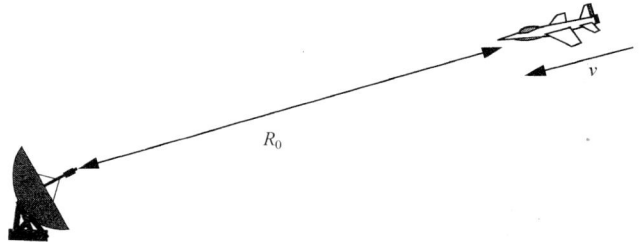

图1.15　以速度v接近的目标

雷达接收到的信号则由下式给出，

$$x_r(t) = x(t - \psi(t)) \tag{1.26}$$

式中，$x(t)$是发射信号，且

$$\psi(t) = \frac{2}{c}(R_0 - vt + vt_0) \tag{1.27}$$

把方程（1.27）代入方程（1.26），合并同类项后得

$$x_r(t) = x\left(\left(1 + \frac{2v}{c}\right)t - \psi_0\right) \tag{1.28}$$

常数相位ψ_0为

$$\psi_0 = \frac{2R_0}{c} + \frac{2v}{c} t_0 \tag{1.29}$$

定义压缩或比例因子γ为

$$\gamma = 1 + (2v/c) \tag{1.30}$$

注意，对一个后退信号而言，比例因子$\gamma = 1 - (2v/c)$。利用方程（1.30）可以将方程（1.28）改写为

$$x_r(t) = x(\gamma t - \psi_0) \tag{1.31}$$

方程(1.31)是从静止目标($v=0$)返回信号的时间压缩形式。因此,按照傅里叶(Fourier)变换的比例特性,接收信号的频谱在频率上将以因子γ扩展。

考虑下列特殊情况,即

$$x(t) = y(t)\cos\omega_0 t \tag{1.32}$$

式中,ω_0是雷达以每秒弧度表示的中心频率。那么,接收信号$x_r(t)$由下式给出:

$$x_r(t) = y(\gamma t - \psi_0)\cos(\gamma\omega_0 t - \psi_0) \tag{1.33}$$

方程(1.33)的傅里叶变换是

$$X_r(\omega) = \frac{1}{2\gamma}\left(Y\left(\frac{\omega}{\gamma} - \omega_0\right) + Y\left(\frac{\omega}{\gamma} + \omega_0\right)\right) \tag{1.34}$$

为了简单,常数相位ψ_0在方程(1.34)中被忽略。因此,接收信号的带通频谱现在以$\gamma\omega_0$而不是ω_0为中心。由于目标移动产生的多普勒频移量所对应的ω值之间的差为

$$\omega_d = \omega_0 - \gamma\omega_0 \Leftrightarrow f_d = f_0 - \gamma f_0 \tag{1.35}$$

ω_d和f_d是每秒弧度内的多普勒频率。把γ的值代入方程(1.35)并使用$2\pi f = \omega$得

$$f_d = \frac{2v}{c} f_0 = \frac{2v}{\lambda} \tag{1.36}$$

这与方程(1.24)相同。可以证明,对一个后退目标而言,多普勒频移是$f_d = -2v/\lambda$,见图1.16。

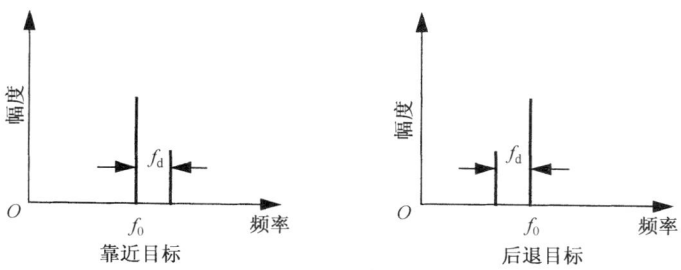

图1.16 显示多普勒频移的雷达接收信号频谱

在方程(1.36)和方程(1.24)中,目标相对雷达的径向速度等于v,但并不总是这样。实际上,多普勒频率的量取决于目标速度在雷达方向上的径向分量(径向速度)。图1.17给出三个速度都是v的目标:目标1具有零多普勒频移;目标2按照方程(1.36)具有最大的多普勒频移;目标3的多普勒频移是$f_d = 2v\cos\theta/\lambda$,其中$v\cos\theta$是径向速度,$\theta$是雷达视线与目标之间的夹角。因此,考虑雷达与目标之间夹角的f_d的更一般表达式为

$$f_d = \frac{2v}{\lambda}\cos\theta \tag{1.37}$$

对于远离目标:

$$f_d = \frac{-2v}{\lambda}\cos\theta \tag{1.38}$$

式中，$\cos\theta = \cos\theta_e \cos\theta_a$。如图 1.18 所示，角 θ_e 和角 θ_a 分别对应仰角和方位角。

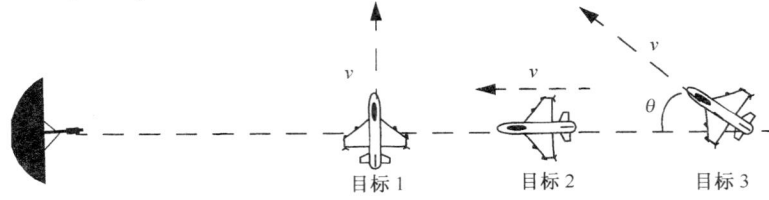

图 1.17　目标 1 产生零多普勒；目标 2 产生最大的多普勒；目标 3 介于两者之间

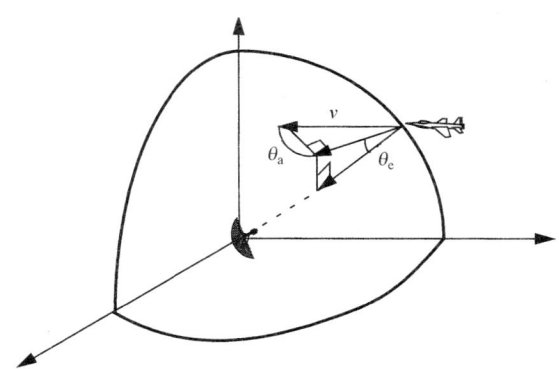

图 1.18　径向速度正比于仰角和方位角

例：计算下图中雷达的多普勒频率。

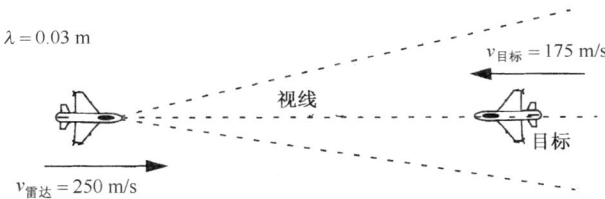

解：雷达与目标之间的相对径向速度为 $v_{雷达} + v_{目标}$。由方程（1.36）得

$$f_d = 2\frac{(250 + 175)}{0.03} = 28.3 \text{ kHz}$$

类似地，如果是远离目标，则多普勒频率是

$$f_d = 2\frac{(250 - 175)}{0.03} = 5 \text{ kHz}$$

MATLAB 函数 "doppler_freq.m"

函数 "doppler_freq.m" 计算多普勒频率；语法如下：

[fd, tdr] = doppler_freq(freq, ang, tv, indicator)

其中：

符　号	说　明	单　位	状　态
freq	雷达工作频率	Hz	输入
ang	姿态角	度	输入
tv	目标速度	m/s	输入
fd	多普勒频率	Hz	输出
tdr	时间扩张因子比 τ'/τ	无	输出

1.6 相干性

如果任意两个发射脉冲的相位是一致的，则称雷达是相干的；也就是说，从一个脉冲到下一个脉冲信号的相位是连续的，如图1.19（a）所示。参看图1.19（b），如果雷达能够在一个脉冲末端的等相位波前和下一个脉冲前端的等相位波前之间保持整数个波长，那么这就是相干性。使用稳定本机振荡器（STALO）可以获得相干性。如果雷达存储了所有发射脉冲的相位，则可以称它为接收时相干或准相干。在这种情况下，接收机的参考相位通常是最近发射的脉冲相位。

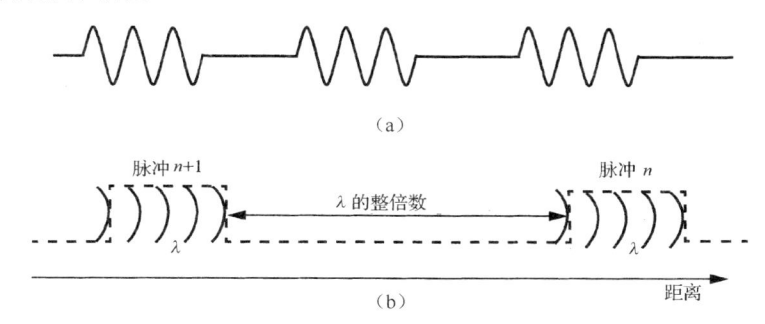

图1.19 （a）连续脉冲之间的相位连续性；（b）保持任意两个连续
脉冲等相位波前之间存在整数个波长就可以保证相干性

相干性也指的是雷达精确测量（提取）接收信号相位的能力。由于多普勒表示接收信号中的频移，那么只有相干的或接收相干的雷达才能提取多普勒信息。这是因为信号的瞬时频率正比于信号相位的时间导数。更精确地说，

$$f_\mathrm{i} = \frac{1}{2\pi} + \frac{\mathrm{d}}{\mathrm{d}t}\psi(t) \tag{1.39}$$

式中，f_i是瞬时频率，$\psi(t)$是信号相位。

例如，考虑下面的信号：

$$x(t) = \cos(\gamma\omega_0 t - \psi_0) \tag{1.40}$$

式中，比例因子γ已在方程（1.30）中定义，ψ_0是一个常数相位。由此，瞬时频率$x(t)$为

$$f_\mathrm{i} = \gamma f_0 \tag{1.41}$$

式中，$\omega_0 = 2\pi f_0$。把方程（1.30）代入方程（1.41）得

$$f_i = f_0\left(1 + \frac{2v}{c}\right) = f_0 + \frac{2v}{\lambda} \tag{1.42}$$

式中使用了关系式 $c = \lambda f$。注意，方程（1.42）右侧的第二项表示多普勒频移。

1.7 分贝的算法

分贝（dB）是一个测量的对数单位，它表示一个物理量（如电压、功率或天线增益）与一个同类型的特定参考量的比。单位 dB 以 Alexander Graham Bell 的名字命名，Bell（贝尔）提出使用这个单位作为电话线中功率衰减的测量。根据 Bell 的定义，一个单位的贝尔增益为

$$\log\left(\frac{P_0}{P_i}\right) \tag{1.43}$$

式中的对数运算以 10 为底，P_0 是一根标准电话线（几乎 1 英里长）的输出功率，P_i 是电话线的输入功率。如果用电压（或电流）比代替功率比，那么一个单位的贝尔增益定义为

$$\log\left(\frac{V_0}{V_i}\right)^2 \quad 或 \quad \log\left(\frac{I_0}{I_i}\right)^2 \tag{1.44}$$

1 分贝（dB）为 1/10 贝尔（前缀"deci"的意思是 10^{-1}）。因此 1 dB 定义为

$$10\log\left(\frac{P_0}{P_i}\right) = 10\log\left(\frac{V_0}{V_i}\right)^2 = 10\log\left(\frac{I_0}{I_i}\right)^2 \tag{1.45}$$

由以下关系式可以计算逆分贝，

$$\begin{aligned} P_0/P_i &= 10^{dB/10} \\ V_0/V_i &= 10^{dB/20} \\ I_0/I_i &= 10^{dB/20} \end{aligned} \tag{1.46}$$

由于几个原因，因此分贝这个术语被雷达设计师和使用者广泛使用，其中可能最重要的原因是用 dB 表示雷达相关物理量大大降低了设计师或使用者必须使用的动态范围。例如，一个输入雷达信号可能很微弱，只有 1×10^{-9} V，它可以用 dB 表示成 $10\log(1 \times 10^{-9}) = -90$ dB。另外，一个目标可能位于距离 $R = 1000$ 千米处，它可以用 dB 表示成 60 dB。在雷达设计和分析中使用 dB 的另一个优点是为与计算不同雷达参数有关的算法提供了方便。因为以 10 为底的乘法转换成了 dB 算法中的加法，除法转换成了减法。例如，

$$\frac{250 \times 0.0001}{455} = [10\log(250) + 10\log(0.0001) - 10\log(455)]\text{dB} = -42.6 \text{ dB} \tag{1.47}$$

通常，

$$10\log\left(\frac{A \times B}{C}\right) = 10\log A + 10\log B - 10\log C \tag{1.48}$$

$$10\log A^q = q \times 10\log A \qquad (1.49)$$

在雷达分析中常用的其他 dB 比率包括 dBsm（dB，平方米）。当涉及目标雷达截面积（RCS）时，它的单位是平方米，因此这个定义非常重要。更精确地说，一个 RCS 为 $(\sigma\ m^2)$ 的目标可以用 dBsm 表示成 $10\log(\sigma\ m^2)$。例如一个 10 m² 的目标常被称为一个 10 dBsm 的目标，而一个 RCS 为 0.01 m² 的目标等于 -20 dBsm。

最终，单位 dBm（dB，毫瓦）和 dBW（dB，瓦）分别是以 1 毫瓦和 1 瓦为参考的功率比 dB，

$$\text{dBm} = 10\log\left(\frac{P}{1\,\text{mW}}\right) \qquad (1.50)$$

$$\text{dBm} = 10\log\left(\frac{P}{1\,\text{W}}\right) \qquad (1.51)$$

为了从 dBW 得到 dBm，要增加 30 dB，而为了从 dBm 得到 dBW，要减去 30 dB。其他常用的 dB 单位包括 dBz 和 dBi。dBz 用来测量以 mm⁶m⁻³ 为参考的、代表雷达接收回波功率量的气象雷达反射。单位 dBi（dB，各向同性）代表天线前向增益与向所有方向以相等辐能量发射的理想各向同性天线之比。

习题

1.1 （a）一部脉冲雷达的 PRF 是 200 Hz 和 750 Hz，计算最大非模糊距离；（b）对应的 PRI 是多少？

1.2 对于习题 1.1 中的相同雷达，假设占空因子是 30%，峰值功率是 5 kW。计算平均功率和前 20 ms 内辐射能量的数量。

1.3 某脉冲雷达使用的脉冲宽度为 $\tau = 1\,\mu s$。计算相应的距离分辨率。

1.4 一部 X 波段雷达使用的 PRF 为 3 kHz。计算非模糊距离和距离分辨率为 30 m 时需要的带宽。占空因子是多少？

1.5 当一个目标以每秒 100 m、200 m 和 350 m 的速度靠近时计算其多普勒频移。计算每种情况下的时间扩张系数。假设 $\lambda = 0.3\,\text{m}$。

1.6 当一个目标位于离雷达 30 km、80 km 和 150 km 处时，计算每种情况下的双程延迟、最小 PRI 及对应的 PRF。

1.7 假设有一部 S 波段雷达，对于以下目标距离速度：50 m/s、200 m/s 及 250 m/s，多普勒频率分别是什么？

1.8 对于 X 波段雷达（9.5 GHz），重复以上问题。

1.9 某 L 波段雷达的中心频率是 1.5 GHz，PRF $f_r = 10$ kHz。计算这部雷达能探测的最大多普勒频移。

1.10 以方程（1.25）的修改形式开始，推导后退目标的多普勒频移表达式。

1.11 参考图 1.18，计算 $v = 150$ m/s，$\theta_a = 30°$ 且 $\theta_e = 15°$ 时的多普勒频率。假设 $\lambda = 0.1\,\text{m}$。

1.12 某脉冲雷达的距离分辨率为 30 cm。假设脉冲是 45 kHz 的正弦波形，判断脉冲宽度和相应的带宽。

1.13 (a)推导脉冲雷达 PRF 最小的表达式;(b)计算速度为 400 m/s 的靠近目标的 $f_{r_{min}}$;(c) 非模糊距离有多大？假设 $\lambda = 0.2$ m。

1.14 某部雷达的任务是探测并跟踪月亮。假设到月亮的平均距离为 3.844×10^8 m，并且它的平均雷达截面积为 6.64×10^{11} m^2。(a) 计算到月亮的延迟。(b) 为了使到月亮的距离不模糊所需的 PRF 是多少？(c) 用 dBsm 表示的月亮的雷达截面积是多少？

1.15 一部 L 波段脉冲雷达设计成其非模糊距离是 100 km，距离分辨率 $\Delta R \leq 100$ m。最大可分辨多普勒频率对应的 $v_{非目标} \leq 350$ m/s。计算 $P_t = 500$ W 时需要的最大脉冲宽度、PRF 及平均发射功率。

1.16 某个目标具有以下特征：用对应的 x、y、z 分量给出的到雷达的距离为 $\{25$ km, 32 km, 12 km$\}$。目标速度向量为 $v_z = v_y = 0$，$v_x = -250$ m/s。计算目标的合成距离和距离速率。如果雷达的工作频率为 9 GHz，对应的多普勒频率是多少？

附录 1-A 第 1 章 MATLAB 程序清单

本章提供的 MATLAB 程序只是作为独立的学术工具设计的而没有其他用途。这里代码的编写方式是为了帮助读者更好地理解相关的理论。这些程序不是为任何类型的开环或闭环仿真研发的。本书中的 MATLAB 程序可通过 CRC 出版社的网站下载，登录 www.crcpress.com 搜索关键字 "Mahafza" 以定位本书的网页。

MATLAB 函数 "pulse_train.m" 程序清单

```
function [dt, prf, pav, ep, ru] = pulse_train (tau, pri, p_peak)
% computes duty cycle, average transmitted power, pulse energy, and pulse repetition frequency
%%% Inputs:
    % tau         == Pulse width in seconds
    % pri         == Pulse repetition interval in seconds
    % p_peak      == Peak power in Watts
%%% Outputs:
    % dt          == Duty cycle - unitless
    % prf         == Pulse repetition frequency in Hz
    % pa          == Average power in Watts
    % ep          == Pulse energy in Joules
    % ru          == Unambiguous range in Km
%
c = 3e8; % speed of light
dt = tau / pri;
prf = 1. / pri;
pav = p_peak * dt;
ep = p_peak * tau;
ru = 1.e-3 * c * pri /2.0;
return
```

MATLAB 函数 "range_resolution.m" 程序清单

```
function [delta_R] = range_resolution (var)
% This function computes radar range resolution in meters
%%  Inputs:
   % var can be either
      % var       == Bandwidth in Hz
      % var       == Pulse width in seconds
%%  Outputs:
   % delta_R    == range resolution in meters
% Bandwidth may be equal to (1/pulse width)==> indicator = seconds
%
c = 3.e+8; % speed of light
indicator = input ('Enter 1 for var == Bandwidth, OR 2 for var == Pulse width \n');
switch (indicator)
   case 1
      delta_R = c / 2.0 / var; % del_r = c/2B
   case 2
      delta_R = c * var / 2.0; % del_r = c*tau/2
end
return
```

MATLAB 函数 "doppler_freq.m" 程序清单

```
function [fd, tdr] = doppler_freq (freq, ang, tv)
% This function computes Doppler frequency and time dilation factor ratio (tau_prime / tau)
%% Inputs:
   % freq       == radar operating frequency in Hz
   % ang        == target aspect angle in degrees
   % tv         == target velocity in m/sec
%% Outputs:
   % fd         == Doppler frequency in Hz
   % tdr        == time dilation factor; unitless
%
format long
indicator = input ('Enter 1 for closing target, OR 2 for opening target \n');
c = 3.0e+8;
ang_rad = ang * pi /180.;
lambda = c / freq;
switch (indicator)
   case 1
      fd = 2.0 * tv * cos(ang_rad) / lambda;
      tdr = (c - tv) / (c + tv);
   case 2
      fd = -2.0 * c * tv * cos(and_rad) / lambda;
      tdr = (c + tv) / (c - tv);
end
return
```

第 2 章 基本脉冲和连续波（CW）雷达操作

2.1 雷达距离方程

考虑一部带有全向天线的雷达（向所有方向均匀发射能量的雷达）。由于这种类型的天线具有球面辐射方向图，则在空间任意一点的峰值功率密度（每单位面积上的功率）可定义为

$$P_D = \frac{\text{峰值发射功率}}{\text{球面积}} \quad \frac{\text{瓦特}}{m^2} \tag{2.1}$$

离雷达（假设无损耗传播媒介）为 R 处的功率密度是

$$P_D = P_t / 4\pi R^2 \tag{2.2}$$

式中，P_t 是峰值发射功率，$4\pi R^2$ 是半径为 R 的球面面积。雷达系统为增加某一方向上的功率密度而使用定向天线。定向天线通常用天线增益为 G 和天线有效孔径 A_e 来表征，它们之间的关系是

$$G = (4\pi A_e)/\lambda^2 \tag{2.3}$$

式中，λ 是波长。天线有效孔径 A_e 与物理孔径 A 之间的关系是

$$\begin{array}{c} A_e = \rho A \\ 0 \leqslant \rho \leqslant 1 \end{array} \tag{2.4}$$

ρ 是孔径效率，好的天线要求 $\rho \to 1$。在本书中我们假定，如果没有其他说明，A_e 和 A 相同。同时也假定天线在发射模式和接收模式下具有相同的增益。实际上，人们普遍接受 $\rho \approx 0.7$。

增益和天线方位及仰角波束宽度又有关系式：

$$G = K \frac{4\pi}{\theta_e \theta_a} \tag{2.5}$$

式中，$K \leqslant 1$ 且取决于物理孔径形状；角度 θ_e 和 θ_a 分别是以弧度为单位的天线仰角和方位波束宽度。方程（2.5）的一个很好的近似是

$$G = K \frac{26\,000}{\theta_e \theta_a} \tag{2.6}$$

式中，天线仰角和方位波束宽度是以弧度为单位的。

雷达使用增益为 G 的定向天线时，离雷达为 R 处的功率密度为

第 2 章 基本脉冲和连续波（CW）雷达操作

$$P_D = \frac{P_t G}{4\pi R^2} \quad (2.7)$$

当雷达辐射能量撞击到目标时，目标上感应产生的表面电流向所有方向辐射电磁波。辐射能量的数量与目标尺寸、定向、物理形状和材料成正比，所有这些因素结合在一起形成一个称为雷达截面积（RCS）的目标特定参数，用 σ 表示。

雷达截面积定义为向雷达反射的功率与入射到目标上的功率密度的比值：

$$\sigma = \frac{P_r}{P_D} \text{ m}^2 \quad (2.8)$$

式中，P_r 是从目标反射的功率。因此，天线向雷达信号处理器传递的总功率是

$$P_{Dr} = \frac{P_t G \sigma}{(4\pi R^2)^2} A_e \quad (2.9)$$

把方程（2.3）中 A_e 的值代入方程（2.9）得

$$P_{Dr} = \frac{P_t G^2 \lambda^2 \sigma}{(4\pi)^3 R^4} \quad (2.10)$$

令 $S_{\min}$ 表示最小可探测功率。则雷达最大距离 $R_{\max}$ 为

$$R_{\max} = \left(\frac{P_t G^2 \lambda^2 \sigma}{(4\pi)^3 S_{\min}} \right)^{1/4} \quad (2.11)$$

方程（2.11）表明，为了使雷达的最大距离加倍，必须将峰值发射功率 P_t 增大 16 倍；或者等效地增大有效孔径 4 倍。

在实际情况中，雷达接收的回波信号与噪声掺杂在一起，噪声在所有雷达频率上产生不需要的电压。噪声本质上是随机的，可以用功率谱密度（PSD）函数描述。噪声功率 N 是雷达工作带宽 B 的函数。更精确地说，

$$N = \text{噪声 PSD} \times B \quad (2.12)$$

接收机的输入噪声功率是

$$N_i = kT_s B \quad (2.13)$$

式中，$k = 1.38 \times 10^{-23}$ J/K 是玻尔兹曼（Boltzmann）常数，T_s 是以热力学温度（K）为单位的总有效系统噪声温度。通常希望可探测的最小信号（$S_{\min}$）大于噪声功率。雷达接收机的保真度通常由称为噪声系数 F 的品质因素表示。噪声系数定义为

$$F = \frac{(\text{SNR})_i}{(\text{SNR})_o} = \frac{S_i/N_i}{S_o/N_o} \quad (2.14)$$

$(\text{SNR})_i$ 和 $(\text{SNR})_o$ 分别是接收机输入端和输出端的信噪比。输入信号功率是 S_i，天线末端的输入噪声功率是 N_i，S_o 和 N_o 分别是输出的信号功率和噪声功率。

不包括天线在内的接收机的有效噪声温度是

$$T_e = T_o(F - 1) \quad (2.15)$$

式中，$T_o = 290$ K，F 是接收机噪声系数。从而得出总有效系统噪声温度 T_s 为

$$T_s = T_e + T_a = T_0(F-1) + T_a = T_oF - T_o + T_a \tag{2.16}$$

式中，T_a 是天线温度。

在很多雷达应用中，希望将天线温度 T_a 设为 T_o，因此方程（2.16）简化为

$$T_s = T_oF \tag{2.17}$$

在方程（2.17）中使用方程（2.13），并将结果代入方程（2.14）得

$$S_i = kT_oBF(\text{SNR})_o \tag{2.18}$$

因此，可探测的最小信号功率可以写成

$$S_{\min} = kT_oBF(\text{SNR})_{o_{\min}} \tag{2.19}$$

雷达的探测门限设定为等于最小的输出 SNR，即 $(\text{SNR})_{o_{\min}}$。把方程（2.19）代入方程（2.11）得

$$R_{\max} = \left(\frac{P_tG^2\lambda^2\sigma}{(4\pi)^3 kT_oBF(\text{SNR})_{o_{\min}}}\right)^{1/4} \tag{2.20}$$

或等效地有

$$(\text{SNR})_{o_{\min}} = \frac{P_tG^2\lambda^2\sigma}{(4\pi)^3 kT_oBFR_{\max}^4} \tag{2.21}$$

一般来说，用 L 表示的雷达损耗会降低总 SNR，因此

$$(\text{SNR})_o = \frac{P_tG^2\lambda^2\sigma}{(4\pi)^3 kT_oBFLR^4} \tag{2.22}$$

虽然方程（2.22）是普遍熟知且被用做雷达方程，但在天线温度不等于290 K 时它不是完全准确的。在大多数的实际情况中，天线温度可以从几热力学温度到几千热力学温度之间变化。然而，如果雷达接收机噪声系数足够大，引起的误差将是较小的。如果要准确计入雷达天线温度，必须将方程（2.17）用到方程（2.22）中。得出的雷达方程为

$$(\text{SNR})_o = \frac{P_tG^2\lambda^2\sigma}{(4\pi)^3 kT_sBLR^4} \tag{2.23}$$

例：某 C 波段雷达具有下列参数：峰值功率 $P_t = 1.5$ MW，工作频率 $f_0 = 5.6$ GHz，天线增益 $G = 45$ dB，有效温度 $T_o = 290$ K，脉冲宽度 $\tau = 0.2$ μs。雷达门限为 $(\text{SNR})_{\min} = 20$ dB。假设目标的截面积 $\sigma = 0.1$ m^2。计算最大作用距离。

解：雷达带宽是

$$B = \frac{1}{\tau} = \frac{1}{0.2 \times 10^{-6}} = 5 \text{ MHz}$$

波长是

$$\lambda = \frac{c}{f_0} = \frac{3 \times 10^8}{5.6 \times 10^9} = 0.054 \text{ m}$$

由方程（2.20）得

$$(R^4)_{dB} = (P_t + G^2 + \lambda^2 + \sigma - (4\pi)^3 - kT_o B - F - (SNR)_{o_{min}})_{dB}$$

式中，在求和前对右侧的每个参数单独进行 dB 计算。可以用按照 dB 算出的所有参数来组成下表：

P_t	λ^2	G^2	$kT_o B$	$(4\pi)^3$	F	$(SNR)_{o_{min}}$
61.761	−25.421	90	−136.987	32.976	3	20	−10

由此

$$R^4 = 61.761 + 90 - 25.352 - 10 - 32.976 + 136.987 - 3 - 20 = 197.420 \text{ dB}$$

$$R^4 = 10^{(197.420/10)} = 55.208 \times 10^{18} \text{ m}^4$$

$$R = \sqrt[4]{55.208 \times 10^{18}} = 86.199 \text{ km}$$

因此，最大探测距离是 86.2 km。

MATLAB 函数 "radar_eq.m"

函数 "radar_eq.m" 执行方程（2.22），语法如下：

[snr] = radar_eq (pt, freq, g, sigma, b, nf, loss, range)

其中：

符 号	说 明	单 位	状 态
pt	峰值功率	W	输入
freq	雷达中心频率	Hz	输入
g	天线增益	dB	输入
sigma	目标截面积	m²	输入
b	带宽	Hz	输入
nf	噪声系数	dB	输入
loss	雷达损耗	dB	输入
range	目标距离（可以是一个单值或者一个向量）	m	输入
snr	SNR（单值或者向量，取决于目标距离）	dB	输出

函数 "radar_eq.m" 设计成可以接收一个单值的输入 "range"，或一个包含很多距离值的向量。图 2.1 给出了使用以下输入值得到的典型曲线：峰值功率 P_t = 1.5 MW，工作频率 f_0 = 5.6 GHz，天线增益 G = 45 dB，雷达损耗 L = 6 dB，噪声系数 F = 3 dB。雷达带宽 B = 5 MHz。雷达最小和最大探测距离是 R_{min} = 25 km 和 R_{max} = 165 km。图 2.1 可以使用 MATLAB 程序 "*Fig2_1.m*" 重新生成，列在附录 2-A 中。

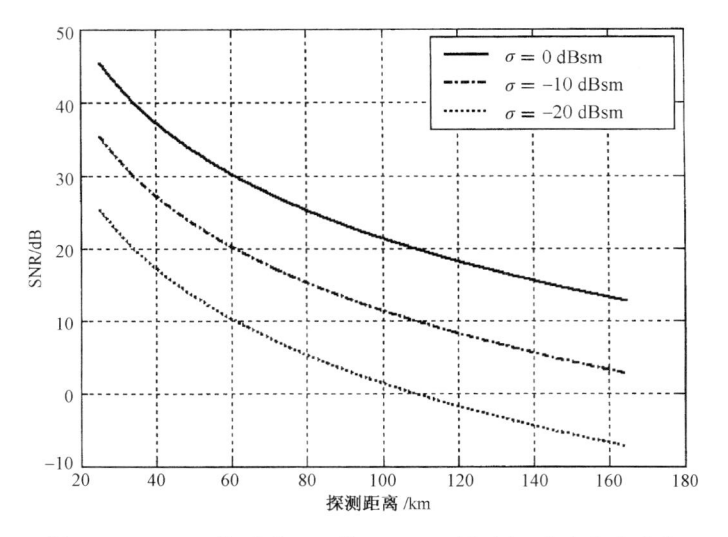

图 2.1（a） 三种不同 RCS 值下 SNR 随探测距离变化的曲线

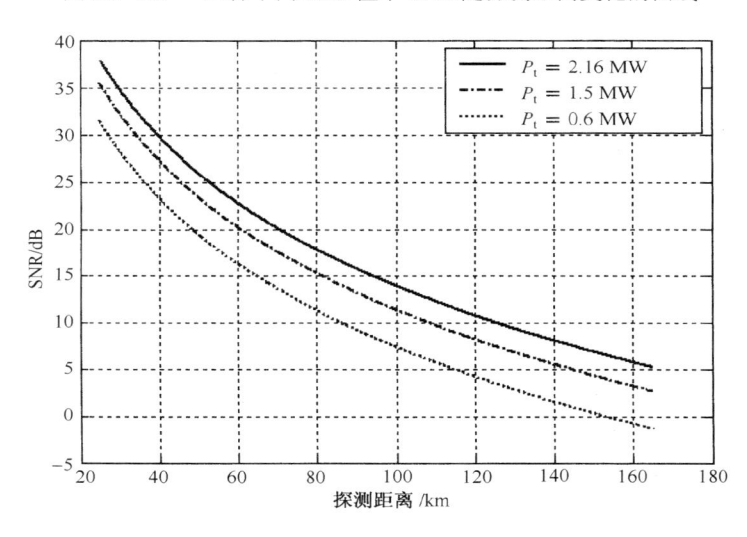

图 2.1（b） 三种不同雷达峰值功率值情况下 SNR 随探测距离变化的曲线

2.2 低 PRF 雷达方程

考虑脉冲宽度为 τ、PRI 为 T、峰值发射功率为 P_t 的脉冲雷达。平均发射功率是 $P_{av} = P_t d_t$，其中 $d_t = \tau/T$ 是发射占空因子。我们可以把接收的占空因子 d_r 定义为

$$d_r = \frac{T-\tau}{T} = 1 - \tau f_r \tag{2.24}$$

因此，对于低 PRF 雷达（$T \gg \tau$），接收占空因子 $d_r \approx 1$。

"目标上的时间"T_i（波束照射目标的时间）定义为

$$T_i = \frac{n_p}{f_r} \Rightarrow n_p = T_i f_r \tag{2.25}$$

式中，n_p是撞到目标的脉冲总数，f_r是雷达 PRF。假设是低 PRF 情况，单个脉冲的雷达方程是

$$(\text{SNR})_1 = \frac{P_t G^2 \lambda^2 \sigma}{(4\pi)^3 R^4 k T_o BFL} \tag{2.26}$$

对于n_p相干积累的脉冲，得

$$(\text{SNR})_{n_p} = \frac{P_t G^2 \lambda^2 \sigma n_p}{(4\pi)^3 R^4 k T_o BFL} \tag{2.27}$$

现在使用方程（2.25）并使用$B = 1/\tau$，则低 PRF 时雷达方程可以写为

$$(\text{SNR})_{n_p} = \frac{P_t G^2 \lambda^2 \sigma T_i f_r \tau}{(4\pi)^3 R^4 k T_o FL} \tag{2.28}$$

MATLAB 函数"*lprf_req.m*"

函数"*lprf_req.m*"执行方程（2.27）给出的低 PRF 下的雷达方程。对于给定的一组输入参数，函数"*lprf_req.m*"计算$(\text{SNR})_{n_p}$。语法如下：

[snr] = lprf_req(pt, g, freq, sigma, np, b, nf, loss, range)

其中：

符　号	说　明	单　位	状　态
pt	峰值功率	W	输入
g	天线增益	dB	输入
freq	频率	Hz	输入
sigma	目标截面积	m²	输入
np	脉冲个数	无	输入
b	带宽	Hz	输入
nf	噪声系数	dB	输入
loss	雷达损耗	dB	输入
range	目标距离（可以是单值或向量）	km	输入
snr	SNR（可以是单值或向量）	dB	输出

图 2.2 给出用函数"*lprf_req.m*"产生的典型曲线，采用的输入：峰值功率$P_t = 1.5$ MW，工作频率$f_0 = 5.6$ GHz，天线增益$G = 45$ dB，雷达损耗$L = 6$ dB，噪声系数$F = 3$ dB。雷达带宽$B = 5$ MHz。目标 RCS 为$\sigma = 0.1$ m²。图 2.2 可以使用列在附录 2-A 中的 MATLAB 程序"*Fig2_2.m*"重新生成，列在附录 2-A 中。

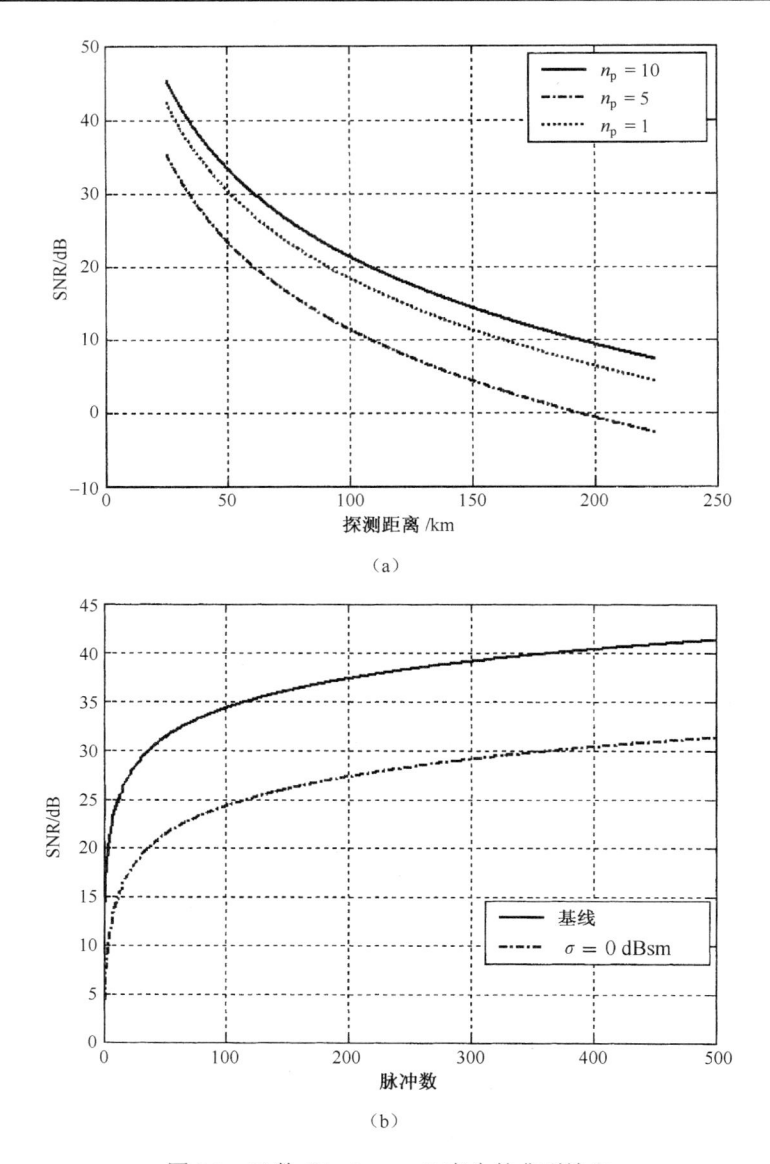

图 2.2 函数"*lprf_req.m*"产生的典型输出

2.3 高 PRF 雷达方程

现在考虑高 PRF 雷达的情况。发射信号是周期的脉冲串。脉冲宽度为 τ，周期是 T。脉冲串可以使用指数型傅里叶级数表示。这个级数的中心功率谱线（DC 分量）包含大部分信号功率，其值是 $(\tau/T)^2$，与发射占空因子的平方相等。因此对于一个高 PRF 的单个脉冲的雷达（利用 DC 频谱功率线），其方程是

$$\text{SNR} = \frac{P_t G^2 \lambda^2 \sigma d_t^2}{(4\pi)^3 R^4 k T_o B F L d_r} \tag{2.29}$$

在这种情况下，由于其值可以与发射占空因子相比拟，所以我们就不能忽略接收占空因子。

实际上，$d_r \approx d_t = \tau f_r$。此外，雷达现在的工作带宽与雷达积累时间相匹配，即 $B = 1/T_i$。由此

$$\text{SNR} = \frac{P_t \tau f_r T_i G^2 \lambda^2 \sigma}{(4\pi)^3 R^4 k T_o F L} \tag{2.30}$$

最后

$$\text{SNR} = \frac{P_{av} T_i G^2 \lambda^2 \sigma}{(4\pi)^3 R^4 k T_o F L} \tag{2.31}$$

式中，P_{av} 代替了 $P_t \tau f_r$。注意，$P_{av} T_i$ 的积是"一种能量"的乘积，它表示高 PRF 雷达可以通过使用相对较低的功率和较长的积累时间来增强探测性能。

MATLAB 函数"hprf_req.m"

函数"hprf_req.m"执行方程（2.30）。语法如下：

[snr] = hprf_req (pt, Ti, g, freq, sigma, dt, range, nf, loss)

其中：

符号	说明	单位	状态
pt	峰值功率	W	输入
Ti	目标上的时间	s	输入
g	天线增益	dB	输入
freq	频率	Hz	输入
sigma	目标截面积	m²	输入
dt	占空因子	无	输入
range	目标距离（可以是单值或向量）	km	输入
nf	噪声系数	dB	输入
loss	雷达损耗	dB	输入
snr	SNR（可以是单值或向量）	dB	输出

图 2.3 给出了函数"hprf_req.m"产生的几种典型输出。该图可以使用 MATLAB 程序"Fig2_3.m"重新生成，列在附录 2-A 中。

例：计算一个具有下列参数的高 PRF 雷达的单个脉冲 SNR：峰值功率 $P_t = 100\,\text{kW}$，天线增益 $G = 20\,\text{dB}$，工作频率 $f_0 = 5.6\,\text{GHz}$，雷达损耗 $L = 8\,\text{dB}$，噪声系数 $F = 5\,\text{dB}$，驻留间隔 $T_i = 2\,\text{s}$，占空因子 $d_t = 0.3$。感兴趣的距离 $R = 50\,\text{km}$。假设目标的 RCS $\sigma = 0.01\,\text{m}^2$。

解：由方程（2.31）得

$$(\text{SNR})_{\text{dB}} = (P_{av} + G^2 + \lambda^2 + \sigma + T_i - (4\pi)^3 - R^4 - kT_o - F - L)_{\text{dB}}$$

下表给出了单位是 dB 的所有参数：

P_{av}	λ^2	T_i	kT_o	$(4\pi)^3$	R^4	σ
44.771	−25.421	3.01	−203.977	32.976	187.959	−20

$$(SNR)_{dB} = 44.771 + 40 - 25.421 - 20 + 3.01 - 32.976 + 203.977 - 187.959 - 5 - 8$$
$$= 12.4 \text{ dB}$$

通过以下语法采用函数"hprf_req.m"可得到相同的答案：

hprf_req (100e3, 2, 20, 5.6e9, 0.01, 0.3, 50e3, 5, 8)

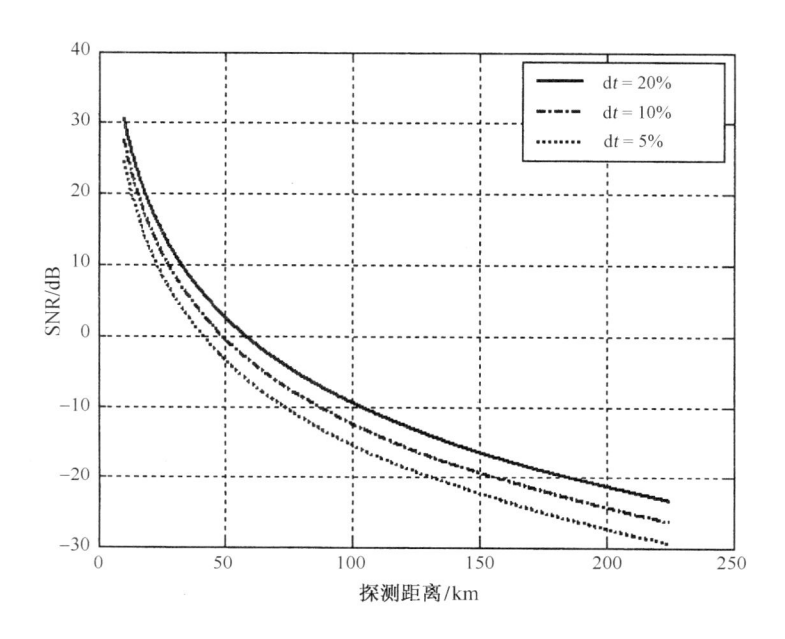

图 2.3 函数"hprf_req.m"产生的典型输出，使用下一个例子中的参数

2.4 监视雷达方程

某个特定的雷达系统必须完成的首要任务是连续扫描空间的特定区域来搜索感兴趣的目标。一旦探测建立，由雷达信号和数据处理机提取出诸如距离、角度位置，可能还有目标速度等目标信息。究竟采取何种搜索模式，取决于雷达的设计和天线。图2.4（a）给出了二维（2D）雷达的扇形波束搜索模式。在这种情况下，波束宽度在仰角上足够宽，能沿该坐标方向覆盖要求的搜索区域，然而波束需要在方位上扫描。图2.4（b）给出了堆积波束的搜索模式，在这种模式中需要在方位和仰角上扫描波束。后一种搜索模式通常被相控阵雷达采用。

搜索区域通常由搜索立体角 Ω 指定，单位为 sr（球面弧度），如图2.5 所示。定义在方位和仰角上的雷达搜索区域范围为 Θ_A 和 Θ_E。因此，搜索区域计算为

$$\Omega = (\Theta_A \Theta_E)/(57.296)^2 \text{ sr} \qquad (2.32)$$

第 2 章 基本脉冲和连续波（CW）雷达操作

天线的 3 dB 波束宽度可以用它的方位和仰角波束宽度 θ_a 和 θ_e 来表示，因此天线立体角覆盖范围是 $\theta_a \theta_e$。需要覆盖立体角 Ω 的天线波束位置的数量 n_B 为

$$n_B = \frac{\Omega}{(\theta_a \theta_e)/(57.296)^2} \tag{2.33}$$

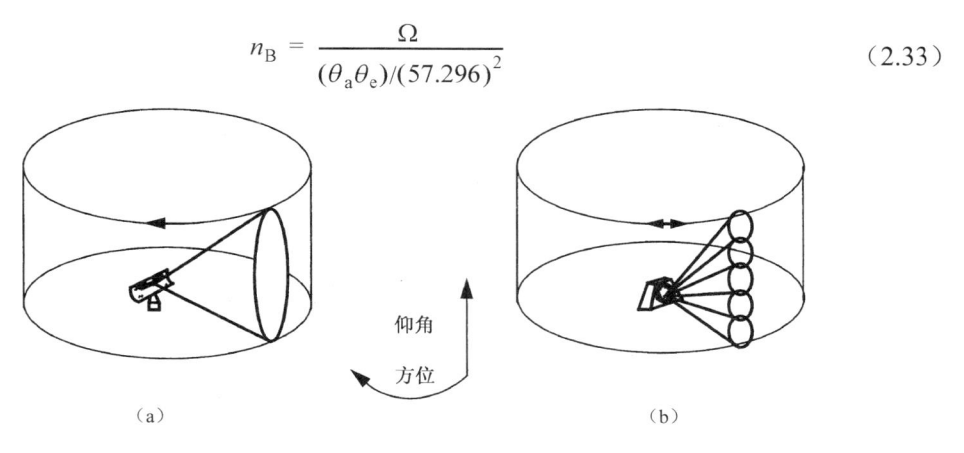

图 2.4 （a）二维（2D）扇形波束搜索模式；（b）堆积波束搜索模式

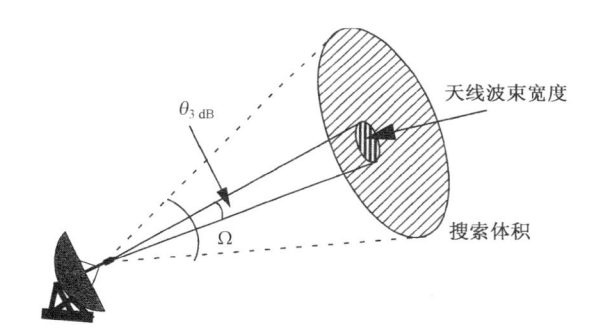

图 2.5 天线波束宽度和搜索区域的空间切面

从方程（2.22）开始推导搜索雷达方程，在这里为了方便以方程（2.34）重新给出：

$$\text{SNR} = \frac{P_t G^2 \lambda^2 \sigma}{(4\pi)^3 k T_o BFLR^4} \tag{2.34}$$

采用关系式 $\tau = 1/B$ 和 $P_t = P_{av}T/\tau$，其中 T 是 PRI，τ 是脉冲宽度，得出

$$\text{SNR} = \frac{T}{\tau} \frac{P_{av} G^2 \lambda^2 \sigma \tau}{(4\pi)^3 k T_o FLR^4} \tag{2.35}$$

把雷达搜索立体角 Ω 所限定区域的扫描时间定义为 T_{sc}。则可用 T_{sc} 表示目标上的时间为

$$T_i = \frac{T_{sc}}{n_B} = \frac{T_{sc}}{\Omega} \theta_a \theta_e \tag{2.36}$$

假设在单次扫描内，每个波束的每个 PRI 只有一个脉冲照射目标，也就是说 $T_i = T$，这样方程（2.35）可写成

$$\text{SNR} = \frac{P_{av} G^2 \lambda^2 \sigma}{(4\pi)^3 k T_o FLR^4} \frac{T_{sc}}{\Omega} \theta_a \theta_e \tag{2.37}$$

将方程（2.3）和方程（2.5）代入方程（2.37），产生搜索雷达方程（基于每波束每 PRI 单脉冲）为

$$\text{SNR} = \frac{P_{\text{av}} A_{\text{e}} \sigma}{4\pi k T_{\text{o}} F L R^4} \frac{T_{\text{sc}}}{\Omega} \tag{2.38}$$

方程（2.38）中的量 $P_{\text{av}} A$ 称为功率孔径积。实际上，功率孔径积广泛用于对雷达完成搜索任务的能力进行分类。通常，对一个由 Ω 所限定的已知区域计算功率孔径积，以便满足预定的 SNR 和雷达截面积。

作为一种特殊情况，假设雷达采用直径为 D 的圆形孔径（天线），3 dB 天线波束宽度 $\theta_{3\text{dB}}$ 是

$$\theta_{3\text{dB}} \approx \frac{\lambda}{D} \tag{2.39}$$

当使用孔径分布锥削时，则 $\theta_{3\text{dB}} \approx 1.25\lambda/D$。把方程（2.39）代入方程（2.33）得

$$n_{\text{B}} = (D^2/\lambda^2)\Omega \tag{2.40}$$

在这种情况下，扫描时间 T_{sc} 和目标上时间的关系为

$$T_{\text{i}} = \frac{T_{\text{sc}}}{n_{\text{B}}} = \frac{T_{\text{sc}}\lambda^2}{D^2\Omega} \tag{2.41}$$

将方程（2.41）代入方程（2.35）得到

$$\text{SNR} = \frac{P_{\text{av}} G^2 \lambda^2 \sigma}{(4\pi)^3 R^4 k T_{\text{o}} F L} \frac{T_{\text{sc}} \lambda^2}{D^2 \Omega} \tag{2.42}$$

进而在方程（2.42）中使用方程（2.3），我们可以定义圆形孔径的搜索雷达方程为

$$\text{SNR} = \frac{P_{\text{av}} A \sigma}{16 R^4 k T_{\text{o}} L F} \frac{T_{\text{sc}}}{\Omega} \tag{2.43}$$

式中，使用了关系式 $A = \pi D^2/4$（孔径面积）。

MATLAB 函数 "*power_aperture.m*"

函数 "*power_aperture.m*" 执行方程（2.38）中给出的搜索雷达方程。语法如下：

PAP = power_aperture (snr, tsc, sigma, range, nf, loss, az_angle, el_angle)

其中：

符　号	说　明	单　位	状　态
snr	灵敏度	dB	输入
tsc	扫描时间	s	输入
sigma	目标截面积	m²	输入
range	目标距离	km	输入
nf	噪声系数	dB	输入

续表

符 号	说 明	单 位	状 态
loss	雷达损耗	dB	输入
az_angle	搜索区域方位上的范围	度	输入
el_angle	搜索区域仰角上的范围	度	输入
PAP	功率孔径积	dB	输出

图 2.6 给出三种 RCS 选择的功率孔径积与探测距离的关系曲线图,以及雷达平均功率与功率孔径积的关系曲线图,该图可以使用 MATLAB 程序"*Fig2_6.m*"重新生成,列在附录 2-A 中。采用如下的雷达参数:

σ	T_{sc}	$\theta_e = \theta_a$	R	$nf \times loss$	snr
0.1 m²	2.5 s	2°	250 km	13 dB	15 dB

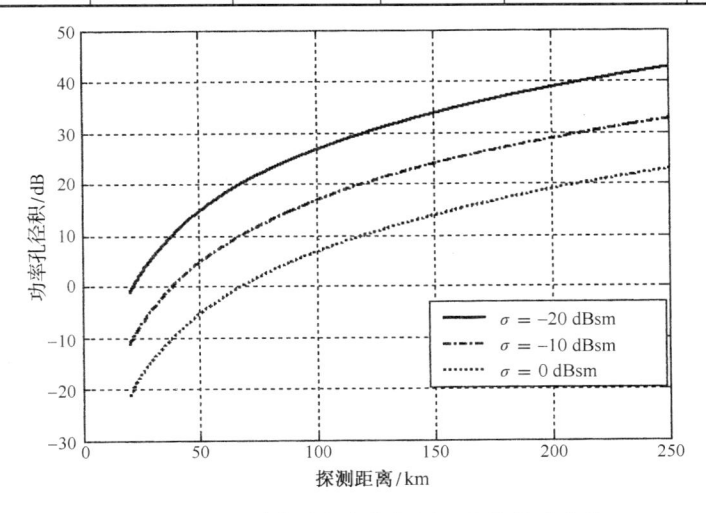

图 2.6(a) 功率孔径积与探测距离的关系曲线

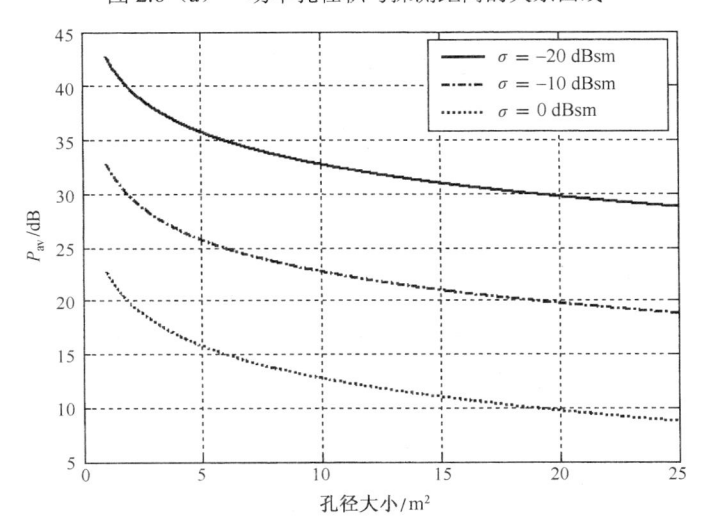

图 2.6(b) 雷达平均功率与功率孔径积的关系曲线

例：计算一个具有下列参数的雷达的功率孔径积：扫描时间 $T_{sc} = 2$ s，噪声系数 $F = 8$ dB，损耗 $L = 6$ dB，搜索区域 $\Omega = 7.4$ sr，感兴趣的距离是 $R = 75$ km，需要的 SNR 为 20 dB。假设 $\sigma = 3.162$ m²。

解：注意 $\Omega = 7.4$ sr 对应于四分之三个半球的搜索扇区。因此，使用方程（2.32）得出 $\theta_a = 180°$、$\theta_e = 135°$。以如下语法使用 MATLAB 函数 "power_aperture.m"：

$$PAP = power\_aperture(20, 2, 3.162, 75e3, 8, 6, 180, 135)$$

计算后得到的功率孔径积为 36.7 dB。

例：计算一个具有下列参数的 X 波段雷达的功率孔径积：信噪比 SNR = 15 dB；损耗 $L = 8$ dB；搜索区域 $\Omega = 2°$；扫描时间 $T_{sc} = 2.5$ s；噪声系数 $F = 5$ dB。假设目标截面积为 -10 dBsm，距离 $R = 250$ km。如果天线增益是 45 dB，计算占空因子 30%对应的峰值发射功率。假设为圆形孔径。

解：角度覆盖范围在方位角和仰角上都是 2°。因此立体角覆盖范围是

$$\Omega = \frac{2 \times 2}{(57.23)^2} = -29.132 \text{ dB}$$

注意，因子 $360/2\pi = 57.23$ 把角度转换为立体角。由方程（2.43）有

$$(\text{SNR})_{dB} = (P_{av} + A + \sigma + T_{sc} - 16 - R^4 - kT_o - L - F - \Omega)_{dB}$$

σ	T_{sc}	16	R^4	kT_o
-10 dB	3.979 dB	12.041 dB	215.918 dB	-203.977 dB

由此

$$15 = P_{av} + A - 10 + 3.979 - 12.041 - 215.918 + 203.977 - 5 - 8 + 29.133$$

那么功率孔径积为

$$P_{av} + A = 38.716 \text{ dB}$$

现在假设雷达波长 $\lambda = 0.03$ m，则

$$A = \frac{G\lambda^2}{4\pi} = 3.550 \text{ dB}$$

$$P_{av} = -A + 38.716 = 35.166 \text{ dB}$$

$$P_{av} = 10^{3.5166} = 3285.489 \text{ W}$$

$$P_t = \frac{P_{av}}{d_t} = \frac{3285.489}{0.3} = 10.9512 \text{ KW}$$

2.5　带干扰的雷达方程

任何有意干扰雷达正常工作的电子措施通常称为电子对抗（ECM）。其中包括箔条、雷达诱饵、雷达 RCS 变更（如射频吸收材料），当然也包括雷达干扰。

干扰器可以分为两大类：(1) 阻塞干扰器；(2) 欺骗干扰器（重发器）。当出现强干扰时，探测性能由接收机信噪比加上干扰比决定，而不是 SNR。然而在大多数情况下，探测能力只由信号与干扰的比决定。

阻塞干扰器试图增加在雷达的整个工作带宽内的噪声电平。这样就降低了接收机的 SNR，使接收机在探测需要的目标时发生困难。这就是为什么阻塞干扰器经常称为遮蔽器（因为它们掩蔽目标回波）的原因。阻塞干扰器可布置在雷达天线的主波束内或副瓣内。如果一个阻塞干扰器放置在雷达主波束内，它可以利用天线的最大增益，把发射的噪声信号放大。而副瓣阻塞干扰器必须或者使用更大的功率，或者工作在比主波束干扰器更近的距离上。主波束阻塞干扰器可布置在攻击的运载工具上，或者作为目标的护航者。副瓣干扰器通常部署成对特定的雷达进行干扰，由于它们不停在靠近目标的地方，因而具有许多远距离布置选择方案。

重发干扰器在机上载有接收设备，以便分析雷达的发射并发回类似目标的假信号来迷惑雷达。重发干扰器分为两类：点噪声重发干扰器和欺骗重发干扰器。点噪声重发干扰器测量雷达发射的信号带宽，然后只干扰特定的频段。欺骗重发干扰器送回使目标出现在虚假位置（幻影）的已改变信号。这些幻影可出现在与实际目标不同的距离或角度上。除此之外，一部干扰器可以产生几个幻影。由于不需要干扰整个雷达带宽，重发干扰器能够更充分地利用干扰功率。雷达频率捷变可能是战胜点噪声干扰重发器的唯一途径。

通常干扰器可以用它的有效工作带宽 B_J 和它的有效辐射功率（ERP）来定义，后者与干扰器发射功率 P_J 成比例。更精确地说，

$$\text{ERP} = \frac{P_J G_J}{L_J} \tag{2.44}$$

式中，G_J 是干扰器天线增益，L_J 是干扰器总损耗。干扰器对雷达的效率用信号/干扰比（S/J）来衡量。

2.5.1 自屏蔽干扰器（SSJ）

自屏蔽干扰器也称为自我保护干扰器，是一类在它们保护的车辆上搭载的 ECM 系统。护航式干扰器（装在伴随攻击车的车上）的出现距离如果与目标的距离相同，则也可以认为是 SSJ。

假设雷达的天线增益为 G，波长为 λ，孔径为 A_r，带宽为 B_r，接收机损耗为 L，峰值功率为 P_t。雷达从距离为 R、RCS 为 σ 的目标接收到的单个脉冲的功率是

$$S = \frac{P_t G^2 \lambda^2 \sigma \tau}{(4\pi)^3 R^4 L} \tag{2.45}$$

τ 是雷达脉冲宽度。雷达从在相同距离上的 SSJ 干扰器接收的功率是

$$J = \frac{P_J G_J}{4\pi R^2} \frac{A_r}{B_J L_J} \tag{2.46}$$

式中，P_J、G_J、B_J、L_J 分别是干扰器的峰值功率、天线增益、工作带宽和损耗。使用关系式：

$$A_r = \lambda^2 G/4\pi \tag{2.47}$$

则方程（2.46）可写为

$$J = \frac{P_J G_J}{4\pi R^2} \frac{\lambda^2 G}{4\pi} \frac{1}{B_J L_J} \tag{2.48}$$

注意干扰信号是有效的，要求 $B_J > B_r$。这是用来补偿干扰器带宽通常大于雷达工作带宽这个事实的。干扰器通常设计成能对付各种不同带宽的雷达系统。

将方程（2.44）代入方程（2.48）得到

$$J = \text{ERP} \frac{\lambda^2 G}{(4\pi)^2 R^2} \frac{1}{B_J} \tag{2.49}$$

这样，可以从方程（2.45）和方程（2.49）得到 SSJ 情况下的 S/J 比：

$$\frac{S}{J} = \frac{P_t \tau G \sigma B_J}{(\text{ERP})(4\pi) R^2 L} \tag{2.50}$$

当采用脉冲压缩时，利用时间-带宽积 G_{PC}，则方程（2.50）可写为

$$\frac{S}{J} = \frac{P_t G \sigma B_J G_{\text{PC}}}{(\text{ERP})(4\pi) R^2 B_r L} \tag{2.51}$$

干扰功率在单程传输基础上到达目标，而目标回波则为双程传输。因此，干扰功率通常大于目标信号功率。换句话说，比率 S/J 小于 1。然而，随着目标向雷达靠得更近，在某一距离上比率 S/J 将等于 1。这个距离称为跨越或烧穿距离。比率 S/J 大于 1 的距离窗用探测距离表示。为了计算跨越距离 R_{CO}，在方程（2.51）中令 S/J 为 1，并对距离求解。由此有

$$(R_{\text{CO}})_{\text{SSJ}} = \left(\frac{P_t G \sigma B_J}{4\pi B_r L (\text{ERP})} \right)^{1/2} \tag{2.52}$$

MATLAB 函数 "ssj_req.m"

函数 "ssj_req.m" 执行方程（2.50）和方程（2.52）。语法如下：

[BR_range] = ssj_req (pt, g, freq, sigma, br, loss, pj, bj, gj, lossj)

其中：

符 号	说 明	单 位	状 态
pt	雷达峰值功率	W	输入
g	雷达天线增益	dB	输入
freq	雷达工作频率	Hz	输入
sigma	目标截面积	m²	输入
br	雷达工作带宽	Hz	输入
loss	雷达损耗	dB	输入

续表

符 号	说 明	单 位	状 态
pj	干扰器峰值功率	W	输入
bj	干扰器带宽	Hz	输入
gj	干扰器天线增益	dB	输入
lossj	干扰器损耗	dB	输入
BR_range	跨越距离	km	输出

这个函数生成对跨越距离归一化的相对的 S 和 J 与距离的关系图,如图 2.7(a)所示。它也计算出跨越距离,如图 2.7(b)所示。该图可以使用列在附录 2-A 的 MATLAB 程序 "Fig2_7b.m" 重新生成。在这个例子中,使用了下列参数来生成这个图:雷达峰值功率 P_t = 50 kW,干扰器峰值功率 P_J = 200 W,雷达工作带宽 B_r = 667 kHz,干扰器带宽 B_J = 50 MHz,雷达和干扰器损耗为 $L = L_J = 0.10$ dB,目标截面积 $\sigma = 10$ m^2,雷达天线增益 $G = 35$ dB,干扰器天线增益 $G_J = 10$ dB,雷达工作频率是 $f = 5.6$ GHz。

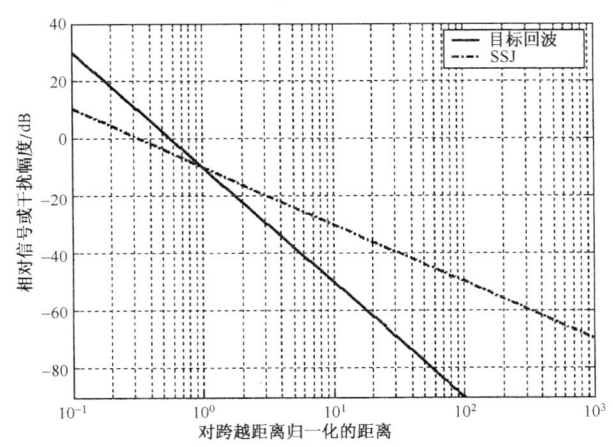

图 2.7(a) 目标和干扰器回波信号,由程序 "ssj_req.m" 产生并采用 2.5.1 节的例中定义的输入参数

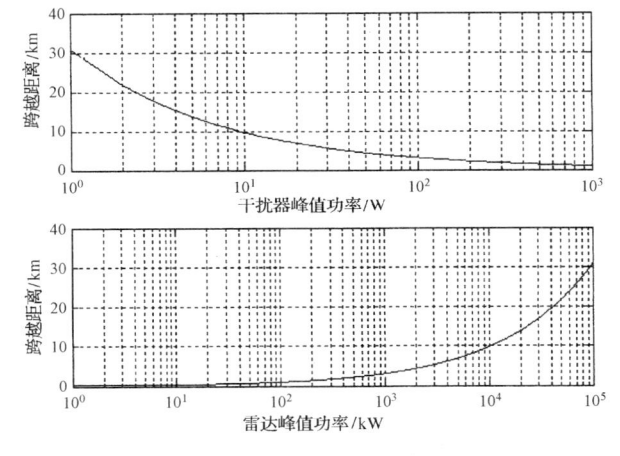

图 2.7(b) 跨越距离和干扰器及雷达峰值功率的关系曲线,对应于产生图 2.7(a)的例子

2.5.2 烧穿距离

如果干扰采用高斯噪声的形式，雷达接收机必须以处理雷达内部噪声功率相同的方式来处理干扰信号。这样，探测、跟踪及雷达信号和数据处理机的其他功能不再依赖于 SNR。在这种情况下，必须要计算 $S/(J+N)$ 的比值。更精确地说，

$$\frac{S}{J+N} = \frac{(P_t G \sigma A_r \tau)/((4\pi)^2 R^4 L)}{\left(\dfrac{(\mathrm{ERP})A_r}{4\pi R^2 B_J} + kT_0\right)} \tag{2.53}$$

式中，k 为玻尔兹曼常数。

在计算雷达方程和计算探测概率时，应该用 $S/(J+N)$ 的比值代替 SNR。进而，采用相干或非相干脉冲积累时也必须用 $S/(J+N)$ 的比值代替 SNR。对于给定的 $S/(J+N)$ 的比值，雷达能探测和执行正确测量的距离由烧穿距离来定义，由下式给出：

$$R_{\mathrm{BT}} = \left\{ \sqrt{\left(\frac{(\mathrm{ERP})A_r}{8\pi B_J kT_0}\right)^2 + \frac{P_t G \sigma A_r \tau}{(4\pi)^2 L \dfrac{S}{(J+N)} kT_0}} - \frac{(\mathrm{ERP})A_r}{8\pi B_J kT_0} \right\}^{\frac{1}{2}} \tag{2.54}$$

MATLAB 函数 "*sir.m*"

MATLAB 函数 "*sir.m*" 执行方程（2.53），其语法如下：

[SIR] = sir (pt, g, sigma, freq, tau, loss, R, pj, bj, gj, lossj)

其中：

符 号	说 明	单 位	状 态
pt	雷达峰值功率	W	输入
g	雷达天线增益	dB	输入
sigma	目标截面积	m²	输入
freq	雷达工作频率	Hz	输入
tau	雷达脉冲宽度	s	输入
loss	雷达损耗	dB	输入
R	距离（可以是单值或向量）	km	输入
pj	干扰器峰值功率	W	输入
bj	干扰器带宽	Hz	输入
gj	干扰器天线增益	dB	输入
lossj	干扰器损耗	dB	输入
SIR	S/(J+N)	dB	输出

这个函数 "*sir.m*" 产生的数据可以用来绘制 $S/(J+N)$ 和探测距离的曲线，如图 2.8 所示，输入下表中定义的参数。该图可以使用 MATLAB 程序 "*Fig2_8.m*" 重新生成，列在附录 2-A 中。

第 2 章 基本脉冲和连续波（CW）雷达操作

输入参数	值
pt	50 kW
g	35 dB
sigma	10 m^2
freq	5.6 GHz
tau	50 ms
loss	5 dB
R	linspace(10 400 5000) km
pj	200 W
bj	50 MHz
gj	10 dB
lossj	0.3 dB

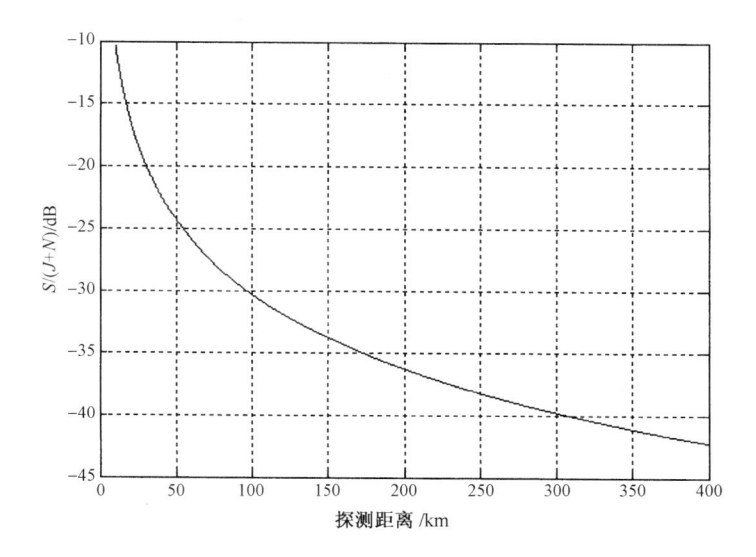

图 2.8 S/(J + N)和探测距离的关系曲线

MATLAB 函数 "*burn_thru.m*"

MATLAB 函数 "*burn_thru.m*" 执行方程（2.54）。它产生 S/(J + N) 与探测距离的关系曲线及烧穿距离与干扰器 ERP 的关系曲线。语法如下：

[Range] = burn_thru (pt, g, sigma, freq, tau, loss, pj, bj, gj, lossj, sir0, ERP)

其中：

符号	说明	单位	状态
pt	雷达峰值功率	W	输入
g	雷达天线增益	dB	输入
sigma	目标截面积	m^2	输入
freq	雷达工作频率	Hz	输入
tau	雷达脉冲宽度	s	输入
loss	雷达损耗	dB	输入
pj	干扰器峰值功率	W	输入

符 号	说 明	单 位	状 态
bj	干扰器带宽	Hz	输入
gj	干扰器天线增益	dB	输入
lossj	干扰器损耗	dB	输入
sir0	需要的 SIR	dB	输入
ERP	需要的 ERP,可以是向量	W	输入
Range	烧穿距离	km	输出

图 2.9 可以使用 MATLAB 程序"*Fig2_9.m*"重新生成,列在附录 2-A 中。该图给出使用该函数产生的一些典型输出,采用以下输入值:

输 入 参 数	值	输 入 参 数	值
pt	50 kW	*pj*	200 W
g	35 dB	*bj*	500 MHz
sigma	10 m²	*gj*	10 dB
freq	5.6 GHz	*lossj*	0.3 dB
tau	0.5 ms	*sir0*	15 dB
loss	5 dB	*ERP*	linspace(1 1000 1000)W

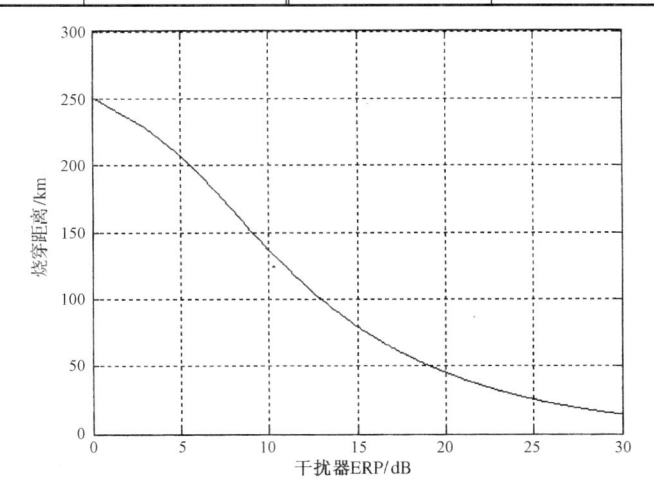

图 2.9 烧穿距离和 ERP 的关系曲线,$S/(J+N)=15$ dB

2.5.3 远距离干扰器(SOJ)

远距离干扰器(SOJ)从超出防御者杀伤能力范围之外的远距离发射 ECM 信号。雷达从距离为 R_J 的 SOJ 干扰器接收的功率为

$$J = \frac{P_J G_J}{4\pi R_J^2} \frac{\lambda^2 G'}{4\pi} \frac{1}{B_J L_J} = \frac{\text{ERP}}{4\pi R_J^2} \frac{\lambda^2 G'}{4\pi} \frac{1}{B_J} \tag{2.55}$$

式中,方程(2.55)中的所有项与 SSJ 情况下的相同,除了 *G'* 以外。增益项 *G'* 表示干扰器方向上的雷达天线增益,常常被当做副瓣增益。

于是可计算 SOJ 雷达方程:

$$\frac{S}{J} = \frac{P_t \tau G^2 R_J^2 \sigma B_J}{4\pi (\text{ERP}) G' R^4 L} \tag{2.56}$$

当采用脉冲压缩时，有时间-带宽积 G_{PC}，方程（2.56）可写为

$$\frac{S}{J} = \frac{P_t G^2 R_J^2 \sigma B_J G_{\text{PC}}}{4\pi (\text{ERP}) G' R^4 B_r L} \tag{2.57}$$

跨越距离再一次对应于 $S=J$ 的距离，由下式给出：

$$(R_{\text{CO}})_{\text{SOJ}} = \left(\frac{P_t G^2 R_J^2 \sigma B_J G_{\text{PC}}}{4\pi (\text{ERP}) G' B_r L} \right)^{1/4} \tag{2.58}$$

MATLAB 函数 "*soj_req.m*"

函数 "*soj_req.m*" 执行方程（2.57）和方程（2.58）。函数 "*soj_req.m*" 的输入内容与 SSJ 情况的输入相同，但是还有两项额外的输入：干扰器方向上的雷达天线增益 G' 和雷达到干扰器的距离 R_J。语法如下：

[BR_range]=soj_req（pt,g,sigma,b,freq,loss,range,pj,bj,gj,lossj,gprime,rangej）

图 2.10 是使用这个函数产生的图形。在这种情况下，使用与 SSJ 情况下相同的参数，干扰器峰值功率 P_J = 5000 W，干扰器天线增益 G_J = 30 dB，干扰器方向上的雷达天线增益 G' = 10 dB，雷达到干扰器的距离 R_J = 22.2 km。图 2.10 可以使用 MATLAB 程序 "*Fig2_10.m*" 重新生成，列在附录 2-A 中。如果干扰采用高斯噪声的形式，雷达接收机必须以处理雷达内部噪声功率的相同方式来处理干扰信号。在这种情况下，$S/(J+N)$ 为

$$\frac{S}{J+N} = \frac{\left(\dfrac{P_t G \sigma A_r \tau}{(4\pi)^2 R^4 L} \right)}{\left(\dfrac{(\text{ERP}) A_r G'}{4\pi R_J^2 B_J} + kT_0 \right)} \tag{2.59}$$

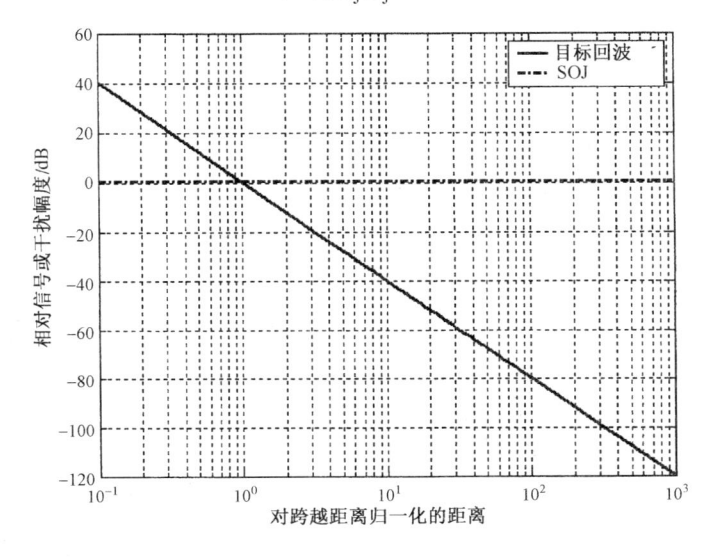

图 2.10　目标和干扰器回波信号，使用函数 "*soj_req.m*" 产生的图形

2.6 距离缩减因子

考虑这样一个雷达系统，当没有干扰时它的探测距离 R 受下式控制：

$$(SNR)_o = \frac{P_t G^2 \lambda^2 \sigma}{(4\pi)^3 k T_s B_r L R^4} \tag{2.60}$$

距离缩减因子（RRF）这一术语指的是由于干扰而引起的雷达探测距离减小。更精确地说，在出现干扰时，雷达的有效探测距离是

$$R_{dj} = R \times RRF \tag{2.61}$$

为了计算 RRF，考虑由方程（2.60）表征的雷达，以及一个输出功率谱密度为 J_o 的阻塞干扰器。于是，雷达接收机中干扰器功率的量是

$$J = k T_J B_r \tag{2.62}$$

式中，T_J 是干扰器有效温度。由此雷达接收机中总的干扰器加上噪声的功率为

$$N_i + J = k T_s B_r + k T_J B_r \tag{2.63}$$

在这种情况下，雷达探测距离受接收机信噪比加上干扰比的限制，而不是仅随 SNR。更精确地说，

$$\left(\frac{S}{J+N}\right) = \frac{P_t G^2 \lambda^2 \sigma}{(4\pi)^3 k (T_s + T_J) B_r L R^4} \tag{2.64}$$

由于干扰器的影响，信噪比加上干扰比的和的降低量由方程（2.60）和方程（2.64）的差来计算。表达式是（单位 dB）

$$\Upsilon = 10.0 \times \log\left(1 + \frac{T_J}{T_s}\right) \tag{2.65}$$

所以，RRF 是

$$RRF = 10^{\frac{-\Upsilon}{40}} \tag{2.66}$$

2.7 双基地雷达方程

使用同一部天线进行发射和接收的雷达系统称为单基地雷达。双基地雷达即使用放置在不同地点的发射天线和接收天线。在这个定义下，CW 雷达虽然使用分离的发射天线和接收天线，但除非两个天线之间的距离很大，否则不是双基地雷达。图 2.11 给出了双基地雷达的几何关系。角度 β 称为双基地角。为了使接收机收到最大的发射信号以便于提取最大的目标信息，需要在发射机和接收机之间建立同步链接。

同步链接可以向接收机提供下列信息：（1）计算多普勒频移所用的发射频率；（2）测量整个散射路径$(R_t + R_r)$使用的发射时间或相位参考。通过发射机和接收机之间的视线通信

可以保持频率和相位参考的同步。然而，如果这不可能实现，则接收机可以使用一部稳定的参考振荡器来进行同步。

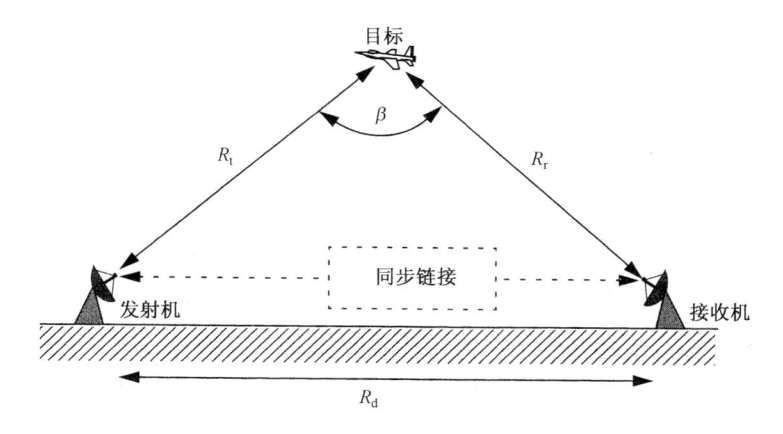

图 2.11 双基地雷达的几何关系

单基地雷达与双基地雷达在工作上的主要区别与双基地目标 RCS（用 σ_B 表示）有关。在双基地角度很小的情况下，双基地 RCS 与单基地 RCS 类似；但双基地角度接近 180° 时，双基地 RCS 变得很大，可以近似表示为

$$\sigma_{B_{\max}} \approx (4\pi A_t^2)/\lambda^2 \tag{2.67}$$

式中，λ 是波长，A_t 是目标投影面积。

双基地雷达方程可以按照类似单基地雷达方程的方式进行推导。参考图 2.11，目标上的功率密度是

$$P_D = (P_t G_t)/(4\pi R_t^2) \tag{2.68}$$

式中，P_t 是峰值发射功率，G_t 是发射天线增益，R_t 是雷达发射机到目标的距离。

当目标的双基地 RCS 为 σ_B 时，从目标散射的有效功率是

$$P' = P_D \sigma_B \tag{2.69}$$

于是接收机天线处的功率密度是

$$P_{\text{refl}} = \frac{P'}{4\pi R_r^2} = \frac{P_D \sigma_B}{4\pi R_r^2} \tag{2.70}$$

式中，R_r 是目标到接收机的距离。把方程（2.68）代入方程（2.70）得

$$P_{\text{refl}} = \frac{P_t G_t \sigma_B}{(4\pi)^2 R_t^2 R_r^2} \tag{2.71}$$

孔径为 A_e 的接收机天线送到信号处理器的总功率是

$$P_{Dr} = \frac{P_t G_t \sigma_B A_e}{(4\pi)^2 R_t^2 R_r^2} \tag{2.72}$$

用 $(G_r \lambda^2 / 4\pi)$ 代替 A_e 得

$$P_{\text{Dr}} = \frac{P_t G_t G_r \lambda^2 \sigma_B}{(4\pi)^3 R_t^2 R_r^2} \tag{2.73}$$

式中，G_r是接收天线增益。最后，考虑发射机和接收机损耗L_t和L_r后，双基地雷达方程可以写做

$$P_{\text{Dr}} = \frac{P_t G_t G_r \lambda^2 \sigma_B}{(4\pi)^3 R_t^2 R_r^2 L_t L_r} \tag{2.74}$$

2.8 雷达损耗

雷达方程表明，接收机的SNR与雷达损耗成反比。因此，任何雷达损耗的增加都会导致SNR的降低，随之降低探测概率，因为探测概率是SNR的函数。雷达设计得好和坏的主要差距往往是雷达损耗。雷达损耗包括电阻损耗和统计损耗。在这一节中，我们将简要概述一下雷达损耗。

2.8.1 发射和接收损耗

发射和接收损耗分别发生在雷达发射机和天线输入端口之间及天线输出端口和接收机前端之间。这样的损耗统称成为管道损耗。典型的管道损耗是1~2 dB。

2.8.2 天线方向图损耗和扫描损耗

至今为止，在使用雷达方程时，我们都假设了天线的最大增益。这仅仅在目标位于沿天线视线轴的方向时成立。然而，当雷达扫描过一个目标时，如同天线方向图所确定的，天线在目标方向上的增益小于最大值。由于不是所有时间内都在目标上有天线的最大增益而引起的SNR损耗称为天线方向图（形状）损耗。一旦为一部雷达选定了天线，则天线方向图损耗的量可以在数学上计算出来。

例如，考虑图2.12给出的$\sin x/x$天线辐射方向图。视线轴$\pm\theta/2$角度区域内的平均天线增益是

$$G_{\text{av}} \approx 1 - \left(\frac{\pi r}{\lambda}\right)^2 \frac{\theta^2}{36} \tag{2.75}$$

式中，r是孔径半径，λ是波长。实际上，通常采用高斯天线方向图。在这种情况下，如果用$\theta_{3\text{ dB}}$表示3 dB的天线波束宽度，则天线增益可以近似为

$$G(\theta) = \exp\left(-\frac{2.776\theta^2}{\theta_{3\text{ dB}}^2}\right) \tag{2.76}$$

如果天线扫描速度太快，以至接收时增益与发射时不同，则必须计算额外的扫描损耗并增加到波束形状损耗上。扫描损耗可以按照类似的方法换算成波束形状损耗。相控阵雷达经常是既有波束形状损耗又有扫描损耗。

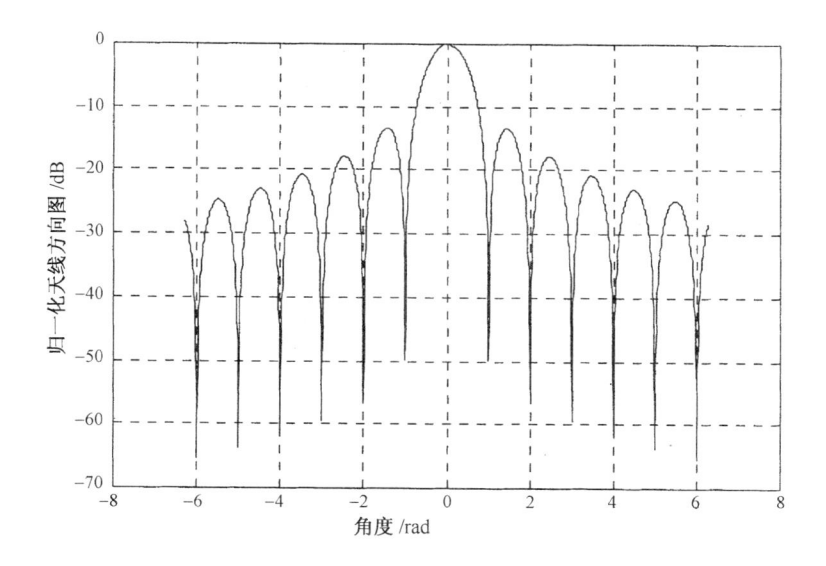

图 2.12 归一化（$\sin x/x$）天线辐射方向图

2.8.3 大气损耗

在后面的一章中将详细讨论大气损耗和传播影响。大气衰减是雷达工作频率、目标距离和仰角的函数。大气衰减可以高到几个 dB。

2.8.4 折叠损耗

如果积累的返回噪声脉冲数量大于从目标返回的脉冲数，就会发生 SNR 降低，这称为折叠损耗。折叠损耗因子定义为

$$\rho_c = \frac{n+m}{n} \tag{2.77}$$

式中，n 是包括信号和噪声二者的脉冲数量，而 m 是只包含噪声的脉冲数量。雷达探测目标的方位、距离和多普勒。当目标回波使用如距离这样一个坐标显示时，邻近实际目标的方位单元中产生的噪声源汇聚在目标附近，导致 SNR 降低。这在图 2.13 中用图示说明。

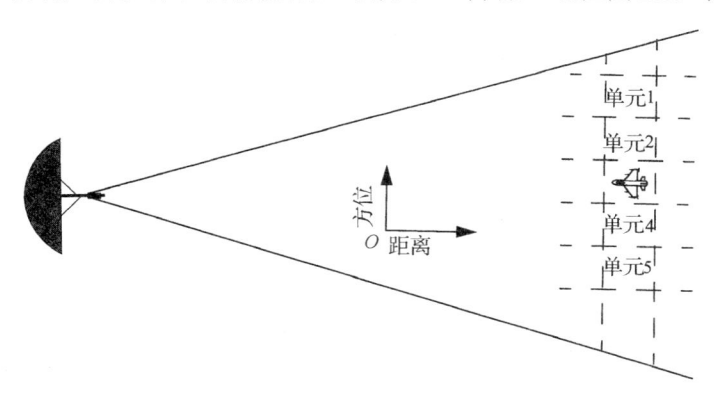

图 2.13 折叠损耗图示，单元 1、2、4 和 5 中的噪声源汇聚增加了单元 3 中的噪声电平

2.8.5 处理损耗

a. 检波器的近似

使用线性检波器的雷达接收机,其输出电压信号是

$$v(t) = \sqrt{v_I^2(t) + v_Q^2(t)} \tag{2.78}$$

式中,(v_I, v_Q)是同相和正交分量。对于使用平方律检波器的雷达,$v^2(t) = v_I^2(t) + v_Q^2(t)$。

由于在实际硬件中,求平方与平方根很费时间,因此人们开发出了许多算法来对检波器进行近似。这种近似导致信号功率的损耗,典型值为 0.5~1 dB。

b. 恒虚警率(CFAR)损耗

在许多情况下,雷达探测门限为保持恒虚警率而作为接收机噪声电平的函数且持续地调整。为此目的,使用恒虚警率处理器来控制在变化和未知干扰背景下的虚警数目。CFAR 处理会使 SNR 损耗 1 dB 的量级。

目前主要使用三类 CFAR 处理器:自适应门限 CFAR、非参数 CFAR 和非线性接收机技术。自适应门限 CFAR 处理器假设干扰的分布是已知的,并对与这种分布有关的未知参数进行近似。非参数 CFAR 处理器倾向于适应未知的干扰分布。非线性接收机技术试图把干扰的均方根幅度归一化。

c. 量化损耗

有限字长(位数)和量化噪声导致模数(A/D)转换器的输出处噪声功率密度增加。A/D 噪声电平为 $q^2/12$,其中 q 是量化等级。

d. 距离门跨越

雷达接收机通常构造成一系列相邻的距离门(仓)。每个距离门实现为匹配于发射脉冲宽度的积累器。由于雷达接收机起平滑接收目标回波的滤波器的作用,通常平滑后的目标回波会跨越,从而覆盖一个以上的距离门。

通常会影响到三个门:早门、中门和晚门。如果一个点目标恰好位于距离门的中部,那么早门和晚门采样相同。但是,随着目标进入下一个门,晚采样变大而早采样变小。在任何一种情况下,三个采样的振幅都必须大致加到相同的值。图 2.14 显示了距离跨越的概念。已平滑目标回波的包络很可能类似于高斯型。在实际中,比较容易并可快速实现三角形包络。

由于目标可能落在两个邻近距离门之间的任意位置,因此(每个距离门)会发生 SNR 损耗。更具体地说,是在目标返回能量被分离成三个距离门之间。通常,跨越损耗为 2~3 dB 是常见的。

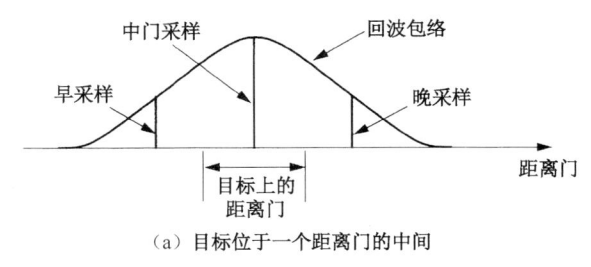

(a)目标位于一个距离门的中间

图 2.14 距离门跨越图示

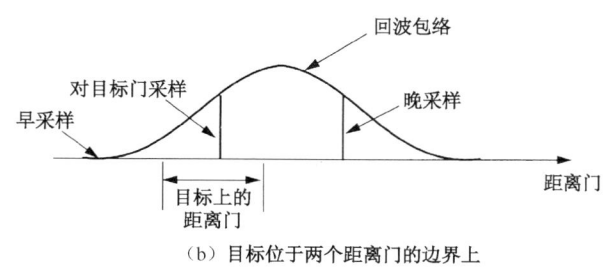

第 2 章 基本脉冲和连续波（CW）雷达操作　　47

（b）目标位于两个距离门的边界上

图 2.14（续）　距离门跨越图示

例：考虑下列已平滑的目标回波电压。假设阻抗为 1Ω。求由于距离门跨越间隔 $\{0,\tau\}$ 的功率损耗。

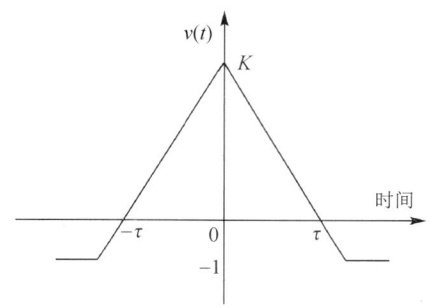

解：已平滑的电压可写为

$$v(t) = \begin{cases} K + \left(\dfrac{K+1}{\tau}\right)t; & t < 0 \\ K - \left(\dfrac{K+1}{\tau}\right)t; & t \geq 0 \end{cases}$$

由于跨越区间 $\{0,\tau\}$ 而产生的功率损耗是

$$L_s = \frac{v^2}{K^2} = 1 - 2\left(\frac{K+1}{K\tau}\right)t + \left(\frac{K+1}{K\tau}\right)^2 t^2$$

于是平均功率损耗是

$$\overline{L}_s = \frac{2}{\tau}\int_0^{\tau/2}\left(1 - 2\left(\frac{K+1}{K\tau}\right)t + \left(\frac{K+1}{K\tau}\right)^2 t^2\right)dt = 1 - \frac{K+1}{2K} + \frac{(K+1)^2}{12K^2}$$

例如，$K = 15$ 时，$\overline{L}_s = 2.5$ dB。

e. 多普勒滤波器跨越

多普勒滤波器跨越类似于距离门跨越。但是，在这种情况下，由于加权函数多普勒滤波器谱将展宽（扩展），因此加权函数通常用于降低副瓣电平。由于目标的多普勒频率会落在两个多普勒滤波器之间的任意位置，所以会产生信号损失。图 2.15 给出了这一点的图示，其中由于加权，因此交叉频率 f_{co} 小于通常对应于 3 dB 功率点的滤波器截止频率 f_c。

f. 其他损耗

其他损耗可能包括由雷达硬件老化引起的设备损耗、匹配滤波器损耗及天线效率损耗。跟踪雷达还要承受交叉（斜视）损耗。

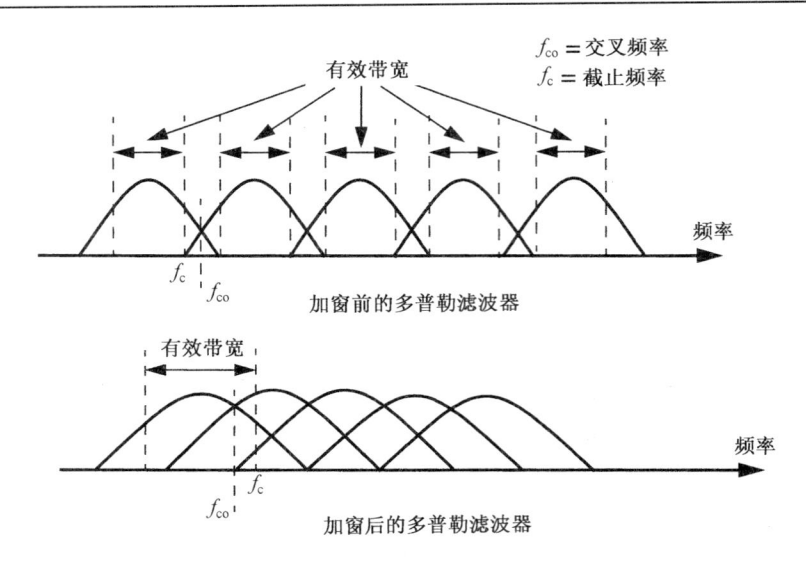

图 2.15 由于加窗，交叉频率可以变得小于截止频率

2.9 噪声系数

在雷达接收机中，除目标回波之外的任何其他信号都称为噪声。其中包括雷达系统之外干扰信号和接收机内部产生的热噪声。热噪声（电子的热骚动）和散粒效应噪声（半导体的载流子密度的变化）是雷达接收机中两种主要的内部噪声源。

热噪声的功率谱密度由下式给出：

$$S_n(\omega) = \frac{|\omega|h}{\pi\left[\exp\left(\dfrac{|\omega|h}{2\pi kT}\right) - 1\right]} \quad (2.79)$$

式中，$|\omega|$ 是频率的绝对值，单位为弧度/秒；T 是传导体媒质的温度，单位为热力学温度；k 是玻尔兹曼常数；h 是普朗克（Planck）常数（$h = 6.625 \times 10^{-34}$ J·s）。当条件 $|\omega| \ll 2\pi kT/h$ 成立时，可证明方程（2.79）近似为

$$S_n(\omega) \approx 2kT \quad (2.80)$$

这种近似被人们广泛接受，因为实际上雷达系统工作在低于 100 GHz 的频率上。例如，如果 $T = 290$ K，那么 $2\pi kT/h \approx 6000$ GHz。

这样，1 Ω 电阻上产生的均方噪声电压（噪声功率）为

$$\langle n^2 \rangle = \frac{1}{2\pi} \int_{-2\pi B}^{2\pi B} 2kT \, d\omega = 4kTB \quad (2.81)$$

式中，B 是系统带宽，单位为 Hz。

任何一个包含热噪声和具有输入阻抗 R_{in} 的电系统都能用一个在其输入端串接了一个噪声等效电压源和一个无噪声输入阻抗 R_{in} 的等效无噪声系统来取代，如图 2.16 所示。物理上

从 $\langle n^2 \rangle$ 中可提取的噪声功率的量是方程（2.81）中计算出的值的四分之一。考虑一个功率增益为 A_P 的噪声系统，如图 2.17 所示。噪声系数定义为

$$F_{dB} = 10 \log \frac{总噪声功率输出}{只由 R_{in} 引起的噪声功率输出} \tag{2.82}$$

更精确地说，

$$F_{dB} = 10 \log \frac{N_o}{N_i A_p} \tag{2.83}$$

式中，N_o 和 N_i 分别是该系统输出端和输入端的噪声功率。

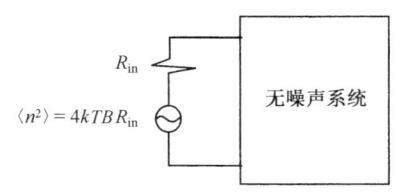

图 2.16　串接了一个输入噪声电压源的无噪声系统

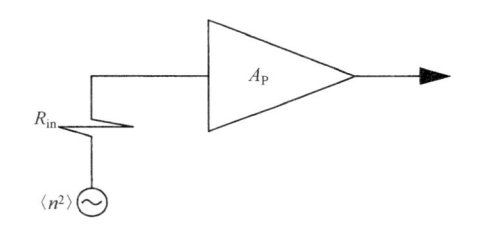

图 2.17　用无噪声等效放大器和串联了一个电阻的输入电压源来取代的有噪声放大器

如果我们把输入信号功率和输出信号功率分别定义为 S_i 和 S_o，那么功率增益为

$$A_P = \frac{S_o}{S_i} \tag{2.84}$$

由此得出

$$F_{dB} = 10 \log \left(\frac{S_i / N_i}{S_o / N_o} \right) = \left(\frac{S_i}{N_i} \right)_{dB} - \left(\frac{S_o}{N_o} \right)_{dB} \tag{2.85}$$

式中，

$$\left(\frac{S_i}{N_i} \right)_{dB} > \left(\frac{S_o}{N_o} \right)_{dB} \tag{2.86}$$

因此，可以说噪声系数是由放大器附加热噪声引起的信噪比的损失 [$(SNR)_o = (SNR)_i - F$（用 dB 表示）]。

我们也可以通过系统的有效温度 T_e 来表示噪声系数。考虑图 2.17 所示的放大器，假定其有效温度为 T_e，又假定输入噪声温度为 T_o，那么输入噪声功率则为

$$N_i = kT_o B \tag{2.87}$$

于是输出噪声功率为

$$N_o = kT_oBA_p + kT_eBA_p \tag{2.88}$$

方程（2.88）右边的第一项对应的是输入噪声，后面一项对应的是由系统产生的热噪声，由此，噪声系数可以表示为

$$F = \frac{(SNR)_i}{(SNR)_o} = \frac{S_i}{kT_oB} \; kBA_p \; \frac{T_o + T_e}{S_o} = 1 + \frac{T_e}{T_o} \tag{2.89}$$

我们还可以等效地将其写成

$$T_e = (F-1)T_o \tag{2.90}$$

例：一个放大器具有 4 dB 的噪声系数，带宽 $B = 500 \text{ kHz}$。计算输出端的信噪比（SNR）为 1 时所需的输入信号功率？假定 $T_o = 290 \text{ K}$，输入阻抗为 $1 \, \Omega$。

解：输入噪声功率为

$$kT_oB = 1.38 \times 10^{-23} \times 290 \times 500 \times 10^3 = 2.0 \times 10^{-15} \text{ W}$$

假定信号为电压信号，则输入噪声均方电压为

$$\langle n_i^2 \rangle = kT_oB = 2.0 \times 10^{-15} \text{v}^2$$

$$F = 10^{0.4} = 2.51$$

根据噪声系数的定义得到

$$\frac{S_i}{N_i} = F\left(\frac{S_o}{N_o}\right) = F$$

和

$$\langle s_i^2 \rangle = F\langle n_i^2 \rangle = 2.51 \times 2.0 \times 10^{-15} = 5.02 \times 10^{-15} \text{v}^2$$

最后得出

$$\sqrt{\langle s_i^2 \rangle} = 70.852 \text{ nv}$$

考虑图 2.18 所示的级联系统，网络 1 由噪声系数 F_1、功率增益 G_1、带宽 B 和温度 T_{e1} 确定，同样，网络 2 由 F_2、G_2、B 和 T_{e2} 确定，假定输入噪声的温度为 T_o。

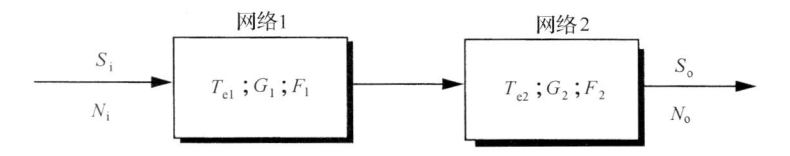

图 2.18　级联的线性系统

输出信号功率为

$$S_o = S_iG_1G_2 \tag{2.91}$$

输入噪声功率和输出噪声功率分别为

$$N_i = kT_oB \tag{2.92}$$

$$N_o = kT_0 BG_1 G_2 + kT_{e1} BG_1 G_2 + kT_{e2} BG_2 \qquad (2.93)$$

方程（2.93）中右边的 3 项分别对应输入噪声功率、网络 1 内部产生的热噪声和网络 2 内部产生的热噪声。

现在，如果使用关系式 $T_e = (F-1)T_0$ 和方程（2.91）及方程（2.92），则总输出噪声功率可表示为

$$N_o = F_1 N_i G_1 G_2 + (F_2 - 1) N_i G_2 \qquad (2.94)$$

由此得出，级联系统的总噪声系数为

$$F = \frac{(S_i/N_i)}{(S_o/N_o)} = F_1 + \frac{F_2 - 1}{G_1} \qquad (2.95)$$

一般来说，对 n 级系统我们有

$$F = F_1 + \frac{F_2 - 1}{G_1} + \frac{F_3 - 1}{G_1 G_2} + \cdots + \frac{F_n - 1}{G_1 G_2 G_3 \cdots G_{n-1}} \qquad (2.96)$$

而且，n 级系统的有效温度可计算为

$$T_e = T_{e1} + \frac{T_{e2}}{G_1} + \frac{T_{e3}}{G_1 G_2} + \cdots + \frac{T_{en}}{G_1 G_2 G_3 \cdots G_{n-1}} \qquad (2.97)$$

由方程（2.96）和方程（2.97）可以看出，总噪声系数主要由第一级决定。因此，为了使总接收噪声系数最小，雷达接收机在其第一级都使用低噪声功率放大器。不过，对于低 RCS 工作建造的雷达系统，每一级的噪声都要进行分析。

例：一部雷达接收机由天线（其电缆损耗 $L = 1\,\text{dB} = F_1$）、RF 放大器（其 $F_2 = 6\,\text{dB}$，增益 $G_2 = 20\,\text{dB}$）、混频器（其噪声系数 $F_3 = 10\,\text{dB}$，变频损耗 $L = 8\,\text{dB}$）和集成电路 IF 放大器（其 $F_4 = 6\,\text{dB}$，增益 $G_4 = 60\,\text{dB}$）组成，求系统的总噪声系数。

解：由方程（2.96），我们得出

$$F = F_1 + \frac{F_2 - 1}{G_1} + \frac{F_3 - 1}{G_1 G_2} + \frac{F_4 - 1}{G_1 G_2 G_3}$$

G_1	G_2	G_3	G_4	F_1	F_2	F_3	F_4
−1 dB	20 dB	−8 dB	60 dB	1 dB	6 dB	10 dB	6 dB
0.7943	100	0.1585	10^6	1.2589	3.9811	10	3.9811

由此得出

$$F = 1.2589 + \frac{3.9811 - 1}{0.7943} + \frac{10 - 1}{100 \times 0.7943} + \frac{3.9811 - 1}{0.158 \times 100 \times 0.7943} = 5.3629$$

$$F = 10 \log(5.3628) = 7.294\,\text{dB}$$

2.10 连续波雷达

如前所述，为了避免连续波雷达能量辐射的中断，在连续波雷达中采用两部天线，一

部用于发射，另一部用于接收。图 2.19 给出简化了的连续波雷达框图。图上注明了在不同位置上信号频率的恰当值。各个窄带滤波器（NBF）的带宽必须尽可能窄，以实现精确的多普勒测量并使噪声功率最小。理论上，连续波雷达的工作带宽是无限小的（因为它对应于一个无限长持续时间的连续正弦波），然而，具有无限小带宽的系统物理上不可能存在，因此，要假设连续波雷达的带宽相当于一个选通的连续波形的带宽。

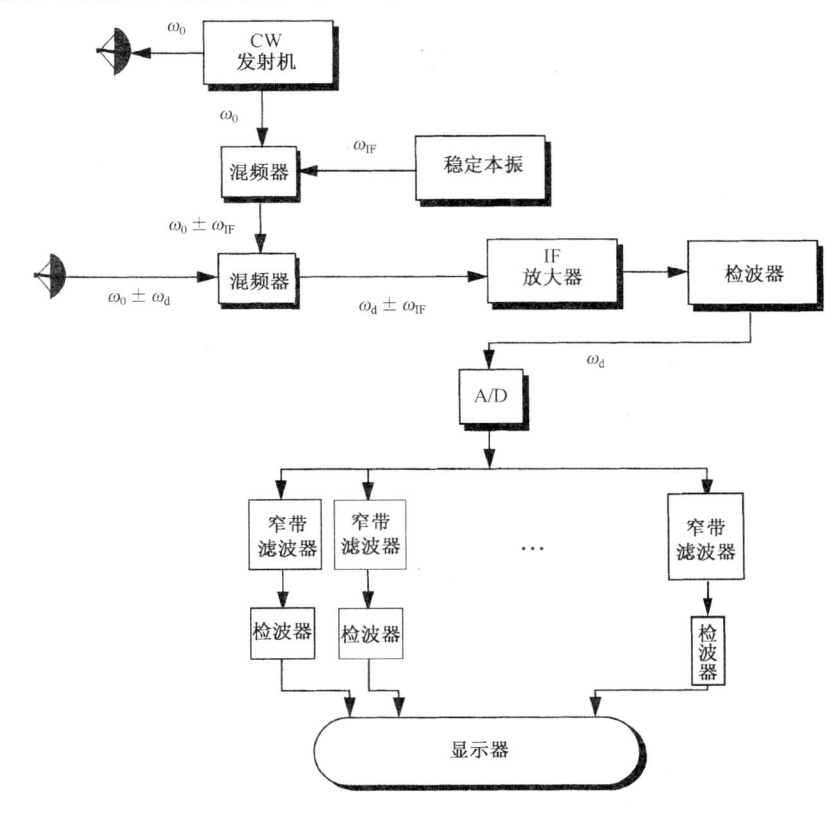

图 2.19 连续波雷达框图

窄带滤波器组（多普勒滤波器组）可利用快速傅里叶变换（FFT）来实现。如果多普勒滤波器组是利用大小为 N_{FFT} 的 FFT 来实现的且各个窄带滤波器的带宽（FFT 门）为 Δf，则有效雷达多普勒带宽为 $N_{FFT}\Delta f/2$。选择因子1/2在于要考虑正、负多普勒频移。频率分辨率 Δf 与一体化时间成反比。

由于距离是通过测量雷达回波的往返时延而计算出的，因此，单频率的连续波雷达不可能测量目标距离。为了使连续波雷达能够测量目标距离，发射和接收波形必须具有某种类型的时标。通过比较发射和接收时的时标，连续波雷达可提取目标距离。时标可通过对发射波形进行调制来实现，一种通用的技术为线性调频（LFM）。在讨论 LFM 信号之前，我们将首先介绍连续波雷达方程并简要讨论利用正弦调制信号的常用调频（FM）波形。

2.10.1 连续波雷达方程

如图 2.19 所示，如果连续波雷达接收机在一特定的多普勒门的输出值超过了检波器框内的检测门限，则该接收机就宣称有一次检测。由于窄带滤波器组是由 FFT 实现的，在某一时刻只有有限长度的数据组可得到处理。这种数据块的长度通常称为驻留时间或驻留间隔。驻留间隔决定着各个窄带滤波器的频率分辨率或带宽。更准确地说，

$$\Delta f = 1/T_{\text{Dwell}} \tag{2.98}$$

T_{Dwell} 是驻留间隔。因此，一旦选择了窄带滤波器组的最大可分辨频率，就可根据下式计算窄带滤波器组的大小：

$$N_{\text{FFT}} = 2B/\Delta f \tag{2.99}$$

B 是 FFT 的最大可分辨频率。需要用因子 2 来考虑正、负多普勒频移。由此

$$T_{\text{Dwell}} = N_{\text{FFT}}/2B \tag{2.100}$$

现在可以推导连续波雷达方程了。考虑本章中之前推导的雷达方程，也即

$$\text{SNR} = \frac{P_{\text{av}} T G^2 \lambda^2 \sigma}{(4\pi)^3 R^4 k T_0 F L} \tag{2.101}$$

这里，$P_{\text{av}} = (\tau/T) P_t$，$\tau/T$，并且 P_t 为传输功率峰值。在连续波雷达的情况下，在整个驻留时间上的平均发射功率为 P_{CW}，而 T 则必须由 T_{Dwell} 替代。因此，连续波雷达方程可写成

$$\text{SNR} = \frac{P_{\text{CW}} T_{\text{Dwell}} G_t G_r \lambda^2 \sigma}{(4\pi)^3 R^4 k T_0 F L L_{\text{win}}} \tag{2.102}$$

式中，G_t 和 G_r 分别为发射和接收天线增益。因子 L_{win} 是与 FFT 计算中所使用的窗口（加权）类型有关的损耗项。

2.10.2 频率调制

本节所做的讨论将限于正弦调制信号。在此情况下，调频波形的一般公式可表示为

$$x(t) = A \cos\left(2\pi f_0 t + k_f \int_0^t \cos 2\pi f_m u \, du\right) \tag{2.103}$$

式中，f_0 是雷达工作频率（载频），$\cos 2\pi f_m t$ 是调制信号，A 是常数，$k_f = 2\pi \Delta f_{\text{peak}}$，其中 Δf_{peak} 是峰值频率偏移。相位为

$$\psi(t) = 2\pi f_0 t + 2\pi \Delta f_{\text{peak}} \int_0^t \cos 2\pi f_m u \, du = 2\pi f_0 t + \beta \sin 2\pi f_m t \tag{2.104}$$

式中，β 为调频调制指数，由下式给出：

$$\beta = \frac{\Delta f_{\text{peak}}}{f_m} \tag{2.105}$$

设 $x_r(t)$ 为从距离 R 的目标接收到的雷达信号，由此

$$x_r(t) = A_r \cos(2\pi f_0(t - \Delta t) + \beta \sin 2\pi f_m(t - \Delta t)) \tag{2.106}$$

式中，时延 Δt 为

$$\Delta t = \frac{2R}{c} \tag{2.107}$$

c 为光速。连续波雷达接收机利用相位检波器以便从瞬时频率提取目标距离，如图2.20所示。相位检波器输出 $y(t)$ 的好的测量意味着有好的 Δt 测量，进而有好的距离测量。

图 2.20　从调频信号回波提取距离，K_1 为常数

考虑由下式给出的调频波形 $x(t)$：

$$x(t) = A\cos(2\pi f_0 t + \beta \sin 2\pi f_m t) \tag{2.108}$$

该式可写成

$$x(t) = A\,\mathrm{Re}\{\mathrm{e}^{\mathrm{j}2\pi f_0 t}\,\mathrm{e}^{\mathrm{j}\beta\sin 2\pi f_m t}\} \tag{2.109}$$

式中，$\mathrm{Re}\{\ \}$ 表示实部。由于信号 $\exp(\mathrm{j}\beta\sin 2\pi f_m t)$ 是周期性的，其周期为 $T = 1/f_m$，因此，可利用复数指数型傅里叶级数将该信号表示成

$$\mathrm{e}^{\mathrm{j}\beta\sin 2\pi f_m t} = \left(\sum_{n=-\infty}^{\infty} C_n \mathrm{e}^{\mathrm{j}n2\pi f_m t}\right) \tag{2.110}$$

式中，傅里叶级数系数 C_n 为

$$C_n = \frac{1}{2\pi}\int_{-\pi}^{\pi} \mathrm{e}^{\mathrm{j}\beta\sin 2\pi f_m t}\,\mathrm{e}^{-\mathrm{j}n2\pi f_m t}\,\mathrm{d}t \tag{2.111}$$

做变量替换 $u = 2\pi f_m t$，并意识到 n 阶第一类贝塞尔函数为

$$J_n(\beta) = \frac{1}{2\pi}\int_{-\pi}^{\pi} \mathrm{e}^{\mathrm{j}(\beta\sin u - nu)}\,\mathrm{d}u \tag{2.112}$$

由此，傅里叶级数系数 C_n 为 $C_n = J_n(\beta)$，因此，方程（2.110）现在可写成

$$\mathrm{e}^{\mathrm{j}\beta\sin 2\pi f_m t} = \left(\sum_{n=-\infty}^{\infty} J_n(\beta)\mathrm{e}^{\mathrm{j}n2\pi f_m t}\right) \tag{2.113}$$

这是人们所熟悉的贝塞尔-雅可比（Bessel-Jacobi）方程。图2.21给出 $n=0, 1, 2, 3$ 的第一类贝塞尔函数的图形。

信号 $s(t)$ 中的总功率为

$$P = \frac{1}{2}A^2 \sum_{n=-\infty}^{\infty} |J_n(\beta)|^2 = \frac{1}{2}A^2 \tag{2.114}$$

将方程（2.113）代入方程（2.109）得到

$$x(t) = A\operatorname{Re}\left\{ e^{j2\pi f_0 t} \sum_{n=-\infty}^{\infty} J_n(\beta) e^{jn2\pi f_m t} \right\} \tag{2.115}$$

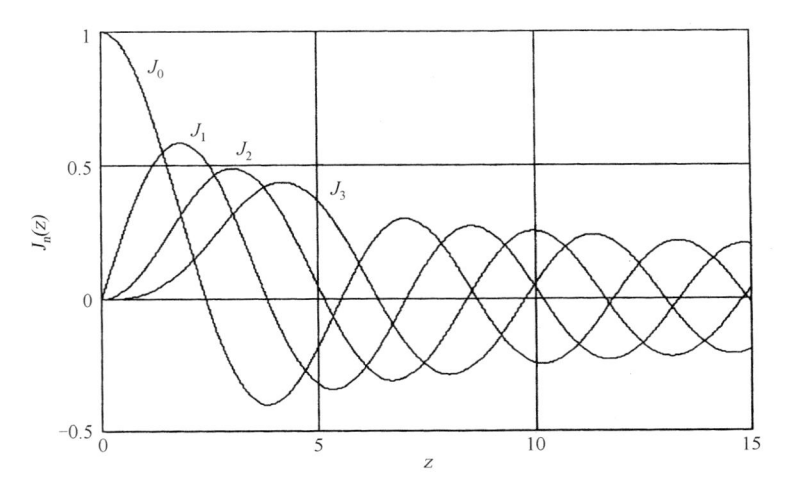

图 2.21 0, 1, 2, 3 阶贝塞尔函数的图形

展开方程（2.115），得

$$x(t) = A \sum_{n=-\infty}^{\infty} J_n(\beta) \cos(2\pi f_0 + n2\pi f_m)t \tag{2.116}$$

最后，由于 n 为奇数时 $J_n(\beta) = J_{-n}(\beta)$，而 n 为偶数时 $J_n(\beta) = -J_{-n}(\beta)$，可以将方程（2.116）重新写成

$$\begin{aligned} x(t) = A\{ &J_0(\beta)\cos 2\pi f_0 t + J_1(\beta)[\cos(2\pi f_0 + 2\pi f_m)t - \cos(2\pi f_0 - 2\pi f_m)t] \\ &+ J_2(\beta)[\cos(2\pi f_0 + 4\pi f_m)t + \cos(2\pi f_0 - 4\pi f_m)t] \\ &+ J_3(\beta)[\cos(2\pi f_0 + 6\pi f_m)t - \cos(2\pi f_0 - 6\pi f_m)t] \\ &+ J_4(\beta)[\cos((2\pi f_0 + 8\pi f_m)t + \cos(2\pi f_0 - 8\pi f_m)t)] + \cdots \} \end{aligned} \tag{2.117a}$$

可以写成

$$\begin{aligned} x(t) = A\Bigg\{ &J_0(\beta)\cos 2\pi f_0 t + \sum_{n=\text{偶数}}^{\infty} J_n(\beta)[\cos(2\pi f_0 + 2n\pi f_m)t + \\ &\cos(2\pi f_0 - 2n\pi f_m)t] + \sum_{q=\text{奇数}}^{\infty} J_q(\beta)[\cos(2\pi f_0 + 2q\pi f_m)t - \cos(2\pi f_0 - 2q\pi f_m)t] \Bigg\} \end{aligned} \tag{2.117b}$$

$x(t)$ 的频谱由中心频率为 f_0 的谱线对组成，如图 2.22 所示。相邻谱线的间隔为 f_m。中心谱线的幅度等于 $AJ_0(\beta)$，而第 n 条谱线的幅度为 $AJ_n(\beta)$。

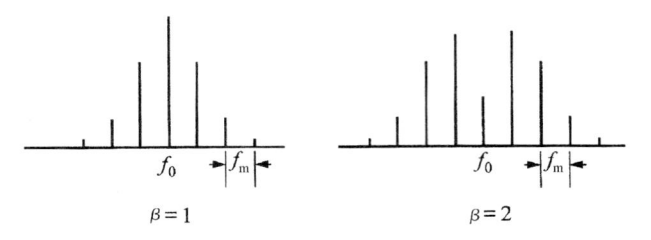

图 2.22 调频信号的幅度线谱示意图

如方程（2.117）所示，调频信号的带宽是无穷大的。然而，高阶谱线的量级是较小的，因此，带宽可利用卡森（Carson）法则近似表示成

$$B \approx 2(\beta+1)f_m \tag{2.118}$$

当 β 为小值时，只有 $J_0(\beta)$ 和 $J_1(\beta)$ 有大的值。因此，我们可将方程（2.117）近似表示成

$$x(t) \approx A\{J_0(\beta)\cos 2\pi f_0 t + J_1(\beta)[\cos(2\pi f_0 + 2\pi f_m)t - \cos(2\pi f_0 - 2\pi f_m)t]\} \tag{2.119}$$

最后，对于小 β 值，贝塞尔函数可近似表示为

$$J_0(\beta) \approx 1 \tag{2.120}$$

$$J_1(\beta) \approx \beta/2 \tag{2.121}$$

因此，方程（2.119）可近似为

$$x(t) \approx A\left\{\cos 2\pi f_0 t + \frac{1}{2}\beta[\cos(2\pi f_0 + 2\pi f_m)t - \cos(2\pi f_0 - 2\pi f_m)t]\right\} \tag{2.122}$$

例： 如果调制指数 $\beta = 0.5$，给出信号 $s(t)$ 的表达式。

解： 由贝塞尔函数表，我们得到 $J_0(0.5) = 0.9385$，$J_1(0.5) = 0.2423$，因此利用方程（2.119），我们得到

$$x(t) \approx A\{(0.9385)\cos 2\pi f_0 t + (0.2423)[\cos(2\pi f_0 + 2\pi f_m)t - \cos(2\pi f_0 - 2\pi f_m)t]\}$$

例： 考虑一个输出信号 $s(t) = 100\cos(2000\pi t + \varphi(t))$ 的调频发射机。频率偏移为 4 Hz，调频波形为 $x(t) = 10\cos 16\pi t$。确定调频信号的带宽。有多少条谱线将通过带宽为 58 Hz、中心频率为 1000 Hz 的带通滤波器？

解： 峰值频率偏移为 $\Delta f_{\text{peak}} = 4 \times 10 = 40$ Hz，由此

$$\beta = \frac{\Delta f_{\text{peak}}}{f_m} = \frac{40}{8} = 5$$

利用方程（2.118），得到

$$B \approx 2(\beta+1)f_m = 2 \times (5+1) \times 8 = 96 \text{ Hz}$$

不过，只有 7 条谱线通过带通滤波器，如下图所示。

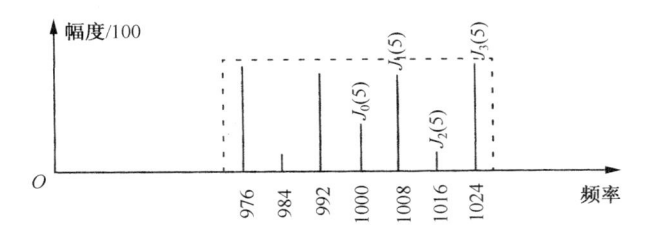

2.10.3 线性调频（LFM）连续波雷达

连续波雷达可采用线性调频波形，这样既可以测量距离，也可测量多普勒信息。在实际连续波雷达中，线性调频波形不能在一个方向上连续变化，因此通常采用周期性调制。图 2.23 给出了三角形线性调频波形示意图。调制不必是三角形的，它可以是正弦、锯齿或某种其他的形式。图 2.23 中的虚线表示从距离为 R 的静止目标到来的回波波形。拍频 f_b 也示于图 2.23 中，它定义为发射信号和接收信号之间的差（由于外差作用）。时延 Δt 是目标距离的一种度量，即

$$\Delta t = (2R)/c \tag{2.123}$$

实际上，调制频率 f_m 选成使得

$$f_m = \frac{1}{2t_0} \tag{2.124}$$

频率变化率 $\dot{f}$ 为

$$\dot{f} = \frac{\Delta f}{t_0} = \frac{\Delta f}{(1/2f_m)} = 2f_m \Delta f \tag{2.125}$$

式中，Δf 为峰值频率偏移。拍频 f_b 为

$$f_b = \Delta t \dot{f} = \frac{2R}{c} \dot{f} \tag{2.126}$$

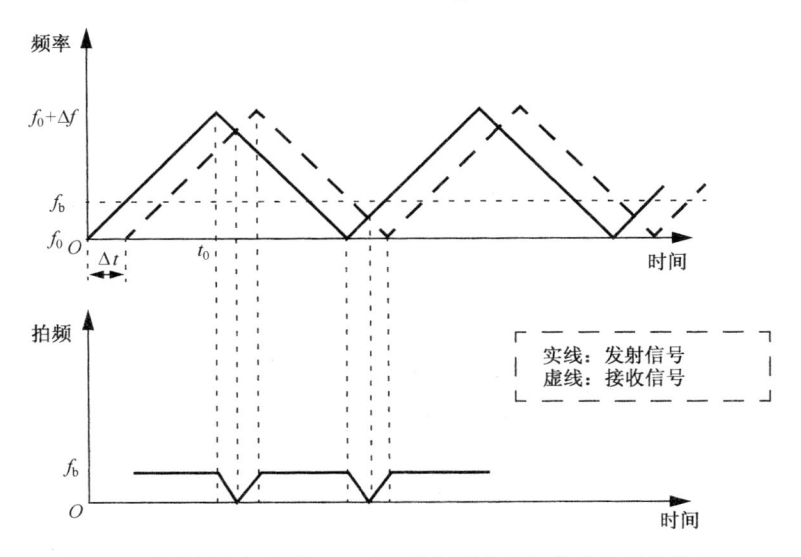

图 2.23 发射的和接收的三角形线性调频信号和静止目标的拍频

方程（2.126）可重写成

$$\dot{f} = \frac{c}{2R} f_b \tag{2.127}$$

使方程（2.125）和方程（2.127）相等并解 f_b，得到

$$f_b = \frac{4Rf_m\Delta f}{c} \tag{2.128}$$

现在考虑当有多普勒时（即非静止目标）的情况。对应的三角形线性调频发射和接收波形及对应的拍频一起示于图2.24中。和前面一样，拍频确定为

$$f_b = f_{接受} - f_{发射} \tag{2.129}$$

当目标为非静止目标时，除了由于时延 Δt 的频移之外，接收到的信号还将包含一个多普勒频移项。在此情况下，在正斜率部分期间，多普勒频移项要从拍频中减去；而在负斜率部分期间，则两项相加。正（向上）、负（向下）斜率部分期间的拍频分别用 f_{bu} 和 f_{bd} 表示。由此

$$f_{bu} = \frac{2R}{c}\dot{f} - \frac{2\dot{R}}{\lambda} \tag{2.130}$$

式中，$\dot{R}$ 为距离变化率或雷达看到的目标径向速度。方程右边第一项是由距离时延产生的，它由方程（2.123）确定，而第二项是由目标多普勒产生的。类似地，

$$f_{bd} = \frac{2R}{c}\dot{f} + \frac{2\dot{R}}{\lambda} \tag{2.131}$$

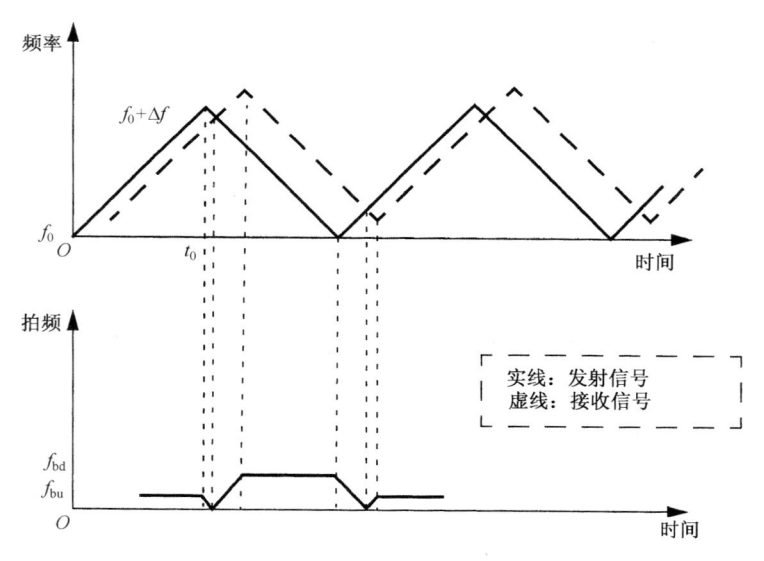

图2.24 运动目标的发射与接收线性调频信号和拍频

将方程（2.130）和方程（2.131）相加，可计算作用距离。更准确地说，

$$R = \frac{c}{4\dot{f}}(f_{bu} + f_{bd}) \tag{2.132}$$

将方程（2.131）和方程（2.130）相减，可计算距离变化率：

$$\dot{R} = \frac{\lambda}{4}(f_{\text{bd}} - f_{\text{bu}}) \tag{2.133}$$

如方程（2.132）和方程（2.133）所示，利用三角形线性调频的连续波雷达，既可提取距离又可提取距离变化率信息。实际上，最大时延 $\Delta t_{\max}$ 通常选择为

$$\Delta t_{\max} \leq 0.1 t_0 \tag{2.134}$$

因此，最大作用距离为

$$R_{\max} = \frac{0.1 c t_0}{2} = \frac{0.1 c}{4 f_m} \tag{2.135}$$

而最大非模糊距离将对应于一个等于 $2t_0$ 的频移。

2.10.4 多频连续波雷达

为获得好的距离测量，连续波雷达不一定要采用线性调频波形。多频方案允许连续波雷达无须利用调频就足以进行距离测量。为了说明这一概念，首先考虑一个具有下列波形的连续波雷达：

$$x(t) = A \sin 2\pi f_0 t \tag{2.136}$$

从距离为 R 的目标所接收到的信号为

$$x_r(t) = A_r \sin(2\pi f_0 t - \varphi) \tag{2.137}$$

式中，相位 φ 等于

$$\varphi = 2\pi f_0 \frac{2R}{c} \tag{2.138}$$

解 R 我们得到

$$R = \frac{c\varphi}{4\pi f_0} = \frac{\lambda}{4\pi}\varphi \tag{2.139}$$

显然，当 φ 为最大，即 $\varphi = 2\pi$ 时，产生最大非模糊距离。因此，即便对于较长的雷达波长，R 也限于不实用的小值。下面考虑具有两个连续波信号的雷达，分别由 $x_1(t)$ 和 $x_2(t)$ 表示。更准确地说，

$$x_1(t) = A_1 \sin 2\pi f_1 t \tag{2.140}$$

$$x_2(t) = A_2 \sin 2\pi f_2 t \tag{2.141}$$

从动目标接收到的信号为

$$x_{1r}(t) = A_{r1} \sin(2\pi f_1 t - \varphi_1) \tag{2.142}$$

$$x_{2r}(t) = A_{r2} \sin(2\pi f_2 t - \varphi_2) \tag{2.143}$$

式中，$\varphi_1 = (4\pi f_1 R)/c$ 和 $\varphi_2 = (4\pi f_2 R)/c$。在与载频差拍变频（混频）后，两个接收到的信号间的相位差为

$$\varphi_2 - \varphi_1 = \Delta\varphi = \frac{4\pi R}{c}(f_2 - f_1) = \frac{4\pi R}{c}\Delta f \tag{2.144}$$

当 $\Delta\varphi = 2\pi$ 时，R 再次为最大。由此，现在的最大非模糊距离为

$$R = \frac{c}{2\Delta f} \tag{2.145}$$

并且，由于 $\Delta f \ll c$，由方程（2.145）所计算出的距离要比由方程（2.139）所计算出的距离大得多，从而说明当使用多于一个频率时，非模糊距离增加。

2.11　MATLAB 函数 "*range_calc.m*"

程序 "*range_calc.m*" 求解以下形式的雷达距离方程：

$$R = \left(\frac{P_t \tau f_r T_i G_t G_r \lambda^2 \sigma}{(4\pi)^3 k T_0 F L (\text{SNR})_o}\right)^{\frac{1}{4}} \tag{2.146}$$

式中，P_t 为发射峰值功率，τ 为脉冲宽度，f_r 为 PRF，G_t 和 G_r 分别为发射和接收天线增益，λ 为波长，σ 为目标截面积，k 为玻尔兹曼常数，T_0 为 290 K，F 为系统噪声系数，L 为整个系统的损耗，并且 $(\text{SNR})_o$ 为探测所需的最小 SNR。

可以选择连续波或脉冲雷达。在连续波雷达的情况下，在代码中 $P_t\tau f_r$ 项用平均连续波功率 P_{CW} 代替。另外，T_i 项指驻留间隔。而在脉冲雷达的情况下，T_i 表示在目标上的时间。图 2.25 的曲线用图中所示参数描绘了脉冲雷达 SNR 与探测距离关系的一个例子。在输入和编辑所有输入参数时，使用了一个基于 MATLAB 的图形用户界面（GUI）（见图 2.25）。输出包括最大探测距离与最小 SNR 关系的图形。

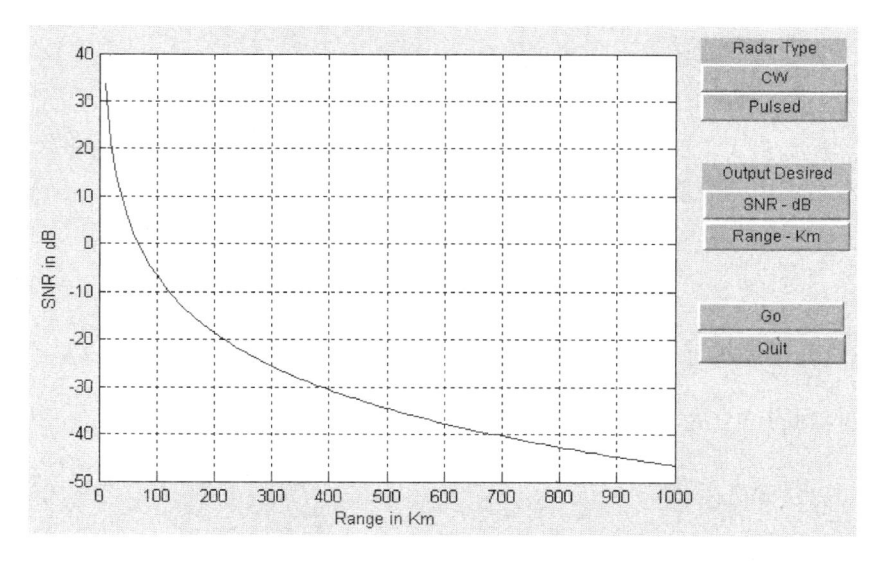

图 2.25　与程序 "*range_calc.m*" 相关的 GUI 工作空间

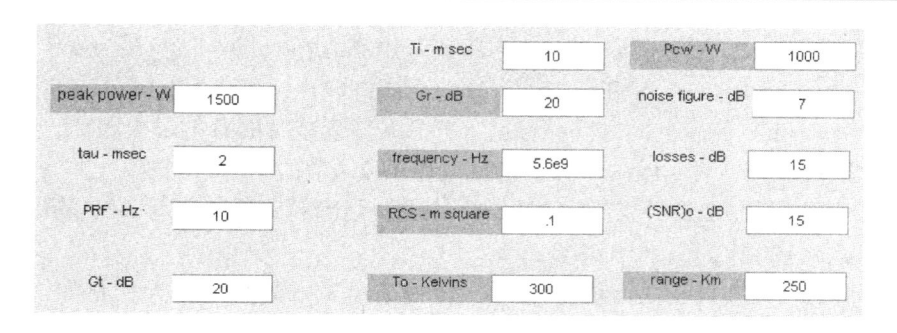

图 2.25（续）　与程序 "range_calc.m" 相关的 GUI 工作空间

习题

2.1　计算 X 波段天线在 $f_0 = 9$ GHz 时的孔径大小。假设天线增益 $G = 10$ dB、20 dB 和 30 dB。

2.2　一部 L 波段雷达（1500 MHz）使用的天线增益 $G = 30$ dB。计算孔径大小。如果雷达占空因子 $d_t = 0.2$，平均功率是 25 kW，计算距离 $R = 50$ km 处的功率密度。

2.3　对于习题 2.2 中描述的雷达，假设最小可探测信号是 5 dBm。计算当 σ 为 1.0 m^2、10.0 m^2 和 20.0 m^2 时的雷达最大距离。

2.4　考虑一部具有下列参数的 L 波段雷达：工作频率 $f_0 = 1500$ MHz，带宽 $B = 5$ MHz，天线增益 $G = 5000$。计算这部雷达的峰值功率、脉冲宽度和最小可探测信号。假设目标 RCS $\sigma = 10$ m^2，单个脉冲的 SNR 为 15.4 dB，噪声系数 F = 5 dB，温度 $T_0 = 290$ K，最大距离 $R_{max} = 150$ km。

2.5　用 $P_t = 1$ MW、$G = 40$ dB 和 $\sigma = 0.5$ m^2 重做 2.1 节的例题。

2.6　证明 DC 分量是高 PRF 波形的主导的谱线。

2.7　用 $L = 5$ dB、$F = 10$ dB、$T = 500$ K、$T_i = 1.5$ s、$d_t = 0.25$ 和 $R = 75$ km 重做 2.3 节的例题。

2.8　一部低 PRF 的 C 波段雷达工作在 $f_0 = 5000$ MHz。天线是半径为 2 m 的圆形天线。峰值功率 $P_t = 1$ MW，脉冲宽度 $\tau = 2$ μs。PRF 是 $f_r = 250$ Hz，有效温度 $T_0 = 600$ K。假设雷达损耗 $L = 15$ dB，目标 RCS $\sigma = 10$ m^2。(a) 计算雷达非模糊距离；(b) 计算 SNR = 0 dB 时的距离 R_0；(c) 计算在 $R = 0.75 R_0$ 时的 SNR。

2.9　大气衰减可以作为另一损耗项包含在雷达方程内。一部探测距离为 20 km 的 X 波段雷达，包括了 0.25 dB/km 的大气损耗。计算无大气衰减时对应的探测距离。

2.10　令一部低 PRF 雷达的最大非模糊距离为 R_{max}。(a) 计算 $(1/2)R_{max}$ 处和 $(3/4)R_{max}$ 处的 SNR；(b) 如果一个目标的 $\sigma = 10$ m^2 位于 $R = (1/2)R_{max}$ 处，则在 $R = (3/4)R_{max}$ 处的目标 RCS 应为多大时雷达可以从两个目标收到相同的信号强度。

2.11　一部毫米波（MMW）雷达具有下列参数：工作频率 $f_0 = 94$ GHz，PRF $f_r = 15$ kHz，脉冲宽度 $\tau = 0.05$ ms，峰值功率 $P_t = 10$ W，噪声系数 $F = 5$ dB，圆口径天线直径 $D = 0.254$ m，天线增益 $G = 30$ dB，目标 RCS $\sigma = 1$ m^2，系统损耗 $L = 8$ dB，雷达扫描时间 $T_{sc} = 3$ s，雷达角覆盖范围为 200°，大气衰减为 3 dB/km。计算

下列各项：(a) 波长 λ；(b) 距离分辨率 ΔR；(c) 带宽 B；(d) 作为距离函数的 SNR；(e) SNR = 15 dB 时的距离；(f) 天线波束宽度；(g) 天线扫描速率；(h) 目标上的时间；(i) 当考虑大气衰减时的有效最大距离。

2.12 用 $\Omega = 4°$、$\sigma = 1\ \mathrm{m}^2$ 和 $R = 400\ \mathrm{km}$ 重做 2.4 节的第二个例题。

2.13 使用方程 (2.53)，计算习题 2.11 中的雷达跨越距离（作为 B_J/B 的函数）。假设 $P_J = 100\ \mathrm{W}$，$G_J = 10\ \mathrm{dB}$，$L_J = 2\ \mathrm{dB}$。

2.14 计算习题 2.11 中的雷达跨越距离（作为 B_J/B 的函数）。假设 $P_J = 200\ \mathrm{W}$，$G_J = 15\ \mathrm{dB}$，$L_J = 2\ \mathrm{dB}$，$G' = 12\ \mathrm{dB}$，$R_J = 25\ \mathrm{km}$。

2.15 某雷达受一 SSJ 干扰器的干扰，假定下列参数：雷达峰值功率 $P_t = 55\ \mathrm{kW}$，雷达天线增益 $G = 30\ \mathrm{dB}$，雷达脉冲宽度 $\tau = 2\ \mu\mathrm{s}$，雷达损耗 $L = 10\ \mathrm{dB}$，干扰器功率 $P_J = 150\ \mathrm{W}$。干扰器天线增益 $G_J = 12\ \mathrm{dB}$，干扰器带宽 $B_J = 50\ \mathrm{MHz}$，干扰器损耗 $L_J = 1\ \mathrm{dB}$。计算 $5\ \mathrm{m}^2$ 目标的跨越距离。

2.16 某部雷达其损耗为 6 dB，接收机噪声系数为 8 dB。要求在一个方位 360°、俯仰 5~65° 的搜索扇区内探测目标，必须在 2 秒内覆盖搜索扇区。感兴趣目标的 RCS 为 5 dBsm，并且雷达探测到目标需要 20 dB 的信噪比。要求的雷达探测距离为 75 km。为满足以上要求，雷达的平均功率孔径必须为多少？

2.17 使用图 2.11 推导 R_r 的表达式。假设发射机与接收机 100% 同步。

2.18 天线增益为 G 的雷达受天线增益为 G_J 的重发干扰器干扰。重发器用入射到干扰器上 3/4 的能量照射雷达。(a) 求干扰器入射功率与雷达接收功率之比的表达式；(b) 当 $G = G_J = 200$ 且 $R/\lambda = 10^5$ 时，这个比有多大？

2.19 一 X 波段机载雷达发射机和一空对空导弹接收机起双基地雷达系统的作用。发射机通过使用 CW 信号连续照射目标对导弹进行制导。发射机具有下列参数：$P_t = 4\ \mathrm{kW}$；天线增益 $G_t = 25\ \mathrm{dB}$；工作频率 $f_0 = 9.5\ \mathrm{GHz}$。导弹接收机具有下列特性：$A_r = 0.01\ \mathrm{m}^2$；带宽 $B = 750\ \mathrm{Hz}$；噪声系数 $F = 7\ \mathrm{dB}$；损耗 $L_r = 2\ \mathrm{dB}$。假设双基地 RCS 是 $\sigma_B = 3\ \mathrm{m}^2$。假设 $R_r = 35\ \mathrm{km}$，$R_t = 17\ \mathrm{km}$，计算导弹处的 SNR。

2.20 当存在 0.1 dB/km 的大气衰减时，重复上面的问题。

2.21 一部天线具有 $\sin x/x$ 型的方向图。令 $x = (\pi r \sin\theta)/\lambda$，其中 r 是天线半径，λ 是波长，θ 是偏离视轴的角。推导方程 (2.75)。提示：假设 x 较小，然后把 $\sin x/x$ 作为无穷级数展开。

2.22 计算双径方向图相控阵的天线方向图损耗量，其双径方向图的近似表达式为

$$f(y) = \left[\exp\left(-2\ln 2 (y/\theta_{3\ \mathrm{dB}})^2\right)\right]^4$$

式中 $\theta_{3\ \mathrm{dB}}$ 是 3 dB 波束宽度。假设天线是圆对称的。

2.23 某雷达距离门尺寸为 30 m。由于距离门跨越，接收脉冲的包络可以由一个扩展在三个距离门上的三角形近似表示。在距离门是 90 内探测到目标。求相对距离单元中心的精确目标位置。(a) 开发一个确定相对单元中心的目标位置的算法；(b) 假设测得的早、中和晚分别为 4/6、5/6 和 1/6，计算目标的精确位置。

2.24 一个滤波器由下式确定：

$$H(f) = \frac{1}{1+a^2 f^2}$$

假设半功率频率 $f_{3\,\text{dB}}$ = 500 Hz 且交叉频率 f_c = 350 Hz。计算此多普勒滤波器的跨越损失量。

2.25 某雷达有如下参数：峰值功率 P_t = 65 kW；总损耗 L = 5 dB；工作频率 f_0 = 8 GHz；PRF f_r = 4 kHz；占空比 d_t = 0.3，圆孔径天线直径 D = 1 m，有效孔径为物理孔径的 0.7；噪声系数 F = 8 dB。(a) 求出雷达方程所需的各项参数；(b) 非模糊距离为多少？(c) 为一个 5 dBsm 目标画出 SNR 与距离（1 km 到雷达非模糊距离）的关系曲线；(d) 如果探测需要的最小 SNR 为 14 dB，则对一个 6 dBsm 目标的探测距离是多少？如果 SNR 门限要求提高到 18 dB，则探测距离又为多少？

2.26 某雷达有如下参数：峰值功率 P_t = 50 kW；总损耗 L = 5 dB；工作频率 f_0 = 5.6 GHz；噪声系数 F = 10 dB；脉冲宽度 τ = 10 μs；PRF f_r = 2 kHz；天线波束宽度 θ_{az} = 1°，θ_{el} = 5°。(a) 求天线增益；(b) 若孔径效率为 60%，求有效孔径大小；(c) 给定探测门限为 14 dB，对 RCS 为 σ = 1 m^2 的目标，探测距离是多少？

2.27 某雷达损耗为 5 dB，接收机噪声系数为 10 dB。该雷达的探测范围要求覆盖半球的 3/4 并且要求在 3 s 之内完成。基线目标 RCS 为 6 dBsm，最小 RCS 为 15 dB。雷达探测距离小于 80 km。为完成任务，该雷达的平均功率孔径积要求是多少？

2.28 一部单基地雷达具有以下参数：发射功率 100 kW，发射损耗 2 dB，工作频率 7 GHz，PRF 2000 Hz，脉冲宽度 10 μs，天线波束宽度在方位上为 2°，在俯仰上为 4°，接收损耗 3 dB，以及接收机噪声系数 12 dB。假设雷达使用的脉冲具有 10 MHz 线性调频，并且使用了一个与发射脉冲匹配的处理器。(a) 天线增益是多少？(b) 如果孔径效率为 50%，则有效孔径为多少？(c) 用 dBm 表示的雷达有效辐射功率为多少？(d) 给定一个 13 dB 的探测门限，对于一个雷达截面积为 6 dBsm 的目标，探测距离是多少？

2.29 一部雷达产生 100 kW 功率，并且功率管与天线间的损耗为 1 dB。这部雷达是单基地雷达，只有一个功率为 38 dB 的天线。雷达工作于 5 GHz。对于以下目标，在接收天线输出端的功率为多少：(a) 位于 30 km 处的一个 RCS 为 1 m^2 的目标；(b) 位于 50 km 处的一个 10 dBsm 目标。假设：整个雷达损耗为 1 dB。

2.30 等效温度 T_0 = 290 K 的信号源经过指标如下的三个放大器。

放 大 器	F/dB	G/dB	T_e
1	需要计算	12	350
2	10	22	
3	15	35	

(a) 计算三个串联放大器的噪声系数；(b) 计算三个串联放大器的等效温度；(c) 计算系统的总噪声系数。

2.31 一部雷达有以下接收机组件。它们按照以下所示的顺序排列。

接收机阶段			
阶段#	组件	增益，dB	噪声系数，dB
1	波导	−2	2
2	RF 放大器	28	5
3	第一混频器	−3	15
4	IF 放大器	100	30

（a）穿过 RF 放大器，并参考波导输入（天线后的第一组件）的接收机噪声系数是多少？（b）穿过 IF 放大器，并参考 RF 放大器输入的接收机噪声系数是多少？（c）接收机穿过 IF 放大器，并参考波导输入的有效噪声温度是多少？（d）假设想确定接收机内不同点上内部噪声和天电噪声（Sky noise）对噪声功率如何贡献。特别地，在每个组件输出端的噪声功率如何作为天线有效噪声温度 T_{ant} 及噪声带宽 B 的函数。请推导四个方程，使我们可以简单地进行计算。所有方程的形式应为 $P=B(K_1 T_{ant}+K_2)$，其中 K_1 和 K_2 是常数。为四组 K_1 和 K_2 的值提供一张表。

2.32 证明

$$\sum_{n=-\infty}^{\infty} J_n(z) = 1$$

2.33 证明 $J_{-n}(z) = (-1)^n J_n(z)$。提示：可利用关系

$$J_n(z) = \frac{1}{\pi}\int_0^{\pi} \cos(z\sin y - ny)\mathrm{d}y$$

2.34 在一多频连续波雷达中，发射波形由频率为 $f_1 = 105\,\text{kHz}$ 和 $f_2 = 115\,\text{kHz}$ 的两个连续的正弦波组成。计算最大非模糊探测距离。

2.35 考虑一利用线性调频的雷达系统。计算对应于 $\dot{f} = 20\,\text{MHz}, 10\,\text{MHz}$ 的距离。假设拍频 $f_b = 1200\,\text{Hz}$。

2.36 某一利用线性调频的雷达的调制频率 $f_m = 300\,\text{Hz}$，扫频 $\Delta f = 50\,\text{MHz}$。分别计算对应于 10 m 和 15 m 距离增量的平均拍频差。

2.37 一连续波雷达采用线性调频来确定距离和距离变化率。雷达波长为 $\lambda = 3\,\text{cm}$，扫频为 $\Delta f = 200\,\text{kHz}$。设 $t_0 = 20\,\text{ms}$。（a）计算平均多普勒频移；（b）计算对应于距离为 $R = 350\,\text{km}$ 目标的 f_{bu} 和 f_{bd}，该目标正以 250 m/s 的速度靠近雷达。

2.38 在第 1 章中，我们建立了一个与连续波雷达有关的多普勒频移表达式（即 $f_d = \pm 2v/\lambda$，其中"+"用于接近目标，"−"用于远离目标）。连续波雷达可采用图 P2.3.4 所示的系统来确定目标是在逼近还是远离雷达。假设发射信号为 $A\cos\omega_0 t$，接收信号为 $kA\cos((\omega_0 \pm \omega_d)t + \varphi)$，证明通过检查输出 $y_1(t)$ 和 $y_2(t)$ 中的相移差就可确定目标的方向。

图 P2.3.4

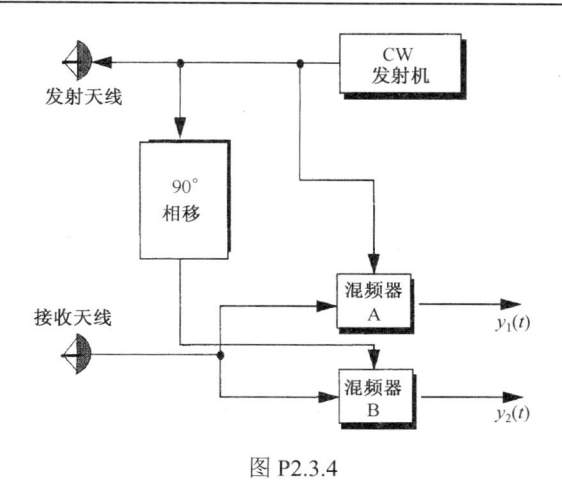

附录 2-A 第 2 章 MATLAB 程序清单

本章提供的 MATLAB 程序只是作为独立的学术工具设计的而没有其他用途。这里代码的编写方式是为了帮助读者更好地理解相关的理论。这些程序不是为任何类型的开环或闭环仿真研发的。本书中的 MATLAB 程序可通过 CRC 出版社的网站下载，登录 www.crcpress.com 搜索关键字"Mahafza"以定位本书的网页。

MATLAB 函数 "*radar_eq.m*" 程序清单

```
function [snr] = radar_eq(pt, freq, g, sigma, b, nf, loss, range)
% This function implements Eq. (2.22) of textbook
%%% Inputs:
    % pt              == input peak power in Watts
    % freq            == radar operating frequency in Hz
    % g               == antenna gain in dB
    % sigma           == radar cross section in meter squared
    % b               == radar bandwidth in Hz
    % nf              == noise Figure in dB
    % loss            == total radar losses in dB
    % range           == range to target (single value or vector) in Km
%% Outputs:
    % snr             == SNR in dB
%
c = 3.0e+8; % speed of light
lambda = c / freq; % wavelength
p_peak = 10*log10(pt); % convert peak power to dB
lambda_sqdb = 10*log10(lambda^2); % compute wavelength square in dB
sigmadb = 10*log10(sigma); % convert sigma to dB
four_pi_cub = 10*log10((4.0 * pi)^3); % (4pi)^3 in dB
k_db = 10*log10(1.38e-23); % Boltzman's constant in dB
to_db = 10*log10(290); % noise temp. in dB
b_db = 10*log10(b); % bandwidth in dB
range_pwr4_db = 10*log10(range.^4); % vector of target range^4 in dB
% Implement Equation (2.22)
num = p_peak + g + g + lambda_sqdb + sigmadb;
den = four_pi_cub + k_db + to_db + b_db + nf + loss + range_pwr4_db;
snr = num - den;
return
```

MATLAB 程序 "Fig2_1.m" 清单

```
% Use this program to reproduce Fig. 2.1 of text.
clc
close all
clear all
pt = 1.5e+6; % peak power in Watts
freq = 5.6e+9; % radar operating frequency in Hz
g = 45.0; % antenna gain in dB
sigma = 0.1; % radar cross section in m squared
b = 5.0e+6; % radar operating bandwidth in Hz
nf = 3.0; %noise figure in dB
loss = 6.0; % radar losses in dB
range = linspace(25e3,165e3,1000); % range to target from 25 Km 165 Km, 1000 points
snr1 = radar_eq(pt, freq, g, sigma, b, nf, loss, range);
snr2 = radar_eq(pt, freq, g, sigma/10, b, nf, loss, range);
snr3 = radar_eq(pt, freq, g, sigma*10, b, nf, loss, range);
% plot SNR versus range
figure(1)
rangekm = range ./ 1000;
plot(rangekm,snr3,'k',rangekm,snr1,'k -.',rangekm,snr2,'k:','linewidth',1.5)
grid
legend('\sigma = 0 dBsm','\sigma = -10dBsm','\sigma = -20 dBsm')
xlabel ('Detection range - Km');
ylabel ('SNR - dB');
snr1 = radar_eq(pt, freq, g, sigma, b, nf, loss, range);
snr2 = radar_eq(pt*.4, freq, g, sigma, b, nf, loss, range);
snr3 = radar_eq(pt*1.8, freq, g, sigma, b, nf, loss, range);
figure (2)
plot(rangekm,snr3,'k',rangekm,snr1,'k -.',rangekm,snr2,'k:','linewidth',1.5)
grid
legend('Pt = 2.16 MW','Pt = 1.5 MW','Pt = 0.6 MW')
xlabel ('Detection range - Km');
ylabel ('SNR - dB');
```

MATLAB 函数 "lprf_req.m" 程序清单

```
function [snr] = lprf_req(pt, g, freq, sigma, np, b, nf, loss, range)
% This program implements Eq. (2.27) of textbook
%%% Inputs:
    % pt         == input peak power in Watts
    % freq       == radar operating frequency in Hz
    % g          == antenna gain in dB
    % sigma      == radar cross section in meter squared
    % b          == radar bandwidth in Hz
    % nf         == noise Figure in dB
    % np         == number of pulses
    % loss       == total radar losses in dB
    % range      == range to target (single value or vector) in Km
%%% Outputs:
    % snr        == SNR in dB
%
c = 3.0e+8; % speed of light
lambda = c / freq; % wavelength
p_peak = 10*log10(pt); % convert peak power to dB
lambda_sqdb = 10*log10(lambda^2); % compute wavelength square in dB
sigmadb = 10*log10(sigma); % convert sigma to dB
```

```
four_pi_cub = 10*log10((4.0 * pi)^3); % (4pi)^3 in dB
k_db = 10*log10(1.38e-23); % Boltzman's constant in dB
to_db = 10*log10(290); % noise temp. in dB
b_db = 10*log10(b); % bandwidth in dB
np_db = 10.*log10(np); % number of pulses in dB
range_pwr4_db = 10*log10(range.^4); % vector of target range^4 in dB
% Implement Equation (1.68)
num = p_peak + g + g + lambda_sqdb + sigmadb + np_db;
den = four_pi_cub + k_db + to_db + b_db + nf + loss + range_pwr4_db;
snr = num - den;
return
```

MATLAB 程序 "Fig2_2.m" 清单

```
% Use this program to reproduce Fig. 2.2 of text.
clc
close all
clear all
pt = 1.5e+6; % peak power in Watts
freq = 5.6e+9; % radar operating frequency in Hz
g = 45.0; % antenna gain in dB
sigma = 0.1; % radar cross section in m squared
b = 5.0e+6; % radar operating bandwidth in Hz
nf = 3.0; %noise figure in dB
loss = 6.0; % radar losses in dB
np = 1;
range = linspace(25e3,225e3,1000); % range to target from 5 Km 225 Km, 1000 points
snr1 = lprf_req(pt, g, freq, sigma, np, b, nf, loss, range);
snr2 = lprf_req(pt, g, freq, sigma, 5*np, b, nf, loss, range);
snr3 = lprf_req(pt, g, freq, sigma, 10*np, b, nf, loss, range);
% plot SNR versus range
figure(1)
rangekm = range ./ 1000;
plot(rangekm,snr3,'k',rangekm,snr1,'k -.',rangekm,snr2,'k:','linewidth',1.5)
grid
legend('np = 10','np = 5','np = 1')
xlabel ('Detection range - Km');
ylabel ('SNR - dB');
np = linspace(1,500,500);
range = 150e3;
snr1 = lprf_req(pt, g, freq, sigma, np, b, nf, loss, range);
snr2 = lprf_req(pt, g, freq, 10*sigma, np, b, nf, loss, range);
figure (2)
plot(np,snr2,'k',np,snr1,'k -.','linewidth',1.5)
grid
legend('Baseline','\sigma = 0 dBsm')
xlabel ('No. of pulses');
ylabel ('SNR - dB');
```

MATLAB 函数 "hprf_req.m" 程序清单

```
function [snr] = hprf_req (pt, Ti, g, freq, sigma, dt, range, nf, loss)
% This program implements Eq. (2.31)of textbook
%%% Inputs:
    % pt          == input peak power in Watts
    % freq        == radar operating frequency in Hz
    % g           == antenna gain in dB
```

```
% sigma       == radar cross section in meter squared
% Ti          == time on target in seconds
% nf          == noise Figure in dB
% dt          == duty cycle
% loss        == total radar losses in dB
% range       == range to target (single value or vector) in Km
%%% Outputs:
%   % snr    == SNR in dB
%
c = 3.0e+8; % speed of light
lambda = c / freq; % wavelength
pav = 10*log10(pt*dt); % compute average power in dB
Ti_db = 10*log10(Ti); % time on target in dB
lambda_sqdb = 10*log10(lambda^2); % compute wavelength square in dB
sigmadb = 10*log10(sigma); % convert sigma to dB
four_pi_cub = 10*log10((4.0 * pi)^3); % (4pi)^3 in dB
k_db = 10*log10(1.38e-23); % Boltzman's constant in dB
to_db = 10*log10(290); % noise temp. in dB
range_pwr4_db = 10*log10(range.^4); % vector of target range^4 in dB
% Implement Equation (1.72)
num = pav + Ti_db + g + g + lambda_sqdb + sigmadb;
den = four_pi_cub + k_db + to_db + nf + loss + range_pwr4_db;
snr = num - den;
return
```

MATLAB 程序 "*Fig2_3.m*" 清单

```
% Use this program to reproduce Fig. 2.3 of text.
clc
close all
clear all
pt = 10e03; % peak power in Watts
freq = 5.6e+9; % radar operating frequency in Hz
g = 20; % antenna gain in dB
sigma = 0.01; % radar cross section in m squared
b = 5.0e+6; % radar operating bandwidth in Hz
nf = 3.0; %noise figure in dB
loss = 8.0; % radar losses in dB
Ti = 2; % time on target in seconds
dt = .05; % 5% duty cycle
range = linspace(10e3,225e3,1000); % range to target from 10 Km 225 Km, 1000 points
snr1 = hprf_req (pt, Ti, g, freq, sigma, .05, range, nf, loss);
snr2 = hprf_req (pt, Ti, g, freq, sigma, .1, range, nf, loss);
snr3 = hprf_req (pt, Ti, g, freq, sigma, .2, range, nf, loss);
% plot SNR versus range
figure(1)
rangekm = range ./ 1000;
plot(rangekm,snr3,'k',rangekm,snr2,'k -.',rangekm,snr1,'k:','linewidth',1.5)
grid on
legend('dt = 20%','dt = 10%','dt = 5%')
xlabel ('Detection range - Km');
ylabel ('SNR - dB');
```

MATLAB 函数 "*power_aperture.m*" 程序清单

```
function PAP = power_aperture(snr,tsc,sigma,range,nf,loss,az_angle,el_angle)
% This function implements Eq. (2.38) of textbook
%%% Inputs:
```

```
% snr       == SNR in dB
% tsc       == scan time in seconds
% sigma     == radar cross section in meter squared
% range     == range to target in Km
% nf        == noise Figure in dB
% loss      == total radar losses in dB
% az_angle  == azimuth search extent in degrees
% el_angle  == elevation search extent in degrees
%%% Outputs:
    % PAP    == power aperture product in dB
%
Tsc = 10*log10(tsc); % convert Tsc into dB
Sigma = 10*log10(sigma); % convert sigma to dB
four_pi = 10*log10(4.0 * pi); % (4pi) in dB
k_db = 10*log10(1.38e-23); % Boltzman's constant in dB
To = 10*log10(290); % noise temp. in dB
range_pwr4_db = 10*log10(range.^4); % target range^4 in dB
omega = (az_angle/57.296) * (el_angle / 57.296); % compute search volume in steraradians
Omega = 10*log10(omega); % search volume in dB
% implement Eq. (1.79)
PAP = snr + four_pi + k_db + To + nf + loss + range_pwr4_db + Omega - Sigma - Tsc;
return
```

MATLAB 程序 "*Fig2_6.m*" 清单

```
% Use this program to reproduce Fig. 2.6 of text.
clc
close all
clear all
tsc = 2.5; % Scan time i s2.5 seconds
sigma = 0.1; % radar cross section in m squared
te = 900.0; % effective noise temperature in Kelvins
snr = 15; % desired SNR in dB
nf = 6.0; %noise figure in dB
loss = 7.0; % radar losses in dB
az_angle = 2; % search volume azimuth extent in degrees
el_angle = 2; %serach volume elevation extent in degrees
range = linspace(20e3,250e3,1000); % range to target from 20 Km 250 Km, 1000 points
pap1 = power_aperture(snr,tsc,sigma/10,range,nf,loss,az_angle,el_angle);
pap2 = power_aperture(snr,tsc,sigma,range,nf,loss,az_angle,el_angle);
pap3 = power_aperture(snr,tsc,sigma*10,range,nf,loss,az_angle,el_angle);
% plot power aperture prodcut versus range
% generate Figure 2.6a
figure(1)
rangekm = range ./ 1000;
plot(rangekm,pap1,'k',rangekm,pap2,'k -.',rangekm,pap3,'k:','linewidth',1.5)
grid
legend('\sigma = -20 dBsm','\sigma = -10dBsm','\sigma = 0 dBsm')
xlabel ('Detection range in Km');
ylabel ('Power aperture product in dB');
% generate Figure 2.6b
lambda = 0.03; % wavelength in meters
G = 45; % antenna gain in dB
ae = linspace(1,25,1000);% aperture size 1 to 25 meter squared, 1000 points
Ae = 10*log10(ae);
range = 250e3; % rnage of interset is 250 Km
pap1 = power_aperture(snr,tsc,sigma/10,range,nf,loss,az_angle,el_angle);
pap2 = power_aperture(snr,tsc,sigma,range,nf,loss,az_angle,el_angle);
```

```
pap3 = power_aperture(snr,tsc,sigma*10,range,nf,loss,az_angle,el_angle);
Pav1 = pap1 - Ae;
Pav2 = pap2 - Ae;
Pav3 = pap3 - Ae;
figure(2)
plot(ae,Pav1,'k',ae,Pav2,'k -.',ae,Pav3,'k:','linewidth',1.5)
grid
xlabel('Aperture size in square meters')
ylabel('Pav in dB')
legend('\sigma = -20 dBsm','\sigma = -10dBsm','\sigma = 0dBsm')
```

MATLAB 函数 "ssj_req.m" 程序清单

```
function [BR_range] = ssj_req (pt, g, freq, sigma, br, loss, ...
    pj, bj, gj, lossj)
% This function implements Eq.s (2.50) and Eq. (2.52). It also generates
% plot 2.7a
%% Inputs
    % pt         == radar peak power in Watts
    % g          == radar antenna gain in dB
    % freq       == radar operating frequency in Hz
    % sigma      == target RCS in squared meters
    % br         == radar bandwidth in Hz
    % loss       == radar losses in dB
    % pj         == jammer power in Watts
    % bj         == jammer bandwidth in Hz
    % gj         == jammer antenna gain in dB
    % loosj      == jammer losses in dB
%%% Outputs
    % BR_range   == cross over range in Km
%
c = 3.0e+8;
lambda = c / freq;
lambda_db = 10*log10(lambda^2);
if (loss == 0.0)
   loss = 0.000001;
if (loss == 0.0)
   loss = 0.000001;
end
if (lossj == 0.0)
   lossj =0.000001;
end
sigmadb =10*log10(sigma);
pt_db = 10*log10(pt);
b_db = 10*log10(br);
bj_db = 10*log10(bj);
pj_db = 10*log10(pj);
factor = 10*log10(4.0 *pi);
BR_range = sqrt((pt * (10^(g/10)) * sigma * bj * (10^(lossj/10))) / ...
    (4.0 *pi * pj * (10^(gj/10)) * br * (10^(loss/10)))) / 1000.0
s_at_br = pt_db + 2.0 * g + lambda_db + sigmadb - 3.0 * factor - 4.* 10*log10(BR_range) - loss
index =0;
for ran_var = .1:10:10000
    index = index + 1;
    ran_db = 10*log10(ran_var * 1000.0);
    ssj(index) = pj_db + gj + lambda_db + g + b_db - 2.0 * factor - 2.0 * ran_db - bj_db - lossj + s_at_br ;
    s(index) = pt_db + 2.0 * g + lambda_db + sigmadb - 3.0 * factor - 4.* ran_db - loss + s_at_br ;
end
```

```
ranvar = .1:10:10000;
ranvar = ranvar ./ BR_range;
semilogx (ranvar,s,'k',ranvar,ssj,'k-.');
axis([.1 1000 -90 40])
xlabel ('Range normalized to cross-over range');
legend('Target echo','SSJ')
ylabel ('Relative signal or jamming amplitude - dB');
grid
```

MATLAB 程序 "Fig2_7b.m" 清单

```
% This program produces Fig 2.7 of text
clc;
clear all
close all
pt = 50.0e+3;    % peak power in Watts
g = 35.0;        % antenna gain in dB
freq = 5.6e+9;   % radar operating frequency in Hz
sigma = 10.0 ;   % radar cross section in m squared
b = 667.0e+3;    % radar operating bandwidth in Hz
loss = 0.1000;   % radar losses in dB
rangej = 50.0;   % range to jammer in Km
pj = 200.0;      % jammer peak power in Watts
bj = 50.0e+6;    % jammer operating bandwidth in Hz
gj = 10.0;       % jammer antenna gain in dB
lossj = .10;     % jammer losses in dB
[BR_range] = ssj_req (pt, g, freq, sigma, b, loss, ...
   pj, bj, gj, lossj);
pj_var = 1:1:1000;
BR_pj = sqrt((pt * (10^(g/10)) * sigma * bj * (10^(lossj/10))) ...
   ./ (4.0 * pi .* pj_var * (10^(gj/10)) * b * (10^(loss/10)))) ./ 1000;
pt_var = 1000:100:10e6;
BR_pt = sqrt((pt_var * (10^(g/10)) * sigma * bj * (10^(lossj/10))) ...
   ./ (4.0 * pi * pj * (10^(gj/10)) * b * (10^(loss/10)))) ./ 1000;
figure (2)
subplot (2,1,1)
semilogx (BR_pj,'k')
xlabel ('Jammer peak power - Watts');
ylabel ('Cross-over range - Km')
grid
subplot (2,1,2)
semilogx (BR_pt,'k')
xlabel ('Radar peak power - KW')
ylabel ('Cross-over range - Km')
grid
```

MATLAB 函数 "sir.m" 程序清单

```
function [SIR] = sir (pt, g, sigma, freq, tau, loss, R, pj, bj, gj, lossj);
% This function implements Eq. (2.53) of textbook
% % Inputs
   % pt      == radar peak power in Watts
   % g       == radar antenna gain in dB
   % freq    == radar operating frequency in Hz
   % tau     == radar pulse width in seconds
   % loss    == radar losses in dB
   % R       == target range in Km, can be single value or vector
```

```
%  pj       == jammer power in Watts
%  bj       == jammer bandwidth in Hz
%  gj       == jammer antenna gain in dB
%  loosj    == jammer losses in dB
%%% Outputs
%  SIR      == S/(J+N) in dB
%
c = 3.0e+8;
k = 1.38e-23;
%R = linspace(rmin, rmax, 1000);
range = R .* 1000;
lambda = c / freq;
gj = 10^(gj/10);
G = 10^(g/10);
ERP1 = pj * gj / lossj;
ERP_db = 10*log10(ERP1);
Ar = lambda *lambda * G / 4 /pi;
num1 = pt * tau * G * sigma * Ar;
demo1 = 4^2 * pi^2 * loss .* range.^4;
demo2 = 4 * pi * bj .* range.^2;
num2 = ERP1 * Ar;
val11 = num1 ./ demo1;
val21 = num2 ./demo2;
sir = val11 ./ (val21 + k * 290);
SIR = 10*log10(sir);
end
```

MATLAB 程序 "Fig2_8.m" 清单

```
% This program generates Fig. 2.8 of text
clc
clear all
close all
R = linspace(10,400,5000);
[SIR] = sir (50e3, 35, 10, 5.6e9, 50e-6, 5, R, 200, 50e6, 10, .3);
figure (1)
plot (R, SIR,'k')
xlabel ('Detection range in Km');
ylabel ('S/(J+N) in dB')
grid
```

MATLAB 函数 "burn_thru.m" 程序清单

```
function [Range] = burn_thru (pt, g, sigma, freq, tau, loss, pj, bj, gj, lossj,sir0,ERP);
% This function implements Eq. (254) of textbook
%% Inputs
%  pt       == radar peak power in Watts
%  g        == radar antenna gain in dB
%  freq     == radar operating frequency in Hz
%  tau      == radar pulse width in seconds
%  loss     == radar losses in dB
%  pj       == jammer power in Watts
%  bj       == jammer bandwidth in Hz
%  gj       == jammer antenna gain in dB
%  loosj    == jammer losses in dB
%  sir0     == desired SIR in dB
%  ERP      == desired jammer ERP, single value or vector in Watts
```

```
%%% Outputs
    % Range   == burn through range in Km
%
c = 3.0e+8;
k = 1.38e-23;
sir0 = 10^(sir0/10);
lambda = c / freq;
gj = 10^(gj/10);
G = 10^(g/10);
Ar = lambda *lambda * G / 4 /pi;
num32 = ERP .* Ar;
demo3 = 8 *pi * bj * k * 290;
demo4 = 4^2 * pi^2 * k * 290 * sir0;
val1 = (num32 ./ demo3).^2;
val2 = (pt * tau * G * sigma * Ar)/(4^2 * pi^2 * loss * sir0 * k * 290);
val3 = sqrt(val1 + val2);
val4 = (ERP .* Ar) ./ demo3;
Range = sqrt(val3 - val4) ./ 1000;
end
```

MATLAB 程序 "*Fig2_9.m*" 清单

```
% This program generates Fig. 2.9 of text
clc
clear all
close all
ERP = linspace(1,1000,1000);
[Range] = burn_thru (50e3, 35, 10, 5.6e9, 0.5e-3, 5, 200,500e6, 10, 0.3, 15,ERP);
figure (1)
plot (10*log10(ERP), Range,'k')
xlabel (' Jammer ERP in dB')
ylabel ('Burnthrough range in Km')
grid
```

MATLAB 函数 "*soj_req.m*" 程序清单

```
function [BR_range] = soj_req (pt, g, sigma, b, freq, loss, range, ...
    pj, bj,gj, lossj, gprime, rangej)
% This function implements Eqs. (257) and (2.58) of textbook
%%% Inputs
    % pt        == radar peak power in Watts
    % g         == radar antenna gain in dB
    % sigma     == target RCS in sdBsm
    % freq      == radar operating frequency in Hz
    % tau       == radar pulse width in seconds
    % loss      == radar losses in dB
    % range     == range to target in Km
    % pj        == jammer power in Watts
    % bj        == jammer bandwidth in Hz
    % gj        == jammer antenna gain in dB
    % loosj     == jammer losses in dB
    % gprime    == jammer antenna gain
    % rangej    == range to jammer in Km
%%% Outputs
    % BR_Range  == burn through range in Km
%
c = 3.0e+8;
```

```
lambda = c / freq;
lambda_db = 10*log10(lambda^2);
if (loss == 0.0)
  loss = 0.000001;
end
if (lossj == 0.0)
  lossj =0.000001;
end
sigmadb = 10*log10(sigma);
range_db = 10*log10(range * 1000.);
rangej_db = 10*log10(rangej * 1000.);
pt_db = 10*log10(pt);
b_db = 10*log10(b);
bj_db = 10*log10(bj);
pj_db = 10*log10(pj);
factor = 10*log10(4.0 *pi);
BR_range = ((pt * 10^(2.0*g/10) * sigma * bj * 10^(lossj/10) * ...
   (rangej)^2) / (4.0 * pi * pj * 10^(gj/10) * 10^(gprime/10) * ...
   b * 10^(loss/10)))^.25 / 1000.
end
```

MATLAB 程序 "*Fig2_10.m*" 清单

```
% This program generates Fig. 2.10 of text
clc
clear all
close all
pt = 5.0e+3;  pt_db = 10*log10(pt);
g = 35.0;
freq = 5.6e+9;  lambda = 3e8 / freq;
lambda_db = 10*log10(lambda^2);
sigma = 10 ;
b = 667.0e+3;  b_db = 10*log10(b);
range = 20*1852;   range_db = 10*log10(range * 1000.);
gprime = 10.0;   sigmadb = 10*log10(sigma);
loss = 0.01;
rangej = 12*1852; rangej_db = 10*log10(rangej * 1000.);
pj = 5.0e+3;   pj_db = 10*log10(pj);
bj = 50.0e+6;  bj_db = 10*log10(bj);
gj = 30.0;
lossj =0.3;
factor = 10*log10(4.0 *pi);
[BR_range] = soj_req (pt, g, sigma, b, freq, loss, range, pj, bj,gj, lossj, gprime, rangej)
 soj_req (pt, g, sigma, b, freq, loss, range, pj, bj,gj, lossj, gprime, rangej)
s_at_br = pt_db + 2.0 * g + lambda_db + sigmadb - 3.0 * factor - 4.0 * 10*log10(BR_range) - loss
index =0;
for ran_var = .1:1:1000;
   index = index + 1;
   ran_db = 10*log10(ran_var * 1000.0);
   s(index) = pt_db + 2.0 * g + lambda_db + sigmadb - ...
      3.0 * factor - 4.0 * ran_db - loss + s_at_br;
   soj(index) = s_at_br - s_at_br;
end
 ranvar = .1:1:1000;
%ranvar = ranvar ./BR_range;
semilogx (ranvar,s,'k',ranvar,soj,'k-.','linewidth',1.5);
xlabel ('Range normalized to cross-over range');
legend('Target echo','SOJ')
ylabel ('Relative signal or jamming amplitude - dB');
grid
```

MATLAB 函数 "*range_calc.m*" 程序清单

```
function [output_par] = range_calc (pt, tau, fr, time_ti, gt, gr, freq, ...
   sigma, te, nf, loss, snro, pcw, range, radar_type, out_option)
c = 3.0e+8;
lambda = c / freq;
if (radar_type == 0)
  pav = pcw;
else
  % Compute the duty cycle
  dt = tau * 0.001 * fr;
  pav = pt * dt;
end
pav_db = 10.0 * log10(pav);
  lambda_sqdb = 10.0 * log10(lambda^2);
  sigmadb = 10.0 * log10(sigma);
  for_pi_cub = 10.0 * log10((4.0 * pi)^3);
              k_db = 10.0 * log10(1.38e-23);
  te_db = 10.0 * log10(te);
  ti_db = 10.0 * log10(time_ti);
  range_db = 10.0 * log10(range * 1000.0);
if (out_option == 0)
   %compute SNR
   snr_out = pav_db + gt + gr + lambda_sqdb + sigmadb + ti_db - ...
     for_pi_cub - k_db - te_db - nf - loss - 4.0 * range_db;
   index = 0;
   for range_var = 10:10:1000
      index = index + 1;
      rangevar_db = 10.0 * log10(range_var * 1000.0);
      snr(index) = pav_db + gt + gr + lambda_sqdb + sigmadb + ti_db - ...
        for_pi_cub - k_db - te_db - nf - loss - 4.0 * rangevar_db;
   end
   var = 10:10:1000;
   plot(var,snr,'k')
   xlabel ('Range in Km');
   ylabel ('SNR in dB');
   grid
else
   range4 = pav_db + gt + gr + lambda_sqdb + sigmadb + ti_db - ...
     for_pi_cub - k_db - te_db - nf - loss - snro;
   range = 10.0^(range4/40.) / 1000.0
   index = 0;
   for snr_var = -20:1:60
      index = index + 1;
      rangedb = pav_db + gt + gr + lambda_sqdb + sigmadb + ti_db - ...
        for_pi_cub - k_db - te_db - nf - loss - snr_var;
      range(index) = 10.0^(rangedb/40.) / 1000.0;
   end
   var = -20:1:60;
   plot(var,range,'k')
   xlabel ('Minimum SNR required for detection in dB');
   ylabel ('Maximum detection range in Km');
   grid
end
return
```

第二部分　雷达信号与信号处理

第3章　线性系统与复信号表示法

　　信号分类
　　傅里叶变换
　　系统分类
　　用傅里叶级数的信号表示法
　　卷积与相关积分
　　带通信号
　　一些常规雷达信号的频谱
　　信号带宽与持续时间
　　离散时间系统与信号
　　习题
　　附录 3-A　第 3 章 MATLAB 程序清单
　　附录 3-B　傅里叶变换对
　　附录 3-C　Z 变换对

第4章　匹配滤波器雷达接收机

　　匹配滤波器信噪比
　　匹配滤波器输出通式
　　波形分辨率和模糊
　　距离与多普勒不定
　　目标参数估计
　　习题

第5章　模糊函数——模拟波形

　　引言
　　模糊函数的例子
　　步进频率波形
　　非线性调频
　　模糊图等值线
　　LFM 信号的距离-多普勒耦合的解释
　　习题
　　附录 5-A　第 5 章 MATLAB 程序清单

第6章 模糊函数——离散编码波形

离散编码信号表示
脉冲串编码
相位编码
频率编码
离散编码的模糊图
习题
附录6-A 第6章 MATLAB程序清单

第7章 脉冲压缩

时间-带宽积
脉冲压缩的雷达方程
脉冲压缩的基本原理
相关处理器
扩展处理器
习题
附录7-A 第7章 MATLAB程序清单

第3章　线性系统与复信号表示法

本章给出了与雷达信号处理相关的信号理论要素的顶层概述。读者需在信号与系统、傅里叶变换及其特性方面有坚实的理论基础。

3.1　信号分类

一般来讲，电信号可表示为电流信号或电压信号，可分为两个主要类别：能量信号和功率信号。能量信号既可以是确定的也可以是随机的，而功率信号既可以是周期的也可以是随机的。如果一个信号是一个随机参数（如随机相位或随机幅度）的函数，那么这个信号就称为随机信号。此外，信号还可分为低通信号和带通信号。包含非常低频率（接近直流）的信号称为低通信号，否则就称为带通信号。通过调制，低通信号可以转化为带通信号。

电流信号或电压信号 $x(t)$ 在时间间隔 (t_1, t_2) 内通过 $1\,\Omega$ 电阻的平均功率 P 为

$$P = \frac{1}{t_2 - t_1} \int_{t_1}^{t_2} |x(t)|^2 \mathrm{d}t \tag{3.1}$$

当且仅当信号 $x(t)$ 有有限的功率，且满足下面的关系式时，

$$0 < \lim_{T \to \infty} \frac{1}{T} \int_{-T/2}^{T/2} |x(t)|^2 \mathrm{d}t < \infty \tag{3.2}$$

才称信号 $x(t)$ 是在非常大时间间隔 $T = t_2 - t_1$ 上的功率信号。

利用帕塞瓦尔（Parseval）定理，电流或电压信号 $x(t)$ 在时间间隔 (t_1, t_2) 内通过 $1\,\Omega$ 电阻所消耗的能量 E 为

$$E = \int_{t_1}^{t_2} |x(t)|^2 \mathrm{d}t \tag{3.3}$$

当且仅当信号 $x(t)$ 有有限的能量时，即

$$E = \int_{-\infty}^{\infty} |x(t)|^2 \mathrm{d}t < \infty \tag{3.4}$$

才称信号 $x(t)$ 是能量信号。

当且仅当信号 $x(t)$ 满足下式时，

第 3 章 线性系统与复信号表示法

$$x(t) = x(t+nT) \quad \text{对所有 } t \tag{3.5}$$

式中，n 为整数，信号 $x(t)$ 才称为以 T 为周期的周期信号。

例：将信号 $x_1(t) = \cos t + \cos 2t$ 和信号 $x_2(t) = \exp(-\alpha^2 t^2)$ 按能量信号、功率信号或不是这两者分类，这两个信号都定义在区间（$-\infty < t < \infty$）上。

解：

$$P_{x_1} = \frac{1}{T}\int_{-T/2}^{T/2}(\cos t + \cos 2t)^2 \, dt = 1 \Rightarrow 功率信号$$

注意：因为余弦函数是周期函数，所以极限不是必要的。

$$E_{x_2} = \int_{-\infty}^{\infty}(e^{-\alpha^2 t^2})^2 \, dt = 2\int_{0}^{\infty}e^{-2\alpha^2 t^2} \, dt = 2\frac{\sqrt{\pi}}{2\sqrt{2}\alpha} = \frac{1}{\alpha}\sqrt{\frac{\pi}{2}} \Rightarrow 能量信号$$

3.2 傅里叶变换

信号 $x(t)$ 的傅里叶变换（FT）为

$$F\{x(t)\} = X(\omega) = \int_{-\infty}^{\infty}x(t)e^{-j\omega t} \, dt \tag{3.6}$$

或

$$F\{x(t)\} = X(f) = \int_{-\infty}^{\infty}x(t)e^{-j2\pi ft} \, dt \tag{3.7}$$

其傅里叶逆变换为

$$F^{-1}\{X(\omega)\} = x(t) = \frac{1}{2\pi}\int_{-\infty}^{\infty}X(\omega)e^{j\omega t} \, d\omega \tag{3.8}$$

或

$$F^{-1}\{X(f)\} = x(t) = \int_{-\infty}^{\infty}X(f)e^{j2\pi ft} \, df \tag{3.9}$$

一般来讲，式中的 t 表示时间，而 $\omega = 2\pi f$ 且 f 表示频率，单位分别为 rad/s 和 Hz。在本书中，我们将根据变换的需要使用这两种表示符号（即 $X(\omega)$ 和 $X(f)$）。

3.3 系统分类

任何一个系统都可用数学形式表示为一个输入信号对一个输出信号的转换（映射）。输入信号 $x(t)$ 与相应的输出信号 $y(t)$ 之间的转换或映射关系可写为

$$y(t) = f[x(t); \ (-\infty < t < \infty)] \tag{3.10}$$

方程（3.10）所描述的关系可以是线性的或非线性的、时不变或时变的、因果或非因果的、稳定的或非稳定的系统。当输入信号是单位冲激函数（狄拉克 δ 函数）时，输出信号被称为系统冲激响应 $h(t)$。

3.3.1 线性与非线性系统

如果一个系统叠加是真实的，则被认为是线性，更具体地说，如果

$$y_1(t) = f[x_1(t)] \\ y_2(t) = f[x_2(t)] \tag{3.11}$$

那么对于任意常数(a,b)，线性系统为

$$f[ax_1(t) + bx_2(t)] = ay_1(t) + by_2(t) \tag{3.12}$$

如果方程（3.12）中的关系不成立，则系统是非线性的。

3.3.2 时不变与时变系统

如果一个系统的输入时移在其输出产生相同的时移，则该系统就被称为时不变（或时移不变）系统。即如果

$$y(t) = f[x(t)] \tag{3.13}$$

则

$$y(t - t_0) = f[x(t - t_0)]; \ -\infty < t_0 < \infty \tag{3.14}$$

如果上式不成立，则该系统就被称为时变系统。

任何线性时不变（LTI）系统都可以用输入信号与系统冲激响应的卷积积分描述为

$$y(t) = \int_{-\infty}^{\infty} x(t-u)h(u) \ \mathrm{d}u = x \otimes h \tag{3.15}$$

其中算子$\otimes$用于符号描述卷积积分。在频域，卷积转为相乘，即

$$Y(f) = X(f)H(f) \tag{3.16}$$

$H(f)$是$h(t)$的傅里叶变换且被称为系统传输函数。

3.3.3 稳定与非稳定系统

如果一个系统的每个有界输入都会产生一个有界输出，那么这个系统就被称为稳定系统。由方程（3.15）可得

$$|y(t)| = \left| \int_{-\infty}^{\infty} x(t-u)h(u) \, \mathrm{d}u \right| \leq \int_{-\infty}^{\infty} |x(t-u)||h(u)| \, \mathrm{d}u \tag{3.17}$$

如果输入信号是有界的，则有限常数如下：

$$|x(t)| \leq K < \infty \tag{3.18}$$

因此

$$y(t) \leq K \int_{-\infty}^{\infty} |h(u)| \mathrm{d}u \tag{3.19}$$

其有限当且仅当

$$\int_{-\infty}^{\infty} |h(u)| \mathrm{d}u < \infty \tag{3.20}$$

所以稳定性的必要条件是冲激响应必须绝对可积，否则系统就是不稳定的。

3.3.4 因果与非因果系统

一个因果（物理上可实现）系统是在有输入信号以后才有输出信号的系统。这样当系统是因果时才有如下关系：

$$y(t_0) = f[x(t); t \leq t_0]; -\infty < t, t_0 < \infty \tag{3.21}$$

不满足方程（3.21）的系统就是非因果系统，这意味着其在真实世界里无法存在。

3.4 用傅里叶级数的信号表示法

一组函数 $S = \{\varphi_n(t); n = 1, \cdots, N\}$ 在 (t_1, t_2) 时间间隔上称为正交的，当且仅当下式成立：

$$\int_{t_1}^{t_2} \varphi_i^*(t)\varphi_j(t)\mathrm{d}t = \int_{t_1}^{t_2} \varphi_i(t)\varphi_j^*(t)\mathrm{d}t = \begin{cases} 0 & i \neq j \\ \lambda_i & i = j \end{cases} \tag{3.22}$$

式中，星号"*"表示复共轭，λ_i 为常量。如果对于所有的 i，都有 $\lambda_i = 1$，那么可以说函数集 S 是标准正交的。电信号 $x(t)$ 在 (t_1, t_2) 区间上可表示为一组正交函数的加权和，即

$$x(t) \approx \sum_{n=1}^{N} X_n \varphi_n(t) \tag{3.23}$$

式中，X_n 一般为复常数，正交函数 $\varphi_n(t)$ 称为基函数。如果当 N 趋近于无穷大时，(t_1, t_2) 区间上的积分平方误差等于 0，即

$$\lim_{N \to \infty} \int_{t_1}^{t_2} \left| x(t) - \sum_{n=1}^{N} X_n \varphi_n(t) \right|^2 \mathrm{d}t = 0 \tag{3.24}$$

那么函数集 $S = \{\varphi_n(t)\}$ 称为完备的，于是方程（3.23）变成等式，常数 X_n 由下式计算获得：

$$X_n = \left(\int_{t_1}^{t_2} x(t)\varphi_n{}^*(t)\mathrm{d}t\right) \bigg/ \left(\int_{t_1}^{t_2} |\varphi_n(t)|^2 \mathrm{d}t\right) \qquad (3.25)$$

假定信号 $x(t)$ 是周期为 T 的周期函数,并令完备正交函数集 S 为

$$S = \left\{ \mathrm{e}^{\frac{\mathrm{j}2\pi nt}{T}} ; \ n = -\infty, \infty \right\} \qquad (3.26)$$

那么 $x(t)$ 的复指数傅里叶级数为

$$x(t) = \sum_{n=-\infty}^{\infty} X_n \mathrm{e}^{\frac{\mathrm{j}2\pi nt}{T}} \qquad (3.27)$$

由方程 (3.25) 可得

$$X_n = \frac{1}{T} \int_{-T/2}^{T/2} x(t) \mathrm{e}^{\frac{-\mathrm{j}2\pi nt}{T}} \mathrm{d}t \qquad (3.28)$$

方程 (3.27) 的傅里叶变换由下式给出:

$$X(\omega) = 2\pi \sum_{n=-\infty}^{\infty} X_n \delta\left(\omega - \frac{2\pi n}{T}\right) \qquad (3.29)$$

式中, $\delta(\ )$ 是 δ 函数。当信号 $x(t)$ 为实数时,我们可以用方程 (3.27) 计算出它的三角傅里叶级数如下:

$$x(t) = a_0 + \sum_{n=1}^{\infty} a_n \cos\left(\frac{2\pi nt}{T}\right) + \sum_{n=1}^{\infty} b_n \sin\left(\frac{2\pi nt}{T}\right) \qquad (3.30)$$

$$a_0 = X_0 \qquad (3.31)$$

$$a_n = \frac{1}{T} \int_{-T/2}^{T/2} x(t) \cos\left(\frac{2\pi nt}{T}\right) \mathrm{d}t \qquad (3.32)$$

$$b_n = \frac{1}{T} \int_{-T/2}^{T/2} x(t) \sin\left(\frac{2\pi nt}{T}\right) \mathrm{d}t \qquad (3.33)$$

当信号 $x(t)$ 是时间的奇函数时,系数 a_n 全都为 0。反过来,当该信号是时间的偶函数时,所有的 b_n 都等于 0。

考虑方程 (3.30) 中定义的周期能量信号,那么与该信号相关的总能量由下式给出:

$$E = \frac{1}{T} \int_{t_0}^{t_0+T} |x(t)|^2 \mathrm{d}t = \frac{a_0^2}{4} + \sum_{n=1}^{\infty} \left(\frac{a_n^2}{2} + \frac{b_n^2}{2}\right) \qquad (3.34)$$

3.5 卷积与相关积分

信号 $x(t)$ 和 $h(t)$ 之间的卷积 $\rho_{xh}(t)$ 定义为

$$\rho_{xh}(t) = x(t) \otimes h(t) = \int_{-\infty}^{\infty} x(\tau)h(t-\tau)\mathrm{d}\tau \tag{3.35}$$

式中，τ 是虚变量。卷积具有可交换性、结合性和分配性。更精确地说

$$\begin{aligned} x(t) \otimes h(t) &= h(t) \otimes x(t) \\ x(t) \otimes (h(t) \otimes g(t)) &= (x(t) \otimes h(t)) \otimes g(t) = x(t) \otimes (h(t) \otimes g(t)) \end{aligned} \tag{3.36}$$

为使相关积分有限，两个信号中至少有一个信号必须是能量信号。互相关函数测量两个信号之间的相似性。利用傅里叶变换（FT）可计算出两个信号的卷积：

$$\rho_{xh}(t) = F^{-1}\{X(\omega)H(\omega)\} \tag{3.37}$$

假定有一由冲激响应 $h(t)$ 和输入信号 $x(t)$ 描述的 LTI 系统。由此可得出输出信号 $y(t)$ 等于输入信号和系统冲激响应的卷积：

$$y(t) = \int_{-\infty}^{\infty} x(\tau)h(t-\tau)\mathrm{d}\tau = \int_{-\infty}^{\infty} h(\tau)x(t-\tau)\mathrm{d}\tau \tag{3.38}$$

信号 $x(t)$ 和 $g(t)$ 的互相关函数为

$$R_{xg}(t) = \int_{-\infty}^{\infty} x^*(\tau)g(t+\tau)\mathrm{d}\tau = R^*_{gx}(-t) = \int_{-\infty}^{\infty} g^*(\tau)x(t+\tau)\mathrm{d}\tau \tag{3.39}$$

同样，如果要使相关积分为有限的，那么两个信号中至少有一个要是能量信号。互相关函数度量的是两个信号间的相似性，$R_{xg}(t)$ 的峰值和其在峰值周围的扩展表示这种相似性的程度有多好。相似性由称为相关系数的一个因子来测量，表示为 C_{xg}。例如，对于信号 $x(t)$ 和 $g(t)$，相关系数为

$$C_{xg} = \frac{\left|\int_{-\infty}^{\infty} x(t)\,g^*(t)\mathrm{d}t\right|^2}{\int_{-\infty}^{\infty} |x(t)|^2 \mathrm{d}t \int_{-\infty}^{\infty} |g(t)|^2 \mathrm{d}t} = C_{gx} \tag{3.40}$$

显然，相关系数的限制为 $0 \leqslant C_{xg} = C_{gx} \leqslant 1$，$C_{xg} = 0$ 表示没有相似性，而 $C_{xg} = 1$ 表示信号 $x(t)$ 和 $g(t)$ 之间 100% 相似。

互相关积分可如下计算：

$$R_{xg}(t) = F^{-1}\{X^*(\omega)G(\omega)\} \tag{3.41}$$

当 $x(t) = g(t)$ 时，我们得到自相关积分为

$$R_x(t) = \int_{-\infty}^{\infty} x^*(\tau)x(t+\tau)\mathrm{d}\tau \tag{3.42}$$

注意，自相关函数用 $R_x(t)$ 表示而非用 $R_{xx}(t)$ 表示。当信号 $x(t)$ 和 $g(t)$ 为功率信号时，相关积分变为无穷大，因此必须包含时间平均，更精确地说为

$$\overline{R}_{xg}(t) = \lim_{T \to \infty} \frac{1}{T} \int_{-T/2}^{T/2} x^*(\tau)g(t+\tau)\mathrm{d}\tau \tag{3.43}$$

3.5.1 能量与功率谱密度

考虑一能量信号 $x(t)$。根据帕塞瓦尔定理，与该信号相关的总能量为

$$E = \int_{-\infty}^{\infty} |x(t)|^2 \mathrm{d}t = \frac{1}{2\pi} \int_{-\infty}^{\infty} |X(\omega)|^2 \mathrm{d}\omega \tag{3.44}$$

当 $x(t)$ 为电压信号时，它加在阻抗为 R 的网络上时消耗的总能量为

$$E = \frac{1}{R} \int_{-\infty}^{\infty} |x(t)|^2 \mathrm{d}t = \frac{1}{2\pi R} \int_{-\infty}^{\infty} |X(\omega)|^2 \mathrm{d}\omega \tag{3.45}$$

而当 $x(t)$ 为电流信号时，可得

$$E = R \int_{-\infty}^{\infty} |x(t)|^2 \mathrm{d}t = \frac{R}{2\pi} \int_{-\infty}^{\infty} |X(\omega)|^2 \mathrm{d}\omega \tag{3.46}$$

$\int |X(\omega)|^2 \mathrm{d}\omega$ 量值表示每单位频率在 1 Ω 电阻上的能量。因此，能量信号 $x(t)$ 的能量谱密度（ESD）函数定义为

$$\mathrm{ESD} = |X(\omega)|^2 \tag{3.47}$$

当 LTI 系统的输入信号为 $x(t)$ 时，其输出端信号的能量谱密度为

$$|Y(\omega)|^2 = |X(\omega)|^2 |H(\omega)|^2 \tag{3.48}$$

式中，$H(\omega)$ 是系统冲激响应 $h(t)$ 的傅里叶变换（FT）。由此得出，系统输出端的能量为

$$E_y = \frac{1}{2\pi} \int_{-\infty}^{\infty} |X(\omega)|^2 |H(\omega)|^2 \mathrm{d}\omega \tag{3.49}$$

例：电压信号 $x(t) = \mathrm{e}^{-5t}$；$t \geqslant 0$ 是加在低通 LTI 系统上的输入信号，系统带宽为 5 Hz，输入阻抗为 5 Ω。如果在 $-10\pi < \omega < 10\pi$，$H(\omega) = 1$，而其他地方 $H(\omega) = 0$，计算输出端的能量。

第 3 章 线性系统与复信号表示法

解：由方程（3.49）可得

$$E_y = \frac{1}{2\pi R} \int_{\omega=-10\pi}^{10\pi} |X(\omega)|^2 |H(\omega)|^2 \mathrm{d}\omega$$

利用傅里叶变换表，并将 $R = 5$ 代入，得出

$$E_y = \frac{1}{5\pi} \int_{0}^{10\pi} \frac{1}{\omega^2 + 25} \mathrm{d}\omega$$

求出积分后得到

$$E_y = \frac{1}{25\pi}[\operatorname{atanh}(2\pi) - \operatorname{atanh}(0)] = 0.01799 \text{ J}$$

注意：如果带宽为无穷大，那么 $E_y = 0.02$，仅提高了 11%。

与功率信号 $g(t)$ 相关的总功率为

$$P = \lim_{T \to \infty} \frac{1}{T} \int_{-T/2}^{T/2} |g(t)|^2 \mathrm{d}t \tag{3.50}$$

信号 $g(t)$ 的功率谱密度（PSD）函数定义为 $S_g(\omega)$，其中

$$P = \lim_{T \to \infty} \frac{1}{T} \int_{-T/2}^{T/2} |g(t)|^2 \mathrm{d}t = \frac{1}{2\pi} \int_{-\infty}^{\infty} S_g(\omega) \mathrm{d}\omega \tag{3.51}$$

可见

$$S_g(\omega) = \lim_{T \to \infty} \frac{|G(\omega)|^2}{T} \tag{3.52}$$

令信号 $x(t)$ 和 $g(t)$ 为两个以 T 为周期的周期信号，则它们的复指数傅里叶级数展开式分别为

$$x(t) = \sum_{n=-\infty}^{\infty} X_n e^{j\frac{2\pi n t}{T}} \tag{3.53}$$

$$g(t) = \sum_{m=-\infty}^{\infty} G_m e^{j\frac{2\pi m t}{T}} \tag{3.54}$$

功率互相关函数 $\overline{R}_{gx}(t)$ 在方程（3.43）中已经给出，这里以方程（3.55）再次给出：

$$\overline{R}_{gx}(t) = \frac{1}{T} \int_{-T/2}^{T/2} g^*(\tau) x(t + \tau) \mathrm{d}\tau \tag{3.55}$$

注意，因为这两个信号均是周期信号，所以方程（3.55）中的限制没有必要。将方程（3.53）和方程（3.54）代入方程（3.55）中，合并同类项并根据正交性的定义，可得

$$\overline{R}_{gx}(t) = \sum_{n=-\infty}^{\infty} G_n^* X_n e^{j\frac{2n\pi t}{T}} \tag{3.56}$$

当 $x(t) = g(t)$ 时，方程（3.56）变为功率自相关函数

$$\overline{R}_x(t) = \sum_{n=-\infty}^{\infty} |X_n|^2 e^{j\frac{2n\pi t}{T}} = |X_0|^2 + 2\sum_{n=1}^{\infty} |X_n|^2 e^{j\frac{2n\pi t}{T}} \tag{3.57}$$

然后，功率谱密度函数和互功率谱密度函数可以分别计算为方程（3.57）和方程（3.56）的傅里叶变换，更确切地说为

$$\overline{S}_x(\omega) = 2\pi \sum_{n=-\infty}^{\infty} |X_n|^2 \delta\left(\omega - \frac{2n\pi}{T}\right) \tag{3.58a}$$

$$\overline{S}_{gx}(\omega) = 2\pi \sum_{n=-\infty}^{\infty} G_n^* X_n \delta\left(\omega - \frac{2n\pi}{T}\right) \tag{3.58b}$$

线性（或离散）功率谱密度定义为 $|X_n|^2$ 相对于 n 的谱线，谱线间相隔 $\Delta f = 1/T$。直流功率是 $|X_0|^2$，总功率为 $\sum_{n=-\infty}^{\infty} |X_n|^2$。

对于信号 $x(t)$ 与其傅里叶变换 $X(f)$，其相应的自相关函数与功率谱密度分别是 $\overline{R}_x(t)$ 与 $\overline{S}_x(f)$。本书中经常使用的一些有用关系式为

$$x(0) = \int_{-\infty}^{\infty} X(f) \mathrm{d}f \tag{3.59}$$

$$\int_{-\infty}^{\infty} x(t) \mathrm{d}t = X(0) \tag{3.60}$$

$$\overline{R}_x(0) = \int_{-\infty}^{\infty} |x(t)|^2 \mathrm{d}t = \int_{-\infty}^{\infty} |X(f)|^2 \mathrm{d}f = \overline{S}_x(0) \tag{3.61}$$

$$\int_{-\infty}^{\infty} |\overline{R}_x(t)|^2 \mathrm{d}t = \int_{-\infty}^{\infty} |X(f)|^4 \mathrm{d}f \tag{3.62}$$

注意，方程（3.60）或方程（3.61）表示总直流功率（在功率信号情况下）或电压（在能量信号情况下）。方程（3.62）表示信号的总功率（对功率信号）或总能量（对能量信号）。

3.6 带通信号

在包括直流在内的低频段上含有重大频率成分的信号称为低通（LP）信号，在离开原点的某一频率周围，具有重要频率成分的信号称为带通（BP）信号。实数带通信号 $x(t)$ 在数学上可表示成

$$x(t) = r(t)\cos(2\pi f_0 t + \phi_x(t)) \tag{3.63}$$

式中，$r(t)$ 是幅度调制或包络，$\phi_x(t)$ 是相位调制，f_0 是载频，而 $r(t)$ 和 $\phi_x(t)$ 的频率分量都远小于 f_0。频率调制为

$$f_m(t) = \frac{1}{2\pi}\frac{d}{dt}\phi_x(t) \tag{3.64}$$

而瞬时频率为

$$f_i(t) = \frac{1}{2\pi}\frac{d}{dt}(2\pi f_0 t + \phi_x(t)) = f_0 + f_m(t) \tag{3.65}$$

如果信号带宽为 B，并且如果与 B 相比 f_0 很大，则信号 $x(t)$ 称为窄带通信号。

带通信号也可用两个称为正交分量的低通信号表示，此时，方程（3.63）可重新写成

$$x(t) = x_I(t)\cos 2\pi f_0 t - x_Q(t)\sin 2\pi f_0 t \tag{3.66}$$

式中，$x_I(t)$ 和 $x_Q(t)$ 是被称为正交分量的实数低通信号，分别由下式给出：

$$\begin{aligned} x_I(t) &= r(t)\cos\phi_x(t) \\ x_Q(t) &= r(t)\sin\phi_x(t) \end{aligned} \tag{3.67}$$

3.6.1 解析信号（前置包络）

给定一实数值信号 $x(t)$，其希尔伯特（Hilbert）变换为

$$H\{x(t)\} = \hat{x}(t) = \frac{1}{\pi}\int_{-\infty}^{\infty}\frac{x(u)}{t-u}du \tag{3.68}$$

方程（3.67）表明希尔伯特变换是信号 $x(t)$ 与 $h(t) = 1/(\pi t)$ 之间的卷积运算。更精确地说，

$$\hat{x}(t) = x(t) \otimes \frac{1}{\pi t} \tag{3.69}$$

$h(t)$ 的傅里叶变换为

$$FT\{h(t)\} = FT\left\{\frac{1}{\pi t}\right\} = H(\omega) = e^{-j\frac{\pi}{2}\text{sgn}(\omega)} \tag{3.70}$$

式中函数 $\text{sgn}(\omega)$ 为

$$\text{sgn}(\omega) = \frac{\omega}{|\omega|} = \begin{Bmatrix} 1 & ; & \omega > 0 \\ 0 & ; & \omega = 0 \\ -1 & ; & \omega < 0 \end{Bmatrix} \tag{3.71}$$

因此，希尔伯特变换的效果是在 $x(t)$ 的频谱上引入了 $\pi/2$ 的相移。这样就有

$$\text{FT}\{\hat{x}(t)\} = \hat{X}(\omega) = X(\omega) - j\text{sgn}(\omega)X(\omega) \tag{3.72}$$

对应实数信号 $x(t)$ 的解析信号 $\psi(t)$ 可以通过消除 $X(\omega)$ 的负频率成分来得到。这样，通过定义

$$\Psi(\omega) = \begin{Bmatrix} 2X(\omega) & ; & \omega > 0 \\ X(\omega) & ; & \omega = 0 \\ 0 & ; & \omega < 0 \end{Bmatrix} \tag{3.73}$$

或等效地有

$$\Psi(\omega) = X(\omega)(1 + \text{sgn}(\omega)) \tag{3.74}$$

由此得出

$$\psi(t) = \text{FT}^{-1}\{\Psi(\omega)\} = x(t) + j\hat{x}(t) \tag{3.75}$$

因为 $x(t)$ 的包络可以很容易通过 $\psi(t)$ 的模值得到，所以解析信号常常称为 $x(t)$ 的前置包络。

3.6.2 带通信号的前置包络与复包络

方程（3.66）定义的带通信号的希尔伯特变换为

$$\hat{x}_{\text{BP}}(t) = x_I(t)\sin 2\pi f_0 t + x_Q(t)\cos 2\pi f_0 t \tag{3.76}$$

下标 BP 用于表明 $x(t)$ 是带通信号。相应的带通解析信号（前置包络）为

$$\psi_{\text{BP}}(t) = x_{\text{BP}}(t) + j\hat{x}_{\text{BP}}(t) \tag{3.77}$$

将方程（3.66）与方程（3.76）代入方程（3.77）并合并同类项可得

$$\psi_{\text{BP}}(t) = [x_I(t) + jx_Q(t)]e^{j2\pi f_0 t} = \tilde{x}_{\text{BP}}(t)e^{j2\pi f_0 t} \tag{3.78}$$

信号 $\tilde{x}_{\text{BP}}(t) = x_I(t) + jx_Q(t)$ 是 $x_{\text{BP}}(t)$ 的复包络。这样包络信号与相关的相伴偏移分别为

$$a(t) = |\tilde{x}_{\text{BP}}(t)| = |x_I(t) + jx_Q(t)| = |\psi_{\text{BP}}(t)| \tag{3.79}$$

$$\phi(t) = \arg(\tilde{x}_{\text{BP}}(t)) = \angle \tilde{x}_{\text{BP}}(t) \tag{3.80}$$

本书其他部分除非特别指明，否则所有信号均认为是带通信号，也就不用 BP 下标。更具体地，带通信号 $x(t)$ 与其相应的前置包络（解析信号）及复包络可表示为

$$x(t) = x_I(t)\cos 2\pi f_0 t - x_Q(t)\sin 2\pi f_0 t \tag{3.81}$$

$$\psi(t) = x(t) + j\hat{x}(t) \equiv \tilde{x}(t)e^{j2\pi f_0 t} \tag{3.82}$$

$$\tilde{x}(t) = x_I(t) + jx_Q(t) \tag{3.83}$$

要得到任何带通信号的复包络需要提取其正交分量。图 3.1 显示了怎样从一个带通信号中提取正交分量。首先，将带通信号分成两部分：一部分乘以 $2\cos 2\pi f_0 t$，另一部分乘以 $-2\sin 2\pi f_0 t$。从图中可见，两个信号为

$$z_1(t) = 2x_I(t)(\cos 2\pi f_0 t)^2 - 2x_Q(t)\cos(2\pi f_0 t)\sin(2\pi f_0 t) \tag{3.84}$$

$$z_2(t) = -2x_I(t)\cos(2\pi f_0 t)\sin(2\pi f_0 t) + 2x_Q(t)(\sin 2\pi f_0 t)^2 \tag{3.85}$$

使用合适的三角等式并在低通滤波后提取正交分量。

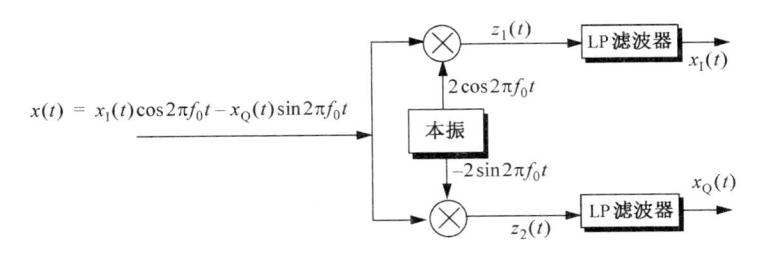

图 3.1 正交分量的提取

例：提取信号的正交分量、调制频率、瞬时频率、解析信号与复包络。

（a）$x(t) = \text{Rect}\left(\dfrac{t}{\tau}\right)\cos(2\pi f_0 t)$；（b）$x(t) = \text{Rect}\left(\dfrac{t}{\tau}\right)\cos\left(2\pi f_0 t + \dfrac{\pi B}{\tau} t^2\right)$

解：

（a）按图 3.1 所述提取正交分量。定义

$$z_1(t) = x(t) \times 2\cos(2\pi f_0 t), \quad z_2(t) = x(t) \times (-2)\sin(2\pi f_0 t)$$

则

$$z_1(t) = \text{Rect}\left(\dfrac{t}{\tau}\right)\cos(2\pi f_0 t) \times 2\cos(2\pi f_0 t) = \text{Rect}\left(\dfrac{t}{\tau}\right)\cos(0) + \text{Rect}\left(\dfrac{t}{\tau}\right)\cos(4\pi f_0 t)$$

$$z_2(t) = \text{Rect}\left(\dfrac{t}{\tau}\right)\cos(2\pi f_0 t) \times (-2)\sin(2\pi f_0 t) = \text{Rect}\left(\dfrac{t}{\tau}\right)\sin(0) - \text{Rect}\left(\dfrac{t}{\tau}\right)\sin(4\pi f_0 t)$$

这样，低通滤波器 LPF 的输出为

$$x_I(t) = \text{Rect}\left(\dfrac{t}{\tau}\right) \; ; \; x_Q(t) = 0$$

从方程（3.64）与方程（3.65）可得

$$f_m(t) = 0 \; ; \; f_i(t) = f_0$$

最终复包络与解析信号为

$$\tilde{x}(t) = x_I(t) + jx_Q(t) = x_I(t) = \text{Rect}\left(\dfrac{t}{\tau}\right)$$

$$\psi(t) = \tilde{x}(t)e^{j2\pi f_0 t} = \text{Rect}\left(\dfrac{t}{\tau}\right)e^{j2\pi f_0 t}$$

(b)
$$z_1(t) = \text{Rect}\left(\frac{t}{\tau}\right)\cos\left(2\pi f_0 t + \frac{\pi B}{\tau}t^2\right) \times 2\cos(2\pi f_0 t)$$

也可写为
$$z_1(t) = \text{Rect}\left(\frac{t}{\tau}\right)\cos\left(\frac{\pi B}{\tau}t^2\right) + \text{Rect}\left(\frac{t}{\tau}\right)\cos\left(4\pi f_0 t + \frac{\pi B}{\tau}t^2\right)$$

与
$$z_2(t) = \text{Rect}\left(\frac{t}{\tau}\right)\cos\left(2\pi f_0 t + \frac{\pi B}{\tau}t^2\right) \times (-2)\sin(2\pi f_0 t)$$

也可写成
$$z_2(t) = \text{Rect}\left(\frac{t}{\tau}\right)\sin\left(\frac{\pi B}{\tau}t^2\right) - \text{Rect}\left(\frac{t}{\tau}\right)\sin\left(4\pi f_0 t + \frac{\pi B}{\tau}t^2\right)$$

这样，LPF 的输出即为
$$x_I(t) = \text{Rect}\left(\frac{t}{\tau}\right)\cos\left(\frac{\pi B}{\tau}t^2\right) \;;\; x_Q(t) = \text{Rect}\left(\frac{t}{\tau}\right)\sin\left(\frac{\pi B}{\tau}t^2\right)$$

从方程（3.64）与方程（3.65）可得
$$f_m(t) = \frac{B}{\tau}t \;;\; f_i(t) = f_0 + \frac{B}{\tau}t$$

复包络为
$$\tilde{x}(t) = x_I(t) + jx_Q(t) = \text{Rect}\left(\frac{t}{\tau}\right)\cos\left(\frac{\pi B}{\tau}t^2\right) + j\,\text{Rect}\left(\frac{t}{\tau}\right)\sin\left(\frac{\pi B}{\tau}t^2\right)$$

也可写为
$$\tilde{x}(t) = \text{Rect}\left(\frac{t}{\tau}\right)e^{j\left(\frac{\pi B}{\tau}t^2\right)}$$

最终解析信号为
$$\psi(t) = \tilde{x}(t)e^{j2\pi f_0 t} = \text{Rect}\left(\frac{t}{\tau}\right)e^{j\left(\frac{\pi B}{\tau}t^2\right)}e^{j2\pi f_0 t} = \text{Rect}\left(\frac{t}{\tau}\right)e^{j\left(2\pi f_0 t + \frac{\pi B}{\tau}t^2\right)}$$

3.7 一些常规雷达信号的频谱

给定信号的频谱描述了其能量在频域的分布。一个能量信号（有限能量）可用其能量谱密度（ESD）函数来表示其特征；而一个功率信号（有限功率）可用其功率谱密度（PSD）函数来表示其特征。ESD 的单位是焦耳/赫兹（J/Hz），而 PSD 的单位是瓦特/赫兹（W/Hz）。

3.7.1 连续波信号

考虑一个连续波（CW）的波形为
$$x_1(t) = \cos 2\pi f_0 t \tag{3.86}$$

$x_1(t)$的傅里叶变换为
$$X_1(f) = \frac{1}{2}[\delta(f-f_0) + \delta(f+f_0)] \tag{3.87}$$

$\delta(\,)$是狄拉克 δ 函数。如图 3.2 显示的幅度谱所表明的那样，信号 $x_1(t)$在$\pm f_0$有极微小的带宽。

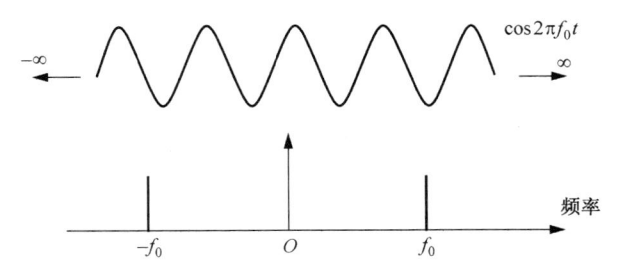

图 3.2　连续正弦波及其幅度谱

3.7.2　有限持续时间脉冲信号

设定时域信号 $x_2(t)$ 为

$$x_2(t) = x_1(t)\text{Rect}\left(\frac{t}{\tau_0}\right) = \text{Rect}\left(\frac{t}{\tau_0}\right)\cos 2\pi f_0 t \quad (3.88)$$

$$\text{Rect}\left(\frac{t}{\tau_0}\right) = \begin{cases} 1 & -\frac{\tau_0}{2} \leq t \leq \frac{\tau_0}{2} \\ 0 & \text{其他} \end{cases} \quad (3.89)$$

Rect 函数的傅里叶变换为

$$\text{FT}\left\{\text{Rect}\left(\frac{t}{\tau_0}\right)\right\} = \tau_0 \text{Sinc}(f\tau_0) \quad (3.90)$$

其中

$$\text{Sinc}(u) = \frac{\sin(\pi u)}{\pi u} \quad (3.91)$$

则傅里叶变换为

$$X_2(f) = X_1(f) \otimes \tau_0 \text{Sinc}(f\tau_0) = \frac{1}{2}[\delta(f-f_0)+\delta(f+f_0)] \otimes \tau_0 \text{Sinc}(f\tau_0) \quad (3.92)$$

也可写成

$$X_2(f) = \frac{\tau_0}{2}\{\text{Sinc}[(f-f_0)\tau_0] + \text{Sinc}[(f+f_0)\tau_0]\} \quad (3.93)$$

图 3.3 显示了 $x_2(t)$ 的幅度谱。它由方程（3.93）定义的以 $\pm f_0$ 为中心的两个 Sinc 函数组成。

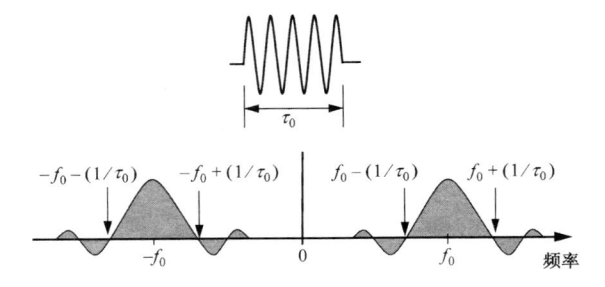

图 3.3　有限持续时间脉冲信号及其幅度谱

3.7.3 周期脉冲信号

在此情况下,考虑相关的波门内 CW 波形 $x_3(t)$ 为

$$x_3(t) = \sum_{n=-\infty}^{\infty} x_1(t) \text{Rect}\left(\frac{t-nT}{\tau_0}\right) = \cos 2\pi f_0 t \sum_{n=-\infty}^{\infty} \text{Rect}\left(\frac{t-nT}{\tau_0}\right) \quad (3.94)$$

信号 $x_3(t)$ 是周期为 T 的周期信号,当然假设 $f_r \ll f_0$。信号 $x_3(t)$ 的傅里叶变换为

$$X_3(f) = X_1(f) \otimes \text{FT}\left\{\sum_{n=-\infty}^{\infty} \text{Rect}\left(\frac{t-nT}{\tau_0}\right)\right\} =$$

$$\frac{1}{2}[\delta(f-f_0) + \delta(f+f_0)] \otimes \text{FT}\left\{\sum_{n=-\infty}^{\infty} \text{Rect}\left(\frac{t-nT}{\tau_0}\right)\right\} \quad (3.95)$$

方程(3.95)里其总的复指数傅里叶级数为

$$\sum_{n=-\infty}^{\infty} \text{Rect}\left(\frac{t-nT}{\tau_0}\right) = \sum_{n=-\infty}^{\infty} X_n e^{j\frac{nt}{T}} \quad (3.96)$$

其中傅里叶级数系数 X_n 为[见方程(3.28)]

$$X_n = \frac{1}{T}\text{FT}\left\{\text{Rect}\left(\frac{t}{\tau_0}\right)\right\}\bigg|_{f=\frac{n}{T}} = \frac{\tau_0}{T}\text{Sinc}(f\tau_0)\bigg|_{f=\frac{n}{T}} = \frac{\tau_0}{T}\text{Sinc}\left(\frac{n\tau_0}{T}\right) \quad (3.97)$$

由此得出

$$\text{FT}\left\{\sum_{n=-\infty}^{\infty} X_n e^{j\frac{nt}{T}}\right\} = \left(\frac{\tau_0}{T}\right)\sum_{n=-\infty}^{\infty} \text{Sinc}(nf_r\tau_0)\delta(f-nf_r) \quad (3.98)$$

其中使用了关系式 $f_r = 1/T$。将方程(3.98)代入方程(3.95)得到 $x_3(t)$ 的傅里叶变换,即

$$X_3(f) = \frac{\tau_0}{2T}[\delta(f-f_0) + \delta(f+f_0)] \otimes \sum_{n=-\infty}^{\infty} \text{Sinc}(nf_r\tau_0)\delta(f-nf_r) \quad (3.99)$$

$x_3(t)$ 的幅度谱在频率中心 $\pm f_0$ 有两部分。和部分的谱是每 f_r 重复的无限数量的 δ 函数,其中第 n 根谱线是幅度调制,其值对应于 $\text{Sinc}(nf_r\tau_0)$。因此,整个频谱有无限个间隔 f_r 的谱线,且对应 X_n 有 $\sin u/u$ 包络。图 3.4 中仅说明了频谱的正部分。

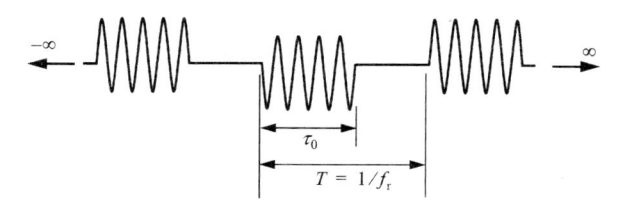

图 3.4 有限长度的相关脉冲串及其幅度谱(仅显示频谱正部分)

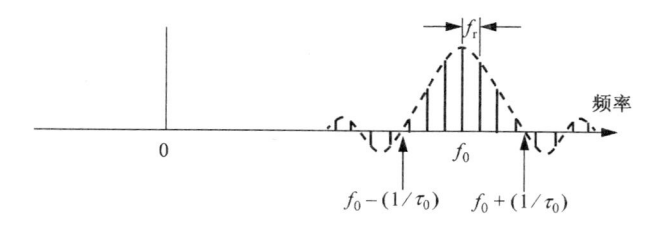

图 3.4（续） 有限长度的相关脉冲串及其幅度谱（仅显示频谱正部分）

3.7.4 有限持续时间脉冲串信号

定义函数 $x_4(t)$ 为

$$x_4(t) = \cos(2\pi f_0 t) \sum_{n=0}^{N-1} \text{Rect}\left(\frac{t-nT}{\tau_0}\right) = \cos 2\pi f_0 t \times g(t) \tag{3.100}$$

其中

$$g(t) = \sum_{n=0}^{N-1} \text{Rect}\left(\frac{t-nT}{\tau_0}\right) \tag{3.101}$$

信号 $x_4(t)$ 的幅度谱为

$$X_4(f) = \frac{1}{2} G(f) \otimes [\delta(f-f_0) + \delta(f+f_0)] \tag{3.102}$$

其中 $G(f)$ 是 $g(t)$ 的傅里叶变换。这意味着信号 $x_4(t)$ 的幅度谱等于 $G(f)$ 在中心频率 $\pm f_0$ 的复制。给出上述这个结论，我们就可以着重计算 $G(f)$。

信号 $g(t)$ 可写为（见图 3.5 的上半部分）

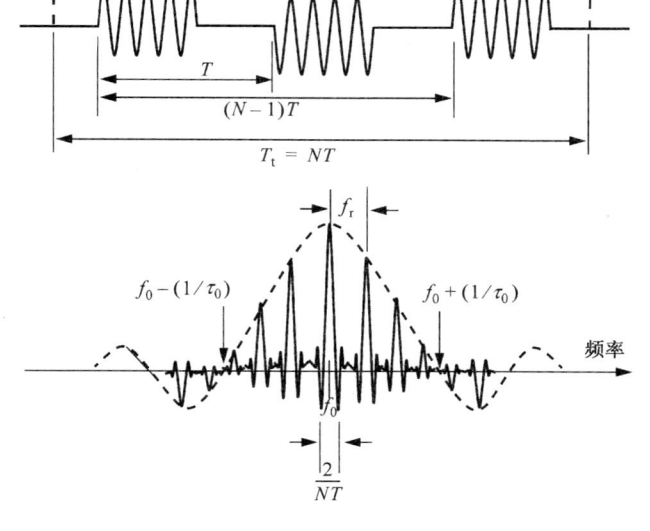

图 3.5 有限长度的相关脉冲串及其幅度谱

$$g(t) = \sum_{n=-\infty}^{\infty} g_1(t) \text{Rect}\left(\frac{t-nT}{\tau_0}\right) \tag{3.103}$$

其中

$$g_1(t) = \text{Rect}\left(\frac{t}{NT}\right) \tag{3.104}$$

由此得出，可用类似于方程（3.99）的分析方法计算方程（3.103）的傅里叶变换。更精确地有

$$G(f) = \frac{\tau_0}{T} G_1(f) \otimes \sum_{n=-\infty}^{\infty} \text{Sinc}(nf_r\tau_0)\delta(f-nf_r) \tag{3.105}$$

且 $g_1(t)$ 的傅里叶变换为

$$G_1(f) = \text{FT}\left\{\text{Rect}\left(\frac{t}{T_t}\right)\right\} = T_t \text{Sinc}(fT_t) \tag{3.106}$$

利用这些结论，$x_4(t)$ 的傅里叶变换可写为

$$X_4(f) = \frac{T_t\tau_0}{2T}\left(\text{Sinc}(fT_t) \otimes \sum_{n=-\infty}^{\infty} \text{Sinc}(nf_r\tau_0)\delta(f-nf_r)\right) \otimes [\delta(f-f_0) + \delta(f+f_0)] \tag{3.107}$$

所以，$x_4(t)$ 在整个频谱上由中心频率为 $\pm f_0$ 的正、负两个相同部分组成。每部分包括 N 个函数 $\text{Sinc}(fT_t)$ 以频率重复，且包络对应于 $\text{Sinc}(nf_r\tau_0)$。图 3.5 进行了说明，但仅显示了正频谱部分。

3.7.5 线性调频（LFM）信号

调频或调相信号可用来实现更宽的工作带宽。线性调频（LFM）信号广泛用于大多数现代雷达系统。在此情况下，频率线性地向上（上线性调频）或向下（下线性调频）扫过脉冲宽度。图 3.6 显示了一个典型的线性调频波形的例子。脉冲宽度为 τ_0，带宽为 B。

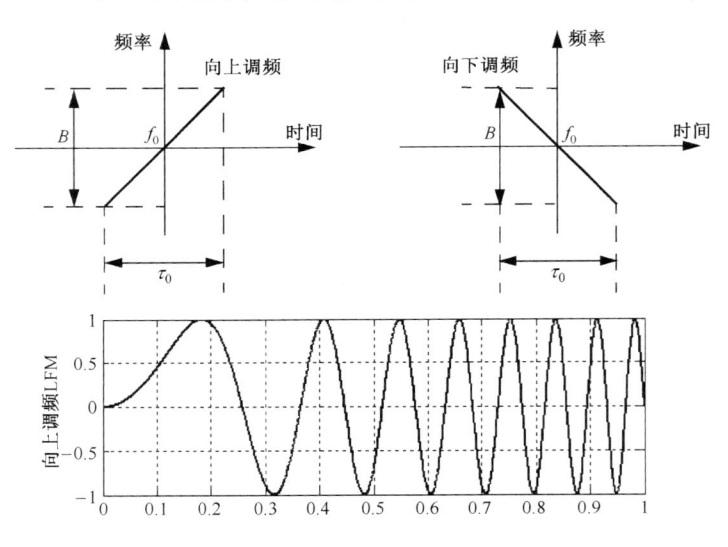

图 3.6 典型的线性调频 LFM 波形

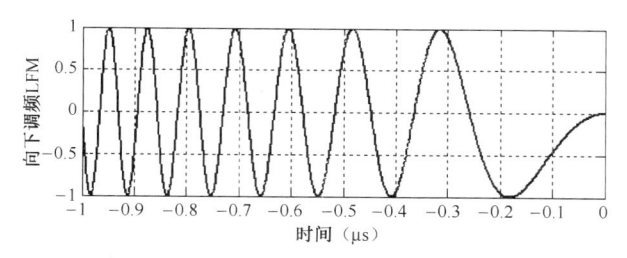

图 3.6（续） 典型的线性调频 LFM 波形

向上线性调频瞬时相位可表示为

$$\phi(t) = 2\pi\left(f_0 t + \frac{\mu}{2}t^2\right) \quad -\frac{\tau_0}{2} \leq t \leq \frac{\tau_0}{2} \tag{3.108}$$

式中，f_0 为雷达中心频率，$\mu = B/\tau_0$ 是线性调频系数。因此，瞬时频率为

$$f(t) = \frac{1}{2\pi}\frac{\mathrm{d}}{\mathrm{d}t}\phi(t) = f_0 + \mu t \quad -\frac{\tau_0}{2} \leq t \leq \frac{\tau_0}{2} \tag{3.109}$$

类似地，向下线性调频瞬时相位和频率分别为

$$\phi(t) = 2\pi\left(f_0 t - \frac{\mu}{2}t^2\right) \quad -\frac{\tau_0}{2} \leq t \leq \frac{\tau_0}{2} \tag{3.110}$$

$$f(t) = \frac{1}{2\pi}\frac{\mathrm{d}}{\mathrm{d}t}\phi(t) = f_0 - \mu t \quad -\frac{\tau_0}{2} \leq t \leq \frac{\tau_0}{2} \tag{3.111}$$

典型线性调频波形可表示成

$$x_1(t) = \mathrm{Rect}\left(\frac{t}{\tau_0}\right)\mathrm{e}^{\mathrm{j}2\pi\left(f_0 t + \frac{\mu}{2}t^2\right)} \tag{3.112}$$

式中，$\mathrm{Rect}(t/\tau_0)$ 表示宽度为 τ_0 的矩形脉冲。记住，信号 $x_1(t)$ 是线性调频波形的解析信号。由此可得

$$x_1(t) = \tilde{x}(t)\mathrm{e}^{\mathrm{j}2\pi f_0 t} \tag{3.113}$$

$$\tilde{x}(t) = \mathrm{Rect}\left(\frac{t}{\tau}\right)\mathrm{e}^{\mathrm{j}\pi\mu t^2} \tag{3.114}$$

信号 $x_1(t)$ 的谱由其复包络 $\tilde{x}(t)$ 确定。方程（3.114）中的复指数项引入了一个关于中心频率 f_0 的频移。求 $\tilde{x}(t)$ 的傅里叶变换得到

$$\tilde{X}(f) = \int_{-\infty}^{\infty}\mathrm{Rect}\left(\frac{t}{\tau_0}\right)\mathrm{e}^{\mathrm{j}\pi\mu t^2}\,\mathrm{e}^{-\mathrm{j}2\pi f t}\mathrm{d}t = \int_{-\frac{\tau_0}{2}}^{\frac{\tau_0}{2}}\mathrm{e}^{\mathrm{j}\pi\mu t^2}\,\mathrm{e}^{-\mathrm{j}2\pi f t}\mathrm{d}t \tag{3.115}$$

设 $\mu' = \pi\mu = \pi B/\tau_0$，并进行变量变换

$$\left(z = \sqrt{\frac{2}{\pi}}\left(\sqrt{\mu'}t - \frac{\pi f}{\sqrt{\mu'}}\right)\right);\ \sqrt{\frac{\pi}{2\mu'}}\,\mathrm{d}z = \mathrm{d}t \tag{3.116}$$

于是，方程（3.115）可写成

$$\tilde{X}(f) = \sqrt{\frac{\pi}{2\mu'}}\,\mathrm{e}^{-\mathrm{j}(\pi f)^2/\mu'}\int_{-z_1}^{z_2}\mathrm{e}^{\mathrm{j}\pi z^2/2}\,\mathrm{d}z \tag{3.117}$$

$$\tilde{X}(f) = \sqrt{\frac{\pi}{2\mu'}} \ e^{-j(\pi f)^2/\mu'} \left\{ \int_0^{z_2} e^{j\pi z^2/2} \ dz - \int_0^{-z_1} e^{j\pi z^2/2} \ dz \right\} \tag{3.118}$$

$$z_1 = -\sqrt{\frac{2\mu'}{\pi}}\left(\frac{\tau_0}{2} + \frac{\pi f}{\mu'}\right) = \sqrt{\frac{B\tau_0}{2}}\left(1 + \frac{f}{B/2}\right) \tag{3.119}$$

$$z_2 = \sqrt{\frac{\mu'}{\pi}}\left(\frac{\tau_0}{2} - \frac{\omega}{\mu'}\right) = \sqrt{\frac{B\tau_0}{2}}\left(1 - \frac{f}{B/2}\right) \tag{3.120}$$

用 $C(z)$ 和 $S(z)$ 表示菲涅耳（Fresnel）积分，定义为

$$C(z) = \int_0^z \cos\left(\frac{\pi v^2}{2}\right) dv \qquad S(z) = \int_0^z \sin\left(\frac{\pi v^2}{2}\right) dv \tag{3.121}$$

菲涅耳积分可近似表示为

$$C(z) \approx \frac{1}{2} + \frac{1}{\pi z}\sin\left(\frac{\pi}{2}z^2\right) \ ; \ z \gg 1 \tag{3.122}$$

$$S(z) \approx \frac{1}{2} - \frac{1}{\pi z}\cos\left(\frac{\pi}{2}z^2\right) \ ; \ z \gg 1 \tag{3.123}$$

注意，$C(-z) = -C(z)$，$S(-z) = -S(z)$。图 3.7 显示了当 $0 \leq z \leq 4.0$ 时 $C(z)$ 和 $S(z)$ 的图形。将方程（3.121）代入方程（3.118）并进行积分得到

$$\tilde{X}(f) = \sqrt{\frac{\pi}{2\mu'}} \ e^{-j(\pi f)^2/(\mu')}\{[C(z_2) + C(z_1)] + j[S(z_2) + S(z_1)]\} \tag{3.124}$$

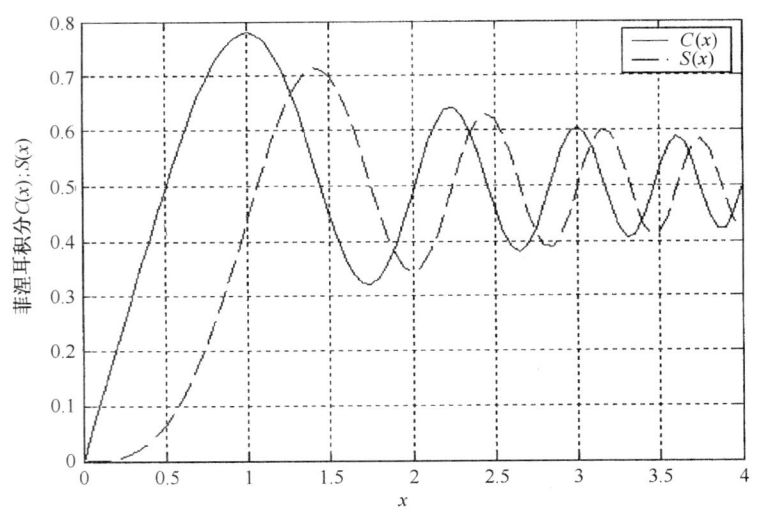

图 3.7 菲涅耳积分

图 3.8 显示了线性调频波形实部、虚部和幅度谱的典型曲线。图 3.8（c）给出的方形谱是众所周知的菲涅耳谱。图 3.8 可用列于附录 3-A 的 MATLAB 程序 "*Fig3_8.m*" 重新生成。

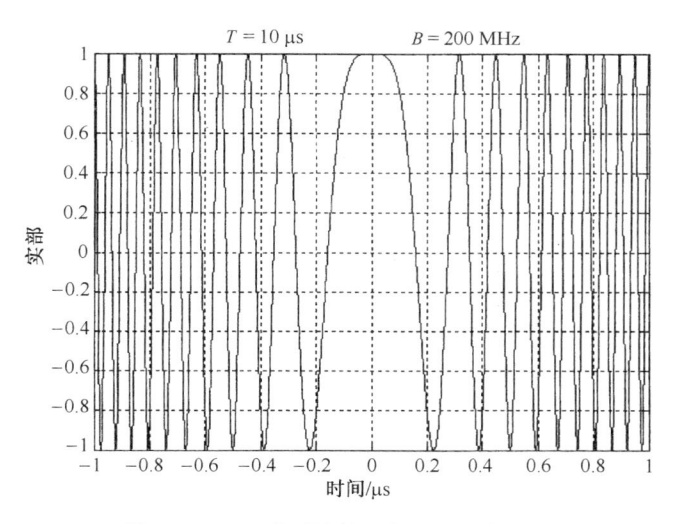

图 3.8（a） 典型线性调频波形（实部）

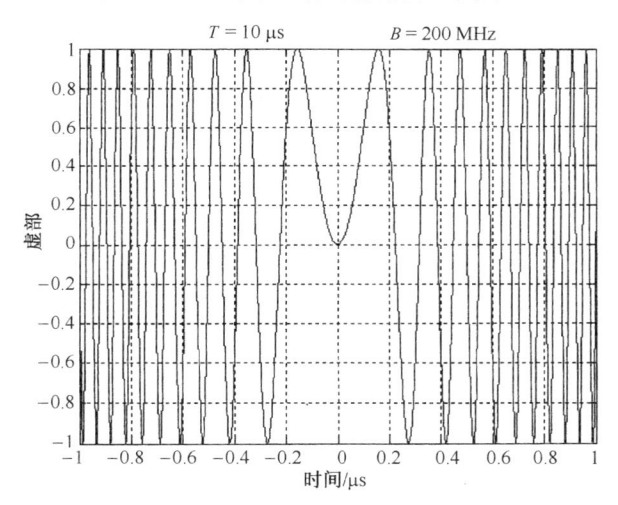

图 3.8（b） 典型线性调频波形（虚部）

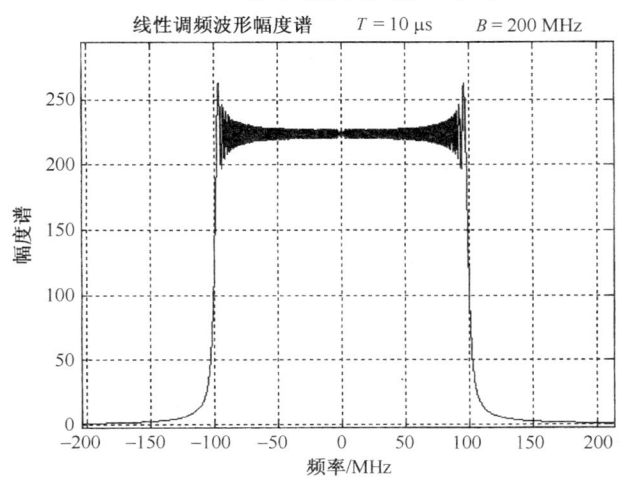

图 3.8（c） 线性调频方形波形的典型谱（菲涅耳谱）

3.8 信号带宽与持续时间

信号带宽是有非零频谱的信号频率范围。通常，信号可用其持续时间（时域）与带宽（频域）定义。如果信号带宽有限则称之为频带限制。信号持续时间有限（时间限制）将有无限的带宽，而频带限制信号则有无限的持续时间。极端情况就是连续正弦波，其带宽无限小。

雷达信号处理既可在时域进行，也可在频域进行。两种情况下，雷达信号处理机均假设信号持续时间有限（时间限制）且带宽有限（频带限制）。麻烦在于时间限制与频带限制不能同时存在，即一个信号不能有有限的持续时间与有限的带宽。正因为此，通常假设雷达信号本质上受限于时间与频率。

基本上时间限制信号被认为在某有限的持续时间外非常小。如果信号的傅里叶变换在某有限的频率带宽外非常小，则该信号被称为带限信号。在时间间隔$\{T_1, T_2\}$上的信号$x(t)$被认为相对于一些非常小的信号电平ε本质上是时间限制的，当且仅当

$$\int_{T_1}^{T_2}|x(t)|^2 \mathrm{d}t \geq (1-\varepsilon)\int_{-\infty}^{\infty}|x(t)|^2 \mathrm{d}t \tag{3.125}$$

其中间隔$\tau_\mathrm{e} = T_2 - T_1$称为有效持续时间。有效持续时间定义为

$$\tau_\mathrm{e} = \frac{\left(\int_{-\infty}^{\infty}|x(t)|^2 \mathrm{d}t\right)^2}{\int_{-\infty}^{\infty}|x(t)|^4 \mathrm{d}t} \tag{3.126}$$

同理，在频率间隔$\{B_1, B_2\}$上的信号$x(t)$被认为相对于一些非常小的信号电平η本质上是频带限制的，当且仅当

$$\int_{B_1}^{B_2}|X(f)|^2 \mathrm{d}f \geq (1-\eta)\int_{-\infty}^{\infty}|X(f)|^2 \mathrm{d}f \tag{3.127}$$

式中$X(f)$是$x(t)$的傅里叶变换，并且频带$B_\mathrm{e} = B_2 - B_1$称为有效带宽。有效带宽定义为

$$B_\mathrm{e} = \left(\int_{-\infty}^{\infty}|X(f)|^2 \mathrm{d}f\right)^2 \Big/ \left(\int_{-\infty}^{\infty}|X(f)|^4 \mathrm{d}f\right) \tag{3.128}$$

有效带宽与有效持续时间的定义可在其他一些文献中找到。本书中，采用了Burdic[①]中引用的定义。参量$B_\mathrm{e}\tau_\mathrm{e}$指的是时间-带宽积。在后面章节中，将会了解在雷达应用中，因为大时间-

---

① Burdic, W.S., *Radar Signal Analysis*, Prentice-Hall, Englewood Cliffs, NJ, 1968.

第 3 章 线性系统与复信号表示法

带宽积提供了更好的压缩比（或压缩增益），所以是理想的。

距离分辨率定义为有效带宽的倒数。在第 1 章引入有效持续时间前，带宽是作为脉宽倒数计算的，一个近似法即使不是 100%准确，却被广泛使用并接受。确实如此，因为用一个值或其他的带宽值在用雷达方程计算整个 SNR 时并没有太大区别。多普勒分辨率是作为有效持续时间倒数计算的。

3.8.1 有效带宽与持续时间计算

本节列举了大多数常规雷达信号的有效带宽与持续时间的计算。

单脉冲

前面章节分析了单脉冲。设单脉冲波形为

$$x(t) = \text{Rect}\left(\frac{t}{\tau_0}\right); \quad \frac{-\tau_0}{2} < 0 < \frac{\tau_0}{2} \tag{3.129}$$

该信号的有效带宽可用方程（3.128）计算。为此，方程（3.128）的分母为

$$\int_{-\infty}^{\infty} |X(f)|^4 \,df = \int_{-\infty}^{\infty} |R_x(\tau)|^4 \,d\tau = \int_{-\infty}^{\infty} |\tau_0 \,\text{Sinc}(f\tau_0)|^4 \,df = \frac{2\tau_0^3}{3} \tag{3.130}$$

其分子用方程（3.61）计算为

$$\left(\int_{-\infty}^{\infty} |X(f)|^2 \,df\right)^2 = |R_x(0)|^2 = \tau_0^2 \tag{3.131}$$

注意，该数值再次表示了信号总能量的平方。所以有效带宽为

$$B_e = \frac{\left(\int_{-\infty}^{\infty} |X(f)|^2 \,df\right)^2}{\int_{-\infty}^{\infty} |X(f)|^4 \,df} = \frac{(\tau_0^2)}{\left(\frac{2\tau_0^3}{3}\right)} = \frac{3}{2\tau_0} \tag{3.132}$$

信号 $x_2(t)$ 的有效持续时间为

$$\tau_e = \frac{\left(\int_{-\infty}^{\infty} |x(t)|^2 \,dt\right)^2}{\int_{-\infty}^{\infty} |x(t)|^4 \,dt} \tag{3.133}$$

$$\tau_e = \frac{\left(\int_{-\tau_0/2}^{\tau_0/2}(1)^2 dt\right)^2}{\int_{-\tau_0/2}^{\tau_0/2}(1)^4 dt} = \frac{\tau_0^2}{\tau_0} = \tau_0 \tag{3.134}$$

最后得出该信号的时间-带宽积为

$$B_e \tau_e = \frac{3}{2\tau_0}\tau_0 = \frac{3}{2} \tag{3.135}$$

有限持续时间脉冲串信号

前面章节定义了有限持续时间脉冲串信号，其复包络为

$$x(t) = \text{Rect}\left(\frac{t}{NT}\right)\sum_{n=-\infty}^{\infty}\text{Rect}\left(\frac{t-nT}{\tau_0}\right) \tag{3.136}$$

相应的傅里叶变换为

$$X(f) = \frac{T_t \tau_0}{T}\text{Sinc}(fT_t) \otimes \sum_{n=-\infty}^{\infty}\text{Sinc}(nf_r\tau_0)\delta(f-nf_r) \tag{3.137}$$

该信号的总能量为

$$\int_{-\infty}^{\infty}|X(f)|^2 df = \frac{T_t \tau_0}{T} \tag{3.138}$$

可见（见习题3.19）

$$\int_{-\infty}^{\infty}|R_x(t)|^2 dt = \int_{-\infty}^{\infty}|X(f)|^4 df \approx \left(\frac{4}{3}\right)\left(\frac{T_t}{T}\right)^3\left(\frac{2}{3}\right)(\tau_0)^3 \tag{3.139}$$

由此可得有效带宽为

$$B_e \approx \frac{\left(\frac{T_t\tau_0}{T}\right)^2}{\left(\frac{4}{3}\right)\left(\frac{T_t}{T}\right)^3\left(\frac{2}{3}\right)(\tau_0)^3} = \left(\frac{3T}{4T_t}\right)\left(\frac{3}{2\tau_0}\right) \tag{3.140}$$

方程（3.140）的结果表明，随着脉冲串的长度增加，其有效带宽降低。直观上有许多意义，带宽与信号持续时间成反比。当然，当 $T_t = T$（即单脉冲情况）时，方程（3.140）变得与方程（3.132）相同。注意，在这种情况下，因子3/4不会出现在方程（3.140）中。

该信号的有效持续时间可用方程（3.126）计算。又一次，方程（3.126）的分子代表了方程（3.44）所给信号总能量的平方。这种情况下，方程（3.126）的分母等于1（见习题3.120）。所以有效持续时间为

第 3 章 线性系统与复信号表示法

$$\tau_e = \frac{T_t \tau_0}{T} \tag{3.141}$$

且该波形的时间-带宽积为

$$B_e \tau_e \approx \left(\frac{3T}{4T_t}\right)\left(\frac{3}{2\tau_0}\right)\left(\frac{T_t \tau_0}{T}\right) = \frac{9}{8} \tag{3.142}$$

LFM 信号

该情况下，LFM 的复包络为

$$x(t) = \text{Rect}\left(\frac{t}{\tau_0}\right) e^{j\mu\pi t^2} \tag{3.143}$$

其中 $\mu = B/\tau_0$ 且 B 是 LFM 的带宽。修改变量 $\mu' = \pi\mu$，则该信号傅里叶变换的模值可近似为

$$|X(f)| \approx \sqrt{\frac{\pi}{\mu'}} \text{ Rect}\left(\frac{\pi f}{\mu' \tau_0}\right) \tag{3.144}$$

自相关函数的傅里叶变换等于信号傅里叶变换模值的平方，即

$$\text{FT}\{R_x(\tau)\} = |X(f)|^2 = \frac{\pi}{\mu'} \text{Rect}\left(\frac{\pi f}{\mu' \tau_0}\right) \tag{3.145}$$

所以

$$\left(\int_{-\infty}^{\infty} |X(f)|^2 \, df\right)^2 \approx \tau_0^2 \tag{3.146}$$

还有

$$\int_{-\infty}^{\infty} |X(f)|^4 \, df \approx \frac{\pi \tau_0}{\mu'} \tag{3.147}$$

这样有效带宽为

$$B_e \approx \frac{\tau_0^2}{\frac{\pi \tau_0}{\mu'}} = \frac{\mu' \tau_0}{\pi} \tag{3.148}$$

有效持续时间为

$$\tau_e = \frac{\left(\int_{-\infty}^{\infty} |x(t)|^2 \, dt\right)^2}{\int_{-\infty}^{\infty} |x(t)|^4 \, dt} = \frac{\left(\int_{-\tau_0/2}^{\tau_0/2} (1)^2 \, dt\right)^2}{\int_{-\tau_0/2}^{\tau_0/2} (1)^4 \, dt} = \frac{\tau_0^2}{\tau_0} = \tau_0 \tag{3.149}$$

且 LFM 波形的时间-带宽积可计算为

$$B_e \tau_e \approx \frac{\mu' \tau_0}{\pi} \tau_0 = \frac{\mu' \tau_0^2}{\pi} = \frac{\pi \mu \tau_0^2}{\pi} = \frac{B \tau_0^2}{\tau_0} = B \tau_0 \tag{3.150}$$

3.9　离散时间系统与信号

计算机硬件与数字技术的先进使得雷达系统信号与数据处理技术完全革新。实际上，为了信号与数据处理，所有现代化雷达对其接收的信号都使用了一些形式的数字表示法（信号采样）。这些时限信号的采样仅仅是那些代表时域连续信号离散值的数量有限集（认为是一矢量）。通常使用模数（A/D）变换器件来得到这些采样。因为在数字世界里，雷达接收机现在与处理数量有限集有关，其冲激响应也含有数量有限集。所以，雷达接收机现在指的就是离散系统。所有输入/输出信号关系是用离散时间采样表示的。必须注意，正如连续时域系统一样，有关雷达应用的离散系统也必须是因果、稳定与线性不变的。

设一时限连续低通信号，其持续时间为 τ 且带限于带宽 B。该信号（下节会说明）可以完全用一组 $\{2\tau B\}$ 个采样表示。因为一组有限的离散值（采样）用于表示信号，所以通常用同样大小的有限维矢量来表示该信号。此矢量用 **x** 来表示，或简单地用序列 $x[n]$ 来表示：

$$\mathbf{x} \equiv x[n] = [x(0) \ x(1) \ \cdots \ x(N-2) \ x(N-1)]^t \tag{3.151}$$

其中上标 t 表示转置运算。对一持续时间为 τ 且带宽为 B 的实数低通限制信号 $x[n]$ 而言，数值 N 至少为 $2\tau B$。不过，如果信号是复数信号，那么 N 至少为 τB 且矢量 **x** 的分量均为复数。方程（3.151）中定义的采样可从雷达回波信号固定距离（即时延）上的脉冲间采样而得到。PRF 用 f_r 表示，而整个观察间隔为 T_0，这样 N 将等于 $T_0 f_r$。定义雷达接收机传输函数为离散序列 $h[n]$ 且输入信号序列为 $x[n]$，这样由卷积和即可给出输出序列 $y[n]$，

$$y[n] = \sum_{m=0}^{M-1} h(m) x(n-m) \tag{3.152}$$

式中，$\{h[n] = [h(0) \ h(1) \cdots h(M-2) \ h(M-1)] ; M \leq N\}$。

3.9.1　采样定理

低通采样定理

通常，一个信号可以通过滤波或常用的数据处理进行采样，信号由采样完全重构是需要确定必要条件的。这个问题的答案在于采样定理，可以表达如下：假设信号 $x(t)$ 是实数值，而且频带限于带宽为 B；如果采样的间隔不大于 $1/(2B)$，则该信号完全可以用其采样重建。图 3.9 说明了采样过程的概念。采样信号 $p(t)$ 是周期为 T_s 的周期信号，T_s 称为采样间隔。

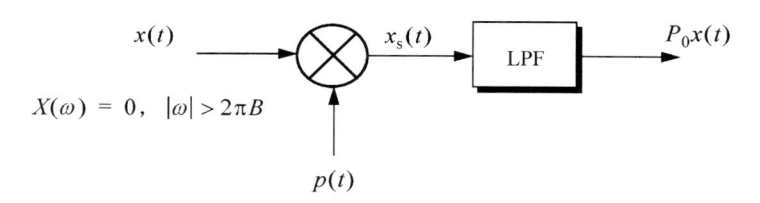

图 3.9　采样过程的概念

$p(t)$的傅里叶级数展开式与用该傅里叶级数定义表示的采样信号 $x_s(t)$ 分别为

$$p(t) = \sum_{n=-\infty}^{\infty} P_n e^{j\frac{2\pi n t}{T_s}} \tag{3.153}$$

$$x_s(t) = p(t) \cdot x(t) \tag{3.154}$$

$$x_s(t) = \sum_{n=-\infty}^{\infty} x(t) P_n e^{j\frac{2\pi n t}{T_s}} \tag{3.155}$$

求方程（3.155）的傅里叶变换得到

$$X_s(\omega) = \sum_{n=-\infty}^{\infty} P_n X\left(\omega - \frac{2\pi n}{T_s}\right) = P_0 X(\omega) + \sum_{\substack{n=-\infty \\ n \neq 0}}^{\infty} P_n X\left(\omega - \frac{2\pi n}{T_s}\right) \tag{3.156}$$

式中，$X(\omega)$ 是 $x(t)$ 的傅里叶变换。因此，我们得出结论：谱密度 $X_s(\omega)$ 由 $X(\omega)$ 的副本组成，它们间隔为 $2\pi/T_s$ 并用傅里叶级数系数 P_n 缩放。这样，可以用带宽为 B 的低通滤波器（LPF）来恢复原始信号 $x(t)$。

当采样率增加时（即 T_s 减小），$X(\omega)$ 的副本彼此相距更远。反过来，当采样率减小时（即 T_s 增大），$X(\omega)$ 的副本彼此间隔变小。使副本彼此相切的 T_s 值定义了最小所需的采样率，以便能利用低通滤波器从采样中恢复信号 $x(t)$。由此可得

$$\frac{2\pi}{T_s} = 2\pi(2B) \Leftrightarrow T_s = \frac{1}{2B} \tag{3.157}$$

方程（3.157）所定义的采样率是熟知的奈奎斯特（Nyquist）采样率。当 $T_s > (1/2B)$ 时，$X(\omega)$ 的副本重叠，所以信号 $x(t)$ 不能用其采样清楚地恢复，这称为混叠（aliasing）。实际上，理想的低通滤波器是不能实现的，因此，实际系统中都趋向于使用过采样来避免混叠。

例：假设采样信号 $p(t)$ 已知，为

$$p(t) = \sum_{n=-\infty}^{\infty} \delta(t - nT_s)$$

计算 $X_s(\omega)$ 的表达式。

解：信号 $p(t)$ 称为梳函数，其指数型傅里叶级数为

$$p(t) = \sum_{n=-\infty}^{\infty} \frac{1}{T_s} e^{2\frac{\pi n t}{T_s}}$$

由此

$$x_s(t) = \sum_{n=-\infty}^{\infty} x(t)\frac{1}{T_s} e^{2\frac{\pi nt}{T_s}}$$

对该式进行傅里叶变换得到

$$X_s(\omega) = \frac{2\pi}{T_s} \sum_{n=-\infty}^{\infty} X\left(\omega - \frac{2\pi n}{T_s}\right)$$

最好推出一个通式：只要满足方程（3.157），任意低通信号即可由其采样复原。为此，设 $x(t)$ 和 $x_s(t)$ 分别为理想的低通信号与其相应的采样。这样，由采样表示的 $x(t)$ 可推导如下：首先，通过理想 LPF 对信号 $X_s(\omega)$ 进行滤波得到 $X(\omega)$，该理想 LPF 的传输函数为

$$H(\omega) = T_s \text{Rect}\left(\frac{\omega}{4\pi B}\right) \tag{3.158}$$

这样

$$X(\omega) = H(\omega)X_s(\omega) = T_s \text{Rect}\left(\frac{\omega}{4\pi B}\right) X_s(\omega) \tag{3.159}$$

现在对方程（3.159）进行逆傅里叶变换可得信号为

$$x(t) = \text{FT}^{-1}\{X(\omega)\} = \text{FT}^{-1}\left\{T_s \text{Rect}\left(\frac{\omega}{4\pi B}\right) X_s(\omega)\right\} = 2BT_s \text{Sinc}(2\pi Bt) \otimes x_s(t) \tag{3.160}$$

用一理想采样信号可以重新表示采样信号 $x_s(t)$，

$$p(t) = \sum_n \delta(t - nT_s) \tag{3.161}$$

于是

$$x_s(t) = \sum_n x(nT_s)\delta(t - nT_s) \tag{3.162}$$

将方程（3.62）代入方程（3.160）可得用采样表示的信号

$$x(t) = 2BT_s \sum_n x(nT_s) \text{ Sinc}(2\pi B(t - T_s)) \; ; T_s \leq \frac{1}{2B} \tag{3.163}$$

带通采样定理

3.6 节已证明任何带通信号都可用正交分量表示。由此可得，自正交分量的采样 $\{x_I(t), x_Q(t)\}$ 足以构建带通信号 $x(t)$。设信号 $x(t)$ 实际上是带限的且带宽为 B，这样每个低通信号 $x_I(t)$ 与 $x_Q(t)$ 也是带限的，并且带宽为 $B/2$。这样如果低通信号中的任意一个以采样率 $f_s \leq 1/B$ 采样，那么都不会违反奈奎斯特准则。假定两个正交分量是同时采样的，那么

$$x_I(t) = BT_s \sum_{n=-\infty}^{\infty} x_I(nT_s) \text{ Sinc}(\pi B(t - nT_s)) \tag{3.164}$$

$$x_Q(t) = BT_s \sum_{n=-\infty}^{\infty} x_Q(nT_s) \text{ Sinc}(\pi B(t - nT_s)) \tag{3.165}$$

式中,如果满足了奈奎斯特准则,那么 $BT_s = 1$ (单位时间-带宽积)。将方程(3.164)与方程(3.165)代入方程(3.66)可得

$$x(t) = BT_s \left\{ \sum_{n=-\infty}^{\infty} [x_I(nT_s)\cos 2\pi f_0 t - x_Q(nT_s)\sin 2\pi f_0 t] \ \text{Sinc}(\pi B(t-nT_s)) \right\} \quad (3.166a)$$

$$x(t) = \text{Re}\left\{ BT_s \sum_{n=-\infty}^{\infty} [x_I(nT_s) + jx_Q(nT_s)]e^{j2\pi f_0 t} \text{Sinc}(\pi B(t-nT_s)) \right\} \quad (3.166b)$$

式中自然假设 $T_s \leq 1/B$。由此可得出结论:如果在总周期上信号 $x(t)$ 以 T_0 采样,则需要 $2BT_0$ 个采样,BT_0 个 $x_I(t)$ 采样,BT_0 个 $x_Q(t)$ 采样。

3.9.2 Z 变换

Z 变换是一种将离散时域采样映射成称为 z 域的新域的变换,定义为

$$Z\{x(n)\} = X(z) = \sum_{n=-\infty}^{\infty} x(n)z^{-n} \quad (3.167)$$

式中,$z = re^{j\omega}$,多数情况下,$r = 1$。这样,方程(3.167)可重写成

$$X(e^{j\omega}) = \sum_{n=-\infty}^{\infty} x(n)e^{-jn\omega} \quad (3.168)$$

在 z 域中,$X(z)$ 上有限的域称为收敛域(ROC)。

例:证明 $Z\{nx(n)\} = -z\dfrac{d}{dz}X(z)$。

解:先根据 Z 变换的定义

$$X(z) = \sum_{n=-\infty}^{\infty} x(n)z^{-n}$$

对上式以 z 为变量求导得到

$$\frac{d}{dz}X(z) = \sum_{n=-\infty}^{\infty} x(n)(-n)z^{-n-1} = (-z^{-1})\sum_{n=-\infty}^{\infty} nx(n)z^{-n}$$

由此可得

$$Z\{nx(n)\} = (-z)\frac{d}{dz}X(z)$$

离散 LTI 系统有一个传输函数 $H(z)$,其描述该系统为了产生输出序列 $y(n)$ 如何对其输入序列 $x(n)$ 进行运算的。输出序列 $y(n)$ 可以由序列 $x(n)$ 和 $h(n)$ 间的离散卷积来计算,

$$y(n) = \sum_{m=-\infty}^{\infty} x(m)h(n-m) \tag{3.169}$$

然而，因为实际系统要求序列 x(n)和 h(n)具有有限的长度，所以我们可以把方程（3.169）重写为

$$y(n) = \sum_{m=0}^{N} x(m)h(n-m) \tag{3.170}$$

式中，N 表示输入序列长度。对方程（3.170）进行 Z 变换得到

$$Y(z) = X(z)H(z) \tag{3.171}$$

于是离散系统传输函数为

$$H(z) = \frac{Y(z)}{X(z)} \tag{3.172}$$

这样传输函数 $H(z)$ 可写成

$$H(z)\big|_{z=e^{j\omega}} = |H(e^{j\omega})|e^{\angle H(e^{j\omega})} \tag{3.173}$$

式中，$|H(e^{j\omega})|$ 是幅度响应，$\angle H(e^{j\omega})$ 是相位响应。

3.9.3　离散傅里叶变换

离散傅里叶变换（DFT）是一种数学运算，它通常将一个离散序列由时域变换到频域，以便明确地确定该序列的谱信息。时域序列可以是实数，也可以是复数。离散傅里叶变换具有有限长度 N，并且是周期性的，以 N 为周期。有限序列 $x(n)$ 的离散傅里叶变换对定义为

$$X(k) = \sum_{n=0}^{N-1} x(n)e^{-j\frac{2\pi nk}{N}} \quad ; \quad k = 0,\cdots,N-1 \tag{3.174}$$

$$x(n) = \frac{1}{N}\sum_{k=0}^{N-1} X(k)e^{j\frac{2\pi nk}{N}} \quad ; \quad n = 0,\cdots,N-1 \tag{3.175}$$

快速傅里叶变换（FFT）并不是一种不同于离散傅里叶变换的新变换，而是一种更有效地计算离散傅里叶变换的算法。文献中可以找到许多种快速傅里叶变换算法。本书中，我们将交互使用离散傅里叶变换（DFT）和快速傅里叶变换（FFT）这两个词来表达相同的意思。而且，我们将假定一个基-2 二进制快速傅里叶变换算法，其中，快速傅里叶变换的大小 N 等于 2^m，m 为某个整数。

3.9.4　离散功率谱

实际的离散系统使用有限长度的离散傅里叶变换作为傅里叶变换的一种数学近似。因

此，输入信号在被采样之前必须截短成有限的时间长度（用 T 表示）。这样做是必需的，因为只有这样，才能在信号处理之前产生有限长度的序列。遗憾的是，这种截短过程可能会带来一些严重的问题。

为了说明这种困难，我们考虑时域信号 $x(t) = \sin 2\pi f_0 t$。$x(t)$ 的谱由频率为 $\pm f_0$ 的两条谱线组成，当它被截短为长度 T 秒且以速率 $T_s = T/N$ 采样时（其中 N 是希望得到的采样数），产生序列 $\{x(n); n = 0, 1, \cdots, N-1\}$。

如果 T 是 T_s 的整数倍及离散傅里叶变换的频率分辨率 Δf 是 f_0 的整数倍这两个条件同时成立，则 $x(n)$ 的谱仍然由相同的谱线组成。遗憾的是，这两个条件很少能同时满足，后果是 $x(n)$ 的谱扩散成几条谱线（通常能扩散成 3 条谱线），这称为频谱泄漏。因为通常 f_0 是未知的，所以这种任意选择 T 所引起的不连续性是不可避免的。加窗技术可通过在靠近边缘的采样上少量加权而减弱这种不连续性。

截短的序列 $x(n)$ 可看成是某个周期为 N 的周期序列。$x(n)$ 的离散傅里叶级数展开式为

$$x(n) = \sum_{k=0}^{N-1} X_k e^{j\frac{2\pi nk}{N}} \tag{3.176}$$

可以证明系数 X_k 为

$$X_k = \frac{1}{N}\sum_{n=0}^{N-1} x(n) e^{-j\frac{2\pi nk}{N}} = \frac{1}{N} X(k) \tag{3.177}$$

式中，$X(k)$ 是 $x(n)$ 的离散傅里叶变换。因此，带限序列 $x(n)$ 的离散功率谱（DPS）是 $|X_k|^2$ 与 k 的关系谱线，其谱线间相隔为 Δf，

$$P_0 = \frac{1}{N^2}|X(0)|^2 \tag{3.178}$$

$$P_k = \frac{1}{N^2}\{|X(k)|^2 + |X(N-k)|^2\}; \quad k = 1, 2, \cdots, \frac{N}{2}-1 \tag{3.179}$$

$$P_{N/2} = \frac{1}{N^2}|X(N/2)|^2 \tag{3.180}$$

在进行到下一节之前，我们将指出如何选择 FFT 的参数。为此，考虑一个带宽为 B 的带限信号 $x(t)$。如果该信号的带宽不是有限的，则可用低通滤波器来消除大于 B 的频率。为了满足采样定理的条件，就必须选择采样频率 $f_s = 1/T_s$，这样

$$f_s \geq 2B \tag{3.181}$$

截短序列的持续时间 T 和总采样数 N 的关系为

$$T = NT_s \tag{3.182}$$

或等效地

$$f_s = \frac{N}{T} \tag{3.183}$$

由此可得

$$f_s = \frac{N}{T} \geqslant 2B \qquad (3.184)$$

且频率分辨率为

$$\Delta f = \frac{1}{NT_s} = \frac{f_s}{N} = \frac{1}{T} \geqslant \frac{2B}{N} \qquad (3.185)$$

3.9.5 加窗技术

序列 $x(n)$ 的截短可通过计算下面的乘积来实现：

$$x_w(n) = x(n)w(n) \qquad (3.186)$$

式中

$$w(n) = \left\{ \begin{array}{ll} f(n) \,; & n = 0, 1, \cdots, N-1 \\ 0 & 其他 \end{array} \right\} \qquad (3.187)$$

其中，$f(n) \leqslant 1$。有限序列 $w(n)$ 称为加窗序列，或者简称为窗。加窗过程应不影响截短序列的相位响应，因此序列 $w(n)$ 必须保持线性相位。这可以通过使窗函数相对于其中心点对称来实现。

如果对所有的 n 都有 $f(n)=1$，这就是熟知的矩形窗。这会导致吉布斯（Gibbs）现象，它显示为不连续点前后的过冲和波纹。图 3.10 所示为矩形窗的幅度谱。注意，第一副瓣比主瓣约低 -13.46 dB。在边缘附近的采样上加小量权的窗，在不连续点处将具有较小的过冲（较小的副瓣）。因此，与矩形窗相比，这是人们更期望的。不过，副瓣减少会被主瓣展宽所抵消，因此，恰当地选择窗序列是在副瓣减小和主瓣展宽之间不断地进行折中。表 3.1 和表 3.2 概括了一些常用窗对主瓣加宽与峰值降低的相应影响。

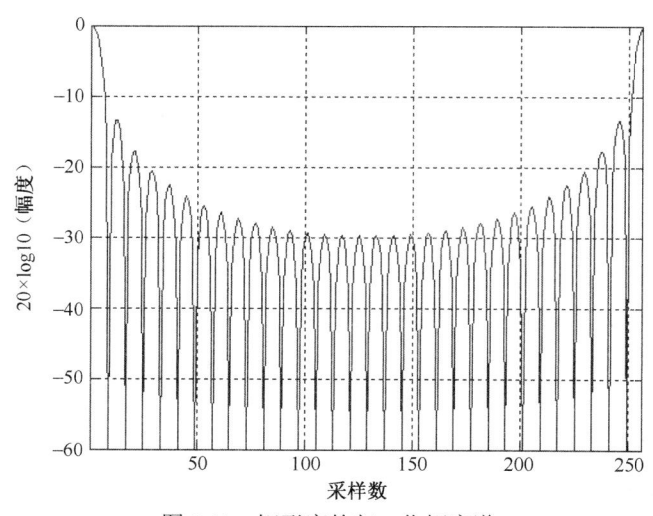

图 3.10 矩形窗的归一化幅度谱

表 3.1 常用窗

窗	零值到零值的波束宽度（以矩形窗做参考）	峰值衰减
矩形	1	1
汉明（Hamming）	2	0.73
汉宁（Hanning）	2	0.664
布莱克曼（Blackman）	6	0.577
凯撒（Kaiser）（$\beta = 6$）	2.76	0.683
凯撒（$\beta = 3$）	1.75	0.882

表 3.2 一些常用窗，$n = 0, N-1$

窗	表 达 式	第 一 副 瓣	主 瓣 宽 度
矩形	$w(n) = 1$	-13.46 dB	1
汉明	$w(n) = 0.54 - 0.46\cos\left(\dfrac{2\pi n}{N-1}\right)$	-41 dB	2
汉宁	$w(n) = 0.5\left[1 - \cos\left(\dfrac{2\pi n}{N-1}\right)\right]$	-32 dB	2
凯撒	$w(n) = \dfrac{I_0\left[\beta\sqrt{1-(2n/N)^2}\right]}{I_0(\beta)}$ I_0 是第一类零阶改进贝塞尔函数	$\beta = 2\pi$ 时为 -46 dB	$\beta = 2\pi$ 时为 $\sqrt{5}$

方程（3.186）所定义的乘法过程等效于频域上的循环卷积。由此可见，$X_w(k)$ 是 $X(k)$ 的损坏形式（或变形形式）。为了减小这种变形，我们将寻找一种具有窄主瓣和小副瓣的窗函数。另外，使用非矩形窗将把功率减小为 $1/P_w$，式中

$$P_w = \frac{1}{N}\sum_{n=0}^{N-1} w^2(n) = \sum_{k=0}^{N-1} |W(k)|^2 \tag{3.188}$$

由此得出，$x_w(n)$ 的离散功率谱（DPS）为

$$P_0^w = \frac{1}{P_w N^2}|X(0)|^2 \tag{3.189}$$

$$P_k^w = \frac{1}{P_w N^2}\{|X(k)|^2 + |X(N-k)|^2\} \ ; \ k = 1, 2, \cdots, \frac{N}{2} - 1 \tag{3.190}$$

$$P_{N/2}^w = \frac{1}{P_w N^2}|X(N/2)|^2 \tag{3.191}$$

式中，P_w 由方程（3.188）确定。表3.2列出了一些常用窗的数学表达式。图3.11～图3.13给出了这些窗的频域特性。图3.11～图3.13可用附录3-A所列的MATLAB程序"*Fig3_10_13.m*"重新生成。

图 3.11 汉明窗的归一化幅度谱

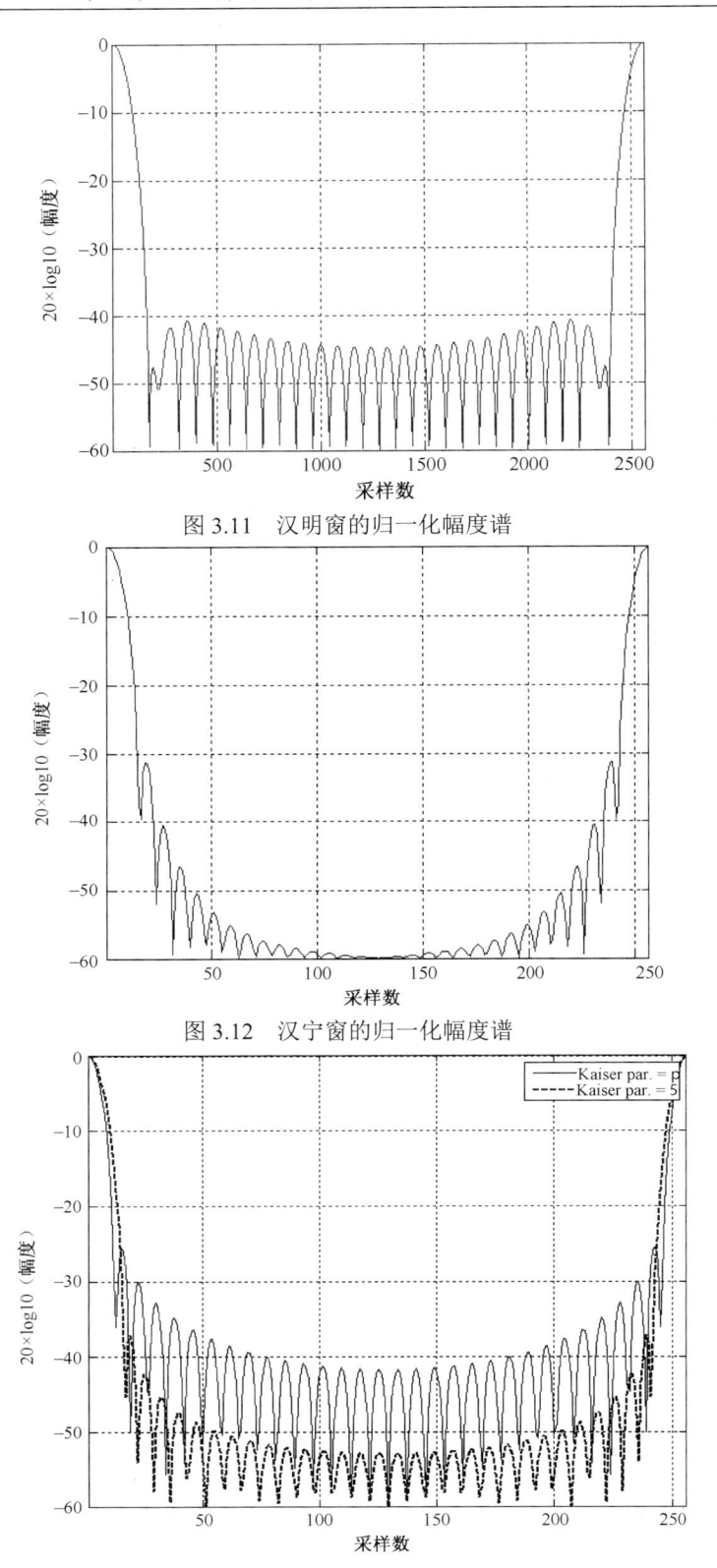

图 3.12 汉宁窗的归一化幅度谱

图 3.13 凯撒窗的归一化幅度谱

3.9.6 抽取与插值

抽取

通常，雷达系统为不同的功能使用了许多信号，例如搜索、跟踪与识别。假设所有信号都是受限的。不过，因为这些信号有不同的功能，所以它们有不同的时间与带宽（τ, B）。本章前面已经证明，从采样充分复原任何信号所需采样数为 $N \geqslant 2\tau B$。这样，使用一个有足够高采样率的 A/D 来产生最大可能需要的采样数是非常重要的。因此，通常一些雷达信号是以比实际所需的更高的速率采样的。

对一给定序列减少其采样数的过程称为抽取。这是因为原始数据集总体数量被减少（抽取）了。增加数据采样数的过程称为插值。典型实现这两种运算的方法是在不违反奈奎斯特采样率的情况下改变输入序列的采样率。抽取时，通过增加时间步进降低采样率。更确切地说，如果 t_1 是原始采样率而 t_2 是抽取采样率，则

$$t_2 = Dt_1 \tag{3.192}$$

D 是抽取率且大于 1。如果 D 是整数，那么实际抽取有效地减少了原始序列，其丢掉了 D 个采样中的 $(D-1)$ 个采样。图 3.14 对此进行了说明，其中 $D=3$。

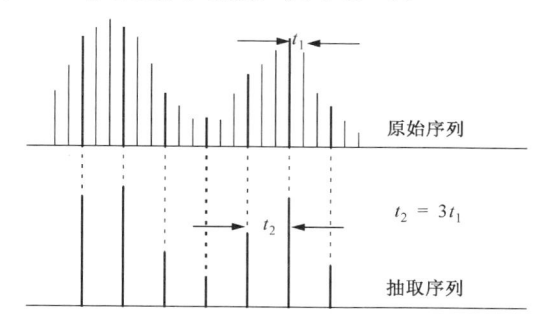

图 3.14 $D = 3$ 的抽取。抽取序列每个采样与原始序列每第 3 个采样一致

当 D 不是整数时，那么必须先插值以确定新序列的新数值。例如，如果 $D = 2.2$，则抽取序列每 5 个采样中的 4 个，在原始序列中是采样之间的采样，并且必须通过插值找到。图 3.15 对此进行了说明，$D = 2.2$。在该例子中，

$$\left(t_2 = 2.2t_1 = \frac{11}{5}t_1\right) \Rightarrow 5t_2 = 11t_1 \tag{3.193}$$

其表明在原始序列中所有 11 个采样在抽取序列中有 5 个采样。另外，抽取序列中所有的第 5 个采样等于原始序列中的第 11 个采样。

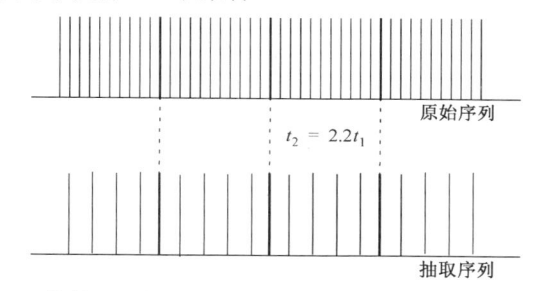

图 3.15 $D = 2.2$ 的抽取。抽取序列第 5 个采样与原始序列的第 11 个采样一致

插值

假设信号 $x(t)$ 的持续时间是 T 秒且以采样率 t_1 进行采样得到一序列

$$\mathbf{x} = x[n] = \{x(nt_1), n = 0, 1, \cdots, N_1 - 1\} \tag{3.194}$$

在此情况下，$N_1 = T/t_1$。假如在 $x[n]$ 的采样间进行插值以产生一个大小为 N_2 的新序列，并且采样间隔为 t_2，其中 $t_2 = t_1/k$。这实际上对应于一个新的采样率 $f_{s2} = kf_{s1}$，其中，$f_{s1} = 1/t_1$。可用本节其他部分叙述的 FFT 来进行更有效的插值。

将序列 $x_1[n]$ 与 $x_2[n]$ 的 FFT 用 $X_1[l]$ 与 $X_2[l]$ 表示。假设信号 $x(t)$ 是带限的且带宽 $B = M\Delta f$，其中 M 为整数且 $\Delta f = 1/T$。为了不违反采样准则有

$$M\Delta f < f_{s1}/2 < f_{s2}/2 \tag{3.195}$$

显然，对于所有 $|l| > M$，$X_1[l]$ 与 $X_2[l]$ 的系数为零。更确切地有

$$\begin{aligned} X_1[l] &= 0; \quad l = M+1, M+2, \cdots, N_1 - 3 \\ X_2[l] &= 0; \quad l = M+1, M+2, \cdots, N_2 - 3 \end{aligned} \tag{3.196}$$

因此，通过在下述正、负频率间增加零，很容易自 $X_1[l]$ 得到新序列 $X_2[l]$，

$$N_1 - (2M+1) \quad \text{到} \quad N_2 - (2M+1) \tag{3.197}$$

且序列 $x_2[n]$ 很容易通过对序列 $X_2[l]$ 求逆离散傅里叶变换得到。插值也可应用于频域序列。为此，我们可以简单地对时域序列填零至所需的大小，并对新插值序列进行离散傅里叶变换。

习题

3.1 将下列信号按能量信号、功率信号或其他来进行分类。
(a) $\exp(0.5t)$ （$t \geq 0$）
(b) $\exp(-0.5t)$ （$t \geq 0$）
(c) $\cos(t) + \cos(2t)$ （$-\infty < t < \infty$）
(d) $e^{-a|t|}$ （$a > 0$）

3.2 方程（3.65）定义了瞬时频率，一个更通用的定义为 $f_i(t) = \dfrac{1}{2\pi} \text{Im}\left\{\dfrac{d}{dt} \ln \psi(t)\right\}$，其中，$\text{Im}\{.\}$ 表示虚数部分，且 $\psi(t)$ 为解析信号。用该定义计算下式的瞬时频率。

$$x(t) = \text{Rect}\left(\frac{t}{\tau}\right) \cos\left(2\pi f_0 t + \frac{B}{2\tau} t^2\right)$$

3.3 现有两个带通信号：$x(t) = r_x(t) \cos(2\pi f_0 t + \phi_x(t))$，$h(t) = r_h(t) \cos(2\pi f_0 t + \phi_h(t))$。推导信号 $s(t) = x(t) + h(t)$ 的复包络表达式。

3.4 设带通信号 $x(t)$ 的复包络等于 $\tilde{x}(t) = x_I(t) + jx_Q(t)$。推导 $x(t)$ 和 $\tilde{x}(t)$ 的自相关函数与功率谱密度函数的表达式。假设信号 $x(t)$ 是 LTI 滤波器的输入，其冲激响应为 $h(t)$；求输出的自相关函数与功率谱密度表达式。

3.5 求脉冲序列 $y(t) = \text{Rect}(t/T) - \text{Rect}\left(\dfrac{t-T}{T}\right) + \text{Rect}\left(\dfrac{t-2T}{T}\right)$ 的自相关积分。

第 3 章 线性系统与复信号表示法

3.6 计算离散卷积 $y(n) = x(m) \cdot h(m)$，其中

$\{x(k), k = -1, 0, 1, 2\} = [-1.9, 0.5, 1.2, 1.5]$ $\{h(k), k = 0, 1, 2\} = [-2.1, 1.2, 0.8]$

3.7 定义 $\{x_\mathrm{I}(n) = 1, -1, 1\}$ 与 $\{x_\mathrm{Q}(n) = 1, 1, -1\}$。(a) 计算离散相关函数 Rx_I、Rx_Q、$Rx_\mathrm{I}x_\mathrm{Q}$ 与 $Rx_\mathrm{Q}x_\mathrm{I}$；(b) 某雷达发射信号为 $s(t) = x_\mathrm{I}(t)\cos 2\pi f_0 t - x_\mathrm{Q}(t)\sin 2\pi f_0 t$，假设自相关函数 $s(t)$ 等于 $y(t) = y_\mathrm{I}(t)\cos 2\pi f_0 t - y_\mathrm{Q}(t)\sin 2\pi f_0 t$，计算 $y_\mathrm{I}(t)$ 与 $y_\mathrm{Q}(t)$。

3.8 计算信号 $x(t) = A\mathrm{Rect}(t/\tau)$ 的能量。

3.9 (a) 证明下图中的 $\varphi_1(t)$ 和 $\varphi_2(t)$ 在区间 $(-2 \leqslant t \leqslant 2)$ 内是正交的；(b) 将信号 $x(t) = t$ 表示成相同时间间隔上的 $\varphi_1(t)$ 和 $\varphi_2(t)$ 的加权和。

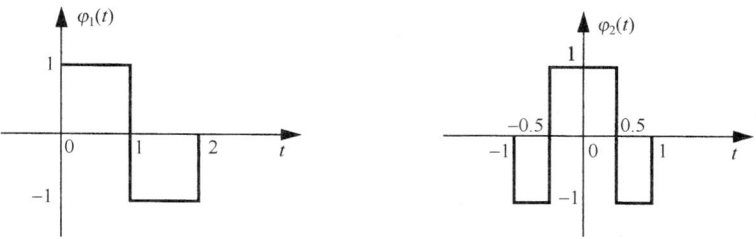

3.10 周期信号 $x_\mathrm{p}(t)$ 是通过将脉冲 $x(t) = 2\Delta((t-3)/5)$ 每 10 秒重复一次形成的，求：(a) $x(t)$ 的傅里叶变换是什么？(b) 计算出 $x_\mathrm{p}(t)$ 的复傅里叶级数；(c) 给出自相关函数 $\overline{R}_{x_\mathrm{p}}(t)$ 和功率谱密度 $\overline{S}_{x_\mathrm{p}}(\omega)$ 的表达式。

3.11 如果傅里叶级数为

$$x(t) = \sum_{n=-\infty}^{\infty} X_n \mathrm{e}^{\mathrm{j}2\pi nt/T}$$

定义 $y(t) = x(t - t_0)$，求 $y(t)$ 的复傅里叶级数展开式的表达式。

3.12 推导方程 (3.52)。

3.13 证明：(a) $\overline{R}_x(-t) = \overline{R}_x^*(t)$；(b) 如果 $x(t) = f(t) + m_1$ 和 $y(t) = g(t) + m_2$，那么有 $\overline{R}_{xy}(t) = m_1 m_2$，其中 $f(t)$ 和 $g(t)$ 的平均值为 0。

3.14 信号 $x(t) = A\cos(2\pi f_0 t + \theta_0)$ 的功率谱密度是什么？

3.15 如果某雷达系统使用的是如下形式的线性调频波形：

$$x(t) = \mathrm{Rect}\left(\frac{t}{\tau}\right)\cos\left(\omega_0 t + \mu \frac{t^2}{2}\right)$$

那么其正交分量是什么？调制频率和瞬时频率的表达式是什么？

3.16 假定信号 $x(t) = \mathrm{Rect}(t/\tau)\cos(\omega_0 t - Bt^2/2\tau)$，$\tau = 15\ \mu\mathrm{s}$，$B = 10\ \mathrm{MHz}$，求其正交分量。

3.17 求信号 $h(t) = \delta(t) - \left(\dfrac{\omega_0}{\omega_d}\right)\mathrm{e}^{-2t}\sin(\omega_0 t)$（$t \geqslant 0$）的正交分量。

3.18 如果 $x(t) = x_1(t) - 2x_1(t-5) + x_1(t-10)$，求 $x_1(t) = \exp(-t^2/2)$ 时的自相关函数 $R_{x_1}(t)$ 和 $R_x(t)$。

3.19 推导方程 (3.139)。

3.20 证明有限脉冲序列的有效持续时间等于 $(T_\mathrm{t}\tau_0)/T$，其中 τ_0 是脉宽，T 是 PRI，而 T_t 同图 3.5 的定义。

3.21 写出自相关函数 $R_y(t)$ 的表达式，其中

$$y(t) = \sum_{n=1}^{5} Y_n \text{Rect}\left(\frac{t-n5}{2}\right), \{Y_n\} = \{0.8, 1, 1, 1, 0.8\}$$；写出密度函数 $S_y(\omega)$ 的表达式。

3.22 一个 LTI 系统具有冲激响应：

$$h(t) = \begin{cases} \exp(-2t) & t \geq 0 \\ 0 & t < 0 \end{cases}$$

（a）求自相关函数 $R_h(\tau)$；（b）假如该系统的输入为 $x(t) = 3\cos(100t)$，那么其输出是什么？

3.23 计算下面两个信号的 Z 变换：

（a）$x_1(n) = \dfrac{1}{n!}u(n)$ （b）$x_2(n) = \dfrac{1}{(-n)!}u(-n)$

3.24 （a）求 $x(t) = \text{Rect}(t/3)$ 的傅里叶变换表达式；（b）假定想用大小为 512、采样间隔为 1 s 的离散傅里叶变换计算傅里叶变换的模，请估算频率为 (80/512)Hz 处的模，将你的答案与理论值相比较并计算误差。

3.25 在图 3.9 中，设

$$p(t) = \sum_{n=-\infty}^{\infty} A\,\text{Rect}\left(\frac{t-nT}{\tau}\right)$$

求 $X_s(\omega)$ 的表达式。

3.26 对于信号 $x(t) = 2.0e^{-5t}\sin(4\pi t)$，当采样间隔等于 0.002，产生 512 个采样。计算所得的频谱并在 15 Hz 处截短，产生截短谱的时域序列。确定新序列的采样率。

3.27 假设当采样间隔等于 0.01 时所产生的时域序列为 $x(k) = \{0, 2, 5, 12, 5, 3, 3, -1, 1, 0\}$。抽取序列使采样间隔为 0.02。

3.28 编写 MATLAB 程序，以抽取有限长度的任意序列并用上题对其进行证明。

3.29 给一采样序列 $\{x(kT), k = -\infty, \cdots, \infty\}$，其中采样间隔 T 对应于奈奎斯特采样率的两倍。给出一表达式以计算对应于新采样率 $T' = 0.7T$ 时 $x(t)$ 的采样。

3.30 某一有限带宽信号的带宽为 $B = 20$ kHz，求使频率分辨率 $\Delta f = 50$ Hz 所需的快速傅里叶变换的大小，假定是二进制 FFT 而且记录长度为 1 s。

3.31 假定某个序列是由其快速傅里叶变换决定的，若其记录长度为 2 ms，采样率为 $f_s = 10$ kHz，求 N。

附录 3-A 第 3 章 MATLAB 程序清单

本章提供的 MATLAB 程序只是作为独立的学术工具设计的而没有其他用途。这里代码的编写方式是为了帮助读者更好地理解相关的理论。这些程序不是为任何类型的开环或闭环仿真研发的。本书中的 MATLAB 程序可通过 CRC 出版社的网站下载。登录 www.crcpress.com 搜索关键字"Mahafza"以定位本书的网页。

MATLAB 程序"*Fig3_6.m*"清单

```
% Generates Figure 3.6 of text
close all
clear all
LFM_BW = 15e6;
tau = 1e-6;
ts = 1e-9; % 1000 samples per PW
beta = LFM_BW/tau;
t = 0: ts: +tau;
S = exp(j*pi*beta*(t.^2));
figure
subplot(2,1,1), plot(t*1e6,imag(S),'linewidth',1.5), grid
ylabel('Up-chirp LFM')
% The matched filter for S(t) is S*(-t)
t = -tau: ts: 0;
Smf = exp(-j*pi*beta*(t.^2));
subplot(2,1,2), plot(t*1e6,imag(Smf),'linewidth',1.5), grid
xlabel('time in microseconds')
ylabel('Down-chirp LFM')
```

MATLAB 程序"*Fig3_8.m*"清单

```
% use this program to reproduce Fig. 3.8 of text
clc
clear all
close all
%
nscat = 2; %two point scatterers
taup = 10e-6; % 100 microsecond uncompressed pulse
b = 40.0e6; % 50 MHz bandwdith
rrec = 50 ; % 50 meter processing window
scat_range = [15 25] ; % scattterers are 15 and 25 meters into window
scat_rcs = [1 2]; % RCS 1 m^2 and 2m^2
winid = 0; %no window used
%function [y] = matched_filter(nscat,taup,b,rrec,scat_range,scat_rcs,winid)
eps = 1.0e-16;
% time bandwidth product
time_B_product = b * taup;
if(time_B_product < 5 )
   fprintf('*********** Time Bandwidth product is TOO SMALL **************')
   fprintf('\n Change b and or taup')
  return
end
% speed of light
c = 3.e8;
% number of samples
n = fix(2 * taup * b);
% initialize input, output and replica vectors
x(nscat,1:n) = 0.;
y(1:n) = 0.;
replica(1:n) = 0.;
% determine proper window
if( winid == 0.)
  win(1:n) = 1.;
end
```

```
if(winid == 1.);
   win = hamming(n)';
end
if( winid == 2.)
   win = kaiser(n,pi)';
end
if(winid == 3.)
   win = chebwin(n,60)';
end
% check to ensure that scatterers are within recieve window
index = find(scat_range > rrec);
if (index ~= 0)
   'Error. Receive window is too large; or scatterers fall outside window'
   return
end
% calculate sampling interval
t = linspace(-taup/2,taup/2,n);
replica = exp(i * pi * (b/taup) .* t.^2);
figure(1)
plot(t,real(replica))
ylabel('Real (part) of replica')
xlabel('Time in seconds')
grid
figure(2)
plot(t,imag(replica))
ylabel('Imaginary (part) of replica')
xlabel('Time in seconds')
grid
figure(3)
sampling_interval = 1 / 2.5 /b;
freqlimit = 0.5/ sampling_interval;
freq = linspace(-freqlimit,freqlimit,n);
plot(freq,fftshift(abs(fft(replica))));
ylabel('Spectrum of replica')
xlabel('Frequency in Hz')
grid
for j = 1:1:nscat
   range = scat_range(j) ;;
   x(j,:) = scat_rcs(j) .* exp(i * pi * (b/taup) .* (t +(2*range/c)).^2) ;
   y = x(j,:)  + y;
end
```

MATLAB 程序"*Fig3_10_13.m*"清单

```
%Use this program to reproduce Figures 3.10 through 3.13 of textbook.
clear all; close all
eps = 0.001;
N = 32;
win_rect (1:N) = 1;
win_ham = hamming(N);
win_han = hanning(N);
win_kaiser = kaiser(N, pi);
win_kaiser2 = kaiser(N, 5);
Yrect = abs(fft(win_rect, 256));
Yrectn = Yrect ./ max(Yrect);
Yham = abs(fft(win_ham, 2562));
Yhamn = Yham ./ max(Yham);
```

```
Yhan = abs(fft(win_han, 256));
Yhann = Yhan ./ max(Yhan);
YK = abs(fft(win_kaiser, 256));
YKn = YK ./ max(YK);
YK2 = abs(fft(win_kaiser2, 256));
YKn2 = YK2 ./ max(YK2);
figure (1)
plot(20*log10(Yrectn+eps),'k')
xlabel('Sample number')
ylabel('20*log10(amplitude)')
axis tight; grid on
figure(2)
plot(20*log10(Yhamn + eps),'k')
xlabel('Sample number')
ylabel('20*log10(amplitude)')
grid on; axis tight
figure (3)
plot(20*log10(Yhann+eps),'k')
xlabel('Sample number'); ylabel('20*log10(amplitude)'); grid
axis tight
figure(4)
plot(20*log10(YKn+eps),'k')
grid on; hold on
plot(20*log10(YKn2+eps),'k--')
xlabel('Sample number'); ylabel('20*log10(amplitude)')
legend('Kaiser par. = \pi','Kaiser par. =5')
axis tight; hold off
```

附录 3-B 傅里叶变换对

$x(t)$	$X(\omega)$
$A\,\text{Rect}(t/\tau)$；矩形脉冲	$A\tau\text{Sinc}(\omega\tau/2)$
$A\Delta(t/\tau)$；三角脉冲	$A\dfrac{\tau}{2}\text{Sinc}^2(\tau\omega/4)$
$\dfrac{1}{\sqrt{2\pi}\sigma}\exp\left(-\dfrac{t^2}{2\sigma^2}\right)$；高斯脉冲	$\exp\left(-\dfrac{\sigma^2\omega^2}{2}\right)$
$e^{-at}u(t)$	$1/(a+j\omega)$
$e^{-a|t|}$	$\dfrac{2a}{a^2+\omega^2}$
$e^{-at}\sin\omega_0 t\, u(t)$	$\dfrac{\omega_0}{\omega_0^2+(a+j\omega)^2}$
$e^{-at}\cos\omega_0 t\, u(t)$	$\dfrac{a+j\omega}{\omega_0^2+(a+j\omega)^2}$
$\delta(t)$	1
1	$2\pi\delta(\omega)$
$u(t)$	$\pi\delta(\omega)+1/j\omega$
$\text{sgn}(t)$	$\dfrac{2}{j\omega}$
$\cos\omega_0 t$	$\pi[\delta(\omega-\omega_0)+\delta(\omega+\omega_0)]$
$\sin\omega_0 t$	$j\pi[\delta(\omega+\omega_0)-\delta(\omega-\omega_0)]$
$u(t)\cos\omega_0 t$	$\dfrac{\pi}{2}[\delta(\omega-\omega_0)+\delta(\omega+\omega_0)]+\dfrac{j\omega}{\omega_0^2-\omega^2}$
$u(t)\sin\omega_0 t$	$\dfrac{\pi}{2j}[\delta(\omega+\omega_0)-\delta(\omega-\omega_0)]+\dfrac{\omega_0}{\omega_0^2-\omega^2}$
$|t|$	$\dfrac{-2}{\omega^2}$

附录 3-C Z 变换对

$x(n);\ n \geqslant 0$	$X(z)$	ROC; $|z|>R$
$\delta(n)$	1	0
1	$\dfrac{z}{z-1}$	1
n	$\dfrac{z}{(z-1)^2}$	1
n^2	$\dfrac{z(z+1)}{(z-1)^3}$	1
a^n	$\dfrac{z}{z-a}$	$|a|$
$n\,a^n$	$\dfrac{az}{(z-a)^2}$	$|a|$
$\dfrac{a^n}{n!}$	$\mathrm{e}^{a/z}$	0
$(n+1)a^n$	$\dfrac{z^2}{(z-a)^2}$	$|a|$
$\sin n\omega T$	$\dfrac{z\sin\omega T}{z^2-2z\cos\omega T+1}$	1
$\cos n\omega T$	$\dfrac{z(z-\cos\omega T)}{z^2-2z\cos\omega T+1}$	1
$a^n \sin n\omega T$	$\dfrac{az\sin\omega T}{z^2-2az\cos\omega T+a^2}$	$\dfrac{1}{|a|}$
$a^n \cos n\omega T$	$\dfrac{z(z-a^2\cos\omega T)}{z^2-2az\cos\omega T+a^2}$	$\dfrac{1}{|a|}$
$\dfrac{n(n-1)}{2!}$	$\dfrac{z}{(z-1)^3}$	1
$\dfrac{n(n-1)(n-2)}{3!}$	$\dfrac{z}{(z-1)^4}$	1
$\dfrac{(n+1)(n+2)a^n}{2!}$	$\dfrac{z^3}{(z-a)^3}$	$|a|$
$\dfrac{(n+1)(n+2)\cdots(n+m)a^n}{m!}$	$\dfrac{z^{m+1}}{(z-a)^{m+1}}$	$|a|$

第 4 章 匹配滤波器雷达接收机

4.1 匹配滤波器信噪比

几乎对于所有的雷达系统，匹配滤波器这个主题都很重要。本章的重点就是匹配滤波器。匹配滤波器最独特的性能是，当输入端有信号加噪声（本书所做的分析是假设噪声为高斯白噪声）时，匹配滤波器在其输出端产生最大可达到的瞬时信噪比。达到最高的 SNR 对于所有雷达应用而言都是至关重要的，如第 2 章雷达方程部分叙述的那样，后续章节在目标检测部分也会讨论这个主题。

对以 LTI 系统建模的雷达接收机而言，最大化输出端的信号 SNR 是非常重要的。为此，基本上雷达接收机关注的就是常称的匹配滤波器接收机。匹配滤波器是 SNR 的最佳滤波器，因为其输出端在延时 t_0 后 SNR 达到最大，其中 t_0 对应真实的目标距离 R_0（即 $t_0 = (2R_0)/c$）。图 4.1 显示了雷达接收机的简化框图。

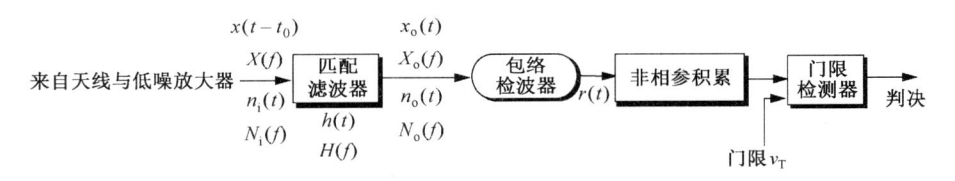

图 4.1 雷达接收机的简化框图

为了推导该最佳滤波器的传输函数与冲激响应的通式，我们采用以下标注：$h(t)$ 是最佳滤波器冲激响应，$H(f)$ 是最佳滤波器传输函数，$x(t)$ 是输入信号，$X(f)$ 是输入信号的傅里叶变换，$x_o(t)$ 是输出信号，$X_o(f)$ 是输出信号的傅里叶变换，$n_i(t)$ 是输入噪声信号，$N_i(f)$ 是输入噪声的功率谱密度（无须白噪声），$n_o(t)$ 是输出噪声信号，$N_o(f)$ 是输出噪声的功率谱密度。如希望的那样，最佳滤波器冲激响应的不同形式取决于噪声特性，即白噪声对非白噪声。

最佳滤波器输入或接收到的信号（本书中会交替使用输入与接收到的）可表示为

$$x_i(t) = x(t-t_0) + n_i(t) \tag{4.1}$$

式中 t_0 是与目标距离成比例的未知时间延时。最佳滤波器输出信号为

$$y(t) = x_o(t-t_0) + n_o(t) \tag{4.2}$$

其中

$$n_o(t) = n_i(t) \otimes h(t) \tag{4.3}$$

$$x_o(t) = x(t-t_0) \otimes h(t) \tag{4.4}$$

算子⊗表示卷积。方程（4.4）的傅里叶变换为

$$X_o(f) = X(f)H(f)e^{j2\pi ft_0} \tag{4.5}$$

方程（4.5）右边在所有可能频率上的积分产生了时间 t_0 的信号输出，其为

$$x_o(t_0) = \int_{-\infty}^{\infty} X(f)H(f)e^{j2\pi ft_0} df \tag{4.6}$$

由帕塞瓦尔定理可知：方程（4.6）的模平方为整个信号能量 E_x。

用帕塞瓦尔定理可算出滤波器输出端的总噪声功率为

$$N_o = \int_{-\infty}^{\infty} N_i(f)|H(f)|^2 df \tag{4.7}$$

因为在时间 t_0 的输出信号功率等于方程（4.6）的模平方，所以时间 t_0 的瞬时 SNR 为

$$\mathrm{SNR}(t_0) = \frac{\left|\int_{-\infty}^{\infty} X(f)H(f)e^{j2\pi ft_0} df\right|^2}{\int_{-\infty}^{\infty} N_i(f)|H(f)|^2 df} = \frac{E_x}{\int_{-\infty}^{\infty} N_i(f)|H(f)|^2 df} \tag{4.8}$$

方程（4.8）是匹配滤波器输出端的最佳 SNR 通式。当然，当噪声为白噪声时，会产生一个简式。

记住 Schawrz 不等式，其会形成

$$\frac{\left|\int_{-\infty}^{\infty} X_1(f)X_2(f) df\right|^2}{\int_{-\infty}^{\infty} |X_1(f)|^2 df} \leq \int_{-\infty}^{\infty} |X_2(f)|^2 df \tag{4.9}$$

对于一些任意的常数 K，当 $X_1(f) = KX_2^*(f)$ 时，方程（4.9）可用等号。将 Schawrz 不等式应用于方程（4.8），并且假设

$$X_1(f) = H(f)\sqrt{N_i(f)} \tag{4.10}$$

$$X_2(f) = \frac{X(f)e^{j2\pi ft_0}}{\sqrt{N_i(f)}} \tag{4.11}$$

由此可得，当下式成立时 SNR 最大，

$$H(f) = K\frac{X^*(f)e^{-j2\pi ft_0}}{N_i(f)} \tag{4.12}$$

方程（4.12）也可写成

$$X(f)H(f)\mathrm{e}^{\mathrm{j}2\pi ft_0} = \frac{K|X(f)|^2}{N_\mathrm{i}(f)} \tag{4.13}$$

用逆傅里叶变换积分可计算最佳滤波器冲激响应，

$$h(t) = \int_{-\infty}^{\infty} K \frac{X^*(f)\mathrm{e}^{-\mathrm{j}2\pi ft_0}}{N_\mathrm{i}(f)} \mathrm{e}^{\mathrm{j}2\pi ft} \mathrm{d}f \tag{4.14}$$

4.1.1 白噪声情况

雷达系统特别感兴趣的特例是输入噪声是带限白噪声，并且 PSD 为

$$N_\mathrm{i}(f) = \frac{\eta_0}{2} \tag{4.15}$$

η_0 是常数。则最佳滤波器的传输函数为

$$H(f) = X^*(f)\mathrm{e}^{-\mathrm{j}2\pi ft_0} \tag{4.16}$$

其中设常数 K 等于 $\eta_0/2$。由此可得

$$h(t) = \int_{-\infty}^{\infty} [X^*(f)\mathrm{e}^{-\mathrm{j}2\pi ft_0}] \mathrm{e}^{\mathrm{j}2\pi ft} \mathrm{d}f \tag{4.17}$$

也可写成

$$h(t) = x^*(t_0 - t) \tag{4.18}$$

方程（4.18）表明，最佳滤波器的冲激响应匹配于输入信号，因此，术语匹配滤波器用于这种特殊情况。在这些条件下，匹配滤波器输出端的最大瞬时 SNR 为

$$\mathrm{SNR}(t_0) = \frac{\left|\int_{-\infty}^{\infty} X(f)H(f)\mathrm{e}^{\mathrm{j}2\pi ft_0} \mathrm{d}f\right|^2}{\left(\dfrac{\eta_0}{2}\right)} \tag{4.19}$$

再次根据帕塞瓦尔定理，方程（4.19）里的分子等于输入信号能量 E_x；这样，输出峰值瞬时 SNR 为

$$\mathrm{SNR}(t_0) = \frac{2E_x}{\eta_0} \tag{4.20}$$

注意，方程（4.20）无单位，因为 η_0 的单位是瓦特每赫兹（或焦耳）。最终，可得出结论：峰值瞬时 SNR 仅取决于信号能量与输入噪声功率且与雷达波形无关。

如方程（4.18）所表明的那样，如果 t_0 的值小于信号持续时间，那么冲激响应 $h(t)$ 可能是非因果的。这样，需增加一个另外的时间延时项 $\tau_0 \geqslant T$ 以确保因果性，其中 T 为信号持

续时间。由此，一个可实现的匹配滤波器响应为

$$h(t) = \begin{cases} x^*(\tau_0 + t_0 - t) & ; \ t > 0, \tau_0 \geq T \\ 0 & ; \ t < 0 \end{cases} \quad (4.21)$$

该因果滤波器的传输函数为

$$H(f) = \int_{-\infty}^{\infty} x^*(\tau_0 + t_0 - t) e^{-j2\pi ft} dt = \int_{\infty}^{-\infty} x^*(t + \tau_0 + t_0) e^{j2\pi ft} dt = X^*(f) e^{-j2\pi f(\tau_0 + t_0)} \quad (4.22)$$

将方程（4.22）的右边代入方程（4.6）得到

$$x_o(\tau_0) = \int_{-\infty}^{\infty} X(f) X^*(f) e^{-j2\pi f(\tau_0 + t_0)} e^{j2\pi f t_0} df = \int |X(f)|^2 e^{-j2\pi f \tau_0} df \quad (4.23)$$

τ_0 可得最大值。该结果可得出如下结论：通过在等于滤波器输入信号开始后延时的时刻采样，其输出可得到匹配滤波器的输出峰值；最小值 τ_0 等于信号持续时间 T。

例：计算脉冲响应与信号 $x(t) = \exp(-t^2/2T)$ 匹配的线性滤波器输出端的最大瞬时信噪比。

解：信号能量为

$$E_x = \int_{-\infty}^{\infty} |x(t)|^2 dt = \int_{-\infty}^{\infty} e^{(-t^2)/T} dt = \sqrt{\pi T} \text{ 焦耳}$$

由此，最大瞬时 SNR 为

$$\text{SNR} = \frac{\sqrt{\pi T}}{\frac{\eta_0}{2}} = \frac{2\sqrt{\pi T}}{\eta_0}$$

式中，$\frac{\eta_0}{2}$ 是输入噪声功率谱密度。

4.1.2 副本

再考虑采用一有限持续时间能量信号 $x(t)$ 的雷达系统，并假设采用了一个匹配滤波器接收机。由方程（4.1）可知，输入信号可写为

$$x_i(t) = x(t - t_0) + n_i(t) \quad (4.24)$$

匹配滤波器输出 $y(t)$ 可以用滤波器冲激响应和 $x_i(t)$ 之间的卷积积分来表达：

$$y(t) = \int_{-\infty}^{\infty} x_i(u) h(t - u) du \quad (4.25)$$

将方程（4.21）代入方程（4.25）得

$$y(t) = \int_{-\infty}^{\infty} x_i(u) x^*(t - \tau_0 - t_0 + u) du = \bar{R}_{x_i x}(t - T_0) \quad (4.26)$$

式中，$T_0 = \tau_0 + t_0$ 且 $\bar{R}_{x_i x}(t-T_0)$ 是 $x_i(t)$ 和 $x(T_0-t)$ 之间的互相关函数。所以，匹配滤波器输出可以从雷达接收到的信号和发射波形延时的副本之间的互相关函数来计算。如果输入信号与发射信号相同，那么匹配滤波器的输出就是接收（或发射）信号的自相关函数。实际上，通常计算出发射波形的副本，并将其存入存储器以备雷达信号处理器需要时使用。

4.2 匹配滤波器输出通式

下面分析两种情况：第一种是有静止目标，第二种是有速度不变的运动目标。假设目标距离为

$$R(t) = R_0 - v(t-t_0) \tag{4.27}$$

其中 v 是目标径向速度（即目标速度在雷达视线上的分量）。初始检测距离 R_0 为

$$t_0 = \frac{2R_0}{c} \tag{4.28}$$

式中，c 为光速，t_0 为往返程时延，即一特定雷达脉冲自雷达传输至距离为 R_0 的目标再返回。

雷达带通信号的常用表达式为

$$x(t) = x_I(t)\cos 2\pi f_0 t - x_Q(t)\sin 2\pi f_0 t \tag{4.29}$$

用其预包络（解析信号）可写为

$$x(t) = \text{Re}\{\psi(t)\} = \text{Re}\{\tilde{x}(t)\mathrm{e}^{\mathrm{j}2\pi f_0 t}\} \tag{4.30}$$

式中 $\text{Re}\{\ \}$ 为"实数部分"，而 $\tilde{x}(t)$ 为复包络。

4.2.1 静止目标情况

在这种情况下，接收到的雷达回波为

$$x_i(t) = x\left(t - \frac{2R_0}{c}\right) = x(t-t_0) = \text{Re}\{\tilde{x}(t-t_0)\mathrm{e}^{\mathrm{j}2\pi f_0(t-t_0)}\} \tag{4.31}$$

由此可得接收的（输入）解析信号为

$$\psi_i(t) = \{\tilde{x}(t-t_0)\mathrm{e}^{-\mathrm{j}2\pi f_0 t_0}\}\mathrm{e}^{\mathrm{j}2\pi f_0 t} \tag{4.32}$$

并且通过考察，接收的（输入）复包络为

$$\tilde{x}_i(t) = \tilde{x}(t-t_0)\mathrm{e}^{-\mathrm{j}2\pi f_0 t_0} \tag{4.33}$$

方程（4.33）清楚地表明，接收的复包络绝非仅为发射复包络的时延版本。实际上它含有一附加相移 φ_0，其表示的相位对应于双程目标距离的光长度，即

$$\varphi_0 = -2\pi f_0 t_0 = -2\pi f_0 2\frac{R_0}{c} = -\frac{2\pi}{\lambda}2R_0 \tag{4.34}$$

式中，λ 为雷达波长，等于 c/f_0。因为距离的很小变化会产生相位项的巨大变化，通常认为该相位是一个随机变量，其在间隔 $\{0, 2\pi\}$ 上的概率密度函数是均匀的。而且，雷达信号处

理器首先会通过相位去移除（校正）该相位项。

将方程（4.33）代入方程（4.25）给出了匹配滤波器的输出，表示为

$$y(t) = \int_{-\infty}^{\infty} \tilde{x}_i(u)h(t-u)\mathrm{d}u \tag{4.35}$$

其中的冲激响应为方程（4.18）的 $h(t)$。由此可得

$$y(t) = \int_{-\infty}^{\infty} \tilde{x}(u-t_0) \mathrm{e}^{-\mathrm{j}2\pi f_0 t_0} \tilde{x}^*(t-t_0+u)\mathrm{d}u \tag{4.36}$$

做如下变量变换：

$$z = u - t_0 \Rightarrow \mathrm{d}z = \mathrm{d}u \tag{4.37}$$

因此，当有静止目标时，匹配滤波器输出可由方程（4.36）计算为

$$y(t) = \mathrm{e}^{-\mathrm{j}2\pi f_0 t_0} \int_{-\infty}^{\infty} \tilde{x}(z)\tilde{x}^*(t-z)\mathrm{d}z = \mathrm{e}^{-\mathrm{j}2\pi f_0 t_0} \bar{R}_x(t) \tag{4.38}$$

$\bar{R}_x(t)$ 是信号 $\tilde{x}(t)$ 的自相关函数。

4.2.2 运动目标情况

这种情况下，接收的信号不仅延时 t_0，而且还有对应于目标速度的多普勒频移 f_d，其中

$$f_\mathrm{d} = 2vf_0/c = 2v/(\lambda) \tag{4.39}$$

接收信号的预包络可写为

$$\psi_\mathrm{i}(t) = \psi\left(t - \frac{2R(t)}{c}\right) = \tilde{x}\left(t - \frac{2R(t)}{c}\right) \mathrm{e}^{\mathrm{j}2\pi f_0\left(t - \frac{2R(t)}{c}\right)} \tag{4.40}$$

将方程（4.27）代入方程（4.40）可得

$$\psi_\mathrm{i}(t) = \tilde{x}\left(t - \frac{2R_0}{c} + \frac{2vt}{c} - \frac{2vt_0}{c}\right) \mathrm{e}^{\mathrm{j}2\pi f_0\left(t - \frac{2R_0}{c} + \frac{2vt}{c} - \frac{2vt_0}{c}\right)} \tag{4.41}$$

将各项合并得

$$\psi_\mathrm{i}(t) = \tilde{x}\left(t\left(1 + \frac{2v}{c}\right) - t_0\left(1 + \frac{2v}{c}\right)\right) \mathrm{e}^{\mathrm{j}2\pi f_0\left(t - \frac{2R_0}{c} + \frac{2vt}{c} - \frac{2vt_0}{c}\right)} \tag{4.42}$$

定义比例因素 γ 为

$$\gamma = 1 + \frac{2v}{c} \tag{4.43}$$

这样方程（4.42）可写成

$$\psi_i(t) = \tilde{x}(\gamma(t-t_0))e^{j2\pi f_0\left(t - \frac{2R_0}{c} + \frac{2vt}{c} - \frac{2vt_0}{c}\right)} \tag{4.44}$$

因为 $c \gg v$，所以可近似为

$$\tilde{x}(\gamma(t-t_0)) \approx \tilde{x}(t-t_0) \tag{4.45}$$

则方程（4.44）可写成

$$\psi_i(t) = \tilde{x}(t-t_0)e^{j2\pi f_0 t}e^{-j2\pi f_0 \frac{2R_0}{c}}e^{j2\pi f_0 \frac{2vt}{c}}e^{-j2\pi f_0 \frac{2vt_0}{c}} \tag{4.46}$$

识别 $f_d = (2vf_0)/c$ 与 $t_0 = (2R_0)/c$，接收到的预包络信号为

$$\psi_i(t) = \tilde{x}(t-t_0)e^{j2\pi f_0 t}e^{-j2\pi f_0 t_0}e^{j2\pi f_d t}e^{-j2\pi f_d t_0} = \tilde{x}(t-t_0)e^{j2\pi (f_0+f_d)(t-t_0)} \tag{4.47}$$

或

$$\psi_i(t) = \{\tilde{x}(t-t_0)e^{j2\pi f_d t}e^{-j2\pi (f_0+f_d)t_0}\}e^{j2\pi f_0 t} \tag{4.48}$$

这样通过检查可知：接收信号的复包络为

$$\tilde{x}_i(t) = \tilde{x}(t-t_0)e^{j2\pi f_d t}e^{-j2\pi (f_0+f_d)t_0} \tag{4.49}$$

最终可得出结论，以恒定速度 v 运动的目标，其接收信号的复包络是静止目标时延 t_0 的复包络信号，除非：

1. 对应于目标多普勒频率的附加相移项存在；
2. 有相移项 $(-2\pi f_d t_0)$。

方程（4.25）定义了匹配滤波器的输出。将方程（4.49）代入方程（4.25）得

$$y(t) = \int_{-\infty}^{\infty} \tilde{x}(u-t_0)e^{j2\pi f_d u}e^{-j2\pi(f_0+f_d)t_0}\tilde{x}^*(t-t_0+u)\,du \tag{4.50}$$

利用方程（4.37）所给的变量变化且合并项得

$$y(t) = e^{-j2\pi f_0 t_0}\int_{-\infty}^{\infty}\tilde{x}(z)\tilde{x}^*(t-z)e^{j2\pi f_d z}e^{j2\pi f_d t_0}e^{-j2\pi f_d t_0}\,dz \tag{4.51}$$

方程（4.51）表明：输出为 t 与 f_d 的函数。因此，将输出重新写为两个变量的二维函数更合适，即

$$y(t;f_d) = e^{-j2\pi f_0 t_0}\int_{-\infty}^{\infty}\tilde{x}(z)\tilde{x}^*(t-z)e^{j2\pi f_d z}\,dz \tag{4.52}$$

一般习惯（但并非必要）设 $t_0 = 0$。注意，如果使用因果冲激响应[即方程（4.21）]，相同的分析照样适用。不过，在这种情况下，相位项等于 $(-j2\pi f_0 T_0)$ 而非 $(-j2\pi f_0 t_0)$，其中 $T_0 = \tau_0 + t_0$。

4.3 波形分辨率和模糊

由方程（4.20）得到雷达灵敏度（白噪声条件下）只取决于接收信号的总能量而非特定的波形形式。这将导致下面的问题：如果雷达灵敏度不取决于波形，那发射波形的最佳选择是什么？答案取决于许多因素；然而，最重要的考虑在于由匹配滤波器输出确定的波形距离和多普勒分辨特性。

如第1章所述，距离分辨率是指距离上不同目标的间隔。另外，多普勒分辨率是指频域上不同目标的间隔。因此，这个间隔的模糊和精确是非常关联的术语。

4.3.1 距离分辨率

设定雷达将两个固定目标（零多普勒）的回波在距离上能分开的间隔为 ΔR。ΔR 的最小值是多少？也就是雷达将回波信号区分为两个不同的目标。为了回答这个问题，假设雷达发射带通脉冲用 $x(t)$ 表示。

$$x(t) = r(t)\cos(2\pi f_0 t + \phi(t)) \tag{4.53}$$

式中，f_0 是载频，$r(t)$ 是幅度调制，$\phi(t)$ 是相位调制。信号 $x(t)$ 可以表示为预包络信号 $\psi(t)$ 的实数部分，其中

$$\psi(t) = r(t)e^{j(2\pi f_0 t - \phi(t))} = \tilde{x}(t)e^{2\pi f_0 t} \tag{4.54}$$

且复包络为

$$\tilde{x}(t) = r(t)e^{-j\phi(t)} \tag{4.55}$$

由此可得

$$x(t) = \text{Re}\{\psi(t)\} \tag{4.56}$$

分别给出两个目标的回波为

$$x_1(t) = \psi(t - \tau_0) \tag{4.57}$$

$$x_2(t) = \psi(t - \tau_0 - \tau) \tag{4.58}$$

其中 τ 为两个目标回波时延的差值。我们可以假定参考时间为 τ_0，一般在无任何损失的情况下设 $\tau_0 = 0$。可以得出，可分辨的两个目标取决于时延 τ 的大小。

为了测量两个目标在距离上的差值，考虑 $\psi(t)$ 和 $\psi(t-\tau)$ 之间的积分方差。这个方差表示为 ε_R^2，由此可得

$$\varepsilon_R^2 = \int_{-\infty}^{\infty} |\psi(t) - \psi(t-\tau)|^2 dt \tag{4.59}$$

其可重写为

$$\varepsilon_R^2 = \int_{-\infty}^{\infty}|\psi(t)|^2 dt + \int_{-\infty}^{\infty}|\psi(t-\tau)|^2 dt - \int_{-\infty}^{\infty}\{(\psi(t)\psi^*(t-\tau) + \psi^*(t)\psi(t-\tau))dt\} \quad (4.60)$$

将方程（4.54）代入方程（4.60）得到

$$\varepsilon_R^2 = 2\int_{-\infty}^{\infty}|\tilde{x}(t)|^2 dt - 2\text{Re}\left\{\int_{-\infty}^{\infty}\psi^*(t)\psi(t-\tau)\ dt\right\} = \\ 2\int_{-\infty}^{\infty}|\tilde{x}(t)|^2\ dt - 2\text{Re}\left\{e^{-j\omega_0\tau}\int_{-\infty}^{\infty}\tilde{x}^*(t)\tilde{x}(t-\tau)\ dt\right\} \quad (4.61)$$

当方程（4.61）第二部分为正且最大时方差最小。注意，方程（4.61）右边的第一项代表信号总能量，并且假定为常数。第二项是和载频波动相关的 τ 的可变函数。这个式子积分内最右边的项定义为"距离模糊函数"，

$$\chi_R(\tau) = \int_{-\infty}^{\infty}\tilde{x}^*(t)\tilde{x}(t-\tau)dt \quad (4.62)$$

距离模糊函数等于方程（4.38）中 $t_0 = 0$ 时的积分。比较方程（4.62）与方程（4.38）得出，匹配滤波器输出与距离模糊函数有相同的包络（这种情况下多普勒频移 f_d 设为 0）。这表明匹配滤波器除了在其输出端提供最大瞬时 SNR，还保持了信号距离分辨率特性。当 $\tau = 0$ 时，$\chi_R(\tau)$ 最小化了方程（4.61）中的方差。

目标距离分辨率由幅度平方 $|\chi_R(\tau)|^2$ 的大小来计量。由此可知，如果存在一些非零的 τ 值，使得 $|\chi_R(\tau)| = \chi_R(0)$，那么两个目标是不可分辨的。换言之，如果存在一些非零的 τ 值，使得 $|\chi_R(\tau)| \neq \chi_R(0)$，那么两个目标是可区分的（可分辨的）。因而，$\chi_R(\tau)$ 最理想的形状即在 $\tau = 0$ 时中心是尖峰（图钉状），离开尖峰则迅速下降。对应于持续时间 τ_e 或有效带宽 B_e 的最小距离分辨率为

$$\Delta R = \frac{c\tau_e}{2} = \frac{c}{2B_e} \quad (4.63)$$

第 3 章定义了任意波形的有效持续时间与有效带宽，这里再分别重述一下：

$$\tau_e = \left[\int_{-\infty}^{\infty}|\tilde{x}(t)|^2 dt\right]^2 \bigg/ \int_{-\infty}^{\infty}|\tilde{x}(t)|^4 dt \quad (4.64)$$

$$B_e = \frac{\left[\int_{-\infty}^{\infty}|\tilde{X}(f)|^2 df\right]^2}{\int_{-\infty}^{\infty}|\tilde{X}(f)|^4 df} \quad (4.65)$$

4.3.2 多普勒分辨率

对应目标径向速度的多普勒频移为

$$f_d = \frac{2v}{\lambda} = \frac{2vf_0}{c} \tag{4.66}$$

式中，v 是目标径向速度，λ 是波长，f_0 是频率，c 是光速。

预包络的傅里叶变换为

$$\Psi(f) = \int_{-\infty}^{\infty} \psi(t) e^{-j2\pi ft} dt \tag{4.67}$$

由于多普勒频移和目标有关，接收到的信号频谱通过 f_d 发生变化。换句话说，接收信号频谱可由 $\Psi(f-f_d)$ 替代。为了分辨相同距离、不同速度的两个目标，我们可用积分方差。更精确地说，

$$\varepsilon_f^2 = \int_{-\infty}^{\infty} |\Psi(f) - \Psi(f-f_d)|^2 df \tag{4.68}$$

利用和推导方程（4.61）相似的分析方法，可最大化

$$\text{Re}\left\{ \int_{-\infty}^{\infty} \Psi^*(f) \Psi(f-f_d) df \right\} \tag{4.69}$$

对方程（4.54）定义的预包络（解析信号）进行傅里叶变换可得

$$\Psi(f) = \tilde{X}(2\pi f - 2\pi f_0) \tag{4.70}$$

因此

$$\int_{-\infty}^{\infty} \tilde{X}^*(2\pi f) \tilde{X}(2\pi f - 2\pi f_d) df = \int_{-\infty}^{\infty} \tilde{X}^*(2\pi f - 2\pi f_0) \tilde{X}(2\pi f - 2\pi f_0 - 2\pi f_d) df \tag{4.71}$$

复频相关函数即可定义为

$$\chi_f(f_d) = \int_{-\infty}^{\infty} \tilde{X}^*(2\pi f) \tilde{X}(2\pi f - 2\pi f_d) df = \int_{-\infty}^{\infty} |\tilde{x}(t)|^2 e^{j2\pi f_d t} dt \tag{4.72}$$

速度分辨率（多普勒分辨率）定义为

$$\Delta v = (c\Delta f_d)/(2f_0) \tag{4.73}$$

式中，Δf_d 是对应于两个运动目标的最小可分辨多普勒频差，即 $\Delta f_d = f_{d1} - f_{d2}$，其中 f_{d1} 与 f_{d2} 分别是目标1与目标2的多普勒频率。多普勒分辨率等于波形总有效持续时间的倒数，这样

$$\Delta f_{\mathrm{d}} = \frac{\int_{-\infty}^{\infty}|\chi_f(f_{\mathrm{d}})|^2 \mathrm{d}f_{\mathrm{d}}}{\chi_f^2(0)} = \frac{\int_{-\infty}^{\infty}|\tilde{x}(t)|^4 \mathrm{d}t}{\left[\int_{-\infty}^{\infty}|\tilde{x}(t)|^2 \mathrm{d}t\right]^2} = \frac{1}{\tau_{\mathrm{e}}} \tag{4.74}$$

4.3.3 复合距离与多普勒分辨率

通常，我们需要使用二维函数来表示一对变量(τ, f_{d})。为此，假设发射波形的预包络为

$$\psi(t) = \tilde{x}(t)\mathrm{e}^{\mathrm{j}2\pi f_0 t} \tag{4.75}$$

延时和多普勒频移后信号为

$$\psi(t-\tau) = \tilde{x}(t-\tau)\mathrm{e}^{\mathrm{j}2\pi(f_0-f_{\mathrm{d}})(t-\tau)} \tag{4.76}$$

计算方程（4.75）和方程（4.76）之间的积分方差，得到

$$\varepsilon^2 = \int_{-\infty}^{\infty}|\psi(t) - \psi(t-\tau)|^2 \mathrm{d}t \tag{4.77a}$$

$$\varepsilon^2 = 2\int_{-\infty}^{\infty}|\psi(t)|^2 \mathrm{d}t - 2\mathrm{Re}\left\{\int_{-\infty}^{\infty}\psi^*(t) - \psi(t-\tau)\mathrm{d}t\right\} \tag{4.77b}$$

上式可重写为

$$\varepsilon^2 = 2\int_{-\infty}^{\infty}|\tilde{x}(t)|^2 \mathrm{d}t - 2\mathrm{Re}\left\{\mathrm{e}^{\mathrm{j}2\pi(f_0-f_{\mathrm{d}})\tau}\int_{-\infty}^{\infty}\tilde{x}(t)\tilde{x}^*(t-\tau)\mathrm{e}^{\mathrm{j}2\pi f_{\mathrm{d}}t}\mathrm{d}t\right\} \tag{4.78}$$

为了在$\tau \neq 0$时最大化这个方差，我们必须最小化方程（4.78）的最后一项。定义组合的距离和多普勒相关函数为

$$\chi(\tau, f_{\mathrm{d}}) = \int_{-\infty}^{\infty}\tilde{x}(t)\tilde{x}^*(t-\tau)\mathrm{e}^{\mathrm{j}2\pi f_{\mathrm{d}}t}\mathrm{d}t \tag{4.79}$$

为了获得最大的距离和多普勒分辨率，这个函数的模平方在$\tau \neq 0$和$f_{\mathrm{d}} \neq 0$必须最小，注意，除了相位项，方程（4.52）匹配滤波器的输出等效于方程（4.79）。这意味着匹配滤波器输出显示了最大瞬时 SNR 和最高可达到的距离与多普勒分辨率。方程（4.79）的模值常称为模糊函数，

$$|\chi(\tau, f_{\mathrm{d}})|^2 = \left|\int_{-\infty}^{\infty}\tilde{x}(t)\tilde{x}^*(t-\tau)\mathrm{e}^{\mathrm{j}2\pi f_{\mathrm{d}}t}\mathrm{d}t\right|^2 \tag{4.80}$$

雷达设计师与分析师经常用模糊函数确定给定雷达波形的品质，这里品质是用其距离与多普勒分辨率来测量的。记住，因为使用了匹配滤波器，所以就确保了最大 SNR。

4.4 距离与多普勒不定

方程（4.79）推导的公式表示了当匹配滤波器输入仅含目标回波而无噪声分量时的输出，但这种假设在实际情况中不存在。通常，匹配滤波器的输入包括目标与噪声回波。假设噪声是一个与目标无关的加性随机过程且为带限白谱。参考方程（4.79），匹配滤波器的输出在 (τ_1, f_{d1}) 有峰值，其表明目标的时延（距离）对应于 τ_1 而多普勒频率等于 f_{d1}。这样，测量目标准确的距离与多普勒频率由测量的二维空间 (τ, f_d) 的峰值位置确定。当然，当且仅当匹配滤波器输入无噪声时才正确。当有噪声时，因为噪声是随机的，其会产生模糊函数在空间 (τ, f_d) 的峰值确切位置的模糊（不定）。

4.4.1 距离不定

设接收到的信号复包络（对于静止目标）为

$$\tilde{x}_i(t) = \tilde{x}(t - t_0) + \tilde{n}(t) = \tilde{x}_r(t) + \tilde{n}(t) \tag{4.81}$$

式中，$\tilde{x}_r(t)$ 是目标回波信号复包络，$\tilde{n}(t)$ 是噪声信号复包络，且 $t_0 = 2R/c$，其中 R 为目标距离。接收到的总信号（目标加噪声）与移动（时延 τ）的发射波形之间的积分方差为

$$\varepsilon^2 = \int_0^{T_{\max}} |\tilde{x}(t - \tau) - \tilde{x}_i(t)|^2 \, dt \tag{4.82}$$

$T_{\max}$ 对应考虑到的最大距离。扩展方差得

$$\varepsilon^2 = 2\int_0^{T_{\max}} |\tilde{x}(t)|^2 \, dt + 2\int_0^{T_{\max}} |\tilde{n}(t)|^2 \, dt - 2\mathrm{Re}\left\{ \int_0^{T_{\max}} \tilde{x}^*(t-\tau)\tilde{x}_i(t) \, dt \right\} \tag{4.83}$$

也可写为

$$\varepsilon^2 = E_x + E_n - 2\mathrm{Re}\left\{ \int_0^{T_{\max}} \tilde{x}^*(t-\tau)\tilde{x}_r(t) \, dt + \int_0^{T_{\max}} \tilde{x}^*(t-\tau)\tilde{n}(t) \, dt \right\} \tag{4.84}$$

在方程（4.84）的积分项达到最大且为正的 τ 时，该表达式最小。确切地说，必须最大化下列相关函数：

$$R_{x_r x}(\tau) = \int_0^{T_{\max}} \tilde{x}^*(t-\tau)\tilde{x}_r(t) \, dt \tag{4.85}$$

$$R_{nx}(\tau) = \int_0^{T_{\max}} \tilde{x}^*(t-\tau)\tilde{n}(t) \, dt \tag{4.86}$$

因此，方程（4.84）可写为

$$\varepsilon^2 = E - 2\mathrm{Re}\{R_{x_r x}(\tau) + R_{nx}(\tau)\} \tag{4.87}$$

用泰勒级数展开式扩展 $\{R_{x_r x}(\tau)\}$，在点 $\tau = t_0$ 有

$$R_{x_r x}(\tau) = R_{x_r x}(t_0) + R'_{x_r x}(t_0)(\tau - t_0) + \frac{R''_{x_r x}(t_0)(\tau - t_0)^2}{2!} + \frac{R'''_{x_r x}(t_0)(\tau - t_0)^3}{3!} + \cdots \tag{4.88}$$

式中 R'、R'' 与 R''' 分别表示 $R_{x_r x}$ 对于 τ 的一、二、三阶导数。记住，因为相关函数的实数部分是偶函数，所以其所有奇数导数均为零。那么对方程（4.88）的第一项、第三项（其中第二项、第四项等于零）求近似得

$$\mathrm{Re}\{R_{x_r x}(\tau)\} \approx R_{x_r x}(t_0) + \frac{R''_{x_r x}(t_0)(\tau - t_0)^2}{2!} \tag{4.89}$$

有某个值 τ_1 接近目标真正距离 t_0，可使方程（4.87）最小。为找到该最小值，对 τ 求导 $\mathrm{Re}\{R_{x_r x}(\tau) + R_{nx}(\tau)\}$，并设结果等于零求出 τ_1。特别是

$$\mathrm{Re}\left\{\frac{\mathrm{d}}{\mathrm{d}\tau}R_{x_r x}(\tau) + \frac{\mathrm{d}}{\mathrm{d}\tau}R_{nx}(\tau)\right\} = \mathrm{Re}\{R'_{x_r x}(\tau) + R'_{nx}(\tau)\} = 0 \tag{4.90}$$

$\mathrm{Re}\{R_{x_r x}(\tau)\}$ 的导数可在方程（4.89）里找到，即

$$\mathrm{Re}\left\{\frac{\mathrm{d}}{\mathrm{d}\tau}R_{x_r x}(\tau)\right\} = \frac{\mathrm{d}}{\mathrm{d}\tau}\left(R_{x_r x}(t_0) + \frac{R''_{x_r x}(t_0)(\tau - t_0)^2}{2!}\right) = R''_{x_r x}(t_0)(\tau - t_0) \tag{4.91}$$

将方程（4.91）的结果代入方程（4.90），合并同类项，解出 τ_1，得

$$(\tau_1 - t_0) = -\frac{\mathrm{Re}\{R'_{nx}(\tau_1)\}}{R''_{x_r x}(t_0)} \tag{4.92}$$

$(\tau_1 - t_0)$ 的值代表了目标距离误差测量总数。因为噪声是随机的，所以更有意义的是根据标准偏差均方根值算出误差。这样，距离测量误差的标准偏差为

$$\sigma_\tau = (\tau_1 - t_0)_{\mathrm{rms}} = -\frac{\mathrm{Re}\{R'_{nx}(\tau_1)\}_{\mathrm{rms}}}{R''_{x_r x}(t_0)} \tag{4.93}$$

根据傅里叶变换的导数特性与帕塞瓦尔定理，方程（4.93）的分母可由下式确定：

$$R''_{x_r x}(t_0) = (2\pi)^2 \int_{-\infty}^{\infty} f^2 |X(f)|^2 \mathrm{d}f \tag{4.94}$$

接着，由第 3 章推导的关系式可知，$R_{nx}(\tau)$ 的傅里叶变换为

$$\mathrm{FT}\{R_{nx}(\tau)\} = X^*(f)\frac{\eta_0}{2} \tag{4.95}$$

式中 $\eta_0/2$ 是噪声（白噪声）功率谱密度值。从傅里叶变换的特性可知，$R_{nx}(\tau)$ 的导数的傅里叶变换为

$$\text{FT}\{R'_{nx}(\tau)\} = (j2\pi f)\left(X^*(f)\frac{\eta_0}{2}\right) = (j2\pi f)S_{nx}(f) \tag{4.96}$$

由定义可求出 $R'_{nx}(\tau)$ 的均方根值为

$$\{R'_{nx}(\tau)\}_{\text{rms}} = \sqrt{\lim_{T_{\max}} \frac{1}{T_{\max}} \int_0^{T_{\max}} R'_{nx}(\tau) \, d\tau} \tag{4.97}$$

用帕塞瓦尔定理可重写为

$$\{R'_{nx}(\tau)\}_{\text{rms}} = \sqrt{\int_0^{T_{\max}} |\text{FT}\{R'_{nx}(\tau)\}|^2 df} \tag{4.98}$$

将方程（4.96）代入方程（4.98）得

$$\{R'_{nx}(\tau)\}_{\text{rms}} = \sqrt{\frac{\eta_0}{2}(2\pi)^2 \int_0^{T_{\max}} f^2 |X(f)|^2 df} \tag{4.99}$$

最终距离测量误差的标准偏差可写为

$$\sigma_\tau = \frac{\sqrt{\eta_0/2}}{\sqrt{(2\pi)^2 \int_{-\infty}^{\infty} f^2 |X(f)|^2 df}} \tag{4.100}$$

定义带宽均方根值 B_{rms}^2 为

$$B_{\text{rms}}^2 = \frac{(2\pi)^2 \int_{-\infty}^{\infty} f^2 |X(f)|^2 df}{\int_{-\infty}^{\infty} |X(f)|^2 df} \tag{4.101}$$

由此，方程（4.100）可写为

$$\sigma_\tau = \frac{\sqrt{\eta_0/2}}{B_{\text{rms}} \sqrt{\int_{-\infty}^{\infty} |X(f)|^2 df}} = \frac{\sqrt{\eta_0/2}}{B_{\text{rms}} \sqrt{E_x}} = \frac{1}{B_{\text{rms}} \sqrt{2E_x/\eta_0}} \tag{4.102}$$

可得出结论：距离测量的不确定性与带宽均方根及信号能量与噪声功率密度之比的平方根（SNR 平方根）成反比。

4.4.2 多普勒不定

为分析多普勒不定，我们假设目标距离是完全已知的。下一节将分析目标距离与多普勒均未知的情况。雷达发射的信号用 $x(t)$ 表示，接收到的信号（目标加噪声）用 $x_r(t)$ 表示。两个回波之间的积分方差可写为

$$\varepsilon^2 = \int_0^{f_{max}} |X(f-f_c) - X_r(f)|^2 df \tag{4.103}$$

式中，$X(f)$ 是 $x(t)$ 的傅里叶变换，$X_r(f)$ 是 $x_r(t)$ 的傅里叶变换，且 f_{max} 是预期目标多普勒的最大值。再次扩展方程（4.103）可得

$$\varepsilon^2 = \int_0^{f_{max}} |X(f)|^2 df + \int_0^{f_{max}} |X_r(f)|^2 df - 2\text{Re}\left\{\int_0^{f_{max}} |X^*(f-f_c)X_r(f)|^2 df\right\} \tag{4.104}$$

最小化方程（4.104）方差需最大化下式：

$$\text{Re}\left\{\int_0^{f_{max}} |X^*(f-f_c)X_r(f)|^2 df\right\}$$

按照上一节叙述的方法进行同样的分析，持续时间均方根值 τ_{rms}^2 可定义为

$$\tau_{rms}^2 = \frac{(2\pi)^2 \int_{-\infty}^{\infty} t^2 |x(t)|^2 dt}{\int_{-\infty}^{\infty} |x(t)|^2 dt} \tag{4.105}$$

多普勒测量中的标准偏差可推导为

$$\sigma_{f_d} = \frac{1}{\tau_{rms}\sqrt{2E_x/\eta_0}} \tag{4.106}$$

比较方程（4.106）与方程（4.102）可见，估算多普勒的误差与信号持续时间成反比，估算距离的误差与信号带宽成反比。所以与预期的那样，较大的带宽可最小化距离测量误差，而较长的积累周期可最小化多普勒测量误差。

4.4.3 距离-多普勒耦合

前两节中，距离估算误差与多普勒估算误差是通过假设它们是不耦合的估算而推导出的。换句话说，距离误差假设目标静止，而多普勒误差假设目标距离完全已知。本节推导的是复合距离多普勒误差的通式。

这种情况下的解析信号在 4.2 节中进行了推导，公式见方程（4.47），为参考方便，现用方程（4.107）给出：

$$\psi_i(t) = \tilde{x}(t-t_0)e^{j2\pi f_0 t}e^{-j2\pi f_0 t_0}e^{j2\pi f_d t}e^{-j2\pi f_d t_0} = \tilde{x}(t-t_0)e^{j2\pi(f_0+f_d)(t-t_0)} \tag{4.107}$$

第 4 章 匹配滤波器雷达接收机

我们可假设在 $t_0 = 0$ 时有任意一般性的损失,这样方程(4.107)可表示为

$$\psi_i(t) = \tilde{x}_r(t)e^{j2\pi(f_0+f_d)t} = r(t)e^{j\varphi(t)}e^{j2\pi(f_0+f_d)t} \tag{4.108}$$

其中复包络信号 $\tilde{x}_r(t)$ 可表示为

$$\tilde{x}_r(t) = r(t)e^{j\varphi(t)} \tag{4.109}$$

距离误差估计

从前节分析可知,距离误差的估计由下述函数的最大值决定:

$$\text{Re}\{R_{x_rx}(\tau, f_d) + R_{nx}(\tau)\} \tag{4.110}$$

由此可得,对于某个固定值 f_{d1},有一个接近 $t_0 = 0$ 的值 τ_1 将使方程(4.110)最大化,即

$$\text{Re}\{R'_{x_rx}(\tau_1, f_{d1}) + R'_{nx}(\tau_1)\} = 0 \tag{4.111}$$

再者,在 $\tau = 0$ 时,R_{x_rx} 的泰勒级数展开式为

$$R_{x_rx}(\tau, f_d) = \text{Re}\left\{R_{x_rx}(0, f_{d1}) + R'_{x_rx}(0, f_{d1})(\tau) + \frac{R''_{x_rx}(0, f_{d1})\tau^2}{2!} + \cdots\right\} \tag{4.112}$$

这样

$$\text{Re}\left\{\frac{d}{d\tau}R_{x_rx}(\tau, f_d)\right\} \approx \text{Re}\{R'_{x_rx}(0, f_{d1}) + R''_{x_rx}(0, f_{d1})\tau\} \tag{4.113}$$

将方程(4.113)代入方程(4.111)并求 τ_1 得

$$\tau_1 = -\frac{\text{Re}\{R'_{nx}(\tau_1) + R'_{x_rx}(0, f_{d1})\}}{\text{Re}\{R''_{x_rx}(0, f_{d1})\}} \tag{4.114}$$

$R''_{x_rx}(0, f_{d1})$ 的值与 $R''_{x_rx}(0,0)$ 的值没有太多的不同,所以

$$\tau_1 \approx -\frac{\text{Re}\{R'_{nx}(\tau_1) + R'_{x_rx}(0, f_{d1})\}}{R''_{x_rx}(0, 0)} \tag{4.115}$$

为了求出 $R'_{x_rx}(0, f_{d1})$ 的值,先定义 $R_{x_rx}(\tau, f_d)$

$$R_{x_rx}(\tau, f_d) = \int_{-\infty}^{\infty} r(t-\tau)e^{-j\varphi(t-\tau)} r(t)e^{j[\varphi(t)+2\pi f_d t]} dt \tag{4.116}$$

计算方程(4.116)关于 τ 的导数

$$R'_{x_rx}(\tau, f_d) = -\int_{-\infty}^{\infty}\{r'(t-\tau)r(t) - j\varphi'(t-\tau)r(t-\tau)r(t)\} \times e^{j[\varphi(t)-\varphi(t-\tau)+2\pi f_d t]} dt \tag{4.117}$$

求方程(4.117)在 $\tau = 0$ 且 $f_d = f_{d1}$ 时的值,有

$$R'_{x_rx}(0, f_{d1}) = -\int_{-\infty}^{\infty}\{r'(t)r(t) - j\varphi'(t)r^2(t)\} \times e^{j[2\pi f_{d1} t]} dt \tag{4.118}$$

方程（4.118）中的指数项可用小角度近似法近似为

$$e^{j[2\pi f_{d1}t]} = \cos(2\pi f_{d1}t) + j\sin(2\pi f_{d1}t) \approx 1 + j2\pi f_{d1}t \tag{4.119}$$

接着将方程（4.119）代入方程（4.118），合并同类项，计算其实数部分得

$$\text{Re}\{R'_{x_rx}(0, f_{d1})\} = -\int_{-\infty}^{\infty} r'(t)r(t)\mathrm{d}t - 2\pi f_{d1}\int_{-\infty}^{\infty} t\varphi'(t)r^2(t)\mathrm{d}t \tag{4.120}$$

求第一项积分为（用傅里叶变换特性与帕塞瓦尔定理）

$$\int_{-\infty}^{\infty} r'(t)r(t)\mathrm{d}t = (\mathrm{j}2\pi)\int_{-\infty}^{\infty} f_d|R(f)|^2 \mathrm{d}f \tag{4.121}$$

记住，因为包络函数 $r(t)$ 是实低通信号，其傅里叶变换是偶函数，所以方程（4.121）等于零。利用此结果，方程（4.120）变为

$$\text{Re}\{R'_{x_rx}(0, f_{d1})\} = -2\pi f_{d1}\int_{-\infty}^{\infty} t\varphi'(t)r^2(t)\mathrm{d}t \tag{4.122}$$

将方程（4.122）代入方程（4.115）得

$$\tau_1 = -\frac{\text{Re}\{R'_{x_rx}(\tau_1)\} - 2\pi f_{d1}\int_{-\infty}^{\infty} t\varphi'(t)r^2(t)\mathrm{d}t}{R''_{x_rx}(0,0)} \tag{4.123}$$

方程（4.123）提供了一种距离与多普勒估计耦合度的测量方法。很明显，如果 $\varphi(t) = 0 \Rightarrow \varphi'(t) = 0$，那么两个估计之间就不会耦合。定义距离-多普勒耦合常数为

$$\rho_{\tau\text{RDC}} = \frac{2\pi\int_{-\infty}^{\infty} t\varphi'(t)|\tilde{x}_r(t)|^2 \mathrm{d}t}{\int_{-\infty}^{\infty} |\tilde{x}_r(t)|^2 \mathrm{d}t} \tag{4.124}$$

多普勒误差估计

应用前一节所做的有关谱正交相关函数的相同分析，可得距离-多普勒耦合项的表达式如下：

$$\rho_{f_d\text{RDC}} = \frac{2\pi\int_{-\infty}^{\infty} f\,\Phi'(f)|\tilde{X}_r(f)|^2 \mathrm{d}f}{\int_{-\infty}^{\infty} |\tilde{X}_r(f)|^2 \mathrm{d}f} \tag{4.125}$$

其中 $\Phi(f)$ 是 $\varphi(t)$ 的傅里叶变换。

可见方程（4.124）与方程（4.125）是相同的。由于该结果，方程（4.124）与方程（4.125）中的下标 τ 和 f_d 可去掉，且距离-多普勒项仅仅是指 ρ_RDC。

4.4.4 LFM 信号的距离-多普勒耦合

参考方程（4.108）与方程（4.109），LFM 信号的相位可表示为

$$\varphi(t) = \mu' t^2 \tag{4.126}$$

其中 $\mu' = (\pi B)/\tau_0$，B 是 LFM 带宽，且 τ_0 是脉宽。将方程（4.126）代入方程（4.124）得

$$\rho_\mathrm{RDC} = \frac{4\pi\mu' \int_{-\infty}^{\infty} t^2 |\tilde{x}_\mathrm{r}(t)|^2 \mathrm{d}t}{\int_{-\infty}^{\infty} |\tilde{x}_\mathrm{r}(t)|^2 \mathrm{d}t} = \frac{\mu'}{\pi}\tau_\mathrm{e}^2 \tag{4.127}$$

其中 τ_e 是有效持续时间。因此

$$\sigma_\tau^2 = \frac{(\eta_0/2)}{B_\mathrm{e}^2 2E_x} + \frac{f_\mathrm{d1}^2 \rho_\mathrm{RDC}^2}{B_\mathrm{e}^4} \tag{4.128}$$

同样

$$\sigma_{f_\mathrm{d}}^2 = \frac{(\eta_0/2)}{\tau_\mathrm{e}^2 2E_x} + \frac{t_1^2 \rho_\mathrm{RDC}^2}{\tau_\mathrm{e}^4} \tag{4.129}$$

其中 f_d1 和 t_1 是常数。因为有噪声时，距离或多普勒估计不可能 100%准确，最好将这些常数用它们的等效均方误差代替，即让

$$f_\mathrm{d1}^2 = \sigma_{f\mathrm{d}}^2 , \quad t_1^2 = \sigma_\tau^2 \tag{4.130}$$

其中 σ_τ 与方程（4.128）相同，而 $\sigma_{f\mathrm{d}}$ 与方程（4.129）相同。这样，方程（4.128）可写成

$$\sigma_{\tau_\mathrm{RDC}}^2 = \frac{(\eta_0/2)}{B_\mathrm{e}^2 2E_x} + \frac{\rho_\mathrm{RDC}^2}{B_\mathrm{e}^4}\left(\frac{(\eta_0/2)}{\tau_\mathrm{e}^2 2E_x} + \frac{\rho_\mathrm{RDC}^2 \sigma_\tau^2}{\tau_\mathrm{e}^4}\right) \tag{4.131}$$

其运算可得

$$\sigma_{\tau_\mathrm{RDC}}^2 = \frac{(\eta_0/2)}{B_\mathrm{e}^2 2E_x} \frac{1}{(1-(\rho_\mathrm{RDC}^2/B_\mathrm{e}^2\tau_\mathrm{e}^2))} \tag{4.132}$$

用相同的分析可得

$$\sigma_{f_\mathrm{dRDC}}^2 = \frac{(\eta_0/2)}{\tau_\mathrm{e}^2 2E_x} \frac{1}{(1-(\rho_\mathrm{RDC}^2/B_\mathrm{e}^2\tau_\mathrm{e}^2))} \tag{4.133}$$

由此可知，仅当带宽均方根与持续时间均方根乘积很大时（即大的时间-带宽积），才可同时估计目标距离与多普勒。这是雷达用 LFM 波形不能准确地估计目标多普勒的原因，除非使

用了很大的时间-带宽积。通常，LFM 波形指的是"多普勒不敏感"波形。

4.5 目标参数估计

雷达应用感兴趣的目标参数包括但不限于目标距离（延时）、幅度、相位、多普勒与角度位置（方位、俯仰）。目标信息（参数）通常含在回波信号的幅度与相位中。雷达信号与数据处理器使用不同种类的波形来提取不同目标参数将比较有效。因为雷达回波通常包括信号与附加噪声，大多数而非全部目标信息是由输入统计噪声控制的，噪声的统计参数大多数未知但可以估计。所以使用目标参数（幅度、相位、延时、多普勒等）的统计估计代替实际的测量。雷达信号的通式可用下式表示：

$$x(t) = Ar(t-t_0)\cos[2\pi(f_0+f_d)(t-t_0) + \phi(t-t_0) + \phi_0] \qquad (4.134)$$

式中，A 是信号幅度，$r(t)$ 是包络低通信号，ϕ_0 是某个恒定相位，f_0 是载频，t_0 与 f_d 分别为目标时延与多普勒。本节的分析密切跟踪 Melsa 与 Cohen[1] 的研究。

4.5.1 何为估计函数

对于雷达系统而言，假设总是安全的，因为中心限制定理，输入噪声常常是未知参数的高斯分布。而且，可假设该噪声是带限白噪声。所以，需要回答的主要问题为：如果观察的概率密度函数（此种情况下为高斯）已知且给定一有限数量的独立测量，那么能确定指定参数（诸如距离、多普勒、幅度或相位）的估计吗？

假设 $f_X(x;\theta)$ 是随机变量 X 的 pdf，且参数 θ 未知。定义值 $\{x_1, x_2, \cdots, x_N\}$ 为 N 个变量 X 的独立观察值。定义函数或估计器 $\hat{\theta}(x_1, x_2, \cdots, x_N)$ 为未知参数 θ 的一个估计。估计的偏置定义为

$$E[\hat{\theta} - \theta] = b \qquad (4.135)$$

其中 $E[\ ]$ 代表"期望值"。估计函数 $\hat{\theta}$ 指的是没有偏置的估计函数当且仅当

$$E[\hat{\theta}] = \theta \qquad (4.136)$$

估计函数品质或效率的最常见的一种测量是均方偏差（MSD），用符号表示为 $\Delta^2(\hat{\theta})$。对一非偏置估计函数有

$$\Delta^2(\hat{\theta}) = \sigma_{\hat{\theta}}^2 \qquad (4.137)$$

其中 $\sigma_{\hat{\theta}}^2$ 是估计函数方差。可见，对该 MSD 的 Cramer-Rao 界为

$$\sigma^2(\hat{\theta}) \geq \sigma_{\min}^2(\theta) = \cfrac{1}{N \int_{-\infty}^{\infty} \left(\cfrac{\partial}{\partial \theta} \log\{f_X(x;\theta)\}\right)^2 f_X(x;\theta)\, \mathrm{d}x} \qquad (4.138)$$

该非偏置估计函数的效率定义为

---

[1] Melsa, J. L. Cohen, D. L., *Decision and Estimation Theory*, McGraw-Hill, New York, 1978.

$$\varepsilon(\hat{\theta}) = \frac{\sigma^2_{\min}(\theta)}{\sigma^2(\hat{\theta})} \tag{4.139}$$

其中 $\varepsilon(\hat{\theta}) = 1$，非偏置估计函数称为有效估计函数。

假设一时限信号 $x(t)$ 的有效持续时间为 τ_e 且带限白噪声的 PSD 为 $\eta_0/2$。这种情况下，方程（4.139）等于

$$\sigma^2(\hat{\theta}_i) \geq \frac{1}{\dfrac{2}{\eta_0}\displaystyle\int_0^{NT_r}\left(\dfrac{\partial}{\partial \theta_i}x(t)\right)^2 \mathrm{d}t} \tag{4.140}$$

式中，$\hat{\theta}_i$ 是第 i 个参数的估计且 T_r 是脉冲序列的脉冲重复间隔。下两节推导了目标幅度与相位的估计。注意，因为这些参数代表的是独立随机变量，所以它们指的是非耦合估计，即一个估计的计算并不取决于其他估计的先验知识。

4.5.2 幅度估计

这种情况下方程（4.134）中的信号幅度 A 是感兴趣的参数。求方程（4.134）中有关 A 的偏导数并平方该结果后得到

$$\left(\frac{\partial}{\partial A}x(t)\right)^2 = (r(t-t_0)\cos[2\pi(f_0+f_d)(t-t_0)+\phi(t-t_0)+\phi_0])^2 \tag{4.141}$$

这样

$$\int_0^{NT_r}\left(\frac{\partial}{\partial A}x(t)\right)^2 \mathrm{d}t = \int_0^{NT_r}(x(t))^2 \mathrm{d}t = NE_x \tag{4.142}$$

式中，E_x 是信号能量（根据帕塞瓦尔定理）。将方程（4.142）代入方程（4.140）且合并同类项，得到幅度估计方差为

$$\sigma_A^2 \geq \frac{1}{\dfrac{2}{\eta_0}NE_x} = \frac{1}{N\,\mathrm{SNR}} \tag{4.143}$$

在这种情况下，方程（4.143）使用了方程（4.20）且 SNR 是匹配滤波器输出端信号的信噪比。这清楚地表明当 SNR 提高时，信号幅度估计也提高了。

4.5.3 相位估计

在这种情况下，希望计算信号相位 ϕ_0 的最佳估计。再次求方程（4.134）中信号关于 ϕ_0 的偏导数，并平方该结果得

$$\left(\frac{\partial}{\partial \phi_0}x(t)\right)^2 = (-r(t-t_0)\sin[2\pi(f_0+f_d)(t-t_0)+\phi(t-t_0)+\phi_0])^2 \tag{4.144}$$

由此可得

$$\int_0^{NT_r} \left(\frac{\partial}{\partial \phi_0} x(t)\right)^2 dt = \int_0^{NT_r} (x(t))^2 dt = NE_x \qquad (4.145)$$

这样，相位估计的方差为

$$\sigma_{\phi_0}^2 \geq \frac{1}{\frac{2}{\eta_0} NE_x} = \frac{1}{N \text{ SNR}} \qquad (4.146)$$

习题

4.1 计算匹配滤波器信号的频率响应。

（a） $x(t) = \exp\left(\frac{-t^2}{2T}\right)$。

（b） $x(t) = u(t)\exp(-\alpha t)$，其中 α 是正常数。

4.2 用 $x(t) = u(t)\exp(-\alpha t)$ 重做 4.1 节中的范例。

4.3 4.1.1 节推导了匹配滤波器输入噪声为白噪声时输出端 SNR 的闭式表达式。请推导非白噪声情况下的等效公式。

4.4 一个雷达系统使用 LFM 波形。接收到的信号形式为 $s_r(t) = A s(t-\tau) + n(t)$，其中 τ 取决于距离的时间时延，$s(t) = \text{Rect}(t/\tau')\cos(2\pi f_0 t - \phi(t))$ 且 $\phi(t) = -\pi B t^2/\tau'$。假设雷达带宽为 $B = 5$ MHz，并且脉宽为 $\tau' = 5$ μs。

（a）给出匹配于 $s(t)$ 的匹配滤波器响应的正交分量；

（b）写出匹配滤波器的输出表达式；

（c）计算由匹配滤波器带来的 SNR 提升。

4.5（a）写出 LFM 波形模糊函数的表达式，其中 $\tau' = 6.4$ μs，并且压缩比为 32；

（b）给出匹配滤波器冲激响应的表达式。

4.6（a）写出 LFM 信号的模糊函数表达式，其带宽 $B = 10$ MHz，脉宽 $\tau' = 1$ μs，并且波长 $\lambda = 1$ cm；

（b）画出模糊函数的零多普勒切面；

（c）假设有一目标以 $v_r = 100$ m/s 的速度朝着雷达运动，那么与目标相关的多普勒频移为多少？

（d）画出（c）中模糊函数的多普勒切面；

（e）假设有三个脉冲以 $f_r = 2000$ Hz 的 PRF 发射，重复（b）。

4.7（a）写出含有 4 个脉冲的脉冲串的模糊函数表达式，其脉宽 $\tau' = 1$ μs，并且脉冲重复间隔为 $T = 10$ μs，设波长 $\lambda = 1$ cm；

（b）画出模糊函数切面。

4.8 对于径向高速，双曲线频率调制（HFM）比 LFM 要好，HFM 的相位为

$$\phi_h(t) = \frac{\omega_0^2}{\mu_h}\ln\left(1 + \frac{\mu_h \alpha t}{\omega_0}\right)$$

式中 μ_h 是 HFM 系数且 α 是常数。

（a）写出持续期 τ'_h 的 HFM 脉冲瞬时频率表达式；

（b）证明 HFM 可以近似为 LFM。根据 μ_h 且根据 B 与 τ' 表示 LFM 系数 μ_1。

4.9 有一距离分辨率为 $\Delta R = 4$ cm 的声呐系统。

（a）发射频率为 $f_0 = 100$ kHz 的正弦脉冲，其脉宽是多少？

（b）用一正斜率 LFM，中心频率为 f_0，可以增加脉冲宽度达到同样的距离分辨率。如果增加 20 倍的发射能量，给出发射脉冲的表达式；

（c）给出与（b）相匹配的 LFM 脉冲的因果滤波器的表达式。

4.10 脉冲串 $y(t)$ 为

$$y(t) = \sum_{n=0}^{2} w(n)x(t - n\tau')$$

其中 $x(t) = \exp(-t^2/2)$ 是持续期为 τ' 的单个脉冲，并且加权序列为 $\{w(n)\} = \{0.5, 1, 0.7\}$，找出并画出 R_x、R_w 与 R_y 的关系曲线。

4.11 当 $x(t) = \exp(-t^2/2)\cos 2\pi f_0 t$ 时，重复前面的问题。

4.12 证明

$$\int_{-\infty}^{\infty} t x^*(t) x'(t) \, dt = -\int_{-\infty}^{\infty} f X^*(f) X'(f) \, df$$

式中 $X(f)$ 是 $x(t)$ 的傅里叶变换且 $x'(t)$ 是其对时间的导数。$X'(f)$ 函数是 $X(f)$ 对频率的导数。

4.13 利用方程（4.125）给出的距离-多普勒耦合定义，推导下列情况的距离-多普勒表达式：

（a）高斯包络的线性调频脉冲；

（b）抛物线调频信号。

第 5 章 模糊函数——模拟波形

5.1 引言

雷达模糊函数表示匹配滤波器输出的模,它描述当与 RCS 相等的参考目标相比时,由目标的距离和/或多普勒引起的干扰。当$(\tau, f_d) = (0, 0)$时,模糊函数的值等于与感兴趣目标反射的信号理想匹配时的匹配滤波器的输出。换言之,来自标称目标的回波位于模糊函数的原点。于是,非零τ和f_d时的模糊函数表示与标称目标有一些距离和多普勒不同的目标回波。

第 4 章中推导了匹配滤波器输出的公式。该公式假设一个具有多普勒频率f_d的运动目标

$$\chi(\tau, f_d) = \int_{-\infty}^{\infty} \tilde{x}(t)\tilde{x}^*(t-\tau)e^{j2\pi f_d t}dt \tag{5.1}$$

方程(5.1)的模平方被称为模糊函数,即

$$|\chi(\tau, f_d)|^2 = \left|\int_{-\infty}^{\infty} \tilde{x}(t)\tilde{x}^*(t-\tau)e^{j2\pi f_d t}dt\right|^2 \tag{5.2}$$

雷达设计师们通常将雷达模糊函数用做一种研究各种不同波形的手段。通过该函数可以看出,各种不同的雷达波形是如何适用于各种雷达的应用。该函数还用来确定特定雷达波形的距离和多普勒分辨率。由模糊函数与频率和时延的关系绘成的三维(3D)图形称为雷达模糊图。

令E_x表示信号$\tilde{x}(t)$的能量

$$E_x = \int_{-\infty}^{\infty} |\tilde{x}(t)|^2 dt \tag{5.3}$$

以下列出雷达模糊函数的特性:

(1) 模糊函数的最大值发生在$(\tau, f_d) = (0, 0)$情况下,并且等于$4E_x^2$,即

$$\max\{|\chi(\tau;f_d)|^2\} = |\chi(0;0)|^2 = (2E_x)^2 \tag{5.4}$$

$$|\chi(\tau;f_d)|^2 \leq |\chi(0;0)|^2 \tag{5.5}$$

(2) 模糊函数是对称的,

$$|\chi(\tau;f_d)|^2 = |\chi(-\tau;-f_d)|^2 \tag{5.6}$$

(3) 模糊函数情况下的总体积是常数,

$$\iint |\chi(\tau;f_d)|^2 \, d\tau df_d = (2E_x)^2 \tag{5.7}$$

（4）如果函数 $X(f)$ 是信号 $x(t)$ 的傅里叶变换，那么利用帕塞瓦尔定理，可得

$$|\chi(\tau;f_d)|^2 = \left| \int X^*(f)X(f-f_d)e^{-j2\pi f\tau} df \right|^2 \tag{5.8}$$

（5）假设 $|\chi(\tau;f_d)|^2$ 是信号 $\tilde{x}(t)$ 的模糊函数。$\tilde{x}(t)$ 加上一个二次相位调制项可得

$$\tilde{x}_1(t) = \tilde{x}(t)e^{j\pi\mu t^2} \tag{5.9}$$

其中 μ 是常数。因此信号 $\tilde{x}_1(t)$ 的模糊函数为

$$|\chi_1(\tau;f_d)|^2 = |\chi(\tau;(f_d+\mu\tau))|^2 \tag{5.10}$$

5.2 模糊函数的例子

理想雷达模糊函数由图5.1所示的一个宽度无限窄的尖峰来表示，其峰值在原点，其他地方为零。不论两个相邻目标彼此多么相近，理想的模糊函数提供了相邻目标间的理想分辨率。遗憾的是，理想模糊函数物理上是不存在的，这是因为模糊函数必须有 $(2E_x)^2$ 的有限峰值和 $(2E_x)^2$ 的有限体积。显然，理想模糊函数不能满足这两个要求。

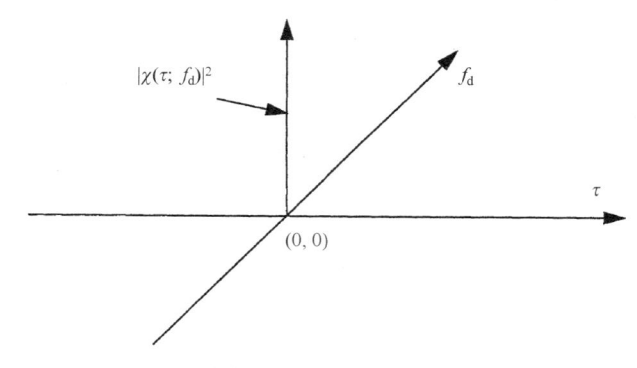

图 5.1 理想模糊函数

5.2.1 单个脉冲模糊函数

一个单脉冲的复包络 $\tilde{x}(t)$ 定义为

$$\tilde{x}(t) = \frac{1}{\sqrt{\tau_0}} \text{Rect}\left(\frac{t}{\tau_0}\right) \tag{5.11}$$

由方程（5.11）有

$$\chi(\tau;f_d) = \int_{-\infty}^{\infty} \tilde{x}(t)\tilde{x}^*(t-\tau)e^{j2\pi f_d t} dt \tag{5.12}$$

将方程（5.11）代入方程（5.12）并进行积分，得

$$|\chi(\tau;f_d)|^2 = \left|\left(1-\frac{|\tau|}{\tau_0}\right)\frac{\sin(\pi f_d(\tau_0-|\tau|))}{\pi f_d(\tau_0-|\tau|)}\right|^2 \qquad |\tau| \leqslant \tau_0 \qquad (5.13)$$

MATLAB 函数 "single_pulse_ambg.m"

函数 "single_pulse_ambg.m" 实现方程（5.13）。语法如下：

$$single\_pulse\_ambg[taup]$$

其中 taup 是脉冲宽度。图 5.2（a）和图 5.2（b）给出了单脉冲模糊函数的三维图与等值线图。该图可用附录 5-A 中列出的 MATLAB 程序 "Fig5_2.m" 生成。设 $f_d=0$，可得到沿时延轴 τ 的模糊函数截线。更精确地说，

$$|\chi(\tau;0)| = \left(1-\frac{|\tau|}{\tau_0}\right)^2 \qquad |\tau| \leqslant \tau_0 \qquad (5.14)$$

注意，信号 $\tilde{x}(t)$ 的时间自相关函数等于 $\chi(\tau;0)$。类似地，沿多普勒轴的截线为

$$|\chi(0;f_d)|^2 = \left|\frac{\sin\pi\tau_0 f_d}{\pi\tau_0 f_d}\right|^2 \qquad (5.15)$$

图 5.3 和图 5.4 分别给出了由方程（5.14）和方程（5.15）所定义的不确定性函数截线的图形。由于沿时延轴的零多普勒截线的范围在 $-\tau_0$ 和 τ_0 之间，那么，如果邻近目标至少相距 τ_0 秒，则它们就是不模糊的。

沿多普勒频率轴的零时延截线具有 $(\sin x/x)^2$ 的形状。它从 $-\infty$ 延伸至 ∞。第一个零点出现在 $f_d = \pm 1/\tau_0$ 处。因此，可以不模糊地探测到频移间距为 $1/\tau_0$ 的两个目标。我们可得出结论，单个脉冲的距离和多普勒分辨率受脉冲宽度 τ_0 的限制。精细的距离分辨率要求采用一个很短的脉冲。遗憾的是，采用很短的脉冲需要很大的工作带宽，这可能将雷达平均发射功率限制为不实际的值。

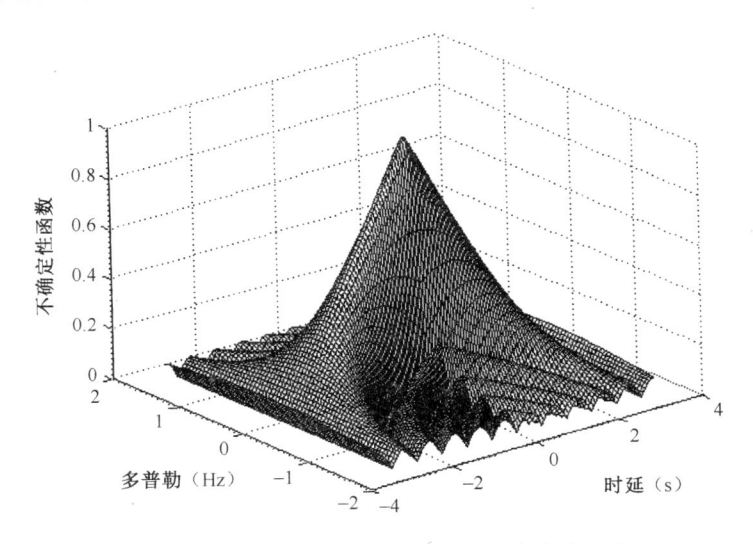

图 5.2（a）　单脉冲三维模糊图（脉冲宽度为 3 秒）

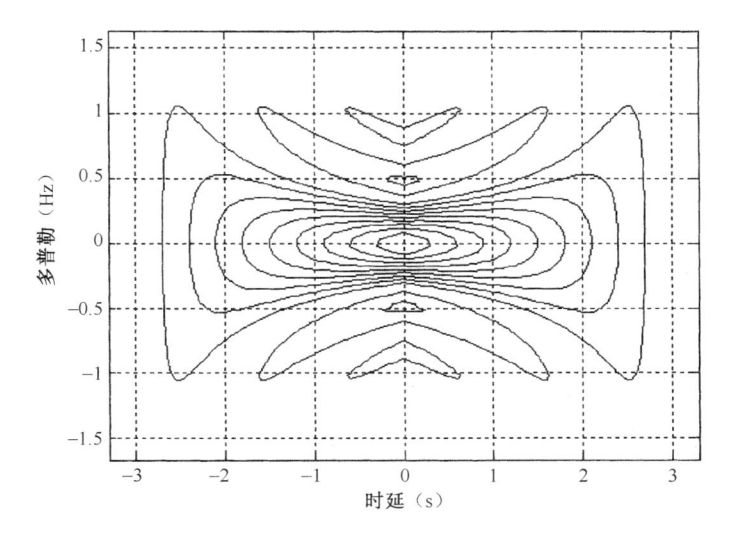

图 5.2（b）　对应于图 5.2（a）的等值线图

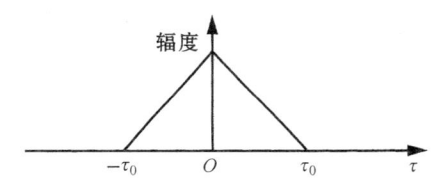

图 5.3　沿时延轴截取的零多普勒模糊函数

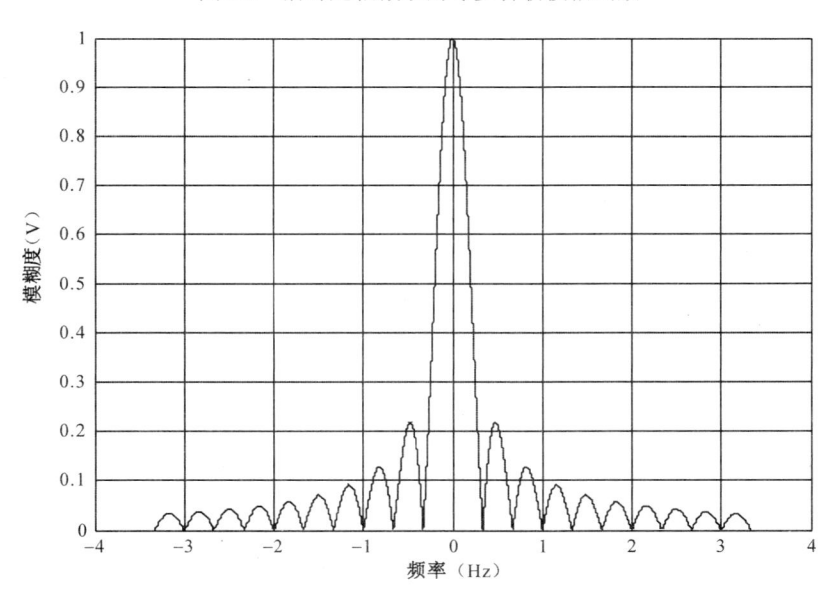

图 5.4　单频率脉冲（零时延）的模糊函数（脉宽 τ_0 为 3 秒）

5.2.2　LFM 模糊函数

考虑由下式定义的 LFM 复包络信号：

$$\tilde{x}(t) = \frac{1}{\sqrt{\tau_0}} \text{Rect}\left(\frac{t}{\tau_0}\right) e^{j\pi\mu t^2} \tag{5.16}$$

为了计算 LFM 复包络的模糊函数，我们首先考虑 $0 \leq \tau \leq \tau_0$ 的情况。这时，积分限从 $-\tau_0/2$ 到 $(\tau_0/2) - \tau$。将方程（5.16）代入方程（5.1）后得到

$$\chi(\tau; f_d) = \frac{1}{\tau_0} \int_{-\infty}^{\infty} \text{Rect}\left(\frac{t}{\tau_0}\right) \text{Rect}\left(\frac{t-\tau}{\tau_0}\right) e^{j\pi\mu t^2} e^{-j\pi\mu(t-\tau)^2} e^{j2\pi f_d t} dt \tag{5.17}$$

可以得到

$$\chi(\tau; f_d) = \frac{e^{-j\pi\mu\tau^2}}{\tau_0} \int_{-\tau_0/2}^{\tau_0/2 - \tau} e^{j2\pi(\mu\tau + f_d)t} dt \tag{5.18}$$

完成式（5.18）中的积分过程后得到

$$\chi(\tau; f_d) = e^{j\pi\tau f_d}\left(1 - \frac{\tau}{\tau_0}\right) \frac{\sin\left(\pi\tau_0(\mu\tau + f_d)\left(1 - \frac{\tau}{\tau_0}\right)\right)}{\pi\tau_0(\mu\tau + f_d)\left(1 - \frac{\tau}{\tau_0}\right)} \qquad 0 \leq \tau \leq \tau_0 \tag{5.19}$$

对于 $-\tau_0 \leq \tau \leq \tau_0$ 的情况也可做同样的分析。这时的积分限从 $(-\tau_0/2) - \tau$ 到 $\tau_0/2$。通过利用模糊函数（$|\chi(-\tau; -f_d)| = |\chi(\tau; f_d)|$）这一对称性，可以得到同样的结果。对于任何 τ 都成立的 $\chi(\tau; f_d)$ 的表达式由下式给出：

$$\chi(\tau; f_d) = e^{j\pi\tau f_d}\left(1 - \frac{|\tau|}{\tau_0}\right) \frac{\sin\left(\pi\tau_0(\mu\tau + f_d)\left(1 - \frac{|\tau|}{\tau_0}\right)\right)}{\pi\tau_0(\mu\tau + f_d)\left(1 - \frac{|\tau|}{\tau_0}\right)} \qquad |\tau| \leq \tau_0 \tag{5.20}$$

且 LFM 模糊函数为

$$|\chi(\tau; f_d)|^2 = \left|\left(1 - \frac{|\tau|}{\tau_0}\right) \frac{\sin\left(\pi\tau_0(\mu\tau + f_d)\left(1 - \frac{|\tau|}{\tau_0}\right)\right)}{\pi\tau_0(\mu\tau + f_d)\left(1 - \frac{|\tau|}{\tau_0}\right)}\right|^2 \qquad |\tau| \leq \tau_0 \tag{5.21}$$

时间自相关函数等于 $\chi(\tau; 0)$。读者可以验证降频 LFM 波形的模糊函数由下式给出：

$$|\chi(\tau; f_d)|^2 = \left|\left(1 - \frac{|\tau|}{\tau_0}\right) \frac{\sin\left(\pi\tau_0(\mu\tau - f_d)\left(1 - \frac{|\tau|}{\tau_0}\right)\right)}{\pi\tau_0(\mu\tau - f_d)\left(1 - \frac{|\tau|}{\tau_0}\right)}\right|^2 \qquad |\tau| \leq \tau_0 \tag{5.22}$$

另外，方程（5.21）或方程（5.22）均可通过 5.1 节中的性质（5）由方程（5.13）得到。

图 5.5（a）和图 5.5（b）给出了 $\tau_0 = 1$ s、$B = 5$ Hz 时一个降频脉冲 LFM 的不确定性和模糊函数的三维与等值线图。该图可用附录 5-A 中列出的 MATLAB 程序"*Fig5_5.m*"生成。

沿时延轴 τ 的升频线性调频脉冲的模糊函数截线为

$$|\chi(\tau;0)|^2 = \left|\left(1 - \frac{|\tau|}{\tau_0}\right)\frac{\sin\left(\pi\mu\tau\tau_0\left(1 - \frac{|\tau|}{\tau_0}\right)\right)}{\pi\mu\tau\tau_0\left(1 - \frac{|\tau|}{\tau_0}\right)}\right|^2 \qquad |\tau| \leqslant \tau_0 \qquad (5.23)$$

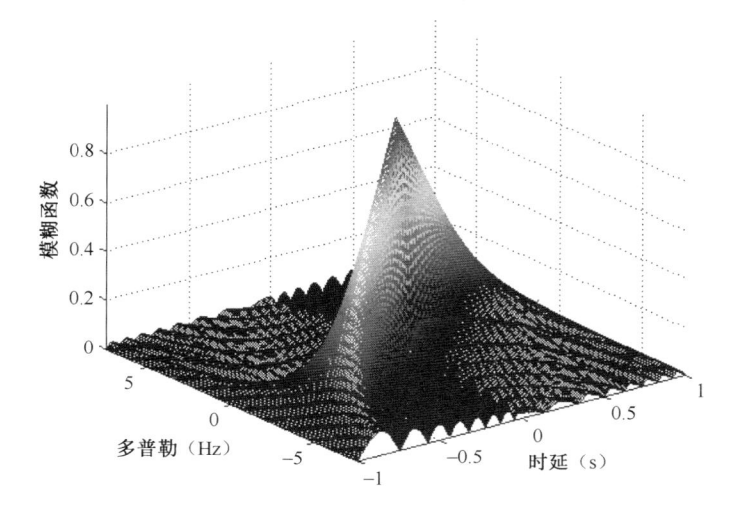

图 5.5（a）　降频线性调频信号三维模糊图（脉宽 1 秒，带宽 5 Hz）

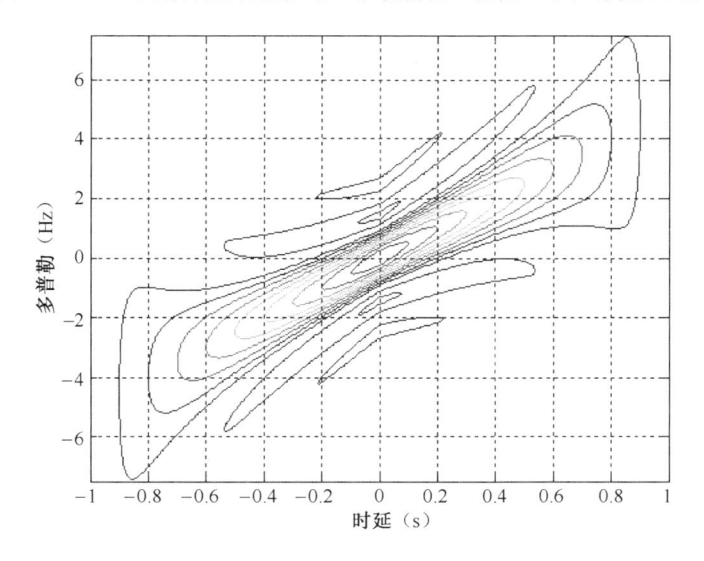

图 5.5（b）　对应图 5.5（a）的等值线图

MATLAB 函数 "*lfm_ambg.m*"

函数 "*lfm_ambg.m*" 实现方程（5.21）。语法如下：

lfm_ambg[taup,b,up_down]

其中：

符号	说明	单位	状态
taup	脉冲宽度	s	输入
b	带宽	Hz	输入
up_down	升频线性调频脉冲 up_down = 1 降频线性调频脉冲 up_down = −1	无	输入

注意，沿多普勒频率轴的 LFM 模糊函数的截线与单个脉冲的截线相同。不必对此感到惊奇，因为脉冲形状没有改变（我们仅增加了频率调制）。但是，沿时延轴的截线变化很大。与未调制的脉冲截线相比，它现在要窄得多。在这种情况下，第一个零值发生在

$$\tau_{n1} \approx 1/B \tag{5.24}$$

图 5.6 给出了对应方程（5.23）的不确定性函数中一条截线的图形。该图可用附录 5-A 中列出的 MATLAB 程序 "$Fig5\_6.m$" 生成。

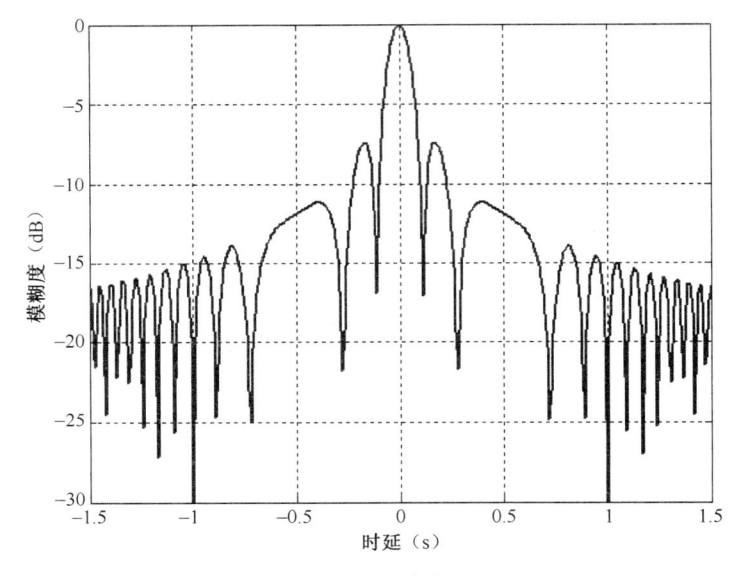

图 5.6 线性调频脉冲零多普勒模糊图（$\tau_0 = 1$，$b = 20$）

方程（5.24）表明匹配滤波器输出的有效脉冲宽度（压缩的脉冲宽度）完全由雷达带宽决定。由此沿时延轴的 LFM 模糊函数截线比未调制脉冲的截线要窄，其比例因子为

$$\xi = \frac{\tau_0}{(1/B)} = \tau_0 B \tag{5.25}$$

ξ 称为压缩比（也称为时间-带宽积和压缩增益）。所有这三个名称均可互换使用，意思相同。如方程（5.25）所示，压缩比也随着雷达带宽的增加而提高。

例：用下列指标计算对应于 LFM 波形脉冲压缩之前和之后的距离分辨率：带宽 $B = 1$ GHz，脉冲宽度 $\tau_0 = 10$ ms。

解：脉冲压缩之前的距离分辨率为

$$\Delta R_{\text{uncomp}} = \frac{c\tau_0}{2} = \frac{3 \times 10^8 \times 10 \times 10^{-3}}{2} = 1.5 \times 10^6 \text{ m}$$

利用方程（5.24）得

$$\tau_{n1} = \frac{1}{1 \times 10^9} = 1 \text{ ns}$$

$$\Delta R_{\text{comp}} = \frac{c\tau_{n1}}{2} = \frac{3 \times 10^8 \times 1 \times 10^{-9}}{2} = 15 \text{ cm}$$

5.2.3 相干脉冲串模糊函数

图5.7给出了相干脉冲串的图形。脉冲宽度标识为 τ_0，PRI 为 T。脉冲串中的脉冲个数为 N；因此，脉冲串的长度为 $(N-1)T$ 秒。归一化的单个脉冲 $\tilde{x}(t)$ 定义为

$$\tilde{x}_1(t) = \frac{1}{\sqrt{\tau_0}} \text{Rect}\left(\frac{t}{\tau_0}\right) \tag{5.26}$$

当在连续脉冲之间保持相干性时，则归一化脉冲串的表达式为

$$\tilde{x}(t) = \frac{1}{\sqrt{N}} \sum_{i=0}^{N-1} \tilde{x}_1(t - iT) \tag{5.27}$$

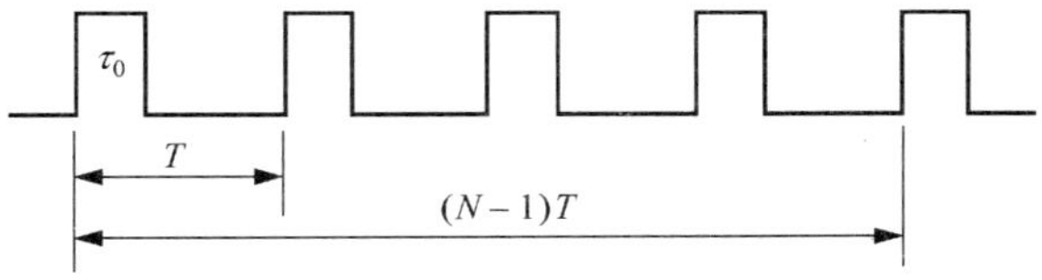

图 5.7 相干脉冲串（$N=5$）

匹配滤波器的输出为

$$\chi(\tau; f_d) = \int_{-\infty}^{\infty} \tilde{x}(t)\tilde{x}^*(t-\tau) e^{j2\pi f_d t} dt \tag{5.28}$$

将方程（5.27）代入方程（5.28）并互换求和与积分，得

$$\chi(\tau; f_d) = \frac{1}{N} \sum_{i=0}^{N-1} \sum_{j=0}^{N-1} \int_{-\infty}^{\infty} \tilde{x}_1(t-iT) \tilde{x}_1^*(t-jT-\tau) e^{j2\pi f_d t} dt \tag{5.29}$$

进行变量代换 $t_1 = t - iT$，得

$$\chi(\tau; f_d) = \frac{1}{N} \sum_{i=0}^{N-1} e^{j2\pi f_d iT} \sum_{j=0}^{N-1} \int_{-\infty}^{\infty} \tilde{x}_1(t_1) \tilde{x}_1^*(t_1 - [\tau - (i-j)T]) e^{j2\pi f_d t_1} dt_1 \tag{5.30}$$

式（5.30）中的积分表示单个脉冲的匹配滤波器输出，由 χ_1 表示，有

$$\chi(\tau;f_d) = \frac{1}{N}\sum_{i=0}^{N-1} e^{j2\pi f_d iT} \sum_{j=0}^{N-1} \chi_1[\tau-(i-j)T;f_d] \tag{5.31}$$

当利用 $q = i - j$ 这一关系时，那么下面的关系成立：

$$\sum_{i=0}^{N}\sum_{m=0}^{N} = \sum_{q=-(N-1)}^{0}\sum_{i=0}^{N-1-|q|}\bigg|_{j=i-q} + \sum_{q=1}^{N-1}\sum_{j=0}^{N-1-|q|}\bigg|_{i=j+q} \tag{5.32}$$

将方程（5.32）代入方程（5.31）得

$$\begin{aligned}\chi(\tau;f_d) &= \frac{1}{N}\sum_{q=-(N-1)}^{0}\left\{\chi_1(\tau-qT;f_d)\sum_{i=0}^{N-1-|q|}e^{j2\pi f_d iT}\right\}\\ &+ \frac{1}{N}\sum_{q=1}^{N-1}\left\{e^{j2\pi f_d qT}\chi_1(\tau-qT;f_d)\sum_{j=0}^{N-1-|q|}e^{j2\pi f_d jT}\right\}\end{aligned} \tag{5.33}$$

设 $z = \exp(j2\pi f_d T)$，并利用下面的关系

$$\sum_{j=0}^{N-1-|q|} z^j = \frac{1-z^{N-|q|}}{1-z} \tag{5.34}$$

得

$$\sum_{i=0}^{N-1-|q|} e^{j2\pi f_d iT} = e^{[j\pi f_d(N-1-|q|)T]} \frac{\sin[\pi f_d(N-1-|q|)T]}{\sin(\pi f_d T)} \tag{5.35}$$

将方程（5.35）代入方程（5.31）得到正、负 q 的两个互补的和。两个和可以合成为

$$\chi(\tau;f_d) = \frac{1}{N}\sum_{q=-(N-1)}^{N-1} \chi_1(\tau-qT;f_d) e^{[j\pi f_d(N-1+q)T]} \frac{\sin[\pi f_d(N-|q|)T]}{\sin(\pi f_d T)} \tag{5.36}$$

方程（5.36）的右边第二部分体现了脉冲串对模糊函数的影响，而第一部分主要决定了它的形状细节（根据使用的脉冲类型）。

最后，与相干脉冲串有关的模糊函数作为方程（5.36）的模的平方来计算。对于 $\tau_0 < T/2$，模糊函数化简为

$$|\chi(\tau;f_d)| = \frac{1}{N}\sum_{q=-(N-1)}^{N-1} |\chi_1(\tau-qT;f_d)| \left|\frac{\sin[\pi f_d(N-|q|)T]}{\sin(\pi f_d T)}\right|; \quad |\tau| \leq NT \tag{5.37}$$

在 $|\tau| \leq \tau_0 \Rightarrow q = 0$ 的范围内，方程（5.37）可写为

$$|\chi(\tau;f_{\mathrm{d}})| = |\chi_1(\tau;f_{\mathrm{d}})| \left|\frac{\sin[\pi f_{\mathrm{d}} NT]}{N\sin(\pi f_{\mathrm{d}} T)}\right| \; ; \; |\tau| \leqslant \tau_0 \tag{5.38}$$

这样，相干脉冲串的模糊函数是每个脉冲的模糊函数的叠加。沿时延轴和多普勒轴的模糊函数的截线分别如下：

$$|\chi(\tau;0)|^2 = \left|\sum_{q=-(N-1)}^{N-1} \left(1-\frac{|q|}{N}\right)\left(1-\frac{|\tau-qT|}{\tau_0}\right)\right|^2 \; ; \; |\tau-qT| < \tau_0 \tag{5.39}$$

$$|\chi(0;f_{\mathrm{d}})|^2 = \left|\frac{1}{N}\frac{\sin(\pi f_{\mathrm{d}}\tau_0)}{\pi f_{\mathrm{d}}\tau_0}\frac{\sin(\pi f_{\mathrm{d}} NT)}{\sin(\pi f_{\mathrm{d}} T)}\right|^2 \tag{5.40}$$

MATLAB 函数 "train_ambg.m"

函数 "train_ambg.m" 实现方程（5.37）。语法如下：

train_ambg [taup, n, pri]

其中：

符 号	说 明	单 位	状 态
taup	脉冲宽度	s	输入
n	串中的脉冲个数	无	输入
pri	脉冲重复间隔	s	输入

图 5.8（a）和图 5.8（b）给出了 $N=5$、$\tau_0=0.4$、$T=1$ 时的三维模糊图及相应的等值线图。该图可用附录 5-A 中列出的 MATLAB 程序 "*Fig5_8.m*" 生成。图 5.8（c）和图 5.8（d）分别给出了模糊函数中零多普勒和零时延截线图。沿频率轴的模糊函数峰值位于频率 $f=1/T$ 的整数倍处。此外，沿时延轴的峰值位于 T 的整数倍处。沿时延轴的模糊函数峰值的宽度为 $2\tau_0$。沿多普勒轴的峰值宽度为 $1/(N-1)T$。

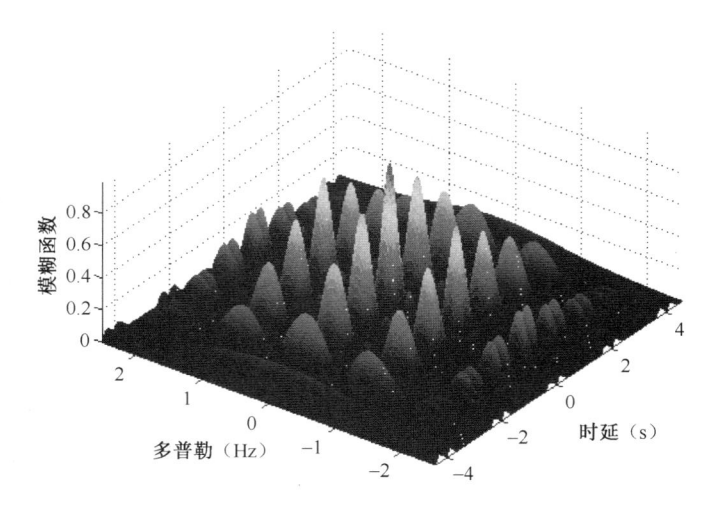

图 5.8（a） 5脉冲等幅度相干串的三维模糊图（脉宽 = 0.4 秒；PRI = 1 秒，$N=5$）

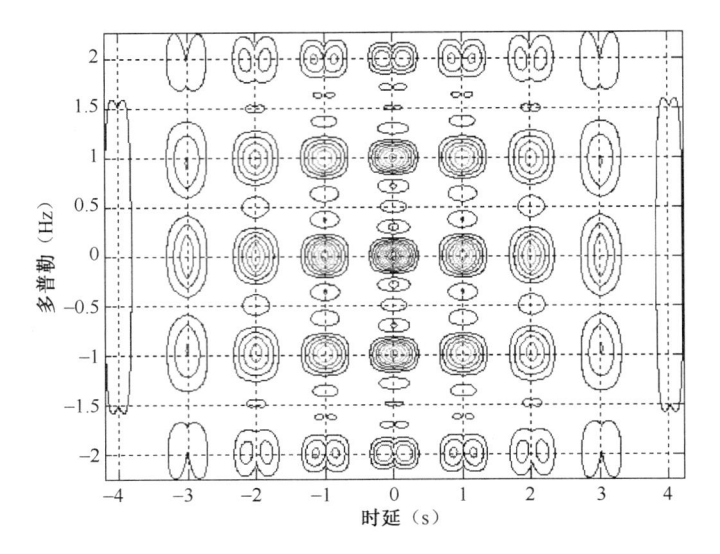

图 5.8（b）　对应于图 5.8（a）的等值线图

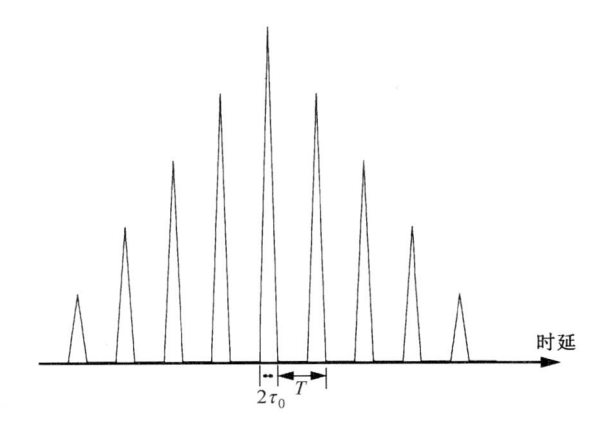

图 5.8（c）　对应于图 5.8（a）的零多普勒截线

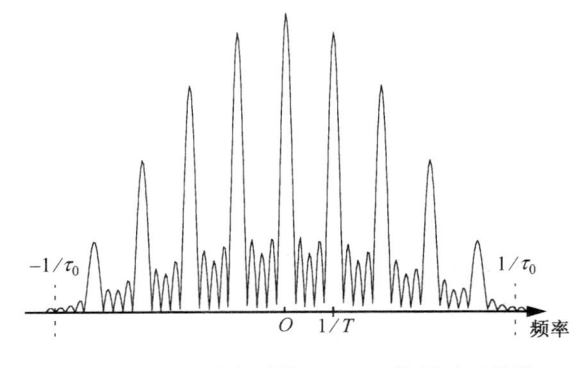

图 5.8（d）　对应于图 5.8（a）的零时延截线

5.2.4　LFM 脉冲串的模糊函数

在这种情况下，除在每个脉冲中进行 LFM 调制外，信号与前一节中的一样。图 5.9 说明了该情况。再次将脉宽用 τ_0 表示,PRI 用 T 表示。脉冲串中的脉冲个数为 N;因此,脉冲串的长度为 $(N-1)/T$ 秒。归一化的单个脉冲 $\tilde{x}_1(t)$ 定义为

$$\tilde{x}_1(t) = \frac{1}{\sqrt{\tau_0}} \text{Rect}\left(\frac{t}{\tau_0}\right) e^{j\pi \frac{B}{\tau_0} t^2} \tag{5.41}$$

其中 B 是 LFM 的带宽。

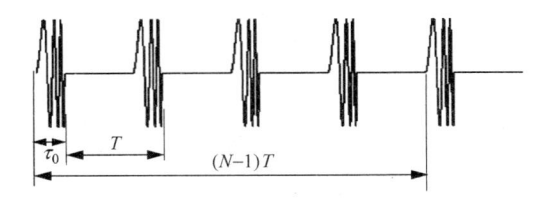

图 5.9 LFM 脉冲串($N=5$)

现在信号可写为

$$\tilde{x}(t) = \frac{1}{\sqrt{N}} \sum_{i=0}^{N-1} \tilde{x}_1(t - iT) \tag{5.42}$$

利用 5.1 节中的性质(5)和方程(5.37),得到以下模糊函数:

$$|\chi(\tau; f_d)| = \sum_{q=-(N-1)}^{N-1} \left|\chi_1\left(\tau - qT; f_d + \frac{B}{\tau_0}\tau\right)\right| \left|\frac{\sin[\pi f_d(N-|q|)T]}{N \sin(\pi f_d T)}\right|; \quad |\tau| \leq NT \tag{5.43}$$

其中 χ_1 是单个脉冲的模糊函数。注意,与未调制脉冲串的情况相比,沿时延轴的模糊函数的形状没有变化。因为仅仅增加了一个相位调制,而这仅影响沿频率轴的形状,所以上述情况是可以预见的。

MATLAB 函数 "*train_ambg_lfm.m*"

函数 "*train_ambg_lfm.m*" 实现方程(5.43)。语法如下:

x=train_ambg_lfm(taup, n, pri, bw)

其中:

符 号	说 明	单 位	状 态
taup	脉冲宽度	s	输入
n	串中的脉冲个数	无	输入
pri	脉冲重复间隔	s	输入
bw	LFM 带宽	Hz	输入
x	双峰函数阵列	无	输出

注意,当设 "*bw*" 的值为 0 时,这个函数产生与函数 "*train_ambg.m*" 相同的结果。在这种情况下,方程(4.43)与方程(4.35)是一样的。图 5.10(a)和图 5.10(b)给出了除增加 LFM 调制及 $N=3$ 的脉冲以外,其他与前一节中列出示例相同的情况下,其模糊函

数图及相应的等值线图。该图可用附录 5-A 中列出的 MATLAB 程序 "*Fig5_10.m*" 生成。

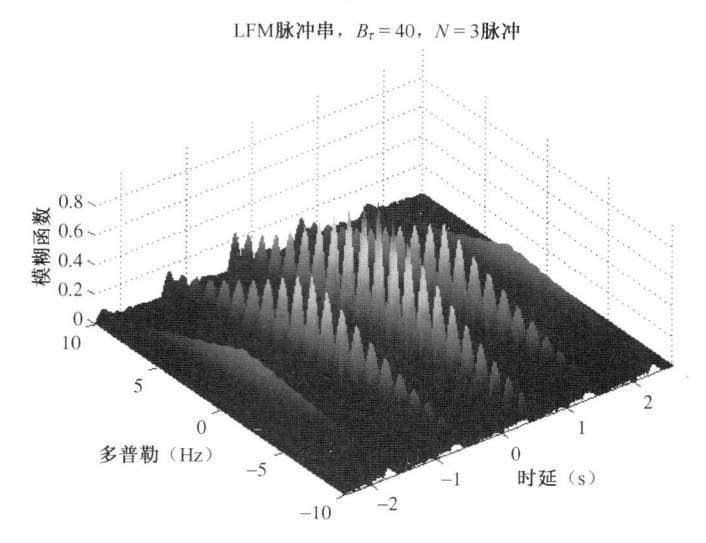

图 5.10（a） LFM 脉冲串的三维模糊图

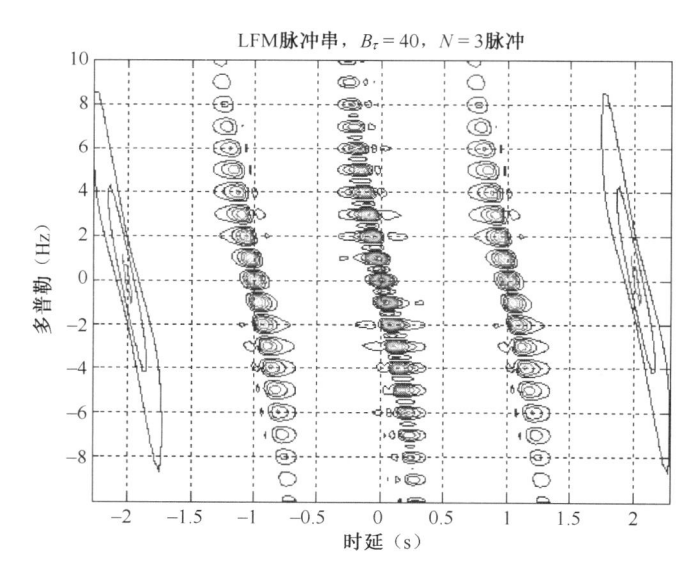

图 5.10（b） 对应于图 5.10（a）的等值线图

图 5.11（a）和图 5.11（b）可以帮助理解相干脉冲串和 LFM 脉冲串模糊图之间的区别。两张图中都使用了一个三脉冲串；两种情况下的脉宽均为 $\tau_0 = 0.4$ 秒，周期均为 $T = 1$ 秒。在 LFM 脉冲串的情况下，每个脉冲都进行 $B\tau_0 = 20$ 的 LFM 调制。在两种情况下，沿时延和多普勒轴的模糊度峰值的位置相同。因为沿时延轴的峰值间隔 T 秒，而沿多普勒轴的峰值间隔 $1/T$ 秒，而在两种情况下 T 值没有变化，所以时延和多普勒轴的模糊度峰值的位置相同。另外，在两种情况下，沿多普勒轴的模糊度峰值相同，这是因为这个值仅依赖于脉冲串的长度，而它在两种情况下相同（也即 $(N-1)T$）。

然而，沿时延轴的模糊度峰值的宽度显著不同。在相干脉冲串的情况下，这个宽度大约等于脉冲宽度的两倍。而这个值在 LFM 脉冲串的情况下要小得多。这清晰地引向期望的结论，即增加 LFM 调制大大提升了距离分辨率。最后，LFM 调制在模糊图中引入了斜率变化，这也是一个可以预见的结果。

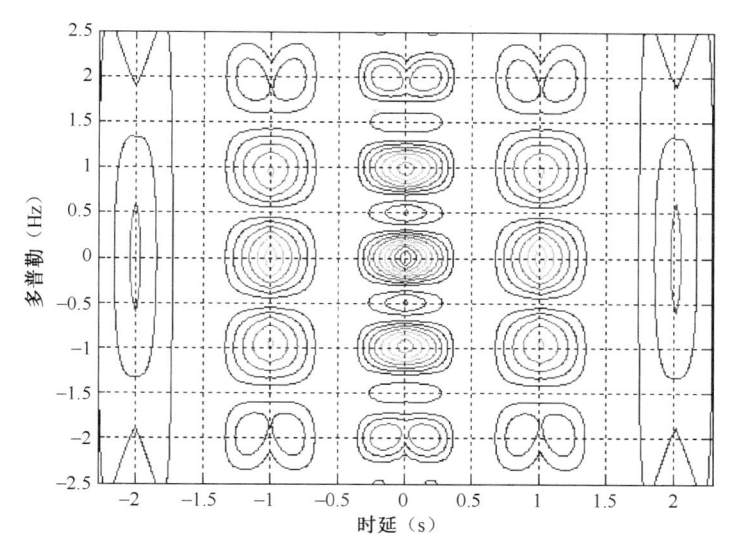

图 5.11（a） 相干脉冲串模糊函数的等值线图（$N=3$，$\tau_0=0.4$，$T=1$）

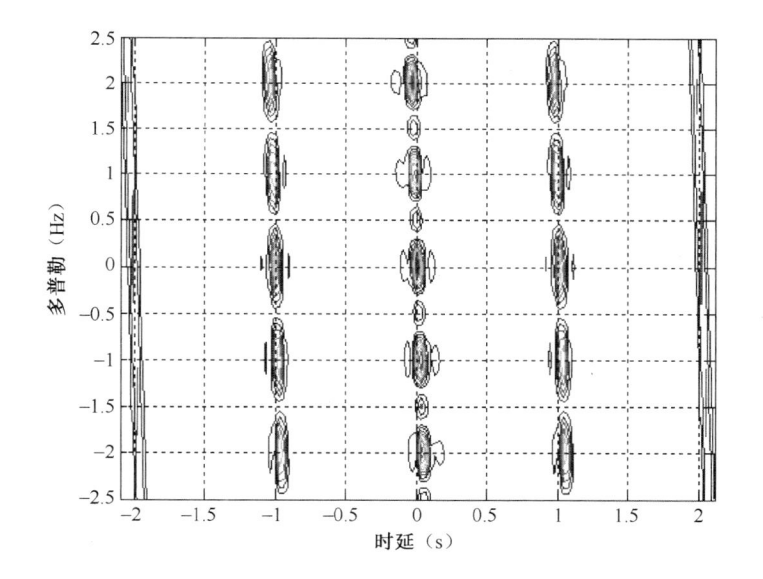

图 5.11（b） 相干脉冲串模糊函数的等值线图（$N=3$，$B\tau_0=20$，$T=1$）

5.3 步进频率波形

步进频率波形（SFW）是一类用于超宽带应用中的雷达波形。这些应用中需要很大的时间-带宽积［或如方程（5.25）定义的压缩比］。可将 SFW 看成超宽带宽 LFM 波形的一种特殊情况。为此目的考虑一个 LFM 信号，其带宽为 B_i，脉冲宽度为 T_i，并称其为原 LFM。将这个长脉冲分割成 N 个子脉冲，每个子脉冲的宽度为 τ_0，以生成一个 PRI 记为 T 的脉冲序列。满足 $T_i = (n-1)T$。SFW 受青睐的一个原因是当时间-带宽积很大时，超宽带宽 LFM 可能很难保持 LFM 斜率。通过使用 SFW 可以获得相同的带宽；然而，由于 LFM 在一个小得多的持续时间上调制，所以可以最小化相位误差。

如图 5.12 中说明的，定义每个子脉冲的起始频率为在每个子脉冲前沿上从原 LFM 测量的值，也即

$$f_i = f_0 + i\Delta f; \quad i = 0, N-1 \tag{5.44}$$

式中，Δf 是从一个子脉冲到另一个子脉冲的频率步进。这 n 个子脉冲的集合常被称为一脉冲串。为此假设子脉冲 LFM 调制对应于 LFM 斜率 $\mu = B/\tau_0$。

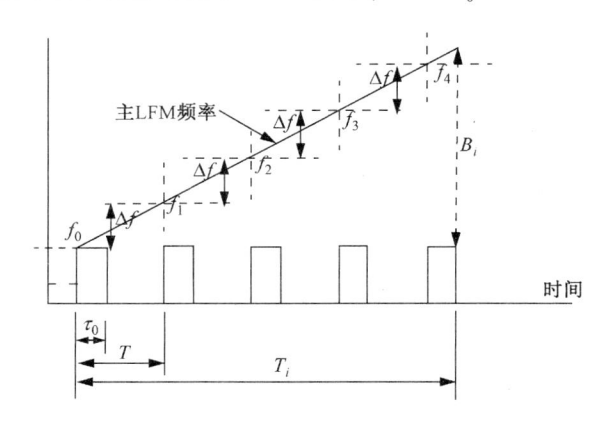

图 5.12 步进频率波形脉冲串示例（$N = 5$）

具有 LFM 调制的单个子脉冲的复包络为

$$\tilde{x}_1 = \frac{1}{\sqrt{\tau_0}} \text{Rect}\left(\frac{t}{\tau_0}\right) e^{j\pi\mu t^2} \tag{5.45}$$

当然，如果子脉冲不具有任何 LFM 调制，那么通过令 $\mu = 0$，同一方程保持成立。整个脉冲串的完整复包络为

$$\tilde{x}(t) = \frac{1}{\sqrt{N}} \sum_{i=0}^{N-1} \tilde{x}_1(t - iT) \tag{5.46}$$

由 5.2.3 节中讨论的相干脉冲串的模糊函数及模糊函数的性质（5），可得到对应于方程（5.46）的匹配滤波器的模糊函数。细节部分相当清楚，相应的计算留做读者练习。结果为（见习题 5.2）

$$|\chi(\tau; f_d)| = \sum_{q=-(N-1)}^{N-1} \left|\chi_1\left(\tau - qT; \left(f_d + \frac{B}{\tau_0}\tau\right)\right)\right| \times \\ \left|\frac{\sin\left[\pi\left(f_d + \frac{\Delta f}{T}\tau\right)(N-|q|)T\right]}{N\sin\left(\pi\left(f_d + \frac{\Delta f}{T}\tau\right)T\right)}\right|; \quad |\tau| \leq NT \tag{5.47}$$

其中 χ_1 是单个脉冲的模糊函数。与方程（5.43）中的情况不同，方程（5.47）的右边第二部分根据 5.1 节的性质（5）进行了修正。因为每个子脉冲都有自己的从原 LFM 斜率推导得到的起始频率，所以这是正确的。

5.4 非线性调频

如图 5.6 中清楚地说明，对应于一个 LFM 脉冲的匹配滤波器输出的旁瓣类似于 $|\sin(x)/x|^2$ 信号的旁瓣，即主波束峰值以下 13.4 dB。在许多雷达应用中，这些旁瓣电平被认为是过高的，尤其是在有附近干扰目标或其他噪声源的情况下，它们还会为检测带来严重问题。因此在大多数雷达应用中，总是需要降低匹配滤波器的输出旁瓣。可以使用如第 3 章中描述的加窗技术来实现旁瓣降低。然而，加窗技术降低旁瓣电平是以降低 SNR 和展宽主波束（即损失分辨率）为代价的，而在许多雷达应用中是不希望付出这些代价的。

可以通过使用非线性调频（NLFM）取代 LFM 波形来减轻这些影响。在这种情况下，要根据一个特定的预先确定的频率函数对 LFM 波形频谱赋形。如图 5.13 中说明的，在 NLFM 中，LFM 波形相位的变化速率可以有效改变，使得可在带宽边缘上花费较少时间。在静态相位的内容中可以更好地分析和理解 NLFM 的概念。

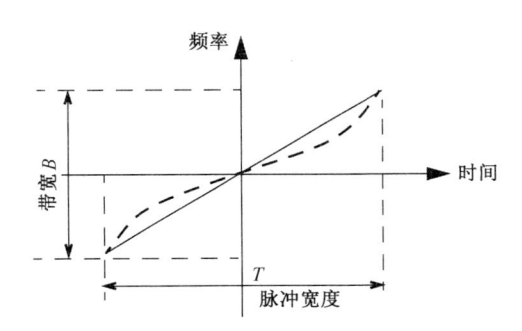

图 5.13 LFM 波形（实线）和 NLFM 波形（虚线）的频率与时间的关系

5.4.1 静态相位的概念

考虑以下带通信号：

$$x(t) = x_1(t)\cos(2\pi f_0 t + \phi(t)) - x_Q(t)\sin(2\pi f_0 t + \phi(t)) \tag{5.48}$$

其中 $\phi(t)$ 是频率调制。对应的解析信号（预包络）为

$$\psi(t) = \tilde{x}(t)e^{j2\pi f_0 t} = r(t)e^{j\phi(t)}e^{j2\pi f_0 t} \tag{5.49}$$

其中 $\tilde{x}(t)$ 是复包络，为

$$\tilde{x}(t) = r(t)e^{j\phi(t)} \tag{5.50}$$

低通信号 $r(t)$ 表示发射信号的包络，为

$$r(t) = \sqrt{x_I^2(t) + x_Q^2(t)} \tag{5.51}$$

那么信号 $\tilde{x}(t)$ 的傅里叶变换可写作

$$X(\omega) = \int_{-\infty}^{\infty} r(t) e^{j(-\omega t + \phi(t))} dt \tag{5.52}$$

$$X(\omega) = |X(\omega)| e^{j\Phi(\omega)} \tag{5.53}$$

其中 $|X(\omega)|$ 是傅里叶变换的模，$\Phi(\omega)$ 是对应的相位频率响应。很显然，被积函数是一个时间的振荡函数，变化速率为

$$\frac{d}{dt}[\omega t - \phi(t)] \tag{5.54}$$

当这个变换速率最小时，对傅里叶变换的贡献最大。更明确地说，它出现在

$$\frac{d}{dt}[\omega t - \phi(t)] = 0 \Rightarrow \omega - \phi'(t) = 0 \tag{5.55}$$

方程（5.55）的表达式是参数化的，这是因为它与两个独立变量有关。因此，对于每个值 ω_n，仅有一个特定的 $\phi'(t_n)$ 满足方程（5.55）。所以对于不同的 ω_n 值，这个相位项静止的时刻将不同。对方程（5.55）中的相位项进行关于增量值 t_n 的泰勒级数展开，得

$$\omega_n t - \phi(t) = \omega_n t_n - \phi(t_n) + (\omega_n - \phi'(t_n))(t - t_n) - \frac{\phi''(t_n)}{2!}(t - t_n)^2 + \cdots \tag{5.56}$$

假设差值 $(t - t_n)$ 非常小，则取前三项可得到方程（5.56）的可接受近似。现在，在方程（5.56）中使用方程（5.55），并仅采用展开式的前三项，得

$$\omega_n t - \phi(t) = \omega_n t_n - \phi(t_n) - \frac{\phi''(t_n)}{2!}(t - t_n)^2 \tag{5.57}$$

将方程（5.57）代入方程（5.52），并利用相对于载波信号的变化速率，$r(t)$ 相对恒定（变化缓慢）的事实，有

$$X(\omega_n) = r(t_n) \int_{t_n^-}^{t_n^+} e^{-j\left(\omega_n t_n - \phi(t_n) - \frac{\phi''(t_n)}{2}(t - t_n)^2\right)} dt \tag{5.58}$$

其中 t_n^+ 和 t_n^- 表示关于 t_n 的无限小变化。方程（5.58）可写为

$$X(\omega_n) = r(t_n) e^{j(-\omega_n t_n - \phi(t_n))} \int_{t_n^-}^{t_n^+} e^{j\left(\frac{\phi''(t_n)}{2}(t - t_n)^2\right)} dt \tag{5.59}$$

考虑变量的变化

$$t - t_n = \lambda \Rightarrow dt = d\lambda \tag{5.60}$$

第 5 章 模糊函数——模拟波形

$$\sqrt{\phi''(t_n)}\lambda = \sqrt{\pi}y \Rightarrow \mathrm{d}\lambda = \frac{\sqrt{\pi}}{\sqrt{\phi''(t_n)}}\mathrm{d}y \tag{5.61}$$

使用变量的这些变化，可得

$$X(\omega_n) = \frac{2\sqrt{\pi}}{\sqrt{\phi''(t_n)}} r(t_n) e^{j(-\omega_n t_n - \phi(t_n))} \int_0^{y_0} e^{j\left(\frac{\pi y^2}{2}\right)} \mathrm{d}y \tag{5.62}$$

其中

$$y_0 = \sqrt{\frac{|\phi''(t_n)|}{\pi}} \tag{5.63}$$

方程（5.62）中的积分具有菲涅耳积分的形式，它的上限可近似为

$$\frac{\exp\left(j\frac{\pi}{4}\right)}{\sqrt{2}} \tag{5.64}$$

将方程（5.64）代入方程（5.62），得

$$X(\omega_n) = \frac{\sqrt{2\pi}}{\sqrt{\phi''(t_n)}} r(t_n) e^{j\left(-\omega_n t_n - \phi(t_n) + \frac{\pi}{4}\right)} \tag{5.65}$$

因此，对于 ω 的所有可能值，

$$|X(\omega_t)|^2 \approx 2\pi \frac{r^2(t)}{|\phi''(t)|} \Rightarrow |X(\omega)| = \frac{\sqrt{2\pi}}{\sqrt{|\phi''(t)|}} r(t) \tag{5.66}$$

下标 t 用来说明 ω 对时间的依赖。

使用一种可与得到方程（5.66）类似的方法，可以得到 $\tilde{x}(t_n)$ 的表达式。由方程（5.53），信号 $\tilde{x}(t)$ 为

$$\tilde{x}(t) = \frac{1}{2\pi} \int_{-\infty}^{\infty} |X(\omega)| e^{j(\Phi(\omega) + \omega t)} \mathrm{d}\omega \tag{5.67}$$

相位项 $\Phi(\omega)$ 为 [使用方程（5.65）]

$$\Phi(\omega) = -\omega t - \phi(t) + \frac{\pi}{4} \tag{5.68}$$

对 ω 求导，得

$$\frac{\mathrm{d}}{\mathrm{d}\omega}\Phi(\omega) = -t - \left(\frac{\mathrm{d}t}{\mathrm{d}\omega}\right)\left[\omega - \frac{\mathrm{d}}{\mathrm{d}t}\phi(t)\right] = \Phi'(\omega) \tag{5.69}$$

使用方程（5.55）中的静态相位关系（即 $\omega - \phi'(t) = 0$），得

$$\Phi'(\omega) = -t \tag{5.70}$$

和
$$\Phi''(\omega) = -\frac{\mathrm{d}t}{\mathrm{d}\omega} \tag{5.71}$$

定义信号群时延函数为
$$T_g(\omega) = -\Phi'(\omega) \tag{5.72}$$

那么信号的瞬时频率是 $T_g(\omega)$ 取反。图 5.14 给出了 NLFM 频率调制与相应群时延函数之间的这种相反关系的示意图。

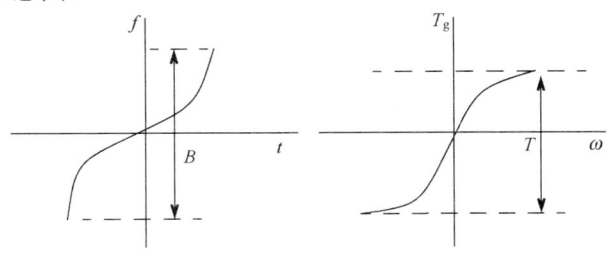

图 5.14 一个 NLFM 波形的匹配滤波器时延和频率调制

方程（5.67）和方程（5.52）的比较说明这两个方程具有相似的形式。因此，如果在方程（5.52）中用 $X(\omega)/2\pi$ 代替 $r(t)$，$\Phi(\omega)$ 代替 $\phi(t)$，ω 代替 t，$-t$ 代替 ω，可推导出与方程（5.65）类似的形式，也即
$$|\tilde{x}(t_\omega)|^2 \approx \frac{1}{2\pi} \frac{|X(\omega)|^2}{|\Phi''(\omega)|} \tag{5.73}$$

下标 ω 用来说明 t 对频率的依赖性。然而，由方程（5.60）有
$$|\tilde{x}(t)|^2 = |r(t)\mathrm{e}^{\mathrm{j}\phi(t)}|^2 = r^2(t) \tag{5.74}$$

因此方程（5.73）可写为
$$r^2(t_\omega) \approx \frac{1}{2\pi}\frac{|X(\omega)|^2}{|\Phi''(\omega)|} \Rightarrow r(t) = \frac{|X(\omega)|}{\sqrt{2\pi|\Phi''(\omega)|}} \tag{5.75}$$

将方程（5.71）代入方程（5.75），得到任意 t 的一般关系式：
$$r^2(t)\mathrm{d}t = \frac{1}{2\pi}|X(\omega)|^2\mathrm{d}\omega \tag{5.76}$$

显然，函数 $r(t)$、$\phi(t)$、$X(\omega)$ 和 $\Phi(\omega)$ 由傅里叶变换对相互关联起来，即
$$r(t)\mathrm{e}^{\mathrm{j}\phi(t)} = \frac{1}{2\pi}\int_{-\infty}^{\infty}|X(\omega)|\ \mathrm{e}^{\mathrm{j}(\Phi(\omega)+\omega t)}\mathrm{d}\omega \tag{5.77}$$

$$|X(\omega)|\ \mathrm{e}^{\mathrm{j}\Phi(\omega)} = \int_{-\infty}^{\infty}r(t)\ \mathrm{e}^{-\mathrm{j}(\omega t-\phi(t))}\mathrm{d}\omega \tag{5.78}$$

它们也可用下式的帕塞瓦尔定理关联起来，

$$\int_{-\infty}^{t} r^2(\zeta)\, d\zeta = \frac{1}{2\pi} \int_{\omega}^{\infty} |X(\lambda)|^2 d\lambda \qquad (5.79)$$

或

$$\int_{-\infty}^{t} r^2(\zeta)\, d\zeta = \frac{1}{2\pi} \int_{-\infty}^{\omega} |X(\lambda)|^2 d\lambda \qquad (5.80)$$

之前推导了匹配滤波器输出的公式，这里重复写为方程（5.81），

$$\chi(\tau, f_d) = \int_{-\infty}^{\infty} \tilde{x}(t)\tilde{x}^*(t-\tau) e^{j2\pi f_d t} dt \qquad (5.81)$$

将方程（5.50）代入方程（5.81）的右边，得

$$\chi(\tau, f_d) = \int_{-\infty}^{\infty} r(t) r^*(t-\tau) e^{j2\pi f_d t} dt \qquad (5.82)$$

因此模糊函数的零多普勒和零时延截线可写为

$$\chi(\tau, 0) = \frac{1}{2\pi} \int_{-\infty}^{\infty} |X(\omega)|^2\, e^{j\omega\tau} d\omega \qquad (5.83)$$

$$\chi(0, f_d) = \int_{-\infty}^{\infty} |r(t)|^2\, e^{j2\pi f_d t} dt \qquad (5.84)$$

这两个方程说明模糊函数截线的形状由选择不同的函数 X 和 r ［关系如方程（5.76）中的定义］控制。换言之，模糊函数主波束及其时延轴旁瓣可由这两个函数的特定选择进行控制；因此，使用了术语"频谱赋形"。使用频谱赋形的概念，就可以控制 LFM 的频率调制（见图 5.13）来生成具有期望旁瓣电平的模糊函数。

5.4.2　频率调制波形的频谱赋形

一类利用了静态相位原理来控制（赋形）频谱的 FM 波形为

$$|X(\omega;n)|^2 = \left(\cos\pi\left(\frac{\pi\omega}{B_n}\right)\right)^n;\ |\omega| \leqslant \frac{B_n}{2} \qquad (5.85)$$

其中 n 的值是一个大于零的整数。使用直接积分并利用方程（5.85），可以很简单地得到

$$n = 1 \Rightarrow T_{g1}(\omega) = \frac{T}{2}\sin\left(\frac{\pi\omega}{B_1}\right) \qquad (5.86)$$

$$n = 2 \Rightarrow T_{g2}(\omega) = T\left[\frac{\omega}{B_2} + \frac{1}{2\pi}\sin\left(\frac{2\pi\omega}{B_2}\right)\right] \qquad (5.87)$$

$$n = 3 \Rightarrow T_{g3}(\omega) = \frac{T}{4}\left\{\sin\left(\frac{\pi\omega}{B_3}\right)\left[\left(\cos\frac{\pi\omega}{B_3}\right)^2 + 2\right]\right\} \tag{5.88}$$

$$n = 4 \Rightarrow T_{g4}(\omega) = T\left\{\frac{\omega}{B_4} + \frac{1}{2\pi}\sin\frac{2\pi\omega}{B_4} + \frac{2}{3\pi}\left(\cos\frac{\pi\omega}{B_4}\right)^3 \sin\frac{\pi\omega}{B_4}\right\} \tag{5.89}$$

图 5.15 给出了方程（5.86）到方程（5.89）的图形。这些图假设 $T = 1$，且 x 轴对 B 进行了归一化。该图可用附录 5-A 中列出的 MATLAB 程序 "*Fig5_15.m*" 生成。

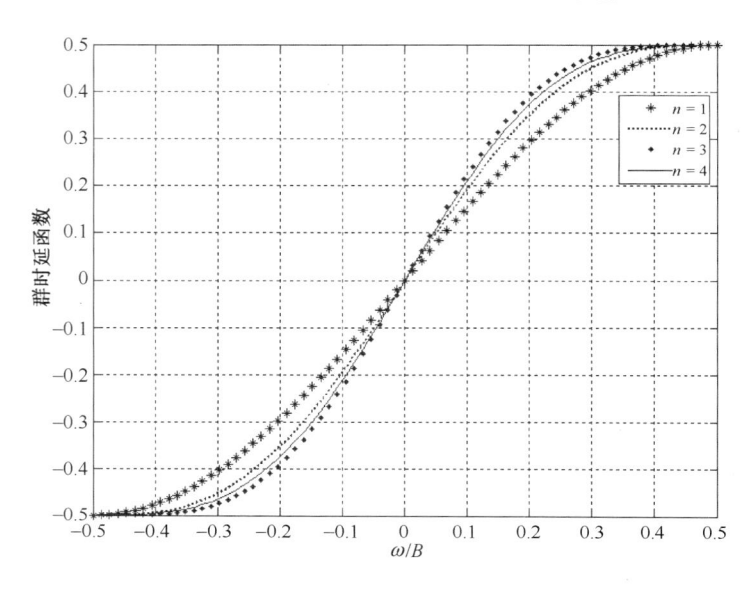

图 5.15　方程（5.85）的群时延

多普勒失配（即模糊函数的峰值出现在 0 以外的时延值上）与多普勒频率 f_d 的大小成正比。因此当使用 LFM 波形时，总可以预见在测量目标距离中有误差。为了使得匹配滤波器的输出旁瓣电平不超过预定电平，要使用这类 NLFM 波形：

$$|X(\omega;n;k)|^2 = k + (1-k)\left(\cos\pi\left(\frac{\pi\omega}{B_n}\right)\right)^n \; ; \; |\omega| \leqslant \frac{B_n}{2} \tag{5.90}$$

例如，使用 $n = 2$、$k = 0.08$ 的组合产生的旁瓣电平小于-40 dB。

5.5　模糊图等值线

模糊函数的图形称为模糊图。对于一个给定的波形，其对应的模糊图通常用于确定波形的性质，例如目标分辨能力、测量（时间和频率）精度及其对杂波的响应。模糊图等值线是三维模糊图在某些值 Q（$Q < |\chi(0,0)|^2$）上的截线。最终的图形是椭圆（见习题 5.11）。一个给定椭圆沿时延轴的宽度与第 2 章中定义的信号有效持续时间 τ_e 成正比。另外，椭圆沿多普勒轴的宽度与信号有效带宽 B_e 成正比。

图 5.16 是与单个未调制脉冲相关的典型模糊等值线图的草图。它表明窄脉冲提供的距离精度比长脉冲的要好。反之，较宽脉冲的多普勒精度要好于较窄脉冲的多普勒精度。距离测量和多普勒测量之间的这种折中，源自于与单个正弦脉冲的时间-带宽积有关的不确定

性，其中，时间（距离）的不确定性和频率（多普勒）的不确定性的乘积不能比 1 小很多（见习题 5.12）。图 5.17 是与一个 LFM 波形相关的模糊等值线图。倾斜说明有 LFM 调制。σ_τ、σ_{f_d}、$\sigma_{\tau RDC}$ 和 $\sigma_{f_d RDC}$ 的值在第 4 章中进行了推导，分别由方程（4.107）、方程（4.111）、方程（4.136）和方程（4.137）给出。

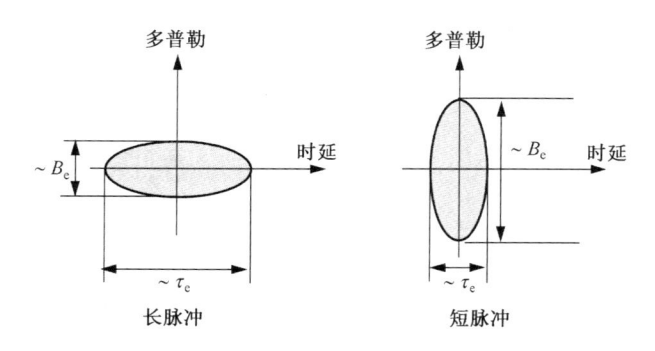

图 5.16　与正弦调制的选通连续波脉冲相关的模糊等值线图

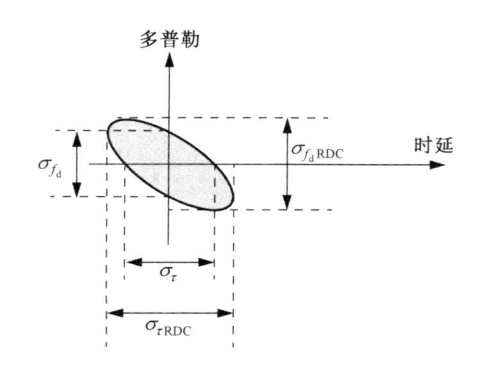

图 5.17　升频 LFM 的模糊等值线图

5.6　LFM 信号的距离-多普勒耦合的解释

第 4 章推导了 LFM 信号的距离-多普勒表达式。距离-多普勒耦合影响了雷达计算目标距离和多普勒估计的能力。利用方程（5.20），可以在模糊函数中对其做更深入的解释。观察这个方程，发现 LFM 脉冲模糊函数的峰值不在 $\tau = 0$ 处，而在

$$(B/\tau_0)\tau + f_d = 0 \Rightarrow \tau = -f_d(\tau_0/B) \tag{5.91}$$

这个多普勒失配（即模糊函数的峰值出现在 0 以外的时延值上）与多普勒频率 f_d 的大小成正比。因此当使用 LFM 波形时，总可以预见在测量目标距离中有误差。

大多数使用 LFM 的雷达系统将通过用一个具有相反斜率的 LFM 波形重复测量，并利用将两个测量值取平均的方法来纠正距离-多普勒耦合效应。这种方法消除了距离测量误差，而从平均值得到了真实目标距离。然而，一些雷达系统，特别是那些用于远距离监视应用的雷达系统可能利用距离-多普勒耦合效应。它们是这样工作的：典型情况下，处于搜索模式的雷达使用很宽的距离门，距离门中可能包含许多具有不同多普勒频率的目标。因此，匹配滤波器的输出有几个具有相同时延但多普勒失配不同的目标。

所有多普勒失配大于 $1/\tau_0$ 的目标被模糊函数大大衰减了（因为模糊函数沿多普勒轴衰减斜率很陡峭），因此很可能沿多普勒轴检测不到。那么距离门内的组合目标复数将被 LFM 检测到，就好像所有目标都有一个多普勒失配，这个失配对应于多普勒失配小于等于 $1/\tau_0$ 的目标。因此这个宽距离门内的所有目标都作为一个窄带目标被检测到。由于这种距离-多普勒耦合，所以 LFM 常被称为多普勒敏感波形。

习题

5.1 由方程（5.15）可以导出匹配滤波器的变换函数为 $H(f) = \sin((\pi\tau_0 f)/(\pi\tau_0 f))$。证明

$$\int_{-\frac{1}{2\tau_0}}^{\frac{1}{2\tau_0}} H(f)\mathrm{d}f = \frac{1}{2\tau_0}$$

5.2 证明方程（5.5）～方程（5.10）。

5.3 推导由下式定义的高斯脉冲的模糊函数表达式：

$$x(t) = \frac{1}{\sqrt{\sigma}\ \sqrt[4]{\pi}} \exp\left[\frac{-t^2}{2\sigma^2}\right]\ ;\ 0 < t < T$$

其中 T 为脉冲宽度，σ 为常数。

5.4 根据习题 5.3 的结果，编写 MATLAB 程序计算并画出三维图和等值线图。

5.5 推导下图说明的 V-LFM 波形的模糊函数表达式。在这种情况下，完整复包络为

$$\tilde{x}(t) = \tilde{x}_1(t) + \tilde{x}_2(t)\ ;\ -T < t < T$$

其中

$$\tilde{x}_1(t) = \frac{1}{\sqrt{2T}}\exp[-\mu t^2]\ ;\ -T < t < 0$$

$$\tilde{x}_2(t) = \frac{1}{\sqrt{2T}}\exp[\mu t^2]\ ;\ 0 < t < T$$

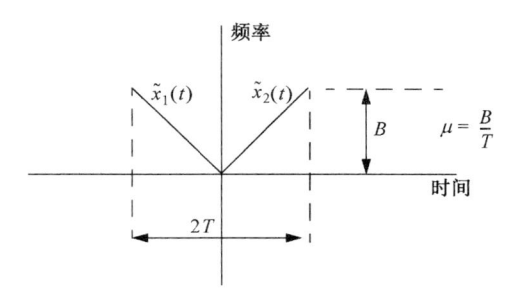

5.6 使用静态相位的概念，找到包络和复频谱分别为

$$r(t) = \frac{1}{\sqrt{T}}\exp\left[-\left(\frac{2t}{T}\right)^2\right]\ ;\ 0 < t < T$$

和

$$|X(f)| = \frac{1}{\sqrt{B}}\exp\left[-\left(\frac{2f}{B}\right)^2\right]$$

的波形的瞬时频率。

5.7 使用静态相位的概念，找到包络和复频谱分别为

$$r(t) = \frac{1}{\sqrt{\tau_0}}\text{Rect}\left(\frac{t}{\tau_0}\right); \quad 0 < t < \tau_0$$

和

$$|X(\omega)| = \frac{2}{\sqrt{B}}\frac{1}{\sqrt{1+(2\omega/B)^2}}$$

的波形的瞬时频率。

5.8 编写 MATLAB 程序，计算抛物线 FM 波形的模糊函数。你的程序必须能够生成结果模糊函数的三维和等值线图。

5.9 编写详细的 MATLAB 程序，计算 SFW 波形的模糊函数。你的程序必须能够生成结果模糊函数的三维和等值线图。

5.10 证明模糊函数中的截线永远由一个椭圆定义。提示：用关于 $(\tau, f_d) = (0, 0)$ 的泰勒级数展开近似模糊函数；仅使用泰勒级数展开的前三项。

5.11 雷达不确定性原理确立了时间-带宽积的低限。更具体地说，如果雷达有效持续时间为 τ_e，有效带宽为 β_e，请说明 $B_e^2 \tau_e^2 (1-\rho_{RDC}^2) \geqslant \pi^2$，其中 ρ_{RDC} 是第 4 章中定义的距离-多普勒耦合系数。

附录 5-A 第 5 章 MATLAB 程序清单

本章提供的 MATLAB 程序只是作为独立的学术工具设计的而没有其他用途。这里代码的编写方式是为了帮助读者更好地理解相关的理论。这些程序不是为任何类型的开环或闭环仿真研发的。本书中的 MATLAB 程序可通过 CRC 出版社的网站下载，登录 www.crcpress.com 搜索关键字"Mahafza"以定位本书的网页。

MATLAB 函数"single_pulse_ambg.m"程序清单

```
function [x] = single_pulse_ambg (taup)
% Computes the ambiguity of a single pulse
% % Inputs
    % taup          == pulsewidth in seconds
%%Outputs
    % x             == ambiguity surface array
eps = 0.000001;
i = 0;
del = 2*taup/150;
for tau = -taup:del:taup
  i = i + 1;
  j = 0;
  fd = linspace(-5/taup,5/taup,151);
  val1 = 1. - abs(tau) / taup;
  val2 = pi * taup .* (1.0 - abs(tau) / taup) .* fd;
  x(:,i) = abs( val1 .* sin(val2+eps)./(val2+eps));
end
```

MATLAB 程序"*Fig5_2.m*"清单

```
% Use this program to reproduce Fig. 5.2 of text
close all;
clear all;
eps = 0.000001;
taup = 3;
[x] = single_pulse_ambg (taup);
taux = linspace(-taup,taup, size(x,1));
fdy = linspace(-5/taup+eps,5/taup-eps, size(x,1));
mesh(taux,fdy,x);
xlabel ('Delay in seconds');
ylabel ('Doppler in Hz');
zlabel ('Ambiguity function')
figure(2)
contour(taux,fdy,x);
xlabel ('Delay in seconds');
ylabel ('Doppler in Hz'); grid
```

MATLAB 程序"*Fig5_4.m*"清单

```
% Use this program to reproduce Fig 5.4 of text
close all
clear all
eps = 0.0001;
taup = 3.;
fd = -10./taup:.001:10./taup;
uncer = abs( sinc(taup .* fd));
figure(2)
plot (fd, uncer,'k','linewidth',1);
xlabel ('Frequency - Hz')
ylabel ('Ambiguity - Volts')
grid
```

MATLAB 函数"*lfm_ambg.m*"程序清单

```
function x = lfm_ambg(taup, b, up_down)
% Implements Eq. (5.21) of textbook
%% Inputs
   % taup              == pulsewidth in seconds
   % b                 == bandwidth in Hz
   % up_down           == 1 to indicate an up-chirp LFM
   % up_down           == -1 to indicate an down-chirp LFM
%% Output
   % x                 == ambiguity matrix
eps = 0.000001;
i = 0;
mu = up_down * b / taup;
del = 2*taup/200;
for tau = -1.*taup:del:taup
   i = i + 1;
   j = 0;
   fd = linspace(-1.5*b,1.5*b,201);
   val1 = 1. - abs(tau) / taup;
   val2 = pi * taup * (1.0 - abs(tau) / taup);
   val3 = (fd + mu * tau);
```

```
    val = val2 * val3;
    x(:,i) = abs( val1 .* (sin(val+eps)./(val+eps))).^2;
  end
end
```

MATLAB 程序"*Fig5_5.m*"清单

```
% Use this program to reproduce Fig. 5.5 of text
close all
clear all
eps = 0.0001;
taup = 1.;
b = 5.;
up_down = -1.;
x = lfm_ambg(taup, b, up_down);
taux = linspace(-1.*taup,taup,size(x,1));
fdy = linspace(-1.5*b,1.5*b,size(x,1));
figure(1)
mesh(taux,fdy,sqrt(x))
xlabel ('Delay in seconds')
ylabel ('Doppler in Hz')
zlabel ('Ambiguity function')
axis tight
figure(2)
contour(taux,fdy,sqrt(x))
xlabel ('Delay in seconds')
ylabel ('Doppler in Hz')
```

MATLAB 程序"*Fig5_6.m*"清单

```
% Use this program to reproduce Fig. 5.6 of text
close all
clear all
eps = 0.001;
taup = 1;
b = 20.;
up_down = 1.;
taux = -1.5*taup:.01:1.5*taup;
fd = 0.;
mu = up_down * b / 2. / taup;
ii = 0.;
for tau = -1.5*taup:.01:1.5*taup
  ii = ii + 1;
  val1 = 1. - abs(tau) / taup;
  val2 = pi * taup * (1.0 - abs(tau) / taup);
  val3 = (fd + mu * tau);
  val = val2 * val3;
  x(ii) = abs( val1 * (sin(val+eps)/(val+eps)));
end
figure(1)
plot(taux,10*log10(x+eps))
grid
xlabel ('Delay in seconds')
ylabel ('Ambiguity in dB')
axis tight
```

MATLAB 程序"*train_ambg.m*"清单

```
function x = train_ambg(taup, n, pri)
% This function implements Eq. (5.37) of textbook
%% Inputs
    % taup        == pulse width in seconds
    % n           == number of pulses in train
    % pri         == pulse repetition interval in seconds
%% Outputs
    % x           == ambiguity matrix
if (taup >= pri/2)
    'ERROR. Pulse width must be less than the PRI/2.'
    return
end
eps = 1.0e-6;
bw = 1/taup;
q = -(n-1):1:n-1;
offset = 0:0.031:pri;
[Q, S] = meshgrid(q, offset);
Q = reshape(Q, 1, length(q)*length(offset));
S = reshape(S, 1, length(q)*length(offset));
tau = (-taup * ones(1,length(S))) + S    ;
fd = -bw:0.011:bw;
[T, F] = meshgrid(tau, fd);
Q = repmat(Q, length(fd), 1);
S = repmat(S, length(fd), 1);
N = n * ones(size(T));
val1 = 1.0-(abs(T))/taup;
val2 = pi*taup*F.*val1;
val3 = abs(val1.*sin(val2+eps)./(val2+eps));
val4 = abs(sin(pi*F.*(N-abs(Q))*pri+eps)./sin(pi*F*pri+eps));
x = val3.*val4./N;
[rows, cols] = size(x);
x = reshape(x, 1, rows*cols);
T = reshape(T, 1, rows*cols);
indx = find(abs(T) > taup);
x(indx) = 0.0;
x = reshape(x, rows, cols);
return
```

MATLAB 程序"*Fig5_8.m*"清单

```
% Use this program to reproduce Fig. 5.8 of text
clear all
close all
taup = .4;
pri = 1;
n = 5;
x = train_ambg(taup, n, pri);
figure(1)
time = linspace(-(n-1)*pri-taup, n*pri-taup, size(x,2));
doppler = linspace(-1/taup, 1/taup, size(x,1));
%mesh(time, doppler, x);
mesh(time, doppler, x); %shading interp;
xlabel('Delay in seconds');
ylabel('Doppler in Hz');
zlabel('Ambiguity function');
```

```
axis tight;
figure(2)
contour(time, doppler, (x));
%surf(time, doppler, x); shading interp; view(0,90);
xlabel('Delay in seconds');
ylabel('Doppler in Hz');
grid;
axis tight;
```

MATLAB 程序"Fig5_9.m"清单

```
% Use this program to reproduce Fig. 5.9 of textbook
close all
clear all
LFM_BW = 20;
time = linspace(0,1,3000);
S = zeros(1,3000);
tau = .3;
index = find(time<=tau);
ts = tau / 3000; % 1000 samples per PW
beta = LFM_BW/tau;
S(index) = exp(j*pi*beta*(time(index).^2));
SS = repmat(S,1,5);
figure
timet = linspace(0,5,5*3000);
plot(timet,imag(SS),'linewidth',1.5), grid
ylabel('Up chirp LFM')
```

MATLAB 函数"train_ambg_lfm.m"程序清单

```
function x = train_ambg_lfm(taup, n, pri, bw)
% This function implemenst Eq. (5.43) of textbook
%% Inputs
  % taup       == pulsewidth in seconds
  % n          == number of pulses in train
  % pri        == pulse repetition interval in seconds
  % bw         == the LFM bandwidth in Hz
%%Outputs
  % x          == array of bimodality function
if (taup >= pri/2)
    'ERROR. Pulse width must be less than the PRI/2.'
    return
end
eps = 1.0e-6;
 q = -(n-1):1:n-1;
offset = 0:0.033:pri;
[Q, S] = meshgrid(q, offset);
Q = reshape(Q, 1, length(q)*length(offset));
S = reshape(S, 1, length(q)*length(offset));
tau = (-taup * ones(1,length(S))) + S ;
fd = -bw:0.033:bw;
[T, F] = meshgrid(tau, fd);
Q = repmat(Q, length(fd), 1);
S = repmat(S, length(fd), 1);
N = n * ones(size(T));
val1 = 1.0-(abs(T))/taup;
val2 = pi*taup*(F+T*(bw/taup)).*val1;
```

```
val3 = abs(val1.*sin(val2+eps)./(val2+eps));
val4 = abs(sin(pi*F.*(N-abs(Q))*pri+eps)./sin(pi*F*pri+eps));
x = val3.*val4./N;
[rows, cols] = size(x);
x = reshape(x, 1, rows*cols);
T = reshape(T, 1, rows*cols);
indx = find(abs(T) > taup);
x(indx) = 0.0;
x = reshape(x, rows, cols);
return
```

MATLAB 程序 "*Fig5_10.m*" 清单

```
% Use this program to reproduce Fig. 5.10 of the textbook.
clear all
close all
taup = 0.4;
pri = 1;
n = 3;
bw = 10;
x = train_ambg_lfm(taup, n, pri, bw);
figure(1)
time = linspace(-(n-1)*pri-taup, n*pri-taup, size(x,2));
doppler = linspace(-bw,bw, size(x,1));
%mesh(time, doppler, x);
surf(time, doppler, x); shading interp
xlabel('Delay in seconds');
ylabel('Doppler in Hz');
zlabel('Ambiguity function');
axis tight;
title('LFM pulse train, B\tau = 40, N = 3 pulses')
figure(2)
contour(time, doppler, (x));
%surf(time, doppler, x); shading interp; view(0,90);
xlabel('Delay in seconds');
ylabel('Doppler in Hz');
grid;
axis tight;
title('LFM pulse train, B\tau = 40, N = 3 pulses')
```

MATLAB 程序 "*Fig5_15.m*" 清单

```
% Use this program to reproduce Fig. 5.15
clear all;
close all;
delw = linspace(-.5,.5,75);
T1 = .5 .* sin(pi.*delw);
T2 = delw + (1/2/pi) .* sin(2*pi.*delw);
T3 = .25 .* (sin(pi.*delw)) .* ((cos(pi.*delw)).^2 + 2);
T4 = delw + (1/2/pi) .* sin(2*pi.*delw) + (2/3/pi) .* (cos(pi.*delw)).^3 .* sin(delw);
figure (1)
plot(delw,T1,'k*',delw,T2,'k:',delw,T3,'k.',delw,T4,'k');
grid
ylabel('Group delay function'); xlabel('\omega/B')
legend('n=1','n=2','n=3','n=4')
```

第6章 模糊函数——离散编码波形

第 4 章介绍了分辨率和模糊度的概念，讨论并分析了波形分辨率（距离和多普勒）与对应的模糊函数之间的关系。确认了一个给定波形的好处来自于它的距离和多普勒分辨率，这可在模糊函数的内容中进行分析。为此目的，第 5 章分析了几种常用的模拟雷达波形。本章分析了另一种基于离散编码的雷达波形。这个论题已经成为并将继续成为许多科学家、设计人员和工程师的主要研究突破区域。离散编码波形对距离特性的提升比对多普勒（速度）特性的提升更有效。此外，在一些雷达应用中，由于离散编码波形固有的抗干扰能力，因此离散编码波形很受青睐。在本章中，首先快速回顾了离散编码波形。接下来分析了三类离散编码。它们是无调制脉冲串编码（均匀的和参差的），相位调制（二级制和多项式）编码及频率调制编码。

6.1 离散编码信号表示

离散编码信号的通用形式可写为

$$x(t) = e^{j\omega_0 t}\sum_{n=1}^{N}u_n(t) = e^{j\omega_0 t}\sum_{n=1}^{N}P_n(t)e^{j(\omega_n t+\theta_n)} \quad (6.1)$$

其中 ω_0 是用弧度表示的载波频率，(ω_n,θ_n) 为常数，N 是码长（编码里的位数），信号 $P_n(t)$ 为

$$P_n(t) = a_n \text{Rect}\left(\frac{t}{\tau_0}\right) \quad (6.2)$$

常数 a_n 为（1）或（0），且

$$\text{Rect}\left(\frac{t}{\tau_0}\right) = \begin{cases} 1; & 0 < t < \tau_0 \\ 0; & \text{其他} \end{cases} \quad (6.3)$$

使用这种标记法，离散编码脉冲可用序列

$$U[n] = \{u_n, n = 1, 2, \cdots, N\} \quad (6.4)$$

描述。这个序列通常是一个依赖于 ω_n 和 θ_n 值的复数序列。序列 $U[n]$ 称为编码，为方便起见，记为 U。

一般来说，匹配滤波器的输出为

$$\chi(\tau, f_d) = \int_{-\infty}^{\infty}x^*(t)x(t+\tau)e^{-j2\pi f_d t}dt \quad (6.5)$$

将方程（6.1）代入方程（6.5），得

$$\chi(\tau, f_d) = \sum_{n=1}^{N} \sum_{k=1}^{N} \int_{-\infty}^{\infty} u_n^*(t) u_k(t+\tau) e^{-j2\pi f_d t} dt \qquad (6.6)$$

根据 a_n、ω_n 和 θ_n 的选择组合，可以产生不同类的编码。为此，当

$$\theta_n = \omega_n = 0 \, ; \, a_n = 1 \text{ 或 } 0 \qquad (6.7)$$

时，产生了脉冲串编码。当

$$\omega_n = 0 \, ; \, a_n = 1 \qquad (6.8)$$

时，产生了二进制相位编码和多相编码。最后，当

$$\theta_n = 0 \, ; \, a_n = 1 \text{ 或 } 0 \qquad (6.9)$$

时，产生了频率编码。

6.2 脉冲串编码

这类编码背后的想法是将长度为 T_p 的较长脉冲分割成 N 个子脉冲，每个子脉冲是脉宽为 τ_0 且幅度为 1 或 0 的矩形脉冲。因此编码 U 是 1 和 0 的序列。更精确地说，表示这类编码的信号可写为

$$x(t) = e^{j\omega_0 t} \sum_{n=1}^{N} P_n(t) = e^{j\omega_0 t} \sum_{n=1}^{N} a_n \text{Rect}\left(\frac{t}{\tau_0}\right) \qquad (6.10)$$

一种生成脉冲串类编码的方法是设置

$$a_n = \begin{cases} 1 & n-1 = 0 \text{ 模 } q \\ 0 & n-1 \neq 0 \text{ 模 } q \end{cases} \qquad (6.11)$$

其中 q 是一个正整数，它将 $N-1$ 均匀分成 q 份。也即

$$M - 1 = (N-1)/q \qquad (6.12)$$

其中 M 是编码中 1 的个数。例如，当 $N = 21$ 且 $q = 5$，那么 $M = 5$，因此最终编码为

$$\{U\} = \{10000 \ 10000 \ 10000 \ 10000 \ 1\} \qquad (6.13)$$

这在图 6.1 中进行了说明。在前面的章节中，这个编码是用下面的连续时域信号表示的，

$$x_1(t) = e^{j\omega_0 t} \sum_{m=0}^{4} \text{Rect}\left(\frac{t - mT}{\tau_0}\right) \qquad (6.14)$$

其中周期为 $T = 5\tau_0$。类似地，得

第 6 章 模糊函数——离散编码波形

$$\frac{T_p}{M-1} \equiv T \tag{6.15}$$

且方程（6.10）现在可写为

$$x(t) = e^{j\omega_0 t} \sum_{m=1}^{M-1} \mathrm{Rect}\left(\frac{t - m\left(\dfrac{T_p}{M-1}\right)}{\tau_0}\right) \tag{6.16}$$

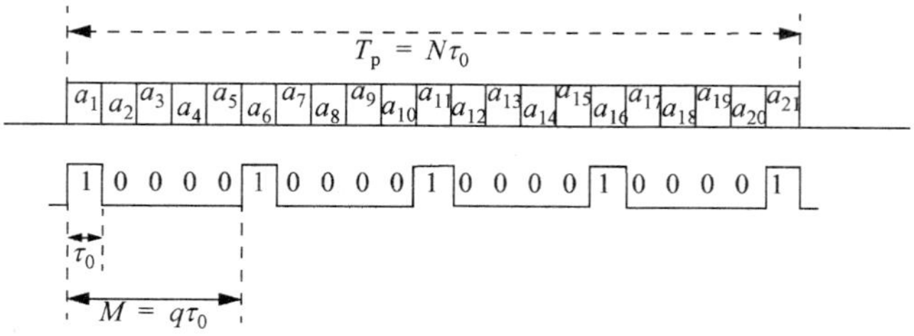

图 6.1　生成长度 $N=21$ 位的脉冲串编码

第 5 章中推导了相干脉冲串的模糊函数表达式。比较方程（6.16）和方程（5.27），除了一些常数外，当方程（6.15）中的条件为真时，这两个方程是等价的。因此方程（6.16）中定义的信号的模糊函数为

$$|\chi(\tau; f_d)| = \sum_{k=-M}^{M} \left| \frac{\sin\left[\pi f_d\left([M-|k|]\dfrac{T_p}{M-1}\right)\right]}{\sin\left(\pi f_d \dfrac{T_p}{M-1}\right)} \right| \left| \frac{\sin\left[\pi f_d\left(\tau_0 - \left|\tau - \dfrac{kT_p}{M-1}\right|\right)\right]}{\pi f_d} \right| \tag{6.17}$$

由方程（6.17）可推导出模糊函数的零多普勒和零时延截图，它们是

$$|\chi(\tau; 0)| = M\tau_0 \sum_{k=-M}^{M} \left[1 - \frac{|k|}{M}\right]\left(1 - \frac{\left|\tau - \dfrac{kT_p}{M-1}\right|}{\tau_0}\right) \tag{6.18}$$

$$|\chi(0; f_d)| = \sum_{k=-M}^{M} \left| \frac{\sin\left[\pi M f_d\left(\dfrac{T_p}{M-1}\right)\right]}{\sin\left(\pi f_d \dfrac{T_p}{M-1}\right)} \right| \frac{|\sin(\pi f_d \tau_0)|}{\pi f_d \tau_0} \tag{6.19}$$

图 6.2（a）描绘出了图 6.1 给出的编码的三维模糊图，而图 6.2（b）给出了对应的等值线图。该图可用附录 6-A 中列出的 MATLAB 程序 "*Fig6_2.m*" 生成。

图 6.2（c）给出了一个脉冲串编码模糊函数的等值线截图的草图。很显然，模糊函数主瓣宽度（即分辨率）与编码长度直接相关。正如我们预见的，编码越长，产生的主瓣越窄，因此分辨率比较短的编码更高。进一步观察图 6.2 表明，这个模糊函数有很强的栅瓣及很高的旁瓣电平。这些栅瓣和旁瓣是由编码内的 1 均匀等间隔分布（即编码的周期性）直接造成的。通过去除编码的周期结构，即以不均匀间隔放置脉冲，可以大大降低这些栅瓣和旁瓣，这称为编码参差（PRF 参差）。

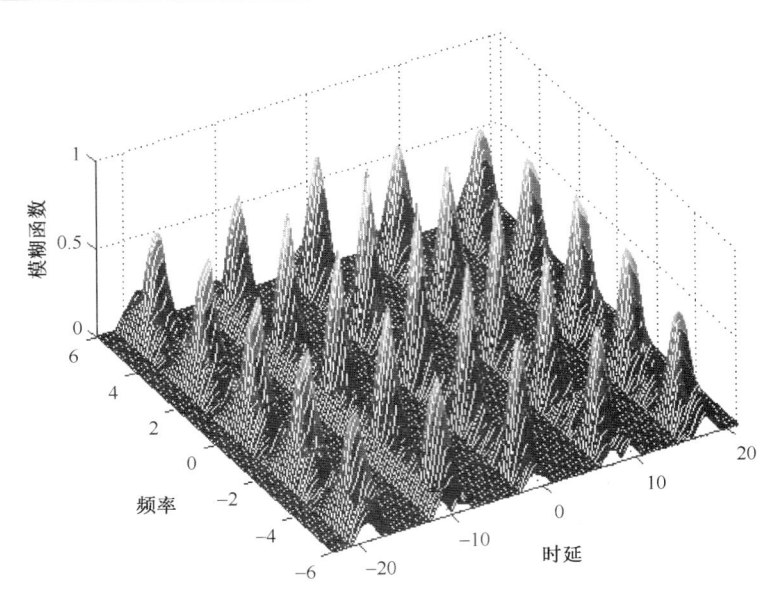

图 6.2（a） 图 6.1 中给出的脉冲串编码的模糊函数

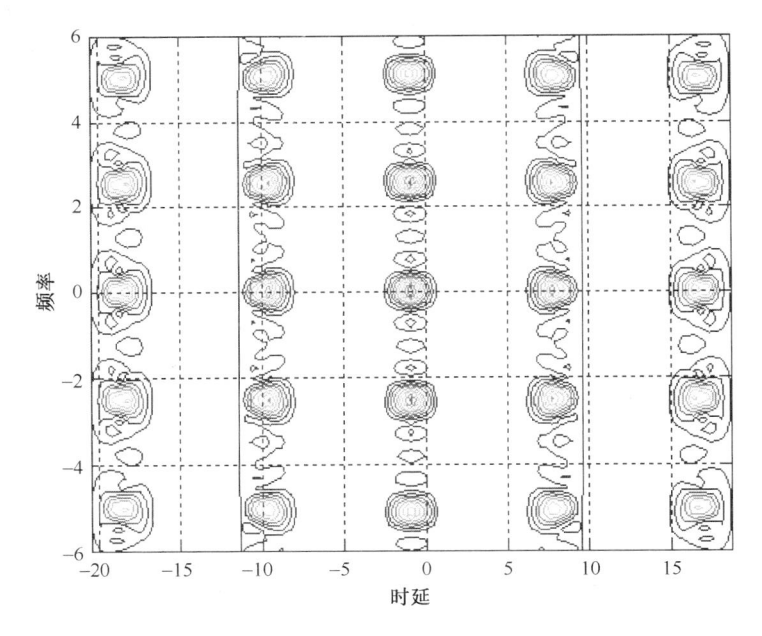

图 6.2（b） 对应于图 6.2（a）的等值线图

例如，考虑一个长度 $N=21$ 的脉冲串编码。使用以下序列 a_n，

$$\{a_n\} = 1 \qquad n = 1, 4, 6, 12, 15, 21 \tag{6.20}$$

可得一个参差脉冲串编码。因此，得到的编码为

$$\{U\} = \{100101000001001000001\} \tag{6.21}$$

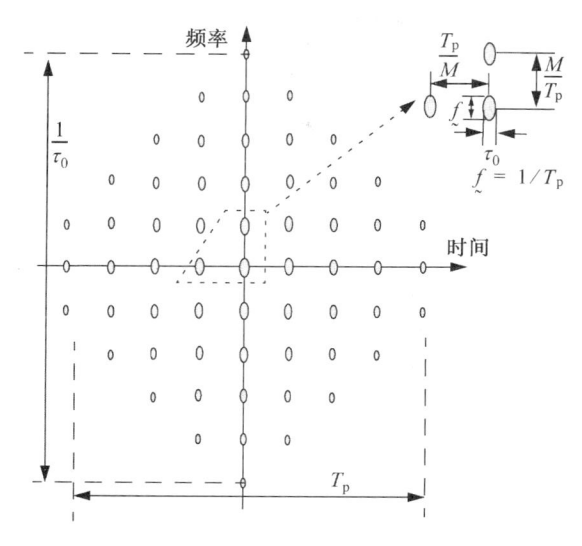

图 6.2（c） 一个脉冲串编码的模糊等值线图说明

图 6.3 给出了对应于这个编码的模糊图。如图 6.3 所述，对应于一个参差脉冲串编码的模糊函数接近于图钉的形状。许多人已经对最优参差编码的选择做了广泛研究。Resnick 定义最优参差脉冲串编码就是那些模糊函数具有绝对均匀且等于 1 旁瓣电平的脉冲串编码[①]。其他研究者也引入了对最优参差的不同定义，除了考虑各个研究者分析的不同应用，各种定义各有优势。图 6.3 可用附录 6-A 中列出的 MATLAB 程序"*Fig6_3.m*"生成。

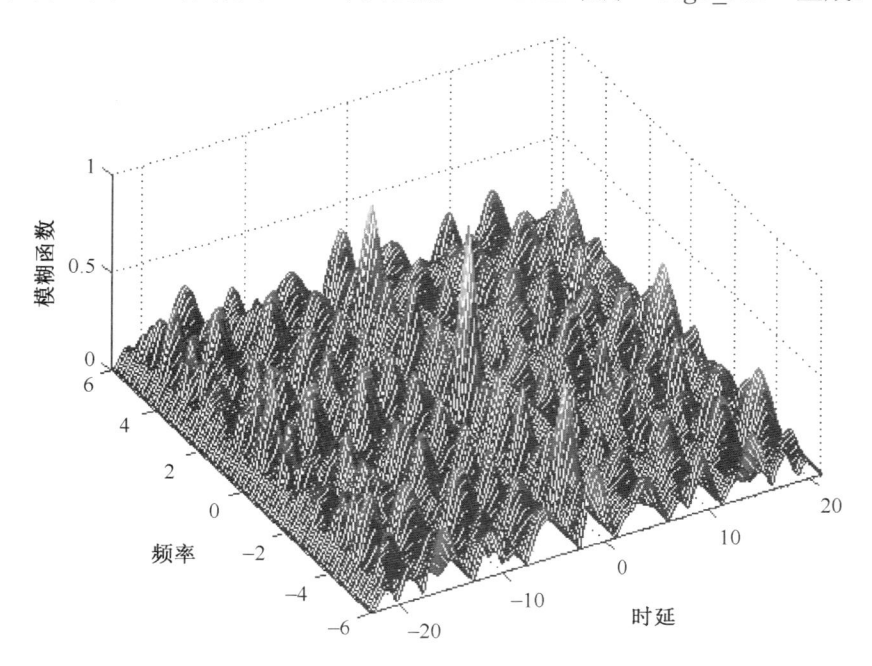

图 6.3（a） 方程（6.21）中脉冲串编码的模糊函数

---

① Resnick, J. B., *High Resolution Waveforms Suitable for a Multiple Target Environment*, MS thesis, MIT, Cambridge, MA, June 1962.

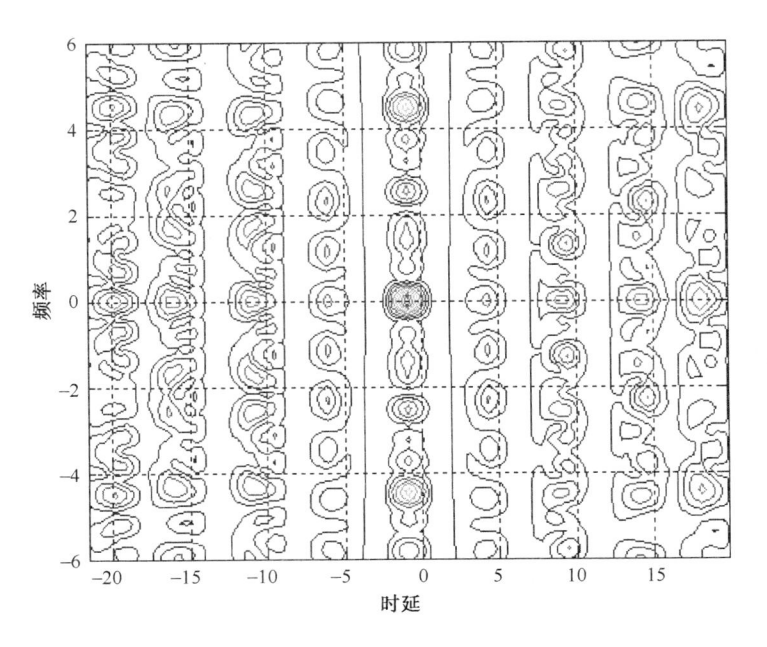

图 6.3（b） 对应于图 6.3（a）的等值线图

6.3 相位编码

令 $\omega_n = 0$，由方程（6.1）可得到对应于这类编码的信号。因此

$$x(t) = e^{j\omega_0 t} \sum_{n=1}^{N} u_n(t) = e^{j\omega_0 t} \sum_{n=1}^{N} P_n(t) e^{j\theta_n} \tag{6.22}$$

分析了相位编码的两个子类，它们是二进制相位编码和多相编码。

6.3.1 二进制相位编码

在这种情况下，设相位 θ_n 等于 0 或 π，因而使用了术语"二进制"。为此，定义系数 D_n 为

$$D_n = e^{j\theta_n} = \pm 1 \tag{6.23}$$

将方程（6.22）代入方程（6.5），可推导出这类编码的模糊函数。由此得到的模糊函数为

$$\chi(\tau; f_d) = \begin{cases} \chi_0(\tau', f_d) \sum_{n=1}^{N-k} D_n D_{n+k} e^{-j2\pi f_d(n-1)\tau_0} + \\ \chi_0(\tau_0 - \tau', f_d) \sum_{n=1}^{N-(k+1)} D_n D_{n+k+1} e^{-j2\pi f_d n\tau_0} \end{cases} \quad 0 < \tau < N\tau_0 \tag{6.24}$$

其中

$$\tau = k\tau_0 + \tau' \qquad \begin{cases} 0 < \tau' < \tau_0 \\ k = 0, 1, 2, \cdots, N \end{cases} \qquad (6.25)$$

$$\chi_0(\tau', f_d) = \int_0^{\tau_0 - \tau'} \exp(-j2\pi f_d t) dt \qquad 0 < \tau' < \tau_0 \qquad (6.26)$$

那么对应的零多普勒截图为

$$\chi(\tau; 0) = \tau_0 \left(1 - \frac{|\tau'|}{\tau_0}\right) \sum_{n=1}^{N-|k|} D_n D_{n+k} + |\tau'| \sum_{n=1}^{N-|k+1|} D_n D_{n+k+1} \qquad (6.27)$$

并且当 $\tau' = 0$ 时，有

$$\chi(k; 0) = \tau_0 \sum_{n=1}^{N-|k|} D_n D_{n+k} \qquad (6.28)$$

巴克码

巴克（Barker）码是二进制编码中最广为人知的一种编码。在这种情况下，一个宽度为 T_p 的长脉冲被分成 N 个较小的脉冲；每个小脉冲的宽度为 $\tau_0 = T_p/N$。那么，相对于某个编码，每个子脉冲的相位为 0 或 π 弧度。习惯上，用"1"或"+"表示子脉冲是 0 相位（幅度为 1 V）。而用"0"或"−"表示子脉冲是 π 相位（幅度为-1 V）。巴克码是符合 Resnick 定义的最优编码。图 6.4 利用 7 位巴克码举例说明了这个概念。长度为 N 的巴克码记作 B_N。只有 7 种已知的巴克码具有这种独特的性质，表 6.1 列出了这 7 种巴克码。注意 B_2 和 B_4 的补码形式具有相同的性质。

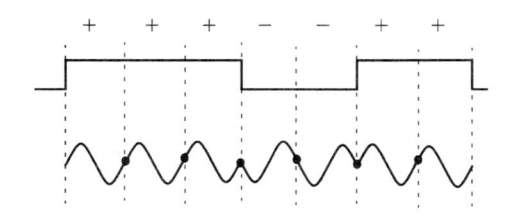

图 6.4　长度为 7 的二进制相位编码

表 6.1　巴克码

码 标 识	码 长 度	码 元 素	旁瓣衰减（dB）
B_2	2	+− ++	6.0
B_3	3	++−	9.5
B_4	4	++−+ +++−	12.0
B_5	5	+++−+	14.0
B_7	7	+++−−+−	16.9
B_{11}	11	+++−−−+−−+−	20.8
B_{13}	13	+++++−−++−+−+	22.3

一般来说，B_N 巴克码的自相关函数（它是匹配滤波器输出的近似）的宽度为 $2N\tau_0$。主瓣宽为 $2\tau_0$；峰值等于 N。主瓣的两边各有 $(N-1)/2$ 个旁瓣；图 6.5 的 B_{13} 举例说明了这一点。注意主瓣等于 13，而所有旁瓣都等于 1。

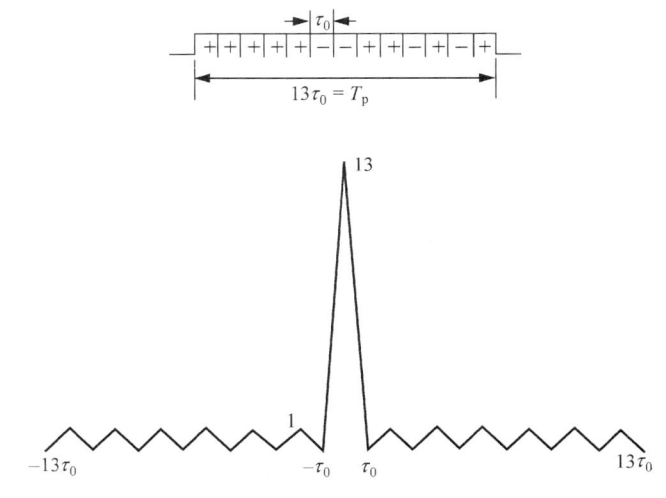

图 6.5　长度为 13 的巴克码及相应的自相关函数

巴克码提供的最好旁瓣衰减是 –22.3 dB，不能满足所需要的雷达应用。但是，巴克码可以组合产生较长的编码。这样，可以将 B_M 的码用于 B_N 码（M 包括在 N 中），从而产生长度为 MN 的编码。组合编码 B_{MN} 的压缩比等于 MN。作为例子，合成的 B_{54} 编码由下式给出：

$$B_{54} = \{11101, 11101, 00010, 11101\} \tag{6.29}$$

示例如图 6.6 所示。遗憾的是，合成巴克码自相关函数的旁瓣不再等于 1。组合巴克码自相关函数的某些副瓣可以衰减到 0，条件是匹配滤波器后接一线性横向滤波器，其脉冲响应由下式给出：

$$h(t) = \sum_{k=-N}^{N} \beta_k \delta(t - 2k\tau_0) \tag{6.30}$$

式中，N 为滤波器阶数，系数 $\beta_k(\beta_k=\beta_{-k})$ 待定，$\delta(\cdot)$ 是 Δ 函数，$\Delta\tau$ 为巴克码子脉冲宽度。阶数为 N 的滤波器能在主瓣两边产生 N 个 0 副瓣，主瓣幅度和宽度不变，如图 6.7 所示。

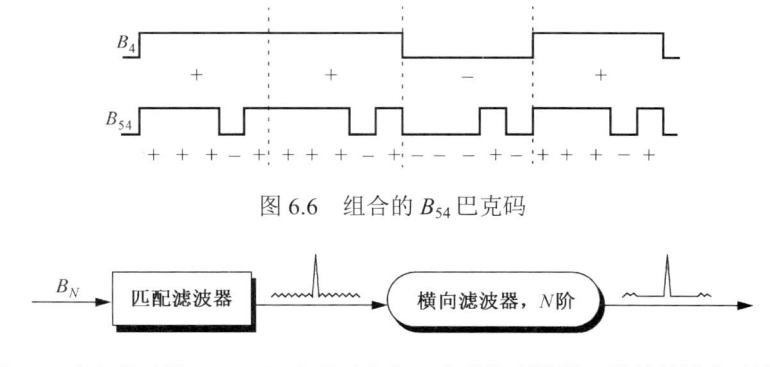

图 6.6　组合的 B_{54} 巴克码

图 6.7　自相关函数（$N=4$）中用于产生 N 个零值副瓣的 N 阶线性横向滤波器

第 6 章 模糊函数——离散编码波形

为了进一步说明此方法，考虑这种情况下匹配滤波器的输入为 B_{11}，假设 $N=4$。B_{11} 码的自相关为

$$R_{11} = \{-1, 0, -1, 0, -1, 0, -1, 0, -1, 0, 11, \\ 0, -1, 0, -1, 0, -1, 0, -1, 0, -1\} \tag{6.31}$$

横向滤波器输出为它的冲激响应和序列 R_{11} 间的离散卷积。这时，我们需要计算确保所需滤波器输出的系数 β_k（即主瓣不变和 4 个零旁瓣电平）。完成方程（6.30）定义的离散卷积，并合并等式（$\beta_k = \beta_{-k}$），得到下列一组 5 个线性独立方程式：

$$\begin{bmatrix} 11 & -2 & -2 & -2 & -2 \\ -1 & 10 & -2 & -2 & -1 \\ -1 & -2 & 10 & -2 & -1 \\ -1 & -2 & -1 & 11 & -1 \\ -1 & -1 & -1 & -1 & 11 \end{bmatrix} \begin{bmatrix} \beta_0 \\ \beta_1 \\ \beta_2 \\ \beta_3 \\ \beta_4 \end{bmatrix} = \begin{bmatrix} 11 \\ 0 \\ 0 \\ 0 \\ 0 \end{bmatrix} \tag{6.32}$$

解方程（6.32），得到

$$\begin{bmatrix} \beta_0 \\ \beta_1 \\ \beta_2 \\ \beta_3 \\ \beta_4 \end{bmatrix} = \begin{bmatrix} 1.1342 \\ 0.2046 \\ 0.2046 \\ 0.1731 \\ 0.1560 \end{bmatrix} \tag{6.33}$$

注意设第一个方程为 11，其他方程为 0，然后解出 β_k，可保证主瓣峰值保持不变而其他 4 个副瓣为零。到目前为止，我们假设编码脉冲呈矩形形状。利用其他形式的其他脉冲，如高斯脉冲，可以得到更好的副瓣衰减和更大的压缩比。

图 6.8 给出了 B_{13} 作为输入时这个方程的输出。除了输入为 B_7 以外，图 6.9 与图 6.8 类似。图 6.10 给出了图 6.6 中定义的组合巴克码的模糊函数、零多普勒截图及等值线图。

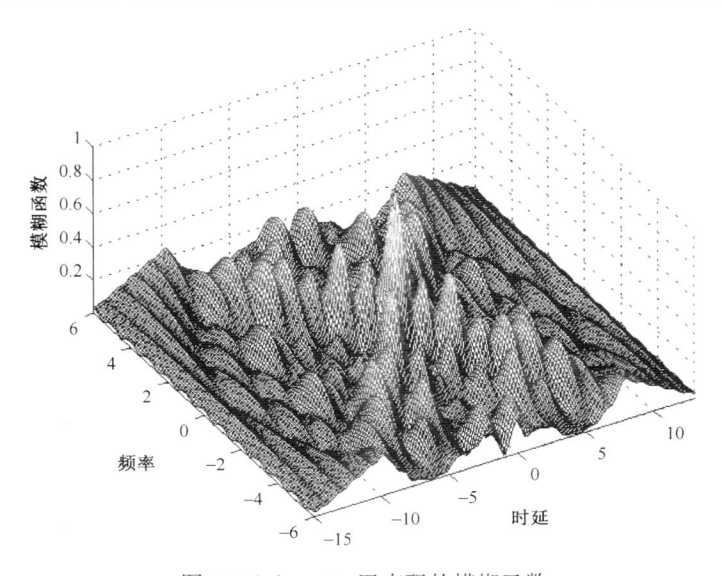

图 6.8（a） B_{13} 巴克码的模糊函数

图 6.8～图 6.10 可用附录 6-A 中列出的 MATLAB 程序"*Fig6_8_10.m*"生成。

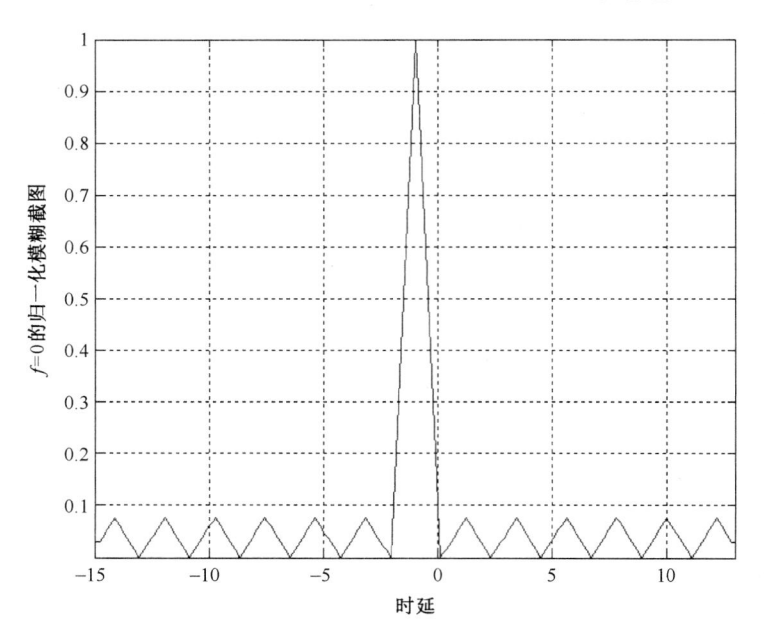

图 6.8（b） B_{13} 模糊函数零多普勒截图

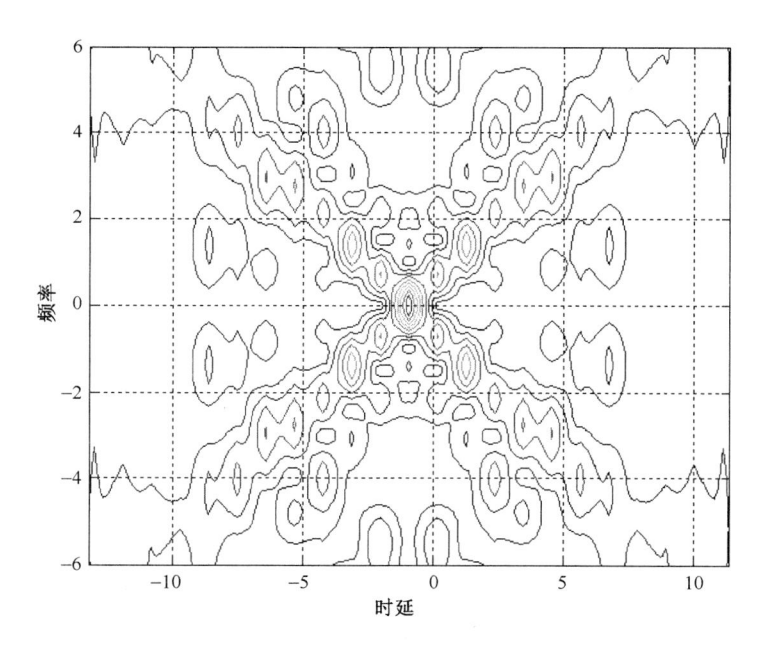

图 6.8（c） 对应于图 6.8（a）的等值线图

第 6 章 模糊函数——离散编码波形

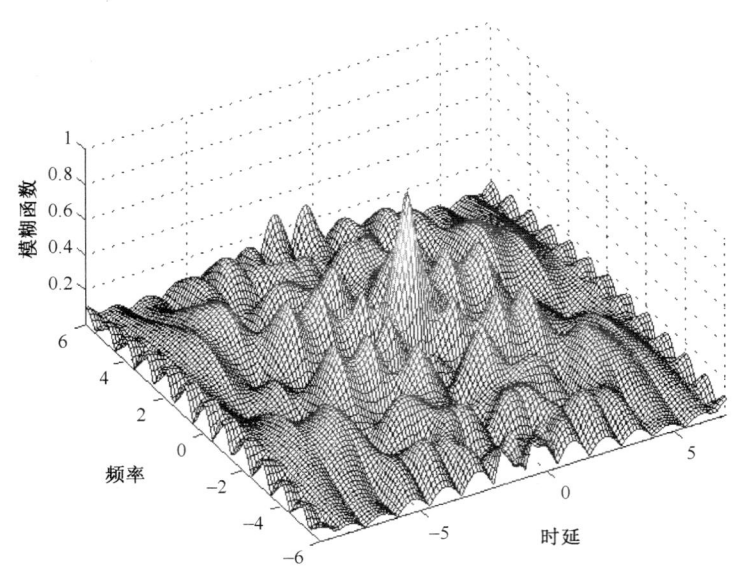

图 6.9（a） B_7 巴克码的模糊函数

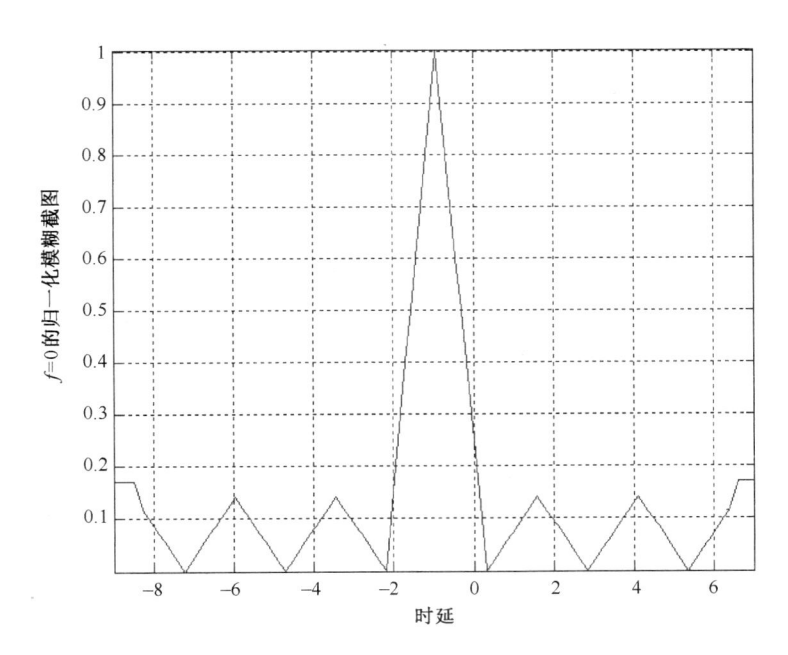

图 6.9（b） B_7 模糊函数的零多普勒截图

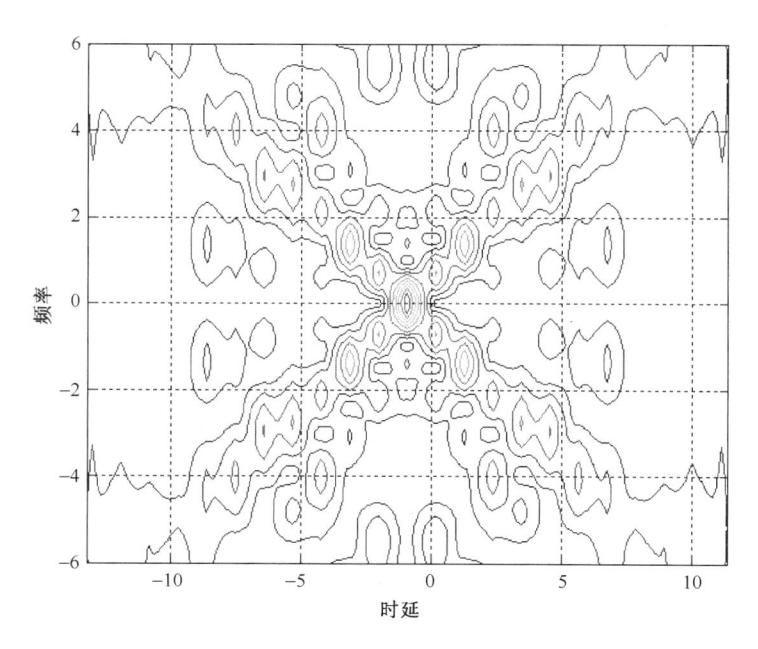

图 6.9（c） 对应于图 6.9（a）的等值线图

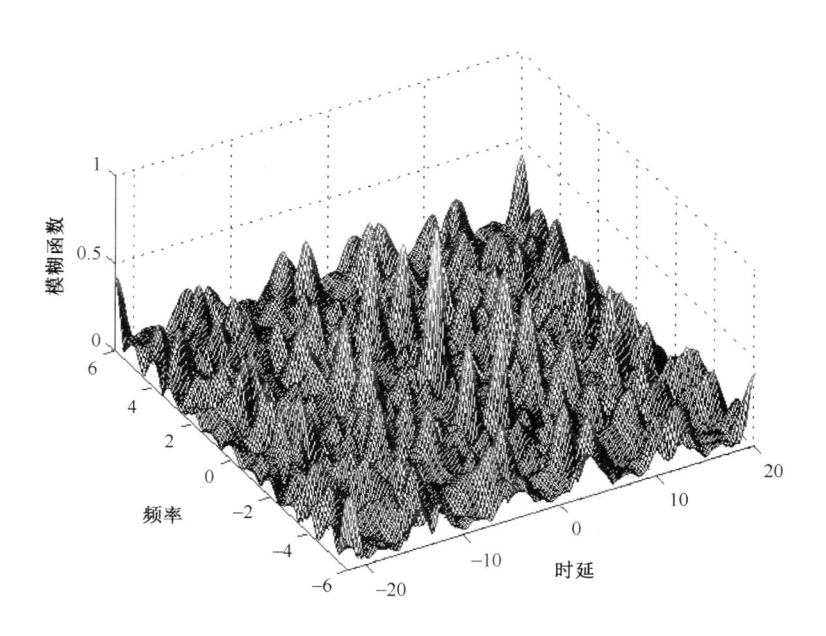

图 6.10（a） B_{54} 巴克码的模糊函数

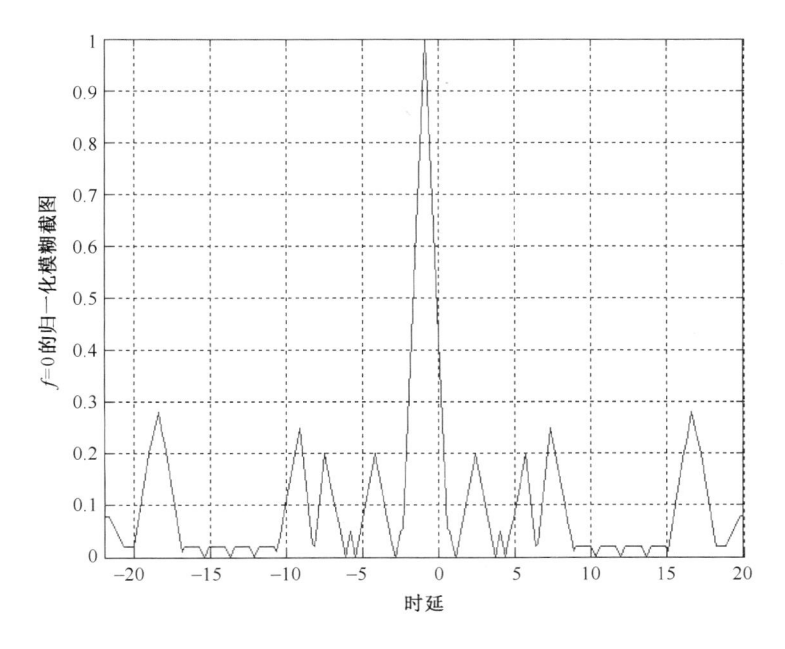

图 6.10（b） B_{54} 模糊函数的零多普勒截图

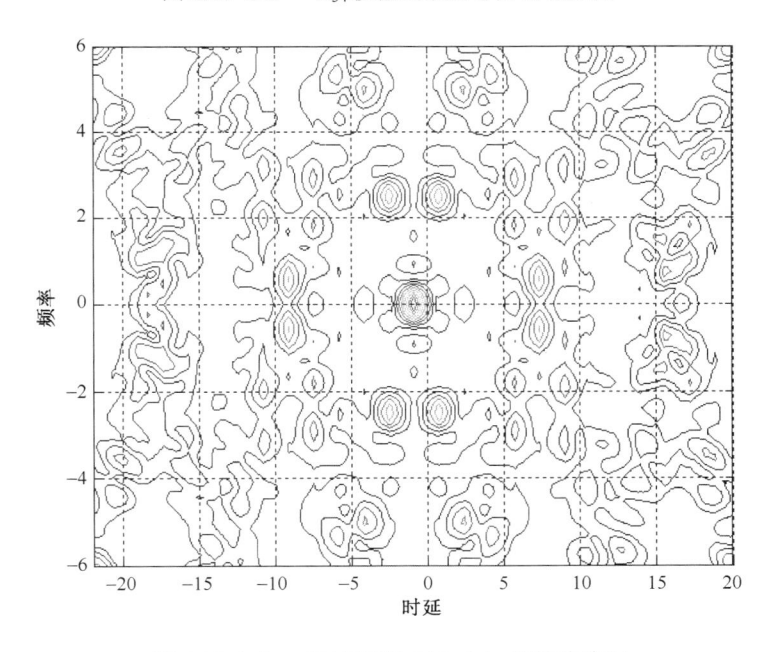

图 6.10（c） 对应于图 6.10（a）的等值线图

伪随机数（PRN）编码

伪随机数（PRN）编码是已知的最大长度序列（MLS）编码。这些码之所以称为伪随机，原因在于其出现的概率统计特性与掷硬币（coin-toss）序列类似。最大长度序列是周期的。最大长度序列编码具有以下独特的特点：

1. 每个周期内 1 的数量比 −1 的数量多 1。

2. 一半过程（同类的连续状态）是 1 的长度，四分之一过程是 2 的长度。
3. 每个最大长度序列有"移位和相加"性质。这意味着，如果一个最大序列加到（模 2）自身的移位形式上，结果序列是原序列的移位形式。
4. 每 n 倍编码在序列的一个周期内出现且仅出现一次。
5. 自相关函数是周期的，给出为

$$\phi(n) = \begin{cases} L & n = 0, \pm L, \pm 2L, \cdots \\ -1 & \text{其他} \end{cases} \tag{6.34}$$

图 6.11 给出了最大长度序列自相关函数的典型略图。很明显，这些码的优点是其压缩率随周期增大而变得很大。此外，相邻峰（栅瓣）分得更开。

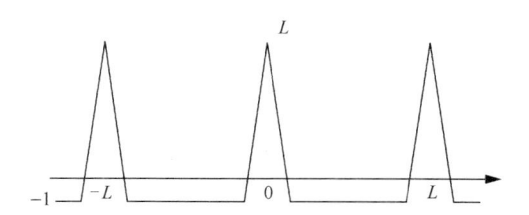

图 6.11 长度为 L 的 MLS 编码的典型自相关函数

线性移位寄存器发生器

有很多方法产生 MLS 编码。最常见的是使用线性移位寄存器。当利用移位寄存器产生的二进制序列是周期的且具有最大长度时，它被称为周期为 L 的 MLS 二进制序列，其中

$$L = 2^n - 1 \tag{6.35}$$

n 是移位寄存器发生器的阶数。一个线性移位寄存器发生器基本是由一个移位寄存器加上一些模 2 加法器组成的。加法器可以连接到寄存器的不同阶，$n = 4$（即 $L = 15$）时如图 6.12 所示。注意移位寄存器初始状态不能为"0"。

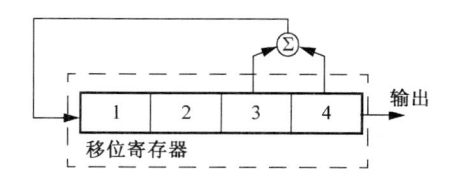

图 6.12 长度 $L = 15$ 的产生 MLS 序列的电路

和移位寄存器发生器相关联的反馈线路决定了输出序列是否为最大。对于给定大小的移位寄存器，仅有少数反馈线路能得到最大序列输出。为了说明这个概念，请考虑图 6.13 中给出的两个 5 阶移位寄存器发生器。如状态图中清楚说明的，图 6.13（a）中说明的移位寄存器发生器生成一个最大长度序列。然而，图 6.13（b）中给出的移位寄存器发生器生成三个非最大长度序列（根据初始状态）。

第 6 章 模糊函数——离散编码波形

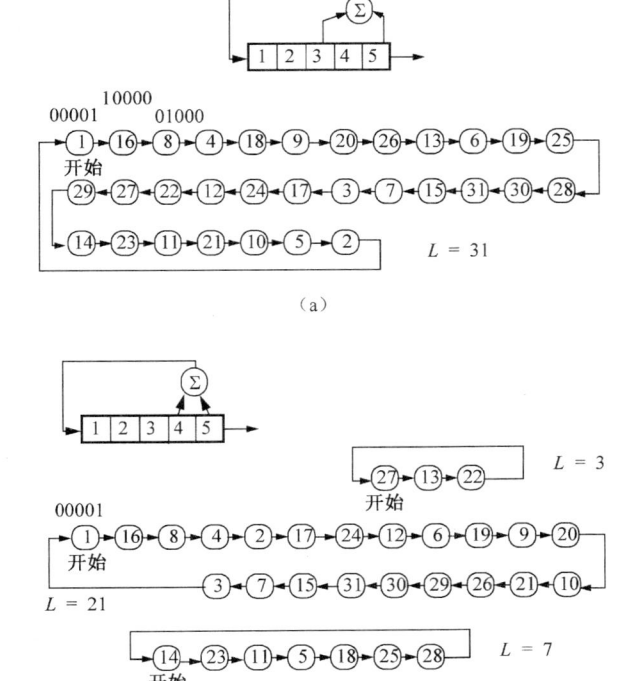

图 6.13 （a）5 阶移位寄存器发生器；（b）非最大长度 5 阶移位寄存器发生器

给定一个 n 阶移位寄存器发生器，我们感兴趣的是使用有多少个反馈线路将得到最大序列输出。Zierler 给出了对于给定的 n 阶移位寄存器发生器[1]，最大输出序列可能的数量为

$$N_L = \frac{\varphi(2^n - 1)}{n} \tag{6.36}$$

φ 为欧拉 φ 函数。欧拉 φ 函数定义为

$$\varphi(k) = k \prod_i \frac{(p_i - 1)}{p_i} \tag{6.37}$$

式中，p_i 为 k 的主系数。注意，如果 p_i 是多重的，那么它们仅有一个能够使用。也要注意，当 k 为质数时，欧拉 φ 函数为

$$\varphi(k) = k - 1 \tag{6.38}$$

例如，一个 3 阶的移位寄存器发生器将产生

$$N_L = \frac{\varphi(2^3 - 1)}{3} = \frac{\varphi(7)}{3} = \frac{7 - 1}{3} = 2 \tag{6.39}$$

和一个 6 阶的移位寄存器

$$N_L = \frac{\varphi(2^6 - 1)}{6} = \frac{\varphi(63)}{6} = \frac{63}{6} \times \frac{(3 - 1)}{3} \times \frac{(7 - 1)}{7} = 6 \tag{6.40}$$

---

[1] Zierler, N., *Several Binary-Sequence Generators*, MIT Technical Report No.95, Sept. 1995.

最大长度序列特征多项式

考虑一个 n 阶的最大长度线性移位寄存器,它的反馈线路对应于 n、k、m 等。这个最大长度移位寄存器能用它的特征多项式表示,定义为

$$x^n + x^k + x^m + \cdots + 1 \qquad (6.41)$$

其中加法是模 2 的。因此,如果 n 阶移位寄存器的特征多项式是已知的,那么就很容易确定寄存器的反馈线路,从而推出相应的最大序列。例如,考虑一个 6 阶的移位寄存器,它的特征多项式为

$$x^6 + x^5 + 1 \qquad (6.42)$$

可以得出产生如图 6.14 所示最大长度序列的移位寄存器。

利用线性移位寄存器产生最大长度序列的最重要问题之一是确定特征多项式,这已经成为并将继续成为许多雷达工程师和设计者的一个研究课题。已经证明不可约(不能分解)的原始多项式将产生最大长度移位寄存器产生器。

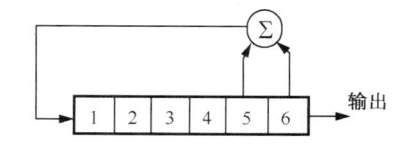

图 6.14 特征多项式为 x^6+x^5+1 的线性移位寄存器

如果一个 n 次多项式不能被任何低于 n 次的多项式整除,则这个多项式是不可约的。因此所有不可约多项式必须有奇数项。这样,只有带有偶数的反馈线路的线性移位寄存器发生器能产生最大长度序列。一个不可约多项式是原始的,当且仅当它除 x^n-1 时没有 n 的值小于 2^n-1。图 6.15 给出

$u31 = [1\ -1\ -1\ -1\ -1\ 1\ -1\ 1\ -1\ 1\ 1\ 1\ -1\ 1\ 1\ -1\ -1\ -1\ 1\ 1\ 1\ 1\ 1\ 1\ -1\ -1\ 1\ 1\ -1\ 1\ -1\ -1]$

时这个函数的输出。图 6.16 与图 6.15 类似,除了在这种情况下的输入最大长度序列为

$u15 = [1\ -1\ -1\ -1\ 1\ 1\ 1\ 1\ -1\ 1\ 1\ -1\ 1\ 1\ -1\ -1]$

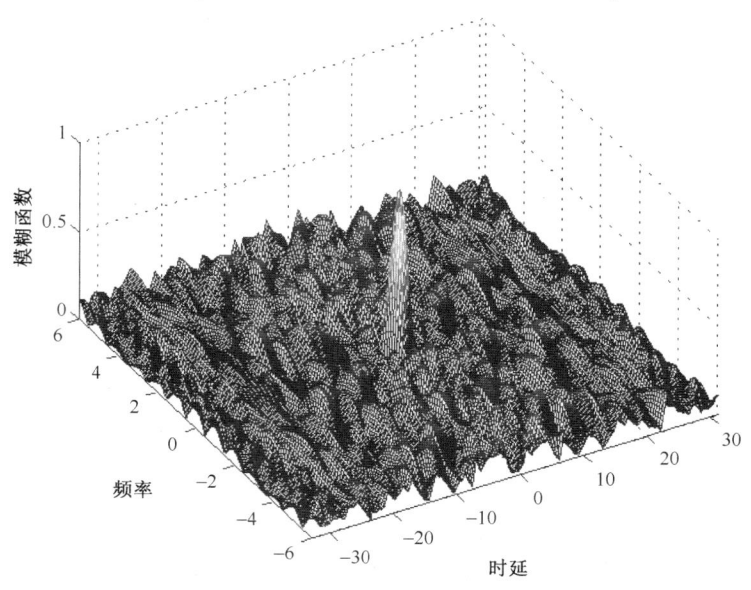

图 6.15(a) 对应于 31 位 PRN 编码的模糊函数

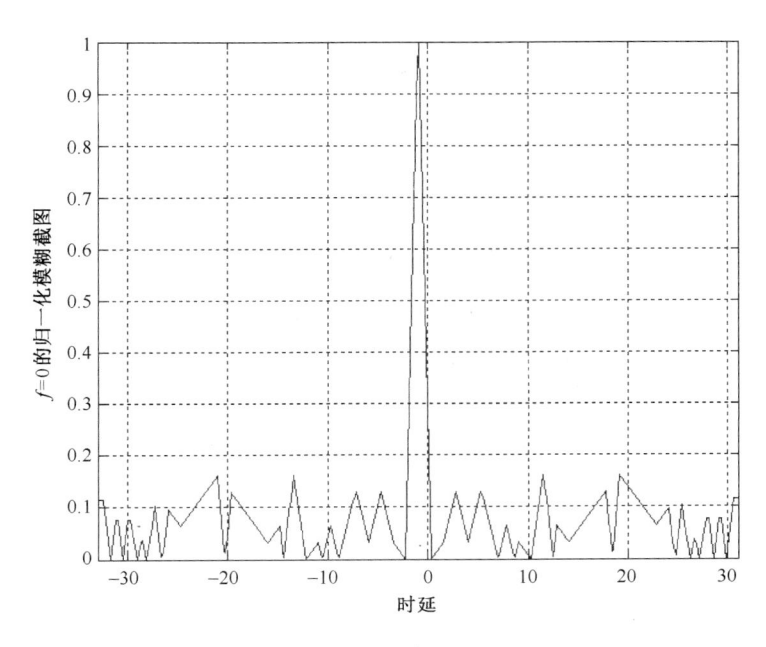

图 6.15（b） 对应于图 6.15（a）的零多普勒截图

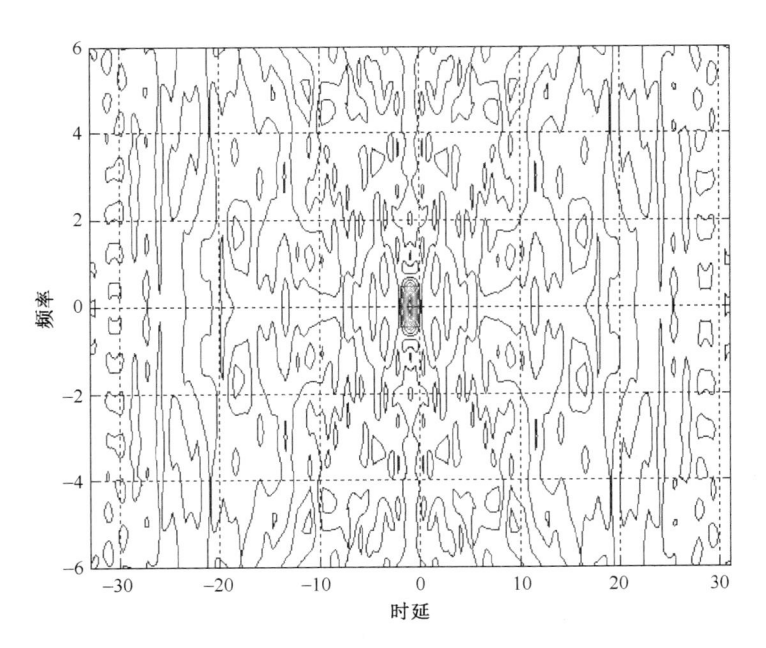

图 6.15（c） 对应于图 6.15（a）的等值线图

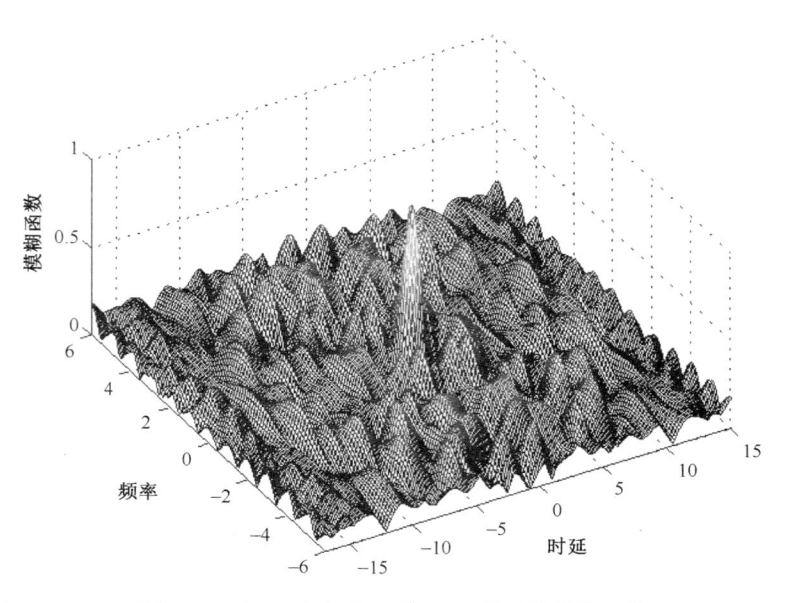

图 6.16（a） 对应于 15 位 PRN 编码的模糊函数

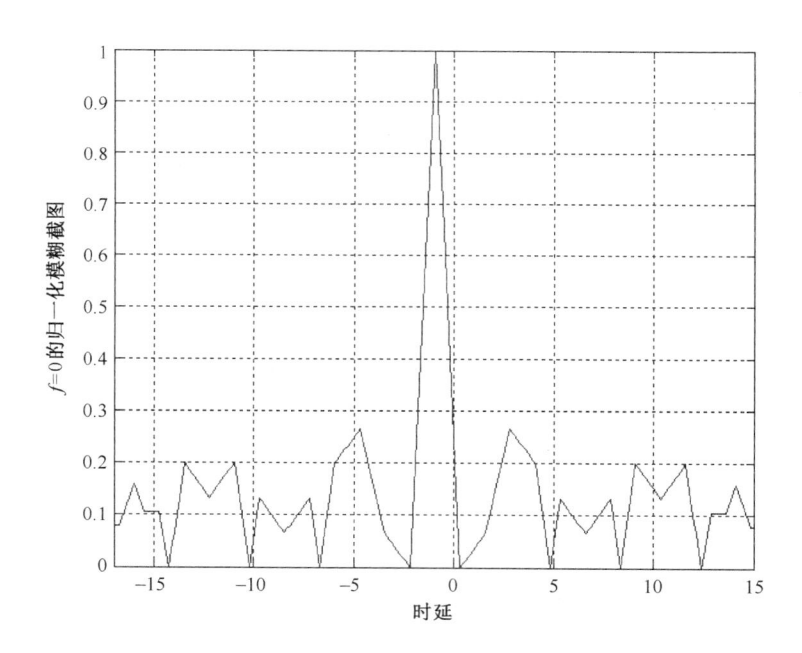

图 6.16（b） 对应于图 6.16（a）的零多普勒截图

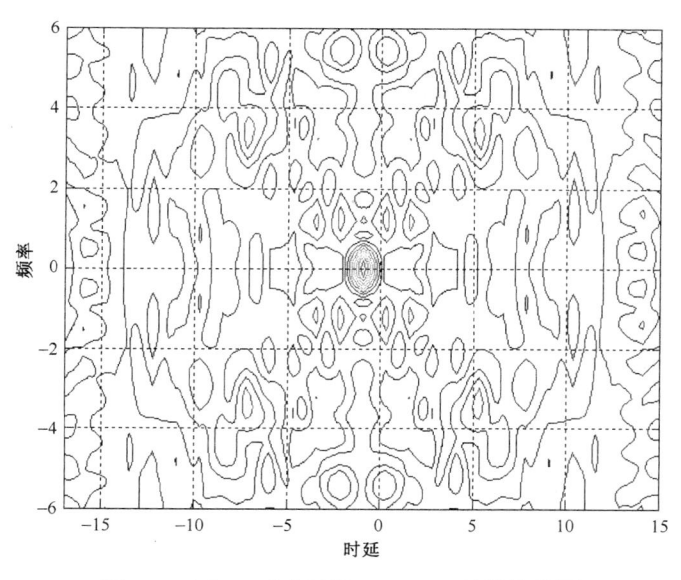

图6.16（c） 对应于图6.16（a）的等值线图

6.3.2 多相编码

多相编码对应的信号是方程（6.22）中给出的信号，其对应的模糊函数在方程（6.24）中给出。唯一的不同就是相位 θ_n 不再局限于 $(0,\pi)$。因此，系数 D_n 不再等于 ±1，而可以是依赖于 θ_n 值的复数。已经有很多科学家研究了多相巴克码，相关文献中对此进行了详细记录。本章中的讨论仅限于 Frank 码。

Frank 码

在此情况下，脉宽为 T_p 的单个脉冲被平分为 N 个相等的脉冲组，每组再分为 N 个脉宽为 τ_0 的子脉冲。因此，每个脉冲内的子脉冲数量为 N^2，压缩比为 $\xi = N^2$。和以前一样，相对于某些连续波参考信号来说，每个子脉冲内的相位保持恒定。

N^2 个子脉冲的 Frank 码称为 N 相 Frank 码。计算 Frank 码的第一步是将 360° 除以 N，所得结果定义为基本相位增量 $\Delta\varphi$。更精确地说

$$\Delta\varphi = 360°/N \qquad (6.43)$$

注意，基本相位增量的大小随着组数的增加而减小。而且，由于相位稳定性的原因，可能引起很长 Frank 码性能的下降。对于 N 相 Frank 码的每个子脉冲，相位可由下式计算：

$$\begin{pmatrix} 0 & 0 & 0 & 0 & \cdots & 0 \\ 0 & 1 & 2 & 3 & \cdots & N-1 \\ 0 & 2 & 4 & 6 & \cdots & 2(N-1) \\ \cdots & \cdots & \cdots & \cdots & \cdots & \cdots \\ \cdots & \cdots & \cdots & \cdots & \cdots & \cdots \\ 0 & (N-1) & 2(N-1) & 3(N-1) & \cdots & (N-1)^2 \end{pmatrix} \Delta\varphi \qquad (6.44)$$

式中的每行表示一组，每列表示该组的子脉冲。例如，4 相 Frank 码的 $N = 4$，基准相位增

量为 $\Delta\varphi = (360°/4) = 90°$。由此得

$$\begin{pmatrix} 0 & 0 & 0 & 0 \\ 0 & 90° & 180° & 270° \\ 0 & 180° & 0 & 180° \\ 0 & 270° & 180° & 90° \end{pmatrix} \Rightarrow \begin{pmatrix} 1 & 1 & 1 & 1 \\ 1 & j & -1 & -j \\ 1 & -1 & 1 & -1 \\ 1 & -j & -1 & j \end{pmatrix} \quad (6.45)$$

因此，16 个元素的 Frank 码表示为

$$F_{16} = \{1\ 1\ 1\ 1\ 1\ j\ -1\ -j\ 1\ -1\ 1\ -1\ 1\ -j\ -1\ j\} \quad (6.46)$$

图 6.17 给出了 F_{16} 的模糊函数图。注意模糊函数的图钉形状。该图可用附录 6-A 中列出的 MATLAB 程序"*Fig6_17.m*"生成。每行的相位增量代表了线性调频升频信号的步进近似。后续行的相位增量随时间线性增加。因此，后续行所对应的线性调频斜率也将线性增加。图 6.18 以 F_{16} 为例说明了这一点。

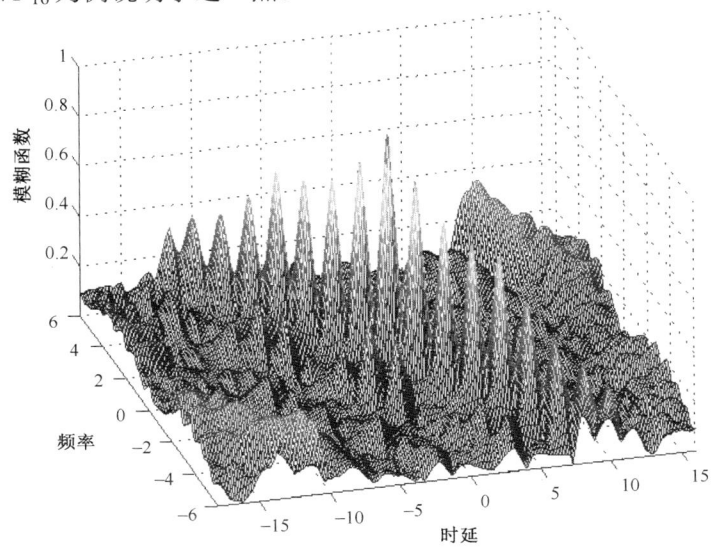

图 6.17（a） Frank 码 F_{16} 的模糊函数

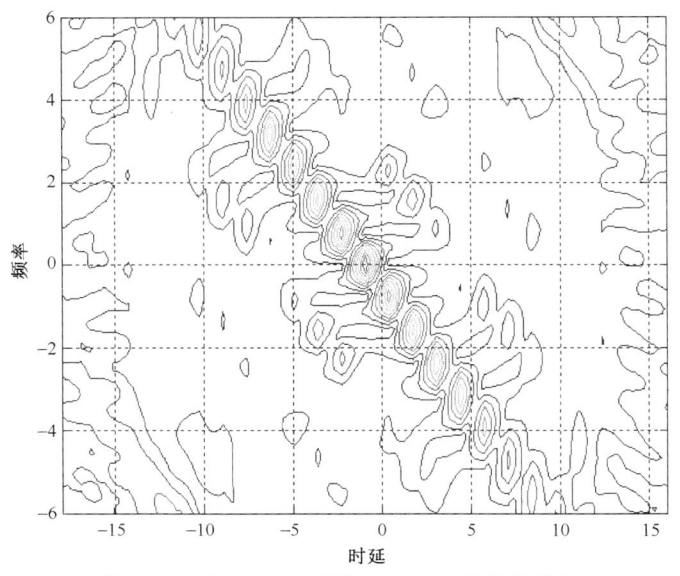

图 6.17（b） 对应于图 6.17（a）的等值线图

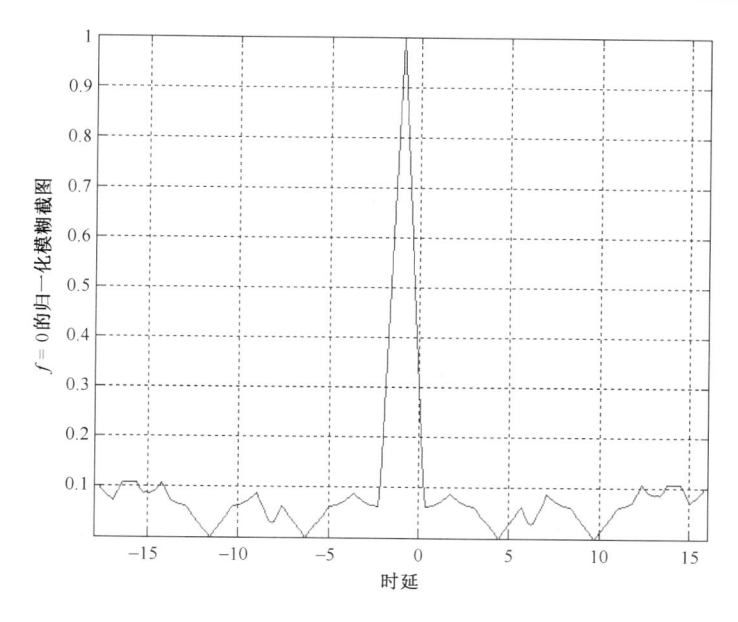

图 6.17（c） 对应于图 6.17（a）的零多普勒截图

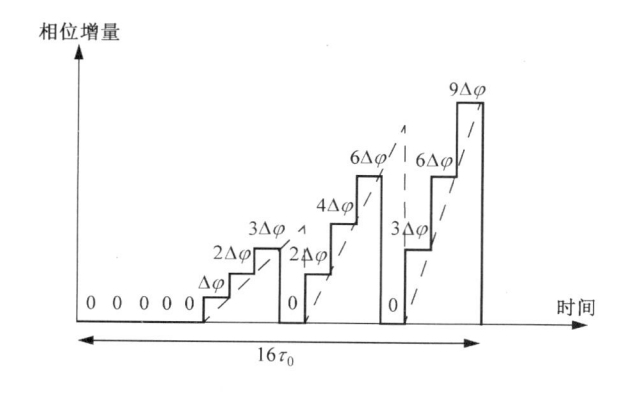

图 6.18 升频波形的步进近似，使用 16 个元素的 Frank 码

6.4 频率编码

频率编码是在方程（6.9）描述的条件下（即 $\theta_n = 0$；$a_n = 0$ 或 1），从方程（6.1）推导出来的。前一章讨论的步进频率波形（SFW）被看做是这类离散编码波形中的一种。第 5 章推导了 SFW 的模糊函数。本章的重点将放在称为 Costas 频率编码的另一类频率编码上。

6.4.1 Costas 码

Costas 码的构造可以在 SFW 的内容中理解。在步进频率波形中，将长度为 T_p 的较长脉冲分为 N 个脉冲宽度为 τ_0 的子脉冲，$T_p = N\tau_0$。每 N 个子脉冲组称为一个脉冲串。在每个脉冲串内，从一个子脉冲到下一个子脉冲的频率以 Δf 增加。整个脉冲串的带宽为 $N\Delta f$。更精确地说，

$$\tau_0 = T_p / N \tag{6.47}$$

第 i 个子脉冲频率为

$$f_i = f_0 + i\Delta f \; ; \; i = 1, N \tag{6.48}$$

式中，f_0 是固定频率且 $f_0 \gg \Delta f$。这个波形的时间-带宽积如下：

$$\Delta f T_p = N^2 \tag{6.49}$$

除了子脉冲串的频率是根据预定的规则或逻辑随机选择之外，Costas[①]信号（编码）和 SFW 很相似。为了实现这一点，考虑如图 6.19（b）所示的 $N \times N$ 的矩阵，其中行的下标为 $i = 1, 2, \cdots, N$，列的下标为 $j = 0, 1, 2, \cdots, N-1$。行表示子脉冲串，列表示频率。"点"表示该频率分配给相关联的子脉冲。在这种情况下，图 6.19 给出和 SFW 相关的频率分配。而图 6.19（b）中的频率分配是随机选择的。对于一个 $N \times N$ 的矩阵，共有 $N!$ 种"点"的分配可能性（也就是 $N!$ 种编码可能）。

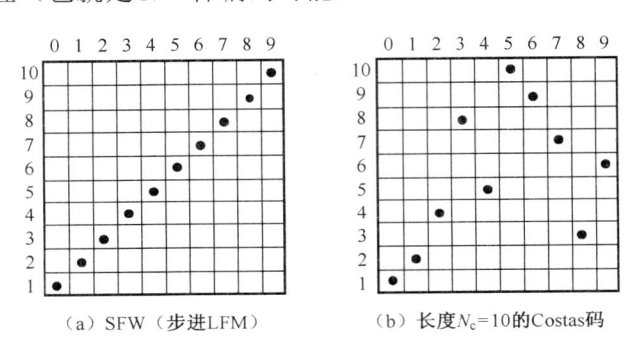

（a）SFW（步进LFM）　　　（b）长度$N_c = 10$的Costas码

图 6.19　N 个子脉冲串的频率分配

逼近一个理想的或者"图钉"响应所对应的模糊函数的"点"分配序列称为 Costas 码。由 Costas 得到的接近"图钉"响应的 Costas 码运用以下方法：每个时间槽（行）和每个频率槽（列）只有一个频率。因此，对于一个 $N \times N$ 的矩阵，可能的 Costas 码数量远小于 $N!$。例如，$N_c = 4$，可能的 Costas 码为 $N=3$；$N_c = 40$，可能的 Costas 码为 $N=5$。结果表明，对于定义为 $N_c/N!$ 比值的编码密度，当 N 变大时编码密度显著变小。

产生 Costas 编码的分析方法有很多种。在这一节，我们描述这些方法中的两种。首先，令 q 为奇质数，选择子脉冲串的数量为

$$N = q - 1 \tag{6.50}$$

定义 γ 为 q 的本原根。q（奇质数）的本原根定义为以 q 为模，幂 $\gamma, \gamma^2, \gamma^3, \cdots, \gamma^{q-1}$ 产生每个从 1 到 $q-1$ 的整数。

第一种方法，对于一个 $N \times N$ 的矩阵，行、列标相应为

$$\begin{aligned} i &= 0, 1, 2, \cdots, (q-2) \\ j &= 1, 2, 3, \cdots, (q-1) \end{aligned} \tag{6.51}$$

[①] Costas, J. P., A Study of a Class of Detection Waveforms Having Nearly Ideal Range-Doppler Ambiguity Properties, *Proc.IEEE 72*, 1984, pp.996-1009.

置点位于(i, j)，对应f_i有且仅有

$$i = (\gamma)^j \ (\text{模 } q) \tag{6.52}$$

在另一种方法中，Costas 码首先根据以上描述的方法得到。然后，通过从矩阵中删除第 1 行、第 1 列来产生新码。这种方法产生的 Costas 码的长度为 $N = q - 2$。

定义 Costas 信号的归一化复包络为

$$x(t) = \frac{1}{\sqrt{N\tau_0}} \sum_{l=0}^{N-1} x_l(t - l\tau_0) \tag{6.53}$$

$$x_l(t) = \begin{pmatrix} \exp(\text{j}2\pi f_l t) & 0 \leqslant t \leqslant \tau_0 \\ 0 & \text{其他} \end{pmatrix} \tag{6.54}$$

Costas 给出匹配滤波器的输出为

$$\chi(\tau, f_\text{d}) = \frac{1}{N} \sum_{l=0}^{N-1} \exp(\text{j}2\pi l f_\text{d} \tau) \left\{ \Phi_{ll}(\tau, f_\text{d}) + \sum_{\substack{q=0 \\ q \neq l}}^{N-1} \Phi_{lq}(\tau - (l-q)\tau_0, f_\text{d}) \right\} \tag{6.55}$$

$$\Phi_{lq}(\tau, f_\text{d}) = \left(\tau_0 - \frac{|\tau|}{\tau_0}\right) \frac{\sin\alpha}{\alpha} \exp(-\text{j}\beta - \text{j}2\pi f_q \tau) \ , \ |\tau| \leqslant \tau_1 \tag{6.56}$$

$$\alpha = \pi(f_l - f_q - f_\text{d})(\tau_0 - |\tau|) \tag{6.57}$$

$$\beta = \pi(f_l - f_q - f_\text{d})(\tau_0 + |\tau|) \tag{6.58}$$

Costas 信号模糊函数的三维图给出了接近模糊函数的图钉响应。所有副瓣，除了少数原点附近的之外，均有 $1/N$ 的幅度。原点附近的少数副瓣有 $2/N$ 的幅度，这是 Costas 码特有的。Costas 码的压缩比接近于 N。

6.5 离散编码的模糊图

一个给定编码的模糊函数图，以及对应的沿零时延和零多普勒的截图给出了这个编码有关距离和多普勒特征的说明。在这之前，我们阐述了一个给定编码的好处由其距离和多普勒分辨率特征来衡量。因此，绘制出给定编码的模糊函数是设计和分析雷达波形的关键部分。遗憾的是，模糊函数的某些公式非常复杂，对于一个不是专家的编程者来说很难编写程序。在本节中，给出了绘制任意编码模糊函数的一种数值方法。这种技术利用了模糊函数的一个性质，从而利用了 MATLAB 的计算能力。三维图可从不同多普勒失配的模糊函数截图中成功地构建出来。

为此目的，考虑方程（5.8）中给出的模糊函数性质，并重复写出方程（6.59），

$$|\chi(\tau; f_\text{d})|^2 = \left| \int X^*(f) X(f - f_\text{d}) \text{e}^{-\text{j}2\pi f \tau} \text{d}f \right|^2 \tag{6.59}$$

式中，$X(f)$ 是信号 $x(t)$ 的傅里叶变换。由方程（6.59），我们可以首先计算被考虑信号的

傅里叶变换，将其延迟某个值 f_d，然后取逆傅里叶变换，由此来计算模糊函数。当被考虑信号是一个离散编码波形时，则使用快速傅里叶变换。由此我们可以利用以下技术来计算模糊函数的图形：

1. 确定被考虑的编码 U。注意 U 可能为符合被考虑编码类型的复数值。
2. 通过添加零将编码的长度扩展到 2 的下一幂次方（参见第 2 章有关插值的细节）。
3. 为了更好地显示，使 FFT 的长度是第 2 步中计算的幂次的 8 倍或更高倍。
4. 计算扩展序列的 FFT。
5. 产生频率失配向量，显示截图。
6. 使用向量法计算 $X(f - f_d)$ 的值。
7. 计算并存储由点乘 $X^*(f)X(f - f_d)$ 得到的向量。
8. 对于每个时延值，计算第 7 步中乘积的逆 FFT，并存储在一个二维（2D）阵列中。
9. 绘制出所得二维阵列的幅度平方，以生成被考虑的特定编码的模糊图。

这个算法可用附录 6-A 中列出的 MATLAB 程序"*ambiguity_code.m*"来实现。

习题

6.1 证明脉宽为 τ_p 的任意相位编码脉冲的模糊函数的零多普勒截图为

$$Y(f) = \left| \text{sinc}(f\tau_p) \right|^2$$

6.2 考虑 7 位巴克码，由序列 $x(n)$ 表示。(a) 计算并绘制该码的自相关；(b) 某雷达使用式 $s(t) = r(t)\cos(2\pi f_0 t)$ 的二进制相位编码脉冲，其中：

$$r(t) = x(0), \text{ 当 } 0 < t < \Delta t \text{ 时}$$
$$r(t) = x(n), \text{ 当 } n\Delta t < t < (n+1)\Delta t \text{ 时}$$
$$r(t) = 0, \text{ 当 } t > 7\Delta t \text{ 时}$$

假设 $\Delta t = 0.5\,\mu s$，(a) 给出信号 $s(t)$ 的自相关表达式，以及输入为 $s(t - 10\Delta t)$ 时匹配滤波器的输出；(b) 计算时间-带宽积、峰值 SNR 的增量及压缩比。

6.3 (a) 完成序列 R_{11} [在方程 (6.31) 中定义] 和横向滤波器脉冲响应间的离散卷积变换；(b) 画出相应的横向滤波器输出略图。

6.4 当 $N = 13$，$k = 6$ 时，重复上述问题。使用长度为 13 的巴克码。

6.5 开发长度为 35 的巴克码。考虑 B_{75} 和 B_{57} 两种情况。

6.6 $q = 11$ 的最小正原根是 $\gamma = 2$；当 $N = 10$ 时，产生对应的 Costas 矩阵。

6.7 计算一种 Frank 码 F_{16} 的离散自相关。

6.8 产生一种长度为 8 的 Frank 码 F_8。

6.9 利用本章开发的 MATLAB 程序，画出 3 位、4 位、5 位巴克码的匹配滤波器输出。

附录 6-A 第 6 章 MATLAB 程序清单

本章提供的 MATLAB 程序只是作为独立的学术工具设计的而没有其他用途。这里代码的编写方式是为了帮助读者更好地理解相关的理论。这些程序不是为任何类型的开环或闭环仿真研发的。本书中的 MATLAB 程序可通过 CRC 出版社的网站下载，登录 www.crcpress.com 搜索关键字"Mahafza"以定位本书的网页。

MATLAB 程序 "*Fig6_2.m*" 清单

```
% Use to reproduce Fig 6.2 of textbook
clc
close all
clear all
uinput = [1 0 0 0 0 1 0 0 0 0 1 0 0 0 0 1 0 0 0 0 1];
[ambig] = ambiguity_code(uinput);
freq = linspace(-6,6, size(ambig,1));
N = size(uinput,2);
% set code length to tau
tau = N;
code = uinput;
samp_num = size(code,2) * 10;
% compute the next power integer of 2 for FFT purposes
n = ceil(log(samp_num) / log(2));
% compute FFT size, nfft
nfft = 2^n;
% set a dummy array in preparation for interpolation
delay = linspace(-N-2,N,nfft);
plot_figuiures_chap6 ( ambig, delay, freq)
```

MATLAB 函数 "*plot_figures_chap6.m*" 程序清单

```
function plot_figures_chap6( ambig, delay, freq)
% This function is used to plot figures in Chapter 6
%
mesh(delay,freq,(ambig ./ max(max(ambig))))
view (-30,55);
axis tight
ylabel('frequency')
xlabel('delay')
zlabel('ambiguity function')
figure(2)
Nhalf = (size(ambig,1)-1)/2
plot(delay,ambig(Nhalf+1,:)/(max(max(ambig))),'k')
xlabel('delay')
ylabel('normalized ambiguity cut for f=0')
grid
axis tight
figure(3)
contour(delay,freq,(ambig ./ max(max(ambig))))
axis tight
ylabel('frequency')
xlabel('delay')
grid
end
```

MATLAB 程序 "*Fig6_3.m*" 清单

```
% Use to reproduce Fig 6.3 of textbook
clc
close all
clear all
```

```matlab
uinput = [1 0 0 1 0 1 0 0 0 0 0 1 0 0 1 0 0 0 0 0 0 1];
[ambig] = ambiguity_code(uinput);
freq = linspace(-6,6, size(ambig,1));
N = size(uinput,2);
% set code length to tau
tau = N;
code = uinput;
samp_num = size(code,2) * 10;
% compute the next power integer of 2 for FFT purposes
n = ceil(log(samp_num) / log(2));
% compute FFT size, nfft
nfft = 2^n;
% set a dummy array in preparation for interpolation
delay = linspace(-N-2,N,nfft);
plot_figures_chap6 ( ambig, delay, freq)
```

MATLAB 程序 "*Fig6_8_10.m*" 清单

```matlab
% Use to reproduce Figs 6.8 trhough 6.10 of textbook
clc
close all
clear all
% Figure 8
uinput = [1 1 1 1 1 -1 -1 1 1 -1 1 -1 1];
[ambig] = ambiguity_code(uinput);
freq = linspace(-6,6, size(ambig,1));
N = size(uinput,2);
% set code length to tau
tau = N;
code = uinput;
samp_num = size(code,2) * 10;
% compute the next power integer of 2 for FFT purposes
n = ceil(log(samp_num) / log(2));
% compute FFT size, nfft
nfft = 2^n;
% set a dummy array in preparation for interpolation
delay = linspace(-N-2,N,nfft);
plot_figures_chap6 ( ambig, delay, freq)
%
uinput = [1 1 1 -1 -1 1 -1 ];
[ambig] = ambiguity_code(uinput);
freq = linspace(-6,6, size(ambig,1));
N = size(uinput,2);

% set code length to tau
tau = N;
code = uinput;
samp_num = size(code,2) * 10;
% compute the next power integer of 2 for FFT purposes
n = ceil(log(samp_num) / log(2));
% compute FFT size, nfft
nfft = 2^n;
% set a dummy array in preparation for interpolation
delay = linspace(-N-2,N,nfft);
plot_figures_chap6 ( ambig, delay, freq)
%
```

```
uinput = [1 1 1 -1 1 1 1 1 -1 1 -1 -1 -1 -1 1 -1 1 1 1 -1 1];
[ambig] = ambiguity_code(uinput);
freq = linspace(-6,6, size(ambig,1));
N = size(uinput,2);
% set code length to tau
tau = N;
code = uinput;
samp_num = size(code,2) * 10;
% compute the next power integer of 2 for FFT purposes
n = ceil(log(samp_num) / log(2));
% compute FFT size, nfft
nfft = 2^n;
% set a dummy array in preparation for interpolation
delay = linspace(-N-2,N,nfft);
plot_figures_chap6 ( ambig, delay, freq)
```

MATLAB 程序"*Fig6_15_16.m*"清单

```
% Use to reproduce Figs 6.15 and 6.16 of textbook
clc
close all
clear all
% Figure 15
uinput = [1 -1 -1 -1 -1 1 -1 1 -1 1 1 1 -1 1 1 -1 -1 -1 1 1 1 1 1 -1 -1 1 1 -1 1 -1 -1];
[ambig] = ambiguity_code(uinput);
freq = linspace(-6,6, size(ambig,1));
N = size(uinput,2);
% set code length to tau
tau = N;
code = uinput;
samp_num = size(code,2) * 10;
% compute the next power integer of 2 for FFT purposes
n = ceil(log(samp_num) / log(2));
% compute FFT size, nfft
nfft = 2^n;
% set a dummy array in preparation for interpolation
delay = linspace(-N-2,N,nfft);
plot_figures_chap6 ( ambig, delay, freq)
%Figure 6.16
uinput = [1 -1 -1 -1 1 1 1 1 -1 1 -1 1 1 -1 -1];
[ambig] = ambiguity_code(uinput);
freq = linspace(-6,6, size(ambig,1));

N = size(uinput,2);
% set code length to tau
tau = N;
code = uinput;
samp_num = size(code,2) * 10;
% compute the next power integer of 2 for FFT purposes
n = ceil(log(samp_num) / log(2));
% compute FFT size, nfft
nfft = 2^n;
% set a dummy array in preparation for interpolation
delay = linspace(-N-2,N,nfft);
plot_figures_chap6 ( ambig, delay, freq)
```

MATLAB 程序"*Fig6_17.m*"清单

```
% Use to reproduce Figs 6.17 text
clc
close all
clear all
uinput = [1 1 1 1 1 i -1 -i 1 -1 1 -1 1 -i -1 i];
[ambig] = ambiguity_code(uinput);
freq = linspace(-6,6, size(ambig,1));
N = size(uinput,2);
% set code length to tau
tau = N;
code = uinput;
samp_num = size(code,2) * 10;
% compute the next power integer of 2 for FFT purposes
n = ceil(log(samp_num) / log(2));
% compute FFT size, nfft
nfft = 2^n;
% set a dummy array in preparation for interpolation
delay = linspace(-N-2,N,nfft);
plot_figures_chap6 ( ambig, delay, freq)
```

MATLAB 程序"*ambiguity_code.m*"清单

```
function [ambig] = ambiguity_code(uinput)
% Compute and plot the ambiguity function for any give code u
% Compute the ambiguity function by utilizing the FFT
% through combining multiple range cuts
N = size(uinput,2);
tau = N;
code = uinput;
samp_num = size(code,2) * 10;
n = ceil(log(samp_num) / log(2));
nfft = 2^n;
u(1:nfft) = 0;
j = 0;
for index = 1:10:samp_num
    index;
    j = j+1;
    u(index:index+10-1) = code(j);
end
% set-up the array v
v = u;
delay = linspace(0,5*tau,nfft);
freq_del = 12 / tau /100;
j = 0;
vfft = fft(v,nfft);
for freq = -6/tau:freq_del:6/tau;
    j = j+1;
    exf = exp(sqrt(-1) * 2. * pi * freq .* delay);
    u_times_exf = u .* exf;
    ufft = fft(u_times_exf,nfft);
    prod = ufft .* conj(vfft);
    ambig(j,:) = fftshift(abs(ifft(prod))');
end
```

第7章 脉冲压缩

使用非常短的脉冲可以极大地提高某给定雷达的距离分辨率。遗憾的是，使用短脉冲降低了平均发射功率，这会妨碍雷达的正常工作模式，特别是多功能和监视雷达。由于平均发射功率与接收机信噪比直接相关，所以通常希望增加脉冲宽度（即提高平均发射功率）而同时保持适当的距离分辨率。采用脉冲压缩技术可以实现这一点。脉冲压缩可以使我们获得较长脉冲的平均发射功率，同时得到的距离分辨率对应于一个短脉冲。本章中，我们将分析模拟和数字脉冲压缩技术。本章讨论两种模拟脉冲压缩技术。第一种技术叫做"相关处理"，主要用于窄带和一些中等带宽的雷达的工作。第二种技术叫做"扩展处理"，通常用于带宽极宽的雷达工作。数字脉冲压缩也将被简要地提到。

7.1 时间-带宽积

考虑采用一种匹配滤波器接收机的雷达系统。令该匹配滤波器接收机带宽为 B。那么在匹配滤波器带宽内的噪声功率由下式给出：

$$N_i = 2B(\eta_0/2) \tag{7.1}$$

式中，因子2用于考虑正负两个频带，如图7.1所示。在脉冲持续时间 τ_0 上的平均输入信号功率为

$$S_i = E_x/\tau_0 \tag{7.2}$$

式中，E_x 是信号能量。所以，匹配滤波器输入信噪比由下式给出：

$$(\text{SNR})_i = S_i/N_i = E/(\eta_0 B \tau_0) \tag{7.3}$$

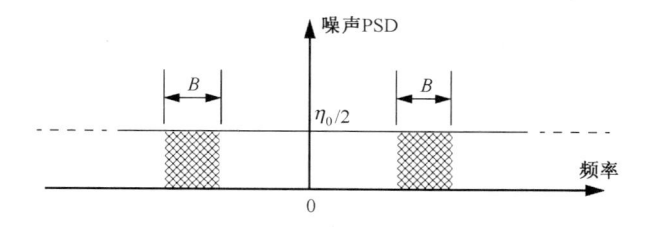

图 7.1 输入噪声功率

在特定的时间 t_0，输出峰值瞬时信噪比与输入信噪比的比值如下：

$$\frac{\text{SNR}(t_0)}{(\text{SNR})_i} = 2B\tau_0 \tag{7.4}$$

$B\tau_0$ 称为某给定波形或其相应的匹配滤波器的"时间-带宽积"。令输出信噪比高于输入信噪比的那个因子 $B\tau_0$ 称为匹配滤波器增益，或简称压缩增益。

一般来说，未调制的脉冲的时间-带宽乘积趋于1。一个脉冲的时间-带宽乘积可以用频率或相位调制而实现远大于1。如果雷达接收机变换函数与输入波形相匹配，那么压缩增益等于 $B\tau_0$。很清楚，当匹配滤波器的频谱偏离输入信号的频谱时，压缩增益就小于 $B\tau_0$。

7.2 脉冲压缩的雷达方程

脉冲压缩的雷达方程可以写为

$$\text{SNR} = \frac{P_t \tau_0 G^2 \lambda^2 \sigma}{(4\pi)^3 R^4 k T_0 F L} \tag{7.5}$$

式中，P_t 为峰值功率，τ_0 为脉冲宽度，G 为天线增益，σ 为目标的RCS，R 为距离，k 为玻尔兹曼常数，T_0 为290 K，F 为噪声系数，L 为雷达的总损耗。

脉冲压缩雷达发射比较长的脉冲（带调制），并将雷达回波处理成很短的脉冲（压缩的）。可以把发射的脉冲看成是由一系列很短的子脉冲（占空比为100%）组成的，其中每个子脉冲的宽度等于期望的压缩脉冲宽度。令压缩脉冲宽度为 τ_c。于是，对于每个子脉冲，方程（7.5）可以写成

$$(\text{SNR})_{\tau_c} = \frac{P_t \tau_c G^2 \lambda^2 \sigma}{(4\pi)^3 R^4 k T_0 F L} \tag{7.6}$$

于是，可从方程（7.6）推导出未压缩脉冲的信噪比如下：

$$\text{SNR} = \frac{P_t (\tau_0 = n_p \tau_c) G^2 \lambda^2 \sigma}{(4\pi)^3 R^4 k T_0 F L} \tag{7.7}$$

式中，n_p 是子脉冲个数。方程（7.7）是脉冲压缩的雷达方程。

观察方程（7.5）和方程（7.7）可以看出（注意，两个表达式都具有相同的形式），对于一组给定的雷达参数，只要发射脉冲保持不变，那么信噪比也不随信号带宽而变。更精确地说，当采用脉冲压缩时，通过保持脉冲宽度不变和增加带宽可极大地提高距离分辨率，同时保持了探测距离。记住，距离分辨率与信号带宽的倒数成正比：

$$\Delta R = c/2B \tag{7.8}$$

7.3 脉冲压缩的基本原理

考虑一个线性调频调制长脉冲，并假设一个匹配滤波器接收机。匹配滤波器的输出（沿时延轴，比如距离）比其输入幅度窄很多。更准确地说，匹配滤波器输出是通过倍数 $\xi = B\tau_0$ 压缩的，其中 τ_0 为脉冲宽度，B 为带宽。因此，通过使用长脉冲和宽带线性调频调制，可以获得很大的压缩比。

图7.2给出了理想的线性调频脉冲压缩过程。图7.2（a）所示为一宽脉冲包络，图7.2（b）所示为带宽 $B = f_2 - f_1$ 的频率调制（这里是升频线性调频），图7.2（c）所示为匹配滤波器

时延特性，而图7.2（d）所示为压缩后的脉冲包络。最后，图7.2（e）所示为匹配滤波器的输入/输出波形。

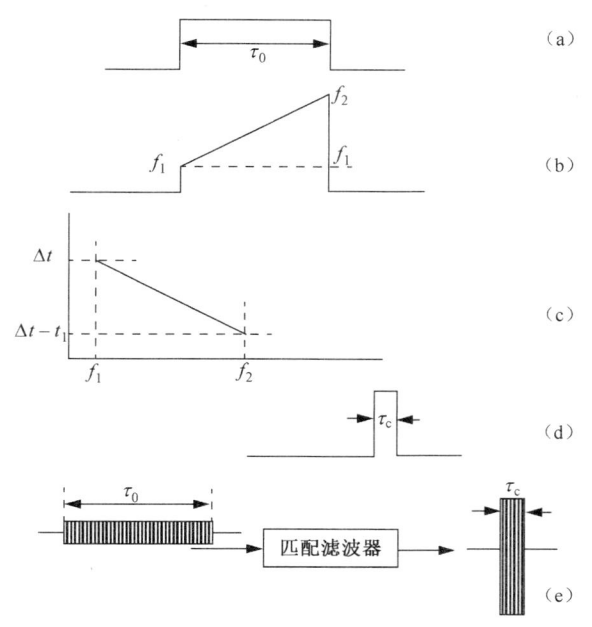

图 7.2　理想的线性调频脉冲压缩

图 7.3 给出了使用更真实的线性调频波形来表明脉冲压缩的优势。例中，对两个 RCS 为 $\sigma_1 = 1 \, m^2$ 和 $\sigma_2 = 0.5 \, m^2$ 的目标进行检测。两个目标在时间上没有足够地分离以至于不能被分辨开来。图 7.3（a）给出这些目标的复合回波信号。很明显，目标回波重叠了，并且无法分辨开来。然而，脉冲压缩后，两个目标完全分开了，而且识别为两个独立的目标。实际上，当使用线性调频时，只要相邻目标在时间上相隔 τ_c（压缩后脉冲宽度），它们的回波就能被分开。

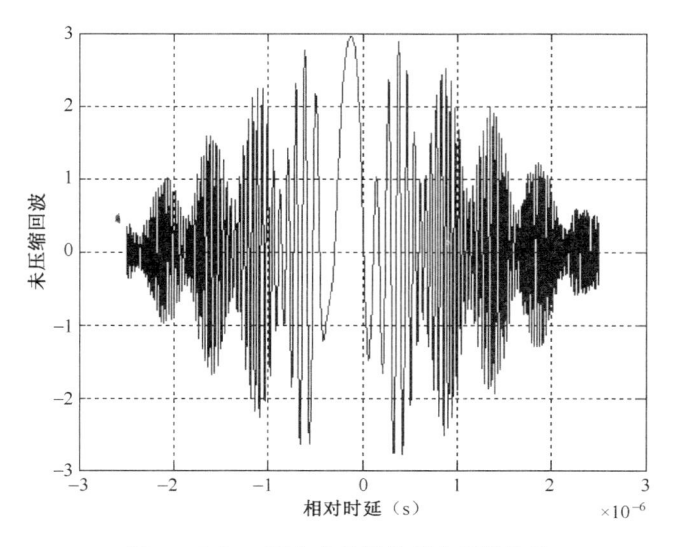

图 7.3（a）　两个未分辨的复合回波信号

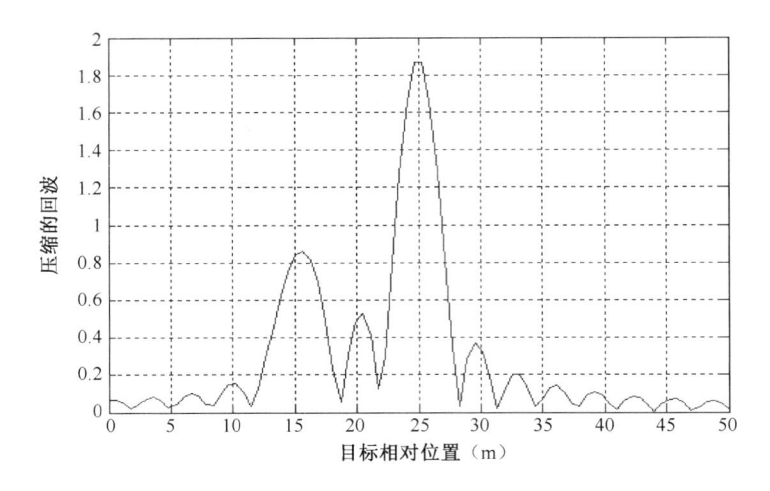

图 7.3（b） 脉冲压缩后图 7.3（a）的复合回波信号

7.4 相关处理器

雷达工作（搜索、跟踪等）通常在一个规定的距离窗上进行。该窗指的是接收窗，由雷达的最大和最小距离之间的差值确定。接收窗内所有目标的回波都被收集并使之通过一个匹配滤波器电路来进行脉冲压缩。这种模拟处理器的一种实现手段就是表面声波（SAW）器件。由于数字计算机发展的最新进展，相关处理器通常采用 FFT 进行数字化处理。这种数字实现称为快速卷积处理（FCP），能在基带上进行。快速卷积处理在图 7.4 中进行了说明。

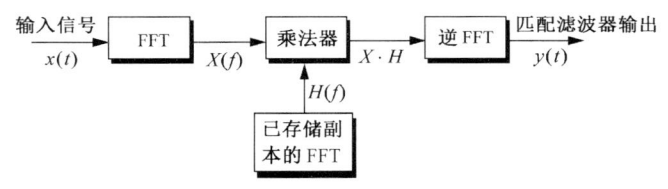

图 7.4 用一个 FFT 计算匹配滤波器的输出

因为匹配滤波器是一种线性时间不变系统，其输出可以用其输入和脉冲响应间的卷积进行数学上的描述：

$$y(t) = x(t) \otimes h(t) \quad (7.9)$$

式中，$x(t)$是输入信号，$h(t)$是匹配滤波器的脉冲响应，运算符号"$\otimes$"表示卷积。根据傅里叶变换性质：

$$\text{FFT}\{x(t) \otimes h(t)\} = X(f) \cdot H(f) \quad (7.10)$$

以及当两个信号被适当采样，压缩信号 $y(t)$ 可以由下式计算：

$$y = \text{FFT}^{-1}\{X \cdot H\} \quad (7.11)$$

式中，FFT^{-1}是逆快速傅里叶变换。采用脉冲压缩时，希望采用能够完成最大脉冲压缩比的调制方案，并且这种方案能够极大地降低压缩波形的副瓣电平。对于 LFM，第一个副瓣大约为主峰值以下 13.4 dB，对大多数雷达应用而言，这可能是不够的。实际上，高副瓣电平并不好，因为副瓣处的噪声和/或干扰可能会干扰主瓣中的目标回波。

加权函数（窗）可用在压缩脉冲的频谱上以降低副瓣电平。这种方法的代价是主瓣分辨率的损失及峰值的降低（即信噪比降低）。给压缩脉冲频谱的时域发射或接收信号加权在理论上可达到同样的目的。不过，这种方法很少使用，因为调制发射波形的幅度为发射机引入了额外的负担。

考虑采用一种相关处理器接收机（即匹配滤波器）的某雷达系统。单位为米的接收窗的定义如下：

$$R_{rec} = R_{max} - R_{min} \tag{7.12}$$

式中，R_{max} 和 R_{min} 分别定义雷达进行探测的最大和最小距离。一般情况下，R_{rec} 受限于目标的范围。归一化复数发射信号具有下列形式：

$$x(t) = \exp\left(j2\pi\left(f_0 t + \frac{\mu}{2}t^2\right)\right) \quad 0 \leq t \leq \tau_0 \tag{7.13}$$

式中，τ_0 是脉冲宽度，$\mu = B/\tau_0$，B 是带宽。

除了对应于目标 RCS 的幅度变化和时延之外，雷达回波信号与发射的信号相同。设距离 R_1 上有一目标。雷达接收到的由该目标返回的回波为

$$x_r(t) = a_1 \exp\left(j2\pi\left(f_0(t-t_1) + \frac{\mu}{2}(t-t_1)^2\right)\right) \tag{7.14}$$

式中，a_1 与目标 RCS、天线增益、距离衰减成正比。时延 t_1 由下式给出：

$$\tau_1 = 2R_1/c \tag{7.15}$$

处理的第一步包含着去除频率 f_0。这是用相位为 $2\pi f_0 t$ 的参考信号与 $x_r(t)$ 进行混频来完成的。经低通滤波之后的混频后信号的相位由下式给出：

$$\phi(t) = 2\pi\left(-f_0 t_1 + \frac{\mu}{2}(t-t_1)^2\right) \tag{7.16}$$

且瞬时频率为

$$f_1(t) = \frac{1}{2\pi}\frac{d}{dt}\phi(t) = \mu(t-t_1) = \frac{B}{\tau_0}\left(t - \frac{2R_1}{c}\right) \tag{7.17}$$

正交分量为

$$\begin{pmatrix} x_I(t) \\ x_Q(t) \end{pmatrix} = \begin{pmatrix} \cos\phi(t) \\ \sin\phi(t) \end{pmatrix} \tag{7.18}$$

然后下面进行正交分量的采样。必须按此选择采样量 N，从而可以避免频谱的重叠（模糊）。为了这一目的，采样频率 f_s（基于奈奎斯特采样速率）必须为

$$f_s \geq 2B \tag{7.19}$$

采样间隔为

$$\Delta t \leqslant 1/2B \tag{7.20}$$

利用方程（7.17）可以证明（证明将作为练习留给读者），FFT 的频率分辨率为

$$\Delta f = 1/\tau_0 \tag{7.21}$$

所需的最小采样数为

$$N = \frac{1}{\Delta f \Delta t} = \frac{\tau_0}{\Delta t} \tag{7.22}$$

使方程（7.20）和方程（7.22）相等，得到

$$N \geqslant 2B\tau_0 \tag{7.23}$$

因此，总共有 $2B\tau_0$ 个实数采样，或 $B\tau_0$ 个复数采样，足以完整地描述一个持续时间为 τ_0 和带宽为 B 的 LFM 波形。例如，持续时间为 $\tau_0 = 20\,\mu s$ 和带宽为 $B = 5\,MHz$ 的 LFM 信号需要 200 个实数采样（I 通道 100 个采样，Q 通道 100 个采样），以确定输入信号。

为了较好地实现 FFT，N 的取值范围通过补 0 扩展到 2 的 $N+1$ 次幂。于是，对某正整数 n 来说，总采样数为

$$N_{FFT} = 2^n \geqslant N \tag{7.24}$$

FCP 处理的最后几步包括：（1）进行采样序列的快速傅里叶变换；（2）将信号的频域序列乘以匹配滤波器脉冲响应的快速傅里叶变换；（3）进行合成频域序列的快速逆傅里叶变换以产生时域压缩脉冲（HRR 图形）。当然，还必须进行加权，以及天线增益和距离衰减的补偿。

假设在距离 R_1、R_2 上有 M 个目标，并且都在接收窗内。通过叠加，下变频后信号的相位为

$$\phi(t) = \sum_{m=1}^{M} 2\pi \left(-f_0 t_m + \frac{\mu}{2}(t - t_m)^2 \right) \tag{7.25}$$

时间 $\{\tau_m = (2R_m/c); m = 1, 2, \cdots, M\}$ 表示双程时延，其中 t_1 表示接收窗开始重合。

MATLAB 函数 "matched_filter.m"

函数 "matched_filter.m" 实现快速卷积处理。用户可以通过调用 MATLAB 函数或者执行基于 GUI 的 MATLAB 函数 "matched_filter_gui.m" 来获取该函数。和该程序相关联的工作区如图 7.5 所示。该函数的输出包括脉压过程中压缩后和未压缩信号复制的图形。该函数利用函数 "power_integer_2.m" 实现方程（7.24）。语法如下：

[y]=matched_filter（nscat, rrec, taup, b, scat_range, scat_rcs, win）

其中：

符号	说明	单位	状态
nscat	接收窗内的点散射体的数量	无	输入
rrec	接收窗尺寸	m	输入

续表

符 号	说 明	单 位	状 态
taup	未压缩脉冲的宽度	s	输入
b	线性调频脉冲带宽	Hz	输入
scat_range	散射体距离向量（在接收窗内）	m	输入
scat_rcs	散射体 RCS 向量	m²	输入
win	0 = 无窗 1 = 汉明窗 2 = 参数为 *pi* 的凯撒窗 3 = -60 dB 的切比雪夫（Chebychev）副瓣	无	输入
y	压缩输出	v	输出

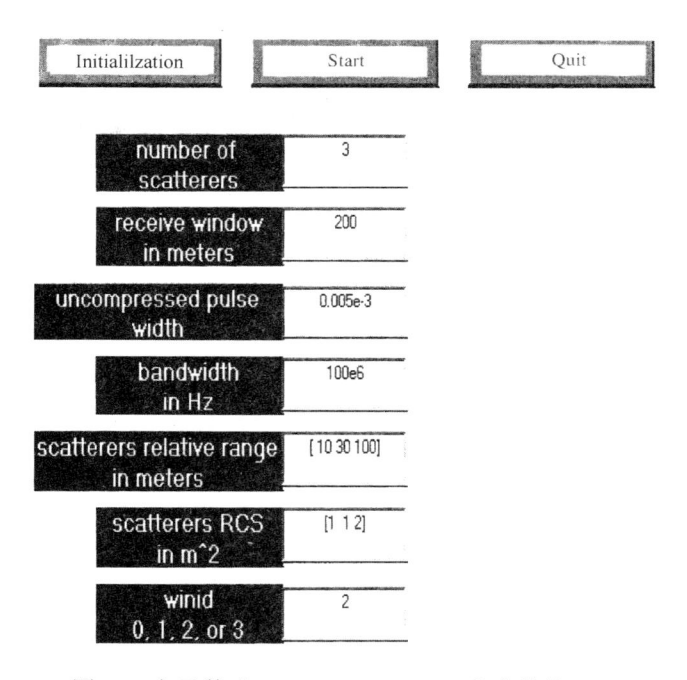

图 7.5 与函数"*matched_filter_gui.m*"有关的 GUI

例如，考虑下列情形：

目标数	R_{rec}	脉冲宽度	带　宽	目标距离	目　标	加窗类型
3	200 m	0.005 ms	100e6 Hz	[30 70 120] m	[1 1 1] m²	汉明

注意，压缩脉冲距离分辨率为 $\Delta R = 1.5$ m。图 7.6（a）和图 7.6（b）给出了用于脉冲压缩的实部和幅度谱的复制。图 7.7（a）给出了未压缩的回波，图 7.7（b）给出了压缩后的频率调制输出。注意，在接收窗中，散射幅度的衰减是散射距离的反比函数。图 7.7（c）与图 7.7（b）很相似，除了在第一和第二散射体小于 1.5 m（它们分别位于 70 m 和 71 m）这种情况中。

图 7.6(a)　复制的实部

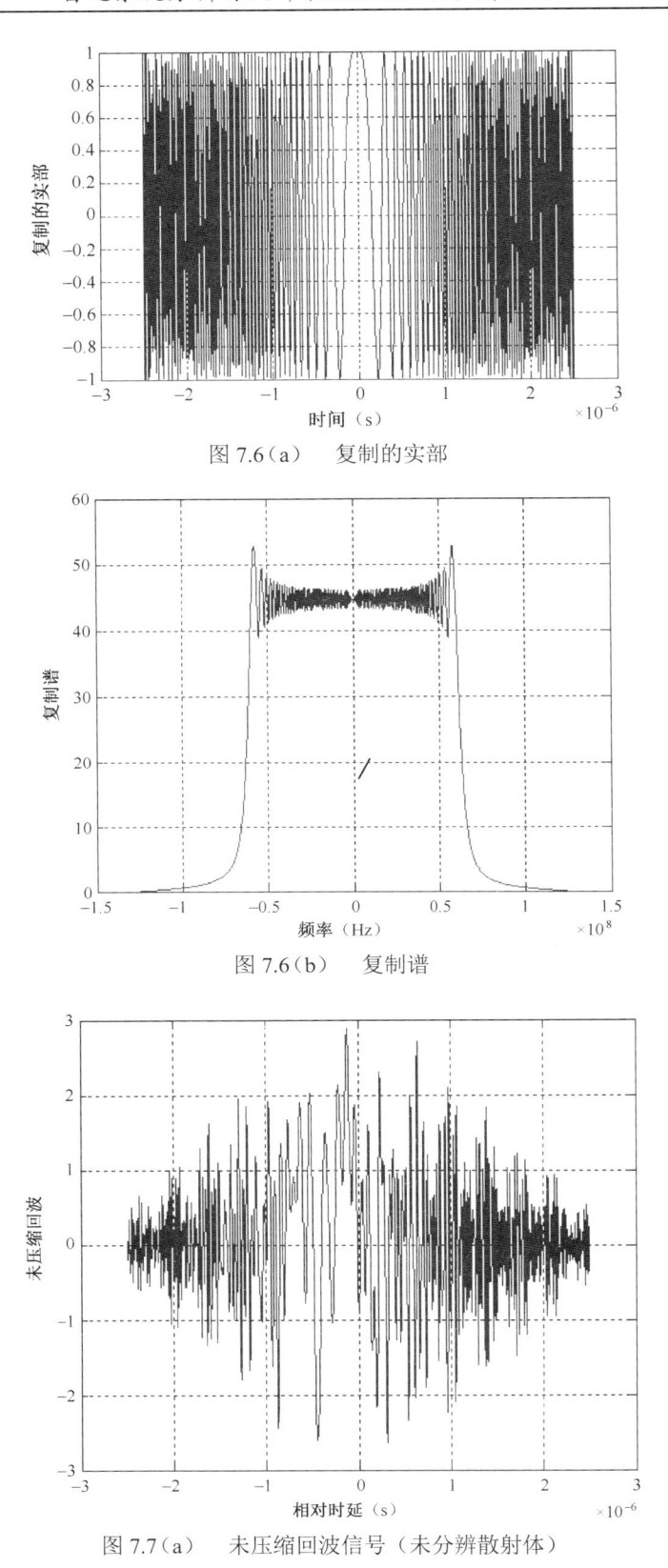

图 7.6(b)　复制谱

图 7.7(a)　未压缩回波信号（未分辨散射体）

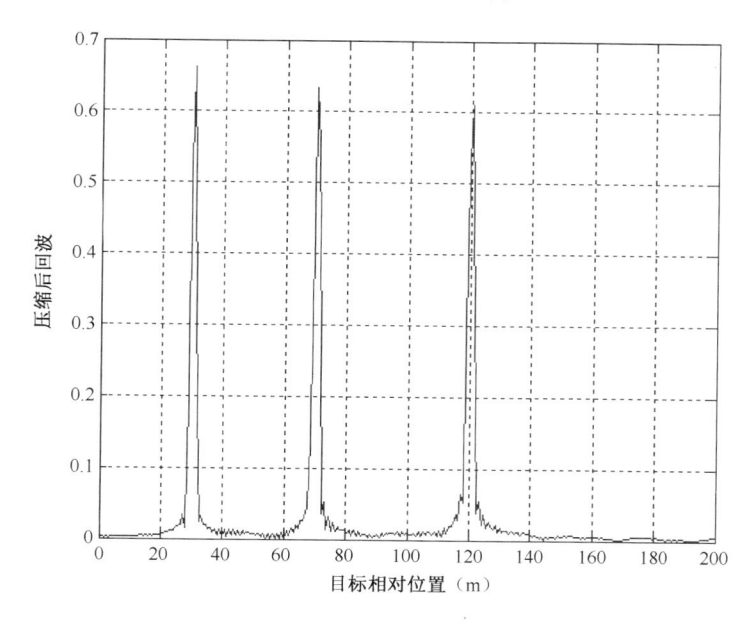

图 7.7（b）　对应图 7.7（a）的压缩后回波信号（散射体完全分辨出来）

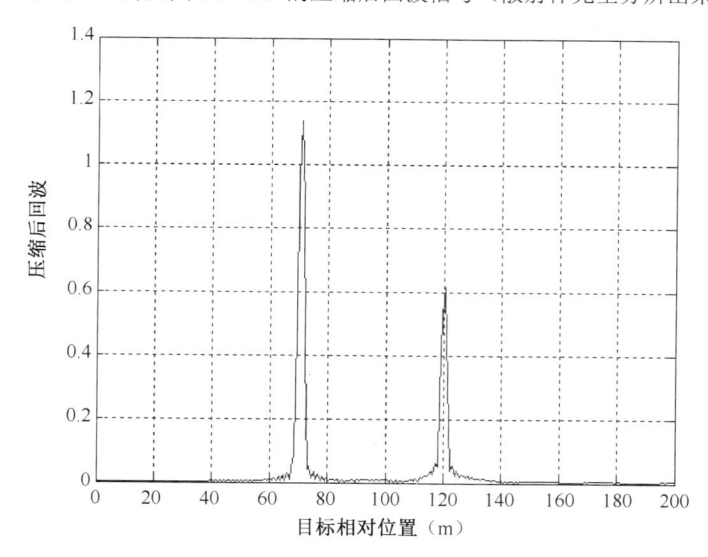

图 7.7（c）　三个散射体的压缩后回波信号（其中 70 m 和 71 m 两个未分辨出来）

7.5　扩展处理器

扩展处理，也称为"有源相关"，通常用于处理极宽带宽的 LFM 波形。这种处理技术包含下列步骤。首先，雷达回波与一个发射波形的副本（参考信号）混频。随后，进行低通滤波和相干检波。然后，进行模数转换。最后，采用一组窄带滤波器（NBF）以提取与目标距离成正比的信息，因为扩展处理有效地将时延转变成了频率。所有从相同距离单元上到来的回波产生了同样的恒定频率。

7.5.1 LFM 脉冲信号

图7.8给出了扩展处理接收机的框图。参考信号是一个 LFM 波形，它具有与发射的 LFM 信号同样的 LFM 斜率。参考信号存在于雷达"接收窗"的持续时间内，而持续时间由雷达最大和最小距离间的差值计算出来。将参考线性调频脉冲的起始频率表示为 f_r。考虑当雷达从几个相近（时间上或距离上）的目标接收回波的情况，如图7.8所示。将参考信号与之混频并进行低通滤波，等效于从参考信号中减去回波频率线性调频脉冲中的调频。于是，LPF 输出由对应于目标位置的恒定音频组成。归一化的发射信号可由下式表达：

$$x(t) = \cos\left(2\pi\left(f_0 t + \frac{\mu}{2}t^2\right)\right) \qquad 0 \leq t \leq \tau_0 \tag{7.26}$$

式中，$\mu = B/\tau_0$ 是 LFM 系数，f_0 是线性调频脉冲起始频率。假设距离 R_1 上有一点散射体。雷达接收到的信号为

$$x_r(t) = a\cos\left[2\pi\left(f_0(t-t_1) + \frac{\mu}{2}(t-t_1)^2\right)\right] \tag{7.27}$$

式中，a 与目标 RCS、天线增益、距离衰减成正比。时延 t_1 为

$$t_1 = 2R_1/c \tag{7.28}$$

参考信号为

$$x_{\text{ref}}(t) = 2\cos\left(2\pi\left(f_r t + \frac{\mu}{2}t^2\right)\right) \qquad 0 \leq t \leq T_{\text{rec}} \tag{7.29}$$

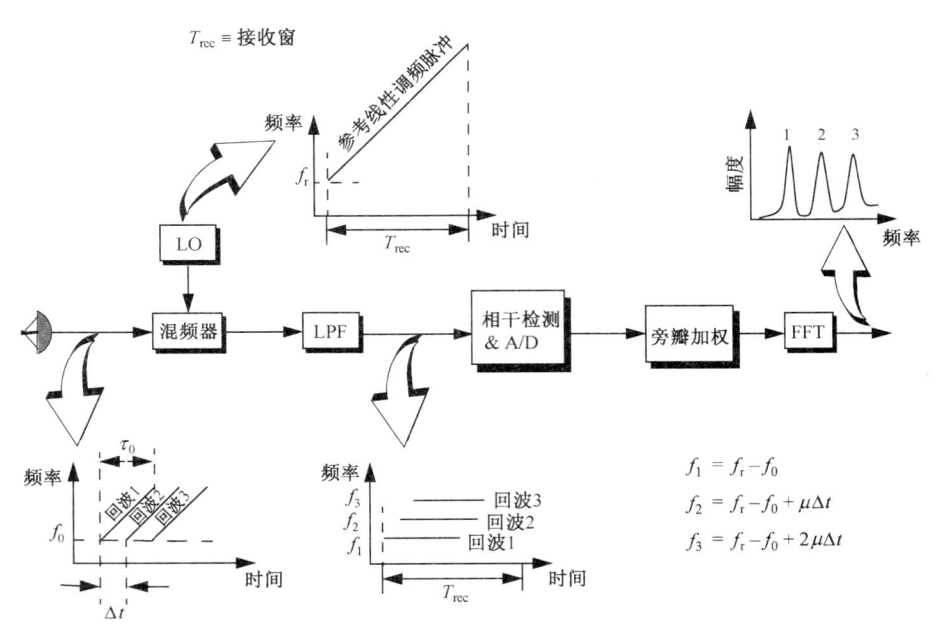

图 7.8 扩展处理框图

单位为秒的接收窗为

$$T_{\text{rec}} = \frac{2(R_{\max} - R_{\min})}{c} = \frac{2R_{\text{rec}}}{c} \tag{7.30}$$

习惯上令 $f_r=f_0$。混频器的输出为接收信号和参考信号的乘积。经低通滤波后的信号为

$$x_0(t) = a\cos(2\pi f_0 t_1 + 2\pi\mu t_1 t - \pi\mu(t_1)^2) \tag{7.31}$$

将方程（7.28）代入方程（7.31）并合并同类项，得到

$$x_0(t) = a\cos\left[\left(\frac{4\pi BR_1}{c\tau_0}\right)t + \frac{2R_1}{c}\left(2\pi f_0 - \frac{2\pi BR_1}{c\tau_0}\right)\right] \tag{7.32}$$

由于 $\tau_0 \gg 2R_1/c$，方程（7.32）可近似为

$$x_0(t) \approx a\cos\left[\left(\frac{4\pi BR_1}{c\tau_0}\right)t + \frac{4\pi R_1}{c}f_0\right] \tag{7.33}$$

瞬时频率为

$$f_{瞬时} = \frac{1}{2\pi}\frac{\mathrm{d}}{\mathrm{d}t}\left(\frac{4\pi BR_1}{c\tau_0}t + \frac{4\pi R_1}{c}f_0\right) = \frac{2BR_1}{c\tau_0} \tag{7.34}$$

这清楚地表明，目标距离正比于瞬时频率。所以，对 LPF 输出进行正确采样并对采样序列进行快速傅里叶变换，可以得出以下结论：频率 f_1 上的峰值表示目标出现在下式所示的距离上，

$$R_1 = f_1 c\tau_0/2B \tag{7.35}$$

假设距离 R_1、R_2 上有 M 个相邻目标且 $R_1<R_2<\cdots<R_M$。经过叠加，总信号为

$$x_r(t) = \sum_{m=1}^{M} a_m(t)\cos\left[2\pi\left(f_0(t-t_m) + \frac{\mu}{2}(t-t_m)^2\right)\right] \tag{7.36}$$

式中，$\{a_m(t); m = 1, 2,\cdots, M\}$ 正比于目标的截面积、天线增益和距离。时间 $\{t_m = (2R_m/c); m = 1, 2,\cdots, M\}$ 表示双程时延，其中 t_1 与接收窗的开始重合。使用方程（7.32）后，LPF 输出的整个信号可以描述为

$$x_o(t) = \sum_{m=1}^{M} a_m \cos\left[\left(\frac{4\pi BR_m}{c\tau_0}\right)t + \frac{2R_m}{c}\left(2\pi f_0 - \frac{2\pi BR_m}{c\tau_0}\right)\right] \tag{7.37}$$

由此，目标回波出现在可以用 FFT 分辨的恒定音频上。因此，确定正确的采样速率和 FFT 大小是很关键的。本节的其余部分给出了扩展处理所需的 FFT 参数的计算方法。

假设某雷达系统采用一扩展处理器接收机。脉冲宽度为 τ_0，线性调频脉冲带宽为 B。由于扩展处理通常用于极宽带的情况（即 B 很大），一般处理雷达回波的接收窗限于几米到100米以内。压缩脉冲距离分辨率由方程（7.8）计算。用 N 表示 FFT 的大小，频率分辨用 Δf 表示。可以用下列步骤计算频率分辨率：设两个相邻的点散射体距离为 R_1 和 R_2。可以分辨这些散射体的最小频率间隔为 Δf，它可由方程（7.34）进行计算。更精确地说，

$$\Delta f = f_2 - f_1 = \frac{2B}{c\tau_0}(R_2 - R_1) = \frac{2B}{c\tau_0}\Delta R \tag{7.38}$$

将方程(7.8)代入方程(7.38)得

$$\Delta f = \frac{2B}{c\tau_0} \frac{c}{2B} = \frac{1}{\tau_0} \tag{7.39}$$

由 FFT 可分辨的最大频率限制在 $\pm N\Delta f/2$ 范围内。于是,最大可分辨频率为

$$\frac{N\Delta f}{2} > \frac{2B(R_{\max} - R_{\min})}{c\tau_0} = \frac{2BR_{\text{rec}}}{c\tau_0} \tag{7.40}$$

将方程(7.30)和方程(7.39)代入方程(7.40)且合并同类项得

$$N > 2BT_{\text{rec}} \tag{7.41}$$

为了更好地实现 FFT,选择 FFT 的大小为

$$N_{\text{FFT}} \geqslant N = 2^n \tag{7.42}$$

n 是一个非零的正整数。于是,采样间隔由下式给出:

$$\Delta f = \frac{1}{T_s N_{\text{FFT}}} \Rightarrow T_s = \frac{1}{\Delta f N_{\text{FFT}}} \tag{7.43}$$

MATLAB 函数 "*stretch.m*"

函数 "*stretch.m*" 给出了扩展处理的数字实现。用户可以通过调用 MATLAB 函数或者执行基于 GUI 的 MATLAB 程序 "*stretch_gui.m*" 来获取该函数(见图 7.9)。

该函数的输出是复数阵列 y 包含脉冲压缩信号样本。语法如下:

[y]=stretch (nscat, taup, f0, b, scat_range, rrec, scat_rcs, win)

其中:

符 号	说 明	单 位	状 态
nscat	接收窗内点散射体的数量	无	输入
taup	未压缩的脉冲宽度	s	输入
f0	线性调频脉冲起始频率	Hz	输入
b	线性调频脉冲带宽	Hz	输入
scat_range	散射体距离的向量	m	输入
rrec	距离接收窗	m	输入
scat_rcs	散射体 RCS 的向量	m^2	输入
win	0 = 无窗 1 = 汉明 2 = 参数为 pi 的凯撒窗 3 = −60 dB 的切比雪夫副瓣	无	输入
y	压缩输出	v	输出

第 7 章 脉冲压缩

Initialization	Start	Quit

number of scatterers	3
receive window in meters	30
uncompressed pulse width	10e-3
bandwidth in Hz	1e9
scatterers relative range in meters	[2 5 9]
scatterers RCS in m^2	[1 1 1]
winid 0, 1, 2, or 3	2
center frequency in HZ	1e9

图 7.9　与函数 "*stretch_gui.m*" 有关的 GUI

例如，考虑下列情形：

目标数	3
脉冲宽度	10 ms
中心频率	5.6 GHz
带宽	1 GHz
接收窗	30 m
相对目标距离	[2　5　10] m
目标的 RCS	[1, 1, 2] m^2
加窗	2（凯撒窗）

注意，未使用窗的压缩脉冲距离分辨率为 $\Delta R = 0.15$ m。图 7.10（a）和图 7.10（b）分别给出了对应于该例的未压缩的和压缩的回波信号。除了两个散射体的间距小于 15 cm 之外，图 7.11 和图 7.10 很相似，不可分辨目标是 $R_{相对} = [3, 3.1]$ m。

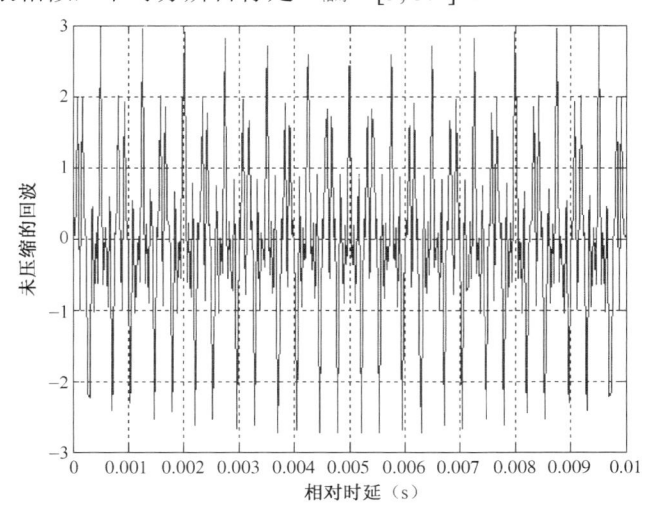

图 7.10（a）　未压缩的回波信号（三个目标未分辨出来）

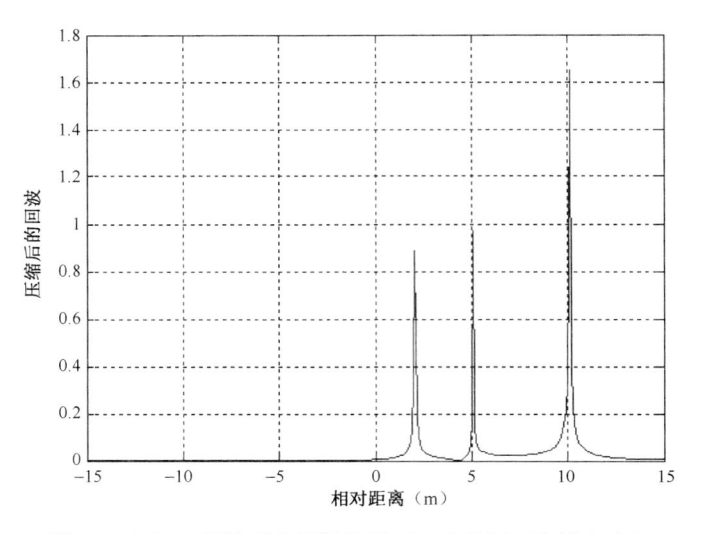

图 7.10（b） 压缩后的回波信号（三个目标可分辨出来）

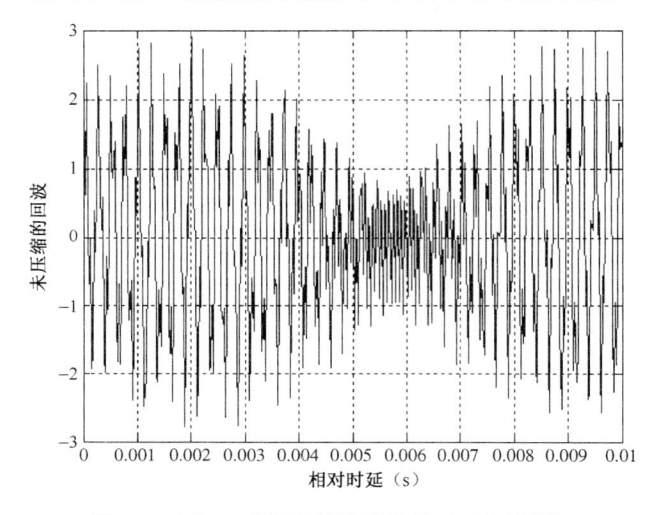

图 7.11（a） 未压缩的回波信号（三个目标）

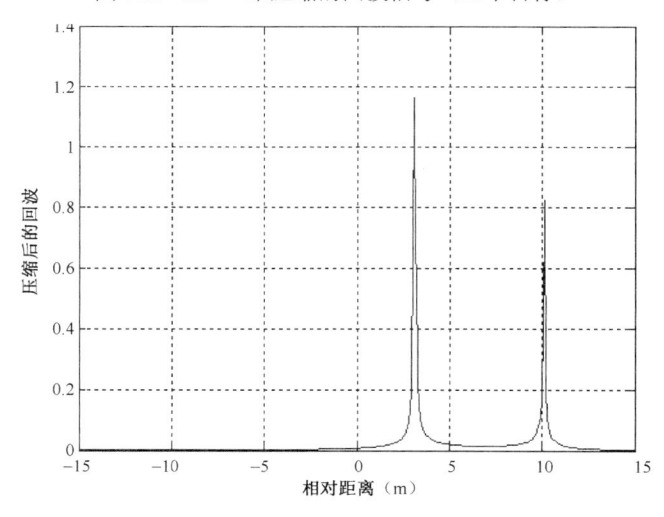

图 7.11（b） 压缩后的回波信号（三个目标，其中两个在 3 m 和 3.1 m 处未分辨出来）

7.5.2 步进频率波形

步进频率波形（SFW）广泛应用于需要非常大的时间-带宽积的宽带雷达应用中。第 5 章讨论了步进频率波形的产生。考虑一个 LFM 信号，其带宽为 B_i，脉冲宽度为 T_i，并将它视为初始 LFM。将该长脉冲划分为 N 个宽度为 τ_0 的子脉冲，产生 PRI 为 T 的脉冲序列。其遵从 $T_i = (n-1)T$。如图 7.12 所示，将每个子脉冲的开始频率定义为这个初始线性调频信号在每个子脉冲斜边的测量值，即

$$f_i = f_0 + i\Delta f; \ i = 0, N-1 \tag{7.44}$$

其中 Δf 是从一个子脉冲到另一个子脉冲的频率步进。n 个子脉冲组也经常被视为一帧。每个子脉冲可以有自己的线性调频调整。假设每个子脉冲的宽度为 τ_0、带宽为 B，则每个脉冲的线性调频坡度为

$$\mu = \frac{B}{\tau_0} \tag{7.45}$$

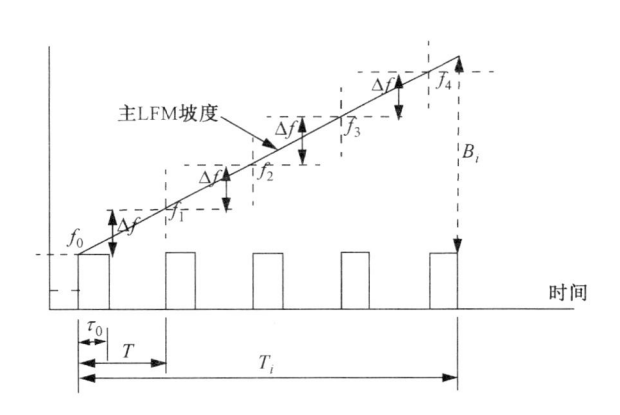

图 7.12 步进频率波形的示例；$N = 5$

步进频率波形的操作和处理涉及以下步骤：

1. 发射一串 N 个窄带 LFM 脉冲。如方程（7.44）中定义的，脉冲间的脉冲压缩开始频率步进一个混频台阶 Δf。每一个 N 个脉冲组被视为一帧。
2. 如图 7.10 所示，首先从接收信号中移除线性调频信号坡度（正交相位项）。参考坡度必须等于混合初始线性调频信号和单独子脉冲的坡度。因此，接收信号被缩减为一串子脉冲。
3. 随后，这些子脉冲以与每个脉冲中心对应的速率采样，采样速率等于 $(1/T)$。
4. 收集和存储每一帧的积分分量。
5. 对这些积分分量使用频谱加权（去掉距离副瓣电平）。对目标速度、相位和幅度变量进行修正。
6. 计算每一帧加权二次分量的 IDFT，合成这帧的距离剖面。对 M 个波束重复处理，获得连续高分辨率的距离剖面。

在一帧中，第 i 步的发射波形为

$$x_i(t) = \begin{pmatrix} C_i \dfrac{1}{\sqrt{\tau_0}} \text{Rect}\left(\dfrac{t}{\tau_0}\right) e^{j2\pi\left(f_i t + \frac{\mu}{2}t^2\right)} , & iT \leq t \leq iT + \tau_0 \\ 0 , & \text{其他} \end{pmatrix} \quad (7.46)$$

式中，C_i 为常数。则从距离 R_0 处目标接收的信号由下式给出：

$$x_{ri}(t) = C_i' e^{j2\pi\left[f_i(t-\Delta(t)) - \frac{\mu}{2}(t-\Delta(t))^2\right]}, \quad iT + \Delta(t) \leq t \leq iT + \tau_0 + \Delta(t) \quad (7.47)$$

式中，C_i' 为常数，往返延迟 $\Delta(t)$ 由下式给出：

$$\Delta(t) = \frac{R_0 - vt}{c/2} \quad (7.48)$$

式中，c 为光速，v 为目标径向速度。

为了去掉正交相位项，首先与下式给出的参考信号进行混合，

$$y_i(t) = e^{j2\pi\left(f_i t + \frac{\mu}{2}t^2\right)} ; \quad iT \leq t \leq iT + \tau_0 \quad (7.49)$$

其后进行低通滤波来提取正交分量。更准确地说，正交分量由下式给出：

$$\begin{pmatrix} x_I(t) \\ x_Q(t) \end{pmatrix} = \begin{pmatrix} A_i \cos\phi_i(t) \\ A_i \sin\phi_i(t) \end{pmatrix} \quad (7.50)$$

其中 A_i 为常数，且

$$\phi_i(t) = -2\pi f_i \left(\frac{2R_0}{c} - \frac{2vt}{c}\right) \quad (7.51)$$

其中，当前 $f_i = \Delta f$。随后对每个脉冲的正交分量在下式时间进行采样：

$$t_i = iT + \frac{\tau_r}{2} + \frac{2R_0}{c} \quad (7.52)$$

τ_r 为距离剖面起始时对应距离所关联的时间时延。

则正交分量可用复数形式表达为

$$X_i = A_i e^{j\phi_i} \quad (7.53)$$

方程（7.53）表示由于一个单一帧在频域中的目标回波采样。使用 IDFT 可以把这个信息转换为一串距离时延反射（例如距离剖面）值。其遵从

$$H_l = \frac{1}{N}\sum_{i=0}^{N-1} X_i \, \exp\left(j\frac{2\pi li}{N}\right) ; \quad 0 \leq l \leq N-1 \quad (7.54)$$

将方程（7.51）和方程（7.53）代入方程（7.54），合并同类项得到下式：

$$H_l = \frac{1}{N}\sum_{i=0}^{N-1} A_i \exp\left\{j\left(\frac{2\pi li}{N} - 2\pi f_i\left(\frac{2R_0}{c} - \frac{2vt_i}{c}\right)\right)\right\} \quad (7.55)$$

相对 N 进行归一化，假设 $A_i = 1$ 且目标静止（例如 $v = 0$），则方程（7.55）可写为

$$H_l = \sum_{i=0}^{N-1} \exp\left\{j\left(\frac{2\pi li}{N} - 2\pi f_i \frac{2R_0}{c}\right)\right\} \tag{7.56}$$

在方程（7.56）中使 $f_i = i\Delta f$ 得到下式：

$$H_l = \sum_{i=0}^{N-1} \exp\left\{j\frac{2\pi i}{N}\left(-\frac{2NR_0\Delta f}{c} + l\right)\right\} \tag{7.57}$$

可简化为

$$H_l = \frac{\sin \pi \zeta}{\sin \frac{\pi \zeta}{N}} \exp\left(j\frac{N-1}{2}\frac{2\pi\zeta}{N}\right) \tag{7.58}$$

其中

$$\zeta = \frac{-2NR_0\Delta f}{c} + l \tag{7.59}$$

最终，综合距离剖面为

$$|H_l| = \left|\frac{\sin \pi \zeta}{\sin \frac{\pi \zeta}{N}}\right| \tag{7.60}$$

SFW 中的距离分辨率和距离模糊

通常，距离分辨率由整个系统带宽决定。假设一个 N 步 SFW，每步大小为 Δf，相应的距离分辨率等于

$$\Delta R = \frac{c}{2N\Delta f} \tag{7.61}$$

通过将位于距离 R_0 的点散射体所对应的相位项检出，可以判别 SFW 相关的距离模糊。更确切的是

$$\phi_i(t) = 2\pi f_i \frac{2R_0}{c} \tag{7.62}$$

其遵循下式：

$$\frac{\Delta \phi}{\Delta f} = \frac{4\pi(f_{i+1}-f_i)R_0}{(f_{i+1}-f_i)c} = \frac{4\pi R_0}{c} \tag{7.63}$$

或等同下式：

$$R_0 = \frac{\Delta \phi}{\Delta f}\frac{c}{4\pi} \tag{7.64}$$

方程（7.64）清晰表明，距离模糊存在于 $\Delta \phi = \Delta \phi + 2N\pi$。因此

$$R_0 = \frac{\Delta \phi + 2N\pi}{\Delta f}\frac{c}{4\pi} = R_0 + N\left(\frac{c}{2\Delta f}\right) \tag{7.65}$$

且非模糊距离窗为

$$R_u = \frac{c}{2\Delta f} \tag{7.66}$$

使用特殊 SFW 综合的距离剖面描述了非模糊距离窗内所有散射体相对于绝对距离的距离反射率,绝对距离对应于帧时间时延。此外,如果一个特殊目标范围大于 R_u,则所有落入非模糊距离窗外的散射体将会重叠并出现在综合剖面中。这种重叠问题与使用快速傅里叶变换(FFT)分辨某些信号频率范围时出现的频谱重叠相同。例如,考虑一种频率分辨率 $\Delta f = 50$ Hz 且 NFFT = 64 的 FFT。在这种情况中,这个 FFT 可以分辨的频域在 -1600 Hz 到 1600 Hz 之间。当这种 FFT 用于分辨正弦波等于 1800 Hz 的频域范围时,就会出现重叠且在第 4 个 FFT 单元(例如 200 Hz)会出现一个谱线。因此,为了规避合成距离剖面中的重叠,频率步进必须为

$$\Delta f \leqslant c/2E \tag{7.67}$$

其中,E 是以米为单位的目标范围。

此外,脉冲宽度必须大得足以包括整个目标范围。因此

$$\Delta f \leqslant 1/\tau_0 \tag{7.68}$$

且在实际中,

$$\Delta f \leqslant 1/2\tau_0 \tag{7.69}$$

为了减少所研究目标周围杂波产生在综合距离剖面中的污染物数量,这种方法是必需的。

MATLAB 函数 "SFW.m"

函数 "SFW.m" 计算和绘制特定 SFW 的距离剖面。该函数使用一种大小为两倍步进数的逆傅里叶变换(IFFT)方法,也假设同样大小的汉明窗。语法如下:

  [hl]=SFW(nscat,scat_range, scat_rcs, n, deltaf, prf, v, r0, wind)

其中:

符号	说明	单位	状态
nscat	组成目标的散射体数量	无	输入
scat_range	包含到各个散射体距离的矢量	m	输入
scat_rcs	包含各个散射体 RCS 的矢量	m²	输入
n	步进数	无	输入
deltaf	频阶	Hz	输入
prf	SFW 的脉冲重复频率	Hz	输入
v	目标速度	m/s	输入
r0	剖面起始距离	m	输入
winid	数量>0 为汉明窗 数量>0 为无窗	无	输入
hl	距离剖面	dB	输出

第7章 脉冲压缩

例如，假设距离剖面起点为 $R_0 = 900$ m，并且

目 标 数	脉冲宽度	N	Δf	$1/T$	v
3	100 μs	64	10 MHz	100 kHz	0.0

在这种情况中，

$$\Delta R = \frac{3 \times 10^8}{2 \times 64 \times 10 \times 10^6} = 0.235 \text{ m}, \quad R_u = \frac{3 \times 10^8}{2 \times 10 \times 10^6} = 15 \text{ m}$$

因此，间隔大于 0.235 m 的散射体将会在合成距离剖面中以明显尖峰出现。假设两种情况：在第一种情况中，*[scat_range]* = *[908, 910, 912]* m；在第二种情况中，*[scat_range]* = *[908, 910, 910.2]* m。在两种情况中，让 *[scat_rcs]* = *[100, 10, 1]* m²。图 7.13 给出了使用函数"*SFW.m*"生成的综合距离剖面及不使用汉明窗时的第一种情况。图 7.14 与图 7.13 类似，只是在这种情况中使用了汉明窗。图 7.15 给出了第二种情况（使用汉明窗）对应的综合距离剖面。注意，图 7.13 和图 7.14 中都分辨出了所有三个散射体；但是，图 7.15 中没有分辨出最后两个散射体，因为它们的间距小于 ΔR。

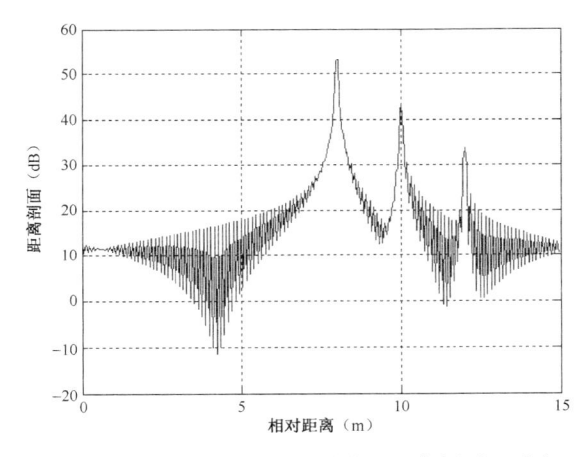

图 7.13 三个已分辨散射体的合成距离剖面（无窗）

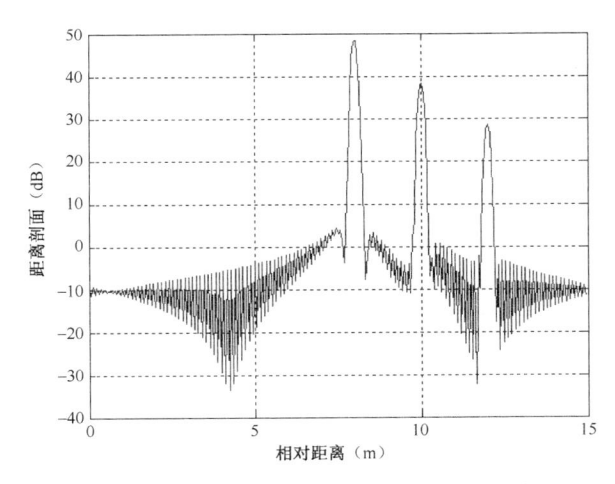

图 7.14 三个散射体的合成距离剖面（汉明窗）

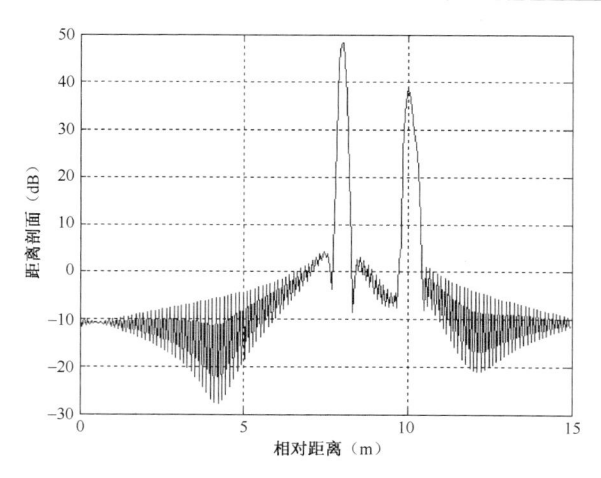

图 7.15　三个散射体的合成距离剖面（两个散射体未分辨）

接下来研究另一种情况 *[scat_range]= [908，912，916]* m。图 7.16 中给出了对应的距离剖面。在这种情况中出现了重叠，并且最后一个散射体出现在综合距离剖面的偏下部分。同样研究 *[scat_range]= [908，910，923]* m 的情况。图 7.17 给出了对应的距离剖面。在这种情况中，模糊与第一个和第三个散射相关联，因为它们相距 15 m。它们出现在相同的距离单元上。

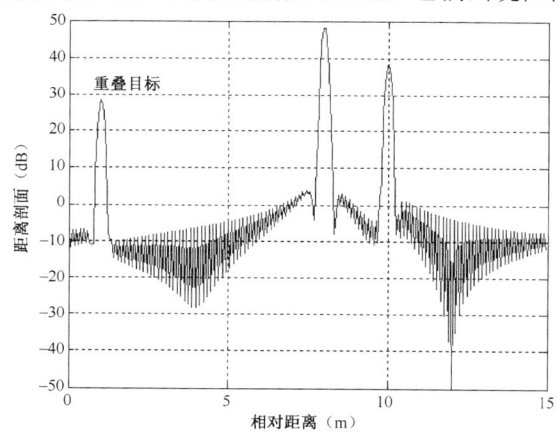

图 7.16　三个散射体的合成距离剖面（第三个重叠）

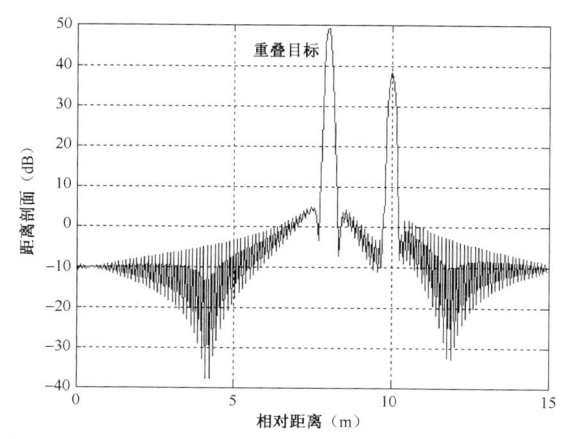

图 7.17　三个散射体的合成距离剖面（第一个和第三个出现在相同的 FFT 单元中）

7.5.3 目标速度的影响

方程（7.60）定义的距离剖面通过假设被研究目标是静止的而得到。目标速度对综合距离剖面的影响可以通过方程（7.55）并假设 $v \neq 0$ 来判定。进行类似于静止目标情况的分析，可以得到下式给出的距离剖面：

$$H_l = \sum_{i=0}^{N-1} A_i \exp\left\{ j\frac{2\pi l i}{N} - j2\pi f_i \left[\frac{2R}{c} - \frac{2v}{c}\left(iT + \frac{\tau_r}{2} + \frac{2R}{c} \right) \right] \right\} \qquad (7.70)$$

方程（7.70）中附加的相位项扭曲了合成距离剖面。为了图示出这种扭曲，研究前面一节中所述的 SFW，并假设第一种情况的三个散射体。同时，假设 $v = 200$ m/s。图 7.18 给出了这种情况的综合距离剖面。比较图 7.13 和图 7.18 可以清楚表明未补偿目标速度导致的扭曲影响。图 7.19 与图 7.18 类似，只是图 7.19 中的 $v = -200$ m/s。注意，在任意一种情况中，目标已从其预期位置（向左或向右）移动了 $D = 2 \times n \times v/\text{PFR}$（1.28 m）。

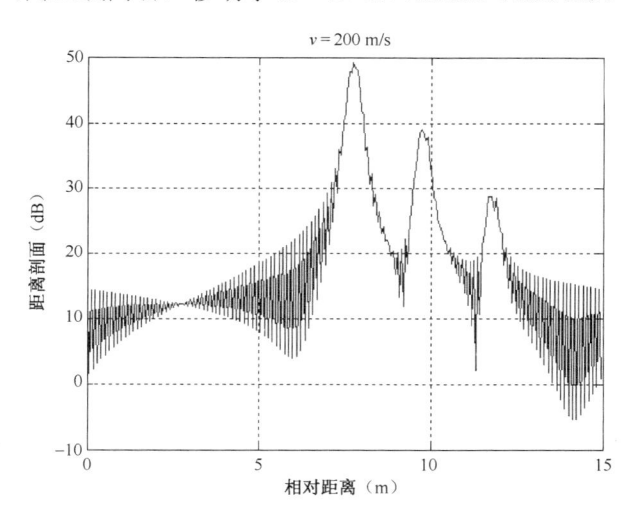

图 7.18　由于目标速度产生的距离剖面扭曲的图示

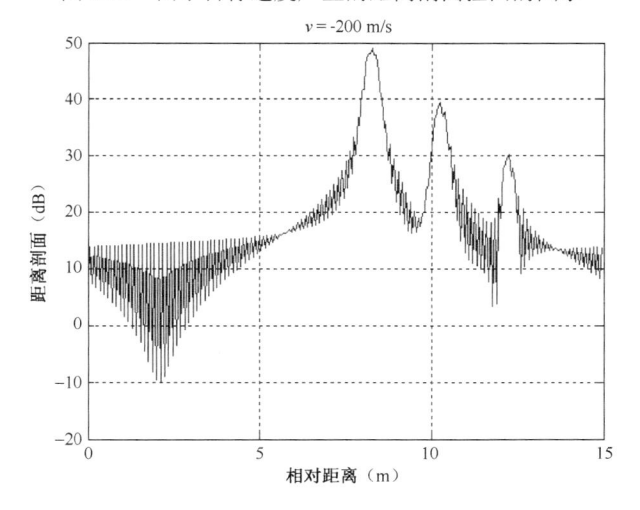

图 7.19　由于目标速度产生的距离剖面扭曲的图示

这种扭曲可以通过乘以每个脉冲复数接收数据的相位项：

$$\Phi = \exp\left(-j2\pi f_i\left[\frac{2\hat{v}}{c}\left(iT+\frac{\tau_r}{2}+\frac{2\hat{R}}{c}\right)\right]\right) \quad (7.71)$$

而消除，$\hat{v}$ 和 $\hat{R}$ 分别为目标速度和距离的估值。

这种修改正交组成相位的过程常常称为"相位旋转"。在实际中，当不能获得 $\hat{v}$ 和 $\hat{R}$ 的良好估值时，目标速度的影响通过使用 SFW 中连续脉冲间的频率漂移来消除。在这种情况中，根据预先判定的代码选择每个单个脉冲的频率。这类波形通常称为频率编码波形（FCW）。余弦波形或信号是这类波形的良好示例。

图 7.20 给出了一个 $\sigma = 10 \text{ m}^2$、$v = 10 \text{ m/s}$ 的动目标的综合距离剖面。初始目标距离为 $R = 912 \text{ m}$。其他所有参数与前面相同。本图可以使用下列 MATLAB 代码重新生成。

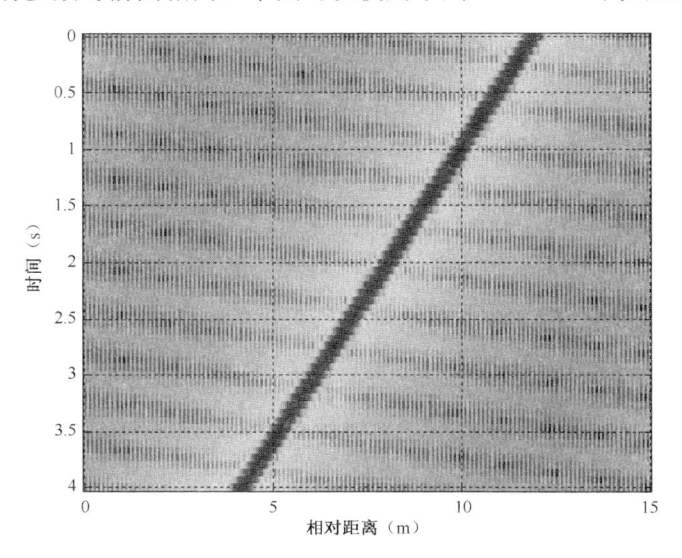

图 7.20 一个动目标的综合距离剖面（长达 4 s）

习题

7.1 从方程（7.17）推导方程（7.21）。

7.2 使用 MATLAB，产生一个持续时间 10 μs、带宽 200 MHz 并使用采样步进 1 ns 的基带 LFM 波形。绘制这个波形 FFT 的实部、虚部和模。

7.3 使用"*xcorr*"函数压缩习题 7.3 中得到的波形。使用 MATLAB 命令"*y.*conj (y)*"生成平方值信号。绘制产生的压缩脉冲并验证半功率点与带宽倒数对应（例如 5 ns 或 5 个样本）。

7.4 合成孔径雷达（SAR）模糊函数可以用下式近似：

$$\chi = \frac{\sin kx}{x}\frac{\sin Nry}{\sin ry}$$

其中 x 是距离压缩轴的变量，y 是方位压缩轴，k 和 r 与 SAR 距离和方位分辨率相对应。

（a）使用 0.1 m 的采样间隔产生-40 m 到 40 m 的 x 轴。假设 k = 1，绘制这个距离剖面的量值。

（b）使用 0.1 m 的采样间隔产生-40 m 到 40 m 的 y 轴。假设 r = 0.000 15 且 N = 1000，绘制这个方位剖图的量值。

（c）使用（a）和（b）的结果生产二维模糊平面图。

7.5　推导方程（7.60）。

7.6　重新绘制 v = 10, 50, 100, -150, 250 m/s 时的图 7.19。比较结果，结论如何？

7.7　使用 MATLAB 生成图 7.20 对应的瀑布图。

附录 7-A　第 7 章 MATLAB 程序清单

本章提供的 MATLAB 程序只是作为独立的学术工具设计的而没有其他用途。这里代码的编写方式是为了帮助读者更好地理解相关的理论。这些程序不是为任何类型的开环或闭环仿真研发的。本书中的 MATLAB 程序可通过 CRC 出版社的网站下载，登录 www.crcpress.com 搜索关键字"Mahafza"以定位本书的网页。

MATLAB 程序 "Fig7_3.m" 清单

```
% use this program to reproduce Fig. 7.3 of text
clc
clear all
close all
nscat = 2; %two point scatterers
taup = 10e-6; % 100 microsecond uncompressed pulse
b = 50.0e6; % 50 MHz bandwidth
rrec = 50 ; % 50 meter processing window
scat_range = [15 25] ; % scatterers are 15 and 25 meters into window
scat_rcs = [1 2]; % RCS 1 m^2 and 2m^2
winid = 0; %no window used
[y] = matched_filter(nscat,taup,b,rrec,scat_range,scat_rcs,winid);
```

MATLAB 函数 "matched_filter.m" 程序清单

```
function [y] = matched_filter(nscat,taup,b,rrec,scat_range,scat_rcs,winid)
% This function implements the matched filter processor
%%% Inputs
   % nscat          == number of point scatterers within the received window
   % rrec           == receive window size in m
   % taup           == uncompressed pulse width in seconds
   % b              == chirp bandwidth in Hz
   % scat_range     == scatterers' relative range in m
   % scat_rcs       == vector of scatterers' RCS in meter squared
   % win            == 0 = no window; 1 = Hamming; 2 = Kaiser with parameter pi; ...
                       and 3 = Chebychev side-lobes at -60dB
%%% Output
   % y              == normalized compressed output
%
eps = 1.0e-16;
% time bandwidth product
time_B_product = b * taup;
if(time_B_product < 5 )
```

```matlab
    fprintf('*********** Time Bandwidth product is TOO SMALL **************')
    fprintf('\n Change b and or taup')
    return
end
%
% speed of light
c = 3.e8;
% number of samples
n = fix(5 * taup * b);
% initialize input, output, and replica vectors
x(nscat,1:n) = 0.;
y(1:n) = 0.;
replica(1:n) = 0.;
% determine proper window
if( winid == 0.)
    win(1:n) = 1.;
end
if(winid == 1.);
    win = hamming(n)';
end
if( winid == 2.)
    win = kaiser(n,pi)';
end
if(winid == 3.)
    win = chebwin(n,60)';
end
% check to ensure that scatterers are within recieve window
index = find(scat_range > rrec);
if (index ~= 0)
    'Error. Receive window is too large; or scatterers fall outside window'
    return
end
%
% calculate sampling interval
t = linspace(-taup/2,taup/2,n);
replica = exp(i * pi * (b/taup) .* t.^2);
figure(1)
subplot(2,1,1)
plot(t,real(replica))
ylabel('Real (part) of replica')
xlabel('Time in seconds')
grid
subplot(2,1,2)
sampling_interval = taup / n;
freqlimit = 0.5/ sampling_interval;
freq = linspace(-freqlimit,freqlimit,n);
plot(freq,fftshift(abs(fft(replica))));
ylabel('Spectrum of replica')
xlabel('Frequency in Hz')
grid
for j = 1:1:nscat
    range = scat_range(j) ;
    x(j,:) = scat_rcs(j) .* exp(i * pi * (b/taup) .* (t +(2*range/c)).^2) ;
    y = x(j,:)  + y;
end
```

```
%
figure(2)
 y = y .* win;
plot(t,real(y),'k')
xlabel ('Relative delay in seconds')
ylabel ('Uncompressed echo')
grid
out =xcorr(replica, y);
out = out ./ n;
s = taup * c /2;
Npoints = ceil(rrec * n /s);
dist =linspace(0, rrec, Npoints);
delr = c/2/b;
figure(3)
plot(dist,abs(out(n:n+Npoints-1)),'k')
xlabel ('Target relative position in meters')
ylabel ('Compressed echo')
grid
return
```

MATLAB 函数 "power_integer_2.m" 程序清单

```
function n = power_integer_2 (x)
m = 0.;
for j = 1:30
  m = m + 1.;
  delta = x - 2.^m;
  if(delta < 0.)
    n = m;
    return
  else
  end
end
return
```

MATLAB 函数 "stretch.m" 程序清单

```
function [y] = stretch(nscat, taup, f0, b, scat_range, rrec, scat_rcs, winid)
% This function implements the stretch processor
%%% Inputs
  % nscat          == number of point scatterers within the receive window
  % taup           == uncompressed pulse width in seconds
  % f0             == chirp start frequency in Hz
  % b              == chirp bandwidth in Hz
  % scat_range     == vector of scatterers' range in m
  % rrec           == range receive window in m
  % scat_rcs       == vector of scatterers' RCS in m^2
  % win            == 0 = no window; 1 = Hamming; 2 = Kaiser with parameter pi; ...
                      3 = Chebychev side-lobes at -60dB
%%% Outputs
  % y              == compressed output in volts
%
eps = 1.0e-16;
htau = taup / 2.;
c = 3.e8;
trec = 2. * rrec / c;
```

```
n = fix(2. * trec * b);
m = power_integer_2(n);
nfft = 2.^m;
x(nscat,1:n) = 0.;
y(1:n) = 0.;
if( winid == 0.)
  win(1:n) = 1.;
  win =win';
else
  if(winid == 1.)
    win = hamming(n);
  else
    if( winid == 2.)
      win = kaiser(n,pi);
    else
      if(winid == 3.)
        win = chebwin(n,60);
      end
    end
  end
end
deltar = c / 2. / b;
max_rrec = deltar * nfft / 2.;
maxr = max(scat_range);
if(rrec > max_rrec | maxr >= rrec )
  'Error. Receive window is too large; or scatterers fall outside window'
  return
end
t = linspace(0,taup,n);
for j = 1:1:nscat
  range = scat_range(j);% + rmin;
  psi1 = 4. * pi * range * f0 / c - ...
    4. * pi * b * range * range / c / c/ taup;
  psi2 = (2*4. * pi * b * range / c / taup) .* t;
  x(j,:) = scat_rcs(j) .* exp(i * psi1 + i .* psi2);
  y = y + x(j,:);
end
%
figure(1)
plot(t,real(y),'k')
xlabel ('Relative delay in seconds')
ylabel ('Uncompressed echo')
grid
ywin = y .* win';
yfft = fft(y,n) ./ n;
out= fftshift(abs(yfft));
figure(2)
delinc = rrec/ n;
%dist = linspace(-delinc-rrec/2,rrec/2,n);
dist = linspace((-rrec/2), rrec/2,n);
plot(dist,out,'k')
xlabel ('Relative range in meters')
ylabel ('Compressed echo')
```

```
axis auto
grid
```

MATLAB 函数 "*SFW.m*" 程序清单

```
function [hl] = SFW (nscat, scat_range, scat_rcs, n, deltaf, prf, v, rnote, winid)
% Range or Time domain Profile
% Range_Profile returns the Range or Time domain plot of a simulated
% HRR SFWF returning from a predetermined number of targets with a predetermined
% RCS for each target.
%%% Inputs
  % nscat            == number of scatterers that make up the target
  % scat_range       == vector containing range to individual scatterers m
  % scat_rcs         == vector containing RCS of individual scatterers m^2
  % n                == number of steps
  % deltaf           == frequency step in Hz
  % prf              == PRF of SFW in Hz
  % v                == target velocity  m/sec
  % r0               == profile starting range im m
  % winid            == number>0 for Hamming window; umber < 0 no window
%%% Output
  % hl               == range profile    dB
%
c=3.0e8; % speed of light (m/s)
num_pulses  = n;
SNR_dB = 40;
nfft = 256;
% carrier_freq = 9.5e9; %Hz (10GHz)
freq_step    = deltaf; %Hz (10MHz)
V = v; % radial velocity (m/s)  -- (+)=towards radar (-)=away
PRI = 1. / prf; % (s)
if (nfft > 2*num_pulses)
   num_pulses = nfft/2;
else
end
%
Inphase = zeros((2*num_pulses),1);
Quadrature = zeros((2*num_pulses),1);
Inphase_tgt    = zeros(num_pulses,1);
Quadrature_tgt = zeros(num_pulses,1);
IQ_freq_domain = zeros((2*num_pulses),1);
Weighted_I_freq_domain = zeros((num_pulses),1);
Weighted_Q_freq_domain = zeros((num_pulses),1);
Weighted_IQ_time_domain = zeros((2*num_pulses),1);
Weighted_IQ_freq_domain = zeros((2*num_pulses),1);
abs_Weighted_IQ_time_domain = zeros((2*num_pulses),1);
dB_abs_Weighted_IQ_time_domain = zeros((2*num_pulses),1);
taur = 2. * rnote / c;
for jscat = 1:nscat
  ii = 0;
  for i = 1:num_pulses
    ii = ii+1;
    rec_freq = ((i-1)*freq_step);
    Inphase_tgt(ii) = Inphase_tgt(ii) + sqrt(scat_rcs(jscat)) * cos(-2*pi*rec_freq*...
      (2.*scat_range(jscat)/c - 2*(V/c)*((i-1)*PRI + taur/2 + 2*scat_range(jscat)/c)));
    Quadrature_tgt(ii) = Quadrature_tgt(ii) + sqrt(scat_rcs(jscat))*sin(-2*pi*rec_freq*...
      (2*scat_range(jscat)/c - 2*(V/c)*((i-1)*PRI + taur/2 + 2*scat_range(jscat)/c)));
  end
```

```
end
if(winid >= 0)
   window(1:num_pulses) = hamming(num_pulses);
else
   window(1:num_pulses) = 1;
end
Inphase = Inphase_tgt;
Quadrature = Quadrature_tgt;
Weighted_I_freq_domain(1:num_pulses) = Inphase(1:num_pulses).* window';
Weighted_Q_freq_domain(1:num_pulses) = Quadrature(1:num_pulses).* window';
Weighted_IQ_freq_domain(1:num_pulses)= Weighted_I_freq_domain + ...
   Weighted_Q_freq_domain*j;
Weighted_IQ_freq_domain(num_pulses:2*num_pulses)=0.+0.i;
Weighted_IQ_time_domain = (ifft(Weighted_IQ_freq_domain));
abs_Weighted_IQ_time_domain = (abs(Weighted_IQ_time_domain));
dB_abs_Weighted_IQ_time_domain =
20.0*log10(abs_Weighted_IQ_time_domain)+SNR_dB;
% calculate the unambiguous range window size
Ru = c /2/deltaf;
hl = dB_abs_Weighted_IQ_time_domain;
 numb = 2*num_pulses;
delx_meter = Ru / numb;
xmeter = 0:delx_meter:Ru-delx_meter;
plot(xmeter, dB_abs_Weighted_IQ_time_domain,'k')
xlabel ('Relative distance in meters')
ylabel ('Range profile in dB')
grid
```

MATLAB 程序"*Fig7_20.m*"清单

```
% Use this program to reproduce Fig 7.20 of text
clc;
clear all;
close all;
nscat = 1;
scat_range = 912;
scat_rcs = 10;
n =64;
deltaf = 10e6;
prf = 10e3;
v = 10;
rnote = 900;
winid = 1;
count = 0;
for time = 0:.05:3
   count = count +1;
   hl = SFW (nscat, scat_range, scat_rcs, n, deltaf, prf, v, rnote, winid);
   array(count,:) = transpose(hl);
   hl(1:end) = 0;
   scat_range = scat_range - 2 * n * v / prf;
end
figure (1)
 numb = 2*256;% this number matches that used in hrr_profile.
 delx_meter = 15 / numb;
 xmeter = 0:delx_meter:15-delx_meter;
 imagesc(xmeter, 0:0.05:4,array)
 ylabel ('Time in seconds')
 xlabel('Relative distance in meters')
```

第三部分　雷达系统的特殊考虑

第 8 章　雷达波的传播
　　地球对雷达方程的影响
　　地球大气层
　　大气模型
　　三分之四地球模型
　　地面反射
　　方向图传播因子
　　衍射
　　大气衰减
　　降水导致的衰减
　　习题
　　附录 8-A　第 8 章 MATLAB 程序清单

第 9 章　雷达杂波
　　杂波的定义
　　表面杂波
　　体杂波
　　表面杂波 RCS
　　杂波元素
　　杂波后向散射系数统计模型
　　习题
　　附录 9-A　第 9 章 MATLAB 程序清单

第 10 章　动目标显示（MTI）和脉冲多普勒雷达
　　杂波功率谱密度
　　动目标显示（MTI）的概念
　　PRF 参差
　　MTI 改善因子
　　杂波下的可见度（SCV）
　　有最佳权重的延迟线对消器
　　脉冲多普勒雷达
　　相位噪声
　　习题
　　附录 10-A　第 10 章 MATLAB 程序清单

第 8 章 雷达波的传播

8.1 地球对雷达方程的影响

本书中到目前为止进行的所有分析都假设雷达电磁波像在自由空间一样传播。简单地说，所有分析都没有计算地球大气或地球表面的影响。尽管"自由空间分析"可能足以大致了解雷达系统，但这也仅是一种近似。为了精确预测雷达的性能，我们必须修改自由空间分析方法，使其包括地球和大气层的效应。这种修改应该考虑到地表的地面反射、电磁波的衍射、地球大气层对雷达波的弯曲和折射、组成大气层的气体对雷达能量的衰减或吸收。

地球对雷达方程的影响通过在雷达方程中引入一个附加的指数项来证明。该项被称为"方向图传播因子"，用符号表示为 F_p。受雷达频率和所研究地形的影响，传播因子实际上对 SNR 产生建设性或毁灭性的影响。通常，方向图传播因子由下式定义：

$$F_p = |E/E_0| \tag{8.1}$$

式中，E 是媒介中的电场，E_0 是自由空间电场。在这种情况下，现有雷达等式由下式给出：

$$\text{SNR} = \frac{P_t G^2 \lambda^2 \sigma}{(4\pi)^3 k T_0 \text{BFLR}^4} F_p^4 \tag{8.2}$$

8.2 地球大气层

地球大气层由几层组成，如图8.1所示。第一层延伸到约 30 km 的高度，称为对流层。电磁波在对流层传播时会产生折射（向下弯曲）现象。对流层折射效应与其介电常数（是压力、温度、水蒸气和气体含量的函数）有关。此外，大气层中的气体和水蒸气也会使雷达能量产生损耗，这种损耗称为大气衰减。在有雨、雾、灰尘和云层时，大气衰减增加很多。对流层以上区域（高度从 30 km 到 85 km）的情况与自由空间差不多，因此，在此区域很少产生折射，这个区域称为干扰区。

电离层从 85 km 延伸到 1000 km 左右。与对流层相比，电离层气体含量非常低。它含有大量游离的自由电子。电离现象主要是由太阳的紫外线和 X 射线引起的。电离层中的自由电子会以不同的方式影响电磁波的传播。影响包括折射、吸收、噪声辐射和极化旋转。各种效应主要取决于入射波的频率。例如，频率低于 4 MHz 到 6 MHz 时，能量能从电离层较低区域完全反射回去。频率高于 30 MHz 时，能量会穿过电离层，但会出现一些能量衰减。一般来说，随着频率的上升，电离层效应就变小了。地平线以下接近地球表面的区域称为衍射区。衍射一词是用来描述物理物体周围雷达波的弯曲现象。在这种区域，衍射通常有两种类型。

在自由空间，电磁波以直线传播。但是，存在地球大气层时，它们会弯曲（折射）。折

第 8 章 雷达波的传播

射一词用来描述直线传播的雷达电磁波偏离直线。图 8.2 给出了由于大气折射率变化而引起的电磁波弯曲程度。偏离直线的传播是由折射率的变化引起的。折射率由下式定义：

$$n = c/v \tag{8.3}$$

式中，c 为电磁波在自由空间的速度，v 是媒介中波的速度。在对流层中，折射率随高度的增加均匀下降；而在电离层中，折射率在电子密度最大时最小。与之对应的，干扰区类似自由空间，折射率在自由空间保持不变。

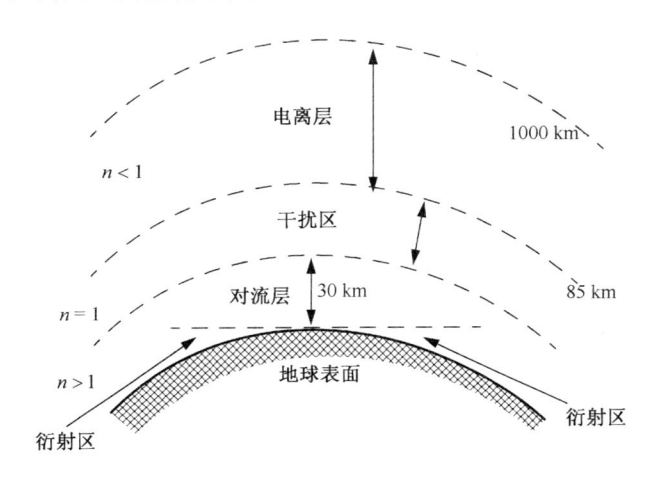

图 8.1 地球大气层的几何图

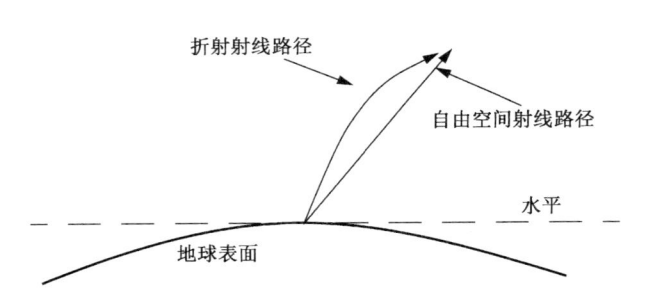

图 8.2 由于大气折射率变化而引起的电磁波弯曲

为了有效地研究大气在雷达波传播中的影响，需要有对流层、电离层折射率的高度变化的准确知识。折射率是和地球上的地理位置、天气、昼夜时间、一年四季相关的函数。因此，在所有参数条件下分析大气的传输影响是必须要进行的工作。一般情况下，这个问题简化为分析代表大气条件平均值的大气模型。

在包括雷达的多数应用中，假设大气层混合均匀，这里折射率随高度平滑单调地下降。地球折射率 n 随高度 h 的变化率一般称为折射率梯度，即 dn/dh。由于 dn/dh 变化率为负值，所以电磁波在对流层上部比在下部时的传播速度要快一些。因此，在对流层水平传播的电磁波会逐渐向下弯曲。一般来说，由于折射率变化非常小，电磁波不会向下产生很大弯曲，除非电磁波在对流层传播很远的一段距离。

折射会以两种不同方式（取决于高度）影响雷达电磁波。一般来说，高于 100 m 的目标，其折射影响示于图 8.3 中。在这种情况下，折射会对雷达测量目标位置的能力产生影响。折射会引起仰角测量误差。在一个混合良好的大气层中，低空（低于 100 m）接近地球表面的折射率梯度几乎恒定。但是，接近地球表面温度的变化和湿度的下降可能会使折射率分布产生很大变化。当折射率变得足够大时，电磁波会沿地球曲线弯曲。从而使雷达到地平线的距离得到延伸，这种现象称为大气波导，如图8.4所示。在海平面上，大气波导非常严重，尤其是在炎热的夏季。

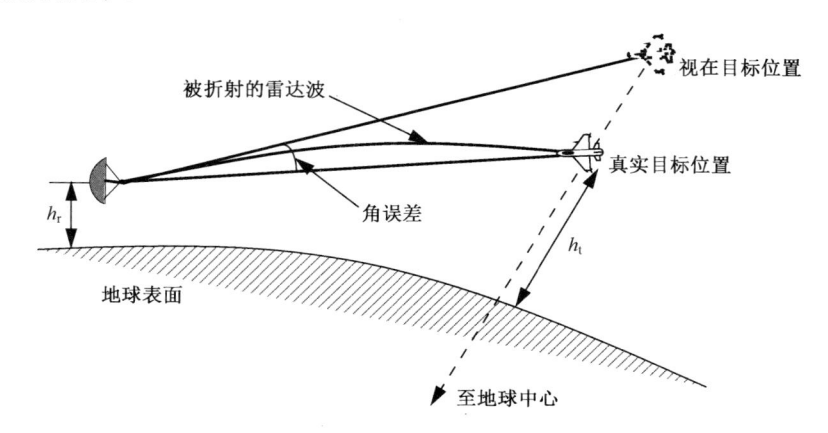

图 8.3　高空折射对电磁波的影响

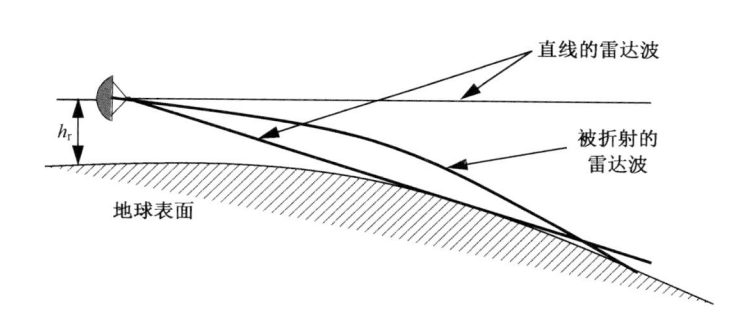

图 8.4　低空折射对电磁波的影响

8.3　大气模型

由于折射，电磁波经历的折射量与方程（8.3）中定义的媒介传播折射率 n 有很大关系。由于折射率不会随高度升高而保持不变，有必要以高度或海拔为函数来分析折射率的规律。在过去的几十年中，许多科学家和物理学家对该主题进行了研究；因此，关于该主题公开资源的参考文献非常丰富。然而，由于使用注解及研究应用的不同，难于以及时和高产的方式筛选出全部需要的信息，尤其是没有该领域的专家。在本章中，以雷达波在大气中传播为背景分析主题。为简化理论陈述，首先在对流层分析折射率，然后再在电离层进行分析。

8.3.1　对流层中的折射率

如前所述，折射率是媒介中水蒸气、气温和气压（都以高度为函数变化）的函数。由于折射率以高度为函数的变化率很小，通常引入一个称为"折射率 N"的量，其定义为

第 8 章 雷达波的传播

$$N = (n-1) \cdot 1 \times 10^6 \tag{8.4}$$

使用这个符号，对流层中的折射率由下式给出：

$$N = \frac{K_1}{T}\left(P + \frac{K_2 P_w}{T}\right) \tag{8.5}$$

式中，T 是以开氏温标为单位的媒介气温，P 是以毫巴（millibar，简写为 mb）为单位的总气压，P_w 是以毫巴为单位的水蒸气部分气压，K_1 和 K_2 是常数。方程（8.5）中的第一项（例如 $K_1 P/T$）用于所有频率，而第二项（例如 $K_1 K_2 P_w/T^2$）仅用于无线电频率。然而，对于大多数雷达应用，K_1 可以假设为 77.6° K/mb，K_2 为 4810° K。因而，方程（8.5）现在可以写为

$$N = \frac{77.6}{T}\left(P + \frac{4810 P_w}{T}\right) \tag{8.6}$$

N 的最低值出现在 P 和 P_w 都低的干燥区域。在美国，N 的面值用 N_0 表示，冬季在 285 到 345 之间变化，夏季在 275 到 385 之间变化。注意，方程（8.6）在高度 $h \leqslant 50$ km 时有效。

如果知道任意地点、任何时间的 T、P 和 P_w 的值，则可以计算任意地点的 N 值。然而，了解任意地点、任何时间的这些变量值是一项令人沮丧的任务。因此，考虑气压和水蒸气在良好混合的大气中往往随高度增加而下降的假设，我们对 N_0 取近似值。平均而言，折射率将跟随下式指数关系式下降：

$$N = N_0 e^{-c_e \cdot h} \tag{8.7}$$

式中，h 是以 km 为单位的高度，c_e 是以 km^{-1} 为单位的常数，与折射率的关系如下式：

$$c_e = -\frac{\left(\frac{d}{dh}N\right)\Big|_{h=0}}{N_0} \tag{8.8}$$

一般而言，c_e 可以使用两个不同的高度由方程（8.7）计算得出，例如

$$c_e = -\ln\left(\frac{N|_{1\text{km}}}{N_0}\right) \tag{8.9}$$

国际电信联盟（ITU）已经确定，平均大气时 $N_0 = 315$，$c_e = 0.1360$ km^{-1}；而在美国，这些平均值为 $N_0 = 313$，$c_e = 0.1439$ km^{-1}。表 8.1 列出了这些变量的少量值。

表 8.1　方程（8.7）中的参数公布值

N_0	c_e（h 的单位为 km）	c_e（h 的单位为英尺）
200	0.1184	3.609×10^{-5}
250	0.1256	3.829×10^{-5}
301	0.1396	4.256×10^{-5}
313	0.1439	4.385×10^{-5}
350	0.1593	4.857×10^{-5}
400	0.1867	5.691×10^{-5}
450	0.2233	6.805×10^{-5}

8.3.2 电离层中的折射率

与对流层不同，由于电离层中的高电子密度（电离作用）而不是水蒸气或其他变量，在电离层中发生折射。以高度为函数的平均电子密度由查普曼（Chapman）函数给出如下式：

$$\rho_e = \rho_{max} \cdot e^{\frac{1-z-e^{-z}}{2}} \tag{8.10}$$

式中，ρ_e 是以 m^3 为单位的电子密度，ρ_{max} 是沿传播路径的最大电子密度，z 是归一化海拔或高度。

归一化高度由下式给出：

$$z = \frac{h - h_m}{H} \tag{8.11}$$

式中，h_m 是最大电子密度的高度，而高度比例尺 H 由下式给出：

$$H = \frac{kT}{mg} \tag{8.12}$$

式中，k 是玻尔兹曼常数，T 是以开氏温标为单位的温度，m 是空气粒子的平均分子质量，g 是重力常数。表 8.2 给出了 H 和 h_m 的代表值及 ρ_{max} 的代表值。

表 8.2 H、h_m 和 ρ_{max} 的代表值

h_m（km）	H（km）	ρ_{max}（电子/cm³）
100	10	1.5×10^5
200	35	3.0×10^5
300	70	12.5×10^5

电离层中的电子沿地球磁场线以下式给出的角速度螺旋行进：

$$\varpi_p^2 = \frac{\rho_e Q}{m \varepsilon_0} \tag{8.13}$$

式中，Q 是一个电子电量（1.6022×10^{-19} C），ε_0 是自由空间的介电常数（8.8542×10^{-12} C/m）。折射率由下式给出：

$$n = \sqrt{1 - \left(\frac{\varpi_p}{\omega}\right)^2} \tag{8.14}$$

式中，$\omega = 2\pi f$ 是以弧度为单位的雷达波频率，f 是以赫兹为单位的频率。将方程（8.13）代入方程（8.14）并合并同类项得到下式：

$$n = \sqrt{1 - \frac{80.6 \rho_e}{f^2}} \approx 1 - \frac{40.3 \rho_e}{f^2} \tag{8.15}$$

注意，方程（8.15）在 $h > 50$ km 时有效且折射率由下式给出：

$$N \approx -\frac{40.3 \rho_e \times 10^6}{f^2} \tag{8.16}$$

8.3.3 计算折射率的数学模型

研究图 8.5 中给出的几何图。该图中示出的不同变量定义如下：R 是自由空间中到目标的距离，R_a 是到目标的实际折射距离，r_0 是地球半径并等于 6375 km，r 是地心到目标的距离，h 是目标距离地球表面的高度，β_f 是自由空间距离射线的仰角，β_0 是实际折射距离射线的仰角，β 是目标仰角，其他变量在图形中定义。由几何图，ds 和 dr 之间的关系如下式：

$$(ds)^2 = (dr)^2 + r^2(d\theta)^2 \tag{8.17}$$

$$\sin\beta = \frac{dr}{ds} \tag{8.18}$$

因而

$$\cos\beta = \sqrt{1-\left(\frac{dr}{ds}\right)^2} \tag{8.19}$$

根据方程（8.3），雷达波从点 r_1 到 r_2 行走的时间由下式给出：

$$t = \frac{1}{c}\int_{r_1}^{r_2} n\,dr \tag{8.20}$$

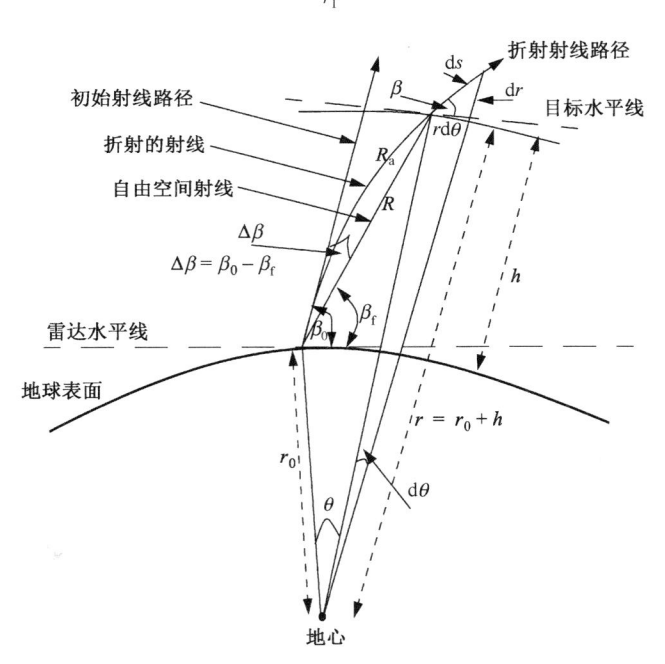

图 8.5　大气中折射系数变化引起的无线电波的弯曲

在雷达应用中，这个时间代表雷达波利用已折射和自由空间射线从其源头到目标的行走花费的时间差。由正弦定理可知下式：

$$\sin\left(\frac{\pi}{2}+\beta_f\right) = \frac{r_0+h}{R}\sin\theta \Rightarrow \beta_f = a\cos\left(\frac{r_0+h}{R}\sin\theta\right) \tag{8.21}$$

自由空间距离利用余弦定理给出如下式：

$$R = \sqrt{r_0^2 + (r_0+h)^2 - 2r_0(r_0+h)\cos\theta} \tag{8.22}$$

显然，由于折射导致的距离误差就是直观距离 R_a 与自由空间距离 R 的差，定义如方程（8.22）。更精确的如下式：

$$\delta R = R_a - R \tag{8.23}$$

计算方程（8.23）中的误差是一件棘手的任务，它需要使用费马（Fermat）原理将方程（8.20）中定义的积分最小化。这个过程在相关文献中得到了较好的证明，这里只示出结果。我们可以示出如下（见习题8.3）：

$$\sin\beta = \sqrt{1 - \left(\frac{n_0 r_0 \cos\beta_0}{nr}\right)^2} \tag{8.24}$$

式中，n_0 和 n 分别是雷达和目标处的折射媒介系数。由方程（8.20）可知，直观距离如下式：

$$R_a = \int_{r_0}^{r} n \, \mathrm{d}r \tag{8.25}$$

将方程（8.18）和方程（8.24）代入方程（8.25）并合并同类项得到下式：

$$R_a\big|_{对流层} = \frac{1}{n_0 r_0 \cos\beta_0} \int_{r_0}^{r} \frac{n^2 r \, \mathrm{d}r}{\sqrt{\left(\frac{nr}{n_0 r_0 \cos\beta_0}\right)^2 - 1}} \tag{8.26}$$

$$R_a\big|_{电离层} = \frac{1}{n_0 r_0 \cos\beta_0} \int_{r_0}^{r} \frac{r \, \mathrm{d}r}{\sqrt{\left(\frac{nr}{n_0 r_0 \cos\beta_0}\right)^2 - 1}} \tag{8.27}$$

方程（8.26）用于计算对流层中的 R_a，而方程（8.27）用于计算电离层中的 R_a。注意，方程（8.4）用于计算方程（8.26）中的 n，而方程（8.15）用于计算方程（8.27）中的 n。

8.3.4 分层大气折射模型

在本节中将提出一种计算雷达波由于折射产生的距离测量误差和时延误差的出色近似方法，这种方法称为"分层大气模型"，能够生成传播误差比较精确的理论估计值。这种方法的基本假设是，大气按 M 个球面层级，每层厚度为 $\{h_m; m = 1, \cdots, M\}$，固定折射系数为 $\{n_m; m=1, \cdots, M\}$，如图8.6所示。在该图中，β_o 是直观仰角，β_{oM} 是真实仰角。自由空间路径用 R_{oM} 表示，折射路径包括 $\{R_1, R_1, \cdots, R_M\}$ 的和。由图可得下式：

$$r_m = r_o + \sum_{j=1}^{m} h_j \quad ; \quad m = 1, 2, \cdots, M \tag{8.28}$$

式中，r_o 是地球实际半径。

第 8 章 雷达波的传播

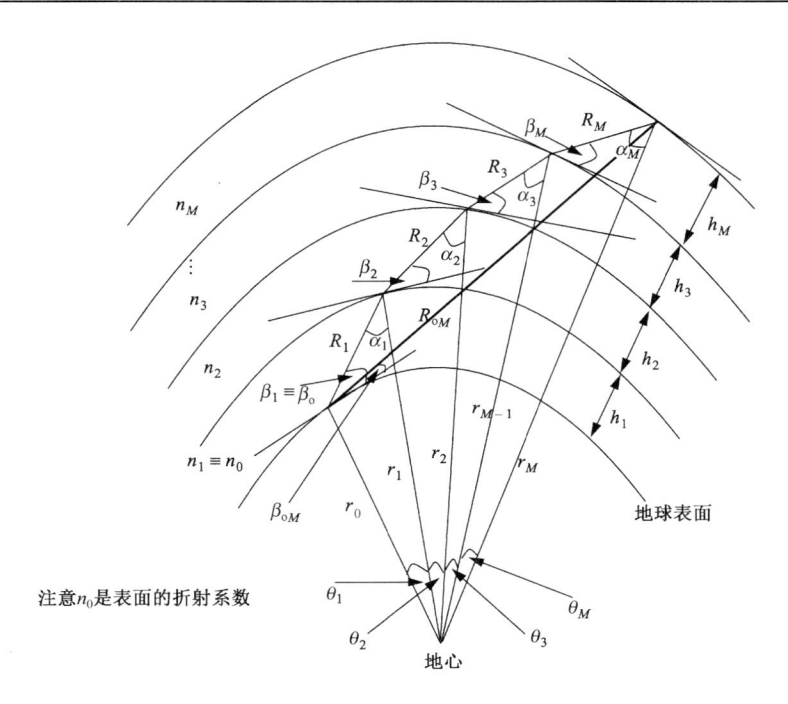

图 8.6 大气层

使用正弦定理，入射角由下式给出：

$$\frac{\sin\alpha_1}{r_0} = \frac{\sin(\pi/2 + \beta_o)}{r_1} \tag{8.29}$$

使用适合球形对称表面的斯涅尔（Snell）定律（折射定律），射线与(m+1)层水平线的夹角给出如下：

$$n_m r_m \cos\beta_m = n_{(m+1)} r_{(m+1)} \cos\beta_{(m+1)}, \quad m = 0, 1, \cdots, M-1 \tag{8.30}$$

从而得到下式：

$$\beta_{(m+1)} = \mathrm{acos}\left[\frac{n_m r_m}{n_{(m+1)} r_{(m+1)}} \cos\beta_m\right], \quad m = 0, 1, \cdots, M-1 \tag{8.31}$$

由图 8.6 可知，β_0 和 β_1 定为相同的，n_0 和 n_1 也是同样如此。由方程（8.29），我们可写出入射角的通用表达式。更准确的表达如下式：

$$\alpha_m = \mathrm{asin}\left[\frac{r_{(m-1)}}{r_m} \cos\beta_m\right]; \quad m = 1, 2, \cdots, M \tag{8.32}$$

应用直接路径的正弦定理 R_{om} 得到下式：

$$\beta_{om} = \mathrm{acos}\left\{\frac{r_m}{R_{om}} \sin\left(\sum_{j=1}^{m}\theta_j\right)\right\}; \quad m = 1, 2, \cdots, M \tag{8.33}$$

式中

$$R_{om}^2 = r_o^2 + r_m^2 - 2r_o r_m \cos\left(\sum_{j=1}^{m}\theta_j\right); \quad m = 1, 2, \cdots, M \tag{8.34}$$

$$\theta_m = \frac{\pi}{2} - \beta_m - \alpha_m \ ; \ m = 1, 2, \cdots, M \tag{8.35}$$

折射角误差被计算为直观和真实仰角之间的差。因此，其由下式给出：

$$\Delta \beta_m = \beta_o - \beta_{om} \tag{8.36}$$

在本注解中，$\beta_{o1} = \beta_0$；因此，当 $m = 1$ 时，则

$$R_{o1} = R_1 \ ; \ \Delta \beta_1 = 0 \tag{8.37}$$

此外，当 $\beta_o = 90°$ 时，

$$R_{oM} = \sum_{m=1}^{M} h_m \tag{8.38}$$

现在，为判定由于折射导致的时延误差，再次参考图 8.6。电磁波穿越已知层级 $\{R_m; m = 1, 2, \cdots, M\}$ 花费的时间定义为 $\{t_m; m = 1, 2, \cdots, M\}$，式中：

$$t_m = R_m / v_{\varphi_m} \tag{8.39}$$

式中，v_{φ_m} 是第 m 层中的相位速度，定义如下式：

$$v_{\varphi_m} = c / n_m \tag{8.40}$$

其遵守折射波在分层大气中行走的总时间，如下式：

$$t_T = \frac{1}{c} \sum_{j=1}^{M} n_j R_j \tag{8.41}$$

非折射波的自由空间行走时间用 t_{oM} 表示，如下式：

$$t_{oM} = R_{oM} / c \tag{8.42}$$

因此，在第 m 层由折射导致的距离误差为 δR_m，由下式给出：

$$\delta R_m = \sum_{j=1}^{m} n_j R_j - R_{om} \ ; \ m = 1, 2, \cdots, M \tag{8.43}$$

通过使用余弦定理，计算 R_m 如下式：

$$R_m^2 = r_{(m-1)}^2 + r_m^2 - 2 r_m r_{(m-1)} \cos \theta_m \ ; \ m = 1, 2, \cdots, M \tag{8.44}$$

方程（8.41）和方程（8.42）中陈述的结果仅在对流层中有效。在分散媒介的电离层中，折射率也是频率的函数。在这种情况中，当估计雷达测量的距离误差时必须使用组团速度。组团速度如下式给出：

$$v = nc \tag{8.45}$$

因此，媒介中行走的总时间现在给出如下式：

$$t_T = \frac{1}{c} \sum_{j=1}^{M} \frac{R_j}{n_j} \tag{8.46}$$

最后，电离层中第 m 层的距离误差如下式：

$$\delta R_m = \sum_{j=1}^{m} \frac{R_j}{n_j} - R_{om} \ ; \ m = 1, 2, \cdots, M \tag{8.47}$$

MATLAB 函数 "refraction.m"

函数 "refraction.m" 计算由于折射产生的直观距离、距离误差和时延。其实现先前两节中提供的分析。语法如下：

[deltaR,Rm,Rt]=refraction(Rmax,el,H,No,Ce,pmax,hm,f)

其中：

符号	说明	单位	状态
Rmax	最大向下距离	km	输入
el	初始雷达波仰角	°	输入
No	表面折射率	无	输入
Ce	常数	km^{-1}	输入
pmax	最大电子密度	C	输入
hm	出现最大电子密度的高度	km	输入
f	雷达工作中心频率	Hz	输入
deltaR	距离测量误差数组	km	输出
Rm	分层距离（直观距离）	km	输出
Rt	产生的时延	s	输出

图 8.7 给出了几个仰角在 f = 9.5 GHz 时由于折射生产的总距离误差与距离的对比图。该图可使用附录 8-A 中列出的 MATLAB 程序 "Fig8_7.m" 重新生成。

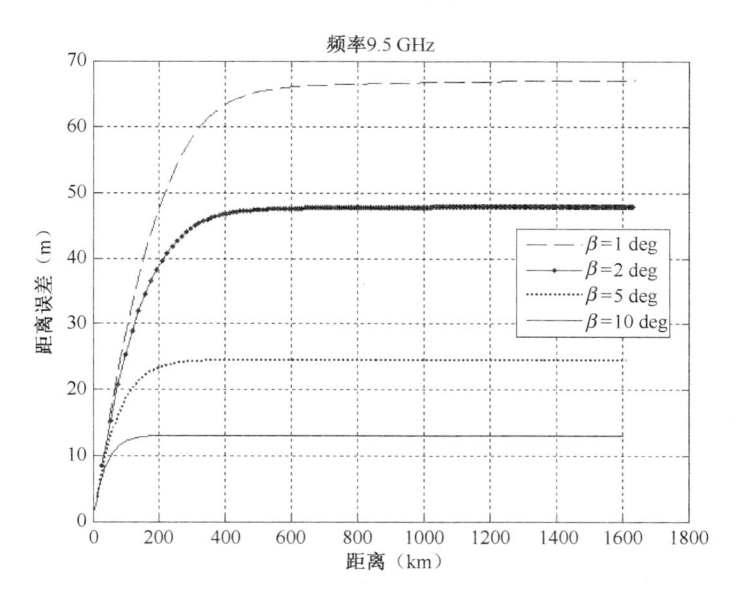

图 8.7 折射距离误差与相对的雷达至目标距离

8.4 三分之四地球模型

一个非常通用的处理折射的方法是用虚构地球代替实际地球,虚构地球的半径 $r_e = kr_0$,式中,r_0 是实际地球半径,k 为

$$k = \frac{1}{1 + r_0(\mathrm{d}n/\mathrm{d}h)} \tag{8.48}$$

当折射斜率假设为高度的常数时,等于 39×10^{-9}/m,而 $k = 4/3$。利用有效地球半径 $r_e = (4/3)r_0$,产生"三分之四地球模型"。通常,选择

$$r_e = r_0(1 + 6.37 \times 10^{-3}(\mathrm{d}n/\mathrm{d}h)) \tag{8.49}$$

产生的电磁波是直线穿过的传播模型。如何选择恰当的 k 值取决于区域的气象条件。在低海拔处(通常小于10 km),使用三分之四地球模型时,人们可以假设雷达波(波束)是直线穿过而不发生折射,如图8.8所示。

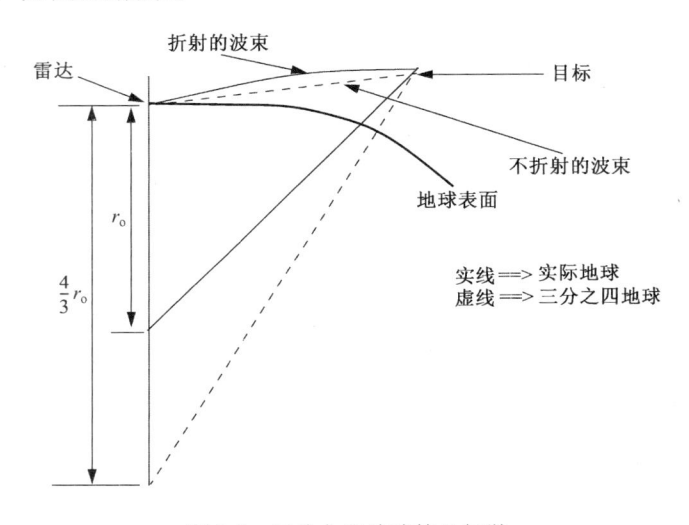

图 8.8 三分之四地球的几何学

8.4.1 目标高度方程

使用射线跟踪(几何光学)方法,可推导并计算距离和目标高度的积分关系式(仰角作为一个参数)。但是,这种计算非常复杂,而且计算量很大。因此,实际上雷达系统使用两种不同方法来处理折射,这主要取决于高度。对高于 3 km 的高度,真实目标高度可以通过查表获得,或通过查找目标高度与距离(对不同仰角)的关系图来估算。

Blake[①]为三分之四地球导出了"测高方程"(见图8.9),即

$$h = h_r + 6076R\sin\theta + 0.6625R^2(\cos\theta)^2 \tag{8.50}$$

式中,h 和 h_r 以英尺为单位,R 以海里为单位。

对坐落于高度 h_r 的雷达,其到地平线的距离可运用图8.10进行计算。对于直角三角

---

① Blake, L. V., *Radar Range-Performance Analysis*, Artech House, 1986.

形 OBA，我们有

$$r_h = \sqrt{(r_0 + h_r)^2 - r_0^2} \tag{8.51}$$

式中 r_h 为到地平线的距离。展开方程（8.51）和合并同类项，我们可以导出到地平线距离的表达式：

$$r_h^2 = 2r_0 h_r + h_r^2 \tag{8.52}$$

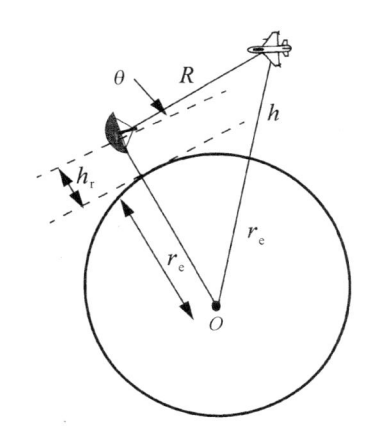

图 8.9　三分之四地球测量目标高度 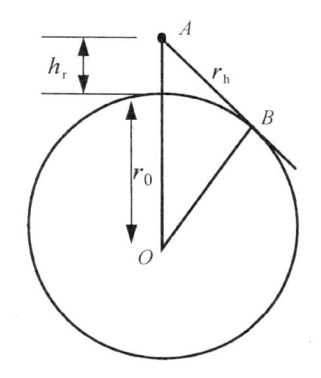　　　　　图 8.10　测量到地平线的距离

最后，由于 $r_0 \gg h_r$，方程（8.52）可近似为

$$r_h \approx \sqrt{2r_0 h_r} \tag{8.53}$$

当考虑到折射时，方程（8.53）变为

$$r_h \approx \sqrt{2r_e h_r} \tag{8.54}$$

8.5　地面反射

当雷达波被地面反射后，其幅度会出现损失，相位也出现变化。总的地面反射系数中引起这些变化的有三个因素：平滑表面反射系数，地球曲率引起的发散因子，表面粗糙度。

8.5.1　平滑表面反射系数

平滑表面反射系数取决于频率、表面介电系数、雷达掠射角。垂直极化和水平极化反射系数为

$$\Gamma_v = \frac{\varepsilon \sin\psi_g - \sqrt{\varepsilon - (\cos\psi_g)^2}}{\varepsilon \sin\psi_g + \sqrt{\varepsilon - (\cos\psi_g)^2}} \tag{8.55}$$

$$\Gamma_h = \frac{\sin\psi_g - \sqrt{\varepsilon - (\cos\psi_g)^2}}{\sin\psi_g + \sqrt{\varepsilon - (\cos\psi_g)^2}} \tag{8.56}$$

式中，ψ_g 为掠射角（入射角），ε 为表面的复数介电常数，由下式给出：

$$\varepsilon = \varepsilon' - j\varepsilon'' = \varepsilon' - j60\lambda\sigma \tag{8.57}$$

式中，λ 是波长，σ 是介质传导率（单位为 Ω/m）。ε' 和 ε'' 的典型值可以通过相关文献的查表得到。表 8.3~表 8.5 给出了油、湖水、海水的电磁特性的某些典型值。

注意，当 $\psi_g = 90°$ 时，可以得到

$$\Gamma_h = \frac{1-\sqrt{\varepsilon}}{1+\sqrt{\varepsilon}} = -\frac{\varepsilon-\sqrt{\varepsilon}}{\varepsilon+\sqrt{\varepsilon}} = -\Gamma_v \tag{8.58}$$

而当掠射角很小时（$\psi_g \approx 0$），有

$$\Gamma_h = -1 = \Gamma_v \tag{8.59}$$

表 8.3 油的电磁特性

频率 (GHz)	含水量(按体积)							
	0.3%		10%		20%		30%	
	ε'	ε''	ε'	ε''	ε'	ε''	ε'	ε''
0.3	2.9	0.071	6.0	0.45	10.5	0.75	16.7	1.2
3.0	2.9	0.027	6.0	0.40	10.5	1.1	16.7	2.0
8.0	2.8	0.032	5.8	0.87	10.3	2.5	15.3	4.1
14.0	2.8	0.350	5.6	1.14	9.4	3.7	12.6	6.3
24	2.6	0.030	4.9	1.15	7.7	4.8	9.6	8.5

表 8.4 湖水的电磁特性

频率 (GHz)	温度					
	$T = 0°C$		$T = 10°C$		$T = 20°C$	
	ε'	ε''	ε'	ε''	ε'	ε''
0.1	85.9	68.4	83.0	91.8	79.1	115.2
1.0	84.9	15.66	82.5	15.12	78.8	15.84
2.0	82.1	20.7	81.1	16.2	78.1	14.4
3.0	77.9	26.4	78.9	20.6	76.9	16.2
4.0	72.6	31.5	75.9	24.8	75.3	19.4
6.0	61.1	39.0	68.7	33.0	71.0	24.9
8.0	50.3	40.5	60.7	36.0	65.9	29.3

表 8.5 海水的电磁特性

频率 (GHz)	温度					
	$T = 0°C$		$T = 10°C$		$T = 20°C$	
	ε'	ε''	ε'	ε''	ε'	ε''
0.1	77.8	522	75.6	684	72.5	864
1.0	77.0	59.4	75.2	73.8	72.3	90.0
2.0	74.0	41.4	74.0	45.0	71.6	50.4

续表

频率 (GHz)	温度					
	$T=0°C$		$T=10°C$		$T=20°C$	
	ε'	ε''	ε'	ε''	ε'	ε''
3.0	71.0	38.4	72.1	38.4	70.5	40.2
4.0	66.5	39.6	69.5	36.9	69.1	36.0
6.0	56.5	42.0	63.2	39.0	65.4	36.0
8.0	47.0	42.8	56.2	40.5	60.8	36.0

例如，在 X 波段、海水温度为 28℃时，$\varepsilon'=65$，$\varepsilon''=30.7$。图 8.11 给出了 Γ_h 和 Γ_v 的相应幅度，而图 8.12 则为其相位图。这些图形给出了反射系数的一般典型特性。图 8.13 和图 8.14 给出了垂直与水平反射系数作为掠射角函数的幅度示意图。

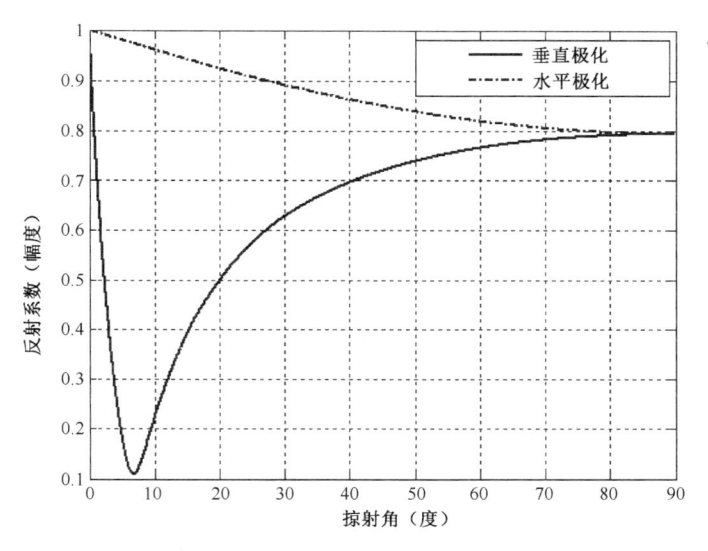

图 8.11 反射系数幅度

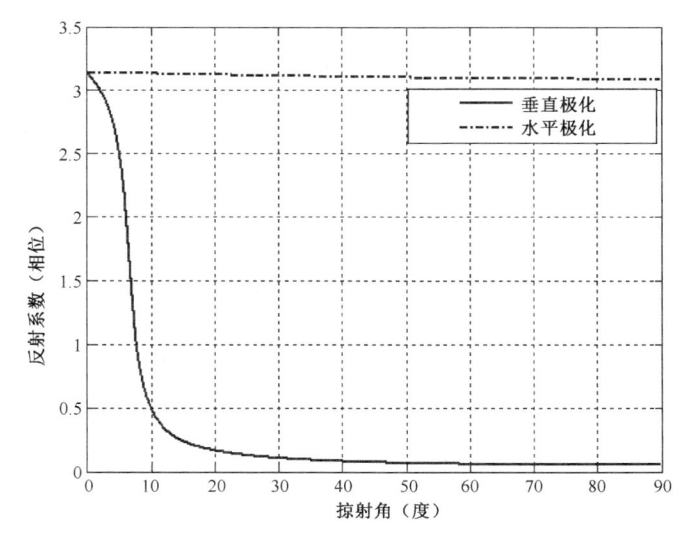

图 8.12 反射系数相位

MATLAB 函数"*ref_coef.m*"

函数"*ref_coef.m*"计算并画出反射系数的水平和垂直幅度与相位响应。语法如下：

$$[rh,rv]=ref\_coef(psi,epsp,epspp)$$

其中：

符　号	说　　明	状　态
psi	掠射角（度）（可为向量或标量）	输入
epsp	ε'	输入
epspp	ε''	输入
rh	水平反射系数复向量	输出
rv	垂直反射系数复向量	输出

观察图 8.11 和图 8.12 可得出以下结论：（1）掠射角很小时，水平极化的反射系数幅度等于 1，角度上升时，幅度单调地下降。（2）垂直极化的幅度有一个很清楚的最小值。对应这种条件的角称为 Brewster 极化角。基于这种原因，机载雷达的下视工作模式大多采用垂直极化，以大大减小地形反弹反射。（3）对于水平极化，其相位几乎为 π，但是对于垂直极化，在 Brewster 角周围，相位变为零。（4）对于非常小的角度（小于 2°，$|\Gamma_h|$ 和 $|\Gamma_v|$ 接近 1，$\angle\Gamma_h$ 和 $\angle\Gamma_v$ 接近 π。因此，当掠射角很小时，水平极化或垂直极化波的传播几乎没有差别。

图 8.11 和图 8.12 可以使用 MATLAB 程序"*Fig38_11_12.m*"重新生成，列在附录 8-A 中。同样，图 8.13 和图 8.14 可以使用 MATLAB 程序"*Fig 8_13_14.m*"重新生成，列在附录 8-A 中。

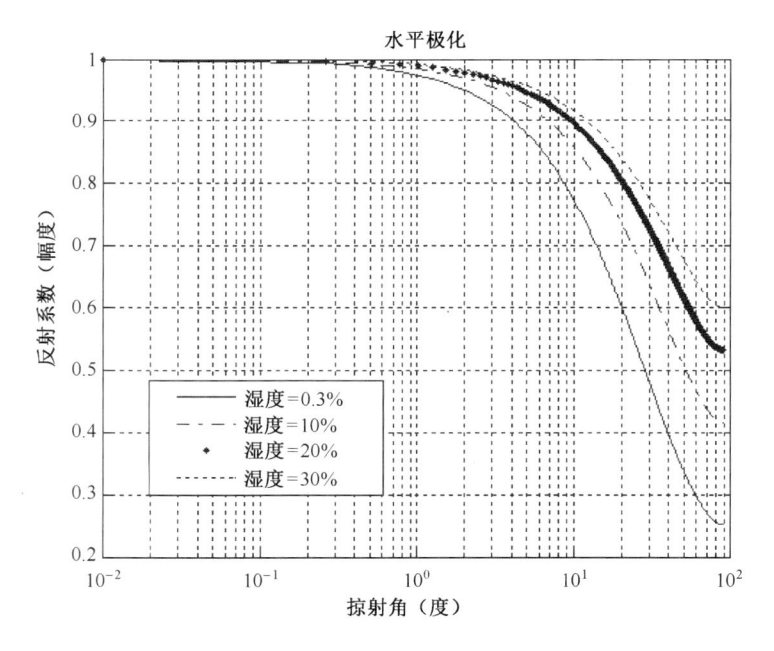

图 8.13　垂直反射系数（土地，8 GHz）

第 8 章 雷达波的传播

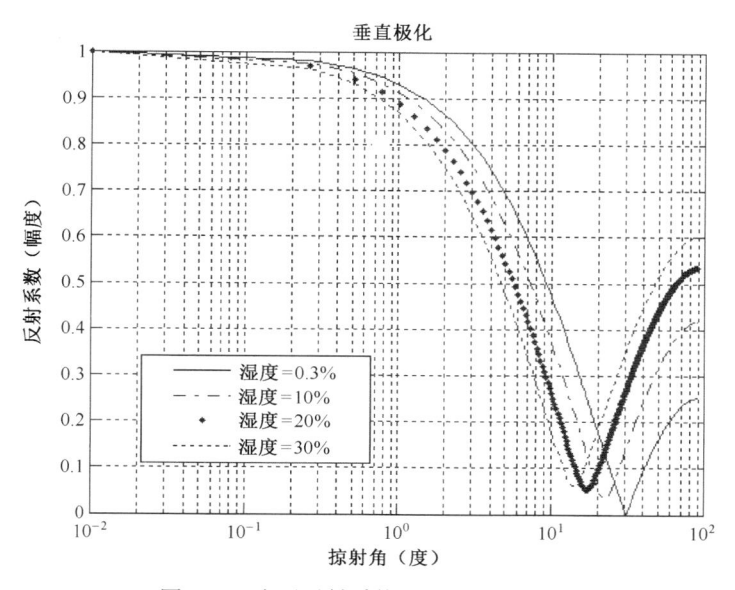

图 8.14 水平反射系数（土地，8 GHz）

8.5.2 发散

总的反射系数也受圆形地球发散因子 D 的影响。当电磁波入射到圆形地球表面时，由于地球曲率影响，反射波会出现发散，如图 8.15 所示。由于发散现象，反射能量无法聚焦，而且雷达功率密度也降低了。发散因子可用几何方法获得。

发散因子可以表达为

$$D = \sqrt{\frac{r_e r \sin\psi_g}{[(2r_1 r_2/\cos\psi_g) + r_e r \sin\psi_g](1+h_r/r_e)(1+h_t/r_e)}} \quad (8.60)$$

方程（8.60）的所有参数在图 8.16 中定义。由于地球曲率非常大时掠射角 ψ_g 一直较小，下述近似表达式能满足几乎大多数雷达的情况：

$$D \approx \frac{1}{\sqrt{1+\dfrac{4r_1 r_2}{r_e r \sin 2\psi_g}}} \quad (8.61)$$

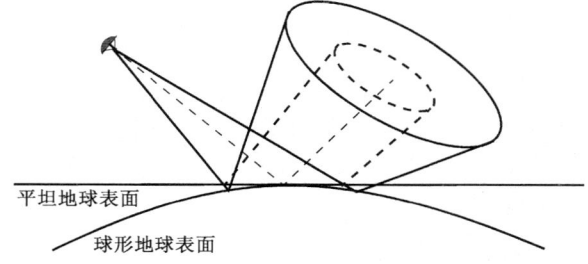

实线：球形地球的射线周界；虚线：平坦地球的射线周界

图 8.15 发散示意图

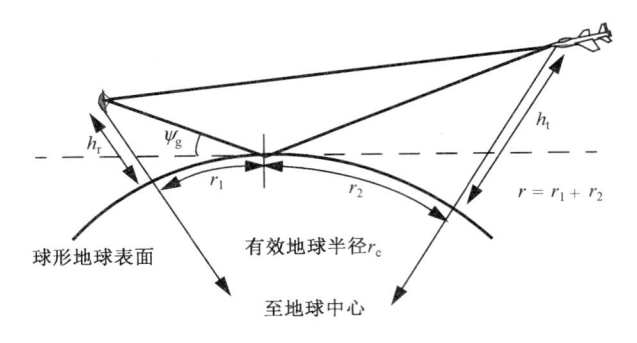

图 8.16 方程（8.60）中变量的定义

MATLAB 函数 "*divergence.m*"

MATLAB 函数 "*divergence.m*" 利用方程（8.60）来计算发散。语法如下：

$$D = divergence(r1, r2, hr, ht, psi)$$

其中：

符 号	说 明	单 位	状 态
psi	入射角（向量或标量）	度	输入
r1	雷达和镜像点的地面距离	km	输入
r2	镜像点和目标的地面距离	km	输入
hr	雷达高度	m	输入
ht	目标高度	m	输入
D	发散	无	输出

8.5.3 粗糙表面反射

除了发散以外，表面粗糙度也影响反射系数。表面粗糙度由下式给出：

$$S_r = e^{-2\left(\frac{2\pi h_{rms} \sin \psi_g}{\lambda}\right)^2} \tag{8.62}$$

式中，h_{rms} 为均方根表面高度不规则性。粗糙表面反射系数的另外一种形式与经验结果更加一致，如下所示：

$$S_r = e^{-z} I_0(z) \tag{8.63}$$

$$z = 2\left(\frac{2\pi h_{rms} \sin \psi_g}{\lambda}\right)^2 \tag{8.64}$$

式中，I_0 为修改后的零阶贝塞尔函数。

MATLAB 函数 "*surf_rough.m*"

MATLAB 函数 "*surf_rough.m*" 计算方程（8.62）所定义的表面粗糙反射系数。语法如下：

$$Sr = surf\_rough(hrms,\ freq,\ psi)$$

其中：

符 号	说 明	单 位	状 态
hrms	表面 rms 粗糙值	m	输入
freq	频率	Hz	输入
psi	入射角	度	输入
Sr	表面粗糙系数	无	输出

图 8.17 所示为与 $f_{\mathrm{MHz}}h_{\mathrm{rms}}\sin\psi_{\mathrm{g}}$ 相对应的粗糙表面反射系数。其中实线使用方程（8.62），而虚线使用方程（8.63）。此图可以使用 MATLAB 程序"*Fig8_17.m*"重新生成，列在附录 8-A 中。

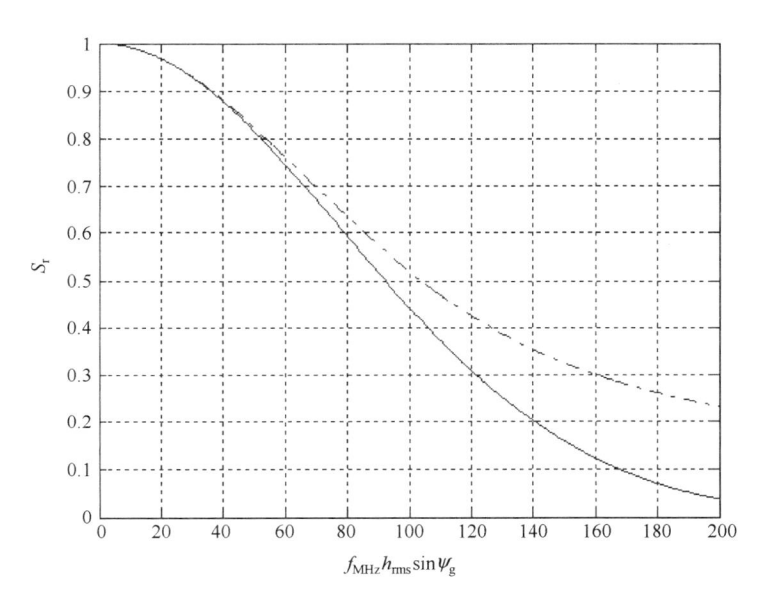

图 8.17 函数 $f_{\mathrm{MHz}}h_{\mathrm{rms}}\sin\psi_{\mathrm{g}}$ 的反射系数

8.5.4 总反射系数

一般来说，粗糙表面反射的射线会经受幅度和相位的变化，这会导致反射信号中出现漫散射（非相干）部分。平滑表面反射系数、发散及粗糙表面反射系数的综合影响，可以将总的反射系数 Γ_{t} 表示为

$$\Gamma_{\mathrm{t}} = \Gamma_{(h,v)}DS_{\mathrm{r}} \qquad (8.65)$$

式中，$\Gamma_{(h,v)}$ 为水平或垂直平滑表面反射系数。D 为发散，S_{r} 为粗糙表面反射系数。

8.6 方向图传播因子

一般来说,方向图传播因子是用于描述电磁波传播(自由空间条件无法满足时)的一个术语。对于发射和接收路径,该因子是分别定义的。传播因子还将考虑雷达天线方向图效应。传播因子的基本定义为

$$F_p = |E/E_0| \tag{8.66}$$

式中,E 为媒介中的电场,E_0 为自由空间电场。

在地表附近,多路径传播效应主要决定着传播因子的形成。本节中,我们将导出一个多路径传播因子的通用表达式。从这个意义来说,传播因子描述了地球表面(平坦或曲面的)衍射电磁波的相加或相减性干扰。下面几节将导出平坦和弯曲地球表面的传播因子的特殊表达式。

考虑一下图8.18的几何图。雷达所处高度为 h_r。目标距离为 R,所处高度为 h_t。掠射角为 ψ_g。雷达能量(通过天线发射)到达目标有两条路径:"直接的"AB 和"间接的"ACB。AB 和 ACB 的长度一般彼此非常接近,因此两条路径的差别很小。我们将直接路径表示为 R_d,将间接路径表示为 R_i,两者的差表示为 $\Delta R = R_i - R_d$。由此可得出两条路径间的相位差:

$$\Delta \Phi = \frac{2\pi}{\lambda} \Delta R \tag{8.67}$$

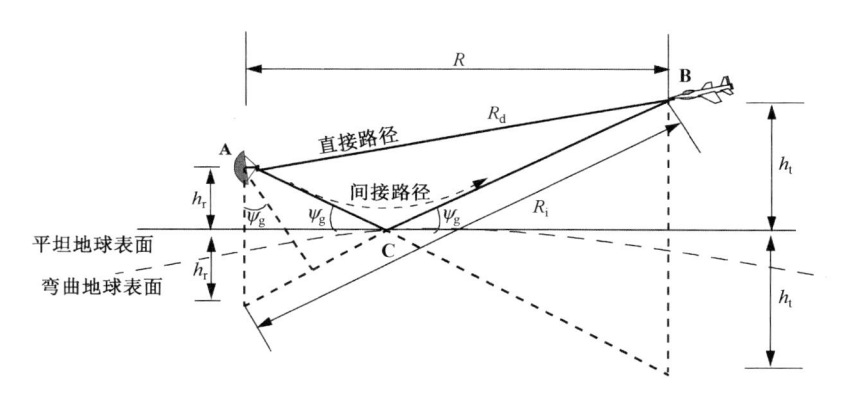

式中,λ 为雷达波长。

图 8.18 多路径传播的几何图

通过间接路径到达目标的信号幅度要比通过直线到达目标的信号幅度小。这是因为间接路径方向上的天线增益要比直接路径方向上的天线增益小,而且通过地球表面C点反射的信号,其幅度和相位随地球反射系数 Γ 产生了变化。地球反射系数由下式给出:

$$\Gamma = \rho e^{j\varphi} \tag{8.68}$$

式中,ρ 小于1,而 φ 则描述由于地表粗糙度而引起的间接路径信号的相位偏移。

直接到达目标的信号(单位用 V)可写成

$$E_d = e^{j\omega_0 t} e^{j\frac{2\pi}{\lambda}R_d} \tag{8.69}$$

式中，时间谐波项 $\exp(j\omega_0 t)$ 表示信号的时间关系，指数项 $\exp(j(2\pi/\lambda)R_d)$ 表示信号的空间相位。到达目标的间接路径信号表示为

$$E_i = \rho e^{j\varphi} e^{j\omega_0 t} e^{j\frac{2\pi}{\lambda}R_i} \tag{8.70}$$

式中，$\rho\exp(j\varphi)$ 为表面反射系数。因此，到达目标的总信号为

$$E = E_d + E_i = e^{j\omega_0 t} e^{j\frac{2\pi}{\lambda}R_d} \left(1 + \rho e^{j\left(\varphi + \frac{2\pi}{\lambda}(R_i - R_d)\right)}\right) \tag{8.71}$$

由于地表反射，到达目标的总的信号强度发生变化，其变化比值为有地面时的信号强度与自由空间信号强度之比。利用方程（8.69）和方程（8.71）代入方程（8.66）可计算出传播系数为

$$F_p = \left|\frac{E_d}{E_d + E_i}\right| = \left|1 + \rho e^{j\varphi} e^{j\Delta\Phi}\right| \tag{8.72}$$

上式可改写为

$$F_p = \left|1 + \rho e^{j\alpha}\right| \tag{8.73}$$

式中，$\alpha = \Delta\Phi + \varphi$。利用欧拉（Euler）恒等式（$e^{j\alpha} = \cos\alpha + j\sin\alpha$），方程（8.73）可写为

$$F_p = \sqrt{1 + \rho^2 + 2\rho\cos\alpha} \tag{8.74}$$

由此可得出，到达目标的信号能量随系数 F_p^2 而改变。根据互易性，将雷达方程乘以系数 F_p^4 可计算出到达雷达的信号功率。在下面两节中，我们将导出平坦和弯曲地球表面传播因子的准确表达式。

自由空间无多路径传播时的传播系数为 $F_p = 1$。将雷达在自由空间（即 $F_p = 1$）中的探测距离表示为 R_0。由此得出存在大气和多路径干扰时的探测距离为

$$R = \frac{R_0 F_p}{(L_a)^{1/4}} \tag{8.75}$$

式中，L_a 为距离 R 上的双层大气损耗。大气衰减将在后面一节中讨论。这样，为了说明多路径干扰对传播系数的影响，假设 $L_a = 1$。在这种情况下，方程（8.75）可修改为

$$R = R_0 F_p \tag{8.76}$$

图 8.19 给出了多路径干扰对传播系数的一般影响。需要注意的是，由于存在表面反射，天线仰角变成了瓣形结构。瓣宽度与 λ 成正比，与 h_r 成反比。处于最大值处的目标，其探测距离是自由空间中探测距离的两倍。相反，在其他角度，探测距离将会比自由空间中的小。

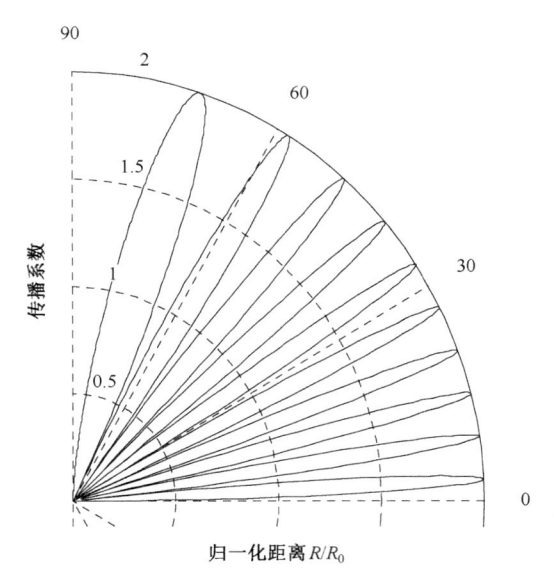

图 8.19 由于反射面引起的垂直瓣结构与仰角的函数关系

8.6.1 平坦地表

利用图8.18中的几何图形，直接和间接路径计算如下：

$$R_d = \sqrt{R^2 + (h_t - h_r)^2} \tag{8.77}$$

$$R_i = \sqrt{R^2 + (h_t + h_r)^2} \tag{8.78}$$

利用截断的二项展开式，方程（8.77）和方程（8.78）可近似为

$$R_d \approx R + \frac{(h_t - h_r)^2}{2R} \tag{8.79}$$

$$R_i \approx R + \frac{(h_t + h_r)^2}{2R} \tag{8.80}$$

此近似对低掠射角是成立的，此时 $R \gg h_t, h_r$。因此有

$$\Delta R = R_i - R_d \approx \frac{2h_t h_r}{R} \tag{8.81}$$

将方程（8.81）代入方程（8.67），得到了到达目标的两个信号（直接和间接）之间的相位差（由于多路径传播）。更准确地说，

$$\Delta \Phi = \frac{2\pi}{\lambda} \Delta R \approx \frac{4\pi h_t h_r}{\lambda R} \tag{8.82}$$

目前，假设光滑地表的反射系数 $\Gamma = -1$。这一假设表示地表反射波没有幅度损失，所引起的地表相移等于 $180°$。利用方程（8.67）和方程（8.74）及这些假设，可得到

$$F_p^2 = 2 - 2\cos\Delta\Phi = 4(\sin(\Delta\Phi/2))^2 \tag{8.83}$$

将方程（8.82）代入方程（8.83）得到

$$F_p^2 = 4\left(\sin\frac{2\pi h_t h_r}{\lambda R}\right)^2 \tag{8.84}$$

利用互易性，雷达处的传播系数表达式可由下式给出：

$$F_p^4 = 16\left(\sin\frac{2\pi h_t h_r}{\lambda R}\right)^4 \tag{8.85}$$

最后，将雷达方程乘以 F_p^4 即可得到雷达处的信号功率：

$$P_r = \frac{P_t G^2 \lambda^2 \sigma}{(4\pi)^3 R^4} \, 16\left(\sin\frac{2\pi h_t h_r}{\lambda R}\right)^4 \tag{8.86}$$

由于正弦函数在 0 和 1 之间变化，所以信号功率在 0 和 16 之间变化。因此，信号功率和目标距离之间的四次方关系，使得目标探测距离是自由空间中目标探测距离的 0 到两倍。除此之外，雷达处的场强此时有对应于传播系数零值的空洞。

正弦函数等于零时，传播系数会出现零。更准确地说，

$$\frac{2h_r h_t}{\lambda R} = n \tag{8.87}$$

式中 $n = \{0, 1, 2, \cdots\}$。满足下列条件时出现最大值：

$$\frac{4h_r h_t}{\lambda R} = n + 1 \tag{8.88}$$

当目标高度为 $\{h_t = n(\lambda R/2h_r); \ n = 0, 1, 2, \cdots\}$ 时传播系数出现零，而目标高度为 $\{h_t = n(\lambda R/4h_r); \ n = 1, 2, \cdots\}$ 时会产生峰值。因此，由于存在地面反射，天线仰角覆盖变成瓣形结构，如图 8.19 所示。位于最大值位置的目标，其被探测到的距离是自由空间的两倍。另一方面，在其他角度，探测距离将会小于自由空间探测距离。在方程（8.87）定义的角度，没有可测出的目标回波。

对于小角度，方程（8.86）可近似为

$$P_r \approx \frac{4\pi P_t G^2 \sigma}{\lambda^2 R^8} \, (h_t h_r)^4 \tag{8.89}$$

因此，接收信号功率随距离的八次方变化（而不是四次方），而且此时系数 $G\lambda$ 也替换为 G/λ。

8.6.2 球形地球

为了给多路径传播对雷达性能的影响更准确地建模，我们需要去除平坦地球条件，而且要考虑地球的曲率。当考虑球形地球时，由于大气折射，电磁波以曲线传播。正如前面所述，减轻大气折射影响的最常用方法是将真实地球换成假想的地球（其中电磁波沿直线传播）。假想地球的有效半径为

$$r_e = k r_0 \tag{8.90}$$

式中，k 为常数，r_0 为真实地球半径。利用图 8.20 中的几何关系，直接路径和间接路径之差为

$$\Delta R = R_1 + R_2 - R_d \tag{8.91}$$

在方程（8.67）中，利用方程（8.91）的 ΔR，并将结果代入方程（8.74）可计算得到传播系数。为计算 R_1、R_2 和 R_d，必须首先解出 r_1 的三次方程：

$$2r_1^3 - 3rr_1^2 + (r^2 - 2r_e(h_r + h_t))r_1 + 2r_e h_r r = 0 \tag{8.92}$$

解为

$$r_1 = \frac{r}{2} - p \sin\frac{\xi}{3} \tag{8.93}$$

式中

$$p = \frac{2}{\sqrt{3}}\sqrt{r_e(h_t + h_r) + \frac{r^2}{4}} \tag{8.94}$$

$$\xi = \operatorname{asin}\left(\frac{2r_e r(h_t - h_r)}{p^3}\right) \tag{8.95}$$

接着我们解出 R_1、R_2 和 R_d。根据图8.20，

$$\phi_1 = r_1/r_e; \quad \phi_2 = r_2/r_e \tag{8.96}$$

$$\phi = r/r_e \tag{8.97}$$

将余弦定理用于三角形 ABO 和 BOC 得到

$$R_1 = \sqrt{r_e^2 + (r_e + h_r)^2 - 2r_e(r_e + h_r)\cos\phi_1} \tag{8.98}$$

$$R_2 = \sqrt{r_e^2 + (r_e + h_t)^2 - 2r_e(r_e + h_t)\cos\phi_2} \tag{8.99}$$

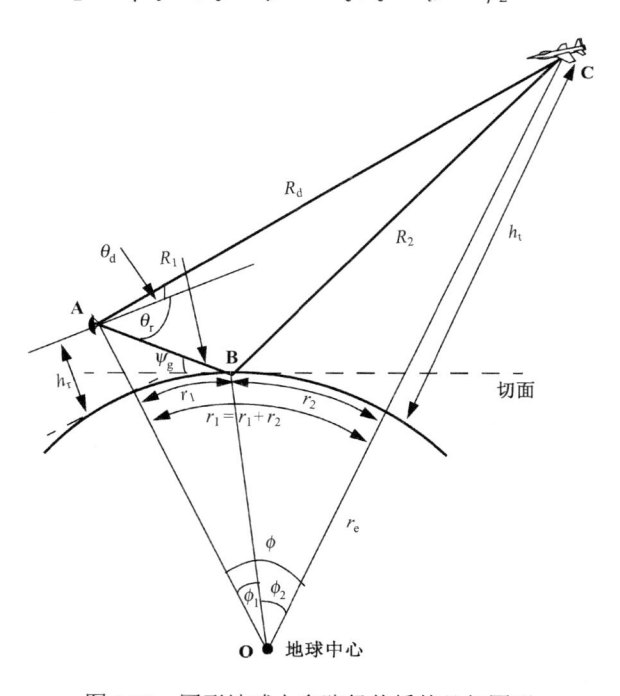

图8.20 圆形地球上多路径传播的几何图形

方程（8.98）和方程（8.99）可写成下面的较简单的形式：

$$R_1 = \sqrt{h_r^2 + 4r_e(r_e + h_r)(\sin(\phi_1/2))^2} \tag{8.100}$$

$$R_2 = \sqrt{h_t^2 + 4r_e(r_e + h_t)(\sin(\phi_2/2))^2} \tag{8.101}$$

将余弦定理用于三角形 AOC 得到

$$R_d = \sqrt{(h_r - h_t)^2 + 4(r_e + h_t)(r_e + h_r)\left(\sin\left(\frac{\phi_1 + \phi_2}{2}\right)\right)^2} \tag{8.102}$$

和

$$r = r_e \mathrm{acos}\left(\sqrt{\frac{(r_e + h_r)^2 + (r_e + h_t)^2 - R_d^2}{2(r_e + h_r)(r_e + h_t)}}\right) \tag{8.103}$$

将方程（8.100）到方程（8.102）直接代入方程（8.91），可能对数值精度产生影响。因此我们导出一个更为适合的 ΔR 的计算方程。详细推导见 Blake（1986）的文献，结果列于下面。为获得更佳的数值精度，我们用下面的表达式来计算 ΔR：

$$\Delta R = \frac{4R_1 R_2 (\sin \psi_g)^2}{R_1 + R_2 + R_d} \tag{8.104}$$

式中，

$$\psi_g = \mathrm{asin}\left(\frac{2r_e h_r + h_r^2 - R_1^2}{2r_e R_1}\right) \approx \mathrm{asin}\left(\frac{h_r}{R_1} - \frac{R_1}{2r_e}\right) \tag{8.105}$$

MATLAB 函数 "*multipath.m*"

MATLAB 函数"*multipath.m*"利用球形地球的三分之四地球模型计算两路传播因子。它假设已知自由空间中雷达到目标的距离。这样就容易修改为假设已知真实的雷达到目标间的球形地表距离。另外，该程序产生了三种形式的图形：（1）距离函数的传播因子；（2）自由空间相关信号电平与距离；（3）包含多路径影响的相关信号电平。该程序将应用前几节介绍的方程。

该程序包括了散射 D 和所有表面反射系数 Γ_t 的影响。另外，考虑信号电平对雷达天线方向图的影响，将作为练习留给读者。最后，可以很容易将其修改为在固定目标距离上传播因子对目标高度的图形。

应用该程序，图8.21 画出了传播因子损耗对距离的图形（$f = 3$ GHz；$h_r = 30.48$ m；$h_t = 60.96$ m）。在这种情况下，目标参考距离为 $R_0 = 185.2$ km，散射影响、反射系数均未考虑。更精确地说，$D = \Gamma_t = 1$。

图8.22 给出了是否有多路径损耗的相关信号电平。注意，多路径损耗通过在信号电平中引入大量的零值来影响信号电平。这些零值通常将引起目标通过零值区时雷达漏跟目标。除了考虑到一些散射，图8.23、图8.24和图8.21、图8.22很相似。所有图形均假设为垂直极化。

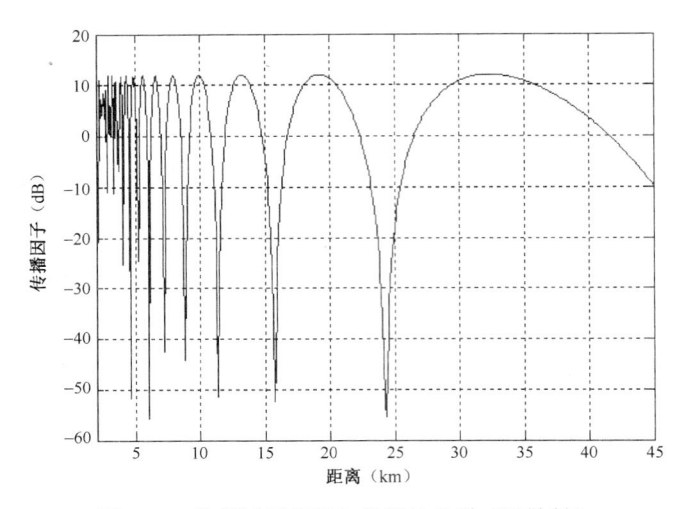

图 8.21 传播因子损耗与斜距的关系（无散射）

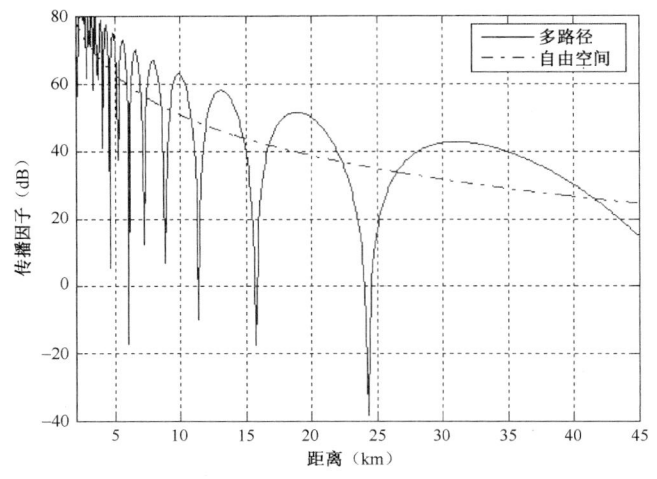

图 8.22 实线：传播因子损耗与斜距的关系；虚线：自由空间损耗（无散射）

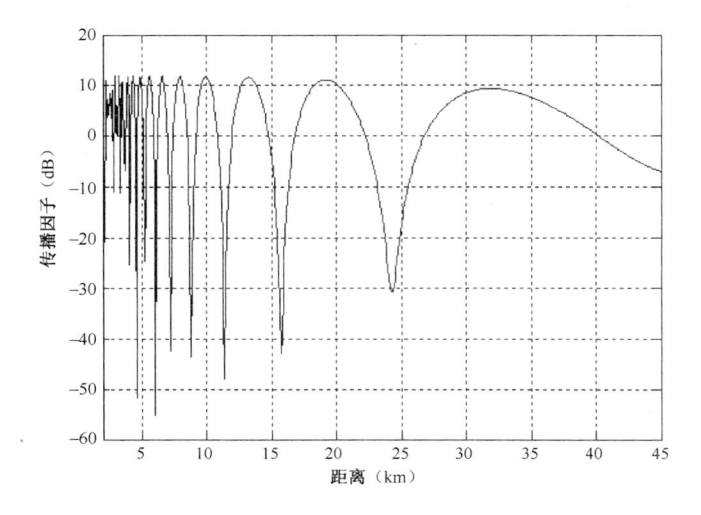

图 8.23 传播因子损耗与斜距的关系（有散射）

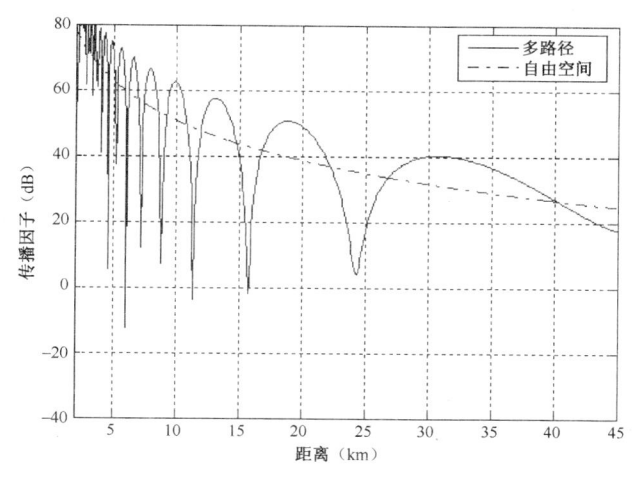

图 8.24　实线：传播因子损耗与斜距的关系；虚线：自由空间损耗（有散射）

8.7　衍射

衍射是用来描述电磁波环绕物体弯曲的一个术语。它对于工作在低空的雷达系统非常重要。小山和山脊会衍射电磁波，并使对物理上有遮挡区域的探测成为可能。实际上，一些实验数据为这一现象提供了主要的信息源，也有对衍射现象的一些理论分析。但是，在这些情况下有许多假设，而且可能最重要的假设是所选物体为理想导体。

通过图 8.25，我们可以描述飞机锐缘的传播问题。目标和雷达高度分别表示为 h_t 和 h_r，边缘高度为 h_e。雷达波离开（或不离开）边缘顶端的距离为 δ。从符号上来说，当直线跳过边缘时，δ 设为正值，否则为负。由于事实上边缘两边均会有地面反射，所以传播系数包括 4 条不同的射线，如图 8.26 所示。

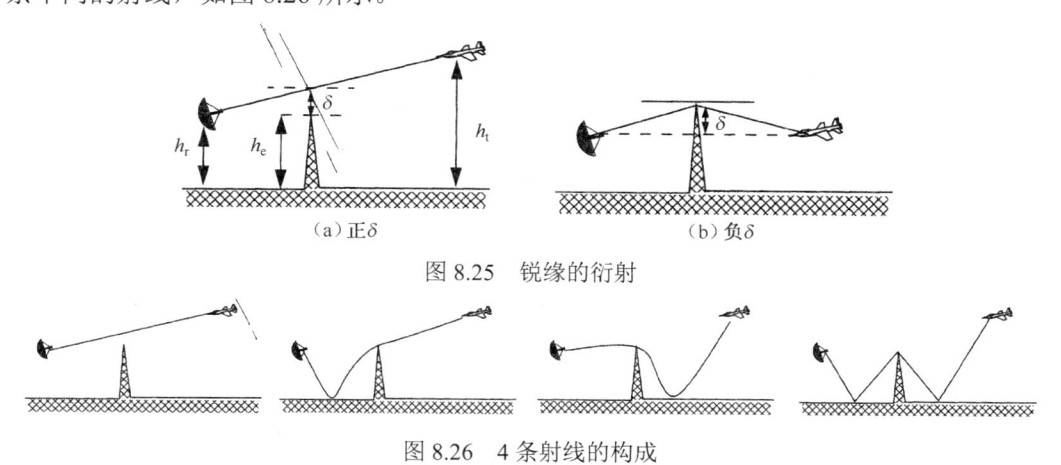

图 8.25　锐缘的衍射

图 8.26　4 条射线的构成

为创建先前章节中介绍的多路径模式的分析仅仅用于中间区域的地面反射，如图 8.27 所示。低于雷达视野的地面反射影响被称为衍射的另一个物理现象所忽视。衍射模式需要计算 Airy 函数及其根。出于这个目的，采用了 Shatz 和 Polychronopoulos[①]提出的数学近似值。Shatz

---

① Shatz, M. P., and Polychronopoulos, G. H., An Algorithm for Evaluation of Radar Propagation in the Spherical Earth Diffraction Region. *IEEE Transactions on Antenna and Propagation*, Vol. 38, August 1990, pp. 1249-1252.

和 Polychronopoulos 提出的这种算法非常精确，可以直接利用 MATLAB 实现。

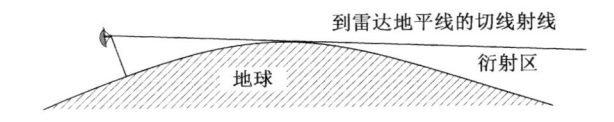

图 8.27 衍射区域

定义下列参数：

$$x = \frac{R}{r_0}, \quad y = \frac{h_r}{h_0}, \quad t = \frac{h_t}{h_0} \tag{8.106}$$

式中，h_r 是雷达高度，h_t 是目标高度，R 是到目标的距离，h_0 和 r_0 是由下式给出的归一化因子：

$$h_0 = \frac{1}{2}(r_e \lambda^2 / \pi^2)^{1/3} \tag{8.107}$$

$$r_0 = \left(\frac{r_e^2 \lambda}{\pi}\right)^{1/3} \tag{8.108}$$

式中，λ 是波长，r_e 是有效地球半径。让 $A_i(u)$ 表示下式定义的 Ariy 函数：

$$A_i(u) = \frac{1}{\pi} \int_0^\infty \cos\left(\frac{q^3}{3} + uq\right) dq \tag{8.109}$$

衍射区域中传播因子的一般表达式如下：

$$F = 2\sqrt{\pi x} \sum_{n=1}^{\infty} f_n(y) f_n(t) \exp[(e^{j\pi/6}) a_n x] \tag{8.110}$$

式中，(x, y, t) 在方程（8.106）中定义且如下式：

$$f_n(u) = \frac{A_i(a_n + u e^{j\pi/3})}{e^{j\pi/3} A_i'(a_n)} \tag{8.111}$$

其中，a_n 是 Ariy 函数的第 n 个根且 A_i' 是 Ariy 函数的第一个导数。Shatz 和 Polychronopoulos 指出方程（8.110）可以用下式近似：

$$F = 2\sqrt{\pi x} \sum_{n=1}^{\infty} \frac{\widehat{A_i}(a_n + y e^{j\pi/3})}{e^{j\pi/3} A_i'(a_n)} \frac{\widehat{A_i}(a_n + t e^{j\pi/3})}{e^{j\pi/3} A_i'(a_n)} \tag{8.112}$$

$$\exp\left[\frac{1}{2}(\sqrt{3} + j) a_n x - \frac{2}{3}(a_n + y e^{j\pi/3})^{3/2} - \frac{2}{3}(a_n + t e^{j\pi/3})^{3/2}\right]$$

式中：

$$\widehat{A_i}(u) = A_i(u) e^{j\frac{2}{3} u^{3/2}} \tag{8.113}$$

Shatz 和 Polychronopoulos 指出，方程（8.112）的和代表了衍射区域内传播因子的精确计算。

MATLAB 函数 "*diffraction.m*"

MATLAB 函数 "*diffraction.m*" 实现方程（8.112），式中为精确计算，总数 $n \leqslant 1500$。其使用 Shatz 模型来计算衍射区域中的传播因子。为达到这个目的，使用另一个称为"*airyzo1.m*"的 MATLAB 函数，计算 Ariy 函数的根及其根的第一个导数。函数"*diffraction.m*"的语法如下：

$$F = diffraction(freq, hr, ht, R, nt);$$

其中：

符 号	说 明	状 态
freq	雷达工作频率	Hz
hr	雷达高度	m
ht	目标高度	m
R	计算传播因子地点上的距离	km
nt	数据点数就是方程（1.186）给出的级数	无
F	衍射区域内的传播因子	dB

图 8.28（Shatz 之后）给出了 h_t = 1000 m、h_r = 8000 m 且频率 = 167 MHz 时这种程序产生的典型输出。图 8.29 与图 8.28 类似，除了下列参数不同：h_t = 3000 m、h_r = 200 m 且频率 = 428 MHz。图 8.30 给出了使用图 8.29 中的相同参数传播因子的图示；然而在本图中，既显示了媒介区域，也显示了衍射区域。这些图形可以使用附录 8-A 中列出的 MATLAB 代码重新生成。

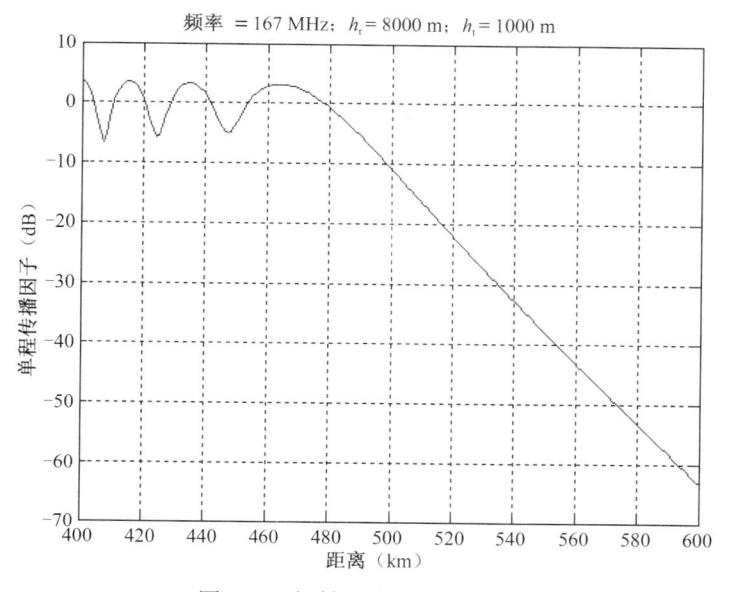

图 8.28 衍射区域中的传播因子

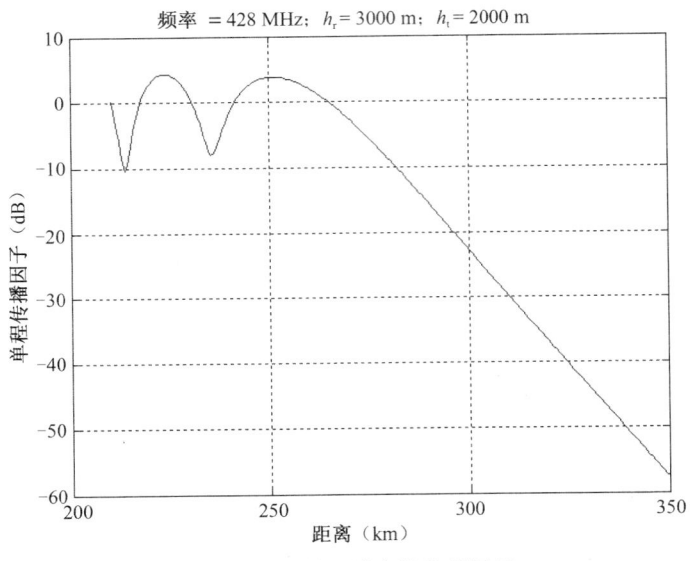

图 8.29 衍射区域中的传播因子

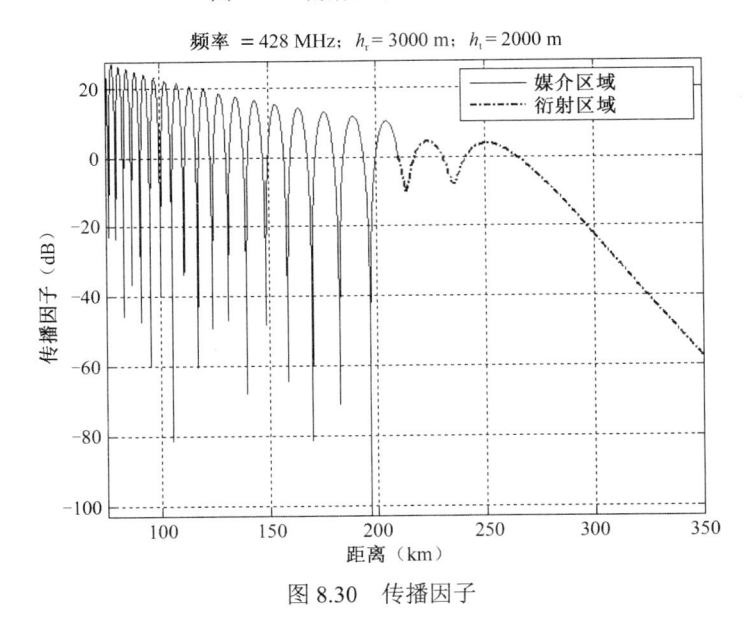

图 8.30 传播因子

8.8 大气衰减

雷达电磁波在自由空间中无能量损耗传播。然而，由于沿雷达波传播路径上的气体（主要是氧气）和水蒸气，使雷达能量发生了损耗。这种损耗被称为大气衰减。这种雷达能量损耗的大多数通常被气体和水蒸气吸收，并转化为热能，同时这种损失能量的一小部分用于大气粒子的分子转换。本节将以大部分雷达在大气中应用为背景分析大气衰减。

8.8.1 大气吸收

由于氧气，大气的吸收由 Van Vleck[1]给出如下式：

$$\gamma_O = 28.809 \frac{Pv^2}{T^2} \left\{ \frac{[(1.704Pv_1)/(\sqrt{T})]}{v^2 + [(1.704 \times 10^{-12}Pv_1)/(\sqrt{T})]^2} \right.$$
$$+ \frac{[(1.704Pv_2)/(\sqrt{T})]}{(v_0 - v)^2 + [(1.704 \times 10^{-12}Pv_2)/(\sqrt{T})]^2}$$
$$\left. + \frac{[(1.704Pv_2)/(\sqrt{T})]}{(v_0 + v)^2 + [(1.704 \times 10^{-12}Pv_2)/(\sqrt{T})]^2} \right\} \quad (8.114)$$

式中，γ_O 是总氧气吸收量（单位 dB/km），v 是波数（波长的倒数，单位 cm^{-1}），v_0 是氧气的谐振波数且等于 2 cm^{-1}，v_1 是一个与非谐振吸收部分相关的常数（单位 cm^{-1}），v_2 是一个与谐振吸收部分相关的常数（单位 cm^{-1}），P 是大气压（单位 mb），T 是大气温度（单位 K）。

Van Vleck 使用自己实验推导的数据，建议对 v_1 和 v_2 使用同样的值；更为特殊的是，他建议 $v_1 = v_2 = 0.02$ cm^{-1}。然而，在 Van Vleck 出版著作十年后，Bean 和 Abbott[2]使用更加先进的实验判定了这两个常数更精确的值。他们发现 $v_1 = 0.018$ cm^{-1}，$v_2 = 0.05$ cm^{-1}。但是，对于大多数雷达应用，使用 Van Vleck 的值并没有太多精度损失。v_1 和 v_2 之间的关系相对复杂，取决于压力和温度。

方程（8.114）可以近似为下式（见习题 8.16）：

$$\gamma_O = \left[0.4909 \frac{P^2}{T^{5/2}} v_1 \right] \left\{ \frac{1}{1 + 2.904 \times 10^{-4} \lambda^2 P^2 T^{-1} v_1^2} \right\} \left\{ 1 + \frac{0.5 v_2}{\lambda^2 v_1} \right\} \quad (8.115)$$

式中，λ 为雷达波长。注意，水蒸气吸收值可以忽略为 3 GHz 以下。

Van Vleck[3]对于 3 GHz 以上频率的水蒸气吸收等式给出如下：

$$\gamma_w = 1.012 \times 10^{-3} \frac{\rho_w P v^2}{T} \left\{ \frac{[1.689 \times 10^{-2} Pv_3/(\sqrt{T})]}{(v_w - v)^2 + [1.689 \times 10^{-2} Pv_3/(\sqrt{T})]^2} \right.$$
$$\left. + \frac{[(1.689 \times 10^{-2} Pv_3)/(\sqrt{T})]}{(v_w + v)^2 + [(1.689 \times 10^{-2} Pv_3)/(\sqrt{T})]^2} \right\} + \quad (8.116)$$
$$3.471 \times 10^{-3} \frac{\rho_w P v^2}{T} [(1.689 \times 10^{-2} Pv_4)/(\sqrt{T})]$$

式中除以下变量外所有变量均定义在方程（8.114）中：γ_w 是水蒸气吸收量（单位 dB/km），ρ_w 是水蒸气密度（单位 m^{-3}），v_w 是等于 0.742 cm^{-1} 的常数，v_3 是一个 22.2 GHz 时与水蒸气谐振相关的常数，v_2 是一个高于 22.2 GHz 时与水蒸气谐振相关的常数。Van Vleck 建议使用

---

[1] Van Vleck, J. H., The Absorption of Microwaves by Oxygen, *Physical Review*, Vol. 71:413, 1947.
[2] Bean, B. R., and Abbott, R., Oxygen and Water-Vapor Absorption of Radio Waves in the Atmospheric, *J. Appl. Phys.* 30:1417, 1959.
[3] Van Vleck, J. H., The Absorption of Microwaves by Uncondensed Water Vapor, *Physical Review*, Vol. 71:425, 1947.

$v_3 = v_4 = 0.1 \text{ cm}^{-1}$，Bean 和 Abbott 后来更新为更精确的值，即 $v_3 = 0.1 \text{ cm}^{-1}$，$v_4 = 0.3 \text{ cm}^{-1}$。方程（8.116）可以用下式近似（见习题 8.17）：

$$\gamma_w = 1.852 \times 3.165 \times 10^{-6} \frac{\rho_w P^2}{T^{3/2}} \left\{ \frac{1}{(1-0.742\lambda)^2 + 2.853 \times 10^{-6} \lambda^2 P^2 T^{-1}} \right. \\ \left. + \frac{1}{(1+0.742\lambda)^2 + 2.853 \times 10^{-6} \lambda^2 P^2 T^{-1}} + \frac{3.43}{\lambda^2} \right\} \quad (8.117)$$

高度低于 12 km 的大气温度由下式给出：

$$T = 288 - 6.5h \quad (8.118)$$

式中，T 是大气温度（单位 K），h 是高度（单位 km）。假设海平面气压为 1015 mb，则高于 12 km 任意处的大气压力为（单位 mb）：

$$P = 1015(1 - 0.02257h)^{5.2561} \quad (8.119)$$

使用方程（8.118）和方程（8.119）可以建立表 8.6，表中给出了气压、大气温度及其对应水蒸气密度的一些典型数据。

表 8.6 采样大气数据

h（km）	P（mb）	T（K）	水蒸气密度（g/m³）
0.0	1015.0	288.0	6.18
0.7620	925.86	282.89	4.93
1.5240	843.18	277.79	3.74
3.0480	695.73	267.58	2.01
6.0960	463.10	247.16	0.34
9.1440	297.91	226.74	0.05
12.1920	184.04	206.31	<0.01

MATLAB 函数 "atmo_absorp.m"

MATLAB 函数 "atmo_absorp.m" 实现方程（8.115）和方程（8.117）。语法如下：

[gammaO2,gammaH2O] = atmo_absorp（height,Wvd,freq）

其中：

符号	说明	单位	状态
height	高度数列	km	输入
Wvd	水蒸气密度数列	g/m³	输入
freq	雷达工作频率	Hz	输入
gammaO2	氧气吸收量	dB	输出
gammaH2O	水蒸气吸收量	dB	输出

图 8.31 示出了总的大气吸收（单位 dB）及使用表 8.6 中的数据仅因为氧气导致的衰减与距离的对比。该图可以使用附录 8-A 中列出的 MATLAB 程序"*Fig8_31.m*"重新生成。

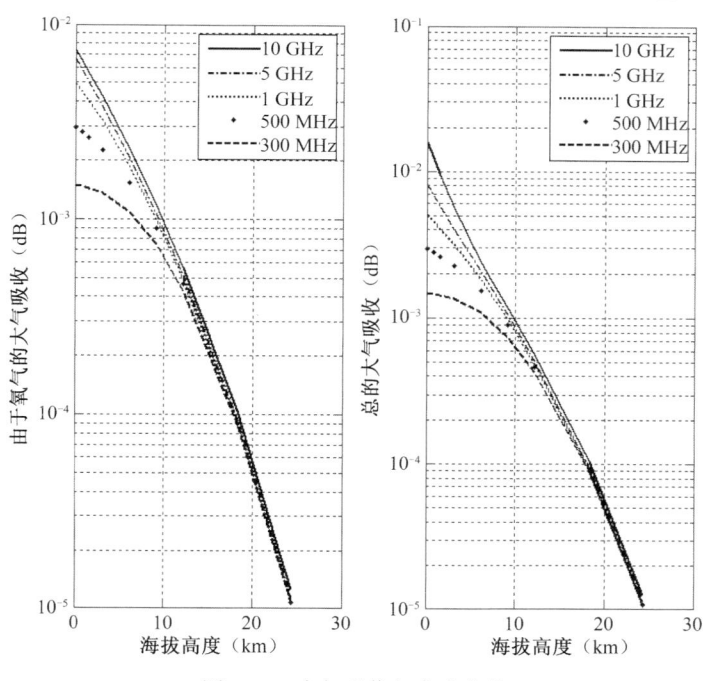

图 8.31　大气吸收与高度变化

8.8.2　大气衰减图

为了准确计算一部雷达历经的总大气衰减，我们必须首先计算沿雷达波路径的双程总吸收，即从雷达到目标并返回。则沿射线路径的总大气衰减由积分 $\gamma_{atm} = \gamma_O + \gamma_w$ 计算。可以明确的是，γ_{atm} 不仅是压力、温度、水蒸气和频率的函数，也是雷达波路径及其初始仰角的函数。更为特殊的是，我们可以预期雷达波射线在低仰角穿透了更多大气，因此经历了更多的大气衰减。则距离 R_i 处使用仰角 β 和波长 λ 为参数的总双程大气衰减由下式给出：

$$\kappa_{atm}(R_i; \beta, \lambda) = 2\int_0^{R_i} \gamma_{atm}(R_i; \beta, \lambda)\ \mathrm{d}R \tag{8.120}$$

式中，因子 2 用于计算双程损耗或衰减。方程（8.120）的计算比较复杂。本书中，利用 MATLAB 的计算能力，使用下一段中叙述的算法，生成 κ_{atm} 与距离的对比图。

在前一节中，计算了大气吸收并绘制了与目标高度的对比图。为了同样计算衰减与距离的对比，研究图 8.32 中的几何图。使用正弦定理，可以计算角度 α，然后使用余弦定理，可以计算距离 R。随后使用 MATLAB 函数"*absorption_range.m*"生成绘制吸收与距离的对比关系的数据。最后，使用数学积分计算方程（8.120）中给出的双程大气衰减。简单表述，一旦生成吸收与距离之间的对比（见图 8.33），大气衰减等于曲线下方的面积。

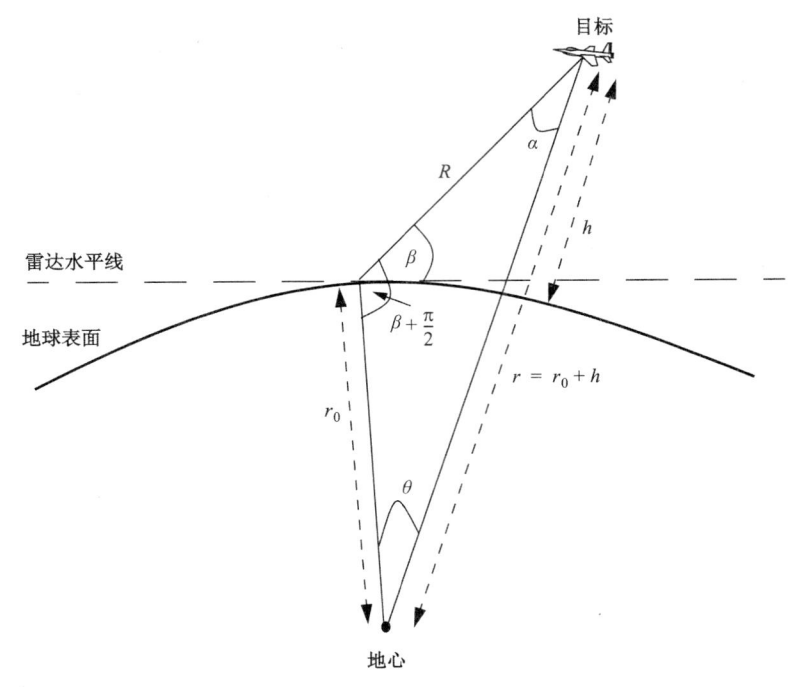

图 8.32　雷达波传播路径的几何图

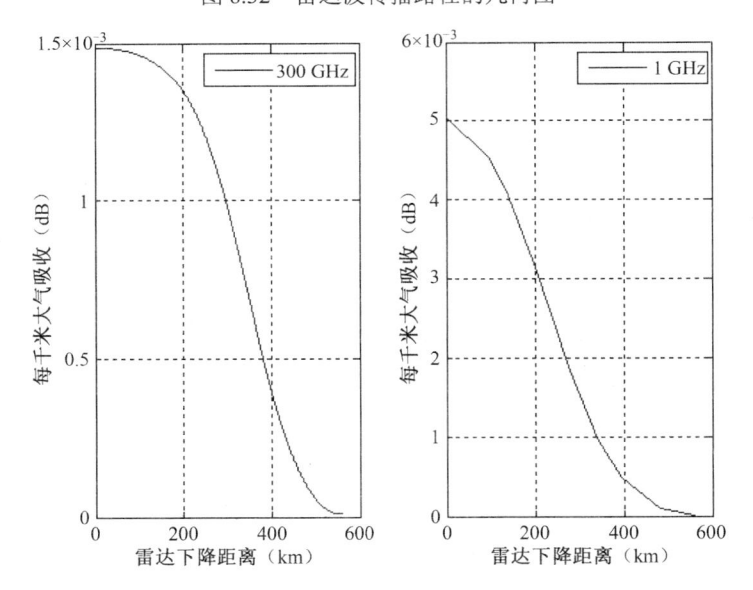

图 8.33　以距离为函数的大气吸收率

使用正弦定理得到

$$\alpha = \operatorname{asin}\left(\frac{r_0}{r_0 + h}\cos\beta\right) \tag{8.121}$$

式中角度为

$$\theta = \frac{\pi}{2} - \beta - \alpha \tag{8.122}$$

且由余弦定理得到

第 8 章 雷达波的传播 261

$$R = \sqrt{r_0^2 + (r_0 + h)^2 - 2r_0(r_0 + h)\cos\theta} \qquad (8.123)$$

MATLAB 函数 "absorption_range.m"

MATLAB 函数 "absorption_range.m" 是函数 "atmo_absorp.m" 的修订版。在这种情况中，这个函数将使用方程（8.121）~方程（8.123）重现总大气衰减与距离的对比。语法如下：

[gammaO2,gammaH2O，range] = absorption_range(height,Wvd,freq,beta)

其中：

符 号	说 明	单 位	状 态
height	高度数列	km	输入
Wvd	水蒸气密度数列	g/m³	输入
freq	雷达工作频率	Hz	输入
beta	雷达波射线仰角	°	输入
gammaO2	氧气吸收量与目标高度的对比	dB	输出
gammaH2O	水蒸气吸收量与目标高度的对比	dB	输出
range	距离数列	km	输出

图 8.33 通过使用生成图 8.31 相同的大气数据示出了总大气吸收与距离的对比。该图可以使用附录 8-A 中列出的 MATLAB 程序 "Fig8_33.m" 重新生成。

MATLAB 函数 "atmospheric_attn.m"

MATLAB 函数 "atmospheric_attn.m" 使用 Riemann 加和方法来计算图 8.33 中曲线下的面积。其也使用函数 "absorption_range.m" 生成的数据来计算沿雷达波射线路径的双程大气衰减。语法如下：

[Attn,rangei] = atmospheric_attn(gammaO2,gammaH2O,range)

式中：

符 号	说 明	单 位	状 态
gammaO2	氧气吸收量与目标高度的对比	dB	输出
gammaH2O	水蒸气吸收量与目标高度的对比	dB	输出
range	距离数列	km	输出
Attn	双程大气衰减	dB	输出
rangei	积分中使用的距离数列	km	输出

图 8.34 以仰角为参数示出了 300 MHz 时一个双程大气衰减与距离的对比图。除 3 GHz 外，图 8.35 与图 8.34 类似。这两幅图可以使用附录 8-A 中列出的 MATLAB 程序 "Fig8_33_34.m" 重新生成。

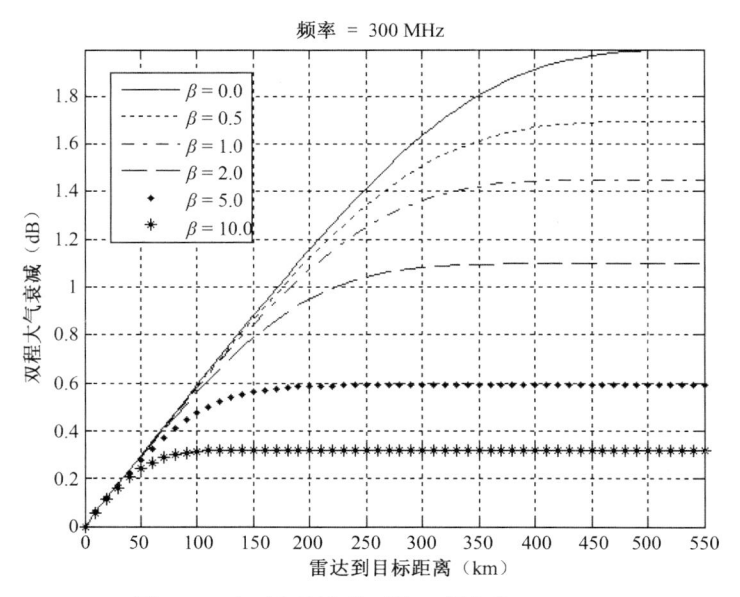

图 8.34 衰减与距离的对比,频率为 300 MHz

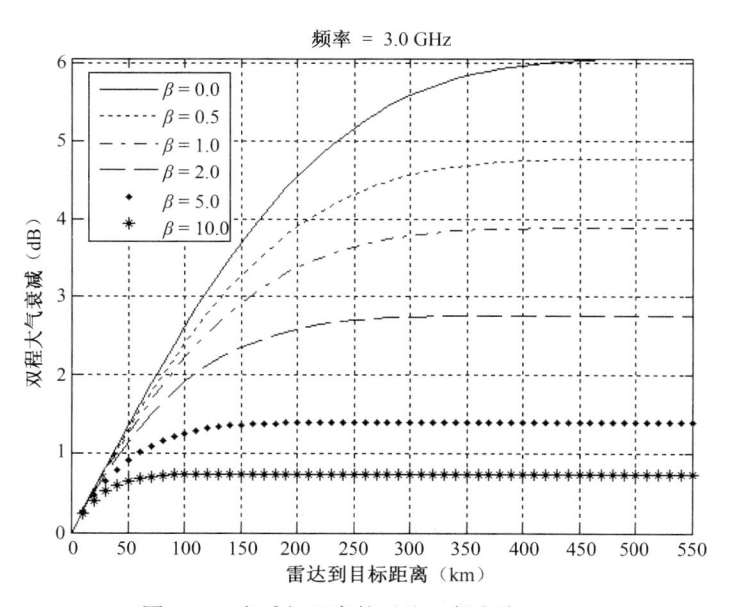

图 8.35 衰减与距离的对比,频率为 3 GHz

8.9 降水导致的衰减

雷达波穿过降水传播时遭遇信号功率损耗。这种损耗是由于雨滴吸收或散射造成的。可以明确的是,降水速率越高将产生更多的吸收和散射,因此产生更多功率损耗。由于降水导致的衰减也是频率或雷达波长的函数。例如由于降水且以 dB/km 为单位测得的单程衰减由下式给出:

第 8 章 雷达波的传播

$$A_r = \begin{cases} 3.43 \times 10^{-4} r^{0.97} & \lambda = 10 \text{ cm} \\ 1.8 \times 10^{-3} r^{1.05} & \lambda = 5 \text{ cm} \\ 1.0 \times 10^{-2} r^{1.21} & \lambda = 3.2 \text{ cm} \end{cases} \tag{8.124}$$

式中 r 为降水速率（单位 mm/h）。这种衰减的一种更为常见的方程由下式给出：

$$A_r = K_A f^\alpha r \tag{8.125}$$

式中，f 为频率（单位 mm/h），K_A 和 α 为待确定常数。几乎所有公开出版的文献资源都没有对这两个常数形成一致的特定值，其中 α 从 2.39 变化到 3.84，而 K_A 从 1.21×10^{-5} 变化到 8.33×10^{-6}。本作者推荐使用 $K_A = 0.0002$ 且 $\alpha = 2.25$。其遵循下式：

$$A_r = 0.0002 f^{2.25} r \text{ dB/km} \tag{8.126}$$

图 8.36 给出了以频率为函数的降水衰减特性。可以明确的是，随着波长变小，降水衰减的影响越来越大。该图可以使用附录 8-A 中列出的 MATLAB 程序"*Fig8_36.m*"重新生成。

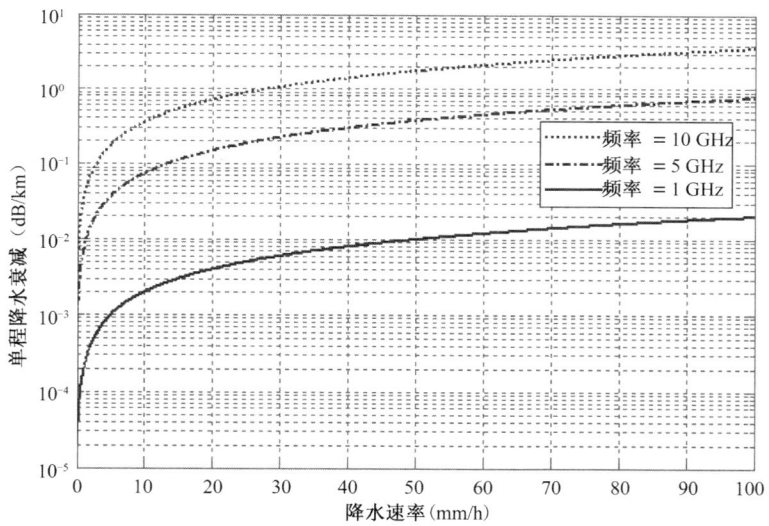

图 8.36 以频率为函数，单程降水速率与降水速率的对比

文献中报道了由于降雪产生的单程衰减（单位 dB/km）参照下列两种方程之一：

$$A_s = \frac{0.035 r^2}{\lambda^4} + \frac{0.0022 r}{\lambda} \tag{8.127}$$

$$A_s = \frac{0.00349 r^{1.6}}{\lambda^4} + \frac{0.00224 r}{\lambda} \tag{8.128}$$

式中，r 为每小时水含量的降雪速率（单位 mm/h），λ 是雷达波长（单位 cm）。方程（8.127）和方程（8.128）给出了相对精确的结果，方程（8.127）有边缘。

图 8.37 给出了以频率为函数的雨雪衰减特性。可以明确的是，随着波长变小，降雪衰减的影响越来越大。该图可以使用附录 8-A 中列出的 MATLAB 程序"*Fig8_37.m*"重新生成。

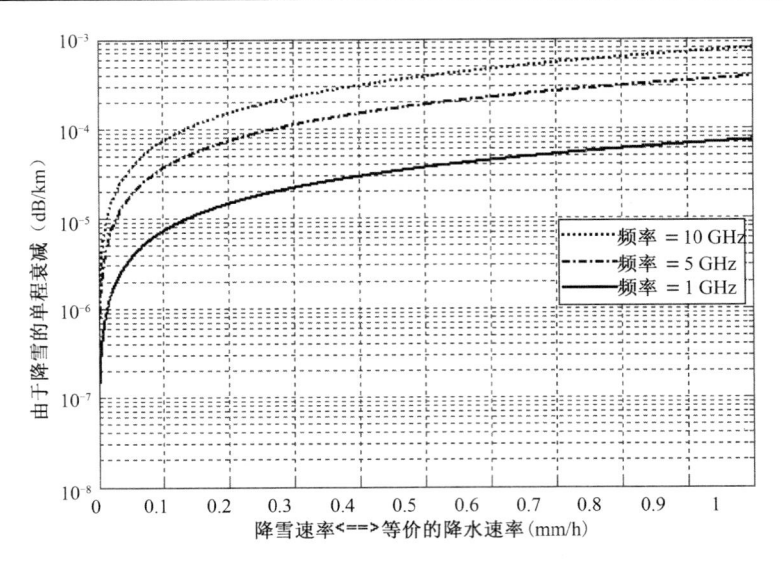

图 8.37 以频率为函数,单程降水速率与降雪速率的对比

习题

8.1 当 $h_r = 15$ m、$R = 35$ km 时,利用方程(8.50)来确定 h。

8.2 折射系数的指数表达式为

$$n = 1 + 315 \times 10^{-6} \exp(-0.136h)$$

式中,高度 h 的单位为 km。计算对流层 10% 和 50% 位置上混合很好的大气的折射系数。

8.3 验证方程(8.20)和方程(8.25)。

8.4 推导方程(8.24)。

8.5 使用斯涅尔定律(例如 $n_o r_o \cos\theta_0 = n_1 r_1 \cos\theta_1$),证明方程:

$$\left(\sin\left(\frac{\theta_1}{2}\right)\right)^2 = \frac{r_o}{2r_1}\left[2\left(\sin\left(\frac{\theta_o}{2}\right)\right)^2 + \frac{r_1 - r_o}{r_o} - \frac{(N_o - N_1) \cdot 10^{-6}}{n_1}\cos\theta_0\right]$$

8.6 利用 $f = 8$ GHz 及下列条件来重新生成图 8.11 和图 8.12:(a)$\varepsilon' = 2.8$ 和 $\varepsilon'' = 0.032$(干燥土壤);(b)$\varepsilon' = 47$ 和 $\varepsilon'' = 19$(0°C 的海水);(c)$\varepsilon' = 50.3$ 和 $\varepsilon'' = 18$(0°C 的湖水)。

8.7 当掠射角很小时,导出 Γ_h 和 Γ_v 的渐进式。

8.8 从方程(8.60)推导方程(8.61)。

8.9 对于高度为 5 km 和 10 km 的雷达,计算其到地平线的距离。假设为三分之四地球。

8.10 参考图 8.18,假设雷达高度 $h_r = 100$ m,目标高度 $h_t = 500$ m,距离 $R = 20$ km。(a)计算直接路径和间接路径的长度;(b)计算脉冲通过直接路径和间接路径到达目标所需的时间。

8.11 在前面的习题中,假设你可以使用小掠射角近似:(a)计算到达目标的直接信号和间接信号的强度之比;(b)如果目标正以 $v = 300$ m/s 的速度接近雷达,计算沿直接路径和间接路径的多普勒频移。假设 $\lambda = 3$ cm。

8.12 假设雷达高度 $h_r = 10$ m，目标高度 $h_t = 300$ m，假设一个球形地球，计算 r_1、r_2 和 ψ_g。

8.13 推导方程（8.103）。

8.14 修改 MATLAB 程序 multipath.m，使其可以用于真实的雷达到目标间的球形地表距离。

8.15 修改 MATLAB 程序 multipath.m，使其可以用于说明雷达天线。

8.16 由方程（8.114）推导方程（8.115），假设 $v_o = 2$ cm^{-1}。在分析中，可以假设 $\left(4 \pm \dfrac{1}{\lambda^2}\right) \approx 4$。

8.17 由方程（8.116）推导方程（8.117）。

附录 8-A 第 8 章 MATLAB 程序清单

本章提供的 MATLAB 程序只是作为独立的学术工具设计的而没有其他用途。这里代码的编写方式是为了帮助读者更好地理解相关的理论。这些程序不是为任何类型的开环或闭环仿真研发的。本书中的 MATLAB 程序可通过 CRC 出版社的网站下载，登录 www.crcpress.com 搜索关键字"Mahafza"以定位本书的网页。

MATLAB 函数 "refraction.m" 程序清单

```
function [deltaR, Rm, Rt] = refraction(Rmax, el,H, No, Ce, pmax, hm, f)
% Compute the apparent range, range error, and the time delay due to
% refraction; Implements a stratified atmospheric refraction model.
%%% Inputs:
    % Rmax      == true range maximum (km)
    % el        == true initial elevation angle (deg)
    % H         == height scale factor in km
    % No        == refractivity at earth surface
    % Ce        == constant im km^-1
    % pmax      == maximum electron density at hm
    % hm        == height for maximum electron contents in Kmkm
    % f         == hz, center frequency
%%% Outputs:
    % deltaR    == range error (m)
    % Rm        == apparent range (m)
    % Rt        == time delay (sec)
% initizlize some variables
c = 299792.458;     % km/s, speed of light
Re = 6375;          % km, Earth equatorial radius
% compute object altitude using the law of cosines
hmax = sqrt(Re^2 + Rmax^2 - 2*Re*Rmax*cosd(90 + el)) - Re;
% compute the distance from Earth's center to top of each stratified layer
alt = linspace(0, hmax, ceil(hmax));
r = Re + alt;
% get the altitude indices for both the troposphere and ionosphere
Tindx = find(alt <= 50);
Iindx = find(alt > 50);
% compute the index of refraction for each layer
```

```
Ntropo = No * exp(-Ce * alt(Tindx));    % eqn 8.7
z = (alt(Iindx) - hm)/H;                % eqn 8.11
pe = pmax * exp((1-z-exp(-z))/2);       % eqn 8.10
Niono = -40.3 * pe * 1e6 / f^2;         % eqn 8.16
n = 1 + 1e-6*[Ntropo, Niono];           % eqn 8.4
% compute Bm from eqn 8.31 in degrees
Bm = el;
for k = 2:length(alt)-1
   j = k - 1;
   Bm(k) = acosd(cosd(Bm(j)).*n(j).*r(j)./n(k)./r(k));
end
% compute Am from eqn 8.32 in degrees
rm = r(1:end-1);
rmp1 = r(2:end);
Am = asind(cosd(Bm).*rm./rmp1);
% compute Theta from eqn 8.35 in degrees
theta = 90 - Bm - Am;
% compute Rom from eqn 8.34 in km
Rom = sqrt(Re^2 + rmp1.^2 - 2*Re*rmp1.*cosd(cumsum(theta)));
% compute Rm from from eqn 8.44 in km
Rm = sqrt(rm.^2 + rmp1.^2 - 2*rm.*rmp1.*cosd(theta));
% compute deltaR from eqns 8.43 & 8.47 in km
nR = [n(Tindx).*Rm(Tindx), Rm(Iindx(1:end-1))./n(Iindx(1:end-1))];
deltaR = cumsum(nR) - Rom;
% compute the time delay in seconds
tT = sum(nR) / c;        % eqns 8.41, 8.46
toM = Rom / c;           % eqn 8.42
Rt = tT - toM(end);
return
```

MATLAB 程序"*Fig8_7.m*"清单

```
% this program reproduces Fig. 8.7 of text
clc
close all
clear all
Rmax = 1600;          % Km
el = [ 1 2 5 10];     % elevation angle in deg
H = 78.11;            % km
No = 313;             % refractivity at earth surface
Ce = 0.1439;          % km^-1
pmax = 1.25e5;        % maximum electron density at hm
hm = 300.73;          % % height for maximum electron contents in Kmkm
f = 9.5e9;            % hz, center frequency
[deltaR, Rm, Rt] = refraction(Rmax, el(1),H, No, Ce, pmax, hm, f);
figure
plot(cumsum(Rm), deltaR .*1000, 'k--')
hold on
[deltaR, Rm, Rt] = refraction(Rmax, el(2),H, No, Ce, pmax, hm, f);
plot(cumsum(Rm), deltaR .*1000, '.-k')
hold on
[deltaR, Rm, Rt] = refraction(Rmax, el(3),H, No, Ce, pmax, hm, f);
plot(cumsum(Rm), deltaR .*1000, 'k:','linewidth',1.5)
hold on
[deltaR, Rm, Rt] = refraction(Rmax, el(4),H, No, Ce, pmax, hm, f);
plot(cumsum(Rm), deltaR .*1000, 'k')
hold off
```

```
grid on
xlabel('\bfRange - Km ')
ylabel('\bfRange Error - meters')
legend('\beta=1deg','\beta=2deg','\beta=5deg','\beta=10deg')
title('frequency = 9.5GHz')
```

MATLAB 函数 "ref_coef.m" 程序清单

```
function [rh,rv] = ref_coef (psi, epsp, epspp)
% This function calculates the horizontal and vertical magnitude and phase
% response of the reflection coefficient.
%%% Inputs
    % psi         == grazing angle in degrees (a vector or a scalar)
    % epsp        == epsilon prime
    % epspp       == epsilon double prime
%%% Output
    % rh          == horizontal reflection coefficient complex vector
    % rv          == vertical reflection coefficient complex vector
eps = epsp - i .* epspp;
psirad = psi.*(pi./180.);
arg1 = eps - (cos(psirad).^2);
arg2 = sqrt(arg1);
arg3 = sin(psirad);
arg4 = eps.*arg3;
rv = (arg4-arg2)./(arg4+arg2);
rh = (arg3-arg2)./(arg3+arg2);
return
```

MATLAB 程序 "Fig8_11_12.m" 清单

```
% this program generates Figs. 8.11 and 8.12 of text
close all
clear all
psi = 0.01:0.05:90;
[rh,rv] = ref_coef (psi, 65,30.7);
gamamodv = abs(rv);
gamamodh = abs(rh);
figure
plot(psi,gamamodv,'k',psi,gamamodh,'k -.','linewidth',1.5);
grid
legend ('Vertical Polarization','Horizontal Polarization')
xlabel('\bfGrazing angle - degrees');
ylabel('\bfReflection coefficient - magnitude')
pv = -angle(rv);
ph = angle(rh);
figure
plot(psi,pv,'k',psi,ph,'k -.','linewidth',1.5);
grid
legend ('\bfVertical Polarizatio','Horizontal Polarization')
xlabel('\bfGrazing angle - degrees');
ylabel('\bfReflection coefficient- phase')
```

MATLAB 程序 "Fig8_13_14.m" 清单

```
% this program generates Fig. 8.13 and 8.14 of text
close all
clear all
```

```
psi = 0.01:0.25:90;
epsp = [2.8];
epspp = [0.032];% 0.87 2.5 4.1];
[rh1,rv1] = ref_coef(psi, epsp,epspp);
gamamodv1 = abs(rv1);
gamamodh1 = abs(rh1);
epsp = [5.8] ;
epspp = [0.87];
[rh2,rv2] = ref_coef(psi, epsp,epspp);
gamamodv2 = abs(rv2);
gamamodh2 = abs(rh2);
epsp = [10.3];
epspp = [2.5];
[rh3,rv3] = ref_coef(psi, epsp,epspp);
gamamodv3 = abs(rv3);
gamamodh3 = abs(rh3);
epsp = [15.3]; epspp = [4.1];
[rh4,rv4] = ref_coef(psi, epsp,epspp);
gamamodv4 = abs(rv4);
gamamodh4 = abs(rh4);
figure(1)
semilogx(psi,gamamodh1,'k',psi,gamamodh2,'k-.',psi,gamamodh3,'k.',psi,gamamodh4,'k:','linewidth',1);
grid
xlabel('\bfGrazing angle - degrees');
ylabel('\bfReflection coefficient - amplitude')
legend('moisture = 0.3%','moisture = 10%%','moisture = 20%','moisture = 30%')
title('\bfhorizontal polarization')
figure(2)
semilogx(psi,gamamodv1,'k',psi,gamamodv2,'k-.',psi,gamamodv3,'k.',psi,gamamodv4,'k:','linewidth',1);
grid
xlabel('\bfGrazing angle - degrees');
ylabel('\bfReflection coefficient - amplitude')
legend('moisture = 0.3%','moisture = 10%%','moisture = 20%','moisture = 30%')
title('\bfveritcal polarization')
```

MATLAB 函数 "divergence.m" 程序清单

```
function [D] = divergence(r1, r2, ht, hr, psi)
% calculates divergence
% Inputs
    % r1       == ground range between radar and specular point in Km
    % r2       == ground range between specular point and target in Km
    % hr       == radar height in meters
    % ht       == target height in meters
    % psi      == grazing angle in degrees
% Output
    % D        == divergence
psi = psi .* pi ./180; % psi in radians
re = (4/3) * 6375e3;
r = r1 + r2;
arg1 = re.* r .* sin(psi) .*cos(psi);
arg2 = ((2.*r1.*r2./cos(psi)) + re.*r.*sin(psi)) .* ...
    (1+hr./re) .* (1+hr./re);
D = sqrt(arg1 ./ arg2);
return
```

MATLAB 函数 "surf_rough.m" 程序清单

```
function Sr = surf_rough(hrms, freq, psi)
```

```
clight = 3e8;
psi = psi .* pi ./ 180; % angle in radians
lambda = clight / freq; % wavelength
g = (2.* pi .* hrms .* sin(psi) ./ lambda).^2;
Sr = exp(-2 .* g);
return
```

MATLAB 程序"Fig8_17.m"清单

```
% this program generates Fig. 8.17 of text
clear all
close all
clight = 3.0e8;
gg = linspace(0,200,500);
zz = 2.* (2*pi.* gg .* .3048/300).^2;
val1 = besseli(0,zz);
% index= find(val1 >1e20);
% val1(index) = 1e-12;
Sr = exp(-zz) ;
Srr = exp(-zz);
Srr1 = val1 .* Sr;
figure(1)
plot(gg,Sr,'k',gg,Srr1,'k-.','linewidth',1)
grid
```

MATLAB 函数 "multipath.m" 程序清单

```
% This program calculates and plots the propagation factor versus
% target range with a fixed target hieght.
% The free space radar-to-target range is assumed to be known.
fprintf('****** WARNING ****** \n')
fprintf('Diffraction is not accounted for in this routine')
clear all ; close all
eps = 0.0015;
%%%%%%%%%%%%%%%%% input %%%%%%%%%%%%%%%%%%%%
ro = 6375e3; % earth radius
re = ro * 4 /3; % 4/3 earth radius
freq = 3000e6; % frequnecy
lambda = 3.0e8 / freq; % wavelength
hr = 100*.3048; % radar height in meters
ht = 200*.3048; % target height in meters
Rd1 = linspace(2e3, 45e3, 500); % slant range 3 to 55 Km 500 points
%%%%%%%%%%%%%%%%%%%%%%%%%%%%%%%%%%%%%%%%%%
%determine whether the target is beyond the radar's line of sight
range_to_horizon = sqrt(2*re) * (sqrt(ht) + sqrt(hr)); % range to horizon
index = find(Rd1 > range_to_horizon);
if isempty(index);
    Rd = Rd1;
else
    Rd = Rd1(1:index(1)-1);
    fprintf('****** WARNING ****** \n')
    fprintf('Maximum range is beyond radar line of sight. \n')
    fprintf('****** WARNING ****** \n')
end
val1 = (re + hr).^2 + (re + ht).^2 - Rd.^2;
val2 = 2 .* (re +hr) .* (re + ht);
phi = acos(val1./val2); % Eq. (8.77)
r = re .* phi; % Eq. (8.71)
p = sqrt(re .* (ht + hr) + (r.^2 ./4)) .* 2 ./ sqrt(3); %Eq.(8.68)
```

```matlab
exci = asin((2 .* re .* r .* (ht - hr) ./ p.^3)); % Eq. (8.69)
r1 = (r ./ 2) - p .* sin(exci ./3);
phi1 = r1 ./ re; % Eq. (8.70)
r2 = r - r1;
phi2 = r2 ./ re; % Eq. (8.70)
R1 = sqrt(hr.^2 + 4 .* re .* (re + hr) .* (sin(phi1./2)).^2); % Eq. (8.74)
R2 = sqrt(ht.^2 + 4 .* re .* (re + ht) .* (sin(phi2./2)).^2); % Eq. (8.75)
psi = asin((2 .* re .* hr + hr.^2 - R1.^2) ./ (2 .* re .* R1));
deltaR = (4 .* R1 .* R2 .* (sin(psi)).^2) ./ (R1 + R2 + Rd); % Eq. (8.65)
%%%%%%%%%%%%%%%%%% input surface roughness %%%%%%%%%%%%%%%%%%%%
hrms = 1; %
psi = psi .* 180 ./ pi;
[Sr] = surf_rough(hrms, freq, psi);
%%%%%%%%%%%%%%%%%%%% input divergence %%%%%%%%%%%%%%%%%%%%%%
[D] = divergence(r1, r2, ht, hr, psi);
%%%%%%%%%%%%%%%%%%% input smooth earth ref. coefficient %%%%%%%%%%%%%%
epsp = 13.7;
epspp = .01;
[rh,rv] = ref_coef (psi, epsp, epspp);
%D = 1;
Sr = 1;
gamav = abs(rv);
phv = angle(rv);
gamah = abs(rh);
phh = angle (rh);
 gamav = 1;
 phv = -pi;
Gamma_mod = abs(gamav .* D .* Sr); % Eq. (8.39)
Gamma_phase = phv; %
rho = Gamma_mod;
delta_phi = 2 .* pi .* deltaR ./ lambda; % Eq. (8.56)
alpha = delta_phi + phv;
F = ( 1 + rho.^2 + 2 .* rho .* cos( alpha)); % Eq. (8.48)
Ro = 185.2e3; % refrence range in Km
F_free = 40 .* log10(Ro ./ Rd);
F_dbr = 20 .* log10( F ) + F_free;
F_db = 20 .* log10( eps + F );
figure(1)
plot(Rd./1000, F_db,'k','linewidth',1)
grid
xlabel('slant range in Km')
ylabel('propagation factor in dB')
axis tight
axis([2 Rd(end)/1000 -60 20])
figure(2)
plot(Rd./1000, F_dbr,'k',Rd./1000, F_free,'k-.','linewidth',1)
grid
xlabel('slant range in Km')
ylabel('propagation factor in dB')
axis tight
axis([2 Rd(end)/1000 -40 80])
legend('multipath','free space')
```

MATLAB 函数 "diffraction.m" 程序清单

```matlab
function F = diffraction(freq, hr, ht,R,nt);
%  Generalized spherical earth propagation factor calculations
%  After Shatz: Michael P. Shatz, and George H. Polychronopoulos, An
```

```
% Algorithm for Elevation of Radar Propagation in the Spherical Earth
% Diffraction Region. IEEE Transactions on Antenna and Propagation,
%   VOL. 38, NO.8, August 1990.
format long
re = 6373e3 * (4/3); % 4/3 earth radius in Km
[an] = airyzo1(nt);% calculate the roots of the Airy function
c = 3.0e8; % speed of light
lambda = c/freq; % wavelength
r0 = (re*re*lambda / pi)^(1/3);
h0 = 0.5 * (re*lambda*lambda/pi/pi)^(1/3);
y = hr / h0;
z = ht / h0;
%%%%%%%%%%%%%%
par1 = exp(sqrt(-1)*pi/3);
pary1 = ((2/3).*(an + y .* par1).^(1.5));
    pary = exp(pary1);
    parz1 = ((2/3).*(an + z .* par1).^(1.5));
    parz = exp(parz1);
    f1n = airy(an + y * par1) .* airy(an + z * par1) .* pary .*parz ;
    f1d = par1 .* par1 .* airy(1,an) .* airy(1,an);
    f1 = f1n ./ f1d;
    index = find(f1<1e6);
%%%%%%%%%%%%%%
F = zeros(1,size(R,2));
for range = 1:size(R,2)
    x(range) = R(range)/r0;
    f2 = exp(0.5 .* (sqrt(3) +sqrt(-1)) .*an.*x(range) - pary1 -parz1);
    victor = f1(index) .* f2(index);
    fsum = sum(victor);
    F(range) = 2 .* sqrt(pi.*x(range)) .* fsum;
end
```

MATLAB 程序"*airyzo1.m*"清单

```
function [an] = airyzo1(nt)
%   This program is a modified version of a function obtained from
%   free internet source www.mathworks.com/matlabcentral/fileexchange/
%   modified by B. Mahafza (bmahafza@dbresearch.net) in 2005
%   ==============================
%   Purpose: This program computes the first nt zeros of Airy
%   functions Ai(x)
%   Input : nt   --- Total number of zeros
%   Output: an ---   first nt roots for Ai(x)
format long
an = zeros(1,nt);
xb = zeros(1,nt);
ii = linspace(1,nt,nt);
u = 3.0.*pi.*(4.0.*ii-1)./8.0;
u1 = 1./(u.*u);
rt0 = -(u.*u).^(1.0./3.0).*((((-15.5902.*u1+.929844).* ...
u1-.138889).*u1+.10416667).*u1+1.0);
rt = 1.0e100;
while(abs((rt-rt0)./rt)> 1.e-12);
x = rt0;
ai = airy(0,x);
ad = airy(1,x);
```

```
rt=rt0-ai./ad;
if(abs((rt-rt0)./rt)> 1.e-12);
rt0 = rt;
end;
end;
an(ii)= rt;
end
```

MATLAB 程序"*Fig8_29.m*"清单

```
% Figure 8.28 or Figure 8.29
clc
clear all
close all
freq =167e6;
hr = 8000;
ht = 1000;
R = linspace(400e3,600e3,200); % range in Km
nt =1500; % number of point used in calculating infinite series
F = diffraction(freq, hr, ht, R, nt);
figure(1)
plot(R/1000,10*log10(abs(F).^2),'k','linewidth',1)
grid
xlabel('Range in Km')
ylabel('One way propagation factor in dB')
title('frequency = 167MHz; hr = 8000 m; ht = 1000m')
```

MATLAB 程序"*Fig8_30.m*"清单

```
% generates Fig. 8.30 of text
clc; clear all; close all
freq =428e6;
hr = 3000;
ht = 200;
%%%%%%%%%%%%%%% input %%%%%%%%%%%%%%%%%%%
ro = 6375e3; % earth radius
re = ro * 4 /3; % 4/3 earth radius
lambda = 3.0e8 / freq; % wavelength
Rd1 = linspace(75e3, 210.1e3, 800); % slant range 3 to 55 Km 500 points
%%%%%%%%%%%%%%%%%%%%%%%%%%%%%%%%%%%%%%%%
% determine whether the traget is beyond the radar's line of sight
range_to_horizon = sqrt(2*re) * (sqrt(ht) + sqrt(hr)); % range to horizon
index = find(Rd1 > range_to_horizon);
if isempty(index);
   Rd = Rd1;
else
   Rd = Rd1(1:index(1)-1);
   fprintf('****** WARNING ****** \n')
   fprintf('Maximum range is beyond radar line of sight. \n')
   fprintf('Traget is in diffraction region \n')
   fprintf('****** WARNING ****** \n')
end
%%%%%%%%%%%%%%%%%%%%%%%%%%%%%%%%%%%%%%%%%%%
val1 = Rd.^2 - (ht -hr).^2;
val2 = 4 .* (re + hr) .* (re + ht);
r = 2 .* re .* asin(sqrt(val1 ./ val2));
phi = r ./ re;
```

```
p = sqrt(re .* (ht + hr) + (r.^2 ./4)) .* 2 ./ sqrt(3);
exci = asin((2 .* re .* r .* (ht - hr) ./ p.^3));
r1 = (r ./ 2) - p .* sin(exci ./3);
phi1 = r1 ./ re;
r2 = r - r1;
phi2 = r2 ./ re;
R1 = sqrt( re.^2 + (re + hr).^2 - 2 .* re .* (re + hr) .* cos(phi1));
R2 = sqrt( re.^2 + (re + ht).^2 - 2 .* re .* (re + ht) .* cos(phi2));
psi = asin((2 .* re .* hr + hr^2 - R1.^2) ./ (2 .* re .* R1));
deltaR = R1 + R2 - Rd;
%%%%%%%%%%%%%%%% input surface roughness %%%%%%%%%%%%%%%%%%
hrms = 1; %
psi = psi .* 180 ./ pi;
[Sr] = surf_rough(hrms, freq, psi);
%%%%%%%%%%%%%%%%%% input divergence %%%%%%%%%%%%%%%%%%%%%
[D] = divergence(r1, r2, ht, hr, psi);
%%%%%%%%%%%%%%%%%% input smooth earth ref. coefficient %%%%%%%%%%%%%%
epsp = 50;
epspp = 15;
[rh,rv] = ref_coef (psi, epsp, epspp);
D = 1;
 Sr =1;
gamav = abs(rv);
phv = angle(rv);
gamah = abs(rh);
phh = angle (rh);
 gamav =1;
 phv = pi;
Gamma_mod = gamav .* D .* Sr;
Gamma_phase = phv; %
rho = Gamma_mod;
delta_phi = 2 .* pi .* deltaR ./ lambda;
alpha = delta_phi + phv;
F = sqrt( 1 + rho.^2 + 2 .* rho .* cos( alpha));
Ro = 185.2e3; % refrence range in Km

F_free = 40 .* log10(Ro ./ Rd);
F_dbr = 40 .* log10( F .* Ro ./ Rd);
F_db = 40 .* log10( eps + F );
 figure(2)
plot(Rd./1000, F_dbr,'r','linewidth',1)
grid
xlabel('\bfslant range in Km')
ylabel('\bfPropagation factor in dB')
axis tight
title('\bffrequency = 428 MHz; ht = 3000 m; hr = 200 m')
 R = linspace(210.1e3,350e3,200); % range in Km
nt =1500; % number of point used in calculting infinite series
F = diffraction(freq, hr, ht,R,nt);
figure(3)
plot(R/1000,10*log10(abs(F).^2),'k','linewidth',1)
grid
xlabel('\bfRange - Km')
ylabel('\bfOne way propagation factor - dB')
title('\bffrequency = 428 MHz; hr = 3000 m; ht = 2000 m')
figure(4)
```

```
plot(Rd./1000, F_dbr,'k','linewidth',1.)
hold on
plot(R/1000,10*log10(abs(F).^2),'k-.','linewidth',1.5)
grid on
hold off
axis tight
title('\bffrequency = 428 MHz; hr = 3000 m; ht = 2000 m')
legend('Intermediate region', 'Diffraction region')
ylabel('\bfPropagation factor in dB')
xlabel('\bfRange in Km')
```

MATLAB 程序"atmo_absorp.m"清单

```
function [gammaO2, gammaH2O] = atmo_absorp(height,Wvd, freq)
% This function computes the atmospheric attenuation as a function of
% target height for up to 12 Km
%%% Inputs
    % height      == target height array in Km
    % Wvd         == water vapor density array in g/m^3
    % freq        == radar operating frequency in Hz
%%% Outputs
    % gammaO2     == atmospheric attention due to oxygen in dB
    % gammaH2O    == atmospheric attention due to water vapor in dB
%format long
format short
ro = 6375;
v1 = 0.018; v2 = .05;
v3 = 0.1; v4 = 0.3;
lambda = 3e10/freq; % wavelength in cm
height = height ./1000;
T = 288 -6.7 .* height; % compute temperature array at different heights
pressure = 1015 .* (1-0.02275.*height).^5.2561;% compute air pressure array at different heights
% implement Eq. (8.115)
P = (v1 * 0.4909 .* pressure.^2) ./ (T.^(5/2));
Q = v1^2 * 2.904e-4 .* pressure.^2 ./ T;
gammaO2 = P .* (1./(1+Q.*lambda^2)) .* (1+ (1.39/lambda^2));
% implement Eq. (8.117)
P = 1.852 * 3.165e-6 .* Wvd .*pressure.^2 ./ (T.^(3/2));
Q1 = (1 - 0.742 * lambda)^2;
Q2 = (1 + 0.742 * lambda)^2;
Q = 2.853e-6 .* pressure.^2 ./T;
gammaH2O = P .*((1./(Q1 + Q .*lambda^2)) + (1./(Q2 + Q .*lambda^2)) + 3.43/lambda^2);
end
```

MATLAB 程序"Fig8_31.m"清单

```
% this program reproduces Fig 8.31 of text book
clc
clear all
close all
```

第 8 章 雷达波的传播

```
format long
h_ft = [0 2500 5000 10000 20000 30000 40000 60000 80000];
height = 0.3048 .* h_ft;
Wvd = [6.18 4.93 3.74 2.01 0.34 0.05 .009 eps eps];
freq = 300e6;
[gammaO21, gammaH2O1] = atmo_absorp(height,Wvd, freq);
gamma1 = gammaO21 + gammaH2O1;
freq = 500e6;
[gammaO22, gammaH2O2] = atmo_absorp(height,Wvd, freq);
gamma2 = gammaO22 + gammaH2O2;
freq = 1e9;
[gammaO23, gammaH2O3] = atmo_absorp(height,Wvd, freq);
gamma3 = gammaO23 + gammaH2O3;
freq = 5e9;
[gammaO24, gammaH2O4] = atmo_absorp(height,Wvd, freq);
gamma4 = gammaO24 + gammaH2O4;
freq = 10e9;
[gammaO25, gammaH2O5] = atmo_absorp(height,Wvd, freq);
gamma5 = gammaO25 + gammaH2O5;
figure
height = height ./1000;
subplot(1,2,1)
semilogy (height, gammaO25,'k',height, gammaO24,'k-.',height, gammaO23,'k:',height,...
    gammaO22,'k.',height, gammaO21,'k--','linewidth', 1.5)
grid
legend('\bf10GHz','5GHz','1GHz','500MHz','300MHz')
ylabel('\bfAtmospheric absorption due to Oxygen - dB')
xlabel('\bfAltitude - Km')
subplot(1,2,2)
semilogy (height, gamma5,'k',height, gamma4,'k-.',height, gamma3,'k:',height,...
    gamma2,'k.',height, gamma1,'k--','linewidth', 1.5)
grid
legend('\bf10GHz','5GHz','1GHz','500MHz','300MHz')
ylabel('\bfTotal atmospheric absorption - dB')
xlabel('\bfAltitude - Km')
```

MATLAB 函数 "absorption_range.m" 程序清单

```
function [gammaO2, gammaH2O,range] = absorption_range(height,Wvd, freq,beta)
% This function computes the atmospheric absorption as a function of
% target height and range
%% Inputs
    % height       == target height array in Km
    % Wvd          == water vapor density array in g/m^3
    % freq         == radar operating frequency in Hz
    % beta         == intial elevation angle in degrees
%%% Outputs
    % gammaO2      == atmospheric absorption due to oxygen in dB
    % gammaH2O     == atmospheric absorption due to water vapor in dB
    % A_km         == atmospheric absorption versu range
%
format long
ro = 6375;
v1 = 0.018;
v2 = .05;
```

```
v3 = 0.1;
v4 = 0.3;
lambda = 3e10/freq; % wavelength in cm
height = height ./1000;
T = 288 -6.7 .* height; % compute temperature array at different heights
pressure = 1015 .* (1-0.02275.*height).^5.2561;% compute air pressure array at different heights
% implement Eq. (8.115)
P = (v1 * 0.4909 .* pressure.^2) ./ (T.^(5/2));
Q = v1^2 * 2.904e-4 .* pressure.^2 ./ T;
gammaO2 = P .* (1./(1+Q.*lambda^2)) .* (1+ (1.39/lambda^2));
% implement Eq. (8.117)
P = 1.852 * 3.165e-6 .* Wvd .*pressure.^2 ./ (T.^(3/2));
Q1 = (1 - 0.742 * lambda)^2;
Q2 = (1 + 0.742 * lambda)^2;
Q = 2.853e-6 .* pressure.^2 ./T;
gammaH2O = P .*((1./(Q1 + Q .*lambda^2)) + (1./(Q2 + Q .*lambda^2)) + 3.43/lambda^2);
% convert beta into radian
beta = beta * pi /180.;
% calcualte array of r0 plus target height
r = ro + height;
alpha =asin(cos(beta) * ro ./r);
theta = (pi/2) - beta - alpha;
% range = sqrt(ro^2 + r.^2 - 2 * cos(theta) * ro .* r);
range = r .* sin(theta) / cos(beta);
end
```

MATLAB 程序"*Fig8_33.m*"清单

```
% this program reproduces Figs 8.33
clc
clear all
close all
format long
h_ft = [0 2500 5000 10000 20000 30000 40000 60000 80000];
height = 0.3048 .* h_ft ;
Wvd = [6.18 4.93 3.74 2.01 0.34 0.05 .009 eps eps];
freq = 300e6;
beta = .0;
[gammaO2, gammaH2O,range] = absorption_range(height,Wvd, freq,beta);
Akm1 = gammaO2 + gammaH2O;
xx = 0:.1:range(end);
yy1 = spline(range,Akm1,xx);
freq = 1e9;
[gammaO2, gammaH2O,range] = absorption_range(height,Wvd, freq,beta);
Akm2 = gammaO2 + gammaH2O;
yy2 = spline(range,Akm2,xx);
figure
height = height ./1000;
subplot(1,2,1)
plot(xx,yy1,'k','linewidth',1)
grid
legend('300MHz')
ylabel('Atmospheric absorption per Km - dB')
xlabel('Radar down range - Km')
subplot(1,2,2)
```

```
plot(range,Akm2,'k','linewidth',1)
grid
legend('1GHz')
ylabel('Atmospheric absorption per Km - dB')
xlabel('Radar down range - Km')
```

MATLAB 程序"atmospheric_attn.m"清单

```
function [Attn,rangei] = atmospheric_attn(gammaO2,gammaH2O,range)
% this function usse Rieman sums to calculate area under the
% total abosrption curve veruses range
sum = gammaO2 + gammaH2O;
delr = 10;
rangei = 0:delr:range(end);
Attn = zeros(1,size(rangei,2));
yy1 = spline(range,sum,rangei);
yint(1) = 0;
n = 2;
N = size(rangei,2);
while n<=N
    yint(n) = yint(n-1) + delr * (yy1(n-1) + yy1(n));
    n = n+1;
end
% use 1.75 instead of 2 for the 2-way because of inaccuracies of Riemann
% sums method
Attn = 1.75 .* yint;
end
```

MATLAB 程序"Fig_34_35.m"清单

```
% this program reproduces Figs 8.34 and 8.35 of text book
clc
clear all
close all
format long
h_ft = [0 2500 5000 10000 20000 30000 40000 60000 80000];
height = 0.3048 .* h_ft ;
Wvd = [6.18 4.93 3.74 2.01 0.34 0.05 .009 eps eps];
figure(1)
freq = 500e6;
beta = .0;
[gammaO2, gammaH2O,range] = absorption_range(height,Wvd,freq,beta);
[Attn rangei1] = atmospheric_attn(gammaO2,gammaH2O,range);
M = size(Attn,2);
plot(rangei1,Attn,'K', 'linewidth',1.5)
hold on
beta = 0.5;
[gammaO2, gammaH2O,range] = absorption_range(height,Wvd,freq,beta);
[Attn rangei] = atmospheric_attn(gammaO2,gammaH2O,range);
Attn (end:M) = Attn(end);
plot(rangei1,Attn,'k:','linewidth',1.5)
hold on
beta = 1.0;
[gammaO2, gammaH2O,range] = absorption_range(height,Wvd,freq,beta);
[Attn rangei] = atmospheric_attn(gammaO2,gammaH2O,range);
Attn (end:M) = Attn(end);
plot(rangei1,Attn,'k-.', 'linewidth',1.5)
hold on
```

```
beta = 2;
[gammaO2, gammaH2O,range] = absorption_range(height,Wvd, freq,beta);
[Attn rangei] = atmospheric_attn(gammaO2,gammaH2O,range);
Attn (end:M) = Attn(end);
plot(rangei1,Attn,'k--', 'linewidth',1.5)
hold on
beta = 5;
[gammaO2, gammaH2O,range] = absorption_range(height,Wvd, freq,beta);
[Attn rangei] = atmospheric_attn(gammaO2,gammaH2O,range);
Attn (end:M) = Attn(end);
plot(rangei1,Attn,'k.', 'linewidth',1.5)
hold on
beta = 10;
[gammaO2, gammaH2O,range] = absorption_range(height,Wvd, freq,beta);
[Attn rangei] = atmospheric_attn(gammaO2,gammaH2O,range);
Attn (end:M) = Attn(end);
plot(rangei1,Attn,'k*')
hold off
legend('\beta=0.0','\beta=0.5','\beta=1.0','\beta=2.','\beta=5.0','\beta=10.0')
xlabel('Radar to target range - Km')
ylabel('2-way atmospheric attenuation - dB')
title('frequency = 3.0GHz')
axis tight
grid on
```

MATLAB 函数 "Fig8_36.m" 程序清单

```
% geerates Fig 8.36 of text
clc
clear all
close all
format long
alpha = 0.0002;
beta = 2.25;
freq = [1 10 20];
f = freq.^beta;
r = linspace(0,100,1000); % rai fall rate i mm/hr
Att1 = (alpha * f(1) .* r);
Att2 = (alpha * f(2) .* r);
Att3 = (alpha * f(3) .* r);
figure(1)
semilogy(r,Att3, 'k:',r,Att2,'k-.',r,Att1,'k','linewidth',1.5)
xlabel('\bf Rain rate mm/hr')
ylabel('\bfone-way rain attenuation dB/Km')
grid on
legend('freq = 10Ghz','freq = 5GHz','freq = 1GHz')
```

MATLAB 函数 "Fig8_37.m" 程序清单

```
% generates Fig 8.37 of text
clc
clear all
close all
format long
alpha = 0.00349;
beta = 0.00224;
freq = [1e9 5e9 10e9];
```

```matlab
lambda = 3e10 ./ freq; % wavelength in cm;
r = linspace(0,1,1000); % rai fall rate i mm/hr
Att1 = (0.0035 .* r.^2 ./lambda(1)^4) + 0.0022 .* r ./ lambda(1);
Att2 = (0.0035 .* r.^2 ./lambda(2)^4) + 0.0022 .* r ./ lambda(2);
Att3 = (0.0035 .* r.^2 ./lambda(3)^4) + 0.0022 .* r ./ lambda(3);
figure(1)
semilogy(r,Att3, 'k:',r,Att2,'k-.',r,Att1,'k','linewidth',1.5)
xlabel('\bf Snow  rate <==> water equivalnet in mm/hr')
ylabel('\bfone-way attenuation due to snow fall dB/Km')
grid on
legend('freq = 10Ghz','freq = 5GHz','freq = 1GHz')
```

第9章 雷达杂波

9.1 杂波的定义

杂波（Clutter）这个术语指的是可能会产生不需要的雷达回波因而干扰雷达正常工作的任何物体。通过天线主瓣进入雷达的寄生回波称为主瓣杂波，否则称为副瓣杂波。杂波可分为两大类：表面杂波和机载杂波或体杂波。表面杂波包括树木、植被、地形、人工建筑及海面（海杂波）。体杂波一般占据较大空间（尺寸），包括箔条、雨、鸟和昆虫等。表面杂波会从一个地方到另一个地方发生变化，而体杂波则可能更容易预测。

杂波回波是随机性的，而且具有类似热噪声的特性，原因在于单个杂波物体（散射体）具有随机相位和幅度。在许多情况下，杂波信号电平要比接收机噪声电平大得多。因此，雷达对掩蔽在严重杂波背景中的目标的探测能力取决于信杂比（SCR），而不是信噪比（SNR）。白噪声一般会给所有雷达距离单元带来同样的噪声功率，而杂波功率则可能会在单个距离单元内变化。由于杂波回波与目标回波相似，雷达要区分目标回波和杂波回波的唯一方法就是根据目标的 RCS 值 σ_t 和预期的杂波 RCS 值 σ_c（通过杂波图）。杂波 RCS 可以定义为杂波区（A_c）反射所引起的等效雷达截面积。平均杂波 RCS 由下式给出：

$$\sigma_c = \sigma^0 A_c \tag{9.1}$$

式中，$\sigma^0 (\text{m}^2/\text{m}^2)$ 为杂波散射系数，这是一个无量纲的量，常用 dB 表示。一些雷达工程师用 cm^2/m^2 来表示 σ^0。在这些情况下，σ^0 要比正常表示法高出 40 dB。

9.2 表面杂波

表面杂波包括地面和海面杂波，也常称为区域杂波。区域杂波会出现在机载雷达的下视工作模式下。当搜索低掠射角目标时，它也是地面雷达所关注的主要问题。掠射角 ψ_g 是指地表面到照射波束主轴之间的夹角，如图9.1所示。

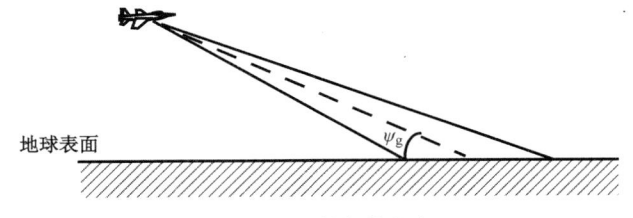

图 9.1 掠射角的定义

三个因素会影响雷达波束中的杂波量。它们是掠射角、表面粗糙度和雷达波长。一般来说，波长越短，杂波散射系数 σ^0 越大。图9.2给出了 σ^0 与掠射角的关系。图中标出了三块区域：它们是低掠射角区、平坦或平台区及高掠射角区。

第 9 章 雷达杂波

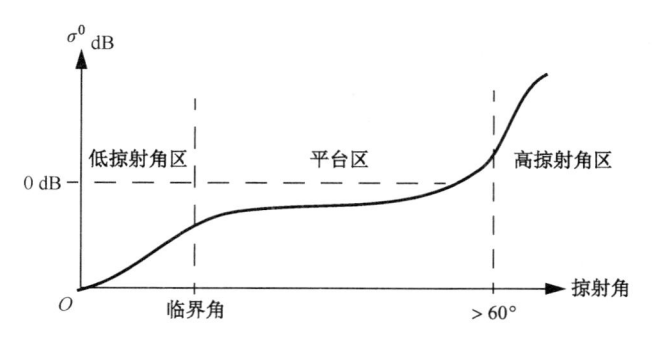

图 9.2 杂波区域

低掠射角区从零延伸到大约为临界角。临界角由瑞利（Rayleigh）定义：该角以下的表面被认为是平坦的，而该角以上的表面是粗糙的。将表面高度不平度的均方根（rms）表示为 h_{rms}，则根据瑞利准则，如果下式成立，则认为表面是平坦的，

$$\frac{\{(4\pi h_{rms})\sin\psi_g\}}{\lambda} < \frac{\pi}{2} \tag{9.2}$$

考虑一个入射到粗糙表面的电磁波，如图 9.3 所示。由于表面高度不平度（表面粗糙度），"粗糙路径"要比"平坦路径"的距离长 $2h_{rms}\sin\psi_g$。这个路径差转换成相位差 $\Delta\psi$，

$$\Delta\psi = \{(2\pi)\ 2h_{rms}\sin\psi_g\}/\lambda \tag{9.3}$$

当 $\Delta\psi = \pi$（第一个零深）时，则可以计算出临界角 ψ_{gc}，因此

$$\frac{(4\pi h_{rms})\sin\psi_{gc}}{\lambda} = \pi \tag{9.4}$$

或等效地

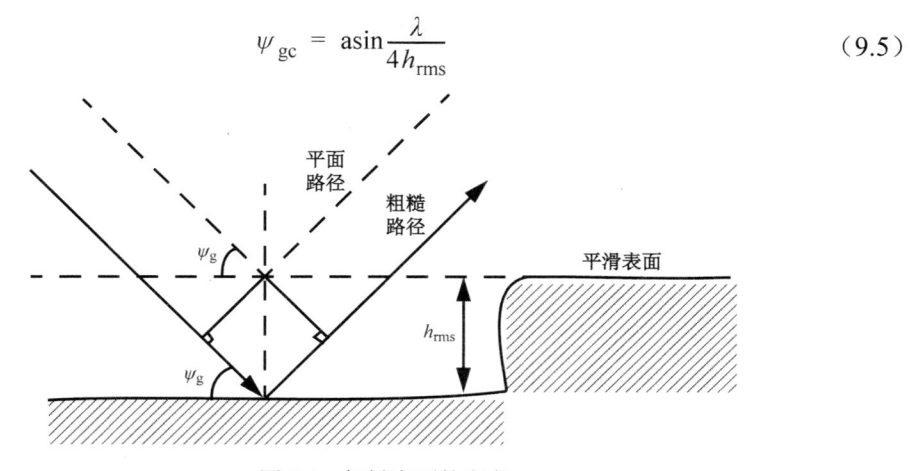

$$\psi_{gc} = \operatorname{asin}\frac{\lambda}{4h_{rms}} \tag{9.5}$$

图 9.3 粗糙表面的定义

例如，在海杂波情况下，rms 表面高度的不平度为

$$h_{rms} \approx 0.025 + 0.046\ S_{state}^{1.72} \tag{9.6}$$

式中 S_{state} 为海情，在相关的参考文献中已列出。海情包括浪高、周期、长度、粒子速度及

风速。例如，$S_{state} = 3$ 表示中等海情，这种情况下，浪高约在 $0.9144 \sim 1.2192$ m，波浪周期为 $6.5 \sim 4.5$ s，波浪长度为 $1.9812 \sim 33.528$ m，海浪速度为 $20.372 \sim 25.928$ km/h，风速为 $22.224 \sim 29.632$ km/h。

低掠射角杂波一般称为漫散射杂波，此时雷达波束中（非相干反射）会存在大量杂波回波。在平坦区域，σ^0 与掠射角的相关性最小。高掠射角区的杂波更像镜面反射（相干反射），漫反射杂波分量消失。在此区域，光滑表面的 σ^0 比粗糙表面大，这与低掠射角区域相反。

9.2.1 区域杂波的雷达方程——机载雷达

下面考虑下视模式下的机载雷达，如图9.4所示。天线波束与地面的交叉形成一个椭圆形状的脚印。脚印大小与掠射角和天线 3 dB 束宽 θ_{3dB} 成函数关系，如图9.5所示。脚印可分成许多地面距离单元，每个尺寸为 $(c\tau/2)\sec\psi_g$，其中 τ 为脉冲宽度。

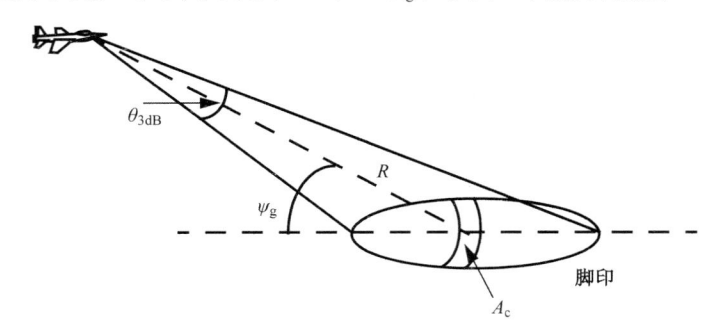

图 9.4 下视模式下的机载雷达

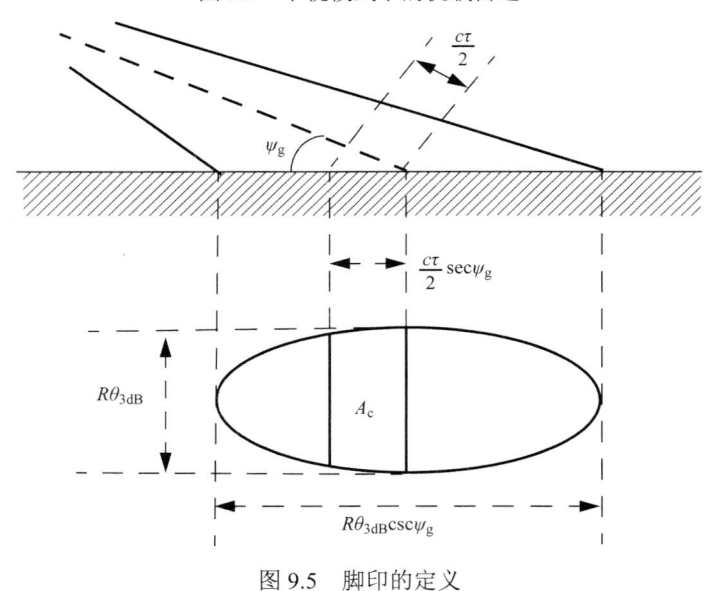

图 9.5 脚印的定义

由图9.5可知，杂波区域 A_c 为

$$A_c \approx R\theta_{3dB} \frac{c\tau}{2} \sec\psi_g \tag{9.7}$$

在A_c区域内,雷达从散射体所接收到的功率可由雷达方程给出,

$$S_t = \frac{P_t G^2 \lambda^2 \sigma_t}{(4\pi)^3 R^4} \tag{9.8}$$

式中,与通常情况一样,P_t为峰值发射功率,G为天线增益,λ为波长,σ_t为目标 RCS。类似地,从杂波接收到的功率为

$$S_C = \frac{P_t G^2 \lambda^2 \sigma_c}{(4\pi)^3 R^4} \tag{9.9}$$

式中,下标 c 用来表示区域杂波。将σ_c的方程(9.1)以及A_c的方程(9.7)代入方程(9.9),用方程(9.8)除以方程(9.9),可以得到区域杂波的 SCR。更准确地说,

$$(\text{SCR})_C = \frac{2\sigma_t \cos\psi_g}{\sigma^0 \theta_{3\text{dB}} R c \tau} \tag{9.10}$$

例:考虑图 9.4 所示的机载雷达。设天线 3 dB 束宽$\theta_{3\text{dB}} = 0.02\,\text{rad}$,脉冲宽度$\tau = 2\,\mu\text{s}$,距离$R = 20\,\text{km}$,掠射角$\psi_g = 20°$。假设目标 RCS 为$\sigma_t = 1\,\text{m}^2$,杂波反射系数$\sigma^0 = 0.0136$,计算 SCR。

解:SCR 由方程(9.10)给出为

$$(\text{SCR})_C = \frac{2\sigma_t \cos\psi_g}{\sigma^0 \theta_{3\text{dB}} R c \tau} \Rightarrow$$

$$(\text{SCR})_C = \frac{(2)(1)(\cos 20°)}{(0.0136)(0.02)(20\,000)(3\times 10^8)(2\times 10^{-6})} = 5.76 \times 10^{-4}$$

由此

$$(\text{SCR})_C = -32.4\,\text{dB}$$

这样,为了能够可靠探测目标,雷达必须要以某种方式将 SCR 至少提高$(32+X)$ dB,其中X为 13 dB 到 15 dB 的数量级或更多。

9.3 体杂波

体杂波具有较大尺寸,包括雨(气象)、箔条、鸟和昆虫等。体杂波系数一般用m^2表示(每分辨体积的RCS)。鸟、昆虫及其他一些飞行物体常称为角杂波或生物杂波。

气象或雨杂波可通过将雨滴看成是一个理想的小球体来进行抑制。我们可以用理想球体的瑞利近似式来估算雨滴的 RCS。瑞利近似式(不考虑传播媒介的折射系数)为

$$\sigma = 9\pi r^2 (kr)^4 \qquad r \ll \lambda \tag{9.11}$$

式中,$k = 2\pi/\lambda$,r为雨滴的半径。

从理想球体反射的电磁波拥有极强的相同极化特性(与入射波有相同的极化)。因此,

如果雷达发射右手圆极化（RHC）波，则接收到的电磁波为左手圆极化（LHC）波（因为它以反方向传播）。因此，雨滴的后向散射能量与入射波保持相同的电磁旋转（极化），但传播方向相反。由此可以得出，使雷达发射和接收天线产生同样极化，则雷达可以抑制雨杂波。

将 σ_w 表示为每单位分辨体积 V_w 的 RCS。它可计算成体积内所有单个散射体 RCS 的和，

$$\sigma_w = \sum_{i=1}^{N} \sigma_i \tag{9.12}$$

式中，N 为分辨体积内所有散射体个数。因此，单个分辨体积内的总 RCS 为

$$\sigma_w = \sum_{i=1}^{N} \sigma_i V_w \tag{9.13}$$

分辨体积如图9.6所示，可通过下式近似估算：

$$V_w \approx \frac{\pi}{8} \theta_a \theta_e R^2 c\tau \tag{9.14}$$

式中，θ_a 和 θ_e 分别为用弧度表示的天线的方位和仰角束宽，τ 为脉冲宽度（单位为秒），c 为光速，R 为距离。

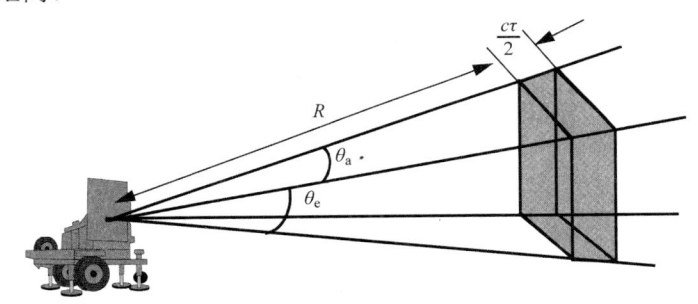

图9.6 分辨体积的定义

下面考虑一种折射系数为 m 的传播媒介。该媒介中第 i 个雨滴的 RCS 近似估算式为

$$\sigma_i \approx \frac{\pi^5}{\lambda^4} K^2 D_i^6 \tag{9.15}$$

式中

$$K^2 = \left| \frac{m^2 - 1}{m^2 + 2} \right|^2 \tag{9.16}$$

D_i 为第 i 个雨滴的直径。例如，当温度在32°F到68°F时，可以得出

$$\sigma_i \approx 0.93 \frac{\pi^5}{\lambda^4} D_i^6 \tag{9.17}$$

对于冰来说，方程（9.17）可以近似为

$$\sigma_i \approx 0.2 \frac{\pi^5}{\lambda^4} D_i^6 \tag{9.18}$$

将方程（9.18）代入方程（9.13）得到

$$\sigma_i \approx 0.2 \frac{\pi^5}{\lambda^4} D_i^6 \tag{9.19}$$

式中气象杂波系数 Z 可定义为

$$Z = \sum_{i=1}^{N} D_i^6 \tag{9.20}$$

一般来说，雨滴的直径用 mm 表示，雷达分辨体积用 m^3 表示，因此，Z 的单位经常用 $(mm)^6/m^3$ 表示。

9.3.1 体杂波的雷达方程

雷达方程给出了雷达从位于距离 R 处目标 σ_t 接收到的总功率，为

$$S_t = \frac{P_t G^2 \lambda^2 \sigma_t}{(4\pi)^3 R^4} \tag{9.21}$$

方程（9.21）中的所有参数在前面已经定义过。雷达所接收到的气象杂波功率为

$$S_w = \frac{P_t G^2 \lambda^2 \sigma_w}{(4\pi)^3 R^4} \tag{9.22}$$

由此

$$S_w = \frac{P_t G^2 \lambda^2}{(4\pi)^3 R^4} \frac{\pi}{8} R^2 \theta_a \theta_e c \tau \sum_{i=1}^{N} \sigma_i \tag{9.23}$$

用方程（9.21）除以方程（9.23），可以计算得到气象杂波的 SCR 值。更准确地说，

$$(SCR)_V = \frac{S_t}{S_w} = \frac{(8\sigma_t)}{\left(\pi \theta_a \theta_e c \tau R^2 \sum_{i=1}^{N} \sigma_i\right)} \tag{9.24}$$

式中下标 V 用来表示体杂波。

例：某雷达的目标 RCS $\sigma_t = 0.1\ m^2$，脉宽 $\tau = 0.2\ \mu s$，天线波束宽度 $\theta_a = \theta_e = 0.02\ rad$。假设探测距离 $R = 50\ km$，如果 $\Sigma \sigma_i = 1.6 \times 10^{-8} (m^2/m^3)$，计算 SCR。

解：根据方程（9.24），我们有

$$(\mathrm{SCR})_\mathrm{V} = \frac{8\sigma_t}{\pi\theta_a\theta_e c\tau R^2 \dfrac{\sum \sigma_i}{N}}$$

代入适当的值，我们得到

$$(\mathrm{SCR})_\mathrm{V} = \frac{(8)(0.1)}{\pi(0.02)^2(3\times10^8)(0.2\times10^{-6})(50\times10^3)^2(1.6\times10^{-8})} = 0.265$$

$$(\mathrm{SCR})_\mathrm{V} = -5.76\ \mathrm{dB}$$

9.4 表面杂波 RCS

9.4.1 单脉冲低 PRF 情况

在这种情况下，从杂波接收到的能量用方程（9.9）计算。然而，杂波 RCS σ_c 的计算是不同的，即

$$\sigma_c = \sigma_{\mathrm{MBc}} + \sigma_{\mathrm{SLc}} \tag{9.25}$$

式中，σ_{MBc} 为主波束杂波 RCS，σ_{SLc} 为副瓣杂波 RCS，如图 9.7 所示。

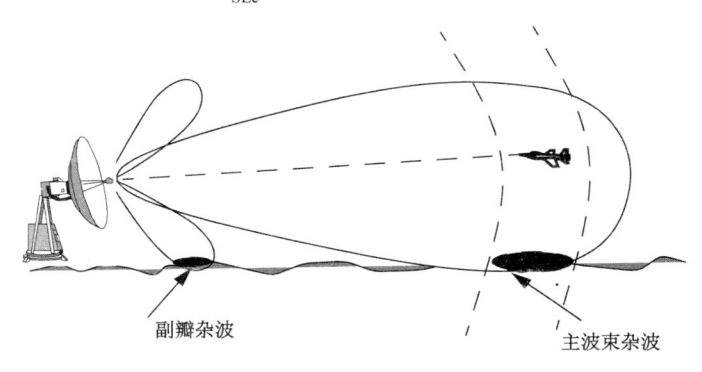

图 9.7 地基雷达杂波的几何图形

为了计算方程（9.25）所给出的所有杂波的 RCS，必须首先计算主波束和副瓣相对应的杂波区域。为了这个目的，考虑图 9.8 所示的几何图形。角度 θ_A 和 θ_E 代表天线 3 dB 处的方位和仰角的波束宽度。雷达高度（从地面到天线相位中心）表示为 h_r，目标高度表示为 h_t。雷达斜距为 R，它的地面投影为 R_g。距离分辨率为 ΔR，它的地面投影为 ΔR_g，主波束杂波区域表示为 A_{MBc}，副瓣杂波区域表示为 A_{SLc}。

从图 9.8 中，可推导出下列关系式：

$$\theta_r = \mathrm{asin}(h_r/R) \tag{9.26}$$

$$\theta_e = \mathrm{asin}((h_t-h_r)/R) \tag{9.27}$$

$$\Delta R_g = \Delta R \cos\theta_r \tag{9.28}$$

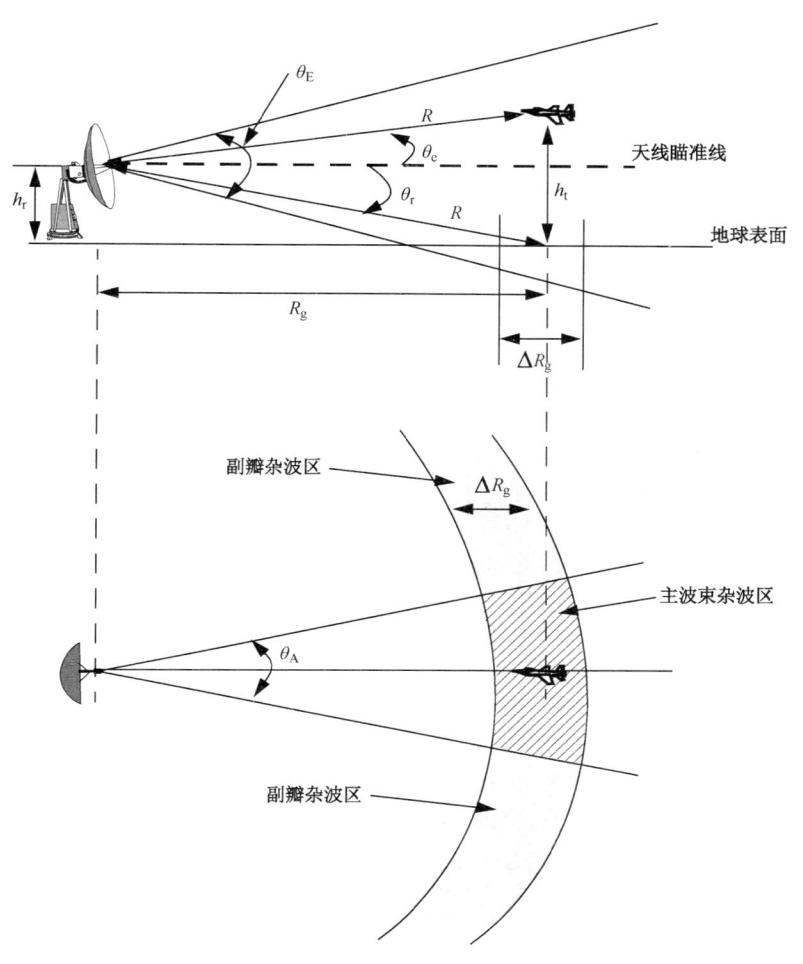

图 9.8 地基雷达的杂波几何图形，侧视图和顶视图

式中，ΔR 为雷距离分辨率。斜距地面投影为

$$R_g = R\cos\theta_r \tag{9.29}$$

可以得到主波束和副瓣的杂波区域为

$$A_{MBc} = \Delta R_g \, R_g \, \theta_A \tag{9.30}$$

$$A_{SLc} = \Delta R_g \, \pi R_g \tag{9.31}$$

假设某雷达天线波束 $G(\theta)$ 的形式为

$$G(\theta) = \exp\left(-\frac{2.776\theta^2}{\theta_E^2}\right) \Rightarrow 高斯 \tag{9.32}$$

$$G(\theta) = \left\{\begin{array}{l}\left(\dfrac{\sin\left(\dfrac{\theta}{\theta_E}\right)}{\left(\dfrac{\theta}{\theta_E}\right)}\right)^2 ; |\theta| \leq \dfrac{\pi\theta_E}{2.78} \\ \quad 0 \qquad ; 其他\end{array}\right\} \Rightarrow \left(\dfrac{\sin(x)}{x}\right)^2 \tag{9.33}$$

那么主波束杂波的 RCS 为

$$\sigma_{\mathrm{MBc}} = \sigma^0 A_{\mathrm{MBc}} G^2(\theta_e + \theta_r) = \sigma^0 \Delta R_g R_g \theta_A G^2(\theta_e + \theta_r) \tag{9.34}$$

副瓣杂波的 RCS 为

$$\sigma_{\mathrm{SLc}} = \sigma^0 A_{\mathrm{SLc}} (\mathrm{SL}_{\mathrm{rms}})^2 = \sigma^0 \Delta R_g \, \pi R_g (\mathrm{SL}_{\mathrm{rms}})^2 \tag{9.35}$$

式中，$\mathrm{SL}_{\mathrm{rms}}$ 分量为天线副瓣电平的均方根。

最后，为了说明杂波 RCS 对距离的变化，可以计算总杂波 RCS 的距离函数，如下式所示：

$$\sigma_c(R) = \frac{\sigma_{\mathrm{MBc}} + \sigma_{\mathrm{SLc}}}{(1 + (R/R_h)^4)} \tag{9.36}$$

式中，R_h 为雷达到地平面的距离，计算表达式如下：

$$R_h = \sqrt{8 h_r r_0 / 3} \tag{9.37}$$

式中，r_0 为地球半径，等于 6375 km。方程（9.36）中的分母表达式是为了说明折射和球形地球的影响。雷达 SNR 和目标距离 R 有关，

$$\mathrm{SNR} = \frac{P_t G^2 \lambda^2 \sigma_t}{(4\pi)^3 R^4 k T_0 B F L} \tag{9.38}$$

式中，通常 P_t 为峰值发射功率，G 为天线增益，λ 为波长，σ_t 为目标的 RCS，k 为玻尔兹曼常数，T_0 为有效噪声温度，B 为雷达工作带宽，F 为接收噪声系数，L 为总的雷达损耗。类似地，雷达的杂波噪声比（CNR）为

$$\mathrm{CNR} = \frac{P_t G^2 \lambda^2 \sigma_c}{(4\pi)^3 R^4 k T_0 B F L} \tag{9.39}$$

式中，σ_c 用方程（9.36）计算。

当杂波的统计概率是高斯分布时，杂波信号的回波和噪声回波可以组合起来，根据信号到"杂波 + 噪声"的比值，可以推导出一个新的决定雷达测量精度的值，表示为 SIR。由下式给出：

$$\mathrm{SIR} = \frac{\mathrm{SNR}}{1 + \mathrm{CNR}} \tag{9.40}$$

注意，CNR 由方程（9.39）计算得出。

MATLAB 函数 "*clutter_rcs.m*"

函数 "*clutter_rcs.m*" 实现方程（9.36），并绘制杂波 RCS 和 CNR 对雷达斜距的图。它的输出包含杂波 RCS（dBsm）和 CNR（dB）。函数 "*clutter_rcs.m*" 在附录 9-A 中列出。语法如下：

sigmac = clutter_rcs(sigma0, thetaE, thetaA, SL, range, hr, ht, b, ant_id)

其中：

符号	说　　明	单　位	状　态
sigma0	杂波后向散射系数	dB	输入
thetaE	天线3 dB仰角波束宽度	度	输入
thetaA	天线3 dB方位波束宽度	度	输入
SL	天线副瓣电平	dB	输入
range	距离；可以是向量或单一值	km	输入
hr	雷达高度	m	输入
ht	目标高度	m	输入
b	带宽	Hz	输入
ant_id	1为$(\sin(x)/x)^2$方向图；2为高斯方向图	无	输入
sigmac	杂波RCS；根据"距离"可以是向量或单一值	dB	输出

作为一个例子，考虑以下参数的情况：

杂波后向散射系数	−20 dB
天线3 dB仰角波束宽度	1.5度
天线3 dB方位波束宽度	2度
天线副瓣电平	−25 dB
雷达高度	3 m
目标高度	150 m
脉冲宽度	1 μs
距离	2～45 km
目标RCS	−10 dBsm
雷达中心频率	5 GHz

图9.9（a）绘出了使用$\sin(x)/x$天线方向图时，杂波RCS与距离的关系，图9.9（b）绘出了结果SNR、CNR和SCR。图9.10与图9.9类似，除了在这种情况下天线方向图为高斯型。这些图可用附录9-A中列出的MATLAB程序"*Fig9_9_10.m*"生成。

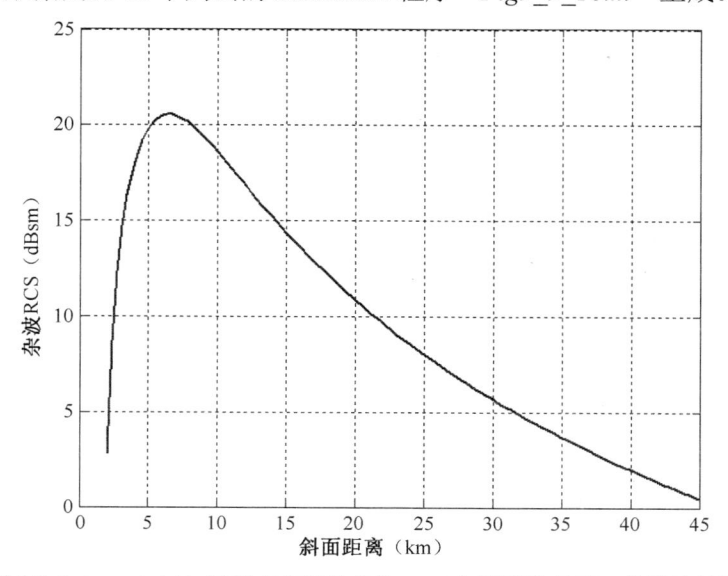

图9.9（a）　$\sin(x)/x$天线方向图的杂波RCS与距离的关系；单脉冲情况

图 9.9（b） 与图 9.9（a）对应的 SNR、CNR 和 SCR

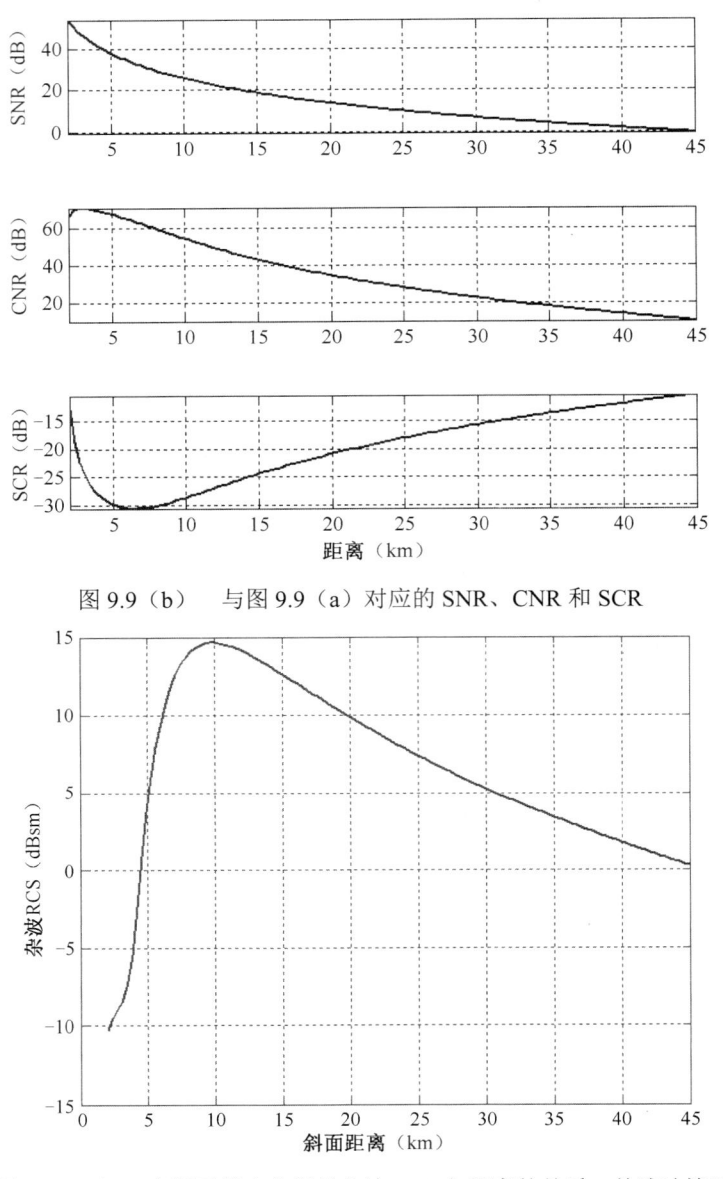

图 9.10（a） 高斯天线方向图的杂波 RCS 与距离的关系；单脉冲情况

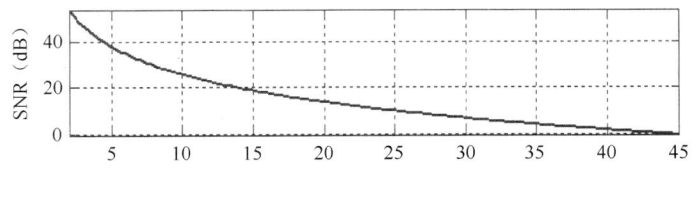

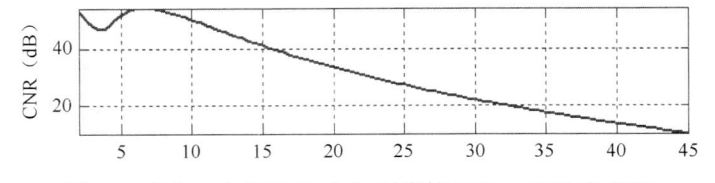

图 9.10（b） 与图 9.10（a）对应的 SNR、CNR 和 SCR

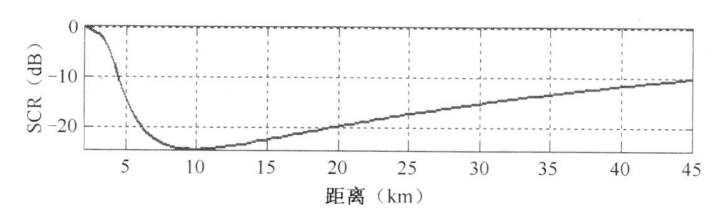

图 9.10（b）（续）　与图 9.10（a）对应的 SNR、CNR 和 SCR

9.4.2　高 PRF 的情况

高 PRF 常用于脉冲多普勒雷达。脉冲多普勒雷达使用一个非常短的不调制脉冲串，因此距离分辨率受到脉冲宽度的限制，这使得雷达必须使用持续时间非常短的脉冲。通过在一个相干处理间隔内（询问时间或驻留间隔）相干处理一串脉冲，高 PRF 雷达弥补了由于使用短脉冲带来的平均发射功率损失。虽然高 PRF 雷达在距离上是模糊的，但是它们具有非常好的测量多普勒频率的能力。可通过使用多个 PRF（PRF 参差）来解决距离模糊的问题，这将在下一节中讨论。使用高 PRF（或脉冲多普勒雷达）的主要缺点是与低 PRF 雷达相比，多普勒雷达必须对抗高得多的杂波。

考虑图 9.11（a），其中说明了低 PRF 的情况。在这种情况下，目标位于最大检测距离处，这对应于不模糊距离，

$$R_u = \frac{cT}{2} = \frac{c}{2f_r} \qquad (9.41)$$

式中，T 是脉冲重复周期，f_r 是雷达 PRF。从雷达主波束进入雷达的杂波量仅对应于位于目标距离处的杂波块。另外，图 9.11（b）画出了高 PRF 的情况。如图 9.11（b）所示，在这种情况下，雷达是距离模糊的，进入雷达的主波束杂波的量对应于许多杂波块。因此，与低 PRF 情况相比，与目标检测对抗的杂波量要大一个数量级，这通常称为杂波折叠。

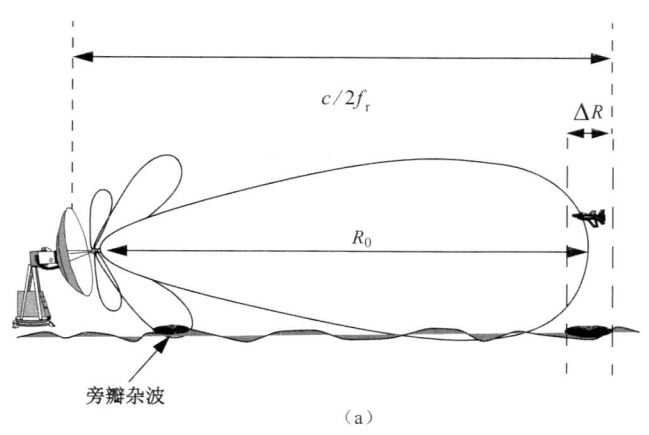

图 9.11　杂波进入主波束的雷达。（a）低 PRF 情况；（b）高 PRF 情况

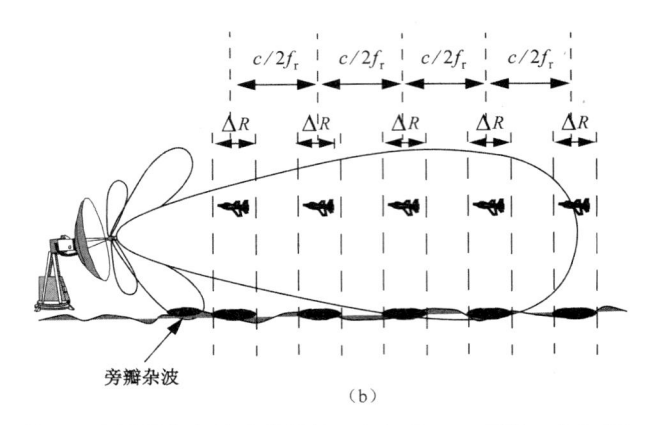

图 9.11（续） 杂波进入主波束的雷达。(a) 低 PRF 情况；(b) 高 PRF 情况

由位于距离 R_0 处目标的单个脉冲产生的进入雷达的杂波功率记为 P_{C_1}，由于工作在高 PRF，因此进入雷达的总杂波功率为

$$P_{C_{\text{folded}}} = \sum_{n=0}^{N-1} P_{C_1} \text{Rect}\left(\frac{t-nT}{\tau_0}\right) \quad (9.42)$$

式中，N 是一个相干处理间隔（驻留）内的脉冲数，T 是 PRI，τ_0 是脉冲宽度。注意，在发射一个给定脉冲期间，雷达接收机是关闭的，因此仅在对应于

$$\{(nT + 2\tau_0) < t < (n+1)T - \tau_0;\ 0 \leq n \leq N-1\} \quad (9.43)$$

的时延（距离）上计算方程（9.42）。在这种情况下，假设发射机不仅在每个脉冲的发射期间关闭，还在每次发射前后各一个脉冲宽度的时间内关闭。所以，可以预见折叠杂波 RCS 与距离的关系不是连续的，而是在 T 秒长度的间隔上出现，并且在 3 倍脉冲宽度处有缺口。下面的几个例子中针对低 PRF 和高 PRF 的情况对此进行了说明。

图 9.12 使用与图 9.9 和图 9.10 相同的数据绘出了高 PRF 下的 SIR、SCR、CNR 和 SNR。图中，天线方向图具有 $\sin(x)/x$ 的形状。图 9.13 与图 9.12 类似，除了这种情况下是高斯方向图。这些图可用附录 9-A 中列出的 MATLAB 程序 "*Fig9_12_13.m*" 生成。

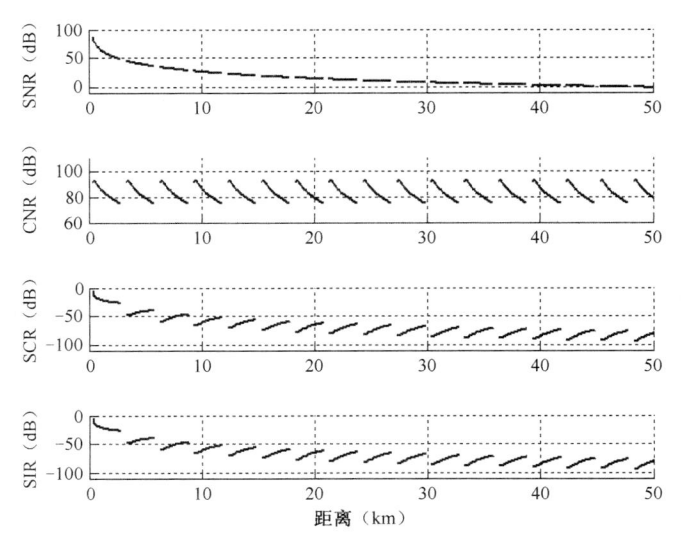

图 9.12 具有 $\sin(x)/x$ 天线方向图的脉冲多普勒雷达的 SIR、SCR、CNR 和 SNR

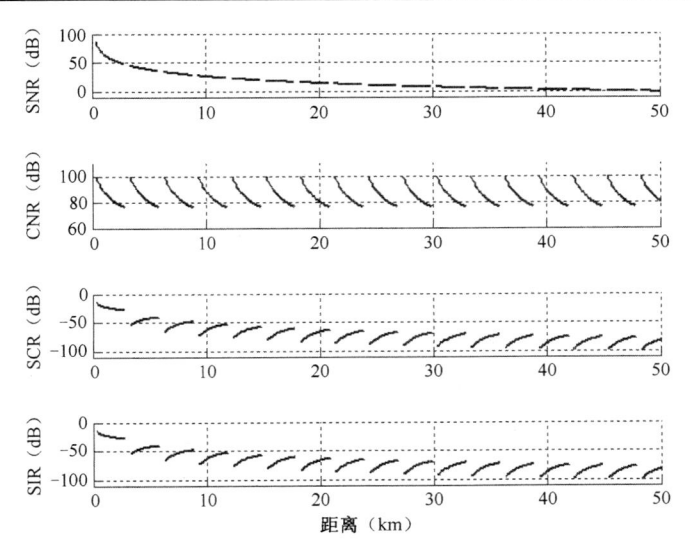

图 9.13 具有高斯天线方向图的脉冲多普勒雷达的 SIR、SCR、CNR 和 SNR

9.5 杂波元素

前面已经确定了雷达接收到的信号的复包络由目标回波和加性带限白噪声组成。当存在杂波时，复包络由目标、噪声及杂波回波组成。即

$$\tilde{x}(t) = \tilde{s}(t) + \tilde{n}(t) + \tilde{w}(t) \tag{9.44}$$

式中，$\tilde{s}(t)$、$\tilde{n}(t)$ 和 $\tilde{w}(t)$ 分别是目标、噪声和杂波复包络回波。噪声模型（如前几章讨论的）通常是带限白高斯随机过程。此外，噪声采样被看做是相互独立的，并且独立于杂波测量。

杂波由雷达波束内不想要的物体反射产生。因为许多物体组成了杂波回波，所以杂波可建模成一个高斯随机过程。换而言之，来自一个雷达测量到另一个雷达测量的杂波采样组成了一个高斯随机变量的联合集合。然而，由于杂波起伏、天线机械扫描、风速及雷达平台运动（如果可用），因此这些随机变量并不是统计独立的。

更精确地说，由于天线机械扫描，所以雷达主波束内的每个脉冲的杂波回波的幅度不一样。这将在杂波回波上有效增加幅度调制。这个附加调制由天线方向图的形状、机械扫描的速度及雷达 PRF 控制。记天线双程方位 3 dB 波束宽度为 θ_a，天线扫描速率为 $\dot{\theta}_{scan}$。所以天线扫描对杂波起伏标准偏差的贡献为

$$\sigma_s = 0.399 \frac{\dot{\theta}_{scan}}{\theta_a} \tag{9.45}$$

杂波谱扩展的另一个贡献者是由风引起的杂波自身运动。树木、植被和海浪是这个效应的主要贡献者。这个相对运动虽然较小，但是在杂波回波中引入了额外的多普勒频移。早前，我们确定了由相对速度 v 引起的多普勒频率为

$$f_d = 2v/\lambda \tag{9.46}$$

式中，λ是雷达工作波长。所以如果由风引起的表面均方根速度为 v_{rms}，那么标准偏差为

$$\sigma_{\text{w}} = 2v_{\text{rms}}/\lambda \tag{9.47}$$

最后，如果雷达平台在运动中，那么平台和静态杂波间的相对运动引起的多普勒频移为

$$f_{\text{c}} = (2v_{\text{radar}}\cos\theta)/\lambda \tag{9.48}$$

式中，$v_{\text{radar}}\cos\theta$ 是平台在杂波方向上的径向速度分量。因为雷达波束宽度有限，所以不是在所有时间上所有杂波分量都有相同的径向速度。更精确地说，如果角度 θ_1 和 θ_2 代表雷达波束的边沿，那么方程（9.48）可写为

$$f_{\text{c}} = \frac{2v_{\text{radar}}}{\lambda}(\cos\theta_2 - \cos\theta_1) \approx \frac{2v_{\text{radar}}}{\lambda}\theta_{\text{a}}\sin\theta \tag{9.49}$$

而由平台运动引起的标准偏差为

$$\sigma_{\text{v}} = \frac{v_{\text{radar}}}{\lambda}\sin\theta \tag{9.50}$$

最后，全体杂波扩展记做 σ_{f}，其中

$$\sigma_{\text{f}}^2 = \sigma_{\text{v}}^2 + \sigma_{\text{s}}^2 + \sigma_{\text{w}}^2 \tag{9.51}$$

9.6 杂波后向散射系数统计模型

在存在杂波的情况下评估雷达的性能，很大程度上依赖于精确估计或测量后向散射系数 σ° 的能力。由于分辨率单元（或体积）中的杂波是由大量具有随机相位和幅度的散射体组成，所以可以用概率分布函数来统计描述后向散射系数。分布的类型取决于杂波本身的特性（海面、地面和空中）、雷达工作频率和掠射角。

9.6.1 表面杂波的情况

描述表面杂波的 σ° 的最常见统计模型是对数-正态和指数（即瑞利幅度）概率密度函数。虽然对数-正态分布在大掠射角上能提供精确测量，但是在小于 5~7° 的低掠射角上测量则不那么精确。在这种情况下，瑞利分布（它是威布尔分布的特殊情况）提供更精确的统计估计。另一种广泛应用的估计的概率密度函数是威布尔（Weibull）分布。

威布尔概率密度函数可写做

$$f(\sigma^\circ) = \frac{b(\sigma^\circ)^{b-1}}{\alpha}\exp\left(-\frac{(\sigma^\circ)^b}{\alpha}\right); \quad \sigma^\circ \geq 0 \tag{9.52}$$

式中，b 和 α 是威布尔分布参数。定义威布尔分布的斜率 a 为 $1/b$，参数 α 为

$$\alpha = \frac{(\sigma_{\text{m}}^\circ)^b}{\ln 2} \tag{9.53}$$

式中，σ_{m}° 是 σ° 的中位值。方程（9.53）的证明留做练习（见习题 9.6）。因此方程（9.52）可写为

$$f(\sigma°) = \frac{\ln 2 \ (\sigma°)^{\frac{1}{a}-1}}{a(\sigma_m°)^{1/a}} \exp\left(-\ln 2\left(\frac{\sigma°}{\sigma_m°}\right)^{1/a}\right); \ \sigma° \geqslant 0 \qquad (9.54)$$

注意，当 $b=1$ 时，方程（9.52）变成了指数（或瑞利幅度）概率密度函数：

$$f(\sigma°) = \frac{1}{\overline{\sigma°}} \exp\left(-\frac{\sigma°}{\overline{\sigma°}}\right); \ \sigma° \geqslant 0 \qquad (9.55)$$

式中，$\alpha = \overline{\sigma°}$ 是 $\sigma°$ 的平均值。

$\sigma°$ 的平均值可由以下积分确定：

$$\overline{\sigma°} = \int_0^\infty \sigma° f(\sigma°) \mathrm{d}\sigma° \qquad (9.56)$$

用变量 $q = \sigma°^b/\alpha$ 替换，并利用 $a = 1/b$，可得

$$\overline{\sigma°} = \alpha^a \int_0^\infty q^a \mathrm{e}^{-q} \mathrm{d}q \qquad (9.57)$$

这是不完全伽马（Gamma）积分。更精确地有，

$$\overline{\sigma°} = \alpha^a \Gamma(1+a) \qquad (9.58)$$

一个每单位面积的真实杂波雷达截面积不超过值 $\sigma°$ 的概率是

$$\Pr(\sigma_c° \leqslant \sigma°) = \int_0^{\sigma°} f(\sigma°) \mathrm{d}\sigma° \qquad (9.59)$$

将方程（9.52）代入方程（9.59）并进行积分，可得

$$\Pr(\sigma_c° \leqslant \sigma°) = 1 - \exp\left(\frac{\sigma°^b}{\alpha}\right) \qquad (9.60)$$

方程（9.60）现在可用来解 $\sigma°$，也即

$$\sigma° = \left[\alpha \ln\left(\frac{1}{1-\Pr(\sigma_c° \leqslant \sigma°)}\right)\right]^{1/b} = \left[\alpha \ln\left(\frac{1}{1-\Pr(\sigma_c° \leqslant \sigma°)}\right)\right]^a \qquad (9.61)$$

在方程（9.61）中设 $\Pr(\sigma_c° \leqslant \sigma°) = 0.5$ 来计算 $\sigma°$ 的中位值。在这种情况下，

$$\sigma_m° = [\alpha \ln 2]^a \qquad (9.62)$$

在方程（9.60）中使用方程（9.53）和方程（9.62），可得

$$\Pr(\sigma_c° \leqslant \sigma°) = 1 - \exp\left(\ln 2 \left(\frac{\sigma°}{\sigma_m°}\right)^b\right) \qquad (9.63)$$

为了得到用分贝表示 $\sigma°$ 的简单公式，将方程（9.53）代入方程（9.61），可得

$$\sigma^o\big|_{dB} = 10\log\sigma^o_m - 10a\log(\ln 2) + 10a\log\left(\ln\left(\frac{1}{1-\Pr(\sigma^o_c \leqslant \sigma^o)}\right)\right) \quad (9.64)$$

它可重写为

$$\sigma^o\big|_{dB} = \sigma^o_m\big|_{dB} - 10\log(\Gamma(1+a)) + 10a\log\{-\ln[1-\Pr(\sigma^o_c \leqslant \sigma^o)]\} \quad (9.65)$$

图 9.14 绘出了 σ^o 与方程（9.60）中定义的概率之间关系的一些典型图。注意只使用了 $\Pr > 0.2$ 和 $\Pr < 0.9$ 的值，这是因为与很低概率相对应的 σ^o 的值通常都低于雷达的噪声电平。另外，与高概率对应的 σ^o 值通常对于 MTI 雷达来说太高，以至于难以抑制（下一章将详细讨论 MTI 雷达）。图 9.14 可用附录 9-A 中列出的 MATLAB 程序 "*Fig9_14.m*" 生成。

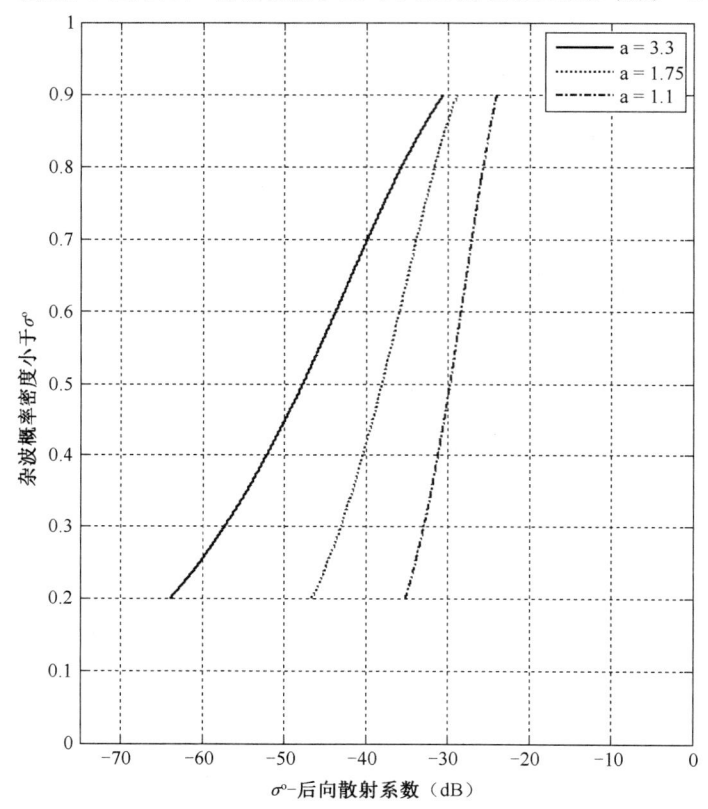

图 9.14 粗糙地面的地杂波空间分布，即方程（9.64）

9.6.2 体杂波情况

9.3 节的方程（9.20）中定义的后向散射系数 Z 常被气象学家使用，雷达工程师却很少使用。在雷达应用中，使用降水后向散射系数更有意义，这个散射系数用 m^2/m^3 测量，而不是用 mm^6/m^3 测量。为此目的，定义一个新的降水后向散射系数 η 为

$$\eta = \frac{5.63 \times 10^{-14}\ r^{1.6}}{\lambda}\quad m^2/m^3 \quad (9.66)$$

式中，r 是用 mm/h 表示的降水速率，λ 是用 m 表示的雷达工作波长。

方程（9.66）中指数的值在 0.95（热带纬度，频率在 10 GHz 以上）到 1.6（更适用于

温带纬度）之间变化。另外，雷达波使用圆极化，波长与雨滴的直径可比，这种情况下的后向散射比线极化波的情况要小。为了进一步解释这个观察结果，考虑一部波长与平均雨滴直径可比的右圆极化雷达。来自雨滴的反射波也是右圆极化波，只是行进的方向相反（即从雷达的观点来看，它们是左圆极化）。因此，大部分反射能量将被雷达天线抑制，从而不能进入雷达接收机，因此进入雷达信号和数据处理机的后向散射能量较少。圆极化与线极化后向散射系数的平均比率为

$$\left.\frac{\eta_{cp}}{\eta_{lp}}\right|_{dB} \approx \begin{cases} -15, & 雨滴 \\ -10, & 明亮区域 \end{cases} \quad (9.67)$$

式中，明亮区域定义为冰或雪与水之间由融化引起的过渡区域。

习题

9.1 计算 9.2.1 节的雷达信杂比（SCR）。在这种情况下，假设天线 3 dB 的波束宽度 $\theta_{3dB} = 0.03$ rad，脉冲宽度 $\tau = 10$ μs，距离 $R = 50$ km，掠射角 $\psi_g = 15°$，目标截面积 RCS $\sigma_t = 0.1$ m²，杂波反射系数 $\sigma° = 0.02$(m²/m²)。

9.2 重复 9.3 节的例子，目标截面积 RCS $\sigma_t = 0.5$ m²，脉冲宽度 $\tau = 0.1$ μs，天线波束宽度 $\theta_a = \theta_e = 0.03$ rad，探测距离 $R = 100$ km，$\sum \sigma_i = 1.6 \times 10^{-9}$(m²/m³)。

9.3 杂波功率谱的正交分量分别由下式确定：

$$\bar{S}_I(f) = \delta(f) + \frac{C}{\sqrt{2\pi}\sigma_c}\exp(-f^2/2\sigma_c^2)$$

$$\bar{S}_Q(f) = \frac{C}{\sqrt{2\pi}\sigma_c}\exp(-f^2/2\sigma_c^2)$$

计算杂波的直流功率和交流功率，其中 $\sigma_c = 10$ Hz。

9.4 某部雷达具有以下指标：脉冲宽度 $\tau' = 1$ μs，天线波束宽度 $\Omega = 1.5°$，波长 $\lambda = 3$ cm。雷达天线的高度为 7.5 m。用两个点目标（散射体）模拟一个目标。第一个散射体高 4 m，RCS $\sigma_1 = 20$ m²。第二个散射体高 12 m，RCS $\sigma_2 = 1$ m²。如果在 10 km 处探测到目标，那么（a）当雷达探测到两个散射体时，计算 SCR；（b）当只探测到第一个散射体时，计算 SCR。假设反射系数为-1，$\sigma° = -30$ dB。

9.5 某部雷达的距离分辨率为 300 m，正在观测一排高塔处（每个塔的雷达截面积 $\sigma_{tower} = 10^6$ m²）的目标。如果目标的雷达截面积 $\sigma_t = 1$ m²，（a）雷达的信噪比应为多少？（b）距离分辨率为 30 m 时，重复（a）的问题。

9.6 证明威布尔分布的 α 由 $\alpha = \dfrac{(\sigma_m°)^b}{\ln 2}$ 给定，式中 $\sigma_m°$ 是 $\sigma°$ 的中位值。

附录 9-A 第 9 章 MATLAB 程序清单

本章提供的 MATLAB 程序只是作为独立的学术工具设计的而没有其他用途。这里代码的编写方式是为了帮助读者更好地理解相关的理论。这些程序不是为任何类型的开环或闭

环仿真研发的。本书中的 MATLAB 程序可通过 CRC 出版社的网站下载，登录 www.crcpress.com 搜索关键字"Mahafza"以定位本书的网页。

MATLAB 函数 "clutter_rcs.m" 程序清单

```
function [sigmaC] = clutter_rcs(sigma0, thetaE, thetaA, SL, range, hr, ht, b,ant_id)
% This unction calculates the clutter RCS and the CNR for a ground based radar.
%%% Inputs
   % sigma0     == clutter back scatterer coefficient   dB
   % thetaE     == antenna 3dB elevation beamwidth  degrees
   % thetaA     == antenna 3dB azimuth beamwidth    degrees
   % SL         == antenna sidelobe level  dB
   % range      == range; can be a vector or a single value Km
   % hr         == radar height meters
   % ht         == target height    meters
   % b          == bandwidth    Hz
   % ant_id     == 1 for (sin(x)/x)^2 pattern; 2 for Gaussian pattern
%%% Outputs
   % sigmac     == clutter RCS; vector or single value depending on "range" dB
%
thetaA = thetaA * pi /180; % antenna azimuth beamwidth in radians
thetaE = thetaE * pi /180.; % antenna elevation beamwidth in radians
re = 6371000; % earth radius in meter
rh = sqrt(8.0*hr*re/3.); % range to horizon in meters
SLv = 10.0^(SL/10); % radar rms sidelobes in volts
sigma0v = 10.0^(sigma0/10); % clutter backscatter coefficient
deltar = 3e8 / 2 / b; % range resolution for unmodulated pulse
range_m = 1000 .* range;  % range in meters
thetar = asin(hr ./ range_m);
thetae = asin((ht-hr) ./ range_m);
propag_atten = 1. + ((range_m ./ rh).^4); % propagation attenuation due to round earth
Rg = range_m .* cos(thetar);
deltaRg = deltar .* cos(thetar);
theta_sum = thetae + thetar;
% use sinc^2 antenna pattern when ant_id=1
% use Gaussian antenna pattern when ant_id=2
if(ant_id ==1) % use sinc^2 antenna pattern
   ant_arg = (theta_sum ) ./ (pi*thetaE);
   gain = (sinc(ant_arg)).^2;
else
   gain = exp(-2.776 .*(theta_sum./thetaE).^2);
end
% compute sigmac
sigmac = (sigma0v .* Rg .* deltaRg) .* (pi * SLv * SLv + thetaA .* gain.^2) ./ propag_atten;
sigmaC = 10*log10(sigmac);
figure
plot(range, sigmaC,'linewidth',1.5)
grid
xlabel('\bfSlant Range in Km')
ylabel('\bfClutter RCS in dBsm')
```

MATLAB 程序 "Fig9_9_10.m" 清单

```
% Use this code to generate Fig. 9.9 or Fig 9.10 of text
clc
clear all
```

```
close all
k = 1.38e-23; % Boltzman's constant
pt = 45e3;
theta_AZ = 1.5;
theta_EL = 2;
F = 6;
L = 10;
tau = 1e-6;
B = 1/tau;
sigmat = -10;
sigmma0 = -20;
SL = -25;
hr = 3;
ht = 150;
f0 = 5e9;
lambda = 3e8/f0;
range = linspace(2,45, 120);
[sigmmaC] = clutter_rcs(sigmma0, theta_EL, theta_AZ, SL, range, hr, ht, B,1);
sigmmaC = 10.^(sigmmaC./10);
range_m = 1000 .* range;
F = 10.^(F/10); % noise figure is 6 dB
T0 = 290; % noise temperature 290K
g = 26000 /theta_AZ /theta_EL; % antenna gain
Lt = 10.^(L/10); % total radar losses 13 dB
sigmat = 10^(sigmat/10)
CNR = pt*g*g*lambda^2 .* sigmmaC ./ ((4*pi)^3 .* (range_m).^4 .* k*T0*F*Lt*B); % CNR
SNR = pt*g*g*lambda^2 .* sigmat ./ ((4*pi)^3 .* (range_m).^4 .* k*T0*F*L*B); % SNR
SCR = SNR ./ CNR; % Signal to clutter ratio
SIR = SNR ./ (1+CNR); % Signal to interference ratio
figure(2)
subplot(3,1,1)
plot(range,10*log10(SNR),'linewidth',1.5);
ylabel('\bfSNR in dB');
grid on;
axis tight
subplot(3,1,2)
plot(range,10*log10(CNR),'linewidth',1.5);
ylabel('\bfCNR in dB');
grid on;
axis tight
subplot(3,1,3)
plot(range,10*log10(SCR),'linewidth',1.5);
ylabel('\bfSCR in dB') ;
grid on;
axis tight
xlabel('\bfRange in Km')
```

MATLAB 程序"*Fig9_12_13.m*"清单

```
% Use this code to generate Fig. 9.12 or 9. 13 of text
clear all
close all
k = 1.38e-23; % Boltzmann's constant
T0 = 290; % degrees Kelvin
ant_id = 2; % use 1 for sin(x)/x antenna pattern and use 2 for Gaussian pattern
theta_ref = 0.75; % reference angle of radar antenna in degrees
re = 6371000 * 4 /3; %4 3rd earth radius in Km
```

```
c = 3e8; % speed of light
theta_EL = 1.5; % Antenna elevation beamwidth in degrees
theta_AZ = 2; % Antenna azimuth beamwidth in degrees
SL_dB = -25; % Antenna RMS sidelobe level
hr = 3; % Radar antenna hieght in meters
ht = 150; % Target hieght in meters
Sigmmat = -10; % Target RCS in dB
Sigmma0 = -20; % Clutter backscatter coefficient
P = 45e3; % Radar peak power in Watts
tau = 1e-6; % Pulse width (unmodulated)
fr = 50e3; % PRF in Hz
f0 = 5e9; % Radar center frequency
F = 6; % Noise figure in dB
L = 10; % Radar losses in dB
lambda = c /f0;
SL = 10^(SL_dB/10);
sigmma0 = 10^(Sigmma0/10);
F = 10^(F/10);
L = L^(L/10);
sigmmat = 10^(Sigmmat/10);
T = 1/fr; % PRI
B = 1/tau; % Bandwidth
delr = c * tau /2; % Range resolution;
Rh = sqrt(2*re*hr); % Range to Horizon
R1 = [2*delr:delr:c/2*(T-tau)];
Rclut = sqrt(R1.^2 + hr^2); % Range to clutter patches
G = 26000 /theta_EL /theta_AZ; %Antenna gain
for j = 0:40
    Rtgt = [c/2*(j*T+2*tau):delr:c/2*((j+1)*T-tau)];
    thetaR = asin(hr./Rclut); % Elevation angle from radar to clutter patch where traget is present
    thetae = theta_ref *pi/180;
    d = Rclut .* cos(thetaR); % Ground range to center of clutter at range Rclut
    del_d = delr .* cos(thetaR);
    % claculte clutter RCS
    theta_sum = thetaR+thetae;
    if(ant_id ==1) % use sinc^2 antenna pattern
        ant_arg = ( theta_sum ) ./ (pi*theta_EL/180);
        gain = (sinc(ant_arg)).^2;
    else
        gain = exp(-2.776 .*(theta_sum./(pi*theta_EL/180)).^2);
    end
    % clutter RCS
    sigmmac = (pi*SL^2+(theta_AZ*pi/180).*gain.*sigmma0.*d.*del_d) ./ (1+(Rclut/Rh).^4);
    CNR = P*G*G*lambda^2 .* sigmmac ./ ((4*pi)^3 .* Rclut.^4 .* k*T0*F*L*B); % CNR
    SNR = P*G*G*lambda^2 .* sigmmat ./ ((4*pi)^3 .* Rtgt.^4 .* k*T0*F*L*B); % SNR
    SCR = SNR ./ CNR; % Signal to clutter ratio
    SIR = SNR ./ (1+CNR); % Signal to interfernce ratio
    figure(2)
    subplot(4,1,1), hold on
    plot(Rtgt/1000,10*log10(SNR),'linewidth',1.5);
    ylabel('\bfSNR in dB');
grid on
    subplot(4,1,2), hold on
    plot(Rtgt/1000,10*log10(CNR),'linewidth',1.5);
    ylabel('\bfCNR in dB');
```

```
grid on
    subplot(4,1,3), hold on
    plot(Rtgt/1000,10*log10(SCR),'linewidth',1.5);
    ylabel('\bfSCR in dB') ;
grid on
    subplot(4,1,4), hold on
    plot(Rtgt/1000,10*log10(SIR),'linewidth',1.5);
    xlabel('\bfRange in Km')
    ylabel('\bfSIR in dB');
grid on
  end
subplot(4,1,1)
axis([0 50 -10 100])
subplot(4,1,2)
axis([0 50 60 110]);
subplot(4,1,3)
axis([0 50 -110 0])
subplot(4,1,4)
axis([0 50 -110 0])
```

MATLAB 程序"*Fig9_14.m*"清单

```
% reproduce Fig 9.14 of text
clc
clear all
close all
P = linspace(.001,.999,10000);
sigmam = -47.75;
a =3.3
sigmao = sigmam + 1.5917 * a + 10 * a .* log10(-log((1-P)));
figure
index = find (P >=.2 & P <=.9);
plot(sigmao(index),P(index),'k','linewidth',1.5)
hold on
sigmam = -38.;
a =1.75
sigmao = sigmam + 1.5917 * a + 10 * a .* log10(-log((1-P)));
index = find (P >=.20 & P <=.9);
plot(sigmao(index),P(index),'k:','linewidth',1.5)
sigmam = -29.8;
a =1.1
sigmao = sigmam + 1.6917 * a + 10 * a .* log10(-log((1-P)));
index = find (P >=.2 & P <=.9);
plot(sigmao(index),P(index),'k-.','linewidth',1.5);
hold off
axis([-75 0 0 1])
legend('a=3.3','a=1.75','a=1.1')
xlabel('\bf\sigma^o - Backscatter coefficient - dB')
ylabel('\bf Probability of clutter density is less than \sigma^o')
grid on
```

第10章 动目标显示（MTI）和脉冲多普勒雷达

10.1 杂波功率谱密度

杂波主要包括相对雷达有限运动的多余静态地面反射波。因此，其功率频谱密度集中在 $f=0$ 周围。然而，由于总杂波扩展 σ_f 并不经常为零 [在第9章推导，为方便起见在此用方程（10.1）重复给出]，所以杂波实际上表现了一定的多普勒频展。总杂波扩展用 σ_f 表示，由下式给出：

$$\sigma_f^2 = \sigma_v^2 + \sigma_s^2 + \sigma_w^2 \tag{10.1}$$

σ_v 表示由于平台运动产生的杂波扩展，σ_s 表示天线转速，σ_w 表示由于风产生的杂波扩展。

杂波功率频谱可以写为固定（静态）和随机（由于频率扩展）部分的和，如下所示：

$$S_c(f) = \frac{P_c}{T\sigma_f\sqrt{2\pi}} \sum_{k=-\infty}^{\infty} \exp\left(-\frac{(f-k/T)^2}{2\sigma_f^2}\right) \tag{10.2}$$

式中，T 为 PRI（例如 $1/f_r$，f_r 是 PRF），P_c 是杂波功率或杂波平方值，σ_f 是方程（10.1）中定义的杂波谱扩展参数。如方程（10.2）清晰所示，杂波 PSD 是按周期 f_r 而周期变化的。此外，杂波 PSD 延展到 PRF 的每个整数倍。必须注意，这种延展相对较小，因此关系式 $\sigma_f \ll f_r$ 经常为真。均方值可由下式计算：

$$P_c = T \int_{-f_r/2}^{f_r/2} S_c(f) df \tag{10.3}$$

用 $S_{c0}(f)$ 表示方程（10.2）（$k=0$）的中心部分，P_c 则可用下式表示：

$$P_c = T \int_{-\infty}^{\infty} S_{c0}(f) df \tag{10.4}$$

式中，$S_{c0}(f)$ 是下式给出的高斯形函数：

$$S_{c0}(f) = \frac{k}{\sigma_f\sqrt{2\pi}} \exp\left(-\frac{f^2}{2\sigma_f^2}\right) \tag{10.5}$$

且 $k = P_c/T$。

10.2 动目标显示（MTI）的概念

杂波频谱一般集中在 DC（$f=0$）和雷达 PRF f_r 的整数倍周围，如图10.1（a）所示。在

第 10 章 动目标显示(MTI)和脉冲多普勒雷达

连续波雷达中，由于大多数杂波功率集中在零频带附近，通过忽略 DC 附近的接收机输出，则可以避免杂波或将其抑制掉。脉冲雷达系统则可使用特殊的滤波器来将慢速运动（或固定）目标与快速移动目标区分开来。这类滤波器称为动目标显示器（MTI）。简单地说，MTI 滤波器的目的就是抑制掉杂波所生成的像目标似的一些回波，并让动目标回波没有损失地（或损失很小地）通过滤波器。为了有效地抑制掉杂波回波，MTI 滤波器在 DC 和 PRF 整数倍处必须有一个很深的阻带。图10.2（b）给出了一个典型的 MTI 滤波器响应图，图10.2（c）则给出了以图10.2（a）中的 PSD 为输入时的输出图。

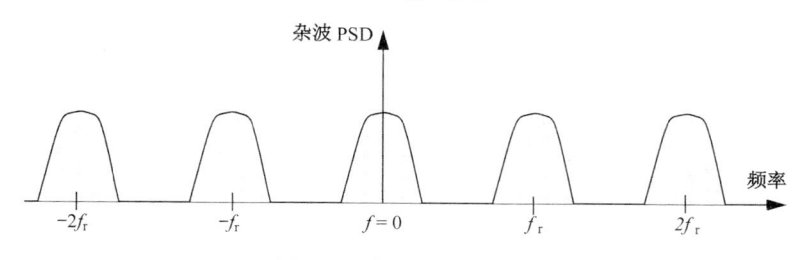

图 10.1 典型的杂波 PSD

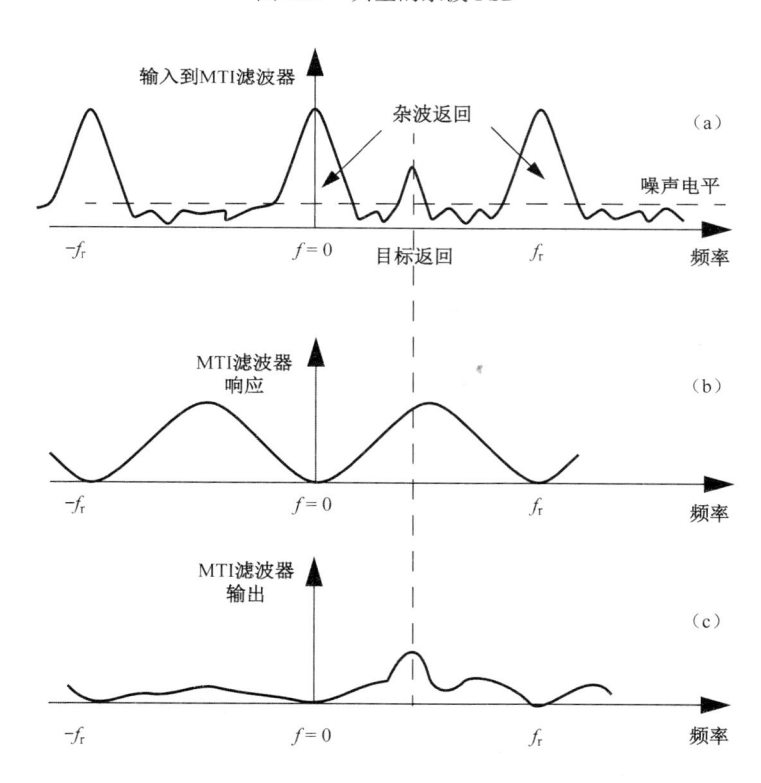

图 10.2 （a）杂波和目标都存在时典型雷达回波的 PSD；
（b）MTI 滤波器频率响应；（c）MTI 滤波器的输出

MTI 滤波器可以用延迟线对消器来实现。在本章的后面我们将证明，此类 MTI 滤波器的频率响应是周期性的，零值在 PRF 的整数倍上。因此，多普勒频率等于 nf_r 的目标会出现很大衰减。由于多普勒频率与目标速度成正比（$f_d = 2v/\lambda$），所以产生多普勒频率为 f_r 整数倍的目标速度称为盲速。更准确地说，

$$v_{\text{blind}} = (n\lambda f_r)/2; \quad n \geq 0 \tag{10.6}$$

雷达系统可采用下面的方法来使盲速出现的可能性降到最低：使用多个 PRF 方案（PRF 参差）或使用高 PRF（这种情况下，雷达会出现距离模糊）。PRF 参差和 PRF 捷变的主要区别在于，对于 PRF 参差情况，在脉冲重复周期内（一个完整的积累周期内）的 PRF 可以在连续的脉冲之间变化。

10.2.1 单延迟线对消器

单延迟线对消器可以用图 10.3 所示的方法来实现。对消器的脉冲响应表示为 $h(t)$。输出 $y(t)$ 等于脉冲响应 $h(t)$ 和输入 $x(t)$ 之间的卷积。由于单延迟线对消器在读出输出前需要有两个不同的输入脉冲，因而经常称其为"双脉冲对消器"。

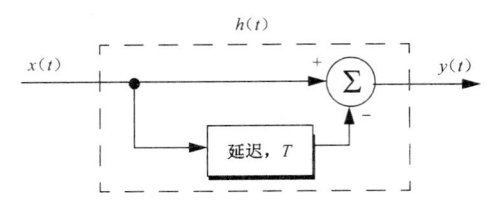

图 10.3 单延迟线对消器

延迟 T 等于雷达的 PRI（$1/f_r$）。输出信号 $y(t)$ 为

$$y(t) = x(t) - x(t-T) \tag{10.7}$$

对消器的脉冲响应由下式给出：

$$h(t) = \delta(t) - \delta(t-T) \tag{10.8}$$

式中，$\delta(\ )$ 为 δ 函数。由此可以得到 $h(t)$ 的傅里叶变换（FT）为

$$H(\omega) = 1 - e^{-j\omega T} \tag{10.9}$$

式中，$\omega = 2\pi f$。在 z 域，单延迟线对消器响应为

$$H(z) = 1 - z^{-1} \tag{10.10}$$

单延迟线对消器的功率增益为

$$|H(\omega)|^2 = H(\omega)H^*(\omega) = (1-e^{-j\omega T})(1-e^{j\omega T}) \tag{10.11}$$

由此

$$|H(\omega)|^2 = 1 + 1 - (e^{j\omega T} + e^{-j\omega T}) = 2(1-\cos\omega T) \tag{10.12}$$

使用三角恒等式 $(2-2\cos 2\vartheta) = 4(\sin\vartheta)^2$，得到

$$|H(\omega)|^2 = 4(\sin(\omega T/2))^2 \tag{10.13}$$

MATLAB 函数"single_canceler.m"

函数"single_canceler.m"计算并绘制（作为 f/f_r 函数）单延迟线对消器的幅度响应。语法如下：

$$[resp]=single\_canceler(fofr)$$

其中"fofr"为所期望的周期数目，可参考附录 10-A。

单延迟线对消器的幅度频率响应如图 10.4 所示。很明显，单个对消器的频率响应以 f_r 为周期而周期性变化。当 $f = (2n+1)/(2f_r)$ 时，出现峰值；而当 $f = nf_r$ 时出现零值，其中 $n \geqslant 0$。在大多数雷达应用中，单个对消器的响应无法让人接受，原因在于其阻带没有宽的槽口。双延迟线对消器无论在阻带还是通带上都有较好的响应，因而比单个对消器得到了更广泛的应用。本书中，"单延迟线对消器"和"单对消器"这两个名称将交替使用。

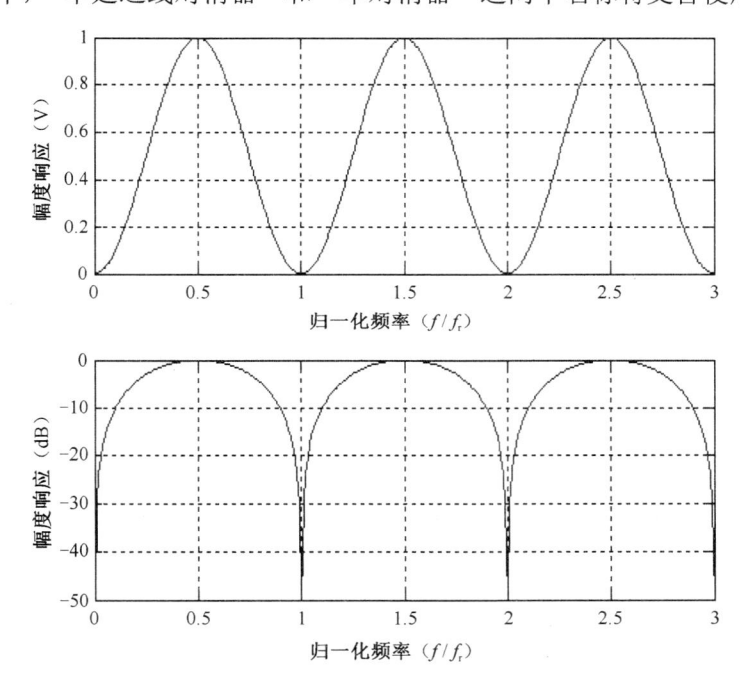

图 10.4 单对消器频率响应

10.2.2 双延迟线对消器

图 10.5 给出了双延迟线对消器的两种基础结构。双对消器常称为"三脉冲对消器"，原因是在读出输出之前，它们需要 3 个不同的输入脉冲。双延迟线对消器脉冲响应由下式给出：

$$h(t) = \delta(t) - 2\delta(t-T) + \delta(t-2T) \tag{10.14}$$

再次说明一下，"双延迟线对消器"和"双对消器"这两个名字在本书中将交替着使用。双延迟线对消器的功率增益为

$$|H(\omega)|^2 = |H_1(\omega)|^2 |H_1(\omega)|^2 \tag{10.15}$$

式中，$|H_1(\omega)|^2$ 为式（10.13）中给出的单延迟线对消器的功率增益。由此得到

$$|H(\omega)|^2 = 16\left(\sin\left(\omega\frac{T}{2}\right)\right)^4 \tag{10.16}$$

在Z域，我们有

$$H(z) = (1-z^{-1})^2 = 1 - 2z^{-1} + z^{-2} \tag{10.17}$$

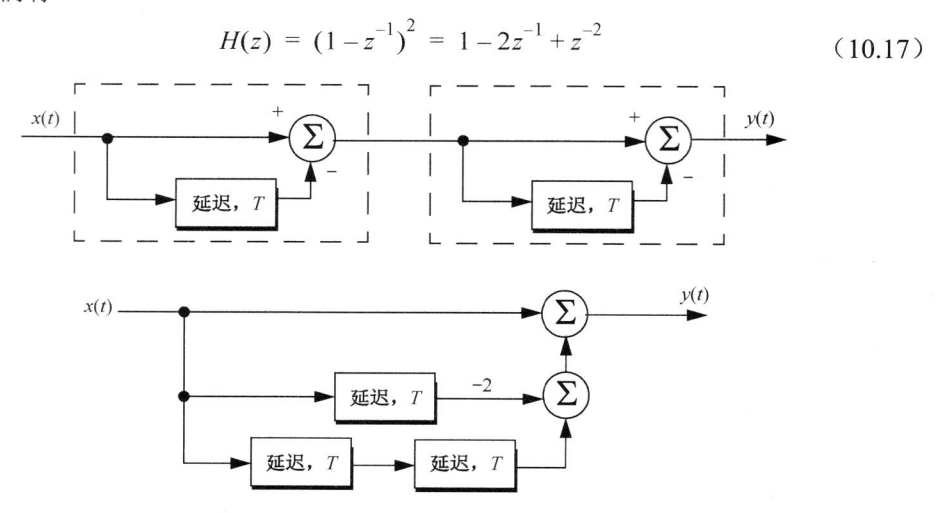

图10.5 双延迟线对消器的两种结构

MATLAB 函数 "double_canceler.m"

函数 "double_canceler.m" 计算并绘制（作为 f/f_r 函数）单延迟线对消器的幅度响应，语法如下：

$$[resp]=double\_canceler(fofr)$$

其中 fofr 为所期望的周期数。该函数的典型输出示于图10.6。值得注意的是，双对消器比单对消器具有更好的响应（更深的槽口和更平的通带响应）。该函数列在附录10-A中。

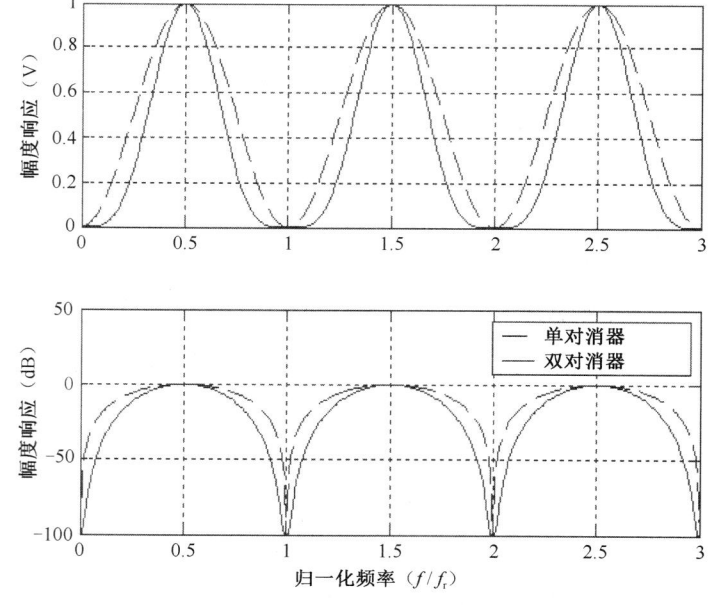

图10.6 单/双对消器的归一化频率响应

10.2.3 带有反馈回路（递归滤波器）的延迟线

带有反馈回路的延迟线对消器称为递归滤波器。递归滤波器的优点是，通过反馈回路，我们可以改变滤波器的频率响应形状。例如，考虑图 10.7 中的单对消器。根据图，我们可写出

$$y(t) = x(t) - (1-K)w(t) \tag{10.18}$$

$$v(t) = y(t) + w(t) \tag{10.19}$$

$$w(t) = v(t-T) \tag{10.20}$$

将 z 变换用于上面三个方程得到

$$Y(z) = X(z) - (1-K)W(z) \tag{10.21}$$

$$V(z) = Y(z) + W(z) \tag{10.22}$$

$$W(z) = z^{-1}V(z) \tag{10.23}$$

解转换函数 $H(z) = Y(z)/X(z)$ 得到

$$H(z) = \frac{1-z^{-1}}{1-Kz^{-1}} \tag{10.24}$$

$H(z)$ 的模平方这时等于

$$|H(z)|^2 = \frac{(1-z^{-1})(1-z)}{(1-Kz^{-1})(1-Kz)} = \frac{2-(z+z^{-1})}{(1+K^2)-K(z+z^{-1})} \tag{10.25}$$

使用变换 $z = e^{j\omega T}$ 得到

$$z + z^{-1} = 2\cos\omega T \tag{10.26}$$

因此，方程（10.24）现在可重写成

$$|H(e^{j\omega T})|^2 = \frac{2(1-\cos\omega T)}{(1+K^2) - 2K\cos(\omega T)} \tag{10.27}$$

需要注意的是，当 $K = 0$ 时，方程（10.27）成为方程（10.11）（单延迟线对消器）。图10.8 给出了 $K = 0.25, 0.7, 0.9$ 时方程（10.27）的图。很明显，改变增益因子 K 可控制滤波器响应。该图可以利用列在附录 10-A 中的 MATLAB 程序 "*Fig10_8.m*" 重新生成。

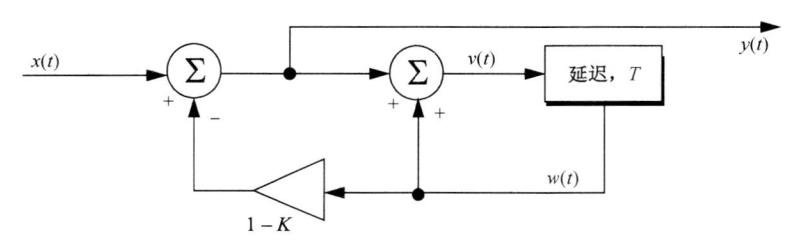

图 10.7 MTI 递归滤波器

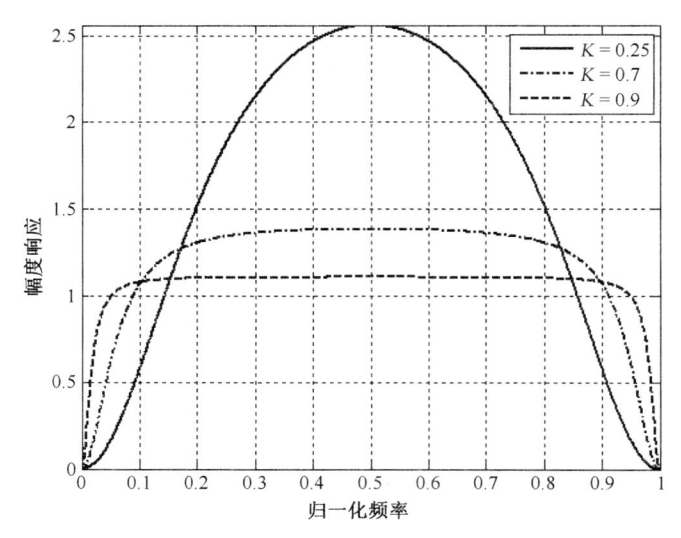

图 10.8　对应方程（10.27）的频率响应

为了避免正反馈引起的振荡，K 值应小于 1。$(1-K)^{-1}$ 的值一般等于从目标所接收到的脉冲数。例如，$K = 0.9$ 对应 10 个脉冲，而 $K = 0.98$ 则对应约 50 个脉冲。

10.3　PRF 参差

对应 PRF 的整数倍的目标速度称为盲速。该术语用于在这些值上的 MTI 滤波器响应等于零时。盲速会对 MTI 雷达的性能产生很大的制约，也会对其精确探测目标的能力产生影响。使用 PRF 捷变（通过改变连续脉冲间的脉冲重复周期）可以将第一个盲速扩大到可以接受的范围。为了展示 PRF 参差技术是如何减轻盲速问题的，我们首先假设用两个具有不同 PRF 的雷达进行探测。由于盲速与 PRF 成正比，所以两部雷达的盲速不同。但是，采用两部雷达来减轻盲速问题时代价太高，而一个比较实用的方法则是使用有两个或更多不同 PRF 的单部雷达。

例如，考虑有两个脉间周期 T_1 和 T_2 的雷达系统，有

$$\frac{T_1}{T_2} = \frac{n_1}{n_2} \qquad (10.28)$$

式中，n_1 和 n_2 为整数。当下式成立时，会出现第一个真正的盲速：

$$\frac{n_1}{T_1} = \frac{n_2}{T_2} \qquad (10.29)$$

图 10.9 给出了 $n_1 = 4$ 和 $n_2 = 5$ 的情况。本图可以使用附录 10-A 中列出的 MATLAB 程序"*Fig10_9.m*"重新生成。

比值：

$$k_s = n_1/n_2 \qquad (10.30)$$

称为参差比。使用接近 1 的参差比，可以将第一个真正的盲速进一步向外推移。但是，$1/T_1$ 附近的坑变得更深。一般来说，如果 N 个 PRF 有如下关系：

第10章 动目标显示(MTI)和脉冲多普勒雷达

$$\frac{n_1}{T_1} = \frac{n_2}{T_2} = \cdots = \frac{n_N}{T_N} \tag{10.31}$$

且如果任意单个 PRF 所产生的第一个盲速为 $v_{\text{blind}1}$，则参差波形的第一个真正盲速为

$$v_{\text{blind}} = \frac{n_1 + n_2 + \cdots + n_N}{N} v_{\text{blind}1} \tag{10.32}$$

为了更好地判定参差 PRF 的 MTI 滤波器的频率响应，研究一个 PRF 为 2（或同样的两个 PRI，T_1 和 T_2）的三脉冲对消器。在这种情况中，脉冲响应由下式给出：

$$h(t) = [\delta(t) - \delta(t - T_1)] - [\delta(t - T_1) - \delta(t - T_1 - T_2)] \tag{10.33}$$

也可以写为

$$h(t) = \delta(t) - 2\delta(t - T_1) + \delta(t - T_1 - T_2) \tag{10.34}$$

注意，PRF 参差需要两个 PRF 中的最小值。

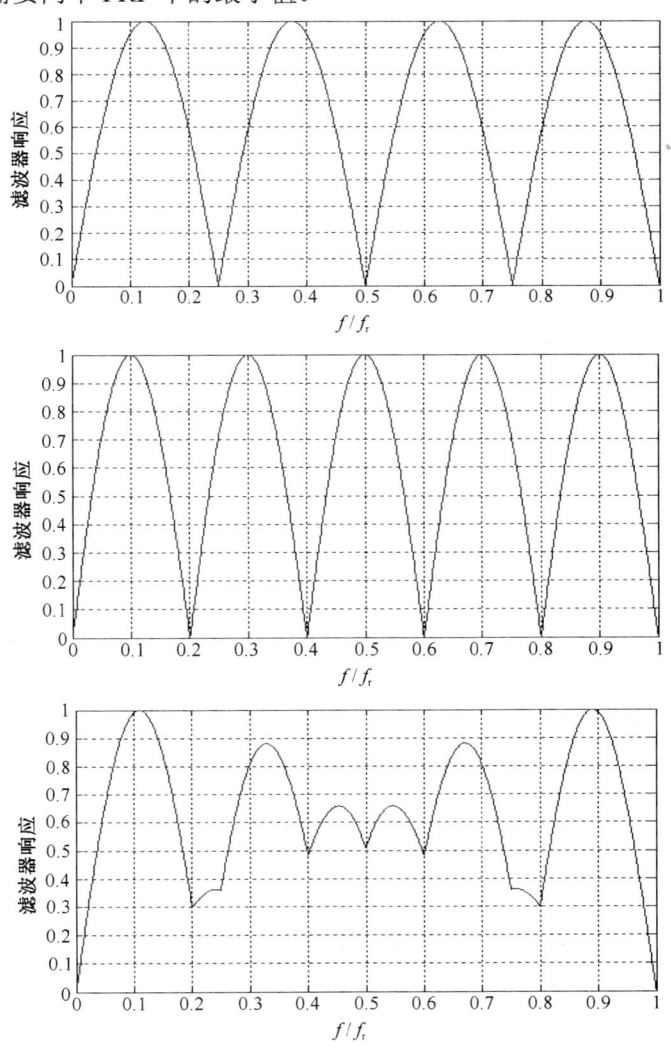

图 10.9 单对消器的频率响应（上图对应 T_1，中图对应 T_2，下图对应 $T_1/T_2 = 4/3$）

在方程（10.34）中更改变量 $u = t - T_1$，得到下式：

$$h(u + T_1) = \delta(u + T_1) - 2\delta(u) + \delta(u - T_2) \tag{10.35}$$

则对方程（10.35）中的脉冲响应进行 Z 变换：

$$H(z)z^{-T_1} = z^{T_1} - 2 + z^{-T_2} \tag{10.36}$$

参差双延迟线对消器的幅度频率响应由下式给出：

$$|H(z)|^2 \Big|_{z = e^{j\omega T}} = (z^{T_1} - 2 + z^{-T_2})(z^{-T_1} - 2 + z^{T_2}) \tag{10.37}$$

在方程（10.37）中进行代数处理并使用 t 三角恒等式 $(e^{j\omega T} + e^{-j\omega T}) = 2\cos\omega T$ 得到

$$|H(\omega)|^2 = 6 - 4\cos(2\pi f T_1) - 4\cos(2\pi f T_2) + 2\cos(2\pi f(T_1 + T_2)) \tag{10.38}$$

按惯例对幅度频率响应进行归一化得到

$$|H(\omega)|^2 = 1 - \frac{2}{3}\cos(2\pi f T_1) - \frac{2}{3}\cos(2\pi f T_2) + \frac{1}{3}\cos(2\pi f(T_1 + T_2)) \tag{10.39}$$

为了判定较高参差比 MTI 滤波器的特性，采用多个 MTI 滤波器的方法，每个滤波器都是两个参差 PRF 的结合。则总滤波器响应计算为所有单个滤波器的平均值。例如，考虑一种情况，PRI 为 T_1、T_2、T_3 和 T_4 的一种 PRF 参差。首先使用 T_1 和 T_2 计算滤波器响应，用 H_1 表示。随后，使用 T_2 和 T_3 计算 H_2，用 T_3 和 T_4 计算滤波器 H_3，用 T_1 和 T_4 计算滤波器 H_4。最后计算总响应如下：

$$H(f) = \frac{1}{4}[H_1(f) + H_2(f) + H_3(f) + H_4(f)] \tag{10.40}$$

图 10.10 给出了一种 4 参差比的 MTI 滤波器响应。总响应计算为 4 个单独滤波器的平均值，每个滤波器对应于一个参差比的组合。图的顶部使用的是 2 脉冲单独 MTI 滤波器，图的底部使用的是 4 脉冲单独 MTI 滤波器。本图可用列在附录 10-A 中的 MATLAB 程序 "*Fig10_10.m*" 重新生成。

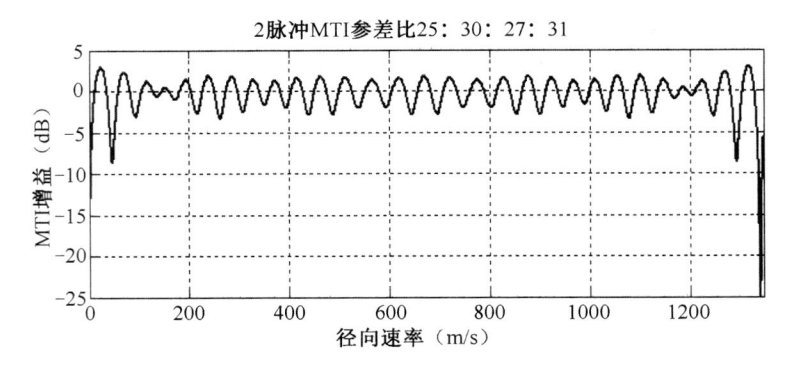

图 10.10 带 PRF 参差的 MTI 响应

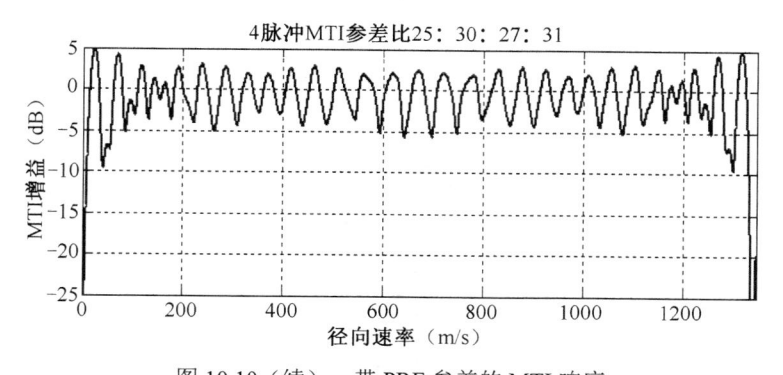

4脉冲MTI参差比25：30：27：31

图10.10（续） 带PRF参差的MTI响应

10.4 MTI改善因子

本节中，我们将介绍常用来说明MTI系统性能的两个量，它们是"杂波衰减"（CA）和MTI"改善因子"。MTI杂波衰减定义为MTI滤波器输入杂波功率 C_i 与输出杂波功率 C_o 的比值：

$$\text{CA} = C_i / C_o \tag{10.41}$$

MTI改善因子定义为输出端的信杂比（SCR）与输入端的信杂比的比值：

$$I = \left(\frac{S_o}{C_o}\right) \bigg/ \left(\frac{S_i}{C_i}\right) \tag{10.42}$$

它可以重写成

$$I = \frac{S_o}{S_i} \text{CA} \tag{10.43}$$

比值 S_o/S_i 是MTI滤波器的平均功率增益，等于 $|H(\omega)|^2$。本节中，使用高斯状功率谱，我们推导出改善因子的一个闭合表达式。高斯状功率谱由下式给出：

$$S(f) = \frac{P_c}{\sqrt{2\pi}\sigma_f} \exp(-f^2/2\sigma_f^2) \tag{10.44}$$

式中，P_c 为杂波功率（恒定），σ_f 为杂波频率的均方根［它描述为频域上杂波谱是扩展的，见方程（10.1）］。

MTI滤波器输入端的杂波功率为

$$C_i = \int_{-\infty}^{\infty} \frac{P_c}{\sqrt{2\pi}\,\sigma_f} \exp\left(-\frac{f^2}{2\sigma_f^2}\right) df \tag{10.45}$$

提出常数 P_c 得到

$$C_i = P_c \int_{-\infty}^{\infty} \frac{1}{\sqrt{2\pi}\sigma_f} \exp\left(-\frac{f^2}{2\sigma_f^2}\right) df \tag{10.46}$$

则得到

$$C_i = P_c \tag{10.47}$$

MTI 输出端的杂波功率为

$$C_o = \int_{-\infty}^{\infty} S(f)|H(f)|^2 \, df \tag{10.48}$$

10.4.1 2 脉冲 MTI 形式

在本节，我们将用单延迟线对消器继续进行分析。单延迟线对消器的频率响应如下：

$$|H(f)|^2 = 4\left(\sin\left(\frac{\pi f}{f_r}\right)\right)^2 \tag{10.49}$$

由此得出

$$C_o = \int_{-\infty}^{\infty} \frac{P_c}{\sqrt{2\pi}\,\sigma_f} \exp\left(-\frac{f^2}{2\sigma_f^2}\right) 4\left(\sin\left(\frac{\pi f}{f_r}\right)\right)^2 df \tag{10.50}$$

既然杂波功率只对小的 f 较大，则 f/f_r 的比值非常小。因此，使用小角度近似，方程（10.50）可近似为

$$C_o \approx \int_{-\infty}^{\infty} \frac{P_c}{\sqrt{2\pi}\,\sigma_f} \exp\left(-\frac{f^2}{2\sigma_f^2}\right) 4\left(\frac{\pi f}{f_r}\right)^2 df \tag{10.51}$$

可以重写成

$$C_o = \frac{4P_c \pi^2}{f_r^2} \int_{-\infty}^{\infty} \frac{1}{\sqrt{2\pi\sigma_f^2}} \exp\left(-\frac{f^2}{2\sigma_f^2}\right) f^2 \, df \tag{10.52}$$

方程（10.52）中的积分项为零平均高斯分布（方差为 σ_f^2）的二阶矩。将方程（10.52）中的积分项换成 σ_f^2，得到

$$C_o = \frac{4P_c \pi^2}{f_r^2} \sigma_f^2 \tag{10.53}$$

将方程（10.53）和方程（10.47）代入方程（10.41）得

$$CA = \frac{C_i}{C_o} = \left(\frac{f_r}{2\pi\sigma_f}\right)^2 \tag{10.54}$$

由此，单对消器的改善因子为

第 10 章 动目标显示(MTI)和脉冲多普勒雷达

$$I = \left(\frac{f_r}{2\pi\sigma_f}\right)^2 \frac{S_o}{S_i} \tag{10.55}$$

单对消器的功率增益比（记住：$|H(f)|$ 以周期 f_r 成周期性变化）为

$$\frac{S_o}{S_i} = |H(f)|^2 = \frac{1}{f_r}\int_{-f_r/2}^{f_r/2} 4\left(\sin\frac{\pi f}{f_r}\right)^2 df \tag{10.56}$$

使用三角恒等式 $(2-2\cos 2\vartheta) = 4(\sin\vartheta)^2$，得到

$$|H(f)|^2 = \frac{1}{f_r}\int_{-f_r/2}^{f_r/2}\left(2-2\cos\frac{2\pi f}{f_r}\right)df = 2 \tag{10.57}$$

可以得到

$$I = 2(f_r/2\pi\sigma_f)^2 \tag{10.58}$$

方程（10.58）是一个近似表达式，只对 $\sigma_f \ll f_r$ 成立。如果 $\sigma_f \ll f_r$ 的条件不成立，则为了推导出改善因子的准确表达式，必须使用自相关函数。此外，当考虑方程（10.1）时（例如考虑天线转速、风和平台运动），改善因子由于 σ_f 的变大而变小。

例： 某雷达的 $f_r = 800$ Hz。如果杂波均方根为 $\sigma_f = 6.4$ Hz，若使用单延迟线对消器，计算出改善因子。

解： 杂波衰减 CA 为

$$CA = \left(\frac{f_r}{2\pi\sigma_f}\right)^2 = \left(\frac{800}{(2\pi)(6.4)}\right)^2 = 395.771 = 25.974 \text{ dB}$$

且由于 $S_o/S_i = 2 = 3$ dB，所以我们得到

$$I_{dB} = (CA + S_o/S_i)_{dB} = 3 + 25.97 = 28.974 \text{ dB}$$

10.4.2 通用形式

n 脉冲的 MTI ［方程（10.58）给出的为 2 脉冲形式］改善因子的通用表达式如下：

$$I = \frac{1}{Q^2(2(n-1)-1)!!}\left(\frac{f_r}{2\pi\sigma_f}\right)^{2(n-1)} \tag{10.59}$$

式中双阶乘符号定义为

$$(2n-1)!! = 1 \times 3 \times 5 \times \cdots \times (2n-1) \tag{10.60}$$

$$(2n)!! = 2 \times 4 \times \cdots \times 2n \tag{10.61}$$

当然 $0!! = 1$；Q 定义为

$$Q^2 = 1 / \left(\sum_{i=1}^{n} A_i^2 \right) \tag{10.62}$$

式中，A_i 为 MTI 滤波器的二项式系数。可以得出 2 脉冲、3 脉冲、4 脉冲的 Q^2 分别为

$$\left\{ \frac{1}{2}, \frac{1}{20}, \frac{1}{70} \right\} \tag{10.63}$$

利用这个阶乘，3 脉冲、4 脉冲 MTI 的改善因子分别给出为

$$I_{3\text{脉冲}} = 2 \left(\frac{f_r}{2\pi \sigma_t} \right)^4 \tag{10.64}$$

$$I_{4\text{脉冲}} = \frac{4}{3} \left(\frac{f_r}{2\pi \sigma_t} \right)^6 \tag{10.65}$$

10.5 杂波下的可见度（SCV）

对某些探测概率和虚警概率来说，目标在杂波下的可见度（SCV）是用来描述雷达探测掩埋在强杂波背景中的非固定目标的能力。它也常被用做衡量 MTI 性能的手段。例如，如果雷达的 SCV 为 10 dB，则它能够探测回波只有杂波十分之一的动目标回波。图10.11 给出了 SCV 概念的示意图。

如果雷达系统能够分辨其视界内的强弱杂波区域，则杂波间可见度（ICV）一词用来描述强杂波点之间探测非固定目标的能力。目标在杂波下的可见度（SCV）表示为改善因子与最小 MTI 输出 SCR（对给定的探测概率，进行适当检测所必需的）的比值。更准确地说，

$$\text{SCV} = I / (\text{SCR})_o \tag{10.66}$$

当根据 SCV 来比较不同雷达系统的性能时，应当注意的是，由于杂波功率数量取决于雷达的分辨单元（体积），这一点从一部雷达至另一部雷达是不一样的。因此，只有当不同的雷达具有相同波束宽度和相同的脉冲宽度时，SCV 才可以用做性能对比的依据。

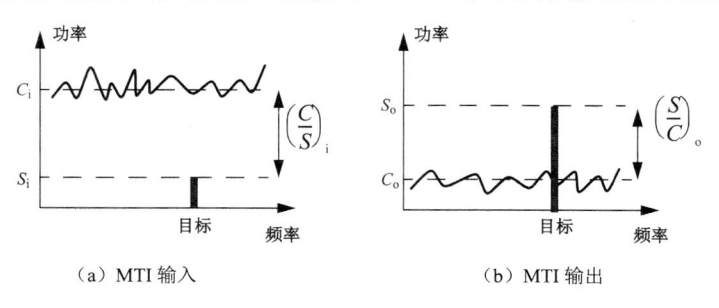

（a）MTI 输入　　　　　　（b）MTI 输出

图 10.11　SCV 示意图

10.6 有最佳权重的延迟线对消器

本章所讨论的延迟线对消器属于横向有限脉冲响应（FIR）系列，众所周知的名字即"抽

头延迟线"滤波器。图10.12给出了一个N级抽头延迟线的实现方法。权重选为使它们是带有交错符号的二项式系数（展开式$(1-x)^N$的系数），则所得的MTI滤波器等效于N级级联单延迟线对消器。图10.13给出了$N=4$的情况。通常，二项式系数由下式给出：

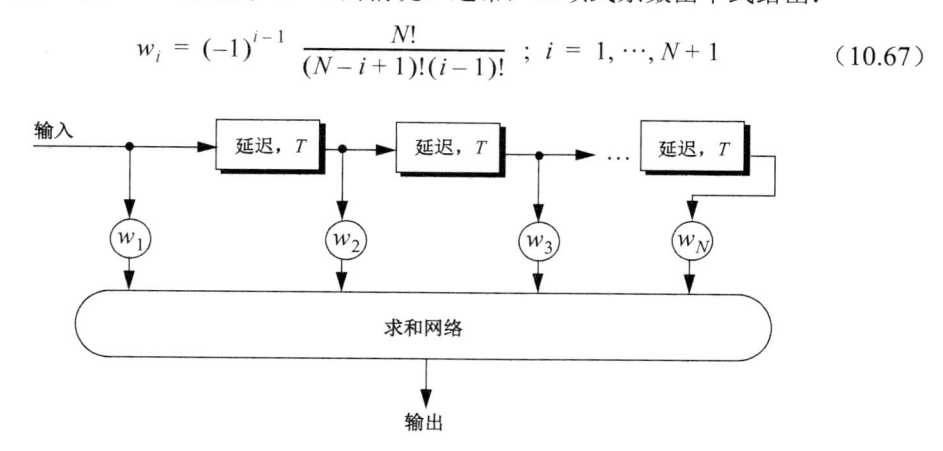

$$w_i = (-1)^{i-1} \frac{N!}{(N-i+1)!(i-1)!} \quad ; \quad i = 1,\cdots,N+1 \quad (10.67)$$

图10.12 N级抽头延迟线滤波器

使用带有交错符号的二项式系数可以产生从改善因子和探测概率最大化的意义来看能精确近似最优滤波器的MTI滤波器。实际上，最优滤波器与带有二项式系数的滤波器的差别很小，因而大多数雷达设计者认为后者是最优的。但是，从改善因子角度来看，最优并不能保证有深的槽口，或在MTI滤波器响应中有平坦的通带。因此，许多研究人员正在研究其他的权重，希望能在DC附近产生较深的槽口及较好的通带响应。

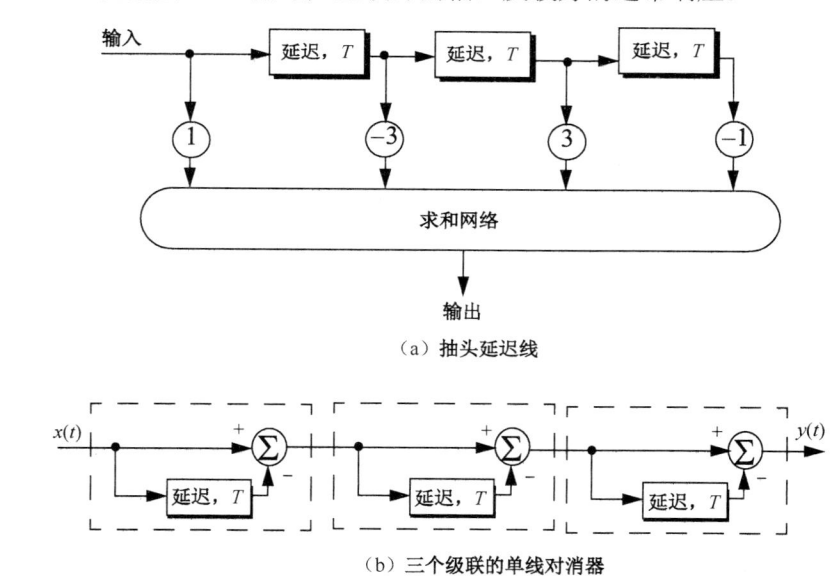

（a）抽头延迟线

（b）三个级联的单线对消器

图10.13 两种等效三延迟线对消器

一般来说，N级延迟线对消器的平均功率增益为

$$\frac{S_o}{S_i} = \prod_{i=1}^{N} |H_1(f)|^2 = \prod_{i=1}^{N} 4\left(\sin\left(\frac{\pi f}{f_r}\right)\right)^2 \quad (10.68)$$

例如，$N=2$（双延迟线对消器）可给出

$$\frac{S_\text{o}}{S_\text{i}} = 16\left(\sin\left(\frac{\pi f}{f_\text{r}}\right)\right)^4 \qquad (10.69)$$

方程（10.69）可重写成

$$\frac{S_\text{o}}{S_\text{i}} = |H_1(f)|^{2N} = 2^{2N}\left(\sin\left(\frac{\pi f}{f_\text{r}}\right)\right)^{2N} \qquad (10.70)$$

如方程（10.70）所示，N 级延迟线对消器的盲速与单对消器相同。由此可以得出，盲速与所用对消器数量没有关系。可以证明方程（10.70）可写成

$$\frac{S_\text{o}}{S_\text{i}} = 1 + N^2 + \left(\frac{N(N-1)}{2!}\right)^2 + \left(\frac{N(N-1)(N-2)}{3!}\right)^2 + \cdots \qquad (10.71)$$

N 级抽头延迟线对消器改善因子的一般表达式为

$$I = \frac{(S_\text{o}/S_\text{i})}{\displaystyle\sum_{k=1}^{N}\sum_{j=1}^{N} w_k w_j^* \rho\left(\frac{(k-j)}{f_\text{r}}\right)} \qquad (10.72)$$

式中，w_k 和 w_j 为抽头延迟线对消器的权重，而 $\rho(k-j)/f_\text{r}$ 为第 k 个和第 j 个采样间的相关系数。例如，$N=2$ 会产生

$$I = \frac{1}{1 - \dfrac{4}{3}\rho T + \dfrac{1}{3}\rho 2T} \qquad (10.73)$$

10.7 脉冲多普勒雷达

脉冲雷达发射和接收一串调制脉冲。距离根据发射和接收脉冲间的往返时延来提取。可有两种方式进行多普勒测量。如果在连续的脉冲间可获得精确的距离测量，则可根据距离变化率 $\dot{R} = \Delta R / \Delta t$ 提取多普勒频率。只要在间隔 Δt 期间距离没有很大变化，这种方法就可用，否则脉冲雷达要利用多普勒滤波器组。

脉冲雷达波形可完全根据下列内容来确定：(1) 载频，可随设计要求和雷达任务而变化；(2) 脉冲宽度，它与带宽有密切关系并确定距离分辨率；(3) 调制；(4) 脉冲重复频率。通常利用不同的调制技术来提高雷达的性能，或增加更多的雷达能力（否则就不可能具有这些能力）。脉冲重复频率必须选择成能避免多普勒和距离模糊，并使平均发射功率最大。

雷达系统采用低、中、高脉冲重复频率（PRF）方案。低脉冲重复频率波形可提供精确而又远的非模糊距离测量，但会产生严重的多普勒模糊。中脉冲重复频率波形必须既解距离又解多普勒模糊，但与低脉冲重复频率相比，它们提供恰当的平均发射功率。高脉冲重复频率波形可提供较高的平均发射功率和极好的杂波抑制能力，但它具有极大的距离模糊。利用高脉冲重复频率的雷达系统通常称为脉冲多普勒雷达（PDR）。对于不同脉冲重复频率的距离和多普勒模糊归纳在表 10.1 中。

表 10.1 脉冲重复频率模糊

脉冲重复频率	距 离 模 糊	多普勒模糊
低脉冲重复频率	无	有
中脉冲重复频率	有	有
高脉冲重复频率	有	无

区分某一脉冲重复频率是低、中、高脉冲重复频率几乎是任意的,这取决于雷达的工作模式。例如,如果最大探测距离小于 30 km,则 3 kHz 的脉冲重复频率就被认为是低脉冲重复频率;但如果最大探测距离大大超过 30 km,则同样的脉冲重复频率将被认为是中脉冲重复频率。

雷达可利用恒定和可变(捷变)的脉冲重复频率。例如,动目标显示(MTI)雷达采用脉冲重复频率捷变来避免盲速,如前面第 9 章所讨论的。这种捷变称为脉冲重复频率参差。脉冲重复频率捷变也用于避免距离和多普勒模糊,这将在下面三节中说明。此外,脉冲重复频率捷变还用于防止干扰机锁定到雷达的脉冲重复频率上。后两种形式的脉冲重复频率捷变有时称为脉冲重复频率抖动。

图 10.14 给出了简化的脉冲雷达框图。距离门可用在对应于探测距离的时间间隔上进行开/关的滤波器来实现。这类间隔的宽度对应于所希望的距离分辨率。雷达接收机通常作为邻接(在时间上)距离门来实现,而每一个距离门的宽度与雷达脉冲宽度相匹配。窄带滤波器组通常利用 FFT 来实现,此时,各个滤波器的带宽对应于 FFT 频率分辨率。

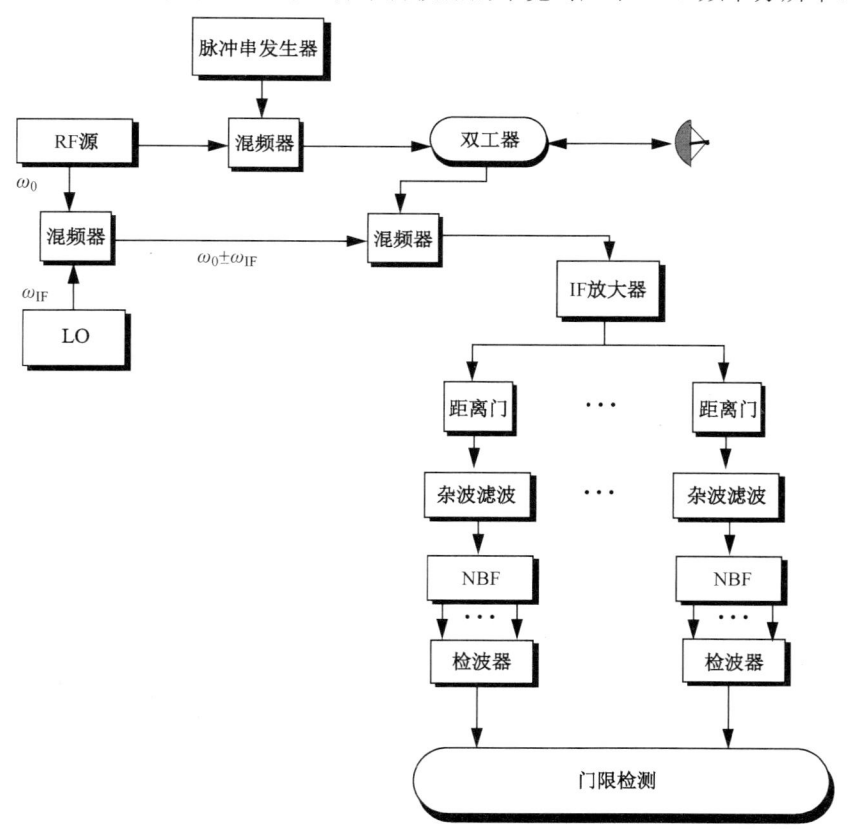

图 10.14 脉冲雷达框图

在地基雷达中，雷达接收机中的杂波数量极大取决于雷达与目标之间的布局。当雷达波束直接指向地面时，杂波的数量将会非常大。采用高脉冲重复频率的雷达由于距离上的叠加必须处理不断增加的杂波。对于机载雷达而言，当探测地面目标和其他低空飞行目标时，杂波会产生额外的困难，如图10.15所示。地杂波回波既在等同于雷达高度的距离上散发，也在超过沿主波束斜距的距离上散发，在主波束和副瓣上产生大量回波。这些大量杂波的出现干扰了雷达探测性能，使得在下视模式探测目标异常困难。这种探测地面或低空目标上的困难导致了脉冲多普勒雷达的开发，采用其他目标或注入多普勒效应的运动学来加强探测。

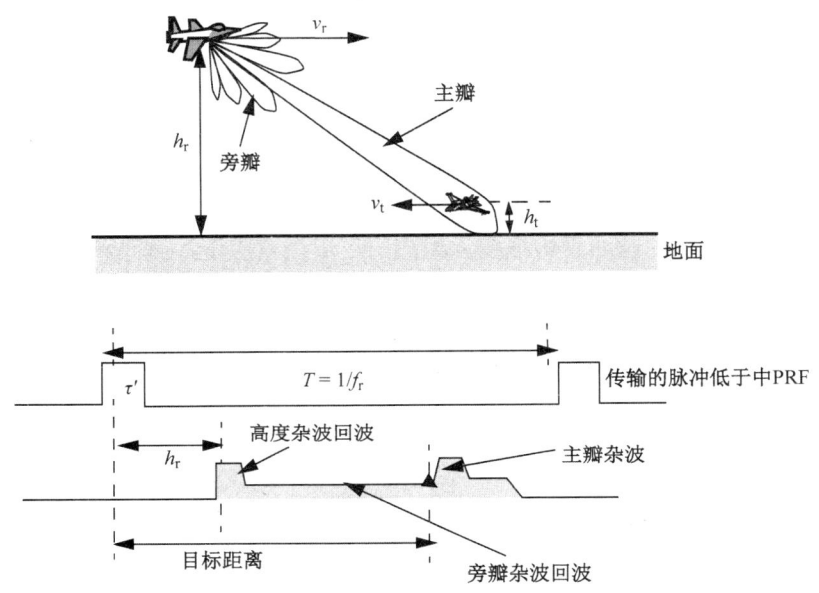

图 10.15 脉冲雷达在杂波干扰下探测地面目标

脉冲多普勒雷达利用高脉冲重复频率来增加平均发射功率，并且依靠目标的多普勒频率进行探测。平均发射功率的增加产生了改善的信噪比，有助于探测处理。然而，由于高脉冲重复频率应用关联的距离模糊，应用高脉冲重复频率要求这种雷达具有探测远距离目标的能力。

脉冲多普勒雷达（或高脉冲重复频率雷达）必须处理由于杂波叠加导致的杂波功率的意外增加。这产生了一种特殊类型机载动目标显示滤波器的开发（通常称为AMTI）。诸如使用特殊多普勒滤波器抑制杂波的技术非常有效，常常被脉冲多普勒雷达采用。脉冲多普勒雷达可以相对精确地测量目标多普勒频率（或其距离变化率）。可以利用的事实是，与动目标相比，地杂波一般具有有限的多普勒频移，以此来区分两种回波。如图10.16所示，杂波过滤（例如AMTI）用于去除主瓣或高度杂波回波，并且通过采用多普勒频率有效地进行高速动目标检测。在许多现代脉冲多普勒雷达中，探测低速动目标的限制因子不是杂波，而是称为相位噪声的另一种噪声源，它由接收机本振的不稳定性产生。

第 10 章 动目标显示(MTI)和脉冲多普勒雷达

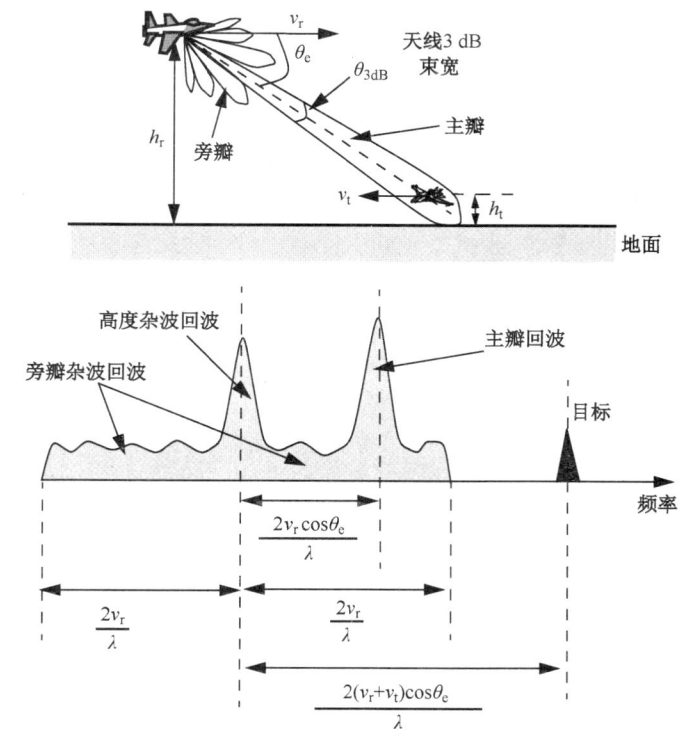

图 10.16 脉冲多普勒雷达回波的频率特性图示

10.7.1 脉冲多普勒雷达信号处理

脉冲多普勒雷达信号处理的主要思路是将覆盖区（天线 3 dB 波束宽度与地面的交集）划分为组成分辨率单元，这些单元构成了一幅距离多普勒地图（MAP）。如图 10.17 所示，地图的两边为距离和多普勒。利用距离门和脉冲压缩可以实时获得高距离分辨率 ΔR。由相干处理周期可以获得频率（多普勒）分辨率。

为进一步解说这个概念，考虑这种情况，N_a 是方位单元的数量，N_r 是距离窗的数量。因此，地图的大小为 $N_a \times N_r$，式中列代表距离窗，而行代表方位单元。对于驻留内的每个发射脉冲，连续距离窗的回波依次记录在地图的第一行中。一旦第一行记满（例如已接收到所有距离窗的回波），在发射下一个脉冲前所有数据（所有行中）转移到下一行。因此，对每个发射脉冲生成地图的一行。因此，对于当前观测周期，第一个发射脉冲的回波位于地图的底行，最后一个发射脉冲的回波位于地图的顶行。

使用匹配滤波器可以获得高距离分辨率。对每个距离窗（例如地图的各个行）进行杂波抑制（过滤）。随后使用 FFT 对每个距离窗内驻留的所有采样解多普勒目标。一个已知距离单元中的峰值对应那个距离和多普勒频率上探测的一个特定目标。第 3 章讨论了正确大小 FFT 及其有关参数的选取。

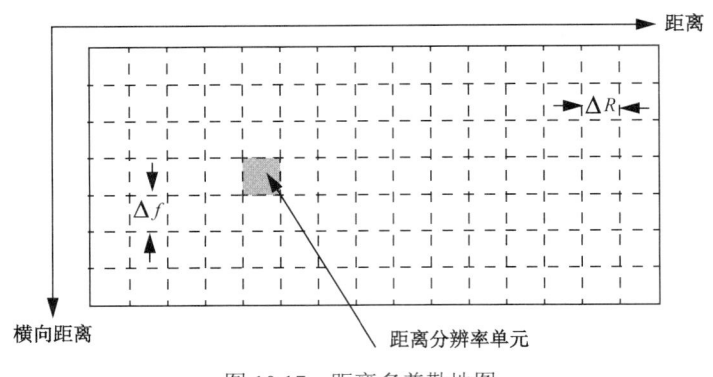

图 10.17　距离多普勒地图

10.7.2　解距离模糊

脉冲多普勒雷达由于使用高 PRF 脉冲串而具有严重的距离模糊。为了解这些模糊，脉冲多普勒雷达在每个处理周期（驻留）内利用多个高脉冲重复频率（脉冲重复频率参差）。为此，考虑发射采用两种脉冲重复频率，即 f_{r1} 和 f_{r2} 来解距离模糊的雷达（见图10.18）。令 R_{u1} 和 R_{u2} 分别表示两种脉冲重复频率的非模糊距离。通常，这两个非模糊距离较小，小于所希望的雷达非模糊距离 R_u（其中，$R_u \gg R_{u1}, R_{u2}$）。令对应于 R_u 的雷达所希望的脉冲重复频率为 f_{rd}。

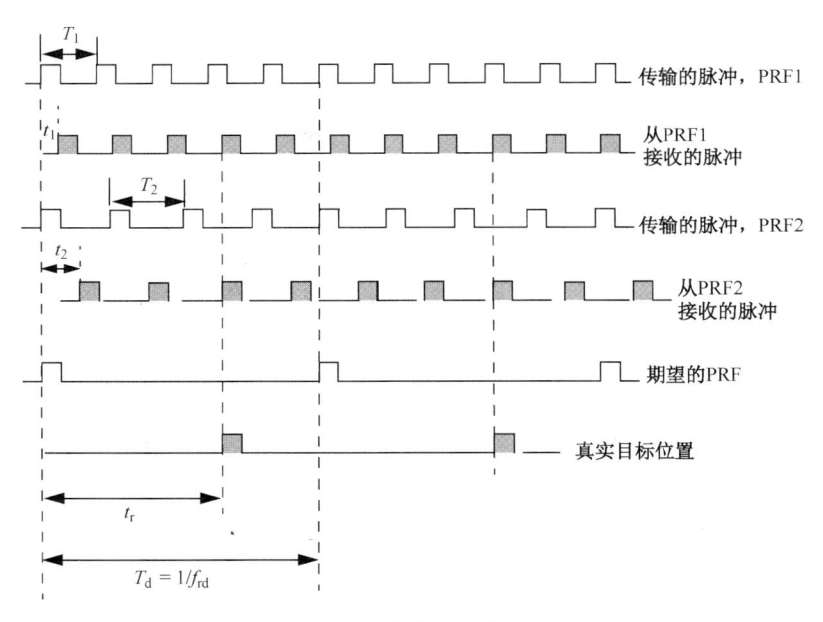

图 10.18　解距离模糊

选择 f_{r1} 和 f_{r2}，使得它们相互成质数。一种选择是对于某一整数 N，使 $f_{r1} = Nf_{rd}$，$f_{r2} = (N+1)f_{rd}$。在所期望的一个脉冲重复间隔（$T_d = 1/f_{rd}$）周期内，两个脉冲重复频率 f_{r1} 和 f_{r2} 只在某一个位置上重合，这就是真正的非模糊目标位置。时延 T_d 建立了所希望的非模糊距离。时延 t_1 和 t_2 相当于在每一个脉冲重复频率上发射一个脉冲和从同一脉冲接收一个目标回波之间的时间。

设 M_1 是发射一个脉冲和接收真实目标回波之间的 PRF1 间隔的个数。M_2 类似于 M_1，只是它对应于 PRF2。由此，在间隔 0 到 T_d 上，唯一可能的结果是 $M_1 = M_2 = M$ 或 $M_1 + 1 = M_2$。雷达只需要测量 t_1 和 t_2。首先考虑 $t_1 < t_2$ 这种情况。在此情况下，

$$t_1 + \frac{M}{f_{r1}} = t_2 + \frac{M}{f_{r2}} \tag{10.74}$$

为此，我们得到

$$M = \frac{t_2 - t_1}{T_1 - T_2} \tag{10.75}$$

式中，$T_1 = 1/f_{r1}$，$T_2 = 1/f_{r2}$。到真实目标位置的往返时间为

$$t_r = MT_1 + t_1$$
$$t_r = MT_2 + t_2 \tag{10.76}$$

而真实目标距离为

$$R = ct_r/2 \tag{10.77}$$

现在如果 $t_1 > t_2$，则

$$t_1 + \frac{M}{f_{r1}} = t_2 + \frac{M+1}{f_{r2}} \tag{10.78}$$

对 M 求解，我们得到

$$M = \frac{(t_2 - t_1) + T_2}{T_1 - T_2} \tag{10.79}$$

且到真实目标位置的往返时间为

$$t_{r1} = MT_1 + t_1 \tag{10.80}$$

在这种情况下，真实目标距离为

$$R = \frac{ct_{r1}}{2} \tag{10.81}$$

最后，如果 $t_1 = t_2$，则目标处于第一个模糊。由此

$$t_{r2} = t_1 = t_2 \tag{10.82}$$

和

$$R = ct_{r2}/2 \tag{10.83}$$

由于在发射后一个脉冲时不能接收前一个脉冲，这段时间相当于盲距。这一问题可利用第三个脉冲重复频率加以解决。在此情况下，一旦选择了一个整数 N，则为了保证三个脉冲重复频率互相成质数，我们可以选择 $f_{r1} = N(N+1)f_{rd}$、$f_{r2} = N(N+2)f_{rd}$ 和 $f_{r3} = (N+1)(N+2)f_{rd}$。

10.7.3 解多普勒模糊包络

在脉冲多普勒雷达使用中 PRF（脉冲重复频率）的情况下，距离和多普勒都会模糊。前一节讨论了解距离模糊，本节将解决多普勒模糊。记住，脉冲串的线谱具有 $\sin x/x$ 包络，并且包络和线谱由脉冲重复频率 f_r 间隔，如图 10.19 所示。只要预期多普勒频移小于单个滤波器带宽的一半（例如 FFT 窗的一半宽度），多普勒滤波器组就能够解目标多普勒。因此，脉冲雷达的设计如下：

$$f_r = 2f_{\text{dmax}} = (2v_{\text{rmax}})/\lambda \tag{10.84}$$

式中，f_{dmax} 是预期最大的目标多普勒频率，v_{rmax} 是预期最大的目标径向速度，λ 是雷达波长。

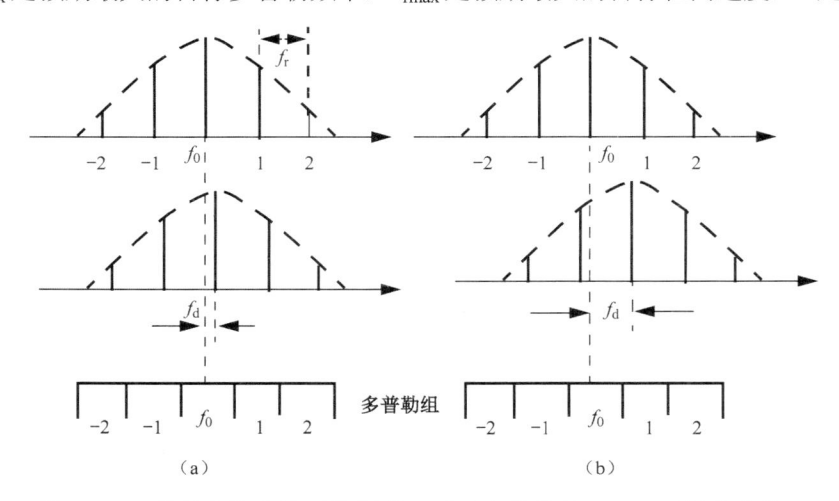

图 10.19 发射和接收波形的频谱，以及多普勒组。（a）已解多普勒；
（b）谱线已移入另一个多普勒滤波器，这产生了模糊的多普勒测量

如果目标的多普勒频率足够高，可以使一个临近的谱线移入有效多普勒频带内，雷达就会出现多普勒模糊。因此，为了避免多普勒模糊，雷达系统在探测高速目标时需要高 PRF 速率。当远距离雷达需要探测高速目标时，无法实现距离或多普勒的非模糊。这个问题可以通过使用多脉冲重复频率得以解决。多脉冲重复频率方案可以有序合并在每个驻留间隔（扫描或积累结构）内，或者雷达可以在一次扫描中使用一个脉冲重复频率，在下一个解模糊。但是，由于目标在各个扫描期内的运动，使得后一种技术存在问题。

多普勒模糊问题类似于距离模糊问题。因此，可采用同样的方法解多普勒模糊。在此情况下，测量多普勒频率 f_{d1} 和 f_{d2} 而不是 t_1 和 t_2。如果 $f_{d1} > f_{d2}$，则有

$$M = \frac{(f_{d2} - f_{d1}) + f_{r2}}{f_{r1} - f_{r2}} \tag{10.85}$$

而如果 $f_{d1} < f_{d2}$，则

$$M = \frac{f_{d2} - f_{d1}}{f_{r1} - f_{r2}} \tag{10.86}$$

且真实多普勒为

第 10 章 动目标显示(MTI)和脉冲多普勒雷达

$$f_\text{d} = Mf_\text{r1} + f_\text{d1} \quad ; f_\text{d} = Mf_\text{r2} + f_\text{d2} \tag{10.87}$$

最后，如果 $f_\text{d1} = f_\text{d2}$，则

$$f_\text{d} = f_\text{d1} = f_\text{d2} \tag{10.88}$$

此时，可发生盲多普勒，这可用第三种脉冲重复频率加以解决。

例：某一雷达采用两种 PRF 解距离模糊。所期望的非模糊距离为 $R_\text{u} = 100$ km。选择 $N = 59$。计算 f_r1、f_r2、R_u1 和 R_u2。

解：首先计算期望的 PRF：

$$f_\text{rd} = \frac{c}{2R_\text{u}} = \frac{3 \times 10^8}{200 \times 10^3} = 1.5 \text{ kHz}$$

由此

$$f_\text{r1} = Nf_\text{rd} = (59)(1500) = 88.5 \text{ kHz}$$
$$f_\text{r2} = (N+1)f_\text{rd} = (59+1)(1500) = 90 \text{ kHz}$$
$$R_\text{u1} = \frac{c}{2f_\text{r1}} = \frac{3 \times 10^8}{2 \times 88.5 \times 10^3} = 1.695 \text{ km}$$
$$R_\text{u2} = \frac{c}{2f_\text{r2}} = \frac{3 \times 10^8}{2 \times 90 \times 10^3} = 1.667 \text{ km}$$

例：考虑一部具有三种 PRF 的雷达：$f_\text{r1} = 15$ kHz，$f_\text{r2} = 18$ kHz，$f_\text{r3} = 21$ kHz。假设 $f_0 = 9$ GHz。对于一个速度为 550 m/s 的目标，计算每种 PRF 的频率位置。对于每种 PRF，计算出现在 8 kHz、2 kHz 和 17 kHz 的另一个目标的 f_d（多普勒频率）。

解：多普勒频率为

$$f_\text{d} = 2\frac{vf_0}{c} = \frac{2 \times 550 \times 9 \times 10^9}{3 \times 10^8} = 33 \text{ kHz}$$

然后，利用方程（10.87）$n_i f_{\text{r}i} + f_{\text{d}i} = f_\text{d}$（其中 $i = 1, 2, 3$），可写出

$$n_1 f_\text{r1} + f_\text{d1} = 15n_1 + f_\text{d1} = 33$$
$$n_2 f_\text{r2} + f_\text{d2} = 18n_2 + f_\text{d2} = 33$$
$$n_3 f_\text{r3} + f_\text{d3} = 21n_3 + f_\text{d3} = 33$$

这里，我们将示出如何计算 n_1，并将 n_2 和 n_3 的计算留给读者。首先，如果选择 $n_1 = 0$，这意味着 $f_\text{d1} = 33$ kHz，这是不正确的，因为 f_d1 不可能大于 f_r1。选择 $n_1 = 1$ 也是不行的，因为 $f_\text{d1} = 18$ kHz 也不可能是正确的。最后，如果选择 $n_1 = 2$，得到 $f_\text{d1} = 3$ kHz，这是一个可接受的值，由此可满足上述三种关系的最小 n_1、n_2、n_3 为 $n_1 = 2$，$n_2 = 1$，$n_3 = 1$。因此，现在多普勒频率为 $f_\text{d1} = 3$ kHz，$f_\text{d2} = 15$ kHz，$f_\text{d3} = 12$ kHz。

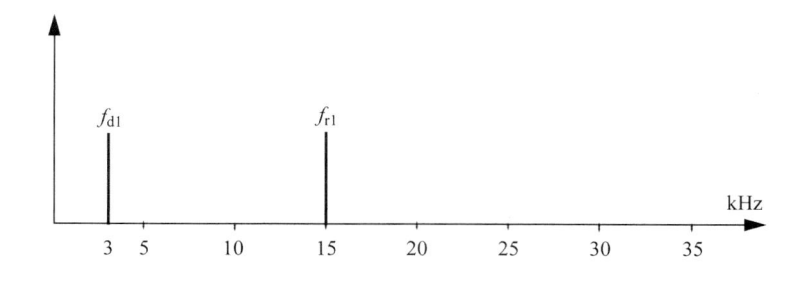

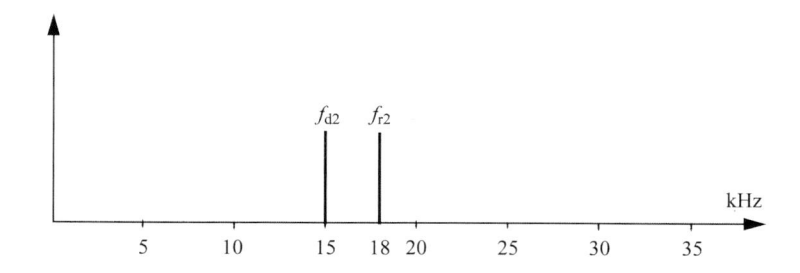

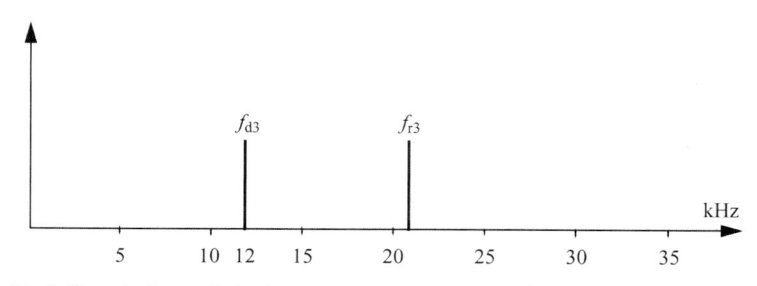

现在解问题的第二部分。再次使用方程（10.87）得到

$$n_1 f_{r1} + f_{d1} = f_d = 15n_1 + 8$$
$$n_2 f_{r2} + f_{d2} = f_d = 18n_2 + 2$$
$$n_3 f_{r3} + f_{d3} = f_d = 21n_3 + 17$$

现在可以解满足上述三个等式的最小整数 n_1、n_2 和 n_3。见下表。因此，$n_1 = 2 = n_2$，$n_3 = 1$，并且真实目标多普勒为 $f_d = 38$ kHz。因此：

$$v_r = 38000 \times \frac{0.0333}{2} = 632.7 \frac{\text{m}}{\text{s}}$$

n	0	1	2	3	4
f_d（来自 f_{r1}）	8	23	<u>38</u>	53	68
f_d（来自 f_{r2}）	2	20	<u>38</u>	56	
f_d（来自 f_{r3}）	17	<u>38</u>	39		

10.8 相位噪声

前面各章已经判定，雷达性能随信噪比的变大而改进，在第 2 章推导和分析了信噪比相对热噪声的表达式。我们也已确认，出现杂波时雷达性能的下降会超过单独热噪声时的影响，并且此时信杂比要比信噪比重要。另一种极大限制 MTI 和脉冲多普勒雷达性能的噪声源称为相位噪声。相位噪声有时也称为闪烁噪声，本质上随机，由雷达本振的不稳定性产生。

相位噪声取决于其实际值，将会限制脉冲多普勒雷达探测较慢速动目标（RCS 相对较小）的能力。如图 10.20 所示，在这种情况中，当慢速动目标回波信号接近零（或 PRF 的整数倍）时，回波可能会被噪声雷达本振产生的相位噪声功率所遮盖。除了图 10.20 所示的遮盖问题，MTI 改善因子也会被雷达接收机中出现的相位噪声量对应的一些受欢迎值所降低，这将会在本节后面解说。

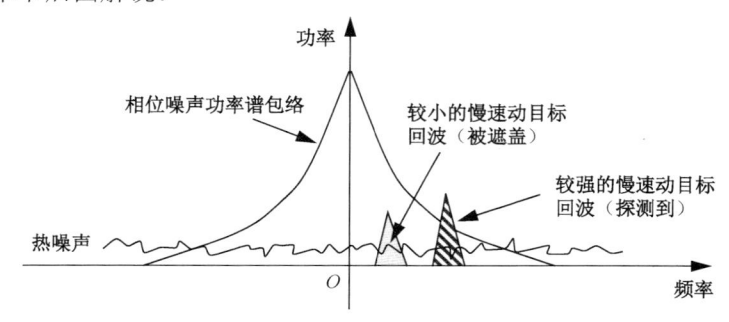

图 10.20 相位噪声如何遮盖较小的慢速动目标回波的图示

简单而言，相位噪声就是一个术语，用于描述信号载频附近出现的随机频率动摇（实际相对较小），因此产生了一个与原值略微差异的新瞬时信号频率。例如，研究下面的简单正弦函数定义的信号：

$$x(t) = r(t)\sin(2\pi f_c t) \quad (10.89)$$

式中，$r(t)$ 是调幅，f_c 是载频。由于本振幅度和相位不稳定性产生的动摇信号具有下列形式：

$$x(t) = r(t + a(t))\sin(2\pi f_c t + \phi(t)) \quad (10.90)$$

式中，$a(t)$ 是幅度动摇，而 $\phi(t)$ 是相位动摇或波动。回想瞬时频率是相位相对时间被 2π 所分的导数，则相位动摇将会使中心频率从 f_c 变化为 $f_c+\delta f$，式中 δf 是从载波中推导的部分频率。更为特殊的是

$$\delta f = \frac{1}{2\pi}\frac{\mathrm{d}}{\mathrm{d}t}\phi(t) \quad (10.91)$$

文献中描述相位噪声功率谱密度的公用方法如下：

$$S_\phi(f) = 2\mathcal{L}(f) \quad (10.92)$$

因子 2 代表频谱的旁带（f_c 附近的较低和较高旁带），$\mathcal{L}(f)$ 是 1 Hz 带宽时载波信号功率偏移测得的噪声功率比（单位 dBc/Hz）。在这种方法中，$\mathcal{L}(f)$ 常用于表示相位噪声。例如，考虑一个如第 2 章方程（2.117b）中所述的调频信号，这里简单重述为方程（10.93）：

$$x(t) = A\left\{J_0(\beta)\cos 2\pi f_c t + \right.$$

$$\left[\sum_{n=2(\text{偶数})}^{\infty} J_n(\beta)[\cos(2\pi f_c + 2n\pi f_m)t + \cos(2\pi f_c - 2n\pi f_m)t]\right] + \quad (10.93)$$

$$\left.\left[\sum_{q=1(\text{奇数})}^{\infty} J_q(\beta)[\cos(2\pi f_c + 2q\pi f_m)t - \cos(2\pi f_c - 2q\pi f_m)t]\right]\right\}$$

式中，β 是调制因子，A 是幅度。在这种情况中，相位噪声被定义为旁带功率与载波功率在某个偏移载波调制频率上的比。更为特殊的是

$$\mathcal{L}(f)\big|_{\text{dBc/Hz}} = 10 \times \log\left\{\frac{|J_1(\beta)|^2}{|J_0(\beta)|^2}\right\} \quad (10.94)$$

通常，相位噪声 $\mathcal{L}(f)$ 作为函数 ($1/f^3$)、($1/f^2$) 和 ($1/f$) 随频率减少。图 10.21 示出了 $\mathcal{L}(f)$ 与频率对数值之间的对比图。有代表性的是，一个给定振荡器的制造者将测量和公布相位噪声特性（图形与图 10.21 类似），并将其作为产品说明文档的一部分。观察图 10.21 可得，该图形是分段线性函数。因此，该图一个已知部分的公式给出如下：

$$\mathcal{L}(f; f_{i+1} - f_i)\big|_{\text{dBc/Hz}} = m_i \log(f) - m_i \log(f_i) + \mathcal{L}(f_i) \quad (10.95)$$

式中，第 i 部分的坡度由下式定义：

$$m_i = \frac{\mathcal{L}(f_{i+1}) - \mathcal{L}(f_i)}{\log(f_{i+1}) - \log(f_i)} \quad (10.96)$$

方程（10.95）可以写为以下一个更复杂的形式：

$$\mathcal{L}(f) = \mathcal{L}(f_i) \times 10^{\left[\frac{m_i}{10}\log\left(\frac{f}{f_i}\right)\right]} \quad (10.97)$$

图 10.22 使用下列值给出了一个 $\mathcal{L}(f)$ 的实际图示：

$$\{\mathcal{L}(f_1), \mathcal{L}(f_2), \mathcal{L}(f_3), \mathcal{L}(f_4), \mathcal{L}(f_5),\} = \{-55, -85, -105, -115, -115\}$$

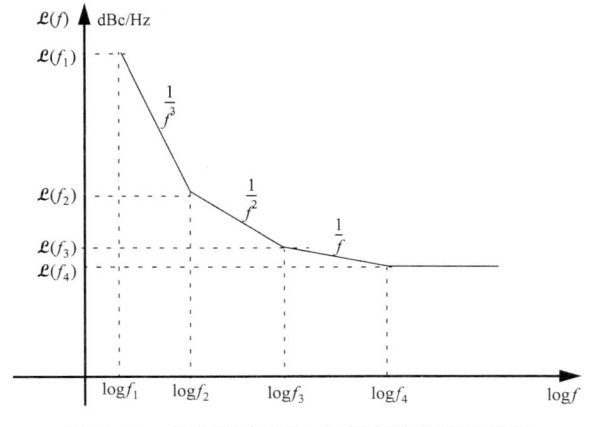

图 10.21 相位噪声 PSD 与频率的典型对比图

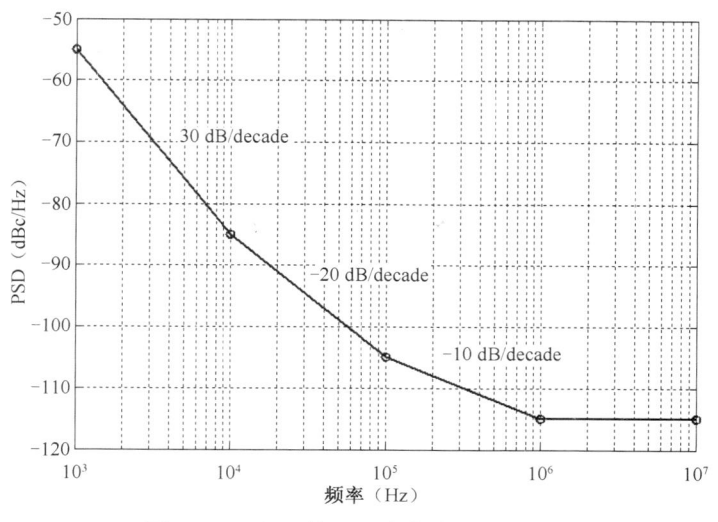

第 10 章 动目标显示(MTI)和脉冲多普勒雷达

图 10.22 $\mathcal{L}(f)$ 的 PSD 与频率的对比示例

关于相位噪声的文献有很多。不同用户在其特殊应用中使用略微不同的公式来表示相位噪声。本书中对相位噪声采用下面的公式：

$$\mathcal{L}(f) = \frac{1}{\pi} \frac{c_p \pi f_c^2}{(f - c_p \pi f_c)^2 + (c_p \pi f_c^2)^2} \quad (10.98)$$

式中，f_c 是载频，c_p 是描述振荡器相位噪声的常数。图 10.23 给出了噪声功率[如方程(10.98)所定义]与载波功率比的典型图示。该图可以使用附录 10-A 中列出的 MATLAB 程序"*Fig10_23.m*"重新生成。注意，当常数 c_p 变大时，噪声比频谱随主波束幅度变小而变宽，因此系统中的噪声功率更小。

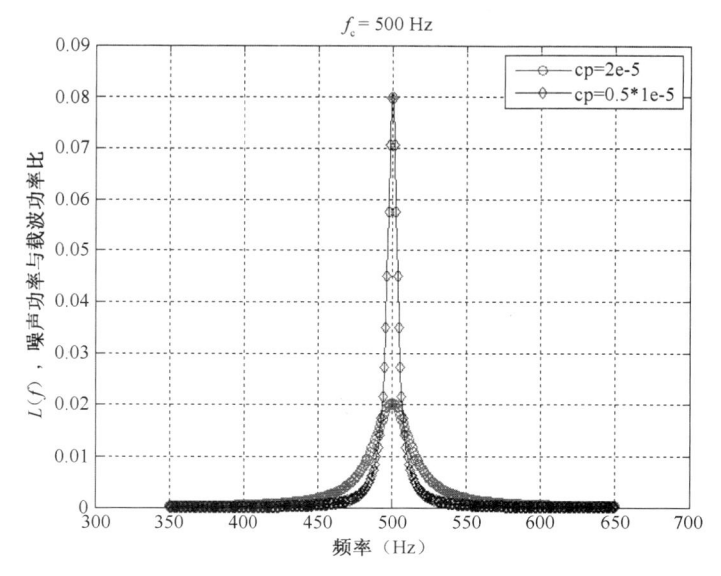

图 10.23 噪声功率与载波功率的 $\mathcal{L}(f)$ 比与频率的对比关系

归一化的相位噪声功率谱密度可以使用方程(10.92)和方程(10.97)进行计算，可以

近似如下:

$$\mathcal{L}(f) = \begin{cases} \dfrac{1}{\pi f_b} & ; f \text{ 近似 } f_c \\ \dfrac{1}{2\pi f_b} & ; f = f_c + f_b \\ \dfrac{f_b}{\pi f^2} & ; f \geqslant f_c + f_b \end{cases} \qquad (10.99)$$

式中 $f_b = c_p \pi f_c^2$。图 10.24 给出了对应的归一化相位噪声功率谱密度与频率的对比。该图可以使用附录 10-A 中列出的 MATLAB 程序 "*Fig10_24.m*" 重新生成。

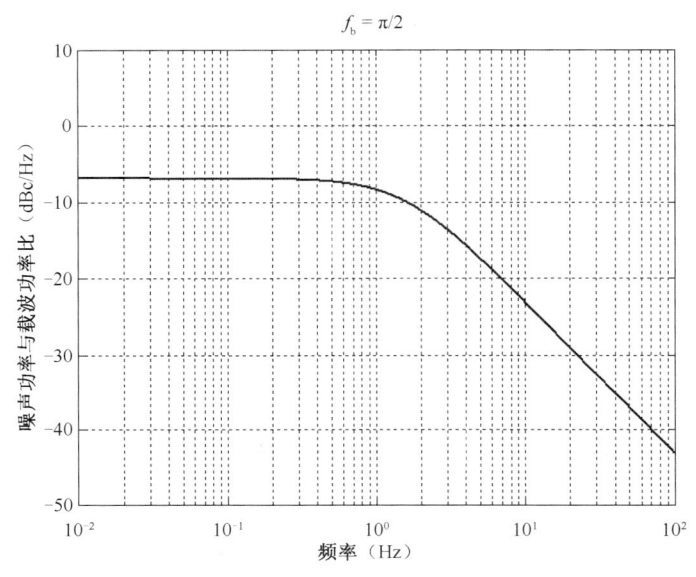

图 10.24　归一化相位噪声功率谱密度

如图 10.24 所示, 静默振荡器几乎常常在偏移载波 1 Hz 的频率上具有小于 0 dBc/Hz 的相位噪声。然而, 在某些小于 1 Hz 的小频率带宽中, 相位噪声可以大于 0 dBc/Hz。

相位噪声在雷达匹配滤波器输出处的功率谱密度函数表达式如下:

$$S_\phi(f) = \mathcal{L}_0 P_c \left(\frac{\sin(\pi f \tau)}{\pi f \tau} \right)^2 \qquad (10.100)$$

式中, $\mathcal{L}_0$ 是相对载波的相位噪声比, P_c 在方程 (10.2) 中被定义为杂波功率, τ 是雷达脉冲宽度。$\mathcal{L}_0$ 可由前面进行的分析来计算; 然而, $\mathcal{L}_0$ 可接受的变化范围是 $10^{-9} \sim 10^{-15}$ dBc/Hz。

方程 (10.41) 中定义的杂波衰减如下:

$$\text{CA} = C_i / C_o \qquad (10.101)$$

式中, C_i 等于 P_c [见方程 (10.47) 的推导]。

如果忽略相位噪声, 杂波功率谱在方程 (10.44) 中给出, 但当考虑相位噪声时, 方程 (10.44) 改为

$$S_t(f) = S(f) + S_\phi(f) = \frac{P_c}{\sqrt{2\pi}\,\sigma_f} \exp(-f^2 / 2\sigma_f^2) + \mathcal{L}_0 P_c \left(\frac{\sin(\pi f \tau)}{\pi f \tau} \right)^2 \qquad (10.102)$$

并且计算 MTI 滤波器的杂波输出类似于 10.4 节所述的模式，只是在这种情况下，$S(f)$ 代替了方程（10.102）中的 $S_t(f)$。进行积分并合并同类项（假设一个 2 脉冲 MTI 滤波器）得到

$$C_o = P_c \frac{1}{2}\left(\frac{2\pi\sigma_f}{f_r}\right)^2 + P_c \frac{\mathcal{L}_0}{\tau} \tag{10.103}$$

式中 f_r 是 PRF。因此，出现相位噪声时的杂波衰减由下式给出：

$$\text{CA} = \frac{C_i}{C_o} = \frac{1}{\frac{1}{2}\left(\frac{2\pi\sigma_f}{f_r}\right)^2 + \frac{\mathcal{L}_0}{\tau}} \tag{10.104}$$

图 10.25 给出了使用方程（10.104）且 $f_r = 2.5$ kHz、$\tau = 1$ μs 时 σ_f 两个值的杂波衰减。观察图 10.26 得到下列结论：σ_f 的值越大将会产生越小的杂波衰减，因此，如果需要更高的杂波衰减，就应使用一个 3 脉冲或高阶 MTI 滤波器。其次，相位噪声除非高于 -100 dBc/Hz，否则不会影响 MTI 滤波器的性能。显然，使用更高阶 MTI 滤波器将增加杂波衰减量；然而，仍存的问题是，当使用更高阶滤波器时相位噪声怎样影响 MTI 性能？这个分析作为习题留给读者（见习题 10.20）。图 10.25 可以使用附录 10-A 中列出的 MATLAB 程序 "*Fig10_25.m*" 重新生成。

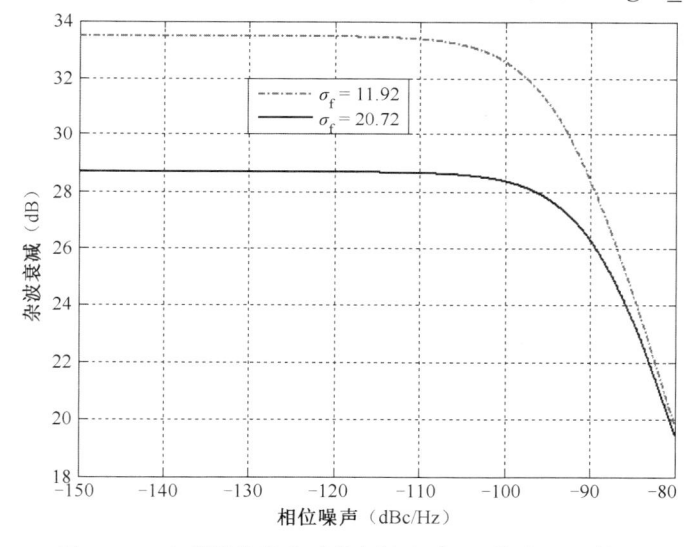

图 10.25 出现相位噪声时的杂波衰减；2 脉冲 MTI 情况

习题

10.1 （a）推导单延迟线对消器的脉冲响应的表达式。（b）再推导双延迟线对消器的脉冲响应表达式。

10.2 具有反馈的单延迟线对消器的实现方法如下：

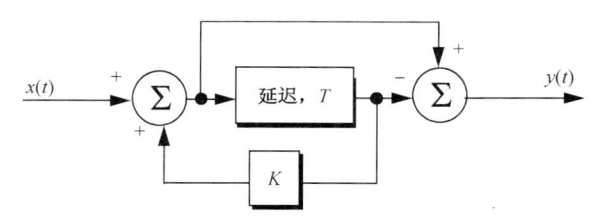

（a）什么是转换函数 $H(z)$？（b）如果杂波功率频谱为 $W(f) = w_0 \exp(-f^2/2\sigma_c^2)$，请给出滤波功率增益的确切表达式；（c）如果频率 f 的值较小，请重复（b）；（d）请用 K 和 σ_c 表示杂波衰减和改善因子。

10.3　当 $K = -0.5, 0, 0.5$ 时，画出前一习题中滤波器的频率响应。

10.4　具有反馈的单延迟线对消器的实现方法如下：

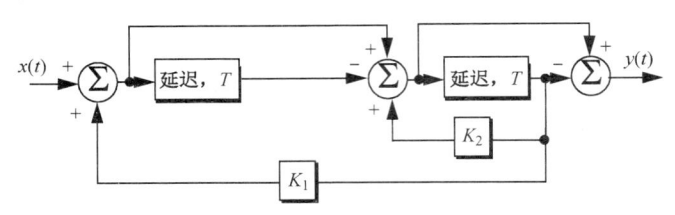

（a）什么是转换函数 $H(z)$？（b）当 $K_1 = 0 = K_2$ 及 $K_1 = 0.2$、$K_2 = 0.5$ 时，请画出频率响应。

10.5　假设是一单延迟线对消器。计算杂波衰减和改善因子。假设 $\sigma_c = 4$ Hz，脉冲重复频率 $f_r = 450$ Hz。

10.6　请推导双延迟线对消器的改善因子表达式。

10.7　对于双延迟线对消器，重复习题 9.10。

10.8　杂波功率频谱密度的经验表达式为 $W(f) = w_0 \exp(-f^2/2\sigma_c^2)$，其中 w_0 是常量。证明用这个表达式得出的改善因子与 10.4 节给出的表达式相同。

10.9　某个雷达采用了两个脉冲重复频率，参差比为 63/64。如果第一个脉冲重复频率为 $f_{r1} = 500$ Hz，请计算两个脉冲重复频率的盲速和合成脉冲重复频率的盲速。假设 $\lambda = 3$ cm。

10.10　利用 PRI 速率 25:30:27:31，生成 3 脉冲 MTI 的动目标响应。

10.11　用于杂波抑制的滤波器的脉冲响应 $h(n) = \delta(n) - 3\delta(n-1) + 3\delta(n-2) - \delta(n-3)$。（a）给出采用延迟线和加法器的滤波器的实现实例；（b）什么是转换函数？（c）画出该滤波器的频率响应；（d）当输入为单位阶梯序列时，请计算输出。

10.12　习题 9.3 中给出了杂波功率谱的正交分量。令 $\sigma_c = 10$ Hz，$f_r = 500$ Hz。如果使用了双延迟线对消器，计算信杂比的提高量。

10.13　杂波功率谱的正交部分为

$$\bar{S}_I(f) = \delta(f) + \frac{C}{\sqrt{2\pi}\sigma_c} \exp(-f^2/2\sigma_c^2)$$

$$\overline{S_Q}(f) = \frac{C}{\sqrt{2\pi}\sigma_c} \exp(-f^2/2\sigma_c^2)$$

让 $\sigma_c = 10$ Hz、$f_r = 500$ Hz。计算当使用双延迟线对消器时信杂比的改进。

10.14　对于单和双对消器的杂波改善因子，利用杂波自相关函数，推导出其表达式。

10.15　考虑以 350 m/s 速率运动的飞机上的一个中 PRF 雷达，PRF 为 $f_{r1} = 10$ kHz，$f_{r2} = 15$ kHz，$f_{r3} = 20$ kHz；雷达工作频率为 9.5 GHz。计算速率为 300 m/s 的朝头来的目标的频率位置。再计算分别离开脉冲重复频率 10 kHz、15 kHz 和 20 kHz 的中心线有 6 kHz、5 kHz 和 18 kHz 偏移的目标的接近速率。

10.16 当目标偏离雷达视线 15° 时，重复习题 10.13。

10.17 某一雷达工作于两个脉冲重复频率 f_{r1} 和 f_{r2}，其中 $T_{r1} = (1/f_{r1}) = T/5$ 和 $T_{r2} = (1/f_{r2}) = T/6$。证明该多个脉冲重复频率方案将与单个脉冲重复频率方案（脉冲重复间隔为 T）具有相同的距离模糊。

10.18 考虑波长 $\lambda = 3$ cm、带宽 $B = 10$ MHz 的 X 波段雷达。该雷达采用两个 PRF，$f_{r1} = 50$ kHz，$f_{r2} = 55.55$ kHz。对于 f_{r1}，在距离门 46 处检测到目标；对于 f_{r2}，在距离门 12 处检测到目标。确定真实的目标距离。

10.19 某一雷达采用两种 PRF 来解距离模糊。所希望的非模糊距离 $R_u = 150$ km。选择合理的 N 值。计算相应的 f_{r1}、f_{r2}、R_{u1} 和 R_{u2}。

10.20 某一雷达采用三种 PRF 来解距离模糊。所希望的非模糊距离 $R_u = 250$ km。选择 $N = 43$。计算相应的 f_{r1}、f_{r2}、f_{r3}、R_{u1}、R_{u2} 和 R_{u3}。

10.21 由方程（10.94）开始，推导一个 FM 调制波形相位噪声的闭合表达式。

10.22 对于一个 3 脉冲和 4 脉冲 MTI 系统重新生成图 10.26，就相位噪声影响每个系统性能多少来简要讨论你的输出。

附录 10-A 第 10 章 MATLAB 程序清单

本章提供的 MATLAB 程序只是作为独立的学术工具设计的而没有其他用途。这里代码的编写方式是为了帮助读者更好地理解相关的理论。这些程序不是为任何类型的开环或闭环仿真研发的。本书中的 MATLAB 程序可通过 CRC 出版社的网站下载，登录 www.crcpress.com 搜索关键字 "Mahafza" 以定位本书的网页。

MATLAB 函数 "single_canceler.m" 程序清单

```
function [resp] = single_canceler (fofr1)
% single delay canceller
eps = 0.00001;
fofr = 0:0.01:fofr1;
arg1 = pi .* fofr;
resp = 4.0 .*((sin(arg1)).^2);
max1 = max(resp);
resp = resp ./ max1;
subplot(2,1,1)
plot(fofr,resp,'k')
xlabel ('Normalized frequency in f/fr')
ylabel( 'Amplitude response in Volts')
grid
subplot(2,1,2)
resp=10.*log10(resp+eps);
plot(fofr,resp,'k');
axis tight
grid
xlabel ('Normalized frequency in f/fr')
ylabel( 'Amplitude response in dB')
end
```

MATLAB 函数 "double_canceler.m" 程序清单

```
function [resp] = double_canceler(fofr1)
eps = 0.00001;
fofr = 0:0.01:fofr1;
arg1 = pi .* fofr;
resp = 4.0 .* ((sin(arg1)).^2);
max1 = max(resp);
resp = resp ./ max1;
resp2 = resp .* resp;
subplot(2,1,1);
plot(fofr,resp,'k--',fofr, resp2,'k');
ylabel ('Amplitude response - Volts')
resp2 = 20. .* log10(resp2+eps);
resp1 = 20. .* log10(resp+eps);
subplot(2,1,2)
plot(fofr,resp1,'k--',fofr,resp2,'k');
legend ('single canceler','double canceler')
xlabel ('Normalized frequency f/fr')
ylabel ('Amplitude response in dB')
end
```

MATLAB 程序 "Fig10_8.m" 清单

```
% generates Fig. 10.8 of text
clear all;
fofr = 0:0.001:1;
arg = 2.*pi.*fofr;
nume = 2.*(1.-cos(arg));
den11 = (1. + 0.25 * 0.25);
den12 = (2. * 0.25) .* cos(arg);
den1 = den11 - den12;
den21 = 1.0 + 0.7 * 0.7;
den22 = (2. * 0.7) .* cos(arg);
den2 = den21 - den22;
den31 = (1.0 + 0.9 * 0.9);
den32 = ((2. * 0.9) .* cos(arg));
den3 = den31 - den32;
resp1 = nume ./ den1;
resp2 = nume ./ den2;
resp3 = nume ./ den3;
plot(fofr,resp1,'k',fofr,resp2,'k-.',fofr,resp3,'k--');
xlabel('Normalized frequency')
ylabel('Amplitude response')
legend('K=0.25','K=0.7','K=0.9')
grid
axis tight
```

MATLAB 程序 "Fig10_9.m" 清单

```
% generates Fig 9.10 of text
clc
close all
clear all
fofr=0:0.001:1;
```

```
f1=4.*fofr;
f2=5.*fofr;
arg1=pi.*f1;
arg2=pi.*f2;
resp1=abs(sin(arg1));
resp2=abs(sin(arg2));
resp=resp1+resp2;
max1=max(resp);
resp=resp./max1;
subplot(3,1,1)
plot(fofr,resp1);
ylabel('\bfFilter response')
grid on
subplot(3,1,2)
plot(fofr,resp2);
ylabel('\bfFilter response')
grid on
subplot(3,1,3)
plot(fofr,resp);
ylabel('\bfFilter response')
xlabel('\bff/fr')
grid on
```

MATLAB 程序"*Fig10_10.m*"清单

```
% generates Fig 10.10 of text
k = .00035/25; a = 25*k; b = 30*k; c = 27*k; d = 31*k;
v2 = linspace(0,1345,10000);
f2 = (2.*v2)/.0375;
% H1(f)
T1 = exp(-j*2*pi.*f2*a); X1 = 1/2.*(1 - T1).*conj(1 - T1); H1 = 10*log10(abs(X1));
% H2(f)
T2 = exp(-j*2*pi.*f2*b); X2 = 1/2.*(1 - T2).*conj(1 - T2); H2 = 10*log10(abs(X2));
% H3(f)
T3 = exp(-j*2*pi.*f2*c); X3 = 1/2.*(1 - T3).*conj(1 - T3); H3 = 10*log10(abs(X3));
% H4(f)
T4 = exp(-j*2*pi.*f2*d); X4 = 1/2.*(1 - T4).*conj(1 - T4); H4 = 10*log10(abs(X4));
% Plot of the four components of H(f)
figure(1)
subplot(2,1,1)
% H(f) Average
ave2 = abs((X1 + X2 + X3 + X4)./4);
Have2 = 10*log10(abs((X1 + X2 + X3 + X4)./4));
plot(v2,Have2);
axis([0 1345 -25 5]);
 title('Two pulse MTI stagger ratio 25:30:27:31');
xlabel('Radial Velocity (m/s)');
 ylabel('MTI Gain (dB)'); grid on
% %Mean value of H(f)
v4 = v2; f4 = (2.*v4)/.0375;
% H1(f)
T1 = exp(-j*2*pi.*f4*a);
 T2 = exp(-j*2*pi.*f4*(a + b));
T3 = exp(-j*2*pi.*f4*(a + b + c));
X1 = 1/20.*(1 - 3.*T1 + 3.*T2 - T3).*conj(1 - 3.*T1 + 3.*T2 - T3);
H1 = 10*log10(abs(X1));
```

```matlab
% H2(f)
T3 = exp(-j*2*pi.*f4*b);
T4 = exp(-j*2*pi.*f4*(b + c));
T5 = exp(-j*2*pi.*f4*(b + c + d));
X2 = 1/20.*(1 - 3.*T3 + 3.*T4 - T5).*conj(1 - 3.*T3 + 3.*T4 - T5);
H2 = 10*log10(abs(X2));
% H3(f)
T6 = exp(-j*2*pi.*f4*c);
T7 = exp(-j*2*pi.*f4*(c + d));
T8 = exp(-j*2*pi.*f4*(c + d + a));
X3 = 1/20.*(1 - 3.*T6 + 3.*T7 - T8).*conj(1 - 3.*T6 + 3.*T7 - T8);
H3 = 10*log10(abs(X3));
% H4(f)
T9 = exp(-j*2*pi.*f4*d); T10 = exp(-j*2*pi.*f4*(d + a));
T11 = exp(-j*2*pi.*f4*(d + a + b));
X4 = 1/20.*(1 - 3.*T9 + 3.*T10 - T11).*conj(1 - 3.*T9 + 3.*T10 - T11);
H4 = 10*log10(abs(X4));
% H(f) Average
ave4 = abs((X1 + X2 + X3 + X4)./4);
Have4 = 10*log10(abs((X1 + X2 + X3 + X4)./4));
% Plot of H(f) Average
subplot(2,1,2)
plot(v4,Have4);
axis([0 1345 -25 5]);
title('Four pulse MTI stagger ratio 25:30:27:31');
xlabel('Radial Velocity (m/s)');
ylabel('MTI Gain (dB)');
grid on
```

MATLAB 程序"*Fig10_23.m*"清单

```matlab
% generates Fig. 10.23 of text
clc
close all;
clear all;
fc = 500;
f = linspace(350,650, 300);
c1 = 2*1e-5;
fc1 = c1*pi*fc^2;
L1f = 1/pi*fc1./(fc1^2 + (f-fc).^2);
c2 = 0.5*1e-5;
fc2 = c2*pi*fc^2;
L2f = 1/pi*fc2./(fc2^2 + (f-fc).^2);
plot(f,L1f,'ro-','linewidth',1.);
hold on;
plot(f,L2f,'bd-','linewidth',1.);
xlabel('\bfFrequency - Hz');
ylabel('\bfL(f), ratio of noise power to carrier power');
axis([300 700 0 0.09]);
title('\bf fc=500Hz')
grid on;
legend('cp=2e-5','cp=0.5*1e-5');
```

MATLAB 程序"*Fig10_24.m*"清单

```
% generates Fig. 10.24 of text
clc; close all
clear all;
fc = 500;
f = [0.01:.01:100];
fb = pi/2;
Lf = 1/pi*fb./(fb^2 + (f-fc+fc).^2);
semilogx((f),10*log10(Lf),'b','linewidth',1.5);
xlabel('\bfFrequency - Hz');
ylabel('\bfRatio of noise power to carrier power - dBc/Hz');
title('\bf fb= \pi /2')
axis([0.01 100 -50 10]); grid on;
```

MATLAB 程序"*Fig10_25.m*"清单

```
% generates Fig. 10.25 of text
clc
clear all
close all
format long
PRF = 1/400e-6;
taup = 1e-6;
sigma1 = 11.93;
sigma2 = 20.72;
phi0L = 10^-15.00;
phi0U = 10^-8;
phi0 = linspace(phi0L,phi0U,150000);
phi_ratio = phi0 ./ taup;
 % two-pulse MTI
%%%%% sigma1 %%%%%
gns = 1/2 * (2*pi*sigma1/PRF)^2
den = gns + phi_ratio;
CA_NS = 10*log10(1.0 ./ den);
%%%% sigma2 %%%%%%
gs = 1/2 * (2*pi*sigma2/PRF)^2;
den = gs + phi_ratio;
CA_S = 10*log10(1.0 ./ den);
x_axis = 10*log10(phi0);
figure(1)
plot(x_axis,CA_NS,'r-.',x_axis,CA_S,'b','linewidth',1.5)
grid
% axis([-135 -90 20 35])
xlabel('\bfPhase noise - dBc/HZ')
ylabel('\bfClutter attenuation - dB')
legend('\sigmaf = 11.92', '\sigmaf = 20.72')
```

第四部分 雷达检测

第 11 章　随机变量和随机过程

　　随机变量
　　多元高斯随机向量
　　瑞利随机变量
　　卡方随机变量
　　随机过程
　　高斯随机过程
　　习题

第 12 章　单脉冲检测

　　参数已知的单脉冲
　　幅度已知、相位未知的单脉冲
　　习题
　　附录 12-A　第 12 章 MATLAB 程序清单

第 13 章　波动目标探测

　　引言
　　脉冲积累
　　目标起伏：目标 χ^2 族
　　平方律检波器的虚警概率公式
　　探测概率的计算
　　起伏损耗的计算
　　累积探测概率
　　恒虚警率（CFAR）
　　M N 检测
　　雷达方程回顾
　　习题
　　附录 13-A　不完全伽马函数
　　附录 13-B　第 13 章 MATLAB 程序清单

第 11 章 随机变量和随机过程

本书第四部分中的内容要求读者具有扎实的有关随机变量和随机过程的背景知识。建议本书的读者利用本章作为快速复习随机变量和随机过程的一种手段。使用本书作为教材的教师可以将第 11 章作为阅读作业布置给学生。本章的写作方法是仅强调要点。

11.1 随机变量

考虑一个利用某个采样空间定义的输出量实验。将采样空间中的各个点映射成一个实数的法则或函数关系称为"随机变量",随机变量用大写字母(例如,$X, Y, \cdots$)表示,随机变量的具体值用小写字母(例如,$x, y, \cdots$)表示。

随机变量 X 的累积分布函数(cdf)可表示为 $F_X(x)$,也可以解读为随机变量 X 小于或等于 x 的总概率。更确切地为

$$F_X(x) = \Pr\{X \leqslant x\} \tag{11.1}$$

随机变量 X 在区间 (x_1, x_2) 上的概率则可由下式给出:

$$F_X(x_2) - F_X(x_1) = \Pr\{x_1 \leqslant X \leqslant x_2\} \tag{11.2}$$

实际中常常用 cdf 的导数 pdf 来描述随机变量,pdf 称为概率密度函数。随机变量 X 的概率密度函数为

$$f_X(x) = \frac{\mathrm{d}}{\mathrm{d}x} F_X(x) \tag{11.3}$$

或等效地为

$$F_X(x) = \Pr\{X \leqslant x\} = \int_{-\infty}^{x} f_X(\lambda) \mathrm{d}\lambda \tag{11.4}$$

因此,方程(11.2)可写为以下等效形式:

$$F_X(x_2) - F_X(x_1) = \Pr\{x_1 \leqslant X \leqslant x_2\} = \int_{x_1}^{x_2} f_X(x) \mathrm{d}x \tag{11.5}$$

cdf 具有以下性质:

$$\begin{array}{c} 0 \leqslant F_X(x) \leqslant 1 \\ F_X(-\infty) = 0 \\ F_X(\infty) = 1 \\ F_X(x_1) \leqslant F_X(x_2) \Leftrightarrow x_1 \leqslant x_2 \end{array} \tag{11.6}$$

定义随机变量 X 的第 n 阶矩为

$$E[X^n] = \overline{X^n} = \int_{-\infty}^{\infty} x^n f_X(x) \mathrm{d}x \tag{11.7}$$

第一阶矩 $E[X]$ 称为平均值,而第二阶矩 $E[X^2]$ 称为均方值。当随机变量 X 代表 1Ω 电阻上的电信号时,则 $E[X]$ 表示直流分量,$E[X^2]$ 表示总平均功率。

第 n 阶中心矩定义为

$$E[(X-\bar{X})^n] = \overline{(X-\bar{X})^n} = \int_{-\infty}^{\infty} (x-\bar{x})^n f_X(x) \mathrm{d}x \tag{11.8}$$

所以,第一阶中心矩为零。第二阶中心矩称为方差,用符号 σ_X^2 表示:

$$\sigma_X^2 = E[(X-\bar{X})^2] = \overline{(X-\bar{X})^2} \tag{11.9}$$

实际中,电信号的随机特性需要用不止一个随机变量来表示,在这种情况下,需要考虑联合累积分布函数和概率密度函数。X 和 Y 两个随机变量的联合累积分布函数和概率密度函数分别定义为

$$F_{XY}(x, y) = \Pr\{X \leqslant x; Y \leqslant y\} \tag{11.10}$$

$$f_{XY}(x, y) = \frac{\partial^2}{\partial x \partial y} F_{XY}(x, y) \tag{11.11}$$

边际累积分布函数可通过下式获得:

$$\begin{aligned}F_X(x) &= \int_{-\infty}^{\infty}\int_{-\infty}^{x} f_{UV}(u, v) \mathrm{d}u \mathrm{d}v = F_{XY}(x, \infty) \\ F_Y(y) &= \int_{-\infty}^{\infty}\int_{-\infty}^{y} f_{UV}(u, v) \mathrm{d}v \mathrm{d}u = F_{XY}(\infty, y)\end{aligned} \tag{11.12}$$

如果这两个随机变量统计独立,则联合累积分布函数和概率密度函数分别由下面两个式子给出:

$$F_{XY}(x, y) = F_X(x) F_Y(y) \tag{11.13}$$

$$f_{XY}(x, y) = f_X(x) f_Y(y) \tag{11.14}$$

现在考虑 X 和 Y 两个随机变量通过一些变换 T_1 和 T_2 映射为两个新变量 U 和 V 的情况。T_1 和 T_2 定义为

$$U = T_1(X, Y) \ ; \ V = T_2(X, Y) \tag{11.15}$$

联合概率密度函数 $f_{UV}(u,v)$ 可以根据概率在变换中的不变性来计算。为此目的,首先必须计算导数的矩阵,然后用下式计算新的联合概率密度函数

$$f_{UV}(u, v) = f_{XY}(x, y)|\mathbf{J}| \tag{11.16}$$

$$|\mathbf{J}| = \begin{vmatrix} \dfrac{\partial x}{\partial u} & \dfrac{\partial x}{\partial v} \\ \dfrac{\partial y}{\partial u} & \dfrac{\partial y}{\partial v} \end{vmatrix} \tag{11.17}$$

式中导数矩阵的行列式|**J**|称为雅可比（Jacobian）行列式。随机变量 X 的特征函数定义为

$$C_X(\omega) = E[e^{j\omega X}] = \int_{-\infty}^{\infty} f_X(x) e^{j\omega x} dx \tag{11.18}$$

特征函数可用来计算独立随机变量和的概率密度函数。更精确地说，令随机变量 Y 等于

$$Y = X_1 + X_2 + \cdots + X_M \tag{11.19}$$

式中，$\{X_m, i = 1, \cdots, M\}$ 是一组独立随机变量的集，可证明

$$C_Y(\omega) = C_{X_1}(\omega) C_{X_2}(\omega) \cdots C_{X_M}(\omega) \tag{11.20}$$

于是概率密度函数 $f_Y(y)$ 可计算为 $C_Y(\omega)$ 的傅里叶逆变换：

$$f_Y(y) = \frac{1}{2\pi} \int_{-\infty}^{\infty} C_Y(\omega) e^{-j\omega y} d\omega \tag{11.21}$$

特征函数还可用来计算随机变量 X 的第 n 阶矩，即

$$E[X^n] = (-j)^n \left. \frac{d^n}{d\omega^n} C_X(\omega) \right|_{\omega=0} \tag{11.22}$$

11.2 多元高斯随机向量

考虑 M 个随机变量 $X_1, X_2, \cdots, X_M$ 的联合概率。这些变量可表示为 $M \times 1$ 随机列向量 **x** 的分量，更精确地说，

$$\mathbf{x} = \begin{bmatrix} X_1 \\ X_2 \\ \vdots \\ X_M \end{bmatrix} \tag{11.23}$$

向量 **x** 的联合概率密度函数为

$$f_X(\mathbf{x}) = f_{X_1, X_2, \cdots, X_M}(x_1, x_2, \cdots, x_M) \tag{11.24}$$

平均向量定义为

$$\mu_{\mathbf{x}} = \begin{bmatrix} E[X_1] \\ E[X_2] \\ \vdots \\ E[X_M] \end{bmatrix} \tag{11.25}$$

协方差是个 $M \times M$ 矩阵,由下式给出:

$$\mathbf{C}_X = E[\mathbf{x}\ \mathbf{x}^t] - \mu_{\mathbf{x}}\ \mu_{\mathbf{x}}^t \tag{11.26}$$

式中,上标 t 表示转置运算。注意,如果向量 **x** 的元素是独立的,那么协方差矩阵就是一个对角矩阵。

随机向量 **x** 为多元高斯向量的条件是其概率密度函数具有如下形式:

$$f_X(\mathbf{x}) = \frac{1}{\sqrt{(2\pi)^M |\mathbf{C}_X|}}\ \exp\left(-\frac{1}{2}(\mathbf{x} - \mu_{\mathbf{x}})^t \mathbf{C}_X^{-1} (\mathbf{x} - \mu_{\mathbf{x}})\right) \tag{11.27}$$

式中,$\mu_{\mathbf{x}}$ 是平均向量,$\mathbf{C}_X$ 是协方差矩阵,$\mathbf{C}_X^{-1}$ 是协方差矩阵的逆,$|\mathbf{C}_X|$ 是它的行列式,**x** 是 $M \times 1$ 维的。如果 **A** 是个 K 秩 $K \times M$ 矩阵,那么随机向量 **y** = **Ax** 是 K 元高斯向量,且有

$$\mu_{\mathbf{y}} = \mathbf{A}\mu_{\mathbf{x}} \tag{11.28}$$

$$\mathbf{C}_Y = \mathbf{A}\ \mathbf{C}_X\ \mathbf{A}^t \tag{11.29}$$

多元高斯概率密度函数的特征函数定义为

$$C_X = E[\exp\{j(\omega_1 X_1 + \omega_2 X_2 + \cdots + \omega_M X_M)\}] = \exp\left\{j\mu_{\mathbf{x}}^t \omega - \frac{1}{2}\omega^t \mathbf{C}_X \omega\right\} \tag{11.30}$$

于是,联合分布的矩可用偏微分获得。例如,

$$E[X_1 X_2 X_3] = \frac{\partial^3}{\partial \omega_1 \partial \omega_2 \partial \omega_3} C_X(\omega_1, \omega_2, \omega_3)\ ,\quad \omega = \mathbf{0} \tag{11.31}$$

方程(11.29)的一个特殊情况是当矩阵 **A** 为

$$\mathbf{A} = [a_1 a_2 \cdots a_M] \tag{11.32}$$

此时 **y** = **Ax** 是随机编码 X_m 的和,即

$$Y = \sum_{m=1}^{M} a_m X_m \tag{11.33}$$

由方程(11.33)可知,高斯变量的线性和也是一个高斯变量,其平均值和方程为

$$\overline{Y} = a_1 \overline{X}_1 + a_2 \overline{X}_2 + \cdots + a_M \overline{X}_M \tag{11.34}$$

第 11 章 随机变量和随机过程

$$\sigma_Y^2 = E[(X-\bar{X})^2] = E[a_1^2(X_1-\bar{X}_1)^2] + \\ E[a_2^2(X_2-\bar{X}_2)^2] + \cdots + E[a_M^2(X_M-\bar{X}_M)^2] \quad (11.35)$$

并且如果变量 X_i 独立,那么方程(11.35)可简化为

$$\sigma_Y^2 = a_1^2 \sigma_{X_1}^2 + a_2^2 \sigma_{X_2}^2 + \cdots + a_M^2 \sigma_{X_M}^2 \quad (11.36)$$

最后,在这种情况下,概率密度函数 $f_Y(y)$ 为下式[也可从方程(11.20)推导出来]:

$$f_Y(y) = f_{X_1}(x_1) \otimes f_{X_2}(x_2) \otimes \cdots \otimes f_{X_M}(x_M) \quad (11.37)$$

式中 $\otimes$ 表示卷积。

例: 定义

$$\mathbf{x}_1 = \begin{bmatrix} X_1 \\ X_2 \end{bmatrix} \quad \mathbf{x}_2 = \begin{bmatrix} X_3 \\ X_4 \end{bmatrix}$$

并且向量 **x** 是一个 4 元高斯向量,其中有

$$\mu_{\mathbf{x}} = \begin{bmatrix} 2 \\ 1 \\ 1 \\ 0 \end{bmatrix}, \quad \mathbf{C}_X = \begin{bmatrix} 6 & 3 & 2 & 1 \\ 3 & 4 & 3 & 2 \\ 2 & 3 & 4 & 3 \\ 1 & 2 & 3 & 3 \end{bmatrix}$$

求 $\mathbf{x}_1$ 的分布以及 $\mathbf{y} = \begin{bmatrix} 2\mathbf{x}_1 \\ \mathbf{x}_1 + 2\mathbf{x}_2 \\ \mathbf{x}_3 + \mathbf{x}_4 \end{bmatrix}$ 的分布。

解: $\mathbf{x}_1$ 具有二变量高斯分布,有

$$\mu_{\mathbf{x}_1} = \begin{bmatrix} 2 \\ 1 \end{bmatrix} \quad \mathbf{C}_{X_1} = \begin{bmatrix} 6 & 3 \\ 3 & 4 \end{bmatrix}$$

向量 **y** 可以表示为

$$\mathbf{y} = \begin{bmatrix} 2 & 0 & 0 & 0 \\ 1 & 2 & 0 & 0 \\ 0 & 0 & 1 & 1 \end{bmatrix} \begin{bmatrix} \mathbf{x}_1 \\ \mathbf{x}_2 \\ \mathbf{x}_3 \\ \mathbf{x}_4 \end{bmatrix} = \mathbf{A}\mathbf{x}$$

由此得出

$$\mu_{\mathbf{y}} = \mathbf{A}\mu_{\mathbf{x}} = \begin{bmatrix} 2 & 0 & 0 & 0 \\ 1 & 2 & 0 & 0 \\ 0 & 0 & 1 & 1 \end{bmatrix} \begin{bmatrix} 2 \\ 1 \\ 1 \\ 0 \end{bmatrix} = \begin{bmatrix} 4 \\ 4 \\ 1 \end{bmatrix}$$

$$\mathbf{C}_Y = \mathbf{A}\mathbf{C}_X \mathbf{A}^t = \begin{bmatrix} 2 & 0 & 0 & 0 \\ 1 & 2 & 0 & 0 \\ 0 & 0 & 1 & 1 \end{bmatrix} \begin{bmatrix} 6 & 3 & 2 & 1 \\ 3 & 4 & 3 & 2 \\ 2 & 3 & 4 & 3 \\ 1 & 2 & 3 & 3 \end{bmatrix} \begin{bmatrix} 2 & 1 & 0 \\ 0 & 2 & 0 \\ 0 & 0 & 1 \\ 0 & 0 & 1 \end{bmatrix} = \begin{bmatrix} 24 & 24 & 6 \\ 24 & 34 & 13 \\ 6 & 13 & 13 \end{bmatrix}$$

11.2.1 复数多元高斯随机向量

考虑 $M \times 1$ 向量随机变量 $\tilde{X}$ 的复包络为

$$\tilde{\mathbf{x}} = \mathbf{x}_I + j\mathbf{x}_Q \tag{11.38}$$

式中 $\mathbf{x}_I$ 和 $\mathbf{x}_Q$ 是实数随机多元高斯随机向量。由两个实数向量的联合概率密度函数可计算复随机向量 $\tilde{X}$ 的联合概率密度函数。向量 $\tilde{X}$ 的平均值为

$$E[\tilde{\mathbf{x}}] = E[\mathbf{x}_I] + jE[\mathbf{x}_Q] \tag{11.39}$$

协方差矩阵定义为

$$\mathbf{C}_{\tilde{X}} = E[(\tilde{\mathbf{x}} - E[\tilde{\mathbf{x}}])(\tilde{\mathbf{x}} - E[\tilde{\mathbf{x}}])^\dagger] \tag{11.40}$$

式中运算符 † 表示复数共轭转置。

向量 $\tilde{X}$ 的概率密度函数为

$$f_{\tilde{X}}(\tilde{\mathbf{x}}) = \frac{\exp[-(\tilde{\mathbf{x}} - E[\tilde{\mathbf{x}}])^\dagger \mathbf{C}_{\tilde{X}}^{-1}(\tilde{\mathbf{x}} - E[\tilde{\mathbf{x}}])]}{\pi^M |\mathbf{C}_{\tilde{X}}|} \tag{11.41}$$

且以下三个条件成立

$$E[(\mathbf{x}_{I_i} - E[\mathbf{x}_{I_i}])(\mathbf{x}_{Q_i} - E[\mathbf{x}_{Q_i}])^\dagger] = \mathbf{0} \tag{11.42}$$

$$E[(\mathbf{x}_{I_i} - E[\mathbf{x}_{I_i}])(\mathbf{x}_{I_k} - E[\mathbf{x}_{I_k}])^\dagger] = E[(\mathbf{x}_{Q_i} - E[\mathbf{x}_{Q_i}])(\mathbf{x}_{Q_k} - E[\mathbf{x}_{Q_k}])^\dagger] \; ; \text{所有} i, k \tag{11.43}$$

$$E[(\mathbf{x}_{I_i} - E[\mathbf{x}_{I_i}])(\mathbf{x}_{Q_k} - E[\mathbf{x}_{Q_k}])^\dagger] = -E[(\mathbf{x}_{Q_i} - E[\mathbf{x}_{Q_i}])(\mathbf{x}_{I_k} - E[\mathbf{x}_{I_k}])^\dagger] \; ; \; i \neq k \tag{11.44}$$

11.3 瑞利随机变量

令 X_I 和 X_Q 为零均值独立高斯随机变量,其均值为零,方差为 σ^2。定义两个新随机变量 R 和 Φ 为

$$\begin{aligned} X_I &= R\cos\Phi \\ X_Q &= R\sin\Phi \end{aligned} \tag{11.45}$$

两个随机变量 $X_I; X_Q$ 的联合概率密度函数为

$$f_{X_I X_Q}(x_I, x_Q) = \frac{1}{2\pi\sigma^2}\exp\left(-\frac{x_I^2 + x_Q^2}{2\sigma^2}\right) = \frac{1}{2\pi\sigma^2}\exp\left(-\frac{(r\cos\varphi)^2 + (r\sin\varphi)^2}{2\sigma^2}\right) \tag{11.46}$$

而两个随机变量 $R; \Phi$ 的联合概率密度函数为

$$f_{R\Phi}(r, \varphi) = f_{X_I X_Q}(x_I, x_Q)|\mathbf{J}| \tag{11.47}$$

式中 [**J**] 是导数的矩阵,定义为

$$[\mathbf{J}] = \begin{bmatrix} \dfrac{\partial x_I}{\partial r} & \dfrac{\partial x_I}{\partial \varphi} \\ \dfrac{\partial x_Q}{\partial r} & \dfrac{\partial x_Q}{\partial \varphi} \end{bmatrix} = \begin{bmatrix} \cos\varphi & -r\sin\varphi \\ \sin\varphi & r\cos\varphi \end{bmatrix} \tag{11.48}$$

导数矩阵的行列式称为雅可比行列式，并且在这种情况下它等于

$$|\mathbf{J}| = r \tag{11.49}$$

将方程（11.46）和方程（11.49）代入方程（11.47），合并有关项，得到

$$f_{R\Phi}(r,\varphi) = \frac{r}{2\pi\sigma^2}\exp\left(-\frac{(r\cos\varphi)^2 + (r\sin\varphi)^2}{2\sigma^2}\right) = \frac{r}{2\pi\sigma^2}\exp\left(-\frac{r^2}{2\sigma^2}\right) \tag{11.50}$$

将方程（11.50）对 φ 积分，得 R 的概率密度函数

$$f_R(r) = \int_0^{2\pi} f_{R\Phi}(r,\varphi)\mathrm{d}\varphi = \frac{r}{\sigma^2}\exp\left(-\frac{r^2}{2\sigma^2}\right)\frac{1}{2\pi}\int_0^{2\pi}\mathrm{d}\varphi \tag{11.51}$$

方程（11.51）中的积分等于 2π；因此

$$f_R(r) = \frac{r}{\sigma^2}\exp\left(-\frac{r^2}{2\sigma^2}\right) \ ; \ r \geqslant 0 \tag{11.52}$$

方程（11.52）中描述的概率密度函数称为瑞利概率密度函数。由下式可得随机变量 Φ 的密度函数

$$f_\Phi(\varphi) = \int_0^r f(r,\varphi)\mathrm{d}r \tag{11.53}$$

将方程（11.50）代入方程（11.53），并进行部分积分，可得

$$f_\Phi(\varphi) = \frac{1}{2\pi} \ ; \ 0 < \varphi < 2\pi \tag{11.54}$$

这是一个均匀概率密度函数。

11.4 卡方随机变量

11.4.1 自由度为 N 的中心卡方随机变量

令随机变量 $\{X_1, X_2, \cdots, X_M\}$ 为零均值、单位方差的统计独立的高斯随机变量。变量

$$\chi_N^2 = \sum_{m=1}^M X_m^2 \tag{11.55}$$

是自由度为 M 的中心卡方（Chi-Square）随机变量。卡方概率密度函数为

$$f_{\chi_M^2}(x) = \begin{cases} \dfrac{x^{(M-2)/2} e^{(-x/2)}}{2^{M/2} \Gamma(M/2)} & x \geq 0 \\ 0 & x < 0 \end{cases} \quad (11.56)$$

式中伽马函数定义为

$$\Gamma(m) = \int_0^\infty \lambda^{m-1} e^{-\lambda} \, d\lambda \; ; \; m > 0 \quad (11.57)$$

其递归式为

$$\Gamma(m+1) = m\Gamma(m) \quad (11.58)$$

且

$$\Gamma(m+1) = m! \; ; \; m = 0, 1, 2, \cdots, 0! = 1 \quad (11.59)$$

中心卡方的均值和方差分别由下式给出：

$$E[\chi_M^2] = M \quad (11.60)$$

$$\sigma_{\chi_M^2} = 2M \quad (11.61)$$

因此，自由度 M 是平方均值与方差比率的两倍：

$$M = (2E^2[\chi_M^2])/\sigma_{\chi_M^2} \quad (11.62)$$

11.4.2 自由度为 N 的非中心卡方随机变量

一般来说，卡方随机变量要求高斯随机变量 $\{X_1, X_2, \cdots, X_M\}$ 不能为零均值。定义一个多元随机变量 **y**，有

$$Y_m = X_m + \mu_{X_m} \; ; \; m = 1, 2, \cdots, M \quad (11.63a)$$

$$\mathbf{y} = \mathbf{x} + \mu_{\mathbf{x}} \quad (11.63b)$$

考虑随机变量

$$\chi_M'^2 = \sum_{m=1}^M Y_m^2 = \sum_{m=1}^M (X_m + \mu_{X_m})^2 \quad (11.64)$$

随机变量 $\chi_M'^2$ 称为自由度为 M、非中心参数为 λ 的非中心卡方随机变量，其中

$$\lambda = \sum_{m=1}^M \mu_{X_m}^2 = \sum_{m=1}^M E^2[Y_m] \quad (11.65)$$

非中心卡方概率密度函数为

$$f_{\chi'^2_M}(x) = \begin{cases} \left(\dfrac{1}{2}\right)\left(\dfrac{x}{\lambda}\right)^{(M-2)/4} e^{[-(x+\lambda)/2]} I_{(M-2)/2}(\sqrt{\lambda x}) & x \geqslant 0 \\ 0 & x < 0 \end{cases} \quad (11.66)$$

其中 I 是修正的第一类贝塞尔（Bessel）函数（或有时称为双曲线贝塞尔函数），其下标表示它的阶数。

11.5 随机过程

随机变量 X 定义为一个随机实验的所有可能输出映射成的数。当随机变量成为实验输出和时间的函数时，则称它为随机过程，并用 $X(t)$ 表示。因此，我们可以把一个随机过程看成为时域函数集，它们是某随机实验的输出，而不是某个随机变量情况下的单个实数输出。

因为随机过程的积累分布函数和概率密度函数都是与时间有关的，所以我们分别用 $F_X(x;t)$ 和 $f_X(x;t)$ 表示它们。随机过程 $X(t)$ 的第 n 阶矩为

$$E[X^n(t)] = \int_{-\infty}^{\infty} x^n f_X(x;t) dx \quad (11.67)$$

如果随机过程 $X(t)$ 的所有稳态特性都不随时间变化，则称它是一阶稳态的。因此有 $E[X(t)] = \bar{X}$，式中 $\bar{X}$ 是常量。如果对于所有的 t_1、t_2 和 Δt，方程（11.68）都成立，则称随机过程 $X(t)$ 是二阶稳态的（或广义稳态的）。

$$f_X(x_1, x_2; t_1, t_2) = f_X(x_1, x_2; t_1 + \Delta t, t_2 + \Delta t) \quad (11.68)$$

定义随机过程 $X(t)$ 的统计自相关函数为

$$\Re_X(t_1, t_2) = E[X(t_1)X(t_2)] \quad (11.69)$$

一般来说，相关 $E[X(t_1)X(t_2)]$ 是 (t_1, t_2) 的函数。根据广义稳态的定义，自相关函数取决于时间差 $\tau = t_2 - t_1$ 而非绝对时间。因此，对于广义静态过程而言，我们有

$$\begin{aligned} E[X(t)] &= \bar{X} \\ \Re_X(\tau) &= E[X(t)X(t+\tau)] \end{aligned} \quad (11.70)$$

如果时间平均函数和时间相关函数等于统计平均函数和统计相关函数，那么该随机过程称为遍历随机过程。对于遍历随机过程，下面的式子均成立：

$$\lim_{T \to \infty} \frac{1}{T} \int_{-T/2}^{T/2} x(t) dt = E[X(t)] = \bar{X} \quad (11.71)$$

$$\lim_{T \to \infty} \frac{1}{T} \int_{-T/2}^{T/2} x^*(t) x(t+\tau) dt = \Re_X(\tau) \quad (11.72)$$

两个随机过程 $X(t)$ 和 $Y(t)$ 的协方差定义为

$$C_{XY}(t, t+\tau) = E[\{X(t) - E[X(t)]\}\{Y(t+\tau) - E[Y(t+\tau)]\}] \tag{11.73}$$

该式也可写成

$$C_{XY}(t, t+\tau) = \Re_{XY}(\tau) - \overline{X}\overline{Y} \tag{11.74}$$

11.6 高斯随机过程

令 $X(t)$ 是一个定义在时间间隔 $\{0,T\}$ 上的随机过程，假如这个过程的均方值是有限的，那么如果这个随机过程在整个时间间隔上的每个可能输出都是一个高斯过程，则 $X(t)$ 称为一个高斯随机过程。更精确地说，$Y(t)$ 是一个由下式定义的同一时间间隔 $\{0,T\}$ 上的随机过程：

$$Y(t) = \int_0^T x(t)z(t)\mathrm{d}t \tag{11.75}$$

式中 $z(t)$ 是能满足 $E[|Y|^2] < \infty$ 的任意函数。

高斯随机过程有几个独特的性质，使得它们与其他类型的随机过程区别开来。(1) 如果给一个 LTI 系统的输入是一个高斯随机过程，那么输出也是一个高斯随机过程。(2) 如果任意时刻集合 $\{t_1, t_2, \cdots, t_M\}$ 是高斯随机变量，那么随机变量 $\{X(t_1), X(t_2), \cdots, X(t_M)\}$ 是联合高斯随机变量。(3) 高斯过程的任意线性组合产生另一个联合高斯随机变量。

11.6.1 低通高斯随机变量

令 $X(t)$ 是一个实数高斯随机过程。如果这个随机过程是频率间隔 $\{-B, B\}$ 上的一个实质带限过程（请回忆第 3 章有关实质带限过程的定义），那么表示这个过程所需的最小采样数为 $M = 2TB$ 个实数采样。因此，在间隔 $\{0, T\}$ 上，有 M 个随机变量，它们用由 M 个随机变量组成的向量 $\mathbf{x}$ 表示

$$\mathbf{x} = \begin{bmatrix} X(1/2B) \\ X(1/B) \\ \vdots \\ X(M/2B) \end{bmatrix} = \begin{bmatrix} X_1 \\ X_2 \\ \vdots \\ X_M \end{bmatrix} \tag{11.76}$$

如果随机过程 $X(t)$ 是一个复数低通高斯过程，用复包络 $\tilde{X}(t)$ 表示，那么在这种情况下，表示这个过程所需的最小采样数为 $M = TB$ 个复数采样。得到的联合高斯复数随机向量由 $M = TB$ 个复数随机变量组成，为

$$\tilde{\mathbf{x}} = \begin{bmatrix} \tilde{X}(1/B) \\ \tilde{X}(2/B) \\ \vdots \\ \tilde{X}(M/B) \end{bmatrix} = \begin{bmatrix} \tilde{X}_1 \\ \tilde{X}_2 \\ \vdots \\ \tilde{X}_M \end{bmatrix} \tag{11.77}$$

如果一个高斯随机过程 $X(t)$ 的功率谱密度定义为

$$S_X(f) = \begin{cases} S_o & ; |f| < B \\ 0 & ; 其他 \end{cases} \quad (11.78)$$

那么向量 **x** 的概率密度函数为

$$f_X(x(t)) = \frac{1}{(4\pi S_o B)^{M/2}} \exp\left[\left(-\frac{1}{4 S_o B}\right) \sum_{m=1}^{M} X_m\right] = \frac{1}{(4\pi S_o B)^{M/2}} \exp\left(-\frac{\mathbf{x}^t \mathbf{x}}{4 S_o B}\right) \quad (11.79)$$

方程（11.76）中定义的随机过程的均值为

$$\mu_\mathbf{x} = \begin{bmatrix} E[X_1] \\ E[X_2] \\ \vdots \\ E[X_M] \end{bmatrix} = \begin{bmatrix} \mu_1 \\ \mu_2 \\ \vdots \\ \mu_M \end{bmatrix} \quad (11.80)$$

当过程的功率谱密度在带宽上不是白的时，那么在这种情况下方程（11.76）中定义的随机变量将不再是独立的。因此，方程（11.79）中给出的概率密度函数修正为

$$f_X(x(t)) = \frac{1}{\sqrt{(2\pi)^M \mathbf{C}_X}} \exp\left[\left(-\frac{1}{2}\right)(\mathbf{x}-\mu_\mathbf{x})^t \mathbf{C}_X^{-1}(\mathbf{x}-\mu_\mathbf{x})\right] \quad (11.81)$$

式中互方差矩阵为

$$\mathbf{C}_X = E[(\mathbf{x}-\mu_\mathbf{x})(\mathbf{x}-\mu_\mathbf{x})^t] \quad (11.82)$$

11.6.2 带通高斯随机过程

常用下式的复包络定义带通高斯随机过程：

$$\tilde{X}(t) = X_I(t) + jX_Q(t) \quad (11.83)$$

式中 $X_I(t)$ 和 $X_Q(t)$ 是联合低通统计独立的稳态高斯随机过程，其均值为零，方差相等为 σ^2。复包络的一个采样 $\tilde{X}(t_0)$ 的概率密度函数是 $X_I(t)$ 和 $X_Q(t)$ 的联合概率密度函数，也即

$$f_X(\tilde{x}(t_0)) = \frac{1}{2\pi\sigma^2} \exp\left[-\frac{x_I^2(t_0) + x_Q^2(t_0)}{2\sigma^2}\right] = \frac{1}{2\pi\sigma^2} \exp\left[-\frac{|\tilde{x}(t_0)|^2}{2\sigma^2}\right] \quad (11.84)$$

如果两个低通随机过程的均值都不为零，而是由下式决定：

$$\mu(t) = \mu_I(t)\cos(2\pi f_0 t) + j\mu_Q(t)\sin(2\pi f_0 t) \quad (11.85)$$

那么平均复包络为

$$\tilde{\mu}(t) = \mu_I(t) + j\mu_Q(t) \quad (11.86)$$

因此方程（11.84）可重写为

$$f_X(\tilde{x}(t_0)) = \frac{1}{2\pi\sigma^2}\exp\left[-\frac{[x_I(t_0)-\mu_I(t_0)]^2 + [x_Q(t_0)-\mu_Q(t_0)]^2}{2\sigma^2}\right] = \frac{1}{2\pi\sigma^2}\exp\left[\frac{|\tilde{x}(t_0)-\tilde{\mu}(t_0)|^2}{2\sigma^2}\right] \tag{11.87}$$

考虑该过程在时间间隔 $\{0,T\}$ 展开的一个持续时间段。那么随机过程复包络的这一段可以用一个至少有 $M = BT$ 个元素的复数随机变量向量表示，其中 B 是该过程的带宽。定义

$$\tilde{X}_i = \tilde{X}\left(\frac{m}{B}\right); \quad m = 1, 2, \cdots, BT = M \tag{11.88}$$

$$\tilde{\mathbf{x}} = \begin{bmatrix} \tilde{X}_1 \\ \tilde{X}_2 \\ \vdots \\ \tilde{X}_M \end{bmatrix} \tag{11.89}$$

由定义可知，协方差矩阵 **C** 为

$$\tilde{\mathbf{C}}_X = E[(\tilde{\mathbf{x}}-\tilde{\mu}_\mathbf{x})(\tilde{\mathbf{x}}-\tilde{\mu}_\mathbf{x})^\dagger] = 2(\tilde{\mathbf{C}}_{X_I} + j\tilde{\mathbf{C}}_{X_{IQ}}) \tag{11.90}$$

式中

$$\tilde{\mathbf{C}}_{X_I} = E[(\tilde{\mathbf{x}}_I - \tilde{\mu}_{\mathbf{x}_I})(\tilde{\mathbf{x}}_I - \tilde{\mu}_{\mathbf{x}_I})^\dagger] \tag{11.91}$$

$$\tilde{\mathbf{C}}_{X_{IQ}} = E[(\tilde{\mathbf{x}}_I - \tilde{\mu}_{\mathbf{x}_I})(\tilde{\mathbf{x}}_Q - \tilde{\mu}_{\mathbf{x}_Q})^\dagger] \tag{11.92}$$

因此，$\{\tilde{X}(t); 0 < t < T\}$ 的概率密度函数为

$$f_X(\tilde{\mathbf{x}}) = \frac{\exp[-(\tilde{\mathbf{x}}-\tilde{\mu}_\mathbf{x})^\dagger \tilde{\mathbf{C}}_X^{-1}(\tilde{\mathbf{x}}-\tilde{\mu}_\mathbf{x})]}{\pi^N |\tilde{\mathbf{C}}_X|} \tag{11.93}$$

11.6.3 带通高斯过程的包络

考虑一个带通高斯随机过程包络中的一段的概率密度函数。这个过程可表示为

$$X(t) = X_I(t)\cos(2\pi f_0 t) - X_Q(t)\sin(2\pi f_0 t) \tag{11.94}$$

式中 $X_I(t)$ 和 $X_Q(t)$ 是零均值独立低通高斯过程。包络和相位分别用 $R(t)$ 和 $\Phi(t)$ 表示，有

$$R(t) = \sqrt{X_I(t)^2 + X_Q(t)^2} \tag{11.95}$$

$$\Phi(t) = \left[\tan\left(\frac{X_Q(t)}{X_I(t)}\right)\right]^{-1} \tag{11.96}$$

其中

$$X_I(t) = R(t)\cos(\Phi(t))$$
$$X_Q(t) = R(t)\sin(\Phi(t))$$
(11.97)

两个过程 $R(t)$ 和 $\Phi(t)$ 也是独立的，11.3 节中推导了它们各自的概率密度函数，分别在方程（11.52）和方程（11.54）中给出。

习题

11.1 假如你想要确定加性高斯白噪声 $n(t)$（其均值为 0，方差为 σ_n^2）存在情况下的未知直流电压 v_{dc}。测量出的信号为 $x(t) = v_{dc} + n(t)$，v_{dc} 的估值通过进行 $x(t)$ 的三次独立测量并计算其算术平均值而获得，即 $\underline{v}_{dc} \approx (x_1 + x_2 + x_3)/3$。那么，（a）求随机变量 $\underline{v}_{dc}$ 的均值和方差；（b）如用 10 次测量代替 3 次测量能使 v_{dc} 的估值更准确吗？为什么？

11.2 假定飞镖掷向靶镖板的脱靶距离 X 和 Y 为具有零均值和方差 σ^2 的高斯分布，则（a）求飞镖落在 0.8σ 与 1.2σ 之间的概率；（b）求包含 80% 飞镖掷的以靶心为圆心的圆的半径；（c）假如在靶镖板的第一象限有一个边长为 s 的正方形，求 s 的大小以使飞镖落在该正方形中的概率为 0.07。

11.3 （a）如果随机电压 $v(t)$ 有指数分布函数 $f_v(v) = a\exp(-av)$，其中 $(a > 0); (a \leqslant v < \infty)$，期望值 $E[V] = 0.5$，求 $\Pr\{V > 0.5\}$。

11.4 考虑下图所示的网络，其中 $x(t)$ 是一个具有零均值的随机电压，其自相关函数为 $\Re_x(\tau) = 1 + \exp(-a|t|)$，求功率谱 $S_x(\omega)$。其变换函数是什么？求变换函数的功率谱 $S_v(\omega)$。

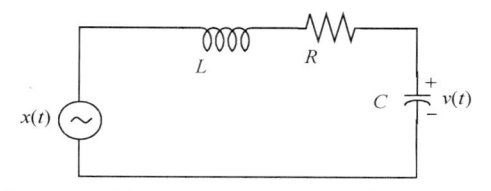

11.5 假定 $\overline{S}_X(\omega)$ 是稳态随机过程 $X(t)$ 的 PSD 函数，求 $Y(t) = X(t) - 2X(t-T)$ 的 PSD 函数的表达式。

11.6 假定 X 是一个随机变量，具有

$$f_X(x) = \begin{cases} \dfrac{1}{\sigma} t^3 e^{-t} & t \geqslant 0 \\ 0 & \text{其他} \end{cases}$$

（a）求特征函数 $C_X(\omega)$；（b）利用 $C_X(\omega)$ 验证 $f_X(x)$ 是一个恰当的概率密度函数；（c）用 $C_X(\omega)$ 来求 X 的一阶矩和二阶矩；（d）求 X 的方差。

11.7 令随机变量 Z 如下式用两个其他随机变量 X 和 Y 表示：$Z = X + 3Y$。求新随机变量 Z 的均值和方差，用随机变量 X 和 Y 表示。

11.8 假设有以下统计独立高斯随机变量（零均值，方差为 σ^2）序列。如果有

$$X_1, X_2, \cdots, X_N; \quad X_i = A_i\cos\Theta_i \text{ 以及 } Y_1, Y_2, \cdots, Y_N; \quad Y_i = A_i\sin\Theta_i$$

定义 $Z = \sum_{i=1}^{N} A_i^2$。求 Z 超过门限值 v_T 的表达式。

11.9 当两个单延迟线对消器级联构成一个双延迟线对消器时，重复前一习题。令 $X(t)$ 为一个稳态随机过程，$E[X(t)]=1$，自相关 $\Re_x(\tau) = 3 + \exp(-|\tau|)$。定义新的随机变量 Y 为

$$Y = \int_0^2 x(t) dt \tag{11.98}$$

计算 $E[Y(t)]$ 和 σ_Y^2。

11.10 考虑下图中的单延迟线对消器。输入 $x(t)$ 是一个广义稳态随机过程，其方差为 σ_x^2，均值为 μ_x，互方差矩阵为 Λ。求输出 $y(t)$ 的均值、方差和自相关函数。

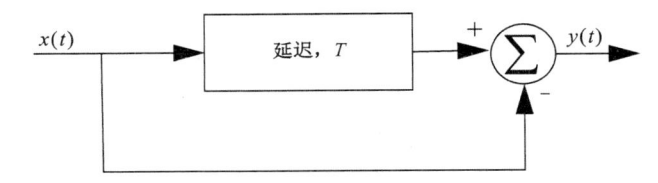

第 12 章 单脉冲检测

12.1 参数已知的单脉冲

在最简形式中，一个雷达信号可以用一个由已知幅度和相位的正弦曲线组成的单脉冲表示。因此，回波信号也由正弦曲线组成。在信号参数完全已知的假设下，来自目标的回波脉冲的幅度已知、相位已知，并且没有任何随机分量；对于给定的虚警概率，雷达信号处理器将努力使检测概率最大。在这种情况下，检测被称为相干检测或相干解调。如果接收电压信号包络超过了预先设定的门限值，那么雷达系统将宣布以一定的检测概率进行检测。为此目的，认为雷达接收机采用了包络检波器。

图 12.1 给出了雷达匹配滤波器接收机后跟门限判决逻辑的一张简化框图。在匹配滤波器输入处的信号 $s(t)$ 由目标回波信号 $x(t)$ 和加性零均值、方差为 σ^2 的高斯噪声（本章中的分析假设为白噪声）随机过程 $n(t)$ 组成。假设输入噪声在空间上与信号既不相干，也不相关。匹配滤波器的冲激响应为 $h(t)$，输入信号记为 $v(t)$，由第 4 章中的推导，$v(t)$ 为

$$v(t) = \int_{-\infty}^{\infty} s(t)h(t-u)\,\mathrm{d}u \tag{12.1}$$

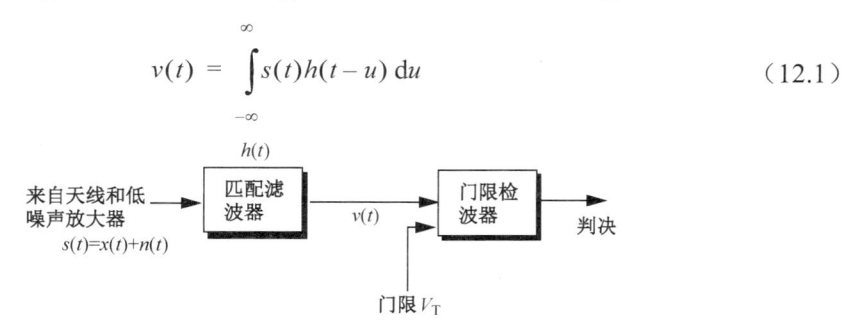

图 12.1 匹配滤波器接收机简化框图

请回忆如果 $n(t)$ 是一个高斯随机过程，那么 $s(t)$ 也是，这是因为 $x(t)$ 是一个确定信号；它仅仅影响随机过程平均值的移动。根据第 11 章 11.6 节中对高斯过程的定义，可以得出结论：信号 $v(t)$ 也是一个高斯随机过程，并且在相干处理间隔 $\{0,T\}$ 上，考虑两个假设，分别为

H_0，当信号 $s(t)$ 仅由噪声组成时

H_1，当信号 $s(t)$ 由信号加噪声组成时

更精确地说，由第 11 章 11.6.1 节中的分析，可以得到

$$H_0 \Leftrightarrow \mathbf{s} = \mathbf{n}; \; 0 < t < T \tag{12.2}$$

$$H_1 \Leftrightarrow \mathbf{s} = \mathbf{n} + \mathbf{x}; \; 0 < t < T \tag{12.3}$$

其中所有向量的维数均为 $M \times 1$ ($M = 2TB$), B 是接收机的工作带宽。因此有

$$E[\mathbf{n}] = \mathbf{0}$$
$$E[\mathbf{nn}^\dagger] = \mathbf{C}_n \tag{12.4}$$
$$E[\mathbf{s}/H_1] = \mathbf{x}$$

式中 $\mathbf{C}_n$ 是噪声协方差矩阵。

当噪声 $n(t)$ 为白噪声时,或者当它在频带 $\{-B, B\}$ 上是带限白噪声时,其功率谱密度为

$$\bar{S}_n(f) = \frac{\eta_o}{2}; \quad -B < f < B \tag{12.5}$$

式中 η_o 为常数。对于非白噪声情况的分析留做练习。方程(11.79)推导了 H_0 情况下的条件概率,为

$$f(\mathbf{s}/H_0) = \frac{1}{(2\pi\eta_o B)^{M/2}} \exp\left(-\frac{\mathbf{s}^\dagger \mathbf{s}}{2\eta_o B}\right) \tag{12.6}$$

另外,H_1 的条件概率与方程(12.6)相同,除了在这种情况下必须用 $\mathbf{s} - \mathbf{x}$ 替代 $\mathbf{s}$。因此有

$$f(\mathbf{s}/H_1) = \frac{1}{(2\pi\eta_o B)^{M/2}} \exp\left(-\frac{(\mathbf{s} - \mathbf{x})^\dagger (\mathbf{s} - \mathbf{x})}{2\eta_o B}\right) \tag{12.7}$$

正如早先确定的,与间隔 $\{0, T\}$ 上的随机过程 $v(t)$ 有关的统计特性为高斯的。一般来说,一个高斯概率密度函数为

$$f_V(v) = \frac{1}{\sigma\sqrt{2\pi}} \exp\left(-\frac{(v - \bar{V})^2}{2\sigma^2}\right) \tag{12.8}$$

式中 σ^2 是方差,$\bar{V}$ 是平均值。因此有(证明留做练习,见习题12.1)

$$E[V/H_0] = 0 \tag{12.9}$$

$$\text{Var}[V/H_0] = \frac{E_x \eta_o}{2} = \sigma^2 \tag{12.10}$$

$$E[V/H_1] = \int_0^T x^*(t) x(t) \, dt = E_x \tag{12.11}$$

$$\text{Var}[V/H_1] = \frac{E_x \eta_o}{2} = \sigma^2 \tag{12.12}$$

式中 E_x 是信号的能量。

假定为 H_0 假设,那么由方程(12.8)可以计算信号 $v(t)$ 超过设定门限值 V_T 时的虚警概率 P_{fa}。更精确地说,

$$P_{\text{fa}} = \Pr\{v(t) > V_T/H_0\} = \int_{V_T}^{\infty} \frac{1}{\sigma\sqrt{2\pi}} \exp\left(-\frac{v^2}{2\sigma^2}\right) dv \tag{12.13}$$

将如方程（12.10）中计算的方差代入方程（12.13），得

$$P_{\text{fa}} = \int_{V_{\text{T}}}^{\infty} \frac{1}{\sqrt{\pi E_x \eta_{\text{o}}}} \exp\left(-\frac{v^2}{E_x \eta_{\text{o}}}\right) dv \tag{12.14}$$

用变量 $\zeta = v/\sqrt{E_x \eta_{\text{o}}}$ 替换，可得

$$P_{\text{fa}} = \int_{\frac{V_{\text{T}}}{\sqrt{E_x \eta_{\text{o}}}}}^{\infty} \frac{1}{\sqrt{\pi}} e^{-\zeta^2} d\zeta \tag{12.15}$$

将方程（12.15）乘以 2 除以 2，得到

$$P_{\text{fa}} = \frac{2}{2} \frac{1}{\sqrt{\pi}} \int_{\frac{V_{\text{T}}}{\sqrt{E_x \eta_{\text{o}}}}}^{\infty} e^{-\zeta^2} d\zeta = \frac{1}{2} \text{erfc}\left(\frac{V_{\text{T}}}{\sqrt{E_x \eta_{\text{o}}}}\right) \tag{12.16}$$

式中 erfc 是互补误差函数，定义为

$$\text{erfc}(z) = \frac{2}{\sqrt{\pi}} \int_{z}^{\infty} e^{-\zeta^2} d\zeta \tag{12.17}$$

误差函数 erf 与互补误差函数的关系为

$$\text{erfc}(z) = 1 - \text{erf}(z) = 1 - \frac{2}{\sqrt{\pi}} \int_{0}^{z} e^{-\zeta^2} d\zeta \tag{12.18}$$

erf 和 erfc 是 MATLAB 信号处理工具箱中的固有函数。利用类似的分析，可以推导出检测概率为

$$P_{\text{D}} = \Pr\{v(t) > V_{\text{T}}/H_1\} = \frac{1}{2} \text{erfc}\left(\frac{V_{\text{T}} - Ex}{\sqrt{E_x \eta_{\text{o}}}}\right) \tag{12.19}$$

方程（12.19）的推导留做练习（见习题 12.2）。

利用方程（12.19），表 12.1 给出了与几种 P_{D} 和 P_{fa} 值对应的单脉冲 SNR 取值。例如，如果 $P_{\text{D}} = 0.99$ 且 $P_{\text{fa}} = 10^{-10}$，那么为了得到这种 P_{D} 和 P_{fa} 的组合，所需的最小单脉冲 SNR 为 SNR = 16.12 dB。

表 12.1 单脉冲 SNR（dB）

P_D	P_{fa}									
	10^{-3}	10^{-4}	10^{-5}	10^{-6}	10^{-7}	10^{-8}	10^{-9}	10^{-10}	10^{-11}	10^{-12}
.1	4.00	6.19	7.85	8.95	9.94	10.44	11.12	11.62	12.16	12.65
.2	5.57	7.35	8.75	9.81	10.50	11.19	11.87	12.31	12.85	13.25
.3	6.75	8.25	9.50	10.44	11.10	11.75	12.37	12.81	13.25	13.65
.4	7.87	8.85	10.18	10.87	11.56	12.18	12.75	13.25	13.65	14.00
.5	8.44	9.45	10.62	11.25	11.95	12.60	13.11	13.52	14.00	14.35
.6	8.75	9.95	11.00	11.75	12.37	12.88	13.50	13.87	14.25	14.62
.7	9.56	10.50	11.50	12.31	12.75	13.31	13.87	14.20	14.59	14.95
.8	10.18	11.12	12.05	12.62	13.25	13.75	14.25	14.55	14.87	15.25
.9	10.95	11.85	12.65	13.31	13.85	14.25	14.62	15.00	15.45	15.75
.95	11.50	12.40	13.12	13.65	14.25	14.64	15.10	15.45	15.75	16.12
.98	12.18	13.00	13.62	14.25	14.62	15.12	15.47	15.85	16.25	16.50
.99	12.62	13.37	14.05	14.50	15.00	15.38	15.75	16.12	16.47	16.75
.995	12.85	13.65	14.31	14.75	15.25	15.71	16.06	16.37	16.65	17.00
.998	13.31	14.05	14.62	15.06	15.53	16.05	16.37	16.7	16.89	17.25
.999	13.62	14.25	14.88	15.25	15.85	16.13	16.50	16.85	17.12	17.44
.9995	13.84	14.50	15.06	15.55	15.99	16.35	16.70	16.98	17.35	17.55
.9999	14.38	14.94	15.44	16.12	16.50	16.87	17.12	17.35	17.62	17.87

12.2 幅度已知、相位未知的单脉冲

在这种情况下，雷达回波信号由一个幅度确定、相位随机（其概率密度函数在间隔$\{0,2\pi\}$上均匀分布）的正弦信号组成。匹配滤波器接收机的输出记为$v(t)$，它通过一个包络检波器（见图 12.2），并且可以写为一个带通随机过程：

$$v(t) = v_I(t)\cos\omega_0 t + v_Q(t)\sin\omega_0 t = r(t)\cos(\omega_0 t - \Phi(t))$$
$$v_I(t) = r(t)\cos\Phi(t) \tag{12.20}$$
$$v_Q(t) = r(t)\sin\Phi(t)$$

$$r(t) = \sqrt{[v_I(t)]^2 + [v_Q(t)]^2}$$
$$\Phi(t) = \left[\tan\left(\frac{v_Q(t)}{v_I(t)}\right)\right]^{-1} \tag{12.21}$$

式中$\omega_0 = 2\pi f_0$是雷达工作频率，$r(t)$是$v(t)$的包络，相位为$\Phi(t) = \text{atan}(v_Q/v_I)$，下标 I 和 Q 分别表示同相和正交分量。当$r(t)$超过门限值$v_T$时就检测到一个目标，其中的判决假设为

$$\begin{aligned} H_1 &\Leftrightarrow s(t) = x(t) + n(t) \quad r(t) > v_T \Rightarrow 检测 \\ H_0 &\Leftrightarrow s(t) = n(t) \quad r(t) > v_T \Rightarrow 虚警 \end{aligned} \tag{12.22}$$

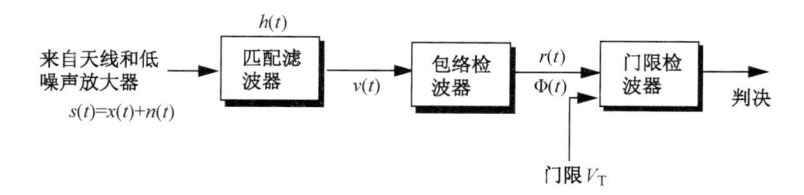

图 12.2 简化的匹配滤波器接收机加包络检波器框图

当从信号中减去噪声（当有目标时）从而使得 $r(t)$ 小于门限的情况称为漏检。匹配滤波器的输出是一个复数随机变量，它仅由噪声组成，或由目标加噪声组成（也即幅度为 A、相位随机的正弦波）。仅有噪声的情况下对应的正交分量为

$$v_I(t) = n_I(t) \\ v_Q(t) = n_Q(t) \tag{12.23}$$

式中噪声正交分量 $n_I(t)$ 和 $n_Q(t)$ 是不相关的零均值等方差（σ^2）低通高斯噪声。在第二种情况下，正交分量为

$$v_I(t) = A + n_I(t) = r(t)\cos\Phi(t) \Rightarrow n_I(t) = r(t)\cos\Phi(t) - A \\ v_Q(t) = n_Q(t) = r(t)\sin\Phi(t) \tag{12.24}$$

两个随机变量 $n_I ; n_Q$ 的联合概率密度函数为

$$f_{n_I n_Q}(n_I, n_Q) = \frac{1}{2\pi\sigma^2}\exp\left(-\frac{n_I^2 + n_Q^2}{2\sigma^2}\right) = \frac{1}{2\pi\sigma^2}\exp\left(-\frac{(r\cos\varphi - A)^2 + (r\sin\varphi)^2}{2\sigma^2}\right) \tag{12.25}$$

它可以写为

$$f_{n_I n_Q}(n_I, n_Q) = \frac{1}{2\pi\sigma^2}\exp\left(-\frac{(r\cos\varphi - A)^2 + (r\sin\varphi)^2}{2\sigma^2}\right) \tag{12.26}$$

随机变量 $r(t)$ 和 $\Phi(t)$ 分别表示 $v(t)$ 的模和相位。用与第 11 章的说明方法类似的方法可以推导出两个随机变量 $r(t); \Phi(t)$ 的联合概率密度函数，更精确地为

$$f_{R\Phi}(r, \varphi) = f_{n_I n_Q}(n_I, n_Q)|\mathbf{J}| \tag{12.27}$$

式中，$|\mathbf{J}|$ 是导数矩阵 $\mathbf{J}$ 的行列式，称为雅可比行列式。导数矩阵由下式给出：

$$\mathbf{J} = \begin{bmatrix} \dfrac{\partial n_I}{\partial r} & \dfrac{\partial n_I}{\partial \varphi} \\ \dfrac{\partial n_Q}{\partial r} & \dfrac{\partial n_Q}{\partial \varphi} \end{bmatrix} = \begin{bmatrix} \cos\varphi & -r\sin\varphi \\ \sin\varphi & r\cos\varphi \end{bmatrix} \tag{12.28}$$

因此雅可比行列式为

$$|\mathbf{J}| = r(t) \tag{12.29}$$

将方程（12.25）和方程（12.29）代入方程（12.27），合并可得

$$f_{R\Phi}(r, \varphi) = \frac{r}{2\pi\sigma^2}\exp\left(-\frac{r^2 + A^2}{2\sigma^2}\right)\exp\left(\frac{rA\cos\varphi}{\sigma^2}\right) \tag{12.30}$$

将方程（12.30）在 φ 上积分，得 $r(t)$ 的概率密度函数：

$$f_R(r) = \int_0^{2\pi} f_{R\Phi}(r,\varphi)\mathrm{d}\varphi = \frac{r}{\sigma^2}\exp\left(-\frac{r^2+A^2}{2\sigma^2}\right)\frac{1}{2\pi}\int_0^{2\pi}\exp\left(\frac{rA\cos\varphi}{\sigma^2}\right)\mathrm{d}\varphi \qquad (12.31)$$

方程（12.31）中的积分称为零阶修正贝塞尔函数：

$$I_0(\beta) = \frac{1}{2\pi}\int_0^{2\pi}\mathrm{e}^{\beta\cos\theta}\mathrm{d}\theta \qquad (12.32)$$

因此

$$f_R(r) = \frac{r}{\sigma^2}\, I_0\!\left(\frac{rA}{\sigma^2}\right)\exp\left(-\frac{r^2+A^2}{2\sigma^2}\right) \qquad (12.33)$$

这是莱斯（Rician）概率密度函数。第 11 章分析了 $A/\sigma^2 = 0$（仅有噪声）的情况，结果为瑞利概率密度函数：

$$f_R(r) = \frac{r}{\sigma^2}\exp\left(-\frac{r^2}{2\sigma^2}\right) \qquad (12.34)$$

当 A/σ^2 非常大时，方程（12.33）成为一个均值为 A、方差为 σ^2 的高斯概率密度函数：

$$f_R(r) \approx \frac{1}{\sqrt{2\pi\sigma^2}}\exp\left(-\frac{(r-A)^2}{2\sigma^2}\right) \qquad (12.35)$$

图 12.3 绘出了瑞利和高斯密度图。由下式可得随机变量 Φ 的密度函数：

$$f_\Phi(\varphi) = \int_0^r f_{R\Phi}(r,\varphi)\mathrm{d}r \qquad (12.36)$$

详细的推导留做练习，而结果为

$$f_\Phi(\varphi) = \frac{1}{2\pi}\,\exp\!\left(\frac{-A^2}{2\sigma^2}\right) + \frac{A\cos\varphi}{\sqrt{2\pi\sigma^2}}\,\exp\!\left(\frac{-(A\sin\varphi)^2}{2\sigma^2}\right)F\!\left(\frac{A\cos\varphi}{\sigma}\right) \qquad (12.37)$$

式中

$$F(x) = \int_{-\infty}^{x}\frac{1}{\sqrt{2\pi}}\,\mathrm{e}^{-\zeta^2/2}\mathrm{d}\xi \qquad (12.38)$$

在大多数数学公式参考书中可以找到函数 $F(x)$ 的列表。请注意对于仅有噪声的情况（$A = 0$），方程（12.37）简化成间隔 $\{0, 2\pi\}$ 上的均匀分布。函数 $F(x)$ 的一个绝佳近似为

$$F(x) = 1 - \left(\frac{1}{0.661x + 0.339\sqrt{x^2+5.51}}\right)\frac{1}{\sqrt{2\pi}}\mathrm{e}^{-x^2/2} \qquad x \geqslant 0 \qquad (12.39)$$

并且对于 x 的负值，有

$$F(-x) = 1 - F(x) \tag{12.40}$$

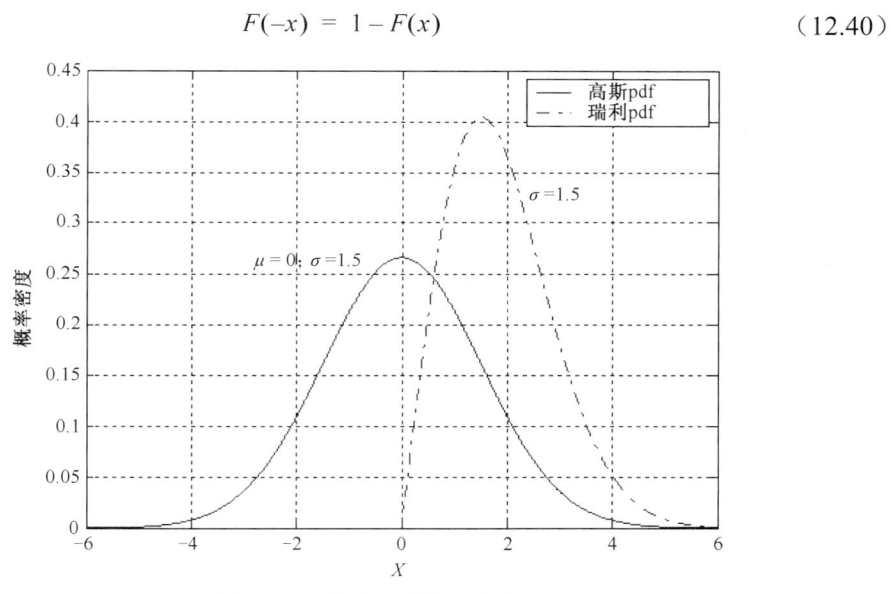

图 12.3 高斯和瑞利概率密度

MATLAB 函数 "que_func.m"

MATLAB 函数"que_function.m"利用方程（12.39）中的近似和式（12.40）计算方程（12.38）。语法如下：

$$fofx = que\_func(x)$$

12.2.1 虚警概率

虚警概率 P_{fa} 定义为当雷达回波中仅有噪声时，信号 $r(t)$ 的一个采样 r 超过门限电压 v_T 的概率

$$P_{fa} = \int_{v_T}^{\infty} \frac{r}{\sigma^2} \exp\left(-\frac{r^2}{2\sigma^2}\right) dr = \exp\left(\frac{-v_T^2}{2\sigma^2}\right) \tag{12.41}$$

$$v_T = \sqrt{2\sigma^2 \ln\left(\frac{1}{P_{fa}}\right)} \tag{12.42}$$

图 12.4 给出了归一化的门限值与虚警概率的关系图。从这张图中显然可以看出 P_{fa} 对于门限值的微小变化很敏感。虚警时间 T_{fa} 与虚警概率的关系为

$$T_{fa} = \frac{t_{int}}{P_{fa}} \tag{12.43}$$

式中 t_{int} 表示雷达询问时间或包络检波器的输出超过门限电压的平均时间。因为雷达工作带宽 B 是 t_{int} 的倒数，因此通过利用方程（12.41）和方程（12.42）的右边，可以重写 T_{fa} 为

$$T_{\text{fa}} = \frac{1}{B}\exp\left(\frac{v_T^2}{2\sigma^2}\right) \tag{12.44}$$

使 T_{fa} 最小意味着提高门限值，从而使雷达最大检测距离降低。选择一个可接受的 T_{fa} 值成为依赖于雷达工作模式的一个折中。

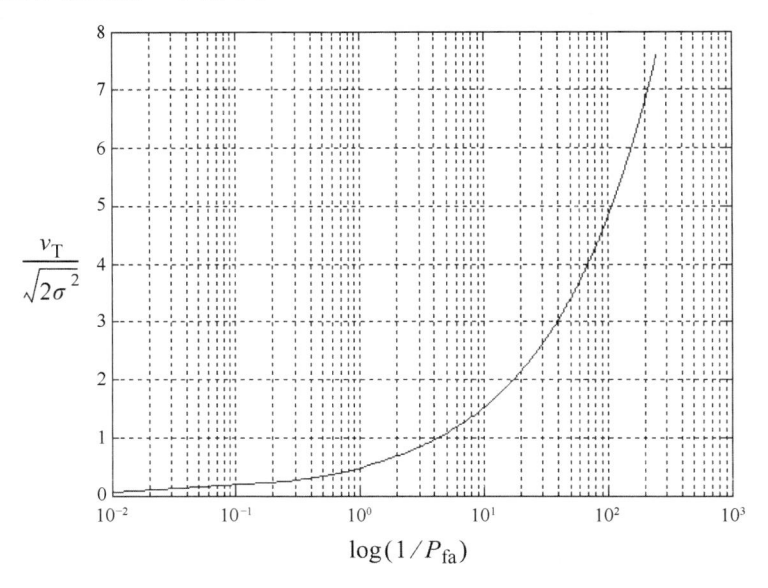

图 12.4 归一化的检测门限与虚警概率的关系

虚警数定义为

$$n_{\text{fa}} = \frac{-\ln(2)}{\ln(1-P_{\text{fa}})} \approx \frac{\ln(2)}{P_{\text{fa}}} \tag{12.45}$$

文献中有其他少许不同的虚警数定义，会引起许多非专家读者的困惑。除了方程（12.45）中的定义，虚警数最常用的定义是 Marcum（1960）引入的定义。Marcum 将虚警数定义为 P_{fa} 的倒数。本书中始终假设使用方程（12.45）的定义。因此 Marcum 对虚警数的定义与方程（12.45）的定义有显著区别。

12.2.2 检测概率

检测概率 P_D 是在噪声加信号的情况下，$r(t)$ 的一个采样值 r 超过门限电压的概率，

$$P_D = \int_{v_T}^{\infty} \frac{r}{\sigma^2} I_0\left(\frac{rA}{\sigma^2}\right)\exp\left(-\frac{r^2+A^2}{2\sigma^2}\right)\mathrm{d}r \tag{12.46}$$

假设雷达信号是幅度为 A（完全已知）的正弦信号，那么它的功率为 $A^2/2$。现在通过使用 $\text{SNR} = A^2/2\sigma^2$（单脉冲 SNR）和 $(v_T^2/2\sigma^2) = \ln(1/P_{\text{fa}})$，方程（12.46）可重写为

$$P_D = \int_{\sqrt{2\sigma^2\ln(1/p_{\text{fa}})}}^{\infty} \frac{r}{\sigma^2} I_0\left(\frac{rA}{\sigma^2}\right)\exp\left(-\frac{r^2+A^2}{2\sigma^2}\right)\mathrm{d}r = Q\left[\sqrt{\frac{A^2}{\sigma^2}}, \sqrt{2\ln\left(\frac{1}{P_{\text{fa}}}\right)}\right] \tag{12.47}$$

式中

$$Q[a, b] = \int_b^\infty \zeta I_0(a\zeta) e^{-(\zeta^2 + a^2)/2} d\zeta \tag{12.48}$$

Q 称为 Marcum 的 Q 函数。式中 P_{fa} 很小，而 P_D 相对较大，因此门限也大。方程（12.47）可近似为

$$P_D \approx F\left(\frac{A}{\sigma} - \sqrt{2\ln\left(\frac{1}{P_{fa}}\right)}\right) \tag{12.49}$$

$F(x)$ 由方程（12.38）给出。在文献中可以找到方程（12.47）的许多种近似。North（1963）提出的一种非常精确的近似为

$$P_D \approx 0.5 \times \text{erfc}(\sqrt{-\ln P_{fa}} - \sqrt{\text{SNR} + 0.5}) \tag{12.50}$$

式中的互补误差函数由方程（12.17）定义。

方程（12.47）中的积分很复杂，可以用数值积分方法进行计算。Parl 研究出一种非常好的方法来对这个积分进行数值计算[①]。这种方法总结如下：

$$Q[a, b] = \begin{cases} \dfrac{\alpha_n}{2\beta_n} \exp\left(\dfrac{(a-b)^2}{2}\right) & a < b \\ 1 - \left(\dfrac{\alpha_n}{2\beta_n} \exp\left(\dfrac{(a-b)^2}{2}\right)\right) & a \geqslant b \end{cases} \tag{12.51}$$

$$\alpha_n = d_n + \frac{2n}{ab}\alpha_{n-1} + \alpha_{n-2} \tag{12.52}$$

$$\beta_n = 1 + \frac{2n}{ab}\beta_{n-1} + \beta_{n-2} \tag{12.53}$$

$$d_{n+1} = d_n d_1 \tag{12.54}$$

$$\alpha_0 = \begin{cases} 1 & a < b \\ 0 & a \geqslant b \end{cases} \tag{12.55}$$

$$d_1 = \begin{cases} a/b & a < b \\ b/a & a \geqslant b \end{cases} \tag{12.56}$$

其中 $\alpha_{-1} = 0.0$，$\beta_0 = 0.5$，$\beta_{-1} = 0$。方程（12.51）到方程（12.56）的递归计算一直进行，直到对于 $p \geqslant 3$ 的值 $\beta_n > 10^p$。算法精度随着 p 值的增加而提高。

MATLAB 函数 "*marcumsq.m*"

MATLAB 函数 "*marcumsq.m*" 实现 Parl 的算法来计算方程（12.47）中定义的检测概率。语法如下：

[①] Parl, S., A New Method of Calculating the Generalized Q Function, *IEEE Trans. Information Theory*, Vol, IT-26, January 1980, pp. 121-124.

$$Pd = marcumsq(a, b)$$

其中：

符 号	描 述	单 位	状 态
a	A/σ	dB	输入
b	$\sqrt{-2\ln(P_{fa})}$	无	输入
Pd	单脉冲检测概率	无	输出

利用这个 MATLAB 函数，图 12.5 给出了检测概率 P_D 与单脉冲 SNR 间的关系图，P_{fa} 作为参数。该图可用附录 12-A 中列出的 MATLAB 程序"*Fig12_5.m*"生成。

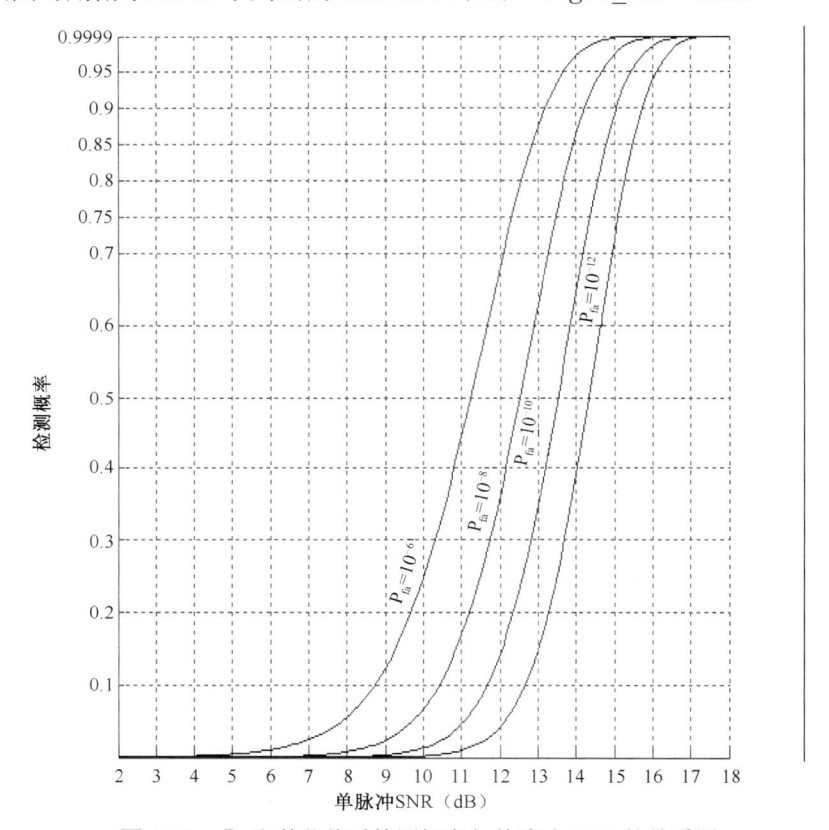

图 12.5　P_{fa} 取某些值时检测概率与单脉冲 SNR 的关系图

习题

12.1　证明方程（12.9）到方程（12.12）中给出的结果。

12.2　推导方程（12.19）。

12.3　考虑如图 12.1 中所示的匹配滤波器接收机。推导已知参数单脉冲的检测概率 P_D 和虚警概率 P_{fa}。

12.4　在仅有噪声的情况下，雷达回波的正交分量是零均值、方差为 σ^2 的独立高斯随机变量。假设雷达处理包括包络检测，之后进行门限判决。（a）写出包络的概

12.5 一部脉冲雷达有以下特性：虚警时间 $T_{fa} = 10$ 分钟，检测概率 $P_D = 0.95$，工作带宽 $B = 1\,\text{MHz}$。(a) 虚警概率 P_{fa} 为多少？(b) 单脉冲 SNR 是什么？

12.6 说明在包络检波器的输出端计算检测概率时，如果 SNR 很大，那么可能使用高斯概率近似。

12.7 一个雷达系统使用门限检测准则。虚警概率为 $P_{fa} = 10^{-10}$。(a) 线性检测器输入端的平均 SNR 必须为多少才能使得漏检概率为 $P_m = 0.15$。(b) 写出包络检波器输出端的概率密度函数的表达式。

12.8 一部 X 波段雷达具有以下特性：接受峰值功率为 $10^{-10}\,\text{W}$，检测概率 $P_D = 0.95$，虚警时间 $T_{fa} = 8$ 分钟，脉冲宽度 $\tau = 2\,\mu s$，工作带宽 $B = 2\,\text{MHz}$，工作频率 $f_0 = 10\,\text{GHz}$，检测距离 $R = 100\,\text{km}$。假设为单脉冲处理。(a) 计算虚警概率 P_{fa}。(b) 确定匹配滤波器输出端的 SNR。(c) SNR 为多少时检测概率下降到 0.9（P_{fa} 不变）？(d) 对应于这个检测概率的降低，距离增加了多少？

12.9 利用方程

$$P_D = 1 - e^{-SNR} \int_{P_{fa}}^{1} I_0(\sqrt{-4SNR\ln u})\,du$$

计算 $SNR = 10\,\text{dB}$ 且 $P_{fa} = 0.01$ 时的 P_D，进行数值积分。

附录 12-A 第 12 章 MATLAB 程序清单

本章提供的 MATLAB 程序只是作为独立的学术工具设计的而没有其他用途。这里代码的编写方式是为了帮助读者更好地理解相关的理论。这些程序不是为任何类型的开环或闭环仿真研发的。本书中的 MATLAB 程序可通过 CRC 出版社的网站下载，登录 www.crcpress.com 搜索关键字"Mahafza"以定位本书的网页。

MATLAB 函数 "que_func.m" 程序清单

```
function fofx = que_func(x)
% This function computes the value of the Q-function
% It uses the approximation in Eqs. (12.39) and (12.40)
if (x >= 0)
  denom = 0.661 * x + 0.339 * sqrt(x^2 + 5.51);
  expo = exp(-x^2 /2.0);
  fofx = 1.0 - (1.0 / sqrt(2.0 * pi)) * (1.0 / denom) * expo;
else
  denom = 0.661 * x + 0.339 * sqrt(x^2 + 5.51);
  expo = exp(-x^2 /2.0);
  value = 1.0 - (1.0 / sqrt(2.0 * pi)) * (1.0 / denom) * expo;
  fofx = 1.0 - value;
end
```

MATLAB 函数 "*marcumsq.m*" 程序清单

```
function PD = marcumsq (a,b)
% This function uses Parl's method to compute PD
% Inputs
   % a    == sqrt(2.0 * 10^(.1*snr))
   % b    == sqrt(-2.0 * log(10^(-nfa)));
%%Output
   % PD   == single pulse probability of detection
if (a < b)
  alphan0 = 1.0;
  dn = a ./ b;
else
  alphan0 = 0.;
  dn = b ./ a;
end
alphan_1 = 0.;
betan0 = 0.5;
betan_1 = 0.;
D1 = dn;
n = 0;
ratio = 2.0 ./ (a .* b);
r1 = 0.0;
betan = 0.0;
alphan = 0.0;
while betan < 1000.,
  n = n + 1;
  alphan = dn + ratio .* n .* alphan0 + alphan_1;
  betan = 1.0 + ratio .* n .* betan0 + betan_1;
  alphan_1 = alphan0;
  alphan0 = alphan;
  betan_1 = betan0;
  betan0 = betan;
  dn = dn .* D1;
end
PD = (alphan0 / (2.0 * betan0)) * exp( -(a-b).^2 / 2.0);
if ( a >= b)
  PD = 1.0 - PD;
end
return
```

MATLAB 程序 "*Fig12_5.m*" 清单

```
% This program is used to produce Fig. 12.5
close all
clear all
for nfa = 6:2:12
  b = sqrt(-2.0 * log(10^(-nfa)));
  index = 0;
  hold on
  for snr = 2:.1:18
    index = index +1;
```

```
    a = sqrt(2.0 * 10^(.1*snr));
    pro(index) = marcumsq(a,b);
  end
  x = 2:.1:18;
  set(gca,'ytick',[.1 .2 .3 .4 .5 .6 .7 .75 .8 .85 .9 .95 .9999])
  set(gca,'xtick',[2 3 4 5 6 7 8 9 10 11 12 13 14 15 16 17 18])
   plot(x, pro,'k');
end
hold off
xlabel ('\bfSingle pulse SNR in dB'); ylabel ('\bfProbability of detection')
grid on
gtext('\bfP_f_a=10^-^6','rotation',65)
gtext('\bfP_f_a=10^-^8','rotation', 68)
gtext('\bfP_f_a=10^-^1^0','rotation', 70)
gtext('\bfP_f_a=10^-^1^2','rotation', 72)
```

第13章 波动目标检测

13.1 引言

上一章在两种单脉冲检测背景下介绍了目标检测,一种情况是具有完全已知(例如确定性的)的幅度和相位,另一种是幅度已知而相位随机。主要的假设是,雷达目标由非变化(非波动)散射体组成。然而,实际当中却很少是这种情况。首先,就我们预计雷达从其视域内任何目标接收到多个回波(脉冲)。此外,现实目标会在单脉冲或脉冲间的持续时间上波动。本章将拓展第12章的分析,讨论目标波动及考虑多回波脉冲进行目标检测。多回波脉冲可以进行相干或非相干积累(组合)。由多个脉冲组合雷达回波的过程称为雷达脉冲积累。脉冲积累可以在包络检波器前的正交部分进行。这称为相干积累或预探测积累。相干积累保存接收脉冲间的相位关系。因此,可以预期在信号幅度中积累。另一种说法是,包络探测器(在此失去相位关系)后进行的脉冲积累称为非相干或后探测积累,并且确保在信号幅度中积累。

13.2 脉冲积累

通过将某个给定的目标在单次扫描中返回的所有脉冲的回波积累起来,可以提高雷达的灵敏度(SNR)。返回脉冲的个数与天线扫描速率和雷达 PRF 有关。更精确的有,从给定目标返回的脉冲个数由下式给出:

$$n_\mathrm{p} = \frac{\theta_\mathrm{a} T_\mathrm{sc} f_\mathrm{r}}{2\pi} \tag{13.1}$$

式中,θ_a 是方位天线波束宽度,T_sc 是扫描时间,f_r 是雷达 PRF。反射脉冲个数也可以表示为

$$n_\mathrm{p} = \frac{\theta_\mathrm{a} f_\mathrm{r}}{\dot{\theta}_\mathrm{scan}} \tag{13.2}$$

式中,$\dot{\theta}_\mathrm{scan}$ 是以度/秒(°/s)为单位的天线扫描速率。注意采用方程(13.1)时,θ_a 是以弧度为单位的,而采用方程(13.2)时它是以度为单位的。例如,假设一个雷达有方位天线波束宽度 $\theta_\mathrm{a} = 3°$,天线扫描速率 $\dot{\theta}_\mathrm{scan} = 45°/\mathrm{s}$(天线扫描时间 $T_\mathrm{sc} = 8\,\mathrm{s}$),PRF $f_\mathrm{r} = 300\,\mathrm{Hz}$。采用方程(13.1)或方程(13.2)得到 $n_\mathrm{P} = 20$ 个脉冲。

如第 2 章所述,脉冲积累很有可能改进接收机信噪比。虽然如此,但是在试图计算由脉冲积累获得的信噪比时必须谨慎。首先,在单次扫描期间一个给定的目标并不是总处于雷达波束中心(即有最大增益)。实际上,在一次扫描期间一个给定的目标将在 3 dB 点首次进入波束,达到最大增益,最后又在 3 dB 点离开波束。这样,虽然目标的 RCS 可能是常数,其他可以引起信号损耗的因素也保持不变,但是目标回波仍不具有相同的幅度。

其他可能引起脉冲回波幅度变化的因素包括目标 RCS 和传播路径起伏。另外,当雷达采用很快的扫描速率时,由于发射和接收波束之间的运动将引入一项额外的损耗,称为扫

描损耗。需要区分旋转天线扫描损耗（这里所描述的）和与相控阵天线有关的扫描损耗（其含义不同）。

最后，由于相干积累利用所有积累脉冲的相位信息，需要确保所有积累脉冲之间的相位变化是已知的。因此，需要对目标动态（例如目标距离、距离变化率、翻滚速率、RCS起伏等）精确地做出估计或计算，这样相干积累才是有意义的。事实上，如果雷达在缺乏目标动态的正确信息的条件下对脉冲进行相干积累，得到的 SNR 将比期望的 SNR 累加和有较大的损失。在采用非相干积累时，目标动态信息则不是至关重要的；虽然如此，需要估计目标距离变化率，使得只有在一个特定距离单元内的目标回波被积累。换句话说，必须避免距离走动（即避免在单次扫描内相邻距离单元的跨越损耗）。

对脉冲积累的全面分析应该加入探测概率 P_D、虚警概率 P_{fa}、目标统计起伏模型、噪声或干扰统计模型等因素。这是本章余下部分的主题。

13.2.1 相干积累

在相干积累中，当采用理想的积累器（100%效率）时，积累 n_P 个脉冲将使信噪比改善相同的因子。否则就会产生积累损耗，如同非相干积累的情况一样。当积累过程不是最优时就会产生相干积累损耗。这可以是由目标起伏、雷达本地振荡器的不稳定或传播通路变化等因素引起的。

将具有给定探测概率的单脉冲 SNR 记为 $(SNR)_1$。相干积累 n_P 个脉冲得到的 SNR 则为

$$(SNR)_{CI} = n_P (SNR)_1 \tag{13.3}$$

不能对数量很大的脉冲个数进行相干积累，特别当目标 RCS 变化很快时。当目标径向速率已知，并且假设没有加速度，最大相干积累时间为

$$t_{CI} = \sqrt{\frac{\lambda}{2a_r}} \tag{13.4}$$

式中，λ 是雷达波长，a_r 是雷达径向加速度。如果雷达能对目标径向加速度进行补偿，相干积累时间可以延长。

为了论证采用相干积累时的 SNR，假设雷达回波包含信号和加性噪声。第 m 个脉冲为

$$y_m(t) = s(t) + n_m(t) \tag{13.5}$$

式中，$s(t)$ 是感兴趣的雷达回波，$n_m(t)$ 是白色非相关加性噪声信号方差为 σ^2。n_P 个脉冲的相干积累给出

$$z(t) = \frac{1}{n_P}\sum_{m=1}^{n_P} y_m(t) = \sum_{m=1}^{n_P} \frac{1}{n_P}[s(t) + n_m(t)] = s(t) + \sum_{m=1}^{n_P} \frac{1}{n_P} n_m(t) \tag{13.6}$$

$z(t)$ 中总的噪声功率等于方差。更精确地说，

$$\sigma_{n_P}^2 = E\left[\left(\sum_{m=1}^{n_P} \frac{1}{n_P} n_m(t)\right)\left(\sum_{l=1}^{n_P} \frac{1}{n_P} n_l(t)\right)^*\right] \tag{13.7}$$

式中，E 是期望值算子。由此

$$\sigma_{n_P}^2 = \frac{1}{n_P^2}\sum_{m,l=1}^{n_P} E[n_m(t)n_l^*(t)] = \frac{1}{n_P^2}\sum_{m,l=1}^{n_P} \sigma_{ny}^2 \delta_{ml} = \frac{1}{n_P}\sigma_{ny}^2 \qquad (13.8)$$

式中，σ_{ny}^2 为单个脉冲噪声功率，如果 $m \neq l$，δ_{ml} 等于 0 而 $m = l$，则 δ_{ml} 等于 1。观察方程（13.6）和方程（13.8），可见在相干积累后所期望的信号功率没有发生变化，而噪声功率减小了 $1/n_P$ 倍。因此，相干积累后的信噪比提高了 n_P 倍。

13.2.2 非相干积累

当积累脉冲的相位未知时，相干积累不再可行，采用另一种相干积累形式。在这种情况中，通过累加（积累）单独脉冲的包络或其包络的平方进行脉冲积累。因此，采用术语"非相干积累"。图 13.1 中示出了使用非相干积累的雷达接收机框图。

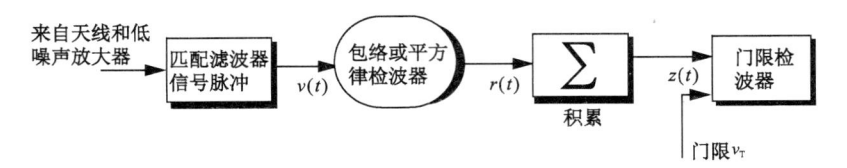

图 13.1 平方律检波器和非相干积累的雷达接收机简化框图

线性包络检波器与正交（平方律）检波器之间的性能差异（信噪比测量值）实际上可以忽略。Robertson（1967 年）指出，这种差异一般小于 0.2 dB；他指出，仅在 $n_P > 100$、$P_D < 0.01$ 的情况中性能差异高于 0.2 dB。这两种条件在雷达实际应用中都不明显。与包络检波器的情况相比，实际硬件中平方律检波器的分析和实施更容易实现。因此，很多作者无法区分提到非相干积累时使用的检波器类型，并且几乎一直假设平方律检波器。除非有其他说明，否则本书中提出的分析一直假设非相干积累使用平方律检波器。

13.2.3 改善因子和积累损耗

非相干积累的效率比相干积累要低。事实上，非相干积累的增益总是小于非相干积累脉冲的个数。这个积累损耗称为检波后损耗或平方律检波器损耗。

将对应于在给定 P_{fa} 下要得到给定 P_D 值的 n_P 个脉冲非相干积累的 SNR 记为 $(SNR)_{NCI}$。单脉冲 SNR 可以记为 $(SNR)_1$。因此：

$$(SNR)_{NCI} = (SNR)_1 \times I(n_P) \qquad (13.9)$$

式中，$I(n_P)$ 称为积累改善因子。Peebles（1998）给出了一个改善因子精确到 0.8 dB 的经验表达式：

$$[I(n_P)]_{dB} = 6.79(1 + 0.253 P_D)\left(1 + \frac{\log(1/P_{fa})}{46.6}\right)\log(n_P) \qquad (13.10)$$
$$[1 - 0.140\log(n_P) + 0.018310(\log n_P)^2]$$

积累损耗定义为

$$[L_{NCI}]_{dB} = 10\log n_P - [I(n_P)]_{dB} \qquad (13.11)$$

MATLAB 函数"improv_fact.m"

函数"improv_fac.m"利用方程（13.10）来计算改善因子。语法如下：

$$[impr\_of\_np] = improv\_fac\ (np, pfa, pd)$$

其中：

符　号	说　明	单　位	状　态
np	积累脉冲数	无	输入
pfa	虚警概率	无	输入
pd	探测概率	无	输入
impr_of_np	改善因子	dB	输出

图 13.2 给出了使用不同的 P_D 和 P_{fa} 积累时改善因子与积累脉冲数的关系图。图 13.2 的顶部给出了使用方程（13.10）、以 P_D 和 P_{fa} 积累脉冲数参数为函数的积累改善因子图。而图 13.2 的底部给出了对应积累损耗 n_P 与参数 P_D 和 P_{fa} 的关系图。本图可以使用附录 13-B 中列出的 MATLAB 函数"*Fig13_2.m*"重新生成。

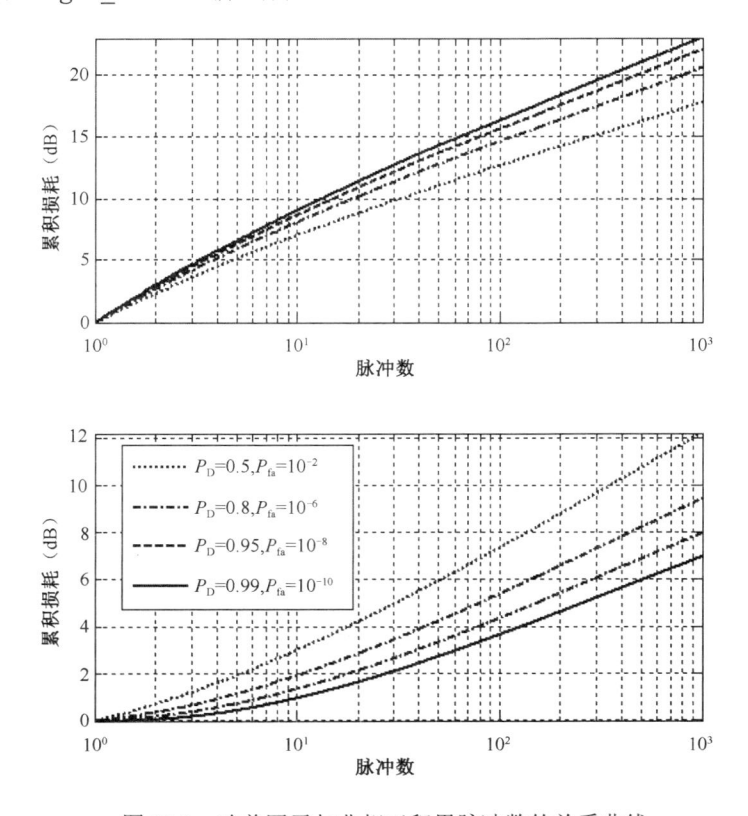

图 13.2　改善因子与非相干积累脉冲数的关系曲线

13.3　目标起伏：目标 χ^2 族

到目前为止，探测概率的计算都假设目标截面积为常数（非起伏目标）。这个研究最先由 Marcum[①]进行分析。Swerling[②]将 Marcum 的研究发展为考虑目标截面积变化的四种不同的情况。这些情况现在称为 Swerling 模型，它们是 Swerling I、Swerling II、Swerling III 和 Swerling IV。Marcum 分析的常值目标截面积情况被广泛称为 Swerling 0 或 Swerling V。在假设相同 P_D 和 P_{fa} 的情况下，与不出现目标起伏的情况相比，目标起伏在信噪比中引入了额外的损耗因子。

Swerling V 目标在一次天线扫描或观测周期中保持幅度不变；然而，Swerling I 目标的幅度在扫描之间按照两个自由度的 χ^2 概率密度函数独立变化。Swerling II 目标的幅度在脉冲之间按照两个自由度的 χ^2 概率密度函数独立变化。

Swerling III 目标的幅度起伏按照四个自由度的 χ^2 概率密度函数独立变化。最后，Swerling IV 目标的幅度在脉冲之间按照四个自由度的 χ^2 概率密度函数独立变化。

Swerling 提出，Swerling I 和 II 模型的统计特性应用于由很多差不多的小散射体组成的目标，而 Swerling III 和 IV 模型的统计特性应用于由一个大散射体和许多相等的小散射体组成的目标。非相干积累可以应用于所有四种 Swerling 模型；然而，相干模型不能用于 Swerling II 和 IV 型的目标起伏。这是因为 Swerling II 和 IV 模型的目标幅度脉冲间不相干（快速起伏），从而不能保持相位的一致性。

$2N$ 个自由度的 χ^2 概率密度函数可以写为

$$f_X(x) = \frac{N}{(N-1)!\sqrt{\sigma_x^2}} \left(\frac{Nx}{\sigma_x}\right)^{N-1} \exp\left(-\frac{Nx}{\sigma_x}\right) \qquad (13.12)$$

式中，σ_x 是 RCS 值的标准导数。利用这个方程，可得到 Swerling I 和 II 型目标的 pdf，令 $N=1$，产生瑞利 pdf。更精确地有

$$f_X(x) = \frac{1}{\sigma_x}\exp\left(-\frac{x}{\sigma_x}\right) \qquad x \geqslant 0 \qquad (13.13)$$

令 $N=2$，产生 Swerling III 和 IV 型目标的 pdf：

$$f_X(x) = \frac{4x}{\sigma_x^2}\exp\left(-\frac{2x}{\sigma_x}\right) \qquad x \geqslant 0 \qquad (13.14)$$

13.4 平方律检波器的虚警概率公式

虚警概率通用公式的计算，以及随后的其他平方律探测理论，需要非完整 γ 函数的知识和良好理解。因此，建议不熟悉该函数的读者在继续本章剩余部分前阅读附录 13-A。

DiFranco 和 Rubin[③]推导了使用非相干积累时对于任意脉冲数的一种门限和 P_{fa} 相关的通用形式。研究的平方律检波器如图 13.3 所示。其中有非相干脉冲积累 $n_P \geqslant 2$ 且噪声功率

[①] Marcum, J.I., A Statistical Theory of Target Detection by Pulsed Radar, *IRE Trans actions on Information Theory,* Vol IT-6, pp. 59-267, April 1960.
[②] Swerling, P., Probability of Detection for Fluctuating Targets, *IRE Transactions on Information Theory,* Vol IT-6, pp.269-308, April 1960.
[③] Difranco, J.V. and Rubin, W.L., *Radar Detection,* Artech House, Norwood, MA 1980.

（方差）为 σ^2。

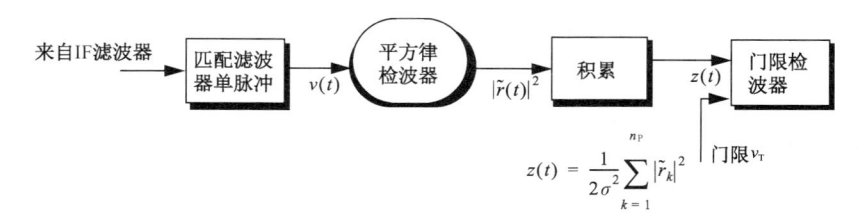

```
来自IF滤波器 → [匹配滤波器单脉冲] v(t) → (平方律检波器) |r̃(t)|² → [积累] z(t) → [门限检波器]
                                                           门限 v_T
z(t) = (1/2σ²) Σ_{k=1}^{n_P} |r̃_k|²
```

图 13.3 平方律检波器

按照正交组成的复包络由下式给出：

$$\tilde{r}(t) = r_I(t) + j r_Q(t) \tag{13.15}$$

因此复包络的平方为

$$|\tilde{r}(t)|^2 = r_I^2(t) + r_Q^2(t) \tag{13.16}$$

在 $t = t_k$（$k = 1, 2, \cdots, n_P$）时评估采样 $\tilde{r}(t)$ 来计算采样 $|\tilde{r}_k|^2$。因此

$$Z = \frac{1}{2\sigma^2} \sum_{k=1}^{n_P} [r_I^2(t_k) + r_Q^2(t_k)] \tag{13.17}$$

随机变量 Z 是随机变量（每个都是随方差 σ^2 变化的高斯随机变量）$2n_P$ 平方的和。因此，使用第 3 章阐明的分析，关于随机变量 Z 的 pdf 由下式给出：

$$f_Z(z) = \begin{cases} \dfrac{z^{n_P-1} e^{-z}}{\Gamma(n_P)} & z \geqslant 0 \\ 0 & z < 0 \end{cases} \tag{13.18}$$

因而，一个已知门限值 v_T 的虚警概率为

$$P_{fa} = \text{Prob}\{Z \geqslant v_T\} = \int_{v_T}^{\infty} \frac{z^{n_P-1} e^{-z}}{\Gamma(n_P)} dz \tag{13.19}$$

并且使用附录 13-A 进行分析得到

$$P_{fa} = 1 - \Gamma_I\left(\frac{v_T}{\sqrt{n_P}}, n_P - 1\right) \tag{13.20}$$

使用非完整高斯函数的数学表达式，方程（13.20）可以写为下式：

$$P_{fa} = e^{-v_T} \sum_{k=0}^{n_P-1} \frac{v_T^k}{k!} = 1 - e^{-v_T} \sum_{k=n_P}^{\infty} \frac{v_T^k}{k!} \tag{13.21}$$

随后，可以利用 Newton-Raphson 方法中使用的递归公式近似门限值 v_T。更为精确的是

$$v_{T,m} = v_{T,m-1} - \frac{G(v_{T,m-1})}{G'(v_{T,m-1})} \ ; \ m = 1, 2, 3, \cdots \tag{13.22}$$

当 $|v_{T,m} - v_{T,m-1}| < v_{T,m-1}/1000.0$ 时，迭代终止。函数 G 和 G' 为

$$G(v_{T,m}) = (0.5)^{n_P/n_{fa}} - \Gamma_I(v_T, n_P) \tag{13.23}$$

$$G'(v_{T,m}) = -\frac{e^{-v_T} v_T^{n_P-1}}{(n_P-1)!} \tag{13.24}$$

递归的初值为

$$v_{T,0} = n_P - \sqrt{n_P} + 2.3 \sqrt{-\log P_{fa}} \ (\sqrt{-\log P_{fa}} + \sqrt{n_P} - 1) \tag{13.25}$$

MATLAB 函数 "threshold.m"

函数 "threshold.m" 利用本节介绍的算法计算门限值。语法如下：

[pfa, vt]=threshold（nfa,np）

其中：

符　号	说　明	单　位	状　态
nfa	虚警数	无	输入
np	脉冲数	无	输入
pfa	虚警概率	无	输出
vt	门限值	无	输出

图 13.4 给出了不同 n_{fa} 值时门限 v_T 与积累脉冲数 n_P 的关系曲线；记住，$P_{fa} \approx \ln(2)/n_{fa}$。本图可以使用附录 13-B 中列出的 MATLAB 函数 "*Fig13_4.m*" 重新生成。

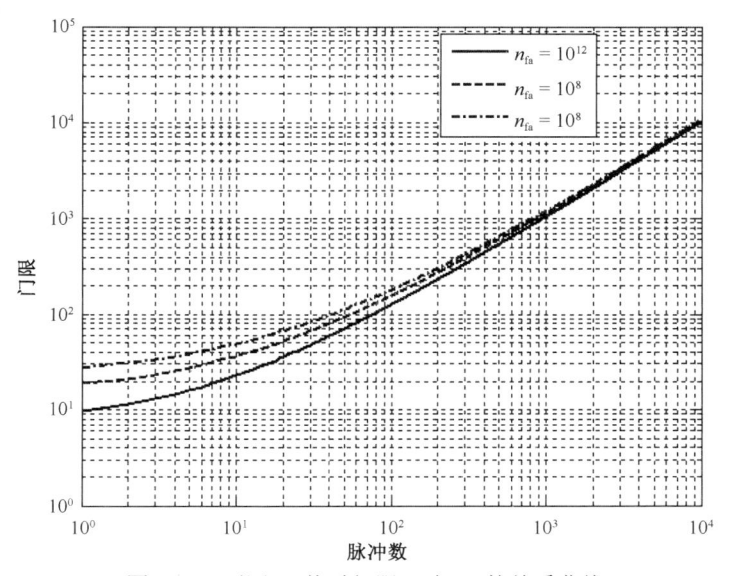

图 13.4　不同 n_{fa} 值时门限 v_T 与 n_P 的关系曲线

13.4.1 平方律检测

第 12 章中推导了线性包络 $r(t)$ 的 pdf。定义一个新的无因次变量 y 如下式：

$$y_n = r_n / \sigma \tag{13.26}$$

式中，下标 n 代表第 n 个脉冲。也可以定义如下式：

$$\Re_p = A^2/\sigma^2 = 2\text{SNR} \tag{13.27}$$

σ^2 是噪声方差。因此，新变量的 pdf 为

$$f_{Y_n}(y_n) = f_{R_n}(r_n)\left|\frac{dr_n}{dy_n}\right| = y_n\, I_0(y_n\sqrt{\Re_p})\,\exp\left(\frac{-(y_n^2+\Re_p)}{2}\right) \tag{13.28}$$

平方律检波器的第 n 个脉冲的输出与其输入的平方成正比。因此，很方便定义一个新的变化变量：

$$z_n = \frac{1}{2}y_n^2 \tag{13.29}$$

平方律检波器输出处的变量 pdf 由下式给出：

$$f_{Z_n}(x_n) = f(y_n)\left|\frac{dy_n}{dz_n}\right| = \exp\left(-\left(z_n+\frac{\Re_p}{2}\right)\right)I_0(\sqrt{2z_n\Re_p}) \tag{13.30}$$

对脉冲 n_P 进行非相干积累如下：

$$z = \sum_{n=1}^{n_P}\frac{1}{2}y_n^2 \tag{13.31}$$

再次，$n_P \geq 2$。由于随机变量 y_n 是独立的，变量 z 的 pdf 为

$$f(z) = f(y_1)\otimes f(y_2)\otimes\cdots\otimes f(y_{n_P})) \tag{13.32}$$

运算符号 $\otimes$ 表示卷积。随后可以使用特征函数对每个 pdf 计算方程（13.32）的多个 pdf。结果为

$$f_Z(z) = \left(\frac{2z}{n_p\Re_p}\right)^{(n_P-1)/2}\exp\left(-z-\frac{1}{2}n_P\Re_p\right)I_{n_P-1}(\sqrt{2n_Pz\Re_p}) \tag{13.33}$$

I_{n_P-1} 是 n_P-1 阶修正高斯函数。将方程（13.27）代入方程（13.33）得

$$f_Z(z) = \left(\frac{z}{n_P\text{SNR}}\right)^{(n_P-1)/2}e^{(-z-n_P\text{SNR})}I_{n_P-1}(2\sqrt{n_PzSNR}) \tag{13.34}$$

当不出现目标起伏时（参考 Swerling 0 或 Swerling V 目标），通过从门限值到无穷大积累 $f_Z(z)$ 获得探测概率。让 $\Re_p$ 为零且从门限值到无穷大积累 pdf 获得虚警概率。更为精确的是

$$P_D\big|_{\text{SNR}} = \int_{v_T}^{\infty}\left(\frac{z}{n_P\text{SNR}}\right)^{(n_P-1)/2}e^{(-z-n_P\text{SNR})}I_{n_P-1}(2\sqrt{n_Pz\text{SNR}})dz \tag{13.35}$$

也可以改写为

$$P_D|_{SNR} = e^{-n_P SNR} \left(\sum_{k=0}^{\infty} \frac{(n_P SNR)^k}{k!} \right) \left(\sum_{j=0}^{n_P-1+k} \frac{e^{-v_T} v_T^j}{j!} \right) \quad (13.36)$$

与之相对的是，当出现目标起伏时，使用方程（13.35）关于目标起伏类型的 SNR 值的条件概率密度函数计算 pdf。通常而言，已知一个 SNR^F 的起伏目标，上标代表起伏，探测概率的表达式如下：

$$P_D|_{SNR^F} = \int_0^{\infty} P_D|_{SNR} f_Z(z^F/SNR^F) dz =$$
$$\int_0^{\infty} P_D|_{SNR} \left(\frac{z^F}{n_P SNR^F} \right)^{(n_P-1)/2} e^{(-z^F - n_P SNR^F)} I_{n_P-1}(2\sqrt{n_P z^F SNR^F}) dz \quad (13.37)$$

记住，目标起伏产生了 SNR 的额外损耗项。因此，已知同样的 P_{fa} 和 n_P 时，对于同样的 P_D，$SNR^F > SNR$。计算这个附加 SNR 的一种方法是首先计算没有起伏时需要的 SNR，随后加上目标起伏损耗量得到需要的 SNR^F 值。本章后面将着重介绍如何计算这种起伏损耗。因此，在下文中，上标{^{F}}将下降且一直假设在那里。

13.5 探测概率的计算

当 $n_P > 1$ 时，Marcum 将虚警概率定义为

$$P_{fa} \approx \ln(2) \left(\frac{n_P}{n_{fa}} \right) \quad (13.38)$$

对于非起伏目标的单个脉冲探测概率在第 12 章给出。当 $n_P > 1$ 时，探测概率利用 Gram-Charlier 级数计算。在此情况下，探测概率为

$$P_D \approx \frac{\text{erfc}(V/\sqrt{2})}{2} - \frac{e^{-V^2/2}}{\sqrt{2\pi}} [C_3(V^2-1) + C_4 V(3-V^2) - C_6 V(V^4 - 10V^2 + 15)] \quad (13.39)$$

式中，C_3、C_4 和 C_6 为 Gram-Charlier 级数系数，而变量 V 为

$$V = \frac{v_T - n_P(1 + SNR)}{\varpi} \quad (13.40)$$

通常，C_3、C_4、C_6 和 ϖ 的值随目标起伏类型而变化。

13.5.1 Swerling 0（Swerling V）目标的探测

对于 Swerling 0（Swerling V）目标，探测概率由方程（13.39）计算得。在此情况下，Gram-Charlier 级数系数为

$$C_3 = -\frac{SNR + 1/3}{\sqrt{n_P}(2SNR+1)^{1.5}} \quad (13.41)$$

$$C_4 = \frac{SNR + 1/4}{n_P(2SNR+1)^2} \quad (13.42)$$

第 13 章 波动目标检测

$$C_6 = C_3^2/2 \tag{13.43}$$

$$\varpi = \sqrt{n_\text{P}(2\text{SNR}+1)} \tag{13.44}$$

MATLAB 函数 "pd_swerling5.m"

函数 "pd_swerling5.m" 计算 Swerling 0 目标的探测概率。语法如下：

[pd] = pd_swerling5 (input1, indicator, np, snr)

其中：

符 号	说 明	单 位	状 态
input1	P_fa 或 n_fa	无	输入
indicator	当 input1=P_fa 时为 1 input1=n_fa 时为 2	无	输入
np	积累脉冲数	无	输入
snr	信噪比	dB	输入
pd	探测概率	无	输出

图 13.5 给出 n_P = 1，10 时探测概率与信噪比的关系曲线。需要指出的是，用 10 个非相干脉冲积累时需要较小的信噪比来实现与单个脉冲情况下相同的探测概率。因此，对于任意给定的 P_D，可从曲线中读出信噪比的改善。等效地，利用函数 "improv_fac.m" 可得到大约相同的结果。

例如，当 P_D = 0.8 时，函数 "improv_fac.m" 给出的信噪比改善因子为 $I(10) \approx 8.55$ dB。图 13.5 显示 10 个脉冲的信噪比大约为 6.03 dB。因此，单个脉冲信噪比大约为 14.5 dB，这可从图中读出。本图可以使用附录 13-B 中列出的 MATLAB 函数 "Fig13_5.m" 重新生成。

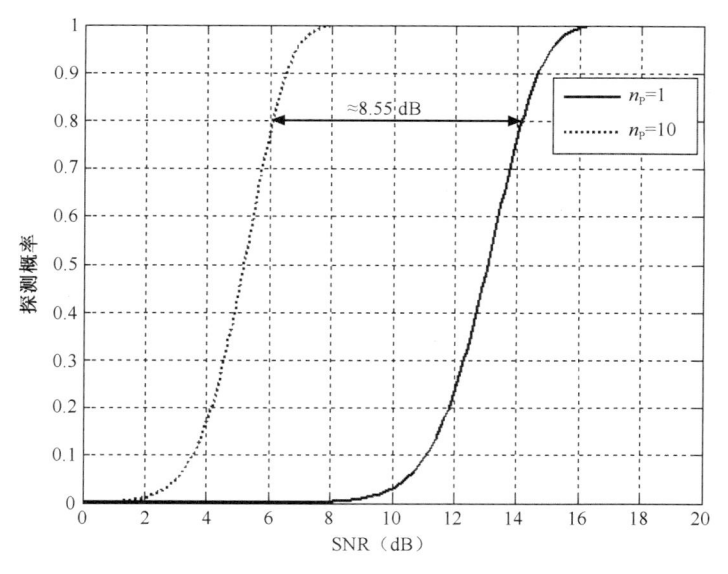

图 13.5 探测概率与信噪比的关系曲线（$P_\text{fa} = 10^{-9}$，非相干积累）；Swerling 0

13.5.2　Swerling I 目标的探测

对 Swerling I 型目标的探测概率的精确公式是由 Swerling 推导的，即

$$P_D = e^{-(v_T)/(1+\text{SNR})} \quad ; \quad n_P = 1 \quad (13.45)$$

$$P_D = 1 - \Gamma_I(v_T, n_P - 1) + \left(1 + \frac{1}{n_P \text{SNR}}\right)^{n_P - 1} \Gamma_I\left(\frac{v_T}{1 + \frac{1}{n_P \text{SNR}}}, n_P - 1\right)$$

$$\times \; e^{-v_T/(1+n_P \text{SNR})} \quad ; \quad n_P > 1 \quad (13.46)$$

MATLAB 函数 "pd_swerling1.m"

函数 "pd_swerling1.m" 计算 Swerling I 型目标的探测概率。语法如下：

[pd]=pd_swerling1（nfa, np, snr）

其中：

符　号	说　明	单　位	状　态
nfa	Marcum 虚警次数	无	输入
np	积累脉冲数	无	输入
snr	信噪比	dB	输入
pd	探测概率	无	输出

图 13.6 给出了对于 Swerling I 和 Swerling V（Swerling 0）型起伏，在 $n_P = 1$ 和 $P_{fa} = 10^{-9}$ 时，探测概率是信噪比函数的关系曲线。需要指出的是，在有起伏情况下需要有更高的信噪比才能实现与没有起伏情况相同的探测概率。本图可以使用附录 13-B 中列出的 MATLAB 函数 "Fig13_6.m" 重新生成。图 13.7 与图 13.6 类似，只是 $P_{fa} = 10^{-6}$，$n_P = 5$。本图可以使用附录 13-B 中列出的 MATLAB 函数 "Fig13_7.m" 重新生成。

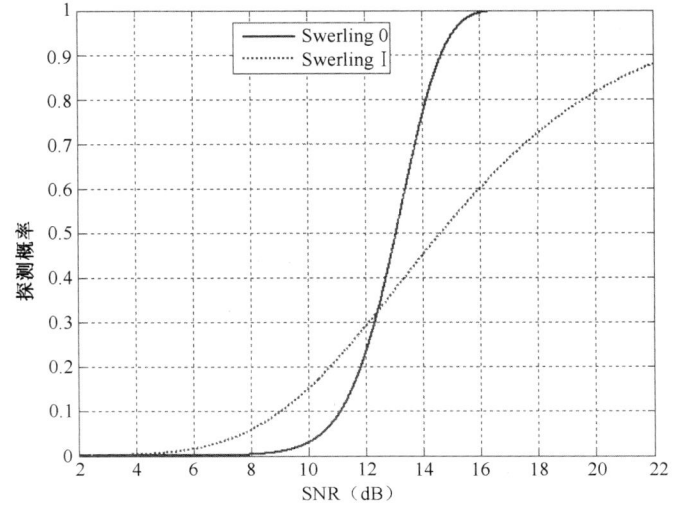

图 13.6　探测概率与信噪比的关系曲线（单个脉冲，$P_{fa} = 10^{-9}$）

$P_{fa} = 10^{-6}$; $n_P = 5$

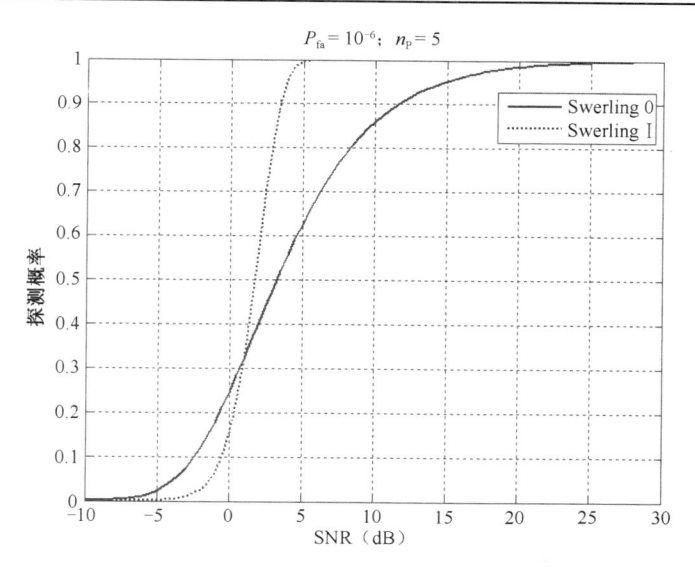

图 13.7 探测概率与信噪比的关系曲线（Swerling I，Swerling 0）

13.5.3 Swerling II 目标的探测

在 Swerling II 目标的情况下，探测概率为

$$P_D = 1 - \Gamma_I\left(\frac{v_T}{(1+\text{SNR})}, n_P\right); \quad n_P \leq 50 \tag{13.47}$$

对于 $n_P > 50$ 这种情况，利用 Gram-Charlier 级数来计算探测概率，此时，

$$C_3 = -\frac{1}{3\sqrt{n_P}}, \quad C_6 = \frac{C_3^2}{2} \tag{13.48}$$

$$C_4 = \frac{1}{4n_P} \tag{13.49}$$

$$\varpi = \sqrt{n_P}(1+\text{SNR}) \tag{13.50}$$

MATLAB 函数 "pd_swerling2.m"

函数 "pd_swerling2.m" 计算 Swerling II 型目标的探测概率 P_D。语法如下：

$$[pd] = pd\_swerling2\ (nfa, np, snr)$$

其中：

符 号	说 明	单 位	状 态
nfa	Marcum 虚警次数	无	输入
np	积累脉冲数	无	输入
snr	信噪比	dB	输入
pd	探测概率	无	输出

图 13.8 给出了对于 Swerling 0、Swerling I 和 Swerling II 型起伏，在 $n_P = 5$、$P_{fa} = 10^{-7}$ 时，探测概率与信噪比的函数关系曲线。图 13.9 与图 13.8 类似，只是在这种情况下，$n_P = 2$。两图可以使用附录 13-B 中列出的 MATLAB 函数 "*Fig13_8.m*" 和 "*Fig13_9.m*" 重新生成。

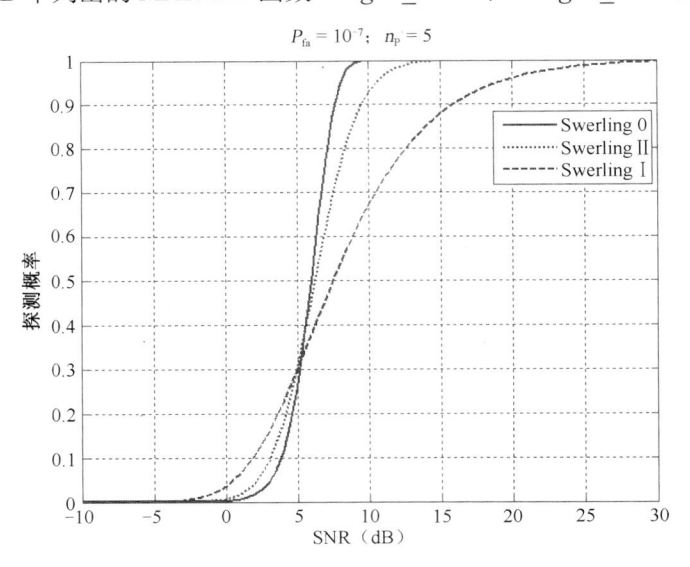

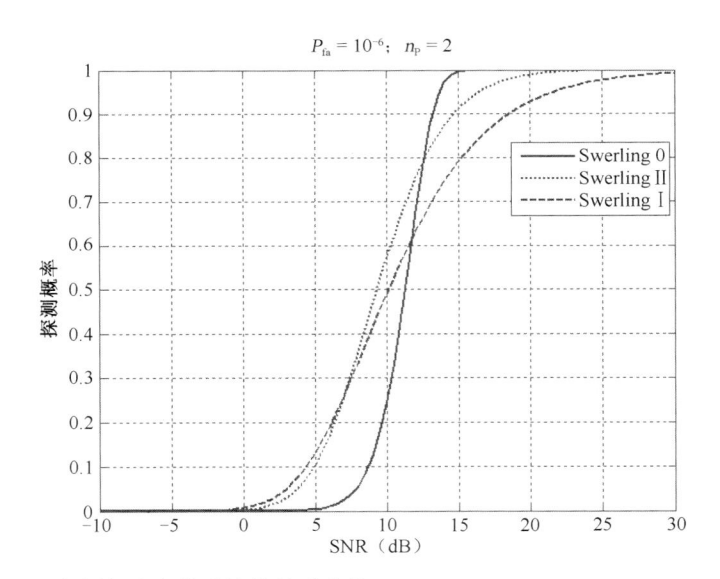

图 13.8 探测概率与信噪比的关系曲线（Swerling II，Swerling I，Swerling 0）

图 13.9 探测概率与信噪比的关系曲线（Swerling II，Swerling I，Swerling 0）

13.5.4 Swerling III 目标的探测

由 Marcum 推导的当 $n_P = 1, 2$ 时 Swerling III 型目标的探测概率的精确公式为

$$P_D = \exp\left(\frac{-v_T}{1 + n_P \text{SNR}/2}\right)\left(1 + \frac{2}{n_P \text{SNR}}\right)^{n_P - 2} \times K_0$$

$$K_0 = 1 + \frac{v_T}{1 + n_P \text{SNR}/2} - \frac{2}{n_P \text{SNR}}(n_P - 2)$$

（13.51）

对于 $n_P > 2$，表达式变为

$$P_D = \frac{v_T^{n_P-1} e^{-v_T}}{(1+n_P \text{SNR}/2)(n_P-2)!} + 1 - \Gamma_I(v_T, n_P-1) + K_0 \times \Gamma_I\left(\frac{v_T}{1+2/n_P\text{SNR}}, n_P-1\right)$$

（13.52）

MATLAB 函数 "pd_swerling3.m"

函数 "pd_swerling3.m" 计算 Swerling III 型目标的 P_D。语法如下：

[pd] = pd_swerling3 (nfa, np, snr)

其中：

符 号	说 明	单 位	状 态
nfa	Marcum 虚警次数	无	输入
np	积累脉冲数	无	输入
snr	信噪比	dB	输入
pd	探测概率	无	输出

图 13.10 给出了 $n_P = 1, 10, 50, 100$ 及 $P_{fa} = 10^{-9}$ 时，探测概率与信噪比的函数关系曲线。图 13.11 给出了 $n_P = 5$ 及 $P_{fa} = 10^{-7}$ 时探测概率与信噪比的函数关系曲线（Swerling III，Swerling II，Swerling I，Swerling 0）。

注意（见图 13.11），随着目标起伏加快，例如 Swerling I 型目标的情况，当研究例如 Swerling 0 情况的较少起伏目标时，需要更多的 SNR 来获得同样的探测概率。图 13.10 和图 13.11 可以使用附录 13-B 中列出的 MATLAB 函数 "Fig13_10.m" 和 "Fig13_11.m" 重新生成。

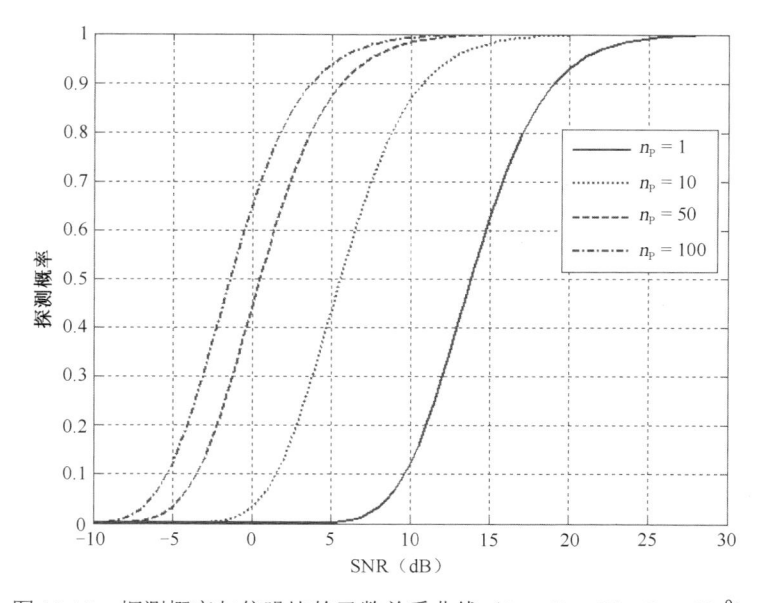

图 13.10 探测概率与信噪比的函数关系曲线（Swerling III，$P_{fa} = 10^{-9}$）

$P_{fa} = 10^{-7}; n_p = 5$

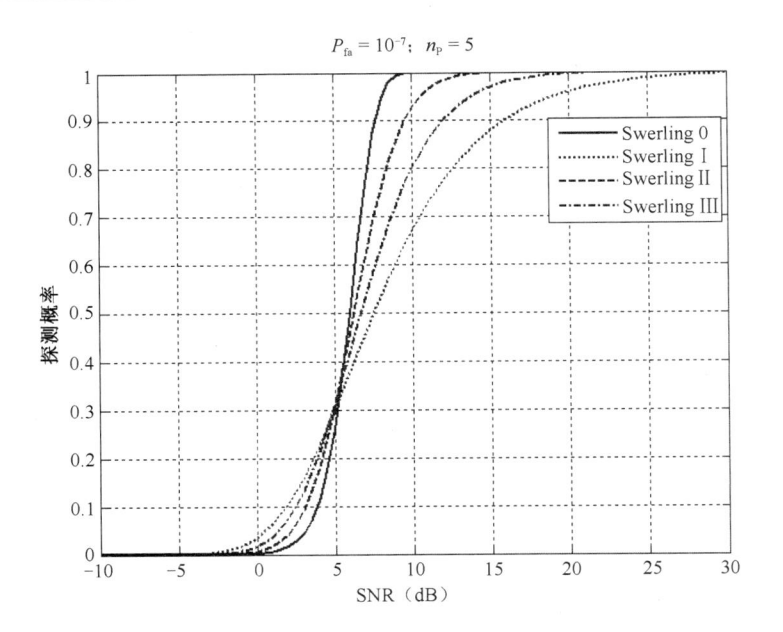

图 13.11 探测概率与信噪比的函数关系曲线（Swerling III，Swerling II，Swerling I，Swerling 0）

13.5.5 Swerling IV 目标的探测

对于 $n_P < 50$，Swerling IV 目标的探测概率表达式为

$$P_D = 1 - \left[\gamma_0 + \left(\frac{SNR}{2}\right)n_P\gamma_1 + \left(\frac{SNR}{2}\right)^2\frac{n_P(n_P-1)}{2!}\gamma_2 + \cdots + \left(\frac{SNR}{2}\right)^{n_P}\gamma_{n_P}\right] / \left(1 + \frac{SNR}{2}\right)^{-n_P} \tag{13.53}$$

$$\gamma_i = \Gamma_I\left(\frac{v_T}{1+(SNR)/2}, n_P + i\right) \tag{13.54}$$

通过利用递归公式：

$$\Gamma_I(x, i+1) = \Gamma_I(x, i) - \frac{x^i}{i!\exp(x)} \tag{13.55}$$

只需要利用方程（13.54）来计算 γ_0，其余 γ_i 可根据下列递归公式计算：

$$\gamma_i = \gamma_{i-1} - A_i \; ; \; i > 0 \tag{13.56}$$

$$A_i = \frac{v_T/(1+(SNR)/2)}{n_P + i - 1} A_{i-1} \; ; \; i > 1 \tag{13.57}$$

$$A_1 = \frac{(v_T/(1+(SNR)/2))^{n_P}}{n_P!\exp(v_T/(1+(SNR)/2))} \tag{13.58}$$

$$\gamma_0 = \Gamma_I\left(\frac{v_T}{(1+(SNR)/2)}, n_P\right) \tag{13.59}$$

对于 $n_P \geqslant 50$ 这种情况，可利用 Gram-Charlier 级数来计算探测概率，此时，

$$C_3 = \frac{1}{3\sqrt{n_P}} \frac{2\beta^3 - 1}{(2\beta^2 - 1)^{1.5}} \; ; \; C_6 = \frac{C_3^2}{2} \tag{13.60}$$

$$C_4 = \frac{1}{4n_P} \frac{2\beta^4 - 1}{(2\beta^2 - 1)^2} \tag{13.61}$$

$$\varpi = \sqrt{n_P(2\beta^2 - 1)} \tag{13.62}$$

$$\beta = 1 + (\text{SNR})/2 \tag{13.63}$$

MATLAB 函数 "pd_swerling4.m"

函数 "*pd_swerling4.m*" 计算 Swerling IV 型目标的探测概率 P_D。语法如下：

[pd] = pd_swerling4 (nfa, np, snr)

其中：

符 号	说 明	单 位	状 态
nfa	Marcum 虚警次数	无	输入
np	积累脉冲数	无	输入
snr	信噪比	dB	输入
pd	探测概率	无	输出

图 13.12 给出了在 n_P = 1, 10, 25, 75 及 P_{fa} = 10^{-6} 时，探测概率与信噪比的函数关系曲线。本图可以使用附录 13-B 中列出的 MATLAB 函数 "*Fig 13_12.m*" 重新生成。

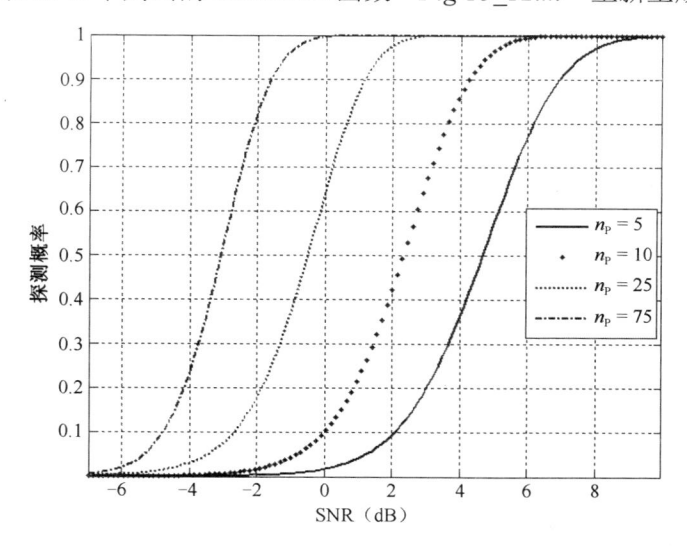

图 13.12 检测概率与信噪比的关系曲线（Swerling IV，P_{fa} = 10^{-6}）

13.6 起伏损耗的计算

起伏损耗 L_f 可视为一个特定 P_D 时补偿由于目标起伏导致的 SNR 损耗所需的额外 SNR 量。Kanter[①] 开发了一种计算起伏损耗的精确分析。在本文中，作者将充分利用本书开发的 MATLAB 及其函数的计算功能来计算起伏损耗量。

MATLAB 函数 "fluct.m"

开发 MATLAB 函数 "fluct.m" 计算起伏损耗量。语法如下：

$$[SNR]=fluct（pd,pfa,np,sw\_case）$$

其中：

符 号	说 明	单 位	状 态
pd	所需的探测概率	无	输入
nfa	所需的虚警次数	无	输入
np	积累脉冲数	无	输入
sw_case	0,1,2,3 或 4，取决于所需的 Swerling 情况	无	输入
SNR	产生的 SNR	dB	输出

例如，使用语法：

$$[SNR0]=fluct（0,8,1e6，5，0）$$

可以计算 Swerling 0 时对应的 SNR0。如果以下面的语法使用函数 "pd_swerling5.m" 中的 SNR：

$$[pd]=pd\_swerling5（1e6,2,5,SNR0）$$

产生的 P_D 将等于 0.8。类似地，如果使用下面的语法：

$$[SNR1]=fluct（0.8,1e-6，5，1）$$

则 SNR1 的值将等于 Swerling1 的值。当然，如果通过下面的语法在函数 "pd_swerling1.m" 中使用这个 SNR1 值：

$$[pd]=pd\_swerling1（1e6,5,0.8,SNR1）$$

将会得出同样的 P_D 值 0.8。因此，这种情况的起伏损耗等于 SNR0 - SNR1。图 13.13 给出了获得一定探测概率所需的附加 SNR（或起伏损耗）图。本图可以使用附录 13-B 中列出的 MATLAB 函数 "Fig13_13.m" 重新生成。

[①] Kanter, I., Exact Detection Probability for Partiallly Correlatied Rayleigh Targets, *IEEE Trans*, AES-22, pp. 184-196, March 1986.

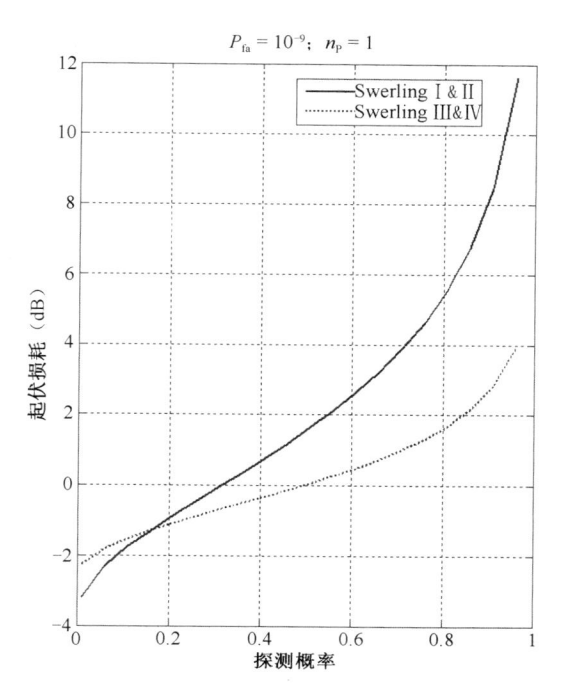

图 13.13　起伏损耗与探测概率的关系曲线

13.7　累积探测概率

将单脉冲 SNR 为单位 1（0 dB）时的距离标为 R_0，作为参考距离。然后，对于一个具体的雷达，在 R_0 处的单脉冲 SNR 由雷达方程定义，并由下式给出：

$$(\text{SNR})_{R_0} = \frac{P_t G^2 \lambda^2 \sigma}{(4\pi)^3 k T_0 BFL R_0^4} = 1 \tag{13.64}$$

在任意距离 R 处的单脉冲 SNR 为

$$\text{SNR} = \frac{P_t G^2 \lambda^2 \sigma}{(4\pi)^3 k T_0 BFL R^4} \tag{13.65}$$

将方程（13.65）除以方程（13.64）得

$$\frac{\text{SNR}}{(\text{SNR})_{R_0}} = \left(\frac{R_0}{R}\right)^4 \tag{13.66}$$

因此，如果距离 R_0 已知，任意距离 R 处的 SNR 为

$$(\text{SNR})_{\text{dB}} = 40\log\left(\frac{R_0}{R}\right) \tag{13.67}$$

同样，定义距离 R_{50} 为 $P_D = 0.5 = P_{50}$ 时的距离。通常，将雷达非模糊距离 R_u 设为 $2R_{50}$。

累积探测概率是指在距离为 R 时至少可检测目标一次。更精确地说，考虑一个朝扫描雷达逼近的目标，此时，目标只在一次扫描（帧）期间被照射。当目标离雷达越来越近时，

由于信噪比的增大而使其探测概率也增大。假定第 n 帧期间的探测概率为 P_D，则在第 n 帧（见图 13.14）期间至少一次检测到目标的累积概率为

$$P_{C_n} = 1 - \prod_{i=1}^{n}(1 - P_{D_i}) \tag{13.68}$$

P_{D_i} 通常选择得很小。显然，在第 n 帧期间没有检测到目标的概率为 $1 - P_{C_n}$。第 i 帧的探测概率 P_{D_i} 根据前一节讨论的内容进行计算。

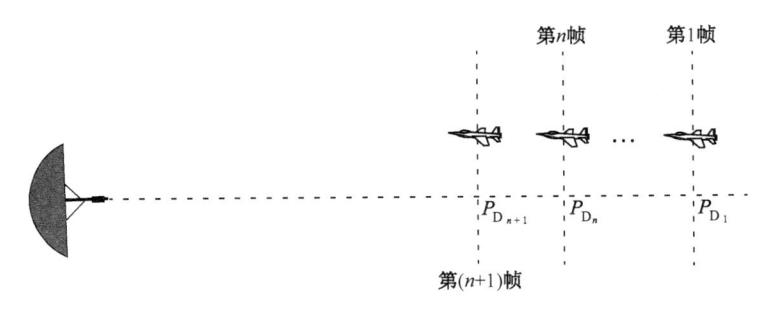

图 13.14 在多帧中检测目标

例：一部雷达探测距离 $R = 10$ km 处的逼近目标，探测概率 P_D 等于 0.5。假设 $P_{fa} = 10^{-7}$。计算并画出在 2～20 km 间隔上，单视探测概率是归一化距离（关于 $R = 10$ km）的函数的关系曲线。如果两个连续帧之间的距离为 1 km，则在距离 $R = 8$ km 上的累积探测概率是多少？

解：由函数"*marcumsq.m*"可知，对应于 $P_D = 0.5$ 和 $P_{fa} = 10^{-7}$ 的信噪比近似为 12 dB。利用与得到方程（13.67）相类似的分析方法，可将任何距离 R 上的信噪比表示成

$$(\text{SNR})_R = (\text{SNR})_{10} + 40 \log \frac{10}{R} = 52 - 40 \log R$$

使用函数"*marcumsq.m*"，可建立下表：

R km	（SNR）dB	P_D
2	39.09	0.999
4	27.9	0.999
6	20.9	0.999
8	15.9	0.999
9	13.8	0.9
10	12.0	0.5
11	10.3	0.25
12	8.8	0.07
14	6.1	0.01
16	3.8	ε
20	0.01	ε

其中，ε 很小。下图给出了探测概率 P_D 与归一化距离的关系曲线示意图。

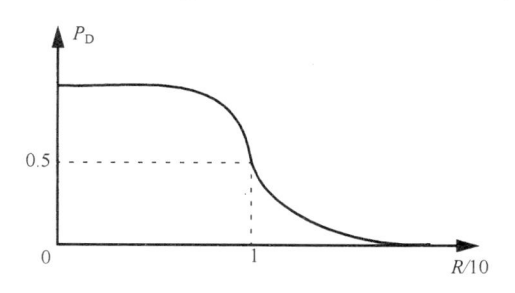

累积探测概率与归一化距离的关系曲线示意图

累积探测概率在方程（13.68）中给出，其中第 1 帧的探测概率很小。因此，可任意将第 1 帧选择在 $R=16\ \text{km}$ 上。需要指出的是，不同的起始第 1 帧对累积探测概率的影响可忽略不计（只需要 P_{D_i} 很小）。以下是第 1 帧～第 9 帧的距离列表，其中，第 9 帧对应于 $R=8\ \text{km}$。

帧	1	2	3	4	5	6	7	8	9
距离（km）	16	15	14	13	12	11	10	9	8

于是，在 8 km 处的累积探测概率为

$$P_{C_9} = 1 - (1-0.999)(1-0.9)(1-0.5)(1-0.25)(1-0.07)(1-0.01)(1-\varepsilon)^2 \approx 0.9998$$

13.8 恒虚警率（CFAR）

将检测门限计算成使雷达接收机能保持恒定的预定虚警率。第 12 章给出了门限值 V_T 和虚警概率 P_{fa} 之间的关系，为方便起见，这里重新写为方程（13.69）：

$$v_T = \sqrt{2\sigma^2 \ln\left(\frac{1}{P_{fa}}\right)} \tag{13.69}$$

如果假设噪声功率 σ^2 是恒定的，则有一个固定的门限可满足方程（13.69）。然而，由于有许多原因，这一条件很少成立。因此，为了保持恒定的虚警概率，必须依据噪声方差的估计连续更新门限值。连续改变门限值以保持恒定虚警概率的过程称为恒虚警率（CFAR）。

主要采用三种不同类型的 CFAR 处理器，即自适应门限 CFAR 技术、非参数 CFAR 技术和非线性接收机技术。自适应 CFAR 假定干扰分布是已知的，并且近似表示与这些分布有关的未知参数。非参数 CFAR 处理器倾向于适应未知干扰分布。非线性接收机技术试图对干扰的均方根幅度进行归一化。本书中，只考查模拟单元-平均 CFAR（CA-CFAR）技术。本节中所介绍的分析与 Urkowitz[1]的解释非常相近。

---

[1] Urkowitz, H., *Decision and Detection Theory*, unpublished lecture notes. Lockheed Martin Co., Moorestown, NJ.

13.8.1 单元-平均 CFAR（单个脉冲）

单元-平均 CFAR（CA-CFAR）处理器如图 13.15 所示。单元-平均是对一系列距离和/或多普勒门进行的。每个脉冲的回波由一平方律检波器检测。在模拟实现中，这些单元从抽头延迟线获得。被测单元（CUT）是中心单元。与该 CUT 左右相邻的单元由于可能有从 CUT 漏过的缘故而排除在平均过程之外。对 M 个参考单元（CUT 每侧为 $M/2$ 个）的输出求平均。将所有参考单元的平均估计乘上一个常数 K_0（用于定标）就获得门限值。如果

$$Y_1 \geqslant K_0 Z \tag{13.70}$$

就宣称 CUT 中有一次检测。

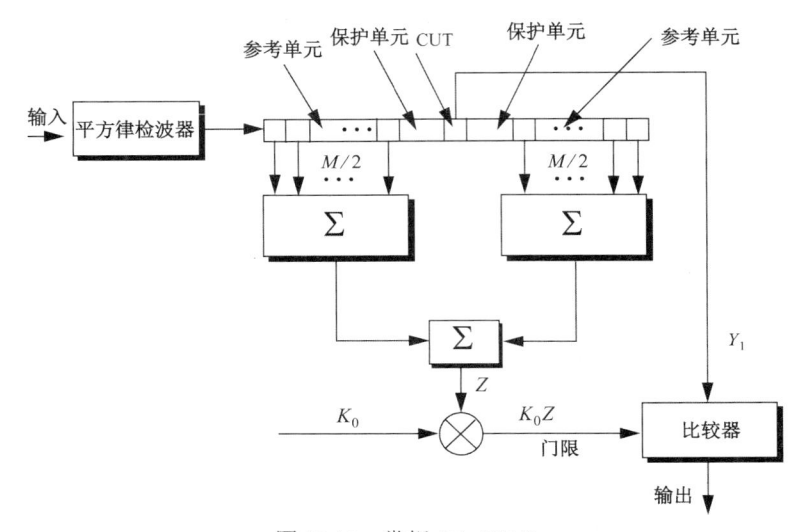

图 13.15 常规 CA-CFAR

单元-平均 CFAR 假定感兴趣的目标在 CUT 中，并且所有参考单元都含有方差为 σ^2 的零均值独立高斯噪声。因此，参考单元的输出 Z 表示一个随机变量，该随机变量具有自由度为 $2M$ 的 γ 概率密度函数（χ^2 的特殊情况）。在这种情况下，γ 概率密度函数为

$$f(z) = \frac{z^{(M/2)-1} e^{(-z/2\sigma^2)}}{2^{M/2} \sigma^M \Gamma(M/2)} ; \quad z > 0 \tag{13.71}$$

对应于一个固定门限的虚警概率早先已推导过。当实现 CA-CFAR 时，虚警概率可根据条件虚警概率来推导，把条件虚警概率在门限的所有可能值上求平均以实现无条件虚警概率。当 $y = V_T$ 时，条件虚警概率可写成

$$P_{fa}(v_T = y) = e^{-y/2\sigma^2} \tag{13.72}$$

由此，无条件虚警概率为

$$P_{fa} = \int_0^\infty P_{fa}(v_T = y) f(y) \mathrm{d}y \tag{13.73}$$

式中，$f(y)$为门限的概率密度函数，除常数 K_0 外与方程（13.71）中所确定的相同。因此，

$$f(y) = \frac{y^{M-1}e^{(-y/2K_0\sigma^2)}}{(2K_0\sigma^2)^M \Gamma(M)} \ ; \ y \geqslant 0 \tag{13.74}$$

在方程（13.73）中计算积分得到

$$P_{fa} = 1/(1+K_0)^M \tag{13.75}$$

观察方程（13.75）可见虚警概率现在与噪声功率无关，这就是 CFAR 处理的目的。

13.8.2 采用非相干积累的单元-平均 CFAR

实际上，CFAR 处理通常是在非相干积累后实现的，如图 13.16 所示。现在，每个参考单元的输出是 n_P 个平方包络的和。因此，相加后的参考采样数的总数为 Mn_P。输出 Y_1 也是 n_P 个平方包络的和。当 CUT 中只有噪声时，Y_1 是随机变量，其概率密度函数是一个具有 $2n_P$ 个自由度的 γ 分布。此外，参考单元的累加输出是 Mn_P 个平方包络的和。因此，Z 也是一个随机变量，它具有一个自由度为 $2Mn_P$ 的 γ 概率密度函数。

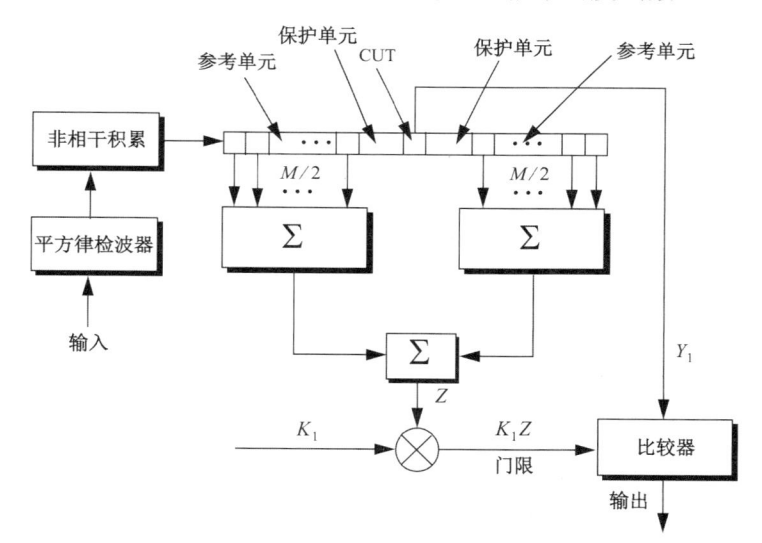

图 13.16 采用非相干积累的单元-平均 CFAR

于是，虚警概率等于比率 Y_1/Z 超过门限时的概率。更精确地说，

$$P_{fa} = \Pr\{Y_1/Z > K_1\} \tag{13.76}$$

方程（13.76）意味着首先必须找出比率 Y_1/Z 的联合概率密度函数。不过，如果对于一个固定的门限值 V_T，首先计算出 P_{fa}，然后再在所有可能的门限值上求平均，那么这一点是可以避免的。因此，当 $y=v_T$ 时，如条件虚警概率当 $v_T=y$ 时为 P_{fa}，则无条件虚警概率为

$$P_{fa} = \int_0^\infty P_{fa}(v_T = y)f(y)\mathrm{d}y \tag{13.77}$$

式中，$f(y)$ 是门限的概率密度函数。因此，描述随机变量 K_1Z 的概率密度函数为

$$f(y) = \frac{(y/K_1)^{Mn_P - 1} e^{(-y/2K_1\sigma^2)}}{(2\sigma^2)^{Mn_P} K_1 \Gamma(Mn_P)} ; \quad y \geq 0 \tag{13.78}$$

可以证明在此情况下的虚警概率与噪声功率无关，其表达式为

$$P_{fa} = \frac{1}{(1+K_1)^{Mn_P}} \sum_{k=0}^{n_P - 1} \frac{1}{k!} \frac{\Gamma(Mn_P + k)}{\Gamma(Mn_P)} \left(\frac{K_1}{1+K_1}\right)^k \tag{13.79}$$

当 $K_1 = K_0$ 且 $n_P = 1$ 时，该式与方程（13.75）相同。

13.9 MN 检测

文献中一部分原始资料将 MN 检测称为二进制检测和/或双门限检测，不过 MN 检测是最常用的名称。MN 检测技术的基本思路如下：在已知分辨单元（距离、多普勒或角度）情况下重复 N 次探测过程，每个判定循环的输出是"探测"或"无探测"，因此，术语"二进制"在文献中使用。对于每个判定循环，计算探测概率和虚警概率。如果一个 MN 判定循环产生了一个判定，则最终的判定规则宣布了一次目标探测。显然，与这项技术相关的判定规则遵循二项式分布。

为进一步详细描述这个探测概念，假设一个非起伏目标，其单次实验探测概率为 P_D，其虚警率为 P_{fa}。MN 探测技术得到的总探测概率用 P_{Dmn} 表示。因此，N 次独立的探测实验后得到下式：

$$P_{Dmn} = 1 - (1 - P_D)^N \tag{13.80}$$

类似地，同样数目的实验后虚警概率为

$$P_{FA} = 1 - (1 - P_{fa})^N \tag{13.81}$$

例如，如果所需的 P_{Dmn} 为 0.99，因此，通过使用方程（13.80），2 次实验后得到 $P_D = 0.9$ 可以实现所需的 P_{Dmn}（例如 $N = 2$）；另一种情况是，当使用 $P_D = 0.2$ 时，需要进行 20 次实验获得所需的 P_{Dmn}。方程（13.80）暗示，随着实验次数的增加，P_{Dmn} 也会上升，但这种探测概率的组合的代价高昂。这确实如此，因此随着实验次数的增加，总虚警概率 P_{FA} 也会增加。显然是一个非理想的结果（证明留做练习，见习题 13.20）。

关于 MN 探测过程一个既保证 P_{Dmn} 增加或组合又同时控制的修改方法如下：

1. 选择一个特定的 P_{fa}；一般而言，它是一种设计约束。
2. 对每个 M 值，由方程（13.83）计算对应的 P_{FA}。
3. 使用任何本书开发的技术计算门限值 V_T，以此保持 P_{fa}，计算其对应的 SNR。
4. 计算第 3 步算得的 SNR 对应的 P_D。
5. 使用方程（13.82）计算探测概率 P_{Dmn}，并且由本书开发的任何技术计算对应的 SNR，使得保持第 3 步算得的门限值，因此，也保持 P_{Dmn}。
6. 对每个 M 重复以实现特定的 M 组合（例如产生 P_{FA}），使得对已知的 P_{Dmn}，SNR 最小。

遵照这个修改方法，P_{Dmn} 和 P_{FA} 由下式给出：

$$P_{\text{Dmn}} = \sum_{k=M}^{N} C_k^N \, P_D^k \, (1-P_D)^{N-k} \qquad (13.82)$$

$$P_{\text{FA}} = \sum_{k=M}^{N} C_k^N \, P_{\text{fa}}^k \, (1-P_{\text{fa}})^{N-k} \qquad (13.83)$$

式中

$$C_k^N = \frac{N!}{k!(N-k)!} \qquad (13.84)$$

对于较小的 P_D 值，方程（13.82）保持总探测概率 P_{Dmn} 小于或等于 P_D。与之对应的是，对于较大的 P_D 值，出现 P_{Dmn} 值的快速组合。

选择特定的 M 和 N 组合得到所需的 P_{Dmn} 通常是一种设计约束。在任何情况中，一旦进行了选择，必须考虑目标起伏。在这种情况中，M 的最佳值为

$$M_{\text{opt}} = 10^{\alpha} N^{\beta} \qquad (13.85)$$

式中，α 和 β 是随目标起伏类型变化的常数，表 13.1 给出了不同 Swerling 目标对应的 α 和 β 值。

表 13.1　方程（13.85）的参数

起伏类型	α	β	N 的范围
Swerling 0	0.8	-0.02	5～700
Swerling I	0.8	-0.02	6～700
Swerling II	0.91	-0.38	9～700
Swerling III	0.8	-0.02	6～700
Swerling IV	0.873	-0.27	10～700

13.10　雷达方程回顾

第 2 章中推导的雷达方程假设一个常数的目标 RCS，没有计入积累损耗。在这种情况下，雷达方程由下式给出：

$$R^4 = \frac{P_{\text{av}} G_t G_r \lambda^2 \sigma I(n_P)}{(4\pi)^3 k T_o F B \tau f_r L_t L_f \, (\text{SNR})_1} \qquad (13.86)$$

式中，$P_{\text{av}} = P_t \tau f_r$ 是平均发射功率，P_t 是峰值发射功率，τ 是脉冲宽度，f_r 是脉冲重复频率，G_t 是发射天线增益，G_r 是接收天线增益，λ 是波长，σ 是目标截面积，$I(n_P)$ 是改善因子，n_P 是积累脉冲个数，k 是玻尔兹曼常数，T_o 是 290 K，F 是系统噪声系数，B 是接收机带宽，L_t 是包含积累损耗的总系统损耗，L_f 是目标起伏引起的损耗，$(\text{SNR})_1$ 是探测所需要的最小单脉冲信噪比。

假设雷达参数，如功率、天线增益、波长、损耗、带宽、有效温度和噪声系数是已知的，则一步步求解距离的步骤示于图 13.17 中。需要指出的是，图 13.17 的底部两侧是相同

的，但我们有意给出两条路径以说明闪烁和非起伏目标间的区别。

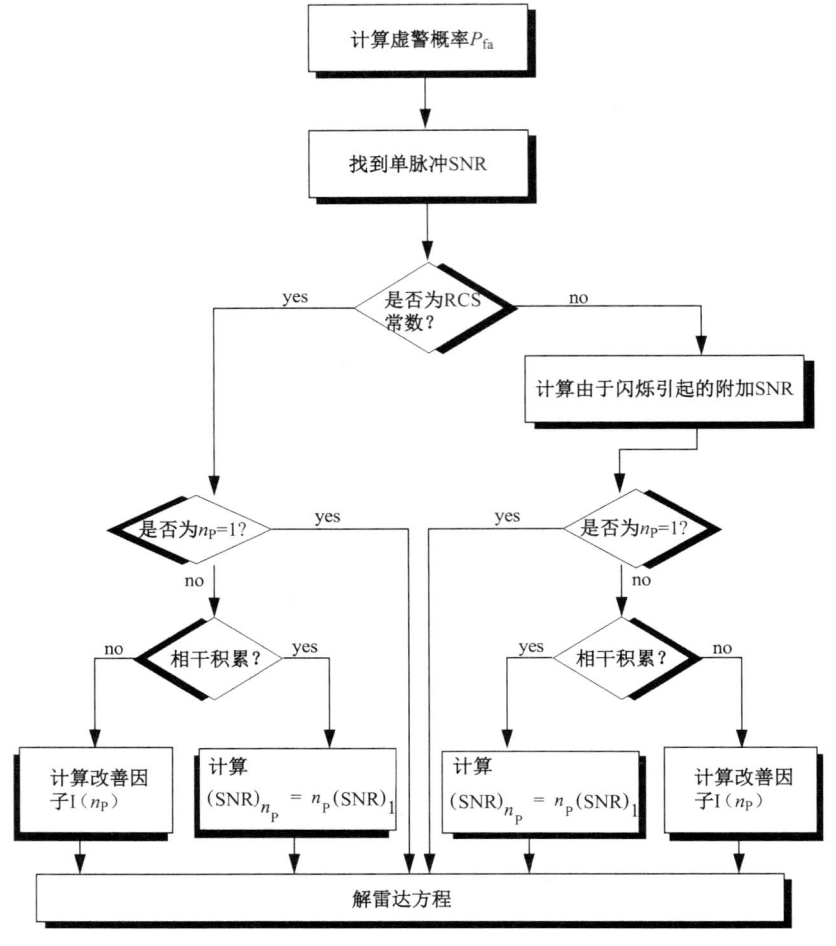

图 13.17 解雷达方程

习题

13.1 一部脉冲雷达有下列指标：虚警时间 $T_{fa} = 10$ min，探测概率 $P_D = 0.95$，工作带宽 $B = 1$ MHz。（a）虚警概率 P_{fa} 是多少？（b）单个脉冲的信噪比是多少？（c）假设 100 个脉冲非相干积累，则信噪比减小多少可使得 P_D 和 P_{fa} 保持不变？

13.2 一部 L 波段雷达具有下列指标：工作频率 $f_0 = 1.5$ GHz，工作带宽 $B = 2$ MHz，噪声系数 $F = 8$ dB，系统损耗 $L = 4$ dB，虚警时间 $T_{fa} = 12$ min，探测距离 $R = 12$ km，探测概率 $P_D = 0.5$，天线增益 $G = 5000$，目标雷达截面积 $\sigma = 1$ m^2。（a）确定脉冲重复频率 f_r、脉冲宽度 τ、峰值功率 P_t、虚警概率 P_{fa} 和最小可检测信号电平 S_{min}；（b）当 10 个脉冲进行非相干积累时，如何减小发射功率来实现相同的性能？（c）如果雷达以单个脉冲模式工作在较近的距离上，当距离降到 9 km 时，求新的探测概率。

13.3 某一雷达利用 10 个脉冲进行非相干积累。单个脉冲信噪比为 15 dB，丢失概率

为 $P_m = 0.15$。(a) 计算虚警概率 P_{fa}；(b) 求门限电压 V_T。

13.4 (a) 给出如何利用雷达方程来确定脉冲重复频率 f_r、脉冲宽度 τ、峰值功率 P_t、虚警概率 P_{fa} 和最小可检测信号电平 S_{min}。假设有下列指标：工作频率 $f_0 = 1.5$ MHz，工作带宽 $B = 1$ MHz，噪声系数 $F = 10$ dB，系统损耗 $L = 5$ dB，虚警时间 $T_{fa} = 20$ min，探测距离 $R = 12$ km，探测概率 $P_D = 0.5$（三个脉冲）；(b) 如果假设为检测后积累，确定信噪比。

13.5 考虑一个扫描的低 PRF 雷达。天线半功率波束宽度为 1.5°，天线扫描速率为 35°/s。脉冲宽度为 $\tau = 2$ μs，脉冲重复频率 $f_r = 400$ Hz。(a) 计算雷达工作带宽；(b) 计算每次目标照射的返回脉冲数；(c) 计算由于检波后积累（假设 100% 效率）所引起的信噪比改善；(d) 对于虚警概率 $P_{fa} = 10^{-6}$，求每分钟虚警次数。

13.6 证明 SW1&2 目标的探测概率由下面的方程给出：

$$P_D = \exp\left\{\frac{\ln(P_{fa})}{1 + \text{SNR}}\right\}$$

13.7 某一雷达有下列指标：对应于参考距离 $R_0 = 200$ km 的单个脉冲信噪比为 10 dB。在该距离上的探测概率为 $P_D = 0.95$。假设目标为 Swerling I 型。采用雷达方程计算在距离 $R = 220$ km, 250 km, 175 km 时所要求的脉冲宽度，使探测概率保持不变。

13.8 对于 Swerling IV 型目标，重复习题 13.8。

13.9 利用本章介绍的 MATLAB 函数画出真实改善因子值与积累脉冲数的关系曲线。挑选三种不同的虚警概率值。

13.10 一循环旋转的扇形波束雷达转速为 2 s/转。方位波束宽度为 1.5°，雷达使用的 PRF 为 12.5 kHz。雷达使用宽度为 1.2 μs 的非调制脉冲，搜索一个 15～100 km 的距离窗。搜索中使用的距离单元间隔一个脉冲宽度。需要设置虚警概率使得雷达每 2 min 遭受一个虚警。每个距离单元所需的 P_{fa} 为多少？为了保持这个 P_{fa}，门噪比为多少（单位 dB）？

13.11 假定扫描雷达一个特定角度单元的探测概率是 0.7。如果该单元在连续三次扫描中被检测，则累积探测概率为多大？如果同样雷达的某距离-角度单元的虚警概率为 10^{-6}，则该单元在三次扫描后的累积虚警概率为多少？

13.12 某相控阵雷达使用一个 1500 波束的搜索栅格进行搜索。也就是雷达通过 1500 个波束位置扫描某一角度区域来步进。雷达每个波束发射一个脉冲。雷达使用的距离门间隔 10 m。每个距离门的输出送至每个宽为 1000 Hz 的多普勒滤波器组。因此，信号处理器包括一套带有多普勒滤波器组（连接到每个距离门的输出处）的距离门。信号处理器的输出包括一个距离-多普勒信号阵，信号阵由 MN 个单元组成，M 为距离门数，N 是多普勒滤波器输出数。在引起关注的特殊搜索中，探测处理器覆盖了一个 10 km 的距离范围和一个 25 km 的多普勒范围。设计规则要求，在这种模式下，雷达必须在搜索栅格的每 10 次中具有小于 1 次的虚警。求为达到这种要求，每个距离-多普勒-波束单元中所需的 P_{fa} 为多少？

13.13 某雷达采用了一个累积 25 个脉冲的非相干积累器。则 SW0、SW1、SW2、SW3 和 SW4 目标的积累器增益分别为多少？简要说明如何得到每个答案。

如果有必要，假设雷达以所需的 0.9 探测概率工作。

13.14 某雷达具有如下参数：峰值功率 P_t = 500 kW；总损耗 L = 12 dB；工作频率 f_0 =5.6 GHz；PRF f_r = 2 kHz；脉冲宽度 τ = 0.5 μs；天线波束宽度 θ_{az} = 2°、θ_{el} = 7°；噪声系数 F = 6 dB；扫描时间 T_{sc} = 2 s。该雷达每次扫描会有一次虚警。（a）虚警概率是多少？假设雷达搜索最小距离为 10 km，最大距离为其非模糊距离；（b）画出探测距离与 RCS（单位为 dBsm）的关系曲线。探测距离定义为单次扫描探测概率等于 0.94 的距离。生成 Swerling I、II、III 和 IV 型目标的曲线；（c）对非相干积累重复问题（b）。

13.15 某个具有扇形波束、进行圆周扫描的雷达的旋转速率为每 3 s 旋转一次。方位波束宽度为 3°，雷达采用的 PRI 为 600 μs。雷达脉冲宽度为 2 μs，雷达搜索距离窗为 15 ~ 100km。希望虚警率不大于每转两次虚警。对虚警概率的要求是什么？保持最小虚警概率所要求的最小 SNR 是多少？

13.16 写出一计算 CA-CFAR 门限值的 MATLAB 程序，采用与固定门限情况下所用的相似的方法。

13.17 开发一个计算累积探测概率的 MATLAB 程序。

13.18 推导方程（13.79）。

13.19 方程（13.79）中的和提出了一项难于完成的挑战。然而，它可以利用相对简单的回归运算。开发一种计算这个和的回归算法。

13.20 由方程（13.81），证明随着 N 增长，总虚警概率也会增长。更为明确的是，证明 $P_{FA} \approx NP_{fa}$。

附录 13-A 不完全伽马函数

伽马函数

变量 z（通常为复值变量）的伽马函数（非不完全伽马函数）为

$$\Gamma(z) = \int_0^\infty x^{z-1} e^{-x} dx \tag{13.87}$$

当 z 为正整数时，

$$\Gamma(z) = (z-1)! \tag{13.88}$$

一个非常有用，且经常采用的属性函数为

$$\Gamma(z+1) = z\Gamma(z) \tag{13.89}$$

不完全伽马函数

本文采用的不完全函数 $\Gamma_I(u, q)$ 为

$$\Gamma_I(u, q) = \int_0^{u\sqrt{q+1}} \frac{e^{-x} x^q}{q!} dx \tag{13.90}$$

第 13 章 波动目标检测

文献中通常采用的另一种不完全伽马函数的表达式为

$$\Gamma_I[z, q] = \int_q^\infty x^{z-1} \ e^{-x} \ dx \tag{13.91}$$

则

$$\Gamma(z) = \Gamma_I[z, 0] = \int_0^\infty x^{z-1} \ e^{-x} dx \tag{13.92}$$

与方程（13.80）相同。此外，对于正整数 n，不完全伽马函数可表示为

$$\Gamma_I[n, z] = (n-1)! e^{-z} \sum_{k=0}^{n-1} \frac{z^k}{k!} \tag{13.93}$$

为了相关 $\Gamma_I[n, z]$ 和 $\Gamma_I(u, q)$，计算下面的关联度，

$$\Gamma_I[a, 0] - \Gamma_I[a, z] = \int_0^\infty x^{a-1} \ e^{-x} dx - \int_z^\infty x^{a-1} \ e^{-x} dx = \int_0^z x^{a-1} \ e^{-x} dx \tag{13.94}$$

代入变量 $a = q+1$ 和 $z = u\sqrt{q+1}$ 的变化，得到

$$\Gamma_I[q+1, 0] - \Gamma_I[q+1, u\sqrt{q+1}] = \int_0^{u\sqrt{q+1}} x^q \ e^{-x} dx \tag{13.95}$$

如果 q 为正整数，则

$$\frac{\Gamma_I[q+1, 0] - \Gamma_I[q+1, u\sqrt{q+1}]}{q!} = \int_0^{u\sqrt{q+1}} \frac{x^q \ e^{-x}}{q!} dx = \Gamma_I(u, q) \tag{13.96}$$

将方程（13.81）和方程（7.86）代入方程（13.89），得到

$$\Gamma_I(u, q) = 1 - \frac{(q+1-1)! e^{-u\sqrt{q+1}}}{q!} \sum_{k=0}^q \frac{(u\sqrt{q+1})^k}{k!} \tag{13.97}$$

最后，不完全伽马函数可写成

$$\Gamma_I(u, q) = 1 - e^{-u\sqrt{q+1}} \sum_{k=0}^q \frac{(u\sqrt{q+1})^k}{k!} \tag{13.98}$$

式（13.91）的两个极限值为

$$\Gamma_I(0, q) = 0 \qquad \Gamma_I(\infty, q) = 1 \tag{13.99}$$

图 13A.1 给出了 $q = 1, 3, 5, 8$ 的不完全伽马函数。本图可用附录 13-B 中的 MATLAB 程序"*Fig13A_1.m*"重新生成，该程序采用了内置 MATLAB 函数"*gammainc.m*"。

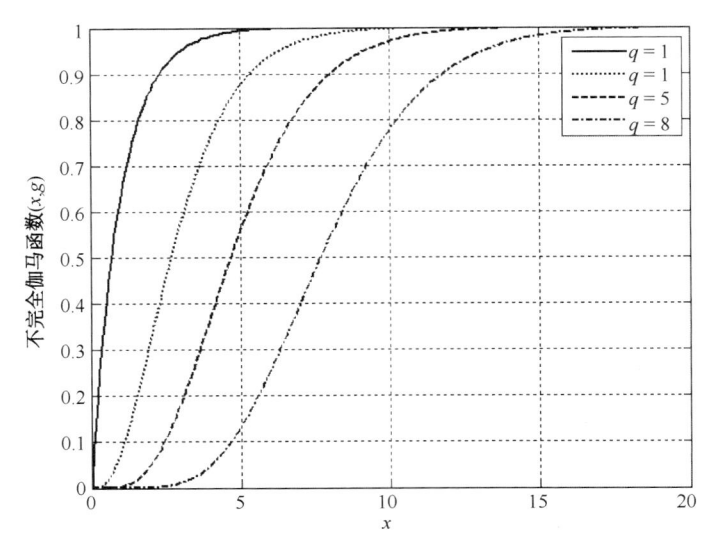

图 13A.1　四个 q 值对应的不完全伽马函数

附录 13-B　第 13 章 MATLAB 程序清单

本章提供的 MATLAB 程序只是作为独立的学术工具设计的而没有其他用途。这里代码的编写方式是为了帮助读者更好地理解相关的理论。这些程序不是为任何类型的开环或闭环仿真研发的。本书中的 MATLAB 程序可通过 CRC 出版社的网站下载，登录 www.crcpress.com 搜索关键字"Mahafza"以定位本书的网页。

MATLAB 函数"*improv_fac.m*"程序清单

```
function impr_of_np = improv_fac (np, pfa, pd)
% This function computes the non-coherent integration improvement
% factor using the empirical formula defind in Eq. (13.10)
% Inputs
  % np         == number of pulses
  % pfa        == probability of false alaram
  % pd         == probability of detection
%% Output
  % impr_of_np == improvement factor for np pulses
fact1 = 1.0 + log10( 1.0 / pfa) / 46.6;
fact2 = 6.79 .* (1.0 + 0.253 .* pd);
fact3 = 1.0 - 0.14 .* log10(np) + 0.0183 .* (log10(np)).^2;
impr_of_np = fact1 .* fact2 .* fact3 .* log10(np);
end
```

MATLAB 程序"*Fig13_2.m*"清单

```
% This program is used to produce Fig. 13.2
% It uses the function "improv_fac".
clc
clear all
close all
Pfa = [1e-2, 1e-6, 1e-8, 1e-10];
Pd = [.5 .8 .95 .99];
```

```
np = linspace(1,1000,10000);
I(1,:) = improv_fac (np, Pfa(1), Pd(1));
I(2,:) = improv_fac (np, Pfa(2), Pd(2));
I(3,:) = improv_fac (np, Pfa(3), Pd(3));
I(4,:) = improv_fac (np, Pfa(4), Pd(4));
index = [1 2 3 4];
L(1,:) = 10.*log10(np) - I(1,:);
L(2,:) = 10.*log10(np) - I(2,:);
L(3,:) = 10.*log10(np) - I(3,:);
L(4,:) = 10.*log10(np) - I(4,:);
subplot(2,1,2)
semilogx (np, L(1,:), 'k:', np, L(2,:), 'k-.', np, L(3,:), 'k-.', np, L(4,:), 'k','linewidth',1.5)
xlabel ('\bfNumber of pulses');
ylabel ('\bfIntegration loss in dB')
axis tight
grid
subplot(2,1,1)
semilogx (np, I(1,:), 'k:', np, I(2,:), 'k-.', np, I(3,:), 'k--', np, I(4,:), 'k','linewidth',1.5)
%set (gca,'xtick',[1 2 3 4 5 6 7 8  10 20 30 100]);
xlabel ('\bfNumber of pulses');
ylabel ('\bfImprovement factor in dB')
legend  ('P_D=.5,   P_f_a=10^-^2','P_D=.8,   P_f_a=10^-^6','P_D=.95,   P_f_a=10^-^8','P_D=.99, P_f_a=10^-^1^0');
grid
axis tight
```

MATLAB 函数 "threshold.m" 程序清单

```
function [pfa, vt] = threshold (nfa, np)
% This function calculates the threshold value from nfa and np.
% The newton-Raphson recursive formula
% This function uses "gammainc.m".
% Inputs
   % nfa          == number of false alarm
   % np           == number of pulses
%% Outputs
   % Pfa          == probability of false alarm
   % vt           == threshold
%
delta = eps;
pfa = np * log(2) / nfa;
sqrtpfa = sqrt(-log10(pfa));
sqrtnp = sqrt(np);
vt0 = np - sqrtnp + 2.3 * sqrtpfa * (sqrtpfa + sqrtnp - 1.0);
vt = vt0;
while (delta < (vt0/10000));
   igf = gammainc(vt0,np);
   num = 0.5^(np/nfa) - igf;
   deno = -exp(-vt0) * vt0^(np-1) /factorial(np-1);
   vt = vt0 - (num / (deno+eps));
   delta = abs(vt - vt0);
   vt0 = vt;
end
```

MATLAB 程序 "Fig13_4.m" 清单

```matlab
% Use this program to reproduce Fig. 13.4 of text
clear all
close all
for n= 1: 1:10000
   [pfa1 y1(n)] = threshold(1e4,n);
   [pfa2 y3(n)] = threshold(1e8,n);
   [pfa3 y4(n)] = threshold(1e12,n);
end
n =1:1:10000;
loglog(n,y1,'k',n,y3,'k--',n,y4,'k-.','linewidth',1.5);
xlabel ('\bfNumber of pulses');
ylabel('\bfThreshold')
legend('nfa=10^1^2','nfa=10^8','nfa=10^8')
grid
```

MATLAB 函数 "pd_swerling5.m" 程序清单

```matlab
function pd = pd_swerling5 (input1, indicator, np, snrbar)
% This function is used to calculate the probability of detection
% for Swerling 5 or 0 targets for np>1.
%
% Inputs
   % input1       == Pfa or nfa
   % indicator    == 1 when input1 = Pfa; 2 when input1 = nfa
   % np           == number of pulses
   % snrbar       == SNR
% Outputs
   % pd           == probability of detection
if(np == 1)
   'Stop, np must be greater than 1'
   return
end
format long
snrbar = 10.0.^(snrbar./10.);
eps = 0.00000001;
delmax = .00001;
delta =10000.;
% Calculate the threshold Vt
if (indicator ~=1)
   nfa = input1;
   pfa =  np * log(2) / nfa;
else
   pfa = input1;
   nfa = np * log(2) / pfa;
end
sqrtpfa = sqrt(-log10(pfa));
sqrtnp = sqrt(np);
vt0 = np - sqrtnp + 2.3 * sqrtpfa * (sqrtpfa + sqrtnp - 1.0);
vt = vt0;
while (delta < (vt0/10000));
   igf = gammainc(vt0,np);
   num = 0.5^(np/nfa) - igf;
   deno = -exp(-vt0) * vt0^(np-1) /factorial(np-1);
   vt = vt0 - (num / (deno+eps));
```

```
    delta = abs(vt - vt0);
    vt0 = vt;
end
% Calculate the Gram-Chrlier coefficients
temp1 = 2.0 .* snrbar + 1.0;
omegabar = sqrt(np .* temp1);
c3 = -(snrbar + 1.0 / 3.0) ./ (sqrt(np) .* temp1.^1.5);
c4 = (snrbar + 0.25) ./ (np .* temp1.^2.);
c6 = c3 .* c3 ./2.0;
V = (vt - np .* (1.0 + snrbar)) ./ omegabar;
Vsqr = V .*V;
val1 = exp(-Vsqr ./ 2.0) ./ sqrt( 2.0 * pi);
val2 = c3 .* (V.^2 -1.0) + c4 .* V .* (3.0 - V.^2) -...
    c6 .* V .* (V.^4 - 10. .* V.^2 + 15.0);
q = 0.5 .* erfc (V./sqrt(2.0)); pd =  q - val1 .* val2;
return
```

MATLAB 程序 "Fig13_5.m" 清单

```
% This program is used to produce Fig. 13.5
clc
close all
clear all
pfa = 1e-9;
nfa = log(2) / pfa;
b = sqrt(-2.0 * log(pfa));
index = 0;
for snr = 0:.1:20
    index = index +1;
    a = sqrt(2.0 * 10^(.1*snr));
    pro(index) = marcumsq(a,b);
    prob205(index) = pd_swerling5 (pfa, 1, 10, snr);
end
x = 0:.1:20;
plot(x, pro,'k',x,prob205,'k:','linewidth',1.5);
axis([0 20 0 1])
xlabel ('\bfSNR in dB')
ylabel ('\bfProbability of detection')
legend('n_p = 1','n_p = 10')
grid on
```

MATLAB 函数 "pd_swerling1.m" 程序清单

```
function pd = pd_swerling1 (nfa, np, snrbar)
% This function is used to calculate the probability of detection
% for Swerling 1 targets.
%
% Inputs
    % nfa         == Marcum's false alarm number
    % np          == number of integrated pulses
    % snrbar      == SNR
%
% outputs
    % pd          == probability of detection
format long
snrbar = 10.0^(snrbar/10.);
eps = 0.00000001;
```

```
delta = eps;
% Calculate the threshold Vt
pfa = np * log(2) / nfa;
sqrtpfa = sqrt(-log10(pfa));
sqrtnp = sqrt(np);
vt0 = np - sqrtnp + 2.3 * sqrtpfa * (sqrtpfa + sqrtnp - 1.0);
vt = vt0;
while (delta < (vt0/10000));
    igf = gammainc(vt0,np);
    num = 0.5^(np/nfa) - igf;
    deno = -exp(-vt0) * vt0^(np-1) /factorial(np-1);
    vt = vt0 - (num / (deno+eps));
    delta = abs(vt - vt0);
    vt0 = vt;
end
if (np == 1)
    temp = -vt / (1.0 + snrbar);
    pd = exp(temp);
    return
end
temp1 = 1.0 + np * snrbar;
temp2 = 1.0 / (np *snrbar);
temp = 1.0 + temp2;
val1 = temp^(np-1.);
igf1 = gammainc(vt,np-1);
igf2 = gammainc(vt/temp,np-1);
pd = 1.0 - igf1 + val1 * igf2 * exp(-vt/temp1);
return
```

MATLAB 程序"*Fig13_6.m*"清单

```
% This program is used to reproduce Fig. 13.6
clc
close all
clear all
pfa = 1e-9;
nfa = log(2) / pfa;
b = sqrt(-2.0 * log(pfa));
index = 0;
for snr = 0:.01:22
    index = index +1;
    a = sqrt(2.0 * 10^(.1*snr));
    swer0(index) = marcumsq(a,b);
    swer1(index) = pd_swerling1 (nfa, 1, snr);
end
x = 0:.01:22;
%figure(10)
plot(x, swer0,'k',x,swer1,'k:','linewidth', 1.5);
axis([2 22 0 1])
xlabel ('\bfSNR in dB')
ylabel ('\bfProbability of detection')
legend('Swerling 0','Swerling I')
grid on
```

MATLAB 程序 "*Fig13_7.m*" 清单

```
% This program is used to produce Fig. 13.7
clc
clear all
close all
pfa = 1e-6;
nfa = log(2) / pfa;
index = 0;
for snr = -10:.5:30
   index = index +1;
   prob1(index) = pd_swerling1 (nfa, 15, snr);
   prob0(index) = pd_swerling5 (nfa, 2, 15, snr);
   end
x = -10:.5:30;
plot(x, prob1,'k',x,prob0,'k:','linewidth',1.5);
axis([-10 30 0 1])
xlabel ('\bfSNR in dB')
ylabel ('\bfProbability of detection')
legend('Swerling I','Swerling 0')
title('\bfP_f_a =10^-^6;  n_p=5')
grid
```

MATLAB 函数 "*pd_swerling2.m*" 程序清单

```
function pd = pd_swerling2 (nfa, np, snrbar)
% This function is used to calculate the probability of detection
% for Swerling 2 targets.
% Inputs
   % nfa         == number of fals alarm
   % np          == number of pulses
   % snrbar      == SNR
%
% Outputs
   % pd          == proability of detection
format long
snrbar = 10.0^(snrbar/10.);
eps = 0.00000001;
delta = eps;
% Calculate the threshold Vt
pfa =  np * log(2) / nfa;
sqrtpfa = sqrt(-log10(pfa));
sqrtnp = sqrt(np);
vt0 = np - sqrtnp + 2.3 * sqrtpfa * (sqrtpfa + sqrtnp - 1.0);
vt = vt0;
while (delta < (vt0/10000));
   igf = gammainc(vt0,np);
   num = 0.5^(np/nfa) - igf;
   deno = -exp(-vt0) * vt0^(np-1) /factorial(np-1);
   vt = vt0 - (num / (deno+eps));
   delta = abs(vt - vt0);
   vt0 = vt;
end
if (np <= 50)
   temp = vt / (1.0 + snrbar);
   pd = 1.0 - gammainc(temp,np);
```

```
    return
else
   temp1 = snrbar + 1.0;
   omegabar = sqrt(np) * temp1;
   c3 = -1.0 / sqrt(9.0 * np);
   c4 = 0.25 / np;
   c6 = c3 * c3 /2.0;
   V = (vt - np * temp1) / omegabar;
   Vsqr = V *V;
   val1 = exp(-Vsqr / 2.0) / sqrt( 2.0 * pi);
   val2 = c3 * (V^2 -1.0) + c4 * V * (3.0 - V^2) - ...
       c6 * V * (V^4 - 10. * V^2 + 15.0);
   q = 0.5 * erfc (V/sqrt(2.0));
   pd =  q - val1 * val2;
end
return
```

MATLAB 程序 "*Fig13_8.m*" 清单

```
% This program is used to produce Fig. 13.8
clc
clear all
close all
pfa = 1e-7;
nfa = log(2) / pfa;
index = 0;
for snr = -10:.5:30
   index = index +1;
   prob1(index) =  pd_swerling1 (nfa, 5, snr);
   prob0(index) =  pd_swerling5 (nfa, 2, 5, snr);
   prob2(index) =  pd_swerling2 (nfa, 5, snr);
end
x = -10:.5:30;
plot(x, prob0,'k',x,prob1,'k:',x,prob2,'k--','linewidth',1.5);
axis([-10 30 0 1])
xlabel ('\bfSNR in dB')
ylabel ('\bfProbability of detection')
legend('Swerling 0','Swerling I','Swerling II')
title('P_f_a =10^-^7;  n=5')
grid
```

MATLAB 程序 "*Fig13_9.m*" 清单

```
% This program is used to produce Fig. 13.9
clear all
close all
pfa = 1e-6;
nfa = log(2) / pfa;
index = 0;
b = sqrt(-2.0 * log(pfa));
for snr = -10:.5:30
   a = sqrt(2.0 * 10^(.1*snr));
   index = index +1;
   prob1(index) =  pd_swerling1 (nfa, 2, snr);
   prob0(index) =  marcumsq(a,b);
   prob2(index) =  pd_swerling2 (nfa, 2, snr);
end
x = -10:.5:30;
```

```
plot(x, prob0,'k',x,prob1,'k:',x,prob2,'k--','linewidth',1.5);
axis([-10 30 0 1])
xlabel ('\bfSNR in dB')
ylabel ('\bfProbability of detection')
legend('Swerling 0','Swerling I','Swerling II')
title('P_f_a =10^-^6;  n_p = 2')
grid on
```

MATLAB 函数"pd_swerling3.m"程序清单

```
function pd = pd_swerling3 (nfa, np, snrbar)
% This function is used to calculate the probability of detection
% for Swerling 2 targets.
% Inputs
    % nfa      == false alarm number
    % np       == number of pulses
    % snrbar   == SNR
% Outputs
    % pd       == probability of detection
format long
snrbar = 10.0^(snrbar/10.);
eps = 0.00000001;
delta = eps;
% Calculate the threshold Vt
pfa =  np * log(2) / nfa;
sqrtpfa = sqrt(-log10(pfa));
sqrtnp = sqrt(np);
vt0 = np - sqrtnp + 2.3 * sqrtpfa * (sqrtpfa + sqrtnp - 1.0);
vt = vt0;
while (delta < (vt0/10000));
  igf = gammainc(vt0,np);
  num = 0.5^(np/nfa) - igf;
  deno = -exp(-vt0) * vt0^(np-1) /factorial(np-1);
  vt = vt0 - (num / (deno+eps));
  delta = abs(vt - vt0);
  vt0 = vt;
end
temp1 = vt / (1.0 + 0.5 * np *snrbar);
temp2 = 1.0 + 2.0 / (np * snrbar);
temp3 = 2.0 * (np - 2.0) / (np * snrbar);
ko = exp(-temp1) * temp2^(np-2.) * (1.0 + temp1 - temp3);
if (np <= 2)
  pd = ko;
  return
else
  ko = exp(-temp1) * temp2^(np-2.) * (1.0 + temp1 - temp3);
  temp4 = vt^(np-1.) * exp(-vt) / (temp1 * (factorial(np-2.)));
  temp5 =  vt / (1.0 + 2.0 / (np *snrbar));
  pd = temp4 + 1.0 - gammainc(vt,np-1.) + ko * gammainc(temp5,np-1.);
end; return
```

MATLAB 程序"Fig13_10.m"清单

```
% This program is used to produce Fig. 13.10
clc
close all
clear all
pfa = 1e-9;
```

```
nfa = log(2) / pfa;
index = 0;
for snr = -10:.5:30
   index = index +1;
   prob1(index) = pd_swerling3 (nfa, 1, snr);
   prob10(index) = pd_swerling3 (nfa, 10, snr);
   prob50(index) = pd_swerling3(nfa, 50, snr);
   prob100(index) = pd_swerling3 (nfa, 100, snr);
end
x = -10:.5:30;
plot(x, prob1,'k',x,prob10,'k:',x,prob50,'k--', x, prob100,'k-.','linewidth',1.5);
axis([-10 30 0 1])
xlabel ('SNR in dB')
ylabel ('Probability of detection')
legend('np = 1','np = 10','np = 50','np = 100')
grid on
```

MATLAB 程序 "*Fig13_11.m*" 清单

```
% This program is used to produce Fig. 13.11
clc
clear all
close all
pfa = 1e-7;
nfa = log(2) / pfa;
index = 0;
for snr = -10:.5:30
   index = index +1;
   prob1(index) = pd_swerling1 (nfa, 5, snr);
   prob0(index) = pd_swerling5 (nfa, 2, 5, snr);
   prob2(index) = pd_swerling2 (nfa, 5, snr);
   prob3(index) = pd_swerling3 (nfa, 5, snr);
end
x = -10:.5:30;
plot(x, prob0,'k',x,prob1,'k:',x,prob2,'k--',x,prob3,'k-.','linewidth',1,'linewidth',1.5);
axis([-10 30 0 1])
xlabel ('\bfSNR in dB')
ylabel ('P\bfrobability of detection')
legend('Swerling 0','Swerling I','Swerling II', 'Swerling III')
title('P_f_a =10^-^7;  n=5')
grid on
```

MATLAB 函数 "*pd_swerling4.m*" 程序清单

```
function pd = pd_swerling4 (nfa, np, snrbar)
% This function is used to calculate the probability of detection
% for Swerling 4 targets.
% Inputs
   % nfa         == number of false alarm
   % np          == number of pulses
   % snrbar      == SNR
% Output
   % pd          == probability of detection
format long
snrbar = 10.0^(snrbar/10.);
eps = 0.00000001;
```

第 13 章 波动目标检测

```
delta = eps;
% Calculate the threshold Vt
pfa = np * log(2) / nfa;
sqrtpfa = sqrt(-log10(pfa));
sqrtnp = sqrt(np);
vt0 = np - sqrtnp + 2.3 * sqrtpfa * (sqrtpfa + sqrtnp - 1.0);
vt = vt0;
while (delta < (vt0/10000));
   igf = gammainc(vt0,np);
   num = 0.5^(np/nfa) - igf;
   deno = -exp(-vt0) * vt0^(np-1) /factorial(np-1);
   vt = vt0 - (num / (deno+eps));
   delta = abs(vt - vt0);
   vt0 = vt;
end
h8 = snrbar /2.0;
beta = 1.0 + h8;
beta2 = 2.0 * beta^2 - 1.0;
beta3 = 2.0 * beta^3;
if (np >= 50)
   temp1 = 2.0 * beta -1;
   omegabar = sqrt(np * temp1);
   c3 = (beta3 - 1.) / 3.0 / beta2 / omegabar;
   c4 = (beta3 * beta3 - 1.0) / 4. / np /beta2 /beta2;;
   c6 = c3 * c3 /2.0;
   V = (vt - np * (1.0 + snrbar)) / omegabar;
   Vsqr = V *V;
   val1 = exp(-Vsqr / 2.0) / sqrt( 2.0 * pi);
   val2 = c3 * (V^2 -1.0) + c4 * V * (3.0 - V^2) - ...
      c6 * V * (V^4 - 10. * V^2 + 15.0);
   q = 0.5 * erfc (V/sqrt(2.0));
   pd =  q - val1 * val2;
   return
else
   gamma0 = gammainc(vt/beta,np);
   a1 = (vt / beta)^np / (factorial(np) * exp(vt/beta));
   sum = gamma0;
   for i = 1:1:np
      temp1 = gamma0;
      if (i == 1)
        ai = a1;
      else
        ai = (vt / beta) * a1 / (np + i -1);
      end
      gammai = gamma0 - ai;
      gamma0 = gammai;
      a1 = ai;
      for ii = 1:1:i
         temp1 = temp1 * (np + 1 - ii);
      end
      term = (snrbar /2.0)^i * gammai * temp1 / (factorial(i));
      sum = sum + term;
   end
   pd = 1.0 - (sum / beta^np);
end
pd = max(pd,0.);
return
```

MATLAB 程序 "*Fig13_12.m*" 清单

```
% This program is used to produce Fig. 13.12 of text
clear all
close all
pfa = 1e-6;
nfa = log(2) / pfa;
index = 0;
for snr = -7:.15:10
  index = index +1;
  prob1(index) =  pd_swerling4 (nfa, 5, snr);
  prob10(index) =  pd_swerling4 (nfa, 10, snr);
  prob25(index) =  pd_swerling4(nfa, 25, snr);
  prob75(index) =  pd_swerling4 (nfa, 75, snr);
end
x = -7:.15:10;
plot(x, prob1,'k',x,prob10,'k.',x,prob25,'k:',x, prob75,'k-.','linewidth',1.5);
xlabel ('\bfSNR in dB')
ylabel ('\bfProbability of detection')
legend('np = 5','np = 10','np = 25','np = 75')
grid on; axis tight
```

MATLAB 函数 "*fluct_loss.m*" 程序清单

```
function [SNR] = fluct(pd, nfa, np, sw_case)
% This function calculates the SNR fluctuation loss for Swerling models
% A negative Lf value indicates SNR gain instead of loss
% Inputs
    % pd         == desired probability of detection
    % nfa        == desired number of false alarms
    % np         == number of pulses
    % sw_case    == 0, 1, 2, 3, or 4 depending on the desired Swerling case
% Output
    % SNR        == Resulting SNR
format long
% ************** Swerling 5 case ***************
% check to make sure that np>1
pfa = np * log(2) / nfa;
if (sw_case == 0)
if (np ==1)
  nfa = 1/pfa;
  b = sqrt(-2.0 * log(pfa));
  Pd_Sw5 = 0.001;
  snr_inc = 0.1 - 0.005;
  while(Pd_Sw5 <= pd)
    snr_inc = snr_inc + 0.005;
    a = sqrt(2.0 * 10^(.1*snr_inc));
    Pd_Sw5 = marcumsq(a,b);
  end
  PD_SW5 = Pd_Sw5;
  SNR = snr_inc;
else
  % np > 1 use MATLAB function pd_swerling5.m
  snr_inc = 0.1 - 0.001;
  Pd_Sw5 = 0.001;
```

```
    while(Pd_Sw5 <= pd)
       snr_inc = snr_inc + 0.001;
       Pd_Sw5 = pd_swerling5(pfa, 1, np, snr_inc);
    end
    PD_SW5 = Pd_Sw5;
    SNR = snr_inc;
end
end
% ************** End Swerling 5 case ************
% ************** Swerling 1 case ***************
% compute the false alarm number
if (sw_case == 1)
   Pd_Sw1 = 0.001;
   snr_inc = 0.1 - 0.001;
   while(Pd_Sw1 <= pd)
      snr_inc = snr_inc + 0.001;
      Pd_Sw1 = pd_swerling1(nfa, np, snr_inc);
   end
   PD_SW1 = Pd_Sw1;
   SNR = snr_inc;
end
% ************** End Swerling 1 case ************
% ************** Swerling 2 case ***************
if (sw_case == 2)
   Pd_Sw2 = 0.001;
   snr_inc = 0.1 - 0.001;
   while(Pd_Sw2 <= pd)
      snr_inc = snr_inc + 0.001;
      Pd_Sw2 = pd_swerling2(nfa, np, snr_inc);
   end
   PD_SW2 = Pd_Sw2;
   SNR = snr_inc;
end
% ************** End Swerling 2 case ************
% ************** Swerling 3 case ***************
if (sw_case == 3)
   Pd_Sw3 = 0.001;
   snr_inc = 0.1 - 0.001;
   while(Pd_Sw3 <= pd)
      snr_inc = snr_inc + 0.001;
      Pd_Sw3 = pd_swerling3(nfa, np, snr_inc);
   end
   PD_SW3 = Pd_Sw3;
   SNR = snr_inc;
end
% ************** End Swerling 3 case ************
% ************** Swerling 4 case ***************
if (sw_case == 4)
   Pd_Sw4 = 0.001;
   snr_inc = 0.1 - 0.001;
   while(Pd_Sw4 <= pd)
      snr_inc = snr_inc + 0.001;
      Pd_Sw4 = pd_swerling4(nfa, np, snr_inc);
   end
```

```
    PD_SW4 = Pd_Sw4;
    SNR = snr_inc;
end
% ************** End Swerling 4 case ************
return
```

MATLAB 程序 "*Fig13_13.m*" 清单

```
% Use this program to reproduce Fig. 13.13 of text
clear all
close all
index = 0.;
for pd = 0.01:.05:1
    index = index + 1;
    [Lf,Pd_Sw5] = fluct_loss(pd, 1e-7,1,1);
    Lf1(index) = Lf;
    [Lf,Pd_Sw5] = fluct_loss(pd, 1e-7,1,4);
    Lf4(index) = Lf;
end
pd = 0.01:.05:1;
figure (3)
plot(pd, Lf1, 'k',pd, Lf4,'K:','linewidth',1.5)
xlabel('\bfProbability of detection')
ylabel('\bfFluctuation loss - dB')
legend('Swerling I & II','Swerling III & IV')
title('P_f_a = 10^-^9, n_p = 1')
grid on
```

MATLAB 程序 "*Fig13A_1.m*" 清单

```
% This program can be used to reproduce Fig. 13A.1
clc
close all
clear all
x=linspace(0,20,200);
y1 = gammainc(x,1);
y2 = gammainc(x,3);
y3 = gammainc(x,5);
y4 = gammainc(x,8);
plot(x,y1,'k',x,y2,'k:',x,y3,'k--',x,y4,'k-.','linewidth',1.5)
legend('q = 1','q = 3','q = 5','q = 8')
xlabel('\bfx')
ylabel('\bfIncomplete Gamma function (x,q)')
grid
```

第五部分　关于雷达的一些特殊主题

第14章　雷达截面积（RCS）

RCS 定义
RCS 和姿态角及频率的依赖关系
RCS 与极化的依赖关系
简单物体的 RCS
复杂目标的 RCS
RCS 预测方法
多次反射
习题
附录 14-A　第 14 章 MATLAB 程序清单

第15章　相控阵天线

方向性、功率增益和有效孔径
近场和远场
通用阵列
线性阵列天线
平面阵列
阵列天线扫描损失
多输入多输出（MIMO）——线性阵列
习题
附录 15-A　第 15 章 MATLAB 程序清单

第16章　自适应信号处理

非自适应波束形成
使用最小均方的自适应信号处理
LMS 自适应阵列处理
副瓣对消器（SLC）
空时自适应处理（STAP）
习题
附录 16-A　第 16 章 MATLAB 程序清单

第 17 章　目标跟踪

单目标跟踪
　　角度跟踪
　　幅度比较单脉冲
　　相位比较单脉冲
　　距离跟踪
多目标跟踪
　　边搜索边跟踪（TWS）
　　LTI 系统的状态变量表示法
　　感兴趣的 LTI 系统
　　固定增益跟踪滤波器
　　卡尔曼滤波器
　　MATLAB 卡尔曼滤波仿真
　　习题
　　附录 17-A　第 17 章 MATLAB 程序清单

第 18 章　战术合成孔径雷达（TSAR）

　　引言
　　SAR 设计上的考虑
　　SAR 雷达方程
　　SAR 信号处理
　　侧视 SAR 多普勒处理
　　利用多普勒处理进行 SAR 成像
　　距离移动
　　三维 SAR 成像技术
　　习题
　　附录 18-A　第 18 章 MATLAB 程序清单

第 14 章 雷达截面积（RCS）

本章与 Walton C. Gibson[①]先生合著。

14.1 RCS 定义

具有特定极化的电磁波入射到目标上时通常都会向所有方向衍射或散射。这些散射波分为两部分。第一部分由具有和接收天线相同极化的波组成。散射波的另一部分具有接收天线不响应的其他极化。两种极化是正交的，分别称为主极化（PP）和正交极化（OP）。具有与雷达接收天线相同极化的后向散射能量，强度用于确定目标的 RCS。当一个目标被射频能量照射时，它的作用与天线相同，具有近场和远场。在近场测量的反射的波通常是球面波。与之相反的是，远场中波前可分解成平面波的线性组合。

假设距离雷达为 R 的目标上入射波的功率密度是 P_{Di}，如图 14.1 所示。从目标反射回的功率数量是

$$P_r = \sigma P_{Di} \tag{14.1}$$

式中，σ 表示目标截面积。定义 P_{Dr} 为接收天线处的散射波功率密度。则

$$P_{Dr} = P_r/(4\pi R^2) \tag{14.2}$$

使方程（14.1）和方程（14.2）相等，得

$$\sigma = 4\pi R^2 \left(\frac{P_{Dr}}{P_{Di}}\right) \tag{14.3}$$

为了保证雷达天线位于远场（即天线接收的散射波是平面的），方程（14.3）可修改为

$$\sigma = 4\pi R^2 \lim_{R \to \infty} \left(\frac{P_{Dr}}{P_{Di}}\right) \tag{14.4}$$

方程（14.4）确定的 RCS 通常称为单基地 RCS、后向散射 RCS 或目标 RCS。

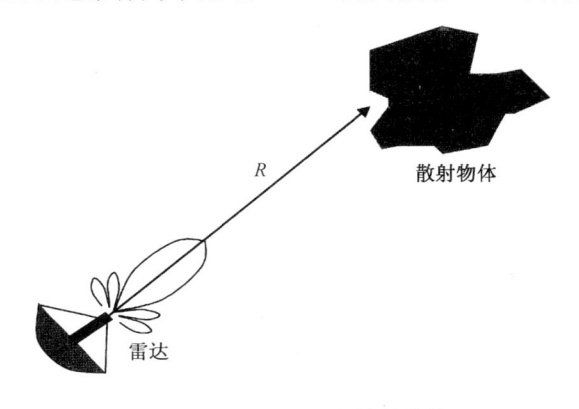

图 14.1 距离 R 处的散射物体

[①] Mr. Gibson is associated with Tripoint Industries, Inc. in Huntsville, Alabama, *www.tripointindustries.com*.

后向散射 RCS 通过测量向雷达散射的所有回波得到，这些波具有与接收天线相同的极化。它代表总目标散射 RCS σ_t 的一部分，并且 $\sigma_t > \sigma$。假设一由 (ρ, θ, φ) 确定的球坐标系，则在距离 ρ 处目标散射截面积是 (θ, φ) 的函数。利用角 (θ_i, φ_i) 确定入射波传播的方向。同时让角 (θ_s, φ_s) 确定散射波传播的方向。当出现 $\theta_s = \theta_i$ 且 $\varphi_s = \varphi_i$ 的特殊情况时，它就确定单基地 RCS。雷达在角度 $\theta_s \neq \theta_i$ 且 $\varphi_s \neq \varphi_i$ 时测量的 RCS 称为双基地 RCS。

总的目标散射 RCS 由下式给出：

$$\sigma_t = \frac{1}{4\pi} \int_{\varphi_s=0}^{2\pi} \int_{\theta_s=0}^{\pi} \sigma(\theta_s, \varphi_s) \sin\theta_s \, d\theta \, d\varphi_s \qquad (14.5)$$

目标后向散射波的数量正比于目标尺寸与入射波波长 λ 的比。事实上，雷达不能探测远小于工作波长的目标。例如，若气象雷达使用 L 波段频率，由于雨滴远小于波长，所以雷达几乎观察不到。在目标尺寸可以与波长相比较的频域测量 RCS 时，此域称为瑞利域，而目标尺寸远大于雷达工作波长的频域称为光域。在实际中，雷达大部分位于光域。

本书中进行的分析都假设在光域中测量远场单基地 RCS。在瑞利域中测量近场 RCS、双基地 RCS 由于涉及的范围超出了本书界限，将不予以考虑。除此之外，本章中的 RCS 主要是关于窄带（NB）情况的。也就是说，考虑的目标尺寸位于雷达的单距离门之内。宽带（WB）RCS 测量将在稍后一节中介绍。宽带雷达距离门较小（通常为 10～50 cm），因此，考虑的目标可以覆盖很多距离门。单个距离门中 RCS 的值对应目标位于这个距离门中的部分。

14.2 RCS 和姿态角及频率的依赖关系

雷达截面积作为雷达姿态角和频率的函数而起伏。为了便于说明，考虑各向同性的散射体。一个各向同性的散射体就是把入射波向各个方向均匀散射的物体，请参见图 14.2 中的几何图。在这种情况下，两个各向同性单位散射体（1 m²）在距离为 R 的远场沿雷达视线（零姿态角）排成一行。两个散射体之间的间隔是 1 m。然后使雷达姿态角从 0 变到 180°，并计算雷达测得的两个散射体合成的 RCS。

（a）零姿态角，零电间隔

（b）45°姿态角，1.414λ 电间隔

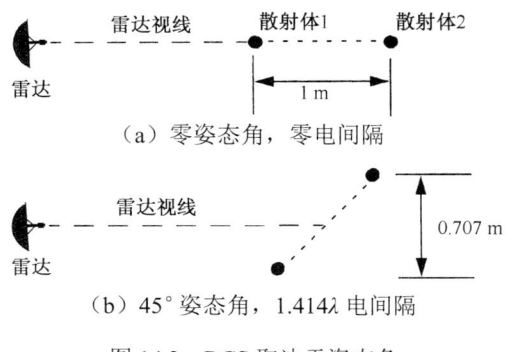

图 14.2 RCS 取决于姿态角

合成的 RCS 由两个单独的雷达截面积的叠加组成。在 0 姿态角处，合成的 RCS 是

$2~\text{m}^2$。取散射体 1 作为相位参考,当姿态角变化时,合成的 RCS 随两个散射体之间电间隔的相位变动而变动。例如,在姿态角为 10° 时,两个散射体之间的电间隔是

$$电间隔 = \frac{2 \times (1.0 \times \cos(10°))}{\lambda} \qquad (14.6)$$

λ 是雷达工作波长。

MATLAB 函数 "rcs_aspect.m"

函数 "rcs_aspect.m" 计算并画出取决于姿态角的 RCS。语法如下:

$$[rcs] = rcs\_aspect\,(scat\_spacing, freq)$$

其中:

符　　号	说　　明	单　位	状　态
scat_spacing	散射体间隔	m	输入
freq	雷达频率	Hz	输入
rcs	RCS 阵列与姿态角的关系	dBsm	输出

图 14.3 给出了一个与本实验对应的合成 RCS。该图可以使用 MATLAB 程序 "Fig1_43_m" 重新生成,列在附录 14-A 中。图 14.3 清楚地说明 RCS 取决于雷达姿态角;因此,当雷达试图提取复杂目标或机动目标的 RCS 时,了解各单独散射体之间的相加性干涉和相减性干涉非常重要。这是因为下列两个原因:首先,姿态角可连续变化;其次,复杂目标 RCS 可看成是由目标表面分布的众多单独散射点的贡献构成的。这些散射点通常称为散射中心。许多 RCS 的近似预测方法都会产生一组确定这类复杂目标后向散射特征的散射中心。

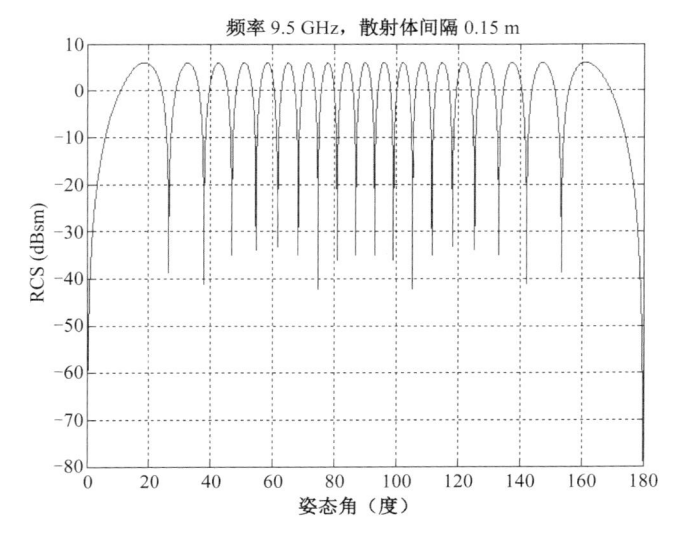

图 14.3 RCS 取决于姿态角的图示说明

其次，为了验证 RCS 取决于频率，考虑图 14.4 所示的实验。在这种情况下，两个远场各向同性的散射体沿雷达视线排成一列，当频率由 8 GHz 至 12.5 GHz（X 波段）变化时，雷达测量合成的 RCS。

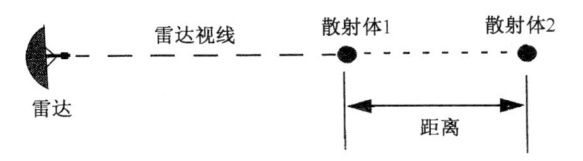

图 14.4 验证 RCS 取决于频率的实验装备（距离为 0.25 m 或 0.75m）

MATLAB 函数 "rcs_frequency.m"

函数 "rcs_frequency.m" 对取决于频率的 RCS 进行计算和绘图。语法如下：

[rcs]=rcs_frequency（scat_spacing, frequ, freql）

其中：

符号	说明	单位	状态
scat_spacing	散射体间隔	m	输入
freql, frequ	频带前端	Hz	输入

图 14.5 和图 14.6 给出了散射体间隔 0.25 m 和 0.75 m 时合成的 RCS 与频率的关系。图 14.5 和图 14.6 给出的曲线可以使用 MATLAB 程序 "*Fig14_5_6.m*" 重新生成，列在附录 14-A 中。从这两个图可以明显看出 RCS 随频率起伏。当散射体间隔很大时，频率略有起伏就会产生严重的 RCS 起伏。反之，当散射体中心比较靠近时，需要更多频率变化以产生明显的 RCS 起伏。

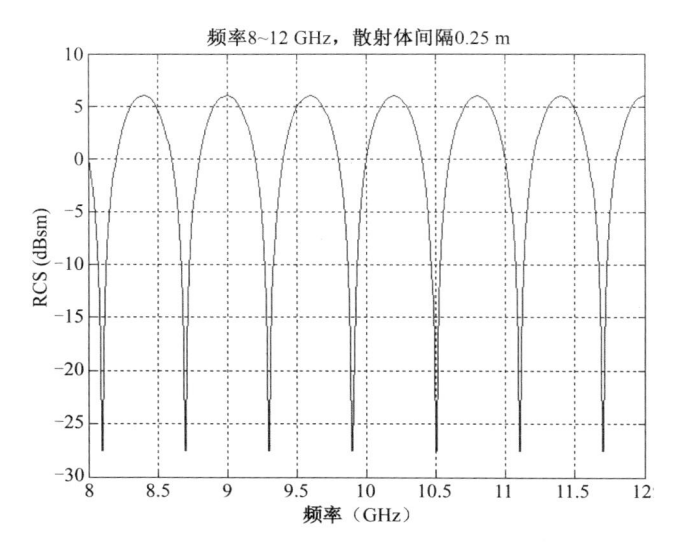

图 14.5 RCS 取决于频率的图示说明

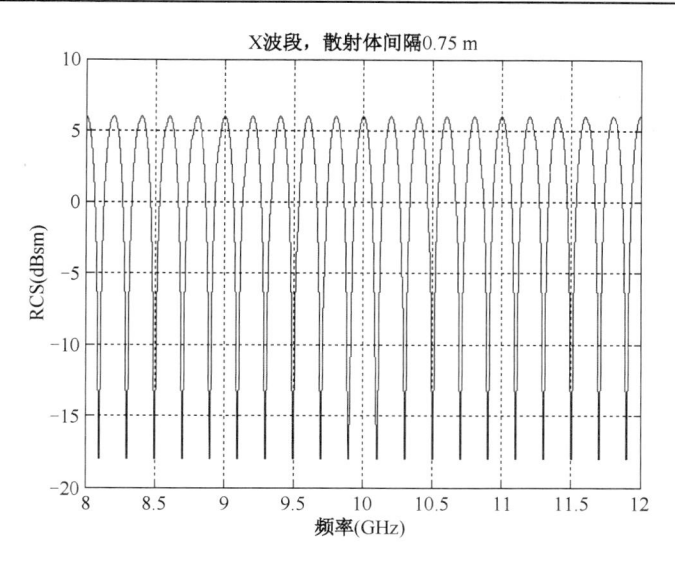

图 14.6 RCS 取决于频率的图示说明

14.3 RCS 与极化的依赖关系

本节的内容涉及两个主题：首先对极化基础知识进行回顾，然后介绍目标散射矩阵的概念。

14.3.1 归一化电场

在大多数雷达仿真中，需要求出目标在雷达处的复数值的散射电场。在这种情况下，一个称为归一化电场的数值是有用的。它是假设入射电场具有一致的幅度，并且其相位中心位于目标的某一点（通常是重心）。更精确地说，

$$E_i = e^{jk(\vec{r}_i \cdot \vec{r})} \tag{14.7}$$

式中，$\vec{r}_i$ 是入射方向，$\vec{r}$ 是目标的位置，两者都是相对相位中心而言。然后给出归一化散射场：

$$E_s = \sigma E_i \tag{14.8}$$

量值 E_s 与雷达和目标位置无关。它可以和入射幅度及相位有关。

14.3.2 极化

一沿 z 轴正向传播的电波的 x 方向和 y 方向的电场分量是

$$E_x = E_1 \sin(\omega t - kz) \tag{14.9}$$

$$E_y = E_2 \sin(\omega t - kz + \delta) \tag{14.10}$$

式中，$k = 2\pi/\lambda$，ω 是波频率，角 δ 是 E_y 和 E_x 之间的时间上的相位差，最后，E_1 和 E_2 分别是沿 x 轴和 y 轴方向的波幅。当两个或多个电磁波合并时，它们的电场在空间的每个点上对任何规定的时间进行向量相加。通常，在 xy 平面内进行观察时，合成的向量的轨迹是

一个椭圆,请参见图14.7。

极化椭圆的长轴与短轴之间的比称为轴比(AR)。当轴比为 1 时,极化椭圆成为一个圆,合成的波称为圆极化波。与之相反的是,当 $E_1=0$ 时,$AR=\infty$,这个波就成为线性极化波。

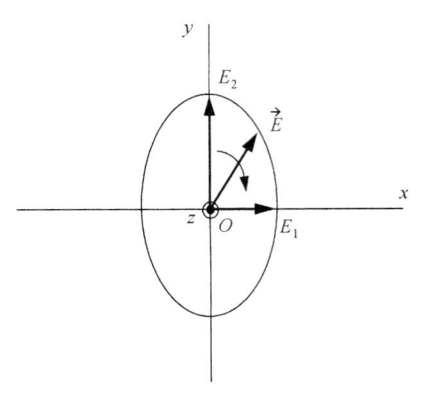

图14.7 沿 x 轴和 y 轴的电场分量,z 轴的正向指向纸面以外

方程(14.9)和方程(14.10)可以合并,得到瞬时总电场:

$$\vec{E} = \hat{a}_x E_1 \sin(\omega t - kz) + \hat{a}_y E_2 \sin(\omega t - kz + \delta) \tag{14.11}$$

式中,$\hat{a}_x$ 和 $\hat{a}_y$ 分别是沿 x 轴和 y 轴的单位向量。在 $z=0$ 处,$E_x = E_1 \sin(\omega t)$ 和 $E_y = E_2 \sin(\omega t + \delta)$,这时通过用 E_x / E_1 代替 $\sin(\omega t)$,同时利用三角公式,方程(14.11)可重写为

$$\frac{E_x^2}{E_1^2} - \frac{2 E_x E_y \cos\delta}{E_1 E_2} + \frac{E_y^2}{E_2^2} = (\sin\delta)^2 \tag{14.12}$$

注意方程(14.12)与 ωt 无关。在最一般的情况下,极化椭圆可以具有任意指向,如图14.8所示。角度 ξ 称为椭圆的倾斜角。在这种情况下,AR 由下式给出:

$$AR = \frac{OA}{OB} \quad (1 \leqslant AR \leqslant \infty) \tag{14.13}$$

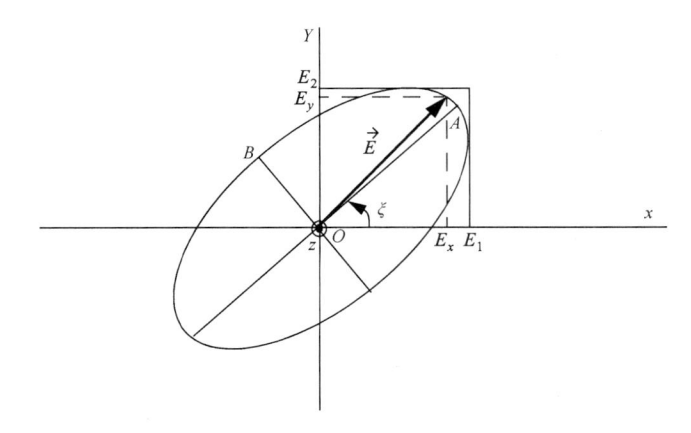

图14.8 一般情况下的极化椭圆

当 $E_1=0$ 时,波称为 y 轴方向的线性极化波,但如果 $E_2=0$,则波称为 x 轴方向的线性

极化波。当 $E_1 = E_2$、$\xi = 45°$ 时，在 45°角方向也可以是线性极化。当 $E_1 = E_2$ 且 $\delta = 90°$ 时，波称为左旋圆极化（LCP）；而当 $\delta = -90°$ 时，波称为右旋圆极化（RCP）。一种通用的标注方法是把沿 x 轴和 y 轴方向的线性极化称为水平极化和垂直极化。

一般来说，一个任意极化的电场可以写成两个圆极化场的和。更精确地说，

$$\vec{E} = \vec{E}_R + \vec{E}_L \tag{14.14}$$

式中，$\vec{E}_R$ 和 $\vec{E}_L$ 分别是 RCP 和 LCP 场。类似地，RCP 和 LCP 波可以写成

$$\vec{E}_R = \vec{E}_V + j\vec{E}_H \tag{14.15}$$

$$\vec{E}_L = \vec{E}_V - j\vec{E}_H \tag{14.16}$$

式中，$\vec{E}_V$ 和 $\vec{E}_H$ 分别是垂直极化场和水平极化场。联立方程（14.15）和方程（14.16）得

$$E_R = \frac{E_H - jE_V}{\sqrt{2}} \tag{14.17}$$

$$E_L = \frac{E_H + jE_V}{\sqrt{2}} \tag{14.18}$$

使用矩阵的符号，方程（14.17）和方程（14.18）可重写为

$$\begin{bmatrix} E_R \\ E_L \end{bmatrix} = \frac{1}{\sqrt{2}} \begin{bmatrix} 1 & -j \\ 1 & j \end{bmatrix} \begin{bmatrix} E_H \\ E_V \end{bmatrix} = [T] \begin{bmatrix} E_H \\ E_V \end{bmatrix} \tag{14.19}$$

$$\begin{bmatrix} E_H \\ E_V \end{bmatrix} = \frac{1}{\sqrt{2}} \begin{bmatrix} 1 & 1 \\ j & -j \end{bmatrix} \begin{bmatrix} E_R \\ E_L \end{bmatrix} = [T]^{-1} \begin{bmatrix} E_H \\ E_V \end{bmatrix} \tag{14.20}$$

许多目标的散射波具有不同于入射波的极化。这种现象称为去极化或交叉极化。但是，理想反射器以这样的方式进行反射：水平极化的入射波反射后仍保持水平，垂直极化的入射波反射后仍保持垂直，只不过相位翻转180°。除此之外，一个入射波经过完全反射器反射后，RCP 变成 LCP，LCP 变成 RCP。因此，当雷达使用 LCP 波进行发射时，接收天线需要 RCP 极化来捕获 PP RCS，需要 LCR 极化来测量 OP RCS。

14.3.3 目标散射矩阵

目标后向散射的 RCS 通常使用一个称为散射矩阵的矩阵进行描述，并用[S]表示。当一个任意极化波入射到目标上时，后向散射场于是由下式给出：

$$\begin{bmatrix} E_1^s \\ E_2^s \end{bmatrix} = [S] \begin{bmatrix} E_1^i \\ E_2^i \end{bmatrix} = \begin{bmatrix} s_{11} & s_{12} \\ s_{21} & s_{22} \end{bmatrix} \begin{bmatrix} E_1^i \\ E_2^i \end{bmatrix} \tag{14.21}$$

上标 i 和 s 表示入射场和散射场。量 s_{ij} 通常是复数，下标 1 和 2 表示正交极化的任意组合。更精确地说，1 = H, R，而 2 = V, L。由方程（14.3）可得，后向散射 RCS 与散射矩阵分量之间的关系是

$$\begin{bmatrix} \sigma_{11} & \sigma_{12} \\ \sigma_{21} & \sigma_{22} \end{bmatrix} = 4\pi R^2 \begin{bmatrix} |s_{11}|^2 & |s_{12}|^2 \\ |s_{21}|^2 & |s_{22}|^2 \end{bmatrix} \tag{14.22}$$

由此，一旦给出了散射矩阵，就可以对任意组合的发射和接收极化计算目标的后向散射 RCS。建议读者参考 Ruck（1970）的著作，以了解更多计算散射矩阵[S]的方法。

通过不同的正交极化，重新改写方程（14.22）得

$$\begin{bmatrix} E_H^s \\ E_V^s \end{bmatrix} = \begin{bmatrix} s_{HH} & s_{HV} \\ s_{VH} & s_{VV} \end{bmatrix} \begin{bmatrix} E_H^i \\ E_V^i \end{bmatrix} \tag{14.23}$$

$$\begin{bmatrix} E_R^s \\ E_L^s \end{bmatrix} = \begin{bmatrix} s_{RR} & s_{RL} \\ s_{LR} & s_{LL} \end{bmatrix} \begin{bmatrix} E_R^i \\ E_L^i \end{bmatrix} \tag{14.24}$$

通过在方程（14.19）中使用转换矩阵[T]，圆的散射单元可以从线性散射单元计算得出：

$$\begin{bmatrix} s_{RR} & s_{RL} \\ s_{LR} & s_{LL} \end{bmatrix} = [T] \begin{bmatrix} s_{HH} & s_{HV} \\ s_{VH} & s_{VV} \end{bmatrix} \begin{bmatrix} 1 & 0 \\ 0 & -1 \end{bmatrix} [T]^{-1} \tag{14.25}$$

各个分量是

$$\begin{aligned} s_{RR} &= \frac{-s_{VV} + s_{HH} - \mathrm{j}(s_{HV} + s_{VH})}{2} \\ s_{RL} &= \frac{s_{VV} + s_{HH} + \mathrm{j}(s_{HV} - s_{VH})}{2} \\ s_{LR} &= \frac{s_{VV} + s_{HH} - \mathrm{j}(s_{HV} - s_{VH})}{2} \\ s_{LL} &= \frac{-s_{VV} + s_{HH} + \mathrm{j}(s_{HV} + s_{VH})}{2} \end{aligned} \tag{14.26}$$

类似地，线性散射单元由下式给出：

$$\begin{bmatrix} s_{HH} & s_{HV} \\ s_{VH} & s_{VV} \end{bmatrix} = [T]^{-1} \begin{bmatrix} s_{RR} & s_{RL} \\ s_{LR} & s_{LL} \end{bmatrix} \begin{bmatrix} 1 & 0 \\ 0 & -1 \end{bmatrix} [T] \tag{14.27}$$

各个分量是

$$\begin{aligned} s_{HH} &= \frac{s_{RR} - s_{RL} + s_{LR} - s_{LL}}{2} \\ s_{VH} &= \frac{\mathrm{j}(s_{RR} - s_{LR} - s_{RL} + s_{LL})}{2} \\ s_{HV} &= \frac{-\mathrm{j}(s_{RR} + s_{LR} + s_{RL} + s_{LL})}{2} \\ s_{VV} &= \frac{s_{RR} + s_{LL} - s_{RL} - s_{LR}}{2} \end{aligned} \tag{14.28}$$

14.4 简单物体的 RCS

从简单物体散射的电磁波历来受到很大关注,因为经常由此推导出散射场的解析表达式。其中有球体、椭圆体、二维圆柱体、半平面和楔形等物体。对这些形状的研究具有重大价值,因为可以据此来研究电磁波和各种真实世界中物体相互作用的重要散射结构特性。这些解析散射方程式也用来测试和验证电磁计算(CEM)软件代码。对这些课题感兴趣的读者可以参考 Bowman 和 Ruck 等人的著作,它们对这些物体的散射研究进行了总结。

本节给出简单物体雷达截面积的样本集。给出的大多数表达式代表物体比波长大时的雷达截面积。它们是从解析表达式、经常是级数或复平面积分推导出来的,为简化对其的估值,采用逼近波长的极限或经验拟合。这些近似式要求用于"高频"或"光学"体系。随后在本章中将讨论计算方法。在这种情况下,其他"低频"或"共振"体系中的方法用来计算 RCS。

本节介绍一些简单物体的后向散射雷达截面积的例子。除了理想导电球之外,在所有情况中,这里只介绍光域的近似。雷达设计者和 RCS 工程师认为理想导电球是研究的最简单目标。但即使在这种最简单的情况中,精确求解的复杂性与光域近似方法进行比较,其复杂性要大得多。如图 14.9 所示,这里介绍的大多数公式都是远场雷达在 (θ, φ) 方向上所测量的后向散射 RCS 的物理光学(PO)近似。在本节中,假设雷达总是从 z 轴正方向照射一个物体。

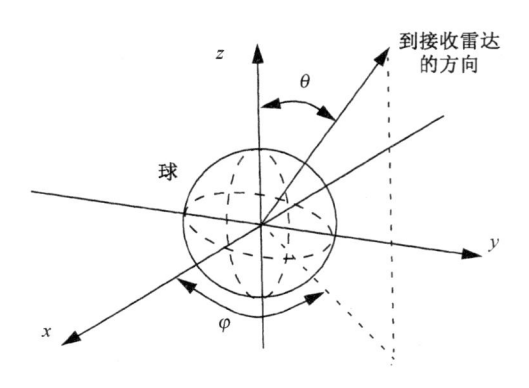

图 14.9 天线接收的后向散射波方向

14.4.1 球

由于对称性,从理想导电球散射的波与入射波是同一极化的(有相同极化方向)。这就意味着,交叉极化的后向散射波几乎为零。例如,如果入射波是左旋圆极化(LCP)的,那么后向散射波也是 LCP 的。然而,由于后向散射波传播的方向相反,将被接收天线认为这些波是右旋极化(RCP)。因此,一个球的 PP 后向散射波是 LCP,而 OP 后向散射波是可以忽略的。

理想导电球归一化的精确后向散射 RCS 是由下式给出的 Mie 级数:

$$\frac{\sigma}{\pi r^2} = \left(\frac{\mathrm{j}}{kr}\right) \sum_{n=1}^{\infty} (-1)^n (2n+1) \left[\left(\frac{kr J_n(kr) - n J_n(kr)}{kr H_{n-1}(kr) - n H_n^{(1)}(kr)} \right) - \left(\frac{J_n(kr)}{H_n^{(1)}(kr)} \right) \right] \quad (14.29)$$

式中，r 是球的半径，$k = 2\pi/\lambda$，λ 是波长，J_n 是 n 阶第一类球贝塞尔函数，$H_n^{(1)}$ 是 n 阶 Hankel 函数，并且由下式给出：

$$H_n^{(1)}(kr) = J_n(kr) + jY_n(kr) \tag{14.30}$$

Y_n 是 n 阶第二类球贝塞尔函数。图 14.10（a）和图 14.10（b）给出了作为圆周的函数的归一化理想导电球的 RCS 曲线，圆周函数的单位是波长。这些曲线可以使用函数 "*rcs_sphere.m*" 生成。图 14.10 中确定了三个域，首先是光学域（对应于一个大球体）。在这种情况下，

$$\sigma = \pi r^2 \quad r \ll \lambda \tag{14.31}$$

其次是瑞利域（小球体）。在这种情况下，

$$\sigma \approx 9\pi r^2 (kr)^4 \quad r \ll \lambda \tag{14.32}$$

光学域和瑞利域之间本质上是振动的，称为 Mie 域或谐振区域。

理想导电球体的后向散射 RCS 在光学域中是常数。由于这个原因，雷达设计师一般使用已知截面积的球体来实验校准雷达系统。为达到这个目的，球体被缚在气球上飞起。为了获得多普勒频移，已知 RCS 的球体从飞机上抛出，拖在飞机后面，而雷达是知道飞机的速度的。

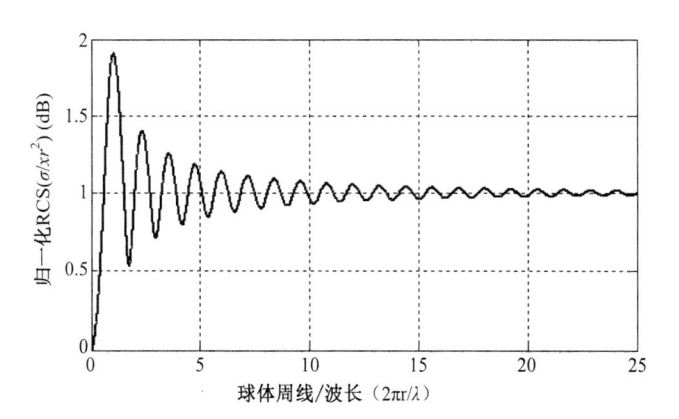

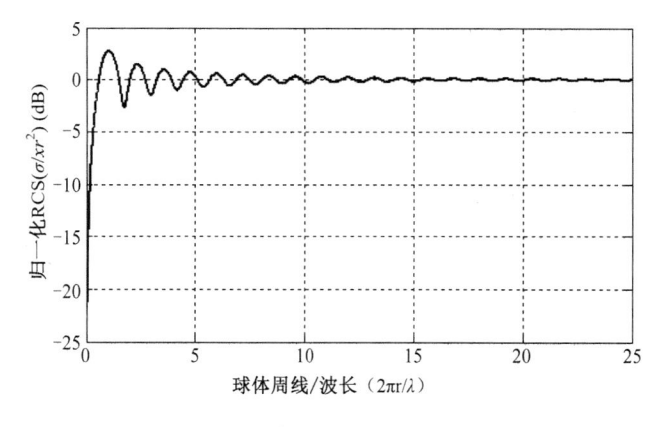

图 14.10（a） 理想导电球的归一化后向散射 RCS

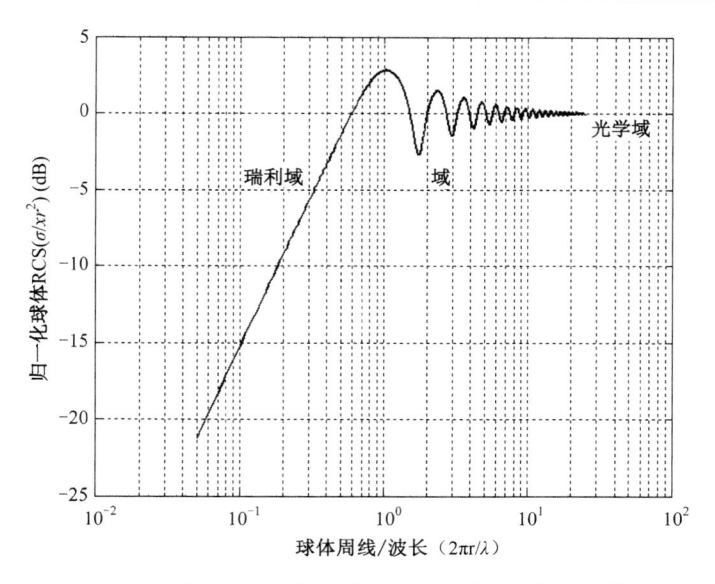

图 14.10（b） 使用半对数刻度的理想导电球归一化后向散射 RCS

14.4.2 椭球

图14.11给出了一个中心位于(0, 0, 0)的椭球。这个椭球由下式定义：

$$\left(\frac{x}{a}\right)^2 + \left(\frac{y}{b}\right)^2 + \left(\frac{z}{c}\right)^2 = 1 \tag{14.33}$$

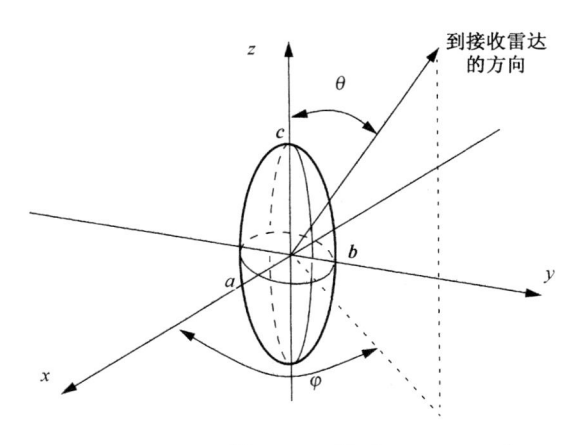

图 14.11 椭球

对于椭球的后向散射 RCS，一个人们广泛接受的近似表达式由下式给出：

$$\sigma = \frac{\pi a^2 b^2 c^2}{\left(a^2(\sin\theta)^2(\cos\varphi)^2 + b^2(\sin\theta)^2(\sin\varphi)^2 + c^2(\cos\theta)^2\right)^2} \tag{14.34}$$

当 $a = b$ 时，椭球成为转动对称。此时，RCS 与 φ 无关，而方程（14.34）可简化为

$$\sigma = \frac{\pi b^4 c^2}{\left(a^2(\sin\theta)^2 + c^2(\cos\theta)^2\right)^2} \tag{14.35}$$

当出现 $a = b = c$ 的情况时，

$$\sigma = \pi c^2 \qquad (14.36)$$

注意，方程（14.36）确定了球的后向散射 RCS。这是可以预料的，因为在 $a=b=c$ 的条件下，椭球就变成了球。

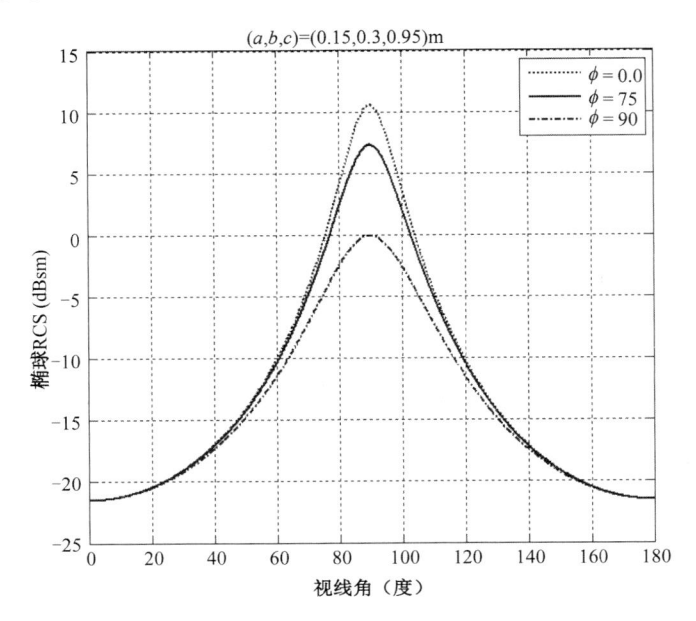

图 14.12（a） 椭球后向散射 RCS 与视线角的关系

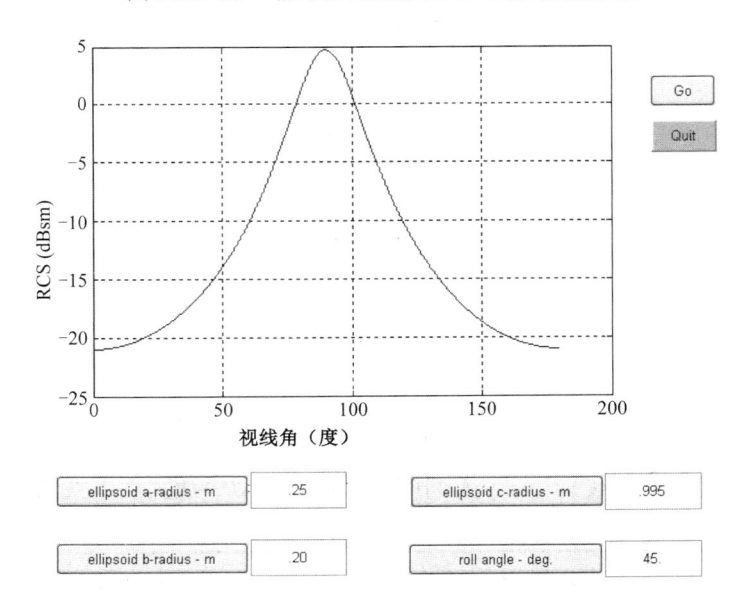

图 14.12（b） 配合函数"*rcs_ellipsoid.m*"的 GUI 工作空间

MATLAB 函数 "rcs_ellipsoid.m"

MATLAB 函数 "rcs_ellipsoid.m" 通过方程（14.34）和方程（14.35）计算椭球的 RCS。语法如下：

$$[rcs]=rcs\_ellipsoid(a, b, c, phi)$$

其中：

符　号	说　　明	单　位	状　态
a	椭球的 a 半径	m	输入
b	椭球的 b 半径	m	输入
c	椭球的 c 半径	m	输入
phi	椭球侧滚角	度	输入
rcs	RCS 阵列与视线角的比	dBsm	输出

图14.12（a）给出了一个椭球在 $\varphi=0°$、$\varphi=45°$、$\theta=90°$ 后向散射 RCS 与方位角 θ 的关系。注意，在垂直入射（$\theta=90°$）时，RCS 对应于半径为 c 的球体的 RCS，通常称为宽边镜 RCS 值。该图可以使用 MATLAB 程序 "Fig14_12a.m" 重新生成，列在附录 14-A 中。

为此目的开发了基于 MATLAB 的图形用户界面（GUI）。图 14.12（b）给出了配合该函数的 GUI 工作空间。要执行 GUI，首先从本书网页上下载其 MATLAB 程序，然后在 MATLAB 命令窗中键入 "rcs_ellipsoid_gui"。

14.4.3　圆形平板

图14.13给出了一个半径为 r、中心在原点的圆形平板。由于圆对称性，圆形平板的后向散射 RCS 与 φ 无关。RCS 只与视线角有关。在正常入射中（例如零视线角），一圆形平板的后向散射 RCS 是

$$\sigma = \frac{4\pi^3 r^4}{\lambda^2} \qquad \theta = 0° \qquad (14.37)$$

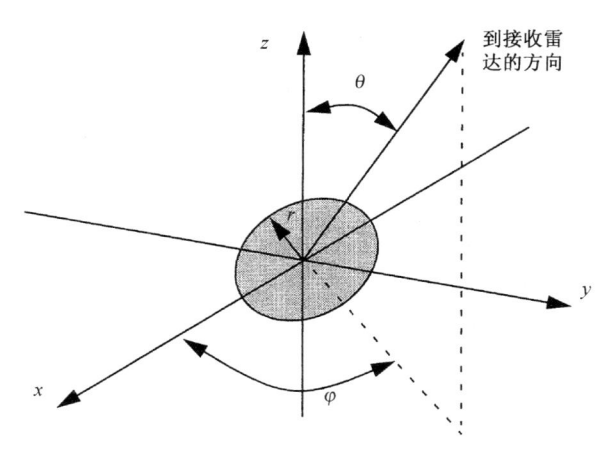

图 14.13　圆形平板

对于非垂直入射，对任意线性极化的入射波圆形平板的后向散射 RCS 是

$$\sigma = \frac{\lambda r}{8\pi \sin\theta (\tan(\theta))^2} \tag{14.38}$$

$$\sigma = \pi k^2 r^4 \left(\frac{2J_1(2kr\sin\theta)}{2kr\sin\theta} \right)^2 (\cos\theta)^2 \tag{14.39}$$

式中，$k = 2\pi/\lambda$，J_1 是一阶球贝塞尔函数。

MATLAB 函数 "*rcs_circ_plate.m*"

利用函数"*rcs_circ_plate.m*"可以计算圆形平板的后向散射 RCS 并绘图。语法如下：

$$[rcs] = rcs\_circ\_plate\,(r, freq)$$

其中：

符 号	说 明	单 位	状 态
r	圆形平板的半径	m	输入
freq	频率	Hz	输入
rcs	RCS 阵列与视线角的关系	dBsm	输出

为实现这个功能开发了一个基于 MATLAB 的 GUI。图 14.14 给出了与函数有关的工作空间及一个典型输出。要执行这个 GUI，首先从本书网页上下载其 MATLAB 程序，然后在 MATLAB 命令窗中键入"*rcs_circ_gui.m*"。

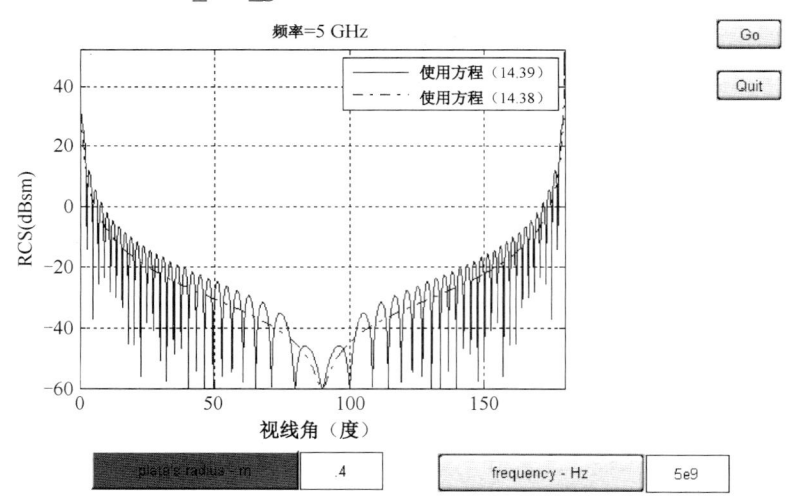

图 14.14 圆形平板的后向散射 RCS

14.4.4 截锥体（平截体）

图 14.15 和图 14.16 给出了平截体的几何图。半锥角 α 由下式给出：

$$\tan\alpha = \frac{(r_2 - r_1)}{H} = \frac{r_2}{L} \tag{14.40}$$

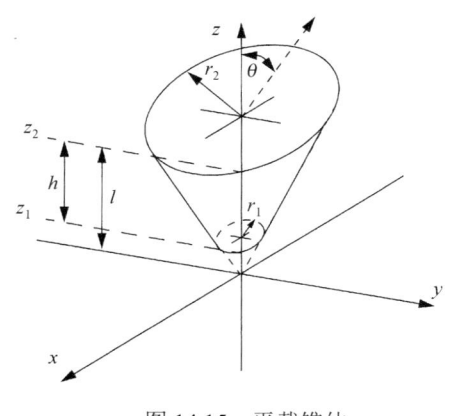

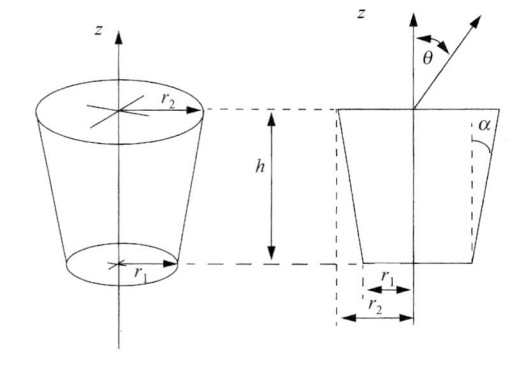

图 14.15　平截锥体

图 14.16　半锥角定义

相对于平截体的表面（宽面）垂直入射（垂射）时，其视线角定义为 θ_n。这样，当雷达从平截体的小端侧照射平截体时，角度 θ_n 是

$$\theta_n = 90° - \alpha \tag{14.41}$$

与之相反的是，垂直入射发生在

$$\theta_n = 90° + \alpha \tag{14.42}$$

在垂直入射时，由线性极化入射波产生的平截体后向散射 RCS 的近似表达式是

$$\sigma_{\theta_n} = \frac{8\pi(z_2^{3/2} - z_1^{3/2})^2}{9\lambda \sin\theta_n} \tan\alpha(\sin\theta_n - \cos\theta_n \tan\alpha)^2 \tag{14.43}$$

使用三角恒等式，方程（13.43）可化简为

$$\sigma_{\theta_n} = \frac{8\pi(z_2^{3/2} - z_1^{3/2})^2}{9\lambda} \frac{\sin\alpha}{(\cos\alpha)^4} \tag{14.44}$$

在非垂直入射时，由线性极化入射波产生的后向散射 RCS 是

$$\sigma = \frac{\lambda z \tan\alpha}{8\pi \sin\theta} \left(\frac{\sin\theta - \cos\theta \tan\alpha}{\sin\theta \tan\alpha + \cos\theta} \right)^2 \tag{14.45}$$

式中 z 等于 z_1 或是 z_2，取决于 RCS 是由锥体的大端形成还是小端形成。再使用三角恒等式，方程（14.45）（假设雷达从大端开始照射平截体）可简化为

$$\sigma = \frac{\lambda z \tan\alpha}{8\pi \sin\theta} (\tan(\theta - \alpha))^2 \tag{14.46}$$

式中，λ 是波长，z_1 和 z_2 在图14.15中有定义。

当雷达从小端开始（即雷达位于图14.15中的负 z 轴方向）照射平截体时，方程（14.46）应改为

$$\sigma = \frac{\lambda z \tan\alpha}{8\pi \sin\theta} (\tan(\theta + \alpha))^2 \tag{14.47}$$

MATLAB 函数 "rcs_frustum.m"

函数 "rcs_frustum.m" 计算平截体的后向散射 RCS 并绘图。语法如下：

$$[rcs]=rcs\_frustum（r1, r2, freq, indicator）$$

其中：

符 号	说 明	单 位	状 态
r1	小端半径	m	输入
r2	大端半径	m	输入
freq	频率	Hz	输入
indicator	从大端看时是 1，小端看时是 0	无	输入
rcs	RCS 阵列与视线角的关系	dBsm	输出

例如，考虑这样一个平截体，其 H = 20.945 cm，r_1 = 2.057 cm，r_2 = 5.753 cm，由此半锥角是 10°。图14.17（a）给出了雷达从 z 轴正半轴照射时平截体的 RCS 图。图14.17（b）给出了同样的内容，只是在这种情况下，雷达位于 z 轴负半轴。注意，在第一种情况下垂直入射的角度是 100°，而在第二种情况下这个角度是 80°。为实现这个功能开发了一个基于 MATLAB 的 GUI。要执行这个 GUI，首先从本书网页上下载其 MATLAB 程序，然后在 MATLAB 命令窗中键入 "rcs_frustum_gui.m"。

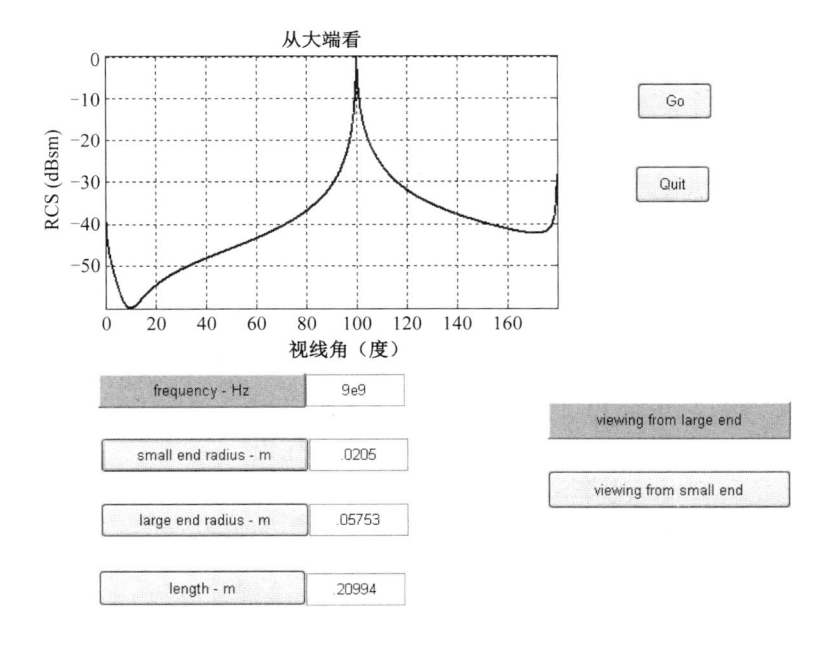

图 14.17（a） 平截体后向散射 RCS

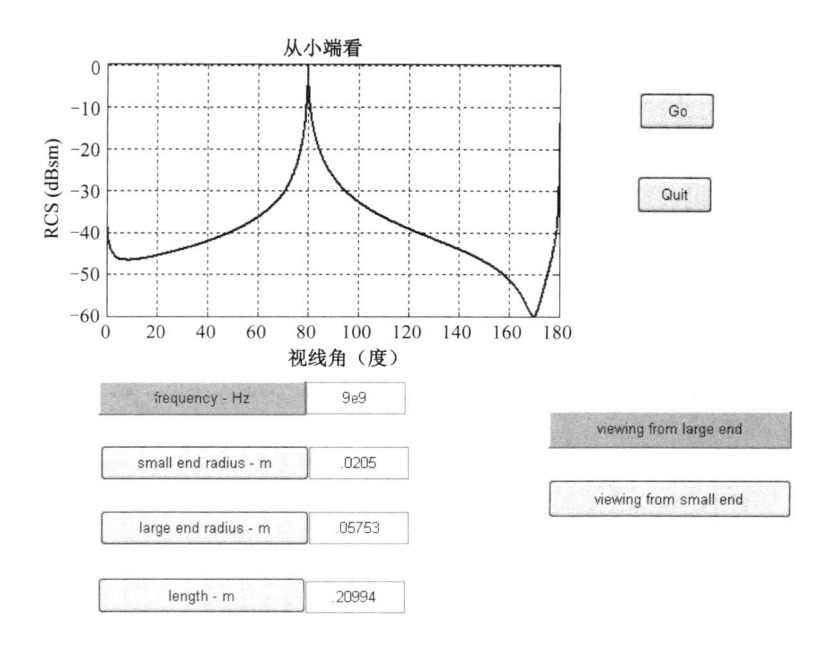

图 14.17（b） 平截体后向散射 RCS

14.4.5 圆柱体

图 14.18 给出了圆柱体的几何图。这里介绍两种情况：首先是椭圆柱的一般情况；另一种是圆柱。由线性极化入射波垂直入射和非垂直入射时产生的椭圆柱的后向散射 RCS 分别是

$$\sigma_{\theta_n} = \frac{2\pi H^2 r_2^2 r_1^2}{\lambda \left[r_1^2 (\cos\varphi)^2 + r_2^2 (\sin\varphi)^2 \right]^{1.5}} \tag{14.48}$$

$$\sigma = \frac{\lambda r_2^2 r_1^2 \sin\theta}{8\pi \ (\cos\theta)^2 \left[r_1^2 (\cos\varphi)^2 + r_2^2 (\sin\varphi)^2 \right]^{1.5}} \tag{14.49}$$

对于半径为 r 的圆柱，由于滚动对称，方程（14.48）和方程（14.49）分别简化为

$$\sigma_{\theta_n} = \frac{2\pi H^2 r}{\lambda} \tag{14.50}$$

$$\sigma = \frac{\lambda r \sin\theta}{8\pi (\cos\theta)^2} \tag{14.51}$$

MATLAB 函数 "rcs_cylinder.m"

函数 "rcs_cylinder.m" 计算圆柱的后向散射 RCS 并绘图。语法如下：

[rcs]=rcs_cylinder（r1,r2, h, freq, phi,Cylinder Type）

其中：

符 号	说 明	单 位	状 态
r_1	半径1	m	输入
r_2	半径2	m	输入
h	圆柱体高	m	输入
freq	频率	Hz	输入
phi	滚动视角	度	输入
Cylinder Type	"Circular"，$r_1 = r_2$ "Elliptic"，$r_1 \neq r_2$	无	输入
rcs	RCS 阵列与视线角的关系	dBsm	输出

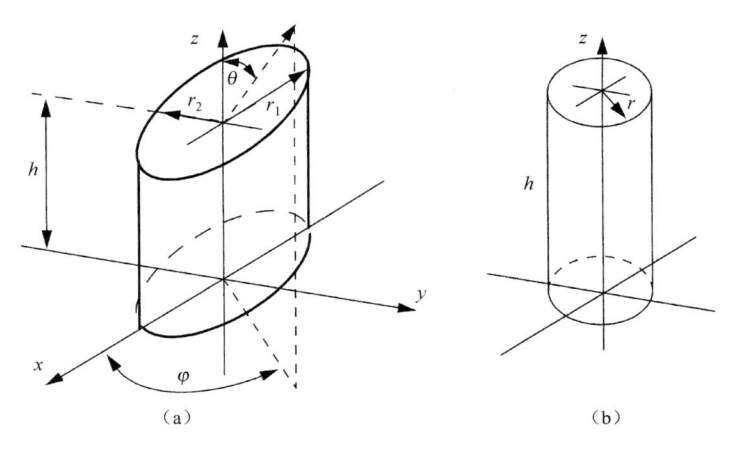

图 14.18 （a）椭圆柱；（b）圆柱

图 14.19（a）给出了对称圆柱的圆柱后向散射 RCS 图。图 14.19（b）给出了椭圆柱的后向散射 RCS 图。图 14.19 可以使用 MATLAB 程序 "*Fig14_19.m*" 重新生成，列在附录 14-A 中。

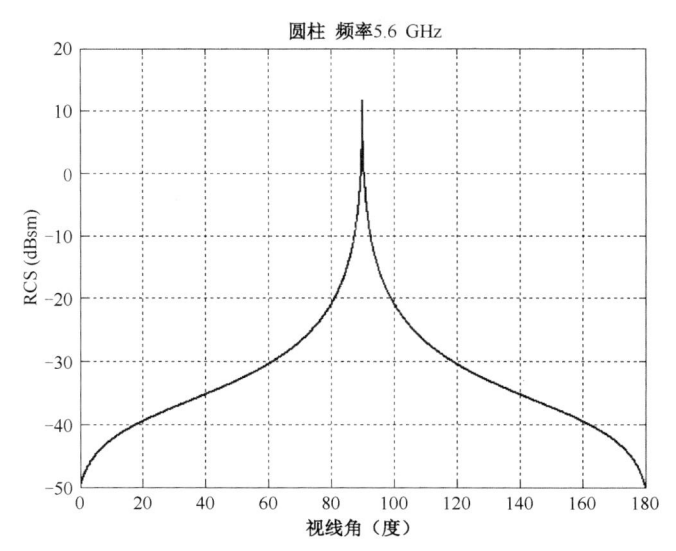

图 14.19（a） $r = 0.125$ m、$H = 1$ m 的对称圆柱的后向散射 RCS

椭圆柱 频率5.6 GHz

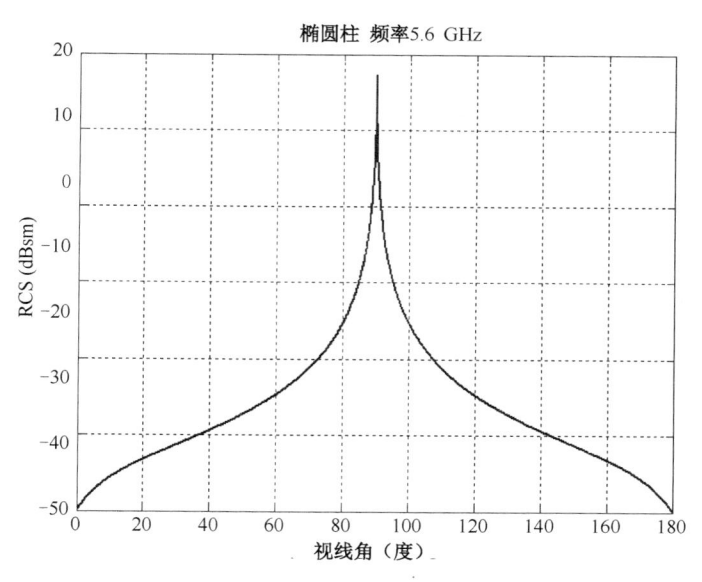

图 14.19（b） $r_1 = 0.125$ m、$r_2 = 0.05$ m、$H = 1$ m 的椭圆柱的后向散射 RCS

14.4.6 矩形平板

如图 14.20 所示，xy 平面上有一个理想导电的矩形平板。板的两侧边分别用 $2a$ 和 $2b$ 表示。对于 xz 平面内线性极化的入射波，水平和垂直后向散射 RCS 分别由下式给出：

$$\sigma_V = \frac{b^2}{\pi} \left| \sigma_{1V} - \sigma_{2V} \left[\frac{1}{\cos\theta} + \frac{\sigma_{2V}}{4}(\sigma_{3V} + \sigma_{4V}) \right] \sigma_{5V}^{-1} \right|^2 \quad (14.52)$$

$$\sigma_H = \frac{b^2}{\pi} \left| \sigma_{1H} - \sigma_{2H} \left[\frac{1}{\cos\theta} - \frac{\sigma_{2H}}{4}(\sigma_{3H} + \sigma_{4H}) \right] \sigma_{5H}^{-1} \right|^2 \quad (14.53)$$

式中 $k = 2\pi/\lambda$，且

$$\sigma_{1V} = \cos(ka\sin\theta) - j\frac{\sin(ka\sin\theta)}{\sin\theta} = (\sigma_{1H})^* \quad (14.54)$$

$$\sigma_{2V} = \frac{e^{j(ka-\pi/4)}}{\sqrt{2\pi}(ka)^{3/2}} \quad (14.55)$$

$$\sigma_{3V} = \frac{(1+\sin\theta)e^{-jka\sin\theta}}{(1-\sin\theta)^2} \quad (14.56)$$

$$\sigma_{4V} = \frac{(1-\sin\theta)e^{jka\sin\theta}}{(1+\sin\theta)^2} \quad (14.57)$$

$$\sigma_{5V} = 1 - \frac{e^{j(2ka-\pi/2)}}{8\pi(ka)^3} \quad (14.58)$$

$$\sigma_{2H} = \frac{4e^{j(ka+\pi/4)}}{\sqrt{2\pi}(ka)^{1/2}} \quad (14.59)$$

$$\sigma_{3H} = \frac{e^{-jka\sin\theta}}{1-\sin\theta} \quad (14.60)$$

$$\sigma_{4\mathrm{H}} = \frac{\mathrm{e}^{jka\sin\theta}}{1+\sin\theta} \tag{14.61}$$

$$\sigma_{5\mathrm{H}} = 1 - \frac{\mathrm{e}^{j(2ka+(\pi/2))}}{2\pi(ka)} \tag{14.62}$$

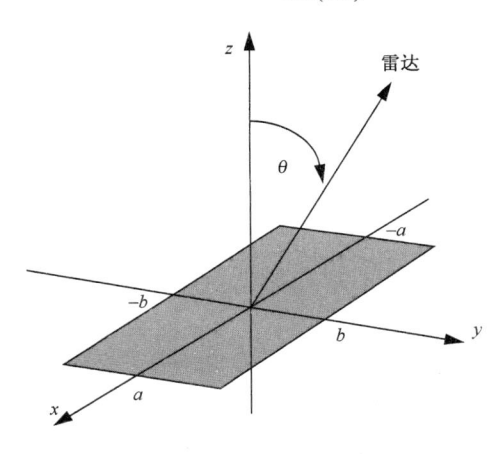

图 14.20 矩形平板

方程（14.52）和方程（14.53）当视线角 $0°\leqslant\theta\leqslant80°$ 时成立且非常精确。当视线角接近 $90°$ 时，Ross[①]通过大量测量数据的拟合得到了 RCS 的经验表达式：

$$\sigma_H \to 0$$

$$\sigma_{\mathrm{V}} = \frac{ab^2}{\lambda}\left\{\left[1+\frac{\pi}{2(2a/\lambda)^2}\right]+\left[1-\frac{\pi}{2(2a/\lambda)^2}\right]\cos\left(2ka-\frac{3\pi}{5}\right)\right\} \tag{14.63}$$

当入射角为任意的 θ、φ 时，一个理想导电的薄矩形平板的后向散射 RCS 可以近似表达为

$$\sigma = \frac{4\pi a^2 b^2}{\lambda^2}\left(\frac{\sin(ak\sin\theta\cos\varphi)}{ak\sin\theta\cos\varphi}\frac{\sin(bk\sin\theta\sin\varphi)}{bk\sin\theta\sin\varphi}\right)^2(\cos\theta)^2 \tag{14.64}$$

注意，方程（14.64）与极化无关并仅在视线角 $\theta\leqslant20°$ 时成立。

MATLAB 函数 "*rcs_rect_plate.m*"

函数 "*rcs_rect_plate.m*" 计算矩形平板的后向散射 RCS 并绘图。语法如下：

[rcs]=rcs_rect_plate(a, b, freq)

其中：

符 号	说 明	单 位	状 态
a	板的短边	m	输入
b	板的长边	m	输入
freq	频率	Hz	输入
rcs	RCS 阵列与视线角的关系	dBsm	输出

[①] Ross, R. A., Radar Cross Section of Rectangular Flat Plate as a Function of Aspect Angle, *IEEE Trans.*, AP-14, 320, 1966.

第14章 雷达截面积（RCS）

图 14.21 给出了垂直极化［参见图14.21（a）］和水平极化［参见图14.21（b）］时，使用方程（14.52）、方程（14.53）和方程（14.64）得到了矩形平板后向散射 RCS 的例子。在这个例子中，$a = b = 10.16$ cm，波长 $\lambda = 3.33$ cm，这个图形可以使用 MATLAB 函数 "rcs_rect_plate" 生成。图 14.21（c）为与该函数相关的 GUI 工作空间。

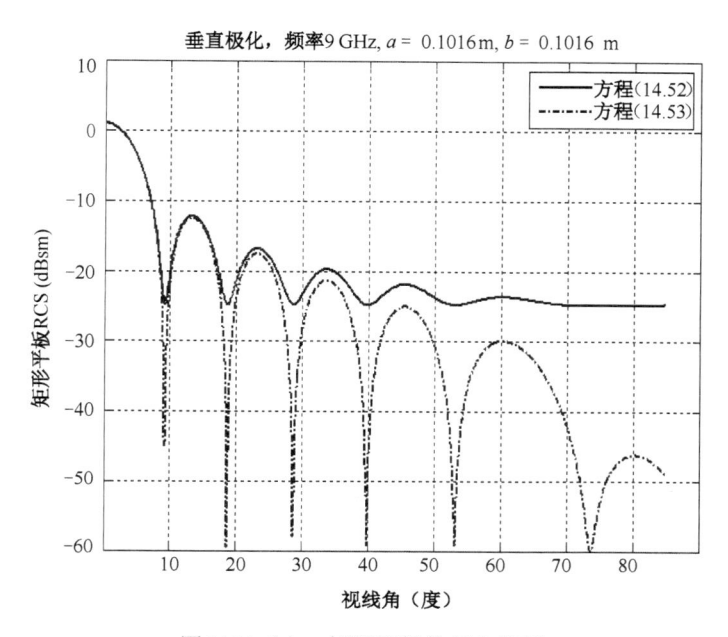

图 14.21（a） 矩形平板的后向散射 RCS

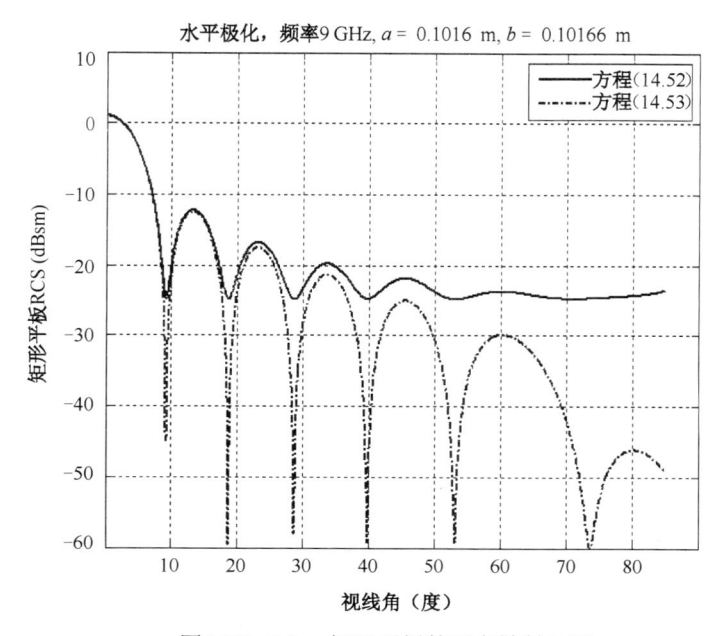

图 14.21（b） 矩形平板的后向散射 RCS

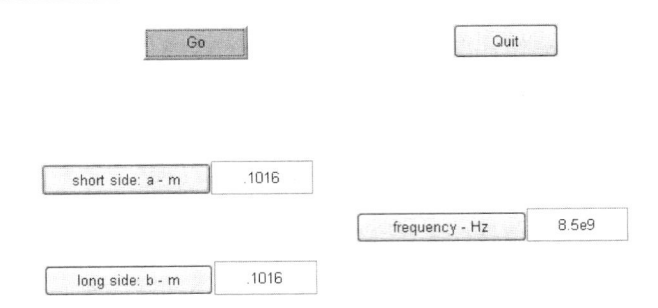

图 14.21（c） 与函数"*rcs_rect_plate.m*"相关的 GUI 工作空间

14.4.7　三角形平板

考虑如图 14.22 中指向的等边三角形平板。当视线角很小时（≤30°），后向散射 RCS 可以近似表示为

$$\sigma = \frac{4\pi A^2}{\lambda^2}(\cos\theta)^2 \sigma_0 \tag{14.65}$$

$$\sigma_0 = \frac{[(\sin\alpha)^2 - (\sin(\beta/2))^2]^2 + \sigma_{01}}{\alpha^2 - (\beta/2)^2} \tag{14.66}$$

$$\sigma_{01} = 0.25(\sin\varphi)^2[(2a/b)\cos\varphi\sin\beta - \sin\varphi\sin 2\alpha]^2 \tag{14.67}$$

式中，$\alpha = ka\sin\theta\cos\varphi$，$\beta = kb\sin\theta\sin\varphi$ 且 $A = ab/2$。对于 $\varphi = 0$ 平面内的入射波，RCS 简化为

$$\sigma = \frac{4\pi A^2}{\lambda^2}(\cos\theta)^2\left[\frac{(\sin\alpha)^4}{\alpha^4} + \frac{(\sin 2\alpha - 2\alpha)^2}{4\alpha^4}\right] \tag{14.68}$$

当入射在平面 $\varphi = \pi/2$ 方向时，

$$\sigma = \frac{4\pi A^2}{\lambda^2}(\cos\theta)^2\left[\frac{(\sin(\beta/2))^4}{(\beta/2)^4}\right] \tag{14.69}$$

MATLAB 函数"*rcs_isosceles.m*"

函数"*rcs_isosceles.m*"计算三角形平板的后向散射 RCS 并绘图。语法如下：

[rcs]=rcs_isosceles(a, b, freq, phi)

其中：

符号	说明	单位	状态
a	板高	m	输入
b	板底线	m	输入
freq	频率	Hz	输入
phi	滚动角	度	输入
rcs	RCS 阵列与视线角的关系	dBsm	输出

图14.23给出了理想导电等边三角形平板的归一化后向散射RCS。在这个例子中 $a = 0.2\ \text{m}$, $b = 0.75\ \text{m}$。这个图可以使用MATLAB函数"rcs_isosceles_gui.m"生成。

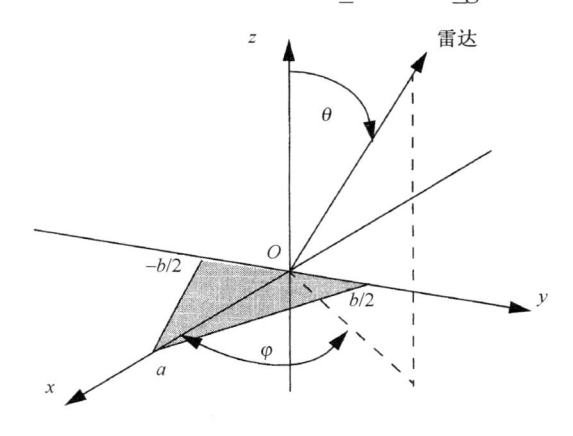

图 14.22　理想导电等边三角形平板的坐标

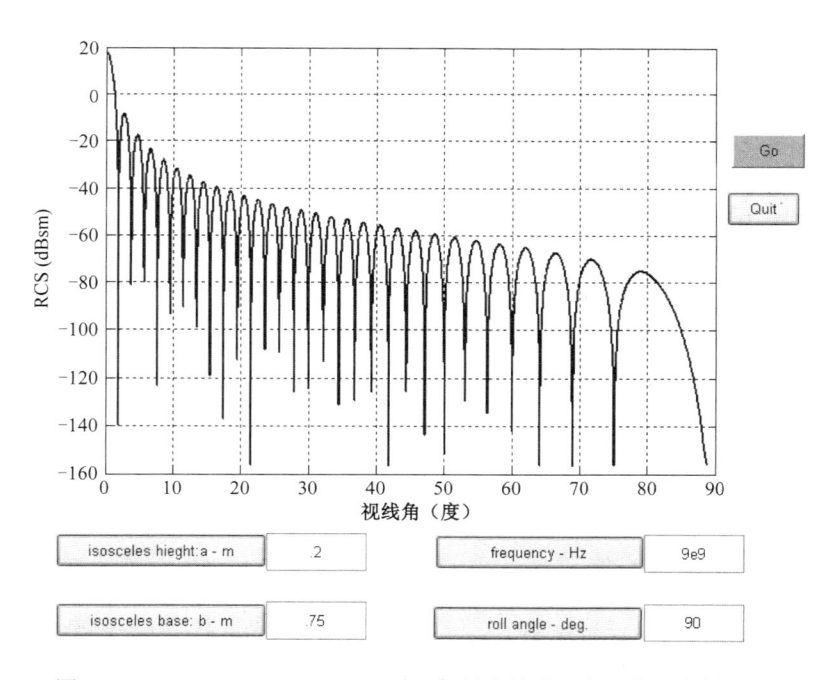

图 14.23　$a = 0.2\ \text{m}$、$b = 0.75\ \text{m}$ 时理想导电等边三角形的后向散射 RCS

14.5　复杂目标的 RCS

复杂目标的 RCS 一般通过将构成该目标的简单形状的截面积进行相干合成来计算。通常，复杂目标的 RCS 可建模成由分布在该目标上的一组独立的散射中心所构成，而散射中心又可建模成由各向同性的点散射体（N 点模型）或简单形状的散射体（N 型模型）构成。在任何一种情况下，对散射中心的位置和强度的了解是确定复杂目标 RCS 的关键。情况确实是这样，因为正如 14.3 节所看到的那样，各散射中心间的相对间隔和视线角对整个目标的 RCS 影响很大。可根据许多相等散射中心建模的复杂目标通常称为 Swerling I 或 II 目标，而由一个点主导地位的散射中心和许多其他较小散射中心组成的目标称为 Swerling III 或 IV 目标。

在窄带雷达应用中，所有散射中心的作用相干结合，在每一个视线角都产生一个单一的目标 RCS 值，不过在宽带应用中，目标可跨骑在许多距离门中。对于每一个距离门，雷达所提取的平均 RCS 表示的是由落入该距离门中的所有散射中心所做的贡献。

例如，考虑一个圆柱体，其两端有两个理想导电性的圆平板。假设极化为线性且设 $H = 1$ m、$r = 0.125$ m，则该目标的后向散射 RCS 与视线角的关系如图14.24所示。需要指出的是，视线角接近 0° 和 180° 时，RCS 主要由圆板决定，而在接近于垂直入射的视线角上，RCS 则主要由圆柱体垂射镜系反射波决定。该图形可利用 MATLAB 函数 "*rcs_cylinder_complex.m*" 重新生成，列在附录 14-A 中。

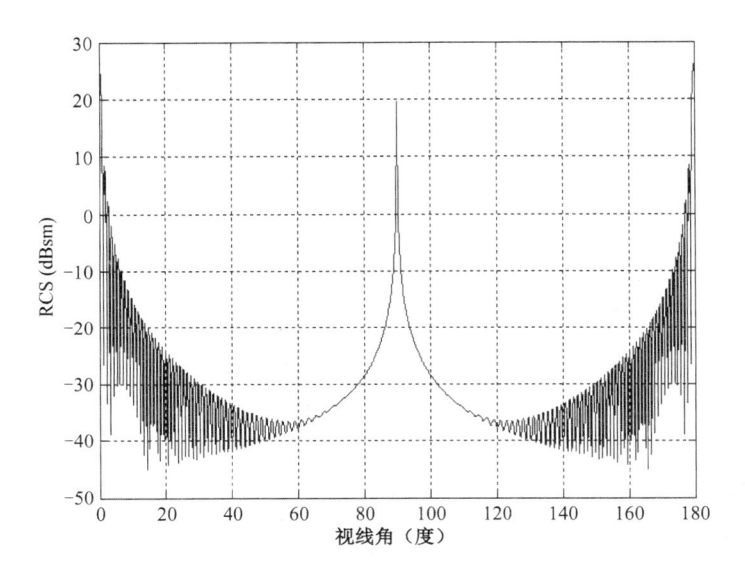

图 14.24 平板圆柱体的后向散射 RCS

14.6 RCS 预测方法

在给出不同的 RCS 计算方法之前，重要的是理解 RCS 预测的重大意义。很多雷达系统把 RCS 作为识别目标的手段。因此，对目标 RCS 的精确预测对设计和开发完善的识别算法是至关重要的。另外，对给定目标散射中心（源）的测量和确定在 RCS 降低研究中很有帮助。另一个较次要的原因是 RCS 计算需要广泛的技术知识；这样，许多科学家和学者感到这项研究具有挑战性和智力性。RCS 预测方法可分为两大类：准确的和近似的。

RCS 准确预测的方法非常复杂，即使是对简单形状的物体。这是因为它们需要在正确的边界条件下解出描述散射问题的微分和积分方程。这些边界条件由麦克斯韦方程决定。即使能得到准确的解析式，用数字计算机对其进行解释和编程也十分困难。

由于准确 RCS 预测的难度，近似方法成为可行的选择。多数近似方法在光域有效，每一种都有各自的优点和限制。大多数近似方法可以预测与真实 RCS 误差为几 dB 的值。通常，这种误差是雷达工程和设计者可以接受的。近似方法是预测飞机、舰船、导弹等复杂和庞大目标的 RCS 的主要方法。实验中得到的结果可以对近似方法进行验证和校验。

最常用的一些近似方法有：几何光学（GO）、物理光学（PO）、衍射几何原理（GTD）、衍射物理原理（PTD）及等效电流法（MEC）。感兴趣的读者可参考 Knott 和 Ruck 的著作来了解这些近似方法和其他近似方法的详细情况。

14.6.1 计算电磁学

大多数散射问题涉及复杂形状的雷达目标。其中有卡车、坦克、火炮等地面目标，还有重返大气层的空间飞行器和卫星等空中目标。对于这样的物体，通常没有预测其雷达截面积的解析方法。计算电磁学（CEM）领域利用计算机的能力来执行麦克斯韦方程并解决这些问题。CEM 在其他领域也有应用，例如天线和波导设计、波的传播、医用图像等。

有很多 CEM 技术用来解决散射问题，每一种都采用不同的数字分析技术。最常用的方法有：有限微分时间域（FDTD）方法、有限元方法（FEM）、积分方程法如瞬时法（MoM），以及渐进技术如物理光学法（PO）、衍射物理原理（PTD）、入射和反射射线（SBR）。

14.6.2 有限微分时间域方法

有限微分时间域（FDTD）方法用于解由复杂、非均质的媒质组成的物体的散射问题。利用有限微分法将麦克斯韦方程在时域离散化，它有允许宽带波形作为激励源的优点。

FDTD 法的主要缺陷包括对栅格尺寸和非保形栅格形状的要求，通常会导致目标几何形状离散化变差，存储容量要求变高，尤其在三维情况下。物体及其相邻域必须被离散化，并且用一个人造吸收层截断栅格来模拟一个无界空间。在这种模拟中要产生一个完全平坦的波也是困难的。

FDTD 法采用有限微分近似在时域直接离散化麦克斯韦方程。考虑一次导数的"前向微分"近似：

$$\dot{f}(x_o) \approx \frac{f(x_o + \Delta x) - f(x_o)}{\Delta x} \qquad (14.70)$$

后向微分近似为

$$\dot{f}(x_o) \approx \frac{f(x_o) - f(x_o - \Delta x)}{\Delta x} \qquad (14.71)$$

中心微分近似为

$$\dot{f}(x_o) \approx \frac{f(x_o + \Delta x) - f(x_o - \Delta x)}{2\Delta x} \qquad (14.72)$$

二次导数可用类似的过程来近似：

$$\ddot{f}(x_o) = \frac{[f(x_o + \Delta x) - f(x_o)] - [f(x_o) - f(x_o) - \Delta x]}{(\Delta x)^2} \qquad (14.73)$$

式中，二次导数利用了前向和后向一次导数。

再考虑用 FDTD 做二维近似的一个例子。首先，考虑电荷和自由传导域的麦克斯韦方程的时间域形式：

$$\nabla \times \vec{E} = -\mu \frac{\partial}{\partial t} \vec{H} \tag{14.74}$$

$$\nabla \times \vec{H} = -\varepsilon \frac{\partial}{\partial t} \vec{E} + \vec{J} \tag{14.75}$$

$$\nabla \cdot \vec{D} = 0 \tag{14.76}$$

$$\nabla \cdot \vec{B} = 0 \tag{14.77}$$

式中，$\vec{E}$ 是以 V/m 为单位的电场密度，$\vec{H}$ 是以 A/m² 为单位的磁场密度，$\vec{J}$ 是以 C/m³ 为单位的电流密度，$\vec{D}$ 是以 C/m² 为单位的转移流量，$\vec{B}$ 是以 T（特斯拉）或 Wb/m² 为单位的磁感应流量，μ 是磁导率，ε 是介电常数。注意区域可能由若干个均质域组成，各自有不同的 μ 和 ε。

在直角坐标中，可以将这些方程写为

$$\mu \frac{\partial H_x}{\partial t} = \frac{\partial E_y}{\partial z} - \frac{\partial E_z}{\partial y} \tag{14.78}$$

$$\mu \frac{\partial H_y}{\partial t} = \frac{\partial E_z}{\partial x} - \frac{\partial E_x}{\partial z} \tag{14.79}$$

$$\mu \frac{\partial H_z}{\partial t} = \frac{\partial E_x}{\partial y} - \frac{\partial E_y}{\partial x} \tag{14.80}$$

$$\varepsilon \frac{\partial E_x}{\partial t} = \frac{\partial H_z}{\partial y} - \frac{\partial H_y}{\partial z} - \vec{J}_x \tag{14.81}$$

$$\varepsilon \frac{\partial E_y}{\partial t} = \frac{\partial H_x}{\partial z} - \frac{\partial H_z}{\partial x} - \vec{J}_y \tag{14.82}$$

$$\varepsilon \frac{\partial E_z}{\partial t} = \frac{\partial H_y}{\partial x} - \frac{\partial H_x}{\partial y} - \vec{J}_z \tag{14.83}$$

考虑一个方向为 $\hat{z}$ 的灯丝电流源 $\vec{J}$，它只激励 TM 极化（E_z）的波。上面的三个方程简化为

$$\varepsilon \frac{\partial E_z}{\partial t} = \frac{\partial H_y}{\partial x} - \frac{\partial H_x}{\partial y} - \vec{J}_z \tag{14.84}$$

$$\mu \frac{\partial H_x}{\partial t} = -\frac{\partial E_z}{\partial y} \tag{14.85}$$

$$\mu \frac{\partial H_y}{\partial t} = -\frac{\partial E_z}{\partial x} \tag{14.86}$$

这些表达式可以用二维 Yee 算法[1]进行离散化。在此方案中电场和磁场按栅格排列，栅格之间在距离和时间上的间隔为一半。

---

[1] Taflove, Allen, *Computational Electromagnetic: The Finite-Difference-Time-Domain Method*, Artech House, 1995.

一次导数可用于上述方程来得到这些时间和栅格点上的值。更精确地说，

$$E_{z,i,j}^{t+1/2} = E_{z,i,j}^{t-1/2} + \frac{\Delta t}{\varepsilon_{i,j}} \left\{ \frac{1}{\Delta x}[H_{y,i+1/2,j}^t - H_{y,i-1/2,j}^t] \right.$$
$$\left. -\frac{1}{\Delta y}[H_{x,i+1/2,j}^t - H_{x,i-1/2,j}^t] \right\} - J_{z,i,j}^t \quad (14.87)$$

$$H_{x,i,j+1/2}^{t+1} = H_{x,i,j+1/2}^t + \frac{\Delta t}{\mu_{i,j+1/2}\Delta y}[E_{z,i,j+1}^{t+1/2} - E_{z,i,j}^{t+1/2}] \quad (14.88)$$

$$H_{y,i,j+1/2}^{t+1} = H_{y,i+1/2,j}^t + \frac{\Delta t}{\mu_{i+1,j}\Delta x}[E_{z,i+1,j}^{t+1/2} - E_{z,i,j}^{t+1/2}] \quad (14.89)$$

举例来说，考虑一个宽和高为 2 m 的二维方盒。在方盒的中心放置一个方向为 $\hat{z}$ 的电流源，其激励函数为

$$J(t) = \left(4\left(\frac{t}{\tau}\right)^3 - \left(\frac{t}{\tau}\right)^4\right) e^{-t/\tau} \quad (14.90)$$

式中，$\tau = 1/(4\pi f_o)$，$f_o = 600$ MHz。在 (1.0, 0.7) 放置一个 $\varepsilon = 8\varepsilon_o$ 的 1 m×0.2 m 的绝缘平板来阻碍波前的传播。图 14.25 和图 14.26 表示不同时刻的电流 J_z。注意在平板内波以 $\sqrt{8}$ 的因子下降，因此波长被压缩。波前在时间 $t = 2$ ns 开始穿透平板。在时间 $t = 3.36$ ns 开始离开绝缘平板，然后波无阻碍地到达方盒边缘。

人们开发了 MATLAB 程序 "fdtd.m" 来模拟这个例子，列在附录 14-A 中。强烈建议读者运行这个程序并观察波前如何穿过绝缘平板传播。

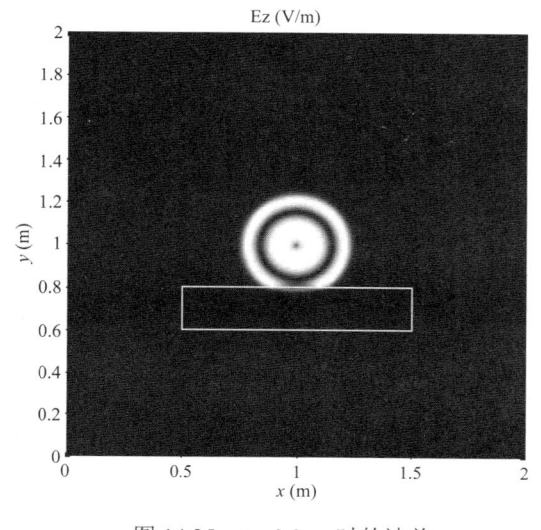

图 14.25　$t = 0.2$ ns 时的波前 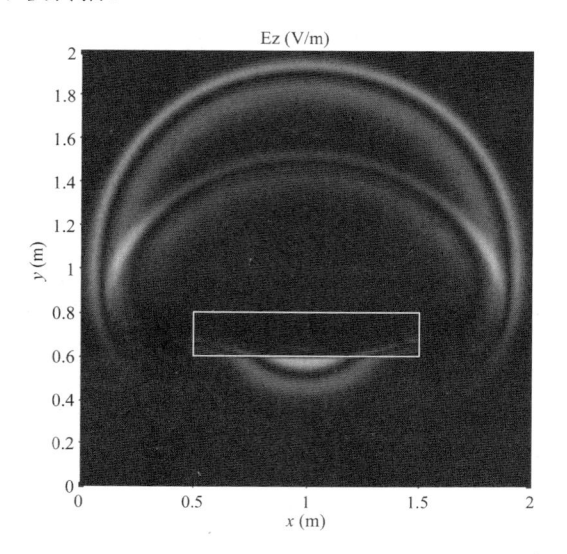　　　　图 14.26　$t = 3.36$ ns 时的波前

14.6.3　有限元方法

有限元方法（FEM）是解决边界问题的一种常用的 CEM 方法。在这种方法中，该问题表示为一个变量表达式或函数，它对于在给定的边界条件下的控制微分方程有最小的对应关系。在研究的区域中，典型的为电场或磁场分布，为未知量指定一个由一系列加权基函数组成的实验函数。然后就形成可以求得未知系数的一个矩阵方程。在 FEM 中，典型的

基函数指定为平面或立体元,例如三角形或四面体。系数通常定义为顶点(或者在某些向量 FEM 函数中的边)。

FEM 有利于解决静态和时域谐波电磁问题,以及诸如决定波导任意横截面的基谐模式等特征值问题。大多数区域易于离散化为可以很好地符合物体边缘和介电分界面的三角形或四边形元素。然而类似于 FDTD 方法,物体和相邻域必须被离散化,如果研究的是无界辐射问题,要求在截止边缘加上一个吸收边界条件。

14.6.4 积分方程

存在一系列辅助散射方程来帮助解无界域散射问题。最常用的一个是从麦克斯韦方程推导出来的频域磁向量势 $\vec{A}$:

$$\vec{A} = \frac{\mu}{4\pi} \iint_S \vec{J} \frac{e^{-jkR}}{R} ds \tag{14.91}$$

式中,$\vec{J}$ 是表面电流,S 是在自由空间中电流存在的表面。采用这个定义,在空间的所有点的散射电场可以由熟知的电场积分方程(EFIE)给出:

$$\vec{E}_s = -j\omega\vec{A} - \frac{j}{\varepsilon\mu\omega}\nabla\nabla\cdot\vec{A} \tag{14.92}$$

这个方程给出了散射场 $\vec{E}_s$ 和已知电流 $\vec{J}$ 的关系。在一般的散射问题中,典型情况即入射电场是已知的,表面电流和散射场是未知的。如果我们假设一个电流的传导表面,切线方向的电场必须为零,产生

$$\vec{E}_i^{\tan} = -\vec{E}_s^{\tan} \tag{14.93}$$

EFIE 可以用已知的入射电场 $\vec{E}_i$ 改写为

$$-\vec{E}_s^{\tan} = \left(-j\omega\vec{A} - \frac{j}{\varepsilon\mu\omega}\nabla\nabla\cdot\vec{A}\right)^{\tan} \tag{14.94}$$

这代表未知电流 $\vec{J}$ 的一个积分方程。

瞬时法(MoM)是用来求解这个积分方程的技术,在近 30 年来受到很多关注。在使用 MoM 求解 EFIE 时,麦克斯韦方程被确切地表达出来,其解被描述为"确切的"或"完全波"。这意味着所有电磁效应和主要散射机构都表达在其结果中。为了解 EFIE,通常根据下式将电流离散化:

$$\vec{J} = \sum_{n=1}^{N} I_n \vec{f}_n(\vec{r}) \tag{14.95}$$

式中,$\vec{f}_n(\vec{r})$ 是为表明电流特性而选择的基函数,I_n 是未知系数。目标表面典型地分裂成许多小的子域,每个子域都指定一个基函数。将方程(14.95)代入方程(14.93),产生 N 个未知量的一个方程。

为了产生 N 个未知量的 N 个方程,通过采用一系列实验函数与方程(14.93)的内积在

所有的子域上实验和执行 EFIE。最通常的情况是使用基函数 $\vec{f}_n(\vec{r})$（Galerkin 法），得到的系统就可以利用高斯消去法或其他迭代技术解得未知系数。

MoM 被广泛用于解旋转对称物体的散射问题。McDonnell Douglas®码（CICERO）解决了有不同传导和绝缘涂覆表面的物体的旋体散射问题。MoM 也适用于三维物体，通常根据 Rao、Wilton 和 Glisson 提出的方法来求解，他们引出了利用互相连接的三角片来描述的表面的基函数。

虽然 MoM 达到了极佳的精度，但是矩阵系统的尺寸与雷达波长的平方成比例。目前这一点限制了可以存储于系统存储器中的最大物体尺寸，在三维问题中通常是波长的数倍。近年来为了降低需要的存储量，系统 Green 函数的近似方法得到了发展。自适应积分法（AIM）和快速多极法（FMM）是减轻此问题的两个方法。FMM 已被证明是非常成功的，已用于 Illinois 大学提出的快速 Illinois Solver 码（FISC）中。

在以下几个小节中将简要介绍渐近技术，或称为"高频"技术。

14.6.5 几何光学

几何光学（GO）法将雷达能量看成按照 Fermat 原理传播的小射线管。找出目标上的镜面反射点，通过分析反射点的曲率半径就可以计算出能量的发散和散播。GO 的限制是焦散点的应用、不能处理尖端和边缘的衍射或记入蠕波。Keller 引入了衍射原理（GTD）试图处理衍射效应；然而，GTD 在焦散点和阴影边界上存在着同样的问题。采用衍射一致原理（UTD）可以进一步改善这个方法。

14.6.6 物理光学

物理光学（PO）是一种假设目标被照射部分的表面可看成平面，从而求得表面电流 $\vec{J}$ 近似值的一种技术。如果在任意点都将表面看成无限半平面，那么图像原理可以将表面电流直接用入射磁场和本地表面法线表达出来：

$$\vec{J} = 2\hat{n} \times \vec{H}_i \tag{14.96}$$

这称为物理光学近似。电流已知时，通过方程（13.91）直接得到散射电场。

虽然 PO 法广泛用于高频 CEM 计算，但是它在类镜面观测时的精度有限。PO 法不处理衍射、行波或蠕波、多次反射或其他散射现象。这些结构在 PO 法中经常用其他技术来解决，其中一些将在稍后讨论。

矩形板

考虑 xy 平面内长为 b、宽为 a 的矩形板。板上的 $\hat{\theta}$ 极化的入射电场和磁场分别为

$$\vec{E}_i = \hat{\theta} e^{jk(\hat{r}_i \cdot \vec{r})} \tag{14.97}$$

$$\vec{H}_i = -\frac{\hat{r}_i}{z_o} \times \vec{E}_i \hat{\phi} e^{jk(\hat{r}_i \cdot \vec{r})} \tag{14.98}$$

[①] Medgyesi-Mitschang, Louis and Putnam, John, Electromagnetic Scattering from Axially Inhomogeneous Bodies of Revolution, *IEEE Trans. Antennas Propagation,* Vol.32, pp. 707-806, August 1984.

式中，$\hat{r}_i$ 为入射方向，z_0 是自由空间阻抗。这个场产生的电流为

$$\vec{J} = -\frac{2}{z_o}\hat{\phi}\times\hat{n}\mathrm{e}^{jk(\hat{r}_i\cdot\vec{r})} \tag{14.99}$$

从而得到磁向量势为

$$\vec{A} = \frac{\mu}{2\pi z_o}\frac{\mathrm{e}^{-jkR_s}}{R_s}\int_{-a/2}^{a/2}\int_{-b/2}^{b/2}\vec{J}\mathrm{e}^{jk(\hat{r}_i\cdot\vec{r})}\,\mathrm{d}x\mathrm{d}y = \\
\frac{\mu}{2\pi z_o}\frac{\mathrm{e}^{-jkR_s}}{R_s}\hat{\phi}\times\hat{n}\int_{-a/2}^{a/2}\int_{-b/2}^{b/2}\mathrm{e}^{2jk(\hat{r}_i\cdot\vec{r})}\,\mathrm{d}x\mathrm{d}y \tag{14.100}$$

式中 $\vec{r} = x\hat{x} + y\hat{y}$，由于相位变化距离 R_s 近似为

$$R_s - (\hat{r}\cdot\vec{r}) \tag{14.101}$$

解析计算方程（14.100）可得

$$\vec{A} = \frac{\mu}{2\pi z_o}\frac{\mathrm{e}^{-jkR_s}}{R_s}\hat{\phi}\times\hat{n}ab\frac{\sin(k\sin\theta\cos\phi)}{ak\sin\theta\cos\phi}\frac{\sin(k\sin\theta\sin\phi)}{bk\sin\theta\sin\phi} \tag{14.102}$$

在远场，$\hat{\theta}$ 极化散射场为

$$\vec{E}_s = -\mathrm{j}\omega(\hat{\theta}\cdot\vec{A}) \tag{14.103}$$

图14.27给出了采用本节介绍的技术画出的矩形板后向散射 RCS 与入射角的关系曲线。该图可用 MATLAB 程序 "*rectplate.m*" 生成，列在附录 14-A 中。

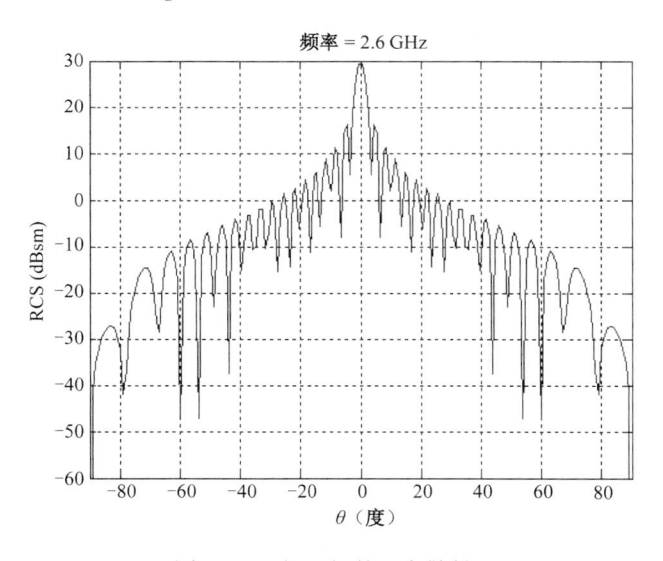

图 14.27 矩形板的后向散射 RCS

N 边多边形

方程（14.100）中的积分具有矩形板平面范围的傅里叶变换的形式。通常，二维傅里叶变换为

$$S(u,v) = \iint_{x\,y} e^{j(ux+vy)} dx dy \tag{14.104}$$

解析求得在本地坐标系中 N 边形的表达式为

$$S(u,v) = \sum_{n=1}^{N} e^{j(\hat{\omega}\cdot\vec{\gamma}_n)} \left[\frac{\hat{n} \times \hat{\alpha}_n \cdot \hat{\alpha}_{n-1}}{(\vec{\omega}\cdot\hat{\alpha}_n)(\vec{\omega}\cdot\hat{\alpha}_{n-1})} \right] \tag{14.105}$$

式中，$\vec{\gamma}_n$ 是多边形的顶点，α_n 是边向量，由下式给出：

$$\hat{\alpha}_n = \frac{\vec{\gamma}_{n+1} - \vec{\gamma}_n}{\left|\vec{\gamma}_{n+1} - \vec{\gamma}_n\right|} \tag{14.106}$$

且 $\vec{\omega} = u\hat{x} + v\hat{y}$。上式总计为 $\alpha_0 = \alpha_N$。图 14.28 给出 N 边多边形的后向散射 RCS 与入射角的关系曲线。该图可用 MATLAB 程序 "*polygon.m*" 生成，列在附录 14-A 中。

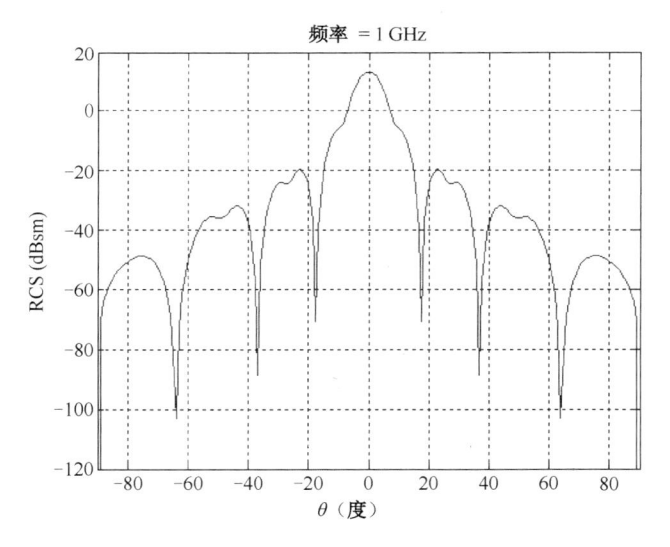

图 14.28 N 边多边形的后向散射 RCS

14.6.7 边缘衍射

PO 不处理边缘的衍射波。在 20 世纪 50 年代后期，俄国物理学家 P. Ufimtsev 发表了关于衍射物理原理的论文。在此文中，Ufimtsev 介绍了用来补充物理光学中在任意入射和散射角的边缘衍射的表达式。Northrop 公司的 K. Mitzer 发展了该方法，他将 PTD 应用到三维的递增长度的边缘。PTD 法已用于 Northrop 公司的（MISCAT）编码中，并且在 Lockheed 公司 F-117 隐形飞机等低雷达截面积飞机的设计中发挥了作用。

14.7 多次反射

对于一些复杂的目标，多次反射是一个很重要的散射机制。很多真实世界中的目标具有空洞或其他凹面区域,在这些地方能量会被反射和散射多次,例如有喷嘴和油箱的火箭推进器、引擎入口深的飞机。这种类型的散射经常在某些特定的视角会有高 RCS,显著延迟的回波使目标在入射方向上的距离显得比真实距离大很多。

为这些相互作用建模的一种常用方法是像 GO 原理中一样将入射平面波看成一束"射线管",并结合材料的影响和射线管散播及发散。在射线管的输出孔径处,对射线管足印进行 PO 型积分。该技术称为入射和反射(SBR),是在 20 世纪 80 年代后期由 Illinois 大学推出的。该技术也称为 PO 和 PTD 方法,用于有名的 XPATCH 软件,多年来已用于高频特征预测。

习题

14.1 设计一个圆柱形 RCS 标定用目标,使其侧面 RCS(圆柱)和末端(平板)RCS 在 $f = 9.5$ GHz 时等于 10 m^2。面积为 A 的平板的 RCS 为 $\sigma_{fp} = 4\pi f^2 A^2 / c^2$。

14.2 下表是根据雷达截面积实验测量制成的。计算雷达截面积的平均和标准偏差。

采 样 数	RCS, m^2
2	55
6	67
12	73
16	90
20	98
24	110
26	117
19	126
13	133
8	139
5	144
3	150

14.3 开发一个 MATLAB 仿真程序,计算并画出下列目标的后向散射雷达截面积。利用本章开发的简单形状的 MATLAB 函数。假设雷达位于本页的左侧且其视线与目标的轴线对准。假设为 X 波段雷达。

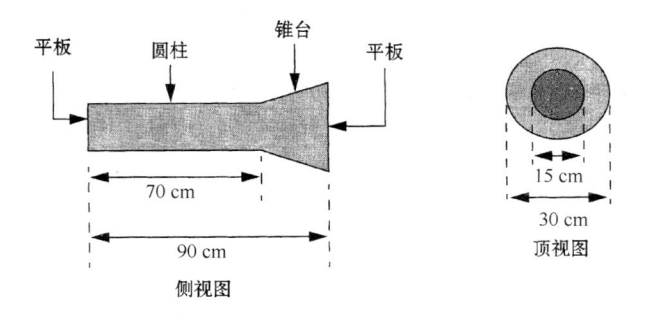

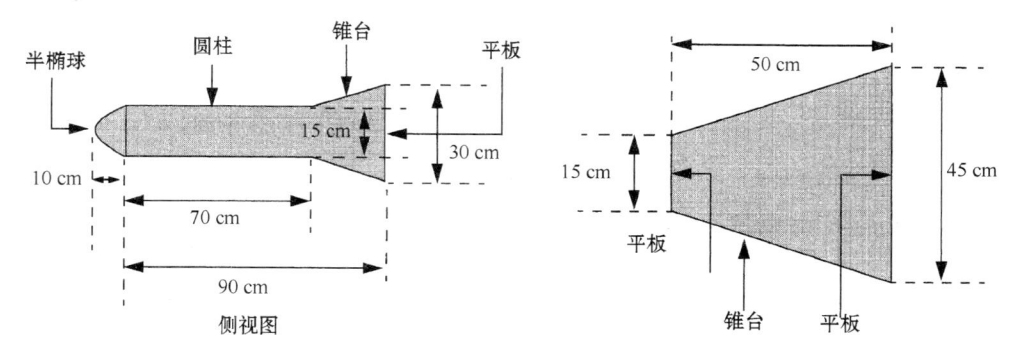

14.4 角反射器的后向散射雷达截面积为

$$\sigma = \left[\sqrt{\frac{16\pi a^4}{\lambda^2}(\sin\theta)^2} + \sqrt{\frac{4\pi a^4}{\lambda^2}\left(\frac{\sin\left(\frac{2\pi a}{\lambda}\sin\theta\right)}{\frac{2\pi a}{\lambda}\sin\theta}\right)^2} \right]^2 \qquad 0°\leq\theta\leq45°$$

该雷达截面积关于角度 $\theta = 45°$ 是对称的。开发一个 MATLAB 程序以计算并画出角反射器的雷达截面积。在 $\theta = 45°$ 时雷达截面积为

$$\sigma = \frac{8\pi a^2 b^2}{\lambda^2}$$

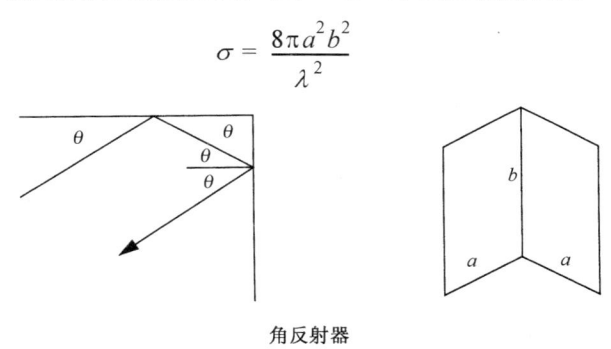

角反射器

附录 14-A 第 14 章 MATLAB 程序清单

本章提供的 MATLAB 程序只是作为独立的学术工具设计的而没有其他用途。这里代码的编写方式是为了帮助读者更好地理解相关的理论。这些程序不是为任何类型的开环或闭环仿真研发的。本书中的 MATLAB 程序可通过 CRC 出版社的网站下载，登录 www.crcpress.com 搜索关键字"Mahafza"以定位本书的网页。

MATLAB 函数 "rcs_aspect.m" 程序清单

```
function [rcs] = rcs_aspect(scat_spacing, freq)
% This function demonstrates the effect of aspect angle on RCS
% The default frequency is 3GHz. The radar is observing two unity
% point scatterers separated by 1.0 meters. Initially the two scatterers
% are aligned with radar line of sight. The aspect angle is changed from
% 0 degrees to 180 degress and the equivalant RCS is computed.
% The RCS as measured by the radar versus aspect angle is then plotted.
% Inputs
```

```matlab
    % scat_spacing in meters
    % freq radar frequency in Hz
%
% Output
    % rcs in dBsm
% Users may vary frequency, and/or scatteres spacing to observe RCS variation
eps = 0.0001;
wavelength = 3.0e+8 / freq;
% Compute aspect angle vector
aspect_degrees = 0.:.05:180.;
aspect_radians = (pi/180) .* aspect_degrees;
% Compute electrical scatterer spacing vector in wavelength units
elec_spacing = (2.0 * scat_spacing / wavelength) .* cos(aspect_radians);
% Compute RCS (rcs = RCS_scat1 + RCS_scat2)
% Scat1 is taken as phase refernce point
rcs = abs(1.0 + cos((2.0 * pi) .* elec_spacing) ...
        + i * sin((2.0 * pi) .* elec_spacing));
rcs = rcs + eps;
rcs = 20.0*log10(rcs); % RCS in dBsm
end
```

MATLAB 程序 "Fig14_3.m" 清单

```matlab
% generates Fig.. 14.3 of text
clc
close all
clear all
% Enter scatterer spacing, in meters
distance = input('Enter scatterer spacing, in meters \n');
% Enter frequency
freq = input('Enter Enter frequency in Hz \n');
rcs = rcs_aspect(distance,freq);
Figure (1);
aspect_degrees = 0.:.05:180.;
plot(aspect_degrees,rcs);
grid;
xlabel('\bfaspect angle - degrees');
ylabel('\bfRCS in dBsm');
```

MATLAB 函数 "rcs_frequency.m" 程序清单

```matlab
function [rcs] = rcs_frequency (scat_spacing, frequ, freql)
% This program demonstrates the dependency of RCS on wavelength
% The default assumes two unity point scatterers separated
% The radar line of sight is aligned with the two scatterers
% Inputs
    % scat_spacing in meters
    % freql lower frequency limit in Hz
    % frequ upper frequency limit in Hz
% Output
    % rcs in dBsm
eps = 0.0001;
freq_band = frequ - freql;
delfreq = freq_band / 500.;
index = 0;
for freq = freql: delfreq: frequ
```

```
    index = index +1;
    wavelength(index) = 3.0e+8 / freq;
end
% Compute electrical scatterer spacing vector in wavelength units
elec_spacing = 2.0 * scat_spacing ./ wavelength;
% Compute RCS (RCS = RCS_scat1 + RCS_scat2)
rcs = abs ( 1 + cos((2.0 * pi) .* elec_spacing)+ i * sin((2.0 * pi) .* elec_spacing));
rcs = rcs + eps;
rcs = 20.0*log10(rcs); % RCS ins dBsm
end
```

MATLAB 程序 "Fig14_5_6.m" 清单

```
% Generates plot like Fig.. 14.5 and Fig. 14.6
% Enter scatterer spacing, in meters
clc
close all
clear all
scat_spacing = input('Enter scatterer spacing, in meters \n');
% Enter frequency band
freql = input('Enter lower frequency limit in Hz \n');
frequ = input('Enter upper frequency limit in Hz \n');
[rcs] = rcs_frequency (scat_spacing, frequ, freql);
N = size(rcs,2) ;
freq = linspace(freql,frequ,N)./1e9;
Figure (1);
plot(freq,rcs);
grid on;
xlabel('\bfFrequency');
ylabel('\bfRCS in dBsm');
```

MATLAB 程序 "Fig14_10.m" 清单

```
% This program calculates the back-scattered RCS for a perfectly
% conducting sphere using Eq.(14.28), and produce plots similar to Fig.14.8
% Spherical Bessel functions are computed using series approximation and recursion.
clc
close all
clear all
eps  = 0.00001;
index = 0;
% kr limits are [0.05 - 15] ===> 300 points
for kr = 0.05:0.01:25
    index = index + 1;
    sphere_rcs  = 0. + 0.*i;
    f1   = 0. + 1.*i;
    f2   = 1. + 0.*i;
    m    = 1.;
    n    = 0.;
    q    = -1.;
    % initially set del to huge value
    del =100000+100000*i;
    while(abs(del) > eps)
        q   = -q;
        n   = n + 1;
        m   = m + 2;
        del = (2.*n-1) * f2 / kr-f1;
```

```
      f1 = f2;
      f2 = del;
      del = q * m /(f2 * (kr * f1 - n * f2));
      sphere_rcs = sphere_rcs + del;
    end
    rcs(index)   = abs(sphere_rcs);
    sphere_rcsdb(index) = 10. * log10(rcs(index));
  end
Figure(1);
n=0.05:.01:25;
subplot(2,1,1)
plot (n,rcs,'k','linewidth',1.5);
% set (gca,'xtick',[1 2 3 4 5 6 7 8 9 10 11 12 13 14 15]);
xlabel ('\bfSphere circumference in wavelengths; (2 \pi r / \lambda)');
ylabel ('\bf Normalized RCS ( \sigma / \pi r^2)');
grid on
subplot(2,1,2)
plot (n,sphere_rcsdb,'k','linewidth',1.5);
%set (gca,'xtick',[1 2 3 4 5 6 7 8 9 10 11 12 13 14 15]);
xlabel ('\bfSphere circumference in wavelengths; (2 \pi r / \lambda)');
ylabel ('\bf Normalized RCS ( \sigma / \pi r^2) - dB');
grid;
Figure (2);
semilogx (n,sphere_rcsdb,'k','linewidth',1.5);
xlabel ('\bfSphere circumference in wavelengths; (2 \pi r / \lambda)');
ylabel ('\bf Normalized sphere RCS ( \sigma / \pi r^2) - dB');
grid on
gtext('\bfRayleigh Region')
gtext('\bfMie Region')
```

MATLAB 函数 "*rcs_ellipsoid.m*" 程序清单

```
function [rcs_db] = rcs_ellipsoid (a, b, c, phi)
% This program computes the back-scattered RCS for an ellipsoid.
% The angle phi is fixed, while the angle theta is varied from 0-180 deg.
% Inputs
    % a          == ellipsoid a-radius in meters
    % b          == ellipsoid b-radius in meters
    % c          == ellipsoid c-radius in meters
    % phi        == ellipsoid roll angle in degrees
%Output
    % rcs        == ellipsoid rcs versus aspect angle in dBsm
eps = 0.00001;
sin_phi_s = sin(phi)^2;
cos_phi_s = cos(phi)^2;
% Generate aspect angle vector
theta = 0.:.05:180;
theta = (theta .* pi) ./ 180.;
if(a ~= b & a ~= c)
  rcs = (pi * a^2 * b^2 * c^2) ./ (a^2 * cos_phi_s .* (sin(theta).^2) + ...
    b^2 * sin_phi_s .* (sin(theta).^2) + ...
    c^2 .* (cos(theta).^2)).^2 ;
else
  if(a == b & a ~= c)
    rcs = (pi * b^4 * c^2) ./ ( b^2 .* (sin(theta).^2) + ...
      c^2 .* (cos(theta).^2)).^2 ;
```

```
else
   if(a == b & a ~= c)
   rcs = (pi * b^4 * c^2) ./ ( b^2 .* (sin(theta).^2) + ...
      c^2 .* (cos(theta).^2)).^2 ;
   else
      if (a == b & a ==c)
         rcs = pi * c^2;
      end
   end
end
rcs_db = 10.0 * log10(rcs);
return
```

MATLAB 程序 "*Fig14_12a.m*" 清单

```
% generates Fig 14.12a of text
clc
close all
clear all
% Enter the ellpsiod a radius
a = .15;
% Enter the ellpsiod b radius
b = .3;
% Enter the ellpsiod c radius
c = .95;
% Enter the ellpsiod roll angle in degrees
phi = [0 75 90];
[rcs_db1] = rcs_ellipsoid (a, b, c, phi(1));
[rcs_db2] = rcs_ellipsoid (a, b, c, phi(2));
[rcs_db3] = rcs_ellipsoid (a, b, c, phi(3));
N = size(rcs_db1,2);
theta = linspace(0.0, pi, N);
theta = theta .* 180 ./ pi;
figure (1);
plot(theta,rcs_db1,'k:',theta,rcs_db2,'k',theta,rcs_db3,'k-.','linewidth',1.5);
xlabel ('\bfAspect angle - degrees');
ylabel ('\bfEllipsoid RCS - dBsm');
legend ('\phi = 0.0', '\phi = 75', '\phi = 90')
title('(a, b, c) = (.15, .3, .95) meters')
grid on;
```

MATLAB 函数 "*rcs_circ_plate.m*" 程序清单

```
function [rcsdb] = rcs_circ_plate (r, freq)
% This program calculates and plots the backscattered RCS of
% circular flat plate of radius r.
eps = 0.000001;
% Compute aspect angle vector
% Compute wavelength
lambda = 3.e+8 / freq; % X-Band
index = 0;
for aspect_deg = 0.:.1:180
   index = index +1;
   aspect = (pi /180.) * aspect_deg;
% Compute RCS using Eq. (2.37)
   if (aspect == 0 | aspect == pi)
      rcs_po(index) = (4.0 * pi^3 * r^4 / lambda^2) + eps;
```

```
        rcs_mu(index) = rcs_po(1);
    else
        x = (4. * pi * r / lambda) * sin(aspect);
        val1 = 4. * pi^3 * r^4 / lambda^2;
        val2 = 2. * besselj(1,x) / x;
        rcs_po(index) = val1 * (val2 * cos(aspect))^2 + eps;
% Compute RCS using Eq. (2.36)
        val1m = lambda * r;
        val2m = 8. * pi * sin(aspect) * (tan(aspect))^2;
        rcs_mu(index) = val1m / val2m + eps;
    end
 end
% Compute RCS using Eq. (2.35) (theta=0,180)
rcsdb = 10. * log10(rcs_po);
rcsdb_mu = 10 * log10(rcs_mu);
angle = 0:.1:180;
plot(angle,rcsdb,'k',angle,rcsdb_mu,'k-.')
grid;
xlabel ('\bfAspect angle - degrees');
ylabel ('\bfRCS - dBsm');
axis tight
legend('Using Eq.(14.39)','Using Eq.(14.38)')
freqGH = num2str(freq*1.e-9);
title (['Frequency = ',[freqGH],' GHz']);
end
```

MATLAB 函数 "rcs_frustum.m" 程序清单

```
function [rcs] = rcs_frustum (r1, r2, h, freq, indicator)
% This program computes the monostatic RCS for a frustum.
% Incident linear Polarization is assumed.
% When viewing from the small end of the frustum
% normal incidence occurs at aspect pi/2 - half cone angle
% When viewing from the large end, normal incidence occur at
% pi/2 + half cone angle.
% RCS is computed using Eq. (14.43). This program assumes a geometry
% similar top Fig. 14.13
% Inputs
    % r1         == small end radius in meters
    % r2         == large end radius in meters
    % freq       == frequency in Hz
    % indicator == 1 when viewing from large end 0 when viewing from small end
% Output
    % rcs        == array of RCS versus aspect angle
format long
index = 0;
eps = 0.000001;
lambda = 3.0e+8 /freq;
% Enter frustum's small end radius
%r1 =.02057;
% Enter Frustum's large end radius
%r2 = .05753;
% Compute Frustum's length
%h = .20945;
% Comput half cone angle, alpha
alpha = atan(( r2 - r1)/h);
% Compute z1 and z2
```

```
z2 = r2 / tan(alpha);
z1 = r1 / tan(alpha);
delta = (z2^1.5 - z1^1.5)^2;
factor = (8. * pi * delta) / (9. * lambda);
%('enter 1 to view frustum from large end, 0 otherwise')
large_small_end = indicator;
if(large_small_end == 1)
   % Compute normal incidence, large end
   normal_incedence = (180./pi) * ((pi /2) + alpha)
   % Compute RCS from zero aspect to normal incidence
   for theta = 0.001:.1:normal_incedence-.5
      index = index +1;
      theta = theta * pi /180.;
      rcs(index) = (lambda * z1 * tan(alpha) *(tan(theta - alpha))^2) / ...
         (8. * pi *sin(theta)) + eps;
   end
   %Compute broadside RCS
   index = index +1;
   rcs_normal = factor * sin(alpha) / ((cos(alpha))^4) + eps;
   rcs(index) = rcs_normal;
   % Compute RCS from broad side to 180 degrees
   for theta = normal_incedence+.5:.1:180
      index = index + 1;
      theta = theta * pi / 180. ;
      rcs(index) = (lambda * z2 * tan(alpha) *(tan(theta - alpha))^2) / ...
         (8. * pi *sin(theta)) + eps;
   end
else
   % Compute normal incidence, small end
   normal_incidence = (180./pi) * ((pi /2) - alpha)
   % Compute RCS from zero aspect to normal incidence (large end of frustum)
   for theta = 0.001:.1:normal_incedence-.5
      index = index +1;
      theta = theta * pi /180.;
      rcs(index) = (lambda * z1 * tan(alpha) *(tan(theta + alpha))^2) / ...
         (8. * pi *sin(theta)) + eps;
   end
   %Compute broadside RCS
   index = index +1;
   rcs_normal = factor * sin(alpha) / ((cos(alpha))^4) + eps;
   rcs(index) = rcs_normal;
   % Compute RCS from broad side to 180 degrees (small end of frustum)
   for theta = normal_incedence+.5:.1:180
      index = index + 1;
      theta = theta * pi / 180. ;
      rcs(index) = (lambda * z2 * tan(alpha) *(tan(theta + alpha))^2) / ...
         (8. * pi *sin(theta)) + eps;
   end
end
% Plot RCS versus aspect angle
delta = 180 /index;
angle = 0.001:delta:180;
plot (angle,10*log10(rcs),'k','linewidth',1.5);
grid;
xlabel ('\bfApsect angle - degrees');
ylabel ('\bfRCS - dBsm');
```

```matlab
axis tight
if(indicator ==1)
   title ('\bfViewing from large end');
else
   title ('\bfViewing from small end');
end
```

MATLAB 函数 "rcs_cylinder.m" 程序清单

```matlab
function [rcs] = rcs_cylinder(r1, r2, h, freq, phi, CylinderType)
% rcs_cylinder.m
% This program compute monostatic RCS for a finite length
% cylinder of either circular or elliptical cross-section.
% Plot of RCS versus aspect angle theta is generated at a specified
r = r1;          % radius of the circular cylinder
eps =0.00001;
dtr = pi/180;
phir = phi*dtr;
lambda = 3.0e+8 /freq;    % wavelength
% CylinderType= 'Elliptic';   % 'Elliptic' or 'Circular'

switch CylinderType
case 'Circular'
   % Compute RCS from 0 to (90-.5) degrees
   index = 0;
   for theta = 0.0:.1:90-.5
      index = index +1;
      thetar = theta * dtr;
      rcs(index) = (lambda * r * sin(thetar) / ...
         (8. * pi * (cos(thetar))^2)) + eps;
   end
   % Compute RCS for broadside specular at 90 degree
   thetar = pi/2;
   index = index +1;
   rcs(index) = (2. * pi * h^2 * r / lambda )+ eps;
   % Compute RCS from (90+.5) to 180 degrees
   for theta = 90+.5:.1:180.
      index = index + 1;
      thetar = theta * dtr;
      rcs(index) = ( lambda * r * sin(thetar) / ...
         (8. * pi * (cos(thetar))^2)) + eps;
   end
case 'Elliptic'
   r12 = r1*r1;
   r22 = r2*r2;
   h2 = h*h;
   % Compute RCS from 0 to (90-.5) degrees
   index = 0;
   for theta = 0.0:.1:90-.5
      index = index +1;
      thetar = theta * dtr;
      rcs(index) =  lambda * r12 * r22 * sin(thetar) / ...
         ( 8*pi* (cos(thetar)^2)* ( (r12*cos(phir)^2 + r22*sin(phir)^2)^1.5 ))+ eps;
   end
   % Compute RCS for broadside specular at 90 degree
   index = index +1;
```

```
        rcs(index) = 2. * pi * h2 * r12 * r22 / ...
            ( lambda*( (r12*cos(phir)^2 + r22*sin(phir)^2)^1.5 ))+ eps;
    % Compute RCS from (90+.5) to 180 degrees
    for theta = 90+.5:.1:180.
        index = index + 1;
        thetar = theta * dtr;
        rcs(index) =  lambda * r12 * r22 * sin(thetar) / ...
            ( 8*pi* cos(thetar)^2 * ( (r12*cos(phir)^2 + r22*sin(phir)^2)^1.5 ))+ eps;
    end
end
end
```

MATLAB 程序"*Fig14_19.m*"程序清单

```
% generates Fig. 14.19 of text
clc
close all
clear all
r1 = .125;
r2 = 0.05;
h = 1;
phi = 45;
freq = 5.6e9;
freqGH = num2str(freq*1.e-9);
% Fig 14.19a
[rcs1] = rcs_cylinder(r1, r1, h, freq, phi,'Circular');
figure(1)
angle = linspace(0,180,size(rcs1,2));
plot(angle,10*log10(rcs1),'k','linewidth',1.5);
grid on;
xlabel ('\bfAspect angle in dDegrees');
ylabel ('\bfRCS - dBsm');
title (['Circular Cylinder at Frequency = ',[freqGH],' GHz']);
% Fig. 14.19b
[rcs2] = rcs_cylinder(r1, r2, h, freq, phi,'Elliptic');
figure(2)
angle = linspace(0,180,size(rcs2,2));
plot(angle,10*log10(rcs2),'k','linewidth',1.5);
grid on;
xlabel ('\bfAspect angle in degrees');;
ylabel ('\bfRCS - dBsm');
title  (['Elliptic Cylinder at Frequency = ',[freqGH],' GHz']);
```

MATLAB 函数"*rcs_rect_plate.m*"程序清单

```
function  [rcsdb_h,rcsdb_v] = rcs_rect_plate(a, b, freq)
% This program computes the backscattered RCS for a rectangular
% flat plate. The RCS is computed for vertical and horizontal
% polarization based on Eq.s(14.52)through (14.62). Also Physical
% Optics approximation Eq.(14.64) is computed.
% User may vary frequency, or the plate's dimensions.
% Default values are a=b=10.16cm; lambda=3.25cm.
eps = 0.000001;
% Enter a, b, and lambda
lambda = .0325;
ka = 2. * pi * a / lambda;
% Compute aspect angle vector
```

```
theta_deg = 0.05:0.1:85;
theta = (pi/180.) .* theta_deg;
sigma1v = cos(ka .*sin(theta)) - i .* sin(ka .*sin(theta)) ./ sin(theta);
sigma2v = exp(i * ka - (pi /4)) / (sqrt(2 * pi) *(ka)^1.5);
sigma3v = (1. + sin(theta)) .* exp(-i * ka .* sin(theta)) ./ ...
   (1. - sin(theta)).^2;
sigma4v = (1. - sin(theta)) .* exp(i * ka .* sin(theta)) ./ ...
function [rcsdb_h,rcsdb_v] = rcs_rect_plate(a, b, freq)
% This program computes the backscattered RCS for a rectangular
% flat plate. The RCS is computed for vertical and horizontal
% polarization based on Eq.s(14.52)through (14.62). Also Physical
% Optics approximation Eq.(14.64) is computed.
% User may vary frequency, or the plate's dimensions.
% Default values are a=b=10.16cm; lambda=3.25cm.
eps = 0.000001;
% Enter a, b, and lambda
lambda = .0325;
ka = 2. * pi * a / lambda;
% Compute aspect angle vector
theta_deg = 0.05:0.1:85;
theta = (pi/180.) .* theta_deg;
sigma1v = cos(ka .*sin(theta)) - i .* sin(ka .*sin(theta)) ./ sin(theta);
sigma2v = exp(i * ka - (pi /4)) / (sqrt(2 * pi) *(ka)^1.5);
sigma3v = (1. + sin(theta)) .* exp(-i * ka .* sin(theta)) ./ ...
   (1. - sin(theta)).^2;
sigma4v = (1. - sin(theta)) .* exp(i * ka .* sin(theta)) ./ ...
   (1. + sin(theta)).^2;
sigma5v = 1. - (exp(i * 2. * ka - (pi / 2)) / (8. * pi * (ka)^3));
sigma1h = cos(ka .*sin(theta)) + i .* sin(ka .*sin(theta)) ./ sin(theta);
sigma2h = 4. * exp(i * ka * (pi / 4.)) / (sqrt(2 * pi * ka));
sigma3h =  exp(-i * ka .* sin(theta)) ./ (1. - sin(theta));
sigma4h = exp(i * ka * sin(theta)) ./ (1. + sin(theta));
sigma5h = 1. - (exp(j * 2. * ka + (pi / 4.)) / 2. * pi * ka);
% Compute vertical polarization RCS
rcs_v = (b^2 / pi) .* (abs(sigma1v - sigma2v .*((1. ./ cos(theta)) ...
   + .25 .* sigma2v .* (sigma3v + sigma4v)) .* (sigma5v).^-1)).^2 + eps;
% compute horizontal polarization RCS
rcs_h = (b^2 / pi) .* (abs(sigma1h - sigma2h .*((1. ./ cos(theta)) ...
   - .25 .* sigma2h .* (sigma3h + sigma4h)) .* (sigma5h).^-1)).^2 + eps;
% Compute RCS from Physical Optics, Eq.(2.62)
angle = ka .* sin(theta);
rcs_po = (4. * pi* a^2 * b^2 / lambda^2 ) .* (cos(theta)).^2 .* ...
   ((sin(angle) ./ angle).^2) + eps;
rcsdb_v = 10. .*log10(rcs_v);
rcsdb_h = 10. .*log10(rcs_h);
rcsdb_po = 10. .*log10(rcs_po);
figure
plot (theta_deg, rcsdb_v,'k',theta_deg,rcsdb_po,'k -.','linewidth',1.5);
set(gca,'xtick',[10:10:85]);
freqGH = num2str(freq*1.e-9);
A = num2str(a);
B = num2str(b);
title (['Vertical Polarization, ','Frequency = ',[freqGH],' GHz, ',' a = ', [A], ' m',' b = ',[B],' m']);
ylabel ('\bfRectangular plate RCS -dBsm');
xlabel ('\bfAspect angle - deg');
legend('Eq.(14.52)','Eq.(14.53)')
```

```
grid on
figure
plot (theta_deg, rcsdb_h,'k',theta_deg,rcsdb_po,'k -.','linewidth',1.5);
set(gca,'xtick',[10:10:85]);
title (['Horizontal Polarization,  ','Frequency = ',[freqGH],' GHz, ',' a = ', [A], ' m',' b = ',[B],' m']);
ylabel ('\bfREctangular plate RCS -dBsm');
xlabel ('\bfAspect angle - deg');
legend('Eq.(14.53)','Eq.(14.53)')
grid on
```

MATLAB 函数 "rcs_isosceles.m" 程序清单

```
function [rcs] = rcs_isosceles (a, b, freq, phi)
% This program calculates the backscattered RCS for a perfectly
% conducting triangular flat plate, using Eq.s (14.65) through (14.67)
% The default case is to assume phi = pi/2. These equations are
% valid for aspect angles less than 30 degrees
% Users may vary wavelength, or plate's dimensions
% Inputs
  % a    == height of plate in meters
  % b    == base of plate in meters
  % freq  == frequency in Hz
  % phi   == roll angle in degrees
% Output
  % rcs   == array of RCS versus aspect angle
A = a * b / 2.;
lambda = 3.e+8 / freq;
ka = 2. * pi / lambda;
kb = 2. *pi / lambda;
% Compute theta vector
theta_deg = 0.01:.05:89;
theta = (pi /180.) .* theta_deg;
alpha = ka * cos(phi) .* sin(theta);
beta = kb * sin(phi) .* sin(theta);
if (phi == pi / 2)
  rcs = (4. * pi * A^2 / lambda^2) .* cos(theta).^2 .* (sin(beta ./ 2)).^4 ...
    ./ (beta./2).^4 + eps;
end
if (phi == 0)
  rcs = (4. * pi * A^2 / lambda^2) .* cos(theta).^2 .* ...
    ((sin(alpha).^4 ./ alpha.^4) + (sin(2.* alpha) - 2.*alpha).^2 ...
    ./ (4 .* alpha.^4)) + eps;
end
if (phi ~= 0 & phi ~= pi/2)
  sigmao1 = 0.25 *sin(phi)^2 .* ((2. * a / b) * cos(phi) .* ...
    sin(beta) - sin(phi) .* sin(2. * alpha)).^2;
  fact1 = (alpha).^2 - (.5 .* beta).^2;
  fact2 = (sin(alpha).^2 - sin(.5 .* beta).^2).^2;
  sigmao = (fact2 + sigmao1) ./ fact1;
  rcs = (4. * pi * A^2 / lambda^2) .* cos(theta).^2 .* sigmao + eps;
end
rcsdb = 10. *log10(rcs);
plot(theta_deg,rcsdb,'k','linewidth', 1.5)
xlabel ('\bfAspect angle - degrees');
ylabel ('\bfRCS - dBsm')
grid on
```

MATLAB 函数"*rcs_cylinder_cmplx.m*"程序清单

```
clc
close
clear all
indes = 0;
eps =0.00001;
a1 =.125;
h = 1.;
lambda = 3.0e+8 /9.5e+9;
lambda = 0.00861;
index = 0;
for theta = 0.0:.1:90-.1
  index = index +1;
  theta = theta * pi /180.;
  rcs(index) = (lambda * a1 * sin(theta) / (8 * pi * (cos(theta))^2)) + eps;
end
theta*180/pi
theta = pi/2;
index = index +1
rcs(index) = (2 * pi * h^2 * a1 / lambda )+ eps;
for theta = 90+.1:.1:180.
  index = index + 1;
  theta = theta * pi / 180.;
  rcs(index) = ( lambda * a1 * sin(theta) / (8 * pi * (cos(theta))^2)) + eps;
end
%%%%%%%%%%%%
r = a1;
index = 0;
for aspect_deg = 0.:.1:180
  index = index +1;
  aspect = (pi /180.) * aspect_deg;
% Compute RCS using Eq. (2.37)
  if (aspect == 0 | aspect == pi)
    rcs_po(index) = (4.0 * pi^3 * r^4 / lambda^2) + eps;
    rcs_mu(index) = rcs_po(1);
  else
    x = (4. * pi * r / lambda) * sin(aspect);
    val1 = 4. * pi^3 * r^4 / lambda^2;
    val2 = 2. * besselj(1,x) / x;
    rcs_po(index) = val1 * (val2 * cos(aspect))^2 + eps;
  end
end
rcs_t =(rcs_po + rcs);
%%%%%%%%%%%%%%
angle = 0:.1:180;
plot(angle,10*log10(rcs_t(1:1801)),'k');
xlabel('\bfAspect angle in degrees')
ylabel('\bfRCS - dBsm')
grid
```

MATLAB 函数"*fdtd.m*"程序清单

```
clear all
%
mu_o = pi*4.0e-7;          % free space permeability
epsilon_o = 8.854e-12;     % free space permittivity
```

第 14 章 雷达截面积（RCS）

```
%
c = 1.0/sqrt(mu_o * epsilon_o);   % speed of light
%
length_x = 2.0;            % x-width of region
nx = 200;                  % number of x grid points
dx = length_x / (nx - 1);  % x grid size
%
x = linspace(0.0, length_x, nx);  % x array
%
length_y = 2.0;            % y-width of region
ny = 200;                  % number of y grid points
dy = length_y / (ny - 1);  % y grid size
%
y = linspace(0.0, length_y, ny);  % y array
%
max_timestep = c*sqrt(1.0/(dx*dx) + 1.0/(dy*dy));   % max tstep for FDTD
max_timestep = 1.0/max_timestep;
%
delta_t = 0.5*max_timestep;    % delta t a little less than max tstep
%
er = 8.0;                  % relative permittivity of slab
%
epsilon = epsilon_o*ones(ny, nx);  % epsilon array
mu = mu_o*ones(ny - 1, nx - 1);    % mu array
%
a1 = [0.5 1.5 1.5 0.5 0.5];    % for drawing slab on plot
a2 = [0.6 0.6 0.8 0.8 0.6];    % for drawing slab on plot
%
x1 = fix(0.5/dx)+1;        % grid extents for slab
y1 = fix(0.6/dy);          % grid extents for slab
x2 = fix(1.5/dx)+1;        % grid extents for slab
y2 = fix(0.8/dy);          % grid extents for slab
%
epsilon(y1:y2,x1:x2) = er*epsilon_o;   % set epsilon inside slab
%
j_x = nx/2;                % x location of current source
j_y = ny/2;                % y location of current source
%
e_z_1 = zeros(ny, nx);     % initialize array. e_z at boundaries will remain 0
h_x_1 = zeros(ny - 1, nx - 1);   % initialize array
h_y_1 = zeros(ny - 1, nx - 1);   % initialize array
e_z_2 = zeros(ny, nx);     % initialize array. e_z at boundaries will remain 0
h_x_2 = zeros(ny - 1, nx - 1);   % initialize array
h_y_2 = zeros(ny - 1, nx - 1);   % initialize array
%
ntim = 300;                % number of desired time points
f_o = 600e6;               % base frequency for pulse
tau = 1.0/(4.0*pi*f_o);    % tau for pulse
%
for i_t = 1:ntim
%
  time(i_t) = i_t * delta_t;
%
  i_t
  time(i_t)
%
```

```matlab
        if time(i_t) > 3.36e-9
            break
        end
%
        jz(i_t) = (4.0 * (time(i_t)/tau)^3 - (time(i_t)/tau)^4) * exp(-time(i_t)/tau);
%
        for i_x = 2:nx-1    % ez at boundaries remains zero
            for i_y = 2:ny-1    % ez at boundaries remains zero
%
                j = 0.0;
                if i_x == j_x
                    if i_y == j_y
                        j = jz(i_t);
                    end
                end
%
                if rem(i_t, 2) == 1
                    a = 1.0/dx*(h_y_1(i_y, i_x) - h_y_1(i_y, i_x - 1));
                    b = 1.0/dy*(h_x_1(i_y, i_x) - h_x_1(i_y - 1, i_x));
                    e_z_2(i_y, i_x) = e_z_1(i_y, i_x) + (delta_t/epsilon(i_y, i_x))*(a - b) - j;
                else
                    a = 1.0/dx*(h_y_2(i_y, i_x) - h_y_2(i_y, i_x - 1));
                    b = 1.0/dy*(h_x_2(i_y, i_x) - h_x_2(i_y - 1, i_x));
                    e_z_1(i_y, i_x) = e_z_2(i_y, i_x) + (delta_t/epsilon(i_y, i_x))*(a - b) - j;
                end
%
            end
        end
%
        for i_x = 1:nx-1
            for i_y = 1:ny-1
%
                if rem(i_t, 2) == 1
                    h_x_2(i_y, i_x) = h_x_1(i_y, i_x) - (delta_t/mu(i_y, i_x)/dy)*(e_z_2(i_y + 1, i_x) - e_z_2(i_y, i_x));
                    h_y_2(i_y, i_x) = h_y_1(i_y, i_x) + (delta_t/mu(i_y, i_x)/dx)*(e_z_2(i_y, i_x + 1) - e_z_2(i_y, i_x));
                else
                    h_x_1(i_y, i_x) = h_x_2(i_y, i_x) - (delta_t/mu(i_y, i_x)/dy)*(e_z_1(i_y + 1, i_x) - e_z_1(i_y, i_x));
                    h_y_1(i_y, i_x) = h_y_2(i_y, i_x) + (delta_t/mu(i_y, i_x)/dx)*(e_z_1(i_y, i_x + 1) - e_z_1(i_y, i_x));
                end
            end
        end
%
        pcolor(x, y, abs(e_z_2))
        line(a1, a2, 'Linewidth', 1.0, 'Color', 'white');
        xlabel('X (m)')
        ylabel('Y (m)')
        title('Ez (V/m)')
        axis square
        shading interp
        %colormap gray
        caxis([0 .1])
        %axis([0 2 0 2 0 .1])
        fr(i_t) = getframe;
end
```

MATLAB 函数 "rectplata.m" 程序清单

```
close all
clear all
frequency = 2.6e9;              % desired radar frequency
freqGH = num2str(frequency*1.e-9);
c = 299795645.0;                % speed of light
w = 2.0*pi*frequency;           % radian frequency
wavenumber = w/c;               % free space wavenumber
mu = 4.0*pi*1.0e-7;             % free space permeability
z_o = 376.7343;                 % free space wave impedance
l_x = 1.0;                      % length of plate
l_y = 1.0;                      % width of plate
normal_vect = [0 0 1];          % +z normal for x-y plane
theta_points = 180;             % number of points in theta
phi_points = 1;                 % number of points in phi
theta = linspace(-0.5*pi, 0.5*pi, theta_points);
phi = linspace(0.0, 2.0*pi, phi_points);
for i_theta = 1:theta_points
    for i_phi = 1:phi_points
        theta_vect(1) = cos(theta(i_theta))*cos(phi(i_phi));
        theta_vect(2) = cos(theta(i_theta))*sin(phi(i_phi));
        theta_vect(3) = -sin(theta(i_theta));
        phi_vect(1) = -sin(phi(i_phi));
        phi_vect(2) = cos(phi(i_phi));
        phi_vect(3) = 0.0;
        u = sin(theta(i_theta))*cos(phi(i_phi));
        v = sin(theta(i_theta))*sin(phi(i_phi));
        vect_term = dot(theta_vect, cross(phi_vect, normal_vect));
        es(i_theta, i_phi) = -j*w*mu/2.0/pi/z_o*vect_term*l_x*l_y*sinc(wavenumber*u*l_x)*sinc(wavenumber*v*l_y);
    end
end
rcs = 20.0*log10(sqrt(4*pi)*abs(es));
plot(180*theta/pi, rcs)
axis([-90 90 -60 30])
xlabel('\bfTheta (degrees)')
ylabel('\bfRCS (dBsm')
grid on
title (['Frequency = ',[freqGH],' GHz']);
return
```

MATLAB 函数 "polygon.m" 程序清单

```
% this routine calculates the scattered electric field of an arbitrary
% N-sided polygon located in the x-y plane.
clc
clear all
close all
frequency = 1.0e9;              % desired radar frequency
freqGH = num2str(frequency*1.e-9);
c = 299795645.0;                % speed of light
w = 2.0*pi*frequency;           % radian frequency
wavenumber = w/c;               % free space wavenumber
mu = 4.0*pi*1.0e-7;             % free space permeability
z_o = 376.7343;                 % free space wave impedance
```

```matlab
nsides = 3;                      % number of polygon sides
vertices(1,:) = [0.0 0.0 0.0];   % vertexes of polygon (counterclockwise)
vertices(2,:) = [1.0 0.5 0.0];   % vertexes of polygon (counterclockwise)
vertices(3,:) = [1.5 0.0 0.0];   % vertexes of polygon (counterclockwise)

for n = 1:nsides
   if n == nsides
      alpha_n(nsides,1) = vertices(1,1) - vertices(nsides,1);
      alpha_n(nsides,2) = vertices(1,2) - vertices(nsides,2);
      alpha_n(nsides,3) = vertices(1,3) - vertices(nsides,3);
   else
      alpha_n(n,1) = vertices(n+1,1) - vertices(n,1);
      alpha_n(n,2) = vertices(n+1,2) - vertices(n,2);
      alpha_n(n,3) = vertices(n+1,3) - vertices(n,3);
   end
   alpha_n(n, 1:3) = alpha_n(n, 1:3)/norm(alpha_n(n, 1:3));
end

normal_vect = [0 0 1];      % +z normal for x-y plane
theta_points = 180;         % number of points in theta
phi_points = 1;             % number of points in phi

theta = linspace(-0.5*pi, 0.5*pi, theta_points);
phi = linspace(0.0, 2.0*pi, phi_points);

for i_theta = 1:theta_points

  for i_phi = 1:phi_points

    theta_vect(1) = cos(theta(i_theta))*cos(phi(i_phi));
    theta_vect(2) = cos(theta(i_theta))*sin(phi(i_phi));
    theta_vect(3) = -sin(theta(i_theta));

    phi_vect(1) = -sin(phi(i_phi));
    phi_vect(2) = cos(phi(i_phi));
    phi_vect(3) = 0.0;

    w_vect(1) = 2*wavenumber*sin(theta(i_theta))*cos(phi(i_phi));
    w_vect(2) = 2*wavenumber*sin(theta(i_theta))*sin(phi(i_phi));
    w_vect(3) = 0.0;

    s_term = 0.0;

    for n = 1:nsides
       expterm = exp(i*dot(w_vect, vertices(n,1:3)));
       if n == 1
          num = dot(cross(normal_vect, alpha_n(n,1:3)), alpha_n(nsides,1:3));
          denom = dot(w_vect, alpha_n(n,1:3))*dot(w_vect, alpha_n(nsides,1:3));
       else
          num = dot(cross(normal_vect, alpha_n(n,1:3)), alpha_n(n-1,1:3));
          denom = dot(w_vect, alpha_n(n,1:3))*dot(w_vect, alpha_n(n-1,1:3));
       end
       s_term = s_term + num*expterm/denom;
    end

    vect_term = dot(theta_vect, cross(phi_vect, normal_vect));
```

```
            es(i_theta, i_phi) = -j*w*mu/2.0/pi/z_o*vect_term*s_term;

    end
end

rcs = 20.0*log10(sqrt(4*pi)*abs(es));
plot(180*theta/pi, rcs)
axis([-90 90 -120 20])
xlabel('\bfAspect angle - degrees')
ylabel('\bfRCS (dBsm')
grid on
title  (['Frequency = ',[freqGH],' GHz']);
```

第 15 章　相控阵天线

15.1　方向性、功率增益和有效孔径

雷达天线可以通过方向性增益 G_D、功率增益 G 和有效孔径 A_e 来表征。天线增益是用来描述天线在某个方向上集中发射能量的能力。方向性增益，或简单地说方向性，更能代表天线的方向图，而功率增益通常用于雷达方程式。当功率增益和方向性的图归一化以后，就称为天线方向图。发射天线的方向性可以定义为

$$G_D = \frac{最大辐射强度}{平均辐射强度} \tag{15.1}$$

辐射强度是指在 (θ, ϕ) 方向上单位立体角内的功率，表示为 $P(\theta, \phi)$。对 4π 弧度（立体角）平均的辐射强度为总功率除以 4π。因此，方程（15.1）可以写成

$$G_D = \frac{4\pi\,(最大辐射功率/单位立体角)}{总辐射强度} \tag{15.2}$$

由此

$$G_D = 4\pi\,\frac{P(\theta,\phi)_{\max}}{\int_0^\pi \int_0^{2\pi} P(\theta,\phi)\mathrm{d}\theta\mathrm{d}\phi} \tag{15.3}$$

作为一种近似，习惯将方程（15.3）写成

$$G_D \approx \frac{4\pi}{\theta_3 \phi_3} \tag{15.4}$$

式中，θ_3 和 ϕ_3 为两个方向上的天线半功率（3 dB）波束宽度。天线功率增益及其方向性的关系如下：

$$G = \rho_r G_D \tag{15.5}$$

式中，ρ_r 为辐射效率因子。本书中，天线功率增益将表示为增益。辐射效率因子说明与天线相关的欧姆损耗。因此，方程（15.1）中也给出了天线增益的定义。天线有效孔径 A_e 与增益的关系如下：

$$A_e = \frac{G\lambda^2}{4\pi} \tag{15.6}$$

式中，λ 为波长。天线有效孔径 A_e 与物理孔径 A 之间的关系如下：

$$\begin{matrix} A_e = \rho A \\ 0 \leqslant \rho \leqslant 1 \end{matrix} \tag{15.7}$$

ρ 称为孔径效率，好的天线要求 $\rho \to 1$（本书中始终假定 $\rho = 1$，也就是说，$A_e = A$）。

对方程（15.4）和方程（15.6）进行简单的代数运算（假定$\rho_r = 1$），得到

$$G = \frac{4\pi A_e}{\lambda^2} \approx \frac{4\pi}{\theta_3 \phi_3} \qquad (15.8)$$

因此，波束的角横截面为

$$\theta_3 \phi_3 \approx \frac{\lambda^2}{A_e} \qquad (15.9)$$

方程（15.9）表明，天线波束宽度随着$\sqrt{A_e}$的增加而增加。由此，在监视工作中，天线覆盖体积V所需的波束位置数为

$$N_{波束} > \frac{V}{\theta_3 \phi_3} \qquad (15.10)$$

当V为整个半球时，方程（15.10）修改为

$$N_{波束} > \frac{2\pi}{\theta_3 \phi_3} \approx \frac{2\pi A_e}{\lambda^2} \approx \frac{G}{2} \qquad (15.11)$$

15.2　近场和远场

由天线发射的能量而产生的电场强度是天线物理孔径形状与电流幅度和相位在孔径上分布的函数。辐射的发射电场强度模的绘图$|E(\theta, \phi)|$，称为天线的场强方向图。而$|E(\theta, \phi)|^2$称为功率方向图（与$|P(\theta, \phi)|$相同）。

根据测量天线辐射电场的距离的不同，可以确定三个不同的区域。它们分别为近场、Fresnel和Fraunhofer区域。在近场和Fresnel区域，天线发射的射线具有球形波阵面（等相位面）。在Fraunhofer区域，波阵面可以局部用平面波表示。对于大多数雷达的应用，很少有人感兴趣近场和Fresnel区域。大多数雷达系统都在Fraunhofer区域工作，该区域也称为远场。在远场区域，可以从孔径的傅里叶变换计算电场强度。

远近的标准可以借助图15.1给出。假设在O点存在一个发射球形波的辐射源。长度为d的接收天线到辐射源的距离为r。接收天线处的球形波和局部平面波之间的相位差可以通过距离δr表示。距离δr可以由下式算出：

$$\delta r = \overline{AO} - \overline{OB} = \sqrt{r^2 + \left(\frac{d}{2}\right)^2} - r \qquad (15.12)$$

因为在远场中$r \gg d$，方程（15.12）可以通过二项展开式来近似：

$$\delta r = r\left(\sqrt{1 + \left(\frac{d}{2r}\right)^2} - 1\right) \approx \frac{d^2}{8r} \qquad (15.13)$$

一般假设远场对应的距离δr小于波长的1/16（也就是22.5°）。更精确地说，如果

$$\delta r = d^2/8r \leqslant \lambda/16 \qquad (15.14)$$

那么远场有用的表达式为

$$r \geqslant 2d^2/\lambda \qquad (15.15)$$

注意，远场是天线尺寸和工作波长的函数。

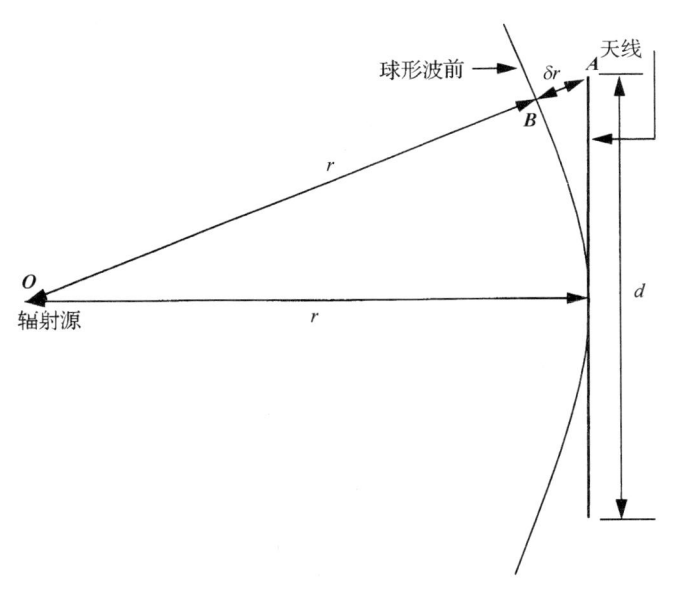

图 15.1 远场标准结构

15.3 通用阵列

两个或更多的基本辐射器构成的阵列是组合天线。每个辐射器表示为一个单元。这些单元构成的阵列可以是偶极子、碟形反射器、波导管或其他任何形式的辐射器。阵列天线合成了很多方向上的窄波束，这些窄波束可由机械或电子控制。电子控制是通过控制阵列单元的当前馈线相位来实现的。具有电子波束控制能力的阵列称为相控阵。相控阵天线和其他简单天线如碟形反射器相比，价格高且设计复杂。然而，相控阵天线固有的灵活性可以满足电子控制波束和专用多功能雷达系统的需要，使得相控阵天线在雷达的应用上具有吸引力。

图15.2给出了与这个问题相关联的几何基本原理。通常，考虑相对于相位参考为(0, 0, 0)的辐射源位于(x_1, y_1, z_1)。在远场点 P 测量的电场为

$$E(\theta, \phi) = I_0 \frac{e^{-jkR_1}}{R_1} f(\theta, \phi) \tag{15.16}$$

式中，I_0 为复数幅度，$k = 2\pi/\lambda$ 为波数，$f(\theta, \phi)$ 为辐射方向图。

现在，考虑辐射源为多个单元组成的阵列的情况，如图15.3所示。每个辐射器相对于相位参考的坐标为(x_i, y_i, z_i)，从原点到第 i 个单元的向量表示为

$$\vec{r_i} = \hat{a}_x x_i + \hat{a}_y y_i + \hat{a}_z z_i \tag{15.17}$$

组成总电场的远场分量为

$$E_i(\theta, \phi) = I_i \frac{e^{-jkR_i}}{R_i} f(\theta_i, \phi_i) \tag{15.18}$$

式中

$$R_i = |\vec{R}_i| = |\vec{r} - \vec{r}_i| = \sqrt{(x-x_i)^2 + (y-y_i)^2 + (z-z_i)^2}$$
$$= r\sqrt{1 + \frac{(x_i^2 + y_i^2 + z_i^2)}{r^2} - 2\frac{(xx_i + yy_i + zz_i)}{r^2}} \tag{15.19}$$

利用球面坐标（其中 $x = r\sin\theta\cos\varphi$，$y = r\sin\theta\sin\varphi$，$z = r\cos\theta$）得到

$$\frac{(x_i^2 + y_i^2 + z_i^2)}{r^2} = \frac{|\vec{r}_i|^2}{r^2} \leqslant 1 \tag{15.20}$$

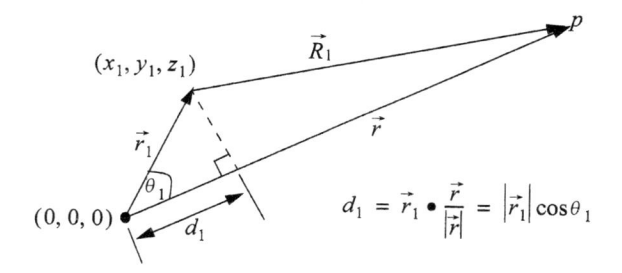

图 15.2 阵列天线的几何关系（一个单元）

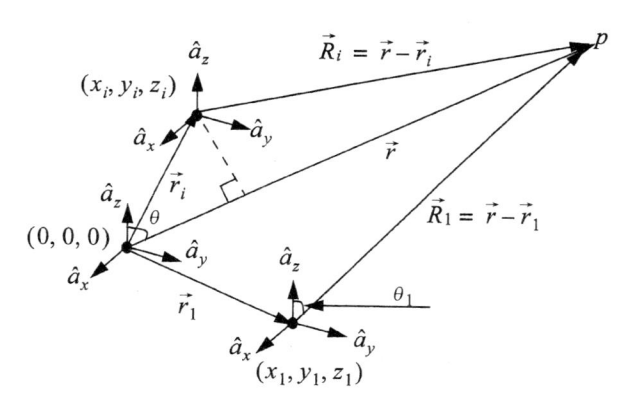

图 15.3 阵列天线的几何关系

因而，方程（15.19）的优化近似（用二项式表达式）为

$$R_i = r - r(x_i\sin\theta\cos\phi + y_i\sin\theta\sin\phi + z_i\cos\theta) \tag{15.21}$$

可以得出远场点的相位分布，第 i 个辐射器相对于相位参考为

$$e^{-jkR_i} = e^{-jkr} e^{jk(x_i\sin\theta\cos\phi + y_i\sin\theta\sin\phi + z_i\cos\theta)} \tag{15.22}$$

记住，另一方面，沿着向量 $\vec{r}$ 的单位向量 $\vec{r}_0$ 为

$$\vec{r}_0 = \frac{\vec{r}}{|\vec{r}|} = \hat{a}_x\sin\theta\cos\phi + \hat{a}_y\sin\theta\sin\phi + \hat{a}_z\cos\theta \tag{15.23}$$

因此，我们可以将方程（15.22）重写为

$$\mathrm{e}^{-\mathrm{j}kR_i} = \mathrm{e}^{-\mathrm{j}kr}\,\mathrm{e}^{\mathrm{j}k(\vec{r}_i \bullet \vec{r}_0)} = \mathrm{e}^{-\mathrm{j}kr}\mathrm{e}^{\mathrm{j}\Psi_i(\theta,\phi)} \tag{15.24}$$

最后，通过叠加，总的电场为

$$E(\theta,\phi) = \sum_{i=1}^{N} I_i \mathrm{e}^{\mathrm{j}\Psi_i(\theta,\phi)} \tag{15.25}$$

上式为众所周知的第 i 个单元的复合电流为 I_i 的阵列天线的阵列方向图。

通常，阵列天线可以完全用阵列天线方向图来描述。阵列方向图给设计者提供了该阵列的知识：（1）3 dB 的波束宽度；（2）零值间波束宽度；（3）第一副瓣到主峰的距离；（4）和主波束相比，第一副瓣高度；（5）零值位置；（6）副瓣的衰减率；（7）栅瓣位置。

15.4 线性阵列天线

图15.4给出了包含 N 个相同单元的线性阵列天线。单元间距为 d（一般用波长为单位进行度量）。让#1单元作为阵列天线的相位参考。从几何图形来看，很明显第 n 个单元的输出波比第 $(n+1)$ 个单元的相位导前 $kd\sin\theta$，其中 $k = 2\pi/\lambda$。远场观测点 P 处的合成相位和 ϕ 无关，从方程（15.24）计算得到

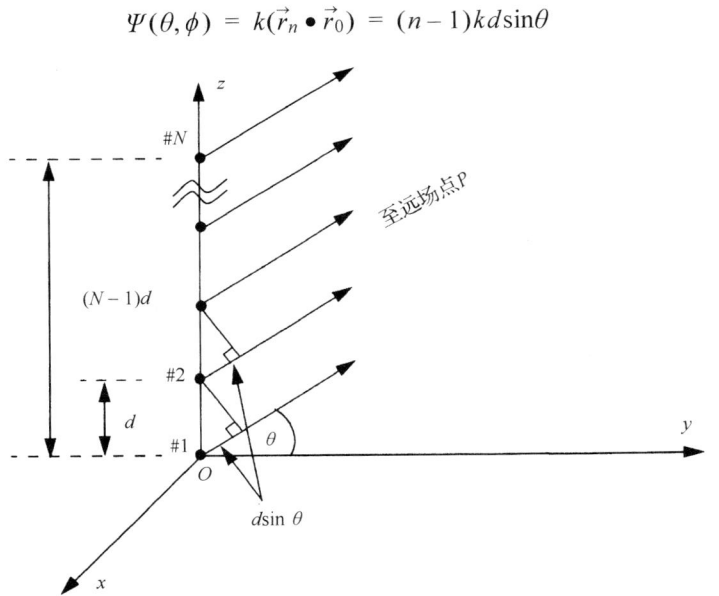

$$\Psi(\theta,\phi) = k(\vec{r}_n \bullet \vec{r}_0) = (n-1)kd\sin\theta \tag{15.26}$$

图 15.4 等间距单元的线性阵列

因此，由方程（15.25），在方向正弦等于 $\sin\theta$（假设各向同性单元）的远场观测点的电场为

$$E(\sin\theta) = \sum_{n=1}^{N} \mathrm{e}^{\mathrm{j}(n-1)(kd\sin\theta)} \tag{15.27}$$

展开方程（15.27）中的和，得到

$$E(\sin\theta) = 1 + e^{jkd\sin\theta} + \cdots + e^{j(N-1)(kd\sin\theta)} \tag{15.28}$$

方程（15.28）的右边为几何级数，可以表示为

$$1 + a + a^2 + a^3 + \cdots + a^{(N-1)} = \frac{1-a^N}{1-a} \tag{15.29}$$

用 $e^{jkd\sin\theta}$ 替代 a，得出

$$E(\sin\theta) = \frac{1 - e^{jNkd\sin\theta}}{1 - e^{jkd\sin\theta}} = \frac{1 - (\cos Nkd\sin\theta) - j(\sin Nkd\sin\theta)}{1 - (\cos kd\sin\theta) - j(\sin kd\sin\theta)} \tag{15.30}$$

于是对于远场阵列场强方向图，可以由下式确定：

$$|E(\sin\theta)| = \sqrt{E(\sin\theta)E^*(\sin\theta)} \tag{15.31}$$

将方程（15.30）代入方程（15.31）并合并同类项，得到

$$|E(\sin\theta)| = \sqrt{\frac{(1-\cos Nkd\sin\theta)^2 + (\sin Nkd\sin\theta)^2}{(1-\cos kd\sin\theta)^2 + (\sin kd\sin\theta)^2}} = \sqrt{\frac{1-\cos Nkd\sin\theta}{1-\cos kd\sin\theta}} \tag{15.32}$$

使用三角恒等式 $1-\cos\theta = 2(\sin\theta/2)^2$，得到

$$|E(\sin\theta)| = \left|\frac{\sin(Nkd\sin\theta/2)}{\sin(kd\sin\theta/2)}\right| \tag{15.33}$$

它是 $kd\sin\theta$ 的周期性函数，它的周期为 2π。

在 $\theta = 0$ 时，$|E(\sin\theta)|$ 取最大值，并且等于 N。由此归一化的强度方向图等于

$$|E_n(\sin\theta)| = \frac{1}{N}\left|\frac{\sin((Nkd\sin\theta)/2)}{\sin((kd\sin\theta)/2)}\right| \tag{15.34}$$

归一化的双程阵列方向图（辐射方向图）由下式给出：

$$G(\sin\theta) = |E_n(\sin\theta)|^2 = \frac{1}{N^2}\left(\frac{\sin((Nkd\sin\theta)/2)}{\sin((kd\sin\theta)/2)}\right)^2 \tag{15.35}$$

图 15.5 给出了 $N=8$ 时方程（15.35）和 $\sin\theta$ 的关系图。方向图 $G(\sin\theta)$ 关于轴（$\sin\theta = 0$）呈圆柱对称，与方位角无关。因此，它完全由间隔（$0 < \theta < \pi$）内的值确定。该图可以使用 MATLAB 程序 "*Fig15_5.m*" 重新生成，列在附录 15-A 中。

阵列的主波束可以通过改变供给每个阵列单元的电流的相位来进行电扫描。通过使任意两个邻近单元之间的相位差等于 $kd\sin\theta_0$，可以将主波束扫描到方向正弦 $\sin\theta_0$。在这种情况下，归一化方向图可以写成

$$G(\sin\theta) = \frac{1}{N^2}\left(\frac{\sin[(Nkd/2)(\sin\theta - \sin\theta_0)]}{\sin[(kd/2)(\sin\theta - \sin\theta_0)]}\right)^2 \tag{15.36}$$

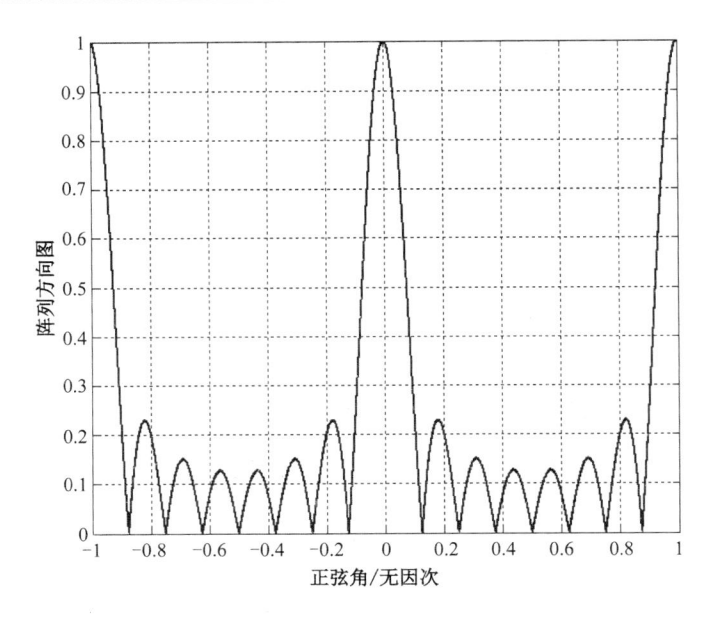

图 15.5（a） 线性阵列的归一化方向图（$N=8$，$d=\lambda$）

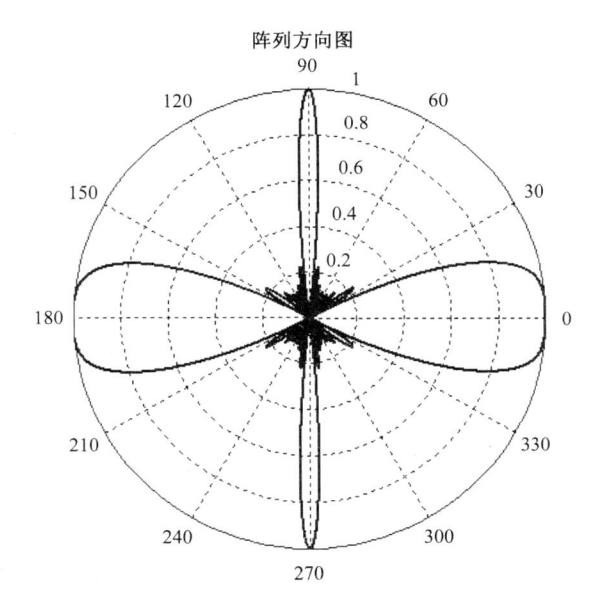

图 15.5（b） 图 15.5（a）中方向图的极坐标图

如果 $\theta_0 = 0$，那么主波束与阵列轴垂直，阵列就称为垂射天线阵。相反，如果主波束指向阵列轴，那么阵列称为端射天线阵。

当方程（15.35）的分母和分子都为零时，可以采用 L'Hopital 法则计算方向图的最大值。更确切地说，

$$\left(\frac{kd\sin\theta}{2} = \pm m\pi\right); \quad m = 0, 1, 2, \cdots \quad (15.37)$$

对 θ 求解，得出

$$\theta_m = \text{asin}\left(\pm\frac{\lambda m}{d}\right); \quad m = 0, 1, 2, \cdots \qquad (15.38)$$

式中，下标 m 用做最大值指示器。第一个最大值发生在 $\theta_0 = 0$ 处，并表示为主波束（瓣）。发生在 $|m| \geqslant 1$ 时的其他最大值称为栅瓣。栅瓣是不希望出现的，必须得到抑制。当方程（15.38）中反正弦幅角的最大值超过 1 时会在非实角处产生栅瓣；由此 $d < \lambda$。在这种条件下，假定主瓣发生在 $\theta = 0$（垂射天线阵）的时候。相反，当对波束进行电扫描时，栅瓣会产生在

$$|\sin\theta - \sin\theta_0| = \pm\frac{\lambda n}{d}; \quad n = 1, 2, \cdots \qquad (15.39)$$

因此，为了防止栅瓣在 ±90° 之间产生，单元的间距应该为 $d < \lambda/2$。

方向图还具有二次最大值（副瓣）。这些二次最大值发生在方程（15.35）的分子为最大时，或等效地，

$$\frac{Nkd\sin\theta}{2} = \pm(2l+1)\frac{\pi}{2}; \quad l = 1, 2, \cdots \qquad (15.40)$$

解出 θ，得到

$$\theta_l = \text{asin}\left(\pm\frac{\lambda}{2d}\frac{2l+1}{N}\right); \quad l = 1, 2, \cdots \qquad (15.41)$$

式中，下标 l 用做副瓣的最大值指示器。当方程（15.35）的分子为零时，方向图出现零点。更精确地说，

$$\frac{N}{2}kd\sin\theta = \pm n\pi; \quad \begin{array}{l} n = 1, 2, \cdots \\ n \neq N, 2N, \cdots \end{array} \qquad (15.42)$$

再求 θ，得出

$$\theta_n = \text{asin}\left(\pm\frac{\lambda n}{dN}\right); \quad \begin{array}{l} n = 1, 2, \cdots \\ n \neq N, 2N, \cdots \end{array} \qquad (15.43)$$

式中，下标 n 用做零点指示器，将相当于半功率点的角表示为 θ_h。由此半功率（3 dB）波束宽度为 $2|\theta_m - \theta_h|$。这发生在

$$\frac{N}{2}kd\sin\theta_h = 1.391 \text{ rad} \Rightarrow \theta_h = \text{asin}\left(\frac{\lambda}{2\pi d}\frac{2.782}{N}\right) \qquad (15.44)$$

15.4.1 阵列锥削

图 15.6 给出了归一化的均衡激励线性天线阵（$N = 8$，单元间隔 $d = \lambda/2$）的双程辐射方向图。第一副瓣比主瓣低 13.46 dB，对大多数雷达应用而言，这是不够的，特别是存在着强干扰和高噪声源时。在这样的条件下，由于信噪比降低，对主波束目标的检测变得非常具有挑战性。

为了降低副瓣电平，阵列天线必须设计为将更多能量辐射到中心，而较少能量辐射到边缘。可以通过锥削（加窗）阵面的电流分布来实现。有许多可能的锥削序列可以用于实现该功能。然而，从谱分析可知，加窗可以降低副瓣电平，但会展宽主瓣。因此，对于某给定的雷达应用，锥削序列的选择必须是基于副瓣降低和主瓣展宽之间的平衡。之前讨论的第 3 章中的同类型加窗可用于阵列锥削。表 15.1 总结了大部分常用的窗在主波束展宽、峰值降低方面对天线方向图的影响，也如图 15.7 所示，该图可以使用 MATLAB 程序"*Fig15_7.m*"重新生成，列在附录 15-A 中。

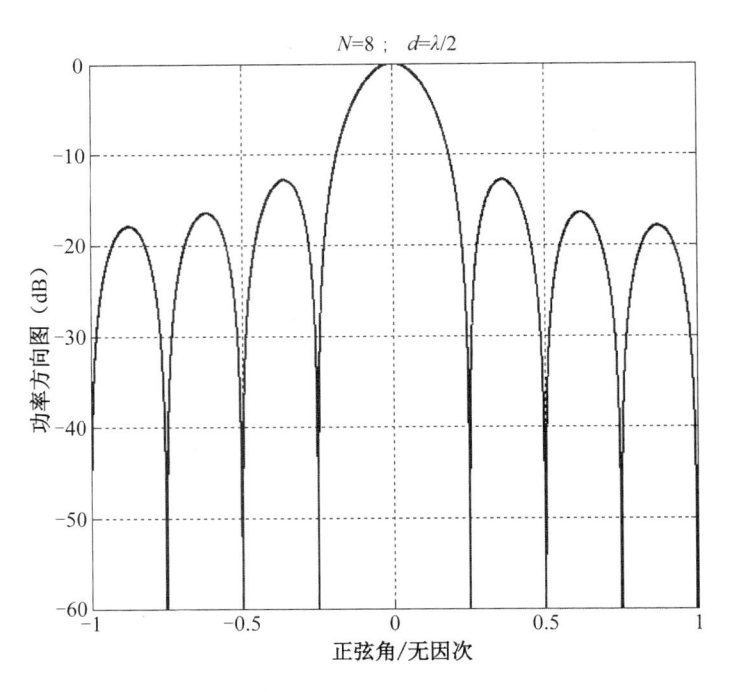

图 15.6　线性天线阵的归一化方向图（$N=8$，$d=\lambda/2$）

表 15.1　常用的窗

窗	零值间波束宽度	峰 值 下 降
矩形	1	1
汉明	2	0.73
汉宁	2	0.664
布莱克曼	6	0.577
凯撒（$\beta=6$）	2.76	0.683
凯撒（$\beta=3$）	1.75	0.882

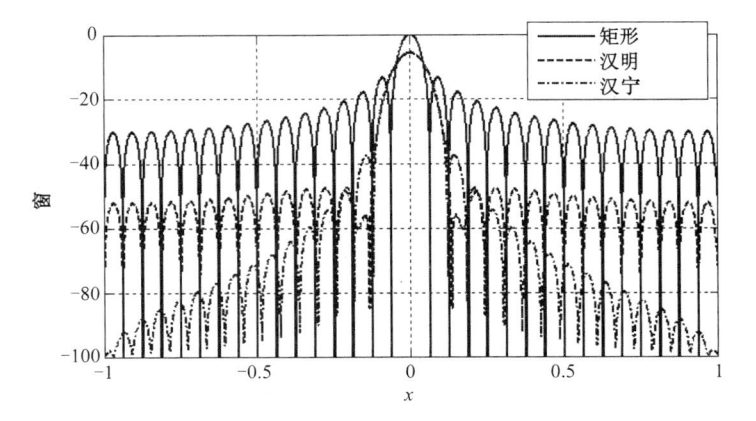

图 15.7　大部分常用的窗

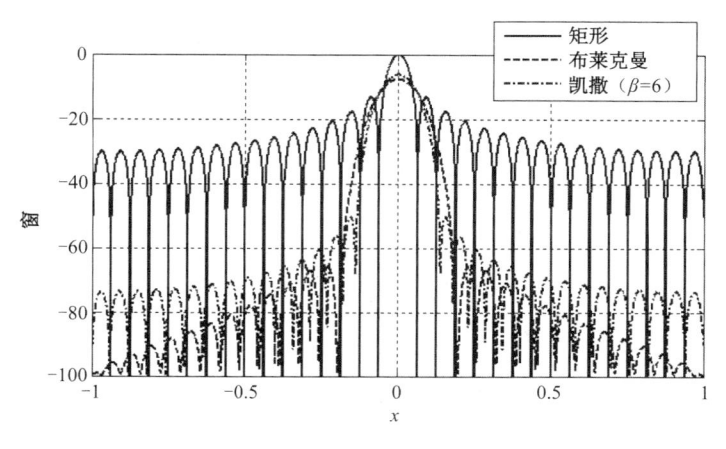

图15.7（续） 大部分常用的窗

15.4.2 通过 DFT 进行方向图计算

图15.8给出了大小为 N、单元间距为 d、波长为 λ 的线性阵列。辐射器为直径 $D = d$ 的圆形抛物面。令 $w(n)$ 和 $\Phi(n)$ 相应地表示锥削和相移序列。在方向正弦 $\sin\theta$ 的远场点上的归一化电场为

$$E(\sin\theta) = \sum_{n=0}^{N-1} w(n) e^{j\Delta\theta \left(n - \left(\frac{N-1}{2}\right)\right)} \tag{15.45}$$

式中，在这种情况下，相位基准被取为阵列的物理中心，而且

$$\Delta\theta = \frac{2\pi d}{\lambda} \sin\theta \tag{15.46}$$

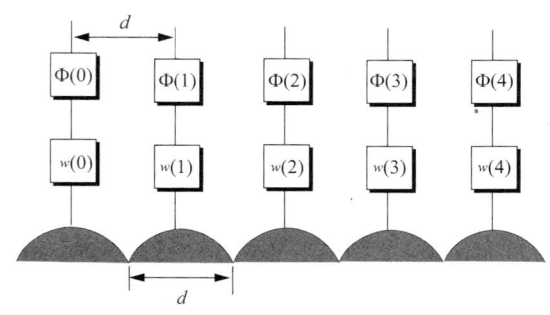

图15.8 大小为5、具有锥削和移相硬件的线性阵列

展开方程（15.45）并提出公共的相位因子 $\exp[j(N-1)\Delta\theta/2]$，得出

$$E(\sin\theta) = e^{j(N-1)\Delta\theta/2}\{w(0)e^{-j(N-1)\Delta\theta} + w(1)e^{-j(N-2)\Delta\theta} + \cdots + w(N-1)\} \tag{15.47}$$

利用锥削序列的对称性（窗口必须关于中心点对称），我们可以将式（15.47）写成

$$E(\sin\theta) = e^{j\theta_0}\{w(N-1)e^{-j(N-1)\Delta\theta} + w(N-2)e^{-j(N-2)\Delta\theta} + \cdots + w(0)\} \tag{15.48}$$

式中，$\theta_0 = (N-1)\Delta\theta/2$。

定义 $\{V_1^n = \exp(-jn\Delta\theta); \; n = 0, 1, \cdots, N-1\}$。由此，

$$E(\sin\theta) = e^{j\theta_0}[w(0) + w(1)V_1^1 + \cdots + w(N-1)V_1^{N-1}] = e^{j\theta_0}\sum_{n=0}^{N-1}w(n)V_1^n \quad (15.49)$$

序列 $w(n)$ 的离散傅里叶变换定义为

$$W(q) = \sum_{n=0}^{N-1}w(n)e^{-\frac{(j2\pi nq)}{N}}; \; q = 0, 1, \cdots, N-1 \quad (15.50)$$

令 V_1 等于 DFT 核的集 $\{\sin\theta_q\}$ 为

$$\sin\theta_q = \frac{\lambda q}{Nd}; \; q = 0, 1, \cdots, N-1 \quad (15.51)$$

然后将方程（15.51）代入方程（15.50），得到

$$E(\sin\theta) = e^{j\phi_0}W(q) \quad (15.52)$$

单程阵列方向图作为方程（15.52）的模数来计算。因此，一个圆形抛物面的锥削线性阵列的单程辐射方向图为

$$G(\sin\theta) = G_e |W(q)| \quad (15.53)$$

式中，G_e 为单元方向图。实际上，移相器通常作为收/发模块的一部分，使用有限数量的位数。因此，量化误差（理想相位和实际量化相位间的误差）对副瓣电平是有影响的。

MATLAB 函数 "*linear_array.m*"

函数 "*linear_array.m*" 计算并绘制实正弦分布的线性阵列增益方向图。语法如下：

[theta,patternr,patterng]=linear_array（Nr,dolr,theta0,winid,win,nbits）

其中：

符号	说明	单位	状态
Nr	阵列中的单元数	无	输入
dolr	单元间距（单位λ）	波长	输入
theta0	扫描角	度	输入
winid	−1：未加权 1：用 win 定义的窗加权	无	输入
win	副瓣控制的窗	无	输入
nbits	负#：理想量化 正#：用 2^{nbits} 量化电平	无	输入
theta	扫描可用的实际角度	度	输出
patternr	阵列方向图	dB	输出
patterng	增益方向图	dB	输出

第 15 章 相控阵天线

图 15.9 中基于 MATLAB 的图形用户界面（GUI）实现了此函数。这个 GUI 在以下假设情况下生成图 15.10 到图 15.18：

[theta,patternr,patterng]=linear_array（19，0.5，0，–1，–1，–3）;

[theta,patternr,patterng]=linear_array（19，0.5，0，–1，'hamming'，–3）;

[theta,patternr,patterng]=linear_array（19，0.5，5，–1，–1，3）;

[theta,patternr,patterng]=linear_array（19，0.5，5，1，'hamming'，3）;

[theta,patternr,patterng]=linear_array（19，0.5，25，1，'hamming'，3）;

[theta,patternr,patterng]=linear_array（19，1.5，48，–1，–1，–3）;

[theta,patternr,patterng]=linear_array（19，1.5，48，1，'hamming'，–3）;

[theta,patternr,patterng]=linear_array（19，1.5，–48，–1，–1，3）;

[theta,patternr,patterng]=linear_array（19，1.5，–38，1，'hamming'，3）;

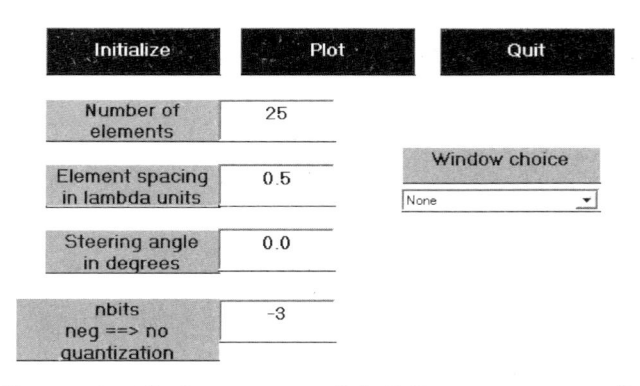

图 15.9　与函数"*linear_array.m*"相关的 MATLAB GUI 工作空间

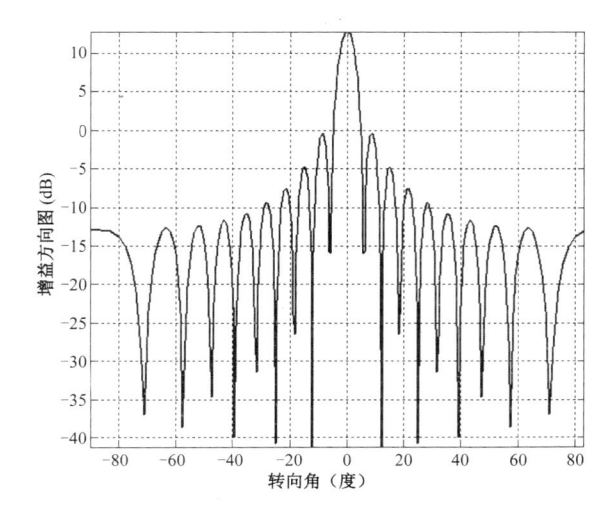

图 15.10　阵列增益方向图（$Nr = 19$；$dolr = 0.5$；$\theta_0 = 0°$；$win =$ 无；$nbits = -3$）

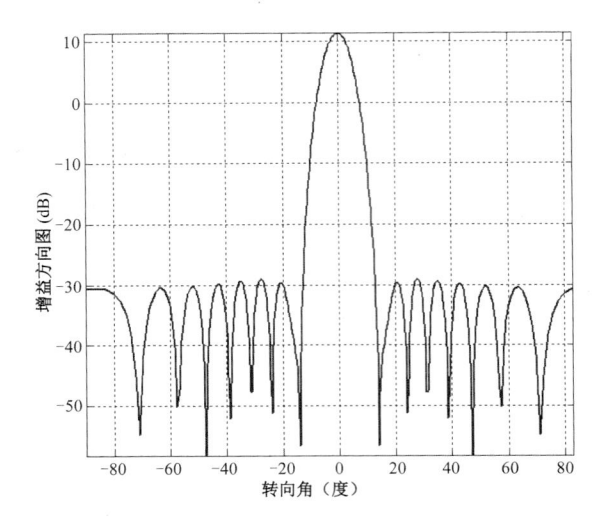

图 15.11　阵列增益方向图（$Nr = 19$；$dolr = 0.5$；$\theta_0 = 0°$；$win = Hamming$；$nbits = -3$）

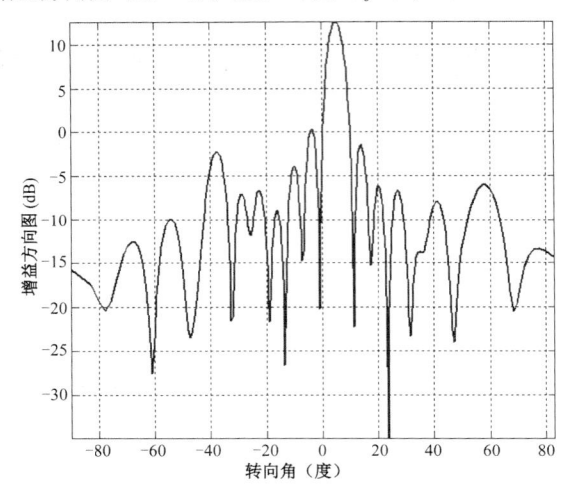

图 15.12　阵列增益方向图（$Nr = 19$；$dolr = 0.5$；$\theta_0 = 5°$；$win = $ 无；$nbits = 3$）

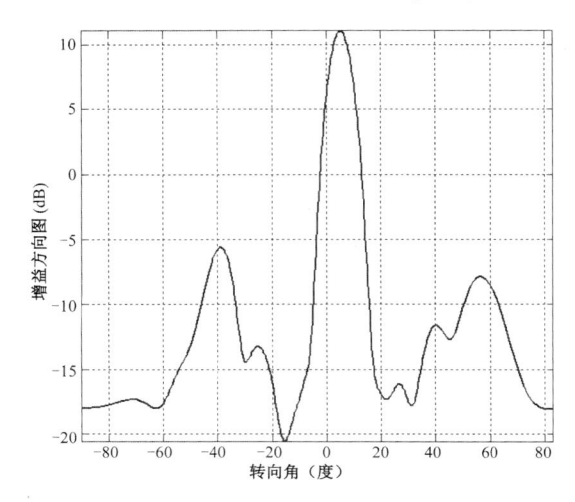

图 15.13　阵列增益方向图（$Nr = 19$；$dolr = 0.5$；$\theta_0 = 5°$；$win = Hamming$；$nbits = 3$）

第 15 章 相控阵天线

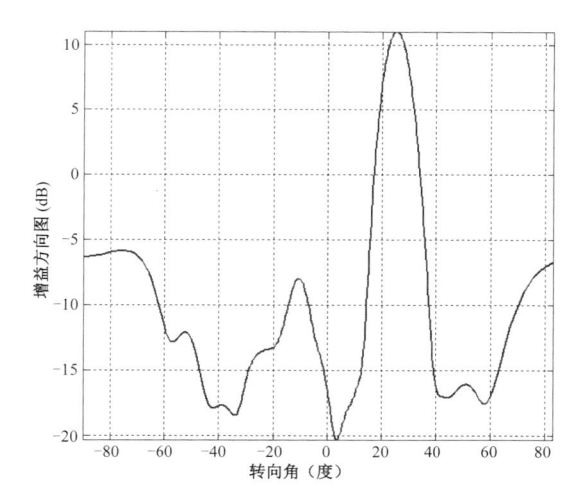

图 15.14 阵列增益方向图（$Nr = 19$；$dolr = 0.5$；$\theta_0 = 25°$；$win = Hamming$；$nbits = 3$）

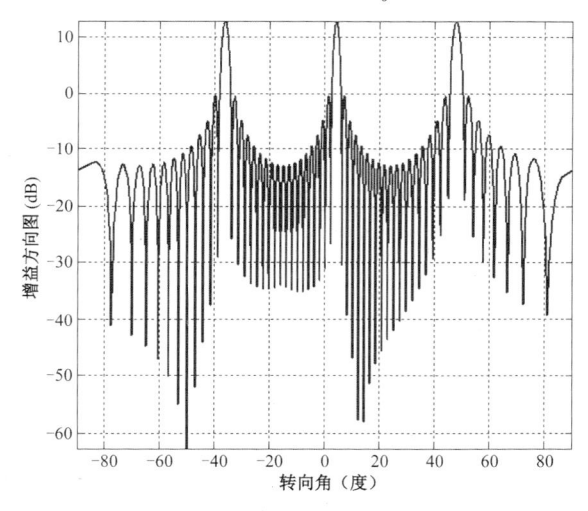

图 15.15 阵列增益方向图（$Nr = 19$；$dolr = 1.5$；$\theta_0 = 48°$；$win = $ 无；$nbits = -3$）

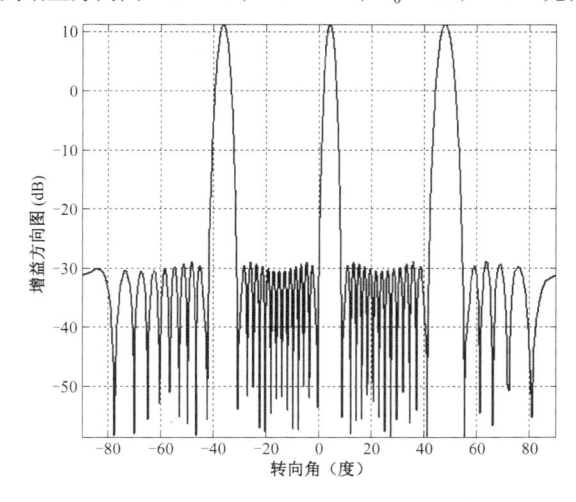

图 15.16 阵列增益方向图（$Nr = 19$；$dolr = 1.5$；$\theta_0 = 48°$；$win = Hamming$；$nbits = -3$）

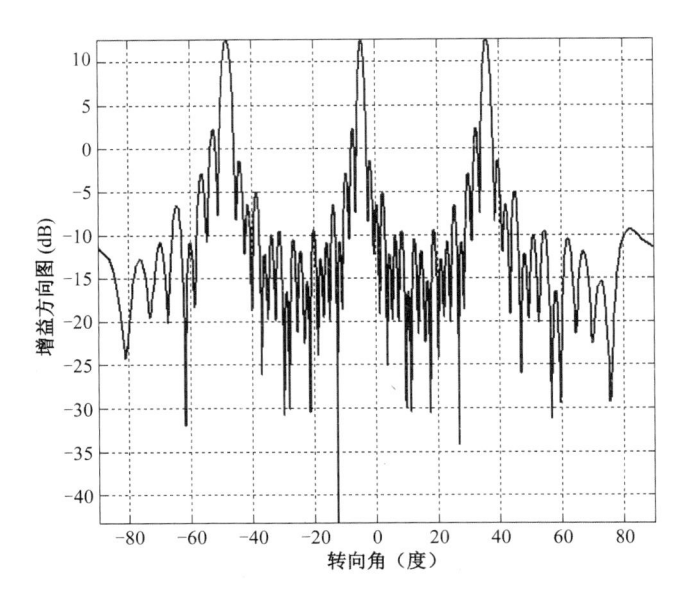

图 15.17　阵列增益方向图（$Nr = 19$；$dolr = 1.5$；$\theta_0 = -48°$；$win = $ 无；$nbits = 3$）

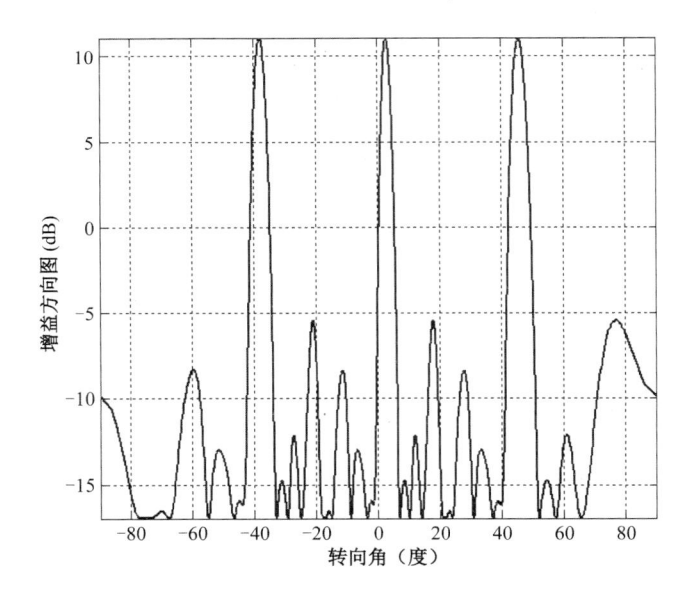

图 15.18　阵列增益方向图（$Nr = 19$；$dolr = 1.5$；$\theta_0 = -38°$；$win = Hamming$；$nbits = 3$）

15.5　平面阵列

平面阵列是线性阵列的自然延伸。平面阵列具有很多配置，取决于单元的间隔和所定义"网格"的分布。例子包括矩形的、圆形边界矩形的、圆形边界六边形的、圆形的、同轴圆形的网格，如图15.19所示。

平面阵列可以在仰角和方位(θ, ϕ)上扫描，图15.20 所示为矩形网格阵列。沿着x方向和y方向的单元间隔各自表示为d_x、d_y。任意平面天线在远场观测点处总的电场可用方程(15.24)和方程（15.25）计算。

(a) 矩形的　　(b) 圆形边界矩形的　　(c) 圆形的

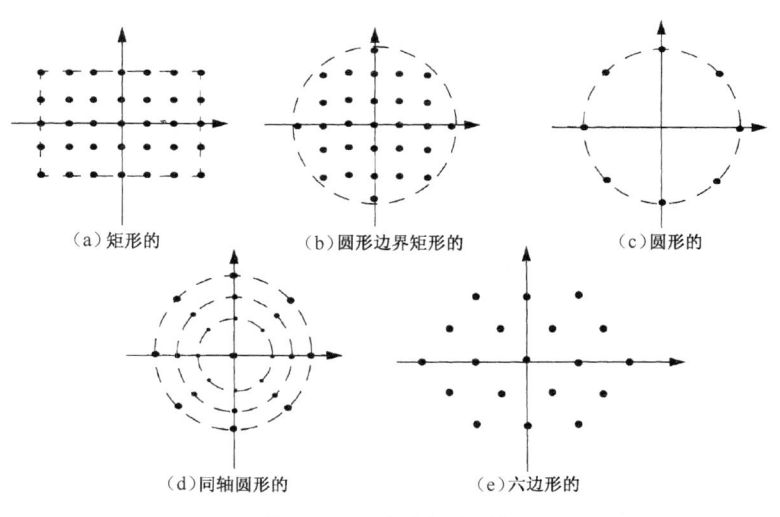

(d) 同轴圆形的　　(e) 六边形的

图 15.19　平面阵列网格

15.5.1　矩形网格阵列

考虑图 15.20 所示的 $N \times M$ 的矩形网格。点乘 $\vec{r}_i \cdot \vec{r}_0$，其中 $\vec{r}_i$ 向量为阵列中第 i 个单元的向量，$\vec{r}_0$ 为远场观测点的单位向量，可以线性分解为它的 x、y 分量。可以得到单元沿着 x、y 方向分布的电场分量为

$$E_x(\theta,\phi) = \sum_{n=1}^{N} I_{x_n} e^{j(n-1)kd_x \sin\theta \cos\phi} \tag{15.54}$$

$$E_y(\theta,\phi) = \sum_{m=1}^{N} I_{y_m} e^{j(m-1)kd_y \sin\theta \sin\phi} \tag{15.55}$$

远场观测点处总的电场给出为

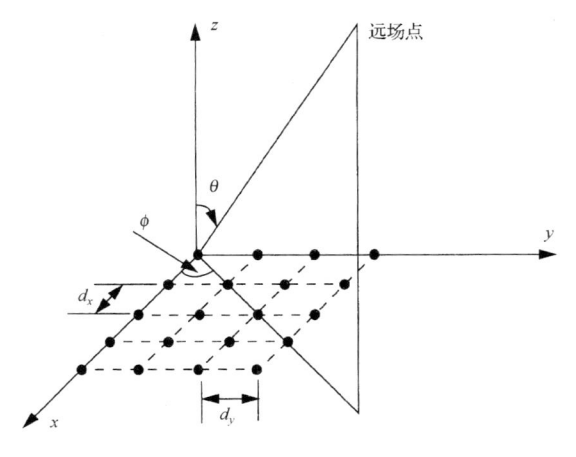

图 15.20　矩形阵列的几何关系

$$E(\theta,\phi) = E_x(\theta,\phi)E_y(\theta,\phi) = \left(\sum_{m=1}^{N} I_{y_m} e^{j(m-1)kd_y\sin\theta\sin\phi}\right)\left(\sum_{n=1}^{N} I_{x_n} e^{j(n-1)kd_x\sin\theta\cos\phi}\right) \quad (15.56)$$

方程（15.56）可以用方向余弦表示为

$$\begin{aligned} u &= \sin\theta\cos\phi \\ v &= \sin\theta\sin\phi \end{aligned} \quad (15.57)$$

$$\begin{aligned} \phi &= \operatorname{atan}\left(\frac{u}{v}\right) \\ \theta &= \operatorname{asin}\sqrt{u^2+v^2} \end{aligned} \quad (15.58)$$

可视区域即可定义为

$$\sqrt{u^2+v^2} \leqslant 1 \quad (15.59)$$

上式非常通用地表达了平面阵列的空间波束扫描能力，用 U、V 空间代替角度 θ、ϕ。图15.21所示为某给定的 θ、ϕ 方向的波束扫描转换到 U、V 空间。

矩形阵列的单程强度方向图等于各自方向图的乘积。对于均衡的激励（$I_{y_m} = I_{x_n} = $常数），更准确地说，

$$E(\theta,\phi) = \left|\frac{\sin\left(\dfrac{Nkd_x\sin\theta\cos\phi}{2}\right)}{\sin\left(\dfrac{kd_x\sin\theta\cos\phi}{2}\right)}\right| \left|\frac{\sin\left(\dfrac{Nkd_y\sin\theta\sin\phi}{2}\right)}{\sin\left(\dfrac{kd_y\sin\theta\sin\phi}{2}\right)}\right| \quad (15.60)$$

辐射方向图的最大值、零点、副瓣、栅瓣在 x 轴、y 轴上的计算和线性阵列的情况是相似的。另外，栅瓣控制的同样条件是可以应用的。注意，角度 ϕ 是对称的。

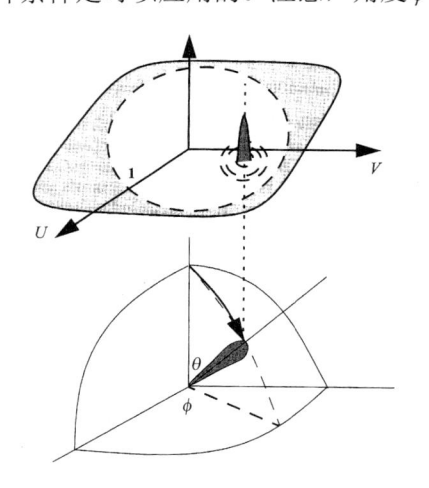

图 15.21 球坐标到 U、V 空间的转换

15.5.2 圆形网格阵列

几何关系如图15.19（c）所示。在这种情况下，N 个单元等间隔分布在半径为 a 的圆周上。为了实现这点，考虑图15.22所示的几何图形。从该几何图形，可得

$$\Phi_n = \frac{2\pi}{N} n \ ; \ n = 1, 2, \cdots, N \tag{15.61}$$

第 n 个单元的坐标为

$$\begin{aligned} x_n &= a \cos\Phi_n \\ y_n &= a \sin\Phi_n \\ z_n &= 0 \end{aligned} \tag{15.62}$$

得到

$$k(\vec{r}_n \cdot \vec{r}_0) = \Psi_n = k(a\sin\theta\cos\phi\cos\Phi_n + a\sin\theta\sin\phi\sin\Phi_n + 0) \tag{15.63}$$

上式可重新整理为

$$\Psi_n = ak\sin\theta(\cos\phi\cos\Phi_n + \sin\phi\sin\Phi_n) \tag{15.64}$$

利用恒等式 $\cos(A-B) = \cos A\cos B + \sin A\sin B$，方程（15.63）合并为

$$\Psi_n = ak\sin\theta\cos(\Phi_n - \phi) \tag{15.65}$$

最后，利用方程（15.25），远场的电场给出为

$$E(\theta,\phi;a) = \sum_{n=1}^{N} I_n \exp\left\{j\frac{2\pi a}{\lambda}\sin\theta\cos(\Phi_n - \phi)\right\} \tag{15.66}$$

式中，I_n 代表第 n 个单元的复合电流分布。当阵列主波束在 (θ_0, ϕ_0) 方向上，方程（15.65）具有下列形式：

$$E(\theta,\phi;a) = \sum_{n=1}^{N} I_n \exp\left\{j\frac{2\pi a}{\lambda}[\sin\theta\cos(\Phi_n - \phi) - \sin\theta_0\cos(\Phi_n - \phi_0)]\right\} \tag{15.67}$$

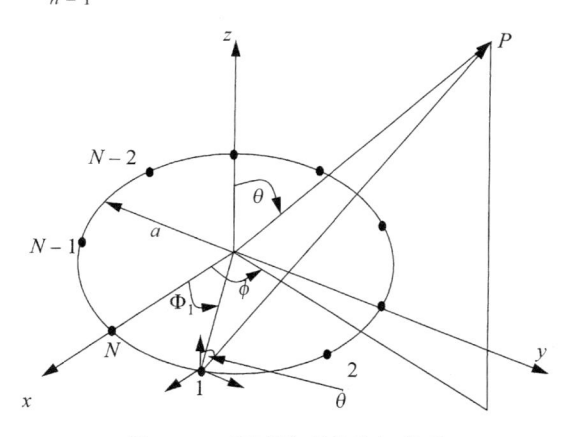

图 15.22 圆形阵列的几何关系

MATLAB 程序 "*circular_array.m*"

MATLAB 程序 "*circular_array.m*" 计算并绘出一个圆形阵列当 ϕ 为常数平面时，矩形和极化阵列方向图与 θ 的关系。该程序的输入参数为

符 号	描 述	单 位
a	圆形阵列半径	λ
N	单元个数	无
theta0	θ 的主方向	度
phi0	ϕ 的主方向	度
Variations	'Theta'或'Phi'	无
phid	常数 ϕ 平面	度
thetad	常数 θ 平面	度

作为一个例子，考虑下列两种情况，输入使用表 15.2 中的定义。

表 15.2 表中的参数可用于图 15.23 到图 15.32

参 数	情况 I	情况 II
a	1.0	1.5
N	10	10
$\theta 0$	45	45
$\phi 0$	60	60
variation	'Theta'	'Phi'
ϕ_d	60	60
θ_d	45	45

图 15.23 和图 15.24 分别给出了对应于情况 I 的参数，用相对幅度表示的阵列方向图及功率方向图与角度 θ 的关系。图 15.25 和图 15.26 与图 15.23 和图 15.24 相似，但在这种情况下，方向图用极坐标绘制。图 15.27 绘出了归一化的单个单元的方向图图形（左上角），归一化的阵列因子（右上角），以及整个阵列的方向图（左下角）。图 15.28 到图 15.32 类似于图 15.23 到图 15.27，除了在这种情况下，输入参数对应于情况 II。

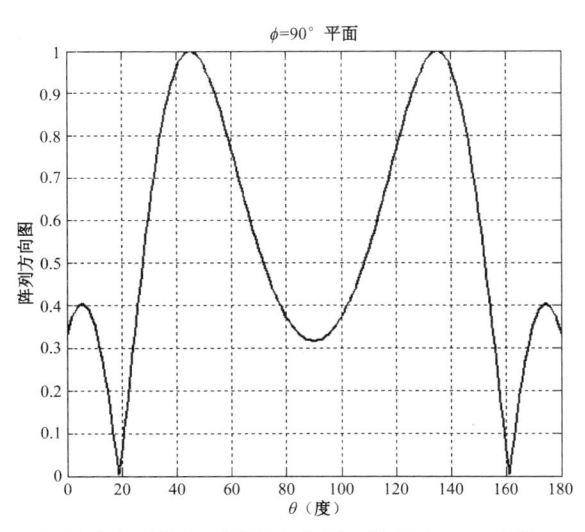

图 15.23 一个圆形阵列的阵列因子方向图，使用表 15.2 中情况 I 定义的参数

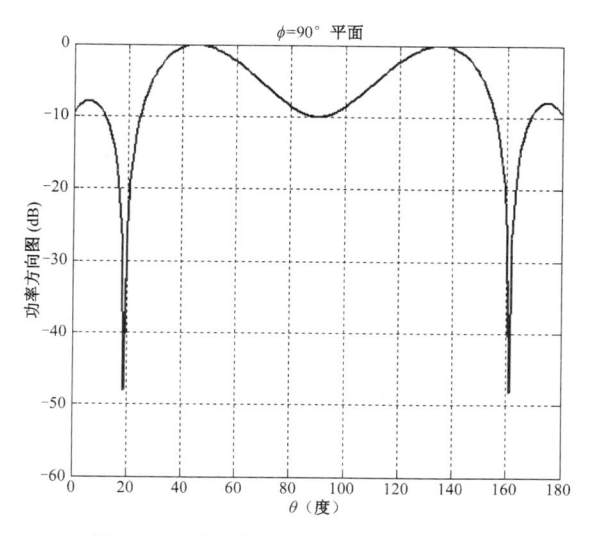

图 15.24　与图 15.23 相同，使用 dB 刻度

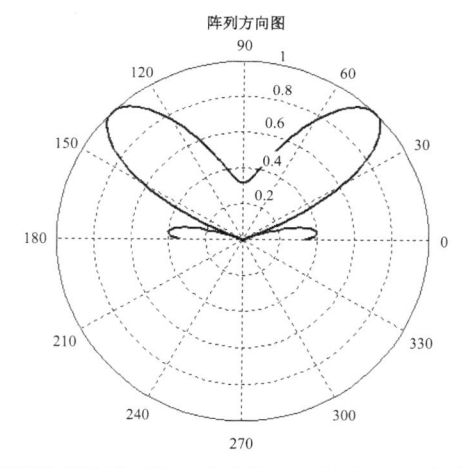

图 15.25　一个圆形阵列的阵列因子方向图，使用表 15.2 中情况 I 定义的参数

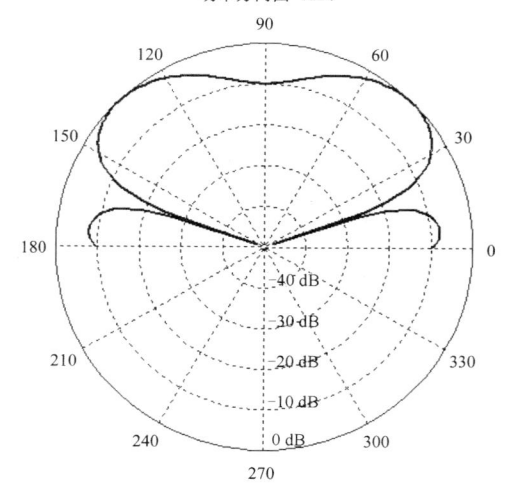

图 15.26　与图 15.25 相同，使用 dB 刻度

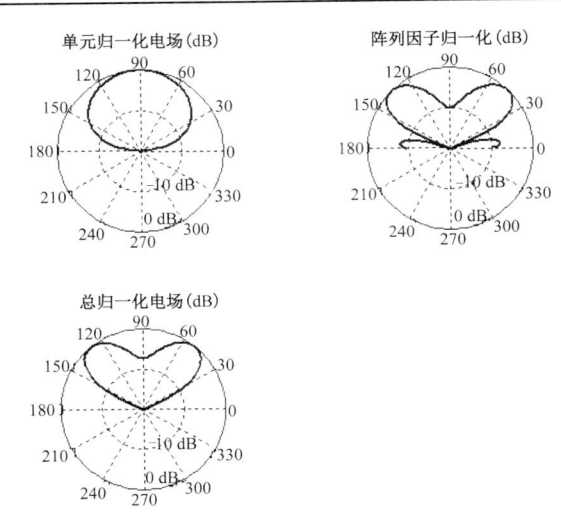

图 15.27 使用表 15.2 中的情况 I 定义的参数时的单元方向图、阵列因子方向图及总方向图

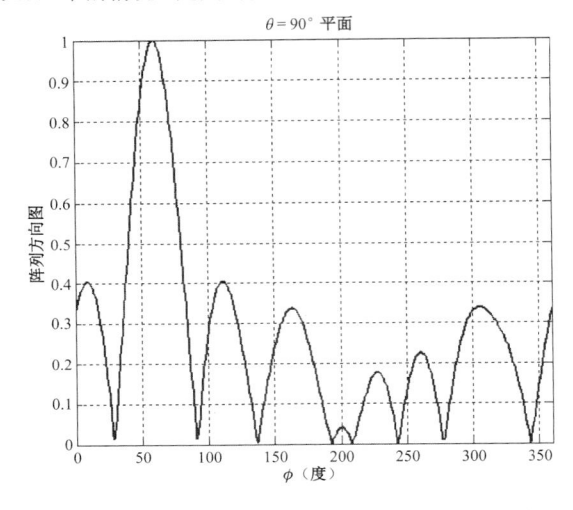

图 15.28 一个圆形阵列的阵列因子方向图，使用表 15.2 中情况 II 定义的参数

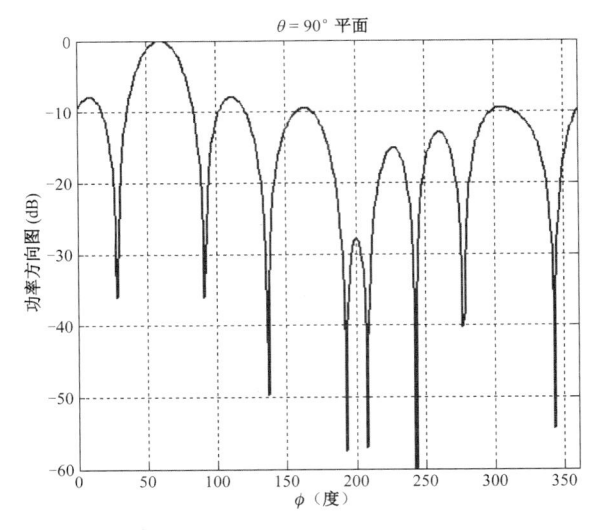

图 15.29 与图 15.28 相同，使用 dB 刻度

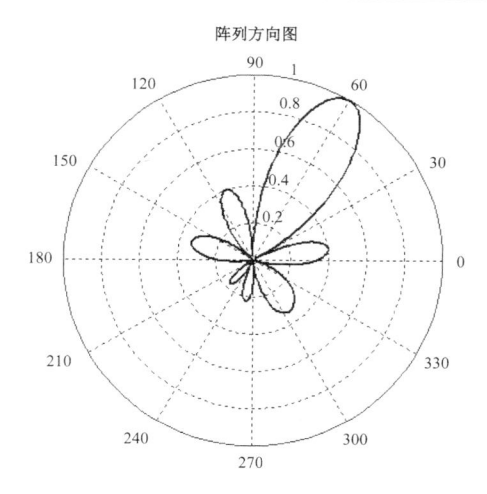

图 15.30　一个圆形阵列的阵列因子方向图，使用表 15.2 中情况 II 定义的参数

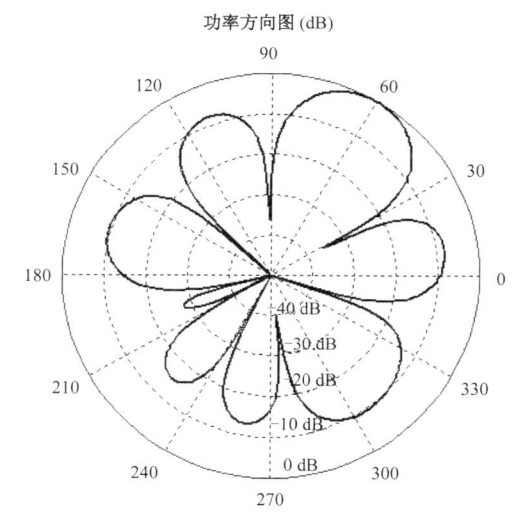

图 15.31　与图 15.30 相同，使用 dB 刻度

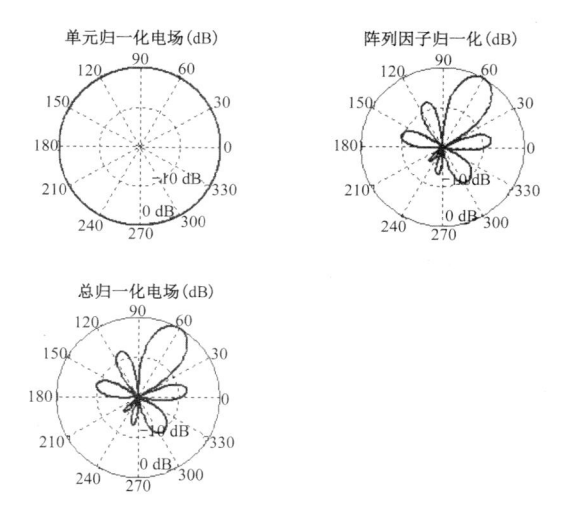

图 15.32　使用表 15.2 中的情况 II 定义的参数时的单元方向图、阵列因子方向图及总方向图

15.5.3 同轴网格圆形阵列

几何关系如图15.33 所示。在这种情况下，N_2 个单元等间隔分布在半径为 a_2 的圆周上，而其他 N_1 个单元等间隔分布在半径为 a_1 的圆周上。位于两个圆中心的单元用做相位参考。在这种配置下，阵列中共有 $N_1 + N_2 + 1$ 个单元。

阵列方向图的推导分为两步。首先，分别计算相应的线性分布的带有 N_1、N_2 单元的同轴圆形阵列和中心单元的阵列方向图。然后，总的阵列方向图为对应的两个同轴阵列和中心单元的方向图相加。同一天线单元的单元方向图用第一步考虑。因此，总的方向图变为

$$E(\theta, \phi) = E_1(\theta, \phi; a_1) E_2(\theta, \phi; a_2) E_0(\theta, \phi) \tag{15.68}$$

图15.34 绘出了参数 $a_1 = 1\lambda$、$N_1 = 8 = N_2$、$a_2 = 2\lambda$ 时，一个同心圆阵列在 θ 和 ϕ 空间中的3D 图形。

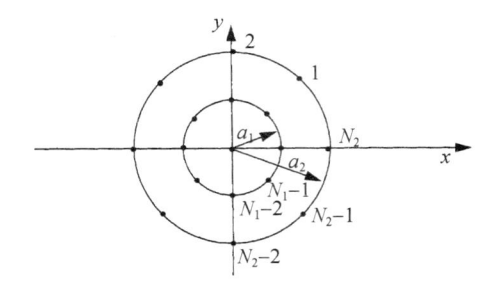

图 15.33 同轴圆形阵列的几何关系

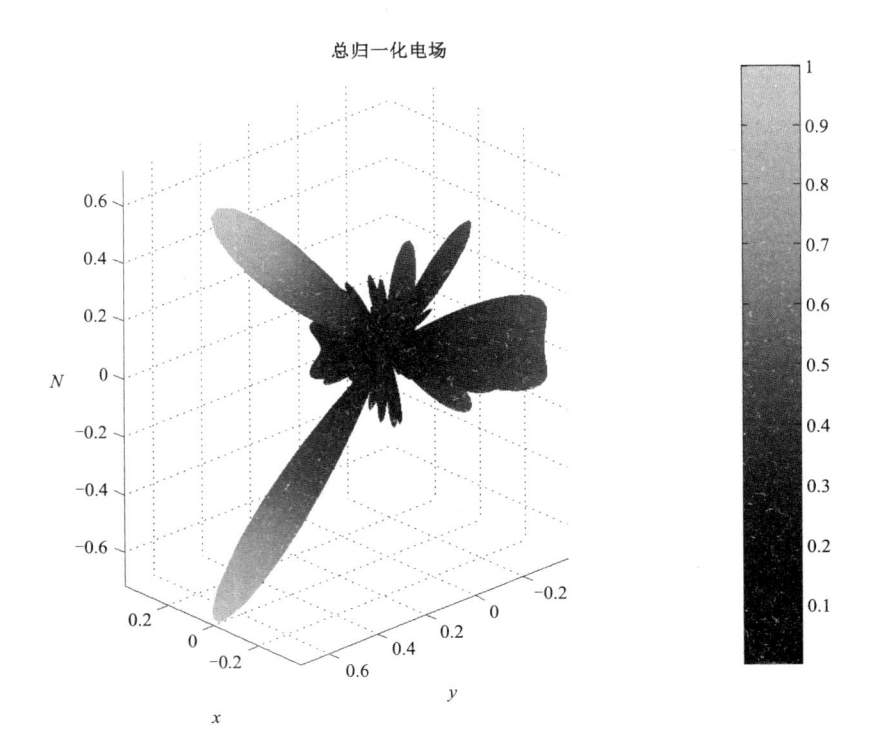

图 15.34 三维阵列方向图——同心圆阵列；$\theta = 45°$，$\phi = 90°$

15.5.4 带圆形边界的矩形网格阵列

这种配置相关联的远场电场很容易从对应的矩形网格得到。为了完成这个任务，遵循以下步骤：首先，选择沿着圆的直径为所需要的最大数量的单元，表示为 N_d。接着，选择相关联的单元间隔为 d_x、d_y。定义一个尺寸为 $N_d \times N_d$ 的矩形阵列。画一个圆心在$(x, y) = (0, 0)$、半径为 r_d 的圆，其中

$$r_d = \frac{N_d - 1}{2} + \Delta x \tag{15.69}$$

且 $\Delta x \leq d_x/4$。最后，通过乘以两维序列 $a(m, n)$ 来修改加在矩形阵列上的加权函数，其中

$$a(m, n) = \begin{Bmatrix} 1; & 如果到第(m, n)单元的 dis < r_d \\ 0; & 其他 \end{Bmatrix} \tag{15.70}$$

式中，距离 dis 是从圆的中心测量的，如图15.35 所示。

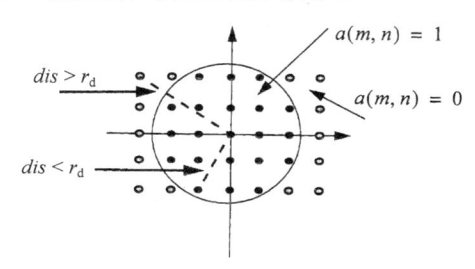

图 15.35 实心点的单元，$a(m, n) = 1$；其他单元，$a(m, n) = 0$

15.5.5 六边形网格阵列

这一节所提供的分析方法仅限于圆形边界的六边形阵列。水平单元间隔表示为 d_x，垂直单元间隔为

$$d_y = \frac{\sqrt{3}}{2} d_x \tag{15.71}$$

假设该阵列沿着 x 轴（$y = 0$）具有最大数量的相同单元。数量表示为 N_x，其中 N_x 为奇数（为了得到对称的阵列），其中一个单元位于$(x, y) = (0, 0)$处。阵列中行的数量表示为 M，以 m 为标识的水平行，从 $-(N_x-1)/2$ 变化到 $(N_x-1)/2$。第 m 行的单元数量表示为 N_r，定义如下式：

$$N_r = N_x - |m| \tag{15.72}$$

远场观测点的电场用方程（15.24）和方程（15.25）计算。第(m, n)位置相关联的相位为

$$\Psi_{m,n} = \frac{2\pi d_x}{\lambda} \sin\theta \left[\left(m + \frac{n}{2}\right)\cos\phi + n\frac{\sqrt{3}}{2}\sin\phi \right] \tag{15.73}$$

MATLAB 函数 "rect_array.m"

函数 "rect_array.m" 计算并画出可见的 U、V 空间中矩形天线增益方向图。语法如下：

[pattern] = rect_array(Nxr, Nyr, dolxr, dolyr, theta0, phi0, winid, win, nbits)

其中：

符　号	说　　明	单　位	状　态
Nxr	沿 x 方向的单元数量	无	输入
Nyr	沿 y 方向的单元数量	无	输入
dolxr	沿 x 方向的单元间隔	λ	输入
dolyr	沿 y 方向的单元间隔	λ	输入
theta0	仰角扫描角度	度	输入
phi0	方位扫描角度	度	输入
winid	−1：未加权 1：用定义的窗加权	无	输入
win	控制副瓣的窗	无	输入
nbits	负#：理想量化 正#：用 2^{nbits} 量化电平	无	输入
pattern	天线增益	dB	输出

为该程序开发的基于 GUI 工作空间的 MATLAB 程序称为"*array.m*"，如图 15.36 所示；建议用户使用这个 MATLAB 的 GUI 工作空间来产生和这些要求匹配的天线增益方向图。图 15.37 到图 15.42 给出了下列情形中 U、V 空间的天线增益方向图：

　　　　Case I: [pattern] = rect_array (15, 15, 0.5, 0.5, 0, 0, −1, −1, −3)
　　　　Case II: [pattern] = rect_array (15, 15, 0.5, 0.5, 20, 30, −1, −1, −3)
　Case III: [pattern] = rect_array (15, 15, 0.5, 0.5, 45, 45, 1 ,'Hamming', −3)
　　　　Case IV: [pattern] = rect_array (15, 15, 0.5, 0.5, 10, 20, −1, −1, 3)
　　　　Case V: [pattern] = rect_array (15, 15, 1, 0.5, 20, 25, −1, −1, −3)
　　　　Case VI: [pattern] = rect_array (15, 15, 1.25, 1.25, 0, 0, −1, −1, −3)

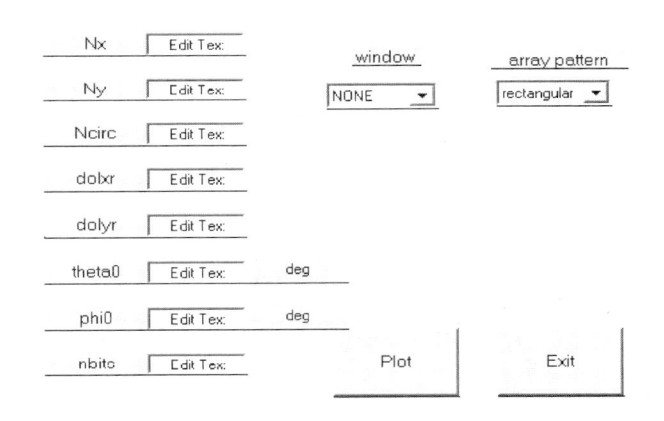

图 15.36　MATLAB GUI 工作空间 "*array.m*"

第 15 章　相控阵天线

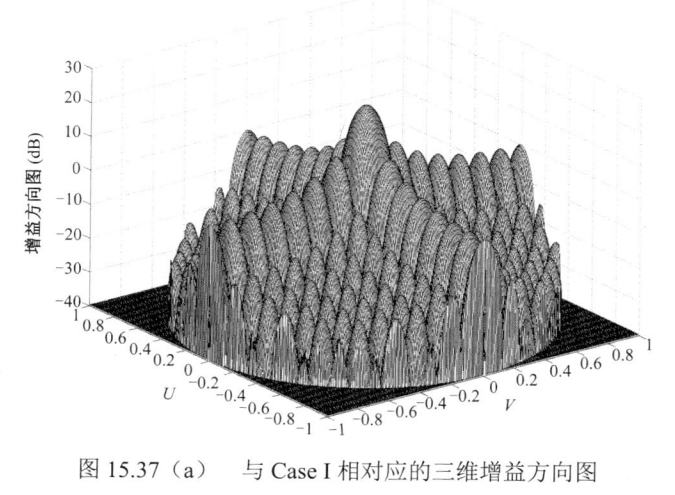

图 15.37（a）　与 Case I 相对应的三维增益方向图

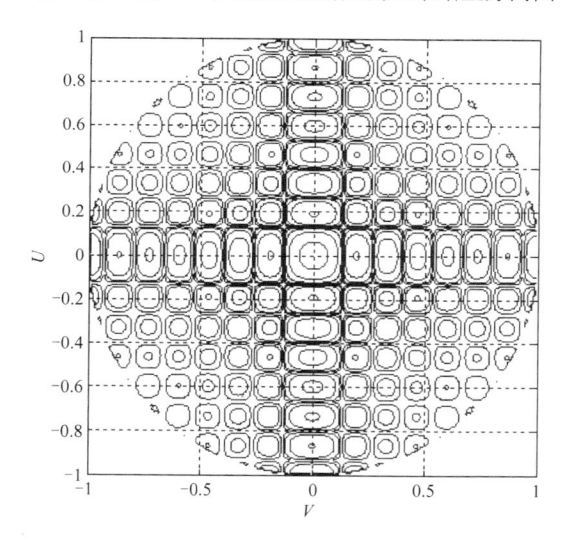

图 15.37（b）　与 Case I 相对应的等值线图

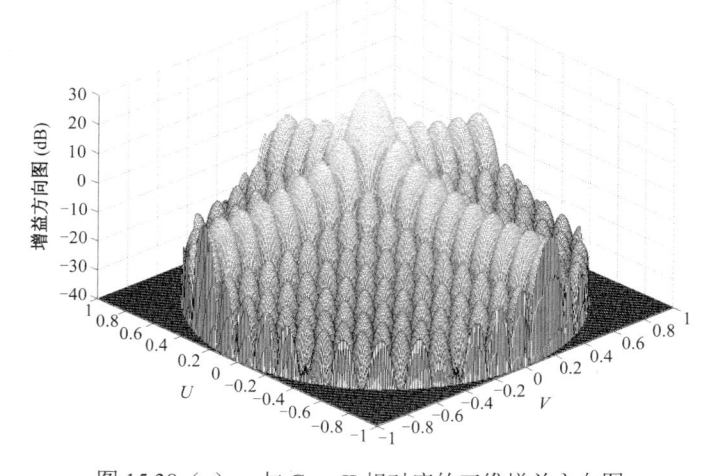

图 15.38（a）　与 Case II 相对应的三维增益方向图

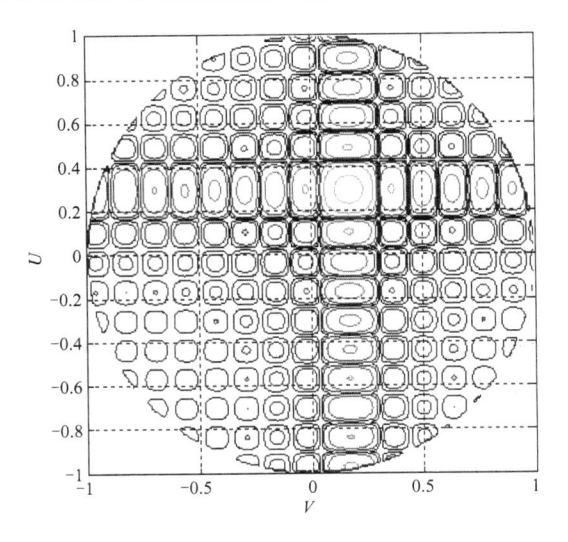

图 15.38（b）　与 Case II 相对应的等值线图

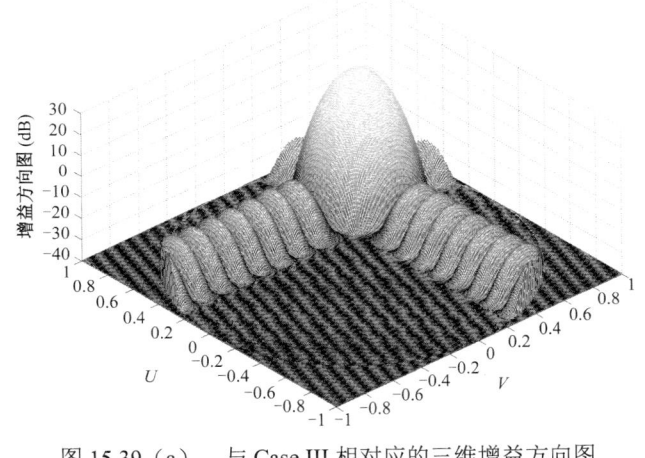

图 15.39（a）　与 Case III 相对应的三维增益方向图

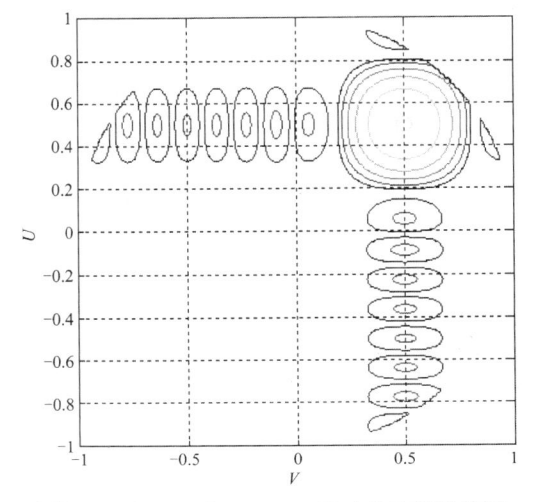

图 15.39（b）　与 Case III 相对应的等值线图

第 15 章 相控阵天线

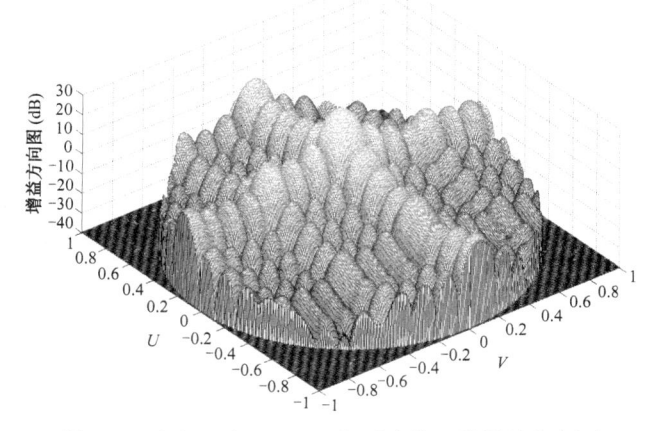

图 15.40（a）　与 Case IV 相对应的三维增益方向图

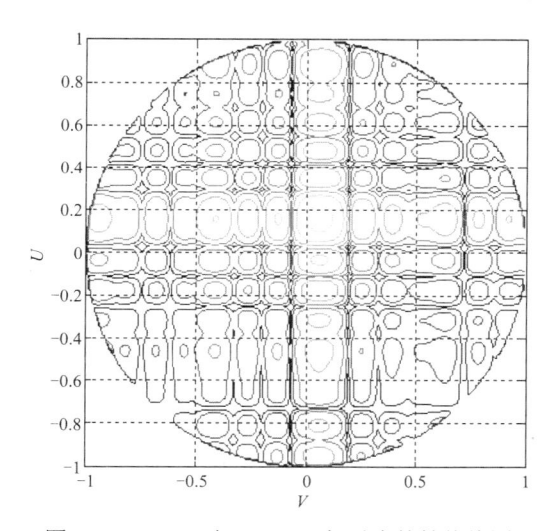

图 15.40（b）　与 Case IV 相对应的等值线图

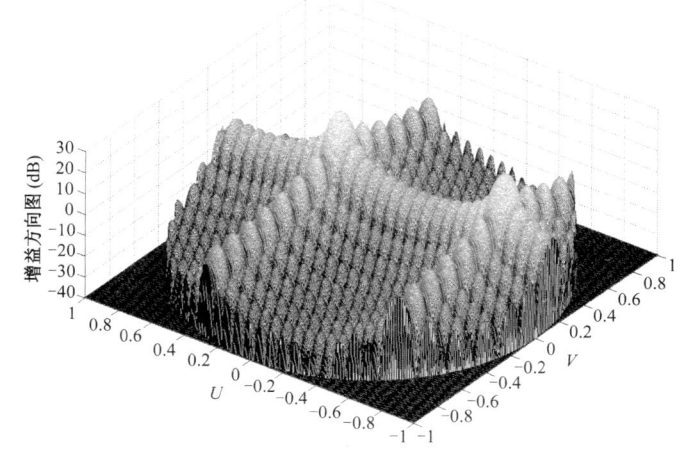

图 15.41（a）　与 Case V 相对应的三维增益方向图

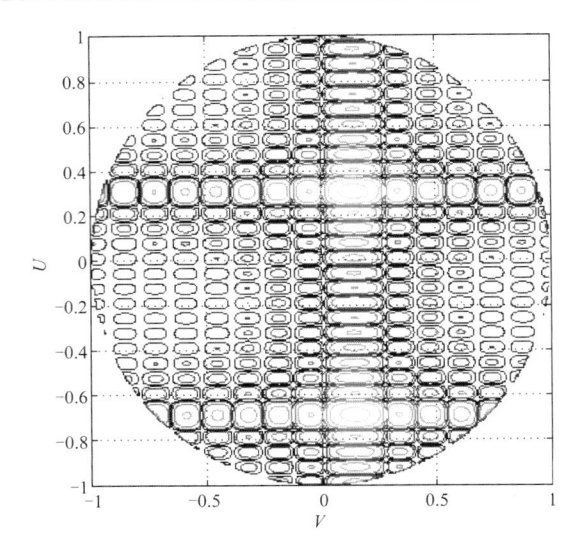

图 15.41（b） 与 Case V 相对应的等值线图

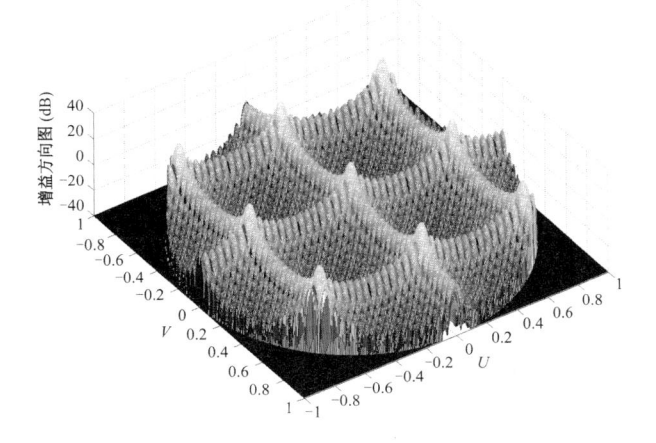

图 15.42（a） Case VI 相对应的三维增益方向图

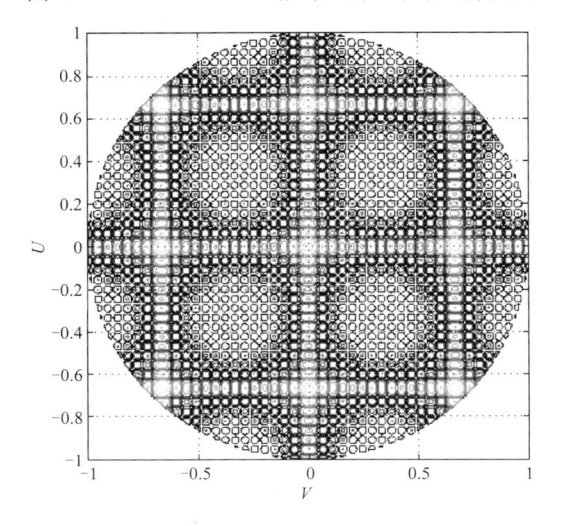

图 15.42（b） 与 Case VI 相对应的等值线图

MATLAB 函数"circ_array.m"

函数"circ_array.m"计算并画出可见的 U、V 空间中圆形阵列边界的矩形网格天线增益方向图。语法如下：

[pattern，amn] = circ_array（N,dolxr, dolyr, theta0, phi0, winid, win, nbits）;

其中：

符 号	说 明	单 位	状 态
N	沿直径方向的单元数量	无	输入
$dolxr$	沿 x 方向的单元间隔	λ	输入
$dolyr$	沿 y 方向的单元间隔	λ	输入
$theta0$	仰角扫描角度	度	输入
$phi0$	方位扫描角度	度	输入
$winid$	−1：未加权 1：用定义的窗加权	无	输入
win	控制副瓣的窗	无	输入
$nbits$	负#：理想量化 正#：用 2^{nbits} 量化电平	无	输入
$patterng$	天线增益	dB	输出
amn	方程（15.68）定义的序列 $a(m,n)$	无	输出

图15.43 到图 15.48 给出了下列情形中和扫描相对应的天线增益方向图：

Case I: [pattern,amn] = cir_array（15, 0.5, 0.5, 0, 0, −1, −1, −3）
Case II: [pattern,amn] = cir_array（15, 0.5, 0.5, 20, 30, −1, −1, −3）
Case III: [pattern,amn] = cir_array（15, 0.5, 0.5, 30, 30, 1, 'Hamming', −3）
Case IV: [pattern,amn] = cir_array（15, 0.5, 0.5, 30, 30, −1, −1, 3）
Case V: [pattern,amn] = cir_array（15, 1, 0.5, 30, 30, −1, −1, −3）
Case VI: [pattern,amn] = cir_array（15, 1, 1, 0, 0, −1, −1, −3）

注意，函数"circ_array.m"用函数"rec_to_circ.m"来计算数组 $a(m, n)$。也请注意选择 GUI 上的"Ncirc"选项，在这种情况下也可使用图 15.36 中给出的 GUI 工作空间，这里"Ncirc"指沿直径的阵列单元个数。

程序"array.m"也画出了阵列的单元间隔。图 15.49（a）和图 15.49（b）给出了两个例子。"x's"表示实际有效的阵列单元的位置，而"o's"表示虚拟的或虚构的用于计算目的阵列单元的位置。更准确地说，图 15.49（a）所示为用方程（15.67）和方程（15.68）所定义的圆形边界的矩形网格，其中 $d_x = d_y = 0.5\lambda$，$a = 0.35\lambda$。图 15.49（b）的配置类似，除了 $d_x = 1.5\lambda$，$d_y = 0.5\lambda$。

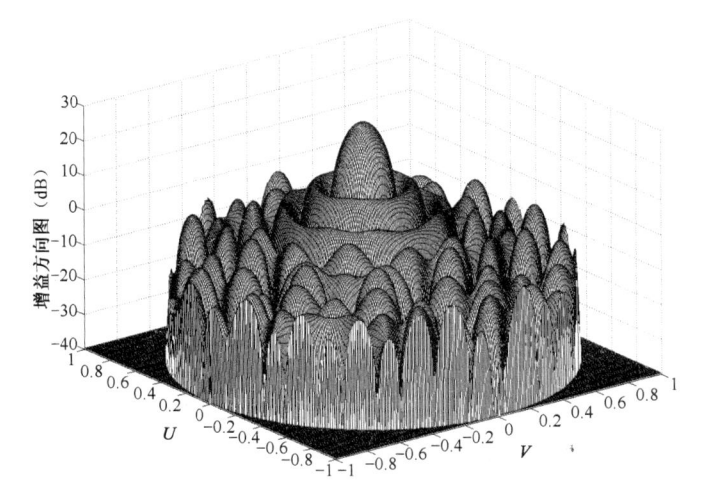

图 15.43（a） 与 Case I 相对应的三维增益方向图

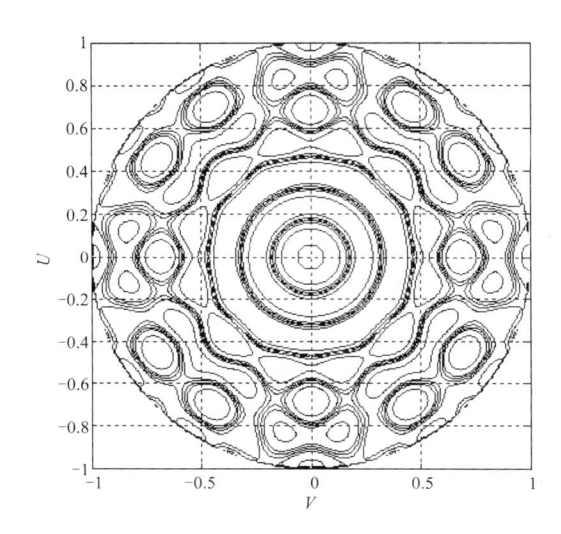

图 15.43（b） 与 Case I 相对应的等值线图

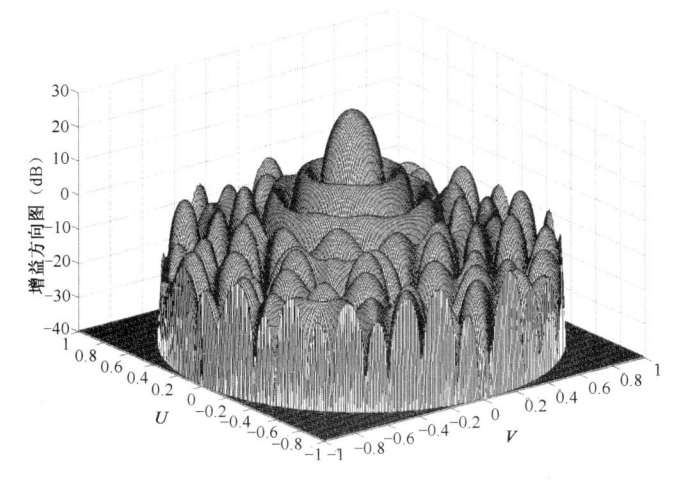

图 15.44（a） 与 Case II 相对应的三维增益方向图

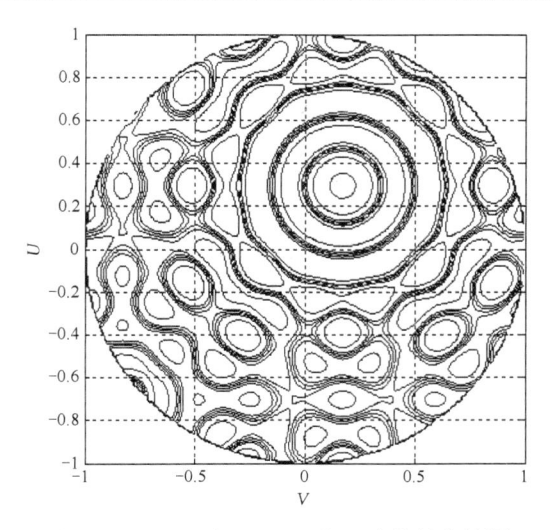

第 15 章 相控阵天线 487

图 15.44（b） 与 Case II 相对应的等值线图

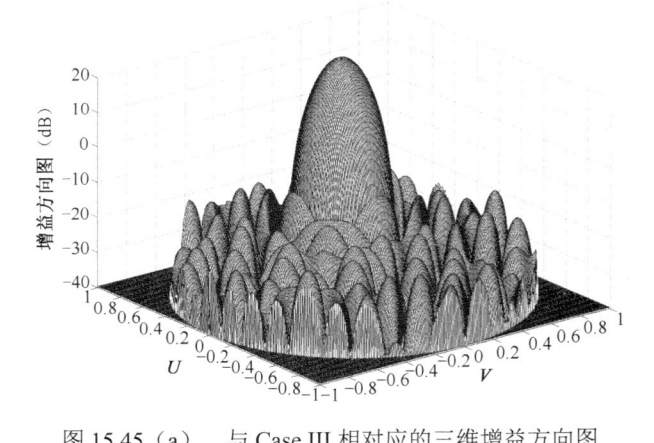

图 15.45（a） 与 Case III 相对应的三维增益方向图

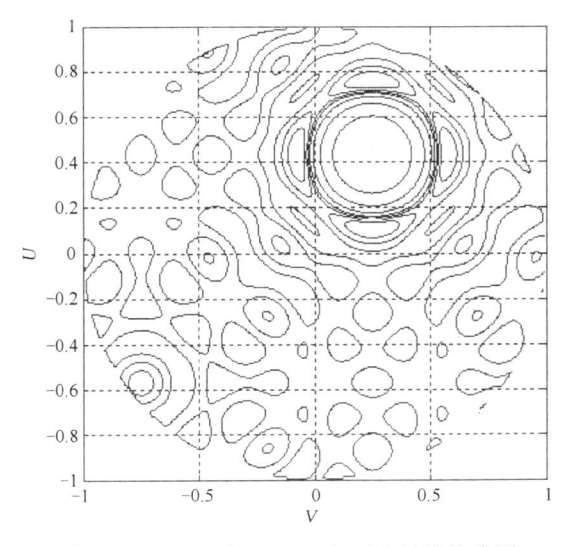

图 15.45（b） 与 Case II 相对应的等值线图

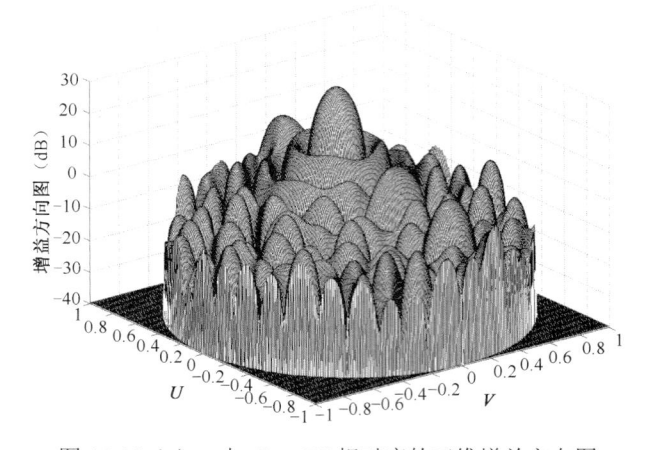

图 15.46（a） 与 Case IV 相对应的三维增益方向图

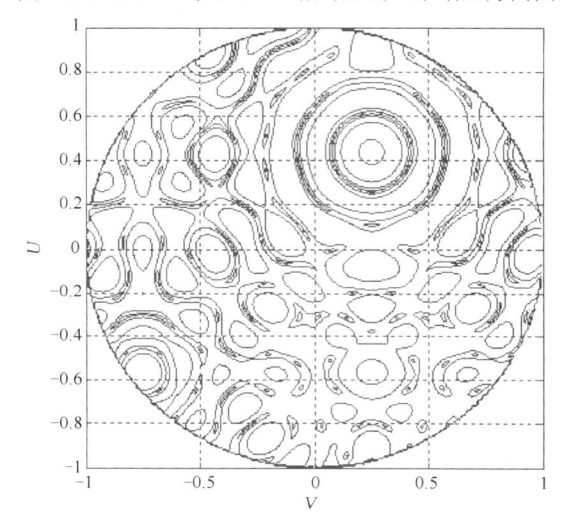

图 15.46（b） 与 Case III 相对应的等值线图

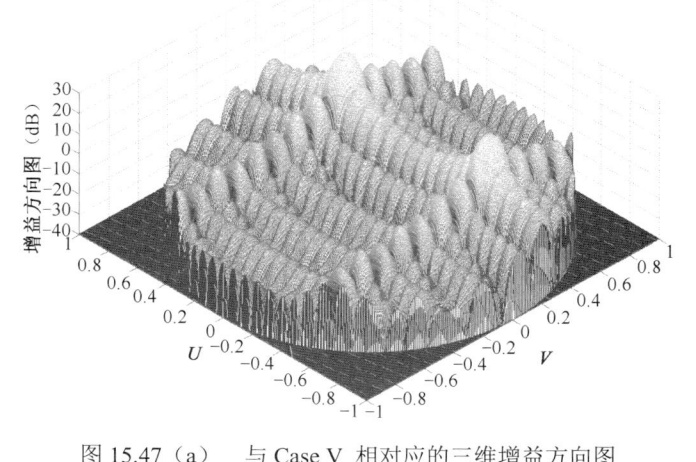

图 15.47（a） 与 Case V 相对应的三维增益方向图

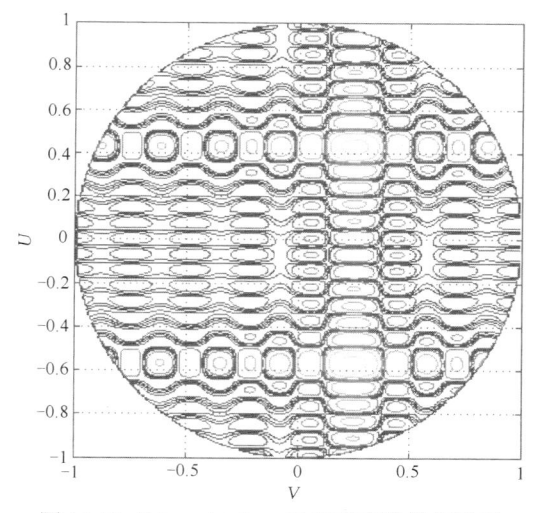

图 15.47（b） 与 Case V 相对应的等值线图

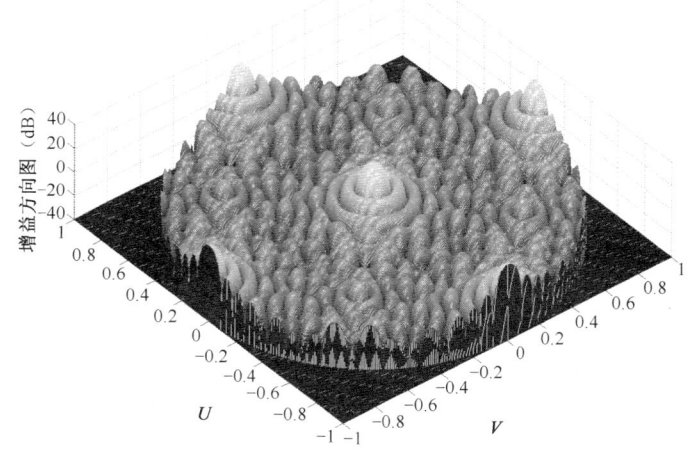

图 15.48（a） 与 Case VI 相对应的三维增益方向图

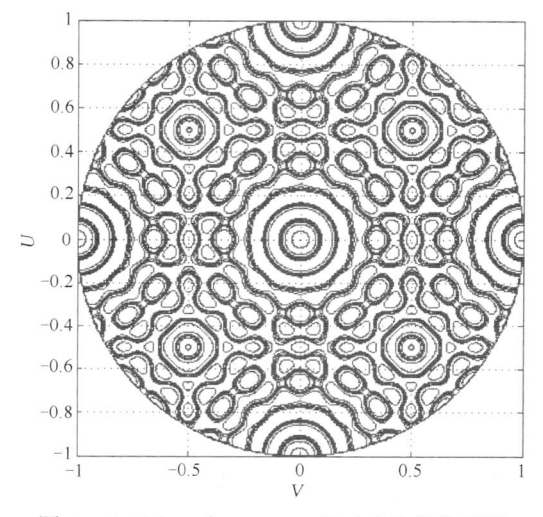

图 15.48（b） 与 Case VI 相对应的等值线图

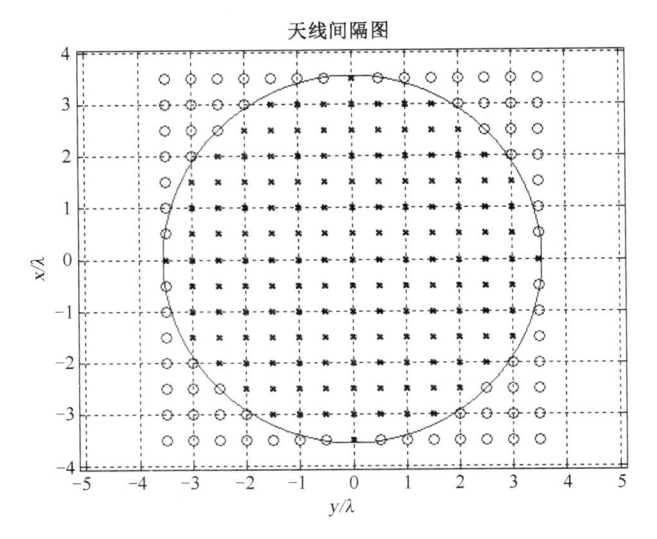

图 15.49（a） 圆形边界的矩形网格构成的 15 单元圆形阵列（单元间隔 $d_x = 0.5\lambda = d_y$）

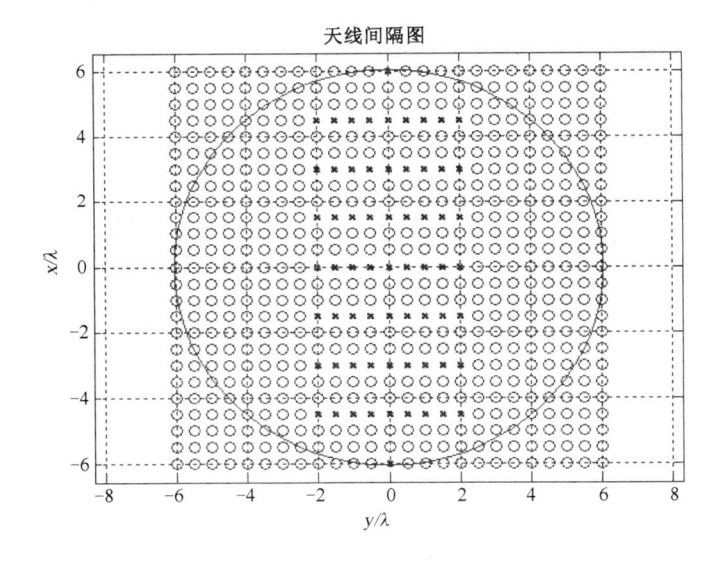

图 15.49（b） 圆形边界的矩形网格构成的 15 单元圆形阵列（单元间隔 $d_y = 0.5\lambda$，$d_x = 1.5\lambda$）

15.6 阵列天线扫描损失

当波束从天线的视轴或顶点（垂直阵面）扫描时，相控阵天线会遭遇增益损失。这个损失源于天线有效孔径变小而波束变宽的事实，如图15.50所示。天线增益的这个损失称为扫描损失 L_scan：

$$L_\text{scan} = \left(\frac{A}{A_\theta}\right)^2 = \left(\frac{G}{G_\theta}\right)^2 \tag{15.74}$$

A_θ 为扫描角度 θ 的有效孔径区域，G_θ 为同一角度的有效天线增益。

扫描角度 θ 的波束宽度为

$$\Theta_\theta = \frac{\Theta_{\text{broadside}}}{\cos\theta} \qquad (15.75)$$

由于大的扫描角度会增加扫描损失。为了限定扫描损失在可接受的实际值范围内，大部分阵列天线电扫不会超出 $\theta = 60°$。这样的阵列天线称为全视野（FFOV）天线。FFOV 阵列采用单元间隔为 0.6λ 或更小以避免栅瓣。FFOV 阵列的扫描损失近似为

$$L_{\text{scan}} \approx (\cos\theta)^{2.5} \qquad (15.76)$$

限制电扫在 $\theta = 60°$ 内的阵列称为限制视野（LFOV）阵列。在这种情况下，扫描损失为

$$L_{\text{scan}} = \left[\frac{\sin\left(\frac{\pi d}{\lambda}\sin\theta\right)}{\frac{\pi d}{\lambda}\sin\theta}\right]^{-4} \qquad (15.77)$$

图 15.51 给出了扫描损失和扫描角度的关系。该图可以使用 MATLAB 程序 "*Fig15_50.m*" 重新生成，列在附录 15-A 中。

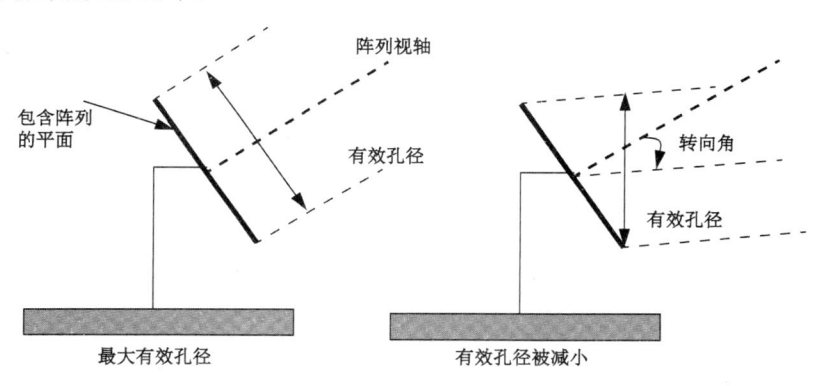

图 15.50　由电扫描引起的天线有效孔径衰减

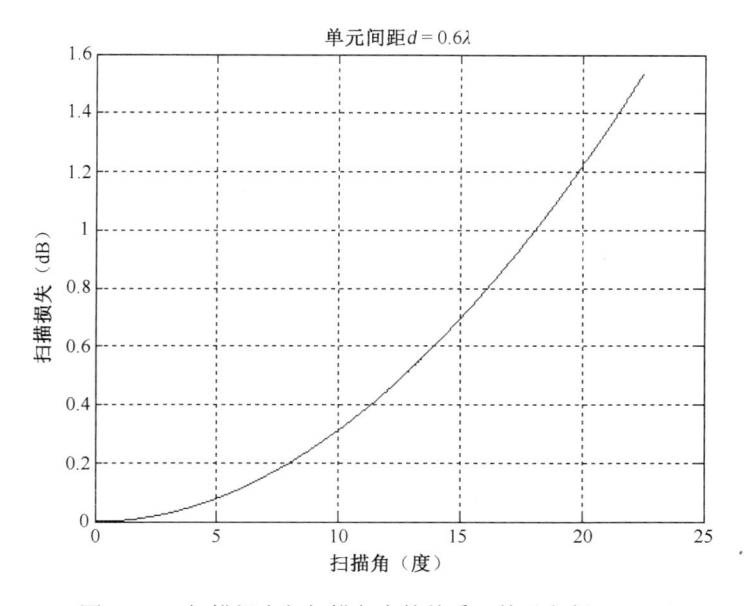

图 15.51　扫描损失与扫描角度的关系，基于方程（15.77）

15.7 多输入多输出（MIMO）——线性阵列

本节介绍了一种多输入多输出（MIMO）目标检测技术。本节根据 Mahafza[①]等人（1996）的研究工作。如图 15.52 中所述，在这种方法中每个阵列单元（或子阵列，超单元）有自己的接收通道。假设雷达发射一串 N 个脉冲，这里 N 等于阵列的单元个数。假设发射脉冲的参考相位从阵列中的第一个单元（当发射脉冲串中的第一个脉冲时）开始线性移动到阵列中的最后一个单元（当发射脉冲串中的最后一个脉冲时）。在这种方式中，共收集到 N^2 个复数回波，并将它们存储在存储器中。如后面将要解释的，总共有(2N–1)个等双程相位的不同回波。因此合成出一个实际阵列为两倍大的阵列；所以在标题中用了术语"合成"。与标准工作相比，这个合成阵列有效地将角分辨率扩大了两倍，并且大大提高了 SNR。

考虑图 15.52 中所示的阵列。发射了一串共 N 个脉冲，其中第 n 个脉冲的相位参考是单元 n 的物理中心。在相等双程几何相位的基础上，回波信号被相干收集并存储起来。合成了一个复数信息序列 $\{b(m); m = 0, 2N-2\}$。计算双程阵列方向图作为 $\{b(m)\}$ 的幅度谱。合成序列有天生的三角窗，副瓣大约为–27 dB，因此可能不需要额外的锥削。

对于每一个发射脉冲都有总共 N 个回波信号。对应于第 i 个单元发射、第 j 个单元接收的回波信号的双程相位计算得到

$$b(n) = e^{jk(\mathbf{r}_i \cdot \mathbf{r}_0 + \mathbf{r}_j \cdot \mathbf{r}_0)} = e^{j\phi_i} e^{j\phi_j} \qquad (15.78)$$

$$m = i + j; \quad (i, j) = 0, N-1 \qquad (15.79)$$

$$b(m) = p(i,j) \exp(j\phi_i) \exp(j\phi_j) \qquad (15.80)$$

$$\phi_i = \left(-\left(\frac{N-1}{2}\right) + i\right) \Delta\theta \qquad (15.81)$$

$$\phi_j = \left(-\left(\frac{N-1}{2}\right) + j\right) \Delta\theta \qquad (15.82)$$

$$\Delta\theta = \frac{2\pi d}{\lambda} \sin\theta \qquad (15.83)$$

式中 $\mathbf{r}_i \cdot \mathbf{r}_0$ 和 $\mathbf{r}_j \cdot \mathbf{r}_0$ 分别是向量 $\mathbf{r}_0$ 与 $\mathbf{r}_i$ 和 $\mathbf{r}_j$ 间的点乘。向量 $\mathbf{r}_0$ 是阵列的相位参考点（在本分析中取做阵列的中心点）与远场目标间的照射；向量 $\mathbf{r}_i$ 和 $\mathbf{r}_j$ 分别是阵列的第 i 个、第 j 个单元与远场目标间的照射。注意，如果路径：第 i 个单元发射和第 j 个单元接收存在，那么 $p(i,j)=1$，否则它等于 0，并且 $\sin\theta$ 是辐射方向图瞄准的方向正弦。信息序列有 $N_a = 2N-1$ 个不同入口。信息序列的组分有线性相位，并且两个相邻项之间的相位增量等于 $\Delta\phi$。序列 $\{b(m)\}$ 也有三角形加权，由下式定义

$$\{c(m); m = 0, 2N-2\} = \begin{cases} m+1; & m = 0, N-2 \\ N; & m = N-1 \\ 2N-1-m; & m = N, 2N-2 \end{cases} \qquad (15.84)$$

[①] Mahafza, B. R., Heifner, L.A., and Gracchi, V. C., Multitarget Detection Using Synthetic Sampled Aperture Radars (SSAMAR), *IEEE - AES Trans.*, Vol. 31, No. 3, July 1995, pp. 1127-1132.

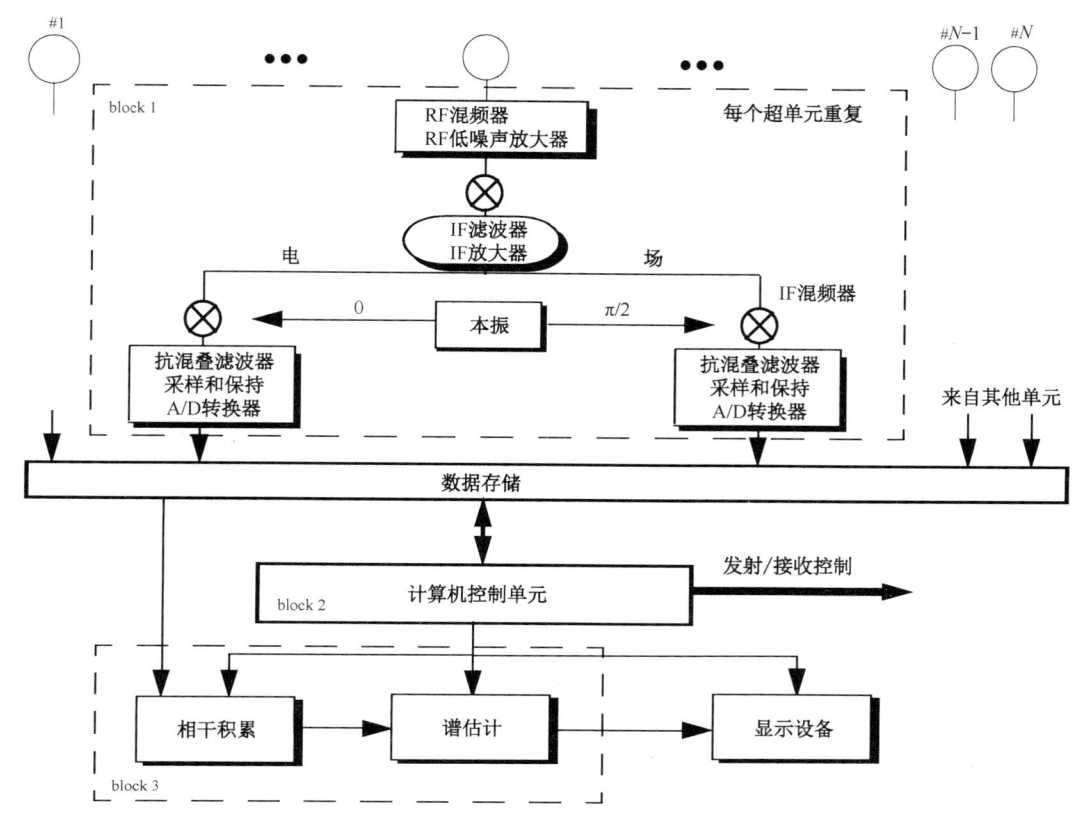

图 15.52 空间阵列结构的框图

通过补零，序列 $\{b(m)\}$ 扩展到 2 的下一个幂。方向 $\sin\theta$ 中的双程方向图计算作为扩展序列 $\{b(m)\}$ 的离散傅里叶变换（DFT）的模值。

假设入射平面波由幅度 A_1 和方向正弦 $\sin\theta_1$ 定义，噪声为零均值，方差为 σ^2 的加性白噪声 w_n。那么信息序列的第 m 个采样为

$$b(m) = A_1 s(m) + w_n(m); \quad m = 0, N_a - 1 \tag{15.85}$$

$$A_1 = G_e^2(\sin\theta_1)\left(\frac{R_o}{R}\right)^4 \rho_1 \tag{15.86}$$

$$s(m) = c(m)\exp\{j[m-(N-1)]k_1\} \tag{15.87}$$

式中 G_e^2 表示双程单元增益，R_o 是参考距离，ρ_1 是波幅。因此如果有 L 个 $\{\sin\theta_i; i=1, L\}$ 定义的入射平面波，那么合成信息序列为

$$b(m) = \sum_{i=1}^{L} A_i s_i(m) + w_n(m); \quad m = 0, N_a - 1 \tag{15.88}$$

上式可用向量表示法写为

$$\mathbf{b} = \sum_{i=1}^{L} A_i \mathbf{s}_i + \mathbf{w}_n \tag{15.89}$$

假设噪声在空间不相参,并且与信号采样不相关,那么阵列感知到的场的自相关矩阵为

$$\Re = E[\mathbf{b}\mathbf{b}^\dagger] = \sigma^2 \mathbf{I} + \sum_{i=1}^{L} P_i \mathbf{s}\mathbf{s}^\dagger \tag{15.90}$$

式中 $\mathbf{I}$ 是单位矩阵。序列 $\{b(m)\}$ 的离散傅里叶变换得

$$B(q) = \sum_{m=0}^{N_a - 1} b(m) \exp\left(-j\frac{2\pi q m}{N_a}\right); \quad q = 0, N_a - 1 \tag{15.91}$$

它可用点乘表示为

$$B(q) = \mathbf{a}^\dagger(q) \cdot \mathbf{b} \tag{15.92}$$

其中

$$a(q; m) = \exp\left(j\frac{2\pi q m}{N_a}\right) \tag{15.93}$$

信号处理器输出在频率单元 q 处的功率为

$$P(q) = E[|B(q)|^2] = E[\{\mathbf{a}^\dagger(q)\mathbf{b}\}\{\mathbf{a}^\dagger(q)\mathbf{b}\}^\dagger] = \mathbf{a}^\dagger(q)\Re\mathbf{a}(q) \tag{15.94}$$

式中 $\Re$ 在方程(15.90)中定义。因此

$$P(q) = \sigma_v^2 \mathbf{a}^\dagger(q) \mathbf{I} \mathbf{a}(q) + \sum_{i=1}^{L} P_1 \mathbf{a}^\dagger(q) \mathbf{s}_i \mathbf{s}_i^\dagger \mathbf{a}(q) \tag{15.95}$$

在补偿了距离衰减和天线增益以后,谱峰值将正比于入射波的幅度。例如,在特定单元 q_j 上的峰将对应于由方向正弦 $\sin\theta_j$ 定义的平面波。因此有

$$P(q_j) = 2N\sigma^2 + N^4 P_j + \sum_{\substack{i=1 \\ i \neq j}}^{L} P_i \mathbf{a}^\dagger(q_j) \mathbf{s}_i \mathbf{s}_i^\dagger \mathbf{a}(q_j) \tag{15.96}$$

方程(15.96)右边的第一项表示在 q_j 处的噪声功率,最后一项对应于谱泄漏,而在 q_j 处的信号功率由中间项给出。注意序列 $\{c(m)\}$ 是 N^4 因子出现的原因。更精确地说,

$$N^4 = \sum_{m=0}^{2N-2} [c(m)]^2 \tag{15.97}$$

因此,SNR 为

$$\mathrm{SNR}|_{q_j} = \left(\frac{N^3}{2}\right)\left(\frac{P_j}{\sigma_v^2}\right) \tag{15.98}$$

回忆传统的相控阵雷达 SNR 提高了 N 因子,其中 N 是阵列尺寸。检查方程(15.98)表明,使用这个 MIMO 工作模式的与传统阵列工作和信号处理的相比,SNR 提高因子为

$$I_{\text{SNR}} = (20\log N - 3)\text{dB} \tag{15.99}$$

习题

15.1 假设一个天线的直径 $d = 3$ m。那么采用这个天线的 X 波段或 L 波段雷达对远场的要求是什么?

15.2 假设天线在 xy 平面内具有的电场强度为 $E(\varsigma)$。这个电场是由 yz 平面上的电流分布 $D(y)$ 产生的。电场强度可以采用下列积分来计算:

$$E(\varsigma) = \int_{-r/2}^{r/2} D(y)\exp\left(2\pi \text{j}\frac{y}{\lambda}\sin\varsigma\right)\text{d}y$$

式中,λ 为波长,r 为孔径。(a)当 $D(Y) = d_0$(常量)时,请写出 $E(\varsigma)$ 的表达式;(b)给出归一化功率方向图的表达式,并以 dB 为单位进行绘图。

15.3 线性相控阵包含 50 个单元,单元间距为 $\lambda/2$。(a)当主波束扫到的角为 0°和 45°时,计算 3 dB 波束宽度;(b)当扫描角为 60°时,计算任意两个相邻单元的相位差。

15.4 线性相控阵天线包含 8 个单元,单元间距 $d = \lambda$。(a)给出天线增益方向图的表达式(假设无扫描,而且孔径权重均匀);(b)用偏离轴线角 β 的正弦绘出增益方向图。利用 $d = \lambda$ 而不是 $d = \lambda/2$ 时,遇到的问题是什么?

15.5 在 15.4.2 节中,我们给出了如何用 DFT 计算线性相控阵的方向图。假设有 64 个单元排成一列,间距为半波长,并用大小为 512 的 FFT 计算方向图。那么与方向角 $\beta = 30°, 45°$ 对应的 FFT 单元是什么?

15.6 推导方程(15.73)。

15.7 考虑下图中所示的两单元阵列。如果合成阵列电场为 $E(\theta) = a_1 E_1(\theta) + a_2 E_2(\theta)$,其中 a_1 和 a_2 是常数(可以是复数),E_1 和 E_2 是单个单元的场。请确定 a_1 和 a_2,使得电场在 θ_0 处最大,并绘出结果阵列方向图。

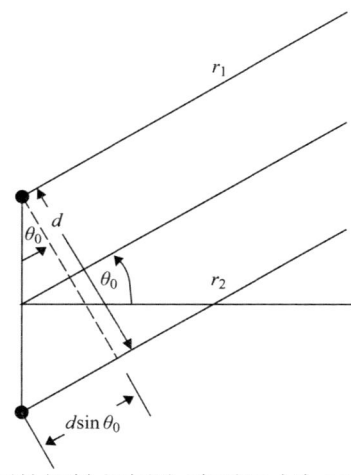

15.8 用 FFT 计算一个阵列的辐射方向图,阵列尺寸为 21 个单元,阵列间距为(a)$d = 0.5\lambda$

和（b）$d = 0.8\lambda$。在每种情况下，分别使用汉明权和不使用汉明权计算并绘出阵列方向图。

15.9 修正前一习题中开发的 FFT 处理方法，计算并绘出功率增益方向图。

15.10 重复习题 15.8 和习题 15.9，在这种情况下，阵列方向图可以对准任意偏离视轴的方向。

15.11 为什么当阵列波束瞄准视轴以外的角度时会出现栅瓣？包含合理的图片来支持你的论据。

附录 15-A 第 15 章 MATLAB 程序清单

本章提供的 MATLAB 程序只是作为独立的学术工具设计的而没有其他用途。这里代码的编写方式是为了帮助读者更好地理解相关的理论。这些程序不是为任何类型的开环或闭环仿真研发的。本书中的 MATLAB 程序可通过 CRC 出版社的网站下载，登录 www.crcpress.com 搜索关键字 "Mahafza" 以定位本书的网页。

MATLAB 程序 "Fig15_5.m" 清单

```
% Use this code to produce Fig. 15.5a and 15.5b based on Eq.(15.35)
clc
clear all
close all
eps = 0.00001;
k = 2*pi;
theta = -pi : pi / 10791 : pi;
var = sin(theta);
nelements = 8;
d = 1;      %  d = 1;
num = sin((nelements * k * d * 0.5) .* var);
%
if(abs(num) <= eps)
   num = eps;
end
den = sin((k* d * 0.5) .* var);
if(abs(den) <= eps)
   den = eps;
end
%
pattern = abs(num ./ den);
maxval = max(pattern);
pattern = pattern ./ maxval;
%
figure(1)
plot(var,pattern,'linewidth', 1.5)
xlabel('\bfsine angle - dimensionless')
ylabel('\bfArray pattern')
grid
%
figure(2)
plot(var,20*log10(pattern),'linewidth', 1.5)
axis ([-1 1 -60 0])
```

```
xlabel('\bfsine angle - dimensionless')
ylabel('\bfPower pattern [dB]')
grid;
%
figure(3)
theta = theta +pi/2;
polar(theta,pattern)
title ('\bfArray pattern')
```

MATLAB 程序 "Fig15_7.m" 清单

```
% Use this program to reproduce Fig. 15.7 of text
clc
clear all
close all
eps =0.00001;
N = 32;
rect(1:32) = 1;
ham = hamming(32);
han = hanning(32);
blk = blackman(32);
k3 = kaiser(32,3);
k6 = kaiser(32,6);
RECT = 20*log10(abs(fftshift(fft(rect, 1024)))./32 +eps);
HAM = 20*log10(abs(fftshift(fft(ham, 1024)))./32 +eps);
HAN = 20*log10(abs(fftshift(fft(han, 1024)))./32 +eps);
BLK = 20*log10(abs(fftshift(fft(blk, 1024)))./32+eps);
K6 = 20*log10(abs(fftshift(fft(k6, 1024)))./32+eps);
x = linspace(-1,1,1024);
figure
subplot(2,1,1)
plot(x,RECT,'k',x,HAM,'k--',x,HAN,'k-.','linewidth',1.5);
xlabel('x')
ylabel('Window')
grid
axis tight
legend('Rectangular','Hamming','Hanning')
subplot(2,1,2)
plot(x,RECT,'k',x,BLK,'k--',x,K6,'K-.','linewidth',1.5)
xlabel('x')
ylabel('Window')
legend('Rectangular','Blackman','Kasier at \beta = 6')
grid
axis tight
```

MATLAB 函数 "linear_array.m" 程序清单

```
function [theta,patternr,patterng] = linear_array(Nr,dolr,theta0,winid,win,nbits);
% This function computes and returns the gain radiation pattern for a linear array
% It uses the FFT to computes the pattern
%%%%% *INPUTS ********** %%%%%%%%%%%%%%%%%%%%%%%
% Nr ==> number of elements; dolr ==> element spacing (d) in lambda units divided by lambda
% theta0 ==> steering angle in degrees; winid ==> use winid negative for no window, winid positive to enter your window of size(Nr)
% win is input window, NOTE that win must be an NrX1 row vector; nbits ==> number of bits used in the pahse shifters
% negative nbits mean no quantization is used
```

```
%%%%% *OUTPUTS ********** %%%%%%%%%%%%%%%%%%%%%%
% theta ==> real-space angle; patternr ==> array radiation pattern in dBs
% patterng ==> array directive gain pattern in dBs
%%%%%%%%% ********************* %%%%%%%%%%%%%%%%%%%%
eps = 0.00001;
n = 0:Nr-1;
i = sqrt(-1);
%if dolr is > 0.5 then; choose dol = 0.25 and compute new N
if(dolr <=0.5)
   dol = dolr;
   N = Nr;
else
   ratio = ceil(dolr/.25);
   N = Nr * ratio;
   dol = 0.25;
end
% choose proper size fft, for minimum value choose 256
Nrx = 10 * N;
nfft = 2^(ceil(log(Nrx)/log(2)));
if nfft < 256
   nfft = 256;
end
% convert steering angle into radians; and compute the sine of angle
theta0 = theta0 *pi /180.;
sintheta0 = sin(theta0);
% detrmine and comupte quantized steering angle
if nbits < 0
   phase0 = exp(i*2.0*pi .* n * dolr * sintheta0);
else
    % compute and add the phase shift terms (WITH nbits quantization)
    % Use formula theta1 = (2*pi*n*dol) * sin(theta0) divided into 2^nbits
    % and rounded to the nearest qunatization level
    levels = 2^nbits;
    qlevels = 2.0 * pi / levels; % compute quantization levels
% compute the phase level and round it to the closest quantizatin level
    angleq = round(dolr .* n * sintheta0 * levels) .* qlevels; % vector of possible angles
    phase0 = exp(i*angleq);
end
% generate array of elements with or without window
if winid < 0
   wr(1:Nr) = 1;
else
   wr = win';
end
% add the phase shift terms
 wr = wr .* phase0;
% determine if interpolation is needed (i.e N > Nr)
if N > Nr
    w(1:N) = 0;
    w(1:ratio:N) = wr(1:Nr);
else
    w = wr;
end
% compute the sine(theta) in real space sthat correspond to the FFT index
arg = [-nfft/2:(nfft/2)-1] ./ (nfft*dol);
idx = find(abs(arg) <= 1);
```

```
sinetheta = arg(idx);
theta = asin(sinetheta);
% convert angle into degrees
theta = theta .* (180.0 / pi);
% Compute fft of w (radiation pattern)
patternv = (abs(fftshift(fft(w,nfft)))).^2;
% convert raditiona pattern to dBs
patternr = 10*log10(patternv(idx) ./Nr + eps);
% Compute directive gain pattern
rbarr  = 0.5 *sum(patternv(idx)) ./ (nfft * dol);
patterng = 10*log10(patternv(idx) + eps) - 10*log10(rbarr + eps);
return
```

MATLAB 函数 "circular_array.m" 程序清单

```
%Circular Array in the x-y plane
% Element is a short dipole antenna parallel to the z axis
% 2D Radiation Patterns for fixed phi or fixed theta
% dB polar plots uses the polardb.m file
%
%%%%% Element expression needs to be modified if different
%%%%% than a short dipole antenna along the z axis
%
clear all
clf
close all
%
% ====  Input Parameters  ====
a = 1.;       % radius of the circle
N = 10;       % number of Elements of the circular array
theta0 = 45;  % main beam Theta direction
phi0 = 60;    % main beam Phi direction
% Theta or Phi variations for the calculations of the far field pattern
Variations = 'Phi';  % Correct selections are 'Theta' or 'Phi'
phid = 60;    % constant phi plane for theta variations
thetad = 45;  % constant theta plane for phi variations
% ====  End of Input parameters section  ====
%
dtr = pi/180;  % conversion factors
rtd = 180/pi;
phi0r = phi0*dtr;
theta0r = theta0*dtr;
lambda = 1;
k = 2*pi/lambda;
ka = k*a;     % Wavenumber times the radius
jka = j*ka;
I(1:N) = 1;   % Elements excitation Amplitude and Phase
alpha(1:N) =0;
for n = 1:N   % Element positions Uniformly distributed along the circle
   phin(n) = 2*pi*n/N;
end
%
switch Variations
case 'Theta'
   phir = phid*dtr;   % Pattern in a constant Phi plane
   i = 0;
```

```
        for theta = 0.001:1:181
            i = i+1;
            thetar(i) = theta*dtr;
            angled(i) = theta;  angler(i) = thetar(i);
            Arrayfactor(i) = 0;
            for n = 1:N
                Arrayfactor(i) = Arrayfactor(i) + I(n)*exp(j*alpha(n)) ...
                    * exp( jka*(sin(thetar(i))*cos(phir -phin(n))) ...
                        -jka*(sin(theta0r )*cos(phi0r-phin(n))) );
            end
            Arrayfactor(i) = abs(Arrayfactor(i));
            Element(i) = abs(sin(thetar(i)+0*dtr));  % use the abs function to avoid
        end
    case 'Phi'
        thetar = thetad*dtr;  % Pattern in a constant Theta plane
        i = 0;
        for phi = 0.001:1:361
            i = i+1;
            phir(i)   = phi*dtr;
            angled(i) = phi;  angler(i) = phir(i);
            Arrayfactor(i) = 0;
            for n = 1:N
                Arrayfactor(i) = Arrayfactor(i) +  I(n)*exp(j*alpha(n)) ...
                    * exp( jka*(sin(thetar )*cos(phir(i)-phin(n))) ...
                        -jka*(sin(theta0r)*cos(phi0r -phin(n))) );
            end
            Arrayfactor(i) = abs(Arrayfactor(i));
            Element(i) = abs(sin(thetar+0*dtr));  % use the abs function to avoid
        end
end
angler = angled*dtr;
Element = Element/max(Element);
Array = Arrayfactor/max(Arrayfactor);
ArraydB = 20*log10(Array);
EtotalR =(Element.*Arrayfactor)/max(Element.*Arrayfactor);
%
figure(1)
plot(angled,Array,'linewidth',1.5)
ylabel('Array pattern')
grid
switch Variations
    case 'Theta'
      axis ([0 180 0 1 ])
%  theta = theta +pi/2;
      xlabel('\theta - Degrees')
      title ( '\phi = 90^o plane')
    case 'Phi'
    axis ([0 360 0 1 ])
      xlabel('\phi - Degrees')
      title ( '\theta = 90^o plane')
end
%
figure(2)
plot(angled,ArraydB,'linewidth',1.5)
%axis ([-1 1 -60 0])
ylabel('Power pattern [dB]')
grid;
```

```
switch Variations
case 'Theta'
  axis ([0 180 -60 0 ])
   xlabel('Theta [Degrees]')
     title ( '\phi = 90^o plane')
case 'Phi'
axis ([0 360 -60 0 ])
  xlabel('\phi - degrees')
    title ( '\theta = 90^o plane')
end
%
figure(3)
polar(angler,Array)
title ('Array pattern')
%
figure(4)
polardb(angler,Array)
title ('Power pattern [dB]')
 %
% the plots provided above are for the array factor based on the circular
% array plots for other patterns such as those for the antenna element
% (Element)or the total pattern (Etotal based on Element*Arrayfactor) can
% also be displayed by the user as all these patterns are already computed
% above.
 %
figure(10)
subplot(2,2,1)
polardb (angler,Element,'b-'); % rectangular plot of element pattern
title('Element normalized E field [dB]')
subplot(2,2,2)
polardb(angler,Array,'b-')
title(' Array Factor normalized [dB]')
subplot(2,2,3)
polardb(angler,EtotalR,'b-');  % polar plot
title('Total normalized E field [dB]')
```

MATLAB 函数 "rect_array.m" 程序清单

```
function [pattern] = rect_array(Nxr,Nyr,dolxr,dolyr,theta0,phi0,winid,win,nbits);
%%%%% *********************** %%%%%%%%%%%%%%%%
% This function computes the 3-D directive gain patterns for a planar array
% This function uses the fft2 to compute its output
%%%%%%%%%%*********** INPUTS *********** %%%%%%%%%%%%%%%
% Nxr ==> number of along x-aixs; Nyr ==> number of elemnts along y-axis
% dolxr ==> element spacing in x-direction; dolyr ==> element spacing in y-direction Both are in lambda units
% theta0 ==> elevation steering angle in degrees, phi0 ==> azimuth steering angle in degrees
% winid ==> window identifier; winid negative ==> no window ; winid positive ==> use window given by win
% win ==> input window function (2-D window) MUST be of size (Nxr X Nyr)
% nbits is the number of nbits used in phase quantization; nbits negative ==> NO quantization
%%%%%%%%% ********** OUTPUTS ************ %%%%%%%%%%%%%%
% pattern ==> directive gain pattern
%%%%%%%%%%%%%%%%%%%% ************************ %%%%%%%%%%%%
```

```
eps = 0.0001;
nx = 0:Nxr-1;
ny = 0:Nyr-1;
i = sqrt(-1);
% check that window size is the same as the array size
[nw,mw] = size(win);
if winid >0
   if nw ~= Nxr
   fprintf('STOP == Window size must be the same as the array')
   return
end
if mw ~= Nyr
   fprintf('STOP == Window size must be the same as the array')
   return
end
end
%if dol is > 0.5 then; choose dol = 0.5 and compute new N
if(dolxr <=0.5)
   ratiox = 1 ;
   dolx = dolxr ;
   Nx = Nxr ;
else
   ratiox = ceil(dolxr/.5) ;
   Nx = (Nxr -1 ) * ratiox + 1 ;
   dolx = 0.5 ;
end
if(dolyr <=0.5)
   ratioy = 1 ;
   doly = dolyr ;
   Ny = Nyr ;
else
   ratioy = ceil(dolyr/.5) ;
   Ny = (Nyr -1) * ratioy + 1 ;
   doly = 0.5 ;
end
% choose proper size fft, for minimum value choose 256X256
Nrx = 10 * Nx;
Nry = 10 * Ny;
nfftx = 2^(ceil(log(Nrx)/log(2)));
nffty = 2^(ceil(log(Nry)/log(2)));
if nfftx < 256
   nfftx = 256;
end
if nffty < 256
   nffty = 256;
end
% generate array of elements with or without window
if winid < 0
   array = ones(Nxr,Nyr);
else
   array = win;
end
% convert steering angles (theta0, phi0) to radians
theta0 = theta0 * pi / 180;
```

```
phi0 = phi0 * pi / 180;
% convert steering angles (theta0, phi0) to U-V sine-space
u0 = sin(theta0) * cos(phi0);
v0 = sin(theta0) * sin(phi0);
% Use formula thetal = (2*pi*n*dol) * sin(theta0) divided into 2^m levels
% and rounded to the nearest qunatization level
if nbits < 0
   phasem = exp(i*2*pi*dolx*u0 .* nx *ratiox);
   phasen = exp(i*2*pi*doly*v0 .* ny *ratioy);
else
   levels = 2^nbits;
   qlevels = 2.0*pi / levels; % compute quantization levels
   sinthetaq = round(dolx .* nx * u0 * levels * ratiox) .* qlevels; % vector of possible angles
   sinphiq = round(doly .* ny * v0 * levels *ratioy) .* qlevels; % vector of possible angles
   phasem = exp(i*sinthetaq);
   phasen = exp(i*sinphiq);
end
% add the phase shift terms
array = array .* (transpose(phasem) * phasen);
 % determine if interpolation is needed (i.e. N > Nr)
if (Nx > Nxr )| (Ny > Nyr)
   for xloop = 1 : Nxr
      temprow = array(xloop, :) ;
      w( (xloop-1)*ratiox+1, 1:ratioy:Ny) =  temprow ;
   end
   array = w;
else
   w = array ;
%    w(1:Nx, :) = array(1:N,:);
end
% Compute array pattern
arrayfft = abs(fftshift(fft2(w,nfftx,nffty))).^2 ;
%compute [su,sv] matrix
U = [-nfftx/2:(nfftx/2)-1] ./(dolx*nfftx);
indexx = find(abs(U) <= 1);
U = U(indexx);
V = [-nffty/2:(nffty/2)-1] ./(doly*nffty);
indexy = find(abs(V) <= 1);
V = V(indexy);
%Normalize to generate gain pattern
rbar=sum(sum(arrayfft(indexx,indexy))) / dolx/doly/4./nfftx/nffty;
arrayfft = arrayfft(indexx,indexy) ./rbar;
[SU,SV] = meshgrid(V,U);
indx = find((SU.^2 + SV.^2) >1);
arrayfft(indx) = eps/10;
pattern = 10*log10(arrayfft +eps);
figure(1)
mesh(V,U,pattern);
xlabel('V')
ylabel('U');
zlabel('Gain pattern - dB')
figure(2)
contour(V,U,pattern)
grid
```

```
axis image
xlabel('V')
ylabel('U');
axis([-1 1 -1 1])
figure(3)
x0 = (Nx+1)/2 ;
y0 = (Ny+1)/2 ;
radiusx = dolx*((Nx-1)/2) ;
radiusy = doly*((Ny-1)/2) ;
[xxx, yyy]=find(abs(array)>eps);
xxx = xxx-x0 ;
yyy = yyy-y0 ;
plot(yyy*doly, xxx*dolx,'rx')
hold on
axis([-radiusy-0.5 radiusy+0.5 -radiusx-0.5  radiusx+0.5]);
grid
title('antenna spacing pattern');
xlabel('y - \lambda units')
ylabel('x - \lambda units')
[xxx0, yyy0]=find(abs(array)<=eps);
xxx0 = xxx0-x0 ;
yyy0 = yyy0-y0 ;
plot(yyy0*doly, xxx0*dolx,'co')
axis([-radiusy-0.5 radiusy+0.5 -radiusx-0.5  radiusx+0.5]);
hold off
return
```

MATLAB 函数 "*circ_array.m*" 程序清单

```
function [pattern,amn] = circ_array(N,dolxr,dolyr,theta0,phi0,winid,win,nbits);
%%%%%%% ************************ %%%%%%%%%%%%%%%
% This function computes the 3-D directive gain patterns for a circular planar array
% This function uses the fft2 to compute its output. It assumes that there are the same number
% of elements along the major x- and y-axes
%%%%%%%%%% ************ INPUTS ************ %%%%%%%%%%% N ==> number of elements along x-aixs or y-axis
% dolxr ==> element spacing in x-direction; dolyr ==> element spacing in y-direction. Both are in lambda units
% theta0 ==> elevation steering angle in degrees, phi0 ==> azimuth steering angle in degrees
% This function uses the function (rec_to_circ) which computes the circular array from a square
% array (of size NXN) using the notation developed by ALLEN,J.L.,"The Theory of Array Antennas
% (with Emphasis on Radar Application)" MIT-LL Technical Report No. 323,July, 25 1965.
% winid ==> window identifier; winid negative ==> no window ; winid positive ==> use window given by win
% win ==> input window function (2-D window) MUST be of size (Nxr X Nyr)
% nbits is the number of nbits used in phase quantization; nbits negative ==> NO quantization
%%%%%%%%%%% *********** OUTPUTS ************ %%%%%%%%%
% amn ==> array of ones and zeros; ones indicates true element location on the grid
% zeros mean no elements at that location; pattern ==> directive gain pattern
%%%%%%%%%%%%% ********************** %%%%%%%%%%
eps = 0.0001;
nx = 0:N-1;
ny = 0:N-1;
i = sqrt(-1);
```

```
% check that window size is the same as the array size
[nw,mw] = size(win);
if winid >0
  if mw ~= N
    fprintf('STOP == Window size must be the same as the array')
    return
  end
  if nw ~= N
    fprintf('STOP == Window size must be the same as the array')
    return
  end
end
%if dol is > 0.5 then; choose dol = 0.5 and compute new N
if(dolxr <=0.5)
  ratiox = 1 ;
  dolx = dolxr ;
  Nx = N ;
else
  ratiox = ceil(dolxr/.5) ;
  Nx = (N-1) * ratiox + 1 ;
  dolx = 0.5 ;
end
if(dolyr <=0.5)
  ratioy = 1 ;
  doly = dolyr ;
  Ny = N ;
else
  ratioy = ceil(dolyr/.5);
  Ny = (N-1)*ratioy + 1 ;
  doly = 0.5 ;
end
% choose proper size fft, for minimum value choose 256X256
Nrx = 10 * Nx;
Nry = 10 * Ny;
nfftx = 2^(ceil(log(Nrx)/log(2)));
nffty = 2^(ceil(log(Nry)/log(2)));
if nfftx < 256
  nfftx = 256;
end
if nffty < 256
  nffty = 256;
end
% generate array of elements with or without window
if winid < 0
  array = ones(N,N);
else
  array = win;
end
% convert steering angles (theta0, phi0) to radians
theta0 = theta0 * pi / 180;
phi0 = phi0 * pi / 180;
% convert steering angles (theta0, phi0) to U-V sine-space
u0 = sin(theta0) * cos(phi0);
v0 = sin(theta0) * sin(phi0);
```

```matlab
% Use formula thetal = (2*pi*n*dol) * sin(theta0) divided into 2^m levels
% and rounded to the nearest quantization level
if nbits < 0
   phasem = exp(i*2*pi*dolx*u0 .* nx * ratiox);
   phasen = exp(i*2*pi*doly*v0 .* ny * ratioy);
else
   levels = 2^nbits;
   qlevels = 2.0*pi / levels; % compute quantization levels
   sinthetaq = round(dolx .* nx * u0 * levels * ratiox) .* qlevels; % vector of possible angles
   sinphiq = round(doly .* ny * v0 * levels *ratioy) .* qlevels; % vector of possible angles
   phasem = exp(i*sinthetaq);
   phasen = exp(i*sinphiq);
end
% add the phase shift terms
array = array .* (transpose(phasem) * phasen) ;
% determine if interpolation is needed (i.e N > Nr)
if (Nx > N )| (Ny > N)
   for xloop = 1 : N
      temprow = array(xloop, :) ;
      w( (xloop-1)*ratiox+1, 1:ratioy:Ny) = temprow ;
   end
   array = w;
else
   w(1:Nx, :) = array(1:N,:);
end
% Convert rectangular array into circular using function rec_to_circ
[m,n] = size(w) ;
NC = max(m,n);  % Use Allens algorithm
if Nx == Ny
   temp_array = w;
else
   midpoint = (NC-1)/2 +1 ;
   midwm = (m-1)/2 ;
   midwn = (n-1)/2 ;
   temp_array = zeros(NC,NC);
   temp_array(midpoint-midwm:midpoint+midwm, midpoint-midwn:midpoint+midwn) = w ;
end
amn = rec_to_circ(NC);  % must be rectangular array (Nx=Ny)
amn = temp_array .* amn ;
% Compute array pattern
arrayfft = abs(fftshift(fft2(amn,nfftx,nffty))).^2 ;
%compute [su,sv] matrix
U = [-nfftx/2:(nfftx/2)-1] ./(dolx*nfftx);
indexx = find(abs(U) <= 1);
U = U(indexx);
V = [-nffty/2:(nffty/2)-1] ./(doly*nffty);
indexy = find(abs(V) <= 1);
V = V(indexy);
[SU,SV] = meshgrid(V,U);
indx = find((SU.^2 + SV.^2) >1);
arrayfft(indx) = eps/10;
%Normalize to generate gain patern
rbar=sum(sum(arrayfft(indexx,indexy))) / dolx/doly/4./nfftx/nffty;
```

```
arrayfft = arrayfft(indexx,indexy) ./rbar;
[SU,SV] = meshgrid(V,U);
indx = find((SU.^2 + SV.^2) >1);
arrayfft(indx) = eps/10;
pattern = 10*log10(arrayfft +eps);
figure(1)
mesh(V,U,pattern);
xlabel('V')
ylabel('U');
zlabel('Gain pattern - dB')
figure(2)
contour(V,U,pattern)
axis image
grid
xlabel('V')
ylabel('U');
axis([-1 1 -1 1])
figure(3)
x0 = (NC+1)/2 ;
y0 = (NC+1)/2 ;
radiusx = dolx*((NC-1)/2 + 0.05/dolx) ;
radiusy = doly*((NC-1)/2 + 0.05/dolx) ;
theta = 5 ;
[xxx, yyy]=find(abs(amn)>0);
xxx = xxx-x0 ;
yyy = yyy-y0 ;
plot(yyy*doly, xxx*dolx,'rx')
axis equal
hold on
axis([-radiusy-0.5 radiusy+0.5 -radiusx-0.5  radiusx+0.5]);
grid
title('antenna spacing pattern');
xlabel('y - \lambda units')
ylabel('x - \lambda units')
[x, y] = makeellip( 0, 0, radiusx, radiusy, theta) ;
plot(y, x) ;
axis([-radiusy-0.5 radiusy+0.5 -radiusx-0.5  radiusx+0.5]);
[xxx0, yyy0]=find(abs(amn)<=0);
xxx0 = xxx0-x0 ;
yyy0 = yyy0-y0 ;
plot(yyy0*doly, xxx0*dolx,'co')
axis([-radiusy-0.5 radiusy+0.5 -radiusx-0.5  radiusx+0.5]);
axis equal
hold off ;
return
```

MATLAB 函数 "rect_to_circ.m" 程序清单

```
function amn = rec_to_circ(N)
midpoint = (N-1)/2 + 1;
amn = zeros(N);
array1(midpoint,midpoint) = N;
x0 = midpoint;
y0 = x0;
```

```
for i = 1:N
   for j = 1:N
      distance(i,j) = sqrt((x0-i)^2 + (y0-j)^2);
   end
end
idx = find(distance < (N-1)/2 + .025);
amn (idx) = 1;
return
```

MATLAB 程序 "*Fig15_51.m*" 清单

```
%Use this program to reproduce Fig. 15.51 of text
clear all
close all
d = 0.6; % element spacing in lambda units
betadeg = linspace(0,22.5,1000);
beta = betadeg .*pi ./180;
den = pi*d .* sin(beta);
numarg = den;
num = sin(numarg);
lscan = (num./den).^-4;
LSCAN = 10*log10(lscan+eps);
figure (1)
plot(betadeg,LSCAN,'linewidth',1.5)
xlabel('\bfscan angle in degrees')
ylabel('\bfScan loss in dB')
grid
title('Element spacing is d = 0.6 \lambda ')
```

第 16 章　自适应信号处理

本章重点为自适应信号处理，包括自适应阵列处理和空时自适应处理（STAP）。自适应阵列利用相控阵天线来自适应地感知并消除进入雷达视场（FOV）的不需要的信号，同时提升所需目标回波的接收性能。为此目的，自适应阵列使用了一个相当复杂的硬件组成，并且需要要求相当高的软件实现。通过反馈网络，可以计算一组合适的复数权，并将之应用在阵列的每个通道上。

STAP 处理指的是同时处理空间传感器和时域（依赖于时间）输入数据的能力。为此目的，要使用相控阵天线（空间分量）和延时单元（时间分量），以在高杂波或干扰的环境中达到最优目标检测。

16.1　非自适应波束形成

在自适应波束形成中，通过反馈电路不断改变权值集合使输出误差信号最小来形成（产生）感兴趣的波束。非自适应或传统波束形成器做同样的事情，使用一个独特的权值集合来产生感兴趣的波束。除了在这种情况下，这些权值是预先确定的，从而使来自特定到达角的干扰最小或消除。不同的权值集合将在阵列视场的不同指向上产生零深。

如图 16.1 所示，考虑一个线性阵列，它有 N 个等间隔单元，平面波 $\exp(j2\pi f_0 t)$ 以方向正弦 $\sin\theta$ 照射在孔径上。权值 w_i（$i = 0, 1, \cdots, N-1$）通常为复数常数。波束形成器的输出为

$$y(t) = \sum_{n=0}^{N-1} w_n x_n(t - \tau_n) \tag{16.1}$$

$$\tau_n = n\frac{d}{c}\sin\theta;\ n = 0, 1, \cdots, (N-1) \tag{16.2}$$

式中，d 是单元间隔，c 是光速。方程（16.1）的傅里叶变换可得

$$Y(\omega) = \sum_{n=0}^{N-1} w_n X_n(\omega)\exp(-j\omega\tau_n) = \sum_{n=0}^{N-1} w_n X_n(\omega) e^{-jn\Delta\theta} \tag{16.3}$$

相位项 $\Delta\theta$ 定义为

$$\Delta\theta = 2\pi f_0 \frac{d}{c}\sin\theta = \frac{2\pi}{\lambda} d\sin\theta \tag{16.4}$$

$\omega = 2\pi f_0$，且 $f_0/c = 1/\lambda$。方程（16.3）可以写成向量形式，为

$$\mathbf{Y} = \mathbf{s}^\dagger \mathbf{x} \tag{16.5}$$

$$\mathbf{s}^\dagger = \begin{bmatrix} 1 & e^{j\Delta\theta} & \cdots & e^{j(N-1)\Delta\theta} \end{bmatrix} \tag{16.6}$$

$$\mathbf{x}^{\dagger} = \begin{bmatrix} w_0 X_o & w_1 X_1 & \cdots & \cdots w_{N-1} X_{N-1} \end{bmatrix}^* \tag{16.7}$$

式中上标 * 和 † 分别表示复数共轭和复数共轭转置。

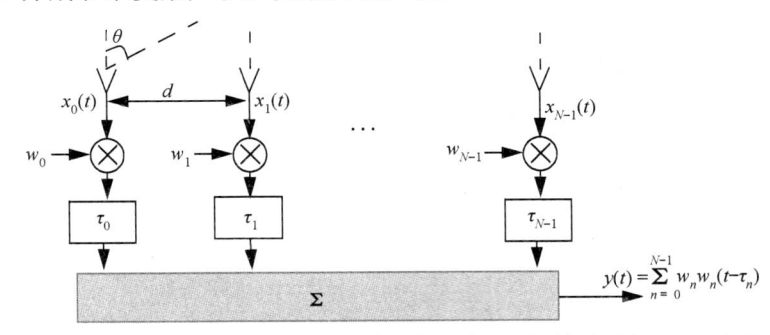

图 16.1 尺寸为 N 的线性阵列，单元间隔为 d，入射平面由 $\sin(\theta)$ 定义

令 A_1 为由 $\sin\theta_1$ 定义的波前的幅度；因此向量 **x** 由下式给出

$$\mathbf{x} = A_1 \mathbf{s}_1^* \tag{16.8}$$

式中 $\mathbf{s}_1$ 是方向向量，可写为

$$\mathbf{s}^{\dagger}_1 = \begin{bmatrix} w_0 & w_1 e^{-j\Delta\theta_1} \cdots w_{N-1} e^{-j(N-1)\Delta\theta_1} \end{bmatrix}; \quad \Delta\theta_1 = \frac{2\pi d}{\lambda} \cdot \sin\theta_1 \tag{16.9}$$

利用这个表示法，方程（16.5）可表达为

$$\mathbf{Y} = \mathbf{s}^{\dagger}\mathbf{x} = A_1 \mathbf{s}^{\dagger}\mathbf{s}^*_1 \tag{16.10}$$

对准 θ_1 的波束阵列方向图可计算为 **Y** 的期望值。换而言之，波束形成器输出的功率谱密度由下式给出：

$$S(k) = E[\mathbf{Y}\mathbf{Y}^{\dagger}] = P_1 \mathbf{s}^{\dagger} \Re \mathbf{s} \tag{16.11}$$

式中，$P_1 = E\left[|A_1|^2\right]$，$\Re$ 是由下式给出的互相关矩阵：

$$\Re = E\{\mathbf{s}_1 \mathbf{s}^{\dagger}_1\} \tag{16.12}$$

考虑 L 入射平面波，其到达方向定义为

$$\Delta\theta_i = \frac{2\pi d}{\lambda}\sin\theta_i; \quad i = 1, L \tag{16.13}$$

第 m 个传感器输出处的第 n 个采样为

$$y_m(n) = \upsilon(n) + \sum_{i=1}^{L} A_i(n)\exp(-jm\Delta\theta_i); \quad m = 0, N-1 \tag{16.14}$$

式中，$A_i(n)$ 是第 i 个平面波的幅度，$\upsilon(n)$ 是零均值、方差为 σ_υ^2 的白噪声，并假设它与信号不相关。方程（16.44）可用向量表示法写为

$$\mathbf{y}(n) = \boldsymbol{v}(n) + \sum_{i=1}^{L} A_i(n)\mathbf{s}_i^* \qquad (16.15)$$

同时形成 L 个波束需要一组 L 个方向向量。定义方向矩阵 $\aleph$ 为

$$\aleph = \begin{bmatrix} \mathbf{s}_1 & \mathbf{s}_2 & \cdots & \mathbf{s}_L \end{bmatrix} \qquad (16.16)$$

那么阵列测量的场的自相关矩阵为

$$\Re = E\{\mathbf{y}_m(n)\mathbf{y}_m^\dagger(n)\} = \sigma_v^2 \mathbf{I} + \aleph \mathbf{C} \aleph^\dagger \qquad (16.17)$$

式中 $\mathbf{C} = \mathrm{dig}\lfloor P_1 P_2 \cdots P_L \rfloor$,而 $\mathbf{I}$ 是单位矩阵。

例如,考虑图 16.2 中描绘的情况,其中一干扰信号位于偏离天线法线方向 $\theta_i = \pi/6$ 的角度上。期望信号位于 $\theta_t = 0°$ 处。期望输出应仅包含信号 $s(t)$。由方程(16.3)和方程(16.4),期望输出为

$$y_d(t) = \sum_{n=0}^{1} w_n x_n(t - \tau_{n_t}) = w_0 x_0 + w_1 x_1 \mathrm{e}^{-\mathrm{j}\frac{2\pi}{\lambda}d\sin\theta_t} \qquad (16.18)$$

因为角度 $\theta_t = 0°$,所以又有

$$y_d(t) = \{A\mathrm{e}^{\mathrm{j}2\pi f_0 t}\}\{(w_{0R} + \mathrm{j}w_{0I}) + (w_{1R} + \mathrm{j}w_{1I})\} \qquad (16.19)$$

$$\begin{aligned} w_0 &= w_{0R} + \mathrm{j}w_{0I} \\ w_1 &= w_{1R} + \mathrm{j}w_{1I} \end{aligned} \qquad (16.20)$$

因此,为了在波束形成器的输出端得到期望信号 $s(t)$,需要有

$$\begin{aligned} w_{0R} + w_{1R} &= 1 \Rightarrow w_{0R} = 1 - w_{1R} \\ w_{0I} + w_{1I} &= 0 \Rightarrow w_{0I} = -w_{1I} \end{aligned} \qquad (16.21)$$

接下来由干扰信号引起的输出为

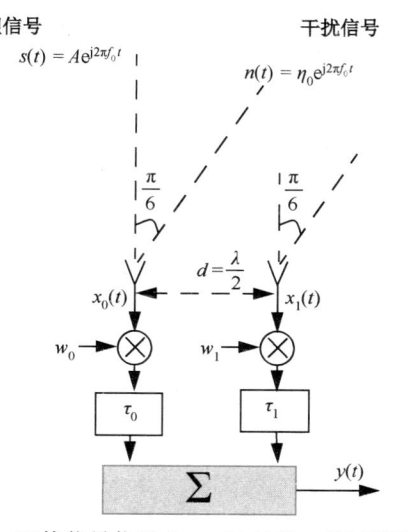

图 16.2 干扰信号位于 $\theta_i = \pi/6$ 处的 2 单元阵列

$$y_i(t) = \sum_{n=0}^{1} w_n x_n(t-\tau_{n_i}) = w_0 x_0 + w_1 x_1 e^{-j\frac{2\pi}{\lambda}d\sin\theta_i} \quad (16.22)$$

因为角度 $\theta_i = \pi/6$，所以有

$$y_i(t) = \{\eta_0 e^{j2\pi f_0 t}\}\{(w_{0R} + jw_{0I}) - j(w_{1R} + jw_{1I})\} \quad (16.23)$$

并且为了从波束形成器的输出中消除干扰，需要有

$$\begin{aligned} w_{0R} + w_{1I} = 0 &\Rightarrow w_{0R} = -w_{1I} \\ w_{0I} - w_{1R} = 0 &\Rightarrow w_{0I} = w_{1R} \end{aligned} \quad (16.24)$$

解方程（16.21）和方程（16.24）得

$$w_{0R} = \frac{1}{2};\ w_{0I} = \frac{1}{2};\ w_{1R} = \frac{1}{2};\ w_{1I} = \frac{-1}{2} \quad (16.25)$$

使用方程（16.25）中给出的权值不会影响通过波束形成器的期望信号；然而，干扰信号将从输出中完全消除。

16.2 使用最小均方的自适应信号处理

自适应信号处理由时变系统的自动控制技术自然演化而来。数字处理计算技术和相关硬件的进步促进了自适应处理技术和算法的成熟。

考虑图 16.3 中所示的基本自适应数字系统。系统输入是序列 $x[k]$，它的输出是序列 $y[k]$。自适应与非自适应系统的区别在于在自适应系统中，传递函数 $H_k(z)$ 现在是时变的。穿过传递函数盒的箭头被用来表示自适应处理（或时变传递函数）。序列 $d[k]$ 称为期望响应序列。误差序列是期望响应与真实响应之间的差。请记住响应序列不是完全已知的；否则，如果它是完全已知的，那么就不需要任何自适应处理来计算它。这个期望响应的定义依赖于系统的特定要求。

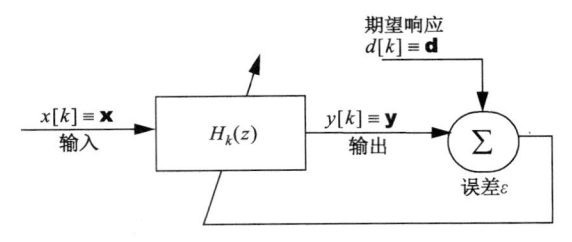

图 16.3 基本自适应系统

为使误差序列最小，已经发展了多种不同的技术和算法。使用某种技术而不是其他技术很大程度上依赖于需要考虑的工作环境。例如，如果输入是一个静态随机过程，那么使误差最小就是解最小均方问题。然而，在大多数自适应处理系统中，输入信号是一个非静态过程。在本节中，检验了最小均方技术。

最小均方（LMS）算法因为很简单，所以是自适应处理中最常用的技术。阶数为 L 的时变传递函数可以写成由下式定义的有限冲激响应（FIR）滤波器：

$$H_k(z) = b_0 + b_1 z^{-1} + \cdots + b_L z^{-L} \quad (16.26)$$

输入、输出关系由下式的离散卷积给定：

$$y(k) = \sum_{n=0}^{L} b_n(k)x(k-n) \qquad (16.27)$$

自适应 LMS 过程的目标是调整滤波器系数到最优最小均方误差(MMSE)。达到 MMSE 的最常用方法是使用最陡下降方法。为此目的,用向量形式定义滤波器系数为

$$\mathbf{b}_k = \begin{bmatrix} b_o(k) & b_1(k) & \cdots & b_L(k) \end{bmatrix}^\dagger \qquad (16.28)$$

那么

$$\mathbf{b}_{k+1} = \mathbf{b}_k - \mu \nabla_k \qquad (16.29)$$

式中 μ 是控制误差能有多快收敛到期望 MMSE 值的参数,梯度向量 ∇_k 定义为

$$\nabla_k = \frac{\partial}{\partial \mathbf{b}_k} E[\varepsilon_k^2] = \left[\frac{\partial}{\partial \mathbf{b}_0(k)} E[\varepsilon_k^2] \cdots \frac{\partial}{\partial \mathbf{b}_L(k)} E[\varepsilon_k^2] \right]^\dagger \qquad (16.30)$$

如方程(16.29)清楚说明的那样,自适应滤波器系数更新速率正比于负梯度;因此,如果在自适应过程的每一步梯度已知,那么可以获得更好的系数计算。换而言之,MMSE 从第 k 步下降到第 $k+1$ 步。当然,一旦找到解,那么梯度变为 0,系数也不再变化。

当梯度未知时,则使用梯度估计,梯度估计仅依赖于瞬时平方误差。这些估计定义为

$$\hat{\nabla}_k = \frac{\partial}{\partial \mathbf{b}_k}[\varepsilon_k^2] = 2\varepsilon_k \frac{\partial}{\partial \mathbf{b}_k}(d_k - y_k) \qquad (16.31)$$

因为期望序列 $d[k]$ 与输出 $y[k]$ 独立,所以方程(16.31)可写为

$$\hat{\nabla}_k = -2\varepsilon_k \mathbf{x}_k \qquad (16.32)$$

式中,向量 $\mathbf{x}_k$ 是输入信号序列。将方程(16.32)代入方程(16.29)得

$$\mathbf{b}_{k+1} = \mathbf{b}_k + 2\varepsilon_k \mu \mathbf{x}_k \qquad (16.33)$$

对收敛参数 μ 的选择在决定系统性能中扮演了重要角色。这是很明显的,因为正如方程(16.33)说明的那样,一个 LMS 算法的成功实现依赖于输入信号、期望信号与收敛参数的选择。许多的研究和努力都放在了选择 μ 的最优值上。尽管如此,目前还未找到通用值。然而,已经确定了这个参数的范围为 $0 < \mu < 1$。

收敛参数 μ_N 常常可用一个归一化值来代替它的绝对值。也即

$$\mu_N = \frac{\mu}{(L+1)\sigma^2} \qquad (16.34)$$

式中,L 是自适应 FIR 滤波器的阶数,σ^2 是输入信号的方差(功率)。当输入信号不是静态的,并且它的方差随时间变化时,则使用 σ^2 的时变估计值。也即

$$\hat{\sigma}_k^2 = \alpha x_k^2 + (1-\alpha)\hat{\sigma}_{k-1}^2 \qquad (16.35)$$

式中,α 是一个选择的因子,满足 $0 < \alpha < 1$。最后,方程(16.33)可写为

$$\mathbf{b}_{k+1} = \mathbf{b}_k + \frac{2\varepsilon_k \mu \mathbf{x}_k}{(L+1)\hat{\sigma}_k^2} \qquad (16.36)$$

MATLAB 函数 "LMS.m"

MATLAB 函数 "*LMS.m*" 实现方程（16.36），语法如下：

$$Xout = LMS\,(Xin,\ D,\ B,\ mu,\ sigma,\ alpha)$$

其中：

符号	描述	状态
X	输入数据序列——被干扰的	输入
D	期望信号序列	输入
B	自适应系数	输入
mu	收敛系数	输入
sigma	输入信号功率估计	输入
alpha	遗忘因子，见方程（16.35）	输入
Xout	预测的输出序列	输出

作为一个例子并参考图 16.3，令输入和期望信号定义为

$$x[k] = \sqrt{2}\,\sin\left(\frac{2\pi k}{20}\right) + n[k]\ ;\ k = 0, 1, \cdots, 500 \tag{16.37}$$

$$d[k] = \sqrt{2}\,\sin\left(\frac{2\pi k}{20}\right)\ ;\ k = 0, 1, \cdots, 500 \tag{16.38}$$

式中，$n[k]$ 是零均值、方差为 $\sigma_n^2 = 2$ 的加性白噪声。图 16.4 说明了方程（16.36）定义的 LMS 算法在 $\mu = 0.1$ 和 $\alpha = 0$ 时的输出。除了在 $\mu = 0.01$ 和 $\alpha = 0.1$ 的情况，图 16.5 与图 16.4 类似。

请注意在图 16.5 中，因为 μ 小于图 16.4 中使用的 μ 值，所以收敛速率降低了；然而，因为 α 大于 0，这允许对方程（16.35）定义的噪声方差进行更精确的更新，所以滤波器的输出噪声更少。该图可用附录 16-A 中列出的 MATLAB 程序 "*Fig16_4_5.m*" 重新生成。

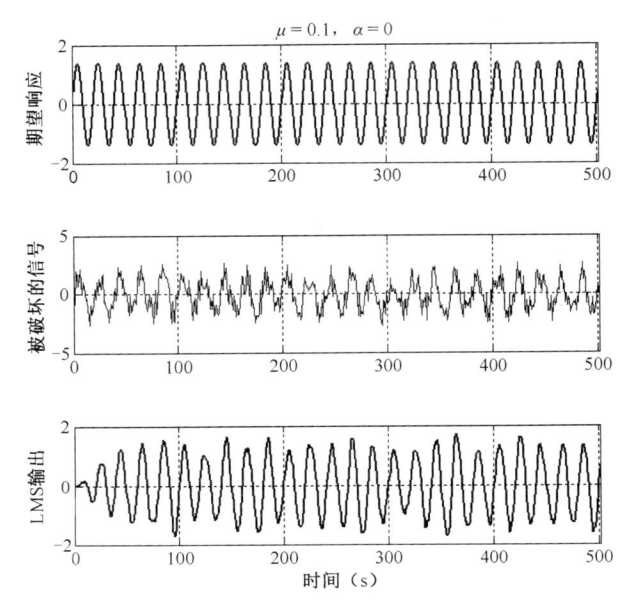

图 16.4 LMS 滤波器的输入信号、期望响应和输出响应

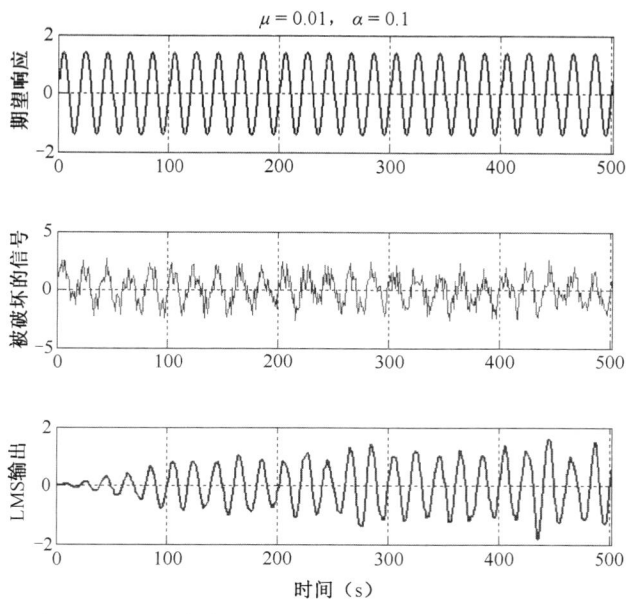

图 16.5 LMS 滤波器的输入信号、期望响应和输出响应

16.3 LMS 自适应阵列处理

考虑图 16.6 所示的 LMS 自适应阵列。参考信号和阵列输出间的差形成了一个误差信号。然后使用一个预先确定的收敛算法，用误差信号自适应计算复数权值。假设参考信号是期望信号（或期望阵列响应）的一个精确近似。可使用一个假设雷达接收机已知的训练序列或扩展码来计算这个参考信号。这个参考信号的格式将根据不同的应用变化。但是在所有情况中，都假设参考信号与期望信号相关。相关性的增加显著提高了所使用收敛算法的精确性和速度。在本节中假设使用 LMS 算法。

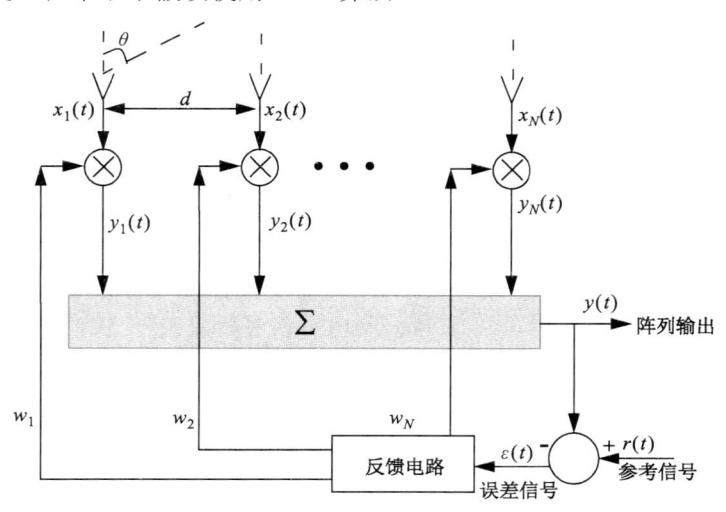

图 16.6 线性自适应阵列

一般来说，一个带通信号的复包络，以及它对应的解析（预包络）信号可用正交分量对 $(x_I(t), x_Q(t))$ 表达。请回忆利用 Hilbert 变换相关正交分量如下：

$$x_Q(t) = \hat{x}_I(t) ; \hat{x}_Q = -x_I \tag{16.39}$$

式中，$\hat{x}_I$ 和 $\hat{x}_Q$ 分别是 x_I 和 x_Q 的 Hilbert 变换。一个带通信号 $x(t)$ 可如下表达（回顾第 3 章以做参考）：

$$x(t) = x_I(t)\cos 2\pi f_0 t - x_Q(t)\sin 2\pi f_0 t \tag{16.40}$$

$$\psi_x(t) = x(t) + j\hat{x}(t) \equiv \tilde{x}(t)e^{j2\pi f_0 t} \tag{16.41}$$

$$\tilde{x}(t) = x_I(t) + jx_Q(t) \tag{16.42}$$

式中 $\psi(t)$ 是预包络，$\tilde{x}(t)$ 是复包络。利用方程（16.39），方程（16.42）可写为

$$\tilde{x}(t) = x_I(t) + jx_Q(t) = x_I(t) + j\hat{x}_I(t) \tag{16.43}$$

使用这种标记法，自适应阵列输出信号、它的参考信号及误差信号也可以用同样的标记法写为

$$\tilde{y}(t) = y(t) + j\hat{y}(t) \tag{16.44}$$

$$\tilde{r}(t) = r(t) + j\hat{r}(t) \tag{16.45}$$

$$\tilde{\varepsilon}(t) = \varepsilon(t) + j\hat{\varepsilon}(t) \tag{16.46}$$

参考图 16.6，将第 n 个阵列输入信号的输出记为 $y_n(t)$，并假设复数权值由下式给出：

$$w_n = w_{nI} - jw_{nQ} \tag{16.47}$$

因此有

$$y_n(t) = w_{nI}\ x_{nI}(t) + w_{nQ}\ x_{nQ}(t) \tag{16.48}$$

对方程（16.48）进行 Hilbert 变换，得

$$\hat{y}_n(t) = w_{nI}\ \hat{x}_{nI}(t) + w_{nQ}\ \hat{x}_{nQ}(t) \tag{16.49}$$

在方程（16.49）中使用方程（16.39），可以得到

$$\hat{y}_n(t) = w_{nI}\ x_{nQ}(t) - w_{nQ}\ x_{nI}(t) \tag{16.50}$$

第 n 个通道的解析信号为

$$\psi_{y_n}(t) = y_n(t) + j\hat{y}_n(t) \tag{16.51}$$

将方程（16.48）和方程（16.49）代入方程（16.50）得到

$$\psi_{y_n}(t) = w_{nI}\ x_{nI}(t) + w_{nQ}\ x_{nQ}(t) + j[w_{nI}\ x_{nQ}(t) - w_{nQ}\ x_{nI}(t)] \tag{16.52}$$

合并简化，并用复数标记法，得到

$$\psi_{y_n}(t) = w_n \tilde{x}_n(t) \tag{16.53}$$

因此整个自适应阵列的输出为

$$\tilde{y}(t) = \sum_{n=1}^{N} \tilde{y}_n(t) = \sum_{n=1}^{N} w_n \tilde{x}_n(t) \tag{16.54}$$

它可用向量标记法写为

$$\tilde{\mathbf{y}} = \mathbf{w}^t \tilde{\mathbf{x}} = \tilde{\mathbf{x}}^t \mathbf{w} \tag{16.55}$$

式中向量 **x** 和 **w** 由下式给出，

$$\tilde{\mathbf{x}} = \begin{bmatrix} \tilde{x}_1(t) & \tilde{x}_2(t) & \cdots & \tilde{x}_N(t) \end{bmatrix}^t \tag{16.56}$$

$$\mathbf{w} = \begin{bmatrix} w_1 & w_2 & \cdots & w_N \end{bmatrix}^t \tag{16.57}$$

上标 $\{^t\}$ 表示转置操作。

如前所论，一种得到 LMS 算法 MMSE 的常用技术就是利用最陡下降法。因此 LMS 自适应阵列中的复数权值的关系如方程（16.29）中的定义。也即

$$\mathbf{w}_{k+1} = \mathbf{w}_k - \mu \nabla_k \tag{16.58}$$

式中，μ 是收敛参数。下标 k 表明时间采样。在这种情况下，梯度向量 ∇_k 的定义为

$$\nabla_k = \frac{\partial}{\partial \mathbf{w}_k} E[\tilde{\varepsilon}_k^2] = \begin{bmatrix} \frac{\partial}{\partial \mathbf{w}_0(k)} E[\tilde{\varepsilon}_k^2] & \cdots & \frac{\partial}{\partial \mathbf{w}_N(k)} E[\tilde{\varepsilon}_k^2] \end{bmatrix}^t \tag{16.59}$$

重新整理方程（16.58），使得复数权值的连续估计间的变化速率在方程的同一边，得到

$$\mathbf{w}_{k+1} - \mathbf{w}_k = -\mu \frac{\partial}{\partial \mathbf{w}_k}(E[\tilde{\varepsilon}_k^2]) \tag{16.60}$$

其中方程（16.59）的中间部分也用梯度向量替代。在这种表达方式中，方程（16.60）表示复数权值相对于时间的变化速率（也即权值相对于时间的导数）。因此有

$$\frac{\mathrm{d}}{\mathrm{d}t}\mathbf{w} = -\mu \frac{\partial}{\partial \mathbf{w}}(E[\tilde{\varepsilon}^2(t)]) \tag{16.61}$$

然而，由图 16.5 可以看出，误差信号复包络为

$$\tilde{\varepsilon}(t) = \tilde{r}(t) - \sum_{n=1}^{N} w_n \tilde{x}_n(t) \Rightarrow \tilde{\varepsilon}(t) = \tilde{r}(t) - \tilde{\mathbf{x}}^t \mathbf{w} \tag{16.62}$$

可以证明（见习题 16.1）

$$\frac{\partial}{\partial \mathbf{w}} E[\tilde{\varepsilon}^2(t)] = -E[\tilde{\mathbf{x}}^* \tilde{\varepsilon}(t)] \tag{16.63}$$

所以方程（16.61）可以写为

$$\frac{d}{dt}\mathbf{w} = \mu E[\tilde{\mathbf{x}}^* \tilde{\varepsilon}(t)] \tag{16.64}$$

将方程（16.62）代入方程（16.64）得到

$$\frac{d}{dt}\mathbf{w} = \mu E[\tilde{\mathbf{x}}^* (\tilde{r}(t) - \tilde{\mathbf{x}}^t \mathbf{w})] \tag{16.65}$$

等价地有

$$\frac{d}{dt}\mathbf{w} + \mu E[\tilde{\mathbf{x}}^* \tilde{\mathbf{x}}^t]\mathbf{w} = \mu E[\tilde{\mathbf{x}}^* \tilde{r}(t)] \tag{16.66}$$

协方差矩阵由以下定义给定：

$$\mathbf{C} = E[\tilde{\mathbf{x}}^* \tilde{\mathbf{x}}^t] = \begin{bmatrix} \tilde{x}_1^* \tilde{x}_1 & \tilde{x}_1^* \tilde{x}_2 & \dots \\ \tilde{x}_2^* \tilde{x}_1 & \tilde{x}_2^* \tilde{x}_2 & \dots \\ \dots & \dots & \end{bmatrix} \tag{16.67}$$

并且参考信号相关向量 **s** 为

$$\mathbf{s} = E[\tilde{\mathbf{x}}^* \tilde{r}(t)] = E\left[\tilde{x}_1^* \tilde{r} \quad \tilde{x}_2^* \tilde{r} \quad \dots \right]^t \tag{16.68}$$

利用方程（16.67）和方程（16.68），可以重写方程（16.66）的差分方程（DE）为

$$\frac{d}{dt}\mathbf{w} + \mu \mathbf{C}\mathbf{w} = \mu \mathbf{s} \tag{16.69}$$

方程（16.69）定义的差分方程的稳定状态解（假设协方差矩阵不是奇异的）为

$$\mathbf{w} = \mathbf{C}^{-1} \mathbf{s} \tag{16.70}$$

当协方差矩阵的规模增加时（也即自适应阵列中的通道数增加），实时计算自适应权值的复杂度也增加。这是真的，因为实时计算大型矩阵的逆非常困难，需要强大的计算能力。因此自适应阵列的有效性被局限于小规模阵列，其中仅可以消除几个干扰信号。另外，在实际应用中，实时计算协方差矩阵的较好估计值也很困难。为了减轻影响，通过对来自同一分布的 m 个独立数据采样值取平均，可以得到 $E\{x_i x_j^*\}$（协方差矩阵的 i,j 个元素）的一个合理估计。通过从 N 个通道收集 M 个独立的数据"快照"，这个方法可以扩展到整个协方差矩阵。因此协方差矩阵的估计可由下式给出：

$$\tilde{\mathbf{C}} \approx (\tilde{\mathbf{x}}^\dagger \tilde{\mathbf{x}})/M \tag{16.71}$$

方程（16.69）的瞬态解为（见习题 16.2）

$$\mathbf{w}(t) = \sum_{n=1}^{N} \mathbf{p}_i e^{-\mu \lambda_i t} \tag{16.72}$$

式中向量 $\mathbf{p}_i$ 是依赖于 $\mathbf{w}(t)$ 初始值的常数，λ_i 是矩阵 $\mathbf{C}$ 的特征值。因此方程（16.69）的通解为

$$\mathbf{w}(t) = \sum_{n=1}^{N} \mathbf{p}_i e^{-\mu \lambda_i t} + \mathbf{C}^{-1} \mathbf{s} \tag{16.73}$$

一种常用的自适应阵列有限性的测量是整个输出干扰功率 S_o 与内部噪声功率 S_n 的比值。

例：考虑 16.2 节中的 2 单元阵列。假设期望信号位于定向正弦 $\sin(\theta_t)$，干扰信号位于 $\sin(\theta_i)$。计算自适应权值，使得干扰信号可以消除。

解：由图 16.6

$$\tilde{x}_1(t) = \tilde{d}_1(t) + \tilde{n}_1(t) + \tilde{I}_1(t)$$

$$\tilde{x}_2(t) = \tilde{d}_2(t) + \tilde{n}_2(t) + \tilde{I}_2(t)$$

式中，d 是期望响应，n 是噪声，I 是干扰信号。噪声信号在空间上不相关，更精确地说，

$$E[\tilde{n}_i^*(t)\tilde{n}_j(t)] = \begin{cases} 0 & i \neq j \\ \sigma_n^2 & i = j \end{cases}$$

同时

$$E[\tilde{d}_i^*(t)\tilde{n}_i(t)] = 0 \qquad 对于所有的 (i,j)$$

期望信号为

$$\tilde{d}(t) = \tilde{d}_1(t) + \tilde{d}_2(t) = A_d e^{j2\pi f_0 t} e^{j\Theta_d} + A_d e^{j2\pi f_0 t} e^{j\Theta_d} e^{-j\pi \sin\theta_d}$$

式中 Θ_d 是均匀随机变量。干扰信号为

$$\tilde{I}(t) = \tilde{I}_1(t) + \tilde{I}_2(t) = A_i e^{j2\pi f_0 t} e^{j\Theta_i} + A_i e^{j2\pi f_0 t} e^{j\Theta_i} e^{-j\pi \sin\theta_i}$$

式中 Θ_i 是均匀随机变量。当然，随机变量 Θ_d 和 Θ_i 被假设为统计独立。用向量形式表示有

$$\tilde{\mathbf{x}}_d = A_d e^{j2\pi f_0 t} e^{j\Theta_d} \begin{bmatrix} 1 \\ e^{-j\pi \sin\theta_d} \end{bmatrix}$$

$$\tilde{\mathbf{x}}_i = A_i e^{j2\pi f_0 t} e^{j\Theta_i} \begin{bmatrix} 1 \\ e^{-j\pi \sin\theta_i} \end{bmatrix}$$

则噪声向量为

$$\tilde{\mathbf{x}}_n = \begin{bmatrix} \tilde{n}_1(t) \\ \tilde{n}_2(t) \end{bmatrix}$$

并且参考信号为（这是一个假设，这样期望信号与参考信号相关）

$$\tilde{r}(t) = A_r e^{j2\pi f_0 t} e^{j\Theta_d}$$

注意输入 SNR 是

$$\mathrm{SNR}_d = A_d^2 / \sigma_n^2$$

干扰与噪声的表示为

$$\mathrm{SNR}_i = A_i^2 / \sigma_n^2$$

输入信号可用向量标记法写为

$$\tilde{\mathbf{x}} = \tilde{\mathbf{x}}_d + \tilde{\mathbf{x}}_i + \tilde{\mathbf{x}}_n$$

从方程（16.67）计算协方差矩阵为

$$\mathbf{C} = E[\tilde{\mathbf{x}}_d^* \tilde{\mathbf{x}}_d^t] = \begin{bmatrix} A_d^2 + A_i^2 + \sigma_n^2 & A_d^2 \mathrm{e}^{-\mathrm{j}\pi \sin\theta_d} + A_i^2 \mathrm{e}^{-\mathrm{j}\pi \sin\theta_i} \\ A_d^2 \mathrm{e}^{\mathrm{j}\pi \sin\theta_d} + A_i^2 \mathrm{e}^{\mathrm{j}\pi \sin\theta_i} & A_d^2 + A_i^2 + \sigma_n^2 \end{bmatrix}$$

为了计算协方差矩阵的特征值，需要首先计算行列式

$$|\mathbf{C}| = 4 A_d^2 A_i^2 \left(\sin\left(\frac{\theta_d + \theta_i}{s}\right) \right)^2 + 2 A_d^2 \sigma_n^2 + 2 A_i^2 \sigma_n^2 + \sigma_n^4$$

所以

$$\mathbf{C}^{-1} = \frac{1}{|\mathbf{C}|} \begin{bmatrix} A_d^2 + A_i^2 + \sigma_n^2 & -A_d^2 \mathrm{e}^{-\mathrm{j}\pi \sin\theta_d} - A_i^2 \mathrm{e}^{-\mathrm{j}\pi \sin\theta_i} \\ -A_d^2 \mathrm{e}^{\mathrm{j}\pi \sin\theta_d} - A_i^2 \mathrm{e}^{\mathrm{j}\pi \sin\theta_i} & A_d^2 + A_i^2 + \sigma_n^2 \end{bmatrix}$$

参考互相关向量为

$$\mathbf{s} = E[\tilde{\mathbf{x}}^* \tilde{r}(t)] = A_d A_r \begin{bmatrix} 1 \\ \mathrm{e}^{\mathrm{j}\pi \sin\theta_d} \end{bmatrix}$$

因此权值为

$$\mathbf{w} = \frac{A_d A_r}{|\mathbf{C}|} \begin{bmatrix} A_i^2 + \sigma_n^2 - A_i^2 \mathrm{e}^{\mathrm{j}\pi(\sin\theta_d - \sin\theta_i)} \\ \mathrm{e}^{\mathrm{j}\pi \sin\theta_d} \{A_i^2 + \sigma_n^2 - A_i^2 \mathrm{e}^{\mathrm{j}\pi(\sin\theta_i - \sin\theta_d)}\} \end{bmatrix}$$

MATLAB 函数 "adaptive_array_lms.m"

MATLAB 函数 "*adaptive_array_lms.m*" 实现本节描述的 LMS 自适应阵列处理。语法如下：

adaptive_array_lms(N,dol,tagt_angle,jam_angle)

其中：

op	描　　述	单　位	状　态
N	阵列规模	无	输入
dol	阵列单元间距	λ	输入
tagt_angle	期望波束空间位置	度	输入
jam_angle	干扰空间位置	度	输入

该函数的输出是用 dB 表示的归一化阵列响应与自适应处理之前和之后扫描之间的关系图。图 16.7 说明了使用以下 MATLAB 调用的一个例子：

adaptive_array_lms(19, 0.5, 0, 35)

我们注意到零深的质量（深度和窄度）严重依赖于协方差矩阵的精度。在 "*adaptive_array_lms.m*" 程序中，MATLAB 函数 "*mvnrnd*" 用来估计在计算协方差矩阵中使用的噪声向量。因此每次执行程序时，会计算一个不同的协方差矩阵，由此这次运行与下次运行的自适应零深很可能看上去不同。这在图 16.8（a）到图 16.8（b）中进行了说明。在这种情况下，主波束对准 $\theta = -10°$，而干扰位于 $\theta = 25°$。

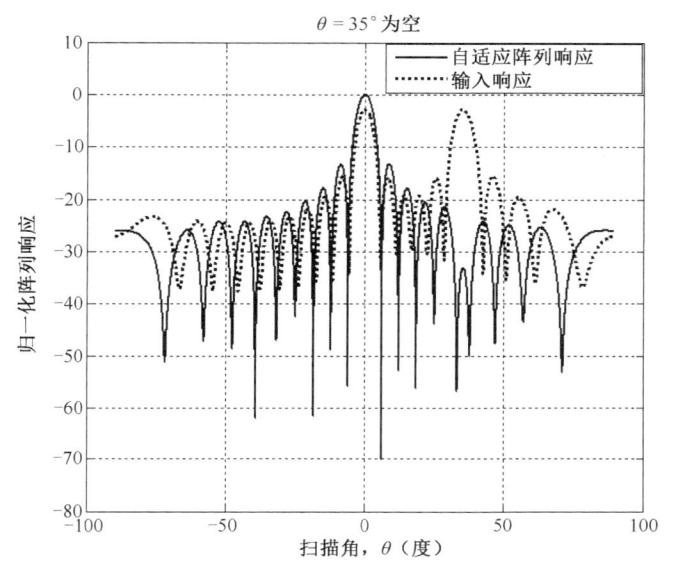

图 16.7　说明 LMS 自适应阵列处理。请注意为了让两个方向图能在视觉上有清晰的区分，增益方向图已经有目的地根据稍许不同的最大值进行了归一化

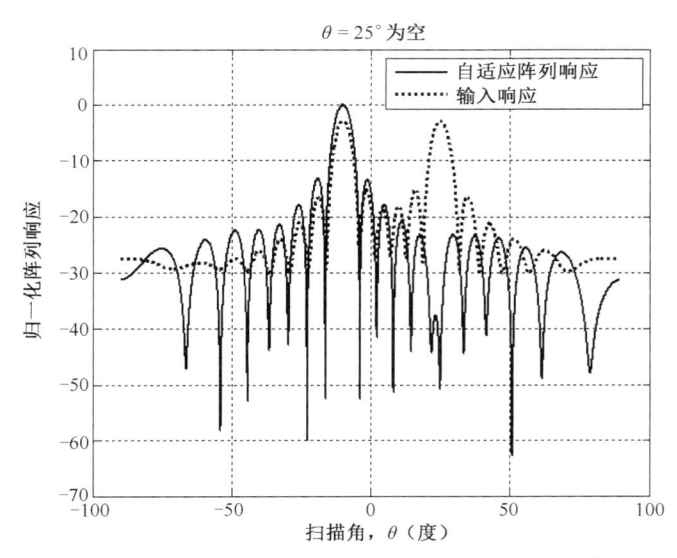

图 16.8（a）　说明 LMS 自适应阵列处理。请注意为了让两个方向图能在视觉上有清晰的区分，增益方向图已经有目的地根据稍许不同的最大值进行了归一化

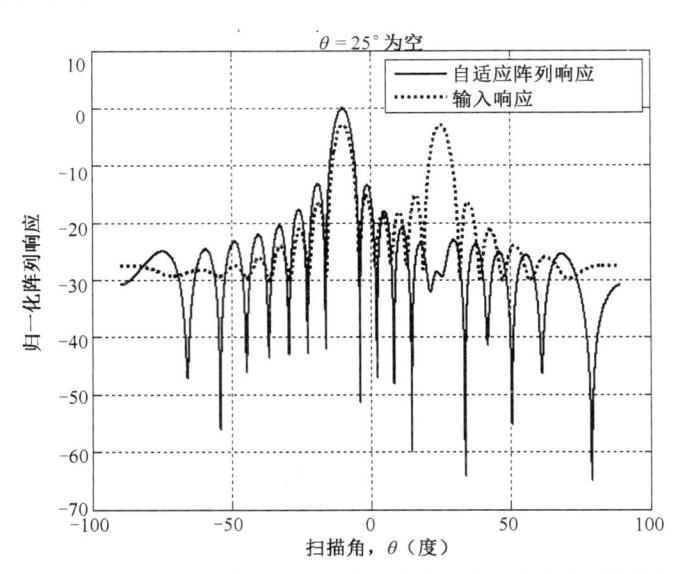

图16.8（b） 说明LMS自适应阵列处理。请注意为了让两个方向图能在视觉上有清晰的区分，增益方向图已经有目的地根据稍许不同的最大值进行了归一化

16.4 副瓣对消器（SLC）

典型的副瓣对消器包含一个主天线（该天线可以是相控阵列天线，或是单个单元）及一个或多个辅助天线。主天线称为主通道；假设主天线是高度定向的，并指向期望的信号角度位置。假设干扰信号位于偏离主天线法线方向的某处（在副瓣中）。因为采用了这种配置，所以主通道接收来自期望信号和干扰信号的回波。然而因为在干扰信号方向上主天线副瓣增益很低，所以主通道中来自干扰信号的回波很微弱。同时辅助天线的回波主要来自干扰信号。图16.9对此进行了说明。

参见图16.9，$\tilde{s}(t)$是期望信号，$\tilde{n}(t)$是主通道噪声信号（它主要来自干扰信号），而$\tilde{n}'(t)$是辅助阵列中的干扰信号。假设信号$\tilde{s}(t)$和$\tilde{n}(t)$不相关。还假设干扰信号与主通道中的噪声信号高度相关。SLC背后的基本思想是首先让自适应辅助通道产生一个对噪声信号的精确估计，然后从主通道信号中减去估计值，这样输出信号就主要是期望信号了。

误差信号为

$$\tilde{\varepsilon} = \tilde{\mathbf{d}} - \mathbf{w}^{\dagger}\tilde{\mathbf{x}} \tag{16.74}$$

式中$\mathbf{x}$是辅助阵列信号向量，$\mathbf{w}$是自适应权值。向量$\tilde{\mathbf{d}}$的尺寸为M。剩余功率为

$$P_{\text{res}} = E[\tilde{\varepsilon}\tilde{\varepsilon}^{\dagger}] \tag{16.75}$$

$$P_{\text{res}} = E[(\tilde{\mathbf{d}} - \mathbf{w}^{\dagger}\tilde{\mathbf{x}})(\tilde{\mathbf{d}}^* - \tilde{\mathbf{x}}^{\dagger}\mathbf{w}^*)] \tag{16.76}$$

因此有

$$P_{\text{res}} = E[|\tilde{\mathbf{d}}|^2] - E[\tilde{\mathbf{d}}\tilde{\mathbf{x}}^{\dagger}\mathbf{w}^*] - E[\tilde{\mathbf{d}}^*\mathbf{w}^{\dagger}\tilde{\mathbf{x}}] - \mathbf{w}^{\dagger}E[\tilde{\mathbf{x}}\tilde{\mathbf{x}}^{\dagger}]\mathbf{w}^* \tag{16.77}$$

将剩余功率对$\mathbf{w}$求微分，并设结果等于0（以计算使剩余功率最小的最优权值），得

$$\frac{\partial P_{\text{res}}}{\partial \mathbf{w}} = \mathbf{0} = -\widetilde{\mathbf{xd}} + \mathbf{C}_a \mathbf{w} \tag{16.78}$$

式中 $\mathbf{C}_a$ 是辅助通道的协方差矩阵。最后，最优权值由下式给出：

$$\mathbf{w} = \mathbf{C}_a^{-1} \widetilde{\mathbf{xd}} \tag{16.79}$$

请注意向量 $\widetilde{\mathbf{xd}}$ 表示主通道和辅助通道都有的成分。观察方程（16.79）可以直观感觉到目标是将主通道和辅助通道共有的数据成分分离出来，然后我们希望能减轻它们的负担（这来自于求 $\mathbf{C}_a$ 的逆）。

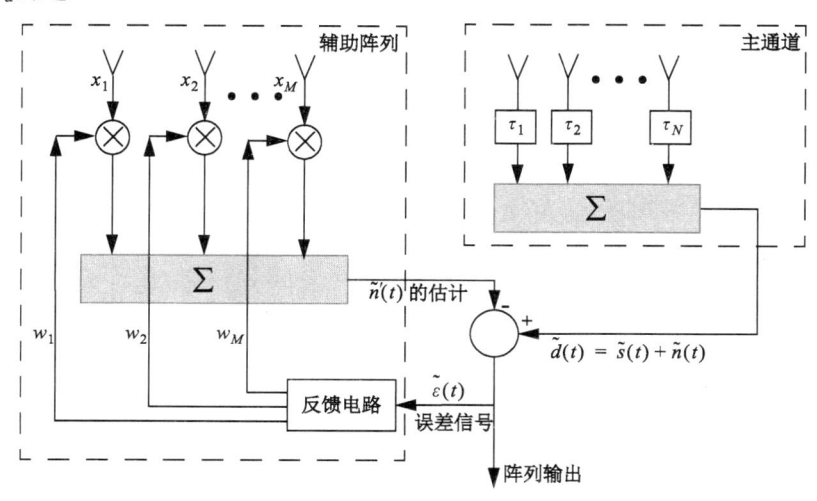

图 16.9　副瓣对消阵列

16.5　空时自适应处理（STAP）

空时自适应处理（STAP）是一个用来描述同时处理空域和时域信号的自适应阵列的术语。信号的空域分量由阵列传感器收集（与所有阵列工作相同），而信号的时域分量用每个阵列传感器后的等间隔延时单元产生。为此目的，一个尺寸为 N 的阵列有 N 个子通道（每个传感器后面一个）；在每个子通道中，来自第 j 个距离单元的信号组成了 M 个脉冲，这 M 个脉冲按照雷达脉冲间隔（$T = 1/f_r$）交错，其中 f_r 是 PRF。然后来自所有 M 个延时响应的输出进行相干累加，以产生合成的阵列响应。假设阵列输入由目标回波、杂波回波及干扰信号回波组成。

本节中的内容按照以下顺序展示：首先介绍了空时波束形成的概念，然后扩展分析到包含空时自适应处理。

16.5.1　空时处理

图 16.10 中说明了一个空时波束形成器的配置。在这种情况下，一个有 N 个传感器、M 个脉冲（按照雷达 PRI 交错）的阵列组成了每个距离单元的波束形成器输出。对应于第 m 个脉冲和第 j 个距离单元的第 n 个阵列传感器的信号输出为

$$y_i(t_j - mT) \ ; \begin{cases} i = 1, \cdots, N \\ j = 1, \cdots, J \\ m = 0, \cdots, M-1 \end{cases} \quad (16.80)$$

式中，N 是阵列中的传感器数，M 是脉冲数，J 是被处理的距离单元数。

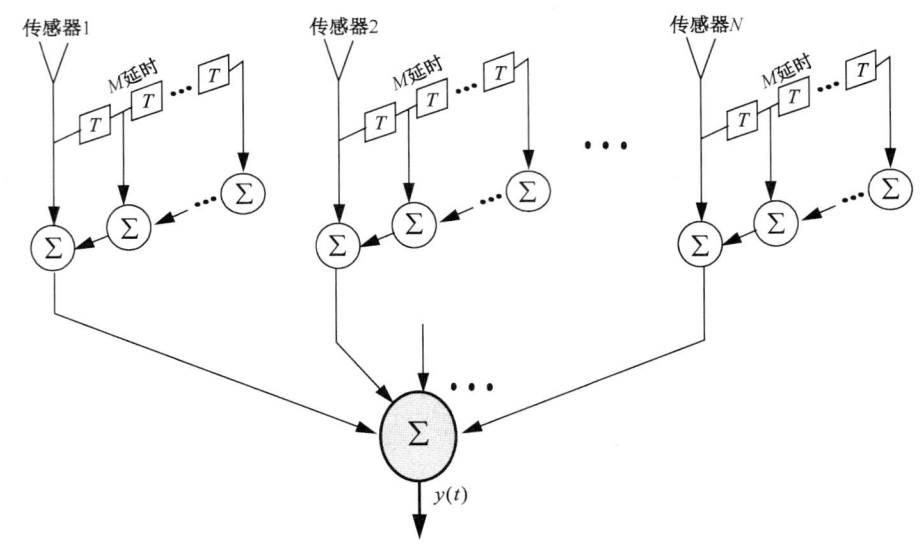

图 16.10 一个空时波束形成器配置的说明（$T = 1/f_r$）

使用这种标记法，来自所有脉冲的第 j 个距离单元回波由下式给出：

$$\mathbf{Y}_j = \begin{bmatrix} \mathbf{y}_{1j} \\ \mathbf{y}_{2j} \\ \vdots \\ \mathbf{y}_{Nj} \end{bmatrix} = \begin{bmatrix} y_1(t_j) & y_1(t_j - T) & y_1(t_j - 2T) & \cdots & y_1(t_j - (M-1)T) \\ y_2(t_j) & y_2(t_j - T) & y_2(t_j - 2T) & & y_2(t_j - (M-1)T) \\ & & & \vdots & \\ y_N(t_j) & y_N(t_j - T) & y_N(t_j - 2T) & \cdots & y_N(t_j - (M-1)T) \end{bmatrix} \quad (16.81)$$

使用这种方式，空时波束形成器从 N 个阵列单元中的每一个为 J 个距离单元中的每一个接收一连串 M 个脉冲。因此如图 16.11 中说明的，产生了一个数据立方体。为此目的，从第 j 个距离单元接收到的数据由 $MN \times 1$ 空间（或时间快照）组成。

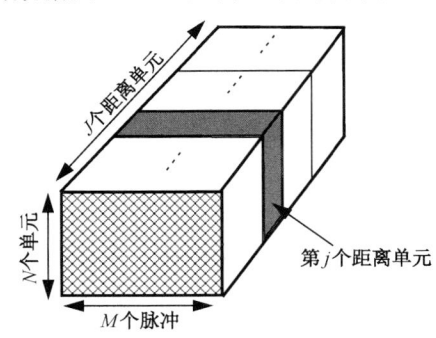

图 16.11 空时数据立方体

取单元 1 作为阵列相位参考，那么在 t_j 时刻由第 n 个阵列单元（或传感器）接收到的来自一个到达角为 θ 的远场目标的信号可在方程（16.1）的帮助下计算为

$$y_n(t_j) = x(t_j)\mathrm{e}^{-\mathrm{j}\Delta\theta_n} \tag{16.82}$$

式中

$$\Delta\theta_n = \frac{2\pi d}{\lambda}(n-1)\sin\theta \ ; \ n = 1, 2, \cdots, N \tag{16.83}$$

一般来说，信号 $x(t)$ 为

$$x(t) = \mathrm{e}^{\mathrm{j}2\pi f_0 t} \tag{16.84}$$

f_0 是雷达工作频率。因此有

$$\mathbf{Y}_j = \begin{bmatrix} \mathbf{y}_{1j} \\ \mathbf{y}_{2j} \\ \vdots \\ \mathbf{y}_{Nj} \end{bmatrix} = x(t_j) \begin{bmatrix} 1 \\ \mathrm{e}^{\left(-\mathrm{j}\frac{2\pi d}{\lambda}\right)\sin\theta} \\ \mathrm{e}^{\left(-\mathrm{j}\frac{2\pi d}{\lambda}\right)2\sin\theta} \\ \vdots \\ \mathrm{e}^{\left(-\mathrm{j}\frac{2\pi d}{\lambda}\right)(N-1)\sin\theta} \end{bmatrix} = x(t_j)\mathbf{s}_\mathrm{s}(\theta) \tag{16.85}$$

式中 $\mathbf{s}_\mathrm{s}(\theta)$ 是与到达角 θ 相关的空域方向向量。在这种表示法中，下标 s 用来求空域方向向量对时域方向向量的微分，这将在之后定义。

接下来我们考虑由目标对雷达视线的相对运动引起的多普勒效应。在这种情况下，由 M 个脉冲引起的传感器 1 上的回波信号为

$$\begin{bmatrix} y_1(t) \\ y_1(t-T) \\ \vdots \\ y_1(t-(M-1)T) \end{bmatrix} = x(t) \begin{bmatrix} 1 \\ \mathrm{e}^{-\mathrm{j}2\pi(f_\mathrm{d})} \\ \mathrm{e}^{-\mathrm{j}2\pi(2f_\mathrm{d})} \\ \vdots \\ \mathrm{e}^{-\mathrm{j}2\pi((M-1)f_\mathrm{d})} \end{bmatrix} = x(t)\mathbf{s}_\mathrm{t}(f_\mathrm{d}) \tag{16.86}$$

式中 $\mathbf{s}_\mathrm{t}(f_\mathrm{d})$ 是多普勒频移 f_d 的时域方向向量。因此，对于多普勒频移 f_d 且位于偏离阵列法线角度 θ 处的目标，来自第 j 个距离单元（也即时刻 t_j）的合成回波信号为

$$\mathbf{Y}_j = x(t_j)\{\mathbf{s}_\mathrm{s}(\theta) \otimes \mathbf{s}_\mathrm{t}(f_\mathrm{d})\} = x(t_j)\mathbf{s}_\mathrm{t} \tag{16.87}$$

式中，符号 $\otimes$ 表示 Kronecker 积，并且 $\mathbf{s}_\mathrm{t} = \mathbf{s}_\mathrm{s}(\theta) \otimes \mathbf{s}_\mathrm{t}(f_\mathrm{d})$。

16.5.2 空时自适应处理

图 16.12 说明了空时自适应波束形成器。STAP 波束形成器的输出现在由下式给出：

$$\mathbf{Z}_j = \mathbf{W}\mathbf{Y}_j \tag{16.88}$$

式中 $\mathbf{Y}_j$ 在前面的小节中定义，$\mathbf{W}$ 是自适应权值矩阵（见图 16.11）。和前面一样，假设阵列的输入信号由目标回波信号、杂波、干扰回波信号及热噪声组成。

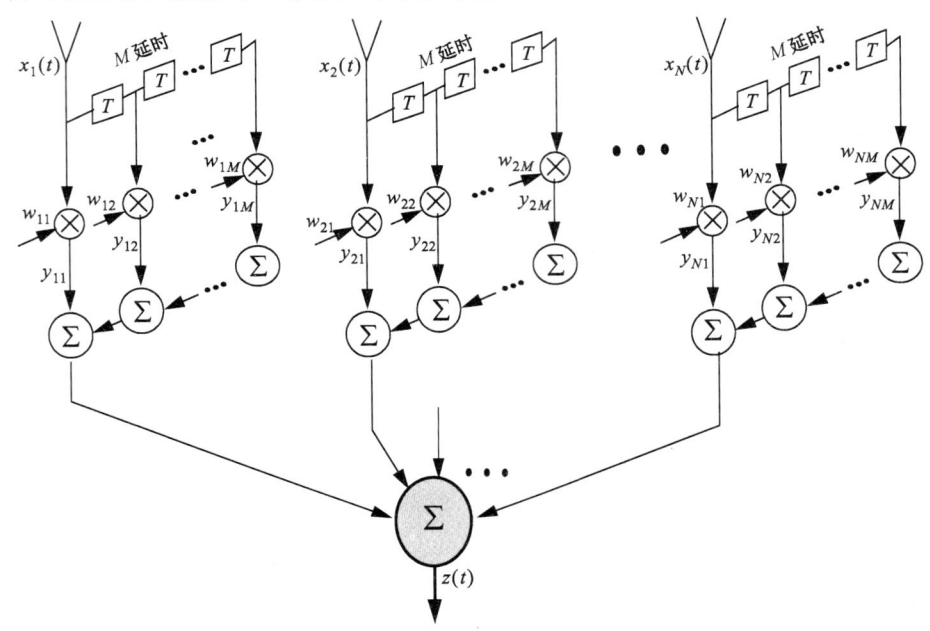

图 16.12　一个 STAP 阵列配置 ($T = 1/f_r$) 的说明

STAP 波束形成器的完整功率输出为

$$P_{out} = E[\mathbf{Z}_j^* \mathbf{Z}_j] = P_{tgt}|\mathbf{W}^*\mathbf{s}_t|^2 + \mathbf{W}^*\mathbf{C}\mathbf{W} \tag{16.89}$$

式中 $\mathbf{C}$ 是组合输入信号互方差矩阵，P_{tgt} 是期望目标信号功率。请注意互方差矩阵表示混合的目标、噪声和干扰信号；它的尺寸是 $MN \times MN$。因此信号与干扰加噪声比为

$$\mathrm{SINR}_{out} = \frac{P_{tgt}|\mathbf{W}^*\mathbf{s}_t|^2}{\mathbf{W}^*\mathbf{C}\mathbf{W}} \tag{16.90}$$

因此方程（16.90）中给出的使比率最大的权值最佳集合为

$$\mathbf{W}_{opt} = \mathbf{C}^{-1}\mathbf{s}_t \tag{16.91}$$

图 16.13 到图 16.18 说明了 STAP 处理。在这些例子中存在一个目标和一个干扰。图 16.13 和图 16.14 说明了混合的目标、干扰和杂波信号。图 16.15 和图 16.16 说明了移除杂波脊后的目标和干扰回波。图 16.17 和图 16.18 说明了移除干扰和杂波脊后的目标回波。这些图形可用附录 16-A 中列出的 MATLAB 程序 "*run_stap.m*" 生成。

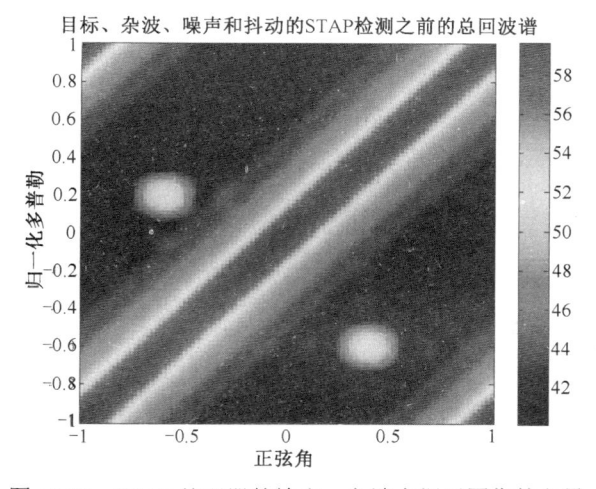

图 16.13 STAP 处理器的输出。杂波占据了图像的主导

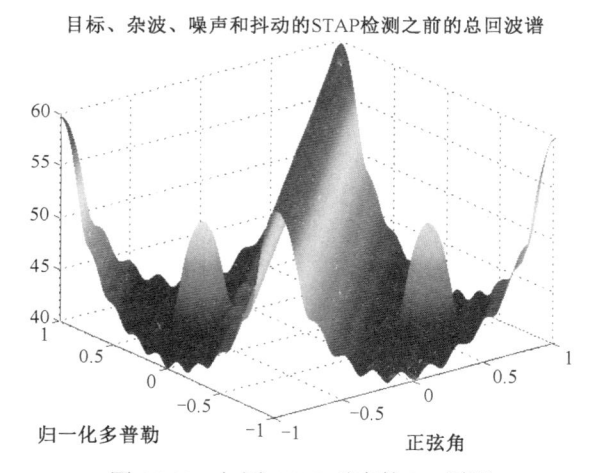

图 16.14 与图 16.13 对应的 3D 图形

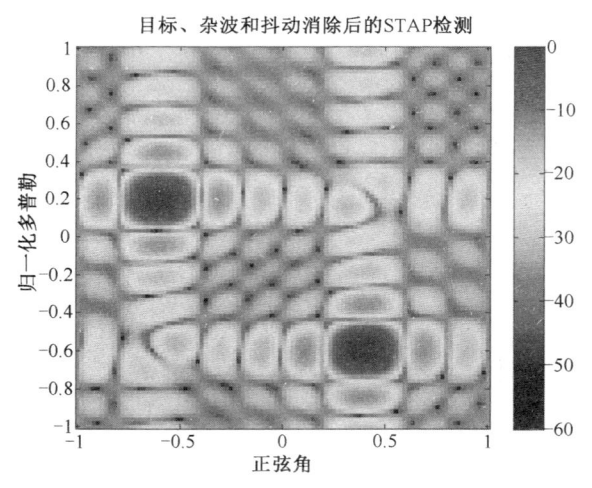

图 16.15 STAP 处理器的输出

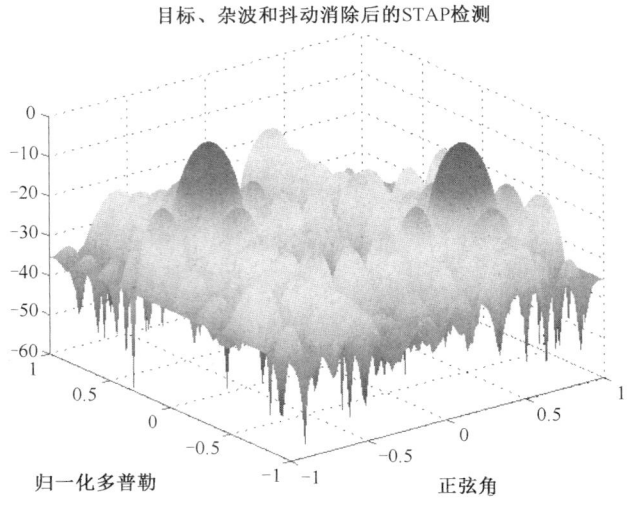

目标、杂波和抖动消除后的STAP检测

图 16.16　与图 16.15 对应的 3D 图形

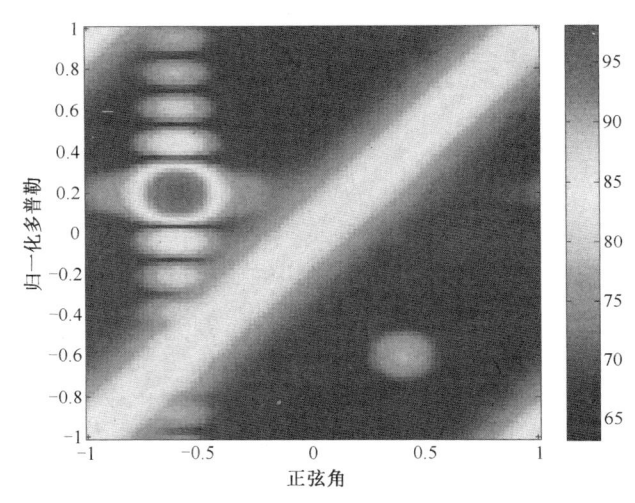

图 16.17　STAP 处理器的输出。仅目标，干扰和杂波脊回波已被移除

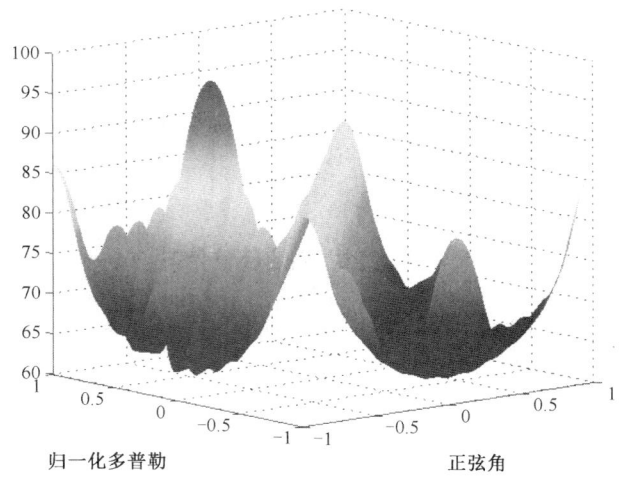

图 16.18　与图 16.17 对应的 3D 图形

习题

16.1 由式（16.62）开始，推导式（16.63）。

16.2 计算式（16.69）定义的 DE 的瞬态解。

16.3 用角度 $\pi/4$ 代替 $\pi/6$，重复 16.1 节中例子。

16.4 在 16.3 节中，开发了 MATLAB 函数 "*adaptive_array_lms.m*" 来说明线性阵列如何可以在阵列视场内的任意地方自适应地放置一个零深。然而这个程序假设一个单个目标（期望波束）和一个单个干扰（零深）。请扩展这个程序（或开发你自己的程序），使之考虑多个同时的期望波束（最多 $N/2$ 个）和多个干扰（最多 $N/2-1$ 个），其中 N 是阵列的尺寸。

16.5 根据之前第 15 章的习题，已经说明了有着有限个比特数来对准主波束。请修改之前习题的代码，以包含比特数有限对相位移动的影响。

16.6 图 16.8（a）和图 16.8（b）清楚地说明了互方差矩阵估计对自适应零深质量的影响。在 16.3 节中 [见式（16.71）]，描述了一种估计并提高互方差矩阵质量的技术。请修改 MATLAB 程序 "*adaptive_array_lms.m*"，或开发你自己的程序来实现方程（16.71）。简要讨论自适应零深的质量是如何提高的。

16.7 开发一个 MATLAB 程序来实现 SLC 对消器。

16.8 MATLAB 程序 "*run_stap.m*" 为 SNR、CNR 及 JSR 功率比使用硬编码（预先确定的）值。请修改这个程序，以允许用户改变这些值。用这些值的不同组合运行几次，并讨论你的结果。

16.9 重复前面的习题，但是在这种情况下，将允许阵列的单元数 N 变成一个用户控制的变量。运行两种情况，一种情况 N 值很小（小于 10），另一种情况 N 值较大（大于 20），简要讨论你的结果。

附录 16-A 第 16 章 MATLAB 程序清单

本章提供的 MATLAB 程序只是作为独立的学术工具设计的而没有其他用途。这里代码的编写方式是为了帮助读者更好地理解相关的理论。这些程序不是为任何类型的开环或闭环仿真研发的。本书中的 MATLAB 程序可通过 CRC 出版社的网站下载，登录 www.crcpress.com 搜索关键字 "Mahafza" 以定位本书的网页。

MATLAB 函数 "*LMS.m*" 程序清单

```
function Xout = LMS(Xin, D, B, mu, sigma, alpha)
% This program was written by Stephen Robinson a senior radar
% engineer at deciBel Research, Inc. in Huntsville, AL
% Xin = data vector ; size = 1 x N
% D = desired signal vector; size = 1 x N
% N = number of data samples and of adaptive iterations
% B = adaptive coefficients of Lht order fFIRfilter; size = 1 x L
% L = order of adaptive system
% mu = convergence parameter
```

```
%   sigma = input signal power estimate
%   alpha = exponential forgetting factor
N = size(Xin,2)
L = size(B,2)-1
px = B;
for k = 1:N
   px(1) = Xin(k);
   Xout(k) = sum(B.*px);
   E = D(k) - Xout(k);
   sigma = alpha*(px(1)^2) + (1 - alpha)*sigma;
   tmp = 2*mu/((L+1)*sigma);
   B = B + tmp*E*px;
   px(L+1:-1:2) = px(L:-1:1);
end; return
```

MATLAB 程序"Fig16_4_5.m"清单

```
% Figures 16.4 and 16.5
clc; close all;  clear all
N = 501;
mu = 0.1; % convergence parameter
Mu = num2str(mu);
L = 20; % FIR filter order
B = zeros(1,L+1); % FIR coefficients
sigma = 2; %Initial estimate for noise power
alpha = .100; % forgetting factor
Alpha =num2str(alpha);
k = 1:N;
noise = rand(1, length(k)) - .5; % Random noise
D = sqrt(2)*sin(2*pi*k/20);
X = D + sqrt(7)*noise;
Y = LMS(X, D, B, mu, sigma, alpha);
subplot(3,1,1)
plot(D,'linewidth',1.5);
xlim([0 501]); grid on;
ylabel('\bfDesired response');
title(['\mu = ',[Mu], ',   \alpha = ',[Alpha]])
subplot(3,1,2)
plot(X,'linewidth',1);
xlim([0 501]); grid on;
ylabel('\bfCorrupted signal')
subplot(3,1,3)
plot(Y,'linewidth',1.5);
xlim([0 501]);
grid on; xlabel('\bftime in sec'); ylabel('\bfLMS output')
```

MATLAB 函数 "adaptive_array_lms.m"程序清单

```
function adaptive_array_lms(N, dol,tagt_angle, jam_angle)
% This function implements the adaptive array LMS algorithm described in
% Section 16.6 of text.
% This function calls two other function
    % la_sampled_wave  and
    % linear_array_FFT
% Inputs
    % N       == size of linear array
    % dol     == array element spacing in lambda units
```

```
% tgt_angle == targte angle (desired signal) in degrees
% jam_angle == jammer angle (desired location of null) in degrees
% Outputs
% This function will display the before and after normalized array
% response in dB versus scan angle in degrees
clc; close all
mu = [0 0]; % noise mean value
sigma = [.21 .21; .21 .210]; % noise variance
% N = 19;
% dol = 0.5;
% tgt_angle = 0;
% jam_angle = 40;
sine_tgt_angle = sin(tagt_angle *pi/180);
sine_jam_angle = sin(jam_angle*pi/180);
al = la_sampled_wave(N, dol, sine_tgt_angle);
jl  = la_sampled_wave(N, dol, sine_jam_angle);
x = al + jl;
n = mvnrnd(mu,sigma,N);
jl = jl + complex(n(:,1),n(:,2));
Xl = jl * jl';
Cl = cov(Xl) + eye(N);
Wl = inv(Cl) * al;
[G, R, u, theta] = linear_array_FFT(Wl, dol);
[G1, R1, u, theta] = linear_array_FFT(x, dol);
u_deg = asin(u) *180/pi;
plot(u_deg, 10*log10((G/max(G)+eps))','linewidth', 1.5);
grid on
hold on
plot(u_deg, 10*log10((G1/max(G1)+eps)),'k:','linewidth', 2);
xlabel('\bfscan angle, \theta in degrees')
ylabel('\bf normalized array response')
legend('Adaptive array response','Input response')
JAM = num2str(jam_angle); title (['null placed at \theta = ',[JAM],'^0'])
```

MATLAB 函数 "la_sampled_wave.m" 程序清单

```
function s = la_sampled_wave(N, dol, sinbeta)
 k = 2*pi * dol * sinbeta;
 for m = 1: N,
    s(m) = exp(j*(m-1)*k);
end
% Return a column vector, not a row vector
if size(s,1)==1,
    s = s.';
end
```

MATLAB 函数 "Linear_array_FFT.m" 程序清单

```
function [G, R, u, theta] = linear_array_FFT(a, dol);

Nelt = length(a);
ratio = 1;
if dol<=0.5,
   Nr = Nelt;
   dolr = dol;
else
```

```
    ratio = ceil(dol/0.5);
    Nr = Nelt * ratio;
    dolr = dol/ratio;
    atemp = a;
    a = zeros(1, Nr);
    a(1: ratio: Nr) = atemp(1: Nelt);
end
% use a value for NFFT that is at least 10 times that of N
% I borrowed this piece of code
nfft = 2^(ceil(log(10*Nr)/log(2)));
nfft = 65536;
A = fftshift(fft(a, nfft));
% Compute u = sin(theta)
u = [-nfft/2 : nfft/2-1] * (1/dolr/nfft);
% 'k' gives us the bounds of visible space
k = find(abs(u)<=1);
R = (abs(A(k))).^2;
u = u(k);
theta = asin(u);
% Gain patterns
Rbar = 0.5 * sum(R) / (nfft*dol);
G = R / Rbar;
```

MATLAB 函数"run_stap.m"程序清单

```
clear all; close all
sintheta_t1 = .4;
wd_t1 =-.6;
sintheta_t2 = -.6;
wd_t2 = .2;
[LL, sintheta, wd] = stap_std(sintheta_t1, wd_t1, sintheta_t2, wd_t2);
LL = LL / max(max(abs(LL)));
LL = max(LL, 1e-6);
figure (3)
imagesc(sintheta, wd, 10*log10(abs(LL)))
colorbar
title('STAP Detection of target & jammer; clutter removed');
set(gca,'ydir','normal'), xlabel('sine angle'), ylabel('normalized doppler')
figure (4)
surf(sintheta, wd, 10*log10(abs(LL)))
shading interp
title('STAP Detection of target & jammer; clutter removed');
set(gca,'ydir','normal'), xlabel('sine angle'), ylabel('normalized doppler')
[LL, sintheta, wd] = stap_smaa(sintheta_t1, wd_t1, sintheta_t2, wd_t2);
LL = LL / max(max(abs(LL)));
LL = max(LL, 1e-6);
figure
imagesc(sintheta, wd, 10*log10(abs(LL)))
colorbar
set(gca,'ydir','normal'), xlabel('sine angle'), ylabel('normalized doppler')
title('STAP Detection of target; jammer & clutter removed');
figure
surf(sintheta, wd, 10*log10(abs(LL)))
shading interp
set(gca,'ydir','normal'), xlabel('sine angle'), ylabel('normalized doppler')
title('SNR after SMAA STAP Detection of target, clutter, noise & jammer');
```

MATLAB 函数"*stap_std.m*"程序清单

```
function [LL, sintheta, wd] = stap_std(sintheta_t1, wd_t1, sintheta_t2, wd_t2);
do_plot = 1;
N = 10;        % Sensors
M = 12;        % Pulses
No = 250;      % k-th clutter bins (refers to fig. 5)
beta = 1;      % The way the clutter fills the angle Doppler
dol = 0.5;     % d over lambda
CNR = 30;      % dB Clutter to Noise Ratio
SNR = 10;      % dB Signal to Noise Ratio
JSR = 0;       % dB Jammer to Signal Ratio
% Set the noise power
sigma2_n = 1;
% Clutter power
sigma2_c = sigma2_n * 10^(CNR/10);
sigma_c = sqrt(sigma2_c);
% Target 1 power
sigma2_t1 = sigma2_n * 10^(SNR/10);
sigma_t1 = sqrt(sigma2_t1);
% Target 2 (Jammer) power
sigma2_t2 = sigma2_t1 * 10^(JSR/10);
sigma_t2 = sqrt(sigma2_t2);
% Ground clutter is the primary source of interference
sintheta = linspace(-1, 1, No);
phi = 2 * dol * sintheta;
wd = beta * phi;
Rc = zeros(N*M);
ac_all = zeros(N*M,1);
for k = 1: length(phi),
    ac = sigma_c * st_steering_vector(phi(k), N, beta*phi(k), M);  % Xc
    Rc = Rc + ac * ac';   % covarience matrix of target "1" , "'" --> conjugate transpose
    ac_all = ac_all + ac;  % "w" not optimized yet
end
Rc = Rc / length(phi);
% Noise signals decorrelate from pulse-to-pulse
% With this assumption, noise covariance matrix is
Rn = sigma2_n * eye(M*N);
% Target 1 covariance matrix
% at1 = st_steering_vector(sintheta_t1, N, wd_t1, M);
% Rt1 = sigma2_t1 * at1 * at1';
at1 = sigma_t1 * st_steering_vector(sintheta_t1, N, wd_t1, M);  % Xj1
Rt1 = at1 * at1';   % covarience matrix of target "1"
at2 = sigma_t2 * st_steering_vector(sintheta_t2, N, wd_t2, M);
Rt2 = at2 * at2';  % covarience matrix of target "2" == jammer
% Total covariance matrix
R = Rc + Rn + Rt1 + Rt2;
% Unweighted spectrum of the total return from the beamformer
sintheta = linspace(-1, 1);
wd = beta * sintheta;
Pb = zeros(length(wd), length(sintheta));
for nn = 1: length(sintheta),
    for mm = 1: length(wd),
        a = st_steering_vector(sintheta(nn), N, wd(mm), M);
        Pb(mm, nn) = a' * R * a;
    end
end
```

```matlab
if do_plot,
    % Display the total return spectrum
    figure (1)
    imagesc(sintheta, wd, 10*log10(abs(Pb)))
    colorbar
    title('Total Return spectrum before STAP Detection of target, clutter, noise & jammer');
    set(gca,'ydir','normal'), xlabel('sine angle'), ylabel('normalized doppler')
    figure (2)
    surf(sintheta, wd, 10*log10(abs(Pb)))
    shading interp, , xlabel('sine angle'), ylabel('normalized doppler')
    title('Total Return spectrum before STAP Detection of target, clutter, noise & jammer');
end
% Total covariance matrix
R = Rc + Rn + Rt1 + Rt2;
% Calculate optimal weights
Rc = (ac_all * ac_all') / length(phi);
Rinv = inv(Rc + Rn );  n
wopt = Rinv' * (at1 + at2 );
% Log-Likelihood Function
% Calculating the SNR and switching to the run_stap.m to execute the log part
sintheta = linspace(-1, 1);
wd = beta * sintheta;
LL = zeros(length(wd), length(sintheta));
for nn = 1: length(sintheta),
    for mm = 1: length(wd),
        a = st_steering_vector(sintheta(nn), N, wd(mm), M);
        %   LL(mm,nn) = abs( a' * Rinv * (at1+at2+ac_all) )^2 / ( a' * Rinv * a ); % Original by Keith
        LL(mm,nn) = abs(a' * Rinv * (at1+at2+ac_all)  )^2 / ( a' * (Rc + Rn ) * a ); % our expectation
    end
end
disp(size(a))
disp (size(Rinv))
```

MATLAB 函数 "*stap_smaa.m*" 程序清单

```matlab
function [LL, sintheta, wd] = stap_smaa(sintheta_t1, wd_t1, sintheta_t2, wd_t2);
do_plot = 1;
N = 10; Na = 2*N-1;
M = 12;
No = 250;
beta = 1;
dol = 0.5;
CNR = 20; % dB
SNR = 0; % dB
JSR = 20; % dB
% Set the noise power
sigma2_n = 1;
% Clutter power
sigma2_c = sigma2_n * 10^(CNR/10);
sigma_c = sqrt(sigma2_c);
% Target 1 power
sigma2_t1 = sigma2_n * 10^(SNR/10);
sigma_t1 = sqrt(sigma2_t1);
% Target 2 (Jammer) power
sigma2_t2 = sigma2_t1 * 10^(JSR/10);
sigma_t2 = sqrt(sigma2_t2);
```

```
% Ground clutter is the primary source of interference
sintheta = linspace(-1, 1, No);
phi = 2 * dol * sintheta;
wd = beta * phi;
Rc = zeros(Na*M);
ac_all = zeros(Na*M,1);
for k = 1: length(phi),
    ac = sigma_c * smaa_st_steering_vector(phi(k), N, beta*phi(k), M);
    Rc = Rc + ac * ac';
    ac_all = ac_all + ac;
end
Rc = Rc / length(phi);
% Noise signals decorrelate from pulse-to-pulse
% With this assumption, noise covariance matrix is
Rn = sigma2_n * eye(M*Na);
% Target 1 covariance matrix
% at1 = smaa_st_steering_vector(sintheta_t1, N, wd_t1, M);
% Rt1 = sigma2_t1 * at1 * at1';
at1 = sigma_t1 * smaa_st_steering_vector(sintheta_t1, N, wd_t1, M);
Rt1 = at1 * at1';
% Target 1 covariance matrix
% at2 = smaa_st_steering_vector(sintheta_t2, N, wd_t2, M);
% Rt2 = sigma2_t2 * at2 * at2';
at2 = sigma_t2 * smaa_st_steering_vector(sintheta_t2, N, wd_t2, M);
Rt2 = at2 * at2';
% Total covariance matrix
R = Rc + Rn + Rt1 + Rt2;
% Unweighted spectrum of the total return from the beamformer
sintheta = linspace(-1, 1);
wd = beta * sintheta;
Pb = zeros(length(wd), length(sintheta));
for nn = 1: length(sintheta),
    for mm = 1: length(wd),
        a = smaa_st_steering_vector(sintheta(nn), N, wd(mm), M);
        Pb(mm, nn) = a' * R * a;
    end
end
if do_plot,
    % Display the total return spectrum
    figure (5)
    imagesc(sintheta, wd, 10*log10(abs(Pb)))
    set(gca,'ydir','normal'), xlabel('sine angle'), ylabel('normalized doppler')
    figure (6)
    surf(sintheta, wd, 10*log10(abs(Pb)))
    shading interp, xlabel('sine angle'), ylabel('normalized doppler')
end
% Calculate optimal weights
Rc = (ac_all * ac_all') / length(phi);
Rinv = inv(Rc + Rn);
wopt = Rinv * (at1 + at2);
% Log-Likelihood Function
sintheta = linspace(-1, 1);
wd = beta * sintheta;
LL = zeros(length(wd), length(sintheta));
for nn = 1: length(sintheta),
```

```
        for mm = 1: length(wd),
            a = smaa_st_steering_vector(sintheta(nn), N, wd(mm), M);
            LL(mm,nn) = abs( a' * Rinv * (at1+at2+ac_all) )^2 / ( a' * Rinv * a );
        end
    end
end
```

MATLAB 函数 "st_steering_vector.m" 程序清单

```
function a = st_steering_vector(sintheta, N, wd, M)
a_N = exp(-j*pi*sintheta*[0:N-1]');
b_M = exp(-j*pi*wd    *[0:M-1]');
a = kron(b_M, a_N);
```

MATLAB 函数 "smaa_st_steering_vector.m" 程序清单

```
function a = smaa_st_steering_vector(sintheta, N, wd, M)
a_N = exp(-j*pi*sintheta*[-(N-1):+(N-1)]');
b_M = exp(-j*pi*wd    *[0:M-1]');
a_N = a_N .* ts_weighting(N);
a = kron(b_M, a_N);
```

第 17 章 目 标 跟 踪

单目标跟踪

跟踪雷达系统用于测量目标在距离、方位角、仰角和速度上的相对位置。然后，通过利用并保持这些测得参数的跟踪，雷达可以预测它们的未来值。目标跟踪对于军用雷达及大多数的民用雷达来说都很重要。在军用雷达中，跟踪功能主要是负责火控和导弹制导；实际上，没有正确的目标跟踪，导弹制导几乎不可能完成。商用雷达系统，比如民用空中交通管制雷达，可以将跟踪功能用做控制进场和离场飞机的一种手段。

跟踪技术可以分成距离/速度跟踪和角度跟踪。习惯上，还可区分为连续单目标跟踪雷达和多目标边搜索边跟踪（TWS）雷达。跟踪雷达采用笔形波束（非常窄）天线方向图。正因为这一点，为了便于跟踪器进行目标截获，需要一部单独的搜索雷达。但是，跟踪雷达仍然必须搜索目标可能存在的可疑空间。为此目的，跟踪雷达会采用特殊的搜索模式，比如螺旋状的、T.V.光栅、集束和螺旋模式，这仅仅是其中的一些。

17.1 角度跟踪

角度跟踪对目标在方位和仰角坐标上的角度位置进行连续测量。早期的角度跟踪雷达的精度在很大程度上依赖于采用的笔形波束的尺寸。大多数现代雷达系统采用单脉冲跟踪技术，能够获得很精确的角度测量。

跟踪雷达利用在波束内目标与天线主轴的角度偏移来生成一个误差信号。这个偏离一般从天线的主轴开始测量。得到的误差信号描述目标偏离波束主轴的程度。紧接着，为了产生一个零误差信号，波束位置不断地变化。如果雷达波束与目标垂直（增益最大），那么目标的角位置将与波束的角位置相同。实际上，这种情况很少发生。

为了能够快速地改变波束位置，误差信号需要与偏移角成线性函数。这种情况下，波束的轴需要与天线的主轴发生偏斜（斜角）。

17.1.1 时序波瓣法

时序波瓣法是用于早期雷达系统的第一代跟踪技术中的一种。时序波瓣法通常也称为波瓣转换或时序转换。该方法取得的跟踪精度受限于使用的笔形波束的宽度及机械或电子转换装置产生的噪音。然而，这种方法实现很简单。时序波瓣法中采用的笔形波束必须是对称的（方位和仰角波束的宽度要相等）。

通过在天线视线（LOS）轴周围预先确定的对称位置之间不断切换笔形波束，可以（在单坐标上）实现跟踪。因此采用了"时序波瓣法"这个名称。LOS 称为雷达跟踪轴，如图 17.1 所示。

当波束在两个位置之间切换时，雷达测量返回的信号电平。两个被测信号电平之间的差用来计算角度误差信号。比如，当目标处于跟踪轴上时，如图 17.1（a）中的情况，电压差为 0。然而，当目标离开跟踪轴，如图 17.1（b）中的情况，这时会生成一个非零误差信号。电压差的符号决定了天线必须移动的方向。请注意，这里的目的是为了使电压差等于零。

为了在正交坐标上获取误差信号，对那个坐标还需要两个切换位置。因此，可以采用四部天线（每个坐标有两部）为一组或五部天线为一组，从而实现在两个坐标上进行跟踪。在后一种情况下，中间的天线用来发射，而其他的四部天线用来接收。

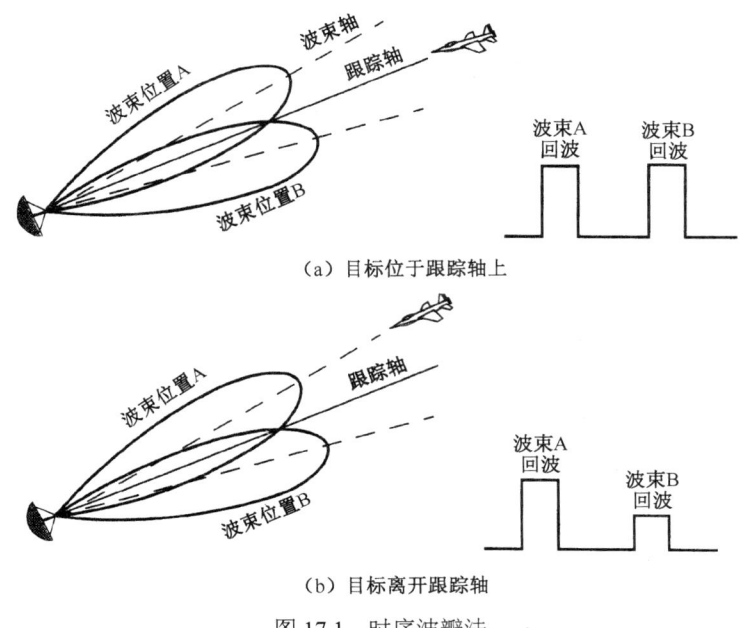

（a）目标位于跟踪轴上

（b）目标离开跟踪轴

图 17.1 时序波瓣法

17.1.2 圆锥扫描

圆锥扫描是时序波瓣法的一种逻辑的外延，在这种情况下，天线在偏斜角位置上连续旋转，或者天线馈源在天线的主轴周围旋转。图 17.2 给出了一个典型的圆锥扫描波束。波束扫描频率以 rad/s 计算，表示为 ω_s。天线 LOS 和旋转轴之间的角为偏斜角 φ。天线的波束位置不断变化，以使目标能够一直都处于跟踪轴上。

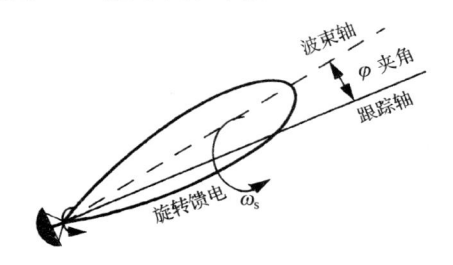

图 17.2 圆锥扫描波束

图17.3给出了一个简单的圆锥扫描雷达系统。包络检波器用于提取回波信号的大小，而自动增益控制（AGC）尽力让接收机输出保持恒量。因为 AGC 以较大的时间常数工作，因此它能将平均信号电平保持不变，而且仍然可以保留信号快速扫描变化。因此，跟踪误差

信号（方位和仰角）是目标横截面的函数，它们都是目标相对主波束轴的角度位置的函数。

为了用图例说明如何进行圆锥扫描跟踪，我们将首先考虑图17.4中给出的情况。在这种情况下，当天线围着跟踪轴转动时，所有的目标回波都具有相同的幅度（零误差信号）。这样，也就不再需要进一步的动作。

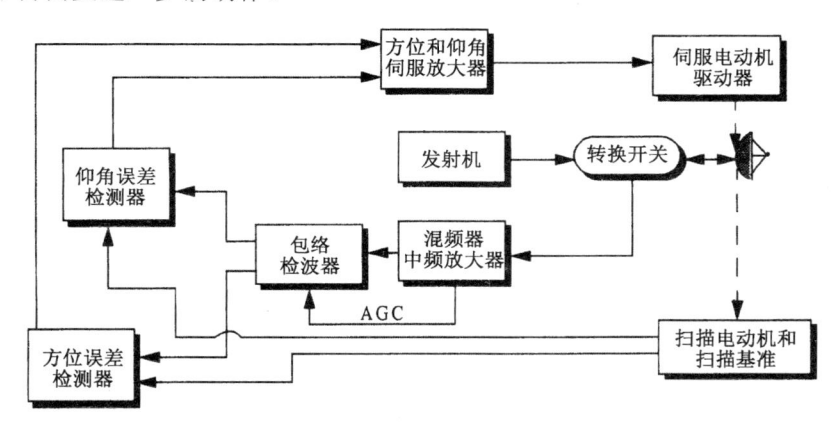

图 17.3 简化的圆锥扫描雷达系统

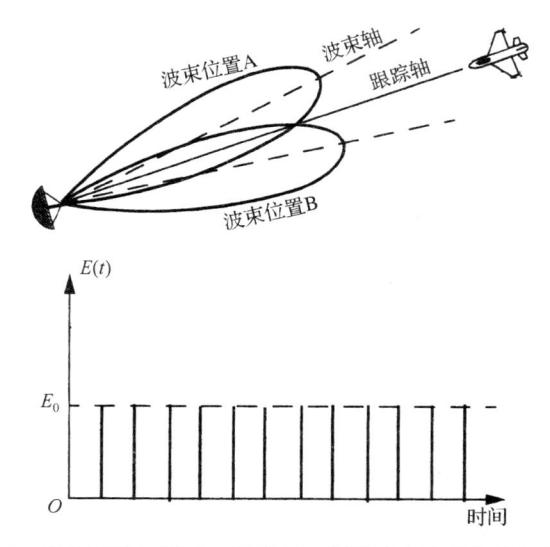

图 17.4 进行圆锥扫描时，目标处于跟踪轴上所产生的误差信号

接着，考虑图17.5中给出的例子。这里，当波束处于位置 B 时，目标回波的幅度最大；而当天线处于位置 A 时，目标回波的幅度最小。目标回波的幅度将在 B 位置时的最大值和在 A 位置时的最小值之间变动。换句话说，回波信号的顶端存在调幅（AM）。这个 AM 包络与目标在波束内的位置相对应。因此，提取的 AM 包络可以用来驱动一个伺服控制系统，从而将目标置于跟踪轴上。

现在，让我们推导用来驱动伺服控制系统的误差信号表达式。图17.6给出了波束轴位置的俯视图。假设 $t=0$ 时为波束的起始位置。最大和最小的目标回波位置也标出。量 ε 确定目标位置和天线跟踪轴之间的距离。由此方位和仰角的误差分别为

$$\varepsilon_a = \varepsilon \sin \varphi \qquad (17.1)$$

$$\varepsilon_e = \varepsilon\cos\varphi \tag{17.2}$$

这些都是雷达用来将跟踪轴与目标对准的误差信号。

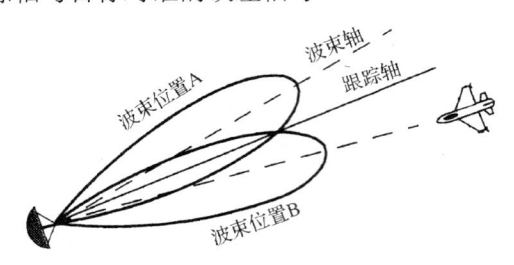

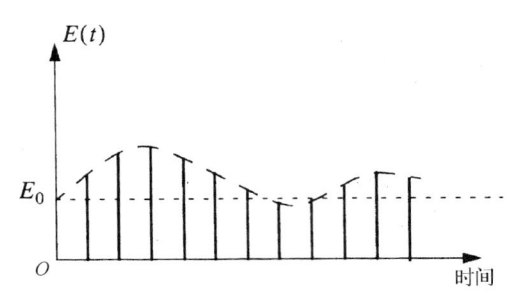

图 17.5 当目标离开圆锥扫描的跟踪轴时产生的误差信号

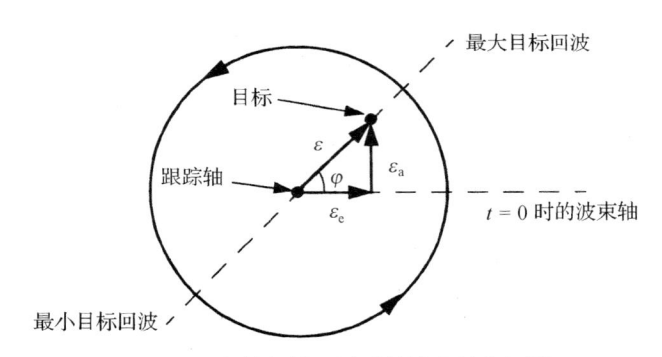

图 17.6 完整扫描一周时的波束轴俯视图

AM 信号 $E(t)$ 于是可以写成

$$E(t) = E_0\cos(\omega_s t - \varphi) = E_0\varepsilon_e\cos\omega_s t + E_0\varepsilon_a\sin\omega_s t \tag{17.3}$$

式中，E_0 为常数，称为误差斜率，ω_s 是以 rad/s 为单位的扫描频率，而 φ 为已经定义的角。

扫描基准为雷达用来跟踪天线在完整路径（扫描）中位置的信号。通过信号 $E(t)$ 和 $\cos\omega_s t$（基准信号）混频，然后采取低通滤波，就可以得到仰角误差信号。精确地说，

$$E_e(t) = E_0\cos(\omega_s t - \varphi)\cos\omega_s t = -\frac{1}{2}E_0\cos\varphi + \frac{1}{2}\cos(2\omega_s t - \varphi) \tag{17.4}$$

通过低通滤波之后，我们得到

$$E_e(t) = -\frac{1}{2}E_0\cos\varphi \tag{17.5}$$

负的仰角误差驱动天线波束向下,而正的仰角误差驱动天线波束向上。类似地,通过信号 $E(t)$ 和 $\sin \omega_s t$ 相乘,然后采取低通滤波,就可以得到方位误差信号。表达式为

$$E_a(t) = \frac{1}{2} E_0 \sin \varphi \tag{17.6}$$

天线扫描速率受到扫描方式(机扫或电扫)的限制,其中电扫要比机扫更快且更加精确。在任何一种方式下,雷达都需要至少四个目标回波,以确定目标的方位和仰角坐标(每个坐标两个回波)。因此,最大的圆锥扫描率等于 PRF 的四分之一。通常采用每秒 30 次扫描的扫描率。

圆锥扫描倾斜角需要足够大,以便能够测量到较好的误差信号。然而,因为倾斜角的存在,在跟踪轴方向上的天线增益要低于最大值。因此,当目标处于被跟踪状态(位于跟踪轴上)时,信噪比(SNR)经受的损失要等于天线增益的损失值。这个损失称为斜角或交叉损失。选择倾斜角时一般要使得双程(发射和接收)交叉损失少于几个分贝。

17.2 幅度比较单脉冲

幅度比较单脉冲跟踪类似于波束转换,类似的意义是为了测量目标的角位置,需要 4 个倾斜波束。不同之处在于 4 个波束是同时生成的,而不是按顺序生成。为此目的,需要采用一个专门的天线馈源,以便用单个脉冲就可以生成 4 个波束,这也就是"单脉冲"名称的由来。另外,单脉冲跟踪更加精确,而且不易受到波束转换中的不正常现象,例如 AM 干扰和增益反转 ECM 等天线扫掠偏差的影响。最后,时序和圆锥扫描变化中的雷达回波变化会降低跟踪精度;然而,这对于单脉冲技术来说并不是一个问题,因为单个脉冲就会生成误差信号。单脉冲跟踪雷达既能应用反射面天线,也能应用相控阵天线。

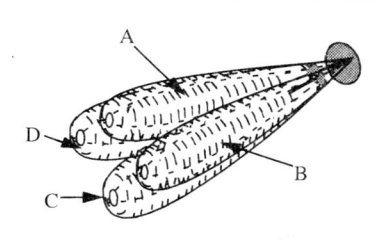

图17.7 单脉冲天线方向图

图17.7给出了一个典型的单脉冲天线方向图。4 个波束 A、B、C、D 代表了 4 个圆锥扫描波束的位置。4 个馈源,主要是喇叭天线馈源,用来生成单脉冲天线方向图。幅度单脉冲处理要求 4 个信号具有相同的相位和不同的幅度。

一种解释幅度单脉冲技术概念的好方法,就是按照图 17.8(a)中图解的那样,以天线跟踪轴为中心的圆代表目标回波信号,其中 4 个象限表示 4 个波束。在这种情况下,4 个喇叭馈源接收到的能量相等,这表示目标位于天线的跟踪轴上。但是当目标离开了跟踪轴[见图 17.8(b)~图 17.8(d)]时,在不同波束上的能量出现了不均衡。这种能量的不均衡用来产生驱动伺服控制系统的误差信号。单脉冲处理包括计算和Σ及两者之间的差 Δ(方位和仰角)的天线方向图。然后用 Δ 通道电压除以Σ通道电压,以确定信号的角度。

雷达连续比较所有波束返回的幅度和相位,以感知目标偏离跟踪轴的量。关键的一点是,4 个信号的相位在发射模式和接收模式下都保持不变。为了达到这个目的,要么采用数字网络,要么采用微波比较器电路。图 17.9 给出了一个典型的微波比较器的框图,其中三个接收机通道被定为和通道、仰角差通道与方位角差通道。

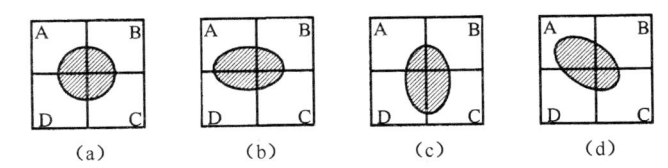

图 17.8　单脉冲概念的图解：(a) 目标处于跟踪轴上；(b)~(d) 目标离开跟踪轴

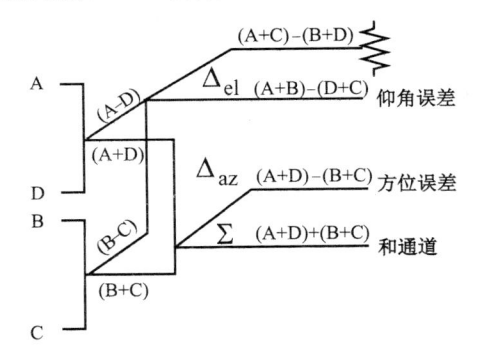

图 17.9　单脉冲比较器

为了生成仰角差波束，可以采用波束差(A−D)或(B−C)。然而，首先形成和(A+B)与(D+C)，然后形成差(A+B)−(D+C)，我们得到一个更强的仰角差信号 Δ_{el}。类似地，首先形成和(A+D)与(B+C)，然后形成差(A+D)−(B+C)，这样就得到了一个更强的方位差信号 Δ_{az}。

图17.10给出了一个简化的单脉冲雷达框图。发射和接收都使用和通道。在接收模式下，和通道为其他两个差通道提供相位基准。通过和通道，还可以进行距离测量。为了用图说明如何得到和天线方向图与差天线方向图，我们假设单个单元天线方向图为 $\sin\varphi/\varphi$，斜角为 φ_0。在一个坐标（方位或仰角）中的和信号为

$$\Sigma(\varphi) = \frac{\sin(\varphi - \varphi_0)}{(\varphi - \varphi_0)} + \frac{\sin(\varphi + \varphi_0)}{(\varphi + \varphi_0)} \tag{17.7}$$

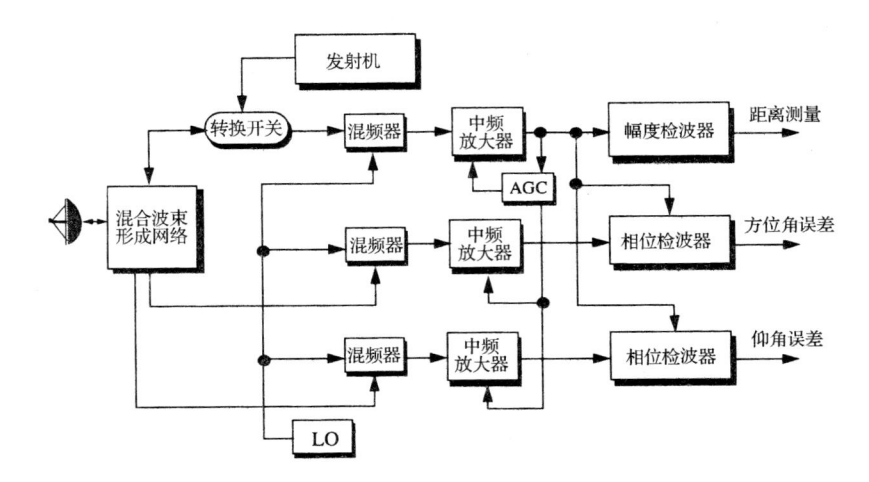

图 17.10　简化的幅度比较单脉冲雷达框图

而在同一个坐标中的差信号为

$$\Delta(\varphi) = \frac{\sin(\varphi - \varphi_0)}{(\varphi - \varphi_0)} - \frac{\sin(\varphi + \varphi_0)}{(\varphi + \varphi_0)} \tag{17.8}$$

MATLAB 函数 "*mono_pulse.m*"

函数 "*mono_pulse.m*" 实现方程（17.7）和方程（17.8）。其输出包括和天线方向图与差天线方向图的图形，以及差-和比。语法如下：

mono_pulse（phi0）

其中，*phi0* 为以 rad 计算的倾斜角。

图 17.11（a）~图 17.11（c）给出了在 $\varphi_0 = 0.15$ rad 时的和方向图与差方向图的相应图形。图 17.12（a）~图 17.12（c）类似于图 17.11，只是此时 $\varphi_0 = 0.75$ rad。很明显，和方向图与差方向图在很大程度上取决于倾斜角。采用一个相对较小的倾斜角生成的和方向图比采用较大的角生成的和方向图要好一些。另外，小倾斜角生成的差方向图的斜率会更大。

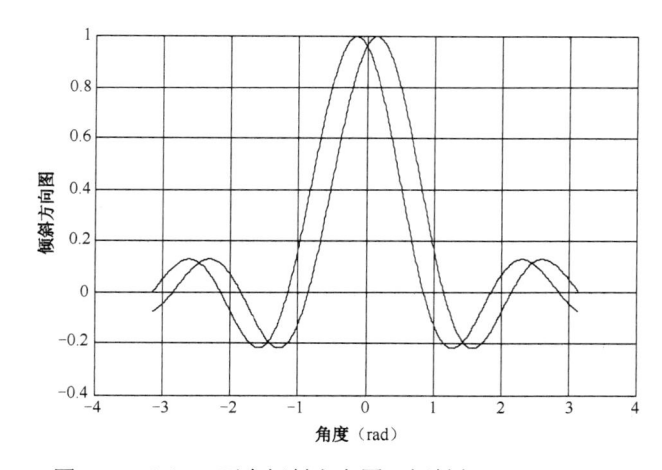

图 17.11（a） 两个倾斜方向图（倾斜角 $\varphi_0 = 0.15$ rad）

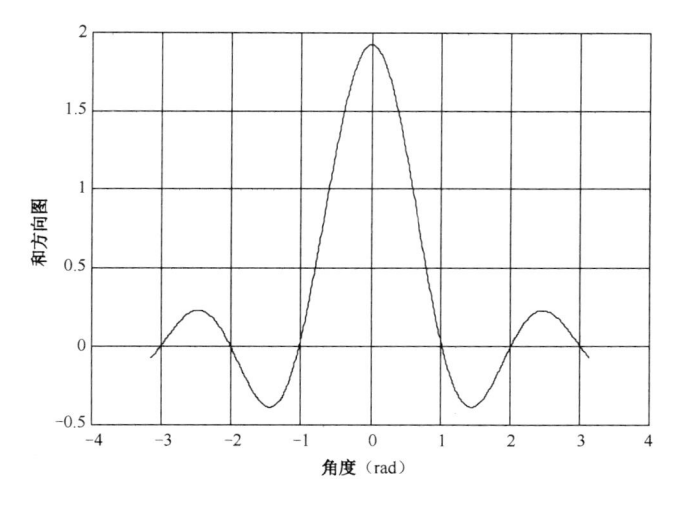

图 17.11（b） 与图 17.11（a）相对应的和方向图

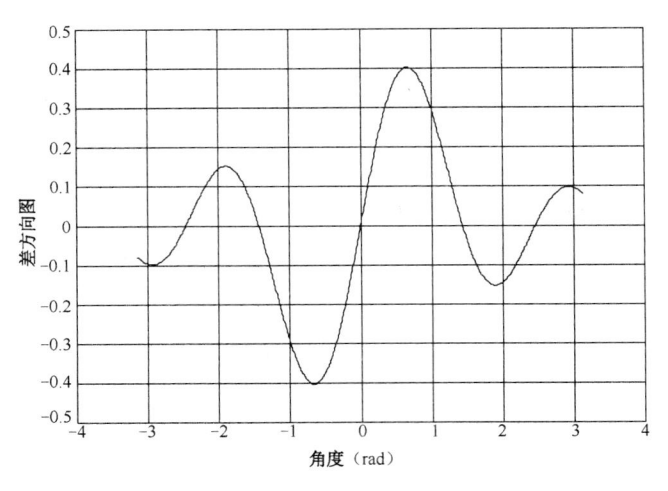

图 17.11（c） 与图 17.11（a）相对应的差方向图

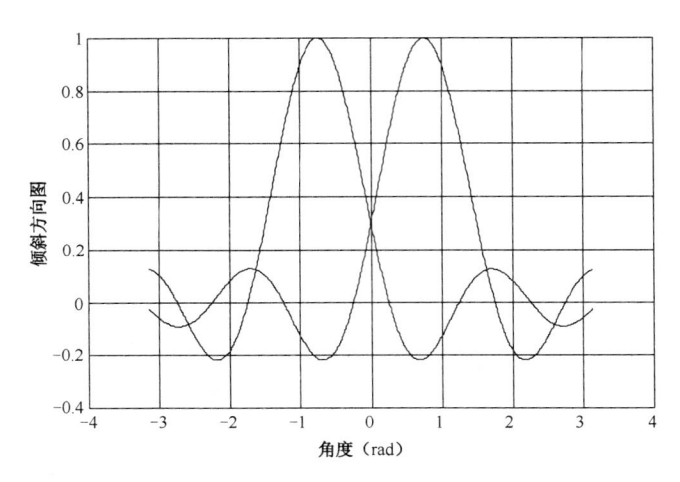

图 17.12（a） 两个倾斜方向图（倾斜角 $\varphi_0 = 0.75\,\text{rad}$）

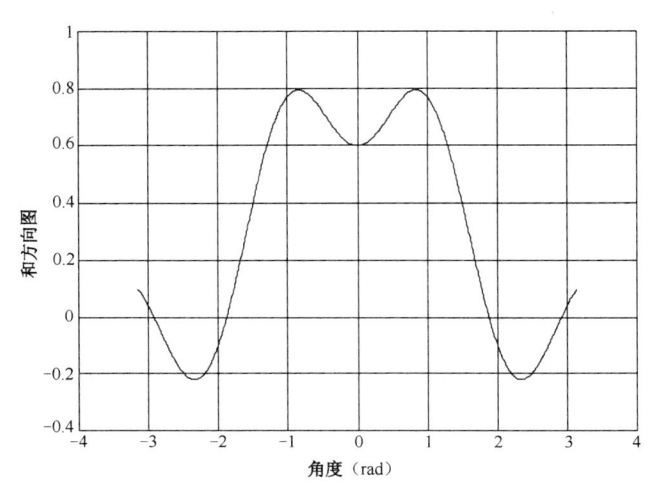

图 17.12（b） 与图 17.12（a）相对应的和方向图

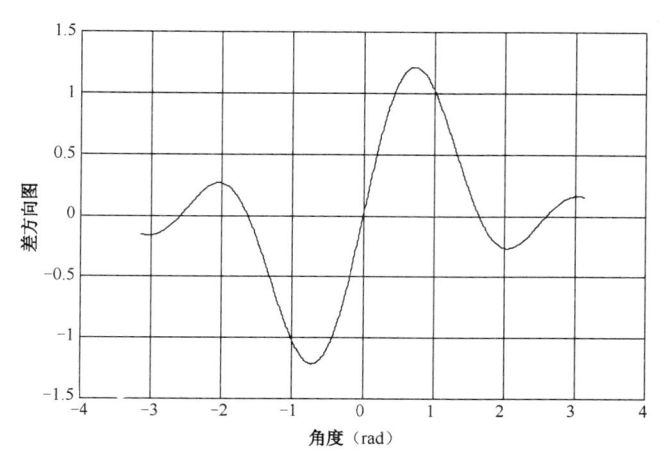

图 17.12（c） 与图 17.12（a）相对应的差方向图

差通道可以显示目标是否处于跟踪轴或者离开跟踪轴。然而，这个信号幅度不仅取决于目标的角位置，而且还取决于目标的距离和 RCS。正因为这点，Δ/Σ 比可以用来精确地评估仅取决于目标角位置的误差角。

现在来谈谈误差信号是怎样计算的。首先，考虑方位误差信号。将信号 S_1 和 S_2 定义为

$$S_1 = A + D \tag{17.9}$$

$$S_2 = B + C \tag{17.10}$$

和信号为 $\Sigma = S_1 + S_2$，方位差信号为 $\Delta_{az} = S_1 - S_2$。如果 $S_1 \geqslant S_2$，那么两个通道都具有相同的相位 0°（因为将和通道用做相位基准）。相反，如果 $S_1 < S_2$，那么两个通道的相位相差 180°。

在这种情况下，$S_1 = A + B$，$S_2 = D + C$。因此，误差信号输出为

$$\varepsilon_\varphi = \frac{|\Delta|}{|\Sigma|} \cos \xi \tag{17.11}$$

式中，ξ 为和通道和差通道之间的相位角，等于 0° 或 180°。更确切地说，如果 $\xi = 0$，那么目标处于跟踪轴上，否则它就偏离了跟踪轴。图 17.13（a）和图 17.13（b）给出了单脉冲雷达的 Δ/Σ 比的曲线图，雷达的和方向图与差方向图见图 17.11 和图 17.12。

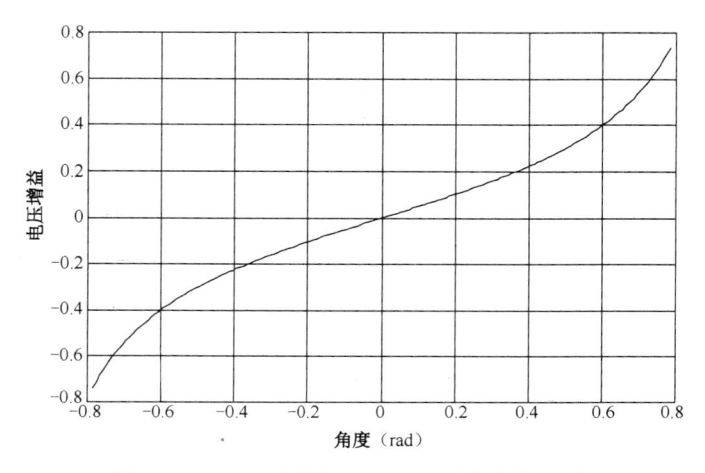

图 17.13（a） 与图 17.11（a）对应的差-和比

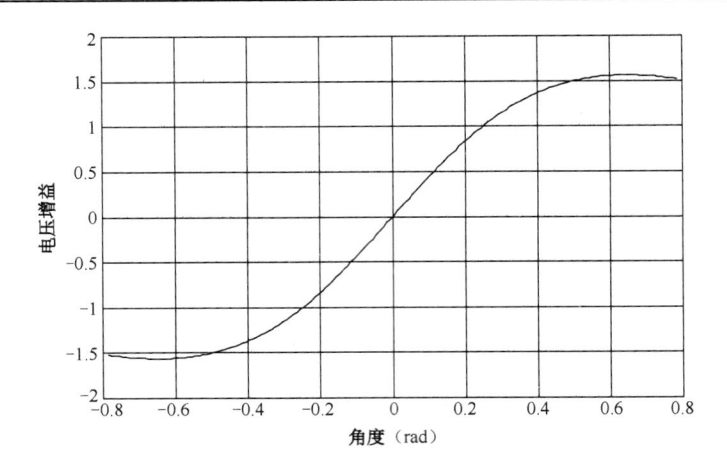

图17.13（b）　与图17.12（a）对应的差-和比

17.3　相位比较单脉冲

相位比较单脉冲与幅度比较单脉冲相似，相似的意义在于目标的角坐标都是从一个和通道与两个差通道中提取的。主要的不同在于，幅度比较单脉冲中生成的4个信号的相位相同，但是幅度不同；然而，在相位比较单脉冲中，信号的幅度相同，但是相位不同。相位比较单脉冲跟踪雷达的每个坐标（方位和仰角）采用了最少2单元的阵列天线，如图17.14所示。（每个坐标的）相位误差信号是根据天线单元中生成的信号之间的相位差计算出来的。

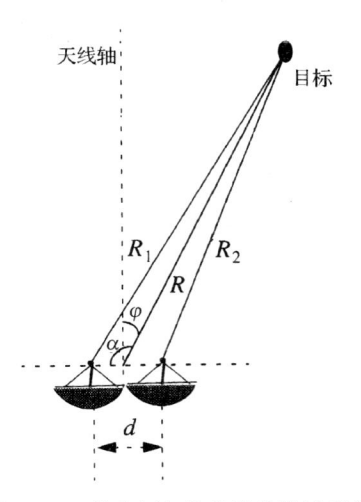

图17.14　单坐标相位比较单脉冲天线

考虑图17.14，因为角α等于$\varphi+\pi/2$，因此，

$$R_1^2 = R^2 + \left(\frac{d}{2}\right)^2 - 2\frac{d}{2}R\cos\left(\varphi+\frac{\pi}{2}\right)$$
$$= R^2 + \frac{d^2}{4} - dR\sin\varphi \quad (17.12)$$

而且，因为 $d \ll R$，我们可以采用二项式级数展开，得出

$$R_1 \approx R\left(1 + \frac{d}{2R}\sin\varphi\right) \tag{17.13}$$

类似地，

$$R_2 \approx R\left(1 - \frac{d}{2R}\sin\varphi\right) \tag{17.14}$$

两个单元之间的相位差于是可以由下式算出：

$$\phi = \frac{2\pi}{\lambda}(R_1 - R_2) = \frac{2\pi}{\lambda}d\sin\varphi \tag{17.15}$$

式中，λ 为波长。相位差 ϕ 用来确定目标角位置。如果 $\phi = 0$，那么目标处于天线的主轴上。相位比较单脉冲技术的问题在于，很难稳定地测量偏离轴线角 φ，这会造成严重的性能下降。通过采用如图17.15所示的相位比较单脉冲系统，可以克服这个问题。

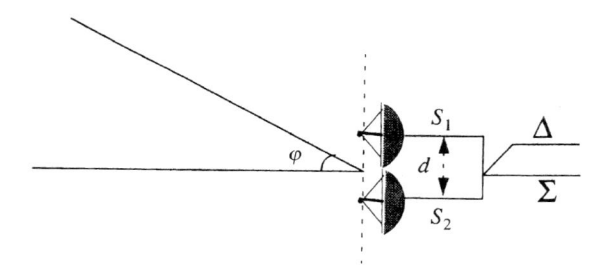

图 17.15　具有和通道及差通道的单坐标相位单脉冲天线

（单坐标）和通道与差通道可以分别由下式确定：

$$\Sigma(\varphi) = S_1 + S_2 \tag{17.16}$$
$$\Delta(\varphi) = S_1 - S_2 \tag{17.17}$$

式中，S_1 和 S_2 是两个单元中的信号。因为 S_1 和 S_2 具有相同的幅度，而相位差为 ϕ，因此可以写出

$$S_1 = S_2 e^{-j\phi} \tag{17.18}$$

因此

$$\Delta(\varphi) = S_2(1 - e^{-j\phi}) \tag{17.19}$$

$$\Sigma(\varphi) = S_2(1 + e^{-j\phi}) \tag{17.20}$$

相位误差信号可以通过计算 Δ/Σ 比得出。更精确地说，

$$\frac{\Delta}{\Sigma} = \frac{1 - e^{-j\phi}}{1 + e^{-j\phi}} = j\tan\left(\frac{\phi}{2}\right) \tag{17.21}$$

这是纯虚数。误差信号的模可以由下式确定：

$$\frac{|\Delta|}{|\Sigma|} = \tan\left(\frac{\phi}{2}\right) \tag{17.22}$$

这类的相位比较单脉冲跟踪器经常称为半角跟踪器。

17.4 距离跟踪

距离跟踪是通过评估发射脉冲的往返延迟时间进行测量的。连续评估一个动目标距离的过程称为距离跟踪。因为到动目标的距离是随着时间的变化而变动的，距离跟踪器必须进行连续的调整，以保证目标在距离上被锁定。这可以通过采用一个分离门脉冲系统来实现，在系统中采用了两个距离门（早闸门和晚闸门）。分离门脉冲跟踪的概念见图17.16，图中给出了一个典型的脉冲雷达回波的略图。早闸门开始于雷达回波的预期开始时间并持续其一半的时间。晚闸门在中心时间开启，并在回波信号结束时关闭。为了达到这个目的，良好的回波持续时间和脉冲中心时间的评估必须报告给距离跟踪器，以便在预期回波的开始和中心时间能够正确打开早闸门和晚闸门。这个报告过程称为"指示过程"。

早闸门会生成正电压输出，然后晚闸门则生成负电压输出。早闸门和晚闸门的输出相减，而且差信号被输入积累器中，生成误差信号。如果两个门被恰当而及时地放置，那么综合器的输出等于零。相反，当门没有被正确地放置时，那么积累器输出不为零，这表示门必须要在时间上及时移动，向左还是向右取决于积累器输出的符号。

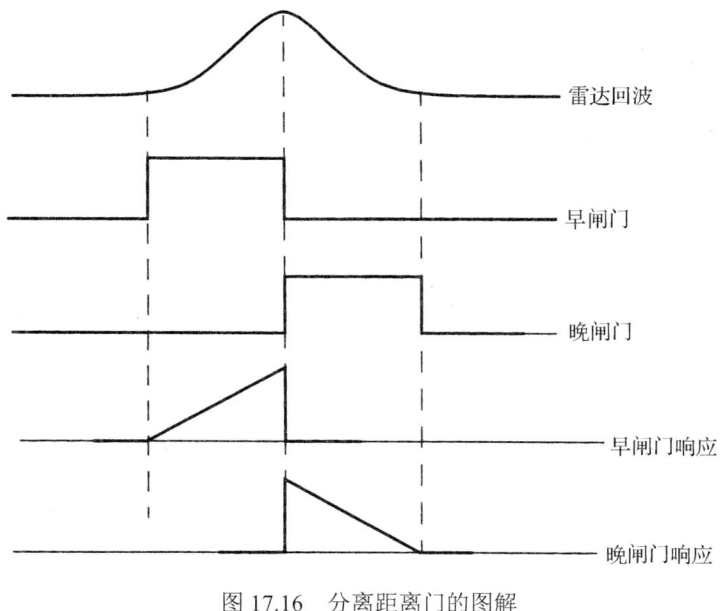

图 17.16 分离距离门的图解

多目标跟踪

边搜索边跟踪雷达系统在每次扫描间隔针对每个目标进行一次采样，并采用复杂的平滑和预测滤波器在扫描之间评估目标的参数。为了达到这个目的，一般采用卡尔曼（Kalman）滤波器和 Alpha-Beta-Gamma（$\alpha\beta\gamma$）滤波器。一旦一个特定的目标被探测到，雷达会在针对那个目标建立跟踪文件之前，发射一些脉冲，以确认目标的参数。目标位置、速度和加速度构成了跟踪文件保持的主要数据部分。

本部分将给出递归跟踪和预测滤波器的工作原理。首先，概述线性时间不变（LTI）系统的状态表示法。然后，开发第二阶和第三阶一维固定增益多项式滤波跟踪器。这些滤波器分别为 $\alpha\beta$ 和 $\alpha\beta\gamma$ 滤波器（也称为 g-h 和 g-h-k 滤波器）。最后介绍并分析 n 维多状态卡尔曼滤波器的方程式。作为表示符号，采用带下画线的小写字母。

17.5 边搜索边跟踪（TWS）

现代雷达系统设计成可以执行多功能的任务，比如探测、跟踪和识别。在复杂的计算机系统的协助下，多功能雷达能够同时跟踪多个目标。这时，在一次驻留间隔（扫描）内，每个目标都会被采样一次（主要是距离和角位置）。然后，采用平滑和预测技术，评估未来的取样。能够执行多个任务和多目标跟踪的雷达系统称为边搜索边跟踪（TWS）雷达。

一旦 TWS 雷达探测到一个新目标，它会为这次跟踪创建一个单独的跟踪文件，这可以确保从那个目标而来的接续的探测能够一起处理，以评估目标的未来参数。位置、速度和加速度构成了跟踪文件的主要部分。一般来说，在建立跟踪文件之前，至少需要进行一次确认探测（核实探测）。

与单目标跟踪系统不同，TWS 雷达必须确定每次的探测（观测）属于一个新目标或者属于在早期扫描中已经被检测到的目标。为了完成这项任务，TWS 雷达采用相关联和联合算法。在相关处理中，每次新探测都要与以前所有的探测进行相关处理，以避免建立冗余的跟踪。如果某次探测与不止一次的跟踪发生相关，那么就会执行预先确定的一套相关规则，以将这次探测指定到正确的轨道上。图 17.17 给出了简化的 TWS 数据处理框图。

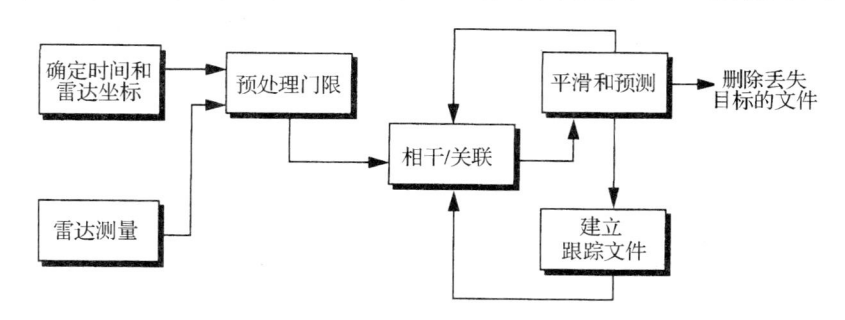

图 17.17 TWS 数据处理简化框图

选择一个合适的跟踪坐标系统是 TWS 雷达首先要面对的问题。人们希望采用一套具有固定参考点的惯性坐标系统。雷达测量内容包括目标距离、速度、方位角和仰角。TWS 系统给目标位置设定了一个门，并试图在该门限内跟踪信号。门的坐标一般是方位、仰角和距离。由于在初始探测过程中，目标的确切位置具有不确定性，因此门不得不足够大，以便在扫描过程中目标不会发生大的移动；更确切地说，目标在连续的扫描过程中必须保持在门范围内。在几次扫描观察目标之后，门的大小可相应地缩减。

门用来确定一次观测是否已被指定到一个现存的跟踪文件还是指定到一个新的跟踪文件（新的检测）。门算法一般是建立在对测量的雷达观测和评估的雷达观测之间的统计误差距离的计算之上的。对于每个跟踪文件来说，对这种误差距离一般都设定一个上限。如果某次雷达观测的计算的差少于给定的跟踪文件的最大误差距离，那么观测就被指定到那个跟踪。

若误差距离小于给定跟踪的最大距离的所有观测，就说是与那次跟踪存在关联。对于与现有跟踪无任何关联的观测，要建立一个新的跟踪文件。因为新的探测（测量）会与所有现存的跟踪文件相比较，一个跟踪文件可能与观测不相关或者与一次或多次观测存在相关。观测和所有现存跟踪文件之间的相关是通过一个相关矩阵来确定的。相关矩阵的行表示雷达观测，而列表示跟踪文件。当几次观测与不止一个的跟踪文件发生相关时，那么将执行一套预先确定的关联规则，以便单个观测被指定到单个的跟踪文件上。

17.6 LTI 系统的状态变量表示法

线性时间不变系统（连续或离散）可以用三个变量进行数学上的描述，即输入、输出和状态变量。在这种表示法中，任何 LTI 系统都具有可观察或可测量的对象（抽象）。比如，在雷达系统的情况下，距离可以成为由雷达跟踪滤波器测量或观测的对象。状态可以通过多种不同的方法得到。本书中，对象的状态是向量的组成部分，其中向量包含对象及其时间导数。例如，表示距离的三列一维（在这种情况下为距离）的状态向量可以表示为

$$\mathbf{x} = \begin{bmatrix} R \\ \dot{R} \\ \ddot{R} \end{bmatrix} \quad (17.23)$$

式中，R、$\dot{R}$、$\ddot{R}$ 相应为距离测量、距离变化率（速度）和加速度。方程（17.23）中定义的状态向量可以表示连续或离散状态。本书的重点是离散时间表示，因为大多数雷达信号处理都是用数字计算机进行的。为此目的，n 维状态向量有下列形式：

$$\mathbf{x} = \begin{bmatrix} x_1 \ \dot{x}_1 \ \cdots \ x_2 \ \dot{x}_2 \ \cdots \ x_n \ \dot{x}_n \ \cdots \end{bmatrix}^t \quad (17.24)$$

式中上标表示转置运算。

人们感兴趣的 LTI 系统可以用下列状态方程表示：

$$\dot{\mathbf{x}}(t) = \mathbf{A}\mathbf{x}(t) + \mathbf{B}\mathbf{w}(t) \quad (17.25)$$

$$\mathbf{y}(t) = \mathbf{C}\mathbf{x}(t) + \mathbf{D}\mathbf{w}(t) \quad (17.26)$$

式中，$\dot{\mathbf{x}}$ 为 $n \times 1$ 状态向量的值；$\mathbf{y}$ 为 $p \times 1$ 输出向量的值；$\mathbf{w}$ 为 $m \times 1$ 输入向量的值；$\mathbf{A}$ 为 $n \times n$ 矩阵；$\mathbf{B}$ 为 $n \times m$ 矩阵；$\mathbf{C}$ 为 $p \times n$ 矩阵；$\mathbf{D}$ 为 $p \times m$ 矩阵。假设在时间 t_0 的初始条件 $\mathbf{x}(0)$ 已知，那么这个线性系统的齐次解（也就是说，$\mathbf{w} = \mathbf{0}$）的表达式为

$$\mathbf{x}(t) = \Phi(t - t_0)\mathbf{x}(t - t_0) \quad (17.27)$$

矩阵 Φ 称为状态转移矩阵，或基本矩阵，等于

$$\Phi(t-t_0) = e^{\mathbf{A}(t-t_0)} \tag{17.28}$$

方程（17.28）可以用级数形式表示为

$$\Phi(t-t_0)\big|_{t_0=0} = e^{\mathbf{A}(t)} = \mathbf{I} + \mathbf{A}t + \mathbf{A}^2\frac{t^2}{2!} + \cdots = \sum_{k=0}^{\infty} \mathbf{A}^k \frac{t^k}{k!} \tag{17.29}$$

其中 **I** 是单位矩阵。

例：请计算 LTI 系统的状态转移矩阵，当

$$\mathbf{A} = \begin{bmatrix} 0 & 1 \\ -0.5 & -1 \end{bmatrix}$$

解：利用方程（17.29），可以算出状态转移矩阵。为此，计算 $\mathbf{A}^2$ 和 $\mathbf{A}^3$ …得到

$$\mathbf{A}^2 = \begin{bmatrix} -\frac{1}{2} & -1 \\ \frac{1}{2} & \frac{1}{2} \end{bmatrix} \quad \mathbf{A}^3 = \begin{bmatrix} \frac{1}{2} & \frac{1}{2} \\ -\frac{1}{4} & 0 \end{bmatrix} \quad \cdots$$

因此

$$\Phi = \begin{bmatrix} 1 + 0t - \frac{\frac{1}{2}t^2}{2!} + \frac{\frac{1}{2}t^3}{3!} + \cdots & 0 + t - \frac{t^2}{2!} + \frac{\frac{1}{2}t^3}{3!} + \cdots \\ 0 - \frac{1}{2}t + \frac{\frac{1}{2}t^2}{2!} - \frac{\frac{1}{4}t^3}{3!} + \cdots & 1 - t + \frac{\frac{1}{2}t^2}{2!} + \frac{0t^3}{3!} + \cdots \end{bmatrix}$$

状态转移矩阵具有以下性质（证明作为习题）：

1. 导数特性

$$\frac{\partial}{\partial t}\Phi(t-t_0) = \mathbf{A}\Phi(t-t_0) \tag{17.30}$$

2. 恒等特性

$$\Phi(t_0-t_0) = \Phi(0) = \mathbf{I} \tag{17.31}$$

3. 初始值特性

$$\frac{\partial}{\partial t}\Phi(t-t_0)\bigg|_{t=t_0} = \mathbf{A} \tag{17.32}$$

4. 转移特性

$$\Phi(t_2-t_0) = \Phi(t_2-t_1)\Phi(t_1-t_0) ; \quad t_0 \leq t_1 \leq t_2 \tag{17.33}$$

5. 逆特性

$$\Phi(t_0-t_1) = \Phi^{-1}(t_1-t_0) \tag{17.34}$$

6. 分离特性

$$\Phi(t_1 - t_0) = \Phi(t_1)\Phi^{-1}(t_0) \tag{17.35}$$

方程（17.25）定义的系统的一般解可以写成

$$\mathbf{x}(t) = \Phi(t - t_0)\mathbf{x}(t_0) + \int_{t_0}^{t} \Phi(t - \tau)\mathbf{B}\mathbf{w}(\tau)d\tau \tag{17.36}$$

方程（17.36）的右边第一项为系统对初始条件的响应部分。第二项表示在驱动力为 **w** 时的部分。联合方程（17.26）和方程（17.36），输出的表达式可以计算如下：

$$\mathbf{y}(t) = \mathbf{C}e^{\mathbf{A}(t-t_0)}\mathbf{x}(t_0) + \int_{t_0}^{t}[\mathbf{C}e^{\mathbf{A}(t-\tau)}\mathbf{B} - \mathbf{D}\delta(t-\tau)]\mathbf{w}(\tau)d\tau \tag{17.37}$$

注意，系统脉冲响应等于 $\mathbf{C}e^{\mathbf{A}t}\mathbf{B} - \mathbf{D}\delta(t)$。

与方程（17.25）和方程（17.26）等效，描述离散时间系统的差分式为

$$\mathbf{x}(n+1) = \mathbf{A}\mathbf{x}(n) + \mathbf{B}\mathbf{w}(n) \tag{17.38}$$

$$\mathbf{y}(n) = \mathbf{C}\mathbf{x}(n) + \mathbf{D}\mathbf{w}(n) \tag{17.39}$$

式中，n 表示离散时间 nT，T 为采样间隔时间。所有的其他向量和矩阵在前面已经定义了。方程（17.38）所定义的在初始条件 $\mathbf{x}(n_0)$ 下系统的齐次解为

$$\mathbf{x}(n) = \mathbf{A}^{n-n_0}\mathbf{x}(n_0) \tag{17.40}$$

在这种情况下，状态转移矩阵为一个 $n \times n$ 矩阵，由下式给出，

$$\Phi(n, n_0) = \Phi(n - n_0) = \mathbf{A}^{n-n_0} \tag{17.41}$$

下面为与离散转移矩阵相关的特性列表：

$$\Phi(n+1-n_0) = \mathbf{A}\Phi(n-n_0) \tag{17.42}$$

$$\Phi(n_0 - n_0) = \Phi(0) = \mathbf{I} \tag{17.43}$$

$$\Phi(n_0 + 1 - n_0) = \Phi(1) = \mathbf{A} \tag{17.44}$$

$$\Phi(n_2 - n_0) = \Phi(n_2 - n_1)\Phi(n_1 - n_0) \tag{17.45}$$

$$\Phi(n_0 - n_1) = \Phi^{-1}(n_1 - n_0) \tag{17.46}$$

$$\Phi(n_1 - n_0) = \Phi(n_1)\Phi^{-1}(n_0) \tag{17.47}$$

一般情况（也就是非齐次系统）下的解为

$$\mathbf{x}(n) = \Phi(n - n_0)\mathbf{x}(n_0) + \sum_{m=n_0}^{n-1} \Phi(n - m - 1)\mathbf{B}\mathbf{w}(m) \tag{17.48}$$

因此输出由下式给出：

$$\mathbf{y}(n) = \mathbf{C}\Phi(n-n_0)\mathbf{x}(n_0) + \sum_{m=n_0}^{n-1} \mathbf{C}\,\Phi(n-m-1)\mathbf{B}\mathbf{w}(m) + \mathbf{D}\mathbf{w}(n) \quad (17.49)$$

其中，系统脉冲响应由下式算出：

$$\mathbf{h}(n) = \sum_{m=n_0}^{n-1} \mathbf{C}\,\Phi(n-m-1)\mathbf{B}\underline{\delta}(m) + \mathbf{D}\underline{\delta}(n) \quad (17.50)$$

其中，$\underline{\delta}$ 是一个向量。

对方程（17.38）和方程（17.39）进行 Z 转换，得到

$$z\mathbf{x}(z) = \mathbf{A}\mathbf{x}(z) + \mathbf{B}\mathbf{w}(z) + z\mathbf{x}(0) \quad (17.51)$$

$$\mathbf{y}(z) = \mathbf{C}\mathbf{x}(z) + \mathbf{D}\mathbf{w}(z) \quad (17.52)$$

对方程（17.51）和方程（17.52）进行运算，得到

$$\mathbf{x}(z) = [z\mathbf{I} - \mathbf{A}]^{-1}\underline{B}\mathbf{w}(z) + [z\mathbf{I} - \mathbf{A}]^{-1}z\mathbf{x}(0) \quad (17.53)$$

$$\mathbf{y}(z) = \{\mathbf{C}[z\mathbf{I} - \mathbf{A}]^{-1}\mathbf{B} + \mathbf{D}\}\mathbf{w}(z) + \mathbf{C}[z\mathbf{I} - \mathbf{A}]^{-1}z\mathbf{x}(0) \quad (17.54)$$

由此，状态转移矩阵为

$$\Phi(z) = z[z\mathbf{I} - \mathbf{A}]^{-1} = [\mathbf{I} - z^{-1}\mathbf{A}]^{-1} \quad (17.55)$$

在 z 域内的系统脉冲响应为

$$\mathbf{h}(z) = \mathbf{C}\Phi(z)z^{-1}\mathbf{B} + \mathbf{D} \quad (17.56)$$

17.7 感兴趣的 LTI 系统

为了建立开发卡尔曼滤波器所必需的框架，考虑图17.18中给出的 LTI 系统。这个系统（它是前一节中描述的系统的特殊情况）可以用下面的一阶差分向量方程描述：

$$\dot{\mathbf{x}}(t) = \mathbf{A}\,\mathbf{x}(t) + \mathbf{u}(t) \quad (17.57)$$

$$\mathbf{y}(t) = \mathbf{G}\,\mathbf{x}(t) + \mathbf{v}(t) \quad (17.58)$$

式中，$\mathbf{y}$ 为系统的可观测部分（也就是输出），$\mathbf{u}$ 为驱动力，$\mathbf{v}$ 为测量噪声。矩阵 $\mathbf{A}$ 和 $\mathbf{G}$ 根据系统的不同而不同。噪声观测 $\mathbf{v}$ 假定是不相关的。如果初始条件向量为 $\mathbf{x}(t_0)$，那么根据方程（17.36），我们可以得到

$$\mathbf{x}(t) = \Phi(t-t_0)\mathbf{x}(t_0) + \int_{t_0}^{t} \Phi(t-\tau)\mathbf{u}(\tau)d\tau \quad (17.59)$$

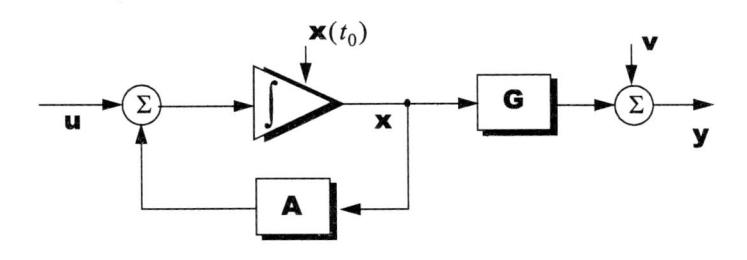

图 17.18 一个 LTI 系统

对对象（抽象）的观察仅在系统确定的离散时间进行。观察的时间由离散时间 nT 描述，其中 T 是采样区间。采用前一节所采用的相同符号，方程（17.57）和方程（17.58）的离散时间表示为

$$\mathbf{x}(n) = \mathbf{A}\,\mathbf{x}(n-1) + \mathbf{u}(n) \tag{17.60}$$

$$\mathbf{y}(n) = \mathbf{G}\mathbf{x}(n) + \mathbf{v}(n) \tag{17.61}$$

连续时间的该系统的齐次解见方程（17.27），离散时间解见方程（17.40）。

与此系统对应的状态转换矩阵可通过向量 **x** 的泰勒级数展开获得，更精确地说，

$$\begin{aligned} x &= x + T\dot{x} + \frac{T^2}{2!}\ddot{x} + \cdots \\ \dot{x} &= \dot{x} + T\ddot{x} + \cdots \\ \ddot{x} &= \ddot{x} + \cdots \end{aligned} \tag{17.62}$$

因此状态转换矩阵的元由下式确定：

$$\Phi[ij] = \begin{cases} T^{j-i} \div (j-i)! & 1 \leq i,\ j \leq n \\ 0 & j < i \end{cases} \tag{17.63}$$

利用矩阵符号，状态转换矩阵可写为

$$\Phi = \begin{bmatrix} 1 & T & \dfrac{T^2}{2!} & \cdots \\ 0 & 1 & T & \cdots \\ 0 & 0 & 1 & \cdots \\ \cdots & & & \end{bmatrix} \tag{17.64}$$

方程（17.64）中的矩阵通常称为牛顿矩阵。

17.8 固定增益跟踪滤波器

这类滤波器（或估算器）也称固定系数滤波器。这类滤波器最常见的例子是 $\alpha\beta$ 和 $\alpha\beta\gamma$ 滤波器及其变形。$\alpha\beta$ 和 $\alpha\beta\gamma$ 跟踪器分别是一维二阶和三阶滤波器。它们等效于一维卡尔曼滤波器的特例。这类估算器的一般结构与卡尔曼滤波器的结构相似。

标准的 $\alpha\beta\gamma$ 滤波器为目标的位置、速度（多普勒）和加速度提供平滑的预计数据。它是一种多项式预计/校正线性递归滤波器。该滤波器能在位置测量的基础上重建位置、速度和恒

定的加速度。$\alpha\beta\gamma$ 滤波器还可以提供用于制导和火控操作的目前位置的平滑（校正）估算值。

符号：

为了本章余下部分的讨论，选用了下面这个符号：$x(n|m)$ 表示采用所有数据一直到包括第 m 个采样区间的对第 n 个采样区间的估计值；y_n 是第 n 个测得的值；e_n 是第 n 个残余（误差）。固定增益滤波器方程为

$$\mathbf{x}(n|n) = \Phi\underline{x}(n-1|n-1) + \mathbf{K}[y_n - \mathbf{G}\Phi\mathbf{x}(n-1|n-1)] \tag{17.65}$$

由于转换矩阵有助于预计接下来的状态，

$$\mathbf{x}(n+1|n) = \Phi\underline{x}(n|n) \tag{17.66}$$

因此将方程（17.66）代入方程（17.65）得到

$$\mathbf{x}(n|n) = \mathbf{x}(n|n-1) + \mathbf{K}[y_n - \mathbf{G}\mathbf{x}(n|n-1)] \tag{17.67}$$

方程（17.67）右边括号里的项通常称为残余（误差），是测得的输入和预计的输出之差。方程（17.67）意味着 $\mathbf{x}(n)$ 的估算值是预计值和加权残余的和。$\mathbf{G}\mathbf{x}(n|n-1)$ 项表示预计状态。在 $\alpha\beta\gamma$ 估算器的情况下，$\mathbf{G}$ 是行向量，即

$$\mathbf{G} = \begin{bmatrix} 1 & 0 & 0 & \cdots \end{bmatrix} \tag{17.68}$$

$\mathbf{K}$ 为增益矩阵：

$$\mathbf{K} = \begin{bmatrix} \alpha \\ \beta/T \\ \gamma/T^2 \end{bmatrix} \tag{17.69}$$

跟踪滤波器主要的目标之一是减少噪声观察对测量的影响。为此目的，要计算噪声协方差矩阵。更精确地说，噪声协方差矩阵为

$$\mathbf{C}(n|n) = E[(\mathbf{x}(n|n))\mathbf{x}^t(n|n)] \; ; \; y_n = v_n \tag{17.70}$$

式中，E 代表期望值算子。噪声假设为零均值、方差为 σ_v^2 的随机过程。另外，还假设各噪声测量是不相关的：

$$E[v_n v_m] = \begin{cases} \delta\sigma_v^2 & n = m \\ 0 & n \neq m \end{cases} \tag{17.71}$$

方程（17.65）可写为

$$\mathbf{x}(n|n) = \mathbf{A}\mathbf{x}(n-1|n-1) + \mathbf{K}y_n \tag{17.72}$$

式中，

$$\mathbf{A} = (\mathbf{I} - \mathbf{KG})\Phi \tag{17.73}$$

将方程（17.72）和方程（17.73）代入方程（17.70）得

$$\mathbf{C}(n|n) = E[(\mathbf{A}\mathbf{x}(n-1|n-1) + \mathbf{K}y_n)(\mathbf{A}\mathbf{x}(n-1|n-1) + \mathbf{K}y_n)^t] \tag{17.74}$$

通过对方程（17.74）的右边部分进行展开并利用方程（17.71）可得

$$\mathbf{C}(n|n) = \mathbf{A}\mathbf{C}(n-1|n-1)\mathbf{A}^t + \mathbf{K}\sigma_v^2\mathbf{K}^t \tag{17.75}$$

在稳定状态条件下，方程（17.75）合并为

$$\mathbf{C}(n|n) = \mathbf{A}\mathbf{C}\mathbf{A}^t + \mathbf{K}\sigma_v^2\mathbf{K}^t \tag{17.76}$$

式中，$\mathbf{C}$ 为稳定状态噪声协方差矩阵。在稳定状态下，

$$\mathbf{C}(n|n) = \mathbf{C}(n-1|n-1) = \mathbf{C} \quad 对于任意 n \tag{17.77}$$

可以使用好几个准则来确定固定增益跟踪滤波器的性能。最常用的方法是计算方差的缩减率（VRR）。只有当输入跟踪器的信号是噪声测量时，才能定义方差的缩减率。因此，在稳定状态情况下，VRR 是输出方差（自协方差）与输入测量方差之间的稳态比。

为了确定考虑之中的跟踪器的稳定性，考虑方程（17.72）的 Z 变换：

$$\mathbf{x}(z) = \mathbf{A}z^{-1}\mathbf{x}(z) + \mathbf{K}y_n(z) \tag{17.78}$$

重新排列方程（17.78）得到下面的系统转换函数：

$$\mathbf{h}(z) = \frac{\mathbf{x}(z)}{y_n(z)} = (\mathbf{I} - \mathbf{A}z^{-1})^{-1}\mathbf{K} \tag{17.79}$$

式中，$(\mathbf{I} - \mathbf{A}z^{-1})$ 称为特征矩阵。注意，只有当特征矩阵为非特异性矩阵时，系统转换函数才能存在。此外，当且仅当特征表达式的根在 z 平面的单位圆内时，系统才是稳定的，

$$|(\mathbf{I} - \mathbf{A}z^{-1})| = 0 \tag{17.80}$$

滤波器的稳定状态的误差可借助图 17.19 来确定，误差的转换函数为

$$\mathbf{e}(z) = \frac{\mathbf{y}(z)}{1 + \mathbf{h}(z)} \tag{17.81}$$

利用阿贝尔（Abel）定理，稳定状态的误差为

$$\mathbf{e}_\infty = \lim_{t \to \infty} \mathbf{e}(t) = \lim_{z \to 1}\left(\frac{z-1}{z}\right)\mathbf{e}(z) \tag{17.82}$$

将方程（17.82）代入方程（17.81）可得

$$\mathbf{e}_\infty = \lim_{z \to 1} \frac{z-1}{z} \frac{\mathbf{y}(z)}{1 + \mathbf{h}(z)} \tag{17.83}$$

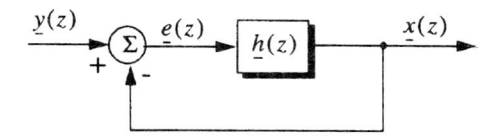

图 17.19 稳定状态的误差计算

17.8.1 $\alpha\beta$ 滤波器

$\alpha\beta$ 跟踪器对第 n 次观测提供位置和速度的平滑估算值，并对第 $(n+1)$ 次观测提供预计

位置。图17.20给出了该滤波器的实现方法。注意，下标"p"和"s"分别表示预计值和平滑值。$\alpha\beta$ 跟踪器可以跟随无稳定状态误差的输入斜坡（恒定速度）。然而，当输入过程中存在恒定加速度时，稳定状态的误差就会积聚。为减少预计位置的误差，可通过增加预计位置的测量值和预计值之间的加权差来进行平滑，其表达式如下：

$$x_s(n) = x(n|n) = x_p(n) + \alpha(x_0(n) - x_p(n)) \tag{17.84}$$

$$\dot{x}_s(n) = x'(n|n) = \dot{x}_s(n-1) + \frac{\beta}{T}(x_0(n) - x_p(n)) \tag{17.85}$$

x_0 是位置输入采样。预计位置的表达式为

$$x_p(n) = x_s(n|n-1) = x_s(n-1) + T\dot{x}_s(n-1) \tag{17.86}$$

初始化过程定义为

$$x_s(1) = x_p(2) = x_0(1)$$

$$\dot{x}_s(1) = 0$$

$$\dot{x}_s(2) = \frac{x_0(2) - x_0(1)}{T}$$

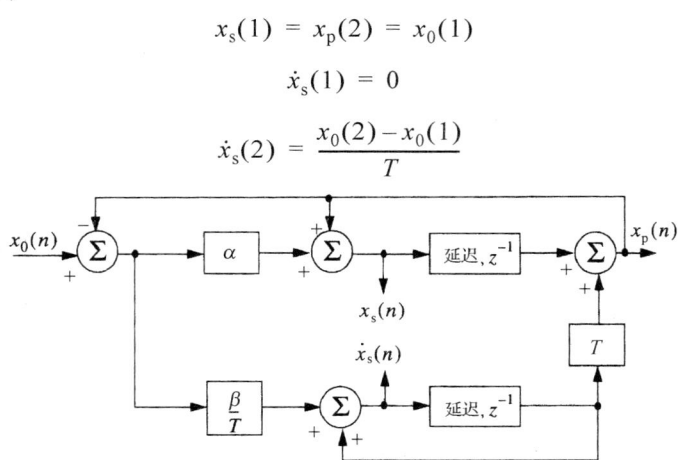

图 17.20 $\alpha\beta$ 跟踪器的实现方法

协方差矩阵的一般形式已在前一章导出，其方程为式（17.75）。一般来说，一个二阶一维协方差矩阵（在 $\alpha\beta$ 滤波器情况下）可写为

$$\mathbf{C}(n|n) = \begin{bmatrix} C_{xx} & C_{x\dot{x}} \\ C_{\dot{x}x} & C_{\dot{x}\dot{x}} \end{bmatrix} \tag{17.87}$$

式中，C_{xy} 一般为

$$C_{xy} = E\{xy^t\} \tag{17.88}$$

通过观察，$\alpha\beta$ 滤波器具有下列形式：

$$\mathbf{A} = \begin{bmatrix} 1-\alpha & (1-\alpha)T \\ -\beta/T & (1-\beta) \end{bmatrix} \tag{17.89}$$

$$\mathbf{K} = \begin{bmatrix} \alpha \\ \beta/T \end{bmatrix} \tag{17.90}$$

$$\mathbf{G} = \begin{bmatrix} 1 & 0 \end{bmatrix} \tag{17.91}$$

$$\Phi = \begin{bmatrix} 1 & T \\ 0 & 1 \end{bmatrix} \tag{17.92}$$

最后，将方程（17.89）~方程（17.92）代入方程（17.72），得到稳定状态噪声协方差矩阵：

$$\mathbf{C} = \frac{\sigma_v^2}{\alpha(4-2\alpha-\beta)} \begin{bmatrix} 2\alpha^2 - 3\alpha\beta + 2\beta & \dfrac{\beta(2\alpha-\beta)}{T} \\ \dfrac{\beta(2\alpha-\beta)}{T} & \dfrac{2\beta^2}{T^2} \end{bmatrix} \tag{17.93}$$

由此，位置和速度的方差缩小率分别为

$$(\text{VRR})_x = C_{xx}/\sigma_v^2 = \frac{2\alpha^2 - 3\alpha\beta + 2\beta}{\alpha(4-2\alpha-\beta)} \tag{17.94}$$

$$(\text{VRR})_{\dot{x}} = C_{\dot{x}\dot{x}}/\sigma_v^2 = \frac{1}{T^2} \frac{2\beta^2}{\alpha(4-2\alpha-\beta)} \tag{17.95}$$

$\alpha\beta$ 滤波器的稳定性由其系统转换函数确定。为此，要用方程（17.89）中的 $\mathbf{A}$ 计算方程（17.80）中的根：

$$|\mathbf{I} - \mathbf{A}z^{-1}| = 1 - (2-\alpha-\beta)z^{-1} + (1-\alpha)z^{-2} = 0 \tag{17.96}$$

解方程（17.96）中的 z 得

$$z_{1,2} = 1 - \frac{\alpha+\beta}{2} \pm \frac{1}{2}\sqrt{(\alpha-\beta)^2 - 4\beta} \tag{17.97}$$

并保证其稳定性要求：

$$|z_{1,2}| < 1 \tag{17.98}$$

需要分析两种情况。第一，$z_{1,2}$ 是实数，在这种情况下（细节分析留做练习），

$$\beta > 0 \; ; \; \alpha > -\beta \tag{17.99}$$

第二，当根为复数时，可以发现

$$\alpha > 0 \tag{17.100}$$

该系统的转换函数可由方程（17.79）、方程（17.89）和方程（17.90）获得：

$$\begin{bmatrix} h_x(z) \\ h_{\dot{x}}(z) \end{bmatrix} = \frac{1}{z^2 - z(2-\alpha-\beta) + (1-\alpha)} \begin{bmatrix} \alpha z\left(z - \dfrac{(\alpha-\beta)}{\alpha}\right) \\ \dfrac{\beta z(z-1)}{T} \end{bmatrix} \tag{17.101}$$

至此，所有关于 $\alpha\beta$ 滤波器的关系都已经进行了阐述，但未说明如何选择增益系数（α 和 β）。在考虑如何选择这些系数的方法之前，首先考虑使用该滤波器的主要目的。使用 $\alpha\beta$ 滤波器的主要目的可从两方面来阐述：

1. 跟踪器必须尽可能减少测量噪声。
2. 滤波器必须能以尽可能小的残余（跟踪误差）跟踪机动目标。

测量噪声的减少通常取决于方差缩小率。然而，滤波器的机动性能在很大程度上取决

于对系数 $\alpha\beta$ 的选择。

Benedict 和 Bordner[①] 两位研究人员研制出了 $\alpha\beta$ 滤波器的特殊变形，通常称为 Benedict-Bordner 滤波器。Benedict-Bordner 滤波器的主要优势在于能减少与 $\alpha\beta$ 跟踪器有关的瞬态误差。该滤波器将位置和速度的方差缩小率作为对性能的度量。当输入在时间零点具有单位阶跃速度时，它对输入（位置）和输出之间的平方差总和进行计算。此外，当输入如先前描述的那样时，它还将计算真实速度和速度输出之间的平方差。当

$$\beta = \frac{\alpha^2}{2-\alpha} \tag{17.102}$$

时，两种误差之间的差异就会降到最小。在这种情况下，位置和速度的方差缩小率分别为

$$(\text{VRR})_x = \frac{\alpha(6-5\alpha)}{\alpha^2 - 8\alpha + 8} \tag{17.103}$$

$$(\text{VRR})_{\dot{x}} = \frac{2}{T^2} \frac{\alpha^3/(2-\alpha)}{\alpha^2 - 8\alpha + 8} \tag{17.104}$$

$\alpha\beta$ 跟踪器的另一个重要的子类是临界衰减滤波器，通常称为衰减记忆滤波器。在这种情况下，在一个平滑系数 ξ 的基础上来选择滤波器的系数，其中 $0 \leq \xi \leq 1$。增益系数为

$$\alpha = 1 - \xi^2 \tag{17.105}$$

$$\beta = (1-\xi)^2 \tag{17.106}$$

深度平滑意味着 $\xi \to 1$，而轻度平滑则意味着 $\xi \to 0$。衰减记忆滤波器的协方差矩阵元为

$$C_{xx} = \frac{1-\xi}{(1+\xi)^3}(1+4\xi+5\xi^2)\sigma_v^2 \tag{17.107}$$

$$C_{x\dot{x}} = C_{\dot{x}x} = \frac{1}{T}\frac{1-\xi}{(1+\xi)^3}(1+2\xi+3\xi^2)\sigma_v^2 \tag{17.108}$$

$$C_{\dot{x}\dot{x}} = \frac{2}{T^2}\frac{1-\xi}{(1+\xi)^3}(1-\xi)^2\sigma_v^2 \tag{17.109}$$

17.8.2 $\alpha\beta\gamma$ 滤波器

$\alpha\beta\gamma$ 跟踪器能预计出第 n 次观察时的位置、速度和加速度的平滑估算值，还能预计出第 $(n+1)$ 次观察时的位置和速度估算值。$\alpha\beta\gamma$ 跟踪器的实现方法如图 17.21 所示。

$\alpha\beta\gamma$ 跟踪器将跟随一个加速度恒定、无稳态误差的输入。为了再一次减少跟踪器输出端的误差，在估算平滑位置、速度和加速度时，要采用测得值和预计值之间的加权差，其方法如下：

$$x_s(n) = x_p(n) + \alpha(x_0(n) - x_p(n)) \tag{17.110}$$

[①] Benedict, T. R. and Bordner, G. W., Synthesis of an Optimal Set of Radar Track-While-Scan Smoothing Equations. *IRE Transaction on Automatic Control*, AC-7. July1962, pp.27-32.

$$\dot{x}_s(n) = \dot{x}_s(n-1) + T\ddot{x}_s(n-1) + \frac{\beta}{T}(x_0(n) - x_p(n)) \quad (17.111)$$

$$\ddot{x}_s(n) = \ddot{x}_s(n-1) + \frac{2\gamma}{T^2}(x_0(n) - x_p(n)) \quad (17.112)$$

$$x_p(n+1) = x_s(n) + T\dot{x}_s(n) + \frac{T^2}{2}\ddot{x}_s(n) \quad (17.113)$$

且其初始化过程为

$$x_s(1) = x_p(2) = x_0(1)$$

$$\dot{x}_s(1) = \ddot{x}_s(1) = \ddot{x}_s(2) = 0$$

$$\dot{x}_s(2) = \frac{x_0(2) - x_0(1)}{T}$$

$$\ddot{x}_s(3) = \frac{x_0(3) + x_0(1) - 2x_0(2)}{T^2}$$

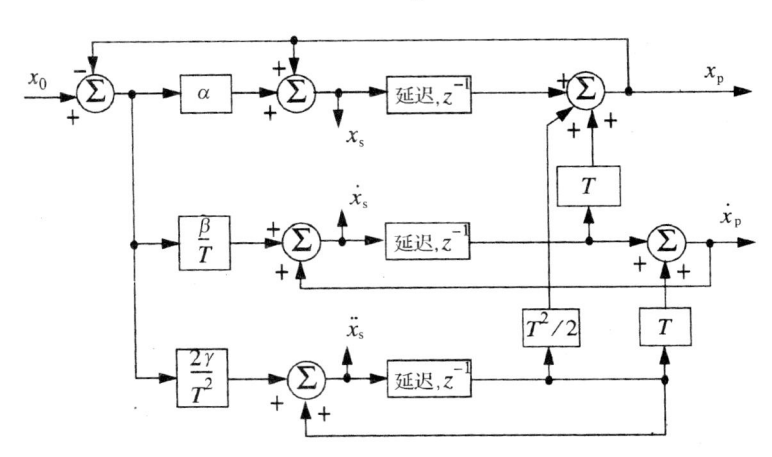

图 17.21 $\alpha\beta\gamma$ 跟踪器的实现方法

根据方程（17.63），$\alpha\beta\gamma$ 滤波器的状态转换矩阵为

$$\mathbf{\Phi} = \begin{bmatrix} 1 & T & \frac{T^2}{2} \\ 0 & 1 & T \\ 0 & 0 & 1 \end{bmatrix} \quad (17.114)$$

协方差矩阵（对称的）可根据方程（17.76）来计算。为此，注意

$$\mathbf{K} = \begin{bmatrix} \alpha \\ \beta/T \\ \gamma/T^2 \end{bmatrix} \quad (17.115)$$

$$\mathbf{G} = \begin{bmatrix} 1 & 0 & 0 \end{bmatrix} \quad (17.116)$$

和

$$\mathbf{A} = (\mathbf{I} - \mathbf{KG})\Phi = \begin{bmatrix} 1-\alpha & (1-\alpha)T & (1-\alpha)T^2/2 \\ -\beta/T & -\beta+1 & (1-\beta/2)T \\ -2\gamma/T^2 & -2\gamma/T & (1-\gamma) \end{bmatrix} \quad (17.117)$$

将方程（17.117）代入方程（17.76）并合并同类项，可计算出方差缩小率为

$$(\text{VRR})_x = \frac{2\beta(2\alpha^2 + 2\beta - 3\alpha\beta) - \alpha\gamma(4 - 2\alpha - \beta)}{(4 - 2\alpha - \beta)(2\alpha\beta + \alpha\gamma - 2\gamma)} \quad (17.118)$$

$$(\text{VRR})_{\dot{x}} = \frac{4\beta^3 - 4\beta^2\gamma + 2\gamma^2(2-\alpha)}{T^2(4-2\alpha-\beta)(2\alpha\beta+\alpha\gamma-2\gamma)} \quad (17.119)$$

$$(\text{VRR})_{\ddot{x}} = \frac{4\beta\gamma^2}{T^4(4-2\alpha-\beta)(2\alpha\beta+\alpha\gamma-2\gamma)} \quad (17.120)$$

正如任何离散时间系统的情形一样，而且仅当所有的极点都落在z平面的单位圆范围内，该滤波器才会稳定。$\alpha\beta\gamma$特征方程可通过设定

$$|\mathbf{I} - \mathbf{A}z^{-1}| = 0 \quad (17.121)$$

来计算。将方程（17.117）代入方程（17.121）并合并同类项得到下面的特征函数：

$$f(z) = z^3 + (-3\alpha + \beta + \gamma)z^2 + (3 - \beta - 2\alpha + \gamma)z - (1-\alpha) \quad (17.122)$$

当

$$2\beta - \alpha\left(\alpha + \beta + \frac{\gamma}{2}\right) = 0 \quad (17.123)$$

时，$\alpha\beta\gamma$滤波器就成为了Benedict-Bordner滤波器。注意当$\gamma = 0$时，方程（17.123）简化为方程（17.102）。临界衰减滤波器的增益系数为

$$\alpha = 1 - \xi^3 \quad (17.124)$$

$$\beta = 1.5(1-\xi^2)(1-\xi) = 1.5(1-\xi)^2(1+\xi) \quad (17.125)$$

$$\gamma = (1-\xi)^3 \quad (17.126)$$

注意当$\xi \to 1$时，产生深度平滑，而当$\xi = 0$时没有平滑。

MATLAB 函数 "ghk_tracker.m"

函数"ghk_tracker.m"实现稳态$\alpha\beta\gamma$滤波器。语法如下：

[residual,estimate]=ghk_tracker（X0,smoocof,inp,npts,T,nvar）

其中：

符　　号	说　　明	状　　态
X0	初始状态向量	输入
smoocof	希望的平滑系数	输入
inp	位置测量阵列	输入

续表

符 号	说 明	状 态
npts	输入位置中的点数	输入
T	采样间隔	输入
nvar	希望的噪声方差	输入
residual	位置误差（残余）阵列	输出
estimate	预计位置阵列	输出

注意，MATLAB 函数"*ghk_tracker.m*"使用函数"*normrnd.m*"以产生零均值高斯噪声，零均值高斯噪声是 MATLAB 统计工具箱的一部分。如果用户找不到该工具箱，则"*ghk_tracker.m*"函数调用就必须修改为

[residual,estimate]=ghk_tracker1 （*X0,smoocof,inp,npts,T*）

在这种情况下，噪声测量要么视为得不到，要么是位置输入阵列的一部分。

为了说明如何使用函数 *ghk_tracker.m* 和 *ghk_tracker1.m*，考虑图17.22和图17.23所示的输入情况。图17.22假定了一个惰性机动的输入，而图17.23则假定了一个积极机动的输入。这些数据可以用"*Fig17_20s.m*"生成，列在附录17-A 中。

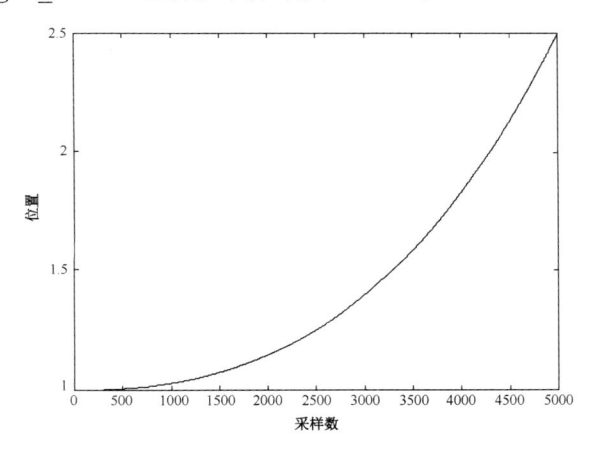

图 17.22 位置（真实数据）；惰性机动

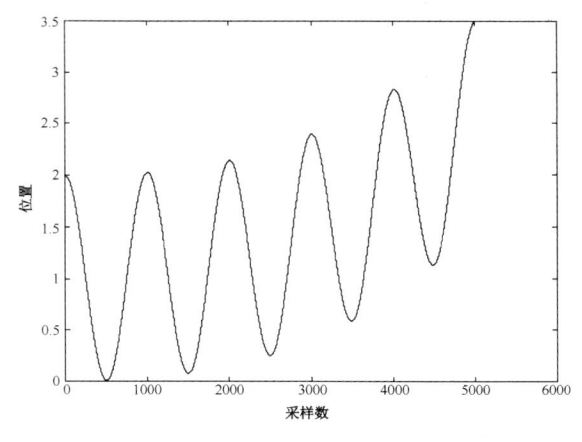

图 17.23 位置（真实数据）；积极机动

图17.24和图17.25给出了与图17.22对应的两种情况下的残余误差和预计位置：带噪声和不带噪声的深度平滑和轻度平滑；噪声为零均值、方差 $\sigma_v^2 = 0.05$ 的白高斯噪声。图17.26和图17.27给出了与带噪声和不带噪声的图17.23对应的残余误差与预计位置。

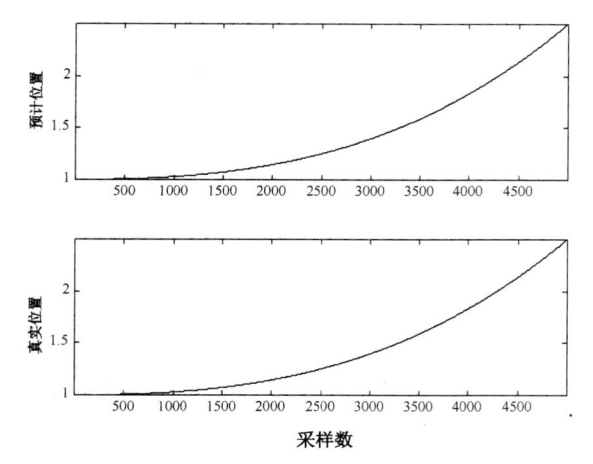

图17.24（a）-1　预计位置和真实位置：$\xi = 0.1$（即大增益系数）；无噪声

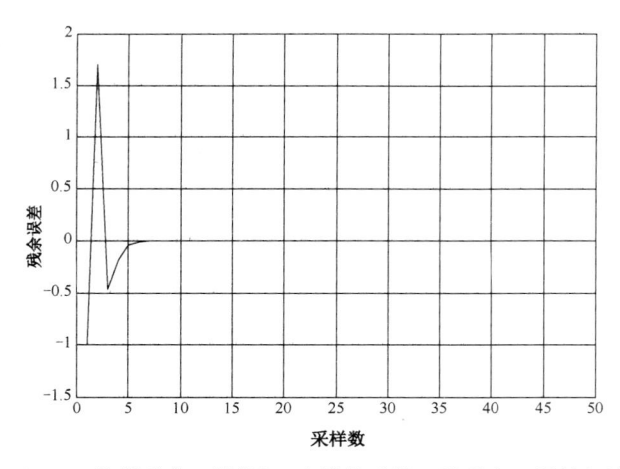

图17.24（a）-2　位置残余（误差）：大增益系数；无噪声；误差急速稳定为零

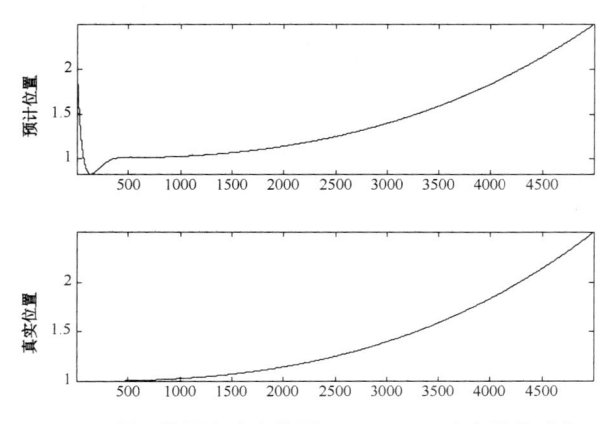

图17.24（b）-1　预计位置和真实位置：$\xi = 0.9$（即小增益系数）；无噪声

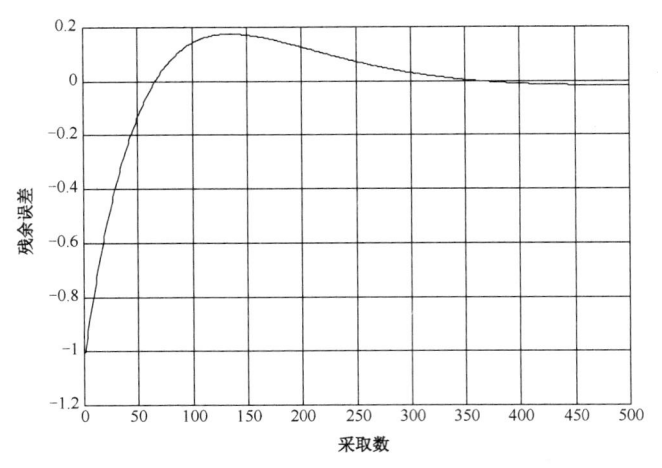

图 17.24（b）-2　位置残余（误差）：小增益系数；无噪声；
滤波器要花更多的时间使误差稳定下来

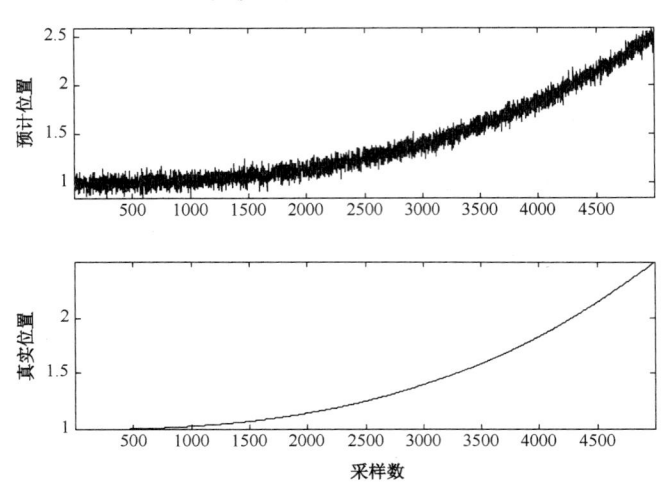

图 17.25（a）-1　预计位置和真实位置：$\xi = 0.1$（即大增益系数）；有噪声

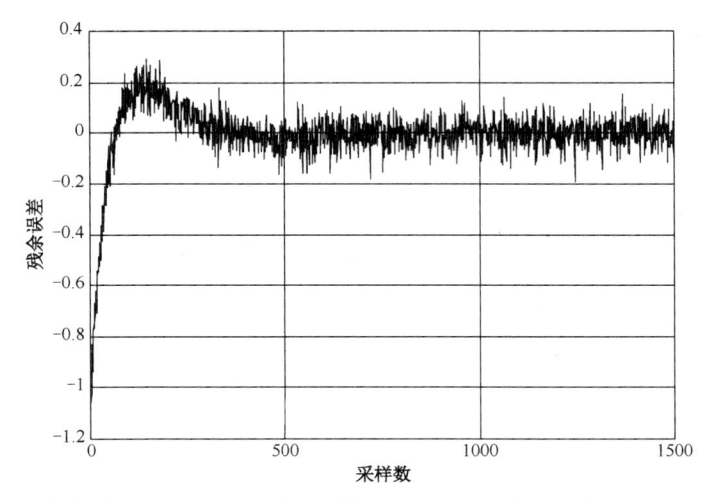

图 17.25（a）-2　位置残余（误差）：大增益系数；有噪声；误差很快稳定，波动是由噪声引起的

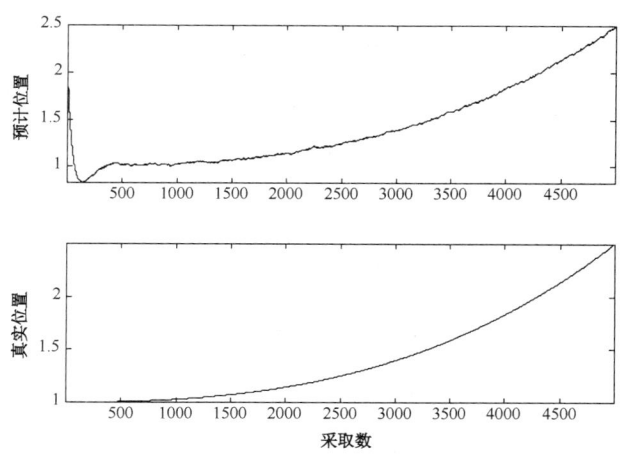

图 17.25(b) -1　预计位置和真实位置：$\xi = 0.9$（即小增益系数）；有噪声

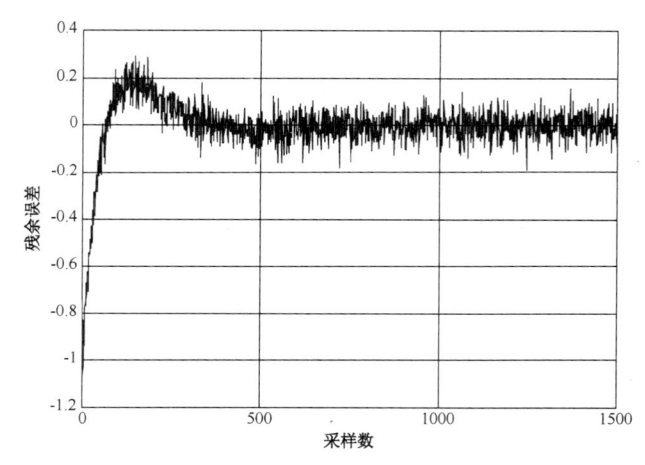

图 17.25（b）-2　位置残余（误差）；小增益系数；有噪声；误差需要更多的时间才能稳定下来，波动是由噪声引起的

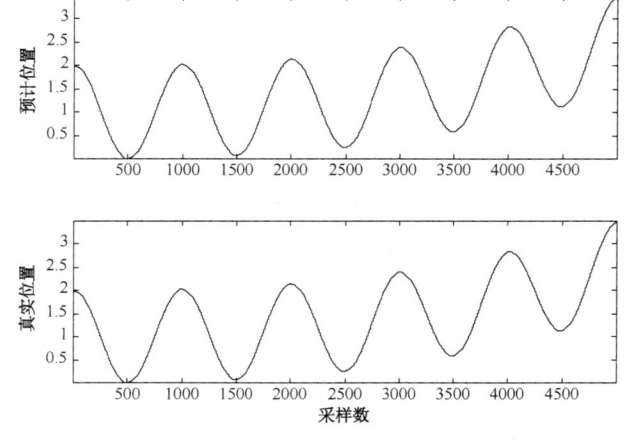

图 17.26（a）　预计位置和真实位置：$\xi = 0.1$（即大增益系数）；有噪声

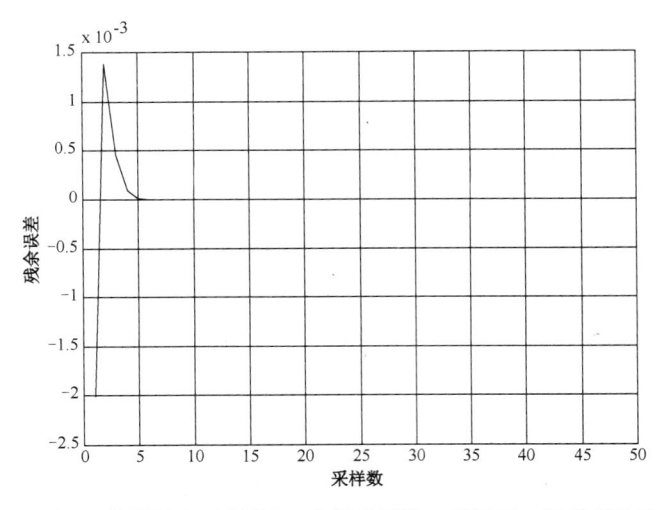

图 17.26（b） 位置残余（误差）：大增益系数；无噪声；误差很快稳定下来

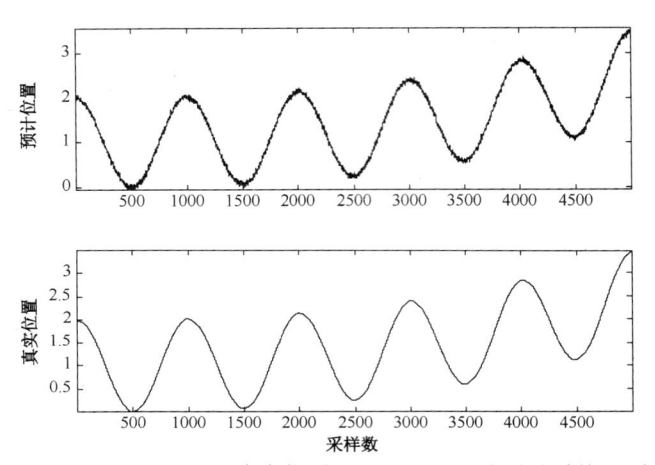

图 17.27（a） 预计位置和真实位置：$\xi = 0.8$（即小增益系数）；有噪声

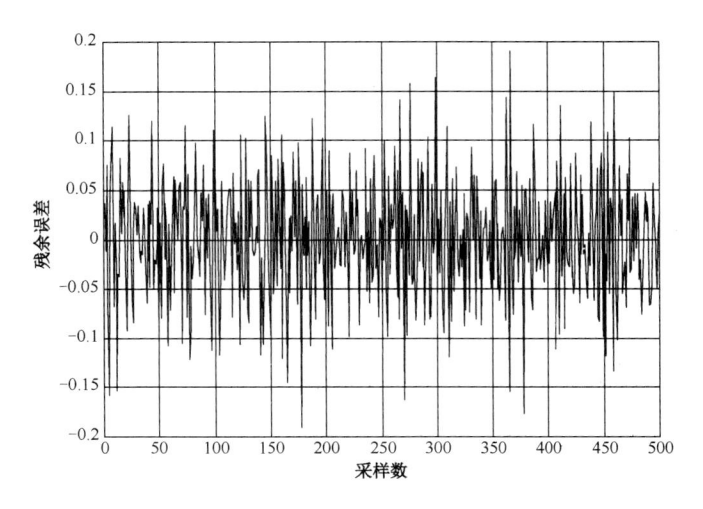

图 17.27（b） 位置残余（误差）：小增益系数；有噪声；误差大，但平均值却在零左右；波动是由噪声引起的

17.9 卡尔曼滤波器

卡尔曼滤波器是一种线性估算器,只要目标的动态模拟精确,它就能将均方差降到最低。其他所有递归滤波器如 $\alpha\beta\gamma$ 滤波器和 Benedict-Bordner 滤波器,都属于卡尔曼滤波器为均方估算问题提供的一般解中的特殊情况。此外,卡尔曼滤波器有以下一些优点:

1. 增益系数动态地计算,这意味着同一滤波器可用于各种机动目标环境。
2. 卡尔曼滤波器的增益计算可适应不断变化的检测记录,包括丢失的检测记录。
3. 卡尔曼滤波器能提供协方差矩阵的精确测量,这使得选通及相关处理得以更好地实现。
4. 卡尔曼滤波器使得对相关缺失和关联缺失的影响得到部分补偿成为可能。

文献中有许多卡尔曼滤波器的推导方法,本章只引出其推导结果。图17.28是卡尔曼滤波器的框图。卡尔曼滤波器的表达式可由图17.28推导出来。滤波方程为

$$\mathbf{x}(n|n) = \mathbf{x}_s(n) = \mathbf{x}(n|n-1) + \mathbf{K}(n)[\mathbf{y}(n) - \mathbf{G}\mathbf{x}(n|n-1)] \qquad (17.127)$$

测量向量为

$$\mathbf{y}(n) = \mathbf{G}\mathbf{x}(n) + \mathbf{v}(n) \qquad (17.128)$$

式中,$\mathbf{y}(n)$为零均值、带协方差$\Re_c$的白高斯噪声,

$$\Re_c = E\{\mathbf{y}(n)\,\mathbf{y}^t(n)\} \qquad (17.129)$$

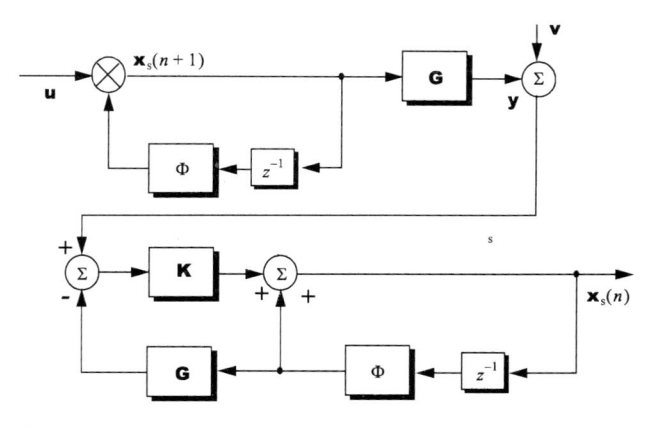

图 17.28 卡尔曼滤波器结构

增益(权重)向量动态地计算为

$$\mathbf{K}(n) = \mathbf{P}(n|n-1)\mathbf{G}^t[\mathbf{G}\mathbf{P}(n|n-1)\mathbf{G}^t + \Re_c]^{-1} \qquad (17.130)$$

式中,测量噪声矩阵 $\mathbf{P}$ 代表预测器的协方差矩阵,它等于

$$\mathbf{P}(n+1|n) = E\{\mathbf{x}_s(n+1)\mathbf{x}^*_s(n)\} = \Phi\mathbf{P}(n|n)\Phi^t + \mathbf{Q} \qquad (17.131)$$

式中,$\mathbf{Q}$是输入$\mathbf{u}$的协方差矩阵:

$$\mathbf{Q} = E\{\mathbf{u}(n)\mathbf{u}^t(n)\} \qquad (17.132)$$

校正方程（平滑估算值的协方差）为

$$\mathbf{P}(n|n) = [\mathbf{I} - \mathbf{K}(n)\mathbf{G}]\mathbf{P}(n|n-1) \tag{17.133}$$

最后，预计方程为

$$\mathbf{x}(n+1|n) = \Phi \mathbf{x}(n|n) \tag{17.134}$$

17.9.1 Singer $\alpha\beta\gamma$-卡尔曼滤波器

Singer[1]滤波器是卡尔曼滤波器的特殊情况，它由规定的目标动态模型控制，模型中的加速度是一个带自相关函数的随机过程，而自相关函数为

$$E\{\ddot{x}(t)\ \ddot{x}(t+t_1)\} = \sigma_a^2\ e^{-\frac{|t_1|}{\tau_m}} \tag{17.135}$$

式中，τ_m是由目标机动或大气湍流引起的加速度的相关时间。该相关时间在 10 s（积极机动）和 60 s（惰性机动）之间波动。

Singer 通过一阶马尔可夫（Markov）过程：

$$\ddot{x}(n+1) = \rho_m \ddot{x}(n) + \sqrt{1-\rho_m^2}\ \sigma_m w(n) \tag{17.136}$$

来定义随机目标加速度模型。式中，$w(n)$是零均值、带单位方差的高斯随机变量，σ_m是机动标准偏差，而机动相关系数ρ_m由下式给出：

$$\rho_m = e^{-\frac{T}{\tau_m}} \tag{17.137}$$

对应于这些条件的连续时间域系统与 Wiener-Kolmogorov"白化"滤波器一样。Wiener-Kolmogorov"白化"滤波器由下列微分表达式来定义：

$$\frac{\mathrm{d}}{\mathrm{d}t}v(t) = -\beta_m v(t) + w(t) \tag{17.138}$$

式中，β_m等于$1/\tau_m$。采用 Singer 模型的机动方差为

$$\sigma_m^2 = \frac{A_{\max}^2}{3}[1 + 4P_{\max} - P_0] \tag{17.139}$$

$A_{\max}$是概率为$P_{\max}$的目标的最大加速度，而P_0项确定无加速度的目标的概率。

与 Singer 滤波器对应的转换矩阵为

$$\Phi = \begin{bmatrix} 1 & T & \frac{1}{\beta_m^2}(-1 + \beta_m T + \rho_m) \\ 0 & 1 & \frac{1}{\beta_m}(1 - \rho_m) \\ 0 & 0 & \rho_m \end{bmatrix} \tag{17.140}$$

注意，当$T\beta_m = T/\tau_m$的数值较小时（目标具有恒定的加速度），方程（17.140）就化简

---

[1] Singer, R. A., Estimating Optimal Tracking Filter Performance for Manned Maneuvering Targets, *IEEE Transaction on Aerospace and Electronics*, AES-5, July, 1970. pp. 473-483.

为方程（17.114）。一般情况下，采样的时间间隔 T 比机动时间恒定值 τ_m 要少许多，因此方程（17.140）可精确地用它的二阶近似来取代。更准确地说，

$$\Phi = \begin{bmatrix} 1 & T & T^2/2 \\ 0 & 1 & T(1-T/2\tau_m) \\ 0 & 0 & \rho_m \end{bmatrix} \qquad (17.141)$$

Singer 推导出的协方差矩阵等于

$$\mathbf{C} = \frac{2\sigma_m^2}{\tau_m} \begin{bmatrix} C_{11} & C_{12} & C_{13} \\ C_{21} & C_{22} & C_{23} \\ C_{31} & C_{32} & C_{33} \end{bmatrix} \qquad (17.142)$$

式中，

$$C_{11} = \sigma_x^2 = \frac{1}{2\beta_m^5}\left[1 - e^{-2\beta_m T} + 2\beta_m T + \frac{2\beta_m^3 T^3}{3} - 2\beta_m^2 T^2 - 4\beta_m T e^{-\beta_m T}\right] \qquad (17.143)$$

$$C_{12} = C_{21} = \frac{1}{2\beta_m^4}[e^{-2\beta_m T} + 1 - 2e^{-\beta_m T} + 2\beta_m T e^{-\beta_m T} - 2\beta_m T + \beta_m^2 T^2] \qquad (17.144)$$

$$C_{13} = C_{31} = \frac{1}{2\beta_m^3}[1 - e^{-2\beta_m T} - 2\beta_m T e^{-\beta_m T}] \qquad (17.145)$$

$$C_{22} = \frac{1}{2\beta_m^3}[4e^{-\beta_m T} - 3 - e^{-2\beta_m T} + 2\beta_m T] \qquad (17.146)$$

$$C_{23} = C_{32} = \frac{1}{2\beta_m^2}[e^{-2\beta_m T} + 1 - 2e^{-\beta_m T}] \qquad (17.147)$$

$$C_{33} = \frac{1}{2\beta_m}[1 - e^{-2\beta_m T}] \qquad (17.148)$$

有两种值得关注的限制情况：

1. 采样时间间隔短（$T \ll \tau_m$）：

$$\lim_{\beta_m T \to 0} \mathbf{C} = \frac{2\sigma_m^2}{\tau_m} \begin{bmatrix} T^5/20 & T^4/8 & T^3/6 \\ T^4/8 & T^3/3 & T^2/2 \\ T^3/6 & T^2/2 & T \end{bmatrix} \qquad (17.149)$$

此时状态转换矩阵可用方程（17.141）计算为

$$\lim_{\beta_m T \to 0} \Phi = \begin{bmatrix} 1 & T & T^2/2 \\ 0 & 1 & T \\ 0 & 0 & 1 \end{bmatrix} \qquad (17.150)$$

这与 $\alpha\beta\gamma$ 滤波器（恒定的加速度）的情况一样。

2. 采样间隔时间长（$T \gg \tau_m$）：该条件代表加速度为白噪声过程的情况。相应的协方差和转换矩阵分别为

$$\lim_{\beta_m T \to \infty} \mathbf{C} = \sigma_m^2 \begin{bmatrix} \dfrac{2T^3 \tau_m}{3} & T^2 \tau_m & \tau_m^2 \\ T^2 \tau_m & 2T\tau_m & \tau_m \\ \tau_m^2 & \tau_m & 1 \end{bmatrix} \quad (17.151)$$

$$\lim_{\beta_m T \to \infty} \Phi = \begin{bmatrix} 1 & T & T\tau_m \\ 0 & 1 & \tau_m \\ 0 & 0 & 0 \end{bmatrix} \quad (17.152)$$

注意，在 $T \gg \tau_m$ 的条件下，互相关项 C_{13} 和 C_{23} 变得很小。由此得不到加速度的估算值，因此，可用两态滤波器模型代替三态滤波器模型。在这种情况下，

$$\mathbf{C} = 2\sigma_m^2 \tau_m \begin{bmatrix} T^3/3 & T^2/2 \\ T^2/2 & T \end{bmatrix} \quad (17.153)$$

$$\Phi = \begin{bmatrix} 1 & T \\ 0 & 1 \end{bmatrix} \quad (17.154)$$

17.9.2　卡尔曼滤波器和 $\alpha\beta\gamma$ 滤波器的关系

通过恰当的状态转换矩阵 $\underline{\Phi}$，以及与方程（17.127）中 $\alpha\beta\gamma$ 滤波器对应的增益向量 $\underline{K}$，就能很容易地得出卡尔曼滤波器和 $\alpha\beta\gamma$ 滤波器之间的关系。这样，

$$\begin{bmatrix} x(n|n) \\ \dot{x}(n|n) \\ \ddot{x}(n|n) \end{bmatrix} = \begin{bmatrix} x(n|n-1) \\ \dot{x}(n|n-1) \\ \ddot{x}(n|n-1) \end{bmatrix} + \begin{bmatrix} k_1(n) \\ k_2(n) \\ k_3(n) \end{bmatrix} [x_0(n) - x(n|n-1)] \quad (17.155)$$

式中（见图 17.21），

$$x(n|n-1) = x_s(n-1) + T\dot{x}_s(n-1) + \frac{T^2}{2}\ddot{x}_s(n-1) \quad (17.156)$$

$$\dot{x}(n|n-1) = \dot{x}_s(n-1) + T\ddot{x}_s(n-1) \quad (17.157)$$

$$\ddot{x}(n|n-1) = \ddot{x}_s(n-1) \quad (17.158)$$

将前三个表达式与 $\alpha\beta\gamma$ 滤波器表达式进行比较得

$$\begin{bmatrix} \alpha \\ \dfrac{\beta}{T} \\ \dfrac{\gamma}{T^2} \end{bmatrix} = \begin{bmatrix} k_1 \\ k_2 \\ k_3 \end{bmatrix} \quad (17.159)$$

第 17 章 目标跟踪 571

此外，协方差矩阵元通过

$$\begin{bmatrix} k_1 \\ k_2 \\ k_3 \end{bmatrix} = \frac{1}{C_{11} + \sigma_v^2} \begin{bmatrix} C_{11} \\ C_{12} \\ C_{13} \end{bmatrix} \qquad (17.160)$$

与增益系数相关。方程（17.160）表明，第一个增益系数取决于估算误差方差与总残余方差之比，而其他两个增益系数则可通过第二态和第三态及第一观测态之间的协方差来计算。

MATLAB 函数 "kalman_filter.m"

函数 "kalman_filter.m" 实现零态的 Singer $\alpha\beta\gamma$ -卡尔曼滤波器。语法如下：

[residual,estimate] = kalman_filter (npts,T,X0,inp,R,nvar)

其中：

符 号	说 明	状 态
npts	输入位置中的点数	输入
T	采样间隔	输入
X0	初始态向量	输入
inp	输入阵列	输入
R	噪声方差［见方程（10.129）］	输入
nvar	希望得到的噪声方差	输入
residual	位置误差（残余）阵列	输出
estimate	预计位置的阵列	输出

注意，MATLAB 函数 "kalman_filter.m" 使用函数 "normrnd.m" 以产生零均值高斯噪声，零均值高斯噪声是 MATLAB 统计工具箱的一部分。

为了说明如何使用函数 "kalman_filter.m"，考虑图 17.22 和图 17.23 所示的输入情况。图 17.29 和图 17.30 给出的是与图 17.22 和图 17.23 对应的残余误差和预计位置。这些图可以用 MATLAB 程序 "Fig17_28.m" 重新生成，列在附录 17-A 中。

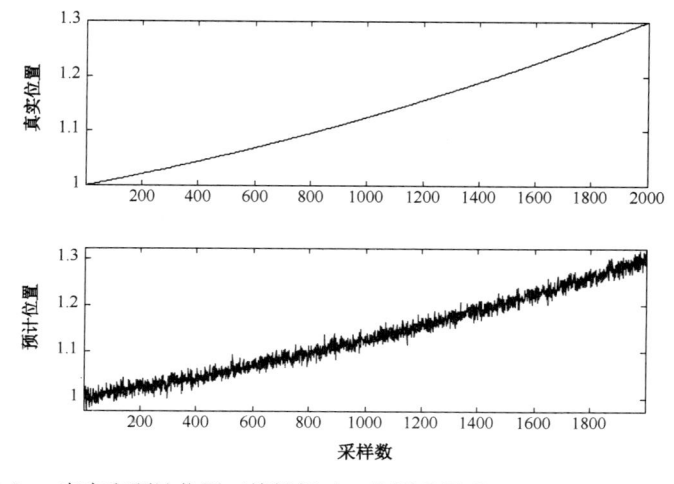

图 17.29（a）　真实和预计位置（惰性机动，此图采用 "kalman_filter.m." 函数生成）

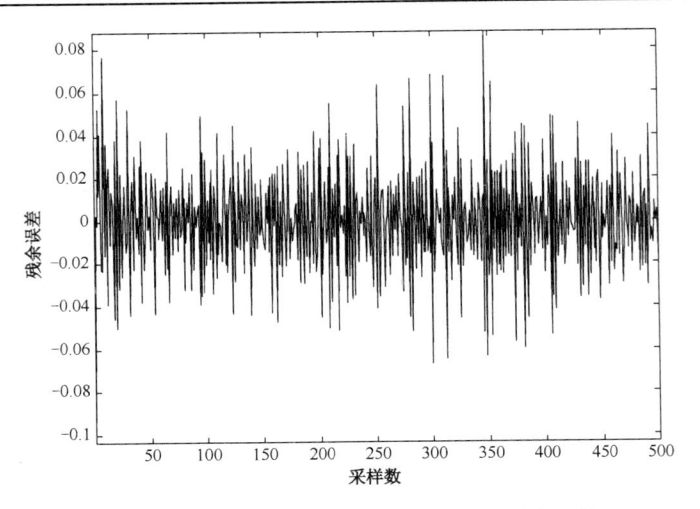

图 17.29（b） 与图 17.29（a）对应的残余误差

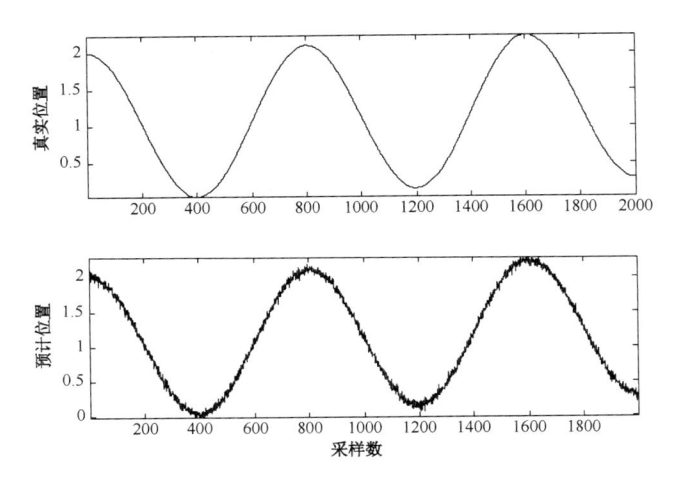

图 17.30（a） 真实和预计位置（积极机动，此图采用"*kalman_filter.m*"函数生成）

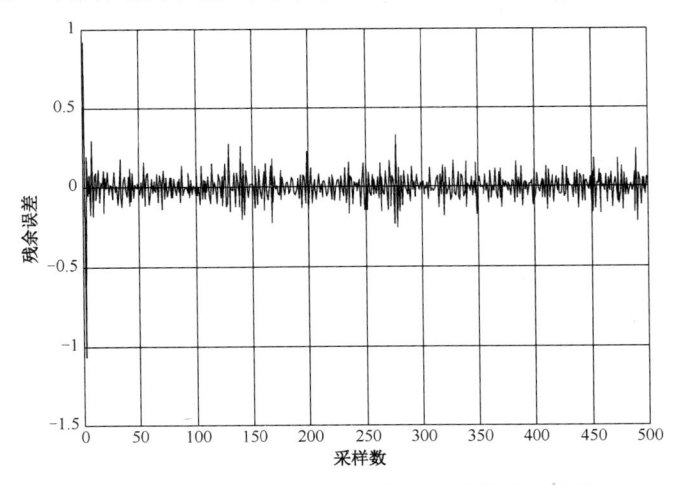

图 17.30（b） 与图 17.30（a）对应的残余误差

17.10 MATLAB 卡尔曼滤波仿真

为此目的，开发了标题为"*kalman_gui.m*"的 MATLAB GUI 工作空间，它在图 17.31 中示出。在这个设计中，可以初始化输入，使之对应于两个目标类型的运动（飞机和导弹）。例如，当你点击按钮"ResetMissile"时，导弹的初始 x、y 和 z 检测坐标将被加载到"开始定位"（Starting Location）域中。相应的目标速度也被加载到"x 方向的速度"（Velocity in x direction）域中。最后，用适合于本设计案例研究的默认值加载与卡尔曼滤波器有关的所有其他域。注意：用户可以适当地修改输入。

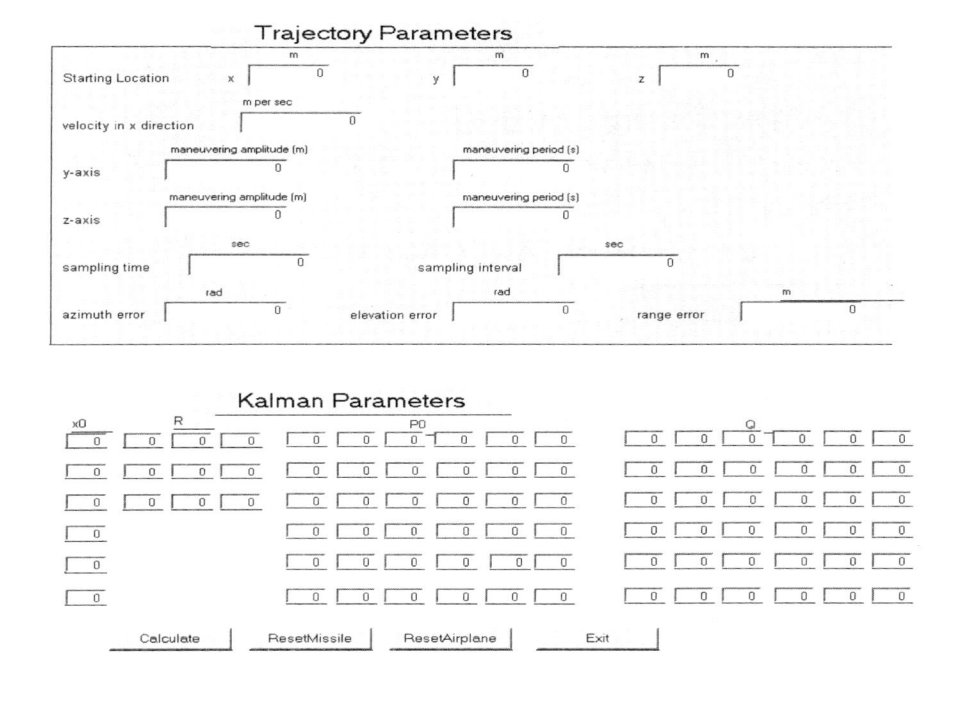

图 17.31　与卡尔曼滤波器 MATLAB 仿真有关的 MATLAB GUI 工作空间

这个程序为所选目标类型生成一个假定的默认轨迹。这用附录 17-A 中列出的函数"*maketraj.m*"实现。用户使用这个程序时，既可以使用它的默认轨迹，也可以输入自己的特定轨迹文件。函数"*maketraj.m*"假设高度为常数，并在 xy 平面中产生一个机动轨迹，如图 17.32 中所示。这个轨迹可用"轨迹参数"域中的不同域来改变。

下一个程序通过加上高斯白噪声来污染轨迹。这由列在附录 17-A 中的函数"*addnoise.m*"实现。然后使用一个名为"*kalfilt.m*"的六态卡尔曼滤波器来完成跟踪任务。这个函数也列在附录 17-A 中。

方位、俯仰和距离误差使用它们在 GUI 上对应的域输入程序。在本章使用的例子中，这些输入在整个仿真中假设为常数。在实际中，这不是真的，这些值将会变化。它们由雷达信号处理器在"预处理间隔"的基础上计算，然后输入跟踪器。例如，距离测量中误差

的标准偏差为

$$\sigma_R = \frac{\Delta R}{\sqrt{2 \times \text{SNR}}} = \frac{c}{2B\sqrt{2 \times \text{SNR}}} \qquad (17.161)$$

式中，ΔR 为距离分辨率，c 为光速，B 为带宽，SNR 是信噪比的测量值。

速度测量中误差的标准偏差为

$$\sigma_v = \frac{\lambda}{2\tau\sqrt{2 \times \text{SNR}}} \qquad (17.162)$$

式中，λ 为波长，τ 为未压缩的脉冲宽度。角度测量中误差的标准偏差为

$$\sigma_a = \frac{\Theta}{1.6\sqrt{2 \times \text{SNR}}} \qquad (17.163)$$

式中 Θ 是测量角坐标的天线波束宽度（方位和俯仰）。

表 17.1 列出了该仿真生成的曲线类型。图 17.32 到图 17.42 给出了使用这个仿真产生的典型输出，在任一给定运行中，均假设为导弹的情况。

表 17.1 "kalman_gui.m" 仿真生成的输出列表

图 号	描 述
1	未污染的输入轨迹
2	污染的输入轨迹
3	污染的和未污染的 x 位置
4	污染的和未污染的 y 位置
5	污染的和未污染的 z 位置
6	污染的和滤波后的 x、y 和 z 位置
7	预测的 x 速度、y 速度和 z 速度
8	位置残余
9	速度残余
10	协方差矩阵分量与时间的关系
11	卡尔曼滤波器增益与时间的关系

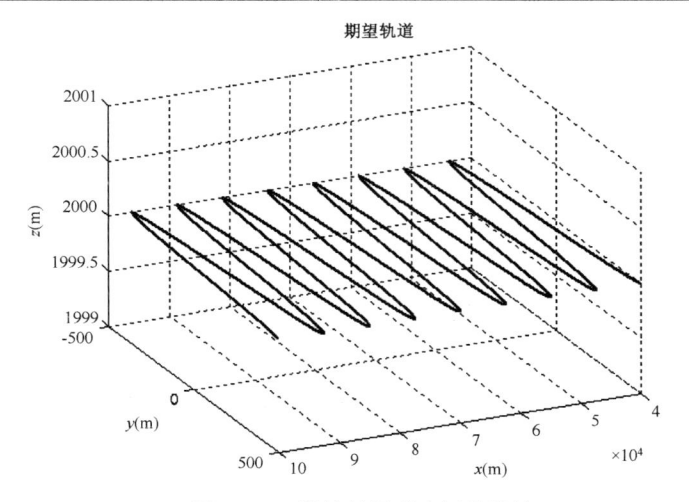

图 17.32 默认的导弹未污染轨迹

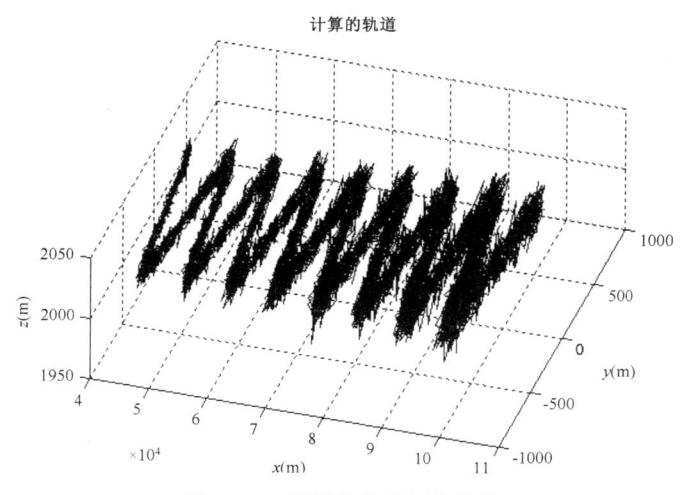

图 17.33 默认的导弹污染轨迹

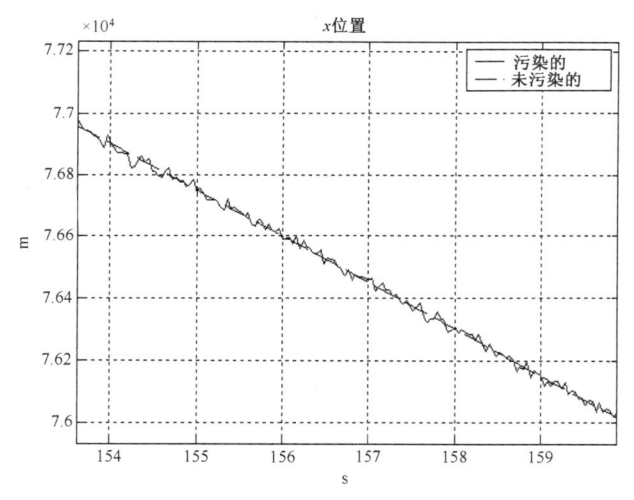

图 17.34 153~160 秒的导弹 x 位置

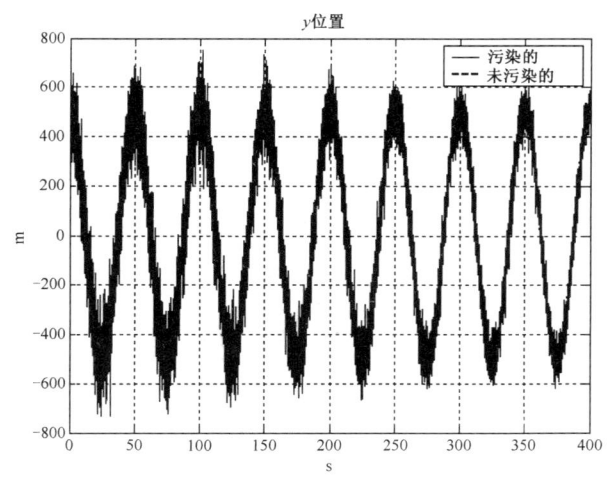

图 17.35 导弹 y 位置

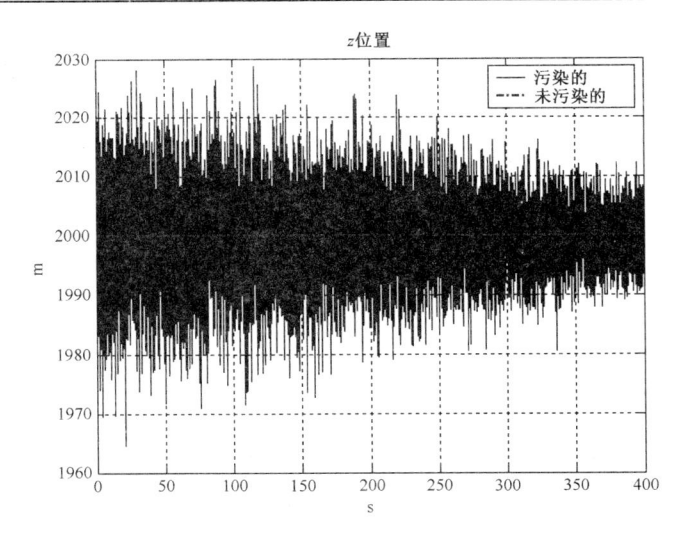

图 17.36 导弹 z 位置

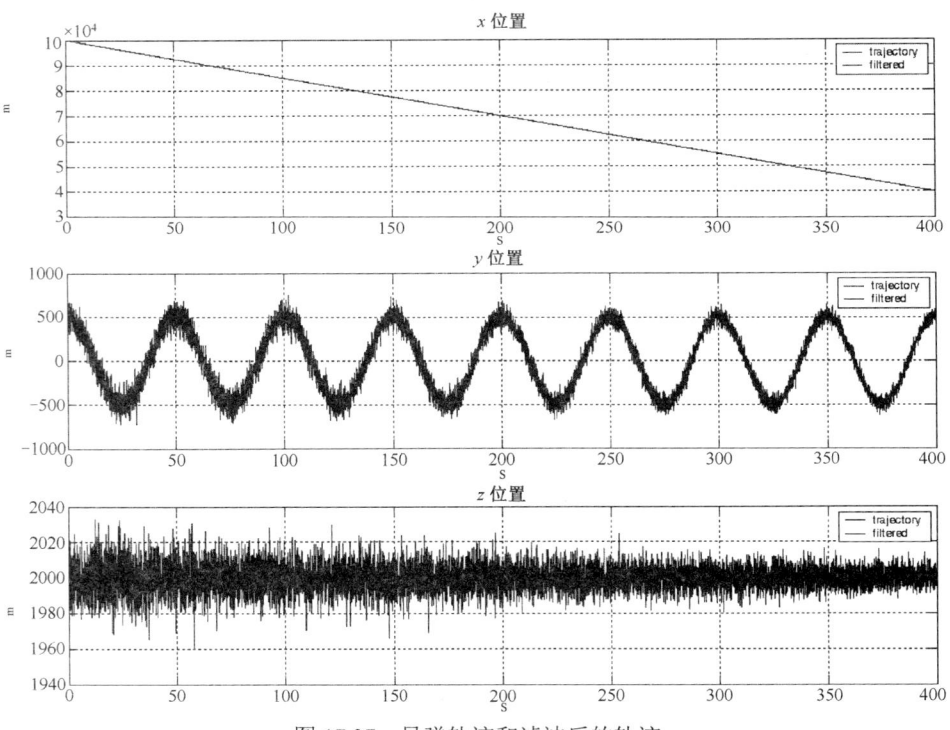

图 17.37 导弹轨迹和滤波后的轨迹

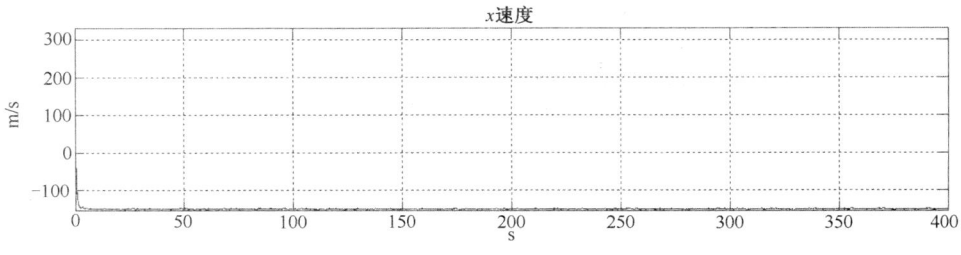

图 17.38 滤波后的导弹速度

图 17.38（续） 滤波后的导弹速度

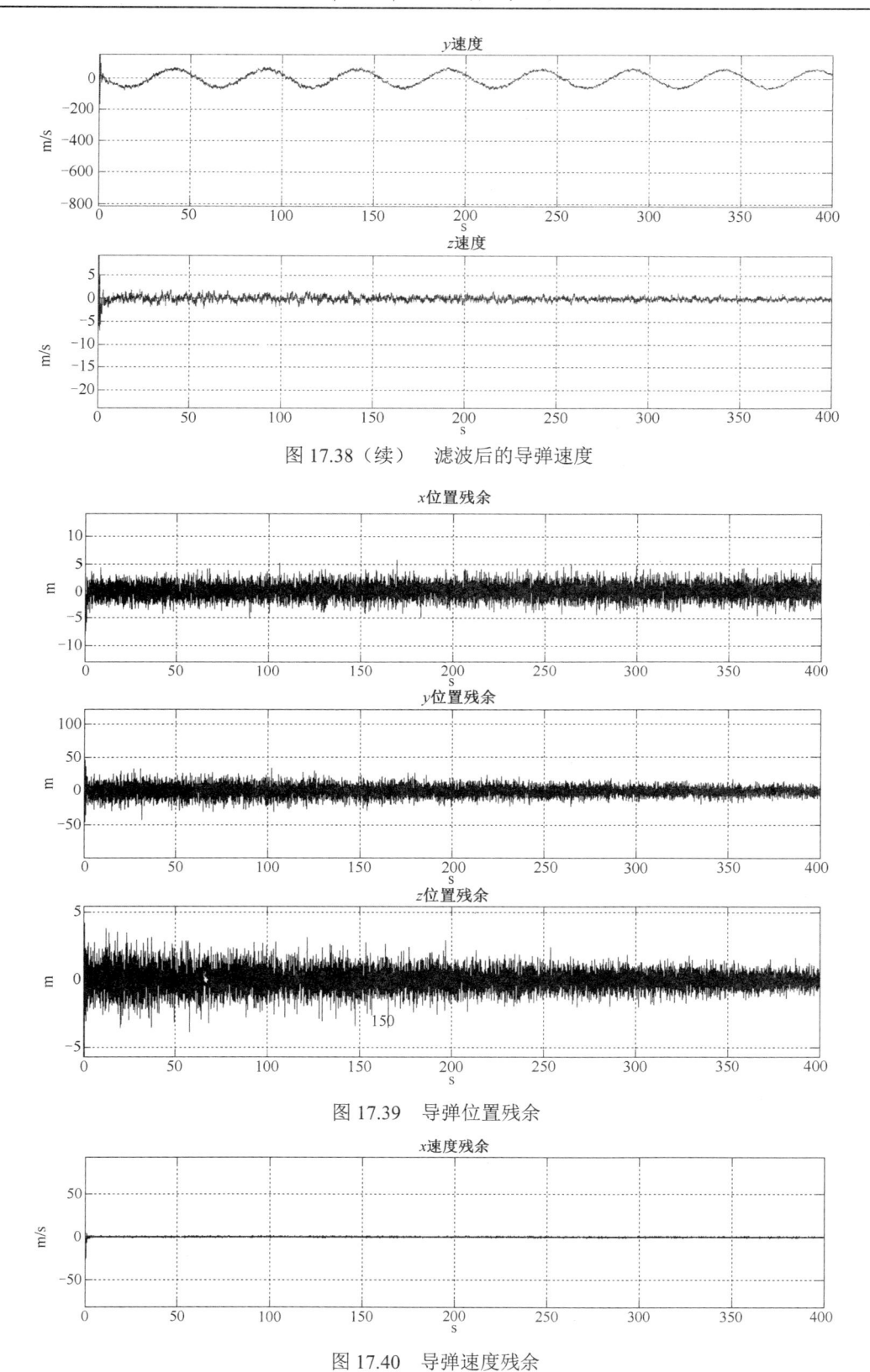

图 17.39 导弹位置残余

图 17.40 导弹速度残余

图 17.40（续） 导弹速度残余

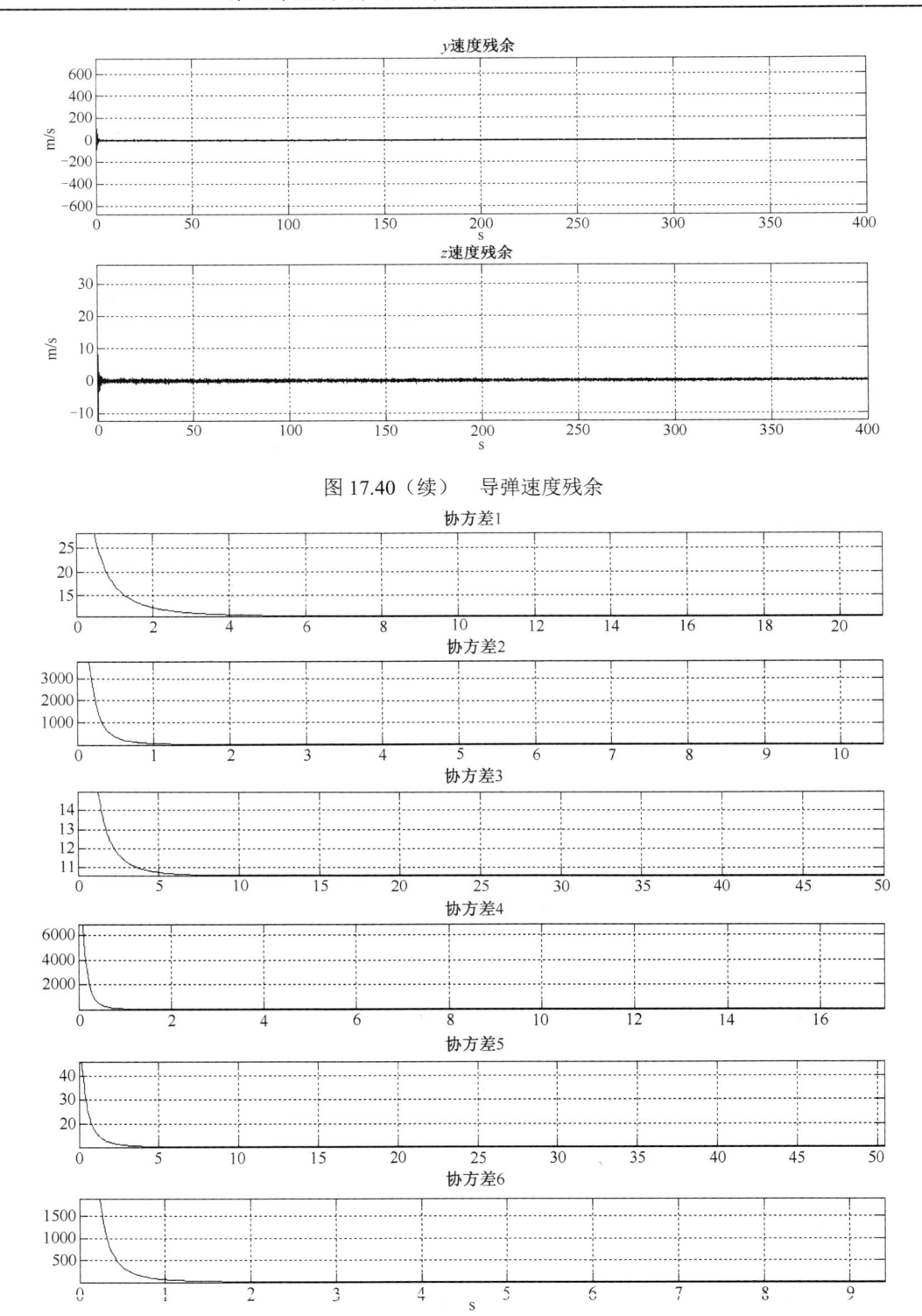

图 17.41 导弹协方差矩阵分量与时间的关系

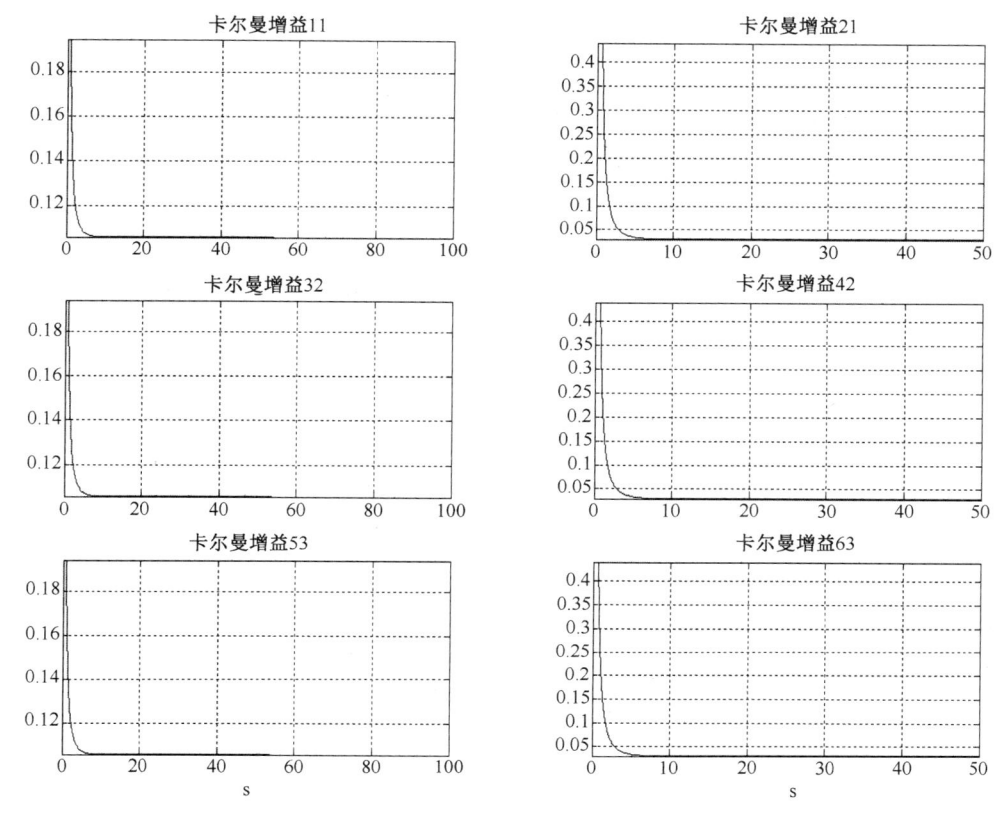

图 17.42 卡尔曼滤波器增益与时间的关系

习题

17.1 证明:为了达到迅速改变波束位置的目的,误差信号需为频移角的线性函数。

17.2 就调幅干扰对圆锥扫描的损害性写一篇简短的报告。特别要考虑称为"增益反相"的自我保护技术。

17.3 考虑一部圆锥扫描雷达。脉冲的重复间隔为 10 μs。计算其扫描速率以使扫描一次至少能发射 10 个脉冲。

17.4 考虑一圆锥扫描天线,在 4 s 内,天线完成一次绕跟踪轴的旋转。如在此期间,发射和接收 20 个脉冲,计算雷达脉冲重复频率和非模糊距离。

17.5 重做 $\varphi_0 = 0.05, 0.1, 0.15$ rad 的图17.11。

17.6 重做上一个习题中定义的斜视角的图17.13。

17.7 推导方程(17.33)和方程(17.34)。

17.8 考虑一部单脉冲雷达。雷达的输入信号由目标回波和附带的高斯白噪声组成。求 Σ/Δ 复数比的表达式。

17.9 为了给一个尺寸为 N 的线性阵列生成和与差方向图,请按照以下算法:为了形成差方向图,将前 $N/2$ 个单元乘以 -1,后 $N/2$ 个单元乘以 $+1$。请画出尺寸为 60 的线性阵列的和与差方向图。

17.10 用以下公式为一个 21 单元的线性阵列生成和与差方向图:

$$\frac{\Delta}{\Sigma} = j\frac{V_\Delta}{\sqrt{|V_\Delta|^2 + |V_\Sigma|^2}}$$

式中，V_Δ 是差电压方向图，V_Σ 是和电压方向图。

17.11 考虑方程（17.7）和方程（17.8）定义的和/差信号。使$\Sigma(\varphi=0)$最大化的斜视角φ_0是什么？

17.12 某个系统由下面的差分方程定义：

$$y(n) + 4y(n-1) + 2y(n-2) = w(n)$$

式中，$n > 0$, $w = \delta$，求出该系统的解。

17.13 证明状态转移矩阵的性质［即方程（17.30）到方程（17.36）］。

17.14 假设某个离散时间 LTI 系统的状态表达式为

$$\begin{bmatrix} x_1(n+1) \\ x_2(n+1) \end{bmatrix} = \begin{bmatrix} 0 & 1 \\ -2 & -3 \end{bmatrix} \begin{bmatrix} x_1(n) \\ x_2(n) \end{bmatrix} + \begin{bmatrix} 0 \\ 1 \end{bmatrix} w(n)$$

如果 $y(0) = y(1) = 1$，当输入为阶样函数时，求 $y(n)$。

17.15 推导方程（17.55）。

17.16 推导方程（17.75）。

17.17 当输入次序为

$$u1 = \{0, 1, 1, 1, 1, \cdots\}$$
$$u2 = \{0, 1, 2, 3, \cdots\}$$
$$u3 = \{0, 1^2, 2^2, 3^2, \cdots\}$$
$$u4 = \{0, 1^3, 2^3, 3^3, \cdots\}$$

利用方程（17.83）计算稳态误差的一般表达式（通过转换函数表示）。

17.18 验证方程（17.99）和方程（17.100）的结果。

17.19 推导一个 $\alpha\beta$ 跟踪器的稳态误差转换函数的表达式。

17.20 利用上一习题的结果和方程（17.83），计算具有习题 17.13 中定义的输入的 $\alpha\beta$ 跟踪器的稳态误差。

17.21 当与位置相关的测量噪声方差为 $\sigma_v^2 = 50$ m 时，并当希望的滤波器预计误差的标准偏差为 5.5 m 时，设计一临界衰减 $\alpha\beta$。

17.22 推导方程（17.118）～方程（17.120）。

17.23 推导方程（17.122）。

17.24 考虑一 $\alpha\beta\gamma$ 滤波器。6 个转换函数可定义为：$H_1(z)$, $H_2(z)$, $H_3(z)$, $H_4(z)$, $H_5(z)$, $H_6(z)$（预计位置，预计速度，预计加速度，平滑位置，平滑速度，平滑加速度）。每一个转换函数的形式都为

$$H(z) = \frac{a_3 + a_2 z^{-1} + a_1 z^{-2}}{1 + b_2 z^{-1} + b_1 z^{-2} + b_0 z^{-3}}$$

6 个转换函数的分母都相同。计算每个函数的所有相关系数。

17.25 验证 Singer-卡尔曼滤波器的两种极限情况下的结果。

17.26 验证方程（17.160）。

附录 17-A　第 17 章 MATLAB 程序清单

本章提供的 MATLAB 程序只是作为独立的学术工具设计的而没有其他用途。这里代码的编写方式是为了帮助读者更好地理解相关的理论。这些程序不是为任何类型的开环或闭环仿真研发的。本书中的 MATLAB 程序可通过 CRC 出版社的网站下载，登录 www.crcpress.com 搜索关键字"Mahafza"以定位本书的网页。

MATLAB 函数"mono_pulse.m"程序清单

```
function mono_pulse(phi0)
eps = 0.0000001;
angle = -pi:0.01:pi;
y1 = sinc(angle + phi0);
y2 = sinc((angle - phi0));
ysum = y1 + y2;
ydif = -y1 + y2;
figure (1)
plot (angle,y1,'k',angle,y2,'k');
grid;
xlabel ('Angle - radians')
ylabel ('Squinted patterns')
figure (2)
plot(angle,ysum,'k');
grid;
xlabel ('Angle - radians')
ylabel ('Sum pattern')
figure (3)
plot (angle,ydif,'k');
grid;
xlabel ('Angle - radians')
ylabel ('Difference pattern')
angle = -pi/4:0.01:pi/4;
y1 = sinc(angle + phi0);
y2 = sinc((angle - phi0));
ydif = -y1 + y2;
ysum = y1 + y2;
dovrs = ydif ./ ysum;
figure(4)
plot (angle,dovrs,'k');
grid;
xlabel ('Angle - radians')
ylabel ('voltage gain')
```

MATLAB 函数"ghk_tracker.m"程序清单

```
function [residual, estimate] = ghk_tracker (X0, smoocof, inp, npts, T, nvar)
rn = 1.;
% read the initial estimate for the state vector
X = X0;
theta = smoocof;
%compute values for alpha, beta, gamma
```

```
w1 = 1. - (theta^3);
w2 = 1.5 * (1. + theta) * ((1. - theta)^2) / T;
w3 = ((1. - theta)^3) / (T^2);
% setup the transition matrix PHI
PHI = [1. T (T^2)/2.;0. 1. T;0. 0. 1.];
while rn < npts ;
  %use the transition matrix to predict the next state
  XN = PHI * X;
  error = (inp(rn) + normrnd(0,nvar)) - XN(1);
  residual(rn) = error;
  tmp1 = w1 * error;
  tmp2 = w2 * error;
  tmp3 = w3 * error;
  % compute the next state
  X(1) = XN(1) + tmp1;
  X(2) = XN(2) + tmp2;
  X(3) = XN(3) + tmp3;
  estimate(rn) = X(1);
  rn = rn + 1.;
end
return
```

MATLAB 函数 "*ghk_tracker1.m*" 程序清单

```
function [residual, estimate] = ghk_tracker1 (X0, smoocof, inp, npts, T)
rn = 1.;
% read the initial estimate for the state vector
X = X0;
theta = smoocof;
%compute values for alpha, beta, gamma
w1 = 1. - (theta^3);
w2 = 1.5 * (1. + theta) * ((1. - theta)^2) / T;
w3 = ((1. - theta)^3) / (T^2);
% setup the transition matrix PHI
PHI = [1. T (T^2)/2.;0. 1. T;0. 0. 1.];
while rn < npts ;
  %use the transition matrix to predict the next state
  XN = PHI * X;
  error = inp(rn) - XN(1);
  residual(rn) = error;
  tmp1 = w1 * error;
  tmp2 = w2 * error;
  tmp3 = w3 * error;
  % compute the next state
  X(1) = XN(1) + tmp1;
  X(2) = XN(2) + tmp2;
  X(3) = XN(3) + tmp3;
  estimate(rn) = X(1);
  rn = rn + 1.;
end
return
```

MATLAB 程序 "*Fig17_20s.m*" 清单

```
clear all
eps = 0.0000001;
npts = 5000;
```

```
del = 1./ 5000.;
t = 0. : del : 1.;
% generate input sequence
inp = 1.+ t.^3 + .5 .*t.^2 + cos(2.*pi*10 .* t) ;
% read the initial estimate for the state vector
X0 = [2,.1,.01]';
% this is the update interval in seconds
T = 100. * del;
% this is the value of the smoothing coefficient
xi = .91;
[residual, estimate] = ghk_tracker (X0, xi, inp, npts, T, .01);
figure(1)
plot (residual(1:500))
xlabel ('Sample number')
ylabel ('Residual error')
grid
figure(2)
NN = 4999.;
n = 1:NN;
plot (n,estimate(1:NN),'b',n,inp(1:NN),'r')
xlabel ('Sample number')
ylabel ('Position')
legend ('Estimated','Input')
```

MATLAB 函数 "kalman_filter.m" 程序清单

```
function [residual, estimate] = kalman_filter(npts, T, X0, inp, R, nvar)
N = npts;
rn=1;
% read the initial estimate for the state vector
X = X0;
% it is assumed that the measurement vector H=[1,0,0]
% this is the state noise variance
VAR = nvar;
% setup the initial value for the prediction covariance.
S = [1. 1. 1.; 1. 1. 1.; 1. 1. 1.];
% setup the transition matrix PHI
PHI = [1. T (T^2)/2.; 0. 1. T; 0. 0. 1.];
% setup the state noise covariance matrix
Q(1,1) = (VAR * (T^5)) / 20.;
Q(1,2) = (VAR * (T^4)) / 8.;
Q(1,3) = (VAR * (T^3)) / 6.;
Q(2,1) = Q(1,2);
Q(2,2) = (VAR * (T^3)) / 3.;
Q(2,3) = (VAR * (T^2)) / 2.;
Q(3,1) = Q(1,3);
Q(3,2) = Q(2,3);
Q(3,3) = VAR * T;
while rn < N ;
  %use the transition matrix to predict the next state
  XN = PHI * X;
  % Perform error covariance extrapolation
  S = PHI * S * PHI' + Q;
  % compute the Kalman gains
  ak(1) = S(1,1) / (S(1,1) + R);
  ak(2) = S(1,2) / (S(1,1) + R);
```

```
ak(3) = S(1,3) / (S(1,1) + R);
%perform state estimate update:
error = inp(rn) + normrnd(0,R) - XN(1);
residual(rn) = error;
tmp1 = ak(1) * error;
tmp2 = ak(2) * error;
tmp3 = ak(3) * error;
X(1) = XN(1) + tmp1;
X(2) = XN(2) + tmp2;
X(3) = XN(3) + tmp3;
estimate(rn) = X(1);
% update the error covariance
S(1,1) = S(1,1) * (1. -ak(1));
S(1,2) = S(1,2) * (1. -ak(1));
S(1,3) = S(1,3) * (1. -ak(1));
S(2,1) = S(1,2);
S(2,2) = -ak(2) * S(1,2) + S(2,2);
S(2,3) = -ak(2) * S(1,3) + S(2,3);
S(3,1) = S(1,3);
S(3,3) = -ak(3) * S(1,3) + S(3,3);
rn = rn + 1.;
end
```

MATLAB 程序 "*Fig17_29.m*" 清单

```
% generates Fig 17.29
clc
close ll
clear all
npts = 2000;
del = 1/2000;
t = 0:del:1;
inp = (1+.2 .* t + .1 .*t.^2);% + cos(2. * pi * 2.5 .* t);
X0 = [1,.1,.01]';
% it is assumed that the measurmeny vector H=[1,0,0]
% this is the update interval in seconds
T = 1.;
% enter the mesurement noise variance
R = .01;
% this is the state noise variance
nvar = .18;
[residual, estimate] = kalman_filter(npts, T, X0, inp, R, nvar);
figure(1)
plot(residual(1:500),'k')
xlabel ('Sample number')
ylabel ('Residual')
figure(2)
subplot(2,1,1)
plot(inp,'k')
axis tight
ylabel ('position - truth')
subplot(2,1,2)
plot(estimate,'k')
axis tight
xlabel ('Sample number')
ylabel ('Predicted position')
```

MATLAB 程序"*Fig17_30.m*"清单

```
% generates Fig 17.30 of text
clc
close all
clear all
npts = 2000;
del = 1/2000;
t = 0:del:1;
inp = (1+.2 .* t + .1 .*t.^2) + cos(2. * pi * 2.5 .* t);
X0 = [1,.1,.01]';
% it is assumed that the measurement vector H=[1,0,0]
% this is the update interval in seconds
T = 1.;
% enter the mesurement noise variance
R = .035;
% this is the state noise variance
nvar = .5;
[residual, estimate] = kalman_filter(npts, T, X0, inp, R, nvar);
figure(1)
plot(residual,'k')
xlabel ('Sample number')
ylabel ('Residual')
figure(2)
subplot(2,1,1)
plot(inp,'k')
axis tight
ylabel ('position - truth')
subplot(2,1,2)
plot(estimate,'k')
axis tight
xlabel ('Sample number')
ylabel ('Predicted position')
```

MATLAB 函数"*maketraj.m*"程序清单

```
function [times , trajectory] = maketraj(start_loc, xvelocity, yamp, yperiod, zamp, zperiod, samplingtime, deltat)
% maketraj.m
% USAGE:  [times , trajectory] = maketraj(start_loc, xvelocity, yamp, yperiod, zamp, zperiod, samplingtime, deltat)
% NOTE: all coordinates are in radar reference coordinates.
% INPUTS
% name           dimension explanation                      units
%------           ------    --------------                   -------
% start_loc     3 X 1    starting location of target         m
% xvelocity      1       velocity of target                  m/s
% yamp           1       amplitude of oscillation y direction  m
% yperiod        1       period of oscillation y direction     m
% zamp           1       amplitude of oscillation z direction  m
% zperiod        1       period of oscillation z direction     m
% samplingtime   1       length of interval of trajectory    sec
% deltat         1       time between samples                sec
%
% OUTPUTS
%
```

```
% name          dimension              explanation                units
%------         ----------             ---------------            ------
% times         1 X samplingtime/deltat vector of times
%                                      corresponding to samples   sec
% trajectory    3 X samplingtime/deltat trajectory x,y,z          m
%
times = 0: deltat: samplingtime ;
x = start_loc(1)+xvelocity.*times ;
if yperiod~=0
  y = start_loc(2)+yamp*cos(2*pi*(1/yperiod).*times) ;
else
  y = ones(1, length(times))*start_loc(2) ;
end
if zperiod~=0
  z = start_loc(3)+zamp*cos(2*pi*(1/zperiod).*times) ;
else
  z = ones(1, length(times))*start_loc(3) ;
end
trajectory = [x ; y ; z] ;
```

MATLAB 函数 "addnoise.m" 程序清单

```
function [noisytraj] = addnoise(trajectory, sigmaaz, sigmael, sigmarange)
% addnoise.m
% USAGE: [noisytraj] = addnoise(trajectory, sigmaaz, sigmael, sigmarange)
% INPUTS
% name          dimension  explanation                        units
%------         ------     ---------------                    ------
% trajectory    3 X POINTS trajectory in radar reference coords  [m;m;m]
% sigmaaz       1          standard deviation of azimuth error    radians
% sigmael       1          standard deviation of elevation error  radians
% sigmarange    1          standard deviation of range error      m
%
% OUTPUTS
% name          dimension  explanation                        units
%------         ------     ---------------                    ------
% noisytraj     3 X POINTS noisy trajectory                   [m;m;m]
noisytraj = zeros(3, size(trajectory,2)) ;

for loop = 1 : size(trajectory,2)
  x = trajectory(1,loop);
  y = trajectory(2,loop);
  z = trajectory(3,loop);
  azimuth_corrupted = atan2(y,x) + sigmaaz*randn(1) ;
  elevation_corrupted = atan2(z, sqrt(x^2+y^2)) + sigmael*randn(1) ;
  range_corrupted = sqrt(x^2+y^2+z^2) + sigmarange*randn(1) ;
  x_corrupted = range_corrupted*cos(elevation_corrupted)*cos(azimuth_corrupted) ;
  y_corrupted = range_corrupted*cos(elevation_corrupted)*sin(azimuth_corrupted) ;
  z_corrupted = range_corrupted*sin(elevation_corrupted) ;
  noisytraj(:,loop) = [x_corrupted ; y_corrupted; z_corrupted ] ;
end % next loop
```

MATLAB 函数 "kalfilt.m" 程序清单

```
function [filtered, residuals , covariances, kalmgains] = kalfilt(trajectory, x0, P0, phi, R, Q )
% kalfilt.m
% USAGE: [filtered, residuals , covariances, kalmgains] = kalfilt(trajectory, x0, P0, phi, R, Q)
%
% INPUTS
% name         dimension                    explanation                     units
%------        ------                       ---------------                 -------
% trajectory   NUMMEASUREMENTS X NUMPOINTS   trajectory in radar reference coords   [m;m;m]
% x0           NUMSTATES X 1                initial estimate of state vector        m, m/s
% P0           NUMSTATES X NUMSTATES        initial estimate of covariance matrix   m, m/s
% phi          NUMSTATES X NUMSTATES        state transition matrix                 -
% R            NUMMEASUREMENTS X NUMMEASUREMENTS  measurement error covariance matrix   m
% Q            NUMSTATES X NUMSTATES        state error covariance matrix           m, m/s
%
% OUTPUTS
% name          dimension                   explanation                     units
%------         ------                      ---------------                 -------
% filtered     NUMSTATES X NUMPOINTS        filtered trajectory x,y,z pos, vel  [m; m/s; m; m/s; m; m/s]
% residuals    NUMSTATES X NUMPOINTS        residuals of filtering              [m;m;m]
% covariances  NUMSTATES X NUMPOINTS        diagonal of covariance matrix       [m;m;m]
% kalmgains   (NUMSTATES X NUMMEASUREMENTS)
%             X NUMPOINTS                   Kalman gain matrix                  -
NUMSTATES = 6 ;
NUMMEASUREMENTS = 3 ;
NUMPOINTS = size(trajectory, 2) ;
% initialize output matrices
filtered = zeros(NUMSTATES, NUMPOINTS) ;
residuals = zeros(NUMSTATES, NUMPOINTS) ;
covariances = zeros(NUMSTATES, NUMPOINTS) ;
kalmgains = zeros(NUMSTATES*NUMMEASUREMENTS, NUMPOINTS) ;
% set matrix relating measurements to states
H = [1 0 0 0 0 0 ; 0 0 1 0 0 0 ; 0 0 0 0 1 0];
xhatminus = x0 ;
Pminus = P0 ;
for loop = 1: NUMPOINTS
   % compute the Kalman gain
   K = Pminus*H'*inv(H*Pminus*H' + R) ;
   kalmgains(:,loop) = reshape(K, NUMSTATES*NUMMEASUREMENTS, 1) ;
   % update the estimate with the measurement z
   z = trajectory(:,loop) ;
   xhat = xhatminus + K*(z - H*xhatminus) ;
   filtered(:,loop) = xhat ;
   residuals(:,loop) = xhat - xhatminus ;
   % update the error covariance for the updated estimate
   P = ( eye(NUMSTATES, NUMSTATES) - K*H)*Pminus ;
   covariances(:,loop) = diag(P) ;  % only save diagonal of covariance matrix
   % project ahead
   xhatminus_next = phi*xhat ;
   Pminus_next = phi*P*phi' + Q ;
   xhatminus = xhatminus_next ;
   Pminus = Pminus_next ;
end
```

第18章 战术合成孔径雷达（TSAR）

本章是与 Brian J. Smith[①] 合著的。

本章描述了战术合成孔径雷达导论。本章旨在更进一步地研究高分辨率聚束 SAR 成像算法、运动补偿技术、自动对焦算法和性能指标，以加深读者的理解。

18.1 引言

现代机载雷达系统已设计成具备多种功能，包括从对目标的探测和识别到对大面积地形的成像。这种成像功能可由合成孔径雷达（SAR）完成。通过对地面的相干辐射照射和对回波信号的测量，SAR 可生成高分辨率地面二维图像（有时是三维图像）。SAR 所生成的地面图像的质量取决于分辨单元的大小。而分辨单元的大小又是由系统的距离分辨率和方位分辨率所规定的。影响分辨单元大小的其他因素包括：（1）所处理的图形大小和信号处理量；（2）对成本的考虑；（3）图上需要分辨的目标的大小。比如，与识别房屋、车辆和街道相比，城市和海岸线的总图像特征就不需要如此大的分辨率。

SAR 系统能生成相对于距离和方位的反射率图像。距离分辨率通过距离门来完成。采用脉冲压缩技术可获得较高的距离分辨率。方位分辨率取决于天线的尺寸和雷达的波长。利用为合成大孔径天线的雷达移动可提高方位分辨率。令 N_r 代表距离单元数，N_a 代表方位的单元数，因此图上总的分辨单元数为 $N_r N_a$。与提高方位分辨率有关的 SAR 系统通常称为多普勒波束锐化（DBS）合成孔径雷达。在这种情况下，要对每个距离门进行处理以便在多普勒域中识别对应方位的目标。本章内容以 DBS 的条件来论述。

由于 SAR 成像需要大量的信号处理，早期的 SAR 设计采用了光处理技术。虽然光处理器能生成高质量的雷达图像，但它们也有一些不足：成本很高；一般只限于制作条形图；采用光处理器的雷达不易实现运动补偿。随着固态电子学和超大规模集成电路技术的最新发展，在 SAR 系统中进行实时数字信号处理已成为可能。

18.1.1 侧视 SAR 的几何关系

图18.1为标准的侧视 SAR 的几何关系。假设运载雷达的平台保持固定高度 h 和固定速度 v。天线的 3 dB 波束宽度为 θ，仰角（从 z 轴到天线轴测得）为 β，天线波束与地面的相关区定义为成像区域。当平台移动时，成像区域扫描地面的一个地带。

相对于绝对原点 $\vec{O}=(0,0,0)$，雷达位置在任何时候皆为向量 $\vec{a}(t)$。速度向量 $\vec{a}'(t)$ 为

$$\vec{a}'(t) = 0 \times \hat{a}_x + v \times \hat{a}_y + 0 \times \hat{a}_z \tag{18.1}$$

目前中心在 $\vec{q}(t_c)$ 的成像区域的视线定义为向量 $\vec{R}(t_c)$，其中 t_c 代表观测时间间隔 T_{ob}（相干积累间隔）的中央时间。更准确地说，

[①] Dr. Brian J. Smith is with the US Army Aviation and Missile Command (AMCOM), Redstone Arsenal, Alabama.

$$(t = t_a + t_c) \ ; \quad -\frac{T_{ob}}{2} \leqslant t \leqslant \frac{T_{ob}}{2} \tag{18.2}$$

式中，t_a 和 t 分别是绝对时间和相对时间。向量 $\vec{m}_g$ 确定中央时间天线在地面的投影。如图 18.2 所示，对该地带的最小斜距为 R_{min}，最大距离为 R_{max}。由此，

$$\begin{aligned} R_{min} &= h/\cos(\beta - \theta/2) \\ R_{max} &= h/\cos(\beta + \theta/2) \\ |\vec{R}(t_c)| &= h/\cos\beta \end{aligned} \tag{18.3}$$

注意，仰角 β 等于

$$\beta = 90 - \Psi_g \tag{18.4}$$

式中，ψ_g 为掠射角。如图 18.3 所示，成像区域的大小是掠射角和天线波束宽度的函数。本节讲解的 SAR 几何关系指的是"条带式"SAR。SAR 还有另一种工作方式即"聚束式"，它的天线由机械控制或电控以对地面的成像点进行持续照射。在这种情况下，在观察间隔内就能产生一个当前成像点的高分辨率的图像。

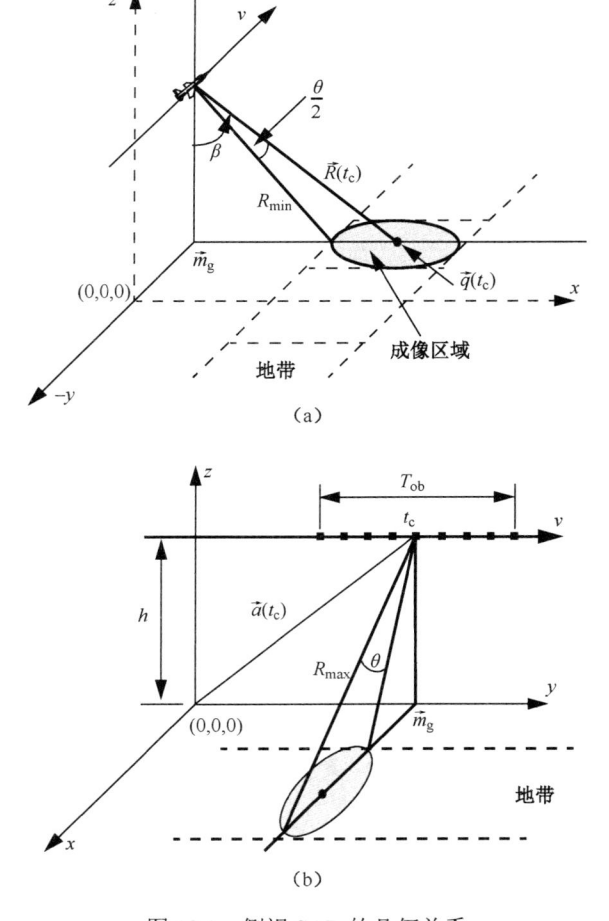

图 18.1 侧视 SAR 的几何关系

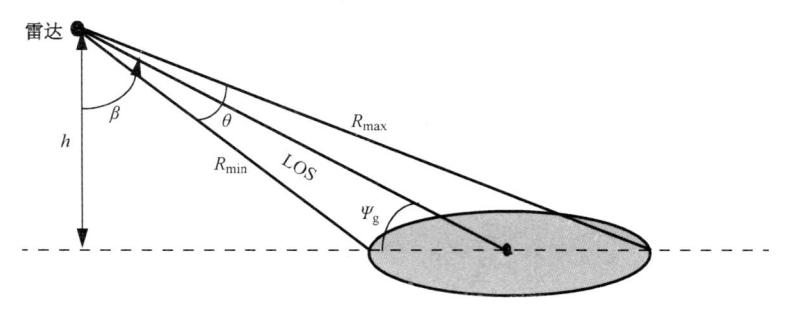

图 18.2 最小距离和最大距离的定义

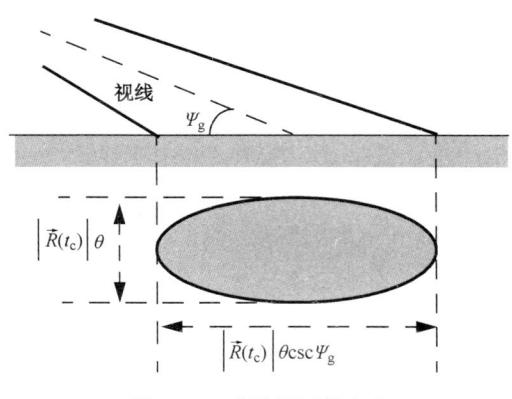

图 18.3 成像区域的定义

18.2 SAR 设计上的考虑

SAR 图像的质量在很大程度上取决于图18.4所示图像识别单元的大小。距离分辨率ΔR在波束瞄准线上计算为

$$\Delta R = (c\tau)/2 \tag{18.5}$$

式中，τ 为脉冲宽度。根据图18.5的几何关系，距离单元地面投影范围 ΔR_g 计算为

$$\Delta R_g = \frac{c\tau}{2} \sec \psi_g \tag{18.6}$$

在距离 R 上真实天线的 3 dB 波束宽度为 θ（rad）的方位或横向距离分辨率为

$$\Delta A = \theta R \tag{18.7}$$

不过，天线的波束宽度与孔径的大小成正比：

$$\theta \approx \frac{\lambda}{L} \tag{18.8}$$

式中，λ 为波长，L 为孔径长度。由此，

$$\Delta A = \frac{\lambda R}{L} \tag{18.9}$$

并且由于合成孔径的有效尺寸为真实阵列天线孔径的两倍，所以合成阵列的方位分辨率为

第 18 章 战术合成孔径雷达（TSAR）

$$\Delta A = \frac{\lambda R}{2L} \tag{18.10}$$

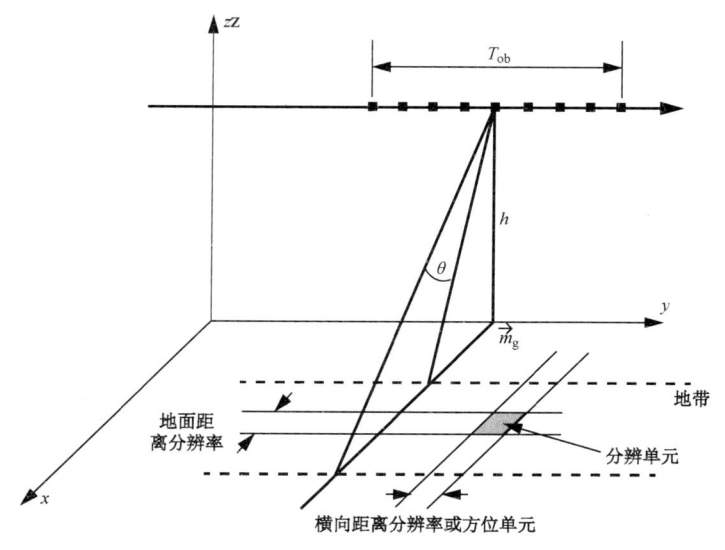

图 18.4（a） 分辨单元的定义

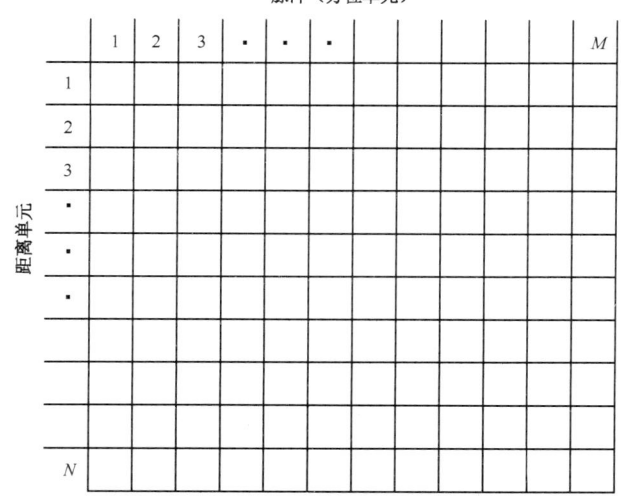

图 18.4（b） 分辨单元的定义

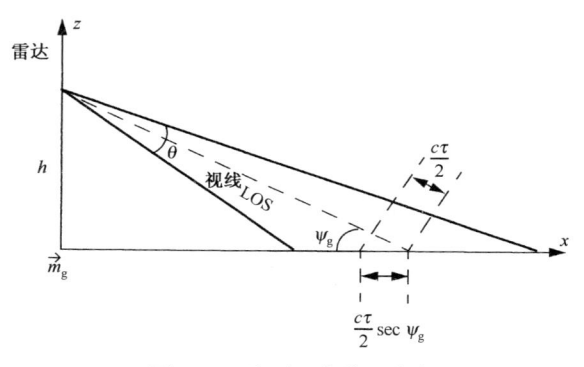

图 18.5 地面距离单元定义

另外，由于合成孔径长度 L 等于 vT_{ob}，方程（18.10）可改写为

$$\Delta A = \frac{\lambda R}{2vT_{ob}} \tag{18.11}$$

利用成像区域（或波束）内多普勒的变动，可大大提高方位分辨率。由于雷达是沿着飞行路线运动的，所以成像区域内相对于地面散射点（点目标）的径向速度的变化是朝该散射点方向的雷达径向速度的函数。某个散射点的多普勒频率变动称为"多普勒历程"。

令 $R(t)$ 代表在时间 t_c 到散射点的距离，v_r 代表相应的径向速度，由此，多普勒频移为

$$f_d = -\frac{2\dot{R}(t)}{\lambda} = \frac{2v_r}{\lambda} \tag{18.12}$$

式中，$\dot{R}(t)$ 是到达散射点的距离变化率。令 t_1 和 t_2 分别是散射点进入雷达波束和离开雷达波束时的时间，又令 t_c 代表对应于最小距离的时间。图18.6给出了相应的 $R(t)$ 的略图。由于径向速度可计算为 $R(t)$ 相对于时间的导数，所以如图18.7所示，多普勒频率在 t_1 时最大，在 t_c 时为零，在 t_2 时最小。

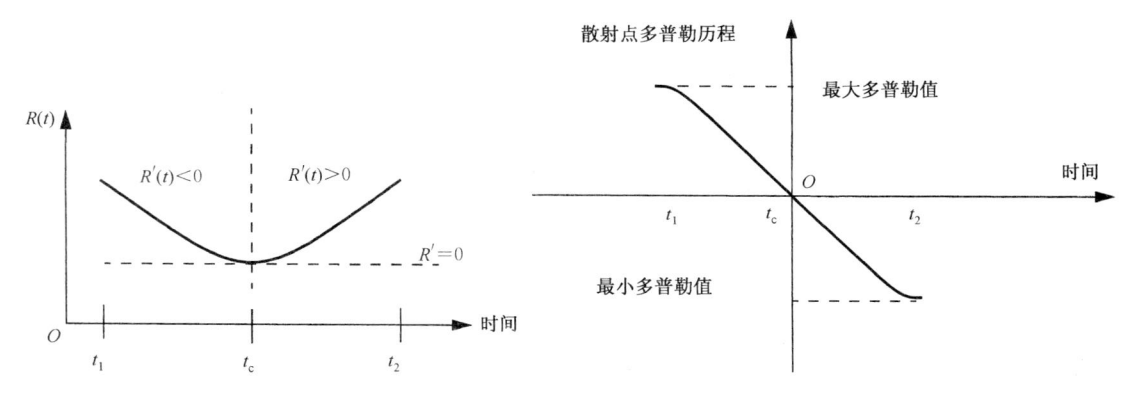

图 18.6　散射点的距离与时间的关系图　　　图 18.7　点散射体多普勒历程

一般而言，为避免距离模糊，雷达脉冲重复频率的最大值 $f_{r_{max}}$ 必须低到一定程度。如果要避免多普勒模糊，雷达脉冲重复频率的最小值 $f_{r_{min}}$ 必须高到一定程度。SAR 的不模糊距离必须至少与成像区域一样宽。更确切地说，由于在发射下一个脉冲之前，雷达必须接收由于当前脉冲而返回的最大距离的目标回波，所以 SAR 不模糊距离为

$$R_u = R_{max} - R_{min} \tag{18.13}$$

不模糊距离的表达式已在第 1 章中推导，这里重复为方程（18.14）：

$$R_u = \frac{c}{2f_r} \tag{18.14}$$

将方程（18.14）和方程（18.13）结合起来得

$$f_{r_{max}} \leq \frac{c}{2(R_{max} - R_{min})} \tag{18.15}$$

为避免出现多普勒模糊现象，要选用 SAR 脉冲重复频率的最小值 $f_{r_{min}}$。换言之，在成

像区域内，$f_{r_{min}}$ 必须比期望的最大多普勒扩展要大。根据图 18.8 的几何关系，最大和最小的多普勒频率分别为

$$f_{d_{max}} = \frac{2v}{\lambda}\sin\left(\frac{\theta}{2}\right)\sin\beta \quad ;在 t_1 时 \tag{18.16}$$

$$f_{d_{max}} = \frac{2v}{\lambda}\sin\left(\frac{\theta}{2}\right)\sin\beta \quad ;在 t_2 时 \tag{18.17}$$

由此多普勒最大扩展为

$$\Delta f_d = f_{d_{max}} - f_{d_{min}} \tag{18.18}$$

将方程（18.16）和方程（18.17）代入方程（18.18），运用适当的三角恒等式得

$$\Delta f_d = \frac{4v}{\lambda}\sin\frac{\theta}{2}\sin\beta \tag{18.19}$$

最后，利用小角近似得

$$\Delta f_d \approx \frac{4v}{\lambda}\frac{\theta}{2}\sin\beta = \frac{2v}{\lambda}\theta\sin\beta \tag{18.20}$$

因此最小的脉冲重复频率为

$$f_{r_{min}} \geq \frac{2v}{\lambda}\theta\sin\beta \tag{18.21}$$

合并方程（18.15）和方程（18.21）得

$$\frac{c}{2(R_{max} - R_{min})} \geq f_r \geq \frac{2v}{\lambda}\theta\sin\beta \tag{18.22}$$

仅基于相邻散射点的多普勒历程的差别，就有可能辨别成像区域内相同距离的相邻散射点。为此，假定两个散射点都在第 k 个距离单元内。

将它们的角频移表示为 $\Delta\theta$，并令 $\Delta f_{d_{min}}$ 为两个散射点之间的最小扩展多普勒，以便它们出现在不同的多普勒滤波器里。采用推导方程（18.20）的相同方法得

$$\Delta f_{d_{min}} = \frac{2v}{\lambda}\Delta\theta\sin\beta_k \tag{18.23}$$

式中，β_k 是对应于第 k 个距离单元的仰角。

单个多普勒滤波器的带宽必须等于相干积累间隔 T_{ob} 的倒数（即 $\Delta f_{d_{min}} = 1/T_{ob}$）。因此，

$$\Delta\theta = \frac{\lambda}{2vT_{ob}\sin\beta_k} \tag{18.24}$$

用 L 代替 vT_{ob} 得

$$\Delta\theta = \frac{\lambda}{2L\sin\beta_k} \tag{18.25}$$

因此，SAR 的方位分辨率（在第 k 个距离单元内）为

$$\Delta A_g = \Delta\theta R_k = R_k \frac{\lambda}{2L\sin\beta_k} \tag{18.26}$$

注意，当 $\beta_k = 90°$ 时，方程（18.26）和方程（18.10）相同。

(a) 全视

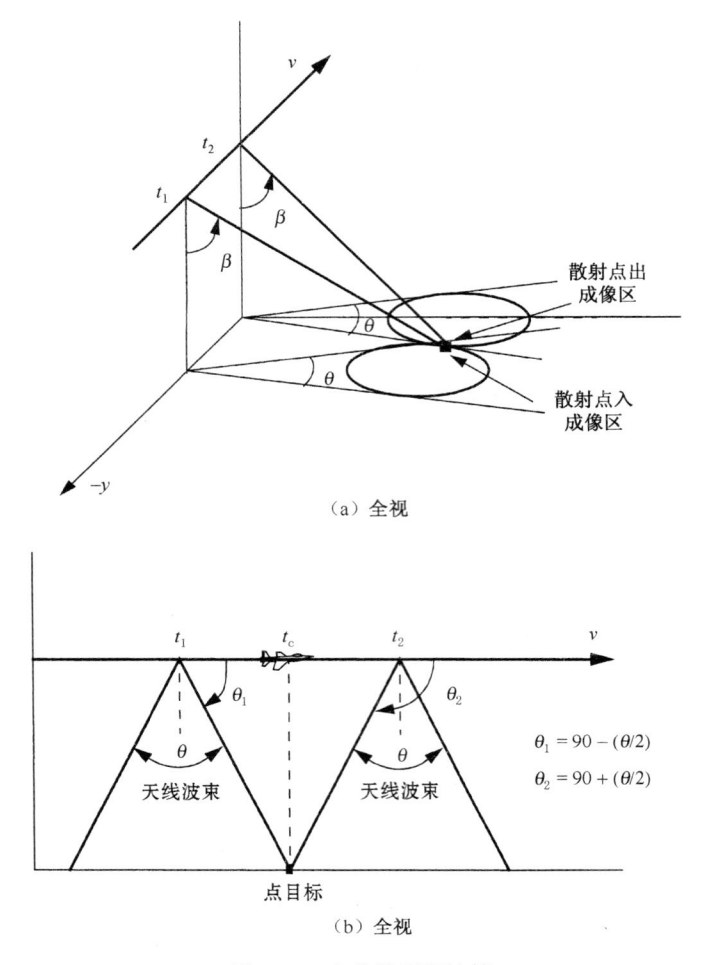

(b) 全视

图 18.8 多普勒历程计算

18.3 SAR 雷达方程

单个脉冲的雷达方程在第 2 章里已推导过，这里重写为方程 (18.27)：

$$\text{SNR} = \frac{P_t G^2 \lambda^2 \sigma}{(4\pi)^3 R_k^4 k T_0 B L_{损耗}} \tag{18.27}$$

式中，P_t 为峰值功率；G 为天线增益；λ 为波长；σ 为雷达截面积；R_k 为到第 k 个距离单元的雷达斜距；k 为玻尔兹曼常数；T_0 为接收机的噪声温度；B 为接收机的带宽；$L_{损耗}$ 为雷达损耗。雷达截面积是雷达分辨单元和地形反射率的函数。更准确地说，

$$\sigma = \sigma^0 \Delta R_g \Delta A_g = \sigma^0 \Delta A_g \frac{c\tau}{2} \sec\psi_g \tag{18.28}$$

式中，σ^0 为杂波散射系数，ΔA_g 是方位分辨率，且方程 (18.6) 用来代替地面距离分辨率。一个观察间隔内相干积累的脉冲数为

$$n = f_r T_{ob} = \frac{f_r L}{v} \tag{18.29}$$

式中，L 为合成孔径尺寸。将方程（18.26）代入方程（18.29）并重新排列各项得

$$n = \frac{\lambda R f_r}{2\Delta A_g v} \csc\beta_k \tag{18.30}$$

观察期间的雷达平均功率为

$$P_{av} = (P_t/B)f_r \tag{18.31}$$

由此，n 个相干积累的脉冲的信噪比为

$$(SNR)_n = nSNR = n\frac{P_t G^2 \lambda^2 \sigma}{(4\pi)^3 R_k^4 k T_0 B L_{损耗}} \tag{18.32}$$

将方程（18.31）、方程（18.30）和方程（18.28）代入方程（18.32）并进行一些代数运算得到SAR雷达方程：

$$(SNR)_n = \frac{P_{av} G^2 \lambda^3 \sigma^0}{(4\pi)^3 R_k^3 k T_0 L_{损耗}} \frac{\Delta R_g}{2v} \csc\beta_k \tag{18.33}$$

从方程（18.33）可得出结论：在 SAR 系统中，信噪比（1）与距离的三次方成反比；（2）与方位分辨率无关；（3）为地面距离分辨率的函数；（4）与速度 v 成反比；（5）与波长的三次方成正比。

18.4　SAR 信号处理

依次进行 SAR 成像有两种信号处理方法：逐行处理和多普勒处理。SAR 逐行处理的概念如下：通过雷达的线性运动形成一个合成阵列，其中当前的合成阵列的单元对应于最后一次观察间隔的天线发射位置，通过合并上次观察间隔的回波形成窄合成波束，从而获得方位分辨率。采用距离门和脉冲压缩技术可实时获得较高的距离分辨率。对于上次观察间隔内的每一个距离单元和每一个发射脉冲而言，回波都被记录在数据的二维阵列里，每发射一个脉冲，就更新一次阵列。将数据的二维阵列表示为MAP。

为进一步阐述逐行处理的概念，考虑一个产生尺寸为 $N_a \times N_r$ 的图像的情况，N_a 是方位单元数，N_r 是距离单元数。因此，MAP 的尺寸为 $N_a \times N_r$。其中，列指的是距离单元，行指的是方位单元。对每一个发射脉冲而言，来自相邻距离单元的回波都依次记录在 MAP 的第一行。一旦第一行排满（即收到来自所有距离单元的回波），在发射下一个脉冲之前，所有数据（在所有行中的数据）向下移一行。这样，每发射一个脉冲就会产生一行 MAP。结果，对于当前的观察间隔而言，第一个发射脉冲的回波就位于 MAP 的最下面一行，而最后一个发射脉冲的回波则位于 MAP 的第一行。

在 SAR 的多普勒处理中，每发射 N 个脉冲，就更新一次数据的二维阵列以同时产生 N 列的数据块。此时，N 指的是观察间隔的发射次数（即合成阵列的大小）。从天线的角度来看，这相当于电控并行产生的 N 个相邻的合成波束。

18.5　侧视 SAR 多普勒处理

考虑图18.9所示的几何关系，假设散射点 C_i 位于第 k 个距离单元内，散射点的方位和

仰角分别为 μ_i 和 β_i。假定散射点的仰角 β_i 等于距离单元的仰角 β_k。如果地面距离分辨率 ΔR_g 很小，这种假设就成立；否则，$\beta_i = \beta_k + \varepsilon_i$，其中的 ε_i 值很小，在本章中 $\varepsilon_i = 0$。

归一化的发射信号可表示为

$$s(t) = \cos(2\pi f_0 t - \xi_0) \tag{18.34}$$

式中，f_0 是雷达的工作频率，ξ_0 代表发射机相位。由此，从 C_i 返回的雷达信号等于

$$s_i(t, \mu_i) = A_i \cos[2\pi f_0(t - \tau_i(t, \mu_i)) - \xi_0] \tag{18.35}$$

式中，$\tau_i(t, \mu_i)$ 是到达散射体的双程延迟，A_i 包括散射体的强度、距离衰减和天线增益。双程延迟为

$$\tau_i(t, \mu_i) = \frac{2r_i(t, \mu_i)}{c} \tag{18.36}$$

式中，c 为光速，$r_i(t, \mu_i)$ 为散射点斜距。根据图18.9的几何关系，到第 k 个距离单元内的第 i 个散射点的斜距可表示为

$$r_i(t, \mu_i) = \frac{h}{\cos\beta_i}\sqrt{1 - \frac{2vt}{h}\cos\beta_i\cos\mu_i\sin\beta_i + \left(\frac{vt}{h}\cos\beta_i\right)^2} \tag{18.37}$$

利用方程（18.36），双程延迟可写为

$$\tau_i(t, \mu_i) = \frac{2}{c}\frac{h}{\cos\beta_i}\sqrt{1 - \frac{2vt}{h}\cos\beta_i\cos\mu_i\sin\beta_i + \left(\frac{vt}{h}\cos\beta_i\right)^2} \tag{18.38}$$

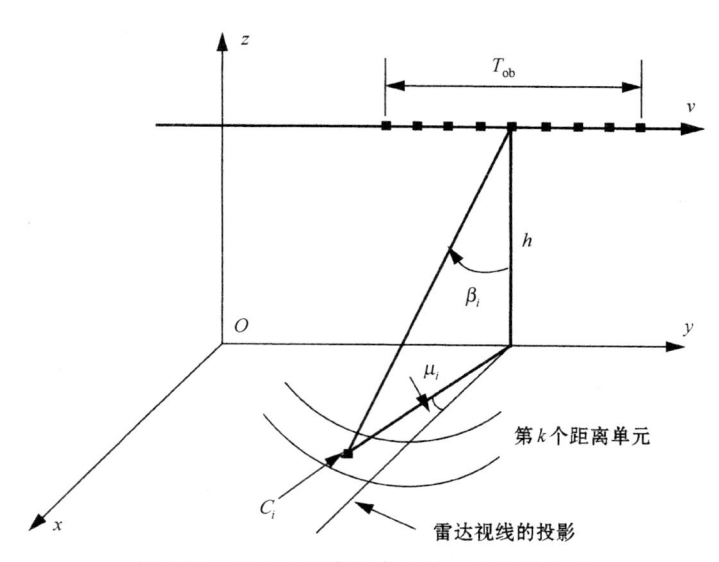

图18.9　第 k 个距离单元内的一个散射点 C_i

利用二维二阶泰勒级数的展开，可在参考状况 $(t, \mu) = (0, 0)$ 周围将双程延迟近似地表示为

$$\tau_i(t, \mu_i) \approx \bar{\tau} + \bar{\tau}_{t\mu}\ \mu_i t + \bar{\tau}_{tt}\frac{t^2}{2} \tag{18.39}$$

式中，上面的横线表示在状态(0, 0)时的估算值，下标表示偏导数。比如，$\bar{\tau}_{t\mu}$ 的意思是

$$\bar{\tau}_{t\mu} = \frac{\partial^2}{\partial t \partial \mu} \tau_i(t, \mu_i)\Big|_{(t,\mu)=(0,0)} \qquad (18.40)$$

泰勒级数系数为

$$\bar{\tau} = \left(\frac{2h}{c}\right)\frac{1}{\cos\beta_i} \qquad (18.41)$$

$$\bar{\tau}_{t\mu} = \left(\frac{2v}{c}\right)\sin\beta_i \qquad (18.42)$$

$$\bar{\tau}_{tt} = \left(\frac{2v^2}{hc}\right)\cos\beta_i \qquad (18.43)$$

注意，其他泰勒级数的系数要么为零，要么很小，因此将它们忽略。最后，返回的雷达信号可重写为

$$\begin{aligned} s_i(t, \mu_i) &= A_i \cos[\psi_i(t, \mu_i) - \xi_0] \\ \hat{\psi}_i(t, \mu_i) &= 2\pi f_0 \left[(1 - \bar{\tau}_{t\mu}\mu_i)t - \bar{\tau} - \bar{\tau}_{tt}\frac{t^2}{2}\right] \end{aligned} \qquad (18.44)$$

观察方程（18.44）表明，由于二阶相位项 $2\pi f_0(\bar{\tau}_{tt}t^2/2)$，第 i 个散射点的瞬时频率随时间以线性函数变化（这证实了关于散射点多普勒历程的结论）。此外，由于该相位项取决于距离单元而不是散射点，所以同一距离单元内的所有散射点都产生这种精确的二阶相位项，由此，同一距离单元内的散射点都具有相同的多普勒历程。如图18.10所示，这些多普勒历程以散射点之间的飞行距离所要求的时延隔开。

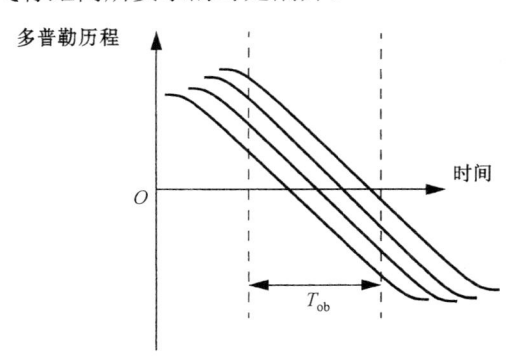

图 18.10　相同距离单元内几个散射点的多普勒历程

假设在第 k 个距离单元内有 I 个散射点，由此，该单元的所有回波的合成就是方程（18.44）所确定的由单个散射点求出的回波的总和。换言之，叠加原理成立，总的回波信号为

$$s_r(t) = \sum_{i=1}^{I} s_i(t, \mu_i) \qquad (18.45)$$

第 k 个距离门的信号处理框图如图18.11所示。它由以下几步组成。第一步是和载波频率进行外差来提取正交分量。然后是低通滤波和模数转换。

接下来是用相位旋转矩阵来消除正交分量的二阶相位项以聚焦或去斜。最后一步是为考虑距离衰减和天线增益，需要加窗、对加窗的正交分量进行快速傅里叶变换并对幅度谱进行比例变换。

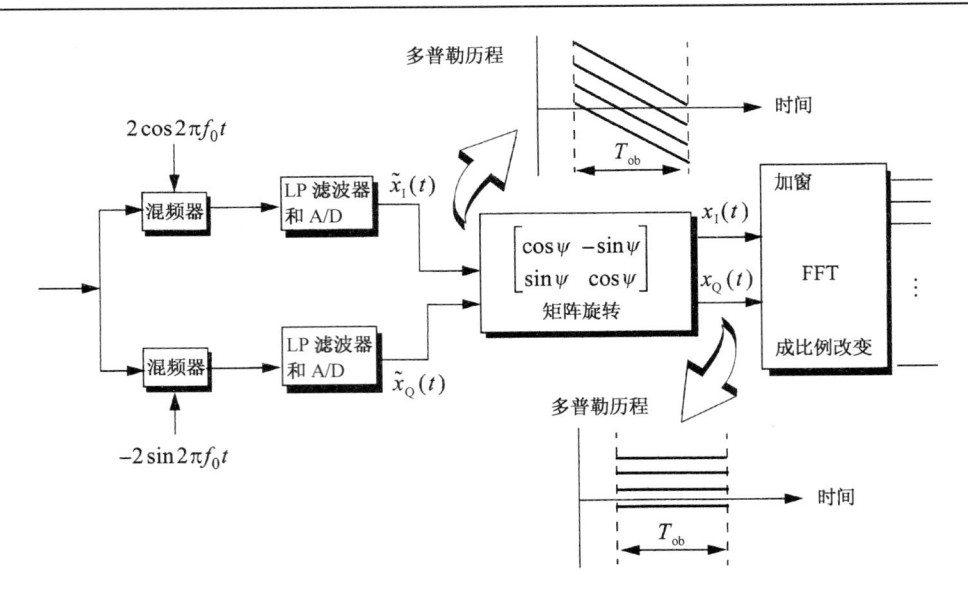

图 18.11 第 k 个距离门的信号处理框图

离散正交分量为

$$\tilde{x}_I(t_n) = \tilde{x}_I(n) = A_i \cos[\tilde{\psi}_i(t_n, \mu_i) - \xi_0]$$
$$\tilde{x}_Q(t_n) = \tilde{x}_Q(n) = A_i \sin[\tilde{\psi}_i(t_n, \mu_i) - \xi_0] \tag{18.46}$$

$$\tilde{\psi}_i(t_n, \mu_i) = \hat{\psi}_i(t_n, \mu_i) - 2\pi f_0 t_n \tag{18.47}$$

t_n 代表第 n 个取样时间(记住,$-T_{ob}/2 \leq t_n \leq T_{ob}/2$)。去斜后(即去除相位 $\psi = -\pi f_0 \bar{\tau}_{tt} t_n^2$)的正交分量为

$$\begin{bmatrix} x_I(n) \\ x_Q(n) \end{bmatrix} = \begin{bmatrix} \cos\psi & -\sin\psi \\ \sin\psi & \cos\psi \end{bmatrix} \begin{bmatrix} \tilde{x}_I(n) \\ \tilde{x}_Q(n) \end{bmatrix} \tag{18.48}$$

18.6 利用多普勒处理进行 SAR 成像

采用两个正交维(距离和方位)进行 SAR 成像已在前面提到过。距离分辨率由接收机带宽和脉冲压缩控制,方位分辨率受限于天线波束宽度。利用 18.5 节讲到的信号模型,可确立快速傅里叶变换单元和方位分辨率单元之间的一一对应关系。因此,目标探测问题就转换为频谱分析问题,这时目标探测将基于返回信号的幅度谱。快速傅里叶变换的频率分辨率 Δf 等于观察间隔 T_{ob} 的倒数。由此幅度谱中在 $k_1 \Delta f$ 处的峰值表明在频率 $f_{d1} = k_1 \Delta f$ 处出现了散射点。

以第 k 个距离门内的散射点 C_i 为例,对应于该散射点的瞬时频率 f_{di} 为

$$f_{di} = \frac{1}{2\pi} \frac{d\psi}{dt} = f_0 \bar{\tau}_{t\mu} \mu_i = \frac{2v}{\lambda} \sin\beta_i \mu_i \tag{18.49}$$

这与方程(18.23)的结果相同,式中,$\mu_i = \Delta\theta$。所以,在多普勒中以大于 Δf 的频率所隔开的散射点可分辨。

图 18.12 给出了位于 10 km 方向处三点散射体的二维 SAR 图像。在这种情况下，方位和距离分辨率等于 1 m，工作频率为 35 GHz。图 18.13 与图 18.12 类似，除了在这种情况下分辨单元等于 6 in。可以清楚地看到在这张图像中发生了模糊。图 18.12 和图 18.13 可用附录 18-A 中列出的程序"*Fig18_12_13.m*"重新生成。

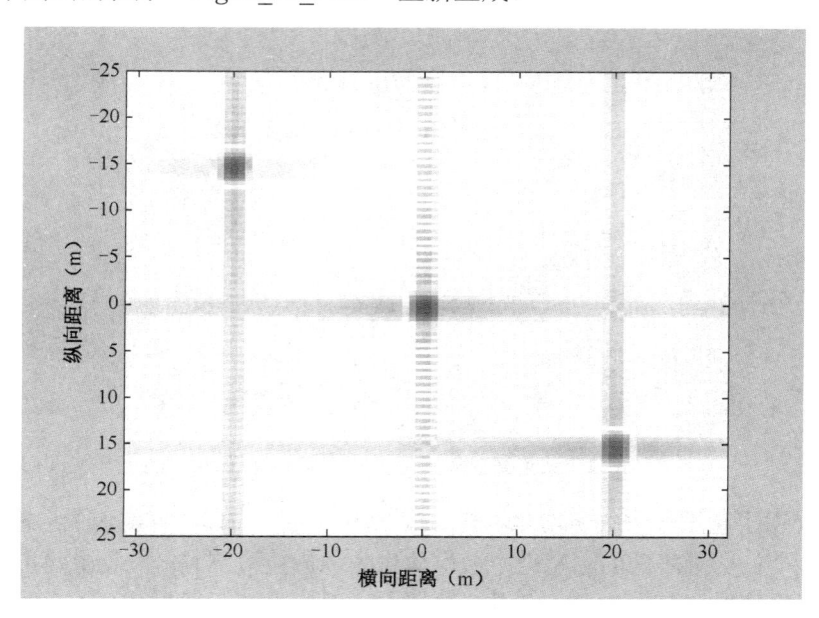

图 18.12 三点散射体图像。分辨单元 1 m²

18.7 距离移动

正如前面表明的那样，SAR 多普勒处理分两步完成：第一步是距离选通，第二步是观察间隔末尾处在每个单元内进行方位压缩。为此，方位压缩假定观察间隔期间每个散射点保持在同一距离门内。然而，由于距离门是针对一部移动的雷达确定的，所以距离门栅也相对于地面运动。结果散射点也在距离门内移动。这种现象称为距离移动。只要散射点保持在同一距离门内，轻微的距离移动不会影响多普勒处理。但如果距离移动超过几个距离门，就会严重影响多普勒处理，这时的多普勒处理就会变得毫无意义。

18.8 三维 SAR 成像技术

本节根据 Mahafza[①]等人的工作，介绍了一种新的三维（3D）合成孔径雷达（SAR）成像。它利用了一个横向运动中的线性阵列来综合一个两维（2D）合成雷达。线性阵列中的单元顺序发射（一个时刻一个单元），而所有单元并行接收。从等相位双程信号回波中计算出一个 2D 信息序列。

---

① Mahafza, B. R. and Sajjadi, M., Three-Dimensional SAR Imaging Using a Linear Array in Transverse Motion, *IEEE - AES Trans.*, Vol. 32, No. 1, January 1996, pp. 499-510.

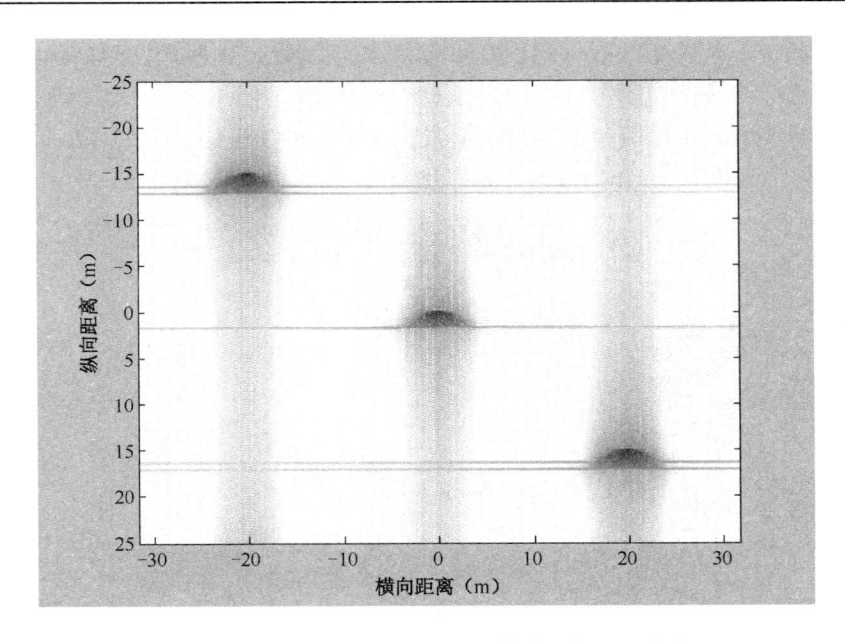

图 18.13　三点散射体图像。分辨单元为平方英寸

该级数使用了基于一个关于增量相对时间、方位、俯仰和目标高度的三阶泰勒级数展开的信号模型。在信息序列的幅度谱中散射体作为峰值被检测到。检测由两步完成。首先，使用一个信号高度被设为零的不完整信号模型检测到一个成像区域中所有的散射体。然后，仅对包含重要散射体回波的距离单元用完整的信号模型进行处理。两个图像间的差别用来测量目标的高度。计算机模拟表明这种技术是精确的，并且实际上是脉冲不变的。

18.8.1　背景

标准的合成孔径雷达成像系统通常用于产生高分辨率的地形二维（2D）图像。距离门决定第一维的分辨率。通常采用脉冲压缩技术来获得高的距离分辨率。为了分辨返回信号中的时间结构，该技术要求使用宽带接收机和显示设备。方位单元的宽度提供另一维的分辨率。方位分辨率受限于观察间隔的长短。

本节提出了一种三维 SAR 成像技术，这种技术是基于对以序列模式收集的等相数据进行的离散傅里叶变换（离散傅里叶变换序列法，DFTSQM）处理。它用一个横向运动中的线性阵列来合成一个 2D 合成阵列。从等相双程信号回波中计算出一个 2D 信息序列。为此目的，引入了一种新的信号模型，该模型基于关于相对时间增量、方位、俯仰和目标高度的三阶泰勒级数展开。用一个目标高度设为零的不完整信号模型可以获得标准 SAR 图像。检测分两步进行。具体步骤同上。

18.8.2　DFTSQM 操作与信号处理

线性阵列

考虑尺寸为 N、均匀的单元间距为 d、波长为 λ 的线性阵列。假定有一个位于方向正弦 $\sin\theta_l$ 的远场散射点 P。该线性阵列的离散傅里叶变换序列法可进行如下描述：依次进行所有单元发射，一个单元一次发射。而所有单元以并行形式接收信号。基于等相进行相干积累和收集回波，以计算复数信息序列$\{b(m); m = 0, 2N-1\}$。相对于阵列中心以d为单位的第x_n个单元的坐标为

$$x_n = \left(-\frac{N-1}{2} + n\right); n = 0, \cdots, N-1 \quad (18.50)$$

由于第x_1个单元的发射和第l个远场散射点P的反射，第x_2个单元接收的电场为

$$E(x_1, x_2; s_l) = G^2(s_l)\left(\frac{R_0}{R}\right)^4 \sqrt{\sigma_l} \exp(j\phi(x_1, x_2; s_l)) \quad (18.51)$$

$$\phi(x_1, x_2; s_l) = \frac{2\pi}{\lambda}(x_1 + x_2)(s_l) \quad (18.52)$$

$$s_l = \sin\theta_l \quad (18.53)$$

式中，$\sqrt{\sigma_l}$为目标的截面积，$G^2(s_l)$为双程单元增益，$(R_0/R)^4$是相对于参考距离R_0的距离衰减。散射点的相位假设为零，不过也很容易将其考虑进来。假设阵列视野中有多个散射点，则由于所有散射点的反射而在路径$x_1 \Rightarrow x_2$上出现的累积电场为

$$E(x_1, x_2) = \sum_{all\ l}[E_I(x_1, x_2; s_l) + jE_Q(x_1, x_2; s_l)] \quad (18.54)$$

式中，下标I、Q代表正交分量。注意，方程（18.52）中相位的可变部分与$\{(x_{n1} + x_{n2}); (n1, n2) = 0, \cdots, N-1\}$中得出的整数成正比。在远场工作中，一共有$(2N-1)$个不同的$(x_{n1} + x_{n2})$之和。因此，可相干收集具有相同$(x_{n1}+x_{n2})$和的路径的电场。按这种方式计算出信息序列$\{b(m); m = 0, \cdots, 2N-1\}$，其中$b(2N-1)$设为零。与此同时，形成一个跟踪具有相同$(x_{n1}+x_{n2})$和的回波数目的序列$\{c(m); m = 0, \cdots, 2N-2\}$。更确切地说，对于$m = n1 + n2; (n1, n2) = 0, \cdots, N-1$有

$$b(m) = b(m) + E(x_{n1}, x_{n2}) \quad (18.55)$$

$$c(m) = c(m) + 1 \quad (18.56)$$

由此，

$$\{c(m); m = 0, \cdots 2N-2\} = \begin{cases} m+1\ ;\ m = 0, \cdots, N-2 \\ N\ ;\ m = N-1 \\ 2N-1-m\ \ m = N, \cdots, 2N-2 \end{cases} \quad (18.57)$$

这是一个三角形序列。

$\{b(m)\}$序列的处理如下：(1)对序列$\{c(m)\}$考虑加权；(2)通过充零将复数序列$\{b(m)\}$扩展到尺寸为N_F，即2的整数幂。(3)计算扩展的序列$\{b'(m); m = 0, N_F-1\}$的离散傅里叶变换：

$$B(q) = \sum_{m=0}^{N_F-1} b'(m) \cdot \exp\left(-j\frac{2\pi qm}{N_F}\right); q = 0, \cdots, N_F-1 \quad (18.58)$$

（4）补偿天线增益和距离衰减后，将散射点作为幅度谱$|B(q)|$中的峰值进行检测。注意，只有当

$$\sin\theta_q = \frac{\lambda q}{2Nd}; \quad q = 0, \cdots, 2N-1 \tag{18.59}$$

时，(4)才成立。其中，$\sin\theta_q$表示第q个散射点的方向正弦，方程(18.59)已隐含了$N_F = 2N$。

多目标探测的传统方法是采用带移相和锥削硬件的相控阵天线。阵列波束宽度与(λ/Nd)成正比，第一副瓣约有 –13 dB。另一方面，正如方程（18.59）表明的那样，采用 DFTSQM 的多目标探测提供的波束宽度与$(\lambda/2Nd)$成正比，这使得阵列分辨率翻倍。第一副瓣由于三角形序列$\{c(m)\}$约为 –27 dB。此外，在单个单元视野内探测多目标不需要使用移相的硬件。

矩形阵列

2D 阵列的 DFTSQM 的工作和信号处理可进行如下描述。考虑一个$N_x \times N_y$的矩形阵列。依次发射所有N_xN_y个单元，一次发射一个；每发射一次，所有N_xN_y阵列单元进行并行接收。因此，每发射一次就收集一次N_xN_y个正交分量的取样，总共将收集$(N_xN_y)^2$个采样。然而在远场工作中，仅有$(2N_x-1)\times(2N_y-1)$个不同的同相回波。因此，可以相干地相加所收集的数据以形成尺寸为$(2N_x-1)\times(2N_y-1)$的 2D 信息阵列。双程方向图按信息阵列的 2D 幅度谱的模计算。处理过程包括 2D 加窗、2D 离散傅里叶变换、天线增益和距离衰减补偿。2D 阵列的视野由单个单元的 3 dB 方向图决定。对于该范围中的所有散射点，将作为幅度谱中的峰值同时进行探测。

考虑一个尺寸为$N\times N$、波长为λ、均匀单元间距为$d_x = d_y = d$的矩形阵列。以d为单位的第n个单元的坐标为

$$x_n = \left(-\frac{N-1}{2}+n\right); \quad n = 0, \cdots, N-1 \tag{18.60}$$

$$y_n = \left(-\frac{N-1}{2}+n\right); \quad n = 0, \cdots, N-1 \tag{18.61}$$

假设有一由方位和仰角(α, β)确定的远场点P，这时单元的单程几何相位为

$$\varphi'(x,y) = \frac{2\pi}{\lambda}[x\sin\beta\cos\alpha + y\sin\beta\sin\alpha] \tag{18.62}$$

因此，单元(x_1, y_1)和(x_2, y_2)之间的双程几何相位为

$$\varphi(x_1, y_1, x_2, y_2) = \frac{2\pi}{\lambda}\sin\beta[(x_1+x_2)\cos\alpha + (y_1+y_2)\sin\alpha] \tag{18.63}$$

在(α_l, β_l)处的第l个散射点的双程电场为

$$E(x_1, x_2, y_1, y_2; \alpha_l, \beta_l) = G^2(\beta_l)\left(\frac{R_0}{R}\right)^4 \sqrt{\sigma_l}\ \exp[j(\varphi(x_1, y_1, x_2, y_2))] \tag{18.64}$$

假设在阵列视野内有多个散射点，由此，双程路径$(x_1, y_1) \Rightarrow (x_2, y_2)$的累积电场为

$$E(x_1, x_2, y_1, y_2) = \sum_{\text{所有散射}} E(x_1, x_2, y_1, y_2; \alpha_l, \beta_l) \tag{18.65}$$

设定$N_y = 1$和$\alpha = 0$，由此，所有 2D 阵列公式就转换为线性阵列公式。

方程（18.63）中相位的可变部分与(x_1+x_2)和(y_1+y_2)这两个整数成正比。因此，完成依次发射之后，可以相干地收集具有相同(i, j)和路径的电场，其中，

$$\{i = x_{n1} + x_{n2}; i = -(N-1), \cdots, (N-1)\} \tag{18.66}$$

$$\{j = y_{n1} + y_{n2}; j = -(N-1), \cdots, (N-1)\} \tag{18.67}$$

2D 信息阵列 $\{b(m_x, m_y); (m_x, m_y) = 0, \cdots, 2N-1\}$ 按这种方式计算。也可计算系数序列 $\{c(m_x, m_y); (m_x, m_y) = 0, \cdots, 2N-2\}$。更准确地说,

$$\begin{array}{l} 对于 m_x = n1 + n2 \text{ 和 } m_y = n1 + n2; \\ n1 = 0, \cdots, N-1, \quad n2 = 0, \cdots, N-1 \end{array} \tag{18.68}$$

$$b(m_x, m_y) = b(m_x, m_y) + E(x_{n1}, y_{n1}, x_{n2}, y_{n2}) \tag{18.69}$$

由此,

$$c(m_x, m_y) = (N_x - |m_x - (N_x - 1)|) \times (N_y - |m_y - (N_y - 1)|) \tag{18.70}$$

2D 复数信息阵列 $\{b(m_x, m_y)\}$ 的处理过程与线性阵列的处理过程相似,除需使用 2D 离散傅里叶变换之外。天线增益和距离衰减补偿之后,作为信息阵列 2D 幅度谱中的峰值用来探测散射点。位于角 (α_l, β_l) 的散射点将在幅度谱中的离散傅里叶变换指数 (p_l, q_l) 处产生一个峰值,其中:

$$\alpha_l = \operatorname{atan}\left(\frac{q_l}{p_l}\right) \tag{18.71}$$

$$\sin\beta_l = \frac{\lambda p_l}{2Nd\cos\alpha_l} = \frac{\lambda q_l}{2Nd\sin\alpha_l} \tag{18.72}$$

方程(18.71)的推导在 12.9.7 节中。

18.8.3 DFTSQM SAR 图像的几何关系

图 18.14 给出了 DFTSQM SAR 成像系统的几何关系。在这种情况下,t_c 表示观测时间间隔 D_{ob} 的中心时刻。飞机保持常数速度 v 和高度 h。相对坐标系的原点记为 $\vec{O}$。向量 $\vec{OM}$ 定义了 t_c 时刻的雷达位置。发射天线包括一个工作在序列模式的线性实阵列。实阵列的尺寸为 N,单元间距为 d,辐射体是直径 $D = d$ 的圆盘。如图 18.15 中说明的,假设飞机沿飞行路径扫描 M 个发射位置,那么可合成一个尺寸为 $N \times M$ 的矩形阵列。

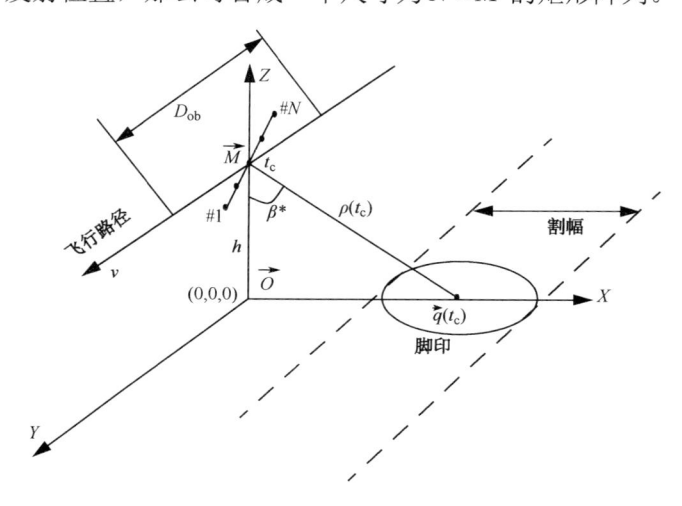

图 18.14 DFTSQM 成像系统的几何关系

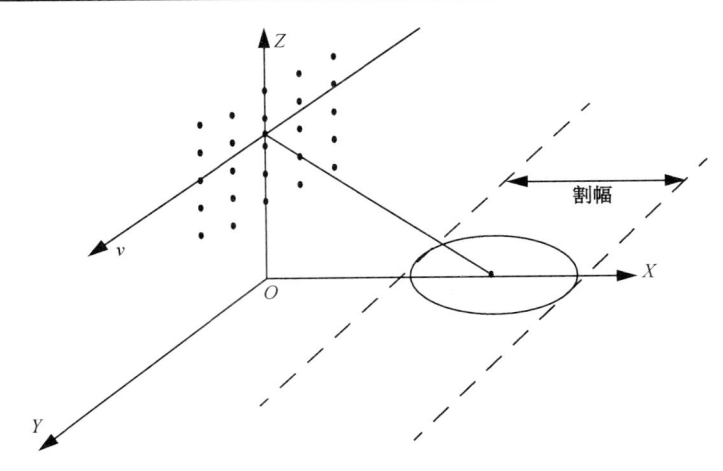

图 18.15 合成的 2D 阵列

向量 $\vec{q}(t_c)$ 定义了时刻 t_c 处 3 dB 成像区域的中心。阵列的中心与飞行路径符合，并假设它与飞行路径和视线 $\vec{\rho}(t_c)$ 垂直。沿实阵列的单位向量 $\vec{a}$ 为

$$\vec{a} = \cos\beta^* \vec{a}_x + \sin\beta^* \vec{a}_z \tag{18.73}$$

式中 β^* 是在中心时刻 t_c 时成像区域中心的俯仰角，或仰角的补角。

18.8.4 斜距方程

考虑图 18.16 中所示的几何关系，并且假设在第 k 个距离单元中有一个散射体 $\vec{C}_i$。这个散射体定义为

$$\{幅度，相位，俯仰角，方位角，高度\} = \{a_i, \phi_i, \beta_i, \mu_i, \tilde{h}_i\} \tag{18.74}$$

散射体 $\vec{C}_i$（假设直角坐标）由下式给出：

$$\vec{C}_i = h\tan\beta_i\cos\mu_i\vec{a}_x + h\tan\beta_i\sin\mu_i\vec{a}_y + \tilde{h}_i\vec{a}_z \tag{18.75}$$

$$\beta_i = \beta_k + \varepsilon \tag{18.76}$$

式中 β_k 表示在观测时间间隔中心处的第 k 个距离单元的俯仰角，ε 是角增量。令 $\vec{Oe}_n$ 为第 n 个阵列单元与点 $\vec{O}$ 间的向量，那么

$$\vec{Oe}_n = D_n\cos\beta^*\vec{a}_x + vt\vec{a}_y + (D_n\sin\beta^* + h)\vec{a}_z \tag{18.77}$$

$$D_n = \left(\frac{1-N}{2} + n\right)d; \; n = 0,\cdots,N-1 \tag{18.78}$$

第 k 个距离单元内的一个散射体 $\vec{C}$ 与实阵列的第 n 个单元之间的距离为

$$r_n^2(t, \varepsilon, \mu, \tilde{h}; D_n) = D_n^2 + v^2t^2 + (h-\tilde{h})^2 + 2D_n\sin\beta^*(h-\tilde{h}) + \\ h\tan(\beta_k+\varepsilon)[h\tan(\beta_k+\varepsilon) - 2D_n\cos\beta^*\cos\mu - 2vt\sin\mu] \tag{18.79}$$

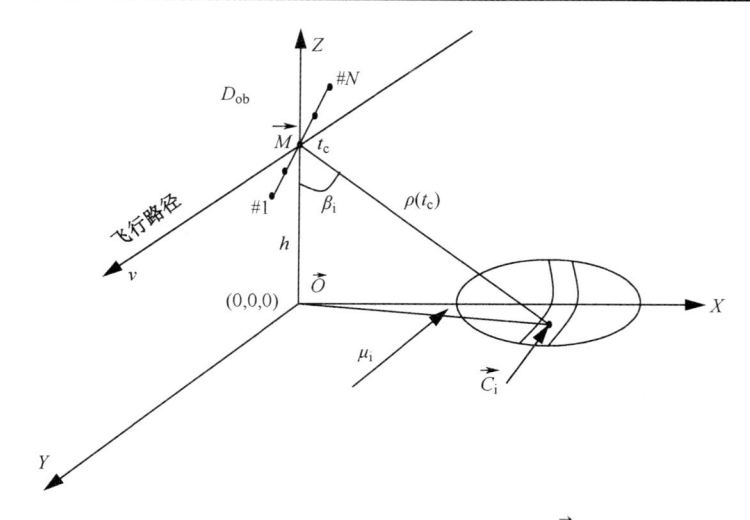

第 18 章 战术合成孔径雷达（TSAR） 605

图 18.16 一个距离单元内的散射体 $\vec{C}_i$

与对应的增量相比，使用散射体的俯仰和方位方向正弦更实际。因此，定义散射体的方位和俯仰方向正弦为

$$s = \sin\mu \tag{18.80}$$

$$u = \sin\varepsilon \tag{18.81}$$

然后可以重写方程（18.79）为

$$\begin{aligned}r_n^2(t,s,u,\tilde{h};D_n) =\ & D_n^2 + v^2t^2 + (h-\tilde{h})^2 + h^2f^2(u) + \\ & 2D_n\sin\beta*(h-\tilde{h}) - (2D_nh\cos\beta*f(u))\sqrt{1-s^2} - 2vhtf(u)s\end{aligned} \tag{18.82}$$

$$f(u) = \tan(\beta_k + \mathrm{asin}\, u) \tag{18.83}$$

将 r_n 关于增量 $(t,s,u,\tilde{h})$ 进行三阶泰勒级数展开，可得

$$\begin{aligned}r(t,s,u,\tilde{h};D_n) =\ & \bar{r} + \bar{r}_{\tilde{h}}\tilde{h} + \bar{r}_u u + \bar{r}_{\tilde{h}\tilde{h}}\frac{\tilde{h}^2}{2} + \bar{r}_{hu}hu + \bar{r}_{ss}\frac{s^2}{2} + \bar{r}_{st}st + \\ & \bar{r}_{tt}\frac{t^2}{2} + \bar{r}_{uu}\frac{u^2}{2} + \bar{r}_{\tilde{h}\tilde{h}\tilde{h}}\frac{\tilde{h}^3}{6} + \bar{r}_{\tilde{h}\tilde{h}u}\frac{\tilde{h}^2u}{2} + \bar{r}_{\tilde{h}st}\tilde{h}st + \bar{r}_{huu}\frac{hu^2}{2} + \\ & \bar{r}_{\tilde{h}ss}\frac{\tilde{h}s^2}{2} + \bar{r}_{uss}\frac{us^2}{2} + \bar{r}_{stu}stu + \bar{r}_{suu}\frac{su^2}{2} + \bar{r}_{t\tilde{h}\tilde{h}}\frac{t\tilde{h}^2}{2} + \bar{r}_{utt}\frac{ut^2}{2} + \bar{r}_{uuu}\frac{u^3}{6}\end{aligned} \tag{18.84}$$

式中下标表示偏微分，"¯" 表示在状态 $(t,s,u,\tilde{h}) = (0,0,0,0)$ 处的评估。请注意

$$\{\bar{r}_s = \bar{r}_t = \bar{r}_{hs} = \bar{r}_{ht} = \bar{r}_{su} = \bar{r}_{tu} = \bar{r}_{\tilde{h}\tilde{h}s} = \bar{r}_{\tilde{h}\tilde{h}t} = \bar{r}_{hsu} = \bar{r}_{htu} = \\ \bar{r}_{sss} = \bar{r}_{sst} = \bar{r}_{stt} = \bar{r}_{ttt} = \bar{r}_{tsu} = 0\} \tag{18.85}$$

12.9.8 节有第 k 个距离单元的所有非零泰勒级数系数的详细表达式。

即使在最大增量 t_{mx}、s_{mx}、u_{mx}、$\tilde{h}_{mx}$ 处，项

$$\bar{r}_{\tilde{h}\tilde{h}\tilde{h}}\frac{\tilde{h}^3}{6}, \bar{r}_{\tilde{h}\tilde{h}u}\frac{\tilde{h}^2u}{2}, \bar{r}_{huu}\frac{hu^2}{2}, \bar{r}_{\tilde{h}ss}\frac{\tilde{h}s^2}{2}, \bar{r}_{uss}\frac{us^2}{2}, \bar{r}_{stu}stu, \bar{r}_{suu}\frac{su^2}{2}, \bar{r}_{t\tilde{h}\tilde{h}}\frac{t\tilde{h}^2}{2}, \bar{r}_{utt}\frac{ut^2}{2}, \bar{r}_{uuu}\frac{u^3}{6} \tag{18.86}$$

也很小，可以忽略。因此，距离 r_n 可近似为

$$r(t, s, u, \tilde{h}; D_n) = \bar{r} + \bar{r}_{\tilde{h}}\tilde{h} + \bar{r}_u u + \bar{r}_{\tilde{h}\tilde{h}}\frac{\tilde{h}^2}{2} + \bar{r}_{hu}\tilde{h}u + \bar{r}_{ss}\frac{s^2}{2} + \bar{r}_{st}st + \bar{r}_{tt}\frac{t^2}{2} + \bar{r}_{uu}\frac{u^2}{2} + \bar{r}_{hst}\tilde{h}st \tag{18.87}$$

考虑下面的双程路径：第 n_1 个单元发射，散射体 $\vec{C_i}$ 反射，第 n_2 个单元接收。因此对应于这个双程路径的往返延迟为

$$\tau_{n_1 n_2} = \frac{1}{c}(r_{n_1}(t, s, u, \tilde{h}; D_{n_1}) + r_{n_2}(t, s, u, \tilde{h}; D_{n_2})) \tag{18.88}$$

式中 c 是光速。

18.8.5 信号合成

观测时间间隔被分隔成 M 个宽度为 $\Delta t = (D_{ob} \div M)$ 的子时间间隔。在每个子时间间隔中，实阵列工作在序列模式，并且合成了一个长度为 $2N$ 的阵列。计算子时间间隔的个数 M，使得 Δt 足够大，能允许实阵列的顺序发射而不引起距离模糊。换句话说，如果最大距离记为 R_{mx}，那么

$$\Delta t > N\frac{2R_{mx}}{c} \tag{18.89}$$

然后每个子时间间隔被划分成 N 个宽度为 $2R_{mx}/c$ 的采样子时间间隔。位置 t_{mn} 表示在第 m 个子时间间隔中第 n 个单元发射时的采样时刻。

第 n 个单元在第 m 个子时间间隔中的归一化发射信号定义为

$$s_n(t_{mn}) = \cos(2\pi f_o t_{mn} + \zeta) \tag{18.90}$$

式中，ζ 表示发射机相位，f_o 为系统工作频率。假设在第 k 个距离单元中仅有一个散射体 $\vec{C_i}$，散射体由 $(a_i, \phi_i, s_i, u_i, \tilde{h}_i)$ 定义。由第 n_1 个单元发射，散射体 $\vec{C_i}$ 反射，在第 n_2 个单元接收的回波信号为

$$s_i(n_1, n_2; t_{mn_1}) = a_i G^2(\sin\beta_i)(\rho_k(t_c)/\rho(t_c))^4 \cos[2\pi f_o(t_{mn_1} - \tau_{n_1 n_2}) + \zeta - \phi_i] \tag{18.91}$$

式中，G^2 表示双程天线增益，项 $(\rho_k(t_c)/\rho(t_c))^4$ 表示在第 k 个距离单元处的距离衰减。本文将假设 ζ 和 ϕ_i 均等于零。

假设在第 k 个距离单元内有 N_o 个散射体，其角度位置由下式给定：

$$\{(a_i, \phi_i, s_i, u_i, \tilde{h}_i); i = 1, \cdots, N_o\} \tag{18.92}$$

在这个距离单元内时刻 t_{mn_1} 处由路径 ($n_1 \Rightarrow$ 全部 $\vec{C_i} \Rightarrow n_2$) 引起的合成回波信号为

$$s(n_1, n_2; t_{mn_1}) = \sum_{i=1}^{N_o} s_i(n_1, n_2; t_{mn_1}) \tag{18.93}$$

平台运动合成一个尺寸为 $N \times M$ 的矩形阵列，其中在某一时刻仅出现一列 N 个单元。然而，如果 $M = 2N$，并且实阵列工作在序列模式，那么合成了一个尺寸为 $2N \times 2N$ 的正方形平面阵列。沿飞行路径的单元间距为 $d_y = vD_{ob}/M$。

考虑第 k 个距离单元。对应的二维信息序列 $\{b_k(n,m);(n,m)=0,\cdots,2N-2\}$ 由 $2N$ 个相似向量组成。第 m 个向量表示由在第 m 个子时间间隔内所有 N 个单元顺序发射引起的回波。每个向量有 $(2N-1)$ 行,并且通过添零扩展到下一 2 的幂次处。例如,考虑第 m 个子时间间隔,并且令 $M=2N=4$。那么,扩展列 $\{b_k(n,m)\}$ 的元素为

$$\begin{aligned}\{b_k(0,m),&b_k(1,m),b_k(2,m),b_k(3,m),b_k(4,m),b_k(5,m),\\b_k(6,m),&b_k(7,m)\} = \{s(0,0;t_{mn_0}),s(0,1;t_{mn_0})+s(1,0;t_{mn_1}),\\&s(0,2;t_{mn_0})+s(1,1;t_{mn_1})+s(2,0;t_{mn_2}),s(0,3;t_{mn_0})+s(1,2;t_{mn_1})+\\&s(2,1;t_{mn_2})+s(3,0;t_{mn_3}),s(1,3;t_{mn_1})+s(2,2;t_{mn_2})+\\&s(3,1;t_{mn_3}),s(2,3;t_{mn_2})+s(3,2;t_{mn_3}),s(3,3;t_{mn_3}),0\}\end{aligned} \quad (18.94)$$

18.8.6 电子处理

再次考虑第 m 个子时间间隔中的第 k 个距离单元,以及双程路径:第 n_1 个单元发射,第 n_2 个单元接收。对应于这个双程路径的模拟正交分量为

$$s_\mathrm{I}^\perp(n_1,n_2;t) = B\cos\psi^\perp \quad (18.95)$$

$$s_\mathrm{Q}^\perp(n_1,n_2;t) = B\sin\psi^\perp \quad (18.96)$$

$$\begin{aligned}\psi^\perp = 2\pi f_0\bigg\{&t-\frac{1}{c}\bigg[2\bar{r}+(\bar{r}_{\tilde{h}}(D_{n_1})+\bar{r}_{\tilde{h}}(D_{n_2}))\tilde{h}+(\bar{r}_u(D_{n_1})+\bar{r}_u(D_{n_2}))u+\\&(\bar{r}_{\tilde{h}\tilde{h}}(D_{n_1})+\bar{r}_{\tilde{h}\tilde{h}}(D_{n_2}))\frac{\tilde{h}^2}{2}+(\bar{r}_{\tilde{h}u}(D_{n_1})+\bar{r}_{\tilde{h}u}(D_{n_2}))\tilde{h}u+\\&(\bar{r}_{ss}(D_{n_1})+\bar{r}_{ss}(D_{n_2}))\frac{s^2}{2}+2\bar{r}_{st}st+2\bar{r}_{tt}\frac{t^2}{2}+\\&(\bar{r}_{uu}(D_{n_1})+\bar{r}_{uu}(D_{n_2}))\frac{u^2}{2}+(\bar{r}_{\tilde{h}st}(D_{n_1})+\bar{r}_{\tilde{h}st}(D_{n_2}))\tilde{h}st\bigg]\bigg\}\end{aligned} \quad (18.97)$$

式中, B 表示天线增益、距离衰减和散射体的强度。为了表达简单,舍弃了 t 的下标。重新排列方程(18.97)并合并项,可得

$$\begin{aligned}\psi^\perp = \frac{2\pi f_0}{c}\bigg\{&\{tc-[2\bar{r}_{st}s+(\bar{r}_{\tilde{h}st}(D_{n_1})+\bar{r}_{\tilde{h}st}(D_{n_2}))\tilde{h}s]t-\bar{r}_{tt}t^2\}-\\&\bigg[2\bar{r}+(\bar{r}_{\tilde{h}}(D_{n_1})+\bar{r}_{\tilde{h}}(D_{n_2}))\tilde{h}+(\bar{r}_u(D_{n_1})+\bar{r}_u(D_{n_2}))u+\\&(\bar{r}_{uu}(D_{n_1})+\bar{r}_{uu}(D_{n_2}))\frac{u^2}{2}+(\bar{r}_{\tilde{h}\tilde{h}}(D_{n_1})+\bar{r}_{\tilde{h}\tilde{h}}(D_{n_2}))\frac{\tilde{h}^2}{2}+\\&(\bar{r}_{\tilde{h}u}(D_{n_1})+\bar{r}_{\tilde{h}u}(D_{n_2}))\tilde{h}u+(\bar{r}_{ss}(D_{n_1})+\bar{r}_{ss}(D_{n_2}))\frac{s^2}{2}\bigg]\bigg\}\end{aligned} \quad (18.98)$$

在模数(A/D)变换后,将正交分量去斜,以消除二次相位 $(-2\pi f_0\bar{r}_{tt}t^2/c)$。那么数字正交分量为

$$s_\mathrm{I}(n_1,n_2;t) = B\cos\psi \quad (18.99)$$

$$s_Q(n_1, n_2; t) = B\sin\psi \qquad (18.100)$$

$$\psi = \psi^{\perp} - 2\pi f_0 t + 2\pi f_0 \bar{r}_{tt}\frac{t^2}{c} \qquad (18.101)$$

第 k 个距离单元内的第 i 个散射体的瞬时频率计算为

$$f_{di} = \frac{1}{2\pi}\frac{d\psi}{dt} = -\frac{f_0}{c}[2\bar{r}_{st}s + (\bar{r}_{hst}(D_{n_1}) + \bar{r}_{hst}(D_{n_2}))\tilde{h}s] \qquad (18.102)$$

将 $\bar{r}_{st}$、$\bar{r}_{hst}(D_{n_1})$、$\bar{r}_{hst}(D_{n_2})$ 替换为真实值, 合并项, 可得

$$f_{di} = -\left(\frac{2v\sin\beta_k}{\lambda}\right)\left(\frac{\tilde{h}s}{\rho_k^2(t_c)}(h + (D_{n_1} + D_{n_2})\sin\beta^*) - s\right) \qquad (18.103)$$

请注意如果 $\tilde{h} = 0$, 那么

$$f_{di} = \frac{2v}{\lambda}\sin\beta_k\sin\mu \qquad (18.104)$$

它是对应于一个地块的多普勒值 [见方程 (18.49)]。

处理的最后阶段包括 3 步: (1) 二维加窗; (2) 在加窗的正交分量上进行二维 DFT; (3) 归一化以补偿天线增益和距离衰减。

18.8.7 方程 (18.71) 的推导

考虑一个尺寸为 $N \times N$ 的矩形阵列, 单元等间距 $d_x = d_y = d$, 波长为 λ。假设工作在序列模式, 单元顺序发射, 即在某一时刻只有一个单元发射, 而所有单元并行接收。假设远场观测由方位和俯仰角 (α, β) 定义。视线上的相对于 $\vec{O}$ 的单位向量 $\vec{u}$ 由下式给定:

$$\vec{u} = \sin\beta\cos\alpha\ \vec{a}_x + \sin\beta\sin\alpha\ \vec{a}_y + \cos\beta\ \vec{a}_z \qquad (18.105)$$

阵列的第 (n_x, n_y) 个单元可用向量定义为

$$\vec{e}(n_x, n_y) = \left(n_x - \frac{N-1}{2}\right)d\ \vec{a}_x + \left(n_y - \frac{N-1}{2}\right)d\ \vec{a}_y \qquad (18.106)$$

式中 $(n_x, n_y = 0, \cdots, N-1)$。这个单元的单程几何相位为

$$\varphi'(n_x, n_y) = k(\vec{u} \bullet \vec{e}(n_x, n_y)) \qquad (18.107)$$

式中, $k = 2\pi/\lambda$ 是波数, 运算符 (•) 表示点乘。因此单元 (n_{x1}, n_{y1}) 和 (n_{x2}, n_{y2}) 之间的双程几何相位为

$$\varphi(n_{x1}, n_{y1}, n_{x2}, n_{y2}) = k[\vec{u} \bullet \{\vec{e}(n_{x1}, n_{y1}) + \vec{e}(n_{x2}, n_{y2})\}] \qquad (18.108)$$

在方向 (α, β) 中, 由所有发射引起的累积双程归一化电场为

$$E(\vec{u}) = E_t(\vec{u})E_r(\vec{u}) \qquad (18.109)$$

式中, 下标 t 和 r 分别指发射的和接收的电场。更精确的有,

第18章 战术合成孔径雷达（TSAR）

$$E_t(\vec{u}) = \sum_{n_{xt}=0}^{N-1} \sum_{n_{yt}=0}^{N-1} w(n_{xt}, n_{yt}) \exp[jk\{\vec{u} \bullet \vec{e}(n_{xt}, n_{yt})\}] \tag{18.110}$$

$$E_r(\vec{u}) = \sum_{n_{xr}=0}^{N-1} \sum_{n_{yr}=0}^{N-1} w(n_{xr}, n_{yr}) \exp[jk\{\vec{u} \bullet \vec{e}(n_{xr}, n_{yr})\}] \tag{18.111}$$

在这种情况下，$w(n_x, n_y)$ 表示锥削序列。将方程（18.108）、方程（18.110）和方程（18.111）代入方程（18.109），并用同样的双程几何相位将所有场分组，得

$$E(\vec{u}) = e^{j\delta} \sum_{m=0}^{N_a-1} \sum_{n=0}^{N_a-1} w'(m,n) \exp[jkd\sin\beta(m\cos\alpha + n\sin\alpha)] \tag{18.112}$$

$$N_a = 2N - 1 \tag{18.113}$$

$$m = n_{xt} + n_{xr}; \quad m = 0, \cdots, 2N-2 \tag{18.114}$$

$$n = n_{yt} + n_{yr}; \quad n = 0, \cdots, 2N-2 \tag{18.115}$$

$$\delta = \left(\frac{-d\sin\beta}{2}\right)(N-1)(\cos\alpha + \sin\alpha) \tag{18.116}$$

然后双程阵列方向图计算为

$$|E(\vec{u})| = \left| \sum_{m=0}^{N_a-1} \sum_{n=0}^{N_a-1} w'(m,n) \exp[jkd\sin\beta(m\cos\alpha + n\sin\alpha)] \right| \tag{18.117}$$

考虑阵列 $w'(n_x, n_y)$ 的二维 DFT 变换 $W'(p,q)$，

$$W(p,q) = \sum_{m=0}^{N_a-1} \sum_{n=0}^{N_a-1} w'(m,n) \exp\left(-j\frac{2\pi}{N_a}(pm+qn)\right); \quad p,q = 0, \cdots, N_a-1 \tag{18.118}$$

方程（18.117）和方程（18.118）的比较说明如果满足以下条件，则 $|E(\vec{u})|$ 等于 $|W'(p,q)|$：

$$-\left(\frac{2\pi}{N_a}\right)p = \frac{2\pi}{\lambda}d\sin\beta\cos\alpha \tag{18.119}$$

$$-\left(\frac{2\pi}{N_a}\right)q = \frac{2\pi}{\lambda}d\sin\beta\sin\alpha \tag{18.120}$$

因此有

$$\alpha = \arctan\left(\frac{q}{p}\right) \tag{18.121}$$

18.8.8 第 k 个距离单元的非零泰勒级数系数

$$\bar{r} = \sqrt{D_n^2 + h^2(1+\tan\beta_k) + 2hD_n\sin\beta^* - 2hD_n\cos\beta^*\tan\beta_k} = \rho_k(t_c) \quad (18.122)$$

$$\bar{r}_{\tilde{h}} = \left(\frac{-1}{\bar{r}}\right)(h + D_n\sin\beta^*) \quad (18.123)$$

$$\bar{r}_u = \left(\frac{h}{\bar{r}\cos^2\beta_k}\right)(h\tan\beta_k - D_n\cos\beta^*) \quad (18.124)$$

$$\bar{r}_{\tilde{h}\tilde{h}} = \left(\frac{1}{\bar{r}}\right) - \left(\frac{1}{\bar{r}^3}\right)(h + D_n\sin\beta^*) \quad (18.125)$$

$$\bar{r}_{\tilde{h}u} = \left(\frac{1}{\bar{r}^3}\right)\left(\frac{h}{\cos^2\beta_k}\right)(h + D_n\tan\beta^*)(h\tan\beta_k - D_n\cos\beta^*) \quad (18.126)$$

$$\bar{r}_{ss} = \left(\frac{-1}{4\bar{r}^3}\right) + \left(\frac{1}{\bar{r}}\right)(h\tan\beta_k - D_n\cos\beta^*) \quad (18.127)$$

$$\bar{r}_{st} = \left(\frac{-1}{\bar{r}}\right)hv\tan\beta_k \quad (18.128)$$

$$\bar{r}_{tt} = \frac{v^2}{\bar{r}} \quad (18.129)$$

$$\bar{r}_{uu} = \left(\frac{h}{\bar{r}\cos^3\beta_k}\right)\Bigg\{\left(\frac{h}{\bar{r}^2\cos\beta_k}\right)(h\tan\beta_k - D_n\cos\beta^*) + \\ h\left(\left(\frac{1}{\cos\beta_k}\right) + 2\tan\beta_k\sin\beta_k\right) - 2\sin\beta_k D_n\cos\beta^*\Bigg\} \quad (18.130)$$

$$\bar{r}_{\tilde{h}\tilde{h}\tilde{h}} = \left(\frac{3}{\bar{r}^3}\right)(h + D_n\sin\beta^*)\left[\left(\frac{1}{\bar{r}^2}\right)(h+D_n\sin\beta^*)^2 - 1\right] \quad (18.131)$$

$$\bar{r}_{\tilde{h}\tilde{h}u} = \left(\frac{h}{\bar{r}^3\cos^2\beta_k}\right)(h\tan\beta_k - D_n\cos\beta^*)\left[\left(\frac{-3}{\bar{r}^2}\right)(h+D_n\sin\beta^*)^2 + 1\right] \quad (18.132)$$

$$\bar{r}_{\tilde{h}st} = \left(\frac{hv\tan\beta_k}{\bar{r}^3}\right)(h + D_n\sin\beta^*) \quad (18.133)$$

$$\bar{r}_{\tilde{h}uu} = \left(\frac{-3}{\bar{r}^5}\right)\left(\frac{h^2}{\cos^4\beta_k}\right)(h + D_n\sin\beta^*)(h\tan\beta_k - D_n\cos\beta^*) \quad (18.134)$$

$$\bar{r}_{\tilde{h}ss} = \left(\frac{-1}{\bar{r}^3}\right)(h\tan\beta_k - D_n\cos\beta^*)(h + D_n\sin\beta^*) \quad (18.135)$$

$$\bar{r}_{uss} = \left(\frac{h}{\bar{r}\cos^2\beta_k}\right)(D_n\cos\beta^*)\left[\left(\frac{1}{\bar{r}^2}\right)(h\tan\beta_k - D_n\cos\beta^*)(h\tan\beta_k) + 1\right] \quad (18.136)$$

$$\bar{r}_{stu} = \left(\frac{-h\tan\beta_k}{\bar{r}^3\cos^2\beta_k}\right)(h\tan\beta_k - D_n\cos\beta^*) \quad (18.137)$$

$$\bar{r}_{suu} = \left(\frac{hD_n\cos\beta^*}{\bar{r}\cos^2\beta_k}\right)\left[\left(\frac{h\tan\beta_k}{\bar{r}^2}\right)(h\tan\beta_k - D_n\cos\beta^*) + 1\right] \quad (18.138)$$

$$\bar{r}_{htt} = \left(\frac{v^2 h}{\bar{r}^3\cos^2\beta_k}\right)(h\tan\beta_k - D_n\cos\beta^*) \quad (18.139)$$

$$\bar{r}_{uuu} =$$

$$\left(\frac{h}{\bar{r}\cos^4\beta_k}\right)[8h\tan\beta_k + \sin^2\beta_k(h - D_n\cos\beta^*) - 2D_n\cos\beta^*] +$$
$$\left(\frac{3h^2}{\bar{r}^3\cos^5\beta_k}\right)(h\tan\beta_k - D_n\cos\beta^*) + \left[\left(\frac{3h^2}{\bar{r}^3\cos^5\beta_k}\right)(h\tan\beta_k - D_n\cos\beta^*)\right. \quad (18.140)$$
$$\left.\left(\frac{1}{2\cos\beta_k} + (h\tan\beta_k - D_n\cos\beta^*)\right)\right] + \left(\frac{3h^3}{\bar{r}^5\cos^6\beta_k}\right)(h\tan\beta_k - D_n\cos\beta^*)$$

习题

18.1 一侧视 SAR 的运行高度为 15 km；仰角 $\beta = 15°$。如果孔径长度 $L = 5$ m，脉冲宽度 $\tau = 20$ μs，波长 $\lambda = 3.5$ cm。(a) 计算方位分辨率；(b) 计算距离和地面距离分辨率。

18.2 一部毫米波侧视雷达有以下技术规格：雷达速度 $v = 70$ m/s，仰角 $\beta = 35°$，工作频率 $f_0 = 94$ GHz，天线 3 dB 波束宽度 $\theta_{3\,dB} = 65$ mrad。(a) 计算成像区域尺寸；(b) 计算最小和最大距离；(c) 计算最小和最大脉冲重复频率。

18.3 一部侧视 SAR 在观察间隔内占据 8 个位置。雷达在每个位置发射和接收一个脉冲。令任意两个相邻天线位置间的距离为 d，并定义 $\delta = 2\pi\frac{d}{\lambda}(\sin\beta - \sin\beta_0)$ 为扫描到仰角 β_0 处的单程相差。(a) 外差后，从 8 个位置中的每个位置提取相位样本，列出相位样本；(b) 如何利用 FFT（别忘记已加窗）来处理样本的顺序？(c) 给出栅瓣之间角度的公式。

18.4 考虑一部合成孔径雷达。下面是对应于 {−10 ms, 0, 10 ms} 时间的散射点：多普勒历程 {1000 Hz, 0, −1000 Hz}。假设观察间隔为 $T_{ob} = 20$ ms，平台速度 $v = 200$ m/s。(a) 证明另一个散射点的多普勒历程与第一个散射点相同但方位上提前了 1 m；(b) 如何对正交分量去斜（只需说出一般的方法）？(c) 去斜后，给出两散射点的多普勒历程。

18.5 设计一个工作于 $f_0 = 60$ kHz、峰值功率为 $P_t = 2$ W 的侧视合成孔径超声波雷达。天线波束成锥形，波束宽 $\theta_{3\,dB} = 5°$，最大增益为 16。雷达高度稳定在 $h = 15$ m，并以 10 m/s 的速度移动。确定成像区域的仰角为 $\beta = 45°$。(a) 给出假定高斯方向图的天线增益的表达式。(b) 计算对应于 10 mm 的距离分辨率的脉冲宽度；(c) 什么是成像区域的尺寸？(d) 计算并画出位于中心距离门的散射点的多普勒历程；(e) 计算最小和最大的脉冲重复频率；是否需要使用两个或两个以上的脉冲重复频率？（f）如何设计系统才能获得 10 mm 的方位分辨率？

18.6 推导方程（18.46）。

18.7 在 18.7 节，假设仰角增量 ε 等于零。导出等效于方程（18.43）的 $\varepsilon \neq 0$ 时的表达式。为计算新的双程延迟表达式，就需要使用状态 $(t, \mu, \varepsilon) = (0, 0, 0)$ 的三阶三维泰勒级数展开式。

附录 18-A 第 18 章 MATLAB 程序清单

本章提供的 MATLAB 程序只是作为独立的学术工具设计的而没有其他用途。这里代码的编写方式是为了帮助读者更好地理解相关的理论。这些程序不是为任何类型的开环或闭环仿真研发的。本书中的 MATLAB 程序可通过 CRC 出版社的网站下载，登录 www.crcpress.com 搜索关键字"Mahafza"以定位本书的网页。

MATLAB 程序"*Fig18_12_13.m*"清单

```
%               Figures 18.12 and 18.13
%   Program to do Spotlight SAR using the rectangular format and
%   HRR for range compression.
%               13 June 2003
%               Dr. Brian J. Smith
clear all;
%%%%%%%%%% SAR Image Resolution %%%%%
dr = .50;
da = .10;
% dr = 6*2.54/100;
% da = 6*2.54/100;
%%%%%%%%%%% Scatter Locations %%%%%%%%
xn = [10000 10015 9985];  % Scatter Location, x-axis
yn = [0 -20 20];          % Scatter Location, y-axis
Num_Scatter = 3;          % Number of Scatters
Rnom = 10000;
%%%%%%%%%%% Radar Parameters %%%%%%%%%%
f_0 = 35.0e9;    % Lowest Freq. in the HRR Waveform
df  =  3.0e6;    % Freq. step size for HRR, Hz
c   =  3e8;      % Speed of light, m/s
Kr = 1.33;
Num_Pulse = 2^(round(log2(Kr*c/(2*dr*df))));
Lambda = c/(f_0 + Num_Pulse*df/2);
%%%%%%%%%%% Synthetic Array Parameters %%%%%%%%%
du = 0.2;
L = round(Kr*Lambda*Rnom/(2*da));
U = -(L/2):du:(L/2);
Num_du = length(U);
%%%%%%%%%%% This section generates the target returns %%%%%%%
Num_U = round(L/du);
I_Temp = 0;
Q_Temp = 0;
for I = 1:Num_U
   for J = 1:Num_Pulse
      for K = 1:Num_Scatter
```

```
for K = 1:Num_Scatter
    Yr = yn(K) - ((I-1)*du - (L/2));
    Rt = sqrt(xn(K)^2 + Yr^2);
    F_ci = f_0 + (J-1)*df;
    PHI = -4*pi*Rt*F_ci/c;
    I_Temp = cos(PHI) + I_Temp;
    Q_Temp = sin(PHI) + Q_Temp;
  end;
  IQ_Raw(J,I) = I_Temp + i*Q_Temp;
  I_Temp = 0.0;
  Q_Temp = 0.0;
  end;
end;
%%%%%%%%%%% End target return section %%%%%
%%%%%%%%%%% Range Compression %%%%%%%%%%%%%%%
Num_RB = 2*Num_Pulse;
WR = hamming(Num_Pulse);
for I = 1:Num_U
   Range_Compressed(:,I) = fftshift(ifft(IQ_Raw(:,I).*WR,Num_RB));
end;
%%%%%%%%%%% Focus Range Compressed Data %%%%
dn = (1:Num_U)*du - L/2;
PHI_Focus = -2*pi*(dn.^2)/(Lambda*xn(1));
for I = 1:Num_RB
   Temp = angle(Range_Compressed(I,:)) - PHI_Focus;
   Focused(I,:) = abs(Range_Compressed(I,:)).*exp(i*Temp);
end;
%Focused = Range_Compressed;
%%%%%%%%%%% Azimuth Compression %%%%%%%%%%%%%%
WA = hamming(Num_U);
for I = 1:Num_RB
   AZ_Compressed(I,:) = fftshift(ifft(Focused(I,:).*WA'));
end;
SAR_Map = 10*log10(abs(AZ_Compressed));
Y_Temp = (1:Num_RB)*(c/(2*Num_RB*df));
Y = Y_Temp - max(Y_Temp)/2;


X_Temp = (1:length(IQ_Raw))*(Lambda*xn(1)/(2*L));
X = X_Temp - max(X_Temp)/2;
image(X,Y,20-SAR_Map);  %
%image(X,Y,5-SAR_Map);  %
axis([-25 25 -25 25]); axis equal; colormap(gray(64));
xlabel('Cross Range (m)'); ylabel('Down Range (m)');
grid
%print -djpeg .jpg
```

参 考 文 献

[1] Abramowitz, M., and Stegun, I. A., Editors, *Handbook of Mathematical Functions, with Formulas, Graphs, and Mathematical Tables*, Dover Publications, New York, 1970.

[2] Balanis, C. A., *Antenna Theory, Analysis and Design*, Harper & Row, New York, 1982.

[3] Barkat, M., *Signal Detection and Estimation*, Artech House, Norwood, MA, 1991.

[4] Barton, D. K., *Modern Radar System Analysis*, Artech House, Norwood, MA, 1988.

[5] Bean, B. R., and Abbott, R., Oxygen and Water-Vapor Absorption of Radio Waves in the Atmosphere, *Review Geofisica Pura E Applicata (Milano)* 37:127, 1957.

[6] Benedict, T., and Bordner, G., Synthesis of an Optimal Set of Radar Track-While-Scan Smoothing Equations, *IRE Transaction on Automatic Control, Ac-7*, July 1962, pp. 27-32.

[7] Berkowitz, R. S., *Modern Radar: Analysis, Evaluation, and System Design*, John Wiley & Sons, Inc, New York, 1965.

[8] Beyer, W. H., *CRC Standard Mathematical Tables*, 26th Edition, CRC Press, Boca Raton, FL, 1981.

[9] Billetter, D. R., *Multifunction Array Radar*, Artech House, Norwood, MA, 1989.

[10] Blackman, S. S., *Multiple-Target Tracking with Radar Application*, Artech House, Norwood, MA, 1986.

[11] Blake, L. V., *A Guide to Basic Pulse-Radar Maximum Range Calculation. Part-I: Equations, Definitions, and Aids to Calculation*, Naval Res. Lab. Report 5868, 1969.

[12] Blake, L. V., *Curves of Atmospheric-Absorption Loss for Use in Radar Range Calculation*, NRL Report 5601, March 23, 1961.

[13] Blake, L. V., *Radar / Radio Tropospheric Absorption and Noise Temperature*, NRL Report Ad-753 197, October 1972. Distributed by the National Technical Information Service (NTIS).

[14] Blake, L. V., *Radar-Range Performance Analysis*, Lexington Books, Lexington, MA, 1980.

[15] Boothe, R. R., *A Digital Computer Program for Determining the Performance of an Acquisition Radar through Application of Radar Detection Probability Theory*, U.S. Army Missile Command, Report No. RD-TR-64-2, Redstone Arsenal, Alabama, 1964.

[16] Boothe, R. R., *The Weibull Distribution Applied to the Ground Clutter Backscatter Coefficient*, U.S. Army Missile Command, Report No. RE-TR-69-15, Redstone Arsenal, Alabama, 1969.

[17] Bowman, J. J., Piergiorgio, L. U., and Senior, T. B., *Electromagnetic and Acoustic Scattering by Simple Shapes*, North-Holland Pub. Co, Amsterdam, 1969.

[18] Brookner, E., Editor, *Aspects of Modern Radar*, Artech House, Norwood, MA, 1988.

[19] Brookner, E., Editor, *Practical Phased Array Antenna System*, Artech House, Norwood, MA, 1991.

[20] Brookner, E., *Radar Technology*, Lexington Books, Lexington, MA, 1996.

[21] Burdic, W. S., *Radar Signal Analysis*, Prentice Hall, Englewood Cliffs, NJ, 1968.

[22] Brookner, E., *Tracking and Kalman Filtering Made Easy*, John Wiley & Sons, New York, 1998.

[23] Cadzow, J. A., *Discrete-Time Systems, An Introduction with Interdisciplinary Applications*, Prentice Hall, Englewood Cliffs, NJ, 1973.

[24] Carlson, A. B., *Communication Systems, An Introduction to Signals and Noise in Electrical Communication*, 3rd Edition, McGraw-Hill, New York, 1986.

[25] Carpentier, M. H., *Principles of Modern Radar Systems*, Artech House, Norwood, MA, 1988.

[26] Compton, R. T., *Adaptive Antennas*, Prentice Hall, Englewood Cliffs, NJ, 1988.

[27] Cook, E. C., and Bernfeld, M., *Radar Signals: An Introduction to Theory and Application*, Artech House, Norwood, MA, 1993.

[28] Costas, J. P., A Study of a Class of Detection Waveforms Having Nearly Ideal Range-Doppler Ambiguity Properties, *Proc. IEEE 72*, 1984, pp. 996-1009.

[29] Crispin, J. W. Jr., and Siegel, K. M, Editors, *Methods of Radar Cross-Section Analysis*, Academic Press, New York, 1968.

[30] Curry, G. R., *Radar System Performance Modeling*, Artech House, Norwood, MA, 2001.

[31] DiFranco, J. V. and Rubin, W. L., *Radar Detection*. Artech House, Norwood, MA, 1980.

[32] Dillard, R. A. and Dillard, G. M., *Detectability of Spread-Spectrum Signals*, Artech House, Norwood, MA, 1989.

[33] Edde, B., *Radar Principles, Technology, Applications*, Prentice Hall, Englewood Cliffs, NJ, 1993.

[34] Elsherbeni, A., Inman, M. J., and Riley, C., Antenna Design and Radiation Pattern Visualization, *The 19th Annual Review of Progress in Applied Computational Electromagnetics*, ACES'03, Monterey, CA, March 2003.

[35] Fehlner, L. F., *Marcum's and Swerling's Data on Target Detection by a Pulsed Radar*, Johns Hopkins University, Applied Physics Lab. Rpt. # TG451, July 2, 1962, and Rpt. # TG451A, September 1964.

[36] Fielding, J. E., and Reynolds, G. D., *VCCALC: Vertical Coverage Calculation Software and Users Manual*, Artech House, Norwood, MA, 1988.

[37] Gabriel, W. F., Spectral Analysis and Adaptive Array Superresolution Techniques, *Proc. IEEE*, Vol. 68, June 1980, pp. 654-666.

[38] Gelb, A., Editor, *Applied Optimal Estimation*, MIT Press, Cambridge, MA, 1974.

[39] Goldman, S. J., *Phase Noise Analysis in Radar Systems, Using Personal Computers*, John Wiley & Sons, New York, NY, 1989.

[40] Grewal, M. S., and Andrews, A. P., *Kalman Filtering: Theory and Practice Using MATLAB*, 2nd Edition, Wiley & Sons Inc., New York, 2001.

[41] Hamming, R. W., *Digital Filters*, 2nd Edition, Prentice Hall, Englewood Cliffs, NJ, 1983.

[42] Hanselman, D., and Littlefield, B., *Mastering MATLAB 5: A Complete Tutorial and Reference,* MATLAB Curriculum Series, Prentice Hall, Englewood Cliffs, NJ, 1998.

[43] Hirsch, H. L., and Grove, D. C., *Practical Simulation of Radar Antennas and Radomes*, Artech House, Norwood, MA, 1987.

[44] Hovanessian, S. A., *Radar System Design and Analysis*, Artech House, Norwood, MA, 1984.

[45] James, D. A., *Radar Homing Guidance for Tactical Missiles*, John Wiley & Sons, New York, 1986.

[46] Jin, J., *The Finite Element Method in Electromagnetics*, John Wiley & Sons, New York, 2002.

[47] Kanter, I., Exact Detection Probability for Partially Correlated Rayleigh Targets, *IEEE Trans, AES-22*, March 1986, pp. 184-196.

[48] Kay, S. M., *Fundamentals of Statistical Signal Processing: Estimation Theory*, Volume I, Prentice Hall Signal Processing Series, Englewood Cliffs, NJ, 1993.

[49] Kay, S. M., *Fundamentals of Statistical Signal Processing: Detection Theory*, Volume II, Prentice Hall Signal Processing Series, Englewood Cliffs, NJ, 1993.

[50] Keller, J. B., Geometrical Theory of Diffraction, *Journal Opt. Soc. Amer.*, Vol. 52, February 1962, pp. 116-130.

[51] Klauder, J. R., Price, A. C., Darlington, S., and Albershiem, W. J., The Theory and Design of Chirp Radars, *The Bell System Technical Journal*, Vol. 39, No. 4, 1960.

[52] Klemm, R., *Principles of Space-Time Adaptive Processing*, 3rd Edition, IET, London, UK, 2006.

[53] Knott, E. F., Shaeffer, J. F., and Tuley, M. T., *Radar Cross Section*, 2nd Edition, Artech House, Norwood, MA, 1993.

[54] Lativa, J., Low-Angle Tracking Using Multifrequency Sampled Aperture Radar, *IEEE-AES Trans.*, Vol. 27, No. 5, September 1991, pp. 797-805.

[55] Lee, S. W., and Mittra, R., Fourier Transform of a Polygonal Shape Function and Its Application in Electromagnetics, *IEEE Trans. Antennas and Propagation*, Vol. 31, January 1983, pp. 99-103.

[56] LeFande, R. A., *Attenuation of Microwave Radiation for Paths through the Atmosphere*, NRL Report 6766, Nov. 1968.

[57] Levanon, N., *Radar Principles*, John Wiley & Sons, New York, 1988.

[58] Levanon, N., and Mozeson, E., Nullifying ACF Grating Lobes in Stepped-Frequency Train of LFM Pulses, *IEEE-AES Trans.*, Vol. 39, No. 2, April 2003, pp. 694-703.

[59] Levanon, N., and Mozeson, E., *Radar Signals*, John Wiley-Interscience, Hoboken, NJ, 2004.

[60] Lewis, B. L., Kretschmer, Jr., F. F., and Shelton, W. W., *Aspects of Radar Signal Processing*, Artech House, Norwood, MA, 1986.

[61] Li, J., and Stoica, P., Editors, *MIMO Radar Signal Processing*, John Wiley & Sons Inc., New York, 2009.

[62] Long, M. W., *Radar Reflectivity of Land and Sea*, Artech House, Norwood, MA, 1983.

[63] Lothes, R. N., Szymanski, M. B., and Wiley, R. G., *Radar Vulnerability to Jamming*, Artech House, Norwood, MA, 1990.

[64] Maffett, A. L., *Topics for a Statistical Description of Radar Cross Section*, John Wiley & Sons, New York, 1989.

[65] Mahafza, B. R., *Introduction to Radar Analysis*, CRC Press, Boca Raton, FL, 1998.

[66] Mahafza, B. R., *Radar Systems Analysis and Design Using MATLAB*, 2nd Edition, Taylor & Francis, Boca Raton, FL, 2005.

[67] Mahafza, B. R., *Radar Signal Analysis and Signal Processing Using MATLAB*, Chapman and Hall/CRC, Boca Raton, FL, 2008.

[68] Mahafza, B. R., and Polge, R. J., Multiple Target Detection Through DFT Processing in a Sequential Mode Operation of Real Two-Dimensional Arrays, *Proc. of the IEEE Southeast Conf. '90*, New Orleans, LA, April 1990, pp. 168-170.

[69] Mahafza, B. R., Heifner, L.A., and Gracchi, V. C., Multitarget Detection Using Synthetic Sampled Aperture Radars (SSAMAR), *IEEE-AES Trans.*, Vol. 31, No. 3, July 1995, pp. 1127-1132.

[70] Mahafza, B. R., and Sajjadi, M., Three-Dimensional SAR Imaging Using a Linear Array in Transverse Motion, *IEEE-AES Trans.*, Vol. 32, No. 1, January 1996, pp. 499-510.

[71] Marchand, P., *Graphics and GUIs with MATLAB*, 2nd Edition, CRC Press, Boca Raton, FL, 1999.

[72] Marcum, J. I., A Statistical Theory of Target Detection by Pulsed Radar, Mathematical Appendix, *IRE Trans.*, Vol. IT-6, April 1960, pp. 259-267.

[73] Medgyesi-Mitschang, L. N., and Putnam, J. M., Electromagnetic Scattering from Axially Inhomogenous Bodies of Revolution, *IEEE Trans. Antennas and Propagation.*, Vol. 32, August 1984, pp. 797-806.

[74] Meeks, M. L., *Radar Propagation at Low Altitudes*, Artech House, Norwood, MA, 1982.

[75] Melsa, J. L., and Cohn, D. L., *Decision and Estimation Theory*, McGraw-Hill, New York, 1978.

[76] Mensa, D. L., *High Resolution Radar Imaging*, Artech House, Norwood, MA, 1984.

[77] Meyer, D. P., and Mayer, H. A., *Radar Target Detection: Handbook of Theory and Practice*, Academic Press, New York, 1973.

[78] Monzingo, R. A., and Miller, T. W., *Introduction to Adaptive Arrays,* John Wiley & Sons, New York, 1980.

[79] Morchin, W., *Radar Engineer's Sourcebook*, Artech House, Norwood, MA, 1993.

[80] Morris, G. V., *Airborne Pulsed Doppler Radar*, Artech House, Norwood, MA, 1988.

[81] Nathanson, F. E., *Radar Design Principles*, 2nd Edition, McGraw-Hill, New York, 1991.

[82] Navarro, Jr., A. M., *General Properties of Alpha Beta and Alpha Beta Gamma Tracking Filters*, Physics Laboratory of the National Defense Research Organization TNO, Report PHL 1977-92, January 1977.

[83] North, D. O., An Analysis of the Factors Which Determine Signal/Noise Discrimination in Pulsed Carrier Systems, *Proc. IEEE 51*, No. 7, July 1963, pp. 1015-1027.

[84] Oppenheim, A. V., and Schafer, R. W., *Discrete-Time Signal Processing*, Prentice Hall, Englewood Cliffs, NJ, 1989.

[85] Oppenheim, A. V., Willsky, A. S., and Young, I. T., *Signals and Systems*, Prentice Hall, Englewood Cliffs, NJ, 1983.

[86] Orfanidis, S. J., *Optimum Signal Processing, an Introduction*, 2nd Edition, McGraw-Hill, New York, 1988.

[87] Papoulis, A., *Probability, Random Variables, and Stochastic Processes*, 2nd Edition, McGraw-Hill, New York, 1984.

[88] Parl, S. A., New Method of Calculating the Generalized Q Function, *IEEE Trans. Information Theory,* Vol. IT-26, No. 1, January 1980, pp. 121-124.

[89] Peebles, P. Z., Jr., *Probability, Random Variables, and Random Signal Principles*, McGraw-Hill, New York, 1987.

[90] Peebles, P. Z., Jr., *Radar Principles*, John Wiley & Sons, New York, 1998.

[91] Pettit, R. H., *ECM and ECCM Techniques for Digital Communication Systems*, Lifetime Learning Publications, New York, 1982.

[92] Polge, R. J., Mahafza, B. R., and Kim, J. G., *Extension and Updating of the Computer Simulation of Range Relative Doppler Processing for MM Wave Seekers*, Interim Technical Report, Vol. I, prepared for the U.S. Army Missile Command, Redstone Arsenal, Alabama, January 1989.

[93] Polge, R. J., Mahafza, B. R., and Kim, J. G., Multiple Target Detection through DFT Processing in a Sequential Mode Operation of Real or Synthetic Arrays, *IEEE 21st Southeastern Symposium on System Theory*, Tallahassee, FL, 1989, pp. 264-267.

[94] Poularikas, A., *Signals and Systems Primer with MATLAB*, Taylor & Francis, Boca Raton, FL, 2007.

[95] Poularikas, A., and Ramadan, Z. M., *Adaptive Filtering Primer with MATLAB*, Taylor & Francis, Boca Raton, FL, 2006.

[96] Poularikas, A., and Seely, S., *Signals and Systems*, PWS Publishers, Boston, MA, 1984.

[97] Putnam, J. N., and Gerdera, M. B., CARLOS TM: A General-Purpose Three-Dimensional Method of Moments Scattering Code, *IEEE Trans. Antennas and Propagation*, Vol. 35, April 1993, pp. 69-71

[98] Reed, H. R. and Russell, C. M., *Ultra High Frequency Propagation*, Boston Technical Publishers, Inc., Lexington, MA, 1964.

[99] Resnick, J. B., *High Resolution Waveforms Suitable for a Multiple Target Environment*, MS thesis, MIT, Cambridge, MA, June 1962.

[100] Richards, M. A., *Fundamentals of Radar Signal Processing*, McGraw-Hill, New York, 2005.

[101] Rihaczek, A. W., *Principles of High Resolution Radars*, McGraw-Hill, New York, 1969.

[102] Robertson, G. H., Operating Characteristics for a Linear Detector of CW Signals in Narrow-Band Gaussian Noise, *Bell Sys. Tech. Journal*, Vol. 46 April 1967, pp. 755-774.

[103] Rosenbaum, B., *A Programmed Mathematical Model to Simulate the Bending of Radio Waves in the Atmospheric Propagation*, Goddard Space Flight Center Report X-551-68-367, Greenbelt, Maryland, 1968.

[104] Ross, R. A., Radar Cross Section of Rectangular Flat Plate as a Function of Aspect Angle, *IEEE Trans.* AP-14, 1966, p. 320.

[105] Ruck, G. T., Barrick, D. E., Stuart, W. D., and Krichbaum, C. K., *Radar Cross Section Handbook*, Volume 1, Plenum Press, New York, 1970.

[106] Ruck, G. T., Barrick, D. E., Stuart, W. D., and Krichbaum, C. K., *Radar Cross Section Handbook*, Volume 2, Plenum Press, New York, 1970.

[107] Rulf, B., and Robertshaw, G. A., *Understanding Antennas for Radar, Communications, and Avionics*, Van Nostrand Reinhold, 1987.

[108] Scanlan, M. J., Editor, *Modern Radar Techniques*, Macmillan, New York, 1987.

[109] Scheer, J. A., and Kurtz, J. L., Editor, *Coherent Radar Performance Estimation*, Artech House, Norwood, MA, 1993.

[110] Schelher, D. C., *MTI and Pulsed Doppler Radar with MATLAM*, 2nd Edition, Artech House, Norwood MA. 2010.

[111] Shanmugan, K. S., and Breipohl, A. M., *Random Signals: Detection, Estimation and Data Analysis*, John Wiley & Sons, New York, 1988.

[112] Shatz, M. P., and Polychronopoulos, G. H., *An Algorithm for Evaluation of Radar Propagation in the Spherical Earth Diffraction Region*. IEEE Transactions on Antenna and Propagation, VoL. 38, No.8, August 1990, pp. 1249-1252.

[113] Sherman, S. M., *Monopulse Principles and Techniques*, Artech House, Norwood, MA.

[114] Singer, R. A., Estimating Optimal Tracking Filter Performance for Manned Maneuvering Targets, *IEEE Transaction on Aerospace and Electronics, AES-5*, July 1970, pp. 473-483.

[115] Skillman, W. A., *DETPROB: Probability of Detection Calculation Software and User's Manual*, Artech House, Norwood, MA, 1991.

[116] Skolnik, M. I., *Introduction to Radar Systems*, McGraw-Hill, New York, 1982.

[117] Skolnik, M. I., Editor, *Radar Handbook*, 2nd Edition, McGraw-Hill, New York, 1990.

[118] Song, J. M., Lu, C. C., Chew, W. C., and Lee, S. W., Fast Illinois Solver Code (FISC), *IEEE Trans. Antennas and Propagation,* Vol. 40, June 1998, pp. 27-34.

[119] Stearns, S. D., and David, R. A., *Signal Processing Algorithms*, Prentice Hall, Englewood Cliffs, NJ, 1988.

[120] Stimson, G. W., *Introduction to Airborne Radar*, Hughes Aircraft Company, El Segundo, CA, 1983.

[121] Stratton, J. A., *Electromagnetic Theory*, McGraw-Hill, New York, 1941.

[122] Stremler, F. G., *Introduction to Communication Systems*, 3rd Edition, Addison-Wesley, New York, 1990.

[123] Stutzman, G. E., Estimating Directivity and Gain of Antennas, *IEEE Antennas and Propagation Magazine 40*, August 1998, pp. 7-11.

[124] Swerling, P., Probability of Detection for Fluctuating Targets, *IRE Transaction on Information Theory*, Vol. IT-6, April 1960, pp. 269-308.

[125] Taflove, A., *Computational Electromagnetics: The Finite-Difference Time-Domain Method*, Artech House, Norwood, MA, 1995.

[126] Trunck, G. V., *Automatic Detection, Tracking, and Senor Integration*, NRL Report 9110, June, 1988.

[127] Van Trees, H. L., *Detection, Estimation, and Modeling Theory*, Part I, Wiley & Sons, Inc., New York, 2001.

[128] Van Trees, H. L., *Detection, Estimation, and Modeling Theory*, Part III, Wiley & Sons, New York, 2001.

[129] Van Trees, H. L., *Optimum Array Processing*, Part IV of *Detection, Estimation, and Modeling Theory*, Wiley & Sons, New York, 2002.

[130] Tzannes, N. S., *Communication and Radar Systems*, Prentice Hall, Englewood Cliffs, NJ, 1985.

[131] Urkowitz, H., *Decision and Detection Theory*, Unpublished Lecture Notes, Lockheed Martin Co., Moorestown, NJ.

[132] Urkowtiz, H., *Signal Theory and Random Processes*, Artech House, Norwood, MA, 1983.

[133] Van Vleck, J. H., The Absorption of Microwaves by Oxygen, *Physical Review*, Vol. 71, 1947.

[134] Van Vleck, J. H., The Absorption of Microwaves by Uncondensed Water Vapor, *Physical Review*, Vol. 71, 1947.

[135] Vaughn, C. R., Birds and Insects as Radar Targets: A Review, *Proc. IEEE*, Vol. 73, No. 2, February 1985, pp. 205-227.

[136] Wehner, D. R., *High Resolution Radar*, Artech House, Norwood, MA, 1987.

[137] Weiner, M. M., Editor, *Adaptive Antennas and Receivers*, Taylor & Francis, Boca Raton, FL, 2006.

[138] White, J. E., Mueller, D. D., and Bate, R. R., *Fundamentals of Astrodynamics*, Dover Publications, New York, 1971.

[139] Ziemer, R. E., and Tranter, W. H., *Principles of Communications, Systems, Modulation, and Noise,* 2nd Edition, Houghton Mifflin, Boston, MA, 1985.

[140] Zierler, N., *Several Binary-Sequence Generators*, MIT Technical Report No. 95, Sept. 1955.